マウス胚の操作マニュアル ＜第三版＞

Manipulating the Mouse Embryo
A LABORATORY MANUAL　THIRD EDITION

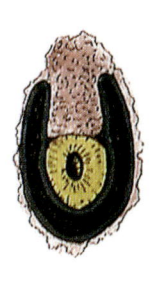

Andras Nagy
Samuel Lunenfeld Research Institute
Mount Sinai Hospital, Toronto

Marina Gertsenstein
Samuel Lunenfeld Research Institute
Mount Sinai Hospital, Toronto

Kristina Vintersten
European Molecular Biology Laboratory, Heidelberg

Richard Behringer
University of Texas, M.D. Anderson Cancer Center

山内　一也・豊田　　裕
岩倉洋一郎・佐藤　英明・鈴木　宏志／訳

近代出版

Manipulating the Mouse Embryo
A LABORATORY MANUAL
Third Edition

All rights reserved
©2003 by Cold Spring Harbor Laboratory Press, Cold Spring Harbor, New York
Printed in the United States of America

Publisher	John Inglis
Acquisition Editors	John Inglis and Judy Cuddihy
Developmental Editor	Judy Cuddihy
Project Coordinator	Mary Cozza
Production Editor	Patricia Barker
Desktop Editor	Daniel deBruin
Production Manager	Denise Weiss
Cover Design	Ed Atkeson

Translation Copyright
©2005 by Kindai Shuppan, Co. Ltd.
Translation rights arranged with the permission of
Cold Spring Harbor Laboratory Press
through Tuttle-Mori Agency, Inc., Tokyo

表紙図版：発生途上の血管系に緑色蛍光蛋白質（GFP）を発現している交尾後9.5日の胚（Andras Nagyの好意による）

大扉イラスト：マウス発生における着床後の初期段階，Rosa Beddingtonによる図解（John Skehel, Medical Research Councilの許可を得て掲載）

本マニュアルの手順を用いる学生と研究者は，みずからの責任で行うこととする。コールドスプリングハーバー研究所は本マニュアルに述べられている材料に関しては代理や権限委託の立場にはなく，これらの材料の使用に関する責任は有していない。本書に述べられている登録商標，登録名，商品名はそれぞれの所有者の財産である。読者は現在の特定の製品についての情報はどうか個々の製造者などに相談されたい。

ワールドワイドウェブのアドレスは出版時において我々が知る限り正確なものである。

動物の人道的取り扱いの手順には常に従わなければならない。それぞれの動物施設の指針を参考にされたい。

本マニュアルのうちの，ある種の実験手順は国または地方の規制もしくは制約の対象になることがある。これらの場合，本マニュアルの使用者は関係当局の許可，証明書または免許を得る責任を有する。本マニュアルの著者，コールドスプリングハーバー研究所のいずれも，これらが行われないことについて責任を負わない。

ポリメラーゼチェーン反応（PCR）の操作はある種の特許と所有権の対象となる。本マニュアルの使用者はPCRの実施またはその成果の商業利用のために必要な許可をすべて獲得する責任を有する。コールドスプリングハーバー研究所は，本マニュアルの情報の使用が，いずれの特許やその他の所有権を侵害しないという申し立ては行わない。

複写物の内部使用または個人的使用，もしくは特定の依頼人の内部使用または個人的使用に関する承認は，適切な代金が直接にCopyright Clearance Center (CCC) に支払われていれば，Cold Spring Harbor Laboratory Pressより与えられる。代金と規則についての情報を得るには，CCC at 222 Rosewood Drive, Danvers, MA 01923 (508-750-8400)に手紙または電話で問い合わせてほしい。学校での教材のための複写の際にはあらかじめ上記のCCCに連絡されたい。CCCに関するその他の情報はhttp://www.copyright.com/ で得られる。

Cold Spring Harbor Laboratory Pressの出版物は米国とカナダの場合，Cold Spring Harbor Laboratory Press, 500 Sunnyside Blvd., Woodbury, N.Y. 11797-2924, 米国大陸とカナダからは電話1-800-843-4388，そのほかの場所からは(516)422-4100，ファクス(516)422-4097, E-mail: cshpress@cshl.eduに注文できる。Cold Spring Harbor Laboratory Pressの出版物の全カタログは我々のウェブサイトhttp://www.cshlpress.comで見ることができる。

目 次

序 文 ……………………………………………………………………………… v

第1章	マウスの発生遺伝学と発生学 過去，現在，そして未来 …………………………………… 1
第2章	マウスの発生の要約 …………………………………………… 29
第3章	トランスジェニックマウスおよびキメラマウスの作出：概 論 ………… 131
第4章	着床前胚の回収と体外培養 …………………………………… 149
第5章	着床後胚の分離，培養，体外操作 …………………………… 195
第6章	外科的手法 ……………………………………………………… 237
第7章	トランスジェニックマウスの作製 …………………………… 273
第8章	胚盤胞に由来する幹細胞の分離と培養 ……………………… 339
第9章	胚性幹(ES)細胞を用いた遺伝子導入とゲノム改変のための ベクターデザイン ……………………………………………… 375
第10章	胚性幹(ES)細胞への外来DNAの導入 ……………………… 407
第11章	キメラの作出 …………………………………………………… 427
第12章	マウスゲノム変化および特異的配列の検出と解析 ………… 477
第13章	単為発生，前核移植およびマウスクローニング …………… 507
第14章	生殖補助技術 卵巣移植，体外受精，人工授精，および細胞質内精子注入 ………… 531
第15章	凍結保存，清浄化(病原微生物の除去)，およびマウスの輸送 ……… 561
第16章	遺伝子産物，細胞，組織および臓器システムの観察法 …… 589
第17章	顕微操作実験室のセットアップ ……………………………… 659

付 録1　緩衝液と溶液 …………………………………………………… 675
付 録2　注　意 …………………………………………………………… 684
付 録3　供給業者 ………………………………………………………… 698
索　引 ……………………………………………………………………… 699

付属Webサイト

マウス胚操作マニュアル，第三版には付属のWebサイト（www.mousemanual.org）があり，この研究領域についての情報を補足している。

このサイトには，
- 業者のリンクと情報
- Medlineへのリンク
- その他，研究者に役立つデータベース

へのリンクが含まれている。

本書が出版された後に出される情報も追加される。

Webサイトへのアクセス

1. サイトのホームページを開く。
2. そのページの初めにある単純な登録手順にしたがう（特別のアクセス・コードは不要。登録手順をすませたすべての人に開放してあるため）。
3. 読者のE-mailアドレスとパスワード（登録の際に選ぶ）がサイトにログインする情報となる。

サイトのFAQセクションには登録手順に関する回答が含まれている。登録についての問い合わせや，mousemanual.orgのWebサイトに関するその他の質問はE-mailの場合には，support@mousemanual.edu，電話の場合には，米国大陸とカナダからは1-800-843-4388，そのほかの場所からは516-422-4100に，米国東部時刻午前8時から午後5時までの間，受け付けている。

序　文

　コールドスプリングハーバー研究所のマウス胚に関する分子発生学の第1回コースが開かれ，その結果このマニュアルが出版されて20年が経った。1983年，配偶子の前核への注入によりトランスジェニックマウスの作出に成功して間もなくであり，一般的な技術にはほど遠い時期であった。胚性幹(ES)細胞株は作られたばかりで，その生殖系列での潜在能力や有用性はまだ明らかになっていなかった。相同組換えはまだ夢であった。マウスでの大規模な変異誘発は少数の先駆者の頭の中に描かれていたにすぎなかった。さらに，マウスの分子発生学はまだ幼児期であった。当時を振り返ってみると，マウスの発生遺伝学と分子発生学の領域における進展は驚くべきものである。現在では，一般に公開され注釈がつけられたマウス・ゲノムは，すべての研究者が利用できるようになっている。ゲノム・クローンとcDNAクローンはデータベースで容易に見つけ，注文し，数日で入手できる。どのような遺伝子もマウスの生殖系列に付け加えたり，デザインを変えることができる。染色体も操作できる。生きた胚組織はさまざまな染色法で明るい蛍光を発することができる。胚と配偶子は凍結保存でき，バンクとして保管できる。基礎的な生物学の疑問に答え，ヒトの生物学と疾患についての新しい生物・医学的視点を提供するための，マウスの有用性は限りないように思える。

　マウスの発生遺伝学と分子発生学の領域が進展するとともに，このマウス胚操作マニュアルも進展してきている。現在の第二版は第一版の基盤にのっとっており，最初の編集者Brigid Hogan, Frank Costantini, Liz Lacy, およびRosa Beddingtonの努力に負っている。新しい第三版は，第二版の出版(1994年)以降の多くの革新的技術を取り入れて，かなり改変されている。新しい章や方法が加えられ，その中にはマウスのクローン技術，卵細胞質内精子注入，人工授精，胚と配偶子の凍結保存がある。電気穿孔による異種DNAのマウス胚への導入のような新技術も加えられた。さらに，トランスジェニックマウスの作製とキメラの作出と解析の章はかなり拡張された。外科的技術はすべて1つの章に移された。生きた胚の肉眼観察方法と蛍光標識蛋白のような新しいレポーター遺伝子も加えられた。

　我々は，この改訂版の出版にあたって快く協力していただいた多くの人々に感謝している。最新の方法，図，画像を提供し，専門的情報源のすばらしい提供者として協力していただいた以下の方々に対して御礼申し上げる。アルファベット順に列記する。

Kathryn Anderson, Gusztav Belteki, Sally Camper, Chris Cretekos, S.K. Dey, Mary Dickinson, Hao Ding, Scott Fraser, Yas Furuta, Joachim Gündel, Debrorah Guris, Kat Hadjantonakis, Jody Haigh, Britt Hansen, C.C. Hui, Akira Imamoto, Ian Jackson, Nancy Jenkins, Randy Johnson, Elizabeth Jones, Andrea Jurisicova, Monica Justice, Akio

Kobayashi, Rashmi Kothary, Tilo Kunath, Kin Ming Kwan, Carlisle Landel, Carol Cutler Linder, Chengyu Liu, Tom Lufkin, William Mansfield, Jim Martin, Andy McMahon, Jennifer Merriam, Lluis Montoliu, Nagy lab (2002年10月), Kazuhisa Nakashima, Atsuo Ogura, Noriko Osumi, Dmitry Ovchinnikov, Ginny Papaioannou, Anne Plueck-Becklas, Udo Ringeisen, Jaime Rivera, Liz Robertson, Merle Rosenzweig, Janet Rossant, Luis Gabriel Sanchez-Partida, Thom Saunders, Heike Schweizer, Jillian Shaw, Bill Shawlot, Michael Shen, Stanton Short, Davor Solter, Monika Szczygiel, Patrick Tam, Maki Wakamiya, Paul Wassarman, Michael Wilson, Werner Wittke, Chris Wylie, Ryuzo Yanagimachi.

　我々はまた，この改訂版の出版に協力していただいたコールドスプリングハーバー研究所出版の多くの方々にも御礼申しあげる。Mary Cozza, Pat Barker, Danny deBruin, Denise Weiss, Dave Crotty, Jan Argentineおよび常務理事John Inglisに御礼申しあげる。我々はとくに編集者Judy Cuddihyのすばらしい情熱，大変な忍耐，友好的な励まし，創造的洞察力に感謝している。最後に我々は，この新しい版がマウス発生遺伝学と分子発生学の領域における将来の指導者たちと開発者を育て上げるのに役立つことを願っている。

A.N., M.G., K.V., R.B.

第1章

マウスの発生遺伝学と発生学
過去，現在，そして未来

今はマウスの遺伝学および発生学を研究するために，おそらく絶好の時期である。現在，マウスの生殖系列は，受精卵へのクローン化DNAの直接注入または胚性幹(ES)細胞の遺伝的変更を通して，考え及ぶほとんどすべての方向への操作が実験的に可能である。大規模な突然変異誘発プロジェクトが数千の新しいミュータントマウスを作り出している。幸いなことに，これらのマウスのすべてを「飼育棚上で」維持する必要はない。なぜなら，胚または配偶子として凍結保存できるからである。いまや体細胞核移植の通常の手順によってクローンマウスが作られ，ゲノムのプログラミングに関する新たな問題を生み出している。おそらく最も重要な進歩は，マウスゲノム配列の最初の注釈つきアセンブリーが公開され利用可能になったことである。これはマウスを用いた生物医学的研究を格段に促進することになるだろう。

Ian Jacksonの好意による

目 次

はじめに，2
メンデル遺伝と連鎖：マウス遺伝学の始まり，3
実験用マウスの起源，3
近交系および他のマウス遺伝学研究資源の創出，5
マウス発生遺伝学の起源，10
マウス実験発生学から受け継いだ財産，13
マウスゲノムの操作，15
マウスにおける新しい遺伝子と発生変異の組織的検索，17
参考文献，19

はじめに

　哺乳類胚の発生と分化を，遺伝子がどのように調節するかを理解しようとする，ユニークな挑戦がある。この挑戦は主としてヒトの体がどのように作られ，どのようにして単純な生物から進化してきたかのかを知ろうとする知的好奇心に基づいている。しかし実用的な面では，突然変異や化学物質がどのようにしてヒトの奇形，先天的欠陥，小児癌などを作り出すのか，また産業動物の生産性がどのように改良できるのかを知る必要がある。これらの知識やわれわれが手にした遺伝的プログラムを変え得る能力は，間違いなく社会に大きなインパクトを与え，われわれ自身について考察する手段にも限りなく大きな影響を与えるに違いない。

　遺伝子が哺乳類の発生を調節する仕組みに関するわれわれの知識の根源は，1900年代の初めに行われた様々な家畜の毛色遺伝についての実験にまで遡ることができる。その時以来，最も重要な実験用哺乳類としてのマウスの地位が確立され，その遺伝に関する情報はヒトを含むほかのいかなる脊椎動物よりも多く蓄積されている。20本の半数性染色体で構成されるマウスゲノムは全体で46,370個の遺伝子を含むと予測されている。17,000に近いマーカーをもつ300個に及ぶ細菌人工染色体(BAC)コンティグで構成される物理地図も作られている(Gregory et al. 2002)。マウスとヒトのゲノム間には広範囲にわたる連鎖の保存，すなわちシンテニーが存在し，したがってヒトのゲノムプロジェクトの進歩はマウスの遺伝子地図作成に貢献し，その逆もまた成り立つ(Copeland et al. 1993；O'Brien et al. 1994, http://www.ncbi.nlm.nih.gov/Homology/)。

　ホールマウント in situ ハイブリダイゼーション，逆転写酵素・ポリメラーゼ連鎖反応(RT-PCR)，DNAマイクロアレイおよび精巧な画像処理法を含む分子生物学の新しい技術が，発生の様々な時期における遺伝子発現の時間的・空間的パターンを明らかにするために用いられている。細胞の運命を追跡するための新しい細胞自律性マーカーも作られている(表2.5参照)。しかし，ほかの脊椎動物ではなく，マウスで発生遺伝学を研究することに興奮と明るい展望を抱く最大の理由は，疑いもなく，マウスのゲノムを種々の方法で操作できるからである。

　マウス胚操作マニュアルの初版(1986)では，受精卵前核へのDNAのマイクロインジェクションまたは胚へのレトロウイルスベクター感染によってトランスジェニックマウスへ新しい遺伝情報を導入することの潜在的重要性を強調した。相同組換えによる遺伝子ターゲッティングで多能性胚性幹細胞の特定遺伝子に変異を導入することは，当時はまだ単なる夢であり，

少数の研究者が多くの先人と同様に周囲からの懐疑の目に曝されながら粘り強く追い続けていた。今日では，この技術はほとんど日常的なものになり，発生過程における生体内での遺伝子の機能および相互作用についてしばしば予想外の，そのためにきわめて興味深いデータを数多く生み出している。第2版(1994)は，初版と同様に，マウス胚の操作技術およびトランスジェニックマウスへの遺伝子導入技術を学びたいと希望する研究者のための技術的な手引きを提供した。この版はES細胞の遺伝子操作，キメラマウス，マウスのクローニング，生殖補助技術および胚と配偶子の凍結保存に関する広範囲かつ最新の章を含んでいる。以前と同様に，この情報が多くの読者に利用され，初期のマウス遺伝学者が確立した国際協力の精神を継承するのに役立つことを念じてやまない。

メンデル遺伝と連鎖：マウス遺伝学の始まり

大西洋の両岸の科学史家は，いずれも米国の科学者，William E. Castleを哺乳類遺伝学の創始者の一人と認めている。彼はハーバードに新設されたビュッセイ研究所(Bussey Institute of Experimental Biology)の初代所長として，1909年から1937年にかけて，鳥類，ネコ，イヌ，モルモット，ウサギ，ラット，そしてマウスも含めた多種の生物における変異する性質の遺伝について研究を推進した(Russell 1954；Keeler 1978；Morse 1978, 1981)。モーガン(Thomas Hunt Morgan)をショウジョウバエの研究に引き込んだのも彼であった(Shine and Wrobel 1976)。ビュッセイ研究所を訪れたり，そこで研究した多くの科学者を通して，Castleは哺乳類遺伝学の進展に多大の影響を与えた。

初期の遺伝学者が研究に用いた哺乳類のうち，マウスは小型で，感染に抵抗性で，産子数が多く，世代間隔が比較的短いという利点から好んで用いられるようになった(表1.1参照)。毛色や行動の面で興味深い変異を示すマウスが繁殖業者やペットマウスの収集家("fanciers")から容易に入手できたこともマウスが好まれた理由であった。これらの変異の一つであるアルビノ(*albino*，表2.42参照)は，英国のBateson，フランスのCuenot，および米国のCastleによって，マウスでメンデル遺伝を証明するための最初の繁殖実験に用いられた(文献については，Castle and Allen 1903参照)。2, 3年後にアルビノおよび愛玩マウスのもう一つの古い変異であるピンク眼淡色(*pink-eyed dilution*，図2.42参照)が，J.B.S.Haldaneによってマウスで遺伝子の連鎖を証明した最初の実験に用いられた(Haldane et al. 1915)。残念なことに，この仕事はHaldaneが1914年に第一次世界大戦に志願したことで中断され，その実験は彼の妹に引き継がれてオックスフォードの比較解剖学研究部でしばらくの間続けられることになった(Clark 1984；N.Mitchison私信)。Haldaneが哺乳類遺伝学の幅広い視点に注目し，ほかの研究者とともに遺伝と自然淘汰の数学モデルを発展させるのは，彼が大戦から戻ってきてからであった。

実験用マウスの起源

もし，William E.CastleとJ.B.S.Haldaneをマウス遺伝学の父とすれば，その母は疑いなくAbbie E.C.Lathropである。自立心の強い女性であったAbbie Lathropは1900年ころにペットとしてのマウスを繁殖させるための小さな「農場」をマサチューセッツ州グランビー(Granby)に作った。しかし，彼女のマウスは間もなくビュッセイ研究所やほかのアメリカの研究所から実験動物としての需要がくるようになった。そこで彼女は仕事を徐々に拡大して，きわめて巧妙でよく記録保存された高度の繁殖プログラムにまで発展させた。例えば，彼女のマウ

表1.1. ヨーロッパ・イエネズミ Mus musculus の実験室内での繁殖動態の統計

ゲノム		
	染色体数	40
	2倍体DNA量	～6pg（2.6×10^9 bp）
	組換え単位	1600cM（2000kb/cM）
	平均遺伝子数[a]	46,370
	高度反覆DNA配列	
	5組のゲノム%	
	（B1, B2, R, MIF-1, EC1）[b]	8～10%
生殖生物学[c]		
	妊娠期間	19～20日
	離乳齢	3週間
	性成熟齢	～6週間
	平均体重	出生時　1g
		離乳時　8～12g
		成体　30～40g（雄＞雌）
	実験室内での平均寿命	1.5～2.5年
	平均産子数[d]	～6～8
	雌1匹当たり全出産数	4～8

[a] Gene models, MGSC Version 3（http://www.ncbi.nlm.nih.gov）.
[b] Bennett et al.（1984）
[c] 妊娠期間，体重，寿命などの値は近交系の間で異なる。詳細は第17章の文献，例えばAltman and Katz（1979），Festing（1979），Heiniger and Dorey（1980）に述べられている。
[d] 産子数は，排卵される卵子数および出生前の死亡率に依存する。両者ともに母親の年齢，出産経歴，環境条件（例：食餌，ストレス，見慣れない雄の存在）および系統（胎盤形成の効率など遺伝因子に反映される）によって異なる。近交系における出産前死亡率は，約10～20%。（文献，Boshier, 1968）

スにおける自然発生腫瘍の頻度に与える遺伝的背景，近交化および妊娠の影響について Leo Loeb と共同で実験を行っている（Shimkin 1975；Morse 1978）。農場での種マウスとして，彼女はバーモントとミシガンで，わなで捕らえた野生マウス，ヨーロッパや北米の様々な場所から入手した愛玩マウス，および日本から輸入した「まいねずみ」（waltzing mouse）を用いた。まいねずみは，中国と日本で長い世代にわたってペットとして飼育され，ある劣性変異がホモ接合型になっているために内耳の欠陥と神経性の回転行動を引き起こしていると考えられている。グランビー・マウス農場は，その大部分が実験用マウスの「るつぼ」であって，図1.1に示すように，古い近交系の多くは Lathrop がそこで維持していた始祖マウスの比較的小さな集団にまで遡ることができる。現在，400以上の近交系が入手可能であり，それらの起源と特性は Mouse Genome Informatics（MGI）database（http://www.informatics.jax.org/mgi-home/genealogy）に記載されている。

　実験用マウスの正式な系統は決して単純ではなく，それは起源とするヨーロッパマウス Mus musculus にいくつかの亜種が存在することを反映している。この複雑性はマウスDNAの研究に制限酵素断片長多型（restriction-fragment-length polymorphism；RFLP）を応用することで明らかになってきた。卵細胞質を通して母親から伝達されるミトコンドリアDNAのRFLP解析によると，野生マウスおよびそれに由来する新しい系統の間のばらつきと比較して，古くから確立された系統間ではわずかの差しかみられない。実際，ミトコンドリアDNAのRFLP解析の結果から，最初に確立された系統のうちの少なくとも5つ（DBA，BALB/c，SWR，PL，C57-C58）は，亜種 Mus musculus domesticus の1匹の雌に由来するとい

う意見が出されている(Ferris et al. 1982)。この分類学上のグループは西および南ヨーロッパに見出されており，米国北部の野生マウスのすべては，これらが人間とともに北大西洋航路を経て移住してきたものである。第二のグループ，すなわち，亜種 *Mus musculus musculus* は，中央および東ヨーロッパ，ロシア，中国に見出され，中央ヨーロッパを通って北から南にわたる狭い地帯で *domesticus* グループと交雑している(図1.2)(Bonhomme et al. 1984)。これら2つのグループは，はっきりと異なるミトコンドリアDNAのRFLPパターンに加えて，雄を介してのみ伝達されるY染色体に特異的なDNAプローブでも異なるパターンを示す。ミトコンドリアのRFLPデータからみると意外なことであるが，A/J，BALB/c，C57BL/6，CBA/HeJ，C3H，DBA/2，129/Sv，163/Hなど，多くの古い近交系マウスのY染色体は *musculus* 型である。この結果の最も妥当な説明は，Y染色体が日本のペットマウス，例えばグランビー・マウス農場で飼育されていたマウスに由来するというものである。種々の近交系におけるY染色体の起源に関するリストが発表されている(Nishioka 1987)。実験用マウスの起源が混ざったものであるという観点から，標準的な近交系は *Mus musculus* とのみ記すことが一般的に受け入れられている(Auffray et al. 1990)。

近交系および他のマウス遺伝学研究資源の創出

近交系は，兄妹交配(brother-to-sister mating)を20世代以上行って維持されてきた系統と定義され，自然発生的な突然変異を除いて，すべての遺伝子座が基本的にはホモ接合型になっている(Altman and Katz 1979；Morse 1981)。近交系の作出はマウス遺伝学の歴史における最も重要な段階の一つであり，癌研究，組織移植および免疫学研究に革命を起こした。その先覚者の一人はClarence C. Littleであった。彼は，ビュッセイ研究所のCastleのもとでマウスの毛色の遺伝学を学び，後にメイン州Bar HarborにRoscoe B. Jackson Memorial Laboratory(一般にジャクソン研究所と呼ばれている)を創設した(Russell 1978；Morse 1981)。他のパイオニアーは，Lionelle Strong，Leo Loeb，およびJacob Furthである。最初の近交系の中には，淡色(*dilute*；*d*)，褐色(*brown*；*b*)および非アグーチ(*nonagouti*；*a*)の毛色変異がもとになって名付けられたDBA，およびグランビー・マウス農場の57番と58番の雌に由来するC57とC58がある。LittleとStrongは1918年から1922年にかけてCold Spring Harborのカーネギー研究所(Carnegie Institution of Washington)でこれらの初期の近交化に関する実験を行い，マウス遺伝学生誕の地の一つとなる研究所(当時は，Station for Experimental Evolutionと呼ばれていた)を設立した(Keeler 1978；Strong 1978)。

近交系の作出は，繁殖用動物の数が病気や事故で減ってしまった時でも厳密な兄妹交配を維持しなければならないために，大変な忍耐を必要とした。これらの困難な時期の話は素晴らしい読み物になっている(Morse 1978)。事実上のホモ接合体にまで近交化を進めることは始祖マウスのつがいに存在する劣性の致死突然変異のために不可能であろうと当時は広く信じられていたので，この考えに挑戦するためには勇気も必要であった。各系統には標準命名法に基づく系統名，亜系統名がつけられている。繁殖コロニーの維持と遺伝的純粋性の検査のための標準法はすでに記載されており(例えば，Nomura et al. 1985参照)，繁殖コロニーを検索するためのコンピューター・データベースもできている(Silver 1993b)。残念ながら現在においてもなお，系統の交雑汚染事故が決してまれではないことを，この分野に新たに入ってきた人達は認識しておかなければならない。

初期における近交系確立の推進力の一つは，癌感受性の遺伝研究に理論的裏付けを与える必要性のためであった。自然発生腫瘍が，あるマウスでは移植できるのにほかのマウスでは

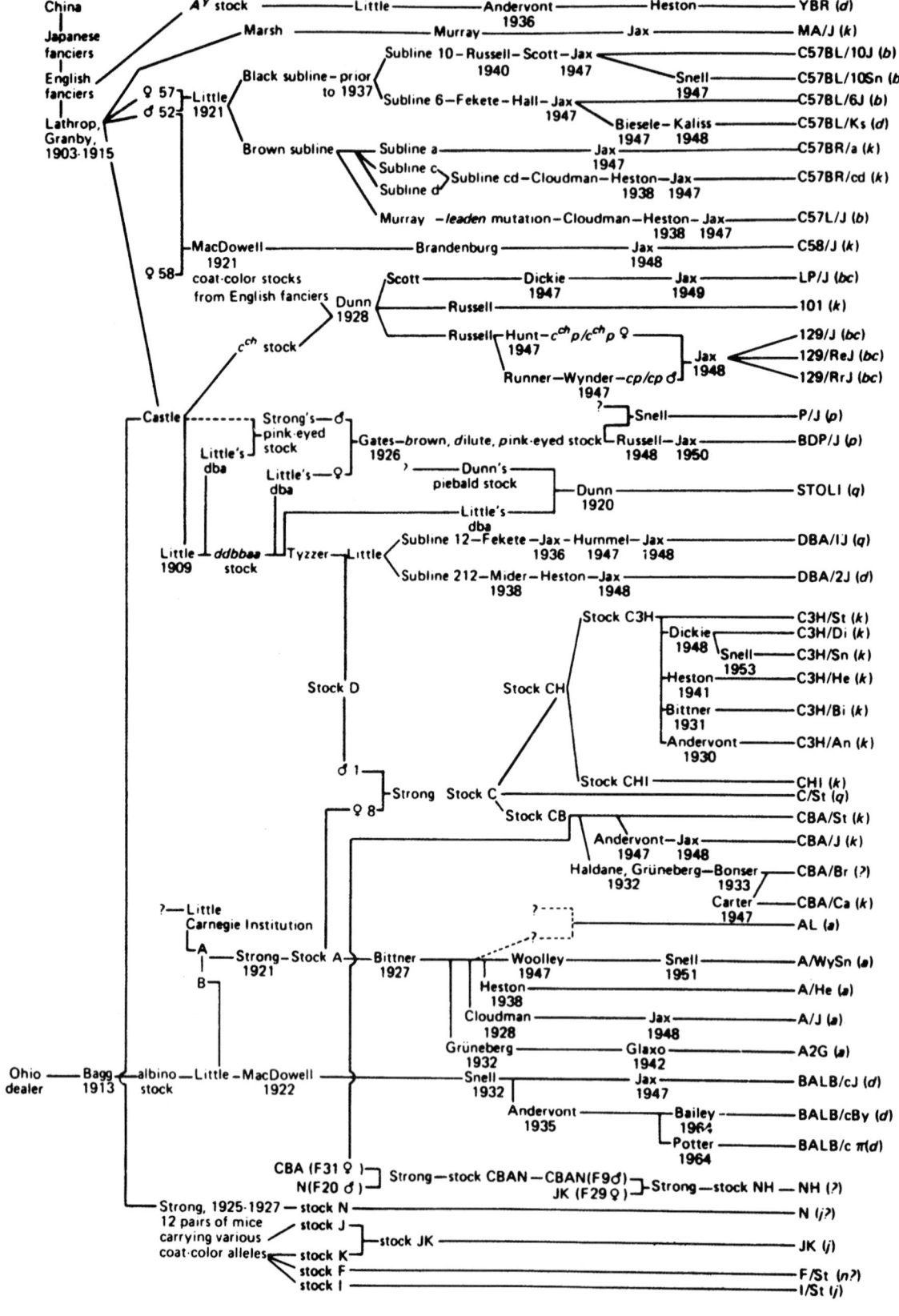

図1.1. 一般に用いられている近交系マウスの系統図。この図は一部が，Michael PotterとRose Lieberman (1967) のデータにもとづく。このデータはJan Klein (1975) により拡充され，さらにPotter (1978) により修正された。H2ハプロタイプはカッコ内に示している。図はAltmanとKatz (1979) の許可を得て転載した。

マウスの発生遺伝学と発生学　7

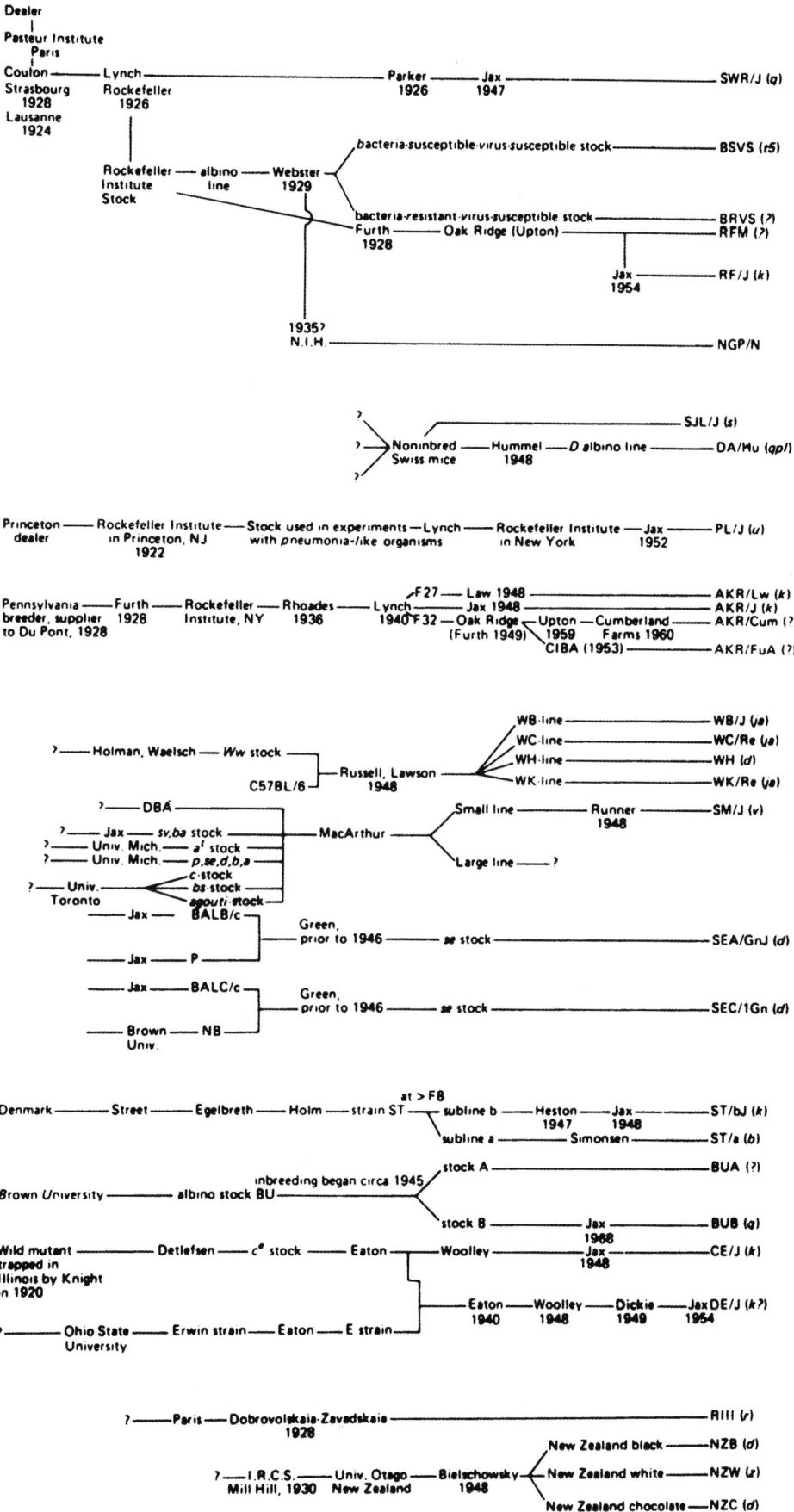

図1.1.　(前頁を参照)

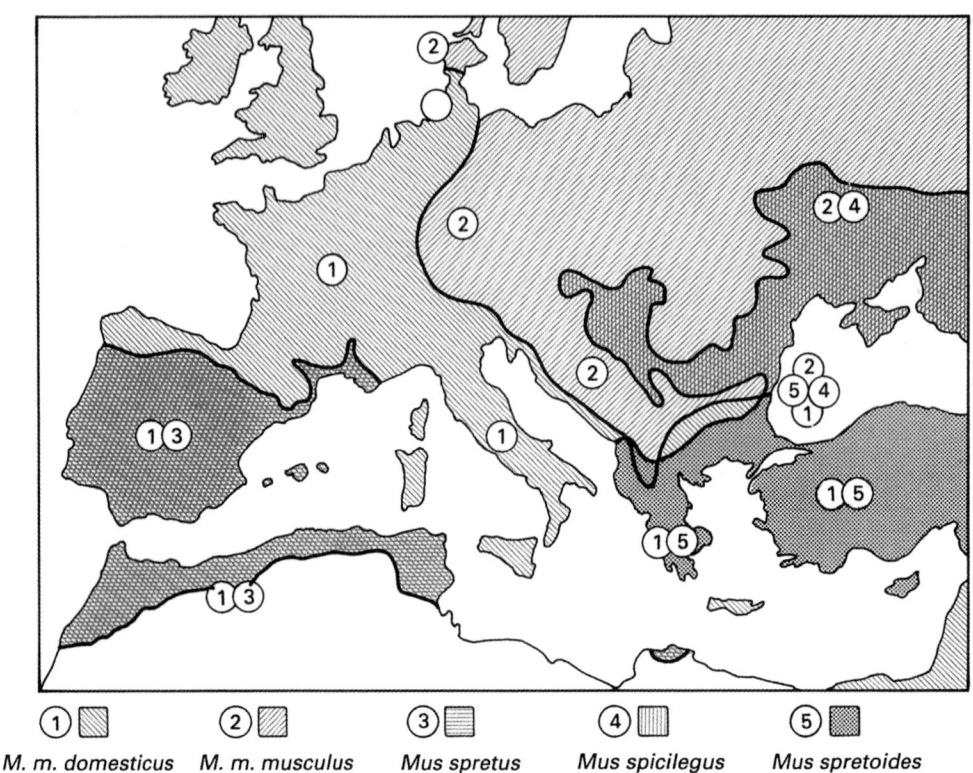

図1.2. イエネズミ種の5つの生化学グループのヨーロッパにおける地理的分布（Bonhomme et al. 1984より許可を得て書き直した）

できないという問題の解決にも近交系は必須であった。多くのグループがこの問題を研究したが，主要な貢献はロンドン大学のHaldane研究室のPeter Gorerによってなされた。彼は，A，C57BL，およびDBA系マウスと可移植性のA系腫瘍を用いて，腫瘍増殖に抵抗性を示すマウスが腫瘍細胞上の抗原だけではなくA系統の血液細胞上の抗原に対しても抗体を産生することを初めて明らかにした。特に強力な抗原は，抗原Ⅱと名付けられた。1948年，Gorerは米国の遺伝学者George Snellと共同で，抗原Ⅱを規定する遺伝子が融合 (*fused*; *Fu*) 遺伝子座（現在では17番染色体に位置することが知られている）に密接に連鎖していることを示し，組織適合性 (*Histocompatibility*)-*2*または*H2*遺伝子と名付けた (Gorer et al. 1948)。一連の卓越した実験を通して，Snellは多くの非主要組織適合性 (minor histocompatibility) 遺伝子座をも決定し，これらの業績によって1980年にノーベル賞が与えられた。この研究のすべてはジャクソン研究所で行われたが，C.C.Littleらによって築き上げられたユニークな研究環境に負うところが大きい。そこは多くの近交系が厳密な繁殖条件と健康監視下で維持されていた最初の研究所であり，しかも創立当初からの協力精神が広く受け継がれていた所であった (Morse 1978；Russell 1978；Snell 1978)。

組織適合性遺伝子を決定するために，Snellはコンジェニック系統の概念を作り出した。これは何回もの戻し交配と選択によってマーカー遺伝子周辺の短い染色体断片が一つの系統から近交系の遺伝的背景の中へ移入されたものである。近交系と同様にコンジェニック系統にも厳密な命名がなされている (Snell 1978；Altman and Katz 1979；Morse 1981)。例えば，B6.C-*H1^b Tyr^c Hbb^d/By*は，BALB/cBy由来の対立遺伝子*H1^b*が近交系C57BL/6の遺伝的背景に移入された系統である。面白いことに，このマウスは黒色ではなくアルビノである。そ

表1.2. リコンビナント近交(RI)系8系統の作出方法

始祖近交系		AABBCC×aabbcc						
↓								
F₁		AaBbCc						
↓								
F₂		AaBbCc×AaBbCc						
20代以上の兄妹交配								
RI系統	1	2	3	4	5	6	7	8
	AABBCC	AABBcc	AAbbCC	AAbbcc	aaBBCC	aaBBcc	aabbCC	aabbcc
A	A	A	A	A	a	a	a	a
B	B	B	b	b	B	B	b	b
C	C	c	C	c	C	c	C	c

作出は，3つの連鎖していない遺伝子座の対立遺伝子が互いに異なる2系統の始祖系統からはじめる。3つの対立遺伝子は，近親交配の過程で独立に分離・結合し，最終的には遺伝的に固定される。その結果，各対立遺伝子はユニークな系統分布パターン(strain distribution pattern:SDP)を示す。

の理由は，BALB/cByのアルビノ遺伝子 Tyr^c が $H1^b$ に強固に連鎖しているためである。野生マウス由来のX連鎖遺伝子をもつコンジェニック系統もまた，X染色体不活化の研究のために作り出された(Nielsen and Chapman 1977; Chapman et al. 1983)。最初はSnellにより，次いでほかの人達により作出されたコンジェニック系統の多くは，ジャクソン研究所を含む供給元から購入することができる。

マウス遺伝学におけるもう一つの重要な技術革新は，Donald W. Bailey と Benjamin A. Taylor によるリコンビナント近交系(RI系統)の開発である(Morse 1981)。これは高度に近交化された2つの始祖系統間の交配から出発し，そのF₂世代のランダムな雌雄のつがいを近交化して，一連の組換え近交系，すなわち，RI系統を作り出す方法である(表1，表2)。その有用性は，2つの始祖系統間で多型を示すすべての新しい遺伝子について，その染色体上の位置を決定するのに役立つことである。これは新しい多型の系統分布パターン(strain distribution pattern; SDP)を既知の遺伝子座に連関した酵素，蛋白質，あるいはDNA RFLPのSDPと比較することにより行われる。このシステムの利点の一つはデータが累積的であることであり，すでに発表されている(Lyon and Searle 1989)，またはジャクソン研究所のコンピューターに蓄えられているパターンがマウスゲノムの機能的マッピングのための新しく拡張されたデータベースを提供している。もう一つの利点は生きた動物が使えることから，例えば行動や神経学的反応の違いが研究できることである(Takahashi et al. 1994)。実際，RI系統が薬剤およびアルコール中毒に対する感受性に影響を与える遺伝子座の決定に用いられている(Berrettini et al. 1994; Crabbe et al. 1994)。RI系統の欠点の一つは維持に経費がかかることであるが，今では精製DNAをジャクソン研究所から入手することができる。ほかの欠点は，始祖系統間で多型を見出すことがしばしば困難なことである。この原因の一部は前節で述べたように実験用マウスの起源がかなり限定されていることと関係している。それに代わる方法として，スペインで見出された野生マウス(*Mus spretus*)と近交系マウス間のF₁交雑種を戻し交配させることによる遺伝子マッピング法が開発された。*M. m. domesticus* と *Mus spretus* とは種が異なるので特定のDNAプローブでRFLPを見出す機会ははるかに多い(Robert et al. 1985; Avner et al. 1988)。このシステムの欠点はF₁雄が不妊になることである。そのために交雑が行われてもその子孫を増やして系統化することができず，DNA量は限られてしまう。ほかの野生マウス(例えば *M. castaneus*)由来の近交系と *M. domesticus* の間の戻し交配も確立されている。

野生マウスは別の面でも研究に役立っている。例えば最初にドイツの遺伝学者Alfred Groppが明らかにしたように，野生マウスは，非常に区別しにくい40本の端部着糸型(acrocentric)染色体で構成されるM. m. domesticusの核型に，細胞遺伝学的変異を導入するために利用できる。Groppはスイス高地の渓谷で正常染色体がセントロメアで融合して双腕になった7対の染色体(ロバートソン型融合)をもつマウスの近交系グループを発見した(Gropp and Winking 1981)。個々のロバートソン型染色体は実験室の近交系に導入されて，特定の染色体が1本または3本となった胚(Epstein 1985)，または両親の一方から染色体の2つのコピーを受け継いだ胚(Cattanach and Kirk 1985)が作り出された。これらは細胞遺伝学的マーカーとしても役立っている。ポスチャボ渓谷(Valle di Poschiavo)のマウスの発見以来，セントロメア融合はほかの地域のマウスや実験用マウスの系統でも見出された。近交系と同様にこれらには厳密な命名が行われている。例えば，Rb(11.16)2Hは11番と16番染色体の間でのロバートソン型融合を示し，ハーウェル(Harwell)のMRC放射線生物学研究所で同定された2番目のものである(Lyon and Searle 1989)。M. m. domesticusとその近縁マウスの遺伝学および自然史についてさらに情報が必要な時は，立派なシンポジウムの記録であるBiology of the House Mouse (Berry 1981)とLee Silverのすぐれた著書(1994；MGIを通して公開され，アクセス可能)を参照されたい。

マウス発生遺伝学の起源

マウス愛好者から手に入ったことから，繁殖実験に用いられた最初のミュータントマウスの多くは，毛色，毛の形態，および色素形成パターンに明らかな変異を示すものであった(図2.42参照)。事実，これらの古い変異は生物学のすべての研究領域にわたって極めて貴重な資源であることが明らかになり，関係する多くの遺伝子がクローン化された。例えば，色素形成ミュータントの優性白斑(Dominant white spotting；W)とスチール(Steel；Sl)は，メラニン細胞，始原生殖細胞および造血系細胞の増殖と分化に必要な膜貫通型チロシンキナーゼ受容体と，そのリガンドをコードする遺伝子に，それぞれ欠陥をもっている。毛のwaved-1とwaved-2変異には，トランスフォーミング成長因子-アルファ(TGF-α)と上皮成長因子(EGF)の受容体をコードする遺伝子がそれぞれ関わっている(Luetteke et al. 1993, 1994；Mann et al. 1993)。メラニン細胞が樹状突起を伸ばせないために色素が薄くなる淡色(dilute；d)変異は，その細胞質に発現する特有のミオシン重鎖をコードする遺伝子Myo5aへのレトロウイルスの挿入によることがわかっている(Jenkins et al. 1981；Mercer et al. 1991)。また，毛胞に発現してメラニン細胞による色素形成を調節するアグーチ遺伝子もクローン化されている(図2.42参照)(Bultman et al. 1992)。

何年にもわたって，ほかの複雑な神経学的，生理学的，および形態学的過程が影響を受ける数多くのミュータントマウスが同定されてきた。そのあるものは，近交系作出の初期に野生マウスや愛玩マウスで劣性変異として見出された。他のものは，すでに近交系になっていた実験室のマウスの中で自然に生じた変異として見つかった。別の重要な突然変異源はX線や化学的突然変異誘発剤に曝されたマウスの子孫であった。この種の仕事の多くは，第二次世界大戦の直後に放射線の生物学的影響を研究する必要に応じて設立された2つの研究所，すなわちテネシーのオークリッジ国立研究所とオックスフォード近くのハーウェルのMRC放射線生物学研究所で行われた。これらの研究所は，広範囲にわたる重要な放射線誘発変異体および染色体再配列を作り出すとともに，マウスの基礎遺伝学でもすぐれた研究を行った。例えば，オークリッジでは，Liane Russellが9番染色体上の淡色-短耳(dilute-short ear)領域

を含むオーバーラップした一連の欠失のマッピングを行った。この領域は出生前および出生後の発生に関するいくつかの遺伝子を含み，色素形成に影響する淡色遺伝子座と骨格の分化を調節する短耳（図2.43参照）遺伝子座にはさまれている(Russell 1971；Rinchik et al. 1985)。前述した淡色遺伝子座へのレトロウイルスの挿入は，この遺伝子複合体を分子レベルで詳細に解析するための最初の手がかりを与えた。引き続いて行われたポジショナルクローニングによって短耳遺伝子が骨形成蛋白質5(*bone morphogenic protein-5；BMP5*)として知られる増殖因子をコードする遺伝子であることが明らかにされた(Kingsley et al. 1992)。また，オークリッジでの研究によってアルビノ遺伝子座の周辺にオーバーラップした欠失をもつ1組の突然変異が作り出されて，出生前および出生後の発生に影響する遺伝子座が決定された(Holdener-Kenny et al. 1992の総説参照)。最近，胚性外胚葉発生(embryonic ectoderm development；*eed*)遺伝子がこの領域内にクローン化され，それがポリコーム・グループ(Polycomb group)蛋白質をコードしていることが示された(Schumacher et al. 1996)。大西洋の対岸では，Mary Lyonが最初はエジンバラ大学の遺伝学研究部で，次いでハーウェルのMRC放射線生物学研究所で研究を行い，雌マウスの体組織におけるランダムなX染色体の不活性化現象を初めて記述した(Lyon 1961)。ハーウェルでは，彼女はまた，*t*複合体の遺伝学的機構について斬新な，それゆえに長い間正当に評価されなかった多くのアイデアを提唱した(Lyon et al. 1979)。マウスのミュータントや染色体の変異がどのような由来であるにせよ，それらを分離し維持することは大変な経費と時間を要する仕事であった。現在保存され，カタログ化されている系統は，数多いマウス遺伝学者の多大の努力，献身，先見の明の賜物である。

　過去を振り返る時，初期の形態学的ミュータントの病理および病因を追求した困難な仕事が，ややもすると過小評価されがちである。成体における欠陥の全体像が，どのようにして単一の遺伝子の突然変異によって引き起こされるのかを理解するためには，突然変異の表現型を初期胚にまで遡って調べなければならないことが，まもなく明らかになった。このようなアプローチを得意とした遺伝学者の一人がHans Grünebergであった。彼はドイツからの難民で，Haldaneに招かれてロンドン大学で働くことになった。元来は医師であったGrünebergは，ミュータントマウスがヒトの先天性欠損を理解するためのモデルとして利用できるという信念をもつようになり，40年以上にわたってあらゆる種類のミュータント，特に骨格異常について記載を行った。彼はこれらの多くについて着床後の早い段階まで遡って追跡し，最初の欠損症状が体節の形成および分化の過程に現われることを示した。彼の著書Animal Genetics and Medicine(1947)，The Genetics of the Mouse(1952)，The Pathology of Development(1963)はこの領域における古典であり，1955年に書かれて1961年に英訳されたErnst HadornのDevelopmental Genetics and Lethal Factorsとともに大きな影響を及ぼした。

　米国におけるマウス発生遺伝学の先駆者中の先駆者は，コロンビア大学でThomas Hunt Morganと同世代であったL.C.Dunnと彼の同僚Dorothea Bennettおよび，ドイツの有名な発生学者Hans Spemannの生徒であったSalome Glucksohn-Waelschである。Dunnと彼の弟子達の功績は多くのホモ致死ミュータントマウスの記載であるが，最大の貢献は17番染色体上の*t*複合体の解析を推進したことである。この複合体の最初のミュータントは，パリのパスツール研究所で放射線の影響を研究していたロシアの癌研究者Nelly Dobrovolskaia-Zavadskaiaによって発見された。彼女は，X線照射マウスの子孫のあるものが短い尻尾をもっていることを見つけ，1つの優性突然変異*T*（または*Brachyury*）を有することを明らかにした（図2.43参照）。次いで彼女は*T*マウスの1匹を自分で捕まえてきた1匹の野生マウスと交配させた。驚いたことに，子マウスには全く尻尾がなかった。事実，今ではわれわれは野

生マウスが*t*ハプロタイプと呼ばれる*t*複合体の変異形質をもっていて，それが*T*に働いて尻尾の欠けた状態を作り出すことを知っている。1932年，Dobrovolskaia-Zavadskaiaは自分の発見したシステムが複雑であり，また自分のもっている遺伝資源に限界があることに気づいて，自分のマウスをDunnのもとへ送った。

　まもなく，多くの異なる*t*ハプロタイプが野生マウスの集団で見つかり，それぞれの*t*ハプロタイプをホモ接合にもつ胚は発生の異なる段階で死亡することが明らかになった(Bennett 1975)。17番染色体上の*t*ハプロタイプが野生型とヘテロ接合型になっている雄マウスでは，子マウスの90％以上に*t*ハプロタイプが受け継がれるために，この劣性致死突然変異は野生マウスの間で高いレベルに維持されていた。この現象は遺伝子伝達率歪曲(transmission ratio distortion)として知られている。50年経った今では，*t*複合体は分子レベルで広範囲に解析され，16 cMを越える大きさのDNAで17番染色体の約1/3(全ゲノムの1％に相当)を占め，4つの大きな逆位(その一つには*H2*複合体が含まれる)をもつことが明らかにされている(Herrmann et al. 1986)。おそらく，これらの逆位が野生型染色体との間の組換えを阻止することで，多くの無関係な遺伝子の劣性胚致死突然変異をその領域内に封じ込め，さらに遺伝子伝達率歪曲によって丸ごと維持されてきたものと思われる(総説としてSilver 1988, 1993a；Schimenti 2000参照)。ドイツのEMBLでHans Lehrachらと共同研究を行っていたBernhard Herrmannは，多くの異なる*T*突然変異および*t*複合体内部の再配列を利用して1990年に*T*遺伝子をクローン化した。これはマウス発生の突然変異に関するポジショナル・クローニングの最初の例であり，この領域に大きなインパクトを与えた。*Brachyury*遺伝子の産物はDNA結合蛋白質で，最初は胚の原条に，次いで脊索から尾芽に発現する転写因子と考えられる(Herrmann 1991；Kispert and Herrmann 1993)。ホモ接合型の突然変異胚では*T*の欠損は致命的な発生異常を引き起こし，胚は胎齢約10日(～10dpc)で死滅する(Chesley 1935)。さらに，*T*遺伝子産物とその発現パターンは脊椎動物の進化の過程で高度に保存され，そのオルソログはアフリカツメガエル(Smith et al. 1991)，ゼブラフィッシュ(Schulte-Merker et al. 1992)，およびホヤ(Yasuo and Satoh 1993)で見つかっている。最近の研究では，*Brachyury*に関連する遺伝子はショウジョウバエにも存在し，*T*が，いわゆるTボックスDNA結合ドメインをもつ転写因子をコードする発生制御遺伝子の大きなファミリーの一員であることが示されている(Bollag et al. 1994；総説としてはPapaioannou 2001参照)。

　遺伝子伝達率歪曲を制御しているものを含めて，ほとんどの*t*関連遺伝子の実態はまだ完全にはわかっていないが，いくぶんかの進歩は達成されている(Silver 1993a；Herrmann 1999)。同様に，胚のパターン形成，器官形成，および初期神経発達に影響する「古典的な」突然変異がゲノムのほかの場所にマップされ，クローン化されるのを待っている。いまや，アセンブルされたマウスゲノムが公開され利用可能になったことで，古典的な突然変異の候補遺伝子を直ちに同定するための手段が提供された。さらに，トランスジェニックマウスの作製に用いたクローン化DNAやレトロウイルスが形態形成を調節する特定の遺伝子に挿入されることも起こり得る。そのような時は，挿入された外来性DNAが内在性遺伝子を分離するためのユニークな手がかりになるであろう(総説としてLock et al. 1991；Woychik and Alagramam 1998参照)。レトロウイルスの実験的導入より引き起こされた胚性致死突然変異の最初の例は，アルファ1(I)コラーゲン遺伝子が破壊された*Mov13*系統であった(Jaenisch et al. 1983；Hartung et al. 1986)。発生遺伝子の同定に導いたトランスジェニック挿入突然変異の初期の一例は，肢異常*limb deformity*のクローニングであった(Woychik et al. 1985, 1990；Maas et al. 1990)。造血，免疫学，腫瘍細胞学，発生神経生物学のような研究領域は，常に新しい増殖因子，受容体，細胞接着因子の同定に繋がっている。これらの蛋白質の少なくと

も一部は古典的遺伝学ですでに同定されている遺伝子によってコードされている可能性が高い。マウスにおける新しい遺伝子の同定と発生変異体のクローニングのための，より組織的な戦略については本章の最後に述べる。

マウス実験発生学から受け継いだ財産

哺乳類遺伝学の出発点は，間違いなく1900年のメンデルの法則の再発見であり，最初はCastle, Little, Haldaneのような指導者のまわりに集まった比較的少数の熱心な人達によって支えられた。これに対して哺乳類発生学ははるかに古い科学であり，現在の学説の複雑な発展経路を，各国における多くの研究社会に遡ってBoveri, Roux, Spemann, Hadorn, Nieuwkoop, Waddingtonのような古典的実験発生学者にまで言及するのは本章の範囲を越えるものである。哺乳類発生学は，また，その出発点から人間および獣医の生殖生理学と密接に関わっており，社会的圧力がこれらの研究に対して加えられたのは正にこの繋がりを介してであった。例えば，1950年代後半から1960年代にかけて哺乳類の生殖と発生に関する研究が促進された理由の一つは，人口調節と食糧増産のための新しい手段の必要性が認識されたためであった。米国およびヨーロッパの多くの研究所はPopulation Council, Inc.およびフォード財団から研究費の補助を受けた。家畜の受胎性および生産性の向上に熱心に取り組んでいた英国のAgricultural Research Councilのような機関からも研究費が出された。哺乳類発生学の歴史については，Needham(1959)，Austin(1961)，Oppenheimer(1967)，Mayr(1982)を参照されたい。

哺乳類発生学に関する初期の実験の多くはウサギ胚を用いて行われた。これには，着床前の発生段階の正確な記載（Van Beneden 1875），卵管への移植（Heape 1890），桑実胚の分裂の撮影（Lewis and Gregory 1929），およびその他の*in vitro*での観察などが含まれる（Pincus 1936；Austin 1961の総説参照）。ウサギが最初に用いられた理由は，卵が比較的大きく扱いやすいこと，厚いムチン層で覆われていること，および雌が交尾後にのみ排卵するので胚の胎齢をきわめて正確に知ることができることであった。しかし，これらの利点はマウスの生殖生理学と遺伝学の知識が増すにつれて失われていった。

マウス胚を培養して胚盤胞まで発生させる試みを最初に報告したのは，John Hammond Jr.である。名前からわかるように，彼はウシの人工授精を導入した偉大な畜産科学者の息子である。英国ケンブリッジのStrangeways Laboratoryで，Hammond Jr.は8細胞期桑実胚を胚盤胞まで培養することに成功したが，2細胞期で取り出した胚はすぐに死亡した（Hammond 1949）。1956年になって初めて，オックスフォードで研修を受けた後にキャンベラのオーストラリア国立大学で研究を行っていた獣医科学者Wesley Whittenにより突破口が開かれた。彼の実験の動機は，胚発生におけるステロイドホルモンの要求性を調べるための合成培地を作ることであった。グルコースとウシ血清アルブミンを補ったクレブス・リンゲル重炭酸塩溶液を用いて，Whittenは8細胞期マウス胚を胚盤胞まで高率に発生させることに成功した（Whitten 1956）。次いで彼は培地を少し変えることで2細胞期胚の一部が胚盤胞に発生することを見出した（Whitten 1957）。のちにWhittenは米国へ移住し，ジャクソン研究所で研究を続けた。しかし彼はまた，フィラデルフィアにあるペンシルベニア大学のJohn Biggersと緊密な共同研究を行った。もう一人の獣医科学者Ralph Brinsterが着床前マウス胚の詳細な栄養要求性を明らかにして，その過程で胚の微小滴培養法を確立したのは，このBiggers研究室であった（Brinster 1963, 1965, 1968）。

これらの培養条件は，最終的には単純なものとなったが，全く新しい実験領域を開いた。

同じころ英国のAnne McLarenが卵管と子宮への胚移植の最適条件を見出し(McLaren and Michie 1956)，最後の難関を乗り越えて培養胚を生きたマウスに育てることが可能になった(McLaren and Biggers 1958)。これらの技術改良を組み合わせて利用することにより，多数の胚を実験的に操作し，その最終結果を調べることが遂に可能になったのである。例えば，ワルシャワのKristof Tarkowskiは1個の割球を殺して残りの割球が発生するかどうかを見るという古典的な発生学的アプローチによって，単一割球の発生能力を解析する研究を始めることができた（Tarkowski 1959）。彼はまた，集合キメラを作ることにも初めて成功した。この発想は北ウェールズのバンゴール大学を訪問中に生まれ，達成されたものである(I.Wilson私信)。Tarkowskiの最初の方法は，透明帯を機械的に破り，少量の培地内でお互いの胚を押し付けて一緒にしておくものであり，技術的にきわめて難しかった（Tarkowski 1961)。この操作過程はフィラデルフィアのBeatrice Mintzが透明帯をプロナーゼで穏やかに消化する方法を見つけたことで格段に容易なものになった(Mintz 1962)。その後，おとなのキメラマウスが作られ，生殖系列のキメリズムが報告されるに至った(Mintz 1965)。

2つ以上の遺伝形質のキメラは，メラニン細胞の移動と色素形成パターン，性の決定，生殖細胞の分化，免疫学，腫瘍のクローン性，体の大きさの調節，および細胞系譜のような多様な問題の研究に利用されている(McLaren 1976の総説参照)。培養系の利用により体外受精およびマウス卵母細胞の単為発生活性化のための実験法も確立された。さらに，Ralph Brinsterは純化グロビンmRNAのマウス受精卵への注入実験を初めて行い(Brinster et al. 1980)，次に述べるように，トランスジェニックマウスの作製へと進んでいった。同じような洞察力と粘り強さで，Davor Solterはフィラデルフィアのウイスター研究所(Wistar Institute)でマウス受精卵の間での核移植に成功した(McGrath and Solter 1983)。この技術は哺乳類発生における親の遺伝子のインプリンティングの重要性を明らかにするうえで決定的なものであった(Mann and Lovell-Badge 1984；McGrath and Solter 1984；Surani et al. 1984)。ホノルルのハワイ大学で柳町隆造と一緒に研究していた若山照彦は，最初のクローンマウス，キュムリーナ(Cumulina)のほか，多くのクローンマウスを除核卵母細胞へ体細胞核を直接注入する方法で作り出すことに成功した(Wakayama et al. 1998)。

着床後のマウス胚の研究に関する限り，胚組織と胚外組織の系譜についてかなりの議論と混乱があった。様々な入り乱れた説については，Rossant and Papaioannou(1977)にまとめられている。これらの問題を解決するために，そして初期の胚細胞が発生運命を決定される時期を調べるために，英国ケンブリッジのRichard Gardnerはバラバラにした細胞を胚盤胞に注入してキメラを作る技術を開発した(Gardner 1968)。着床後胚の様々な部位の発生能力を検査するために，その組織片を*in vitro*および本来とは異なる場所で培養する方法もいくつかの研究所で開発された。このようにして，ザグレブのNikola Skrebらは，初期の胚性外胚葉が胎子の3胚葉のすべてに発生できる細胞を含むことを示した。

正常胚に由来する細胞の多能性に関するこれらの研究は，ジャクソン研究所のLeroy StevensとコロラドのBarry Pierceによる奇形癌腫を利用する先駆的アプローチによって補完された。奇形癌腫は異なる型の組織が無秩序に混在する生殖腺の腫瘍であり，その細胞はすべて胚性癌腫細胞として知られる未分化の幹細胞に由来する。Stevensは最初，129近交系の雄マウスで始原生殖細胞に由来する精巣奇形種が低い頻度で発生することを見出した(Stevens and Little 1954)。また，彼は精巣での奇形種の頻度を増加させる*ter*のような修飾遺伝子を同定し，発生率が30％に達する近交系(129/Sv)を作り出した。彼はさらに雌の約50％が卵巣の奇形種を起すLT系統も作り出した。

可移植性の奇形癌腫が利用できるようになったことで，多くの新しい実験が計画され，ま

もなくフランスのBoris Ephrussiと米国のGordon Satoによって腫瘍由来の細胞が *in vitro* で未分化の胚性癌腫幹細胞と分化した派生細胞が混ざった形で増殖することが示された。この培養系が哺乳類胚細胞の生化学と分子生物学の研究に役立つことはFrançois Jacobによっても認められ，彼の影響力とパスツール研究所での彼のグループの研究を通して，多くの細胞生物学者と生化学者が奇形癌腫とマウス発生遺伝学に興味を抱くようになった(Jacob 1983)。

奇形癌腫の利用は，胚性癌腫(EC)幹細胞を胚盤胞に注入してEC細胞由来の正常組織を含む成体キメラを作り出すというBrinster (1974)，Mintz and Illmensee (1975)，Papaioannou et al. (1975)の研究成果に繋がっていった。これらの研究は，EC細胞における特定の突然変異を前もって *in vitro* で選択し，キメラを通してマウスを再生するという非常に興味深い可能性を開いた。このアイデアはDewey et al.(1977)によって直接試された。彼らは *in vitro* でEC細胞を化学的に突然変異させてHPRT欠損EC細胞株を選択し，この細胞をキメラ個体の体組織に広範囲に取り込ませることに成功した。しかし，EC細胞はまれにしか生殖系列へ分化しなかった(Stewart and Mintz 1982)。培養細胞が高い頻度と再現性をもって生殖系列に組み込まれるようになるのは，英国ケンブリッジのMartin EvansとMatt Kaufman(Evans and Kaufman 1981)およびサンフランシスコのGail Martin(Martin 1981)が，それぞれ独立に胚盤胞由来の胚性幹(ES)細胞株を開発した後であった。以下に述べるように，ES細胞が利用可能になったことは哺乳類の発生遺伝学に大きなインパクトを与えた。相同遺伝子組換え技術とあいまって，ES細胞は胚発生における遺伝子の機能と相互作用を研究するための極めて魅力に富む新しい手段をもたらした。ES細胞はヒトの疾患と先天性異常を研究するためのマウスモデルを作り出すためにも広く用いられている。

マウスゲノムの操作

マウスゲノムの操作はマウス胚の物理的操作を必要とする。1966年，カリフォルニア大学サンフランシスコ校のTeh Ping Linはウシ・ガンマグロブリンのような高分子がマウス受精卵の前核へ直接マイクロインジェクションできること，およびその胚は操作に耐えて生存マウスへ発生することを報告し，トランスジェニックマウス作製に必要な物理的操作の基礎を確立した(Lin 1966)。実は，新しい遺伝物質をマウス胚へ直接導入する最初の報告は，組換えDNA技術が広く用いられる以前に発表されていた。1974年，Rudolf JaenischとBeatrice Mintzは，純化SV40ウイルスDNAをマウス胚盤胞腔に注入すると，生まれてきたマウスの体組織にウイルスDNA断片が検出されることを発見し，ウイルスDNAが胚細胞のゲノムに組み込まれたことを示唆した。さらにJaenisch(1976)は，着床前のマウス胚に感染させることにより，モロニー・マウス白血病ウイルスが生殖系列へ安定した形で導入されることも見出した。しかしこれらの研究は，クローン化した真核生物遺伝子を生殖系列へ導入する試みにすぐには繋がらなかった。1980年に，単純ヘルペスウイルス(HSV)のクローン化チミジンキナーゼ(*tk*)遺伝子が培養線維芽細胞の核へマイクロインジェクションされると，注入を受けた細胞に安定的に組み込まれて発現することが報告された(Anderson et al. 1980；Capecchi 1980)。この結果は，1細胞期マウス胚への注入によってクローン化DNAを発生中のマウスへ効果的に導入できることを示唆し，多くの研究者がこの可能性を検証することになった。受精卵前核への直接注入によってマウス体組織へクローン化遺伝子を導入することに最初に成功したのはGordonら(1980)であった。その後すぐに，いくつかの他のグループもマウス体組織へのクローン化遺伝子の導入に成功した(Brinster et al. 1981b；Costantini and Lacy 1981；E. Wagner et al. 1981；T. Wagner et al. 1981)。さらに重要なことは，これらの導入「トラ

ンスジーン」が発現され(Brinster et al. 1981b；E. Wagner et al. 1981;T. Wagner et al. 1981)，子孫に伝達されることが見出されたことである(Brinster et al. 1981b；Costantini and Lacy 1981；Gordon and Ruddle 1981；T. Wagner et al. 1981)。トランスジェニックマウスにおける外来性遺伝子の構造，遺伝，発現，およびこの技術のマウス胚発生研究への応用については，第7章で述べられている。往々にして一般に評価されていないことは，動物の生殖系列の実験的改変(トランスジェネシス)がマウスで初めて達成されたということである。最初は受精卵前核へのクローン化DNAの注入で始まったこの動物生殖系列の実験的・遺伝的操作は，人類の文明の歴史上，最も重要な画期的な出来事の一つといえる。

　ES細胞の開発は，この初期の業績を大幅に拡張することになった。ES細胞はEvansとKaufman(1981)およびMartin(1981)によって初めて培養胚盤胞から直接得られた。その後まもなく，この細胞が宿主胚盤胞に注入されて仮親に戻された時に生殖系列を含む多くの組織に寄与できることが明らかにされた(Bradley et al. 1984)。ES細胞の遺伝子操作に関する最初の報告はRobertsonら(1986)およびGosslerら(1986)によるものであり，前者では組み込まれたレトロウイルスを含む細胞が生殖系列を通して伝達されることが示され，後者ではES細胞に導入されたneo^r遺伝子が同様に伝達されることが示された。特定の内在性遺伝子に対する操作は，Hooperら(1987)およびKuehnら(1987)によって示された。彼らは，Deweyら(1977)と同じように，X連鎖遺伝子であるヒポキサンチン・ホスホリボシル・トランスフェラーゼ(*Hprt*)を欠損する変異ES細胞を前もって選択し，*Hprt*欠損マウスを作り出すのに用いた。利用された2つの方法は，すでに存在する自然の変異細胞の選択(Hooper et al. 1987)とレトロウイルスによる正常遺伝子の破壊(Kuehn et al. 1987)である。興味深いことに，ヒトとマウスではプリン代謝が異なるために*Hprt*欠損雄マウスはレッシュ・ナイハン病の症状は示さなかった。それにもかかわらず，ES細胞を培養皿の中で遺伝的に操作して生殖系列に変異を導入できるようになったことは画期的であった。これに続いてES細胞で特定の遺伝子を標的にして相同遺伝子組換えにより変異を導入する実験が行われるようになった。これは最初，*Hprt*で達成された(Doetschmann et al. 1987；Thomas and Capecchi 1987)。標的変異の生殖系列への伝達は，*Hprt*(Thompson et al. 1989)，*c-abl*(Schwartzberg et al. 1989)，および*β₂-microglobulin*(Zijstra et al. 1989)で初めて得られた。今日では，数千の遺伝子が相同組換えによって破壊され，生殖系列を通して伝達されている。標的変異をもつマウス系統の部分的リストはジャクソン研究所に置かれているTBASEデータベース(http://www.tbase.jax.org)で，またはBioMedNet(http://www.bmn.com)を通してMouse Knockout and Mutation Databaseを購読することによって見ることができる。

　より最近になって，ES細胞での精巧な遺伝子ターゲッティングの戦略がマウスゲノムを操作するために数多く開発されている(Bradley and Liu 1996)。遺伝子ノックイン戦略は，標的とする内在性遺伝子の発現パターンと同じように異種の遺伝子を発現させるために考案された(Hanks et al. 1995)。さらに，構成的変異により引き起こされる発生初期の致死を回避するために，CreおよびFlpのような部位特異的DNAリコンビナーゼを用いた条件的遺伝子操作(組織特異的ノックアウト)がいまやマウスではルーチンの作業となっている(総説としてNagy 2000参照)。CreおよびFlpに依存して*LacZ*，ヒト胎盤性アルカリフォスファターゼあるいは蛍光蛋白質のような細胞自律性のレポーター遺伝子を発現する条件的レポーター・マウスの系統も得られている(Lobe et al. 1999；Mao et al. 1999；Soriano 1999；Novak et al. 2000；Awatramani et al. 2001；Srinivas et al. 2001)。注目すべきは，欠失，重複，逆位および転座を含むセンチ・モーガン規模の大きな遺伝的改変が，染色体工学(Ramirez-Solis et al. 1995；Smith et al. 1995；総説としてはYu and Bradley 2001参照)または放射線照射(You et al.

1997；Goodwin et al. 2001)によってES細胞で可能になったことである。マウスゲノムを操作するための，さらに多くの方法が発生過程における遺伝子の機能を明らかにするために開発されるように思われる。

マウスにおける新しい遺伝子と発生変異の組織的検索

　マウスの発生を調節する新しい遺伝子を組織的に検索するために数多くの異なる戦略が用いられてきた。最も成果が得られた戦略の一つは，いわゆるホモロジー検索である。これは，ほかの生物，特にショウジョウバエ，線虫およびアフリカツメガエルで成長や発生を調節することが明らかにされた遺伝子と関連するマウスの遺伝子を，cDNAまたはゲノムのライブラリーまたはデータベースでスクリーニングするものである。これには哺乳類の細胞を用いた研究で見出された癌原遺伝子，増殖因子および受容体に関連する遺伝子の検索も含まれる。この戦略により，関連する機能モチーフをもった蛋白質をコードする高度に保存された遺伝子ファミリーが同定された。その一例に，homeo, paired, zinc finger, winged-helix, およびhelix-loop-helixのような関連したDNA結合ドメインをもつ転写因子がある。ほかの例には，増殖因子や癌遺伝子の産物に関連するポリペプチド・シグナル分子が含まれる(例えば，FGF, TGF-β, EGF, hedgehog およびWnt関連蛋白質)。これらに加えて，種々のクラスのシグナル分子に対する膜貫通型受容体および軸索誘導，細胞移動，細胞接着にかかわる蛋白質もあげられる。このアプローチの非常な成功から，ポリペプチド・シグナル分子や転写因子のような個々の要素だけでなく，おそらく全体の調節回路もまた，進化の過程を通して保存されてきたことが認識されるようになった。このことは，ある単純な祖先の生物が前後，背腹，および近遠方向の軸を決定し，これらの軸に沿った位置により細胞の運命と増殖を決定する基本的な機構を確立したことを意味する。一度これらの機構が定まると，その後の生物にとっては完全に別の経路を作り出すよりも，遺伝子の重複と分岐によってさらに複雑な形態を作る方が容易であったはずである。この保存の原則が胚発生にどの程度当てはまるのか，また，別の仮説に基づく脊椎動物全体，特に哺乳類に特徴的な全く新しい発生遺伝子が発見されるのかどうか，ということはまだわからない。当面はこの問題に対して，いくつかの異なる実験的アプローチを用いるのが明らかに最善である。特に一部の保存遺伝子は通常のホモロジー検索で検出するには，そのヌクレオチド配列があまりにも大きく異なっている。

　発生遺伝子を同定するためのもう一つの戦略は，大規模な突然変異誘発からスクリーニングする方法である。現在，マウス遺伝学者によって最も広く用いられているプロトコールは，雄マウスを化学薬品であるエチルニトロソウレア(ENU)で処理し(総説としてJustice et al. 1999参照)，その子孫に現われる優性または劣性の表現型を検出する方法である。ENUによる変異誘発で最初に作られたマウスの突然変異の一例は，Popp et al.(1983)により報告されたヘモグロビンの変異体で，電気泳動によるスクリーニングで同定されたものである。ENUミュータジェネシスで作り出された興味ある突然変異体の例としては，ヒトAPC(*adenomatous polyposis colon*)遺伝子のマウス・オルソログに変異をもつ*Min*(*multiple intestinal neoplasia*)(Su et al. 1992)，および概日リズムの形成に欠陥のある*Clock*(Vitaterna et al. 1994)があげられる。最近，マウスで優性突然変異を検出するための大規模なENUスクリーニングが実施されている(Hrabe de Angelis et al. 2000；Nolan et al. 2000)。また，小規模ではあるが，劣性形質のためのスクリーニングも報告されている(Kasarskis et al. 1998；Herron et al. 2002)。化学的突然変異誘発のための重要な技術革新の一つは，染色体工学によ

り毛色標識されたバランサー染色体をもつマウスの作出である(Zheng et al. 1999)。このようなバランサー染色体は，致死突然変異の維持を促進するとともに，染色体の部位特異的スクリーニングを効率よく行うことを約束するものである(Justice et al. 1999)。将来は，変更遺伝子を検出するための高感度のスクリーニングも作られ，実施されるであろう(McDonald et al. 1990)。幸いなことに，アセンブルされたマウスゲノムが公開され利用可能になったことで，ENUで誘発された突然変異を分子レベルで同定することがはるかに容易になり，速くなっている。特定の遺伝子における突然変異を同定するためのENU処理ES細胞を用いたアプローチも開発されている(Chen et al. 2000；Munroe et al. 2000)。さらに，ENU処理マウスの凍結保存精子も，特定遺伝子の突然変異を検出するためにスクリーニングすることができる(Coghill et al. 2002)。突然変異を起したES細胞クローンまたは精子がマウスを作り出すために用いられる。

　ES細胞が利用できるようになったことから，挿入突然変異による大規模なスクリーニングを行うための全く新しく，強力な研究への道が開かれた。ケンブリッジのMartin Evansのグループはこの有用性を直ちに認めて，neo^r遺伝子をもつレトロウイルスをES細胞に感染させ，挿入された細胞を培養中に選択できるようにした(Robertson et al. 1986)。これらの細胞はマウス系統の作出に用いられ，そこからホモ接合型のミュータントが育成された。その一つである413d系統は$nodal$遺伝子に挿入があることが見出された。$nodal$は原腸形成の際に結節の周囲に発現するTGF-β関連遺伝子をコードしている(Conlon et al. 1991；Zhou et al. 1993)。

　次いで，$lacZ$のようなレポーター配列で挿入部位に標識(タグ)を付けるように工夫されたベクターを用いて挿入突然変異誘発のスクリーニングが行われるようになった。これによって，クローニングが容易になるとともに，破壊された遺伝子の発現パターンが可視化された。コーデング配列，エンハンサーおよびプロモーターを同定するための種々のトラップ・ベクターが作られている(Gossler et al. 1989；Friedrich and Soriano 1991；Skarnes et al. 1992；総説としてStanford et al. 2001参照)。その他の技術革新には，挿入部位を挟む領域のDNAの配列決定が速やかにできるように設計されたレトロウイルス・ベクターが含まれる(von Melchner et al. 1992；Chen et al. 1994)。これによって，配列タグをもつES細胞クローンの大規模な遺伝子トラップ・ライブラリーの作出が加速された(Zambrowicz et al. 1998；Wiles et al. 2000)。関心のある遺伝子について，まずES細胞遺伝子トラップ・コンソーシアム・データベース(http://www.genetrap.de，http://www.genetrap.de/，http://baygenomics.ucsf.-edu/，http://www.escellsca/，http://cmhd.mshri.on.ca/)をチェックして，それがすでに突然変異が起こされ，キメラを作るためのミュータント・クローンが得られているかどうかを確かめることは，今や試みるに値することである。分泌型または膜結合型の蛋白質をコードする遺伝子へ選択的に挿入されるベクターも設計されている(Skarnes et al. 1995)。ES細胞が分化する時に特別に発現する遺伝子や，増殖因子に反応して活性化または抑制される遺伝子への選択的挿入をスクリーニングすることも可能になっている(Forrester et al. 1996；Medico et al. 2001；Vallis et al. 2002)。最近，元はサケ科の魚に由来する「眠れる美女トランスポゾン」が，マウス生殖系列の「眠れる美女トランスポザーゼに反応するように改変された(Dupuy et al. 2001；Fischer et al. 2001；Horie et al. 2001)。この眠れる美女システムの改変はマウスにおける新しく強力な挿入突然変異誘発手段として発展することが大いに期待される。

　マウスの遺伝学と発生学の分野における将来の進歩は止まるところを知らないようにみえる。二重鎖RNAを用いた遺伝子ノックアウト(RNA干渉)がマウスで初期の成功を収め

(McCaffrey et al. 2002)，遺伝子機能を消し去るための新しい手段として約束されている。電気穿孔法による着床前および着床後マウス胚への核酸（DNAおよびRNA）の導入は，マウスを改変するための，より普遍的な方法となるように思われる（Osumi and Inoue 2001；Grabarek et al. 2002）。マウスにおける遺伝子発現をテトラサイクリン，タモキシフェン，およびRU486のような薬品を用いて一過性に制御する技術の改良も一層進むであろう（Shin et al. 1999；Li et al. 2000；Cao et al. 2001）。相同部位を認識して遺伝子組換えを仲介するCreおよびFlpリコンビナーゼと異なり，*Streptomyces*ファージφC31由来のインテグラーゼは非相同部位の組換えを触媒することで哺乳類細胞における正確な一方向性の組み込みを可能にするであろう（Groth et al. 2000）。φC31とCreおよびFlpとの組み合わせがマウス生殖系列を操作するための標準的な手段となる可能性がある（A. Nagy，私信）。蛍光蛋白質の組織特異的発現は細胞型の純化を促進し，その細胞は生化学的，または分子生物学的研究に用いられ，または移植されて動物へ戻されるであろう（Hadjantonakis and Nagy 2000）。しかし，これらは，マウスの遺伝学と発生学を理解したいと望んでいる科学者にとって，新しい可能性のほんの一部分にすぎない。

参考文献

Altman P.L. and Katz D.D., eds. 1979. *Inbred and genetically defined strains of laboratory animals*. Part 1: *Mouse and rat*. Federation of American Societies for Experimental Biology, Bethesda, Maryland.

Anderson W.F., Killos L., Sanders-Haigh L., Kretschmer P.J., and Diacumakos E.G. 1980. Replication and expression of thymidine kinase and human globin genes microinjected into mouse fibroblasts. *Proc. Natl. Acad. Sci.* **77:** 5399–5403.

Auffray J.-C., Marshall J.T., Thaler L., and Bonhomme F. 1990. Focus on the nomenclature of European species of *Mus* mouse. *Mouse Genome* **88:** 7–8.

Austin C.R. 1961. *The mammalian egg*. Blackwell, London.

Avner P., Amar L., Dandolo L., and Guenet J.L. 1988. Genetic analysis of the mouse using interspecific crosses. *Trends Genet.* **4:** 18–23.

Awatramani R., Soriano P., Mai J.J., and Dymecki S. 2001. An Flp indicator mouse expressing alkaline phosphatase from the *ROSA26* locus. *Nat. Genet.* **29:** 257–259.

Bennett D. 1975. The T-locus of the mouse. *Cell* **6:** 441–454.

Bennett K.L., Hill R.E., Pietras D.F., Woodworth-Gutai M., Kane-Haas C., Houston J.M., Heath J.K., and Hastie N.D. 1984. Most highly repeated dispersed DNA families in the mouse genome. *Mol. Cell. Biol.* **4:** 1561–1571.

Berrettini W.H., Ferraro T.N., Alexander R.C., Buchberg A.M., and Vogel W.H. 1994. Quantitative trait loci mapping of three loci controlling morphine preference using inbred mouse strains. *Nat. Genet.* **7:** 54–58.

Berry R.J. 1981. *Biology of the house mouse*. The Zoological Society of London, Academic Press.

Bollag R.J., Siegfried Z., Cebra-Thomas J.A., Garvey N., Davison E.M., and Silver L.M. 1994. An ancient family of embryonically expressed mouse genes sharing a conserved protein motif with the T locus. *Nat. Genet.* **7:** 383–389.

Bonhomme F., Catalan U., Britton-Davidian J., Chapman V.M., Moriwaki K., Nevo E., and Thaler L. 1984. Biochemical diversity and evolution in the genus *Mus*. *Biochem. Genet.* **22:** 275–303.

Boshier D.P. 1968. The relationship between genotype and reproductive performance before parturition in mice. *J. Reprod. Fertil.* **15:** 427–435.

Bradley A. and Liu P. 1996. Target practice in transgenics. *Nat. Genet.* **14:** 121–123.

Bradley A., Evans M., Kaufman M.H., and Robertson E. 1984. Formation of germ-line chimaeras from embryo-derived teratocarcinoma cell lines. *Nature* **309:** 255–256.

Brinster R.L. 1963. A method for in vitro cultivation of mouse ova from two-cell to blas-

tocyst. *Exp. Cell Res.* **32:** 205–208.
———. 1965. Studies on the development of mouse embryos in vitro. II. The effect of energy source. *J. Exp. Zool.* **158:** 59–68.
———. 1968. In vitro culture of mammalian embryos. *J. Anim. Sci.* **27:** 1–14.
———. 1974. The effect of cells transferred into the mouse blastocyst on subsequent development. *J. Exp. Med.* **140:** 1049–1056.
Brinster R.L., Chen H.Y., Trumbauer M.E., and Avarbock M.R. 1980. Translation of globin messenger RNA by the mouse ovum. *Nature* **283:** 499–501.
Brinster R.L., Chen H.Y., Trumbauer M., Senear A.W., Warren R., and Palmiter R.D. 1981. Somatic expression of herpes thymidine kinase in mice following injection of a fusion gene into eggs. *Cell* **27:** 223–231.
Bultman S.J., Michaud E.J., and Woychik R.P. 1992. Molecular characterization of the mouse agouti locus. *Cell* **71:** 1195–1204.
Cao T., Longley M.A., Wang X.J., and Roop D.R. 2001. An inducible mouse model for epidermolysis bullosa simplex: Implications for gene therapy. *J. Cell Biol.* **152:** 651–656.
Capecchi M.R. 1980. High efficiency transformation by direct microinjection of DNA into cultured mammalian cells. *Cell* **22:** 479–488.
Castle W.E. and Allen G.M. 1903. The heredity of albinism. *Proc. Am. Acad. Arts Sci.* **38:** 603–621.
Cattanach B.M. and Kirk M. 1985. Differential activity of maternally and paternally derived chromosome regions in mice. *Nature* **315:** 496–498.
Chapman V.M., Kratzer P.G., and Quarantillo B.A. 1983. Electrophoretic variation for X chromosome-linked hypoxanthine phosphoribosyl transferase (HPRT) in wild-derived mice. *Genetics* **103:** 785–795.
Chen J., DeGregori J., Hicks G., Roshon M., Shcerer C., Shi E., and Ruley H.E. 1994. Gene trap retroviruses. In *Methods in molecular genetics* (ed. Adolph K.W.), pp. 123–140. Academic Press, New York.
Chen Y., Yee D., Dains K., Chatterjee A., Cavalcoli J., Schneider E., Om J., Woychik R.P., and Magnuson T. 2000. Genotype-based screen for ENU-induced mutations in mouse embryonic stem cells. *Nat. Genet.* **24:** 314–317.
Chesley P. 1935. Development of the short-tailed mutant in the house mouse. *J. Exp. Zool.* **70:** 429–459.
Clark R. 1984. *The life and work of J.B.S. Haldane.* Oxford University Press, England.
Coghill E.L., Hugill A., Parkinson N., Davison C., Glenister P., Clements S., Hunter J., Cox R.D., and Brown S.D. 2002. A gene-driven approach to the identification of ENU mutants in the mouse. *Nat. Genet.* **30:** 255–256.
Conlon F.L., Barth K.S., and Robertson E.J. 1991. A novel retrovirally induced embryonic lethal mutation in the mouse: Assessment of the developmental fate of embryonic stem cells homozygous for the 413.d proviral integration. *Development* **111:** 969–981.
Copeland N.G., Jenkins N.A., Gilbert D.J., Eppig J.T., Maltais L.J., Miller J.C., Dietrich W.F., Weaver A., Lincoln S.E., Steen R.G. et al. 1993. A genetic linkage map of the mouse: Current applications and future prospects. *Science* **262:** 57–66.
Costantini F. and Lacy E. 1981. Introduction of a rabbit beta-globin gene into the mouse germ line. *Nature* **294:** 92–94.
Crabbe J.C., Belknap J.K., and Buck K.J. 1994. Genetic animal models of alcohol and drug abuse. *Science* **264:** 1715–1723.
Dewey M.J., Martin, Jr. D.W., Martin G.R., and Mintz B. 1977. Mosaic mice with teratocarcinoma-derived mutant cells deficient in hypoxanthine phosphoribosyltransferase. *Proc. Natl. Acad. Sci.* **74:** 5564–5568.
Doetschman T., Gregg R.G., Maeda N., Hooper M.L., Melton D.W., Thompson S., and Smithies O. 1987. Targetted correction of a mutant HPRT gene in mouse embryonic stem cells. *Nature* **330:** 576–578.
Dupuy A.J., Fritz S., and Largaespada D.A. 2001. Transposition and gene disruption in the male germline of the mouse. *Genesis* **30:** 82–88.
Epstein C.P. 1985. Mouse monosomies and trisomies as experimental systems for study-

ing mammalian aneuploidy. *Trends Genet.* **1:** 129–134.

Evans M.J. and Kaufman M.H. 1981. Establishment in culture of pluripotential cells from mouse embryos. *Nature* **292:** 154–156.

Ferris S.D., Sage R.D., and Wilson A.C. 1982. Evidence from mtDNA sequences that common laboratory strains of inbred mice are descended from a single female. *Nature* **295:** 163–165.

Festing M.F.W. 1979. *Inbred strains in biomedical research.* Oxford University Press, England.

Fischer S.E., Wienholds E., and Plasterk R.H. 2001. Regulated transposition of a fish transposon in the mouse germ line. *Proc. Natl. Acad. Sci.* **98:** 6759–6764.

Forrester L.M., Nagy A., Sam M., Watt A., Stevenson L., Bernstein A., Joyner A.L., and Wurst W. 1996. An induction gene trap screen in embryonic stem cells: Identification of genes that respond to retinoic acid in vitro. *Proc. Natl. Acad. Sci.* **93:** 1677–1682.

Friedrich G. and Soriano P. 1991. Promoter traps in embryonic stem cells: A genetic screen to identify and mutate developmental genes in mice. *Genes Dev.* **5:** 1513–1523.

Gardner R.L. 1968. Mouse chimeras obtained by the injection of cells into the blastocyst. *Nature* **220:** 596–597.

Goodwin N.C., Ishida Y., Hartford S., Wnek C., Bergstrom R.A., Leder P., and Schimenti J.C. 2001. DelBank: A mouse ES-cell resource for generating deletions. *Nat. Genet.* **28:** 310–311.

Gordon J.W. and Ruddle F.H. 1981. Integration and stable germ line transmission of genes injected into mouse pronuclei. *Science* **214:** 1244–1246.

Gordon J.W., Scangos G.A., Plotkin D.J., Barbosa J.A., and Ruddle F.H. 1980. Genetic transformation of mouse embryos by microinjection of purified DNA. *Proc. Natl. Acad. Sci.* **77:** 7380–7384.

Gorer P.A., Lyman S., and Snell G.D. 1948. Studies on the genetic and antigenic basis of tumour transplantation. Linkage between a histocompatibility gene and "fused" in mice. *Proc. R. Soc. Lond. B.* **135:** 499–505.

Gossler A., Joyner A.L., Rossant J., and Skarnes W.C. 1989. Mouse embryonic stem cells and reporter constructs to detect developmentally regulated genes. *Science* **244:** 463–465.

Gossler A., Doetschman T., Korn R., Serfling E., and Kemler R. 1986. Transgenesis by means of blastocyst-derived embryonic stem cell lines. *Proc. Natl. Acad. Sci.* **83:** 9065–9069.

Grabarek J.B., Plusa B., Glover D.M., and Zernicka-Goetz M. 2002. Efficient delivery of dsRNA into zona-enclosed mouse oocytes and preimplantation embryos by electroporation. *Genesis* **32:** 269–276.

Gregory S.G., Sekhon M., Schein J., Zhao S., Osoegawa K., Scott C.E., Evans R.S., Burridge P.W., Cox T.V., Fox C.A., Hutton R.D., Mullenger I.R., Phillips K.J., Smith J., Stalker J., Threadgold G.J., Birney E., Wylie K., Chinwalla A., Wallis J., Hillier L., Carter J., Gaige T., Jaeger S., Kremitzki C., Layman D., Maas J., McGrane R., Mead K., Walker R., Jones S., Smith M., Asano J., Bosdet I., Chan S., Chittaranjan S., Chiu R., Fjell C., Fuhrmann D., Girn N., Gray C., Guin R., Hsiao L., Krzywinski M., Kutsche R., Lee S.S., Mathewson C., McLeavy C., Messervier S., Ness S., Pandoh P., Prabhu A.L., Saeedi P., Smailus D., Spence L., Stott J., Taylor S., Terpstra W., Tsai M., Vardy J., Wye N., Yang G., Shatsman S., Ayodeji B., Geer K., Tsegaye G., Shvartsbeyn A., Gebregeorgis E., Krol M., Russell D., Overton L., Malek J.A., Holmes M., Heaney M., Shetty J., Feldblyum T., Nierman W.C., Catanese J.J., Hubbard T., Waterston R.H., Rogers J., De Jong P.J., Fraser C.M., Marra M., McPherson J.D., and Bentley D.R. 2002. A physical map of the mouse genome. *Nature* **418:** 743–750.

Gropp A. and Winking H. 1981. Robertsonian translocations: Cytology, meiosis, segregation patterns and biological consequences of heterozygosity. *Symp. Zool. Soc. Lond.* **47:** 141–181.

Groth A.C., Olivares E.C., Thyagarajan B., and Calos M.P. 2000. A phage integrase directs efficient site-specific integration in human cells. *Proc. Natl. Acad. Sci.* **97:** 5995–6000.

Grüneberg H. 1947. *Animal genetics and medicine.* Hamish Hamilton, London.

———. 1952. *The genetics of the mouse*, 2nd edition. Martinus Nijhoff, The Hague.
———. 1963. *The pathology of development: A study of inherited skeletal disorders in mammals.* Blackwell, Oxford.
Hadjantonakis A.K. and Nagy A. 2000. FACS for the isolation of individual cells from transgenic mice harboring a fluorescent protein reporter. *Genesis* **27:** 95–98.
Hadorn E. 1961. *Developmental genetics and lethal factors*. Methuen, London.
Haldane J.B.S., Sprunt A.D., and Haldane N.M. 1915. Reduplication in mice. *J. Genet.* **5:** 133–135.
Hammond J. 1949. Recovery and culture of tubal mouse ova. *Nature* **163:** 28–29.
Hanks M., Wurst W., Anson-Cartwright L., Auerbach A.B., and Joyner A.L. 1995. Rescue of the *En-1* mutant phenotype by replacement of *En-1* with *En-2*. *Science* **269:** 679–682.
Hartung S., Jaenisch R., and Breindl M. 1986. Retrovirus insertion inactivates mouse alpha 1(I) collagen gene by blocking initiation of transcription. *Nature* **320:** 365–367.
Heape W. 1890. Preliminary note on the trans-plantation and growth mammalian ova within a uterine foster mother. *Proc. R. Soc. Lond. B.* **48:** 457.
Heiniger H.-J. and Dorey J.J. 1980. *Handbook on genetically standard Jax mice*. The Jackson Laboratory, Bar Harbor, Maine.
Herrmann B.G. 1991. Expression pattern of the Brachyury gene in whole-mount T^{Wis}/T^{Wis} mutant embryos. *Development* **113:** 913–917.
Herrmann B.G., Koschorz B., Wertz K., McLaughlin K.J., and Kispert A. 1999. A protein kinase encoded by the *t* complex responder gene causes non-mendelian inheritance. *Nature* **402:** 141–146.
Herrmann B.G., Labeit S., Poustka A., King T.R., and Lehrach H. 1990. Cloning of the T gene required in mesoderm formation in the mouse. *Nature* **343:** 617–622.
Herrmann B., Bucan M., Mains P.E., Frischauf A.M., Silver L.M., and Lehrach H. 1986. Genetic analysis of the proximal portion of the mouse *t* complex: Evidence for a second inversion within *t* haplotypes. *Cell* **44:** 469–476.
Herron B.J., Lu W., Rao C., Liu S., Peters H., Bronson R.T., Justice M.J., McDonald J.D., and Beier D.R. 2002. Efficient generation and mapping of recessive developmental mutations using ENU mutagenesis. *Nat. Genet.* **30:** 185–189.
Hogan B., Costantini F., and Lacy E. 1986. *Manipulating the mouse embryo*, 1st Edition. Cold Spring Harbor Laboratory, Cold Spring Harbor, New York.
Hogan B., Beddington R., Costantini F., and Lacy E. 1994. *Manipulating the mouse embryo*, 2nd Edition. Cold Spring Harbor Laboratory Press, Cold Spring Harbor, New York.
Holdener-Kenny B., Sharan S.K., and Magnuson T. 1992. Mouse albino-deletions: From genetics to genes in development. *BioEssays* **14:** 831–839.
Hooper M., Hardy K., Handyside A., Hunter S., and Monk M. 1987. HPRT-deficient (Lesch-Nyhan) mouse embryos derived from germline colonization by cultured cells. *Nature* **326:** 292–295.
Horie K., Kuroiwa A., Ikawa M., Okabe M., Kondoh G., Matsuda Y., and Takeda J. 2001. Efficient chromosomal transposition of a Tc1/mariner-like transposon Sleeping Beauty in mice. *Proc. Natl. Acad. Sci.* **98:** 9191–9196.
Hrabe de Angelis M.H., Flaswinkel H., Fuchs H., Rathkolb B., Soewarto D., Marschall S., Heffner S., Pargent W., Wuensch K., Jung M., Reis A., Richter T., Alessandrini F., Jakob T., Fuchs E., Kolb H., Kremmer E., Schaeble K., Rollinski B., Roscher A., Peters C., Meitinger T., Strom T., Steckler T., Holsboer F., Klopstock T., Gekeler F., Schindewolf C., Jung T., Avraham K., Behrendt H., Ring J., Zimmer A., Schughart K., Pfeffer K., Wolf E., and Balling R. 2000. Genome-wide, large-scale production of mutant mice by ENU mutagenesis. *Nat. Genet.* **25:** 444–447.
Jacob F. 1983. Concluding remarks. *Cold Spring Harbor Conf. Cell Proliferation* **10:** 683–687.
Jaenisch R. 1976. Germ line integration and Mendelian transmission of the exogenous Moloney leukemia virus. *Proc. Natl. Acad. Sci.* **73:** 1260–1264.
Jaenisch R., Harbers K., Schnieke A., Lohler J., Chumakov I., Jahner D., Grotkopp D., and Hoffmann E. 1983. Germline integration of Moloney murine leukemia virus at the *Mov13* locus leads to recessive lethal mutation and early embryonic death. *Cell* **32:**

209–216.

Jenkins N.A., Copeland N.G., Taylor B.A., and Lee B.K. 1981. Dilute (*d*) coat colour mutation of DBA/2J mice is associated with the site of integration of an ecotropic MuLV genome. *Nature* **293:** 370–374.

Justice M.J., Noveroske J.K., Weber J.S., Zheng B., and Bradley A. 1999. Mouse ENU mutagenesis. *Hum. Mol. Genet.* **8:** 1955–1963.

Kasarskis A., Manova K., and Anderson K.V. 1998. A phenotype-based screen for embryonic lethal mutations in the mouse. *Proc. Natl. Acad. Sci.* **95:** 7485–7490.

Keeler C. 1978. How it began. In *Origins of inbred mice* (ed. Morse H.C.) pp. 179–192. Academic Press, New York.

Kingsley D.M., Bland A.E., Grubber J.M., Marker P.C., Russell L.B., Copeland N.G., and Jenkins N.A. 1992. The mouse short ear skeletal morphogenesis locus is associated with defects in a bone morphogenetic member of the TGF beta superfamily. *Cell* **71:** 399–410.

Kispert A. and Herrmann B.G. 1993. The Brachyury gene encodes a novel DNA binding protein. *EMBO J.* **12:** 3211–3220.

Kuehn M.R., Bradley A., Robertson E.J., and Evans M.J. 1987. A potential animal model for Lesch-Nyhan syndrome through introduction of HPRT mutations into mice. *Nature* **326:** 295–298.

Lewis W.H. and Gregory P.W. 1929. Cine-matographs of living developing rabbit eggs. *Science* **69:** 226–229.

Li M., Indra A.K., Warot X., Brocard J., Messaddeq N., Kato S., Metzger D., and Chambon P. 2000. Skin abnormalities generated by temporally controlled RXRalpha mutations in mouse epidermis. *Nature* **407:** 633–636.

Lin T.P. 1966. Microinjection of mouse eggs. *Science* **151:** 333–337.

Lindblad-Toh K., Lander E.S., McPherson J.D., Waterston R.H., Rodgers J., and Birney E. 2001. Progress in sequencing the mouse genome. *Genesis* **31:** 137–141.

Lobe C.G., Koop K.E., Kreppner W., Lomeli H., Gertsenstein M., and Nagy A. 1999. Z/AP, a double reporter for cre-mediated recombination. *Dev. Biol.* **208:** 281–292.

Lock L.F., Jenkins N.A., and Copeland N.G. 1991. Mutagenesis of the mouse germline using retroviruses. *Curr. Top. Microbiol. Immunol.* **171:** 27–41.

Luetteke N.C., Qiu T.H., Peiffer R.L., Oliver P., Smithies O., and Lee D.C. 1993. TGFα deficiency results in hair follicle and eye abnormalities in targeted and waved-1 mice. *Cell* **73:** 263–278.

Luetteke N.C., Phillips H.K., Qiu T.H., Copeland N.G., Earp H.S., Jenkins N.A., and Lee D.C. 1994. The mouse waved-2 phenotype results from a point mutation in the EGF receptor tyrosine kinase. Genes Dev **8:** 399–413.

Lyon M.F. 1961. Gene action in the X-chromosome of the mouse (*Mus musuls* L.). *Nature* **190:** 372–373.

Lyon, M.F. and A.G. Searle, eds. 1989. *Genetic variants and strains of the laboratory mouse*, 2nd Edition. Oxford University Press, England.

Lyon M.F., Evans E.P., Jarvis S.E., and Sayers I. 1979. *t*-Haplotypes of the mouse may involve a change in intercalary DNA. *Nature* **279:** 38–42.

Maas R.L., Zeller R., Woychik R.P., Vogt T.F., and Leder P. 1990. Disruption of formin-encoding transcripts in two mutant limb deformity alleles. *Nature* **346:** 853–855.

Mann G.B., Fowler K.J., Gabriel A., Nice E.C., Williams R.L., and Dunn A.R. 1993. Mice with a null mutation of the TGFα gene have abnormal skin architecture, wavy hair, and curly whiskers and often develop corneal inflammation. *Cell* **73:** 249–261.

Mann J.R. and Lovell-Badge R.H. 1984. Inviability of parthenogenones is determined by pronuclei, not egg cytoplasm. *Nature* **310:** 66–67.

Mao X., Fujiwara Y., and Orkin S.H. 1999. Improved reporter strain for monitoring Cre recombinase-mediated DNA excisions in mice. *Proc. Natl. Acad. Sci.* **96:** 5037–5042.

Martin G.R. 1981. Isolation of a pluripotent cell line from early mouse embryos cultured in medium conditioned by teratocarcinoma stem cells. *Proc. Natl. Acad. Sci.* **78:** 7634–7638.

Mayr E. 1982. *The growth of biological thought, diversity, evolution and inheritance.* Belknap Press of Harvard University Press, Cambridge.

McCaffrey A.P., Meuse L., Pham T.T., Conklin D.S., Hannon G.J., and Kay M.A. 2002. RNA interference in adult mice. *Nature* **418:** 38–39.

McDonald J.D., Bode V.C., Dove W.F., and Shedlovsky A. 1990. *Pahhph-5*: A mouse mutant deficient in phenylalanine hydroxylase. *Proc. Natl. Acad. Sci.* **87:** 1965–1967.

McGrath J. and Solter D. 1983. Nuclear transplantation in the mouse embryo by microsurgery and cell fusion. *Science* **220:** 1300–1302.

———. 1984. Completion of mouse embryogenesis requires both the maternal and paternal genomes. *Cell* **37:** 179–183.

McLaren A. 1976. *Mammalian chimeras.* Cambridge University Press, England.

McLaren A. and Biggers J.D. 1958. Successfull development and birth of mice cultivated in vitro as early embryos. *Nature* **182:** 877–878.

McLaren A. and Michie D. 1956. Studies on the transfer of fertilized mouse eggs to uterine foster-mothers. I. Factors affecting the implantation survival of native and transferred eggs. *J. Exp. Biol.* **33:** 394–416.

Medico E., Gambarotta G., Gentile A., Comoglio P.M., and Soriano P. 2001. A gene trap vector system for identifying transcriptionally responsive genes. *Nat. Biotechnol.* **19:** 579–582.

Mercer J.A., Seperack P.K., Strobel M.C., Copeland N.G., and Jenkins N.A. 1991. Novel myosin heavy chain encoded by murine dilute coat colour locus. *Nature* **349:** 709–713.

Mintz B. 1962. Formation of genotypically mosaic mouse embryos. *Am. Zool.* **2:** 432.

———. 1965. Genetic mosaicism in adult mice of quadriparental lineage. *Science* **148:** 1232–1233.

Mintz B. and Illmensee K. 1975. Normal genetically mosaic mice produced from malignant teratocarcinoma cells. *Proc. Natl. Acad. Sci.* **72:** 3585–3589.

Morse H.C. 1978. *Origins of inbred mice.* Academic Press, New York.

———. 1981. The laboratory mouse—A historical perspective. In *The mouse in the biomedical research. History, genetics and wild mice* (ed. Foster H.L. et al.), vol. 1, pp. 1–16. Academic Press, New York.

Munroe R.J., Bergstrom R.A., Zheng Q.Y., Libby B., Smith R., John S.W., Schimenti K.J., Browning V.L., and Schimenti J.C. 2000. Mouse mutants from chemically mutagenized embryonic stem cells. *Nat. Genet.* **24:** 318–321.

Nagy A. 2000. Cre recombinase: The universal reagent for genome tailoring. *Genesis* **26:** 99–109.

Needham J. 1959. *A history of embryology.* Cambridge University Press, England.

Nielsen J.T., and Chapman V.M. 1977. Electrophoretic variation for x-chromosome-linked phosphoglycerate kinase (PGK-1) in the mouse. *Genetics* **87:** 319–325.

Nishioka Y. 1987. Y-chromosomal DNA polymorphism in mouse inbred strains. *Genet. Res.* **50:** 69–72.

Nolan P.M., Peters J., Strivens M., Rogers D., Hagan J., Spurr N., Gray I.C., Vizor L., Brooker D., Whitehill E., Washbourne R., Hough T., Greenaway S., Hewitt M., Liu X., McCormack S., Pickford K., Selley R., Wells C., Tymowska-Lalanne Z., Roby P., Glenister P., Thornton C., Thaung C., Stevenson J.A., Arkell R., Mburu P., Hardisty R., Kiernan A., Erven A., Steel K.P., Voegeling S., Guenet J.L., Nickols C., Sadri R., Nasse M., Isaacs A., Davies K., Browne M., Fisher E.M., Martin J., Rastan S., Brown S.D., and Hunter J. 2000. A systematic, genome-wide, phenotype-driven mutagenesis programme for gene function studies in the mouse. *Nat. Genet.* **25:** 440–443.

Nomura T., Esaki K., and Tomita T. 1985. *ICLAS manual for genetic monitoring of inbred mice.* University of Tokyo Press, Japan.

Novak A., Guo C., Yang W., Nagy A., and Lobe C.G. 2000. Z/EG, a double reporter mouse line that expresses enhanced green fluorescent protein upon Cre-mediated excision. *Genesis* **28:** 147–155.

O'Brien, S.J., J.E. Womack, L.A. Lyons, K.J. Moore, and N.A. Jenkins. 1994. Anchored reference loci for comparative genome mapping in mammals. *Nature Genet.* **3:** 103–112.

Oppenheimer J.M. 1967. *Essays on the history of embryology and biology*. The MIT Press, Cambridge.
Osumi N. and Inoue T. 2001. Gene transfer into cultured mammalian embryos by electroporation. *Methods* **24:** 35–42.
Papaioannou V.E. 2001. T-box genes in development: From hydra to humans. *Int. Rev. Cytol.* **207:** 1–70.
Papaioannou V.E., McBurney M.W., Gardner R.L., and Evans M.J. 1975. Fate of teratocarcinoma cells injected into early mouse embryos. *Nature* **258:** 70–73.
Pincus G. 1936. *The eggs of mammals*. Macmillan, New York.
Popp R.A., Bailiff E.G., Skow L.C., Johnson F.M., and Lewis S.E. 1983. Analysis of a mouse alpha-globin gene mutation induced by ethylnitrosourea. *Genetics* **105:** 157–167.
Ramirez-Solis R., Liu P., and Bradley A. 1995. Chromosome engineering in mice. *Nature* **378:** 720–724.
Rinchik E.M., Russell L.B., Copeland N.G., and Jenkins N.A. 1985. The dilute short ear (*dse*) complex of the mouse: Lessons from a fancy mutation. *Trends Genet.* **1:** 170–176.
Robert B., Barton P., Minty A., Daubas P., Weydert A., Bonhomme F., Catalan J., Chazottes D., Guenet J.L., and Buckingham M. 1985. Investigation of genetic linkage between myosin and actin genes using an interspecific mouse back-cross. *Nature* **314:** 181–183.
Robertson E., Bradley A., Kuehn M., and Evans M. 1986. Germ-line transmission of genes introduced into cultured pluripotential cells by retroviral vector. *Nature* **323:** 445–448.
Rossant J. and Papaioannou V.E. 1977. The biology of embryogenesis. In *Concepts in mammalian embryogenesis* (ed. Sherman M.I.), pp. 1–36. The MIT Press, Cambridge.
Russell E.S. 1954. One man's influence: A tribute to William Ernest Castle. *J. Hered.* **45:** 210–213.
———. 1978. Origins and history of mouse inbred strains: Contribution of Clarence Cook Little. In *Origins of inbred mice* (ed. Morse H.C.), pp. 33–43. Academic Press, New York.
Russell L.B. 1971. Definition of functional units in a small chromosomal segment of the mouse and its use in interpreting the nature of radiation-induced mutations. *Mutat. Res.* **11:** 107–123.
Schimenti J. 2000. Segregation distortion of mouse *t* haplotypes: The molecular basis emerges. *Trends Genet.* **16:** 240–243.
Schumacher A., Faust C., and Magnuson T. 1996. Positional cloning of a global regulator of anterior-posterior patterning in mice. *Nature* **384:** 648.
Schulte-Merker S., Ho R.K., Herrmann B.G., and Nüsslein-Volhard C. 1992. The protein product of the zebrafish homologue of the mouse T gene is expressed in nuclei of the germ ring and the notochord of the early embryo. *Development* **116:** 1021–1032.
Schwartzberg P.L., Goff S.P., and Robertson E.J. 1989. Germ-line transmission of a *c-abl* mutation produced by targeted gene disruption in ES cells. *Science* **246:** 799–803.
Shimkin M.B. 1975. A. E. C. Lathrop (1868–1918): Mouse woman of Granby. *Cancer Res.* **35:** 1597–1598.
Shin M.K., Levorse J.M., Ingram R.S., and Tilghman S.M. 1999. The temporal requirement for endothelin receptor-B signalling during neural crest development. *Nature* **402:** 496–501.
Shine I. and Wrobel S. 1976. *Thomas Hunt Morgan, pioneer of genetics*. University of Kentucky Press, Lexington.
Silver L.M. 1988. Mouse *t* haplotypes: A tale of tails and a misunderstood selfish chromosome. *Curr. Top. Microbiol. Immunol.* **137:** 64–69.
———. 1993a. The peculiar journey of a selfish chromosome: Mouse t haplotypes and meiotic drive. *Trends Genet.* **9:** 250–254.
———. 1993b. Record keeping and database analysis of breeding colonies. In *Guide to techniques in mouse development methods in enzymology* (ed. Wassarman P.M. and DePamphilis M.L.), vol. 225, pp. 3–5. Academic Press, San Diego.
———. 1994. *Mouse genetics: Concepts and applications*. Oxford University Press, England.
Skarnes W.C., Auerbach B.A., and Joyner A.L. 1992. A gene trap approach in mouse embryonic stem cells: The lacZ reported is activated by splicing, reflects endogenous

gene expression, and is mutagenic in mice. *Genes Dev.* **6:** 903–918.

Skarnes W.C., Moss J.E., Hurtley S.M., and Beddington R.S. 1995. Capturing genes encoding membrane and secreted proteins important for mouse development. *Proc. Natl. Acad. Sci.* **92:** 6592–6596.

Smith A.J., De Sousa M.A., Kwabi-Addo B., Heppell-Parton A., Impey H., and Rabbitts P. 1995. A site-directed chromosomal translocation induced in embryonic stem cells by Cre-*loxP* recombination. *Nat. Genet.* **9:** 376–385.

Smith J.C., Price B.M., Green J.B., Weigel D., and Herrmann B.G. 1991. Expression of a *Xenopus* homolog of Brachyury (T) is an immediate-early response to mesoderm induction. *Cell* **67:** 79–87.

Snell G.D. 1978. Congenic resistant strains of mice. In *Origins of inbred mice* (ed. Morse H.C.), pp. 119–155. Academic Press, New York.

Soriano P. 1999. Generalized *lacZ* expression with the ROSA26 Cre reporter strain. *Nat. Genet.* **21:** 70–71.

Srinivas S., Watanabe T., Lin C.S., William C.M., Tanabe Y., Jessell T.M., and Costantini F. 2001. Cre reporter strains produced by targeted insertion of EYFP and ECFP into the ROSA26 locus. *BMC Dev. Biol.* **1:** 4.

Stanford W.L., Cohn J.B., and Cordes S.P. 2001. Gene-trap mutagenesis: Past, present and beyond. *Nat. Rev. Genet.* **2:** 756–768.

Stevens L.C. and Little C.C. 1954. Spontaneous testicular teratomas in an inbred strain of mice. *Proc. Natl. Acad. Sci.* **40:** 1080–1087.

Stewart T.A. and Mintz B. 1982. Recurrent germ-line transmission of the teratocarcinoma genome from the METT-1 culture line to progeny in vivo. *J. Exp. Zool.* **224:** 465–469.

Strong L.C. 1978. Inbred mice in science. In *Origins of inbred mice* (ed. Morse H.C.), pp. 45–66. Academic Press, New York.

Su L.K., Kinzler K.W., Vogelstein B., Preisinger A.C., Moser A.R., Luongo C., Gould K.A., and Dove W.F. 1992. Multiple intestinal neoplasia caused by a mutation in the murine homolog of the APC gene. *Science* **256:** 668–670.

Surani M.A., Barton S.C., and Norris M.L. 1984. Development of reconstituted mouse eggs suggests imprinting of the genome during gametogenesis. *Nature* **308:** 548–550.

Takahashi J.S., Pinto L.H., and Vitaterna M.H. 1994. Forward and reverse genetic approaches to behavior in the mouse. *Science* **264:** 1724–1733.

Tarkowski A.K. 1959. Experimental studies on regulation in the development of isolated blastomeres of noues eggs. *Acta Theriol.* **3:** 191–267.

———. 1961. Mouse chimeras developed from fused eggs. *Nature* **184:** 1286–1287.

Thomas K.R. and Capecchi M.R. 1987. Site-directed mutagenesis by gene targeting in mouse embryo-derived stem cells. *Cell* **51:** 503–512.

Thompson S., Clarke A.R., Pow A.M., Hooper M.L., and Melton D.W. 1989. Germ line transmission and expression of a corrected HPRT gene produced by gene targeting in embryonic stem cells. *Cell* **56:** 313–321.

Vallis K.A., Chen Z., Stanford W.L., Yu M., Hill R.P., and Bernstein A. 2002. Identification of radiation-responsive genes in vitro using a gene trap strategy predicts for modulation of expression by radiation in vivo. *Radiat. Res.* **157:** 8–18.

Van Beneden M.E. 1875. La maturation de l'oeuf, la fecondation, et les premieres phases du developpment embryonnaire de mammifere d'apres de recherches faites chez le lapin. *Bull. Acad. R. Belg. Cl. Sci.* **40:** 686–736.

Vitaterna M.H., King D.P., Chang A.M., Kornhauser J.M., Lowrey P.L., McDonald J.D., Dove W.F., Pinto L.H., Turek F.W., and Takahashi J.S. 1994. Mutagenesis and mapping of a mouse gene, *Clock*, essential for circadian behavior. *Science* **264:** 719–725.

von Melchner H., DeGregori J.V., Rayburn H., Reddy S., Friedel C., and Ruley H.E. 1992. Selective disruption of genes expressed in totipotent embryonal stem cells. *Genes Dev.* **6:** 919–927.

Wagner E.F., Stewart T.A., and Mintz B. 1981. The human beta-globin gene and a functional viral thymidine kinase gene in developing mice. *Proc. Natl. Acad. Sci.* **78:** 5016–5020.

Wagner T.E., Hoppe P.C., Jollick J.D., Scholl D.R., Hodinka R.L., and Gault J.B. 1981. Microinjection of a rabbit beta-globin gene into zygotes and its subsequent expression in adult mice and their offspring. *Proc. Natl. Acad. Sci.* **78:** 6376–6380.

Wakayama T., Perry A.C., Zuccotti M., Johnson K.R., and Yanagimachi R. 1998. Full-term development of mice from enucleated oocytes injected with cumulus cell nuclei. *Nature* **394:** 369–374.

Whitten W.K. 1956. Culture of tubal mouse ova. *Nature* **177:** 96.

———. 1957. Culture of tubal ova. *Nature* **179:** 1081–1082.

Wiles M.V., Vauti F., Otte J., Fuchtbauer E.M., Ruiz P., Fuchtbauer A., Arnold H.H., Lehrach H., Metz T., von Melchner H., and Wurst W. 2000. Establishment of a gene-trap sequence tag library to generate mutant mice from embryonic stem cells. *Nat. Genet.* **24:** 13–14.

Woychik R.P. and Alagramam K. 1998. Insertional mutagenesis in transgenic mice generated by the pronuclear microinjection procedure. *Int. J. Dev. Biol.* **42:** 1009–1017.

Woychik R.P., Maas R.L., Zeller R., Vogt T.F., and Leder P. 1990. "Formins": Proteins deduced from the alternative transcripts of the limb deformity gene. *Nature* **346:** 850–853.

Woychik R.P., Stewart T.A., Davis L.G., D'Eustachio P., and Leder P. 1985. An inherited limb deformity created by insertional mutagenesis in a transgenic mouse. *Nature* **318:** 36–40.

Yasuo H. and Satoh N. 1993. Function of vertebrate T gene. *Nature* **364:** 582–583.

You Y., Bergstrom R., Klemm M., Lederman B., Nelson H., Ticknor C., Jaenisch R., and Schimenti J. 1997. Chromosomal deletion complexes in mice by radiation of embryonic stem cells. *Nat. Genet.* **15:** 285–288.

Yu Y. and Bradley A. 2001. Engineering chromosomal rearrangements in mice. *Nat. Rev. Genet.* **2:** 780–790.

Zambrowicz B.P., Friedrich G.A., Buxton E.C., Lilleberg S.L., Person C., and Sands A.T. 1998. Disruption and sequence identification of 2,000 genes in mouse embryonic stem cells. *Nature* **392:** 608–611.

Zheng B., Sage M., Cai W.W., Thompson D.M., Tavsanli B.C., Cheah Y.C., and Bradley A. 1999. Engineering a mouse balancer chromosome. *Nat. Genet.* **22:** 375–378.

Zhou X., Sasaki H., Lowe L., Hogan B.L., and Kuehn M.R. 1993. *Nodal* is a novel TGF-β-like gene expressed in the mouse node during gastrulation. *Nature* **361:** 543–547.

Zijlstra M., Li E., Sajjadi F., Subramani S., and Jaenisch R. 1989. Germ-line transmission of a disrupted β2-microglobulin gene produced by homologous recombination in embryonic stem cells. *Nature* **342:** 435–438.

第2章

マウスの発生の要約

この章では，哺乳類の発生に初めて接する研究者のために，マウスの発生について手短に記述する。他の特殊化した領域と同じように，マウスの発生学の領域でも，それを理解するためには多数のユニークな用語によって構成される独特の語法を学ばなければならない。さらに，正常な胚発生を理解することは突然変異体で発生異常が生じる仕組みを知るために欠かせない。この知識は原発的な欠陥と二次的に派生する異常とを区別するのにも役立つ。より詳しい点についての優れた教科書を第17章に掲げる。はじめてマウスを扱い興味をもつに至った研究者のために，マウスの毛色の遺伝についても非常に簡単に記述する。最後に，実験用マウスにみられる遺伝的変異について最小限の概念を提供するために，正常およびミュータント系マウスの一部を紹介する。

目 次

マウスの発生, 31
    生殖系列の起源, 36
    性の決定と分化, 39
    精子形成, 40
    卵子形成, 41
    排　卵, 44
    単為発生, 47
    受　精, 48
    卵母細胞および受精卵の細胞骨格構成, 50
    初期の卵割：1細胞期胚からコンパクション前の8細胞期桑実胚まで, 50
    胚核の発生能力, 54
    コンパクションと胚盤胞の形成：最初の分化事象, 55
    栄養外胚葉と内部細胞塊の細胞系譜の分離, 56
    子宮への着床, 57
    栄養外胚葉とその派生物, 59
    原始内胚葉と原始外胚葉の形成：分化の第2段階, 61
    原始外胚葉の系譜, 62
    原腸形成：中胚葉と最終的内胚葉の形成, 67
    原腸形成の原基分布図, 71
    中胚葉における部位的多様性の生成, 72
    前部臓側内胚葉, 72
    結　節, 73
    尾　芽, 77
    胚の反転, 77
    体節とその派生物, 77
    側板と中間中胚葉およびその派生物, 84
    肢の形成, 85
    神経管形成：神経系の成立, 86
    神経管における部位多様性の生成, 86
    神経堤, 90
    鰓弓と咽頭部の形成, 91
    腸の発生, 92
    奇形癌腫（EC）細胞と胚性幹（ES）細胞, 93
    体の大きさの調節, 95
    刷り込み, 96
    X不活性化, 97
    胚外の組織, 98
    胚外の内胚葉：原始内胚葉は臓側および壁側内胚葉にしか分化しない, 98
    臓側内胚葉における遺伝子発現, 100
    壁側内胚葉における遺伝子発現, 102
    胚外の中胚葉の分化, 103
    胎盤の構造と機能, 103

おとなのマウス, 104
    マウスの毛色とその遺伝学, 104
    形態および行動の突然変異体, 111

参考文献, 111

マウスの発生

　　マウス胚の発生は精子と卵子との受精によって始まる。マウスの胚発生の一つの重要な特徴は，その初期発生がウニ，ショウジョウバエあるいはアフリカツメガエルと比べて，ずっと遅いことである。これらの動物の胚は，受精後24時間までに単独で生活するのに十分なまでに成長し，食物を摂取でき，細胞数は60,000以上にもなり，多くの異なる組織から構成される。対照的に，マウス胚はその時間にはまだ2細胞期で，その後も全く体積を増加させることなしにゆっくり分裂しながら卵管から子宮へ移行し，受精後4.5日で子宮に着床する。発育がこのようにゆっくりしているのは，子宮が胚を受け入れるのに時間が必要であるためである。一方，胚は，母親との相互関係をうまく保つために，まず胎盤と卵黄嚢の基となる2つの系列の細胞群（栄養外胚葉と原始内胚葉）を形成する。ひとたび胚が着床すると，急激な成長が特にエピブラストあるいは原始外胚葉として知られている多分化能細胞層（ここから胎子が作られる）で起こる。エピブラストは，多くの点でショウジョウバエの細胞性胚盤葉あるいはニワトリの胚盤に対応している。受精後5～10日の間に，3つの基本的な胚葉，すなわち外胚葉，中胚葉，および最終的な内胚葉が原腸形成の結果作られ，将来マウスになるための基本的な身体の設計と器官原基が確立される。簡潔に要約すると，前後軸の中央線に沿って脊索が作られ，その両側に沿軸中胚葉が形成されて反復した体節の塊に分化し，明瞭な分節パターンが生じる。一方，中間中胚葉および側板中胚葉は分節しない。神経板が誘導され，盛り上って神経管となり，前脳，中脳，後脳および脊髄に分かれる。体表の外胚葉から鼻，耳およびレンズのプラコードが形成される。神経堤細胞が移動を始め，心臓，循環系および肢芽が作られる。この時期に，成体の器官への分化および形態形成を支配している遺伝子の多くが徐々にその役割を演じ始める。

　　マウスの妊娠期間は，系統によってやや異なるが，19～20日である。各発生段階の時間経過は図2.1および表2.1のとおりで，これはC57BL/6雌マウスと，CBA雄マウスの間のF₁の発生に基づいている。いくつかの近交系，例えばC3Hでは発生はいくぶん遅い。図2.2は代表的な発生段階のホールマウント標本を示す。マウス胚の細胞系譜に関する現在の知見は図2.3にまとめてある。

　　一般的に，マウスの発生は交尾後の日数（dpc）で表される。このマニュアルでは，妊娠の時期と胚の胎齢を表すために，次の慣例に従う。まず受精が，午後7時から午前5時までの暗期のほぼ中央（深夜0時）に起こると仮定し，翌日（膣栓発見日）の正午に胚は交尾後半日，すなわち，"0.5 dpc"の胎齢とする。この慣例に従い，膣栓発見日を妊娠第1日とする。翌日の正午には胚は1.5 dpc（交尾後1.5日）になる。以下同様。11.0 dpc（交尾後11.0日）胚は妊娠第11日の深夜付近に取り出されることになる。同腹の胚の間でも発生段階はばらつくので，より正確に発生段階を決めるためには形態学的な判定基準が必要になる。このための一つのシステムはTheilerによって開発された（表2.1参照）(Theiler 1972, 1983)。原腸形成期マウス胚の詳細なステージング・システムはDowns and Davies (1993)によって開発されている。体節期胚の発生段階は体節対の数で決める。体節期の後期では，尾部（後肢芽の後端から尾方）の体節対数によって発生段階を決めることが可能である。出生日を分娩後（dpp）第1日とする。

　　発生は受精に始まるが，精子と卵子自体は，始原生殖細胞が生殖隆起に入った時に始まる複雑な成熟過程の産物である。したがって，この要約は生殖細胞の起源と成長についての記載から始める。生殖細胞は，生物全体の中で最も興味深い細胞である。

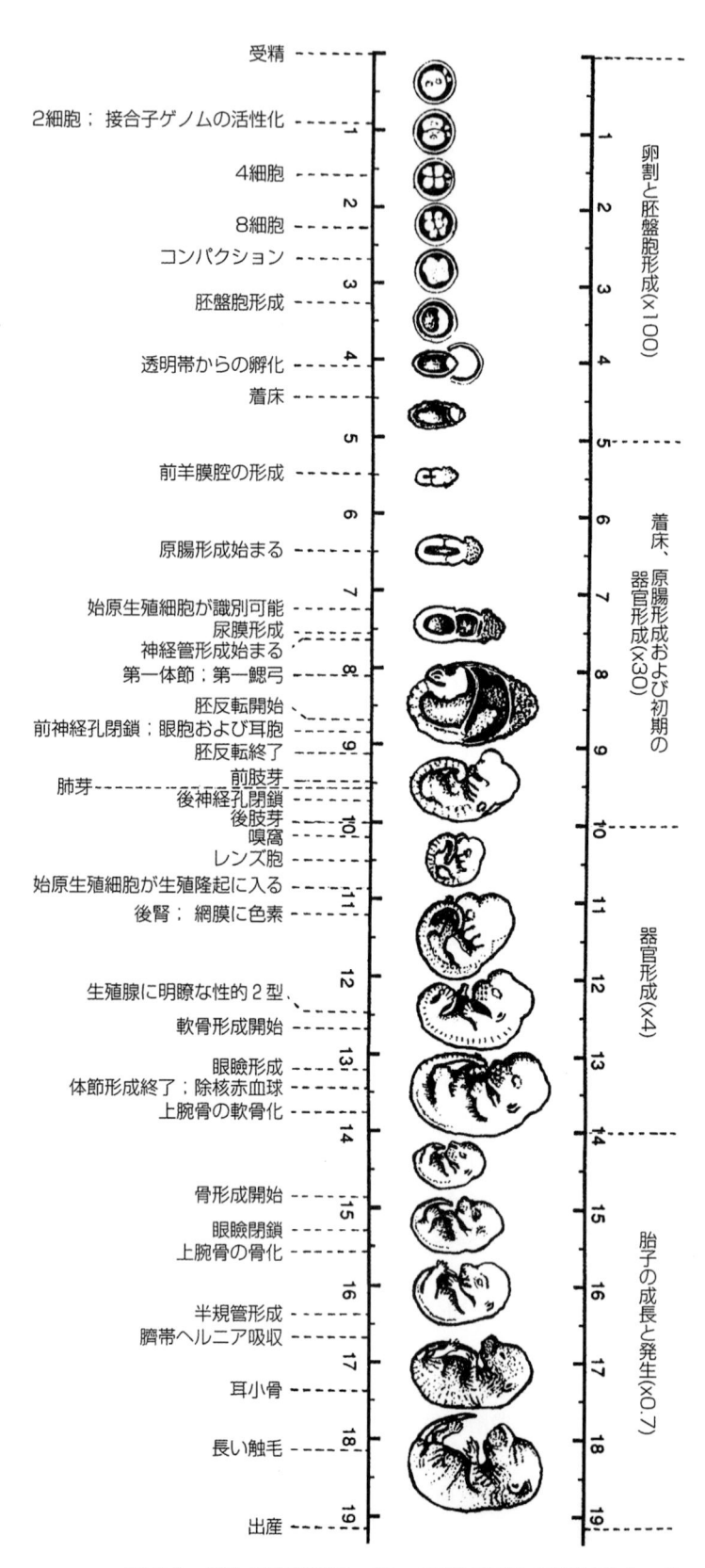

受精
2細胞；接合子ゲノムの活性化
4細胞
8細胞
コンパクション
胚盤胞形成
透明帯からの孵化
着床
前羊膜腔の形成
原腸形成始まる
始原生殖細胞が識別可能
尿膜形成
神経管形成始まる
第一体節；第一鰓弓
胚反転開始
前神経孔閉鎖；眼胞および耳胞
胚反転終了
肺芽
前肢芽
後神経孔閉鎖
後肢芽
嗅窩
レンズ胞
始原生殖細胞が生殖隆起に入る
後腎；網膜に色素
生殖腺に明瞭な性的2型
軟骨形成開始
眼瞼形成
体節形成終了；除核赤血球
上腕骨の軟骨化
骨形成開始
眼瞼閉鎖
上腕骨の骨化
半規管形成
臍帯ヘルニア吸収
耳小骨
長い触毛
出産

卵割と胚盤胞形成(×100)
着床、原腸形成および初期の器官形成(×30)
器官形成(×4)
胎子の成長と発生(×0.7)

図2.1. 発生の時間経過。(0〜5日)卵割と胚盤胞形成，(5〜10日)着床，原腸形成および初期の器官形成；(10〜14日)器官形成；(14〜19日)胎子の成長と発生。より詳細は表2.2参照。

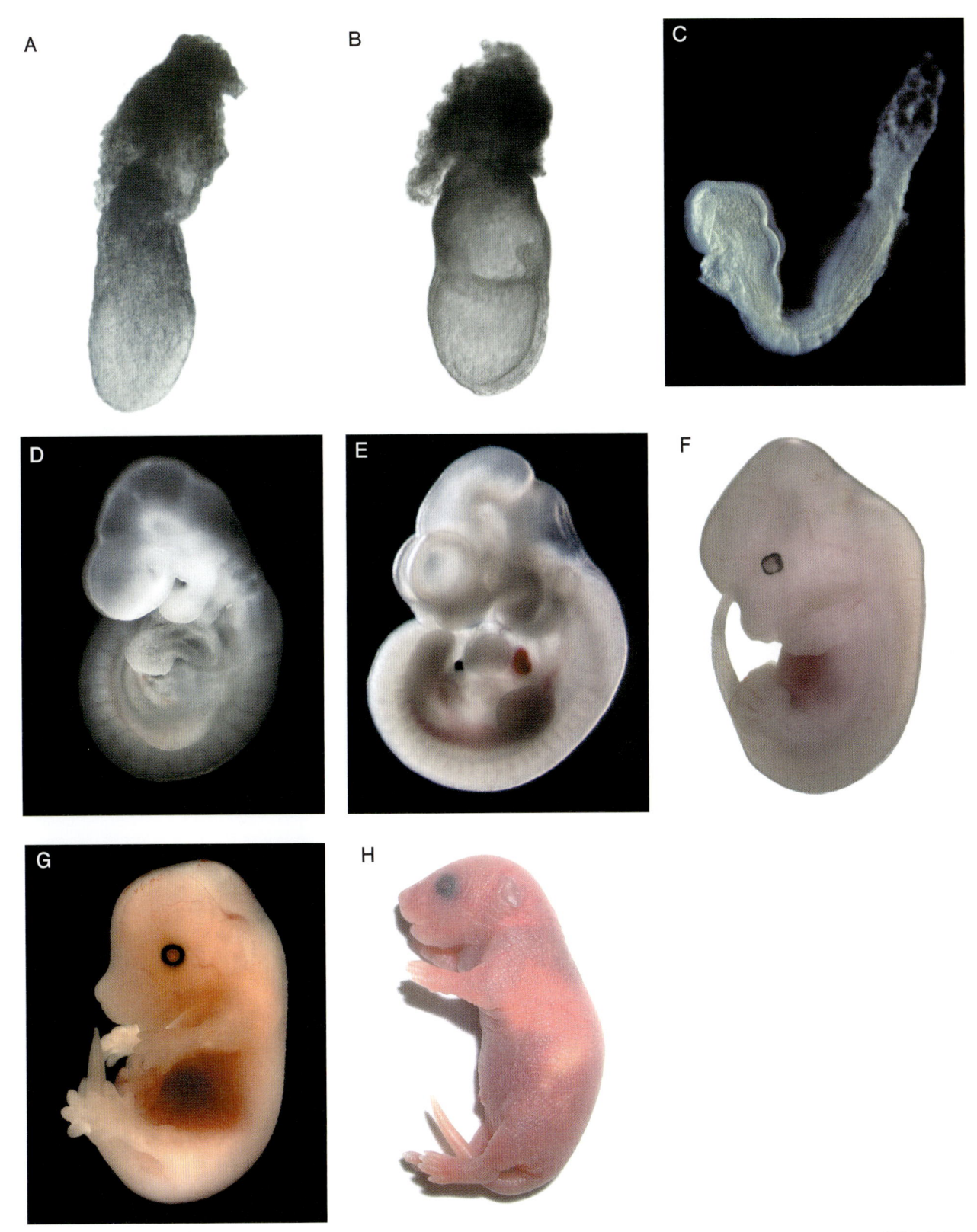

図2.2. 代表的な発生段階におけるホールマウント・マウス胚 (A)交尾後6.5日；(B)7.5日；(C)8.5日；(D)9.5日；(E)10.5日；(F)12.5日；(G)14.5日；(H)新生子。C-Gに示す胚は，胚外の膜から切り出されている。解剖学的詳細については，図2.17参照。

表2.1. マウス胚の発生

段階[a]	胎齢 (dpc：交尾後日数)	特徴	胚外	循環系	腸系	神経/感覚系	尿生殖系
1	0〜1	1細胞接合子					
2	1	2細胞胚					
3	2	桑実胚、4〜16細胞					
4	3	桑実胚〜胚盤胞	栄養外胚葉形成				
5	4	透明帯をもたない遊離胚盤胞					
6	4.5	着床中の胚盤胞	原始内胚葉				
7	5	前原条					
8	6	原始外胚葉内に前羊膜形成	ライヒェルト膜形成 前部臓側内胚葉	外胎盤錐が母体血液で満たされる			
9	6.5	胚軸が形態的に明瞭					
10	7	初期〜中期原条	羊膜形成	臓側卵黄嚢に血島	前腸ポケット	神経板	
11	7.5	後期原条	尿膜出現				
12	8	1〜7体節	尿膜が絨毛膜に接触	最初の大動脈弓	後腸ポケット	神経ひだ、耳プラコード	生殖細胞が尿膜の基部近く
13	8.5	8〜12体節：胚の反転		一対の心原基が前方で融合	甲状腺原基、第2鰓弓、肝憩室	神経ひだが4〜5体節で閉鎖	前腎
14	9	13〜20体節	蔵側卵黄嚢に血流	心拍動開始、3対の大動脈弓	口板破れる	前神経孔閉鎖、鼻プラコード	前腎管はまだ中が詰まっている
15	9.5	21〜29体節；第8〜12体節の高さで前肢芽		共通の心房と心室、背大動脈融合	肺原基、膵突起、卵黄管閉鎖	後神経孔閉鎖、耳胞	

	日	体節数/大きさ				
16	10	30〜34体節; 第23〜28体節の高さで後肢芽				ウォルフ管が総排泄腔に接する(発生の進んだもの)
17	10.5	35〜39体節, 尾の原基	第6大動脈弓	一次気管支	レンズプラコード	臍帯ループ, 排泄腔膜, 中腎細管
18	11	40〜44体節		膵原基	深いレンズ窩	明瞭な生殖隆起
19	11.5	6〜7mm, 前肢板	心房中隔, 共通心室, 動脈幹の分割始まる	口鼻膜	レンズ胞閉鎖, 鼻プラコードの縁が融合	尿管芽
20	12	7〜9mm, 後肢板		舌, 胸腺, および上皮小体の原基	レンズ胞遊離, 松果体突出	ミューラー管, 性腺分化(発生の進んだもの)
21	13	9〜10mm, 触毛原基	大動脈路と肺動脈路が分かれる	垂直な口蓋突起, 歯堤	中の詰まったレンズ	排泄腔分割
22	14	11〜12mm	心室中隔閉鎖		網膜の神経細胞	
23	15	12〜14mm	冠状血管	口蓋突起融合		
24	16	14〜17mm	ライヒェルト膜崩壊	臍帯ヘルニア撤収	眼瞼閉鎖	尿生殖洞へ尿道が別に開く
25	17	17〜20mm		肺に肺胞管	毛様体輪部	
26	18	19.5〜22.5mm		膵臓にランゲルハンス島	虹彩と毛様体	前立腺細胞索, 腎臓に大型中心糸毬体
27	19	23〜27mm		出産	精巣索はまだ中が詰まっている	

[a] Thieler(1972, 1983)より改作。C57BL/6 x CBA F1雑種の発生に基づく。ある種の近交系胚の発生はいくぶん遅い。

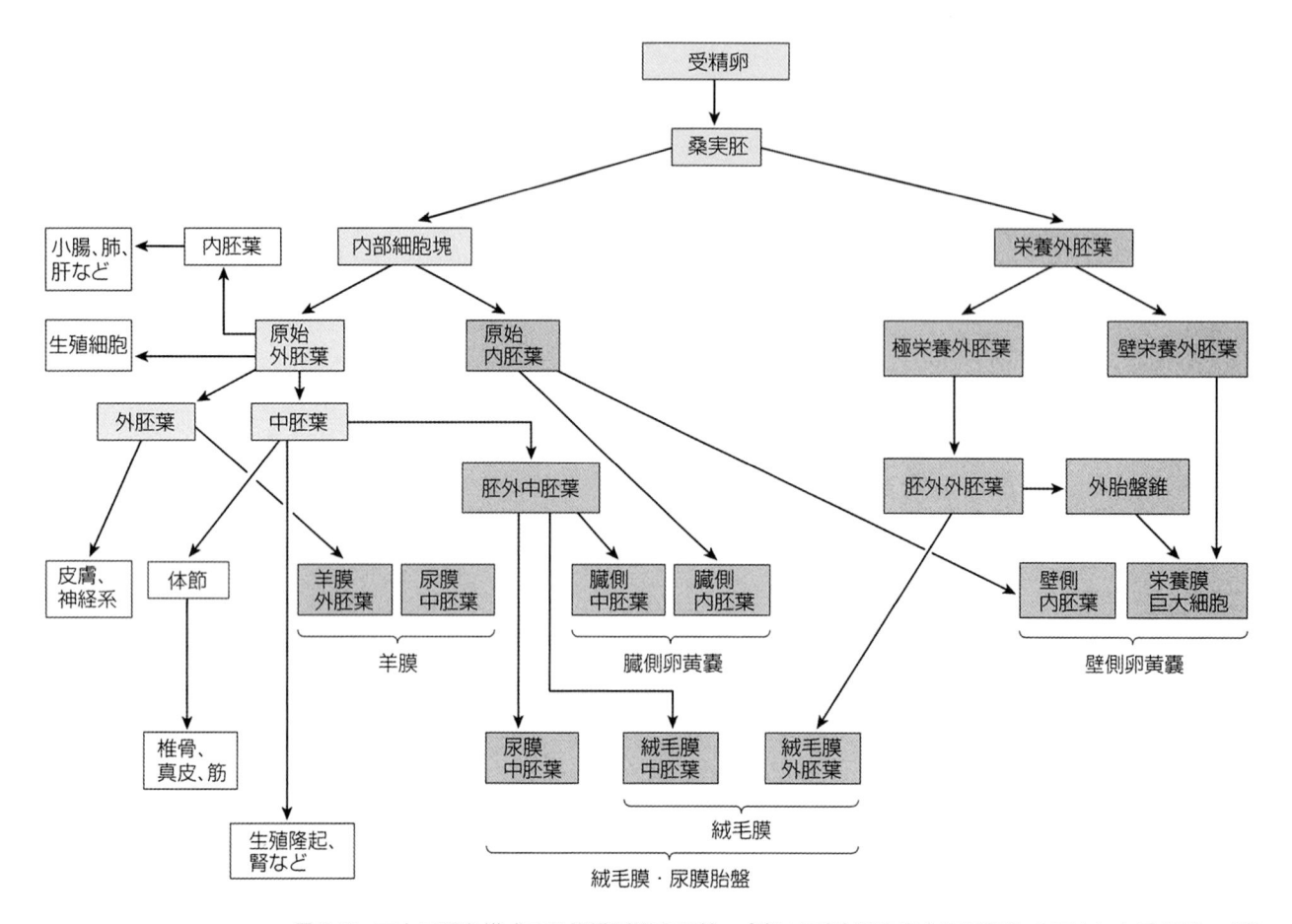

図2.3. マウス胚を構成する組織系譜の要約。（淡い灰色）胚自身と胚外細胞の両方になる組織，（濃い灰色）胚外の組織，（白色）胚自身の組織。（Gardner 1983より）

生殖系列の起源

　　始原生殖細胞（PGCs）は，エピブラストに由来する（Falconer and Avery 1978；Gardner et al. 1985；Lawson and Hage 1994）。交尾後4.5日までは，胚盤胞の内部細胞塊の中で生殖系列が分離していることを示す証拠は全く得られていない。この時期のただ1個のエピブラスト細胞が体細胞と生殖細胞の両方に分化できるからである（Gardner et al. 1985）。細胞運命のマッピングによって，前原条期においてPGCsが生じる区域は胚外の外胚葉に接する近位エピブラストであることが示されている（Lawson and Hage 1994）。しかし，この時期においてもなおPGCの系譜は明らかでない。なぜなら，標識された単一の細胞からPGCsと体細胞の両方が生じるからである（Looson and Hage 1994）。PGCsが初めて認められるのは交尾後7.0日の原腸形成の時期であり，羊膜ひだ後部の胚外中胚葉の中に明瞭な細胞集団として認められる（図2.4B）（Ginsburg et al. 1990）。次いで，それらの細胞は原条後部の下に位置するようになり（Ozdenski 1967），尿膜の基部に取り込まれて頭ひだ（前体節）期には約75個の細胞集団を形成する（図2.4A）。PGCsは，大きくまるい形状と高レベルの組織非特異的アルカリホスファターゼ活性（TNAP）（Hahnel et al. 1990）および高レベルの*Pou5f1*（*Oct3/4*）mRNA（Rosner et al. 1990；Scholer et al. 1990a,b）によって見分けることができる。生殖細胞が原腸形成の中期までに1つの細胞系列として分離されていることを示す証拠が，交尾後7.0日および7.5日原腸胚の3胚葉のすべてを含む胚域の組織小片を用いた培養実験から得られた。大形でアルカリホスファターゼ活性陽性を示す細胞を生成する能力は，胚の後方域に局限さ

れていた(Snow 1981)。

　アルカリホスファターゼ染色は，尿膜の基部から生殖隆起までのPGCsの複雑な移動を追跡するためにも用いられる(図2.4および図2.5，Clark and Eddy 1975；Eddy et al. 1981；Eddy and Hahnel 1983)。また最近では緑色蛍光蛋白質(GFP)レポーターが *in vivo* におけるPGCsの移動を追跡するために用いられている(図2.5)(Molyneaux et al. 2001)。交尾後8.0日になると，PGCsの小群は分散し，大部分のアルカリホスファターゼ活性陽性細胞(総数約

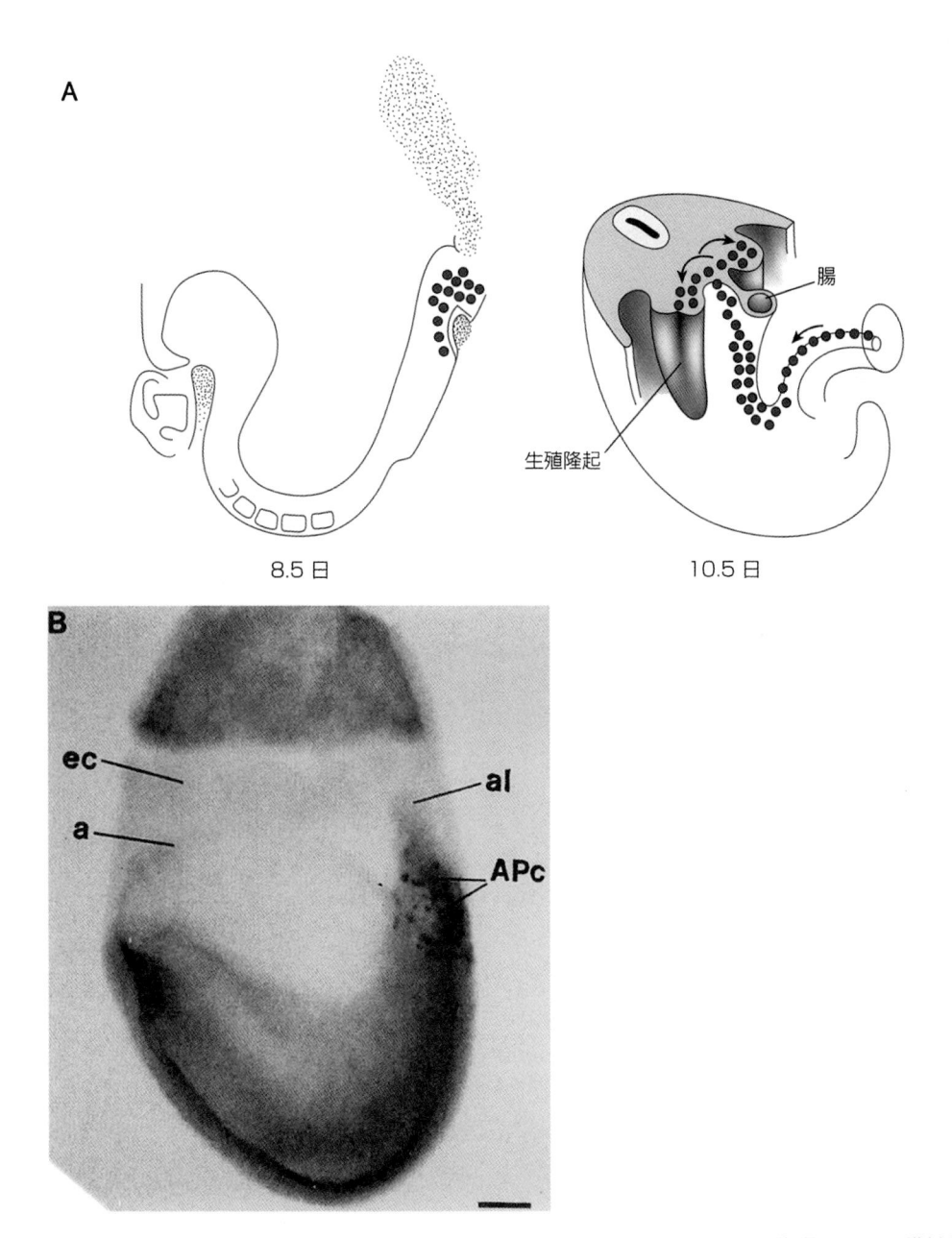

図2.4. 始原生殖細胞(PGC)とその移動経路。(A)交尾後8.5日胚において後腸周辺の尿膜基部にPGCsが局在すること，および交尾後10.5日胚においてPGCsが後腸に沿って生殖隆起内へ移動することを模式的に示す。(B)交尾後7.5日胚(神経ひだ期)のアルカリホスファターゼ活性のホールマウント染色標本。尿膜基部におけるPGCsの集団に注意(Ginsburg et al. 1990より許可を得て複製)。

200個)は，体節期の初期までに後腸の上皮に入り込んでいる(Ginsburg et al. 1990)。PGCsは，腸の内胚葉を離れ，背側腸間膜を通って体腔の角を曲がり，交尾後10.5～11.5日までに最初の細胞が生殖隆起へ到達する(図2.4Aおよび図2.5)。交尾後13日までには約25,000個のPGCsがそれぞれの生殖原基に定着する。生殖隆起は，中腎に接する中間中胚葉から派生し，約交尾後10.0日に明瞭な尿生殖隆起として初めて見えるようになる(側板と中間中胚葉およびその派生物，84頁を参照)。しかし，生殖原基の性的2型の明白な特徴は，交尾後12.5日までは現れない。尿膜から移動する間にPGCsはおよそ16時間ごとに分裂する(Tam and Snow 1981)。PGCsの腸から生殖隆起への移動は，積極的な運動を伴い，それには，大部分の細胞が生殖隆起へ集まれるようにするための適切な細胞間基質と走化性シグナルが関係していると考えられている(図2.6)。将来の卵巣の中へ移住した雌性生殖細胞は有糸分裂を停止して減数分裂に入り，第一分裂の前期に達して減数分裂を一時停止する。対照的に，将来の精巣に入った雄性生殖細胞は有糸分裂を続け，約交尾後14.0日に至って分裂を止める。いくつかのPGCsが生殖隆起に接する中腎組織または副腎に入り，生殖隆起へ入ることに失敗する。このような異所性PGCsは，その遺伝的な性に関係なく，雌の発生経路に特徴的な減数分裂停止に入る傾向がある(McLaren 1984)。後に論議するように，このことは，PGCsが減数分裂と有糸分裂のどちらに進むかを決めるにあたり，生殖腺の体細胞が重要な役割を果たしていることを如実に示している。

　生殖細胞の増殖に影響して生殖隆起に達する生殖細胞数を著しく減少させ，ホモ接合体を不妊にするような突然変異がいくつか知られている。これらの突然変異のうちの2つについては，その分子的性格が明らかとなった。白斑変異(W)と非致死性白斑変異(W^v)はともに，始原生殖細胞の移動と増殖を低下させる(Mintz and Russell 1957)。対照的に，スチール(Sl)のホモ接合体では生殖細胞は生殖隆起へ移動するが，そこに達すると，すでに減少していた

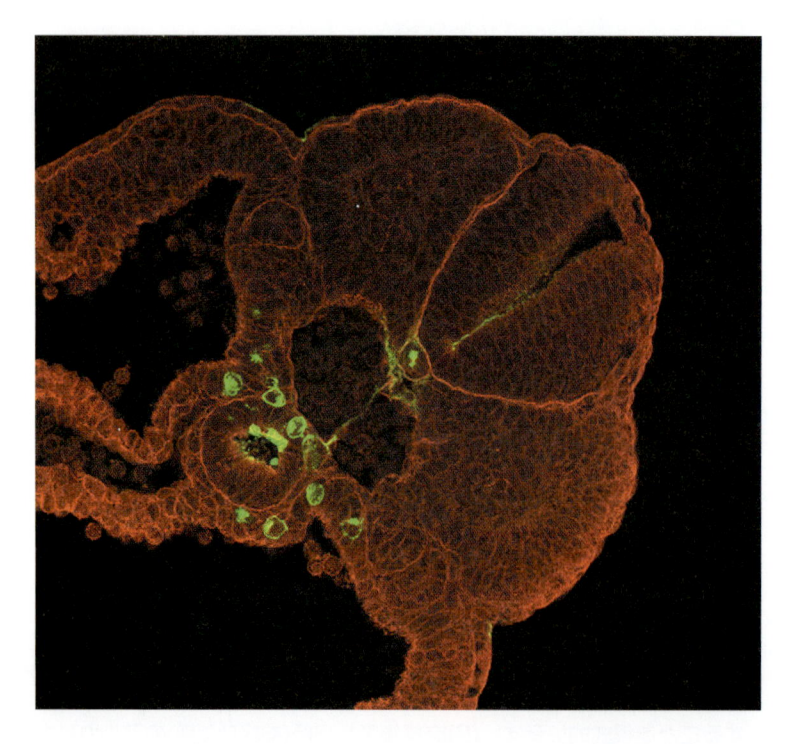

図2.5. 始原生殖細胞の移動。交尾後9.5日マウス胚の後腸を通る横断切片，PGCsはSSEA1のための免疫染色により緑色にみえる。この後，PGCsは発生中の生殖腺へ移動する。

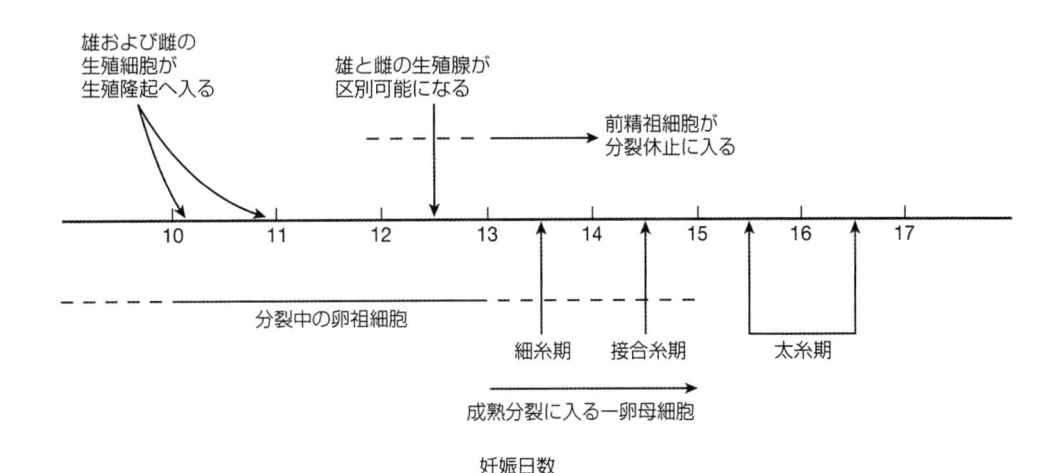

図2.6. マウスの生殖隆起および初期の生殖腺における雌性および雄性生殖細胞の発生時期。(Monk and McLaren 1981より)

細胞集団は増殖することができず，すべてのPGCsが変性してしまう(McCo-shem and McCallion 1975)。この両方の突然変異は，個々の細胞として胚の中を長距離移動するほかの2種の細胞，すなわち神経堤細胞と造血系幹細胞にも影響を与える。W/W胚ではできないが，Sl/Slマウスでは神経堤細胞を野生型の環境へ移植することによって色素細胞を救うことができる(Mayer 1973)。このことは，Slの産物が非細胞自律的に働いていることを示唆している。Sl遺伝子のクローニングによって，この遺伝子の産物はペプチドのシグナル分子であるスチールファクター(SF)(現在では，キット・リガンド(KL)として知られている，Witte 1990参照)であることが示され，この推測が確かめられた。さらに，種々のW突然変異が，SF/KLに対する膜貫通型チロシンキナーゼ受容体でPGCsで発現している癌原遺伝子c-kitの欠損体であることが示された(Chabot et al. 1988；Nocka et al. 1989)。

確かに，SF/KLは，体外におけるPGCsの生存と増殖の両方に必要であり，SFを含む種々のペプチド成長因子の存在下に培養することによって，PGCsから永続的な多分化能細胞が生じる(Matsui et al. 1992；Resnick et al. 1992)。これらの細胞は，胚性生殖(EG)細胞と呼ばれているが(図2.33参照)，少なくとも，キメラを作り，機能的な精子になる能力に関しては，胚性幹細胞と対等であるらしい(Labosky et al. 1994；Stewart et al. 1994)。

性の決定と分化

　局所的な生殖腺の環境は生殖細胞の分化に強い影響を与える。なぜなら，一般的に生殖腺の遺伝的性が，そこで作られる配偶子の型を決定するからである。桑実胚の凝集(第11章参照)または胚盤胞への細胞注入(第11章参照)によって作られたXX⟷XYキメラでは，XXが優勢な生殖腺環境におかれたXX生殖細胞は雌経路に典型的な減数分裂停止に入るが，XYが優勢な局所的環境におかれると精子形成の前触れとして特徴的な有糸分裂停止に至る(McLaren 1984参照)。このような実験と，生殖隆起での始原生殖細胞数が極端に減少するW突然変異体の研究から，生殖腺の体細胞組織が性決定の第一次因子であることが確定した。3種の主要な細胞型，すなわちセルトリ細胞，ライディッヒ細胞および結合組織が雄性生殖腺の体細胞要素を構成する(総説として，Swain and Lovell-Badge 1999参照)。セルトリ細胞は，それが最初に分化する細胞であるという点で，もっとも重視されている。さらに，表現型が雄になっているXX⟷XYキメラ個体においてセルトリ細胞の圧倒的多数がXY型であ

るのに対して，ライディッヒ細胞と結合組織の遺伝的性はより大きくばらついていた（Burgoyne et al. 1988）。

したがって，Y染色体上にある1つの遺伝子（*Tdy*）が卵巣決定に関係する対応遺伝子のどれよりも早く作用し，未分化の生殖腺を精巣へ分化させるようである．すなわち，精巣決定は本質的に性決定と同義語であり，*Tdy* は *Sry*（性決定領域Y遺伝子）と名前を変えている．この遺伝子はHMGモチーフをもつDNA結合蛋白質をコードしている（Gubbay et al. 1990；Sinclair et al. 1990）．それは，尿生殖隆起が最初に現れる交尾後10.5日および未分化生殖腺が性的2型の特徴をもつようになる臨界相（交尾後11.5～12.5日）に発現する．それに加えて，*W/W* 胚において正常レベルの *Sry* 発現がみられるので，その発現は体細胞に限られる（Koopman et al. 1990）．さらに，*in situ* ハイブリダイゼイションは，交尾後11.5日での転写が生殖隆起に限られ，隣接する中腎には及んでいないことを示している．この候補転写因子は精巣の分化を開始させ，それによって卵巣の形成を抑えているらしい．この考えは，*Sry* を発現しているXX型トランスジェニックマウスで精巣が発達すること（Koopman et al. 1991）および *Sry* の突然変異が雄から雌への性転換の原因になる（Lovell-Badge and Robertson 1990）という観察によって支持される．

正常な精巣の分化，特に精巣索の発達は，隣接する中腎域に由来する細胞の寄与を必要とする．この区域からの細胞は発達しつつある精巣内に移動し，管周の筋様細胞やその他の間質細胞集団に寄与する（Buehr et al. 1993；Tilmann and Capel 2002）．もし，これらの細胞が生殖腺に入るのを妨げると正常な索形成は起こらなくなる．

雄および雌の生殖道原基（ウオルフ管すなわち中腎管，およびミューラー管すなわち傍中腎管）は生殖腺の性決定以前から存在するが，雌ではウオルフ管が，雄ではミューラー管がそれぞれ退行する．精巣形成がないとウオルフ管は生存できないが，退行変化は卵巣がなくても起こるので欠乏によって生じる道筋（default pathway）である（Austin and Edwards 1981）．雄では，精巣のライディッヒ細胞で作られるテストステロンが，ウオルフ管の生存と，精管，精嚢，精巣上体への分化を確かなものにする．一方，セルトリ細胞の極めて初期の産物でトランスフォーミング成長因子－ベータ（TGF-β）スーパーファミリーの一員である抗ミューラー管ホルモン（AMH，ミューラー管抑制因子，MISとしても知られている）が，ミューラー管の変性を引き起こす（Josso et al. 1998）．AMHを過剰発現しているトランスジェニック雌マウスでは，ミューラー管は除去され，*Amh* ノックアウト雄マウスではミューラー管は卵管および子宮へ分化する（Behringer et al. 1990；Behringer et al. 1994）．

精子形成

精子形成は，連続的に同期化され，空間的に組織化された，細胞分化の連鎖のおそらく最も精巧な例である（総説については，Hecht 1986を参照）．精子が幹細胞から分化するのに要する時間はほぼ一定している（マウスでは約5週間）ので，精細管のどの断面を取ってみても，それぞれ決まったタイプの細胞が基底膜から管腔に向かって配列し，これは精細管に沿ってすすむ精子形成の波を反映している．卵子形成と異なり，精子形成は真の幹細胞集団に依存していて，その幹細胞が自己を更新しながら精子へ分化するための子孫細胞を作っている（図2.7）（総説として，Brinster 2002参照）．これらの幹細胞は，始原生殖細胞の直接の子孫であり，A型精祖細胞として知られる大型の細胞である．この細胞は，生後3～7日に初めて現れ，精細管を取り巻く基底膜上に位置する．分裂後にA型精祖細胞の娘細胞の一部が中間型精祖細胞に分化し，次いで，この細胞がB型精祖細胞になる．B型精祖細胞も基底膜に接して存在しているが，より小型で，分裂してさらに多くのB型精祖細胞を作ることができ

る点で過渡的集団として振る舞う。その結果，B型精祖細胞はA型よりも多数になる。B型精祖細胞は大きさを増して基底膜を離れ，精細管の管腔に向かって移動し，第一次精母細胞へと姿を変える。減数分裂が始まるのはこの時期である。第一減数分裂の間に，XおよびY染色体を含む相同染色体は対合し，乗り換えが起こる。第一減数分裂によって，それぞれ2本の染色分体から構成される20本の染色体をもつ第二次精母細胞が生じる。第二減数分裂によって染色分体は分かれ，半数体のゲノムをもつ精子細胞が作られる。その後は分裂は起こらず，大規模な分化と細胞質の放出を伴う成熟精子への分化が管腔表面で引き続き起こる。最後に成熟精子は管腔に放出され，管腔表面には余分な細胞質が残余体として残される。

精子形成の同調性の原因の一部は，不完全な細胞質分裂によってB型精祖細胞のすべての子孫細胞が細胞質間橋で連結されたままになっているためである。この連結は成熟精子が管腔内に放出される時になって初めて消失する。このことは，減数分裂がすでに起こっているにもかかわらず，精子の発生に必要な複雑な分化が共有されている細胞質内で二倍体ゲノムのほとんどの産物が存在する状態で起こっていることを意味する(Braun et al. 1989)。

精巣は精細管の配列で構成され，この精細管は発達中の雄性生殖腺の中に交尾後12.5日に現れる精巣索に由来する。Y染色体をもたない生殖細胞は，精子形成の過程で選択的な不利益を受ける。そのような細胞は，まれに減数分裂に入るが第一分裂の中期以前に退行する。したがって，Y染色体は性決定遺伝子をもつほかに正常な精子形成に必要な一つあるいは複数の遺伝子を含んでいると考えられる(Burgoyne 1987；Delbridge and Graves 1999)。

卵子形成

生後5日までには，すべての卵母細胞は第一減数分裂の複糸期にある。したがって，卵母細胞は2倍体ではあるが，半数体の4倍量のDNA(4C)をもっている。この長い休止期，すなわちデクチオテン期(dictyate stage)の間に，対合した染色体は完全に伸長し，卵母細胞の(母親由来の)mRNAの転写が始まる。X染色体の活性についての研究によると，XXの始原生殖細胞および交尾後11.5日の卵祖細胞では，片方のX染色体のみに活性があるが，交尾後12.5日までに両方のX染色体が活性をもつようになる(Monk and McLaren, 1981；McLaren, 1983)。それに加えて，卵ゲノムは精子ゲノムと比べて広範囲に低メチル化されている(Monk et al. 1987；Kafri et al. 1992)。

それぞれの卵母細胞は卵胞の中にあり，多層の卵胞細胞に包まれている。この卵胞細胞は精巣のセルトリ細胞と胚発生における起源が同じであり，卵母細胞の成長と分化に種々の役割を果たしている(図2.8，図2.9)(Richards et al. 1987；Matzuk et al. 2002)。卵母細胞の周りの細胞には多くの突起があり，卵母細胞と特別な接着を形成している(図2.9)。これらの接着複合体はギャップ結合を含み，代謝産物の移動を可能にしている。この接着複合体は，成長途上の卵母細胞によって作られ蓄積された細胞外性の物質層，すなわち透明帯によって卵胞細胞と卵母細胞が徐々に分離されても維持されている(Bleil and Wassarman 1980a,b；Greve and Wassarman 1985)。透明帯は3種の主要な酸性硫酸化糖蛋白質(ZP1, M^r200,000；ZP2, M^r120,000；ZP3, M^r83,000)で構成され，厚さは約7μmに達する。ZP3は精子受容体として機能し，先体反応を開始させる。この先体反応は受精の成立に必須のものである。分子レベルでの解析によって，マウスのZP3遺伝子は402個のアミノ酸から成るペプチドをコードしていることが示されている。このペプチドは，N−結合型およびO−結合型の両方の複雑なオリゴ糖で広範囲にグリコシル化されている(Wassarman 1990の総説参照)。精子は，ZP3のペプチド骨格ではなく，カルボキシ末端域の糖ペプチドについているオリゴ糖に限局して結合する(Rosiere and Wassarman 1992)。

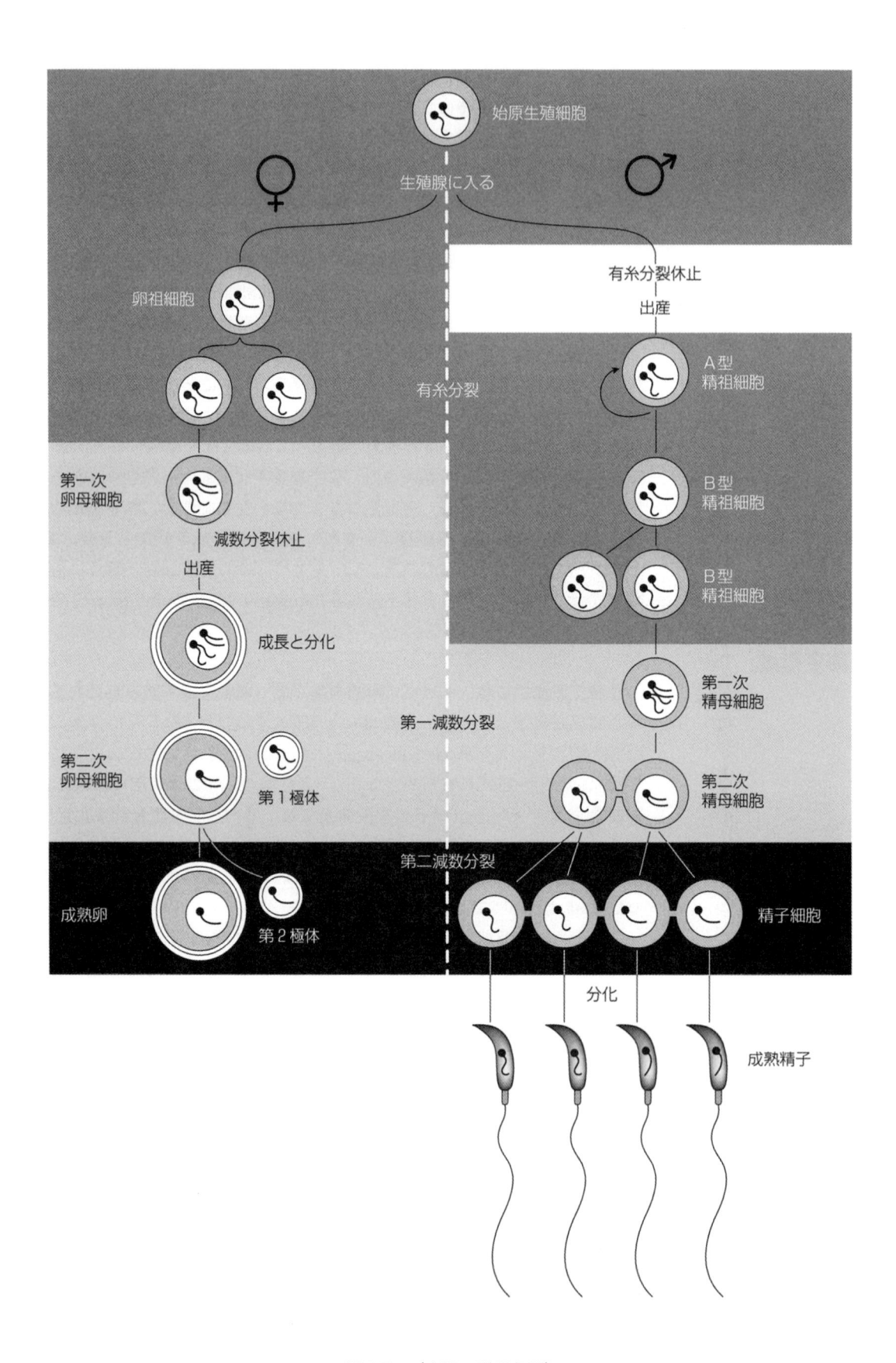

図2.7. （次頁の説明参照）

透明帯の糖蛋白質の合成とプロセッシングの過程は別として(これは卵母細胞での全蛋白合成の10%を占めるのだが)，成長途上の卵母細胞の遺伝子活性については少ししか知られていない。いくつかの研究者グループが，成熟途上の卵母細胞および未受精卵における全[^{35}S]メチオニン標識蛋白合成の二次元ゲル電気泳動解析を行っている(Van Blerkom 1981；Howlett and Bolton 1985)。さらに，多くの特異的な蛋白合成も報告されている(Schultz 1986の総説参照)。例えば，卵母細胞の総蛋白合成のうち約1.3%はチューブリンに費され(Schultz et al. 1979)，成長中期では約0.9%がアクチンに費やされる(Bachvarova et al. 1989)。様々な遺伝子の転写産物の卵内における局在が，in situ ハイブリダイゼイションおよび逆転写PCR (RT-PCR)法によって示されているが(例，TGF-β関連蛋白である骨形成蛋白質-6[BMP6]とアクチビン，および転写因子であるPou5f1[Oct3/4])，その生物学的意義およびそれらが機能的な蛋白質に翻訳されているかどうかについては，必ずしも明らかではない(Lyons et al. 1989；Scholer et al. 1990a, b；Albano et al. 1993)。ある場合には，成長途上で蓄積されたRNAは，成熟分裂再開時までポリアデニル化も翻訳もされない(例えば，c-mos および組織型プラスミノゲン活性化因子，後述)。ほかの場合には，卵母細胞内で発現する遺伝子が，その成長と発生にとって一つの役割を果たしているという強力な証拠がある。例えば，成長中の卵母細胞は(PGCも同様であるが)W遺伝子座の産物である膜貫通型チロシンキナーゼ受容体，c-kit を発現している。対照的に，卵胞細胞を含む卵巣の体細胞は，スチール遺伝子座 Steel (Sl) の産物であり，c-kit のリガンドであるスチール因子(SF)を発現している。卵巣におけるSFの発現を減少させるようなSl遺伝子の突然変異，例えばスチール・パンダ(Sl^{pan})は，卵母細胞の成長を阻害し，卵胞数の減少と単層立方上皮期での卵胞の発育停止を招来する(Manova et al. 1990, 1993；Manova and Bachvarova 1991；Huang et al. 1993)。

　驚くべきことに，出生時のマウス卵巣に存在した原始卵胞の半分以上が3～5週齢以前に退行してしまう。この現象の内分泌的または局所的要因についてはほとんどわかっていない(Faddy et al. 1983)。雌マウスが性成熟に達するのは，系統や環境にもよるが，およそ6週齢である。この時期までに，それぞれの卵巣は種々の成熟段階にある約10^4個の卵母細胞を含んでいる。卵胞腔形成前の卵胞から未成熟卵母細胞を分離し培養する方法および卵胞腔をもつ卵胞から成熟卵母細胞を分離し培養する方法が確立されている(第14章，Eppig and Telfer 1993；O'Brien et al. 1993参照)。卵胞腔をもつ卵胞から得られた卵母細胞の成熟分裂は培養条件下で自然に起こる。それらの卵母細胞は体外受精可能であり，その後も正常に発生する。一方，卵胞腔形成前の卵胞から得られた卵母細胞は体外受精可能になるまでに数日間，周囲の卵胞細胞と一緒に培養しなければならない。

図2.7. マウスにおける精子形成と卵子形成の模式図。雄と雌における有糸分裂と減数分裂の時期の違いを示す。始原生殖細胞(PGCs)は，交尾後約11.0日に初めて生殖隆起に達する。雄では，生殖細胞は14.0日に有糸分裂を停止するが，雌の生殖細胞はこの時期に減数分裂の第一分裂前期で分裂を停止する。成熟した雌では，排卵と減数分裂の再開はホルモンの刺激によって始まる。雄では，A型精祖細胞は生後3～7日に初めて認められ，その後，精子形成が幹細胞の更新と分化によって継続する。2つの相同染色体(1つは父親から，ほかの1つは母親から)が，PGCsの核の中に示してある。PGCsの出現と生殖腺における成熟との間のどこかで親由来の染色体の刷り込みが消去されて新しい刷り込みが課せられる。

図2.8. 卵胞の発育

図中ラベル:
- 第一次卵母細胞（直径<20μm）
- 卵胞上皮
- 原始卵胞
- 基底膜が卵胞細胞を卵巣基質から分ける
- 成長卵胞
- 約6,000卵胞細胞
- 第一次卵母細胞（直径は85μm）
- 卵母細胞
- 透明帯
- 卵胞細胞
- 卵胞腔、卵胞細胞の分泌液で満たされる
- 胞状またはグラーフ卵胞
- 約50,000卵胞細胞
- 10-17日

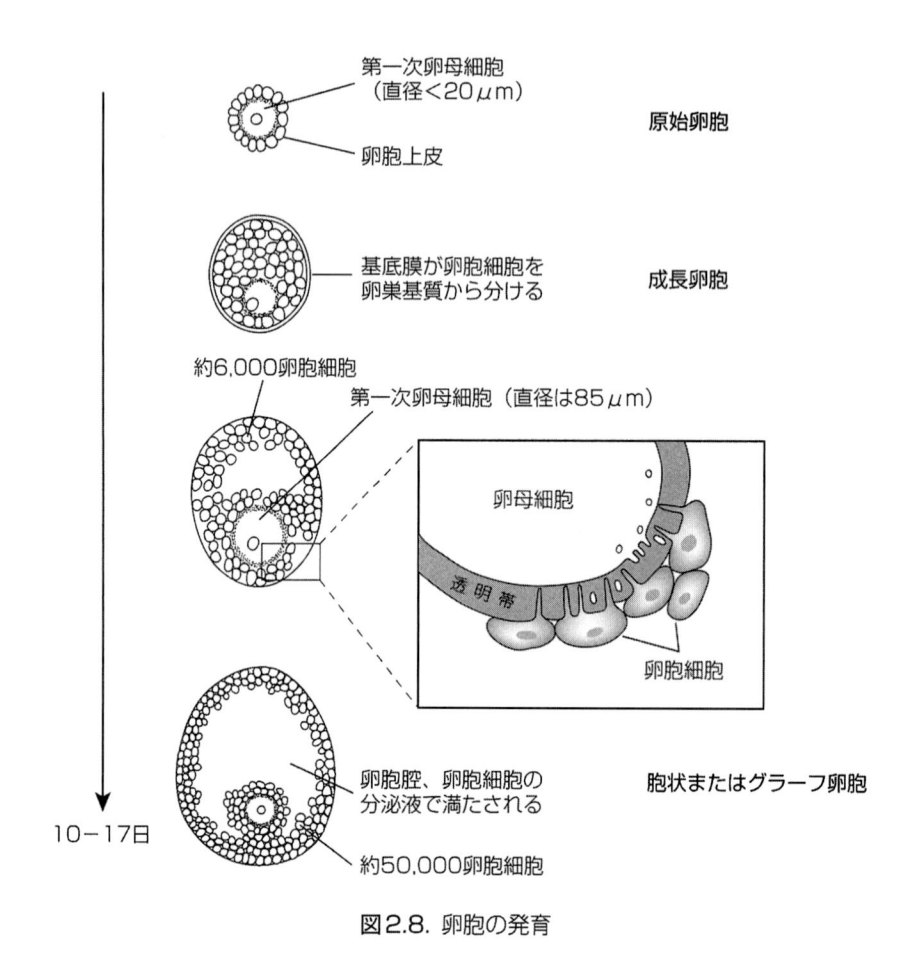

排　卵

　卵母細胞は大きくなるにつれて，適正なホルモンの刺激（体内）または卵胞からの遊離（体外）に反応して減数分裂の最終段階に入るための能力を徐々に獲得していく。排卵は，卵胞細胞と卵母細胞の双方の協調的な反応によって，最適条件下では4日ごとに自然に繰り返される。しかし，性周期の長さは多くの環境要因の影響を受け，またホルモンの注射により人為的に排卵を誘発することもできる（第3章，過排卵誘導参照）。自然の性周期では，少数の卵胞のみが下垂体で作られる卵胞刺激ホルモン（FSH）の血中濃度の上昇に反応する。刺激を受けた卵胞細胞は，卵母細胞との接触を断ち切り，高分子のプロテオグリカンおよび組織型プラスミノゲン活性化因子の合成および分泌を増加させる。同時に，卵胞は液体を蓄積して膨張し，卵巣の表面へ移動し，最終的な成熟と卵母細胞の放出のための準備を整える。成熟し液体の充満した卵胞は，1672年に初めてこれを記載した科学者Regnier de Graafにちなんで，グラーフ卵胞または胞状卵胞と呼ばれている。生体内および培養中の卵胞細胞の生合成活性についての，より詳しい総説は，Hsueh et al.(1984)およびRichards et al.(1987)を参照されたい。

　排卵は黄体形成ホルモン（LH）の血中濃度の急激な一過性上昇（サージ）によって起こる。このLHも下垂体で作られる。LHの刺激を受けると，卵母細胞では核の成熟が起こる（図2.10）。核（卵核胞とも呼ばれる）は膜を失い（卵核胞崩壊として知られる過程である），染色体は紡錘体上に集まって細胞の周辺へ移動し，そこで減数分裂の第一分裂が起こる。少量の細胞質に包まれた一組の相同染色体は，第1極体として放出され，他の一組は第二分裂の中

マウスの発生の要約 ■ 45

◀ 卵母細胞

◀ 透明帯

◀ 卵胞細胞

◀ 基底層

◀ 基質

◀ 卵母細胞

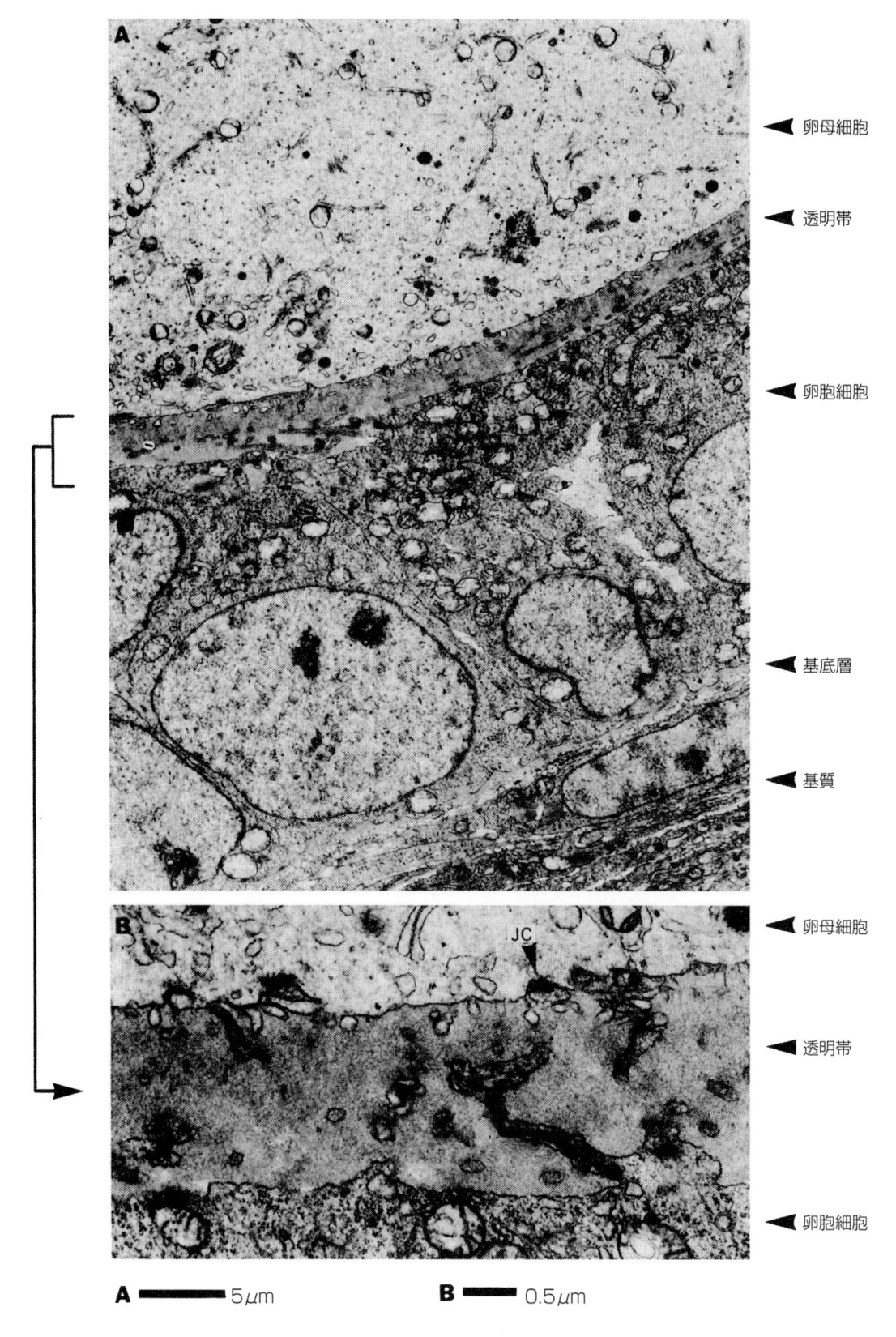

◀ 透明帯

◀ 卵胞細胞

A ━━ 5μm　　**B** ━━ 0.5μm

図2.9. 卵母細胞と卵胞細胞の関係

| 図の要素 | 時間 | 説明 |

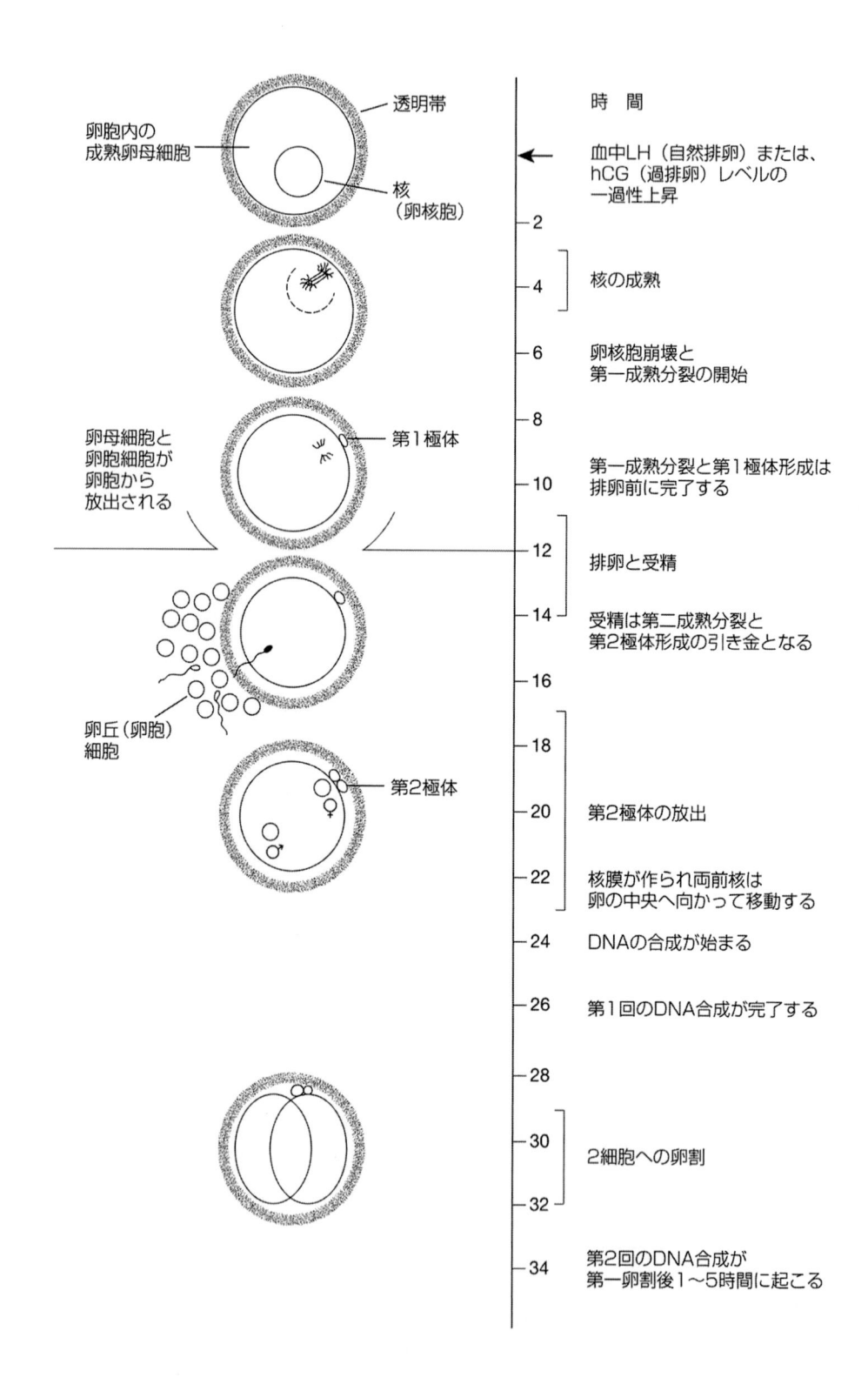

透明帯
卵胞内の成熟卵母細胞
核（卵核胞）

― 2 血中LH（自然排卵）または、hCG（過排卵）レベルの一過性上昇

― 4 核の成熟

― 6 卵核胞崩壊と第一成熟分裂の開始

第1極体
卵母細胞と卵胞細胞が卵胞から放出される

― 8
― 10 第一成熟分裂と第1極体形成は排卵前に完了する

― 12 排卵と受精

― 14 受精は第二成熟分裂と第2極体形成の引き金となる

― 16

卵丘（卵胞）細胞

― 18

第2極体

― 20 第2極体の放出

― 22 核膜が作られ両前核は卵の中央へ向かって移動する

― 24 DNAの合成が始まる

― 26 第1回のDNA合成が完了する

― 28

― 30 2細胞への卵割

― 32

― 34 第2回のDNA合成が第一卵割後1〜5時間に起こる

図2.10. 排卵と受精

期に留まる。この第一分裂後の停止状態で卵母細胞は卵胞から放出され，減数分裂は受精が起こるまで先へ進まない。

多くの研究が，細胞質性セリン／スレオニン・プロテインキナーゼをコードするプロトオンコジーン，*c-mos* と減数分裂の過程とを関係づけている。*c-mos* の転写産物は成長期の卵母細胞内に蓄積するが，減数分裂の再開まではポリアデニル化も翻訳もされず，その後，2細胞期までに分解される。減数分裂を開始している卵母細胞へ *c-mos* のアンチセンス・オリゴヌクレオチドを注射すると，減数分裂は第2分裂中期を越えて進行できなくなる。c-Mos蛋白質が存在しないと，減数分裂の維持に必要な蛋白質が不安定になることが示唆されている（Mutter et al. 1988；O'Keefe et al. 1989, 1991；Paules et al. 1989）。機能的に活性な *c-mos* を欠損しているマウスでは，卵母細胞は単為発生的活性化を受ける。このことは，*c-mos* が減数分裂を第2分裂中期に止めておくために必要であることを示している（Colledge et al. 1994；Hashimoto et al. 1994）。

卵母細胞の減数分裂的成熟は，またプロテアーゼである組織型プラスミノゲン活性化因子（tPA）の合成と分泌の引き金となる。この蛋白質のmRNAは前もって卵母細胞内に存在するが，減数分裂的成熟まで翻訳されない。tPA mRNAの活性化は，ポリAテールの付加を伴い，これは3′-非翻訳領域のAUに富む細胞質性ポリアデニル化要素（CPE）によって制御されている。このCPEは，tPAのほかに数種の母性mRNAで確認されている（Huarte et al. 1988a, b；Strickland et al. 1988；Sallés et al. 1992）。

排卵された個々の卵母細胞は，プロテオグリカンを伴う卵胞細胞（卵丘細胞）の集団と透明帯に取り囲まれている。卵は卵管上皮の表面にある多数の絨毛の運動によって卵管の入口，すなわち卵管漏斗部の中へ移動する。上皮のほかの細胞は分泌活動を行い，排卵時には漏斗部に接する卵管の部位は充血して拡張し，受精の場である膨大部を形成する。自然排卵の場合は8～12個の卵が排卵される（系統による）が，排卵は同時ではなく，2～3時間にわたって起こる。排卵後に残った卵胞細胞は，妊娠の維持を助けるステロイド分泌細胞（黄体化した顆粒膜細胞）に分化する。卵巣表面近くの明るい黄色を呈する黄体を数えることは，どれだけの卵母細胞が実際に排卵されたかを知る一つの方法である。排卵されたマウス未受精卵のいくつかの特性を表2.2に示す。

単為発生

マウスでは，卵母細胞は精子の存在なしに胚発生の開始へ誘導できる。未受精卵の単為発生的活性化はアルコール（第13章参照），ヒアルロニダーゼ，Ca^{++}イオノホアA23187，Ca^{++}/Mg^{++}欠損培地，高温または低温ショックおよび麻酔など様々な作用によって引き起こすことができる。さらに，LT/Sv系マウスの卵母細胞の約10％は，卵管あるいは卵巣内で自然発生的な活性化を起こす。このような単為発生卵は着床しても原腸胚期（交尾後7日）まで発生した後に組織崩壊を起こして死んでしまう。あるいは，卵巣に残っても奇形腫になる。卵母細胞が高い頻度で単為発生的活性化を起こして卵巣性奇形腫を生じる類似の現象は，*c-mos* 欠損雌マウスにおいても報告されている（Colledge et al. 1994；Hashimoto et al. 1994）。

単為発生胚（parthenogenone, parthenogenote, または parthenote とも呼ばれる）の遺伝子型は，実験条件，特に活性化卵の排卵後の時間によって変化する。最も重要な因子は，活性化を起こした時の卵の細胞骨格の状態および方向である。F_1（ヘテロ接合）雌マウス由来の卵母細胞が単為発生的な活性化を起こす時の遺伝子型は，次のとおりである（図2.11）。

1. 均一半数体（第2極体の放出がうまくいった時）。
2. モザイク半数体（第2極体が正常割球のように振舞う）。

表2.2. 排卵されたマウス未受精卵の性質

直径	85 μm
体積	279 pl（前核の体積は1pl）
蛋白質	23 ng
全DNA	8 pg
ミトコンドリアDNA	2〜3 pg（未受精卵のDNAのかなりの部分がミトコンドリアDNAであることに注意）
ミトコンドリア数	10^5
ゲノムDNA（染色体数は1倍体だがDNA量は2倍体）	6 pg
リボソームRNA	0.2〜0.4 ng
ポリ(A)	0.7 pg（120〜200ヌクレオチド長）
ポリ(A)$^+$ RNA	正確な量は不明
tRNA	0.14 ng

3．ヘテロ接合型2倍体（第2極体形成の抑制または前核と第2極体との融合による）。このような単為発生でヘテロ接合体が生じるのは減数分裂での組換えの結果である。

4．ホモ接合型2倍体（雌性前核の2倍体化）。

　アルコールの作用で活性化した卵の20％までが，染色体の不分離によって異数性となることにも注意しなければならない（Kaufman 1982,1983b）。ほとんどの単為発生卵，特に均一半数体は，胚盤胞となる前に死んでしまう。少数の卵は着床後も発育を続け，例えば原腸胚期（LT/Sv系およびモザイク半数体）および初期肢芽期（ヘテロ接合型2倍体，Kaufman et al. 1977）まで発育を続ける。しかし，妊娠末期までの正常な発育は，どの系からも得られていない。この理由は，卵子形成の間に起こる刷り込み（96頁参照）によって特定の遺伝子が不活性化されるためである。2倍体単為発生胚盤胞からES細胞を分離することが可能であり，この細胞は培養により広範囲の細胞型に分化し，キメラにおいて多くの組織の形成に寄与する（第11章参照）。

受　精

　1回の射精当たりおよそ58×10^6個の精子が雌性生殖道に放出される。そのうち，一部の精子は5分以内に膨大部に達しているが，約1時間経過しなければ受精できる状態にはならない。この精子の成熟過程は受精能獲得として知られているが，そのメカニズムはわかっていない。精子が卵表に到達するためには，まず卵丘細胞の集団を，次に透明帯を通過しなければならない。前に述べたように，糖蛋白質，ZP3，が透明帯の精子結合蛋白質として同定されている。多くの哺乳類で，透明帯上の精子結合部位は（絶対的ではないが）高度に種特異的であり，異種の精子の侵入を防いでいる。ZP3は，また先体反応を触発させ，この反応によって先体（精子頭部の分泌小胞様構造）は精子頭部の形質膜と融合し，種々の加水分解酵素を放出する。先体反応が起こらなければ，精子は卵子と受精できない。

　卵細胞膜と精子頭後部との融合は，受精として知られている一連の反応の引き金となる。まず，最初の現象として余分な精子の融合を阻止する変化が卵表面で起こる。もう一つの変化は，卵形質膜直下にある表層粒のカルシウム依存性放出（エキソサイトシス）である。これによって透明帯の糖蛋白間の架橋結合およびZP3の修飾を伴って「透明帯反応」が起こり，その結果，精子はもはや接着できず，先体反応も誘起されなくなる。これらの変化も，多精子受精を防ぐのに役立っている。受精の際には，精子の頭部，中片部および尾部の大部分が卵

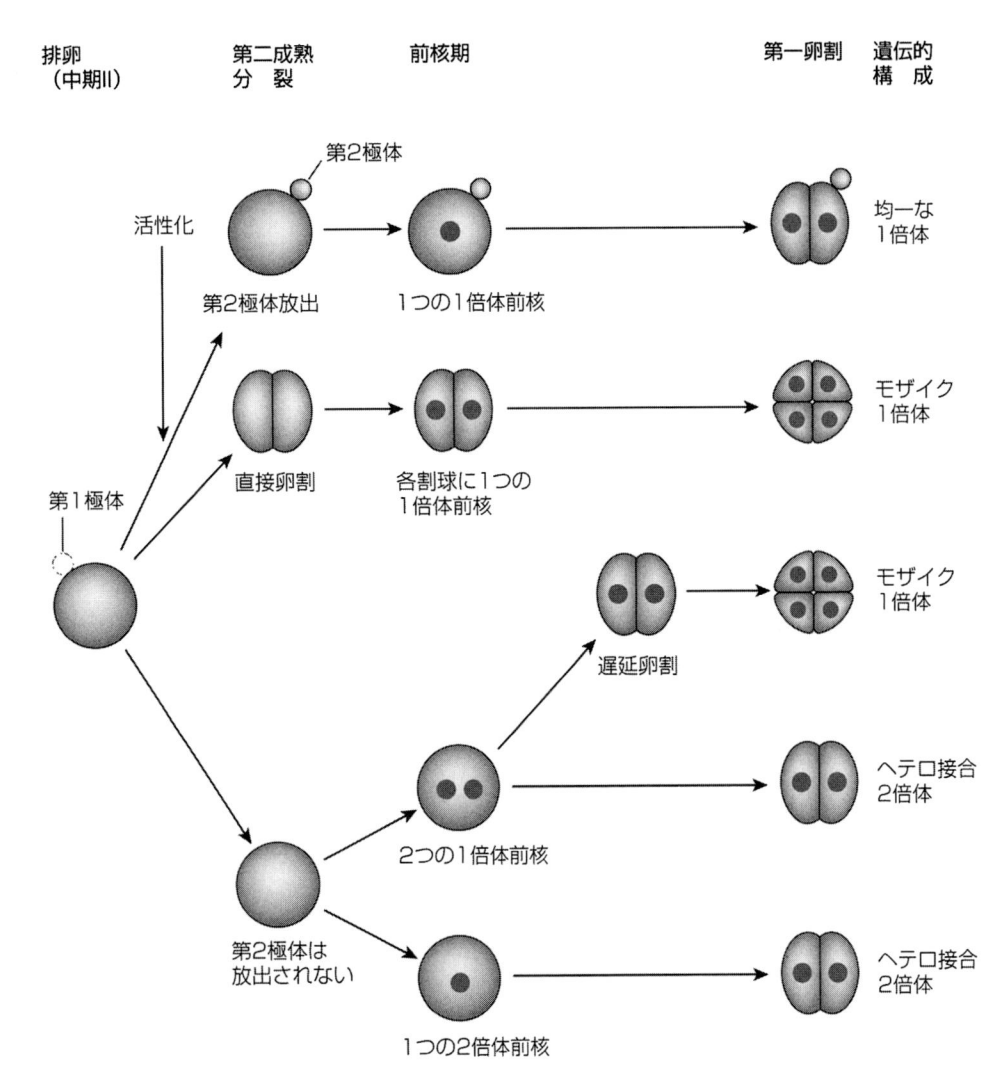

図2.11. マウス卵母細胞の単為発生的活性化。第2極体放出の有無および第一卵割の時期により異なった遺伝子型をもつ胚が生じる。

細胞質内に取り込まれる。精子の中片部は，父親由来の中心子とミトコンドリアを受精卵に与えるが，後者は卵由来のミトコンドリアによって途方もなく薄められてしまう。

　受精が引き金となって減数分裂の第二分裂が始まり，第2極体が放出される(表2.3参照)。次いで母親および父親由来の染色体の周りに核ラミン蛋白質を含む核膜が形成され，それぞれ別々の半数体雄性前核および雌性前核が作られ，両前核は卵の中央へ移動する。DNAの複製はこの移動中に起こる。前核は融合しないが，膜はこわれて染色体が紡錘体上に集まり，すぐに第一卵割が始まる。自然に受精した卵では，排卵および受精の時刻が同調していないため第一卵割もまちまちな時間に起こる。より同調した発生は，体外受精によって得られる(第14章参照)。未受精卵は約12時間，精子は約6時間生存できる。未受精卵における核成熟の開始から胚盤胞形成までの主な出来事は，図2.10，図2.12，および図2.14に示してある。

　最近，受精卵における精子侵入点(SEP)と第2極体の位置が，その結果生じる胚盤胞の2つの非対称軸を前もって決定するという証拠が示された(Piotrowska and Zernicka-Goetz

表2.3. （C57BL♀×CBA♂）F₁♀×CFLP（外交配）♂に由来する胚における体外受精後の最初の細胞周期の時間経過

事象[a]	精子の添加後の時間（h）
第2極体放出	2〜5
♂前核の形成	4〜7
♀前核の形成	6〜9
DNA複製	11〜18
卵割	17〜20

S.Howlet, Department of Anatomy, University of Cambridge, U.K.より提供された情報による。
[a] 形態については図2.12参照

2001；総説はTam et al. 2001参照）。これらの研究は，胚軸（すなわち，ボディー・プラン）が受精の時に決定されることを示唆している。

卵母細胞および受精卵の細胞骨格構成

卵母細胞の細胞質全体にわたって，アクチン，チューブリン，およびサイトケラチンを含む細胞骨格要素の複雑な基質が存在する（図2.14）(Lehtonen et al. 1983 a；Maro et al. 1984；Schatten et al. 1985)。異なる骨格系が，たぶん，前核の中央への移動と卵表面の変化とを結びつけている。前核の移動は，サイトカラシンB（アクチン重合の阻止）およびコルセミド（チューブリン重合阻止）の双方で抑えられる。これら2つの抑制剤は，核移植実験で核を核質体として抜き取るのに必要である（第13章参照）。卵母細胞におけるアクチン構造の最初の変化は，受精の時に見られる（Maro et al. 1984）。排卵された卵母細胞では，減数分裂の紡錘体を覆う部分の細胞膜はコンカナバリンA（ConA）結合部位と微絨毛を欠き，その下にはアクチンに富む皮質下層が存在する。受精が起こると，精子が入った場所の周りに2番目のConA結合部位を欠く領域，すなわち受精丘が生じる。この部分の細胞膜の下にもアクチンに富んだ層がある。前核が卵の中央に移動するにつれてアクチン線維の分布が一様になり，ConA欠乏部位は消失する。

初期の卵割：1細胞期胚からコンパクション前の8細胞期桑実胚まで

卵割期のマウス胚は，その小さな体積にもかかわらず，着床前の発育期間におけるRNAおよび蛋白質の合成パターンの変化について，相当な量の情報を提供している（総説として，Schultz 1986；Kidder 1992参照）。要約すると，2細胞期（受精後27時間）の中頃までは，胚は卵子形成の間に合成された蛋白質とRNAに大部分依存しているようである。2細胞期の中頃までに多くの胚遺伝子にスイッチが入る。同時に，母親から受け継いだmRNAの多くが急速に分解されるが，母性蛋白質はこの時期を越えて存続する。以下の3つの主要な方法が着床前胚の蛋白質合成と遺伝子発現を研究するために用いられている。(1)体内で作られたか，あるいは網状赤血球溶解産物蛋白質合成系に加えられた胚RNAから作られたポリペプチドの二次元SDS－ポリアクリルアミドゲル電気泳動法，(2)RT-PCRに基づく技術による胚RNAの特異的増幅，および(3) cDNAライブラリーの構築とスクリーニング。

二次元ゲル電気泳動は，初期卵割期胚において合成される[35S]メチオニン標識蛋白質のパターンに多くの変化があることを明らかにした（例えば，Latham et al. 1991参照）。このような変化の正確な時間を測るのはむずかしい。特にほかの細胞事象（例えばDNA合成，細胞分裂など）と関係づけて正確に測定することは，正常に受精した胚の集団内でも，また個々の胚の割球の間でも発生が同調していないために困難である。この非同調性は，体外受精によっ

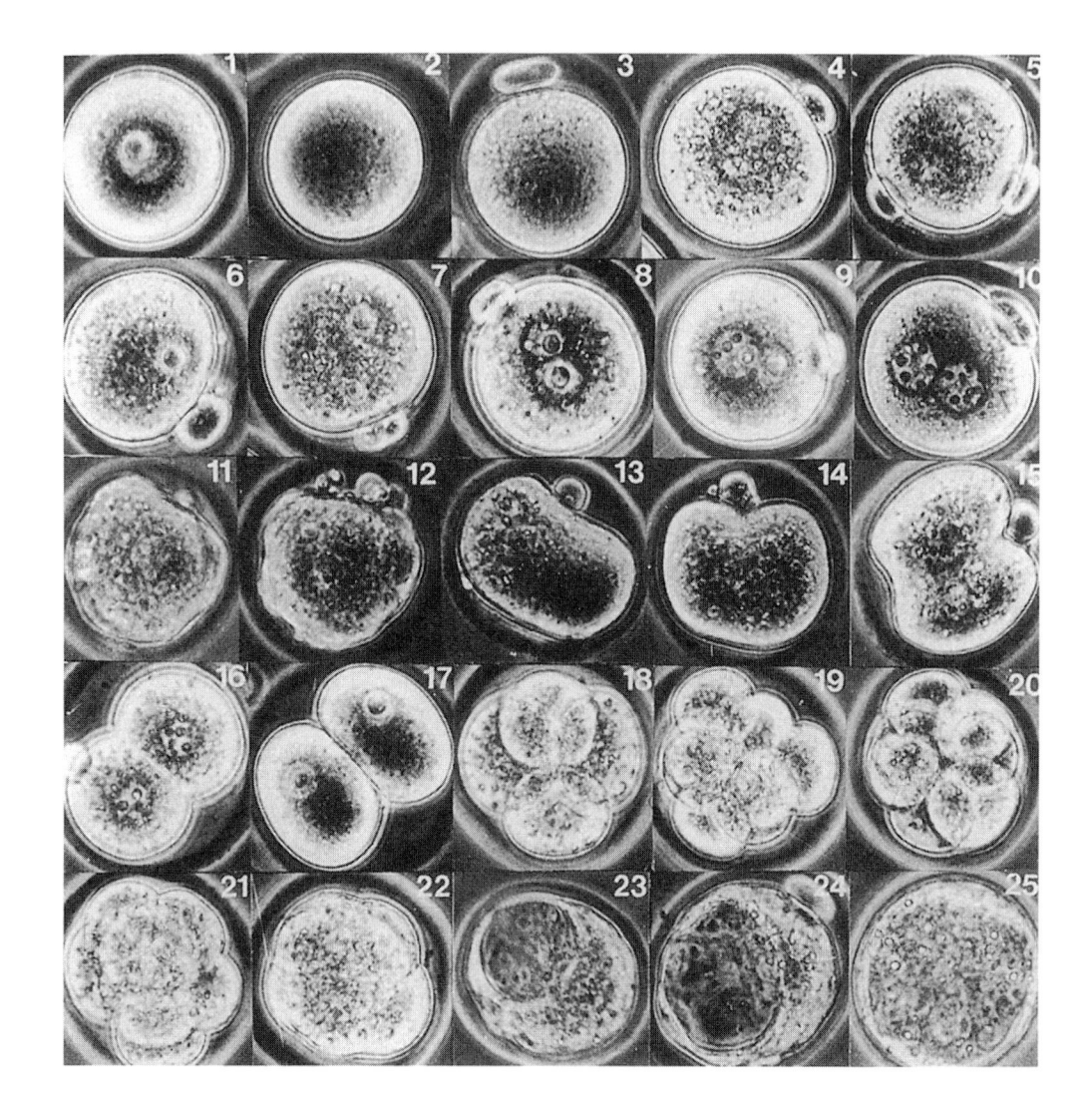

図2.12. 着床前のマウス胚の形態学。(1)卵核胞をもつ排卵前の卵母細胞。(2)卵核胞崩壊(GVBD)を示す排卵前の卵母細胞(hCG後2.5〜4.5時間)。(3と4)第1極体の放出(hCG後約10時間)とこれに続く排卵(hCG後約11〜13.5時間)および受精。(5)成熟分裂の再開と第2極体の放出(hCG後17〜33時間にわたって起こる)。(5と6)精子頭部の膨潤と雄性前核の形成。(7)雌の半数体染色体のまわりに核膜が作られ、雌性前核が形成される。雌性前核は表層下で第2極体の近くに存在し、雄性前核より小さい〔大半(75%)の胚でこの過程はhCG後約26時間までに完了する〕。(8)両前核が卵の中央へ移動する。(9と10)両前核の中に核小体が観察できるようになる。DNAの複製が起こる(大半の胚でhCG後約28時間までに完了)。(11と12)前核膜がこわれ、核小体が見えなくなる。卵表の波立ちは卵割に備えての細胞骨格の再編成を示す(hCG後約27時間から卵割の完了まで観察される)。(13)胚の伸長。(14と15)「くびれ」が生じる。(16)形成直後の2細胞胚、核小体が見える(hCG後約32時間までに大半の胚が卵割を終える)。(17)2細胞後期の胚。核が見える。(18〜25)着床前の発生の後期。(18)4細胞。(19〜20)6〜8細胞胚。(21)コンパクションを起こしている8細胞胚。(22)コンパクションを起こした8〜16細胞胚。(23と24)初期胚盤胞。(25)完全に拡張した胚盤胞。(すべての時間はhCG注射後で示す。Dr.H.Pratt, Department of Anatomy, University of Cambridgeより提供された資料と写真による)

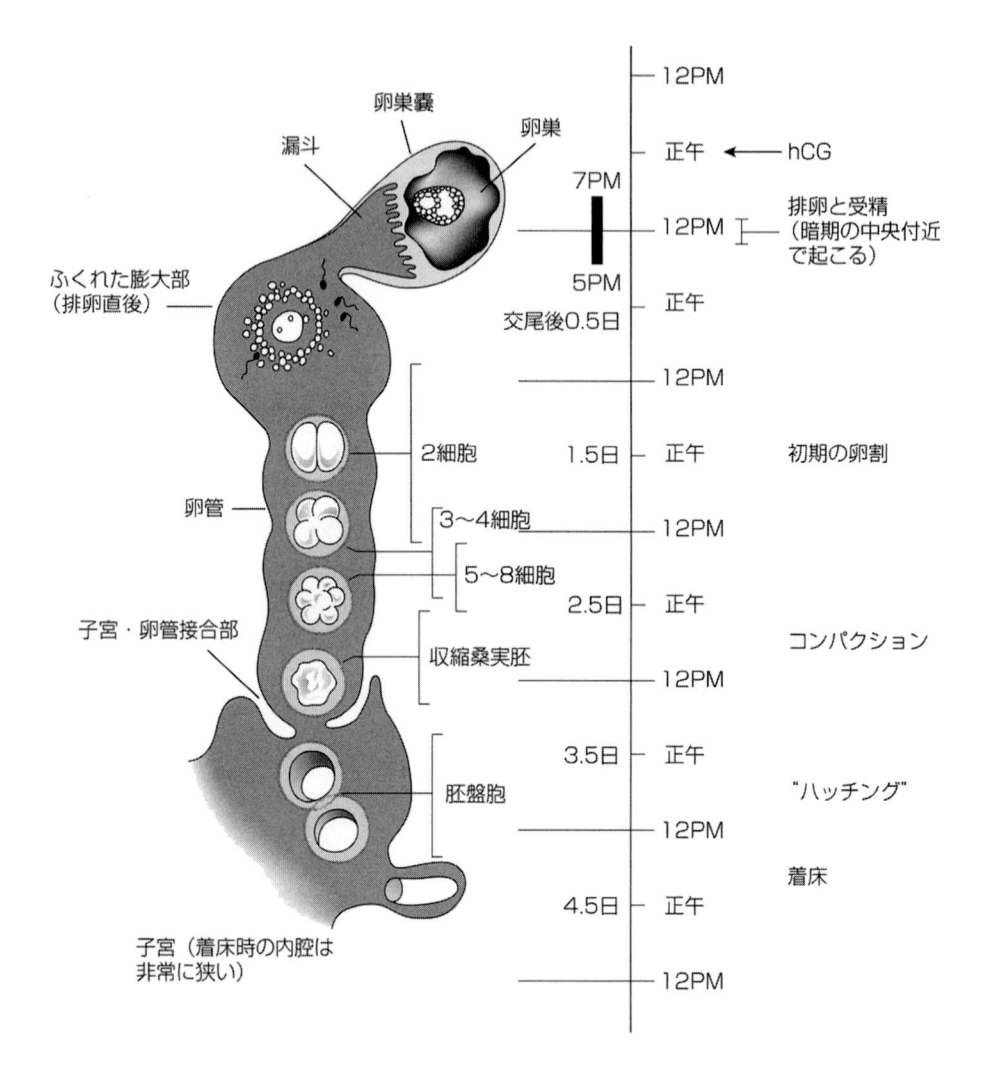

図2.13. 着床前の発生の概要

て2細胞期へ進んだ胚を選択することによって，また放射性前駆体で代謝標識する前に細胞周期の特定の時期に割球を分離し再構成することによって減少させることができる．
　受精後にみられる蛋白質合成パターンの変化に対して，いくつかの過程が関係している．
1. 安定した母親由来mRNA上で行われる蛋白質の代謝回転率の上昇．この機序を支持する証拠が哺乳類の卵母細胞で示されている (Howlett and Bolton 1985)．
2. 母親由来または胚のRNA上で合成された蛋白質の翻訳後の修飾．リン酸化，グリコシレーションまたは酵素的切断による蛋白質の修飾を示す証拠が得られている (Van Blerkom 1981; Cascio and Wassarman 1982; Pratt et al 1983)．
3. 母親由来mRNAの亜種の選択的利用．注意深く時間に合わせた胚での研究，および体内と体外での翻訳産物の比較により，mRNAのうちで選択的に利用されたり抑制されたりしているものがあることが明らかとなった．

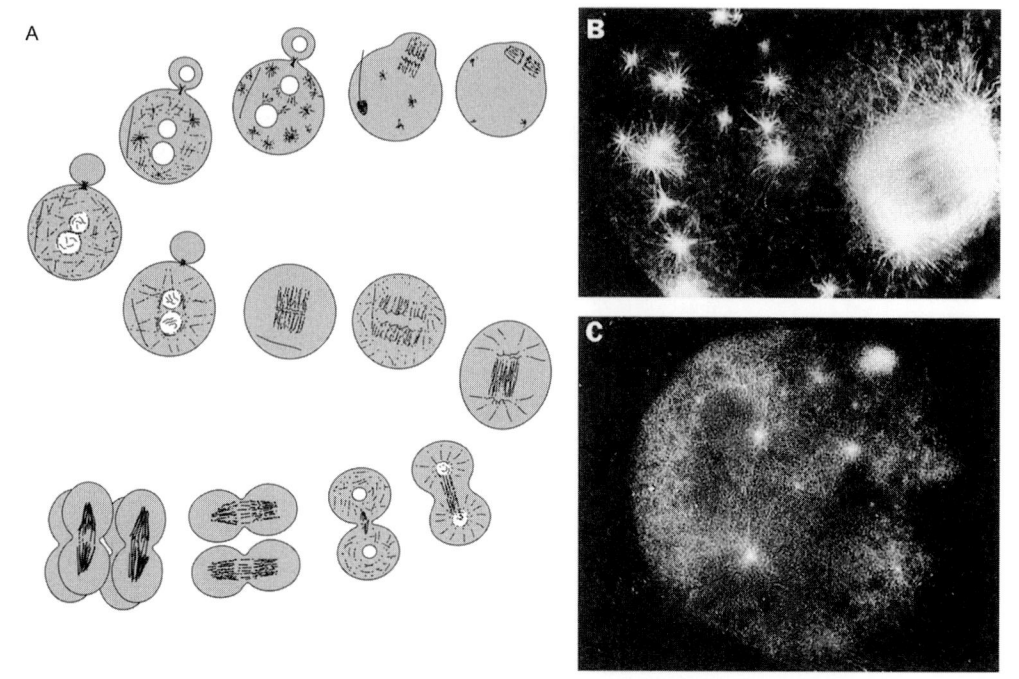

図2.14. マウス初期胚におけるチューブリンの分布。(A)未受精卵から8細胞期までのチューブリンの分布の模式図。(B)未受精卵。細胞質内の星状体。(C)前核期の受精卵。(写真は，Dr. Gerald Schatten, University of Pittsburgh School of Medicineの提供による)

4. 卵母細胞から持ち越された母親由来mRNAの特異的分解。2細胞期には，ポリ(A)$^+$および総RNA量(Clegg and Piko 1983)，1細胞期に注入されたグロビンmRNAの翻訳(Brinster et al.1980)，および母親由来のmRNAにコードされていると思われる蛋白質の翻訳が急激に低下する(Johnson 1981；Pratt et al. 1983の総説を参照)。胚RNAに対するノーザン・ハイブリダイゼーションを用いた特に明快な一連の実験で，Giebelhausら(1983)は卵母細胞に存在するアクチンとヒストンH3のmRNAプールが2細胞期にはほとんど消失することを示した。それに続いて胚ゲノムからの転写が行われるにしたがい，4細胞期以降これらのmRNAのレベルは上昇を始める。

5. 新たに胚ゲノムから転写されたmRNA上での蛋白質の合成。RNAポリメラーゼを抑制する薬剤であるα-アマニチンの存在下での培養実験によって，新しいRNAの合成が，多くの新しい蛋白質の合成と2細胞期以降への発生との両方に必要であることがわかった(Flach et al. 1982)。リボソームRNAおよびポリ(A)$^+$RNAの双方の転写は，卵核胞崩壊時には明らかに抑えられているが，2細胞期の中頃から低レベルで再開するようである。父親由来のゲノムにコードされた蛋白質の合成開始時期は，酵素の遺伝的多型および抗原の発現についての研究から知られた。また少数の特別な蛋白質の合成は，代謝標識および免疫沈降反応で追跡されている。

> **RT-PCR技術およびcDNAライブラリーによる胚遺伝子発現の分析**
>
> 　RT-PCR技術は，着床前マウス胚における遺伝子発現の解析に新分野を開いた。まず，少数の卵母細胞または卵割期胚，あるいは1個の胚盤胞から分離された総RNAを，オリゴ(dT)をプライマーとする逆転写の鋳型として用いる。次いで，転写されたcDNAの中から特定の配列をPCRで増幅する。この技術の着床前マウス胚への最初の応用例の一つは，多くの成長因子の同定である(Rappolee et al. 1988)。血小板由来成長因子A(PDGF-A)およびトランスフォーミング成長因子-アルファ(TGF-α)が未受精の排卵卵子に存在し，2細胞期の間に減少し，卵割後期から初期胚盤胞期になって胚の転写産物として再び出現することが示された。TGF-β1転写産物は卵母細胞には存在しないが，卵割の間に増加する。他の研究では，着床前発生におけるインスリン様成長因子2(IGF II)，IGF II受容体，IGF I受容体，インスリン受容体，および上皮成長因子(EGF)受容体を同定するためにRT-PCRが用いられている(Kidder 1992;Rappolee et al. 1992;Wiley et al. 1992)。多くの場合，RT-PCRあるいは*in situ*ハイブリダイゼイションで見出されたmRNAに対応する蛋白の存在が，特異的抗血清によって明らかにされている(Rappolee et al. 1988;Palmieri et al. 1992;Paria et al. 1992;Wiley et al. 1992;Albano et al. 1993)。これらの発見は，着床前胚によって作られた成長因子がオートクリン的に細胞の増殖および/あるいは生存の増進に働いている可能性を提起する。受精卵は，血清も成長因子も含まない成分限定培地内で胚盤胞に発生するが，ある種の純化された因子(IGF II，TGF α，およびインスリン)は，培地に添加された時に着床前胚の発生率と最終的な細胞数を有意に高めることが知られている(Harvey and Kaye 1990, 1992;Rappolee et al. 1992)。
>
> 　着床前マウス胚で発現している遺伝子を同定するためのもう一つのアプローチは，異なった発生段階の胚から大規模で代表的なcDNAライブラリーを作り，それをスクリーニングすることである(Weng et al. 1989;Rothstein et al. 1992)。ライブラリーは，既知のマウス遺伝子あるいはほかの種から得られた系統発生的に保存されている遺伝子でスクリーニングされるか，あるいは，2つの異なった発生段階の間で別々に発現している遺伝子のcDNAを拾うためにサブトラクション・ハイブリダイゼイションに用いられる。

胚核の発生能力

　アフリカツメガエルにおける核移植実験は，胞胚期の核が除核卵をオタマジャクシへ発生させることを示している。対照的に，McGrath and Solter(1984a,b,c)によるマウスの核移植実験は異なった像を提示している。彼らは，卵割期胚から得られた核でさえ，除核卵へ移植された時に胚盤胞以上への発生を支えることができないことを見出した。しかし，その後，金川と共同研究者は，2，4および8細胞期胚由来の核は，それぞれの細胞周期の初期に除核成熟卵母細胞に移植された時にリプログラムされ，マウスとして生まれることを見出した(Cheong et al. 1993)。それに加えて，内部細胞塊(ICM)と栄養外胚葉のどちらの核も，連続核移植によってリプログラムされ生存マウスを生じさせる(Tsunoda and Kato 1998)。さらに，おとなの体細胞核が除核卵母細胞への移植後クローンマウスを作るために使用できる(Wakayama et al. 1998)。これらの結果を説明するためには卵母細胞の細胞質が体細胞核をリプログラムする能力をもち，その能力は受精後すぐに失われることを仮定しなければならない。さらに，核の事象間の緊密な同調性，ドナー核の細胞周期のステージ，その他の多くの因子が核移植の成否を決める(Solter 2000)。したがって，適切な条件下では胚および成体の細胞はどちらも全能性を保持している。

コンパクションと胚盤胞の形成：最初の分化事象

着床前マウス胚における初期事象のタイミング，および細胞の発生能と発生運命を変えるための実験的証拠の詳細は，Pederson(1986)によって総説されている。8細胞期初期まで，マウス胚の割球は等しい分化能をもつことが証明されている。2細胞期と4細胞期胚から1つの割球を取り出しても，それだけでマウスに成長する。初期の8細胞期胚の割球はそれ自身ではマウスになれないが，遺伝的に標識されたほかの桑実胚と組み合わせることによって，広範囲なさまざまな組織へ分化してキメラ子孫を作ることができる(Kelly 1977)。しかし，卵割が16細胞期まで進むと，細胞の発生能に対し徐々に制限が加えられ，その結果2種の異なった細胞系列が生まれる。すなわち，栄養外胚葉(TE)と内部細胞塊(ICM)である。この分化過程はコンパクションで始まる。すなわち，割球は平らになってお互いに接着面を増し，先端部と基底部とで明らかに違った膜および細胞質の構造を生じる(極性化)。コンパクションを起こした胚の内側に集まった細胞がICMになり，外側の細胞がTEになる。しかし，桑実胚の後期でも，内側あるいは外側だけの細胞から完全な胚盤胞を作ることができる。そして，ついに発生過程は不可逆的になり，液体に満ちた腔(胞胚腔)とICM細胞の小群の周りを栄養外胚葉が取り囲んで，十分に膨張した胚盤胞が形成される。栄養外胚葉は，外部環境からの浸透に対して完全な目張りとなる細胞表面に沿った細胞接着複合体をもち，真の上皮としての特徴をすべて備えている。ICMを覆っている部分の栄養外胚葉は極TEと呼ばれ，胞胚腔を包んでいるものは壁TEと呼ばれる。

コンパクションに関連した変化のいくつかを表2.4に示す。ここでも，胚の中の細胞間に同調性がないことを強調しなければならない。さらに細胞周期にも同調性はない(Graham and Deussen 1978)。コンパクションに関連した変化は，細胞表面の特性および細胞骨格構造の両方に変化があったことを明らかに示している。これらの変化の分子的背景，変化を促すシグナル，細胞相互の作用および細胞周期との関係は活発な研究分野になっている。

コンパクションに伴う細胞の接着性の変化

コンパクションは細胞間の接着と，おそらく細胞外基質蛋白質の変化によって制御されている。コンパクションは，最初はウボモルリンとして知られていた細胞表面糖蛋白質に対する多価ウサギ抗血清(全血清またはIgGのFabフラグメント)により完全に抑制される(Hyafil et al. 1980,1981；Peyrieras et al. 1983)。ウボモルリンは，現在カドヘリンとして知られているCa^{++}依存性膜貫通型細胞接着分子の多岐にわたるファミリーの一員であることが明らかにされており，E-カドヘリンと同一のものである(総説として，Yagi and Takeichi 2000参照)。したがって，ウボモルリン／E-カドヘリンの合成は，コンパクション期の桑実胚に特有のものではないが，抗体による阻害実験はこの発生段階での基本的な重要性を浮き彫りにしている。ウボモルリン／E-カドヘリン(*Cdh1*)RNAと蛋白質の合成は，コンパクションに先立って4細胞期ごろに始まる。その鍵となる事象は細胞表面の基底側部ドメインへの移動にあるらしく，この過程はこの蛋白質の翻訳後の修飾を伴っているようである(Kidder 1992の総説参照)。E-カドヘリンは膜貫通型蛋白質であり，その細胞質ドメインはベータ・カテニン，ガンマ・カテニン，プラコグロビン，およびアルファ・カテニンを含む多くの分子と複合している。これらの複合体は，E-カドヘリンと細胞骨格系および他の接着結合蛋白質との相互作用を仲介し，細胞と細胞との相互作用によって生じたシグナルを細胞表面から核へ伝えているのかも知れない(Ozawa et al. 1990；総説は，Yagi and Takeichi 2000参照)。E-カドヘリン・ノックアウトマウス胚は着床のころに死ぬ。このミュータント桑実胚は母体カドヘリンによって野生型胚と同じようにコンパクションを起こすが(Larue et al. 1994；Riethmacher et

表2.4. コンパクションの間に割球に生じる変化

1. 各割球間およびレクチン被覆ビーズへのCa^{++}依存性粘着性の増加
2. ラメリポデイア様の細胞突起による粘着性表面への伸張性の増加
3. 接触誘導性の細胞極性化を発現する能力。これは膜および細胞質ドメイン(微絨毛,レクチン結合部位,および細胞内小器官)の区域化によって示される
4. 桑実胚のすべての細胞間にギャップ結合を経由する交通(イオン・カップリングおよび色素の移動)が確立される
5. 外側細胞の先端に沿って帯状の細胞間密着結合が徐々に作られ,不透過性の外側上皮細胞層が生じる

コンパクションの特徴を抑える試薬には,サイトカラシンB,ツニカマイシン,低Ca^{++},抗F9胚性腫瘍細胞ウサギ血清とそのFabフラグメント,およびウボモルリンに対するいくつかの単クローン抗体が含まれる。これらはすべて細胞伸長効果を阻止または逆転させる傾向があるが,極性化に対しては無効である。

al. 1995),胚盤胞期には栄養外胚葉も胞胚腔も作ることができない。

コンパクションに伴う細胞の極性化

コンパクションの本質的な特徴の一つは,割球に極性が生じ,細胞の先端部と底側部で明確に区別できる膜ドメインを示して上皮組織を思わせる構造をとることである。これらの区域は,コンパクションを起こしている胚をカルシウム欠損状態で培養して,各割球をバラバラにして走査電子顕微鏡で観察することによって明確に識別できる(Reeve and Ziomek 1981)。すなわち,胚の外側に向いた極には多数の微絨毛があるのに対し,内側の表面は平滑である。EGF受容体のような膜貫通型受容体は,例えばTE細胞の基底側部表面のように,1つのドメインに選択的に局在することがある(Dardik et al. 1992)。反対に,Na+グルコース輸送蛋白質は,極性化した割球の先端部に局在している(Wiley et al. 1991)。コンパクション後には細胞質小器管にも極性化が生じるらしく,核は細胞の基底部を占めるようになる。極性化は,前コンパクション段階の胚より分離した割球の一対を培養することによって,*in vitro*でもその過程を追うことができる。培養中,微絨毛に富む表面とConA結合部位は,ともに細胞と細胞が接着する場所の反対側の極に生じる(Ziomek and Johnson 1980;Johnson and Ziomek 1981)。重要な研究課題は,この形質膜ドメインの再配分が細胞骨格要素の再構成より前に起こるのか,あるいはその結果なのか,ということである。桑実期マウス胚の極性化に関する研究から得られた法則は,発生の後期における非極性前駆細胞からの上皮細胞の分化に,より一般化した形で応用できると思われる。

栄養外胚葉と内部細胞塊の細胞系譜の分離

表2.4で概観したように,コンパクションは細胞の極性化を伴っている。この特性は胚盤胞の2種の明らかに異なった細胞系譜,すなわち栄養外胚葉とICMの分化を説明するための極性化説の基礎になっている。コンパクションを起こした桑実胚内での極性軸に対して水平面での卵割によって,基底部すなわち内側の細胞と先端部すなわち外側の細胞とが生じ,それぞれが異なった膜および細胞質の構成分子を受け継ぐことになる(例えば形質膜糖蛋白質受容体,細胞骨格の構成中心など)。このように受け継がれた分子は,内側と外側の細胞における発生能の違いのもとになっていると考えられる。この仮説によると,細胞分化はコンパクションの初期に起こる細胞の極性化の結果である。もう一つの仮説である内部/外部微小環境説によると,分化は外側の細胞間に密着結合(tight junction)の網が張りめぐらされた後に初めて起こる。このことにより,内側の細胞がICMに,また外側の細胞が栄養外胚葉になるための内部および外部の微小環境が作り出される。最近の分子的研究によると,Pou5f1(Oct3/4)の特定のレベルが多能性の維持に重要であり,このレベルが低下すると栄養外胚葉

への分化が起こる(Niwa et al. 2000)。コンパクションについての詳細な記載と，極性化説および微小環境説についての論議は，Johnson and Ziomek(1981)，Prattら(1981)，Gardner(1983)，Johnsonら(1986)，およびPratt(1989)を参照してほしい。

子宮への着床

　　受精後5日目に，胚盤胞は透明帯より孵化し着床に備える。孵化(ハッチング)は，壁栄養膜の細胞で合成され透明帯の糖蛋白マトリックスを消化するトリプシン様酵素によって引き起こされるが(Wassarman et al. 1984)，体内では子宮の酵素が恐らく主要な役割を果たしている。ハッチングは子宮環境から独立して体外でも起こる。透明帯からの脱出は胚盤胞のリズミカルな膨脹と収縮によっても促進される。着床の頃になると，子宮壁はお互いに密着して内腔は閉ざされ，子宮内膜上皮は胚盤胞の接着を促すよう変化する。マウス胚盤胞は，まず対胚極(ICMから最も遠い壁栄養膜)で子宮間膜と反対側の子宮壁に接着する(図2.15)。胚盤胞が収まるようなくぼみは前もっては存在せず，子宮に沿った胚のほぼ等間隔の配置(スペーシング)は子宮のぜん動運動によると考えられる。胚盤胞の接触が子宮のくぼみの形成を促し(図2.15)，子宮の基質を刺激して脱落膜として知られている海綿状の細胞集塊を作らせる。この過程は脱落膜反応と呼ばれ，個々の胚を取り巻く脱落膜細胞の集団は「剥げ落ちるもの」を意味する脱落膜(deciduum)と名づけられている。多くの教科書では，この代わりに"the decidua"の名を与えているが，厳密に言えば，これはdeciduumの複数形である。脱落膜反応は，エストロジェンとプロジェステロンの適切な前処理を受けた子宮においてのみ起こるが，胚以外の刺激，例えば機械的損傷や油滴によっても生じる。このように脱落膜反応は，発情期における高水準のエストロジェンと，その2，3日後のプロジェステロン優位，そして最後に妊娠第4日におけるエストロジェンの小さな一過性上昇(サージ)に依存している。この最後のエストロジェン・サージは，子宮における白血病抑制因子(DIA-LIF)のサージに一致している(Bhatt et al. 1992；Smith et al. 1992)。DIA-LIFが機能しないミュータント・マウスでは着床が成立しない(Stewart et al. 1992)。したがって，子宮内膜腺で作られるこのサイトカインは，母体の着床開始にとって必須の成分であるらしい。

　　脱落膜反応は局所における毛細血管の透過性の急上昇を伴い，子宮基質は膨れて浮腫状になる。脱落膜組織の基質細胞は増殖し，大きさを増し，隣接する細胞と多数の密着結合複合体を形成する(Finn 1971の総説参照)。その間に，胚盤胞を基質から隔てていた上皮は浸食されるが，これも胚依存性ではなく人工的に誘導した脱落膜腫でも起こる。しかし，上皮の変性は栄養膜細胞が死滅細胞を貪食し，脱落膜内に侵入することを可能にする。栄養膜細胞の浸食的性格は，その細胞がプロテアーゼであるウロキナーゼ型プラスミノジェン・アクチベーターおよび種々のメタロプロテナーゼとそのインヒビターを合成することと関係しているようである(Strickland and Richards 1992)。何が栄養膜細胞の子宮への侵入を制限しているかについては不明であるが，脱落膜が，これ以外の点では転移性の腫瘍細胞に極めて似た振る舞いをする栄養膜細胞の分布を制限しているに違いないと考えられている。胚盤胞は体外で着床に似た振る舞いをして，組織培養用のプラスチックディッシュおよび細胞外基質に接着しディッシュの表面に広がる傾向がある(Enders et al. 1981)。

　　もし，妊娠第4日にエストロジェンが存在しないと胚盤胞は着床せずに，その代わりに「遅延」(休眠)と呼ばれる休止相に入る(Mantalenakis and Ketchel 1966；Yoshinaga and Adams 1966)。これは哺乳中の雌あるいは受精後に卵巣を除去された雌の場合である(第6章参照)。この状態は10日間まで継続できるが，いつでも乳子を除くか，あるいはエストロジェンを投与することによって元に戻すことができる。遅延開始後2，3日以内に細胞の増殖

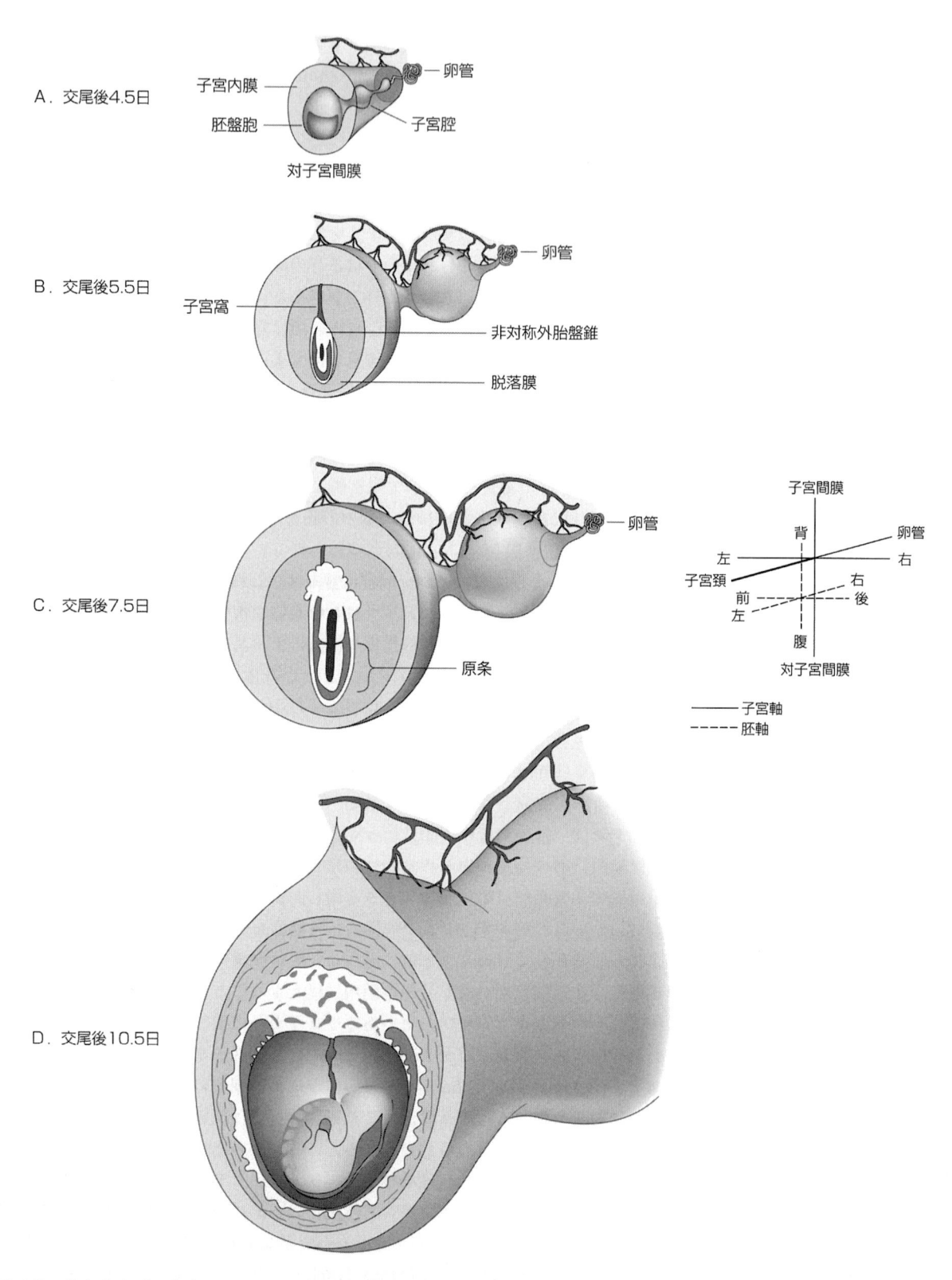

図2.15. 着床および子宮内における胚の方向を示す模試図。(A)胚盤胞は，そのICMが子宮の間膜側に向くように着床する。非対称形の胚盤胞の最長側が子宮壁の右側または左側に接触する。(B)この非対称性は，交尾後5.5日には少し傾いた外胎盤錐として明瞭になる。(C)原条(これが胚の後端を決める)は，この傾斜面のどちらかの極に，胚の後軸が子宮壁の右側または左側に一致するように形成される。

とDNA合成は止まる(McLaren 1968)。しかし，原始内胚葉の分化は，正常な胚盤胞の時と同じ時間に起こる(Gardner et al. 1988)。少量のエストロジェンが発生の進行を促す機構は不明であるが，DIA-LIFが生産され利用可能になることがこの作用の仲立ちをしている可能性がある。なぜなら，このサイトカインは体外でES細胞の継続的な増殖を助け，その分化を抑制するからである(Smith et al. 1992)。

　着床の定位は，着床の非対称性と胚の最終的な体軸との間に何らかの関係があるかどうかを調べるために研究されている(Smith 1985；Brown et al. 1992)。着床期胚の組織切片は，胚の3つの主要な軸(前後，背腹，左右)と子宮角の3つの軸(卵管－頸管〔長〕軸，子宮間膜－対子宮間膜軸，左右軸，図2.15)の間に関係があることを示している。原条期胚の前後軸は子宮の長軸と直角に交わり，原条は子宮角の左または右に向いている。原腸期における胚の背側は子宮間膜の方向に向いているが，胚がひとたび反転すると(反転，77頁参照)，胚の左右軸が子宮の子宮間膜－対子宮間膜軸と平行になり，胚の右側が胎盤に面するようになる。C形をした交尾後9.5日胚の子宮内での定位は，常にその頭部が卵管に向いて背側が左壁に面しているか，頭部が頸管に向いて背側が右壁に面しているかである。背腹の関係は，マウスにおける着床の非対称性，すなわち胚盤胞が常に対胚極(ICMから最も遠い壁栄養膜)で子宮の対子宮間膜壁に接着することに由来している。前後の関係は，胚盤胞における初期の非対称性に基づくとされている。それは着床の間保持され，胚盤胞の最長側は子宮の左壁または右壁に接し(図2.15)，中間型は観察されない。しかし，この胚盤胞の非対称性が前後軸の決定の原因となっているかどうかについての実験的証明は未だなされていない。外胎盤錐の非対称性，それは明瞭な天幕として観察され，元来は胚盤胞の非対称性に由来すると考えられるが，それと原条の位置との関係を検査した研究によると，胚の前後軸は外胎盤錐の非対称性と無関係ではなく，原条は天幕と同じ側または反対側のどちらかに形成されるという極性が存在する(Gardner et al. 1992)。

栄養外胚葉とその派生物

　上に述べたように，初期胚盤胞における栄養外胚葉の分化の本質的特徴は細胞が典型的な上皮構造をとることにある。細胞は先端接着複合体と，明瞭な先端および基底膜ドメインをもつ。接着複合体は広範囲にデスモゾームを含み(図2.16)，これには多数の中間フィラメント束が結合している(Jackson et al. 1980)。

　着床後の発生の間，栄養外胚葉は単純な上皮にとどまらず，形態学的および成長能力的に特殊化した区域構造をとる(Gardner 1983の総説参照)。1つの細胞集団である壁栄養外胚葉は，胞胚腔を囲んでいるがICMには接していない細胞から生じる。これらの細胞は分裂を止めて大型化し，染色体が多糸染色体になるために半数体の1000倍もの量のDNAを含むようになる(Varmuza et al. 1988)。これらの細胞は第1次栄養膜巨細胞と呼ばれる。対照的に，ICMとそこから派生した細胞に接近している栄養外胚葉は2倍体のままで急速に増殖しつづける。

　この，いわゆる極栄養外胚葉の細胞集団は，着床後種々の方向に広がりはじめる。まず，胚の周りにいくらかの細胞が移動し，第1次壁栄養膜巨細胞に置き換わり，それ自体も多倍体となる。次に，極栄養外胚葉の指状突起が胞胚腔内へ侵入して前原腸胚の胚外の外胚葉を形成し，ICMをその先に押し下げる。この突起は中心に腔を作り上皮状になる。胚外の中胚葉が形成されると，胚外の外胚葉は胎盤に向かって引き戻され，そこで絨毛膜を作る。最後に，栄養外胚葉細胞の一部は引き続き子宮内膜へ侵入し，胎盤の大部分を作る。これらの細胞の一部および絨毛膜の細胞もまた，多倍体となる(第2次巨細胞)。

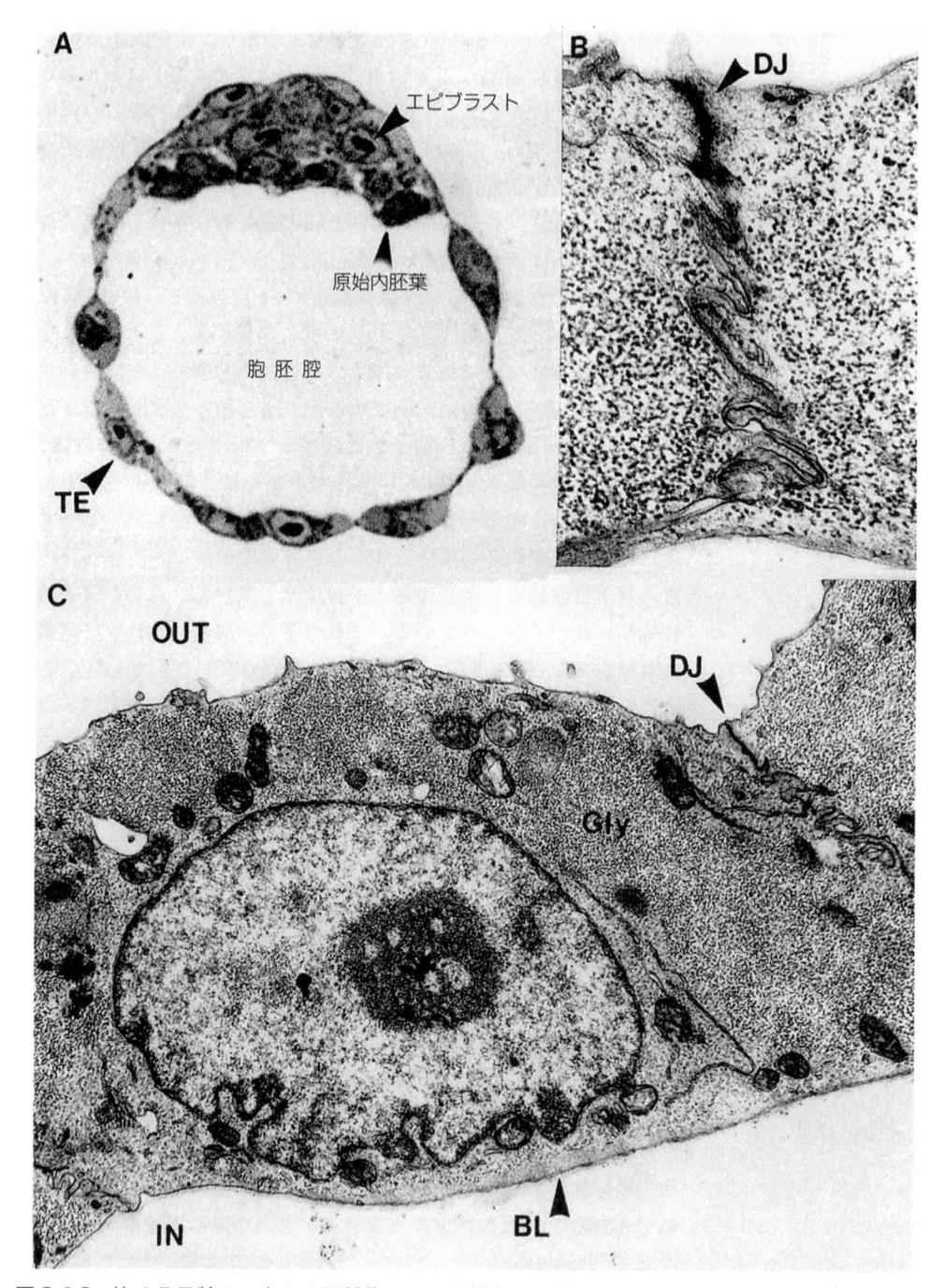

図2.16. 約4.5日齢のマウスの胚盤胞。(A)胚盤胞の切片。胞胚腔(Blastocoel)，原始外胚葉(epiblast)および原始内胚葉(PrEnd)と，それらを包む外側の上皮性の袋である栄養外胚葉(TE)を示す。(B)栄養外胚葉細胞間の結合。デスモソーム結合(DJ)および形質膜の指状突起鉗合を示す。(C)栄養外胚葉細胞。豊富なグリコーゲン顆粒(Gly)とデスモソーム結合(DJ)および内面の薄い基底板(BL)を示す。

　栄養外胚葉の増殖は，ICMより派生した細胞への近接度によって調節されている。すなわち，ICM派生細胞が存在しない時は増殖せずに巨大化する。これは，もし胚が子宮内で死んだ時に，栄養外胚葉が引き続き成長するのを防止するという明瞭な利点をもっている。ICM

およびエピブラストで作られるFGF4が，FGFR2受容体を介して栄養膜細胞の増殖を維持している因子であるらしい。この結論は，*Fgf4*の発現パターンと，この因子が栄養膜幹(TS)細胞の樹立に必要であることに基づいている(Tanaka et al. 1998)。

栄養膜で特異的に発現している遺伝子を明らかにする研究が始まっている。例えば，交尾後13.5日のマウス胎盤から作ったcDNAライブラリーの差別的スクリーニングによって，分化細胞に発現している新規の分泌蛋白質をコードするTE特異的なcDNAが得られている(Lescisin et al. 1988)。*in situ*ハイブリダイゼイション研究は，サイトカインであるCSF-1の受容体をコードする*c-fms*が，高いレベルで交尾後約9.5日の栄養膜に発現していることを示した(Regenstreif and Rossant 1989)。同時に，そのリガンドであるCSF-1は，子宮，特に上皮特異的に発現している。この発見は*c-fms*/CSF-1系が胚の成長および胚と子宮との相互作用にパラクリン的役割を果たしている可能性を提起している。その後の研究で，CSF-1遺伝子が大理石骨病(*op/op*)のミュータント・マウスでは不活性であることが示された(Yoshida et al. 1990)。ホモ接合型(*op/op*)の雌は，*op/+*または*+/+*の雄と交配した時に極度に受胎性が低下する。しかし着床した胚については，胎盤重量も胎子重量も正常である。これらの結果とほかの結果から，母性のCSF-1は胚発生に必須ではないが，排卵，着床，子宮へのマクロファージの定着など，いくつかの段階で生殖の成立に寄与していることが示唆される(Pollard et al. 1991)。アキート・スキュート・ファミリーの塩基性ヘリックス・ループ・ヘリックス転写因子をコードする*Mash2*遺伝子が，栄養膜細胞系譜の発達に特異的に要求されることが実験的に示されている。*Mash2*を欠いている胚は，交尾後10日付近で胎盤不全により死滅する(Guillemot et al. 1994)。

原始内胚葉と原始外胚葉の形成：分化の第2段階

栄養外胚葉細胞系譜の形成の時と同様に，哺乳類の胚発生における第2の分化事象は一層の上皮－この場合には原始内胚葉－が，分極していない細胞群，すなわちICMの遊離面上に出現することで特徴づけられる(図2.17および下記参照)。残りのICMの芯の部分は原始外胚葉として知られる細胞層になる(原始内胚葉はヒポブラスト，また原始外胚葉はエピブラストまたは胚性外胚葉とも呼ばれる)。原始内胚葉の分化は，交尾後4日目ごろ，着床の少し前に始まる。その時，ICMはまだ20～40個の細胞で構成されているにすぎない。細胞数が少ないために，この分化に関してどのような細胞的あるいは分子的な変化が関与しているかについて，また，それが細胞周期や細胞間の連絡や構成とどのように関係しているかについて正確に述べることは現段階では非常にむずかしい(原始内胚葉と外胚葉の分化については，Gardner 1983；Hogan et al. 1983の総説を参照)。

原始内胚葉細胞が胎子の内胚葉組織には分化せずに，発育中の胚を包む卵黄嚢中の胚外の壁側および臓側内胚葉にのみ分化することは，注入キメラ作製実験の結果から明らかになった(Gardner 1982, 1983)。同様の実験によって，原始外胚葉に由来する細胞が胎子の外胚葉，中胚葉および内胚葉組織や生殖細胞および胚体外の膜や胎盤の中胚葉にまで分化することが示された(Gardner and Rossant 1979)。これらの細胞系譜は図2.3にまとめてある。

最近の研究により，胚盤胞でのICMと極体との位置関係が前原条期および初期原条期における原始内胚葉の移動方向を偏らせていることが明らかになった(Weber et al. 1999)。中央に位置する原始内胚葉細胞は前方の臓側内胚葉に寄与し，一方，極体に近接しているか離れている細胞は後方の臓側内胚葉に寄与する傾向がある。これらの研究は，方向性をもった臓側内胚葉の移動が前後軸の指定に影響を与えること，およびこれが元をたどれば卵母細胞への精子侵入点と胚盤胞の幾何学に由来することを暗示している(Tam et al. 2001の総説参照)。

> **マウス胚で用いられる細胞系譜マーカー**
>
> 初期にマウス胚で用いられた遺伝的マーカーは，GPIのアロ酵素であるGPI-1AAとGPI-1BBであった。これらは電気泳動上で異なる移動度をもち，組織ホモジネートについて検出可能である(例えば，Gardner and Rossant 1979参照)。したがって，その感度および精度には限りがある。しかし現在では，種々のマーカーが入手可能であり，固定細胞または生存細胞でも細胞レベルで使うことができる(図2.5参照)。

原始外胚葉の系譜

着床の時点(およそ交尾後4.5日)で，胚盤胞は3つの明瞭な組織系譜：栄養外胚葉，原始内胚葉，およびエピブラストで構成されている(図2.17)。エピブラストは最小の集団で，20〜25個の細胞で構成され，極栄養外胚葉と原始内胚葉との間に位置する。その細胞はギャップ結合でお互いに連結しているが，細胞は非極性である。着床のすぐ後に，エピブラストは小さな中心腔－前羊膜腔－の周りに配置され，一層の上皮を構成するようになる(図2.17)。この過程は，明白な細胞の死と，おそらく高度の細胞の混合を伴っているようである。すべての上皮と同様に，エピブラスト細胞はいまや極性化して先端の結合複合体によってお互いに連結し，その下層にサイトケラチンポリペプチドが集まっている(Jackson et al. 1981)。これらの細胞の基底面は連続した薄い基底板と接して，臓側内胚葉から隔てられている(Leivo et al. 1980)。胚外外胚葉との界面では上皮の連続性は失われているようであり，2つの細胞集団は緊密に並んではいるが，ギャップ結合による交通という観点では完全に離れた集団を作っている(Lo and Gilula 1979)。

着床後の初期には，エピブラスト細胞は胚性および組織非特異的アルカリホスファターゼ遺伝子によって作られたアルカリホスファターゼに陽性に染まる(Hahnel et al. 1990)。また，その細胞は，抗-SSEA-1抗体，抗-ウボモルリン抗体にも染まり，高いレベルで*Pou5f1* (*Oct3/4*)を発現している(Beddington and Lawson 1990参照)。これらのマーカーは，原腸形成の初期にはエピブラスト細胞を特徴づけるが，最終的な胚葉への分化が進むに従い消失する。しかし一部は，始原生殖細胞のマーカーとして残る。着床から原腸形成の開始までの間に，エピブラスト集団には微妙な変化が起こる。細胞は胚盤胞への定着能力を失い，表面の多糖類は修飾され，ポリペプチド合成に変化が検出され，X染色体の不活性化が起こり(下記参照)，細胞周期の長さが短縮する(Gardner and Beddington 1988参照)。それに加えて，この間に，ゲノム全体のメチル化が増加する。特定の遺伝子のCpG島が，発生段階特異的にプログラム化されたメチル化の変化を受けることが示されている。胚盤胞期には，多くのCpG部位が脱メチル化されている。そのDNAは徐々に再メチル化され，交尾後6.5日までには研究されたほとんどすべての遺伝子が，おとなの体細胞に特徴的なメチル化のパターンを示すようになる(Monk et al. 1987；Kafri et al. 1992)。

原始外胚葉細胞は急速に分裂する

多くの下等脊椎動物とは異なり，マウスの原腸形成は急速な細胞増殖を伴う。表2.6〜2.8に示すように，外交配マウスにおける細胞数と分裂指数の解析から，原始外胚葉(エピブラスト)の細胞は，交尾後5.5〜7.5日の間に極めて早く分裂していることが示されている(Snow 1977)。エピブラストは交尾後5.5日には120個の細胞で構成されているが，原腸形成が開始する交尾後6.5日までには，細胞数は660個に達する。交尾後7.0日に存在する外胚葉と中胚葉の細胞数を説明するために，中胚葉細胞が原条を通して陥入したエピブラスト細胞

マウスの発生の要約 ■ 63

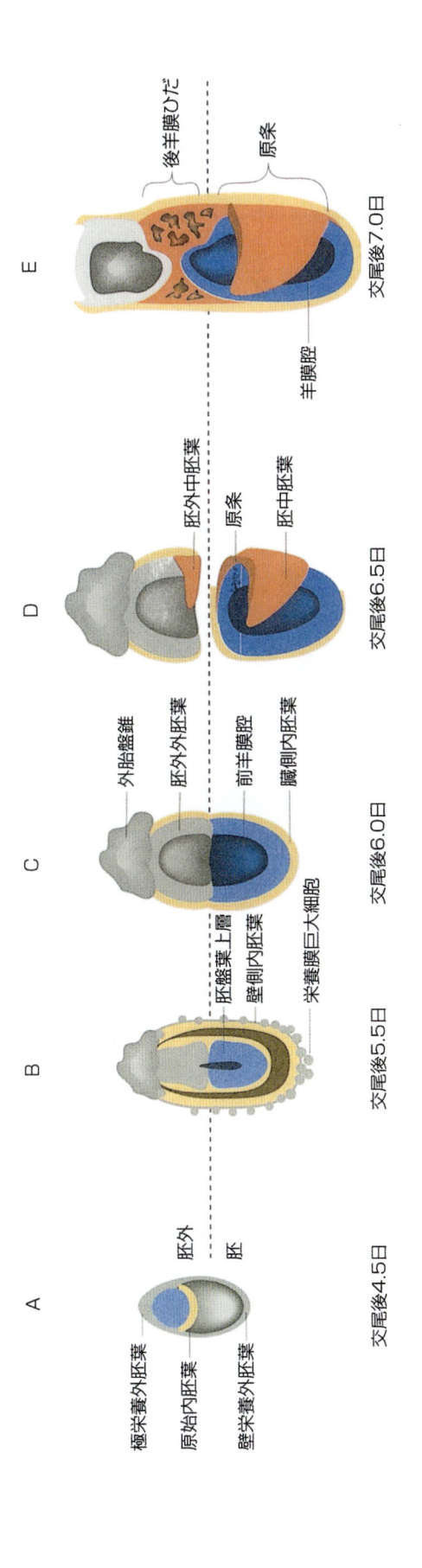

図2.17. 着床から神経胚期(5体節)までのマウスの発生を示す図解。(A)着床時の胚は3つの明瞭な組織系譜で構成されている。栄養外胚葉(ベージュ色)、およびエピブラスト(青色)。原始内胚葉は次いで壁側内胚葉(B)と臓側内胚葉(C)に分化する。エピブラストは前羊膜腔(C)を囲むー層の上皮に組織化される。原条は交尾後6.5日ごろに形成され(D)、中胚葉(赤色)が2つの翼状の組織としてエピブラストの下に生じてエピブラストの下に横たわり、胚外の区域へ広がる。胚外の中胚葉の中に空洞が生じ(E)、やがて合体して子宮間膜側を絨毛膜に、また反対側を羊膜によって仕切られた臓側卵黄嚢の腔(胚体外体腔)を作る(F)。

64 ▪ 第2章

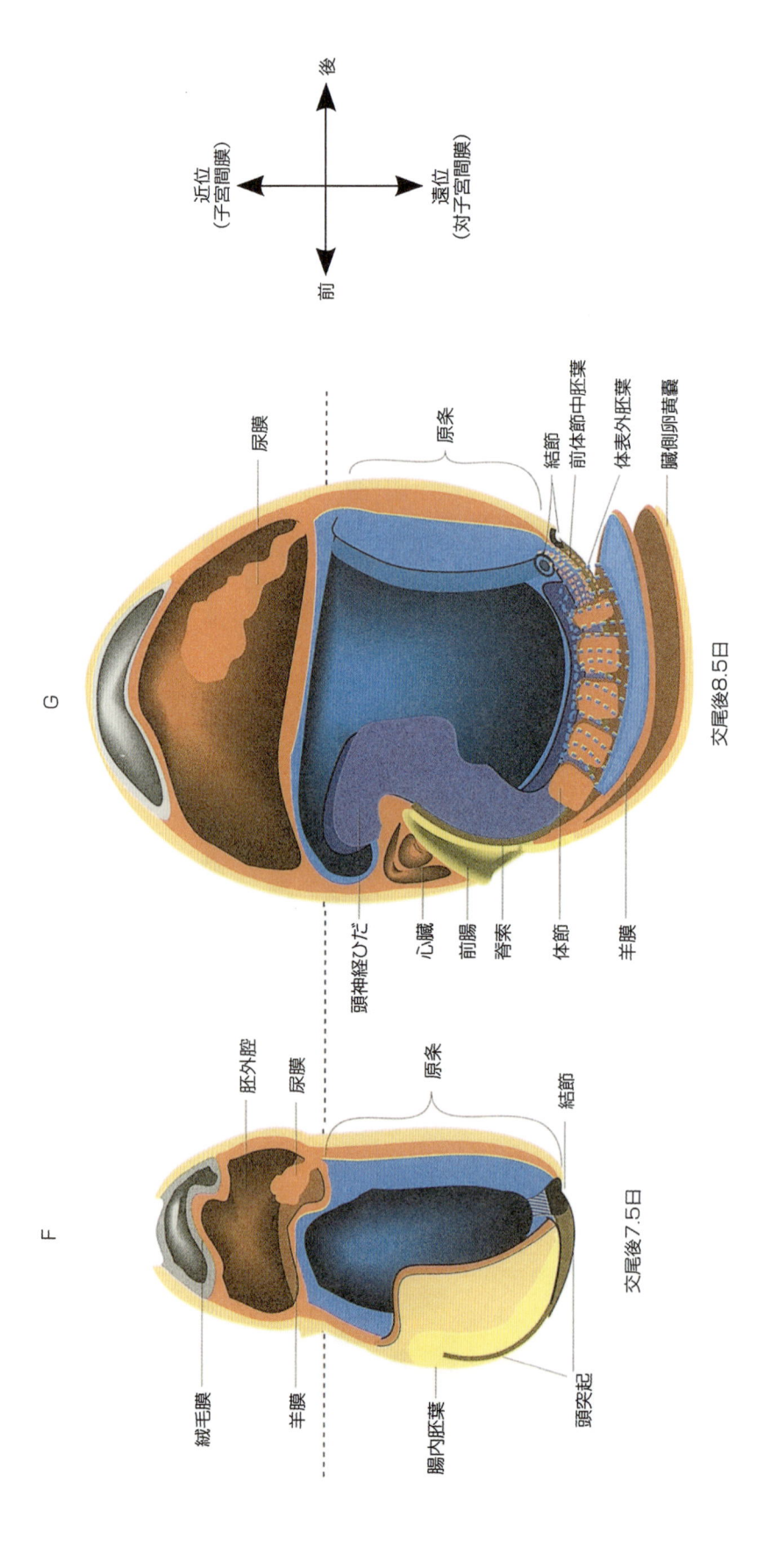

後
近位（子宮間膜） ― 遠位（対子宮間膜）
前

F 交尾後7.5日

絨毛膜
羊膜
腸内胚葉
頭突起
結節
原条
尿膜
胚外腔

G 交尾後8.5日

頭神経ひだ
心臓
前腸
脊索
体節
羊膜
結節
前体節中胚葉
体表外胚葉
臓側卵黄嚢
原条
尿膜

図2.17.（つづき）原条は原腸胚の後端まで伸長する(E)。そして、交尾後7.5日までに(F)結節が原条の前端にはっきり見えるようになる。頭突起と、それに続いて脊索（褐色）が結節から生じ、神経外胚葉の中心線の下に位置する(G)。最終的な腸内胚葉（黄色）もまた原条前部から生じ、最初は脊索と繋がっている。原条の後端から尿膜が作られる(F)。交尾後8.5日までに(G)、神経外胚葉（紫色）が明瞭な神経ひだに組織化される。心臓が急速に発達し、前方の沿軸中胚葉は対になった体節のブロックに配列される。後方では、原条は引き続き中胚葉を供給し、将来の体躯の構造を作る。

に由来すると仮定すると，交尾後6.5日におけるエピブラストの細胞周期はわずか4.4時間にすぎないと推定される。この時期にはエピブラスト細胞は最終的な内胚葉にもなるので，この推定は過少であるかも知れない。種々の技術を用いた研究によって，分裂速度は原腸形成期の胚の中で一定ではなく，ある細胞小集団で有意に速いことが示されている。ラット胚では，この小集団は原条の中に位置しているが(MacAuley et al. 1993)，マウスでは原条の前端により局限されて分布していることがSnow(1977)によって異なった手法を用いて提唱されている。本当に種差が存在するのか，それとも用いた技術によって見かけ上の違いが生じたのかは，明らかでない。原条から派生した中胚葉は，もっとゆっくりと分裂し，その細胞周期はおよそ8〜10時間である。

表2.5. マウス発生において細胞系譜の追跡に用いられる細胞自律性マーカー

マーカー	文献
A. マイクロインジェクションのための色素，酵素，または核酸	
1. DiI, DiO	Serbedzija et al. (1989); Beddington (1994)
2. リシン化デキストラン・ローダミンおよびローダミン結合デキストラン	Gimlich and Braun (1985); Lawson et al. (1991)
3. ホースラディッシュ・ペルオキシダーゼ	Lawson et al. (1991)
4. EGFP mRNA	Ciemerych et al. (2000)
B. トランスジェニックマウス系統	
1. 約1000コピーのβ-グロビン遺伝子をもつ系統；ES細胞が手に入る。染色法は第16章，DNA-DNA *in situ* ハイブリダイゼーション参照	Lo (1986); Lo et al. (1987)
2. 構成的プロモーターで駆動される*LacZ*	Beddington et al. (1989); Tan et al. (1993); Kisseberth et al. (1999)
3. ジーントラップ系統(例，*Gtrosa26*)	Friedrich and Soriano (1991)
4. ヒト胎盤性アルカリホスファターゼ	DePrimo et al. (1996)
5. 蛍光蛋白質(FP)	Okabe et al. (1997); Hadjantonakis et al. (1998); Hadjantonakis et al. (2002)
6. *hprt*で駆動される*LacZ*における不活性性重複の相同組換え	Bonnerot and Nicolas (1993)
7. *LacZ*，AP，およびFPレポーターの条件付発現	Lobe et al. (1999); Mao et al. (1999); Soriano (1999); Awatramani et al. (2001); Novak et al. (2001); Srinivas et al. (2001)
8. *LacZ*レポーターを含む複製欠損レトロウイルス	Sanes et al. (1986); Price et al. (1987); DeGregori et al. (1994)
C. 近交系マウス系統間の遺伝的差異	
1. $H-2^b$と$H-2^k$に対する単クローン抗体	Ponder et al. (1983)
2. *M. musculus*と*M. caroli*間のサテライトDNA配列分布	Rossant (1985)
3. 細胞質性リンゴ酸酵素のヌル(null)突然変異（$Mod-1^a$ vs. $Mod-1^b$）	Gardner (1984)
4. *Dolichos biflorus*凝集素で認識される炭水化物多型	Schmidt et al. (1985)
5. XX-XYキメラにおけるY-特異的プローブ	Jones and Singh (1981); Bishop et al. (1985)
6. Thy-1の対立遺伝子Thy-1.1に特異的な単クローン抗体(OX7)，Thy-1はT-リンパ球および線維芽細胞や胚の脳細胞などの表面糖蛋白質で，成体の脳内に移植された胚組織の追跡に用いられる。Thy-1.1とThy-1.2の一対のコンジェニックマウスがある	John et al. (1972); Morris and Barber (1983)
7. β-グルクロニダーゼの高活性と低活性の対立遺伝子。使用は中枢神経系に限られる	Mullen (1977)

エピブラストは多分化能組織である

　エピブラスト細胞，あるいは少なくともその一部の細胞が原腸形成の後期までは多分化能をもつことを示すいくつかの証拠がある。これらの実験こそ，エピブラストが体細胞と生殖細胞の両方を含む胎子の唯一の基礎組織であることを確かにしたのである。

1. 交尾後4.5日の胚盤胞からただ1個のエピブラスト細胞を分離し，異なる遺伝子型をもつ交尾後3.5日の宿主胚盤胞に注入した結果，そのエピブラスト細胞の子孫細胞がキメラの胎子および新生子の生殖細胞とすべての体細胞に分布していた(Gardner and Rossant 1979；Gardner et al. 1985)。エピブラストの子孫細胞は，また，絨毛膜尿膜胎盤の胚外中胚葉成分(絨毛膜中胚葉と尿膜)と羊膜にも寄与していた。胚盤胞へ定着する能力は，交尾後5.5日までに失われる。

2. 体外で，胚盤胞から分化全能性をもつ細胞株(ES細胞)を生じさせることが可能である(Evans and Kaufman 1981；Martin and Lock 1983)。ES細胞は，同じ遺伝子型をもつ成熟マウスに植えつけられた時に，奇形癌腫になる(奇形癌腫細胞と胚性幹細胞，93頁および図2.33，94頁参照)。奇形癌腫は，様々に分化した細胞と胚性癌腫(EC)細胞として知られる未分化幹細胞からなる腫瘍であり，EC細胞が進行性の増殖と可移植性の元になっている。さらに，ES細胞は交尾後3.5日胚盤胞に注入すると，おとなのキメラ個体の体細胞と生殖細胞に寄与すること(Bradley et al. 1984)と，ただ1個のES細胞が妊娠中期のキメラにおいて栄養外胚葉，原始内胚葉，および胎子の体細胞組織になることが示されている。ES細胞は，また，遅延によって発生を中断した胚盤胞からも得ることができる(第8章参照)。おそらく，この時にはエピブラスト系譜はすでに分離していると考えられ(Gardner et al. 1988)，これはエピブラストの多分化能をさらに強調するものである。

3. 今までに調べられたすべてのマウスの系統について，交尾後6.5日あるいは7.5日胚から分離したエピブラスト組織は，同じ遺伝子型をもつ成熟マウスに異所移植した時に非常に高い頻度で多分化能EC細胞と広範囲に分化した組織を含む奇形癌腫になる(図2.33参照)(Diwan and Stevens 1976)。交尾後7.5日胚の前方域から分離した非常に少数(約100個)のエピブラスト組織からも奇形癌腫が生じる(Beddington 1983)。この時期には，始原生殖細胞は胚の後方域に存在するので(生殖系列の起源，36頁参照)，多分化能EC細胞になる潜在能力は，その中のPGCs亜集団によるものではなくエピブラスト組織固有の性質であるに違いない。この奇形癌腫を生み出す能力は交尾後8.5日までに失われる(Damjanov et al. 1971)。

4. 着床前の胚を異所(子宮外の場所に)移植すると，ある程度正常に近い状態で前原腸胚期

表2.6. 胚の胚葉における細胞数

胎齢 (dpc：交尾後日数)	胚の数 (腹の数)	内胚葉[a]	中胚葉[a]	エピブラスト／外胚葉[a]
5.5	14(5)	95	—	120
6	6(3)	130	—	250
6.5	13(5)	250	—	660
7	7(2)	430	1220	3290
7.5	16(5)	680	6230	8060

Snow(1977)の許可を得て転載。
[a] 細胞数

表2.7. エピブラストの成長を説明するために必要とされる平均細胞周期

胎齢（dpc：交尾後日数）	5.5	6	6.5	7	7.5
細胞数	120	250	660	4510	14,290
分裂回数		1.04	1.32	2.71	1.58
平均細胞周期（時間）		11.5	9.1	4.4	6.7

Snow(1977)の許可を得て転載。

（正常発生の交尾後6.0日に相当する）まで発生するが，その後構造が崩れ，奇形腫（分化した細胞だけでEC細胞は含まない）または奇形癌腫となる。同様に，LT系マウス（高頻度の卵巣性奇形腫を示す）の卵巣内で単為発生を起こした卵も，前原腸胚期さらに初期原腸形成期までも見かけ上正常な発生を示すが，その後に胚発生は崩壊し奇形癌腫形成に至る（Martin 1980；Stevens 1983の総説を参照）。

5．系譜トレーサー（表2.5参照）と一緒に胚盤胞内に注入された単一の交尾後7.5日エピブラスト細胞から，様々な胚性組織の派生細胞が生じる（Lawson et al. 1991）。

原腸形成：中胚葉と最終的内胚葉の形成

原腸形成は2層性の交尾後6.0日胚が多層性で3室性の受胎産物に形を変える過程であり，その胚自身が脊椎動物の基本計画に従ってすべての胎性器官原基を備える過程でもある。これらすべての最終的胚組織と胚外の中胚葉要素は，原腸形成の開始時には約800個の細胞を含むエピブラストの単純な上皮に由来する（Snow 1977）。当然のことではあるが，このような再組織化と新組織の生成には，極めて複雑で協調化された形態形成，細胞増殖，細胞分化，およびパターン形成の組み合わせが要求される。原腸形成に伴う形態形成運動を概念化することは，マウス胚では特に困難である。なぜなら，エピブラストが折りたたまれてカップ状になっているからである。しかし，その運動は，本質的には，胚盤が平坦なシート状になっているニワトリ胚と同じであると考えられている（図2.18）。

原腸形成はおよそ交尾後6.5日に始まる。この時，胚と胚外の境界域に接したエピブラストの局限された場所に原条が現われる（図2.17）。この胚と胚外の境界に沿う特別の点で原腸形成を開始させるシグナルについてはほとんど不明であるが，最近の研究は，分泌性因子であるNodalおよびWnt3がこの過程に関与していることを示している（Conlon et al. 1994, Liu et al. 1999）。この区域が胚の将来の尻の印となる。上皮の連続性は原条の領域で失われ（約10〜15細胞分の幅），細胞は原条を通って移動あるいは葉裂し，新しい中胚葉の中間層としてエピブラストと臓側内胚葉の間に広がる（図2.19）。一部の細胞は，臓側内胚葉の外層に挿入されて，最終的な，すなわち腸の内胚葉のための最初の細胞集団を作る。原条の起源は胚の後方の目印となり，胚の前後軸についての最初の疑いのない定義を与える。原条が完全に伸展すると，それに近接するエピブラストが原条の前後軸に沿って異なる転写活性を示すようになる。

表2.8. 胚の種々の部分における細胞周期の推定値（時間）

胎齢（dpc：交尾後日数）	6.4	7	7.5
エピブラスト／外胚葉	4.8	7.2	8.1
中胚葉		22.2	13.9
増殖域	2.2	3.2	3.6
ほかのエピブラスト	5.1	7.5	8.5

Snow(1977)の許可を得て転載。

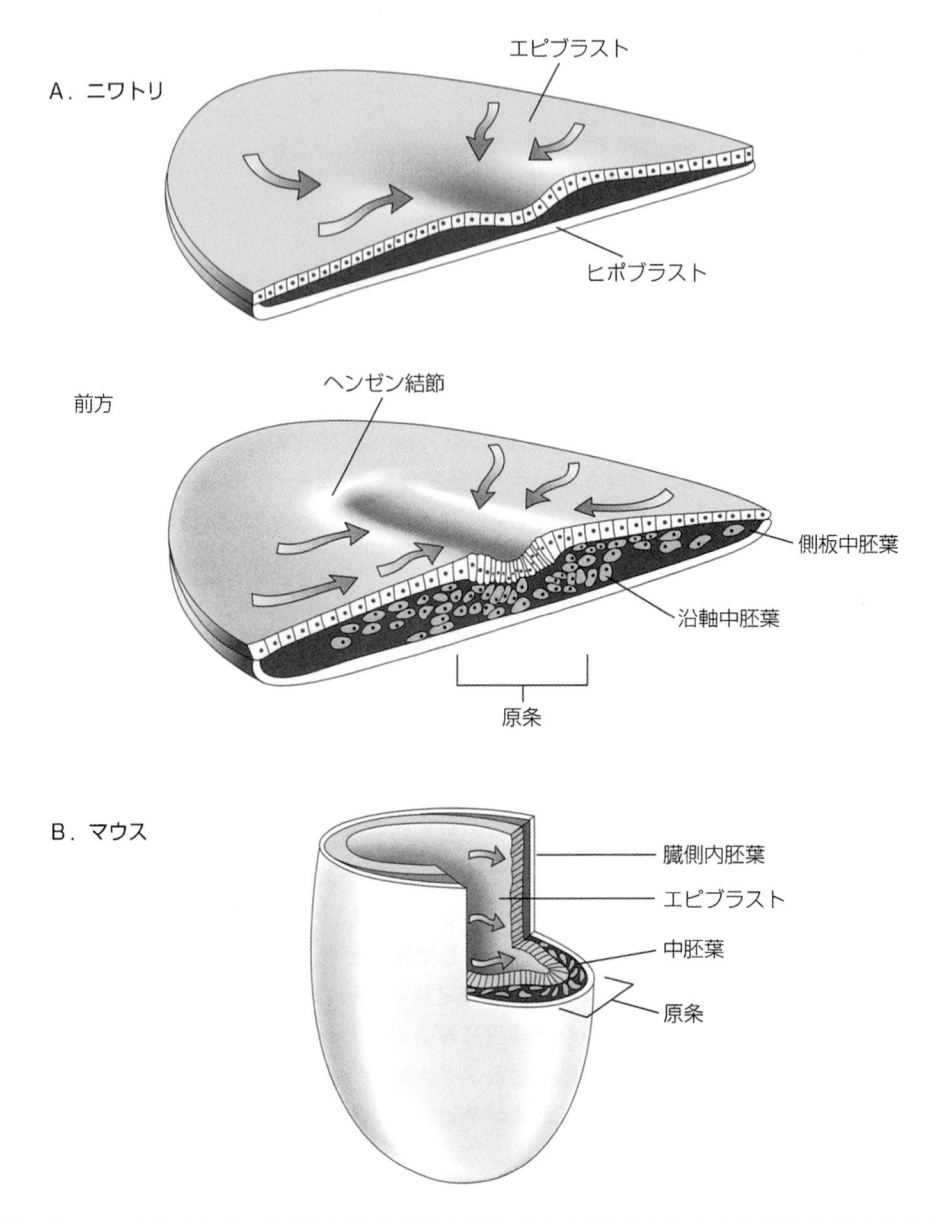

図2.18. ニワトリおよびマウスの原腸形成の模式図。(A)原条およびヘンゼン結節の形成前および形成後のニワトリの胚盤。矢印はエピブラスト上皮内での細胞の移動方向を示す。中胚葉細胞はエピブラストから離れ上方と下方の上皮層の間に集積する。(B)原条期マウス胚の断面。もし平らに伸ばしたとすると、上に示したニワトリの胚盤に似てくるであろう。

　原腸形成の進行に伴い、原条は胚／胚外の境界部の出発点から胚の遠位端に向かって伸展し、ついには全長にわたるようになる。実際には、この伸長は新しい葉裂組織が追加されるために初期原条が近位端に向かって伸びて行くことに基づくものと思われる。原条を通過していくエピブラスト細胞の位置は（予定神経外胚葉と体表外胚葉を除いて）、図2.20の原基分布図から推量することができる。原条は、そこを通ってエピブラスト細胞が新しい中胚葉や内胚葉を作るために移動する通路を提供するのに加えて、それ自体が活発に増殖する細胞集団である(Hashimoto and Nakatsuji 1989；MacAuley et al. 1993)。しかし、原条がそこを通過していくエピブラスト細胞のほかに、定住性の増殖性幹細胞を含んでいるかどうかは明ら

原条

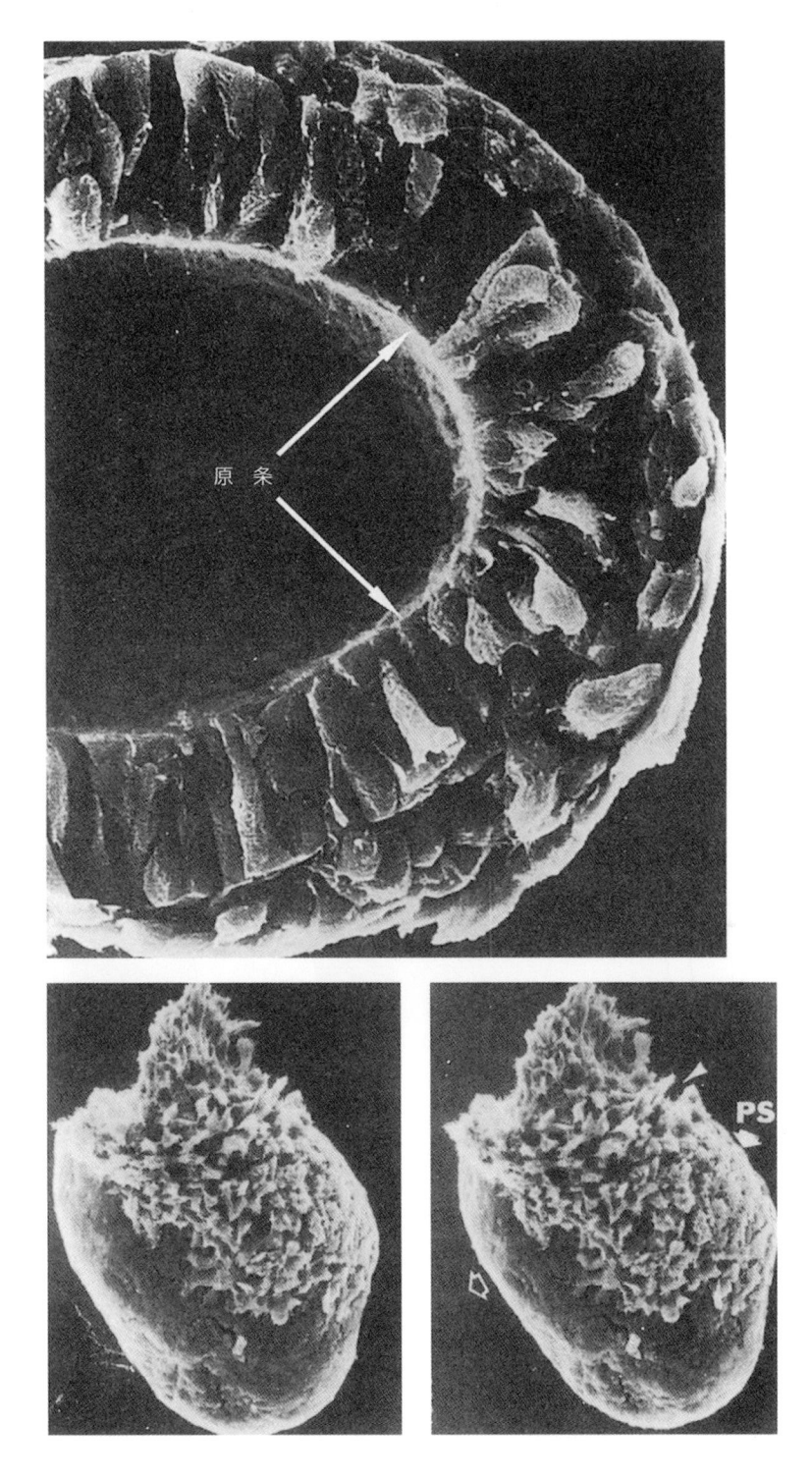

図2.19. （上図）初期原条期マウス胚の原条を通る横断割面。原始外胚葉細胞の侵入と中胚葉細胞の正中線から側方への広がりを示す。（下図）新たに作られた中胚葉の細胞配列を示す1対の立体視標本。矢印は前方を示す。PS：原条（写真は，Dr. Patrick Tam, Children's Medical Research Institute, Sydney より提供）

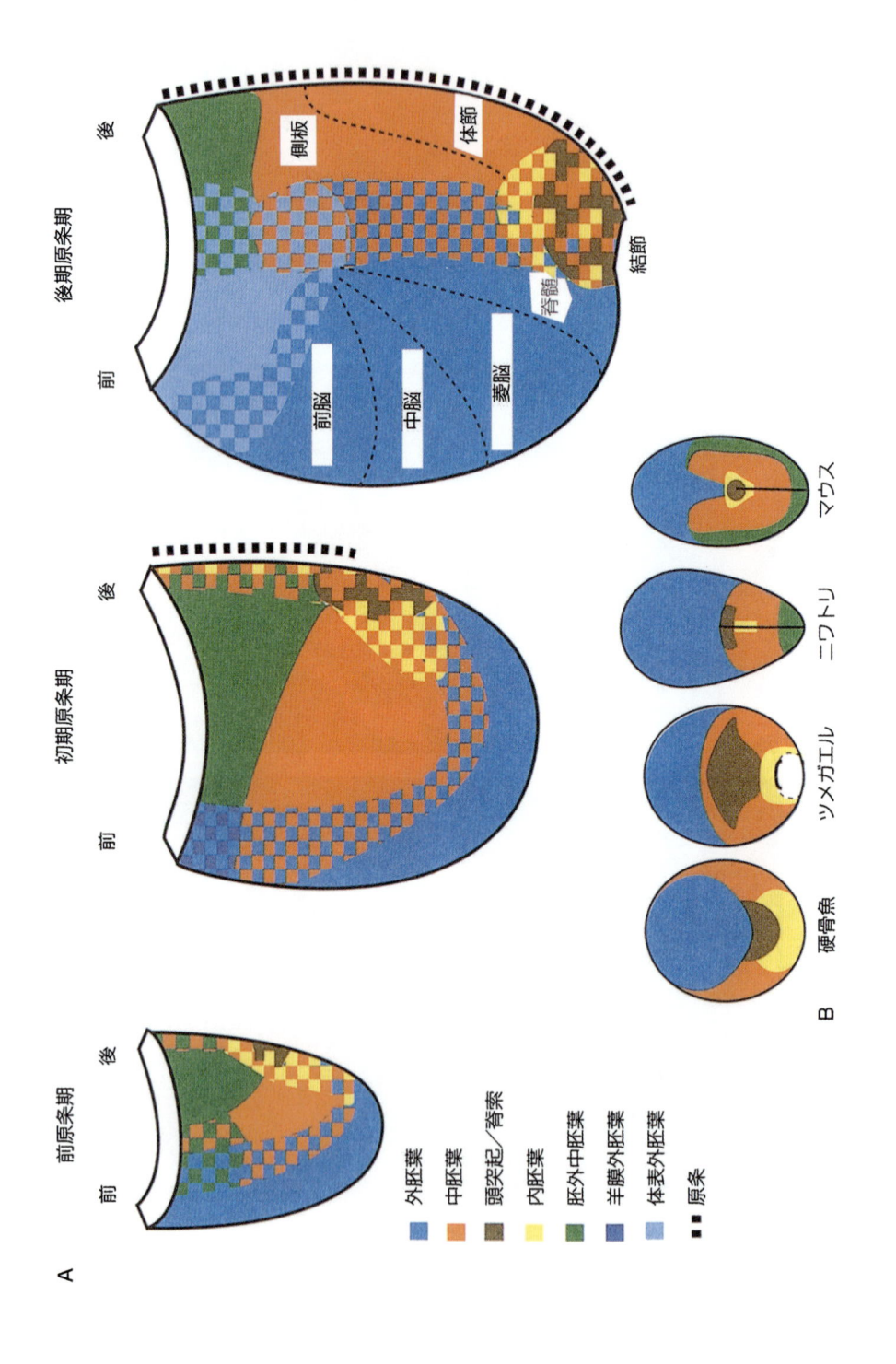

図2.20. 原腸形成の前後におけるエピブラストの原基分布図。(A)胚の左半分におけるエピブラスト起源の予定組織を図示する。異なる予定組織の境界間に相当な重複が生じる。(B)原腸形成期におけるマウスの原基分布図の全体像をほかの脊椎動物のものと比較する。胚は平らに広げて背面から見ている。

かでない。クローン化原基分布図研究（後述）によって，原条の前1/3にのみ，幹細胞プールの特性を幾分か備えている細胞集団が存在することが示されている。これらの細胞は新しい胚葉内の細胞と原条内に残る細胞との両方になることができる。より後方では，原条はもっぱら葉裂するエピブラスト細胞のための通路であるらしい(Lawson and Pedersen 1992)。

　原腸形成の最初の24時間以内に，新しい中胚葉は2つの方向に移動する。後方の中胚葉は胚外域の近位端に向かって移動し，胚外の外胚葉を外胎盤錐の方に移動させる(図2.17E)。また，その細胞は胚および胚外域の両方で胚を包むように横方向にも広がる(図2.17E)。最終的な内胚葉は，原条の前部から派生し大部分が前方へ移動する。このことは，原条の後部が原腸形成のほとんどの期間を通して原始内胚葉と結合していることを意味する(Tam and Beddington 1987)。外見上の頭方および側方への新しい組織の移動は，実際は広範囲な移動運動よりも，むしろ原条の前方および横方向への組織の増殖による胚の急速な伸長に基づいていることを強調しなければならない。

　後部の胚外域，および程度は低いが前方および側方の胚外域では中胚葉が蓄積し，細胞間空隙が形成されて体積が増える(図2.17E)。これらの空隙は最終的に合体し，中胚葉で裏打ちされた新しい体腔，すなわち胚外体腔を作る(図2.17F)。拡張する胚外の中胚葉集団はエピブラストの近位縁と胚外外胚葉の遠位縁を，それぞれ前羊膜腔の中央に向かって押し出し，その結果，明瞭な突出，それは特に後方で顕著であるが，すなわち，羊膜ひだが作られる(図2.17E)。このひだは，お互いに接して融合し，胚域から羊膜で隔てられ，外胎盤錐からは絨毛膜で隔てられた新しい部屋が作られる(図2.17F)。この部屋の中胚葉と臓側内胚葉は拡張し，臓側卵黄嚢を作る。胚外体腔の形成に続いて，新しい胚外中胚葉の一部は引き続き原条後部から派生して，1つの明瞭な構造，すなわち尿膜を作る(図2.17F)。この構造は大きさを増して胚外体腔を横切り，絨毛膜と融合する。これが絨毛膜・尿膜胎盤の主要成分を構成し，胎児と胎盤との間の栄養物と老廃物の直接の連絡路となる。

原腸形成の原基分布図

　2つの異なった方法が，原腸形成中のエピブラストの原基分布図の作成に用いられ，同じような結果が得られている。特定細胞を標識するためには胚に直接触れる必要があるので，原腸形成期から初期器官形成期の胚発生を追跡するために全胚培養法が用いられる(第5章参照)。第一の方法は，[^{3}H]チミジンで標識した交尾後7.5日エピブラスト組織を同じ発生段階の胚の正常な場所に移植する方法である(Beddington 1981, 1982)。第2の方法は，ただ1個のエピブラスト細胞にHRPまたはHRPとローダミン・デキストランをイオン泳動的に注入してその子孫細胞クローンを追跡する方法であり，胚発生に与える影響が少なく，より正確な方法である(Lawson et al. 1991；Lawson and Pederson 1992)。このようなクローン解析で作られた前原条期および初期原条期胚の原基分布図は，後期原条胚(Beddington 1981, 1982；Tam 1989)への同所移植から得られたマップとともに図2.20に示されている。この研究から3つの重要な点が見えてくる。原腸形成期におけるマウス・エピブラストの原基分布図は，同様の発生段階にあるニワトリ，ツメガエルおよび硬骨魚のそれと明らかに類似している。すなわち，予定組織の局所解剖学は脊椎動物の進化を通してよく保存されているようである(Beddington and Smith 1993)。異なる予定組織間の境界は絶対ではなくかなりの程度の重なりがあり，単一のエピブラスト細胞が3胚葉すべての派生細胞になり得る。したがって，原基分布図はすでに特定の組織に分化するよう拘束された細胞の前成的モザイクを示すものではない(Lawson et al. 1991)。この解釈は，異所移植されたエピブラスト細胞が元来の発生運命に執着せずに，新しい場所に特徴的な組織になる傾向があるという観察に

よって支持される(Beddington 1982)。

中胚葉における部位的多様性の生成

　中胚葉の多様化についてはほとんどわかっていない。実は，そもそも種々の異なった中胚葉派生物の出発点となる均一な組織としての"中胚葉"なるものの存在自体が明らかではない。むしろ，原条から出てくる細胞は，すでに特定の中胚葉性運命に拘束されていて，異なった遺伝子を発現している可能性がある。明らかに，頭突起と脊索の中軸中胚葉は遺伝子発現のユニークなパターンを示している(図2.22，76頁参照)。同様に，*Msx1*，*Msx2*，および*Lhx1(Lim1)*のようなほかの遺伝子は，側方の中胚葉で発現され，中央では発現されない(Davidson and Hill 1991；Barnes et al. 1994)。一方，フォークヘッド・ドメイン遺伝子，*MF-1*，フォリスタチン，*Sek*および*Mox1*と*Mox2*のような遺伝子は，前体節または沿軸中胚葉の境界を定めているようである(Candia et al. 1992；Nieto et al. 1992；Sasaki and Hogan 1993；Albano et al. 1994)。確かに原基分布図研究は，異なった中胚葉派生物が原条の前後軸に沿った異なる部位から生じることを実証した(Tam and Beddington 1987, 1992；Tam et al. 1993；Lawson and Pedersen 1992)。異なった遺伝子が，原条の異なる細胞副集団内で発現しているという証拠もある(図2.22)。最近，BMP制御因子と推定されるアムニオンレス(Amnionless)が，原条中部域の体躯中胚葉への発生に必要であることが示された(Kalantry et al. 2001)。したがって，臓側内胚葉が原条の区域的特異性に対して一つの役割を果たしているようである。

　交尾後8.5日までに，中胚葉の多様性は明らかになっている。胚外域では，中胚葉は絨毛膜の一部，羊膜の一部，胚外の体腔を裏打ちする中皮，毛細血管の内皮，繊維芽細胞，造血前駆体(血島)，および尿膜を作っている。胚内では，少なくとも7つの異なった中胚葉のカテゴリーが形態学と解剖学に基づいて区分できる。頭部中胚葉，心臓中胚葉，体節と前体節中胚葉，中間中胚葉，側板中胚葉(臓側板と壁側板)，血管，および脊索である。疑いもなく，将来の分子的記述は中胚葉構成要素の一層大きな多様性を実証するであろう。

前部臓側内胚葉

　前原条期および初期原条期胚のエピブラストに接する臓側内胚葉は，分子的に不均一であることが遺伝子発現の研究から明らかになった(Hermesz et al. 1996；Thomas and Beddington 1996；Thomas et al. 1998)。エピブラストに付随した臓側内胚葉の前方域(前部臓側内胚葉，AVE)は特異的な遺伝子のセットを発現することがわかった(Tam and Behringer 1997；Beddington and Robertson 1999の総説参照)。色素標識研究によって，前原条期胚の遠位端に位置する臓側内胚葉細胞は，原腸形成に先立ってエピブラストと体外の外胚葉との接合部の前方区域へ移動することが明らかになった。AVEを除去された原条期胚を体外で培養すると，前方に欠損が生じる(Thomas and Beddington 1996)。さらに，臓側内胚葉(おそらく，AVE)が，その上を覆っているエピブラストに対して前方原基への誘導を行うためには，*Nodal*，*Lhx1(Lim1)*および*Otx2*が必要であることがキメラ研究から明らかにされた(Varlet et al. 1997；Rhinn et al. 1998；Shawlot et al. 1999)。これらの発見によって，マウス初期胚における前方-後方パターン形成における胚外の組織，特に臓側内胚葉の重要性が確かめられた。

結　節

　原条の最前端には，ヘンゼン結節または単に結節として知られる直径が約20個の細胞からなる特殊な構造がある（図2.17Fおよび図2.21）。これは，ニワトリ胚におけるヘンゼン

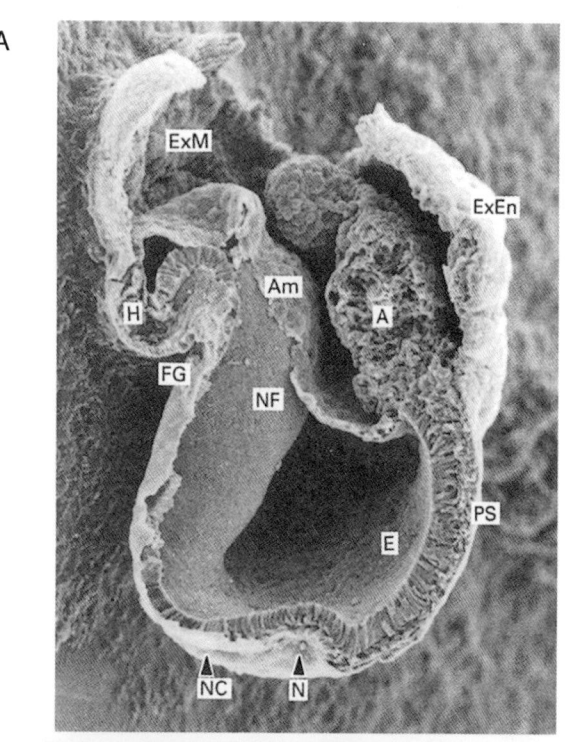

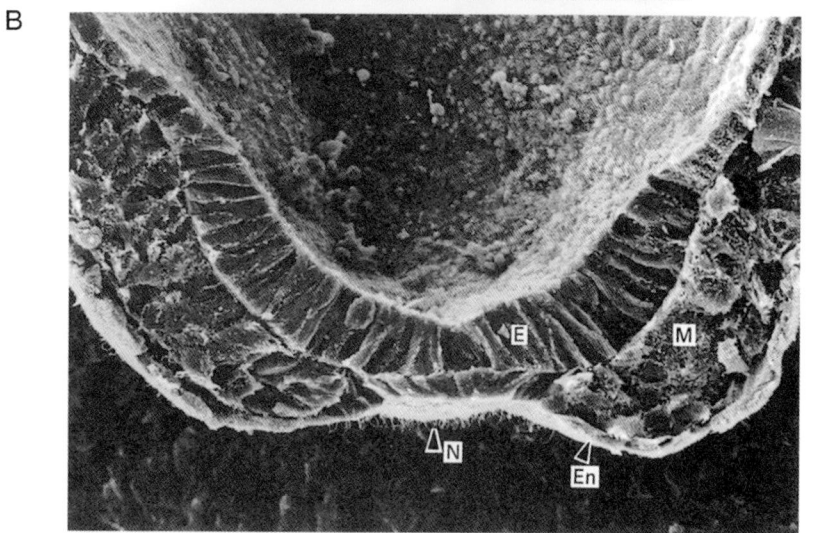

図2.21．神経ひだ期マウス胚の走査電子顕微鏡写真。結節および脊索の位置を示す。(A)正中断面。尿膜(A)，羊膜(Am)，胚性外胚葉(E)，胚外内胚葉(ExEn)，卵黄嚢の胚外中胚葉(ExM)，前腸憩室(FG)，心臓原基(H)，結節(N)，脊索(NC)，原条(PS)および神経ひだ(NF)を示す。(B)ほぼ同じ時期の胚の結節直前における横断面。正中線上には2つの細胞層しかないことに注意。すなわち繊毛をもつ脊索の細胞(NC)と，密着して配列された神経板を作る胚性外胚葉(E)である。沿軸中胚葉(M)が脊索の両側に，外胚葉と最終的内胚葉(En)との間に横たわる。それはまだ脊索と隣接または連続している。(Dr. R.E.Poelman, Rijksuniversiteit, Leiden, The Netherlandsより提供)

結節，およびツメガエル胚における原口背唇と相同のものであり，胚の中心軸を組織化しパターン化する決定的な役割を果たしている．図2.22は原条に沿った，または結節の周辺および内部における特異的な遺伝子発現の例を示す．マウス結節の形態学と発生運命は以前に

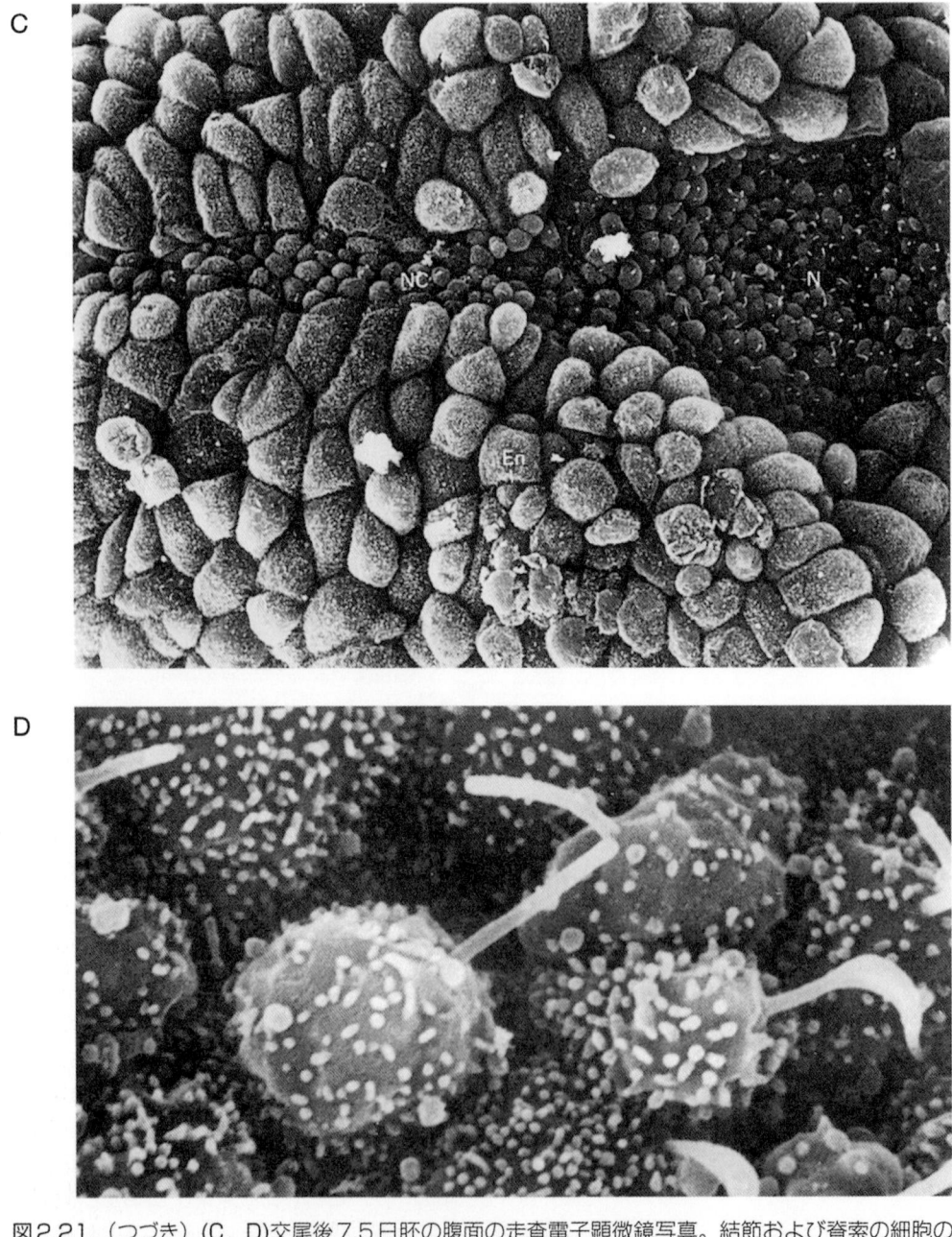

図2.21．（つづき）(C, D)交尾後7.5日胚の腹面の走査電子顕微鏡写真．結節および脊索の細胞の形態を示す．(C)結節(N)および脊索(NC)の細胞は微絨毛とともに1個の大きな繊毛をもつ．この様子を(D)において高拡大で示す．対照的に，隣接する内胚葉(En)細胞は多数の微絨毛しかもたない．(Dr. K.Sulik, University of North Carolina, Chapel Hillより提供)

総説されている(Sulik et al. 1994；Tam and Behringer 1997；Beddington and Robertson 1999)。この構造は，原条が原腸胚の遠位端まで伸長する原条後期に初めて明瞭に認められる(原腸形成期マウス胚の発生段階区分については，Downs and Davies 1993参照)。しかし，原基分布図(図2.20)は結節に特徴的な発生運命をもつ区域が原条中期に存在することを示している。ただし，この時期には，まだ独立した形態学的構造は現していない。後期になると，結節域は原腸胚の遠位端のわずかなぎざぎざとして認められ，また，この部分は臓側内胚葉で覆われていない。その結果，結節は背層と腹層からなる2層性の構造であり，原腸胚のほかの胚部が3層性であるのと対照的である。結節の2層は，最終的な胚葉(基底板によってお互いに分けられている)よりも密接に結合しているようである。なぜなら，結節を構成する組織層は通常用いられる酵素処理では分離できないからである(第5章参照)。

結節の腹層はその上を覆うエピブラストに由来し，やはりエピブラスト由来の最終的の内胚葉の上皮層と側面で混じり合っている。この時期に結節の腹側細胞は脊索板と呼ばれ，その個々の細胞は1本の運動性をもつ中心繊毛をもつことで見分けられる(図2.21C, D)。後になると，脊索は1本の棒として内胚葉から分離し，内胚葉は連続した上皮層となる。ニワトリ胚との類推から，結節の前駆体は，原腸形成の間に広範囲な細胞の再配置を行い，前後軸に沿って伸展し，混じり合うものと思われる(図2.21C)(Jurand 1974；Poelman 1981；Sausedo and Schoenwolf 1994；Sulik et al. 1994)。

結節域の個々の細胞に対するDiI (1-1-dioctadecyl-3,3,3',-3'-tetramethy lindo-carbocyanine perchlorate)標識実験(Beddington 1994)およびホースラディッシュ・ペルオキシダーゼ(HRP)の注射実験(Lawson and Pederson 1992)によって，結節が中軸中胚葉のほとんどの供給元となる定住細胞の集団を含んでいることが示されている。脊索板のすぐ前には，頭突起として知られる中心線上の緊密な中胚葉細胞集団があり，原条後期に初めて区別できるようになる(約7.5日；Jurand 1962；Poelman 1981；Tam et al. 1983)。これらの細胞の最終的な運命は現在不明である。脊索板の細胞とは違って，頭突起の細胞は内胚葉に挿入されずに外胚葉と原始内胚葉との間に現れる。この細胞は，将来の前脳および，おそらくは中脳の神経外胚葉をも裏打ちし，鳥類胚の前脊索板と相同と考えられる。実際には，"頭突起"という用語は紛らわしく，前脊索板の方がより正確な用語である(Sulik et al. 1994)。一般的に受け入れられている見解は，マウスでは頭突起すなわち前脊索板の中胚葉は結節のエピブラストに由来し前方へ移動するという考えである。しかし，将来の前脳／中脳を裏打ちしている中軸中胚葉の一部は初期原条から発し，前方の中心線上で会合する側方中胚葉の先端に由来している(図2.17E；Tam et al. 1993および個人的情報)。原条から派生した最前方の中胚葉細胞は心臓原基の中胚葉になる。

最終的な内胚葉もまた，結節域から生じて，発達中の脊索の側面に位置する(図2.17Fおよび図2.21B)(Beddington 1981；Lawson et al. 1991；Tam and Beddington 1992；Tam et al. 1993)。また，ニワトリとマウスで神経管底板の細胞が結節域の細胞から派生するという証拠がある(Selleck and Stern 1991；Sulik et al. 1994)。

近年になって，マウスの結節が両生類の原口背唇あるいはニワトリのヘンゼン結節と類似の"形成体"としての性質をもつことを示す証拠が得られた。結節を原条中期マウス胚の後側部へ移植すると，第2の神経軸が誘導される(Beddington 1994)。同様に，明確な結節が形成される前の初期原条胚における前部原条域(初期原腸胚オーガナイザー，EGOと呼ばれる)の移植によっても，第2の軸が誘導される(Tam et al. 1997)。ただしどちらの場合も，第2の軸は前部神経の特徴を欠いている。このことは，結節が前部形成体としての活性をもっていないことを示唆する。最近，Tamと協力者は，原条中期の原条前部域が前部神経原基を

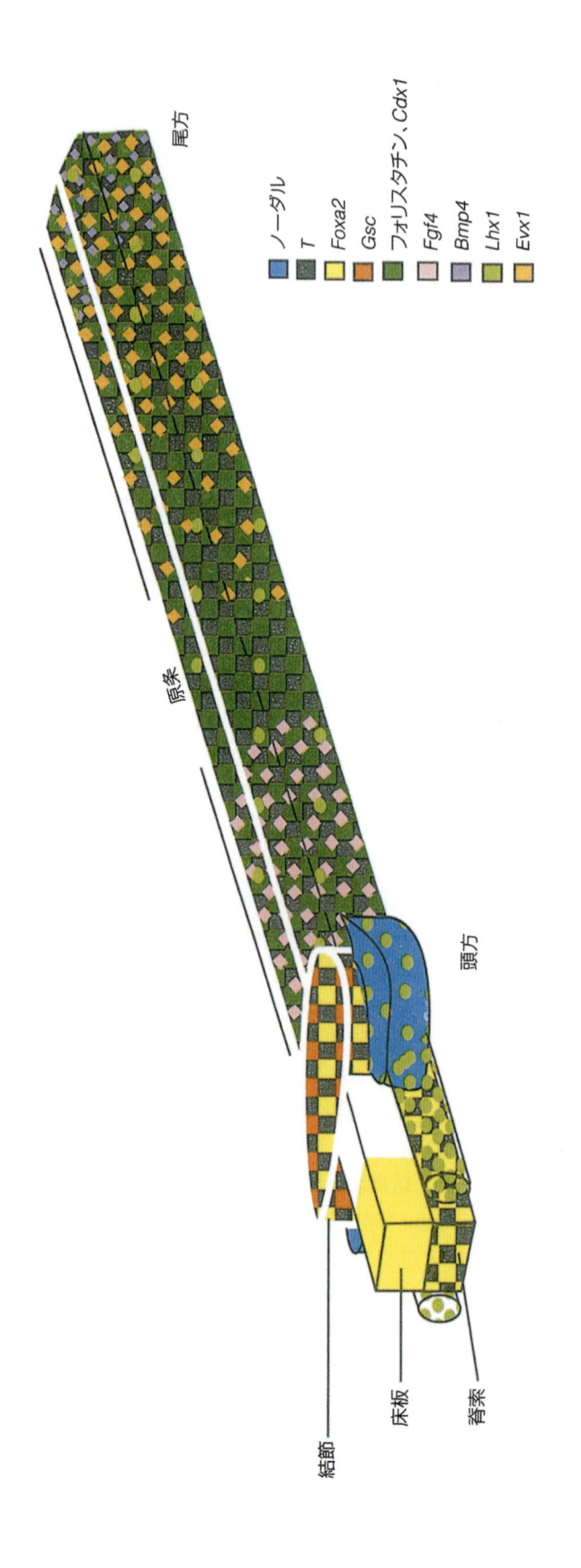

図2.22. 原条、結節、形成途上の脊索、隣接する中胚葉、および床板における局所的遺伝子発現のいくつかの例。 ここに描く10個の遺伝子よりもはるかに多い数の遺伝子がこの領域で区域化された発現を示すが、この少数の遺伝子でさえも、原条および結節の異なったレベルから異なる組織が生じることが差動的遺伝子発現の結果であることを例証している。

凡例:
- ノーダル
- T
- Foxa2
- Gsc
- フォリスタチン, Cdx1
- Fgf4
- Bmp4
- Lhx1
- Evx1

ラベル: 尾方、原条、頭方、結節、床板、脊索

伴う第2軸を誘導できることを示した(Kinder et al. 2001)。これらの研究は，マウス原腸胚のオーガナイザーが，発生とともに，前後軸を特定する能力を変えていることを示唆している。

尾芽

尾芽は，妊娠10日目には原条にとって代わり，新しい尾部組織の源となる。この原条から尾芽のみへの組織供給の移り変わりは，尾側神経孔の閉鎖と時期的に一致し，前後軸の腰仙部に対応している。原条の名残は尾側神経孔のすぐ後ろに位置しているが，成長しつつある尾の先端の中胚葉細胞で置き換えられる。尾芽組織は急速に分裂し(Tam and Beddington 1986)，体節および側板中胚葉，神経管，脊索および腸の内胚葉になる潜在能力を備えている。もし，それが除かれると体節形成と体軸の伸長の両方が止まる(Tam 1984；Tam and Tan 1992)。尾芽は，このように，尾の成長のための多分化能幹細胞として振る舞っているようである。しかし，この尾芽細胞集団が維持される仕組みと体軸の最終的な長さを決める合図については，まだ解明されていない。

胚の反転

体節期の初期にはマウス胚はU型をしていて，羊膜腔との位置関係は，胚葉が裏返しになっているために外胚葉(神経管と体表外胚葉)は受胎産物の内側にあり，内胚葉(腸)が卵黄嚢の外側に位置する。反転は，この形を効果的に逆転し，脊椎動物胚に典型的なC型の体勢を取り戻させる(詳細な記載については，Kaufman 1992を参照)。図2.23には，反転の基本的な動きを図解した。その動きは，胚の尾方と頭方がそれぞれ反対方向に回転し，一方では受胎産物全体がU字の中点の周りに180度，反時計周りに回転するというものである。これらの動きによって，胚は，胚性および胚外性の膜で完全に包まれるようになる。

体節とその派生物

体節とその派生物，特に椎骨と肋骨は，脊椎動物胚における分節パターンの最も明瞭な例である。その生成と運命はニワトリ胚で最も詳細に研究されている。体節は，原条，または後期には尾芽のすぐ前方で神経管の両側に横たわる中胚葉の細片，すなわち前体節中胚葉または分節板から生じる(図2.24と図2.25)。前体節中胚葉とそこからの派生物は，沿軸中胚葉と総称される。マウスでは，体節形成は約交尾後7.75日から始まり，妊娠第14日まで続き(Tam and Tan 1992)，頭部から尾部への成熟勾配に沿って全部で約65対の体節が作られる。耳胞より前方の頭部では明瞭な体節はみられないが，体節分節(somitomere)として知られる沿軸中胚葉が存在し，電子顕微鏡で認識できる7対の体節的塊が配列されている(図2.24)(Meier and Tam 1982)。頭蓋骨の大部分は神経堤に由来し(後述)，頭部沿軸中胚葉の主要な派生物は，眼と鰓弓の筋肉である。体節分節はまた，明瞭な体節の区切りを示す前の前体節中胚葉にも観察される。しかし，細胞系譜の研究から，前体節期の分節が体節の直接の前駆体とは考えにくい(Tam and Beddington 1986)。前体節中胚葉の内部での細胞の混合は，細胞が体節分節の間を移動し，それゆえに体節分節は定常的な細胞集団を表していないことを示している。ひとたび体節が形成されると，その間での細胞の混合は，ほとんど，あるいは全く起こらなくなる。

周期的に(最初の6〜10体節は約1時間ごと，体躯の体節は1.5〜2時間ごと，尾の体節は2.0〜3.0時間ごとに)，そして明らかに同調して，前体節中胚葉の細片のそれぞれの前端部の中胚葉が上皮性の球に組織化され，新しい一対の体節を作る。このようにして，尾方向に新しい体節を加えて体節の縦列が伸長する。体節間の境界および前後の極性の確立には，ノ

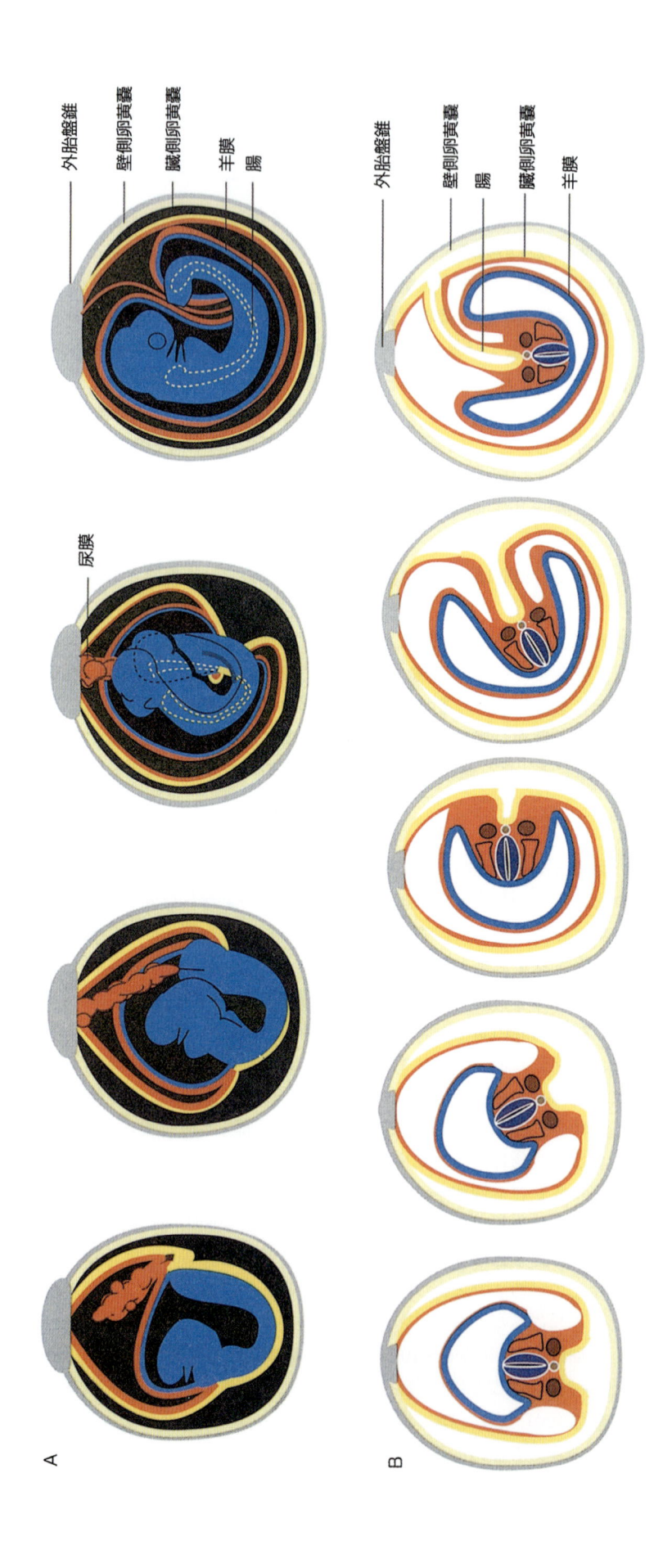

図 2.23. 胚の反転の模式的図解（Kaufman 1992 による）。(A) 交尾後 8.5 日から交尾後 9.5 日にかけての胚の立体構造と胚性および胚外性膜の配置の変化。(B) 反転中の胚の体躯中央を直角に横切る断面図。羊膜が臓側卵黄嚢に包まれたまま，胚を囲む様子の図解。

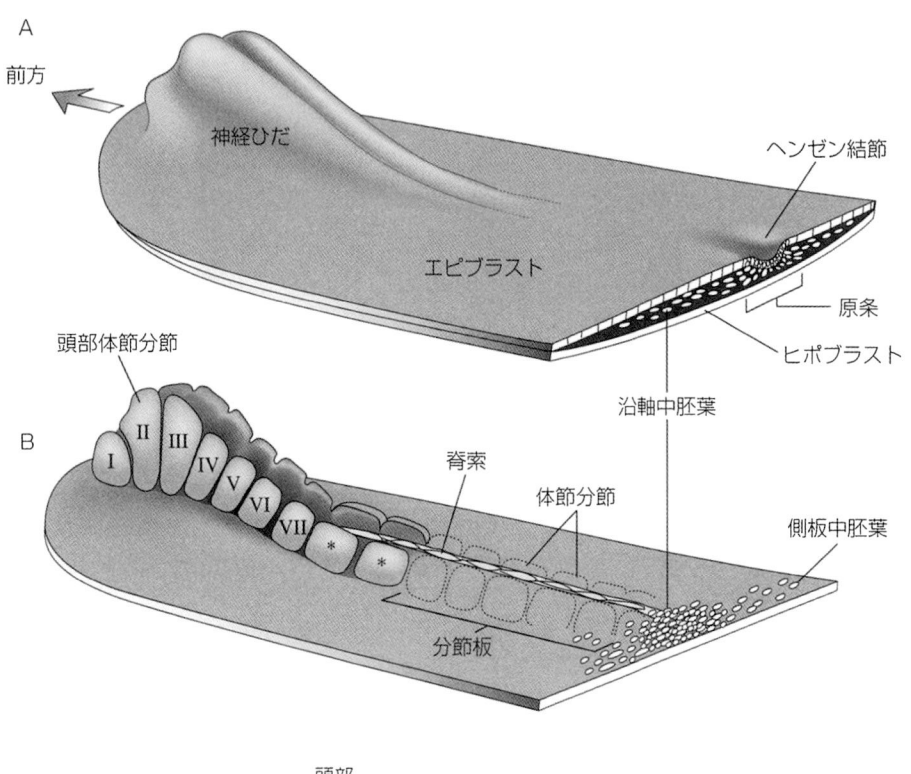

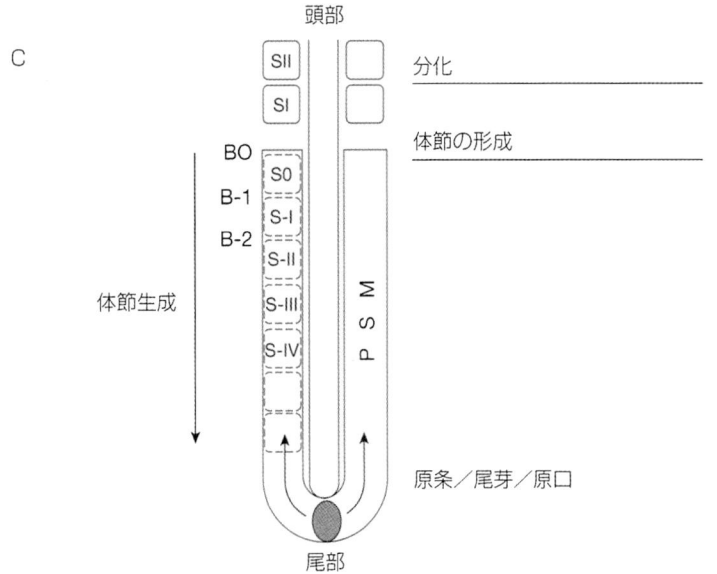

図 2.24. 神経ひだ期のニワトリおよびマウス胚の模式的図解。(A)外胚葉に覆われた外観。(B)外胚葉と神経管を取り除き，その下の中胚葉を示す。(＊)最初に凝集した体節の塊；(I〜VII)立体走査電子顕微鏡で初めて認められる頭方の体節分節。体節分節の運命とその頭部顔面発達への寄与はTrainer et al.(1994)によって論議されている。体内ではマウス胚の分節板に6個まで体節構造が見られる。(C)体節の命名システム。前体節中胚葉(PSM)内の予定体節は，次に分節されるべき体節(S0)からスタートして，頭部から尾部に向かって負のローマ数字で番号付けされる(-I, -II, -III, など)。各予定体節は，最も新しく形成された体節(S1)とほぼ同じ大きさである。予定体節間の境界はS-1とS0との間の境界(B0)から番号をつける。例えば，S0とS-Iとの間はB-1とする，以下同様。すでに形成された体節(SI, SII, など)は，Ordahl(1993)に従って番号をつける。(Pourquie and Tam 2001より引用)

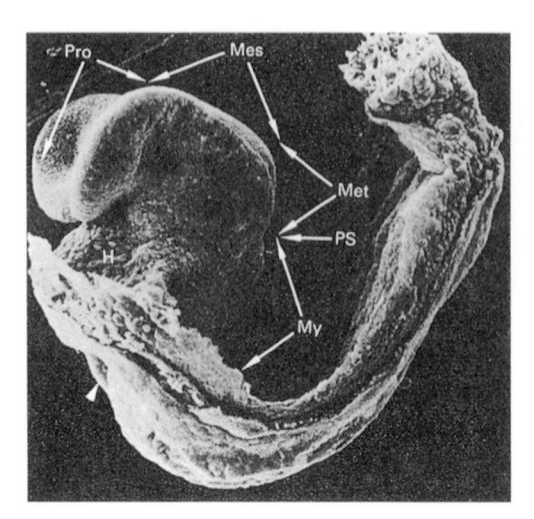

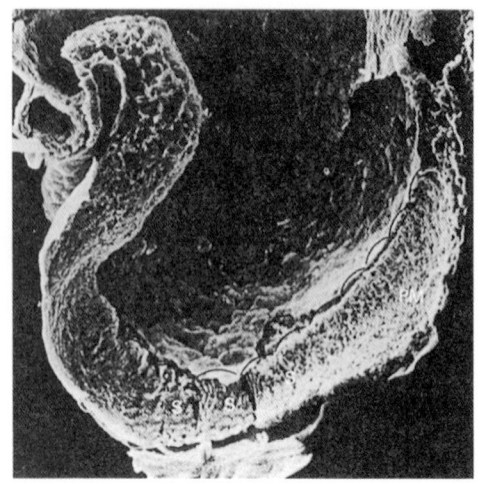

図2.25. 神経ひだ期マウス胚（交尾後約8.5日）の走査電子顕微鏡写真。（左）外観。将来の脳の前耳溝（PS），前脳（Pro），間脳（Mes），中脳（Met），および後脳（My）の区域をもつ頭ひだを示す。中脳／後脳の境界は，菱脳分節のR1/R2またはR2/R3の間におおよそ対応し，R3におけるKrox 20の発現の直前方に当たる。白い矢頭は前腸，Hは心臓を示す。（右）胚の右半分から神経上皮を除いたところ。3個の体節（S）と，頭部に7個，前体節中胚葉に6個の体節分節が認められる（弓状の矢印）。（写真は，Dr.Patrick Tam, Children's Medical Research Institute, Sydneyの好意による）

ッチ（Notch）シグナル経路が関係している。*Notch1*，*Delta1*，*Delta3*，*lunatic fringe*，および *suppressor of hairless* ortholog（*Rbpsuh*）を含むノッチ経路の突然変異は，すべて体節形成の欠陥の原因となる（Swiatek et al.1994；Conlon et al. 1995；Oka et al. 1995；Hrabé de Angelis et al. 1997；Evrard et al. 1998；Kusumi et al. 1998；Zhang and Gridley 1998）。最近の知見は，体節形成が後部の前体節中胚葉から生じる非常にダイナミックな遺伝子発現の周期的変化によって制御され，これもノッチシグナルを必要としていることを示唆している（Pourquié 2001の総説参照）。これらの研究は，現在，「時計と波頭」（clock and wavefront）モデルとして提唱されている考えと関連づけて解釈されている（Cook and Zeeman 1976）。最近，前体節中胚葉における予定体節と遺伝子発現の周期相のための新しい命名法が提唱されている（図2.24C）（Pourquié and Tam 2001）。

　ひとたび形成されると，それぞれの体節は類似の成熟過程を経る。上皮性構造は約10時間維持され，その後，塊の腹縁上の細胞は分散し，脊索に向かって移動する。これらの細胞は，椎骨と肋骨の前駆体である硬節を構成する（図2.26）。背側では，体節の上皮性構造は皮筋節の中に保持される。中央部の筋節成分は脊椎と背中の筋になり，側方の筋節細胞から体壁と肢の筋が生じる。皮節は体幹と尾の真皮を供給する。塩基性ヘリックス・ループ・ヘリックス・蛋白質ファミリー，それには*Myf5*，*MyoD*，ミオゲニンおよび*Myf6*が含まれるが，体外および体内における筋発生に関係づけられている。それらの遺伝子は，発達しつつある体節の筋節部分で交尾後8.0日から決まった順序で発現する。まず*Myf5*が発現し，次いで*Myog*が，ついで*Myf6*が，そして最後に*Myod1*が発現する（Sassoon et al. 1989；Bober et al. 1991；Ott et al. 1991）。ミオゲニン・ノックアウトマウスは極度の筋欠損を示す（Hasty et al. 1993；Nabeshima et al. 1993）。対照的に，*Myod1*，*Myf5*，あるいは，*Myf6*の単独ノック

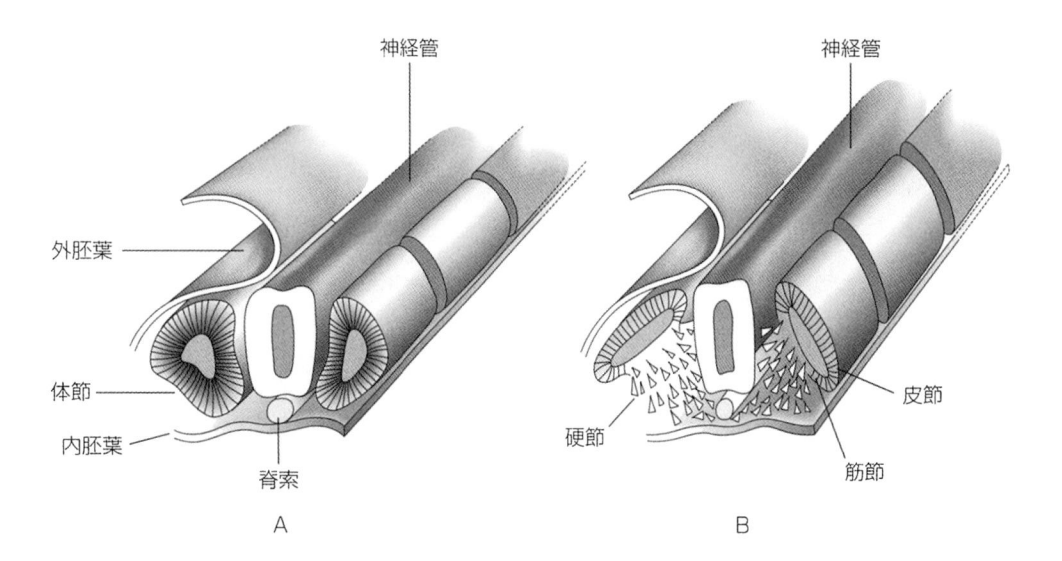

図2.26. マウス胚の体幹部における体節分化の模式図。神経管に隣り合った体節を見せるため外胚葉は片側へ巻き上げてある。
(A)体節のブロックは上皮性の構造をもっている。
(B)一部の細胞が脊索のまわりに移動し，椎骨の硬節細胞となる。残りは皮節および筋節に分化する。

アウトマウスでは筋が作られる(Rudnicki et al. 1992；Braun and Arnold 1995；Patapoutian et al.1995；Zhang et al. 1995)。しかし，*Myf5*と*Myod1*の両方を欠損したマウスでは筋肉がない(Rudnicki et al. 1993)。これらの知見は筋発生の転写制御モデルの基礎となっている。

　ニワトリとマウスの実験から，体節のパターン化ははっきりした上皮性の塊への可視的な分離を越えて広がり，体節は発達の初期に，前後および背腹の位置的合図を獲得していることが示唆されている。例えば，個々の体節の頭側と尾側の半分は，それぞれ違う性質をもっているようであり，このことは，神経堤細胞と運動性軸索の両方が体節の尾側の半分から排除されているという事実に反映されている(Serbedzija et al. 1990)。さらに，鳥類胚の実験は，個々の椎骨が1つの体節の尾側硬節と次の体節の頭側硬節とに由来することを示している(Goldstein and Kalcheim 1992)。体節は前後軸に沿って等価ではない。ニワトリ胚での体節の移植は，体節が硬節の派生物に関しては自律的に発達することを実証している。すなわち，将来の胸部域(図2.27)から得た体節を予定頸部域に移植すると，異所性の肋骨が生じる。しかし，そのような実験において，皮筋節はより大きな発生的可塑性を示し，新しい場所に相応しい骨格筋を作る。ある種の遺伝子(例えば*HOX*ファミリーのメンバー，図2.27)の発現は，沿軸中胚葉内部における前後のパターン化の目に見える証拠を提供しており，発現している *HOX* 遺伝子の組み合わせが，椎骨の特徴を決めている可能性がある。例えば，*HOXC8*のヌル(null)突然変異では，*HOXC8*を最も高レベルで発現している体節に由来する椎骨がより前方の特徴を備えるという，ホメオチック転換を起こす(Le Mouellic et al. 1992)。これは，より5'側の*HOX*遺伝子がより尾側の体節で活性化されており(図2.28参照)，それによって椎骨のより尾側の特徴が生じるという考えと相容れるものである(Kessel and Gruss 1991)。

　マウスとニワトリの実験から，体節の背腹のパターン化，すなわち細胞が筋(背側)と軟骨

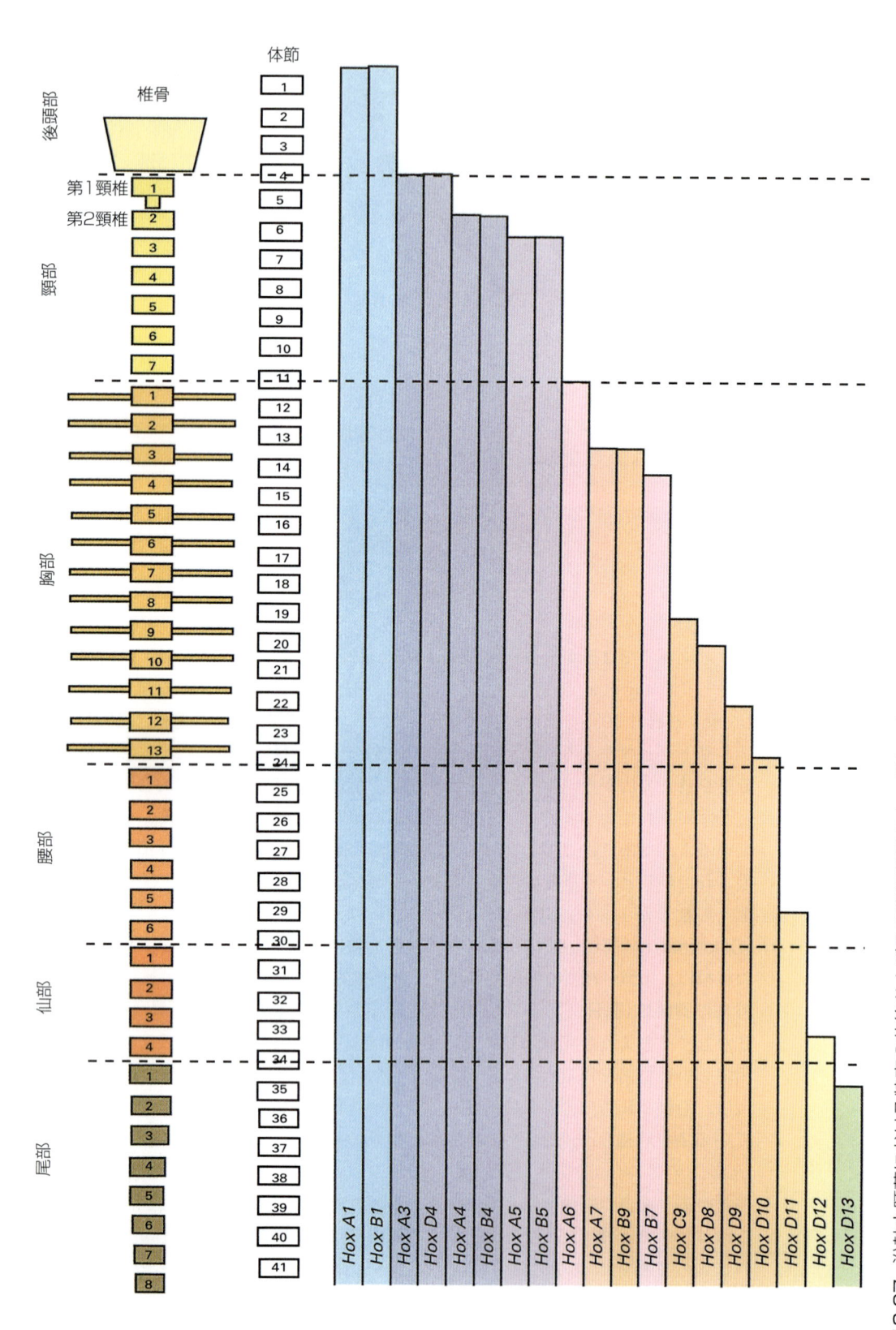

図2.27. 沿軸中胚葉における特定の体節およびその脊椎誘導体と、異なったHox遺伝子発現の前方境界との関係を示す図解。後頭部体節の1つが自然に退行するので、それぞれの椎骨の基になる体節の番号は数え方によって異なる。したがって、特定の体節番号と境界との対応は、プラスマイナス1の範囲内でのみ正確であると考えられる。椎骨は、より信頼できる標準化された目印になる。

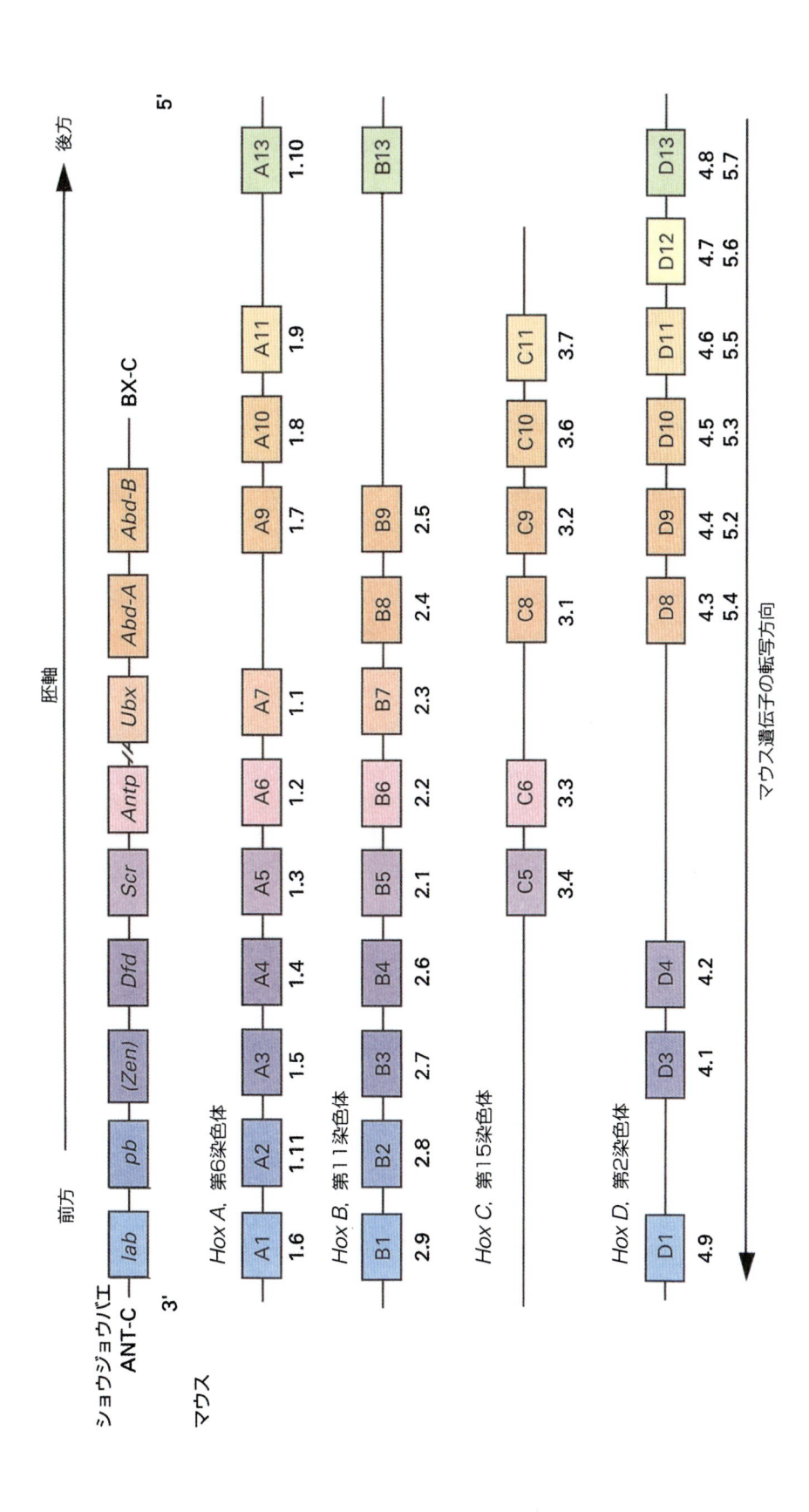

図2.28. 脊椎動物 Hox 複合体の13のパラログ群へのショウジョウバエ HOM-C との比較(McGinnis and Krumlauf 1992による)。それぞれの遺伝子について現在用いられている命名は四角の中に、古い命名はその下に記す。それぞれの色は、ショウジョウバエ HOM-C の特定遺伝子とのホモロジーを示す。(lab) labial, (pb) proboscipedia, (Dfd) deformed, (Scr) Sex Combs Reduced, (Antp) antenapedia, (Ubx) Ultrabithoxax, (Abd) Abdominal。

性硬節（腹側）のどちらになるか，が脊索および神経管に由来する拡散性因子によって制御されていることを示す有力な証拠が得られている。これらのシグナルは体節発達の初期に作用し，少なくとも2種類ある。第一に，脊索および床板が腹側化シグナルを生産し，それに接する体節を硬節に分化させる。もし，余剰の脊索または底板をニワトリ胚の体節と神経管の間の背側に移植すると，その近くの細胞は発生運命を変えて筋ではなく軟骨に発生する(Pourquié et al. 1993)。ソニックヘッジホッグが体節の腹側化の維持に重要であるらしい。一方，神経管で作られる局所的因子が，体節の背側化と筋前駆体の分化の促進に必要であることも示されている。もし神経管が除かれると，体軸の筋は発生しない（しかし体節の外側由来の筋は発生する）(Christ et al. 1992；Rong et al. 1992)。したがって，体節の背腹パターン化は神経管の異なった場所で作られる異なる因子によって調節されているようである。これらの背側化シグナルは，BMP4，noggin，Wnt1，Wnt3a，Wnt4およびニューロトロフィン3を含む。神経管の区域化は，底板の，そして最終的には脊索の影響下にある（脳と神経管における部位多様性の生成，86頁参照）。このパターン形成支配のヒエラルキーは，例えば*Brachyury*(Dietrich et al. 1994a)，*Danforth's short tail (Sd)*(Koseki et al.1993)，*pintail (Pt)*および*truncate (tc)*(Lyon and Searle 1989)などの，脊索の分化と成長に欠陥のあるミュータントマウスにおける体節の分化異常の基礎となっているようである。さらに，体節に対する脊索の腹側化効果は，少なくとも一部は対ドメイン転写因子*Pax1*を経由していて，*Pax1*の突然変異は，undulated(*un*)座の異なる突然変異について最初に報告されたように硬節の分化に影響を与える(Balling et al. 1988,1992；Koseki et al. 1993)。

側板と中間中胚葉およびその派生物

体節の側面の中胚葉は，中間中胚葉（体節に隣接）と側板中胚葉（胚の側面端）に細分される。側板中胚葉は2つに分かれて体腔を作る。背面では，体壁葉が上を覆う外胚葉と結合して羊膜の中胚葉とつながる。腹側では，内臓葉が内胚葉と一緒になり卵黄嚢の中胚葉とつながる（図2.17G）。側板中胚葉は，内臓と肢の結合組織，体腔の中皮層および腸間膜の発生に関係する間充織の大部分を供給する。

交尾後9.0～9.5日胚の体幹後部と尾の根元に近い部分では，中間中胚葉は前腎と腎原基に分化する。その後すぐに（交尾後9.5日），尿生殖隆起が体幹中部から尾部中部にわたって認められるようになる。尿生殖隆起の側方は中腎になり（交尾後10.0日に観察可能），中央部は生殖腺を作る。中腎はその内部に小胞と管が分化し，幾分かの分節構造も示すが，おそらく排泄器として機能することは全くなく，事実上，痕跡的構造である。しかし生殖腺の分化には影響を与える。それに加えて，後部から最終的な後腎の形成を誘導するのに必要な重要な分枝，すなわち尿管芽が生じる。誘導されて腎原基（後腎芽）を作る中胚葉は後方の中間中胚葉である。

腎臓の分化と形態形成は，最もよく研究された哺乳類の器官形成の過程であり(Saxen 1987；総説として，Vainio and Lin 2002参照)，組織間相互作用の基となる因果律に関する複雑性の優れた例として役立っている。腎の発達は，尿管の上皮と後腎の間充織との間の相互作用に依存している。尿管は間充織に働いて，上皮を形成し細管を作るように誘導し，一方，間充織は尿管が枝分かれするように誘導する。後腎の間充織は，尿管芽以外の組織（例えば，胚の脊髄）によっても誘導されるが，ほかの間充織は誘導シグナルによって細管を作ることは全くない。このことは，尾部中間中胚葉がまだ決定的ではないにせよ，腎発生に向かいやすいという特殊な性格をすでに備えていることを示唆する。最初の誘導は，誘導因と間充織との間の直接の接触を必要とする。それがその後に続く相互依存的事象のカスケードの引き金

になっているようである。腎の発生が器官培養法を用いて体外で解析できるという事実は，これらの分子の生物学的役割を明らかにできる吉兆である。より洗練され，制御され，信頼できる組織再構成実験と，より正確な刺激または抑制分子の投与が体外および体内で行えるようになるであろう。この種の研究は分子遺伝学的解析に重要な補足的アプローチを提供する。

肢の形成

肢の発生は，長年にわたり脊椎動物におけるパターン形成を研究するための実験系として用いられてきた。これらの古典的な発生学実験は組織の切除と移植を拠り所として，成熟肢に特徴的なパターンの確立に必要とされる肢芽の3つの重要な区域を明らかにした。外胚葉性頂堤(apical ectodermal ridge, AER)，その下に横たわる進行帯(progress zone, PZ)，および極性化活性帯(zone of polarizing activity, ZPA)である。このような実験から導かれたパターン形成の理論的モデルは，より分子的な技術で明らかにされた遺伝子発現の複雑なパターンを解釈する基礎を与えている(総説として，Johnson and Tabin 1997；Capdevila and Izpisúa Belmonte 2001参照)。

肢芽は，表面の外胚葉で包まれた側板中胚葉の枝として発生する。マウスでは前肢芽は約交尾後9.0～9.5日に，第7～12体節に隣接して初めて現れる(この有用な発生段階の決め方については，Wanek et al. 1989参照)。交尾後9.5～10.5日までに，後肢芽が第23～28体節の部位に現れる。ニワトリ／ウズラ・キメラ胚の細胞系譜解析から，肢の骨と軟骨要素(筋腱も含む)は最初の側板中胚葉枝に由来するが，肢の筋肉はそれとは別に，後になって体節から肢芽に移動する筋節細胞に起源することが示されている。肢芽が成長するにつれて肢芽の先端を覆う表面外胚葉は肥厚し，外胚葉性頂堤(AER)として知られる明瞭な構造になる。移植実験から，AERの細胞がその下に横たわる進行帯(PZ)の増殖とパターン化に必須であることが知られた。肢芽の成長期にAERかPZを除去すると，遠位の構造を欠損した切詰め型の肢芽が生じる。反対に，より成長した肢芽のPZをより若い肢芽のそれと取り替えると，重複した近遠位要素をもつ伸長した肢芽が生じる。例えば，通常の前肢芽の近遠位パターンである上腕骨／橈骨＋尺骨／指が，上腕骨／橈骨＋尺骨／第2の橈骨＋尺骨／指に変形する。このことは，PZが肢芽の近遠位軸のパターン化の情報を含んでいることを示している。そして，重要なのはAERよりもPZの加齢であるらしい。種々のポリペプチドシグナル分子，例えば，Wntファミリーのメンバー(Gavin et al. 1990)，BPMファミリーおよびFGF4/FGF8(Niswander and Martin 1992)の発現がAERで検出されている。これらの因子がPZの誘導と維持の原因となっているのかも知れない。しかし，最近になってこの進行帯モデルは疑問視されてきた。ニワトリ胚の操作およびマウスでの*Fgf4/Fgf8*条件つきノックアウトの新しいデータは，初期肢芽の間充織は前もってパターン化されていて，AERからのFGFsはその下にある間充織のためのマイトジェンおよび生存因子として働いていることを示唆している(Dudley et al. 2002；Sun et al. 2002)。

肢の前後方向のパターン化は，肢芽の後縁でPZのすぐ近位側に位置する間充織の区域を必要とする。ここの細胞は，肢中胚葉のほかの細胞から形態学的に識別可能で，極性化活性帯(ZPA)を構成する。もし，余分のZPAが肢芽の前縁に移植されると鏡像型の重複軸が生じ，元来のZPAと移植されたZPAのそれぞれに最も近い要素が，常に後縁の特徴を作る。この重複は量子的に，そして段階的に起こる。すなわち，部分的な要素ではなく余分の「全部の」指が常に生じ，その前後方向の特徴は予想された順序に従う。この全か無かの分化は，パターンが連続的勾配の中での閾値反応によって確立されることを示している。ニワトリとマウス

の両方で，原条前端の結節は，発達しつつあるニワトリ肢芽の前縁に移植された時にZPAの効果を再現することができる(Hogan et al. 1992)。同一の重複が，レチノイン酸(RA)を浸した球を前方に移植することでも得られる(Tickle et al. 1982)。マウスおよびニワトリで，ZPAが(結節も同様に)細胞外シグナル蛋白質をコードするソニックヘッジホグ(*sonic hedgehog*)遺伝子を発現していることが示されている(Echelard et al. 1993；Krauss et al. 1993；Riddle et al. 1993)。ニワトリ胚では，肢芽前部におけるソニックヘッジホグの異所性発現が前後の重複を作り出す。前部へのRAの投与はソニックヘッジホグの発現を誘導するが，体内でRAがソニックヘッジホグの発現に関わっているかどうかは明らかでない。はっきりしていることは，RAのシグナリングが肢芽が伸び出るために必要とされることである(Niederreither et al. 1999)。*HoxA*と*HoxD*ファミリーのメンバーは肢の中で部位特異的に発現しており，最終的な前後パターンの決定における役割と矛盾しない(Izpisua-Belmonte and Duboule 1992；Izpisua-Belmonte et al. 1993の総説参照)。例えば，後方の細胞は*Hoxd 5*から*Hoxd 9*を発現しているが，前方の細胞は*Hoxd 13*しか発現していない。もし，マウス肢芽の前部中胚葉をニワトリ肢芽の後部に移植すると，マウス細胞内に*Hoxd 11*の発現が誘導される。このように，肢の前後の極性を開始させるモルフォゲンが何であれ，*HoxA*と*HoxD*ファミリーのメンバーがこの情報を軟骨性要素の最終的パターンへ翻訳することに関与しているようである。

神経管形成：神経系の成立

脳と脊髄(中枢神経系，CNS)は原条の前方(頭方)に位置し，末端が肥厚した外胚葉の中央細片から由来する。これが神経板で，交尾後7.5日のすぐ後に区別できるようになり，新たに分化した神経外胚葉が後部(尾部)方向に付け加えられて伸長する。より下等な脊椎動物と同様に，中央のエピブラストはその下に横たわる中胚葉(前脊索および脊索)からの垂直性シグナルによって神経外胚葉へ誘導され，そのパターン形成は外胚葉内に広がる水平性シグナルによっても影響されるようである。最初の形成後，神経板は劇的に形を変え，側縁は盛り上がって神経ひだを作る。その結果，横断面では神経板は"V"字に似た形になり，"蝶番点"が脊索を覆う中央線となる。この中央蝶番の細胞は底板を作り，おそらく脊索由来である(Lawson and Pedersen 1992；Schoenwolf et al. 1992；Sulik et al. 1994)。神経ひだは背側中心線に沿って融合し，神経管が作られる。

神経管の閉鎖は，交尾後8.0～8.5日に第4および第5体節のレベルに始まる。次いで，融合は後頭部／頸部から頭方および尾方にジッパーを閉めるように進行する。前神経孔の閉鎖は，15～20体節期(交尾後9.0日)までに完了する。しかし，後神経孔は32体節期(交尾後10.0～10.5日)まで開いたままである。マウスの脊髄の最後端区域は，第二次神経管形成と呼ばれる特別の過程で作られる。そこでは，髄索と呼ばれる神経管原基に孔が開いて神経管ができる。神経胚形成は脊椎動物発生の中で最も広く研究された形態形成過程の一つであり，単純な神経外胚葉のシートを折り畳み巻き上げて管にすることに対して，様々な起動力が関係している。それらの力には，細胞の形態に影響する細胞自律性因子(ミクロフィラメント，微小管，および表層細胞質の流れ)，細胞分裂，収斂伸長性の細胞移動，および神経板の下に横たわる細胞外マトリックスの拡張が含まれる。同様に，その下に横たわる間充織からも影響を受ける(総説として，Copp et al. 1990；Shoenwolf and Smith 1990参照)。

神経管における部位多様性の生成

発達中の神経系が，非常に初期から高度にパターン化された組織であることが明らかになってきている。大まかなレベルでも前後軸に沿って明瞭な部位的分化があり，形態学的に異

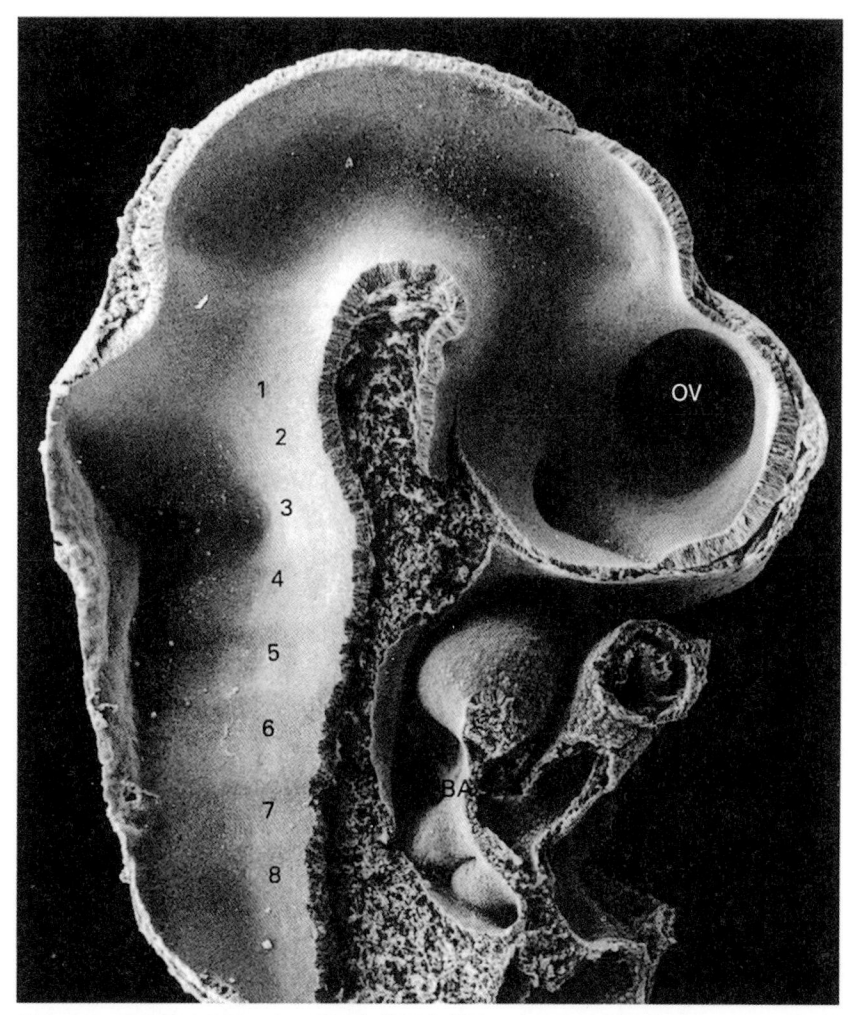

図2.29. 交尾後10日マウス胚の矢状正中断面の走査電子顕微鏡写真。菱脳分節(後脳神経分節)の位置を示す(1～8)。(OV)眼胞；(BA)鰓弓。(Dr. K.Sulik, University of North Carolina, Chapel Hillより提供)

なった前脳，中脳，後脳(菱脳)および脊髄のドメインが生じる。沿軸中胚葉と同様に，このパターンはある種の遺伝子が前後方向の局限されたドメインに発現することに反映されている。初期のCNSにおける前後のパターン形成と分節に関する種々の観点は，発達途上の後脳で最も広範囲に研究されている。175年以上前に，von Baer(1828)は分節的組織化を思い起こさせる神経管に沿った周期的な膨れ(神経分節)を記載している(図2.29)。より最近になって，後脳域における8つの特に顕著な神経分節(菱脳分節と呼ばれる)が，この区域から発して分節的に配置されている神経，例えば運動ニューロンや知覚神経節との関係においてニワトリで再検査された(Lumsden 1991)。これらの研究は，個々の菱脳分節と特異的なニューロンの経路の間に納得できる確かな対応があることを明らかにして，それぞれの菱脳分節が隔離された細胞系譜を構成していることを示した(すなわち，1つの菱脳分節の細胞は，もはや隣接する菱脳分節には住めない)。その結果，特定の菱脳分節，あるいは一対の菱脳分節と，脳運動ニューロン，知覚神経節，および隣接する鰓弓への神経堤細胞の移動との間にかなり正確な対応関係が存在する(図2.30A)。しかし，ニワトリにおけるこのような細胞系譜の関係は，マウスにおいて修正できないほどの厳重な原型ではないかも知れない。そ

A. 後脳および鰓弓の前後パターン

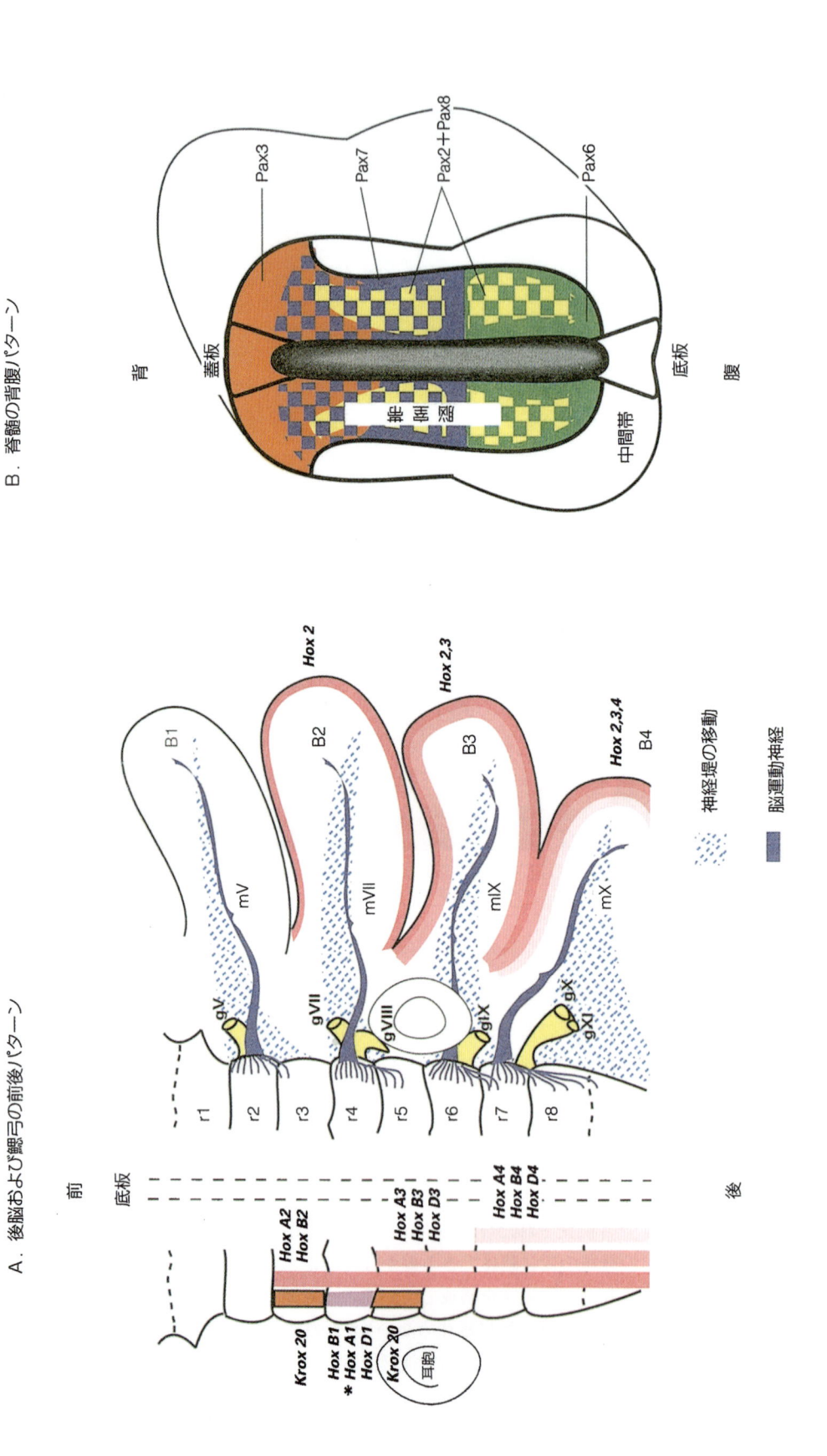

B. 脊髄の背腹パターン

図2.30. (A)Hoxおよび Krox20遺伝子発現の異なるパターンに対応する後脳および鰓弓の前後方向における解剖学的パターン。＊は、HoxA1がその後退行し、一方 HoxB1はr4における一節の発現として存続することを示す。(r1～8)菱脳分節：(B1～4)鰓弓：(gV～XI)脳神経節：特定の菱脳分節と脳神経分節および神経堤との関係はニワトリ胚における研究に基づいているので、マウス後脳の決定的なマップとして受け取るべきではない。(B)脊髄の横断面。背腹および中央側方のパターン形成が Pax遺伝子ファミリーの異なった発現ドメインから明瞭である。

して，特定の菱脳分節と特定の脳神経の起源との対応は正確に同じ周期性をたどらないかも知れない。この解剖学と細胞系譜の研究は，後脳域における遺伝子発現パターンの記載によって増強され，そこでは遺伝子発現の境界と菱脳分節の境界との間の興味深い関連が明らかになっている（図2.30A）。局限されたパターンで発現される最も早い遺伝子の1つは，*Krox20*と呼ばれるジンク・フィンガー・蛋白質をコードしている。*in situ*ハイブリダイゼイションは，*Krox20*発現の明瞭な縞が菱脳分節3と5の位置に対応していることを示している（Wilkinson et al. 1989）。次いで，*Hox*遺伝子クラスターのメンバーのより3'側の発現の前縁が，奇数番号の菱脳分節の前縁と一致することが示された。このことから，より著しい2-菱脳分節の周期性が明らかになった。*Krox20*は，菱脳分節3〜5で発現が最高に達している*HoxB*遺伝子を直接トランス活性化することが示唆されている（Sham et al. 1993）。さらに，後脳において異なった発現前縁をもつ*Hox*遺伝子（*HoxA3*，r5の前縁；*Hoxa1*，r4の前縁）の突然変異から相補的表現型が生じる。このことから*Hox*遺伝子は後脳の派生物を特殊化するに当たり，その発現の最も頭方のドメインでのみ決定因としての役割をもち，異なった後脳派生物が異なる*Hox*遺伝子によって特殊化されているようである（Chisaka and Capecchi 1991；Lufkin et al. 1991）。

　後脳の分節的組織化は今や十分に確立されているが，中脳と前脳のパターン形成についてはまだ少ししか知られていない。最近，多くの遺伝子の時間的，空間的発現に基づいた前脳組織の神経分節モデルが提唱されている（Puelles and Rubenstein 1993；総説として，Rubenstein et al. 1998参照）。これらの遺伝子は，ショウジョウバエの*orthodenticle*と*empty spiracle*遺伝子のマウスにおけるホモログ（*Otx1*，*Otx2*，*Emx1*，*Emx2*）（Holland et al. 1992；Simeone et al. 1992）および，Wnt，Pax，Pou，ホメオドメイン，ヘリックス・ループ・ヘリックスおよび他の遺伝子ファミリーである。幾分か異なったモデルが，Figdor and Stern（1993）によってニワトリ胚の間脳の分節組織化について提唱されている。

　細胞レベルでは，神経板の最初の円柱上皮はより複雑な重層配列をとるようになり，ひとたび神経管が形成されると増殖性の細胞は腔に接した脳室層に限定される。やがて，特定のニューロンの分化が型通りの背腹パターンに従って起こる。運動ニューロンは脊髄の腹側に位置し，一方，交連ニューロンと神経堤（後述）は背側の位置をとる。この背腹のパターンもまた，局限された区域での*Pax*あるいは*Lhx*（*Lim*）のような遺伝子の差動的発現を前兆としている（図2.30B）（Tsuchida et al. 1994；総説としては，Deutsch and Gruss 1991を参照）。神経板の背腹パターンは，少なくともその一部は，腹側中央線の下に横たわる脊索との相互作用によって，神経管が閉鎖する前の発生初期に確立されると考えられる。脊索のすぐ上にある神経外胚葉細胞は，底板（それは腹側の中央線に沿って伸びている少数の楔型をした細胞群であるが）に分化するように誘導される。鳥類胚では，脊索あるいは底板を神経管の異なった場所に追加するか，あるいはそれらを除去すると，神経管の背腹パターンに顕著な，しかし予想可能な変化が生じる（Yamada et al. 1991,1993；Goulding et al. 1993；Placzek et al. 1993）。フォークヘッド（forkhead）ドメイン遺伝子である*Foxa2*（*Hnf3b*）がマウスにおける底板発生の重要な制御因子であるというモデルが進展し，脊索における*Foxa2*の発現が細胞外シグナル分子をコードしているソニックヘジホグの発現を誘導するという仮説が提唱されている（Echelard et al. 1993；Sasaki and Hogan 1994）。次いで，これが神経管の腹側中央線の細胞における*Foxa2*の発現を誘導し，さらに，ほかの底板のマーカー遺伝子の転写を活性化する。中脳背側における*Foxa2*の間違った発現は，底板遺伝子の異所性発現を導く（Sasaki and Hogan 1994）。

　腹側のシグナルに加えて，蓋板（Basler et al. 1993）あるいは背側外胚葉から発する背側の

影響もあるかも知れない．正しい背腹パターンの形成には，これらの背側と腹側のシグナル系の相互作用が必要とされるようである．底板の後期の機能は，交連ニューロン軸索の方向性分枝を促進する接触経由および拡散性のシグナルによって軸索の投射を導くことである（Dodd and Jessell 1993 の総説参照）．

神経堤

　神経堤は，神経外胚葉と表面外胚葉との結合部で神経管の背側から由来する過渡的な細胞集団である．神経堤細胞は単一の細胞として広い範囲を移動し，神経管から離れて体の腹部および背側部で多くの種類の細胞型に分化する．そこから派生するものには，副腎髄質細胞，骨と軟骨，メラニン細胞，グリアおよびシュワン細胞，および種々のニューロン（知覚脳神経，副交感神経，交感神経，および知覚神経節）が含まれる．神経堤細胞の発生能は，体軸上の位置に影響されるようである．なぜなら，頭部の神経堤から骨，軟骨および象牙芽細胞（歯形成の主要な前駆体の一つ）が生じるが，体幹の神経堤はこれらの細胞へ分化できない．頭部では，神経堤は頭蓋骨の大部分を作り，後頭蓋の骨の一部のみが頸部中胚葉または最初の2，3の体節に由来する（Couly et al. 1993）．

　マウスにおいて神経堤細胞は第3あるいは第4体節に対応したレベルの，最も新しく作られた体節の頭側の神経管の背面に最初に現れる（Erickson and Weston 1983）．それらの細胞は，頭方から尾方へ向かって順に派生し，移動する．マウスにおける神経堤細胞の移動は，脂溶性で疎水性の蛍光色素であるDiIで，形質膜を標識することによって最も徹底的に研究された（Serbedzija et al. 1990, 1991, 1992；Osumi-Yamashita et al. 1994）．色素を胚の神経管に注射し，次いで体外で培養することによって体幹の神経堤細胞は交尾後8.5～10.5日の間に生じることが示された（Serbedzija et al. 1990）．2つの移動経路が明らかである．(1)体節の頭方半分を通過する腹側経路，および(2)皮節と表皮との間を通る背側面経路である（図2.31）．腹側への移動は2つの相で構成され，初期相は交尾後8.5～9.5日の間で，神経堤細胞は交感神経節や背部大動脈のようなより腹側の終着点に達する．後期相は交尾後9.5～10.5日の間で，後根神経節や運動ニューロン軸索のシュワン細胞に寄与する．仙部では，神経管から生じた神経堤細胞は臍帯後方の腸の内臓神経系にも分布する（Serbedzija et al. 1991）．体幹の場合と対照的に，頭部の神経堤の移動は尾方から頭方への順序をたどり，約5体節期に中脳域で最初に，また前脳域では約10体節期に始まる．どの場所でも細胞の移動は約9～12時間続く．後脳から発した神経堤細胞は分節的経路をたどる．すなわち，神経堤の流れの本体はr2，r4およびr6の側方にのみ存在し，それぞれに隣接する第1，第2および第3鰓弓の中に定着する．しかし，r3とr5のDiI標識は一部の神経堤がこれらの菱脳分節内で分化し，隣の菱脳分節からの分節経路に合流することを示している．この結果は，後脳域における神経堤の分節的分布が，分節特異的な神経堤形成の失敗に基づくのではないことを示している（Serbedzija et al. 1992）．しかし，r3とr5の比較的小さい寄与は，菱脳分節に特異的な細胞死に原因するかも知れない（Graham et al. 1993）．

　神経堤の移動経路が，いわば特別な細胞外分子によって最終地点への道筋が切り開かれているような真に特異的なものかどうかについては幾分論議のあるところである．確かに種々の細胞外マトリックス分子，例えばヒアルロン酸，I型およびIII型コラーゲン，ラミニン，およびフィブロネクチンが神経堤細胞の移動経路に沿って記述されている．ニワトリでは，インテグリン・フィブロネクチン受容体に対する抗体が頭部神経堤の移動を撹乱する（Bronner-Fraser 1985）．しかし，いわゆる「経路」は移動する細胞にとって通行可能なルートに過ぎず，ほかのルートは既存の胚組織あるいは細胞移動と相容れない細胞外マトリックス

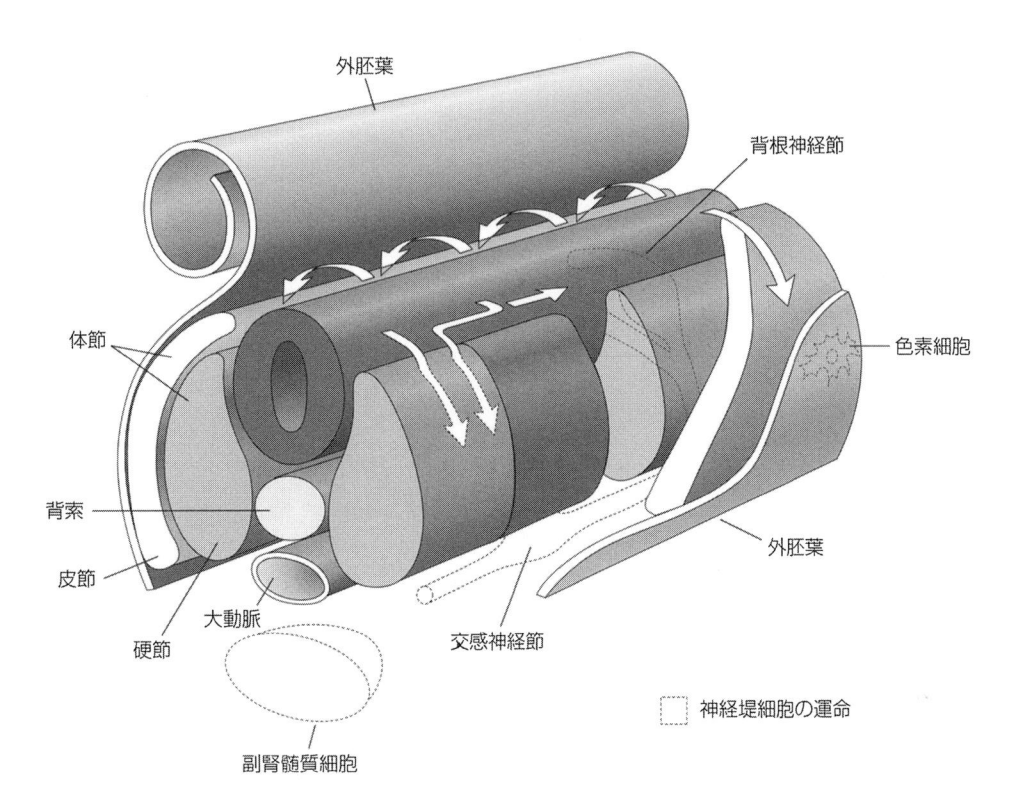

図2.31. 神経堤移動の模式的図解。(矢印)神経堤細胞は神経管の背面から生じて，体節の前半分を通って腹側へ，または皮筋節と表皮との間を通って背側方に移動する。(Wolpertから描き直す)

の存在によって侵入不可能であるのかも知れない。何が神経堤細胞を最初の場所で突如として葉裂させ始めるのか，あるいは何が神経堤細胞の移動を中止させて最終地点として可能性のある場所のうちの1つで分化を始めさせるのか，ということについては未だ明らかにされていない。W(優性白斑)およびSl(スチール)のような，ある種の遺伝子は神経堤の移動と分化に影響する。Sl/Sl神経堤メラニン芽細胞は野生型の皮膚の中では救済されるが，W/Wメラニン芽細胞は野生型の皮膚を与えても救済されないという証明は，WとSlが相補的な受容体とリガンドをそれぞれコードしていることを示す最初の証拠となった(Mayer 1973)。

鰓弓と咽頭部の形成

6対の鰓弓(内臓弓)の形成は交尾後8.0日から始まり，頭部から尾部に向かって胚の咽頭部に生じて，頭部と頸部の主要な建築用ブロックを構成する(第5弓は例外で，痕跡的である)。各弓は，外胚葉で覆われた間充織の棒で(大部分が神経堤起源)それぞれの遠位端から成長し，将来の口腔の周りを側面から腹面に向かって湾曲している(Sulik and Schoenwolf 1985)。最頭方の弓(BA1)が最初に作られ，遠位端で2分し，その背面から上顎突起が成長し，残りの部分(下顎突起)は腹側で成長を続ける。上顎突起と下顎突起は交尾後11日には，より明瞭に分かれて見えるようになり，それぞれ上顎と下顎の基になる。第2弓は，より小さな第3および第4弓の上におおいかぶさり，主に頸部に寄与する。頭方向の鰓弓(BA 1〜BA 4)と後脳との関係は，Hox遺伝子の発現，神経堤の移動，および神経の分布とともに図2.30Aに示されている。

鰓弓は，外面では深い外胚葉性の溝(内臓溝)によって，また内面では類似の内胚葉性の陥没(咽頭嚢，図2.32)によってお互いに分離され，それぞれは大動脈の特別の分枝(大動脈弓)

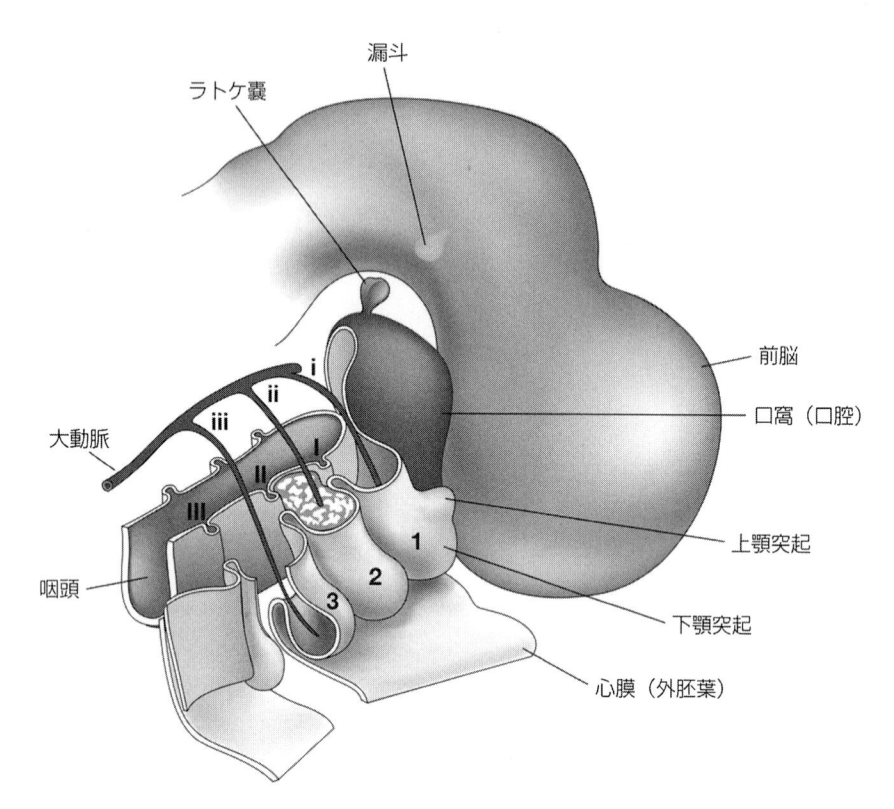

図2.32. 鰓弓(1, 2, 3)，咽頭嚢(I, II, III)，および大動脈弓(i, ii, iii)の関係を示す模式図

から独自の血液の供給を受けている。第1鰓嚢(咽頭嚢)は，おそらく第2鰓嚢と一緒になってユースタキー管を生じ，中耳腔の形成に寄与する。一方，第3鰓嚢は胸腺と副甲状腺になり，第4鰓嚢は鰓後体を作る。鰓後体は甲状腺と合体して傍濾胞細胞の補足成分を提供すると考えられている。甲状腺本体は，咽頭の床の内胚葉が肥厚して腹側に作られる憩室から分化する。

　原始的な口腔の屋根の部分は，体表外胚葉から連続した上皮で裏打ちされているが，ここからラトケ嚢が生じる。ラトケ嚢は背面に向かって拡張し，間脳から腹面に向かって突出している漏斗に接するようになる。両者は合体し，視神経交差の直後に位置する脳下垂体を作る。ラトケ嚢は前葉(腺葉)になり，漏斗は後葉(神経葉)になる。ラトケ嚢の突出は脊索の前端の目印となる。耳下腺もまた口腔の屋根の外胚葉に起源するが，顎下線と舌下腺は口腔の床の内胚葉から生じる。

腸の発生

　腸の初期発生はよくわかっていない。胚盤胞および原腸形成(上述)における細胞系譜の研究は胎子の腸の前駆体が原始内胚葉ではなく，エピブラストであることを示した。しかし，どのようにして最終的な内胚葉が既存の臓側内胚葉に入り込み，原始内胚葉の残余細胞がどれほど長く発達途上の腸の中に存続しているかについては明らかでない。エピブラスト細胞の大半は，原条の前部を通って腸原基の中に補充される。それらの細胞は原腸胚の腹面に現れるので将来の腸の背面は中央寄りに位置し，予定腹側腸はより横側に存在する(Beddington 1981；Poelmann 1981；Lawson et al. 1987, 1991)。腸が1本の分離した管になる前は，最終的内胚葉の側縁は蔵側卵黄嚢の内胚葉に連続しており，また中央では脊索が腸の

背面と繋がっている。やがて脊索は内胚葉から離れて中央線上の1本の棒を作る。頭方では腸の盲端が原始口腔(stomodeum)を裏打ちしている外胚葉に咽頭部で接して行き止まりになるが，この外内胚葉性膜(口腔咽頭膜)は交尾後約9.0日に細胞死と細胞の再配置の組み合わせによって崩壊し，腸は羊膜腔に開口する。遅れて，同様の過程が後腸でも起こり，総排泄腔膜が生じる(交尾後10〜10.5日)が，この膜も破れて肛門が開口する。腸の内胚葉から多数の派生物が生じる。それは咽頭嚢に起源するもの(前述)およびそのほとんどは腹側から生じるのであるが，甲状腺(腹側咽頭内胚葉，8〜10体節期に初めて明瞭)，肺芽(咽頭後方域の腹側内胚葉，22〜28体節期に初めて明瞭)，肝(前腸・中腸境界部の腹側内胚葉，8〜10体節期に初めて明瞭)，および膵(中腸頭方域，25〜30体節期に初めて明瞭)である。内胚葉上皮に作用して種々の器官原基に適した場所で出芽を促すシグナルはよくわかっていないが，内胚葉は発生の初期に頭尾方向の極性を獲得していると信じられている。フォークヘッド・ドメイン・ファミリーのDNA結合転写因子をコードする複数の遺伝子が，原腸形成期から最終的な腸に沿って前後方向へ順に発現していることが示されている(Monaghan et al. 1993；Sasaki and Hogan 1993)。機能的研究は，転写因子であるSox17とMixl1が腸の内胚葉発生に必須であることを示している(Hart et al. 2002；Kanai-Azuma et al. 2002)。腸から派生するそれぞれの構造物のその後の分化と形態形成は，必然的に隣接する側板間充織との協調と相互作用を必要とする(Saxen et al. 1976の総説参照)。

奇形癌腫(EC)細胞と胚性幹(ES)細胞

着床後の原腸形成中期までの胚から切り出されたエピブラストを，免疫学的に許容される宿主の血管に富んだ場所に移植すると腫瘍が形成される。この腫瘍は，無秩序に配列された皮膚，骨，横紋筋，神経組織などの分化組織を含み，正常発生の1つの戯画を表している(Stevens 1967；Damjanov and Solter 1974の総説参照)。その腫瘍はエピブラストの正常派生物(胎児性組織)の多くを含み，その形成に局所的な組織の相互作用を必要とする構造(例えば毛嚢)さえも含んでいる。しかし，複雑な組織間相互作用に依存した高度に精緻な器官型の分化，例えば肝臓あるいは腎臓の形成は起こらない。また，胚に特徴的な組織化されたパターン形成も全くみられない。これらの腫瘍は，良性の分化した組織に加えて，EC細胞として知られる増殖性の未分化細胞を高率に含んでいる。このEC細胞は，形態学的に，また生化学的特徴においてICMまたはエピブラストの細胞に大変よく似ている(Diwan and Stevens 1976)。EC細胞は，ただ1個で，それ自身の成熟組織の全作品と分裂を続ける幹細胞集団とを合わせもつ新しい奇形癌腫を作ることができるという意味で，真の腫瘍細胞として振る舞う(Kleinsmith and Pierce 1964)。したがって，より多くのEC細胞を生み出すだけでなく，分化組織を充満させるのもEC細胞にほかならない。ほかの哺乳類の初期胚は，異所性移植された時に無秩序に配列された分化組織をもつ良性の奇形腫を生じる。しかし，このような腫瘍の中にEC細胞が生じるのはマウスに特有らしい。ただし，ヒトでは生殖腺中の生殖細胞に由来し，やはり奇形癌腫と呼ばれる腫瘍の中にEC細胞が見出される。どのような系統の着床後マウス胚でも，EC細胞を含む奇形癌腫細胞を作るために用いることができるが，奇形癌腫の進行性増殖を支える宿主の能力については，おそらく免疫系の違いを反映して系統差が存在する(Solter et al. 1975)。例えば，C57BL/6およびAKR系はEC細胞の増殖に対して非許容的であるが，これらの系統の胚はF_1宿主に移植されると正常な率で奇形癌腫になる。

ほとんどの悪性腫瘍幹細胞と同様にEC細胞は培養によって分離し，永続的な細胞株として増殖させることができる。適当な*in vitro*の条件下で，これらの細胞は種々の型の細胞へ

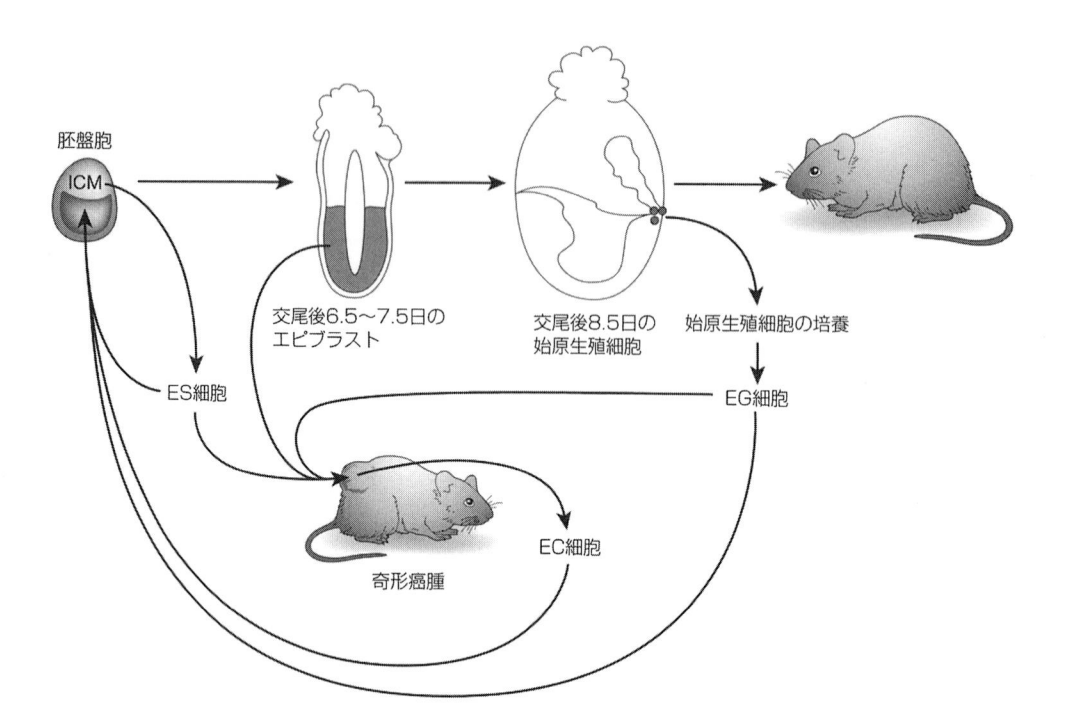

図2.33. 初期胚，胚性幹（ES）細胞，および胚性癌腫（EC）細胞の間の相互関係。ES細胞は胚盤胞のICMから体外で得ることができる。前原腸胚および原腸胚のエピブラストのように，ES細胞は同じ遺伝子構成をもつ成体の宿主に接種された時に移植可能な奇形癌腫を作る。これらの腫瘍の幹細胞（EC細胞）は，ES細胞と同じく胚盤胞に導入された時に正常な発生に参加することができる。両者ともに，生まれてくるキメラ個体の体細胞に寄与できるが，EC細胞とは異なりES細胞は高頻度に生殖系列に定着し，その遺伝子型を次の世代に伝えることが可能である。始原生殖細胞を含む領域である交尾後8.5日胚の後方部分から，ES細胞のすべての特徴を備えたEG細胞が体外で直接分離できる。

分化させることが可能であり，分化誘導のための便利な培養実験系を提供する（Graham 1977；Martin 1980の総説参照）。EC細胞のもつ最も注目すべき特徴の一つは，正常な胚盤胞へ注入された時に胚発生を再開し，宿主胚と腫瘍幹細胞との両方に由来する正常なキメラマウスの形成に寄与できることである（Brinster 1974；Mintz and Illmensee 1975；Papaioannou et al. 1975）。EC細胞は，時折これらのキメラマウスにおいて生殖細胞になり，したがって自分の遺伝子を次の世代に伝えることができる（Stewart and Mintz 1982）。この胚，腫瘍，そして培養細胞株の間の驚嘆すべき三角関係は，高度に精巧な分子遺伝学をマウスにおいて企画するための全く予期しなかったルートを約束することになった。すなわち，ここに培養下に増やせる「胚細胞」の集団があって分子遺伝学的操作と選択の対象となり，それは胚に戻されてキメラを作り，変更されたゲノムを将来の世代に伝える。しかし，このような実験計画の実現には，高い頻度で生殖系列に住み着くEC細胞が必要である。そして，現実はそのようにはならなかった。*in vivo*での悪性幹細胞としての増殖を含むEC細胞の光と影の歴史は，配偶子形成とは両立不可能なゲノムの変化の多くを選択した結果であるかも知れない（Papaioannou and Rossant 1983の総説参照）。

もし腫瘍相に頼ることなく，胚から直接細胞株が分離されれば，生殖系列への定着は改善されるかも知れない。今や，これが達成され（Evans and Kaufman 1981；Martin 1981），少なくとも2つの近交系（129およびC57BL/6）マウスの正常および遅延胚盤胞から日常業務的に

ES細胞が得られるようになった。その維持に十分な注意が払われれば，それらの細胞は何世代にもわたって体外で増殖し，しかも高い率でキメラの生殖系列に寄与することができる(Bradley et al. 1984)。このようにして，ES細胞は哺乳類遺伝学における最も強力な道具の一つを提供することとなった。それは，無作為的な突然変異誘発の素材としてのみならず，相同遺伝子組換えによる極めてまれな出来事を選択するためにも用いることができる(第9章参照)。これが，既知の遺伝子に特定の突然変異を作ることを可能にして，その突然変異をもつ新しいマウスの系統を樹立した後に，その表現型を詳細に解析することをも可能にした(Bradley and Liu 1996；Yu and Bradley 2001の総説参照)。

　遺伝学的ツールとしての使用に加えて，ES細胞は幹細胞としての特質を失わずに体外で無限に増殖させ得る，現時点における唯一の幹細胞集団である。したがって，ES細胞は，幹細胞の増加と維持のパラメーターを研究するための，また分化させずに増殖を継続することに関与する因子(例，DIA-LIF；Smith and Rathjen 1991)を同定するための貴重な素材を提供する。さらに，ES細胞を造血あるいは神経幹細胞のような，体外で分離可能な組織特異的幹細胞へ分化させる培養条件の達成に向けて研究が進んでいる(例えば，Lindenbaum and Grosveld 1991；Wiles and Keller 1991；Kyba et al. 2002；Wichterle et al. 2002を参照)。EC細胞のようにES細胞も，おとなのマウスに導入されると腫瘍形成性を発揮し奇形癌腫を作る。したがって，ES細胞は悪性腫瘍の形成を抑える因子を研究するための興味深い細胞集団でもある。腫瘍細胞，胚性幹細胞，および正常胚の関係は模式的に図2.33に示した。

体の大きさの調節

　マウス胚は，細胞数の増加または減少を補償する驚くべき能力を備えている(Snow et al. 1981の総説参照)。もし，2つ(Tarkowski 1961)または9つ(Petters and Markert 1980)もの桑実胚が一緒に集合させられても(第11章，集合キメラの作製)，その結果生じる巨大胚盤胞を偽妊娠受容雌に移植した時，生まれてくる子マウスの大きさは正常である。4倍の大きさの胚では，いくぶんかの大きさの調整は着床前に行われるが，ICM：栄養外胚葉の比率は異常に高い値のままである(Rands 1987)。しかし，最も劇的な調節は交尾後5.5～6.5日に起こり，この時，細胞死の増加は伴わずに受胎産物のすべての組織で同調的な細胞周期の延長が起こるようである(Lewis and Rossant 1982)。原腸形成の開始までには細胞数はほぼ正常値になる。さらに，発生の時間表は巨大胚においても混乱することはない。ただし，前羊膜形成がやや早まるという証拠があり，この過程が細胞分裂の回数よりも総細胞数に依存していることを示している(Lewis and Rossant 1982)。

　同様に，もし前着床胚の細胞数を細胞破壊または割球分離によって減らしても，生まれてくる子マウスの最終的な大きさは影響を受けない。しかし，代償性の成長は発生の極めて後期に起こる。2細胞期に分離された単一割球に由来する半分の大きさの胚は形態学的には正常にみえるが，その大きさは交尾後10日までは対照胚の半分しかない(Tarkowski 1959)。しかし，交尾後11.5日までにそれらの胚は正常な大きさに達している。それが，どのようにして達成されるのかは不明であるが，完全に機能的な胎盤の成熟と時を同じくしていることは，たぶん意味があると思われる。類似の「追いつき」成長の時間表は，交尾後10.5日までは小型で発生が遅れているが，交尾後12.5日までには正常に近づくXO胚の場合にもみられる。しかし，XO胚は出生時には常に低体重である(Burgoyne et al. 1983)。原腸形成期の胚も相当な細胞数の減少に耐えることができる。無作為的に細胞を殺すマイトマイシンCを子宮内の交尾後6.5～7.5日胚に与えると，総細胞数は無処理胚の15％にまで急速に減少するが，これらの細胞数減少胚はスケジュールどおりに原腸形成を完了し，交尾後13.5日までには正常

な大きさと重さを回復している。すべての組織における増殖の上昇は，神経胚期に初めて明らかになる。驚くべきことに，これらの受胎産物にはほんのわずかの異常しか検出されない。そして，その異常は特定の祖先細胞集団の破壊よりもむしろ器官形成途上の異なる組織間での，いくぶんかの非同調性発達を伴っている。胚がこのような過激な催奇形的攻撃から回復できるということは，エピブラストが原腸形成の間，発生的可塑性を保持しているに違いないことを暗示している。しかし，始原生殖細胞集団は，交尾後9.5日と10.5日の間にある程度の代償性増加は示すものの，正常胚のおよそ半分の大きさの集団にとどまり(Snow et al. 1981)，また特定の椎骨に欠陥が見出される(Gregg and Snow 1983)。

刷り込み

　刷り込み(imprinting)とは，ある種の遺伝子の活動が，その遺伝子がどちらの親に由来したかによって影響を受ける現象である。哺乳類でこのようなことが起こることは比較的最近になって初めて認識されたが，その存在は古典的遺伝学，X染色体の不活化パターン，および二倍体の単為発生，雌性発生および雄性発生胚の発生に関する研究を含む多数の異なる系列の研究から推定されていた(Solter 1988；Cattanach and Beechey 1990；Surani et al. 1990の総説参照)。相互転座あるいはロバートソン型転座をヘテロ接合にもつマウスを交配すると，子孫の一部は染色体のある部分を一方の親からのみ受け継ぐことになる。この時，二倍性が維持されているにもかかわらず，もし特定の染色体，あるいは特定の領域が一方の親からのみ遺伝されると異常な表現型が生じる。

　活性化卵に由来する単為発生胚は(単為発生参照，第13章)，胚盤胞期までは明らかに正常に発生する。そのうちの少数は着床後，前原腸胚を作り，時には初期肢芽期(25体節)への発生も観察される。しかし，妊娠末期まで発生するものは全くなく，胚外組織はすべての例で極めて貧弱である。父方由来のみ(雄性発生)または母方由来のみ(雌性発生)の前核で受精卵の核を再構成するために，核移植(第13章)が用いられているが，二倍性およびヘテロ接合性が保たれている場合でもどちらの胚も正常には発生しない。雌性発生胚は交尾後10日まで(単為発生胚と同様に)発生するが，胚外組織の発達が極めて貧弱でその後に死亡する(Surani and Barton 1983)。雄性発生胚はもっと悲惨であり，着床前の発生が悪く，体節が認められるような胚を作ることはめったにない。しかし，この場合には胚外組織は比較的よく発達している。同じ操作を受けて両方の親からの前核で再構成された対照胚は正常に発生する。単為発生胚と正常胚との間でキメラを作ると，妊娠期間を通して発生が継続する。しかし，キメラ個体は小型になる傾向があり，単為発生胚由来の細胞は妊娠後半に選択的に除かれ，特に骨格筋と肝臓で少数になる。それに加えて単為発生細胞は栄養膜への寄与が低く，これは恐らく父方ゲノムを欠く極栄養外胚葉が，その下にあるICMからのシグナルに反応して増殖することがないためと考えられる。対照的に雄性発生胚とのキメラは，対照胚に比べて大型になる傾向があり，外胚葉組織に比して不釣り合いに高い中胚葉への雄性発生細胞の寄与を示す。再構成卵から発生した胚盤胞に由来する雄性発生ES細胞は，体外での数回の継代にもかかわらず刷り込みを維持している(少なくとも部分的に)。この細胞と野生型胚との間に作ったキメラは，もしES細胞の寄与が高い時は生存できず，その寄与が低い時でも生まれた子は劇的な骨格異常を示し弱齢で死亡する(Mann et al. 1990)。

　妊娠期間を全うして発生するために父方と母方との両方のゲノムが必要であるという根拠は，起源する親によって発現が影響される特異的な遺伝子が同定され，さらに増強されている。その最初の証拠は，標的破壊によって機能を失ったインスリン様成長因子-II($Igf2$)変異遺伝子をもつマウスから生まれた子の表現型を検査した時に得られた(DeChiara et al. 1991)。

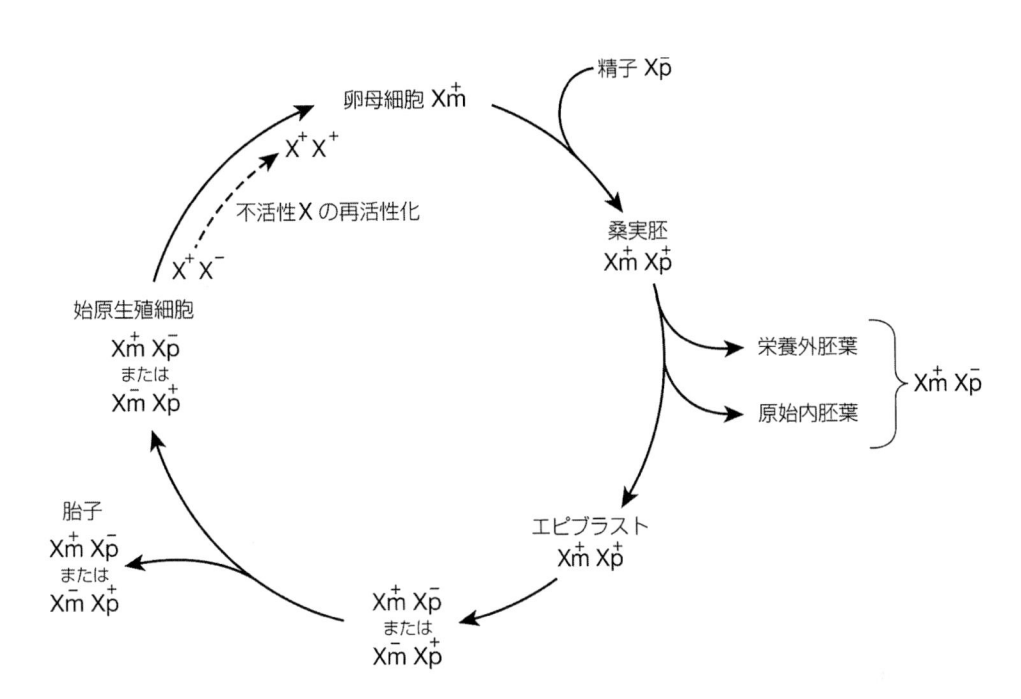

図2.34. 発生の間におけるX-不活性化の時期。雌のマウス胚におけるX染色体活性の変化を示す。(m)母性；(p)父性；(+)活性；(-)不活性。(Monk and Grant 1990による)

*Igf2*変異遺伝子が父親から伝えられると，ヘテロ接合型の子は正常同腹子の約60％の大きさになる。対照的に，母親からその遺伝子を受け継いだヘテロ接合型の子は正常な大きさであった。この結果から，正常な個体では父方由来の*Igf2*遺伝子のみが転写活性をもつという結論が導かれ，その後の分子的解析で確かめられた。興味深いことに，この刷り込みは組織特異的であり，母方の*Igf2*の発現が妊娠後期の脈絡膜叢でみられる。現在では，IGFII受容体(循環中のIGFIIレベルを低下させるために重要と考えられる)は逆の仕方で刷り込みを受けている。すなわち，母方の対立遺伝子のみが活性であることが知られている(Barlow et al. 1991)。

現在では，半数以上のマウス染色体(2，6，7，9〜12，14，15，17〜19番染色体)が刷り込みを受ける遺伝子座をもっていることが知られており，約60個の刷り込み遺伝子が同定されている(http://www.mgu.har.mrc.ac.uk/imprinting参照)。刷り込みの分子的機序は未だはっきりしない(Tilghman 1999の総説参照)。メチル化が遺伝可能で，後成的で，そして(生殖系列では)可逆的な遺伝子活動の状態を達成する一つの手段として考えられているが，より重要なのは，刷り込みの開始よりもそれを維持する機構であるかも知れない。そのほかの機序として，エンハンサーの競合，クロマチの隔離，転写のアンチセンス干渉，転写後のアンチセンス干渉，およびクロマチンの伝播が提案されている。現在のところ，PGCの中で胚の体細胞に現れる親由来の刷り込みがいつ消去され，次世代に伝えられる新しい刷り込みが確立されるのかについては不明である。消去と新しい刷り込みの開始は同時に進行するのかも知れないし，多段階の過程を経るのかも知れない。

X不活性化

真獣(胎盤をもつ)哺乳類の雌では，2本のX染色体のうちの1つがすべての体細胞で不活性化され，その結果，X連鎖遺伝子の量補正が達成される(Lyon 1961)。この不活性化は，

どちらのXが不活性化されるかという点ではランダムである。例外は栄養外胚葉と原始内胚葉系譜の細胞で，そこでは父方由来のX染色体が優先的に不活性化される（Takagi and Sasaki 1975；West et al. 1977）。発生途上におけるX不活性化の時期は図2.34に示すとおりである（Chapman 1986の総説参照）。細胞遺伝学的および生化学的研究は，不活性化が胚盤胞の栄養外胚葉と原始内胚葉に始まり，次いで初期の後着床エピブラストに及ぶことを示している。X不活性化は雌の始原生殖細胞にも，おそらくエピブラストで不活性化が起こるのと同じ時期に起こる。しかし，卵子形成の間は両方のX染色体が活性であるらしい。体外で培養されているECおよびES細胞におけるX染色体の活性も研究されている。ある種の細胞株では，分化する前は両方のX染色体が活性をもつという証拠が得られている（その細胞株がX不活性化以前の胚盤胞から由来したことを意味する）が，ひとたび分化が誘導されるとX不活性化が起こる。2本の活性X染色体をもつES細胞では，一方のX染色体の完全な消滅あるいは部分的な欠失が起こる。このことは幹細胞の増殖にとって不完全な量補正が有害であることを示唆している（Rastan and Robertson 1985）。

　一般的にX不活性化は，ひとたび開始するとすべてのクローナルな子孫細胞に安定して継承される。ヒトでは，蛋白質をコードするX連鎖遺伝子の一部は不活性化を免れるが，マウスではそのようなX連鎖遺伝子のすべてについて，不活性化X染色体上では転写が抑えられているようである（Ashworth et al. 1990）。古典的な遺伝学的実験によって，X染色体の不活性化をシス（cis-acting）に制御している1つのX連鎖遺伝子座（X-不活性化中心，Xic）が同定された（総説として，Brochdorff 2002参照）。X連鎖遺伝子，$Xist$は，ヒトとマウスでXicにマップされた。そして，さらに重要なことはその遺伝子が不活性化X染色体においてのみ活発に転写されていることである（Borsani et al. 1991；Brown et al. 1991）。$Xist$ RNAは蛋白質をコードせず，不活性化X染色体を覆う。X染色体に沿って$Xist$ RNAが蓄積することがジーン・サイレンシング複合体を呼び寄せ，遺伝可能な抑制状態を確立すると提唱されている。

胚外の組織

　胚外の組織は，子宮内での胎子の保持，養育および保護に欠かせない生命維持系を構成する（総説として，Rossant and Cross 2002参照）。それらは，胎盤，壁側卵黄嚢（壁側内胚葉と栄養膜），臓側卵黄嚢（臓側内胚葉と中胚葉）および羊膜（中胚葉と外胚葉）で構成される（図2.35）。胚外組織における遺伝子発現に関する研究では，ある特別な機能のために高レベルで合成される蛋白質に焦点が絞られている。下記の例は，臓側内胚葉によるα-フェトプロテイン（AFP），トランスフェリン，アポリポ蛋白質などの胎子血清蛋白質の合成，および壁側内胚葉で作られ，基底膜の一部を構成する細胞外基質糖蛋白質のラミニンおよびIV型コラーゲンの生産である。これらの組織のさらに難解な特質は，ほかの研究によって明らかにされている。例えば，栄養膜と壁側および臓側内胚葉（臓側中胚葉と羊膜は含まない）では，父方のX染色体が特異的に不活化され（Takagi and Sasaki 1975；Kratzer et al. 1983；Lyon and Rastan 1984），また反復型および単一コピー型のいずれのDNA配列も低メチル化されている（Chapman et al. 1984）。さらにすべての胚外組織，特に羊膜では，プロトオンコジーン，c-fosが高レベルで表現されている（Muller et al. 1983；Curran et al. 1984）。これらの様々な観察の生理学的重要性はまだわかっていない。

胚外の内胚葉：原始内胚葉は臓側および壁側内胚葉にしか分化しない

　マウス胚を包む卵黄嚢の内胚葉細胞は，約20個の2方向への分化能をもつ原始内胚葉の前駆（PrE）細胞集団（図2.17A, B）に由来する。Gpiアロ酵素で細胞を標識した細胞系譜の研

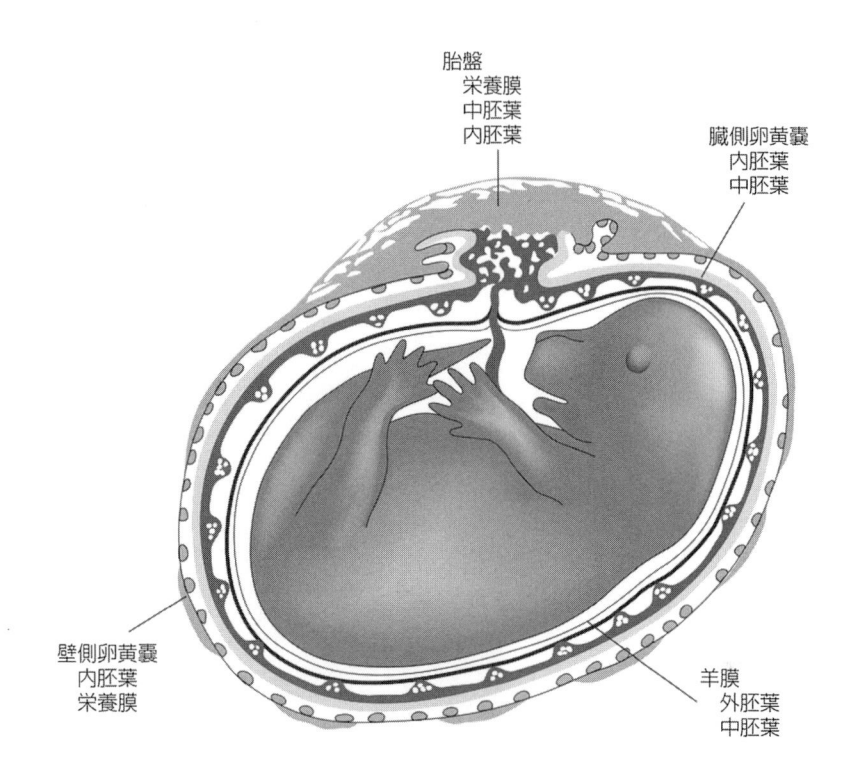

図2.35. 交尾後13.5日マウス胚の胎盤および胚外膜

究によって，原始内胚葉は成体マウスの内胚葉に寄与せずに，胚外の臓側および壁側内胚葉のみに分化することが示された(Gardner and Rossart 1979; Gardner 1982, 1983)。この研究は，$Mod1^+/Mod1^n$標識系を用いて確認されている(Gardner 1984)。

PrE細胞は，まず，交尾後4〜4.5日にICMの胞胚腔に向いた表面で分化し，多くの形態的特徴によって約20個の原始外胚葉細胞から区別される(Nadijcka and Hillman 1974)。特に分泌物質(おそらくコラーゲンIV，ラミニンおよびフィブロネクチンを含む，以下参照)で膨満し，よく発達した小胞体が特徴的である。しかし，PrE細胞はこの時期には明瞭な極性化した上皮組織は作らない(例えばEnders et al. 1978参照)。原始および胚外の外胚葉層が成長し，伸長して前原腸胚の芯を形成するにつれて(図2.17参照)，外側の内胚葉細胞は形態学的および生化学的に区別できる2つの亜集団，すなわち臓側内胚葉(VE)と壁側内胚葉(PE)に分化する。胚および胚外の外胚葉に接したままの内胚葉細胞は，表面にデスモソーム結合と微絨毛をもち，細胞質内には小器管と大小の多くの液胞が極在するVE特有の上皮を形成する。原始外胚葉を包むVE細胞は，臓側胚内胚葉と呼ばれ扁平で鱗状になる傾向があり，一方，胚外外胚葉を包む細胞(臓側胚外内胚葉)は，円柱状で液胞の多い細胞質と多数の微絨毛を有する(図2.36)(Hogan and Tilly 1981)。壁側のPE細胞では全く異なった形態がみられる(図2.36と図2.37)。これらの細胞は，着床の時に初めて現われる(Enders et al. 1978)。この時，原始内胚葉細胞は，フィブロネクチンとラミニンを含む薄い基底層で覆われて栄養膜の内面上に移動する(Wartiovaara et al. 1979; Leivo et al. 1980)。VE細胞とは対照的に，PE細胞は個々に分かれて移動性であり，特別の細胞間結合を作らず，細胞内器管の分布に明瞭な極性を示さず，またビメンチンとサイトケラチンを共に発現する(Lane et al. 1983; Lehtonen et al. 1983b)。PE細胞の最も重要な特徴は，PE細胞によって作られる厚い基底膜(ライヒェルト膜)の成分を含む分泌物質で満たされた著しく拡張した小胞体をもつことであ

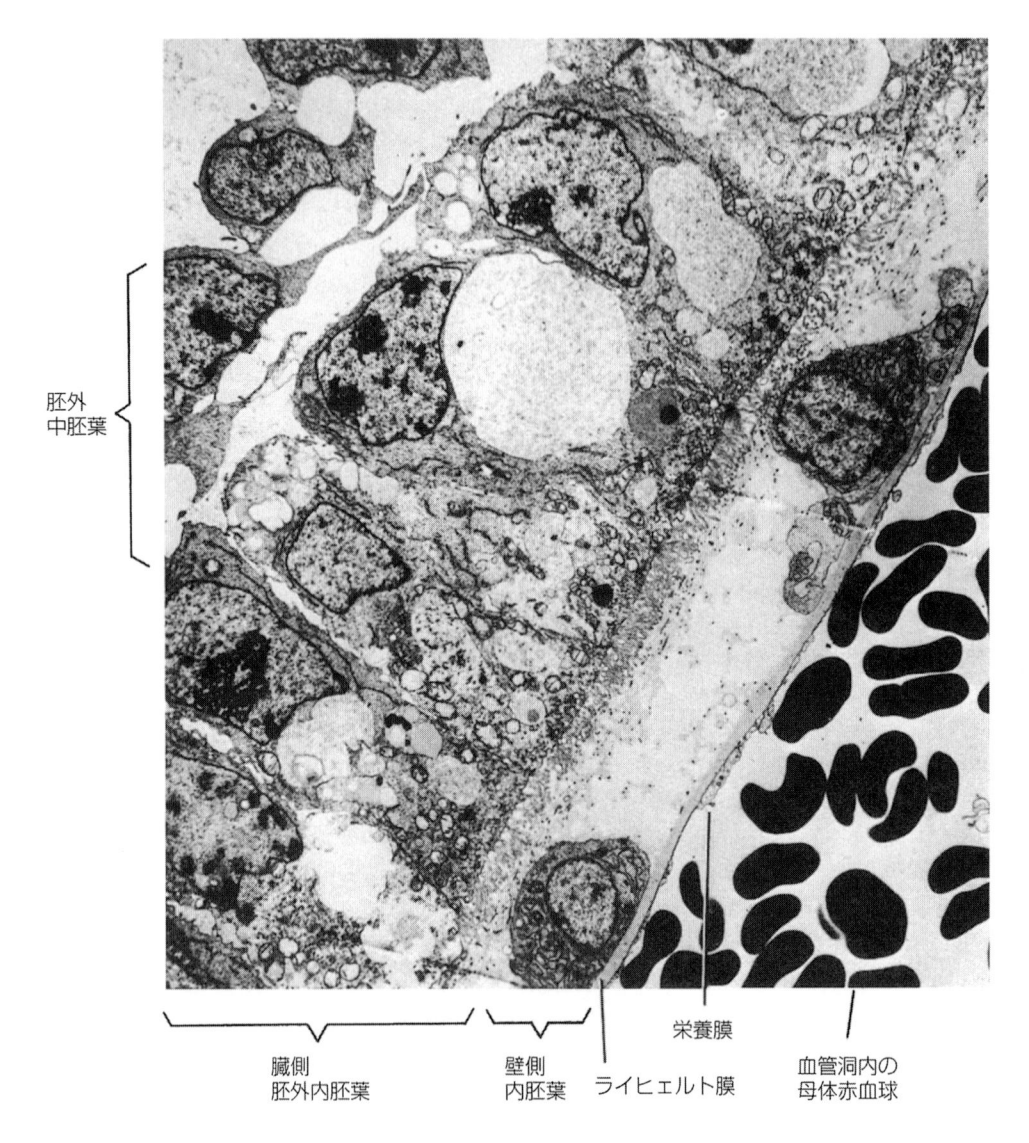

図2.36. 交尾後7.5日マウス胚の臓側および壁側内胚葉

(ラベル: 胚外中胚葉、臓側胚外内胚葉、壁側内胚葉、ライヒェルト膜、栄養膜、血管洞内の母体赤血球)

る(後述)。体内では，PE細胞とVE細胞の先端面は接近し(図2.35)，その間の狭い隙間はPEおよびVE細胞の分泌物とライヒェルト膜に濾過された母体の血液循環由来の物質によって満たされている。

臓側内胚葉における遺伝子発現

臓側内胚葉の最も重要な機能は，(1)吸収，すなわちライヒェルト膜によって母体循環から壁側卵黄嚢内へ濾過された物質の取り込み，および，(2)分泌，すなわち血清蛋白質や胎子が必要とするAFP，トランスフェリン，高分子および低分子量のアポリポ蛋白，α_1-アンチトリプシンなどの物質の生産と分泌である。したがって，臓側内胚葉は，胎子の大腸と肝臓の働きを兼ね備えた機能をもっている(Meehan et al. 1984)。ただし，この2つの器官は全く異なる細胞系譜に由来する(図2.3参照)。

臓側内胚葉細胞の形態は吸収機能のために高度に分化している。細胞は，頂端に多数の微

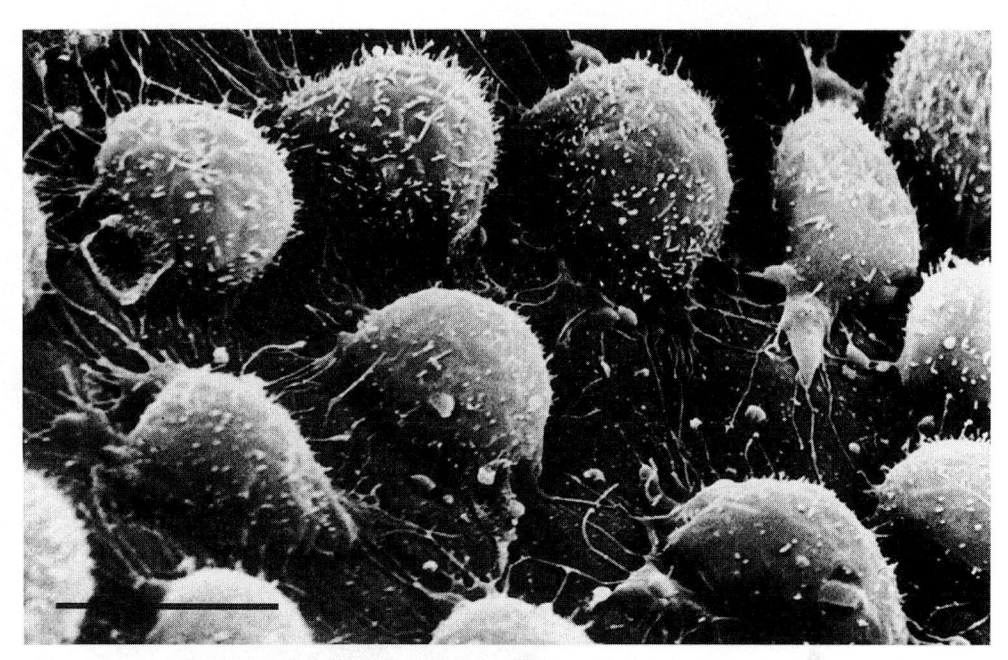

図2.37. 交尾後10.5日ラット胚のライヒェルト膜に付着している壁側内胚葉細胞の走査電子顕微鏡写真。バーは10μm。(Dr. Stephanie Ellington, Department of Physiology, University of Cambridgeより提供)

絨毛と陥没部(coated pit)をもち，またリソソームなども存在する(図2.36と図2.38)。細胞には極性があるため吸収機能は頂端の表面に局限され，一方，AFP，トランスフェリンなどの血清成分の分泌は基底面で行われているようである。しかし，この問題はまだ解決していない。臓側卵黄嚢では，基底面は胎子の血管を含む中胚葉層に接している。プラスミノゲン活性化因子のようなほかのVE産物の分泌方向については憶測の域を出ない。

　VEの主要な「マーカー」の一つはAFPで，VEまたは胎子肝および再生肝，および胚小腸の局限された区域でのみ作られる分子量約68,000の糖蛋白質である。AFPは，交尾後15.5日マウス胚の臓側内胚葉で合成される総蛋白質の約25％を占め，そのmRNAは，ポリ(A)$^+$RNAの総量の約15％を占めている(Andrews et al. 1982a,b；Janzen et al. 1982)。AFPの正確な機能は不明だが，胎子血中の主要なγ-グロブリンなので，成体での血清アルブミンと同様の役割を果たしていると思われる。AFP遺伝子はアルブミン遺伝子と密接に連鎖しており，おそらく共通の祖先配列から重複と放散によって生じたものと思われる(Gorin and Tilghman 1980；Eiferman et al. 1981)。

　種々の発育段階のマウス胚の切片の免疫ペルオキシダーゼ染色によって，AFPは交尾後7.5日の臓側胚内胚葉にはじめて検出される(Dziadek and Adamson 1978；Dziadek and Andrews 1983)。胚体外の外胚葉を包んでいる臓側内胚葉では，この組織からの抑制作用によってAFPは存在しない。もし，胚外臓側内胚葉がその下にある胚外外胚葉から分離されると，その細胞は12時間以内にAFPの合成を開始する(Dziadek 1978)。AFPに対する[^{3}H]DNAプローブを用いた in situ ハイブリダイゼーションの研究によって，AFPのmRNAが，交尾後14日臓側卵黄嚢のすべての内胚葉細胞に存在すること，および中胚葉細胞には存在しないことが示されている(Dziadek and Andrews 1983)。

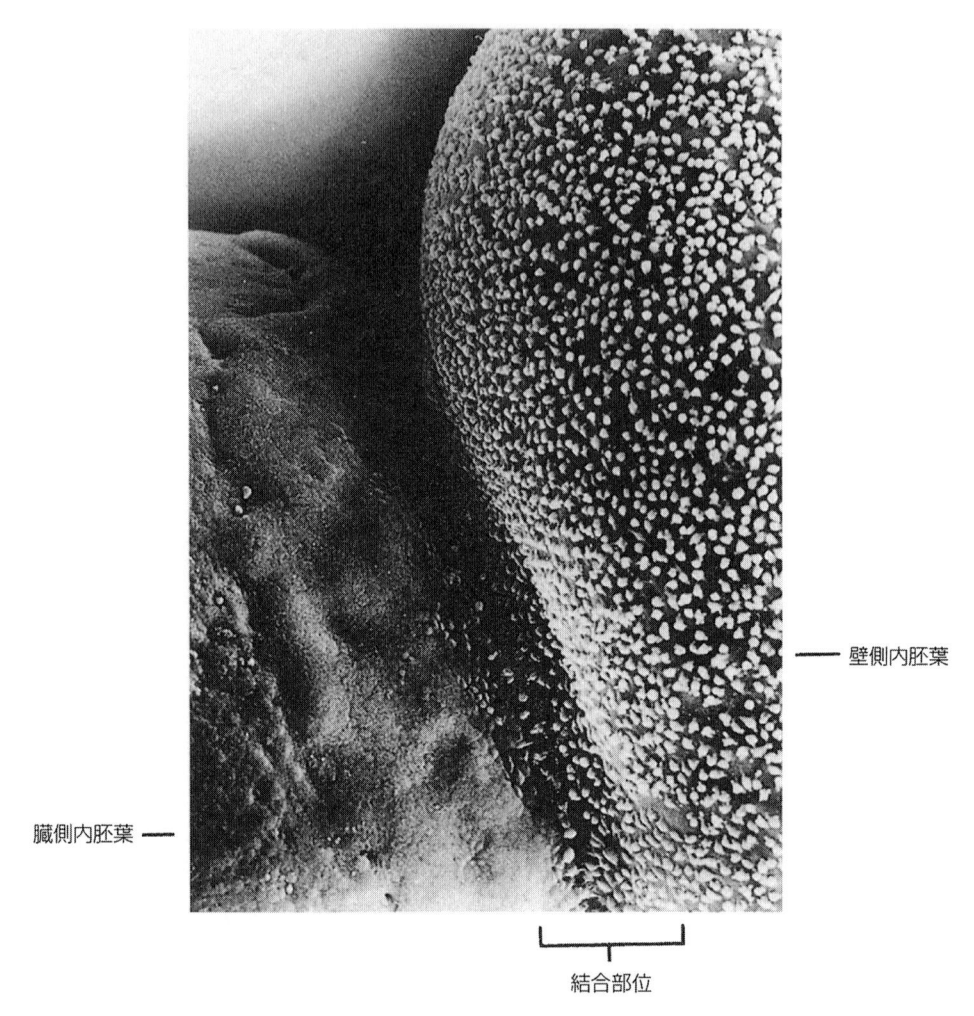

図2.38. 交尾後7.5日マウス胚における壁側および臓側内胚葉の接合部分。ライヒェルト膜上の壁側内胚葉は、その下で胚本体を包んでいる臓側内胚葉を見るために持ち上げてある。×440。

壁側内胚葉における遺伝子発現

　　　　　壁側内胚葉細胞の最も目立つ特徴は、ライヒェルト膜として知られている厚い基底膜を自分自身と栄養外胚葉との間に分泌するよう特殊化していることである(図2.36)。胎齢16日まで(ここでライヒェルト膜は壊れる)、この膜は母体と胎子環境の間の主要なバリアの一つとなっている。なぜならゲッ歯類では、母体血管の内皮細胞が壊れて大きな血洞を作り、この血洞と胚の間をへだてる栄養外胚葉細胞は、胎盤の下でひとつながりの殻を維持するのではなく、徐々に死んでいくからである。ライヒェルト膜は、母体の細胞および高分子物質を阻止するための受動的なフィルターとして働いていると考えられているが、実際にはその透過特性については確かな情報は少なく、その機能と構造および組成との関連については、さらに情報が少ない。PE細胞は、ラミニン、エンタクチン、IV型コラーゲンおよびヘパラン硫酸プロテオグリカンを含む基底膜構成物質を多量に合成する。成熟細胞はフィブロネクチンは合成せず(Hogan 1980；Smith and Strickland 1981；Amenta et al. 1983)、この物質はライヒェルト膜の構成要素とは考えられていない(Semoff et al. 1982)。しかし、原始内胚葉細胞はフィブロネクチンを作り、それを栄養外胚葉へ向かって移動する時に用いているようである(Hogan et al. 1983)。PE細胞から得られたRNAはIV型コラーゲンとラミニンのcDNAク

ローンを分離するために用いられている(Kurkinen et al. 1983a,b；Barlow et al. 1984)。ライヒエルト膜は，基底膜の合成，組立ておよび再編成の研究のためのすぐれたモデルであることが証明されている(Hogan et al. 1984)。PE細胞はまた，多量の組織性プラスミノゲン活性化因子を合成するが，この活性化物質は，VEで作られるウロキナーゼ型プラスミノゲン活性化因子とは分子量，抗原性および抑制因子に対する感受性が異なっている(Marotti et al. 1982)。

胚外の中胚葉の分化

初期の原条より生じた中胚葉細胞の一部は，次のような異なった胚外組織を作る(図2.17およびGardner 1983参照)。

1. 羊膜：これは胚性の外胚葉と中胚葉の両方から生じる。最初はひだ状で，のちに杯状の原始外胚葉の上を覆う連続した屋根となる(図2.17)。その後急速に拡張し，胚の回転に伴って胎子を包む薄膜を形成する。羊膜の外胚葉と中胚葉の細胞は非常に形態が異なり，基底膜によってへだてられている(図2.39)。
2. 尿膜：これは最初に原条が形成される場所である胚性外胚葉の後縁部分からの，指状突起として始まる。その後，上方に広がり，絨毛膜と融合して胎盤迷路の主要構成要素となり，臍帯の血管を生じる。
3. 臓側卵黄嚢の中胚葉：後部原条から生じた中胚葉細胞は，臓側内胚葉の内面上に移動し，臓側卵黄嚢内における血島の形で最初の胎子造血組織を生じる。絨毛膜を覆う中胚葉細胞も胎盤形成に寄与する。

胎盤の構造と機能

妊娠の中期までに，胎盤は母体と胎子の両方の組織および血球で構成される非常に複雑な器官になる。胎盤の発生はTheiler(1972)によって詳細に記載されているので，ここでは図2.40に発生段階の異なる2つの模式図を示すにとどめる。マウスの胎盤をヒトのそれから区別する一つの重要な特徴は，母体の血管が破れ，血球が直接胎子の栄養膜に接することである。

マウス胎盤の主な胎子組織は次のとおりである。

1. 栄養膜：子宮の脱落膜組織に近接する外側の海綿状栄養膜では，ほとんどの栄養膜細胞は多倍体で巨大であるが，一方，内側の迷路層では多くの細胞が2倍体である。どちらの層にも母体の血球を含む血洞が存在し，外層には子宮から切り離した後でも母体の脱落膜細胞が混入している(Rossant and Croy 1985)。
2. 中胚葉：尿膜が絨毛膜と融合した後に，中胚葉から胎子の血管系と毛細血管が生じる。これらは迷路内で栄養膜細胞および母体の血洞とからみ合う。
3. 臓側および壁側内胚葉：デュバル腺(crypts of Duval)は臓側および壁側内胚葉の両方を含む。臓側細胞はAFPを合成し，壁側細胞は基底膜を作る。

胎盤は，胎子の循環系の内および外へ栄養物および代謝産物を運搬するという重要な機能を担うほかに，妊娠中に母体と胎子が生理的協調性を保つために必要な多くのステロイド，ポリペプチドおよびプロスタグランジン型のホルモンを合成している(例えば，Soares et al. 1985参照)。

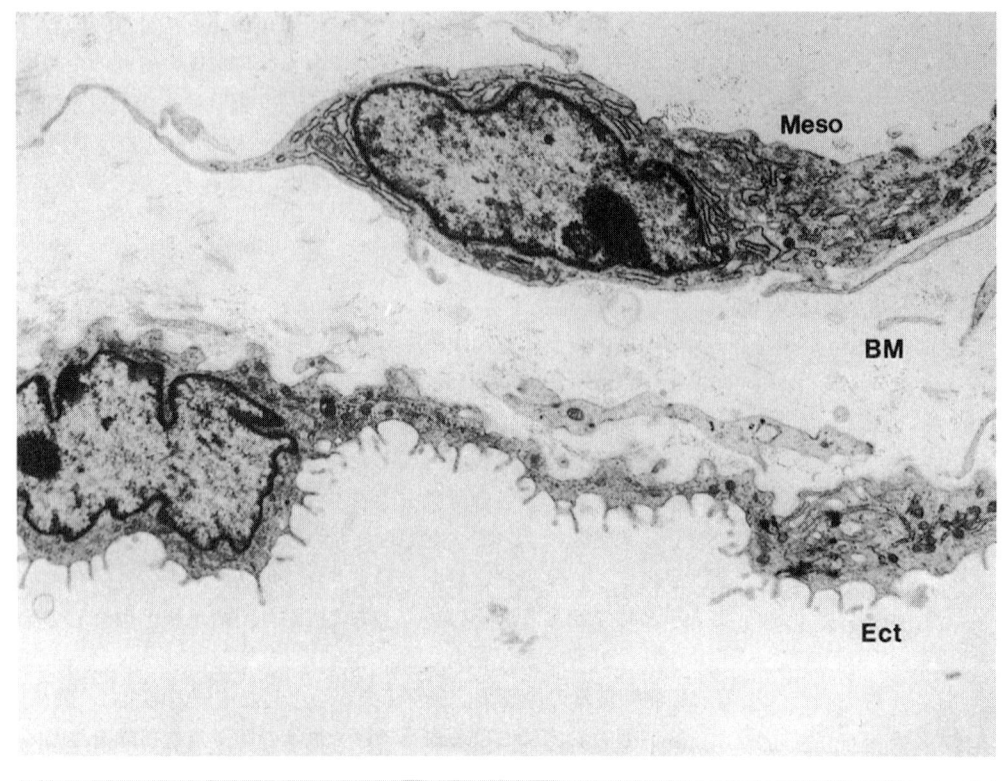

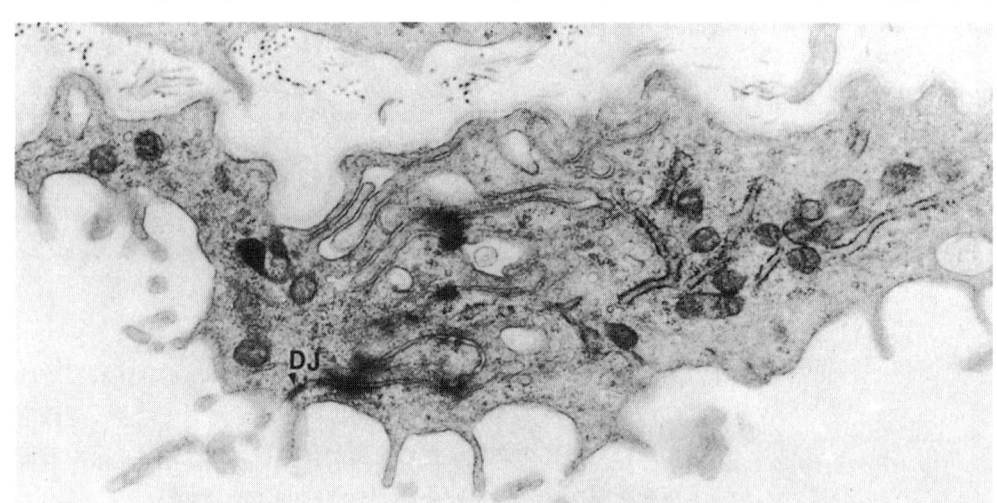

図2.39. (上図)交尾後10.5日胚の羊膜の切片。(Meso)中胚葉由来の細胞, (Ect)外胚葉由来の細胞, (BM)基底膜, (DJ)デスモソーム結合。中胚葉細胞は特殊な結合はしない。(下図)上図の外胚葉細胞(Ect)の拡大図。

おとなのマウス

マウスの毛色とその遺伝学

　　　　　上に述べたように，マウスで最初にメンデル遺伝が試されたのが毛色に関する遺伝子である。これらの初期の研究以来，50以上の遺伝子が毛の成長と色素形成に影響するものとして同定された。ここでは，初めてマウスを取り扱う人の好奇心を刺激するために，この問題について極めて簡単に記述する。毛色の遺伝学についてのより詳しい学問的説明は，Silvers

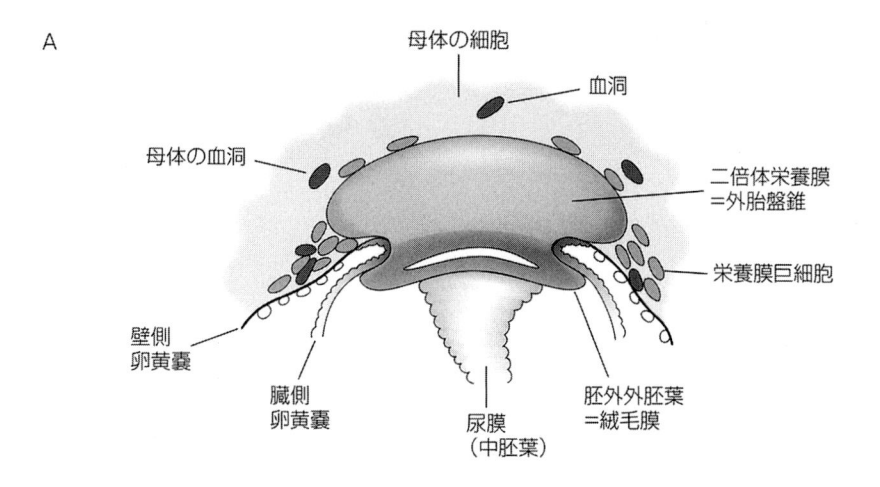

図2.40. 交尾後8.5日(A)，および14.5日(B)のマウス胎盤の模式図。胎齢のより進んだ胚では，胎盤の内側，外側ともに母体の細胞がかなり入っていることに注意されたい。したがって，母体からの混入のない栄養膜組織を得るための最良の部分は，交尾後7.5および8.5日の外胎盤錐である(Rossant and Croy 1985参照)

(1979)およびGrüneberg(1952)を参照してほしい。毛包の発達および毛色の遺伝学の種々の観点は，Hardy(1992)，Jackson(1993)およびBarsh(1996)によって総説されている。

　胚発生の間に，それぞれの毛包は上皮性の肥厚，すなわちプラコードから発生して，真皮内へ陥入し，真皮乳頭として知られる中胚葉細胞の塊を包む(図2.41)。マウスでは毛包は約50個/mm^2，または皮膚全体では約500,000個存在する(Potten 1985)。これらは交尾後14日から出生後3日までの間に作られる。メラニン細胞の前駆細胞(メラニン芽細胞)は，神経堤から毛包内へ移動し真皮乳頭の真上の位置を占める(図2.41)。各毛包内には20～30個の樹状メラニン細胞が存在するが，これらは1つの基礎メラニン芽細胞から有糸分裂によって生じたと推測されている(Potten 1985)。それぞれのメラニン細胞は，2種類の色素，すなわ

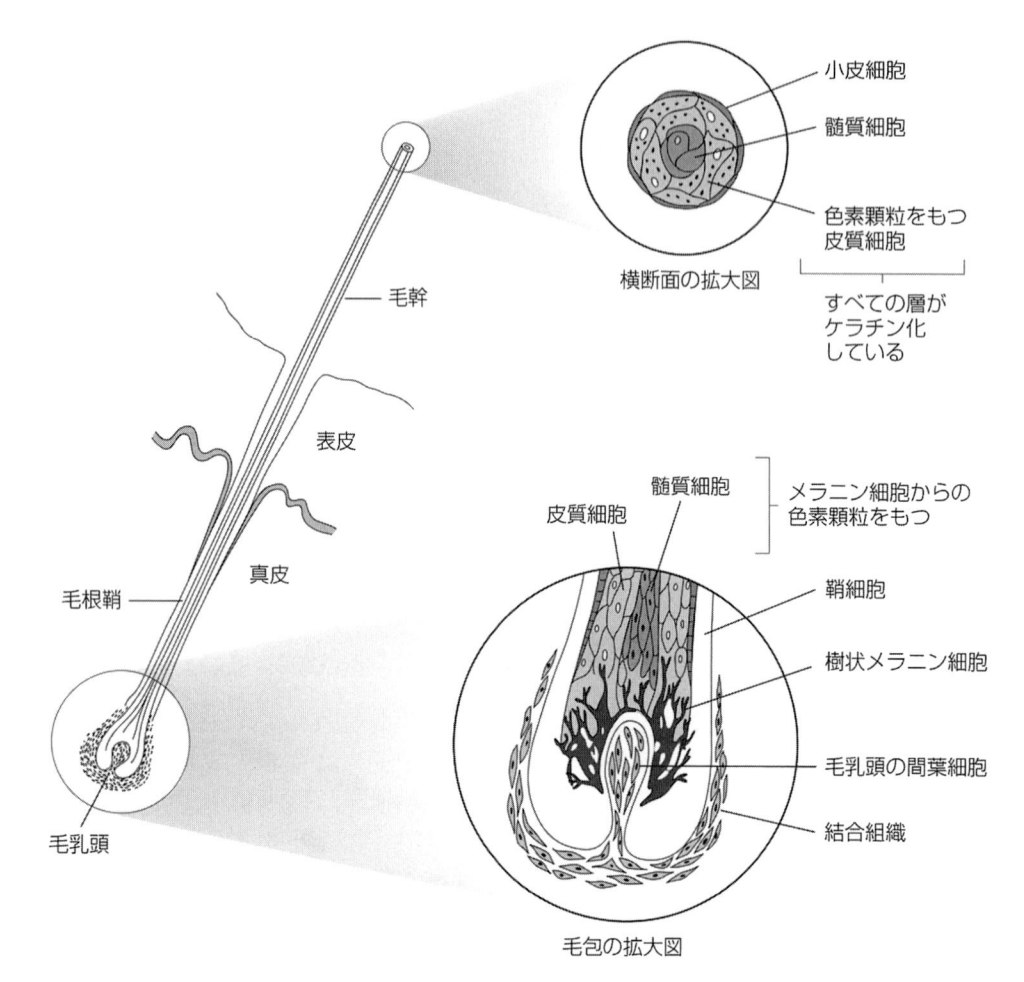

図2.41. 毛包の模式図。表皮由来（鞘，皮質，髄質），真皮由来（毛乳頭の間葉細胞と結合組織）および神経堤由来（メラニン細胞）の相対的位置を示す。

ちフェオメラニン（黄色）とユウメラニン（黒色または褐色）を合成する能力をもつ。両方の色素とも，チロシンに由来し，銅含有酵素であるチロシナーゼによって最初の転換が行われる。この最初の段階の後に，異なった酵素系によって別々のクロマトフォアが生じ，蛋白質に結合し，異なった大きさと形をもつ色素果粒の中に取り込まれる。活動的な毛成長周期の間に，メラニン細胞はこれらの果粒を分泌し，その果粒は毛柱の皮質および髄質の表皮細胞に取り込まれる。数種の異なった毛が体表上に存在する。ひげ（触毛）以外に3種の大きな上毛，すなわち，単毛（monotrich），直毛（awl）および曲毛（auchene）がある。一方，より豊富で小さな下毛はzigzagと呼ばれる。これらの形態は毛包の中胚葉要素によって決定される。

　毛色に影響する遺伝子は最も早くから研究されているので，その座位はアルファベット順に記されている。ここでは，A（agouti），b（brown），c（albino），d（dilute）およびp（pink-eyed dilution）についてのみ考察する。ヨーロッパ産のイエネズミにおける野生型対立遺伝子は，おそらくA^w，B^+，C^+，D^+，P^+である（Grüneberg 1952；Bultman et al. 1994）。これらの遺伝子は，いまやすべてクローン化され，その解析は細胞生物学と発生学の多くの重要問題に対して解決の手掛かりを与えている。この豊富な収穫は，より多くの遺伝子が解析されるにつれて今後も続きそうである。いくつかの一般的な近交系マウスの遺伝子型は表2.9に示すとおりである。

A(アグーチ)第2染色体

アグーチ(野生色)マウスの毛は黒色で，先端のすぐ下の部分に黄色の帯がある(図2.42A)。このパターンは，毛包の影響により成長周期の初期にメラニン細胞の黒色素の生産が一過性に抑えられることによって作り出される。非アグーチ(a/a)は，耳および生殖器周辺のわずかの部分の黄色毛を除いて単一の黒色(C57BL)または褐色(C57BR)である(図2.42C，D)。出生後のマウスでは，ユウメラニンからフェオメラニン生産への切替えは生後3日から6日の間に起こるので，アグーチと非アグーチ系マウスの細胞で作られたキメラ乳子はこの時期以前は区別できない。

アグーチ遺伝子は，放射線によって誘起されA遺伝子内に切断点をもつ再配列染色体のポジショナル・クローニングによって分離された(Bultman et al. 1992)。それは小さな分泌型の蛋白質をコードし毛包で発現しているが，メラニン細胞では発現していない(Miller et al. 1993)。色素拡張(extension)座位として知られ，メラニン細胞刺激ホルモン(MSH)の受容体をコードしている別の毛色遺伝子の研究結果(Robbins et al. 1993)から，A蛋白質の作用機序について一つのモデルが提唱されている(Jackson 1993の総説参照)。MSHは通常はメラニン細胞を刺激して，黄色よりも黒い色素を作らせる。しかし，A蛋白質は受容体においてMSHの作用に拮抗し，その結果Aが発現している間はメラニン細胞は一過性に黄色い色素を作る。この考えによって，なぜAを構成的に発現しているA^yミュータント・マウス(後述)では全身性の黄色い毛色がMSHの注射によって克服され，一方，色素拡張遺伝子によってコードされる受容体の点突然変異の影響が，同様の処置によって回復できないのかが説明される(Silvers 1979とその引用文献参照)。

分子的研究は，劣性対立遺伝子a(非アグーチ)が遺伝子の第一イントロンにVL30レトロウイルス様転移因子が挿入されたことによって生じたことを強く示唆している(Bultman et al. 1994)。aからAまたはA^w(腹白野生色，腹部の被毛はクリーム色で背部は野生色)への先祖帰りは，VL30配列が関与する組換えによって高い頻度で起こる。ほとんどの野生マウスに存在する真に野生型の対立遺伝子はA^wであるらしい。致死性黄色(A^y)突然変異は特に詳しく研究されている。その理由は，それがホモ接合致死であり，A^y/A^y胚は着床周辺で死ぬためである。ヘテロ接合A/A^yマウスは完全に黄色であり，自然発生的および人為的腫瘍への高い感受性，肥満，インスリン抵抗性糖尿などの様々な異常を示す。A^y突然変異は，

表2.9. 一般的な近交系マウス系統の毛色遺伝子型

近交系 (略号)	毛色の表現型	毛色の遺伝子座における対立遺伝子[*1]				
		a	$Tyrp1^b$	Tyr^c	$Myo5a^d$	p
129S6/SvEvTac	アグーチ	A^w	+	+	+	+
129X1/SvJ	淡いチンチラまたはアルビノ	A^w	+	Tyr^{c-ch}/Tyr^c	+	p
BALB/c(C)	アルビノ	+	$Tyrp1^b$	Tyr^c	+	+
C3H(C3)	アグーチ	+	+	+	+	+
C57BL/6(B6)	非アグーチ(黒色)	a	+	+	+	+
CBA(CB)	アグーチ	+	+	+	+	+
DBA/2(D2)	淡い非アグーチ複色	a	$Tyrp1^b$	+	$Myo5a^d$	+
FVB	アルビノ	+	+	Tyr^c	+	+
SJL(SまたはJ)	アルビノ	+	+	Tyr^c	+	p

[*1] すべての遺伝子座は，129X1/SvJを除いてホモ接合である。129X1/SvJでは，Tyr座がヘテロ接合型を維持するように交配されているので二通りの毛色が生じる。

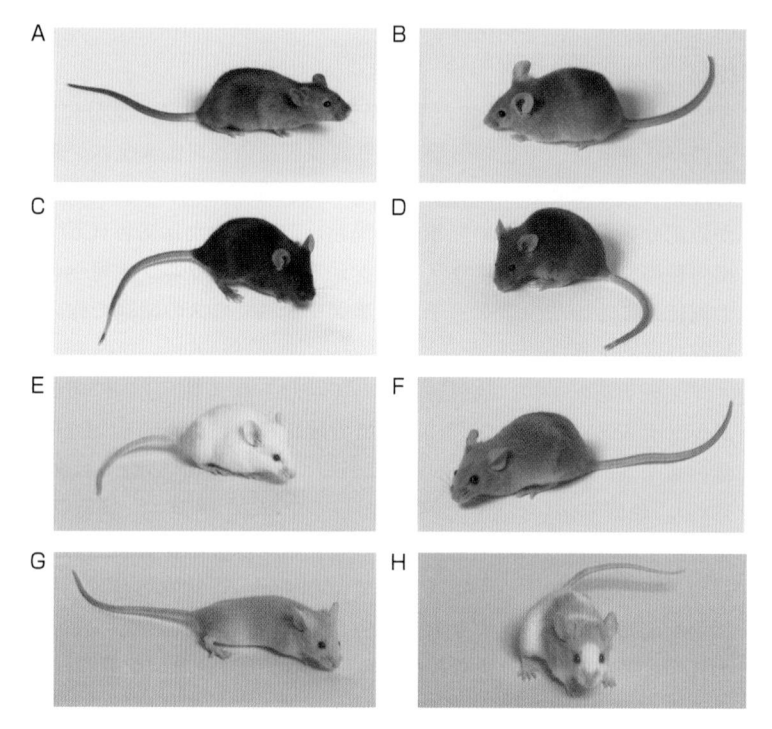

図2.42. マウスの毛色。(A)アグーチ(A/A, $Tyrp1^+/Tyrp1^+$)。アグーチのマウスは一般には「茶色がかった灰色」と記され，これが野生のヨーロッパネズミ M. musculus domesticus の基本色となっている。(B)ブラウン・アグーチまたはシナモン(A/A, $Tyrp1^b/Tyrp1^b$)。褐色の毛にフェオメラニンの黄色いバンドが入ることでこのような金色のマウスが生じる。(C)非アグーチ黒色(a/a, $Tyrp1^+/Tyrp1^+$)。これがC57BL/6マウスの毛色である。(D)非アグーチ褐色(a/a, $Tyrp1^b/Tyrp1^b$)。このチョコレート色のマウスはトランスジェニックマウス作成に用いられるB6D2F1マウスのF_1間交配の子孫に見出される。(E)アルビノ(Tyr^c/Tyr^c)。アルビノマウスは，ギリシャおよびローマ時代に記録されており，この c 遺伝子座はマウスでのメンデル遺伝の研究に最初に用いられた。(F)非アグーチ淡褐色(a/a; $Tyrp1^b/Tyrp1^b$; $Myo5a^d/Myo5a^d$)。DBAマウスは非アグーチの淡い褐色である。(G)ピンク眼淡色(p/p)。ここに示すマウスは(A/A; $Tyrp1^+/Tyrp1^+$; Tyr^+/Tyr^+; $Myo5a^+/Myo5a^+$; p/p)である。ピンク眼淡色(p/p)は最も古い愛玩マウスの一つである。(H)ぶち(s/s)マウスは，メラニン細胞を欠く不規則な大きい白斑をもつ。この非常に古い愛玩マウスは，エンドセリンB型受容体(Eanrb)の突然変異に原因している。

すべての組織で構成的に発現している隣接遺伝子，Raly の支配下に A 遺伝子を置く1つの欠失の結果として生じたことが示されている(Michaud et al. 1993, 1994)。劣性の致死性は A 遺伝子とは無関係であり，Raly が破壊された結果である。Raly は mRNA 前駆体のプロセシングに関係する RNA 結合蛋白質をコードし，組織非特異的に発現している。一方，A^y の優性多面発現効果は A の異所性発現の結果であるらしい。

b(ブラウン)第4染色体

この座位の野生型対立遺伝子 B は黒色のユウメラニンを作るが，劣性の対立遺伝子 b は褐色の色素を作る。これは，愛玩マウスの古い突然変異の一つである(図2.42D)。A/A, b/b マウスはシナモンと呼ばれる。この色は黄色帯をもつ褐色毛で作られる(図2.42B)。ブラウン遺伝子座はクローン化され(Tyrp1)，メラニン生合成のより下流で，ジヒドロキシインドール・カルボキシル酸の酸化を触媒するチロシナーゼ関連蛋白質をコードすることが知られている(Jackson 1988)。

c(アルビノ)第7染色体

　野生型遺伝子(C)は，色素生合成に必須の酵素であるチロシナーゼをコードし，この座のすべての突然変異に対し優性である(Kwon et al. 1987)。これらの突然変異はチロシナーゼの欠損または構造変化をもたらすが，メラニン細胞の数および分布には影響しない。アルビノマウス(Tyr^c/Tyr^c)は，被毛にも眼にも全く色素をもたない(図2.42E)。一方，c 座のほかの突然変異体，例えばチンチラ Tyr^{c-ch} では，色素の分布が変わっている。重要な点は，すべての「アルビノ」マウスが同じ毛色遺伝子をもっているとは限らないことである。Tyr^c/Tyr^c の遺伝子型のもとでは，A，Tyrp1 および d 座における変化の影響はすべて覆い隠されてしまう。

d(淡色)第9染色体

　この座位は，メラニン細胞の形態変化を通して毛色に影響を与える一群の遺伝子である。これも愛玩マウスの古い突然変異の一つであり，元々は「マルタ淡色」(Maltese dilution)と呼ばれていた。d/d マウスでは色素果粒は塊を作り，メラニン細胞は野生型マウスより樹状の程度が低い。これが，毛色の明るさ，すなわち淡色の原因となる(図2.42)。ほかの淡色対立遺伝子は，ひどい神経学的欠陥を伴っている。DBA/2J マウスの d 突然変異は，自己指向性マウス白血病レトロウイルス(MLV)ゲノムが非定型ミオシンをコードする遺伝子，Myo5a へ挿入されたことによって生じたことが知られている(Mercer et al. 1991)。この遺伝子は，正常な時はメラニン細胞と中枢および末梢神経系のニューロンで発現している。

p(ピンク眼淡色)第7染色体

　ピンク眼淡色の遺伝子座は眼と被毛との両方の色素形成に影響する。ホモ接合型ミュータントの網膜および脈絡膜にはほとんど色素形成がなく，眼はピンク色である。黒色の色素形成は大幅に減少しているが，黄色い色素の形成はわずかに影響を受けるだけである。これも非常に古い愛玩マウスの突然変異である。黒色アグーチのピンク眼淡色(A/A，$Tyrp1^+/Tyrp1^+$，p/p)は"鹿の子"色であり(図2.42G)，黒色非アグーチのピンク眼淡色(a/a，$Tyrp1^+/Tyrp1$，p/p)は"銀"色である。ピンク眼淡色座によってコードされている遺伝子はクローン化されている(Gardner et al. 1992)。この p 遺伝子の産物はユウメラノソームの膜に組み込まれた蛋白質である。

斑点変異

　色素形成に関する突然変異の中で，特に興味深いのはスポッティング(斑点)として知られているものである(例，優性白斑[W]，ぶち(piebald)[s]，しみ(splotch)[Sp]，および帯状(belted)[bt])。「ぶち」の一例は図2.42Hに示されている。斑点遺伝子は，ほかの因子に加わって神経堤から生じるメラニン細胞の前駆細胞，すなわちメラニン芽細胞の移動，生存および分化に影響を与える。妊娠8.5〜9日の間は神経堤細胞はまだ神経管の近くにとどまっているが，11日までには体幹の皮膚に達し，12日には肢の皮膚にまで到達する。したがって，メラニン細胞の移動あるいは生存に影響する遺伝子は，腹部，前頭部および四肢の毛包に色素を欠くという結果を生じやすい。これらの部位に達するためには，長い距離を移動しなければならないからである。

　W 遺伝子は膜貫通型チロシンキナーゼ，c-kit をコードしている。c-kit は，メラニン芽細胞とともに生殖細胞および造血細胞において発現している(Keshet et al. 1991)(生殖系列の起源参照，36頁)。c-kit のホモ接合ヌル突然変異は，皮膚におけるメラニン細胞の完全な欠如

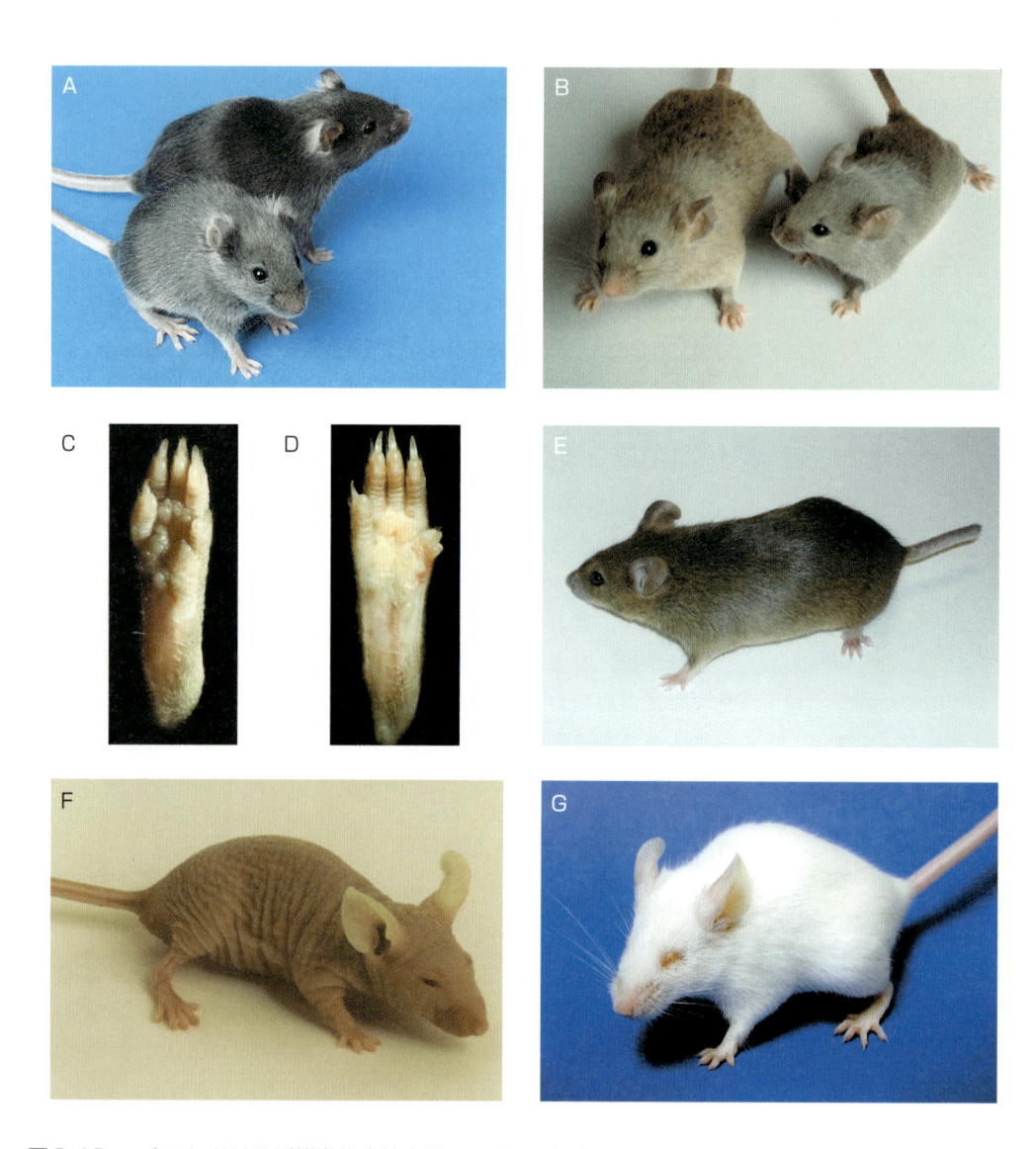

図2.43. マウスにおける形態学的突然変異。(A)短耳(se)は生存および生殖可能な劣性突然変異で,耳の軟骨および骨格の異常を引き起こす。これは,Bmp5座の突然変異による。(B)矮小(dw)は成長ホルモンの欠如により矮性を引き起こす劣性突然変異である。これは,POU-ドメイン転写因子をコードするPit1座の突然変異による。(CおよびD)外指(Xt)は半優性突然変異で,肢軸前方の多指症を引き起こす。外指のホモ接合突然変異体は神経管および肢の欠陥を含む多数の異常を伴い致死である。これはジンクフィンガー転写因子をコードするGli3遺伝子の突然変異による。(E)短尾(T)は半優性突然変異で,遺伝的背景によって様々な程度に尾の短縮を引き起こす。短尾のホモ接合突然変異体は脊索の欠損と後部のひどい異常を伴い胚性致死である。この遺伝子はT-ボックス転写因子をコードしている。(F)ヌード(nu)は劣性の突然変異で毛の欠陥および胸腺,したがってT細胞の欠損を伴い,免疫不全となる。これはフォークヘッド転写因子をコードするFoxn1遺伝子の突然変異による。ヌードマウスは免疫学的研究および可移植ヒト腫瘍の確立のために広く用いられている(Nomura et al. 1997)。(G)小眼(Sey)は半優性突然変異で小眼球症(micropthalmia)(訳注:原著はmicropthalmiaとなっているが,誤植と思われる)の原因となる。ホモ接合突然変異体は眼と鼻の組織を欠き,生きて生まれることはない。これは対ホメオドメイン転写因子をコードするPax6座の突然変異によって引き起こされる。

をもたらす。ヘテロ接合型動物では，一部の突然変異は，より穏やかな「ぶち」の色素分布をマウスとヒトの両方で起こす(Fleishman et al. 1991；Giebel and Spritz 1991)。*W*のほかの突然変異は特徴的な白色のパターンを生じる(例，*W^sash*；Duttlinger et al. 1993)。

形態および行動の突然変異体

ほとんどの実験室コロニーに存在するマウスの大半は，毛色が違うだけで，ほかは正常にみえる。しかし，生存可能な形態学的および行動学的突然変異体は，容易にそれが変異体であると同定できる。一般的に知られている形態学的突然変異体は図2.43に示される。これらは，短尾(*Brachyury, T*)，小眼(*Small eye, Pax6*)，短耳(*short ear, Bmp 5*)，矮小(*dwarf, Pit1*)，ヌード(*nude, Foxn1*)，および外指(*Extra toes, Gli3*)を含む。

参考文献

Albano R.M., Groome N., and Smith J.C. 1993. Activins are expressed in preimplantation mouse embryos and in ES and EC cells and are regulated on their differentiation. *Development* **117**: 711–723.

Albano R.M., Arkell R., Beddington R.S.P., and Smith J.C. 1994. Inhibin subunits and follistatin during postimplantation mouse development; decidual expression of activin and expression of follistatin in primitive streak, somites, and hindbrain. *Development* **120**: 803–813.

Amenta P.S., Clark C.C., and Martinez-Hernandez A. 1983. Deposition of fibronectin and laminin in the basement membrane of the rat parietal yolk sac: Immunohistochemical and biosynthetic studies. *J. Cell Biol.* **96**: 104–111.

Andrews G.K., Dziadek M., and Tamaoki T. 1982a. Expression and methylation of the mouse α-fetoprotein gene in embryonic, adult, and neoplastic tissues. *J. Biol. Chem.* **257**: 5148–5153.

Andrews G.K., Janzen R.G., and Tamaoki T. 1982b. Stability of α-fetoprotein messenger RNA in mouse yolk sac. *Dev. Biol.* **89**: 111–116.

Ashworth A., Rastan S., Lovell-Badge R., and Kay G.F. 1990. X inactivation may explain the difference in viability of XO humans and mice. *Nature* **351**: 406–408.

Austin C.R. and Edwards R.G. 1981. *Mechanisms of sex differentiation in animals and man.* Academic Press, London.

Awatramani R., Soriano P., Mai J.J., and Dymecki S. 2001. An Flp indicator mouse expressing alkaline phosphatase from the *ROSA26* locus. *Nat. Genet.* **29**: 257–259.

Bachvarova R., Cohen E.M., De Leon V., Tokunaga K., Sakiyama S., and Paynton B.V. 1989. Amounts and modulation of actin mRNAs in mouse oocytes and embryos. *Development* **106**: 561–565.

Balling R., Deutsch U., and Gruss P. 1988. Undulated, a mutation affecting the development of the mouse skeleton, has a point mutation in the paired box of Pax1. *Cell* **55**: 531–535.

Balling R., Lau C.F., Dietrich S., Wallin J., and Gruss P. 1992. Development of the skeletal system. *CIBA Found. Symp.* **165**: 132–143.

Barlow D.P., Green N.R., Kurkinen M., and Hogan B.L.M. 1984. Sequencing of laminin B-chain cDNAs reveal C-terminal regions of coiled-coil alpha helix. *EMBO J.* **3**: 2355–2362.

Barlow D.P., Stroger R., Herrmann B.G., Saito K., and Scweifer N. 1991. The mouse insulin-like growth factor type II receptor is imprinted and closely linked to the Tme locus. *Nature* **349**: 84–87.

Barnes J.D., Crosby J.L., Jones C.M., Wright C.V.E., and Hogan B.L.M. 1994. Embryonic expression of Lim-1, the mouse homolog of *Xenopus* neurogenesis. *Dev. Biol.* **161**: 168–178.

Barsh G.S. 1996. The genetics of pigmentation: From fancy genes to complex traits. *Trends*

Genet. **12:** 299–305.

Basler K., Edlund T., Jessell T.M., and Yamada T. 1993. Control of cell pattern in the neural tube: Regulation of cell differentiation by dorsalin-1, a novel TGFβ family member. *Cell* **73:** 687–702.

Beddington R.S.P. 1981. An autoradiographic analysis of the potency of embryonic ectoderm in the 8th day postimplantation mouse embryo. *J. Embryol. Exp. Morphol.* **64:** 87–104.

———. 1982. An autoradiographic analysis of tissue potency in different regions of the embryonic ectoderm during gastrulation in the mouse. *J. Embryol. Exp. Morphol.* **69:** 265–285.

———. 1983. Histogenic and neoplastic potential of different regions of the mouse embryonic egg cylinder. *J. Embryol. Exp. Morphol.* **75:** 189–204.

———. 1994. Induction of a second neural axis by the mouse node. *Development* **120:** 613–620.

Beddington R.S. and Lawson K.A. 1990. Clonal analysis of cell lineages. In *Postimplantation mammalian embryos: A practical approach* (ed. A.J. Copp and D.L. Cockroft), pp. 267–292. IRL Press at Oxford University Press, England.

Beddington R.S. and Robertson E.J. 1999. Axis development and early asymmetry in mammals. *Cell* **96:** 195–209.

Beddington R.S.P. and Smith J.C. 1993. The control of vertebrate gastrulation: Inducing signals and responding genes. *Curr. Opin. Genet. Dev.* **3:** 655–661.

Beddington R.S.P., Morgernstern J., Land H., and Hogan A. 1989. An in situ transgenic enzyme marker for the midgestation mouse embryo and the visualization of inner cell mass clones during early organogenesis. *Development* **106:** 37–46.

Behringer R.R., Cate R.L., Froelick G.J., Palmiter R.D., and Brinster R.L. 1990. Abnormal sexual development in transgenic mice chronically expressing Mullerian inhibiting substance. *Nature* **345:** 167–170.

Behringer R.R., Finegold M.J., and Cate R.L. 1994. Mullerian-inhibiting substance function during mammalian sexual development. *Cell* **79:** 415–425.

Bhatt H., Brunet L.J., and Stewart C.L. 1992. Uterine expression of leukemia inhibitory factor coincides with the onset of blastocyst implantation. *Proc. Natl. Acad. Sci.* **88:** 11408–11412.

Bishop C.E., Boursot P., Baron B., Bonhomme F., and Hatat D. 1985. Most classical *Mus musculus domesticus* laboratory mouse strains carry a *Mus musculus musculus* Y chromosome. *Nature* **315:** 70–72.

Bleil J.D. and Wassarman P.M. 1980a. Structure and function of the zona pellucida: Identification and characterisation of the proteins of the mouse oocyte zona pellucida. *Dev. Biol.* **76:** 185–202.

———. 1980b. Synthesis of zona pellucida proteins by denuded and follicle-enclosed mouse oocytes during culture in vitro. *Proc. Natl. Acad. Sci.* **77:** 1029–1033.

Bober E., Lyons G.E., Braun T., Cossu G., Buckingham M.J., and Arnold H. 1991. The muscle regulatory gene, myf-6, has a biphasic pattern of expression during early mouse development. *J. Cell Biol.* **113:** 1255–1265.

Bonnerot C. and Nicolas J.-F. 1993. Clonal analysis in the intact mouse embryos by intragenic homologous recombination. *C.R. Acad. Sci. Paris. Ser. III* **316:** 1207–1217.

Borsani G., Tonlorenzi R., Simmler M.C., Dandolo L., Arnaud D., Capra V., Grompe M., Pizzuti A., Muzny D., Lawrence C., Willard H., Avner P., and Ballabio A. 1991. Characterization of a murine gene expressed from the inactive X chromosome. *Nature* **351:** 325–329.

Bradley A. and Liu P. 1996. Target practice in transgenics. *Nat. Genet.* **14:** 121–123.

Bradley A., Evans M., Kaufman M.H., and Robertson E. 1984. Formation of germ-line chimaeras from embryo-derived teratocarcinoma cell lines. *Nature* **309:** 255–256.

Braun R.E., Behringer R.R., Peschon J.J., Brinster R.L., and Palmiter R.D. 1989. Genetically haploid spermatids are phenotypically diploid. *Nature* **337:** 373–376.

Braun T. and Arnold H.H. 1995. Inactivation of *Myf-6* and *Myf-5* genes in mice leads to

alterations in skeletal muscle development. *EMBO J.* **14:** 1176–1186.
Brinster R.L. 1974. The effect of cells transferred into mouse blastocyst on subsequent development. *J. Exp. Med.* **140:** 1049–1056.
———. 2002. Germline stem cell transplantation and transgenesis. *Science* **296:** 2174–2176.
Brinster R.L., Chen H.Y., Trumbauer M.E., and Avarbock M.R. 1980. Translation of globin mRNA by the mouse ovum. *Nature* **283:** 499–501.
Brockdorff N. 2002. X-chromosome inactivation: Closing in on proteins that bind *Xist* RNA. *Trends Genet.* **18:** 352–358.
Bronner-Fraser M. 1985. Alteration in neural crest cell migration by a monoclonal antibody that affects cell adhesion. *J. Cell Biol.* **101:** 610–617.
Brown C.J., Ballabio A., Rupert J.L., Lafreniere R.G., Grompe M., Tonlorenzi R., and Willard H. 1991. A gene from the region of the human X inactivation center is expressed exclusively from the inactive X chromosome. *Nature* **349:** 38–44.
Brown N.A., McCarthy A., and Seo J. 1992. Development of the left-right axes. *CIBA Found. Symp.* **165:** 144–154.
Buehr M., Gu S., and McLaren A. 1993. Mesonephric contribution to testis differentiation in the fetal mouse. *Development* **117:** 273–281.
Bultman S.J., Michaud E.J., and Woychik R.P. 1992. Molecular characterization of the mouse agouti locus. *Cell* **71:** 1195–1204.
Bultman S.J., Klebig M.L., Michaud E.J., Sweet H.O., Davisson M.T., and Woychik R.P. 1994. Molecular analysis of reverse mutations from nonagouti (a) to black-and-tan (at) and white-bellied agouti (Aw) reveals alternative forms of agouti transcripts. *Genes Dev.* **8:** 481–490.
Burgoyne P. 1987. The role of the mammalian Y chromosome in spermatogenesis. *Development* (suppl.) **101:** 133–141.
Burgoyne P.S., Tam P.P.L., and Evans E.P. 1983. Retarded development of XO conceptuses during early pregnancy in the mouse. *J. Reprod. Fertil.* **68:** 387–393.
Burgoyne P.S., Buehr M., Koopman P.R.J., and McLaren A. 1988. Cell autonomous action of the testis-determining gene: Sertoli cells are exclusively XY in XX-XY mouse testes. *Development* **102:** 443–450.
Candia A.F., Hu J., Crosby J., Lalley P.A., Noden D., Nadeau J.H., and Wright C.V.E. 1992. Mox-1 and Mox-2 define a novel homeobox gene subfamily and are differentially expressed during mesodermal patterning in mouse embryos. *Development* **116:** 1123–1136.
Capdevila J. and Izpisúa Belmonte J.C. 2001. Patterning mechanisms controlling vertebrate limb development. *Annu. Rev. Cell Dev. Biol.* **17:** 87–132.
Cascio S.M. and Wassarman P.M. 1982. Program of early development in the mammal: Post-transcriptional control of a class of proteins synthesised by mouse oocytes and early embryos. *Dev. Biol.* **89:** 397–408.
Cattanach B. and Beechey C.V. 1990. Autosomal and X-chromosome imprinting. *Development* (suppl.) **90:** 63–72.
Chabot B., Stephenson D.A., Chapman V.M., and Besmer P.B. 1988. The proto-oncogene c-kit encoding a transmembrane tyrosine kinase receptor maps to the mouse W locus. *Nature* **325:** 88–89.
Chapman V.M. 1986. X chromosome regulation in oogenesis and early mammalian development. In *Experimental approaches to mammalian embryonic development* (ed. J. Rossant and R.A. Pedersen), pp. 365–398. Cambridge University Press, England.
Chapman V., Forrester L., Sanford J., Hastie N., and Rossant J. 1984. Cell lineage specific undermethylation of mouse repetitive DNA. *Nature* **307:** 284–286.
Cheong H.T., Takahashi Y., and Kanagawa H. 1993. Birth of mice after transplantation of early cell-cycle-stage embryonic nuclei into enucleated oocytes. *Biol. Reprod.* **48:** 958–963.
Chisaka O. and Capecchi M.R. 1991. Regionally restricted developmental defects resulting from targeted disruption of the mouse homeobox gene Hox-1.5. *Nature* **350:** 473–479.

Christ B., Brand-Saberi B., Grim M., and Wilting J. 1992. Local signalling in dermomyotomal cell type specification. *Anat. Embryol.* **186:** 505–510.

Ciemerych M.A., Mesnard D., and Zernicka-Goetz M. 2000. Animal and vegetal poles of the mouse egg predict the polarity of the embryonic axis, yet are nonessential for development. *Development* **127:** 3467–3474.

Clark J.M. and Eddy E.M. 1975. Fine structural observations on the origin and association of primordial germ cells in the mouse. *Dev. Biol.* **47:** 136–155.

Clegg K.B. and Piko L. 1983. Poly(A) length, cytoplasmic adenylation and synthesis of poly(A)+ RNA in early mouse embryos. *Dev. Biol.* **95:** 331–341.

Colledge W.H., Carlton M.B.L., Udy G.B., and Evans M.J. 1994. Disruption of c-mos causes parthenogenetic development of unfertilized mouse eggs. *Nature* **370:** 65–68.

Conlon F.L., Lyons K.M., Takaesu N., Barth K.S., Kispert A., Herrmann B., and Robertson E.J. 1994. A primary requirement for *nodal* in the formation and maintenance of the primitive streak in the mouse. *Development* **120:** 1919–1928.

Conlon R.A., Reaume A.G., and Rossant J. 1995. *Notch1* is required for the coordinate segmentation of somites. *Development* **121:** 1533–1545.

Cooke J. and Zeeman E.C. 1976. A clock and wavefront model for control of the number of repeated structures during animal morphogenesis. *J. Theor. Biol.* **58:** 455–476.

Copp A.J., Brook F.A., Estibeiro J.P., Shum A.S., and Cockroft D.L. 1990. The embryonic development of mammalian neural tube defects. *Prog. Neurobiol.* **35:** 363–403.

Couly G.F., Coltey P.M., and LeDouarin N.M. 1993. The triple origin of skull in higher vertebrates: A study in quail-chick chimeras. *Development* **117:** 409–429.

Crossley P.H. and Martin G.R. 1995. The mouse *Fgf8* gene encodes a family of polypeptides and is expressed in regions that direct outgrowth and patterning in the developing embryo. *Development* **121:** 439–451.

Curran T., Miller A.D., Zokas L., and Verma I.M. 1984. Viral and cellular fos proteins: A comparative analysis. *Cell* **36:** 259–268.

Damjanov I. and Solter D. 1974. Experimental teratoma. *Curr. Top. Pathol.* **59:** 69–130.

Damjanov I., Solter D., and Skreb N. 1971. Teratocarcinogenesis as related to the age of embryos grafted under the kidney capsule. *Wilhelm Roux' Arch. Entwicklungsmech. Org.* **173:** 282–284.

Dardik A., Smith R.M., and Schultz R.M. 1992. Colocalization of transforming growth factor-a and a functional epidermal growth factor receptor (EGFR) to the inner cell mass and preferential localization of the EGFR on the basolateral surface of the trophectoderm in the mouse blastocyst. *Dev. Biol.* **154:** 396–409.

Davidson D.R. and Hill R.E. 1991. Msh-like genes: A family of homeobox genes with wide ranging expression during vertebrate development. *Semin. Dev.* **2:** 405–414.

DeChiara T.M., Robertson E.J., and Efstratiadis A. 1991. Parental imprinting of the mouse insulin-like growth factor II gene. *Cell* **64:** 849–859.

DeGregori J., Russ A., von Melchner H., Rayburn H., Priyaranjan P., Jenkins N.A., Copeland N.G., and Ruley H.E. 1994. A murine homolog of the yeast RNA1 gene is required for postimplantation development. *Genes Dev.* **8:** 265–276.

Delbridge M.L. and Graves J.A. 1999. Mammalian Y chromosome evolution and the male-specific functions of Y chromosome-borne genes. *Rev. Reprod.* **4:** 101–109.

DePrimo S.E., Stambrook P.J., and Stringer J.R. 1996. Human placental alkaline phosphatase as a histochemical marker of gene expression in transgenic mice. *Transgenic Res.* **5:** 459–466.

Deutsch U. and Gruss P. 1991. Murine paired domain proteins as regulatory factors of embryonic development. *Semin. Dev. Biol.* **2:** 415–424.

Dewey M.J., Martin D.W. Jr., Martin G.R., and Mintz B. 1977. Mosaic mice with teratocarcinoma-derived mutant cells deficient in hypoxanthine phosphoribosyltransferase. *Proc. Natl. Acad. Sci.* **74:** 5564–5568.

Dietrich S., Schubert F.R., and Gruss P. 1994. Altered Pax gene expression in murine notochord mutants: The notochord is required to initiate and maintain ventral identity in the somite. *Mech. Dev.* **44:** 189–207.

Diwan S.B. and Stevens L.C. 1976. Development of teratomas from ectoderm of mouse egg cylinders. *J. Natl. Cancer Inst.* **57:** 937–942.

Dodd J. and Jessell T.M. 1993. Axon guidance in the mammalian spinal cord. In *Cell-cell signaling in vertebrate development* (ed. E.J. Robertson et al.), pp. 81–95. Academic Press, New York.

Downs K.M. and Davies T. 1993. Staging of gastrulating mouse embryos by morphological landmarks in the dissecting microscope. *Development* **118:** 1255–1266.

Dudley A.T., Ros M.A., and Tabin C.J. 2002. A re-examination of proximodistal patterning during vertebrate limb development. *Nature* **418:** 539–544.

Duttlinger R., Manova K., Chu T.Y., Gyssler C., Zelenetz A.D., Bachvarova R.F., and Besmer P. 1993. W-sash affects positive and negative elements controlling c-kit expression: Ectopic c-kit expression at sites of kit-ligand expression affects melanogenesis. *Development* **118:** 705–717.

Dziadek M. 1978. Modulation of alpha-foetoprotein synthesis in the early postimplantation mouse embryo. *J. Embryol. Exp. Morphol.* **46:** 135–146.

Dziadek M. and Adamson E. 1978. Localisation and synthesis of alpha-foetoprotein in post-implantation mouse embryos. *J. Embryol. Exp. Morphol.* **43:** 289–313.

Dziadek M.A. and Andrews G.K. 1983. Tissue specificity of alpha-fetoprotein messenger RNA expression during mouse embryo-genesis. *EMBO J.* **2:** 549–554.

Echelard Y., Epstein D.J., St-Jacques B., Shen L., Mohler J., McMahon J.A., and McMahon A.P. 1993. Sonic hedgehog, a member of a family of putative signaling molecules, is implicated in the regulation of CNS polarity. *Cell* **75:** 1417–1430.

Eddy E.M. and Hahnel A.C. 1983. Establishment of the germ cell line in mammals. In *Current problems in germ cell differentiation* (ed. A. McLaren and C.C. Wylie), pp. 41–70. Cambridge University Press, England.

Eddy E.M., Clark J.M., Gong D., and Fenderson B.A. 1981. Origin and migration of primordial germ cells in mammals. *Gamete Res.* **4:** 333–362.

Eiferman F.A., Young P.R., Scott R.W., and Tilghman S.M. 1981. Intragenic amplification and divergence in the mouse gene. *Nature* **294:** 713–718.

Enders A.C., Chavez P.J., and Schlafke S. 1981. Comparison of implantation in utero and in vitro. In *Cellular and molecular aspects of implantation* (ed. S.R. Glasser and D.W. Bullock), pp. 365–382. Plenum Press, New York.

Enders A.C., Given R.L., and Schlafke S. 1978. Differentiation and migration of endoderm in the rat and mouse at implantation. *Anat. Rec.* **190:** 65–78.

Eppig J.J. and Telfer E.E. 1993. Isolation and culture of oocytes. *Methods Enzymol.* **225:** 77–84.

Erickson C.A. and Weston J.A. 1983. An SEM analysis of neural crest cell migration in the mouse. *J. Embryol. Exp. Morphol.* **74:** 97–118.

Evans M.J. and Kaufman M.H. 1981. Establishment in culture of pluripotential cells from mouse embryos. *Nature* **292:** 154–156.

Evrard Y.A., Lun Y., Aulehla A., Gan L., and Johnson R.L. 1998. lunatic fringe is an essential mediator of somite segmentation and patterning. *Nature* **394:** 377–381.

Faddy M.J., Gosden R.G., and Edwards R.G. 1983. Ovarian follicle dynamics in mice: A comparative study of three inbred strains and a F1 hybrid. *J. Endocrinol.* **96:** 23–24.

Falconer D.S. and Avery P.J. 1978. Variability of chimeras and mosaics. *J. Embryol. Exp. Morphol.* **43:** 195–219.

Figdor M.C. and Stern C.D. 1993. Segmental organization of embryonic diencephalon. *Nature* **363:** 630–634.

Finn C.A. 1971. The biology of decidual cells. *Adv. Reprod. Physiol.* **5:** 1–26.

Flach G., Johnson M.H., Braude P.R., Taylor R.A.S., and Bolton V.N. 1982. The transition from maternal to embryonic control in the 2-cell mouse embryo. *EMBO J.* **1:** 681–686.

Fleischman R.A., Saltman D.L., Stastny V., and Zneimer S. 1991. Deletion of the c-kit proto-oncogene in the human developmental defect piebald trait. *Proc. Natl. Acad. Sci.* **88:** 10885–10889.

Friedrich G. and Soriano P. 1991. Promoter traps in embryonic stem cells: A genetic screen to identify and mutate developmental genes in mice. *Genes Dev.* **5:** 1513–1523.

Gardner J.M., Nakatsu Y., Gondo Y., Lee S., Lyon M.F., King R.A., and Brilliant M.H. 1992. The mouse pink-eyed dilution gene: Association with human Prader-Willi and Angelman syndromes. *Science* **257:** 1121–1124.

Gardner R.L. 1982. Investigation of cell lineage and differentiation in the extraembryonic endoderm of the mouse embryo. *J. Embryol. Exp. Morphol.* **68:** 175–198.

———. 1983. Origin and differentiation of extra-embryonic tissues in the mouse. *Int. Rev. Exp. Pathol.* **24:** 63–133.

———. 1984. An in situ cell marker for clonal analysis of development of the extraembryonic endoderm in the mouse. *J. Embryol. Exp. Morphol.* **80:** 251–288.

Gardner R.L. and R.S.P. Beddington. 1988. Multi-lineage "stem cells" in the mammalian embryo. *J. Cell Sci.* (suppl.) **10:** 11–27.

Gardner R.L. and Rossant J. 1979. Investigation of the fate of 4.5 d post coitum mouse ICM cells by blastocyst injection. *J. Embryol. Exp. Morphol.* **52:** 141–152.

Gardner R.L., Davies T.J., and Carey M.S. 1988. Effect of delayed implantation on differentiation of the extra-embryonic endoderm in the mouse blastocyst. *Placenta* **9:** 343–359.

Gardner R.L., Meredith M.R., and Altman D.G. 1992. Is the anterior-posterior axis of the fetus specified before implantation in the mouse? *J. Exp. Zool.* **264:** 437–443.

Gardner R.L., Lyon M.F., Evans E.P., and Burtenshaw M.D. 1985. Clonal analysis of X-chromosome inactivation and the origin of the germ line in the mouse embryo. *J. Embryol. Exp. Morphol.* **88:** 349–363.

Gavin B.J., McMahon J.A., and McMahon A.P. 1990. Expression of multiple novel Wnt-1/int-1-related genes during fetal and adult mouse development. *Genes Dev.* **4:** 2319–2332.

Giebel L.B. and Spritz R.A. 1991. Mutation of the KIT (mat/stem cell growth factor receptor) proto-oncogene in human piebaldism. *Proc. Natl. Acad. Sci.* **88:** 8696–8699.

Gielbelhaus D.H., Heikkila J.J., and Schultz G.A. 1983. Changes in the quantity of histone and actin mRNA during the development of pre-implantation mouse embryos. *Dev. Biol.* **98:** 148–154.

Gimlich R.L. and Braun J. 1985. Improved fluorescent compounds for tracing cell lineage. *Dev. Biol.* **109:** 509–514.

Ginsburg M., Snow M.H.L., and McLaren A. 1990. Primordial germ cells in the mouse embryo during gastrulation. *Development* **110:** 521–528.

Goldman D.C., Martin G.R., and Tam P.P. 2000. Fate and function of the ventral ectodermal ridge during mouse tail development. *Development* **127:** 2113–2123.

Goldstein R.S. and Kalcheim C. 1992. Determination of epithelial half-somites in skeletal morphogenesis. *Development* **116:** 441–445.

Gorin M.B. and Tilghman S.M. 1980. Structure of the gene in the mouse. *Proc. Natl. Acad. Sci.* **77:** 1351–1355.

Goulding M.D., Lumsden A., and Gruss P. 1993. Signals from the notochord and floor plate regulate the region-specific expression of two Pax genes in the developing spinal cord. *Development* **117:** 1001–1016.

Graham A., Heyman I., and Lumsden A. 1993. Even-numbered rhombomeres control the apoptotic elimination of neural crest cells from odd-numbered rhombomeres in the chick hindbrain. *Development* **119:** 233–245.

Graham C.F. 1977. Teratocarcinoma cells and normal mouse embryogenesis. In *Concepts in mammalian embryogenesis* (ed. M.I. Sherman.), pp. 315–394. MIT Press, Cambridge, Massachusetts.

Graham C.F. and Deussen Z.A. 1978. Features of cell lineage in preimplantation mouse embryos. *J. Embryol. Exp. Morphol.* **48:** 53–72.

Gregg B.C. and Snow M.H.L. 1983. Axial abnormalities following disturbed growth in mitomycin C-treated mouse embryos. *J. Embryol. Exp. Morphol.* **73:** 135–149.

Greve J.M. and Wassarman P.M. 1985. Mouse egg extracellular coat is a matrix of interconnected filaments possessing a structural repeat. *J. Mol. Biol.* **181:** 253–264.

connected filaments possessing a structural repeat. *J. Mol. Biol.* **181:** 253–264.

Grüenberg H. 1952. *The genetics of the mouse*, 2nd edition. Martinus Nijhoff, The Hague.

Gubbay J., Collignon J., Koopman P., Capel B., Economou A., Munsterberg A., Vivian N., Goodfellow P., and Lovell-Badge R. 1990. A gene mapping to the sex-determining region of the mouse Y chromosome is a member of a novel family of embryonically expressed genes. *Nature* **346:** 245–250.

Guillemot F., Nagy A., Auerbach A., Rossant J., and Joyner A.L. 1994. Essential role of Mash-2 in extraembryonic development. *Nature* **371:** 333–336.

Hadjantonakis A.K., Macmaster S., and Nagy A. 2002. Embryonic stem cells and mice expressing different GFP variants for multiple non-invasive reporter usage within a single animal. *BMC Biotechnol.* **2:** 11.

Hadjantonakis A.K., Gertsenstein M., Ikawa M., Okabe M., and Nagy A. 1998. Generating green fluorescent mice by germline transmission of green fluorescent ES cells. *Mech. Dev.* **76:** 79–90.

Hahnel A.C., Rappolee D.A., Millan J.L., Manes T., Ziomek C.A., Theodosiou N.G., Werb Z., Pederson R.A., and Schultz G.A. 1990. Two alkaline phosphatase genes are expressed during early development in the mouse embryo. *Development* **110:** 555–564.

Hart A.H., Hartley L., Sourris K., Stadler E.S., Li R., Stanley E.G., Tam P.P., Elefanty A.G., and Robb L. 2002. *Mixl1* is required for axial mesendoderm morphogenesis and patterning in the murine embryo. *Development* **129:** 3597–3608.

Hardy M.H. 1992. The secret life of the hair follicle. *Trends Genet.* **8:** 55–61.

Hashimoto K. and Nakatsuji N. 1989. Formation of the primitive streak and mesoderm cells in mouse embryos—Detailed scanning electron microscopical study. *Dev. Growth Differ.* **31:** 209–218.

Hashimoto N., Watanabe N., Furuta Y., Tamemoto H., Sagata N., Yokoyama M., Okazaki K., Nagayoshi M., Takeda N., Ikawa Y., and Aizawa S. 1994. Parthenogenetic activation of oocytes in c-mos-deficient mice. *Nature* **370:** 68–71.

Harvey M.B. and Kaye P.L. 1990. Insulin increases the cell number of the inner cell mass and stimulates morphological development of mouse blastocysts in vitro. *Development* **110:** 963–967.

———. 1992. IGF-2 stimulates growth and metabolism of early mouse embryos. *Mech. Dev.* **38:** 169–174.

Hasty P., Bradley A., Morris J.H., Edmondson D.G., Venuti J.M., Olson E.N., and Klein W.H. 1993. Muscle deficiency and neonatal death in mice with a targeted mutation in the myogenin gene. *Nature* **364:** 501–506.

Hecht N.B. 1986. Regulation of gene expression during mammalian spermatogenesis. In *Experimental approaches to mammalian embryonic development* (ed. J. Rossant and R.A. Pedersen), pp. 151–193. Cambridge University Press, New York.

Hermesz E., Mackem S., and Mahon K.A. 1996. *Rpx*: A novel anterior-restricted homeobox gene progressively activated in the prechordal plate, anterior neural plate and Rathke's pouch of the mouse embryo. *Development* **122:** 41–52.

Hogan B.L.M. 1980. High molecular weight extracellular proteins synthesized by endoderm cells derived from mouse teratocarcinoma cells and normal extra-embryonic membranes. *Dev. Biol.* **76:** 275–285.

Hogan B.L.M. and Tilly R. 1981. Cell interactions and endoderm differentiation in cultured mouse embryos. *J. Embryol. Exp. Morphol.* **62:** 379–394.

Hogan B.L.M., Barlow D.P., and Kurkinen M. 1984. Reichert's membrane as a model system for biosynthesis of basement membrane components. *CIBA Found. Symp.* **108:** 60–69.

Hogan B.L.M., Barlow D.P., and Tilly R. 1983. F9 teratocarcinoma cells as a model for the differentiation of parietal and visceral endoderm in the mouse embryo. *Cancer Surv.* **2:** 115–140.

Hogan B.L.M., Thaller C., and Eichele G. 1992. Evidence that Hensen's node is a site of retinoic acid synthesis. *Nature* **359:** 237–241.

Holland P., Ingham P., and Krauss S. 1992. Mice and flies head to head. *Nature* **358:**

627–628.

Howlett S.K. and Bolton V.N. 1985. Sequence and regulation of morphological and molecular events during the first cell cycle of mouse embryogenesis. *J. Embryol. Exp. Morphol.* **87:** 175–206.

Hrabe de Angelis M., McIntyre J. 2nd, and Gossler A. 1997. Maintenance of somite borders in mice requires the Delta homologue *Dll1*. *Nature* **386:** 717–721.

Hsueh A.J.W., Adashi E.Y., Jones P.B.C., and Welsh T.H. 1984. Hormonal regulation of the differentiation of cultured ovarian granulosa cells. *Endocrine Rev.* **5:** 76–127.

Huang E.J., Manova K., Packer A.I., Sanchez S., Bachvarova R.F., and Besmer P. 1993. The murine steel panda mutation affects kit ligand expression and growth of early ovarian follicles. *Dev. Biol.* **157:** 100–109.

Huarte J., Belin D., and Vassalli J.-D. 1988a. Plasminogen activator in mouse and rat oocytes: Induction during meiotic maturation. *Cell* **43:** 551–558.

Huarte J., Belin D., Vassalli A., Strickland S., and Vassalli J.-D. 1988b. Meiotic maturation of mouse oocytes triggers the translation and polyadenylation of dormant tissue-type plasminogen activator mRNA. *Genes Dev.* **1:** 1201–1211.

Hyafil F., Babinet C., and Jacob F. 1981. Cell-cell interactions in early embryogenesis: A molecular approach to the role of calcium. *Cell* **26:** 447–454.

Hyafil F., Morello D., Babinet C., and Jacob F. 1980. A cell surface glycoprotein involved in the compaction of embryonal carcinoma cells and cleavage stage embryos. *Cell* **21:** 927–934.

Jackson B.W., Grund C., Winter S., Franke W.W., and Illmensee K. 1981. Formation of cytoskeletal elements during mouse embryogenesis. II. Epithelial differentiation and intermediate-sized filaments in early postimplantation embryos. *Differentiation* **20:** 203–216.

Jackson B.W., Grund C., Schmid E., Burki K., Franke W.W., and Illmensee K. 1980. Formation of cytoskeletal elements during mouse embryogenesis. I. Intermediate filaments of the cytokeratin type and desmosomes in preimplantation embryos. *Differentiation* **17:** 161–179.

Jackson I. 1993. Color-coded switches. *Nature* **362:** 587–588.

Jackson I.J. 1988. A cDNA encoding tyrosinase-related protein maps to the brown locus in mouse. *Proc. Natl. Acad. Sci.* **85:** 4392–4396.

Janzen R.G., Andrews G.L., and Tamaoki T. 1982. Synthesis of secretory proteins in developing mouse yolk sac. *Dev. Biol.* **90:** 18–23.

Jessell T.M. 2002. Neuronal specification in the spinal cord: Inductive signals and transcriptional codes. *Nat. Rev. Genet.* **1:** 20–29.

John M., Carswell E., Boyse E.A., and Alexander G. 1972. Production of θ antibody by mice that fail to reject θ incompatible skin grafts. *Nature New Biol.* **238:** 57–58.

Johnson M.H. 1981. The molecular and cellular basis of preimplantation mouse development. *Biol. Rev.* **56:** 463–498.

Johnson M.H. and Ziomek C.A. 1981. The foundation of two distinct cell lineages within the mouse morula. *Cell* **24:** 71–80.

Johnson M.H., Chisholm J.S., Fleming T.P., and Houliston E. 1986. A role for cytoplasmic determinants in the development of the mouse early embryo? *J. Embryol. Exp. Morphol.* (suppl.) **97:** 97–121.

Johnson R.L. and Tabin C.J. 1997. Molecular models for vertebrate limb development. *Cell* **90:** 979–990.

Jones K.W. and Singh L. 1981. Conserved repeated DNA sequences in vertebrate sex chromosomes. *Hum. Genet.* **58:** 46–53.

Josso N., Racine C., di Clemente N., Rey R., and Xavier F. 1998. The role of anti-Mullerian hormone in gonadal development. *Mol. Cell. Endocrinol.* **145:** 3–7.

Jurand, A. 1962. The development of the notochord in chick embryos. *J. Embryol. Exp. Morphol.* **10:** 602–621.

———. 1974. Some aspects of the development of the notochord in mouse embryos. *J. Embryol. Exp. Morphol.* **32:** 1–33.

Kafri T., Ariel M., Brandeis M., Shemer R., Urven L., McCarrey J., Cedar H., and Razin A. 1992. Developmental pattern of gene-specific DNA methylation in the mouse embryo and germ line. *Genes Dev.* **6:** 705–714.

Kalantry S., Manning S., Haub O., Tomihara-Newberger C., Lee H.G., Fangman J., Disteche C.M., Manova K., and Lacy E. 2001. The *amnionless* gene, essential for mouse gastrulation, encodes a visceral-endoderm-specific protein with an extracellular cysteine-rich domain. *Nat. Genet.* **27:** 412–416.

Kanai-Azuma M., Kanai Y., Gad J.M., Tajima Y., Taya C., Kurohmaru M., Sanai Y., Yonekawa H., Yazaki K., Tam P.P., and Hayashi Y. 2002. Depletion of definitive gut endoderm in *Sox17*-null mutant mice. *Development* **129:** 2367–2379.

Kaufman M.H. 1982. The chromosome complement of single-pronuclear haploid mouse embryos following activation by ethanol treatment. *J. Embryol. Exp. Morphol.* **71:** 139–154.

———. 1983b. Ethanol-induced chromosomal abnormalities at conception. *Nature* **302:** 258–260.

———. 1992. *The atlas of mouse development.* Academic Press, London.

Kaufman M.H., Barton S.C., and Surani M.A.H. 1977. Normal post-implantation development of mouse parthenogenetic embryos to the forelimb bud stage. *Nature* **265:** 53–55.

Kelly S.J. 1977. Studies on the development potential of 4- and 8-cell stage mouse blastomeres. *J. Exp. Zool.* **200:** 365–376.

Keshet E., Lyman S.D., Williams D.E., Anderson D.M., Jenkins N.A., Copeland N.G., and Parada L.F. 1991. Embryonic RNA expression patterns of the c-kit receptor and its cognate ligand suggest multiple functional roles in mouse development. *EMBO J.* **9:** 2425–2435.

Kessel M. and Gruss P. 1991. Homeotic transformations of murine vertebrae and concomitant alteration of Hox codes induced by retinoic acid. *Cell* **67:** 89–104.

Kidder G.M. 1992. The genetic program for preimplantation development. *Dev. Genet.* **13:** 319–325.

Kinder S.J., Tsang T.E., Wakamiya M., Sasaki H., Behringer R.R., Nagy A., and Tam P.P. 2001. The organizer of the mouse gastrula is composed of a dynamic population of progenitor cells for the axial mesoderm. *Development* **128:** 3623–3634.

Kisseberth W.C., Brettingen N.T., Lohse J.K., Sandgren E.P. 1999. Ubiquitous expression of marker transgenes in mice and rats. *Dev. Biol.* **214:** 128–138.

Kleinsmith, L.J. and Pierce G.B. 1964. Multipotentiality of single embryonal carcinoma cells. *Cancer Res.* **24:** 1544–1552.

Koopman P., Gubbay J., Vivian N., Goodfellow P., and Lovell-Badge R. 1991. Male development of chromosomally female mice transgenic for Sry. *Nature* **351:** 117–121.

Koopman P., Munsterberg A., Capel B., Vivian N., and Lovell-Badge R. 1990. Expression of a candidate sex-determining gene during mouse testis differentiation. *Nature* **348:** 450–452.

Koseki H., Wallin J., Wilting J., Mizutani Y., Kispert A., Ebensperger C., Herrmannn B.G., Christ B., and Balling R. 1993. A role for Pax-1 as a mediator of notochordal signals during the dorsoventral specification of vertebrae. *Development* **119:** 649–660.

Krauss S., Concordet J.-P., and Ingham P.W. 1993. A functionally conserved homolog of the *Drosophila* segment polarity gene hh is expressed in tissues with polarizing activity in zebrafish embryos. *Cell* **75:** 1431–1444.

Kratzer P.G., Chapman V.M., Lambert H., Evans R.E., and Liskay R.M.. 1983. Differences in the DNA of the inactive X chromosomes of fetal and extraembryonic tissues of mice. *Cell* **33:** 37–42.

Kurkinen M., Barlow D.P., Jenkins J.R., and Hogan B.L.M. 1983a. In vitro synthesis of laminin and entactin polypeptides. *J. Biol. Chem.* **258:** 6543–6548.

Kurkinen M., Barlow D.P., Helfman D., William J.G., and Hogan B.L.M. 1983b. cDNAs for basement membrane components. Type IV collagen. *Nucleic Acid Res.* **11:** 6199–6209.

Kusumi K., Sun E.S., Kerrebrock A.W., Bronson R.T., Chi D.C., Bulotsky M.S., Spencer J.B.,

Birren B.W., Frankel W.N., and Lander E.S. 1998. The mouse *pudgy* mutation disrupts Delta homologue *Dll3* and initiation of early somite boundaries. *Nat. Genet.* **19:** 274–278.

Kwon B.S., Haq A.K., Pomerantz S.H., and Halaban R. 1987. Isolation and sequence of a cDNA clone for human tyrosinase that maps at the mouse albino locus. *Proc. Natl. Acad. Sci.* **84:** 7473–7477.

Kyba M., Perlingeiro R.C., and Daley G.Q. 2002. HoxB4 confers definitive lymphoid-myeloid engraftment potential on embryonic stem cell and yolk sac hematopoietic progenitors. *Cell* **109:** 29–37.

Labosky P.A., Barlow D.P., and Hogan B.L.M. 1994. Embryonic germ cell lines and their derivation from mouse primordial germ cells. *CIBA Found. Symp.* **182:** 157–168.

Lane E.B., Hogan B.L.M., Kurkinen M., and Garrels J.I. 1983. Coexpression of vimentin and cytokeratins in parietal endoderm cells of the early mouse embryo. *Nature* **303:** 701–704.

Larue L., Ohsugi M., Hirchenhain J., and Kemler R. 1994. E-cadherin null mutant embryos fail to form a trophectoderm epithelium. *Proc. Natl. Acad. Sci.* **91:** 8263–8267.

Latham K.E., Garrels J.I., Chang C., and Solter D. 1991. Quantitative analysis of protein synthesis in mouse embryos. 1. Extensive reprogramming at the one- and two-cell stage. *Development* **112:** 921–932.

Lawson K.A. and Hage W.J. 1994. Clonal analysis of the origin of primordial germ cells in the mouse. *Ciba Found. Symp.* **182:** 68–84.

Lawson, K.A. and R.A. Pedersen. 1992. Clonal analysis of cell fate during gastrulation and early neurulation in the mouse. *Ciba Found. Symp.* **165:** 3–26.

Lawson K.A. Meneses J.J., and Pedersen R.A. 1991. Clonal analysis of epiblast fate during germ layer formation in the mouse embryo. *Development* **113:** 891–911.

Lawson K.A., Pedersen R.A., and van der Geer S. 1987. Cell fate, morphogenetic movement and population kinetics of embryonic endoderm at the time of germ layer formation in the mouse. *Development* **101:** 627–652.

Lehtonen E., Lehto V.-P., Paasivuo R., and Virtanen I. 1983a. Parietal and visceral endoderm differ in their expression of intermediate filaments. *EMBO J.* **2:** 1023–1028.

Lehtonen E., Lehto V.P., Vartio T., Badley R.A., and Virtanen I. 1983b. Expression of cytokeratin polypeptides in mouse oocytes and preimplantation embryos. *Dev. Biol.* **100:** 158–165.

Leivo I., Vaheri A., Timpl R., and Wartiovaara J.L. 1980. Appearance and distribution of collagens and laminin in the early mouse embryo. *Dev. Biol.* **76:** 100–114.

Le Mouellic H., Lallemand Y., and Brulet P. 1992. Homeosis in the mouse induced by a null mutation in the Hox-3.1 gene. *Cell* **69:** 251–264.

Lescisin K.R., Varmuza S., and Rossant J. 1988. Isolation and characterization of a novel trophoblast-specific cDNA in the mouse. *Genes Dev.* **2:** 1639–1646.

Lewis N.E. and Rossant J. 1982. Mechanism of size regulation in mouse embryo aggregates. *J. Embryol. Exp. Morphol.* **72:** 169–181.

Lindenbaum M.H. and Grosveld F. 1991. An in vitro globin switching model based on differentiated embryonic stem cells. *Genes Dev.* **4:** 2075–2085.

Liu P., Wakamiya M., Shea M.J., Albrecht U., Behringer R.R., and Bradley A. 1999. Requirement for *Wnt3* in vertebrate axis formation. *Nat. Genet.* **22:** 361–365.

Lo C.W. 1986. Localization of low abundance DNA sequences in tissue sections by in situ hybridization. *J. Cell Sci.* **81:** 143–162.

Lo C.W. and Gilula N. 1979. Gap junctional communication in the postimplantation mouse embryo. *Cell* **18:** 411–422.

Lo C.W., Coulling M., and Kirby C. 1987. Tracking of mouse cell lineage using microinjected DNA sequences: Analyses using genomic Southern blotting and tissue section in situ hybridizations. *Differentiation* **35:** 37–44.

Lobe C.G., Koop K.E., Kreppner W., Lomeli H., Gertsenstein M., and Nagy A. 1999. Z/AP, a double reporter for cre-mediated recombination. *Dev. Biol.* **208:** 281–292.

Loutit J.F. and Cattanach B.M. 1983. Haematopoietic role for Patch (Ph) revealed by new

W mutant (wct) in mice. *Genet. Res.* **42:** 23–39.

Lovell-Badge R. and Robertson E. 1990. XY female mice resulting from a heritable mutation in the primary testis-determining gene, *Tdy*. *Development* **109:** 635–646.

Lufkin T., Dierich A., LeMeur M., Mark M., and Chambon P. 1991. Disruption of the Hox-1.6 homeobox gene results in defects in a region corresponding to its rostral domain of expression. *Cell* **66:** 1105–1119.

Lumsden A.G.S. 1991. The development and significance of hindbrain segmentation. *Semin. Dev. Biol.* **1:** 117–126.

Lyon M.F. 1961. Gene action in the X chromosome of the mouse (*Mus musculus* L.). *Nature* **190:** 372–373.

Lyon M.F. and Rastan S. 1984. Parental source of chromosome implantation and its relevance for X-chromosome inactivation. *Differentiation* **26:** 63–67.

Lyon M.F. and Searle A.G., eds. 1989. *Genetic variants and strains of the laboratory mouse,* 2nd edition. Oxford University Press, England.

Lyons K.M., Jones C.M., and Hogan B.L.M. 1992. The TGF-β-related DVR gene family in mammalian development. *Ciba Found. Symp.* **165:** 219–230.

Lyons K.M., Pelton R.W., and Hogan B.L.M. 1989. Patterns of expression of murine Vgr-1 and BMP-2a RNA suggest that transforming growth factor-β-like genes co-ordinately regulate aspects of embryonic development. *Genes Dev.* **3:** 1657–1668.

MacAuley A., Werb Z., and Mirkes P.E. 1993. Characterization of the unusually rapid cell cycles during rat gastrulation. *Development* **117:** 873–883.

Mann J.R., Gadi I., Harbison M.L., Abbondanzo S.J., and Stewart C.L. 1990. Androgenetic mouse embryonic stem cells are pluripotent and cause skeletal defects in chimeras: Implications for genetic imprinting. *Cell* **62:** 251–260.

Manova K. and Bachvarova R.F. 1991. Expression of c-kit encoded at the W locus of mice in developing embryonic germ cells and presumptive melanoblasts. *Dev. Biol.* **146:** 312–324.

Manova K., Nocka K., Besmer P., and Bachvarova R.F. 1990. Gonadal expression of c-kit encoded at the W locus of the mouse. *Development* **110:** 1057–1069.

Manova K., Huang E.J., Angeles M., De Leon V., Sanchez S., Pronovost S.M., Besmer P., and Bachvarova R.F. 1993. The expression pattern of the c-kit ligand in gonads of mice supports a role for the c-kit receptor in oocyte growth and in proliferation of spermatogonia. *Dev. Biol.* **157:** 85–99.

Mantalenakis S.J. and Ketchel M.M. 1966. Frequency and extent of delayed implantation in lactating rats and mice. *J. Reprod. Fertil.* **12:** 391–394.

Mao X., Fujiwara Y., and Orkin S.H. 1999. Improved reporter strain for monitoring Cre recombinase-mediated DNA excisions in mice. *Proc. Natl. Acad. Sci.* **96:** 5037–5042.

Maro B., Johnson M.H., Pickering S.J., and Flach G. 1984. Changes in actin distribution during fertilization of the mouse egg. *J. Embryol. Exp. Morphol.* **81:** 211–237.

Marotti K.R., Belin D., and Strickland S. 1982. The production of distinct forms of plasminogen activator by mouse embryonic cells. *Dev. Biol.* **90:** 154–159.

Martin G.R. 1980. Teratocarcinoma and mammalian embryogenesis. *Science* **209:** 768–776.

———. 1981. Isolation of a pluripotent cell line from early mouse embryos cultured in medium conditioned by teratocarcinoma stem cells. *Proc. Natl. Acad. Sci.* **78:** 7634–7636.

Martin G.R. and Lock L.F. 1983. Pluripotent cell lines derived from early mouse embryos cultured in medium conditioned by teratocarcinoma stem cells. *Cold Spring Harbor Conf. Cell Proliferation* **10:** 635–646.

Matsui Y., Zsebo K., and Hogan B.L.M. 1992. Derivation of pluripotent embryonic stem cells from murine primordial germ cells in culture. *Cell* **70:** 841–847.

Matzuk M.M., Burns K.H., Viveiros M.M., and Eppig J.J. 2002. Intercellular communication in the mammalian ovary: Oocytes carry the conversation. *Science* **296:** 2178–2180.

Mayer T.C. 1973. Site of gene action in Steel mice: Analysis of the pigment defect by mesodermal-ectodermal recombinations. *J. Exp. Zool.* **184:** 345–352.

McCoshen J.A. and McCallion D.J. 1975. A study of the primordial germ cells during their migratory phase in Steel mutant mice. *Experientia* **31:** 589–590.

McGinnis W. and Krumlauf R. 1992. Homeobox genes and axial patterning. *Cell* **68:** 283–302.

McGrath J. and Solter D. 1984a. Maternal T-hp lethality in the mouse is a nuclear, not cytoplasmic defect. *Nature* **308:** 550–551.

———. 1984b. Completion of mouse embryogenesis requires both the maternal and paternal genomes. *Cell* **37:** 179–183.

———. 1984c. Inability of mouse blastomere nuclei transferred to enucleated zygotes to support development in vitro. *Science* **226:** 1317–1319.

McLaren A. 1968. A study of blastocysts during delay and subsequent implantation in lactating mice. *J. Endocrinol.* **42:** 453–463.

McLaren A. 1983. Does the chromosomal sex of a mouse germ cell affect its development. In *7th Symposium of British Society for Developmental Biology* (ed. A. McLaren and C.C. Wylie), pp. 225–240. Cambridge University Press, England.

———. 1984. Germ cell lineages. In *Chimeras in developmental biology* (ed. N.L. Douarin and A. McLaren), pp. 111–129. Academic Press, London.

Meehan R.R., Barlow D.P., Hill R.E., Hogan B.L.M., and Hastie N.D. 1984. Pattern of serum protein gene expression in mouse visceral yolk sac and fetal liver. *EMBO J.* **3:** 1881–1885.

Meier S. and Tam P.P.L. 1982. Metameric pattern development in the embryonic axis of the mouse. I. Differentiation of the cranial segments. *Differentiation* **21:** 95–108.

Mercer J.A., Seperack P.K., Strobel M.C., Copeland N.G., and Jenkins N.A. 1991. Novel myosin heavy chain encoded by murine dilute coat color locus. *Nature* **349:** 709–713.

Michaud E.J., Bultman S.J., Stubbs L.J., and Woychik R.P. 1993. The embryonic lethality of homozygous lethal yellow mice (Ay/Ay) is associated with the disruption of a novel RNA-binding protein. *Genes Dev.* **7:** 1203–1213.

Michaud E.J., Bultman S.J., Klebig M.L., van Vugt M.J., Stubbs L.J., Russell L.B., and Woychik R.P. 1994. A molecular model for the genetic and phenotypic characteristics of the mouse lethal yellow (Ay) mutation. *Proc. Natl. Acad. Sci.* **91:** 2562–2566.

Miller M.W., Duhl D.M.J., Vrieling H., Cordes S.P., Ollman M.M., Winkes B.M., and Barsh G.S. 1993. Cloning of the mouse agouti gene predicts a secreted protein ubiquitously expressed in mice carrying the lethal yellow mutation. *Genes Dev.* **7:** 454–467.

Mintz B. and Illmensee K. 1975. Normal genetically mosaic mice produced from malignant teratocarcinoma cells. *Proc. Natl. Acad. Sci.* **72:** 3585-3589.

Mintz B. and Russell E.S. 1957. Gene induced embryological modifications of primordial germ cells. *J. Exp. Zool.* **134:** 207–239.

Molyneaux K.A., Stallock J., Schaible K., and Wylie C. 2001. Time-lapse analysis of living mouse germ cell migration. *Dev. Biol.* **240:** 488–498.

Monaghan A.P., Kaestner K.H., Grau E., and Schutz G. 1993. Postimplantation expression patterns indicate a role for the mouse forkhead/HNF-3α, β and γ genes in determination of the definitive endoderm, chordamesoderm and neuroectoderm. *Development* **119:** 567–578.

Monk M. and McLaren A. 1981. X-chromosome activity in foetal germ cells of the mouse. *J. Embryol. Exp. Morphol.* **63:** 75–84.

Monk M., Boubelik M., and Lehnert S. 1987. Temporal and regional changes in DNA methylation in the embryonic, extraembryonic and germ cell lineages during mouse embryo development. *Development* **99:** 371–382.

Morris R.J. and Barber P.C. 1983. Fixation of Thy-1 in nervous tissue for immunochemistry. *J. Histol. Cytochem.* **31:** 263–274.

Mullen R.J. 1977. Site of Ped gene action and Purkinje cell mosaicism in cerebella of chimeric mice. *Nature* **270:** 245–247.

Muller R., Verma I.M., and Adamson E.D. 1983. Expression of c-onc genes: c-fos transcripts accumulate to high levels during development of mouse placenta, yolk sac and amnion. *EMBO J.* **2:** 679–684.

Mutter G.L., Grills G.S., and Wolgemuth D.J. 1988. Evidence for the involvement of the proto-oncogene c-mos in mammalian meiotic maturation and possibly very early embryogenesis. *EMBO J.* **7:** 683–689.

Nabeshima Y., Hanaoka K., Hayasaka M., Esumi E., Li S., Nonaka I., and Nabeshima Y. 1993. Myogenin gene disruption results in perinatal lethality because of severe muscle defect. *Nature* **364:** 532–535.

Nadijcka M. and Hillman N. 1974. Ultrastructural studies of the mouse blastocyst substages. *J. Embryol. Exp. Morphol.* **32:** 675–695.

Niederreither K., Subbarayan V., Dolle P., and Chambon P. 1999. Embryonic retinoic acid synthesis is essential for early mouse post-implantation development. *Nat. Genet.* **21:** 444–448.

Nieto M.A., Gilardi-Hebenstreit P., Charnay P., and Wilkinson D.G. 1992. A receptor protein tyrosine kinase implicated in the segmental patterning of the hindbrain and mesoderm. *Development* **116:** 1137–1150.

Niswander L. and Martin G.R. 1992. Fgf-4 expression during gastrulation, myogenesis, limb and tooth development in the mouse. *Development* **115:** 755–768.

Niwa H., Miyazaki J., and Smith A.G. 2000. Quantitative expression of *Oct-3/4* defines differentiation, dedifferentiation or self-renewal of ES cells. *Nat. Genet.* **24:** 372–376.

Nocka K., Majumder S., Chabot B., Ray P., Cervone M., Bernstein A., and Besmer P. 1989. Expression of c-kit gene products in known cellular targets of W mutations in normal and W mutant mice—Evidence for an impaired c-kit kinase in mutant mice. *Genes Dev.* **3:** 816–826.

Nomura T., Ohsawa N., Tamaoki N., and Fujiura K., eds. 1977. *Proceedings of the 2nd International Workshop on Nude Mice*. University of Tokyo Press, Japan.

Novak A., Guo C., Yang W., Nagy A., and Lobe C.G. 2000. Z/EG, a double reporter mouse line that expresses enhanced green fluorescent protein upon Cre-mediated excision. *Genesis* **28:** 147–155.

O'Brien M.J., Wigglesworth K., and Eppig J.J. 1993. Mouse oocyte and embryo culture. *Methods Reprod. Toxicol.* **3:** 128–141.

Oka C., Nakano T., Wakeham A., de la Pompa J.L., Mori C., Sakai T., Okazaki S., Kawaichi M., Shiota K., Mak T.W., and Honjo T. 1995. Disruption of the mouse RBP-J kappa gene results in early embryonic death. *Development* **121:** 3291–3301.

Okabe M., Ikawa M., Kominami K., Nakanishi T., and Nishimune Y. 1997. "Green mice" as a source of ubiquitous green cells. *FEBS Lett.* **407:** 313–319.

O'Keefe S.J., Kiessling A.A., and Cooper G.M. 1991. The c-mos gene product is required for cyclin B accumulation during meiosis of mouse eggs. *Proc. Natl. Acad. Sci.* **88:** 7869–7872.

O'Keefe S.J., Wolfes H., Kiessling A.A., and Cooper G.M. 1989. Microinjection of antisense c-mos oligonucleotides prevents meiosis II in the maturing mouse egg. *Proc. Natl. Acad. Sci.* **86:** 7038–7042.

Ordahl C.P. 1993. Myogenic lineages within the developing somite. In Bernfield M. (Ed.) *Molecular basis of morphogenesis*. John Wiley and Sons, New York.

Osumi-Yamashita N., Ninomiya Y., Doi H., and Eto K. 1994. The contribution of both forebrain and midbrain crest cells to the mesenchyme in the frontonasal mass of mouse embryos. *Dev. Biol.* **164:** 409–419.

Ott M.-O., Bober E., Lyons G., Arnold H., and Buckingham M. 1991. Early expression of the myogenic regulatory gene myf-5 in precursor cells of skeletal muscle in the mouse embryo. *Development* **111:** 1097–1107.

Ozawa M., Ringwald M., and Kemler R. 1990. Uvomorulin-catenin complex formation is regulated by a specific domain in the cytoplasmic region of the cell adhesion molecule. *Proc. Natl. Acad. Sci.* **87:** 4246–4250.

Ozdenski, W. 1967. Observations on the origin of the primordial germ cells in the mouse. *Zool. Pol.* **17:** 65–78.

Palmieri S.L., Payne J., Stiles C.D., Bigger J.D., and Mercola M. 1992. Expression of mouse PDGF-A and PDGF α-receptor genes during pre- and post-implantation development: Evidence for a developmental shift from an autocrine to a paracrine mode of action. *Mech. Dev.* **39:** 181–191.

Papaioannou V.E. and Rossant J. 1983. Effects of the embryonic environment on proliferation and differentiation of embryonal carcinoma cells. *Cancer Surv.* **2:** 165–183.

Papaioannou V.E., McBurney M.W., Gardner R.L., and Evans M.J. 1975. Fate of teratocarcinoma cells injected into early mouse embryos. *Nature* **258:** 70–73.

Paria B.C., Jones K.L., Flanders K.C., and Dey S.K. 1992. Localization and binding of transforming growth factor-β isoforms in mouse preimplantation embryos and in delayed and activated blastocysts. *Dev. Biol.* **151:** 91–104.

Patapoutian A., Yoon J.K., Miner J.H., Wang S., Stark K., and Wold B. 1995. Disruption of the mouse *MRF4* gene identifies multiple waves of myogenesis in the mouse. *Development* **121:** 3347–3358.

Paules R.S., Buccione R., Moschel R.C., Vande Woude G.F., and Eppig J.J. 1989. Mouse Mos proto-oncogene product is present and functions during oogenesis. *Proc. Natl. Acad. Sci.* **86:** 5395–5399.

Pedersen R.A. 1986. Potency, lineage and allocation in preimplantation mouse embryos. In *Experimental approaches to mammalian embryonic development* (ed. J. Rossant and R.A. Pedersen), pp. 3–33. Cambridge University Press, New York.

Petters R.M. and Markert C.L. 1980. Production and reproductive performance of hexaparental and octoparental mice. *J. Hered.* **71:** 70–74.

Peyrieras N., Hyafil F., Louvard D., Ploegh H.L., and Jacob F. 1983. Uvomorulin, a non-integral membrane protein of early mouse embryo. *Proc. Natl. Acad. Sci.* **80:** 6274–6277.

Piotrowska K. and Zernicka-Goetz M. 2001. Role for sperm in spatial patterning of the early mouse embryo. *Nature* **409:** 517–521.

Placzek M., Jessell T.M., and Dodd J. 1993. Induction of floor plate differentiation by contact-dependent, homeogenetic signals. *Development* **117:** 205–218.

Poelmann R.E. 1981. The head process and the formation of the definitive endoderm in the mouse embryo. *Anat. Embryol.* **162:** 41–49.

Pollard J.W., Hunt J.S., Wiktor-Jedrzejczak W., and Stanley E.R. 1991. A pregnancy defect in the osteopetrotic (op/op) mouse demonstrates the requirement for CSF-1 in female fertility. *Dev. Biol.* **148:** 273–283.

Ponder B.A.T., Wilkinson M.M., and Wood M. 1983. H2 antigens as a marker of cellular genotype in chimeric mice. *J. Embryol. Exp. Morphol.* **76:** 83–93.

Potten C.S. 1985. *Radiation and skin.* Taylor and Francis, London.

Pourquié O. 2001. Vertebrate somitogenesis. *Annu. Rev. Cell Dev. Biol.* **17:** 311–350.

Pourquié O. and Tam P.P. 2001. A nomenclature for prospective somites and phases of cyclic gene expression in the presomitic mesoderm. *Dev. Cell* **1:** 619–620.

Pourquié O., Coltey M., Teillet M.A., Ordahl C., Le Douarin N.M. 1993. Control of dorsoventral patterning of somitic derivatives by notochord and floor plate. *Proc. Natl. Acad. Sci.* **90:** 5242–5246.

Pratt H. 1989. Marking time and making space: Chronology and topography in the early mouse embryo. *Int. Rev. Cytol.* **117:** 99–130.

Pratt H.P.M., Bolton V.N., and Gudgeon K.A. 1983. The legacy from the oocyte and its role in controlling early development of the mouse embryo. *CIBA Found. Symp.* **98:** 197–227.

Price J., Turner D., and Cepko C. 1987. Lineage analysis in the vertebrate nervous system by retrovirus mediated gene transfer. *Proc. Natl. Acad. Sci.* **84:** 158–160.

Puelles L. and Rubenstein J.L.R. 1993. Expression patterns of homeobox and other putative regulatory genes in the embryonic mouse forebrain suggest a neuromeric organization. *Trends Neurosci.* **16:** 472–479.

Rands G. 1987. Size regulation in the mouse embryo. *J. Embryol. Exp. Morphol.* **94:** 139–148.

Rappolee D.A., Brenner C.A., Schultz R., Mark D., and Werb Z. 1988. Developmental expression of PDGF, TGF-α, and TGF-β genes in preimplantation mouse embryos. *Science* **241:** 1823–1825.

Rappolee D.A., Sturm K.S., Behrendtsen O., Schultz G.A., Pederson R.A., and Werb Z. 1992. Insulin-like growth factor II acts through an endogenous growth pathway regulated by imprinting in early mouse embryos. *Genes Dev.* **6:** 939–952.

Rastan S. and Robertson E.J. 1985. X-chromosome deletions in embryo-derived (EK) cell lines associated with lack of X-chromosome inactivation. *J. Embryol. Exp. Morphol.* **90:** 379–388.

Reeve W.J.D. and Ziomek C.A. 1981. Distribution of microvilli on dissociated blastomeres from mouse embryos: Evidence for surface polarization at compaction. *J. Embryol. Exp. Morphol.* **62:** 339–350.

Regenstreif L.J. and Rossant J. 1989. Expression of the c-fms proto-oncogene and of the cytokine, CSF-1, during mouse embryogenesis. *Dev. Biol.* **133:** 284–294.

Resnick J.L., Bixler L.S., Cheng L., and Donovan P.J. 1992. Long-term proliferation of mouse primordial germ cells in culture. *Nature* **359:** 550–551.

Rhinn M., Dierich A., Shawlot W., Behringer R.R., Le Meur M., and Ang S.L. 1998. Sequential roles for Otx2 in visceral endoderm and neuroectoderm for forebrain and midbrain induction and specification. *Development* **125:** 845–856.

Richards J.S., Jahnsen T., Hedin L., Lifka J., Ratoosh S., Durica J.M., and Goldring N.B. 1987. Ovarian follicular development: From physiology to molecular biology. *Recent Prog. Hormone Res.* **43:** 231–270.

Riddle R.D., Johnson R.L., Laufer E., and Tabin C. 1993. Sonic hedgehog mediates the polarizing activity of the ZPA. *Cell* **75:** 1401–1416.

Riethmacher D., Brinkmann V., and Birchmeier C. 1995. A targeted mutation in the mouse E-cadherin gene results in defective preimplantation development. *Proc. Natl. Acad. Sci.* **92:** 855–859.

Robbins L.S., Nadeau J.H., Johnson K.R., Kelly M.A., Roselli-Rehfuss L., Baack E., Mountjoy K.G., and Cone R.D. 1993. Pigmentation phenotypes of variant extension locus alleles result from point mutations that alter MSH receptor function. *Cell* **72:** 827–834.

Rong P.M., Teillet M.-A., Ziller C., and Le Douarin N.M. 1992. The neural tube/notochord is necessary for vertebral but not limb and body wall striated muscle differentiation. *Development* **115:** 657–672.

Rosiere T.K. and Wasserman P.M. 1992. Identification of a region of mouse zona pellucida glycoprotein mZP3 that possesses sperm receptor activity. *Dev. Biol.* **154:** 309–317.

Rosner M.H., Vigano M.A., Ozato K., Timmons P.M., Poirier F., Rigby P.W.J., and Staudt L.M. 1990. A POU-domain transcription factor in early stem cells and germ cells of the mammalian embryo. *Nature* **345:** 686–692.

Rossant J. 1985. Interspecific cell markers and lineage in mammals. *Philos. Trans. R. Soc. Lond. B.* **312:** 91–100.

Rossant J. and Cross J.A. 2002. Extraembryonic lineages. In *Mouse development: Patterning, morphogenesis, organogenesis* (ed. J. Rossant and P.P.L. Tam), pp. 155–180. Academic Press, San Diego.

Rossant J. and Croy B.A. 1985. Genetic identification of tissue of origin of cellular populations within the mouse placenta. *J. Embryol. Exp. Morphol.* **86:** 177–189.

Rothstein J.L., Johnson D., DeLoia J.A., Skowronski J., Solter D., and Knowles B. 1992. Gene expression during preimplantation mouse development. *Genes Dev.* **6:** 1190–1201.

Rubenstein J.L., Shimamura K., Martinez S., and Puelles L. 1998. Regionalization of the prosencephalic neural plate. *Annu. Rev. Neurosci.* **21:** 445–477.

Rudnicki M.A., Braun T., Hinuma S., and Jaenisch R. 1992. Inactivation of MyoD in mice leads to up-regulation of the myogenic HLH gene Myf-5 and results in apparently normal muscle development. *Cell* **71:** 383–390.

Rudnicki M.A., Schnegelsberg P.N., Stead R.H., Braun T., Arnold H.H., and Jaenisch R. 1993. MyoD or Myf-5 is required for the formation of skeletal muscle. *Cell* **75:** 1351–1359.

Sallés F.J., Darrow A.L., O'Connell M.L., and Strickland S. 1992. Isolation of novel murine maternal mRNAs regulated by cytoplasmic polyadenylation. *Genes Dev.* **6:** 1202–1212.

Sanes J.R., Rubenstein J.L.R., and Nicolas J.-F. 1986. Use of a recombinant retrovirus to study post-implantation cell lineage in mouse embryos. *EMBO J.* **5:** 3133–3142.

Sasaki H. and Hogan B.L.M. 1993. Differential expression of multiple fork head related genes during gastrulation and axial pattern formation in the mouse embryo. *Development* **118:** 47–59.

Sasaki H. and Hogan B.L.M.. 1994. HNF-3β as a regulator of floorplate development. *Cell* **76:** 103–115.

Sassoon D., Lyons G., Wright W., Lin V., Lasar A., Weintraub H., and Buckingham M. 1989. Expression of two myogenic regulatory factors myogenin and MyoD1 during mouse embryogenesis. *Nature* **341:** 303–307.

Sausedo R.A. and Schoenwolf G.C. 1994. Quantitative analyses of cell behaviours underlying notochord formation and extension in mouse embryos. *Anat. Rec.* **239:** 103–112.

Saxen, L. 1987. *Organogenesis of the kidney*. Cambridge University Press, England.

Saxen L., Karkinen-Jaaskelainen M., Lehtonen E., Nordling S., and Wartiovaara J. 1976. Inductive tissue interactions. In *Cell surface interactions in embryogenesis* (ed. G. Poste and G.L. Nicholson), pp. 331–407. North-Holland, Amsterdam.

Schatten G., Simmerly C., and Schatten H. 1985. Microtubule configuration during fertilization, mitosis, and early development in the mouse and the requirement for egg microtubule mediated motility during mammalian fertilization. *Proc. Natl. Acad. Sci.* **82:** 4152–4156.

Schmidt G.H., Wilkinson M.M., and Ponder B.A. 1985. Cell migration pathway in the intestional epithelium: An in situ marker system using mouse aggregation chimeras. *Cell* **40:** 425–429.

Schoenwolf G.C. 1984. Histological and ultrastructural studies of secondary neurulation in mouse embryos. *Am. J. Anat.* **169:** 361–376.

Schoenwolf G. and Smith J.L. 1990. Mechanisms of neurulation: Traditional viewpoint and recent advances. *Development* **109:** 243–270.

Schoenwolf G.C., Garcia-Martinez V., and Dias M.-S. 1992. Mesoderm movement and fate during avian gastrulation and neurulation. *Dev. Dynam.* **193:** 235–248.

Scholer H.R., Dressler G.R., Balling R., Rohdewohld H., and Gruss P. 1990a. Oct-4: A germline-specific transcription factor mapping to the mouse t-complex. *EMBO J.* **9:** 2185–2195.

Scholer H., Ruppert S., Suzuki N., Chowdhury K., and Gruss P. 1990b. New type of POU domain in germ line-specific protein Oct-4. *Nature* **344:** 435–439.

Schultz R.M. 1986. Molecular aspects of mammalian oocyte growth and maturation. In *Experimental approaches to mammalian embryonic development* (ed. J. Rossant and R.A. Pederson), pp. 195–237. Cambridge University Press, England.

Schultz R.M., Letourneau G.E., and Wassarman P.M. 1979. Program of early development in the mammal. Changes in the patterns and absolute rates of tubulin and total protein synthesis during oocyte growth in the mouse. *Dev. Biol.* **73:** 120–133.

Selleck M.A. and Stern C.D. 1991. Fate mapping and cell lineage analysis of Hensen's node in the chick embryo. *Development* **112:** 615–626.

Semoff S., Hogan B.L.M., and Hopkins C.R. 1982. Localisation of fibronectin, laminin and entactin in Reichert's membrane by immunoelectron microscopy. *EMBO J.* **1:** 1171–1175.

Serbedzija G.N., Bronner-Fraser M., and Fraser S.E. 1989. A vital dye analysis of the timing and pathways of avian trunk neural crest cell migration. *Development* **106:** 809–816.

———. 1992. Vital dye analysis of cranial neural crest cell migration in the mouse embryo. *Development* **116:** 297–307.

———. 1990. Pathways of trunk neural crest cell migration in the mouse embryo as revealed by vital dye labelling. *Development* **108:** 605–612.

Serbedzija G.N., Burgan S., Fraser S.E., and Bronner-Fraser M. 1991. Vital dye labelling demonstrates a sacral neural crest cell contribution to the enteric nervous system of chick and mouse embryos. *Development* **111:** 857–866.

Sham M.H., Vesque C., Nonchev S., Marshall H., Frain M., Das Gupta R., Whiting G.J., Wilkinson D., Charnay P., and Krumlauf R. 1993. The zinc finger gene Krox 20 regu-

lates Hox B2 (Hox 2.8) during hindbrain segmentation. *Cell* **72:** 183–196.
Shawlot W., Wakamiya M., Kwan K.M., Kania A., Jessell T.M., Behringer R.R. 1999. Lim1 is required in both primitive streak-derived tissues and visceral endoderm for head formation in the mouse. *Development* **126:** 4925–4932.
Silvers W.K. 1979. *The coat colors of mice: A model for mammalian gene action and interaction.* Springer-Verlag, New York.
Simeone A., Acampora D., Gulisano M., Stornaiuolo A., and Boncinelli E. 1992. Nested expression domains of four homeobox genes in developing rostral brain. *Nature* **358:** 687–690.
Sinclair A.H., Berta P., Palmer M.S., Hawkins J.R., Griffiths B.L., Smith M.J., Foster J.W., Frischauf A.M., Lovell-Badge R., and Goodfellow P.N. 1990. A gene from the human sex-determining region encodes a protein with homology to a conserved DNA-binding motif. *Nature* **346:** 240–244.
Smith A.G. and Rathjen P.D. 1991. Embryonic stem cells, differentiation inhibiting activity, and the mouse embryo. *Semin. Dev. Biol.* **2:** 317–328.
Smith A.G., Nichols J., Robertson M., and Rathjen P. 1992. Differentiation inhibiting activity (DIA-LIF) and mouse development. *Dev. Biol.* **151:** 339–351.
Smith K.K. and Strickland S. 1981. Structural components and characteristics of Reichert's membrane, an extraembryonic basement membrane. *J. Biol. Chem.* **256:** 4654–4661.
Smith L.J. 1985. Embryonic axis orientation in the mouse and its correlation with blastocyst relationships to the uterus. II. Relationships from 4.5 to 9.5 days. *J. Embryol. Exp. Morphol.* **89:** 15–35.
Snow M.H.L. 1977. Gastrulation in the mouse: Growth and regionalization of the epiblast. *J. Embryol. Exp. Morphol.* **42:** 293–303.
———. 1981. Autonomous development of parts isolated from primitive-streak-stage mouse embryos. Is development clonal? *J. Embryol. Exp. Morphol.* (suppl.) **65:** 269–287.
Snow M.H.L., Tam P.P.L., and McLaren A. 1981. On the control and regulation of size and morphogenesis in mammalian embryos. In *Levels of genetic control in development* (ed. S. Subtleny and U.K. Abbott), pp. 201–217. Alan Liss, New York.
Soares M.J., Julian J.A., and Glasser S.R. 1985. Trophoblast giant cell release of placental lactogens: Temporal and regional characteristics. *Dev. Biol.* **107:** 520–526.
Solter D. 1988. Differential imprinting and expression of maternal and paternal genomes. *Annu. Rev. Genet.* **22:** 127–146.
———. 2000. Mammalian cloning: Advances and limitations. *Nat. Rev. Genet.* **1:** 199–207.
Solter D., Adams N., Damjanov I., and Koprowski H. 1975. Control of teratocarcino-genesis. In *Teratomas and differentiation* (ed. M.I. Sherman and D. Solter), pp. 139–159. Academic Press, New York.
Soriano P. 1999. Generalized *lacZ* expression with the ROSA26 Cre reporter strain. *Nat. Genet.* **21:** 70–71.
Stevens L.C. 1967. The biology of teratomas. *Adv. Morphog.* **6:** 1–31.
———. 1983. Testicular, ovarian and embryo-derived teratomas. *Cancer Surv.* **2:** 75–91.
Stewart C.L., Gadi I., and Bhatt H. 1994. Stem cells from primordial germ cells can reenter the germ line. *Dev. Biol.* **161:** 626–628.
Stewart C.L., Kaspar P., Brunet L.J., Bhatt H., Gadi I., Kontgen F., and Abbondanzo S.J. 1992. Blastocyst implantation depends on maternal expression of leukemia inhibitory factor. *Nature* **359:** 76–79.
Stewart T.A. and Mintz B. 1982. Recurrent germ line transmission of the teratocarcinoma genome from the METT-1 culture line to progeny in vivo. *J. Exp. Zool.* **224:** 465–471.
Strickland S. and Richards W.G. 1992. Invasion of the trophoblasts. *Cell* **71:** 355–357.
Strickland S., Huarte J., Belin D., Vassalli A., Rickles R.J., and Vassalli J.-D. 1988. Antisense RNA directed against the 3′ noncoding region prevents dormant mRNA activation in mouse oocytes. *Science* **241:** 680–684.
Srinivas S., Watanabe T., Lin C.S., William C.M., Tanabe Y., Jessell T.M., and Costantini F. 2001. Cre reporter strains produced by targeted insertion of EYFP and ECFP into the ROSA26 locus. *BMC Dev. Biol.* **1:** 4.

Sulik K.K. and Schoenwolf G.C. 1985. Highlight of craniofacial morphogenesis in mammalian embryos, as revealed by scanning electron microscopy. *Scanning Electron Microsc.* **4:** 1735–1752.

Sulik K., Dehart D.B., Inagaki T., Carson J.L., Vrablic T., Gesteland K., and Schoenwolf G.C. 1994. Morphogenesis of the murine node and notochordal plate. *Dev. Dynamics* **201:** 260–278.

Sun X., Mariani F.V., and Martin G.R. 2002. Functions of FGF signalling from the apical ectodermal ridge in limb development. *Nature* **418:** 501–508.

Surani, M.A.H. and S.C. Barton. 1983. Development of gynogenetic eggs in the mouse: Implications for parthenogenetic embryos. *Science* **222:** 1034–1036.

Surani M.A., Kothary R., Allen N.D., Singh P.B., Fundele R., Ferguson-Smith A.C., and Barton S.C. 1990. Genome imprinting and development in the mouse. *Development* (suppl.) **90:** 89–98.

Swain A. and Lovell-Badge R. 1999. Mammalian sex determination: A molecular drama. *Genes Dev.* **13:** 755–767.

Swiatek P.J., Lindsell C.E., del Amo F.F., Weinmaster G., and Gridley T. 1994. Notch1 is essential for postimplantation development in mice. *Genes Dev.* **8:** 707–719.

Takagi N. and Sasaki M. 1975. Preferential inactivation of the paternally derived X chromosome in the extraembryonic membranes of the mouse. *Nature* **256:** 640–642.

Tam P.P.L. 1984. The histogenetic capacity of tissues in the caudal end of the embryonic axis of the mouse. *J. Embryol. Exp. Morphol.* **82:** 253–266.

———. 1989. Regionalisation of the mouse embryonic ectoderm: Allocation of prospective ectodermal tissues during gastrulation. *Development* **107:** 55–67.

Tam P.P.L. and Beddington R.S.P. 1986. The metameric organisation of the presomitic mesoderm and somite specification in the mouse embryo. In *Somites in developing embryos* (ed. R. Bellairs et al.), pp. 17–36. Plenum Press, New York.

———. 1987. The formation of mesodermal tissues in the mouse embryo during gastrulation and early organogenesis. *Development* **99:** 109–126.

———. 1992. Establishment and organisation of germ layers in the gastrulating mouse embryo. *CIBA Found. Symp.* **165:** 27–49.

Tam P.P. and Behringer R.R. 1997. Mouse gastrulation: The formation of a mammalian body plan. *Mech. Dev.* **68:** 3–25.

Tam P.P.L. and Snow M.H.L. 1981. Proliferation and migration of primordial germ cells during compensatory growth in mouse embryos. *J. Embryol. Exp. Morphol.* **64:** 133–147.

Tam P.P.L. and Tan S.-S. 1992. The somitogenetic potential of cells in the primitive streak and the tail bud of the organogenesis-stage mouse embryo. *Development* **115:** 703–715.

Tam P.P.L., Williams E.A., and Chan W.Y. 1993. Gastrulation in the mouse: Ultrastructural and molecular aspects of germ layer morphogenesis. *Microsc. Res. Tech.* **26:** 301–328.

Tam P.P., Steiner K.A., Zhou S.X., and Quinlan G.A. 1997. Lineage and functional analyses of the mouse organizer. *Cold Spring Harb. Symp. Quant. Biol.* **62:** 135–144.

Tam P.P., Gad J.M., Kinder S.J., Tsang T.E., Behringer R.R. 2001. Morphogenetic tissue movement and the establishment of body plan during development from blastocyst to gastrula in the mouse. *BioEssays* **23:** 508–517.

Tan S.S., Williams E.A., and Tam P.P.L. 1993. X-chromosome inactivation occurs at different times in different tissues of the post-implantation mouse embryo. *Nature Genet.* **3:** 170–174.

Tanaka S., Kunath T., Hadjantonakis A.K., Nagy A., and Rossant J. 1998. Promotion of trophoblast stem cell proliferation by FGF4. *Science* **282:** 2072–2075.

Tarkowski A.K. 1959. Experimental studies on regulation in the development of isolated blastomeres of mouse eggs. *Acta Theriol.* **3:** 191–267.

———. 1961. Mouse chimeras developed from fused eggs. *Nature* **184:** 1286–1287.

Theiler K. 1972. *The house mouse*. Springer-Verlag, New York.

———. 1983. *Embryology in the mouse in biomedical research*, vol. 3. Academic Press, New York.

Thomas P. and Beddington R. 1996. Anterior primitive endoderm may be responsible for

patterning the anterior neural plate in the mouse embryo. *Curr. Biol.* **6:** 1487–1496.
Thomas P.Q., Brown A., and Beddington R.S. 1998. *Hex*: A homeobox gene revealing peri-implantation asymmetry in the mouse embryo and an early transient marker of endothelial cell precursors. *Development* **125:** 85–94.
Tickle C., Alberts B., Wolpert L., and Lee J. 1982. Local application of retinoic acid to the limb bud mimics the action of the polarizing region. *Nature* **296:** 564–566.
Tilghman S.M. 1999. The sins of the fathers and mothers: Genomic imprinting in mammalian development. *Cell* **96:** 185–193.
Tilmann C. and Capel B. 2002. Cellular and molecular pathways regulating mammalian sex determination. *Recent Prog. Horm. Res.* **57:** 1–18.
Trainor P.A., Tan S.-S., and Tam P.P.L. 1994. Cranial paraxial mesoderm: Regionalization of cell fate and impact on craniofacial development in mouse embryos. *Development* **120:** 2397–2408.
Tsuchida T., Ensini M., Morton S.B., Baldassare M., Edlund T., Jessell T.M., and Pfaff S.L. 1994. Topographic organization of embryonic motor neurons defined by expression of LIM homeobox genes. *Cell* **79:** 957–970.
Tsunoda Y. and Kato Y. 1998. Not only inner cell mass cell nuclei but also trophectoderm nuclei of mouse blastocysts have a developmental totipotency. *J. Reprod. Fertil.* **113:** 181–184.
Vainio S. and Lin Y. 2002. Coordinating early kidney development: lessons from gene targeting. *Nat. Rev. Genet.* **3:** 533–543.
Van Blerkom J. 1981. Structural relationship and posttranslational modification of stage-specific proteins synthesised during early preimplantation development in the mouse. *Proc. Natl. Acad. Sci.* **78:** 7629–7633.
Varlet I., Collignon J., and Robertson E.J. 1997. *nodal* expression in the primitive endoderm is required for specification of the anterior axis during mouse gastrulation. *Development* **124:** 1033–1044.
Varmuza S., Prideaux V., Kothary R., and Rossant J. 1988. Polytene chromosomes in mouse trophoblast giant cells. *Development* **102:** 127–134.
von Baer K.E. 1828. *Uber die Entwicklungsgeschichte der Thiere.* Konigsberg, E. Prussia.
Wakayama T., Perry A.C., Zuccotti M., Johnson K.R., and Yanagimachi R. 1998. Full-term development of mice from enucleated oocytes injected with cumulus cell nuclei. *Nature* **394:** 369–374.
Wanek N., Muneoka K., Holler-Dinsmore G., Burton R., and Bryant S.V. 1989. A staging system for mouse limb development. *J. Exp. Zool.* **249:** 41–49.
Wartiovaara J., Leivo I., and Vaheri A. 1979. Expression of the cell surface-associated glycoprotein, fibronectin, in the early mouse embryo. *Dev. Biol.* **69:** 247–257.
Wassarman P.M. 1990. Profile of a mammalian sperm receptor. *Development* **108:** 1–17.
Wassarman P.M., Greve J.M., Perona R.M., Roller R.J., and Salzmann G.S. 1984. How mouse cells put on and take off their extracellular coat. In *Molecular biology of development* (ed. E. Davidson and R. Firtel), pp. 213–225. Alan Liss, New York.
Weber R.J., Pedersen R.A., Wianny F., Evans M.J., and Zernicka-Goetz M. 1999. Polarity of the mouse embryo is anticipated before implantation. *Development* **126:** 5591–5598.
Weng D.E., Morgan R.A., and Gearhart J.D. 1989. Estimates of mRNA abundance in the mouse blastocyst based on cDNA library analysis. *Mol. Reprod. Dev.* **1:** 233–241.
West J.D., Frels I., Chapman V.M., and Papaioannou V.E. 1977. Preferential expression of the maternally derived X chromosome in the mouse yolk sac. *Cell* **12:** 873–882.
Wichterle H., Lieberam I., Porter J.A., and Jessell T.M. 2002. Directed differentiation of embryonic stem cells into motor neurons. *Cell* **110:** 385–397.
Wiles M.V. and Keller G. 1991. Multiple haemopoietic lineages develop from embryonic stem (ES) cells in culture. *Development* **111:** 259–267.
Wiley L.M., Lever J.E., Pape C., and Kidder G.M. 1991. Antibodies to a renal Na+/glucose cotransport system localize to the apical plasma membrane domain of polar mouse embryo blastomeres. *Dev. Biol.* **143:** 149–161.
Wiley L.M., Wu J.-X., Harari I., and Adamson E.D. 1992. Epidermal growth factor recep-

tor mRNA and protein increase after the four-cell preimplantation stage in murine development. *Dev. Biol.* **149:** 247–260.

Wilkinson D.G., Bhatt S., Chavier P., Bravo R., and Charnay P. 1989. Segment-specific expression of a zinc-finger gene in the developing nervous system of the mouse. *Nature* **337:** 461–464.

Witte O. 1990. Steel locus defines new multipotent growth factor. *Cell* **63:** 5–6.

Wolpert L., Beddington R., Lawrence P., and Jessell T.M. 2002. *Principles of development*, 2nd ed. Oxford University Press, United Kingdom.

Yagi T. and Takeichi M. 2000. Cadherin superfamily genes: Functions, genomic organization, and neurologic diversity. *Genes Dev.* **14:** 1169–1180.

Yamada, T., S.L. Pfaff, T. Edlund, and T.M. Jessell. 1993. Control of cell pattern in the neural tube: Motor neuron induction by diffusible factors from notochord and floor plate. *Cell* **73:** 673–686.

Yamada T., Placzek M., Tanaka H., Dodd J., and Jessell T.M. 1991. Control of cell pattern in the developing nervous system: Polarizing activity of the floor plate and notochord. *Cell* **64:** 635–647.

Yoshida H., Hayashi S., Kunisada T., Ogawa M., Nishikawa S., Okamura H., Sudo T., Shultz L.D., and Nishikawa S. 1990. The murine mutation osteopetrosis is in the coding region of the macrophage colony stimulating factor gene. *Nature* **345:** 442–444.

Yoshinaga K. and Adams C.E. 1966. Delayed implantation in the spayed, progesterone treated adult mouse. *J. Reprod. Fertil.* **12:** 593–595.

Yu Y. and Bradley A. 2001. Engineering chromosomal rearrangements in mice. *Nat. Rev. Genet.* **2:** 780–790.

Zhang N. and Gridley T. 1998. Defects in somite formation in *lunatic fringe*-deficient mice. *Nature* **394:** 374–377.

Zhang W., Behringer R.R., and Olson E.N. 1995. Inactivation of the myogenic bHLH gene *MRF4* results in up-regulation of myogenin and rib anomalies. *Genes Dev.* **9:** 1388–1399.

Ziomek C.A. and Johnson M.H. 1980. Cell surface interaction induces polarization of mouse 8-cell blastomeres at compaction. *Cell* **21:** 935–942.

第3章

トランスジェニックマウスおよびキメラマウスの作出
概　　論

　遺伝子改変マウスを効率的に作出するためには，大量の受精卵と十分な数の偽妊娠代理母を，定期的に確保しなければならない。さらに，動物を健康に飼育する技術と，優良な繁殖技術をもっていなければならない。この章では，トランスジェニックおよび遺伝子ターゲッティング実験に適したマウスコロニーについて述べる。ここでは，適切な空調，温度，湿度および明暗管理ができ，ケージ洗浄，食餌貯蔵，水の供給，および獣医による管理が十分なされている動物実験施設を利用可能であることを前提として記述している。もちろん，こで記述したマウスの系統や週齢，匹数などは，各々の実験における必要性に応じて変更する必要がある。この章は，基本的にはマウスの遺伝子操作に関心のある研究者を対象としたものであるが，ほかの目的でマウス胚を用いる研究者にとっても同様に役立つはずである。この章では，遺伝子マッピングやコンジェニック系の樹立といった，より複雑な遺伝学実験に必要な繁殖技術については扱わない。これについては，Lyon and Searle（1989），Foster et al.（1981, 1982, 1983），およびhttp://www.informatics.jax.org/silver/ を参照されたい。また，マウスの生殖生理学についても詳しくは述べないが，これについてはWhittingham and Wood（1983）をみていただきたい。

目次

実験用マウスコロニーの疾病管理，132
ドナーおよびレシピエントマウス供給のための繁殖用コロニー，135
自然交配の設定，136
過排卵の誘起，137
 週齢と体重の影響，137
 性腺刺激ホルモンの量，138
 性腺刺激ホルモンの投与時間，138
 過排卵に適したマウスの系統，139
 繁殖用雄の繁殖能力，139
胚のドナーおよびレシピエントの準備，139
 DNA注入に用いる受精卵採取用雌マウス，139
 注入あるいは凝集によるES細胞キメラの作出に用いる
  胚盤胞および卵割期胚採取用雌マウス，141
 交配用種雄マウス，142
 偽妊娠代理母作製用の不妊雄マウス，142
 偽妊娠代理母レシピエント雌マウス，143
遺伝子改変マウスの命名法，144
プロトコール
 1．腹腔内注射，146
参考文献，147

トランスジェニックマウスやノックアウトマウスを作製するために必要な動物は，以下に説明する異なるカテゴリーに分けられる。

- DNA注入に用いる受精卵採取用雌マウス
- 注入あるいは凝集によるES細胞キメラの作出に用いる胚盤胞および卵割期胚採取用雌マウス
- 交配用種雄マウス
- 偽妊娠代理母作製用の不妊雄マウス
- 偽妊娠代理母レシピエント雄マウス

実験用マウスコロニーの疾病管理

 理想的には，実験用マウスは病原体の全くいない環境(SPF)で維持すべきである。マウスの一般的な感染症を予防できる設備をもつ動物施設の数は増加してはいるが，様々な封じ込めレベルに対応してコロニーの感染防御の程度は異なっている。多くの場合，動物施設の運営や動物の飼育法は研究機関の管理者によって決定されており，各々の研究者に介在の余地はない。しかし時には，研究者が動物施設の設計あるいは飼育法の確立に携わることもあるかもしれない。したがって，飼育法や動物施設の設計について全面的に論じるのはこの章の範疇を越えているが，遺伝子操作実験のためにマウスを扱っている研究者の立場から，様々な封じ込めの長所と短所を知っておくことは重要である。

 通常，一般的なコロニーにおいては，病原体のいないことが信頼できる業者から購入した

動物は検疫せずに搬入できる。病原体の侵入や流行の危険性を減らすためには，これらの動物を実験のために施設外に持ち出したり，検疫せずに再び戻したりすることがないようにする。そのようなコロニーは一般的な病原体，特にマウス肝炎ウイルス（MHV）に感染する恐れが非常に高い。

　最近では，ますます多くの動物施設がSPF施設として建設されており，いくつかの物理的バリアを備えている。最も管理の厳しいバリア施設では，すべての利用者に，施設に入る前のシャワーおよび滅菌ずみ衣服（帽子，長上着，靴カバー，マスク，手袋）の着装を義務づけ，食餌を含む施設内に搬入するすべてのものを高圧蒸気滅菌あるいは別の方法で（施設の封じ込めレベルに応じて）滅菌しなければならない。多くの場合，ノートやその他の私物は施設に持ち込むことはできない。さらなるレベルの封じ込めには，通常マイクロアイソレーターケージ，あるいは個別換気ケージ（IVC）を備えた部屋が必要である。このような施設に新しく搬入される動物はすべて（業者から購入した非感染性と思われるものも含めて）クリーニングする（第15章参照）か，少なくとも検疫し，病原体検査をしなければならない。一方，それほど管理の厳しくない簡易バリア施設では，これらの規定（シャワーや無菌服の着衣など）はないか，あるいは別の方法がとられている。すべてのバリア施設においては，一度施設外に出て病原体に曝された動物は検疫を経ずに元の施設に戻すことはできない。また，いかなるゲッ歯類（他施設のマウス，家庭用ペットなど）であれ，直前に接触をもった者は，施設の規則に従って通常1～5日間，施設内に立ち入らないことが重要である。

　一般的に，マウスコロニーの健康状態および設計は，SPF施設における運営方針を左右する。最も管理の厳しいSPF施設では，トランスジェニックの作出に用いる動物はすべてバリア内で繁殖し，胚への細胞およびDNAのマイクロインジェクション，胚移植，組織生検のような実験操作はすべて施設内で実施しなければならない。さらに，胚やマウスに導入される細胞は，いかなる細胞（例えばES細胞）であっても，最初にMAPテスト法（詳細は第8章参照）により病原微生物感染の有無を調べなければならない。理想的には，すべての遺伝子操作実験は，指定された組織培養エリアで，MAPテストを通過したES細胞およびフィーダー細胞のみを用いて実施されるべきである。そうでない場合は，検査が実施されるまでレシピエントを隔離しておかなければならない。このような検査が終わると，離乳された子はバリアの中に導入することができる。いくつかの施設では，MAPテストずみES細胞が使用されていても，この検査手続きが日常的に行われている。ES細胞を遠くに持ち運ぶ必要性をなくすために，組織培養エリアをマイクロインジェクション棟の近くに設定することが実用的である。

　胚を *in vitro* で操作し，その後SPFレシピエントに移植する場合，操作が行われる実験室の場所および清浄度は最も重要である。これについては，次のような3通りの方法が考えられる。（1）実験室はバリア動物施設内におき，DNA，ES細胞，備品，補給品および作業員は，汚染除去をした上でバリア内へ持ち込む，あるいは立ち入る。また，胚のドナーとレシピエントはバリア内で繁殖させる。（2）胚のドナーは搬入を考慮してバリア外におき，レシピエントはバリア内で繁殖させる。胚は採取，洗浄の後，バリア内に入れる。（3）実験室はバリア外におき，胚は操作が終了したのち，移植によりバリア内に導入する。

　これらのシステムにはそれぞれ長所と短所がある。すでに述べたように，一般的にバリア内で操作するのはより困難である。無菌状態の衣服・マスク・手袋を常時着用しなければならない。パウダーつき手袋は，前核へのマイクロインジェクション（第7章参照）用の針を詰まらせるという懸念がある。バリア内に持ち込まれるものにはすべて汚染の危険があり，除染する必要がある。胚操作前・途中・後の胚の培養に必要なインキュベーターは，望ましく

ない病原体をバリア内に持ち込む培養環境を提供する可能性がある。

　一方，実験室がバリアの外側にあると，操作後の胚をバリア内にいかにして持ち込むかという問題が生じる（第15章参照）。そのような実験室は，バリア外にあったとしても組織培養室と同じようなクリーンエリアとして扱われるべきである。マウス病原菌汚染の危険性を最小限に抑えるために，HEPAフィルターを通した空調と抗生物質入りの培地を用い，SPF施設以外からの作業員および組織は実験室に入れないようにするべきである。

　新しいSPF施設においては，バリア外で胚のドナーを飼育する傾向が次第に強くなってきている。こうした場合，ドナーを認可された民間業者から購入し，ホルモン刺激の後，バリア外で交配させるため，検疫の必要性はない。そして，バリア外で上記のすべての操作が終了したのち，胚は移植を経て（第15章参照）バリア内に導入される。こうした場合には離乳後の代理母の隔離と検査が必要になることもある。しかし，この方法により，SPF施設内でドナーを繁殖するのにかかる時間と費用を大幅に削減することができる。

　多くの場合，SPF施設において，胚移植はラミナーフローフード内か，HEPAフィルターが設備された操作室内で行われる。この方法はしばしばバリア内へのマウス系統の導入に用いられると共に，外部から導入したマウス，あるいは汚染したマウス系統のクリーニングにも同様な手法が用いられている。汚染したドナーから透明帯がついたままの着床前初期胚を採取し，抗生物質含有培地でよく洗って，SPFレシピエントに移植する（第6章参照）前に24時間培養する（Hill and Stalley 1991参照）。汚染したドナーは，隔離（封じ込め）エリアで解剖し，なるべくSPFドナー由来の胚を操作する実験室と隔絶されたラミナーフローフード内で胚を回収する。研究員が汚染ドナーに接触しないようにすることが重要である。これは，汚染した胚を回収するためだけに技術員を指定するか，あるいは着床前胚を生体から取り出し，すぐに移植できる状態で送ってもらうことにより達成できる（クリーニングについての詳細は第15章参照のこと）。いずれの場合も，クリーニングした動物の健康状態を確認するため，代理母は離乳後に検査を受けるべきである。

　したがって，SPFであるおよびSPFでないコロニーに関して考慮すべき重要な点は，

1．**繁殖と生存**：SPFコロニーにおいては，動物はより健康で長生きし，感染の結果死ぬこともない。一方，MHVに感染したコロニーでは，ほとんどのマウスに影響がないようにみえても，2〜3週齢で若くして死んでしまうことがある。センダイウイルスのようなほかのウイルスでは，系統によって深刻な呼吸器疾患を引き起こすこともある。
2．**実験結果**：ある種の実験，特に免疫系に関与するような実験においては，マウスが一見健康そうにみえても，ウイルスや寄生虫の感染が実験結果に影響を及ぼすことがある。
3．**利便性**：SPFコロニーにおいては動物室への出入りがより煩雑で時間がかかる。いくつかの実験設備は動物施設の中に設置しなければならず，研究者は動物施設内で過ごす時間がより長くなり，より綿密に実験計画を立てなければならなくなる。
4．**費用**：バリア状態下におけるマウスの維持には，より手間のかかる飼育法が要求され，したがって余計な備品（ケージ交換のためのラミナーフローフード，マイクロアイソレーターケージ，個別換気ケージ＜IVC＞など）とともに，より多くの人件費が必要となる。追加する実験設備（顕微鏡など）は，顕微操作や胚移植を実施するのであれば，動物施設用のものを別に購入しなければならない。
5．**系統の輸送**：ほかの研究者から提供されたマウスの系統は病原体をもっている可能性があるため，胚移植や帝王切開によってSPF施設に搬入しなければならない。一方，SPFコロニーからのトランスジェニック系統やミュータント系統は，胚操作によるクリーニングをすることなくほかの施設に輸送できる場合もある。しかし，管理の厳しいコロニ

ーの多くは，搬入元にかかわらずクリーニングなしではいかなる動物も搬入できない。たとえ動物の搬入について選択が可能であっても，動物は検疫をしなければならず，したがって3～4週齢の雌は過排卵処理には用いることができない。バリア内で操作が行われる場合は，胚のドナーは施設内で繁殖しなければならないことになる。これは，相当に費用を増加させ，スペースを必要とするが，より再現性のある結果を得られることもある。

各々の研究者は，個別の状況および必要性を把握し何が最良かを判断する時に，上述した問題について考慮すべきである。

ドナーおよびレシピエントマウス供給のための繁殖用コロニー

雌マウスを生産供給するためには，1匹の雌と1匹の雄からなる繁殖ケージを大量に維持する必要がある。F_1マウスは3週齢に達した時点で離乳し性別に分ける。繁殖効率を上げるためには，1世代目の子を，2世代目の子が生まれる前に離乳し，1世代目の子が2世代目の子を踏み殺したり，食殺するのを防ぐ。40～50の繁殖ペアからは，系統によるが週に20～30匹の雌の子が得られる(同数の雄も得られるが，多くは間引かれることになる)。1ケージあたり生まれてくる雌マウスの匹数を増やすためには，雄1匹あたり雌2匹を交配する。雄マウスは出生時に淘汰する(雄は生後数日のうちに陰嚢部への色素沈着により判定できる)。繁殖コロニーが設定された時点から最初の子が生まれるまでに3～4週間，それらの子が生殖週齢に達するまでさらに4～8週間かかることに注意しなければならない。したがって，新しいコロニーを確立するまでには数カ月を要するので，すぐには子が必要でない時でも，このような繁殖用コロニーを維持する必要がある。

離乳は，雌が父親と交尾しないように性成熟(系統により4～8週齢)前に行わなければならない。ほとんどの系統の場合，性成熟前に一緒に離乳された雄(同じケージからでも別のケージからでも)は，雌と同居させない限り，一緒に飼育してもよい。しかし，BALB/cなどある種の系統の雄については，6～8週齢に達すると非常に攻撃的になるため，一緒には飼育できなくなることに留意する必要がある。別のケージで飼育されるか，あるいは雌と同居させておいた成熟雄は，けんかをするので同じケージで飼育してはいけない。雌は一般的にけんかをすることはないので，いかなる時でもほかの雌と一緒に飼育してもよい。もし，雄のケージでけんかしているのを見たら，直ちに動物を別々のケージに移す必要がある。雄は互いの陰嚢部に噛みつく傾向があるため，将来的に交配が困難になる可能性がある。

最も効率よく繁殖用コロニーを維持するためには，以下にあげるいくつかの簡単な注意事項に従えばよい。

1. 雄は妊娠した雌と一緒にケージに残しておく。これは，雌は産後すぐに発情回帰し，雄と交尾するからである。この方法で，よい交配ペアではおよそ3週間ごとに出産する。
2. 子を離乳させ性別に分ける時，新しいケージカードに子の出生日を記録する。大きく出生日が異なるマウス(1週以上)は一緒にしないようにする。なぜなら，効率的な過排卵処理には一定の週齢の雌しか使用できないからである。
3. 各交配ケージから離乳された子の数をケージカードに記録する。以下のような場合には交配ペアを新しくする必要がある。
    a．交配を開始してから約2カ月以内に子を生まない。
    b．前の子を生んでから2カ月以上子を生んでいない。
    c．離乳される子の数が明らかに減少してきた(例えば8～10匹から2～4匹に)。

d．9カ月齢以上になったか，6産を超えている。

　近交系の交配コロニーを作る場合，コロニーを維持し続けるよりはむしろ，業者から得られる近交系マウスを種動物(繁殖用)として用い，その子を実験に用いるのが最もよい。そうしないと，繁殖用コロニーに突然変異が蓄積し，その近交系の特性が徐々に変化していく恐れがある。SPFバリア施設にとっては，6カ月ごとに新しい繁殖用コロニーを購入するのは難しいかもしれない。この場合は，信頼できる業者から最初に繁殖用コロニーを購入し，これらの動物を施設内で4世代まで繁殖させ，その後，繁殖用コロニーを新しくすることである。次の世代の繁殖用マウスは，最も効率のよい交配ペアから，最も若い子を選択するのがよい。

自然交配の設定

　マイクロインジェクションやその他の実験に用いる受精卵を手に入れる方法の一つとして，自然交配による方法がある。自然交配では環境条件によって排卵や受精の時期が左右されるが，レシピエントとしての偽妊娠代理母を定期的に確保するためや，様々な実験で用いる着床後胚を手に入れるために自然交配が用いられる。ある一定の明暗周期で維持された雌は，4～5日に1回，暗期開始後3～5時間後に排卵する傾向がある。雌マウスの発情周期は次の4段階に分けられる。すなわち，発情前期(卵胞の発育)，発情期(排卵)，発情後期(黄体の形成)，そして発情間期(次なる排卵のための卵胞発育の開始および直前の卵細胞の排出)である。同じ条件下で維持された雄は，暗期のおよそ中間点で，発情期の(すなわち排卵している)雌と交尾する。これは受精が排卵後1～2時間で起こることを意味する。マイクロインジェクションのためには，暗期を午後7時から午前5時まで，明期を午前5時から午後7時までとすると好都合である(受精の起こる暗期の中間点は，真夜中の12時になる)。明暗周期の中断は交配に影響を及ぼすので絶対に避けなければならない。

　雄のフェロモンによる発情の誘起(Whitten効果，142頁参照)は，しばしば交尾に成功した雌の数を増やすのに用いられるが，おそらく自然に交尾した雌を得るためにより効率的な方法は，外性器の外観(系統によっては皮膚に明るい色素沈着があるかどうかを見るほうがたやすい)により発情期を同定することである。発情中の雌は，膣の色，湿り，腫脹の程度を検査することによって見分けられる。表3.1(Champlin et al.(1973))に発情周期の各段階における膣の様子を記す。交配を設定するために，雌(6週齢から4カ月齢)を午後に検査し，発情期にあるものを雄と同居させる(各ケージ雄1匹に雌1，2匹)。交尾の翌朝，雌の膣の交尾栓(膣栓)の有無を調べ，雄のケージから取り出す。膣栓は雄の精液中の蛋白質が凝固したもので，多くの系統で容易に見られる。しかし，膣栓が小さく，膣の奥深くにあり，探索針(Fisher 08-995あるいはFine Science Tools 10088-15；http://www.finescience.comなど)を用いてやっと見ることができる場合もある。系統にもよるが，一般的に交配させた雌のうち50％以上が交尾し，1匹につき5～15個の受精卵が得られる。膣栓の存在は交尾が行われたことを示すが，妊娠が成立することを意味するのではない。膣栓は交尾後約12時間後か，時にはそれより早く脱落するので，朝早くに確認することが重要である。卵管移植に用いられる偽妊娠代理母は，妊娠を判断するために，手術中にその他の排卵のしるしを確認することもできる(第6章参照)。

　マウスの交尾行動についてのより詳細な情報は，Whitten and Champlin(1978)を参照されたい。

表3.1　発情周期の特徴

発情周期の段階	膣の外観
発情間期	膣は小さく開く。組織は青く，とても湿っている。
発情前期	膣は大きく開く。組織は赤みがかったピンクで，湿っている。多数の縦ひだ，ないし線条が背唇および腹唇にみられる。
発情期	膣の様子は発情前期と似ている。しかし，組織はより薄いピンクで，湿り気が少なく，線条はより明瞭になる。
発情後期1	膣組織は青白く乾いている。背唇は発情期ほど腫れぼったくない。
発情後期2	発情後期に似ているが，陰唇は浮腫の程度が小さくなり引っ込む。白っぽい細胞片が内壁に並び，部分的に膣を満たす。

Champlin et al. (1973)より

過排卵の誘起

　受精卵へのマイクロインジェクションなど多数の着床前胚を必要とする実験では，排卵数を増大させる，すなわち過排卵を誘起するために，交配前の雌に性腺刺激ホルモンを投与することが多い。妊馬血清性性腺刺激ホルモン(PMSG)が卵胞刺激ホルモン(FSH)の卵成熟作用を模倣するために用いられ，ヒト絨毛性性腺刺激ホルモン(hCG)が黄体形成ホルモン(LH)の排卵誘起作用を模倣するために用いられる。マウスに過排卵を効果的に誘起することができるかどうかは，雌の週齢や体重，性腺刺激ホルモンの量や投与時間，および使用されるマウスの系統などいくつかの要因に依存している。さらに，過排卵された卵のうち実際に受精する卵の数は雄の繁殖能力に依存する。これらの過排卵処理の重要事項について以下に述べる。

週齢と体重の影響

　雌の性成熟は過排卵される卵の数に影響する主な要因である。過排卵に最も適した週齢は系統によって異なるが，通常は思春期前の発育段階にある3週から6週の間である。例えば，BALB/cGaのマウスが過排卵に適しているのは21日齢である(Gates 1971)。この発育段階までに卵胞の成熟が進み，卵胞刺激ホルモン(FSH)に反応できる卵胞の数が最大になる。しかし，週齢は雌マウスの性成熟の指標としていつも信頼できるわけではない。雌の栄養状態や健康もまた卵胞成熟に影響しうるからである。体重が少なかったり，病気になったりした動物は，発育が遅れる傾向があり，したがって過排卵処理後の排卵数が少なくなる。

　必要とされる週齢，体重が最適なマウスがいつも業者から得られるとは限らない。通常，市販の動物は週末あるいは週初めに一括して離乳されるので，実際の日齢は搬送品内でも異なることがある。さらに，市販のマウスの飼育環境は，特定の週齢の体重が最大の動物を生産するようには設定されていない。輸送，環境，食餌，および明暗周期の変化は業者からの動物にストレスを与えるため，使用前にこれらの動物が新しい条件に適応するための時間が必要である。したがって，過排卵に最適な週齢および体重の雌を得るためには，自分自身の繁殖コロニーを確立するほうが望ましいことが多い。繁殖コロニーの設定方法は上述したとおりである(135頁)。これらの方法に加えて，交配ペアを高脂肪食(Purina Mouse Chow 5020)で維持し，雌に十分な乳を与えるために出生後7日以内に雄を淘汰することも望ましい。このような方法で，3週齢までに最適な体重の雌を得ることができる。

　業者から購入した雌マウスは，各系統で得られる最大数の過排卵数には及ばないことが多いが，3～6週齢に過排卵処理をすると，どの週齢に自然排卵するよりもかなり多くの受精

卵が得られる。市販の雌を3～6週齢で過排卵処理して得られる卵は，マイクロインジェクションだけでなく，様々な種類の実験に適している。FVBやBALB/cなどいくつかの系統では，6～8週齢，あるいは10週齢の雌でさえ十分な数の受精卵を得ることができる。

性腺刺激ホルモンの量

ほとんどの系統で推奨されるPMSGの量は腹腔内注射で5IUであるが，いくつかの系統の動物では2.5あるいは10IU以下のPMSGがより効果的である。一般的に，PMSGは凍結乾燥粉末で市販されている[PMSG(NIH National Hormone & Peptide Program, http://www.humc.edu/hormones); Folligon(Intervet, http://www.intervet.com); Sigma G4527 (http://www.sigmaaldrich.com); Calbiochem 367222(http://www.calbiochem.com/)]。投与に際して，PMSGを滅菌ずみPBSあるいは滅菌水に50IU/mlとなるように溶解し，各動物あたり5IU/0.1mlずつ注入できるように適量ずつ分注する。PMSGはこの状態で，−20℃で少なくとも1カ月間は保存可能であるが，永久に保存できるわけではない。あるいは，500IU/mlの分注ストックを1～2カ月間，−20℃で凍結保存する。各ストックは使用直前に50IU/mlとなるように希釈する。いずれの場合も，融解，希釈したものはただちに使用し，再凍結はしない。ホルモンは細菌の混入により容易に分解してしまうため，無菌的に分注するように注意するべきである。

hCGは第2の性腺刺激ホルモンで，成熟卵胞からの排卵を誘導するために投与される。系統によっては2.5IUでも排卵に十分ではあるが，一般的には5IU投与する。hCGもまた凍結乾燥粉末として業者から購入できる[Chorulon(Intervet, http://www.intervet.com), A.P.L. (Wyeth-Ayerst Laboratories, http://www.wyeth.com), Sigma C8554(http://www.sigmaaldrich.com)]。hCGは滅菌ずみPBSあるいは滅菌水に500IU/mlとなるように溶解し，適量ずつ分注，遮光し，−20℃で保存する。ホルモンを投与する際には，分注ストックを滅菌ずみPBSあるいは滅菌水に最終濃度50IU/mlとなるように希釈し，動物あたり5IU投与する場合は0.1mlずつ注射する。

性腺刺激ホルモンの投与時間

PMSGおよびhCGを投与する時間は互いに関連しており，飼育室の明暗周期にも関係がある。しかし，何より過排卵雌から得られる卵の発生の均一性と数とに影響する。ほとんどの系統では，PMSG注射とhCG注射の間に42～48時間の間隔をおくことが，卵の収率については最適であることがわかっている。一般的に，排卵はhCG注射後10～13時間後に起こるが，正確に排卵時間を制御するためには内因性LHの放出まえにhCGを投与することが重要である。PMSGに反応して内因性LHが放出される時間は明暗周期によって制御されている。したがって，業者から購入した動物を過排卵させる場合，PMSG投与前に数日間，飼育室の明暗周期に適応させる必要がある。内因性LHが放出される時間は系統によって異なるが，ほとんどの系統ではPMSG注射後2回目の暗期の中間点から15～20時間後とみるのが妥当である(Gates 1971)。例えば，明期を午前5時～午後7時とした時，PMSGは午後1時から午後2時に，hCGはその46～48時間後，ふつう午後0時から午後1時に投与すれば，少なくとも内因性LH放出の2～3時間前となる。いくつかのマウスの系統では，PMSGに反応して放出される内因性LHの量は，性成熟前のマウスでは排卵を誘起するには不十分であることがある(Gates 1971参照)。この場合，hCG注射の時間はそれほど重要ではない。hCG投与後，雌は雄1匹のケージに1匹ずつ移し，翌朝，膣栓を調べる。もしスペースが許せば，過排卵処理した雌のうち膣栓のつかなかったものは，12～14日後には必要な時に自然交配

に用いることも可能である。これらの雌を再度過排卵させることもできるが，初めの過排卵よりは効率は落ちる。

過排卵に適したマウスの系統

近交系およびF_1交雑群における過排卵数は系統により異なる。また，同じ系統でも購入した業者が違ったり，自家繁殖したものは，過排卵処理に対する反応性が異なる。一般には，各実験室において過排卵処理の条件は実験的に最適化すべきである。動物の週齢や体重，性腺刺激ホルモンの量や投与時間，動物室の明暗周期など，上述したすべての要素を考慮する必要がある。

繁殖用雄の繁殖能力

過排卵させた雌から回収される受精卵の数を最大にするためには，交尾能力が高く，精子数の多い繁殖用雄を用いるのが重要である。このような繁殖用雄の維持のしかたについては後述する(142頁)。

胚のドナーおよびレシピエントの準備

DNA注入に用いる受精卵採取用雌マウス

トランスジェニックマウス作出のためのコロニーを設定する際には，まず初めにマイクロインジェクション用の受精卵を得るためにどのマウス系統を用いるべきかを決めなければならない。一般に，近交系マウスの生殖能力はあまり高くないため，受精卵の採取やトランスジェニックマウスの作出およびその後の繁殖には，F_2の受精卵をマイクロインジェクションに用いる方が効率的である(Brinster et al. 1985)。したがって，もし近交系の遺伝的背景がその実験に重要でない場合には，F_1雑種の雄と雌を交配して得られるF_2雑種受精卵(例えば，[C57BL/6 × CBA] F_1雌 × [C57BL/6 × CBA] F_1雄)をインジェクションに用いることが最も多い。いくつかの異なるF_1雑種からのF_2雑種受精卵でトランスジェニックマウスの作出に成功している。これらのF_1雑種として，C57BL/6 × SJL，C57BL/6 × CBA，C3H × C57BL/6，C3H × DBA/2，C57BL/6 × DBA/2などがある。

F_1のドナーを自家繁殖させるのは費用もかかり，多くのスペースを必要とする。基本的には，3つの繁殖コロニーを維持しなければならない。それぞれの近交系とF_1の群である。多くの場合，さらにC57BL/6コロニーを胚盤胞の採取用に，非近交系CD1(ICR)を代理母用に維持したところで，C57BL/6 × CD1のF_1受精卵を首尾よく前核インジェクションに用いることができる(K.Vintersten, pers. comm.)。Swiss Webster(SW)やCD1(ICR)のような非近交系でも前核インジェクション用のドナーに用いることができるが，これらの系統の受精卵は雑種受精卵に比べて溶解しやすく，一晩培養後に1細胞期で停止する割合が高い。しかしながら，ドナーを業者から購入する際には，コストが比較的安いということから使用されることがある。

多くの実験では，特定の遺伝的背景に外来遺伝子を導入することが重要であり，そのような場合には，近交系マウスのもつ遺伝的な利点は，その生殖能力の低さと経済的欠点を補って余りある。例えば，マウスのある遺伝子を，それとは異なる対立遺伝子をもつ系統に導入する場合(Grosschedl et al. 1984, Tronik et al. 1987)や，すでに特定の近交系遺伝背景において表現型が特定され，そのほかの遺伝的背景でもその表現型への影響が予想される遺伝子や，遺伝的背景に左右されることが期待できる遺伝子を導入する場合などが含まれる。現在のと

ころ，最も広く使用されている近交系としてFVB/N，C57BL/6，BALB/c，C3Hなどがあげられる。FVB/Nはトランスジェニック実験によく用いられる近交系であるが，これは受精卵の前核が大きくて，実験操作に強く，そして繁殖能力が比較的高いことによる(Taketo et al. 1991)。しかしながら，FVB/Nは，ほかの古くからある近交系ほどは遺伝的解析が進んでいない。

　受精卵を採取するためには，自然排卵した雌よりも過排卵処理した雌が専ら用いられる。3〜6週齢の過排卵処理したC57BL/6(以下B6と略記)あるいは(B6×CBA)F1の雌からは，平均して20〜50個の卵を回収することができるが，自然排卵のB6あるいは(B6×CBA)F1の雌からは，それぞれ6〜8個あるいは8〜10個の卵しか回収できない。過排卵処理はマイクロインジェクションに十分な数の受精卵を得るための手間とコストを最小限に抑えることができる。例えば，約200個の受精卵を得るためには20〜30匹の自然排卵雌から卵管を採取する必要があるが，過排卵雌ならば7〜10匹でよい。結果として，受精卵を採取するために維持しなければならない雌マウスの数を，過排卵処理によって最小限にすることができるのである。

　表3.2に，過排卵処理した(B6×SJL)F1雑種雌マウスを用いた代表的なマイクロインジェクション実験において使用する雌マウスの数と回収受精卵の数を示す。3週齢の(B6×SJL)F1雌10匹に，PMSGを午後1〜2時(明期を午前5時から午後7時として)に注射し，その46〜48時間後にhCGを注射する。hCG投与後，繁殖用の(B6×SJL)F1雄1匹のケージに雌を1匹ずつ移す。一般的に，7〜10匹の雌が交尾し，合計200〜300の受精卵が得られる。通常，これらの約90%が受精し，2個の前核が存在することによって確認できる。また，たいていは2個の極体も認められる。残りの10%には前核が存在しないが，これらは受精しなかった(極体が1つ)か，あるいは第一卵割の準備のためにすでに前核が崩壊してしまった(極体が2つ)卵である。いくつかの受精卵には前核が3つあるが，ほとんどの場合多精受精(同じ卵に2つの精子が受精する)によるものである。これらの受精卵は発生しないので捨てる(図7.1，293頁参照)。

　2個の前核をもつ受精卵には，クローニングしたDNAの溶液をマイクロインジェクションする(第7章参照)。マイクロインジェクションは正しく行われないと直ちに受精卵の溶解を引き起こす。したがって，インジェクション後の胚の生存率を上昇させることを目標に行う。50%の生存率でも有効であるが，練習すれば交雑系の受精卵を用いたインジェクションで90%以上の生存率を達成することも可能である。マイクロインジェクション後に生き残った受精卵は，偽妊娠レシピエント雌(第6章参照)の卵管に，マウスあたり通常20〜30個移植する。1日に2〜6匹分の卵管内移植を行うのが普通である。しかしながら，マイクロインジェクションの熟練者は，1日に最大10匹分の移植に十分な数の受精卵に，高い効率で

表3.2. 過排卵処理した(B6×SJL)F1雑種雌マウスを用いた代表的なマイクロインジェクション実験

交配雌数	10
膣栓形成数	7〜10
採卵数	200〜300
インジェクション可能な卵数	180〜270
インジェクション後の生存数	160〜240
移植個体数	6〜10
産子数	36〜60
トランスジェニックマウス数	7〜12

インジェクションする能力をもっていることは言及しておくべきであろう。

受精卵のドナーとして用いる系統が購入可能で，しかもコロニー内に導入することができるならば，一般的には，コロニー内で飼育するよりもむしろ繁殖に適した週齢の雌を定期的に購入したほうが便利である（しかも経済的であることが多い）。多くの近交系やF_1雑種が業者から購入でき（付録3参照），特定の週齢のマウスを毎週実験室に搬入してくれる。さらに，マイクロインジェクション実験を年に数回しか実施しない場合は，繁殖コロニーを維持するよりもむしろ必要な時に雌を購入する方が明らかに経済的である。しかし，特定のよく使用される系統の雌の場合，直前に業者に依頼しても大量には供給できないこともあるため，数週間から数カ月前には注文しておく必要がある。

多くのバリア施設では，2～3週間の検疫を経ないとマウスを導入できないため，若い雌の導入が難しいこともある。したがって，胚のドナーを供給するための繁殖コロニーを設定するか，あるいは上述したようにバリア外でドナーを飼育する必要がある。

注入あるいは凝集によるES細胞キメラの作出に用いる胚盤胞および卵割期胚採取用雌マウス

ES細胞の胚盤胞への注入や卵割期胚との凝集に関する実験（第11章参照）では，胚のドナーとして用いられる系統（ホスト）はDNAのマイクロインジェクションに用いられる系統とは異なることが多い。したがって，DNAのインジェクションとES細胞キメラ実験の両方を実施するつもりならば，さらなるマウスの系統を繁殖させるか購入する必要がある。系統の選択は用いられるES細胞の遺伝的起源に大きく依存する。キメラ率を簡単に算定するために，ES細胞とホスト胚との遺伝子型によって決まる毛色をうまく組み合せて選択する必要がある。129由来のES細胞キメラのホストとして最も一般的に使用されるマウスの系統は，胚盤胞への注入の場合はC57BL/6，凝集の場合は非近交系のアルビノ株CD1(ICR)である（ES細胞とホスト胚の遺伝的背景の組合せについては，第11章に詳細を記す）。

以下に129由来のES細胞について詳細を記述する。自然交配および過排卵ともにC57BL/6から胚盤胞を採取するのに用いることができる。自然交配を用いる時は，雌は性成熟していなければならない。少なくとも8～10週齢の雌を用いれば最良の結果が得られる。交尾できない雌はストック用のケージに戻しておけば，発情した時に再度使用することができる。あいにくC57BL/6マウスは自然交配では十分な胚盤胞を得ることができない。さらに，胚はそれほど同期しておらず，発生の遅いものはインジェクション前に数時間あるいは一晩さえも培養する必要がある。したがって，繁殖用雄と交配する雌を比較的大量に維持する必要がある。発情期にある雌を交配前に選択し，それ以外の雌を雄とともにケージに残しておき（雄1匹あたり雌3匹まで），膣栓のついた雌を毎日確認することができる。

C57BL/6の雌に過排卵処理を行うことにより，ドナーの週齢，ホルモンの量，明暗周期，投与時間などの条件が最適であれば，それぞれのドナー雌から採取できる胚の数は少なくとも2倍になる。最も一般的には，性成熟前の，3～4週齢で12.5gほどのC57BL/6雌を用いる。それより週齢が上でも過排卵はできるが，胚の数は減少する。

多くの場合，過排卵は胚盤胞の質を下げる。過排卵雌から得られた胚盤胞の多くはインジェクションが困難なほどである（詳細については第11章参照）。したがって，正常で使用可能な胚盤胞の収量については，過排卵した方が絶対よいというわけではない。過排卵における胚の質を改善するための一つの対策は，交尾後2.5日の卵管より桑実胚期胚を採取し一晩培養することである（第4章参照）。

129由来ES細胞を用いたアグリゲーションキメラの作出においては，過排卵処理した非近

交系アルビノCD1(ICR)の雌が8細胞期から桑実胚期の胚を豊富に得られる（第11章参照）。

交配用種雄マウス

毎日150～200個の胚を使用するトランスジェニックマウス施設では，適切な系統の交配用種雄マウスが約30～50匹必要である(複数の系統を使用する場合はさらに必要である)。毎日50～100個のES細胞注入用の胚盤胞を得るためにも，同程度の交配用種雄マウスが必要である。

雄マウスは約6～8週齢で性成熟する。種雄マウスは雌と同居させる1週間前に個別のケージで飼育する必要がある。同腹の兄弟の中で強い雄が，別の雄のテストステロン合成，ひいては精子の産生を抑制することがあるからである。新しく種雄として用いる雄は，胚の採取に用いる前に1週間ほど練習に雌とつがいにしておく。種雄マウスは，けんかし傷つけ合うのを避けるために，いかなる時も個別ケージで飼育しなければならない。

多くのF_1雑種の雄は，およそ1年間は種雄として使用できる。一方，近交系の雄は6～8カ月齢を過ぎると繁殖能力が低下する傾向があるので，交代させる必要がある。受精卵を得るためには，通常午後に，1匹の過排卵処理した雌を1匹の種雄がいるケージに移し，翌朝，膣栓を確認する。雄の交尾あるいは膣栓形成能力は，雌と交配した日および膣栓の有無(＋あるいは－)をそれぞれの雄のケージカードに書き留めておくことにより記録をつける。正常な雄は過排卵処理した雌と交配させれば，ほぼ毎回膣栓を形成する。もし，雄が何度か連続して過排卵処理した雌に膣栓を作らなかったり，平均膣栓形成率が60～80％以下である時は，雄を交代させなければならない。

交尾後1～3日間は，雄の精子数が低下する。しかし，この期間は雄の遺伝的背景に依存する。最大数の卵を受精させるためには，雌と交尾させたのち数日間は種雄を使用しない方がよい。しかしながら，種雄マウスに余裕がない場合は，ほとんどの系統で交配の間に1日休みを取れば普通は十分である。このため，種雄は一晩に使用するよりも多くを維持しなければならない。例えば，所定の日に150～200個の受精卵を得るためには，約10匹の過排卵処理した雌を10匹の種雄と交配させればよい。もし，150～200個の受精卵が毎日必要ならば，10匹1組の雄を1～3日間休ませるとしても約30～50匹の種雄を維持しなければならない。スペースが許せば，C57BL/6の雄を7～10日の休みをおいて交配させることを勧める。

自然交配のためには，発情期にある1ないし2匹の雌を選び，1匹の雄と同居させる。通常は1/3～2/3の雄が雌の1匹と交尾し，それぞれの雌から約6～8個の胚盤胞が得られる。これらの胚盤胞のうちインジェクションに適した発生段階のものは半数しかないのが普通である。もし，雄が2匹の雌のどちらにも膣栓を形成しなかったら(そのことをケージカードに記入する)，次の晩も交配に使用すればよい。また，膣栓形成ができた雄は1～3日間は休ませるとよい。雌マウスは規則正しい発情周期を確立するためには雄のフェロモンを受容しなければならない。雄に接触して数日以内には雌は発情期に入り，そのほとんどは3日後に膣栓を形成する(いわゆるWhitten効果)。もしスペースが許せば，この効果を踏まえて，発情期にある雌を選ばないでも，雄がいるケージに3日間おいておけば3日目までには高確率で膣栓を形成するので，膣栓形成した雌を毎日回収することができる。

偽妊娠代理母作製用の不妊雄マウス

遺伝的に不妊あるいは精管結紮したマウスは偽妊娠代理母を作るために交配用として必要である。精管結紮(第6章参照)には，繁殖能力の高い系統(非近交系やF_1雑種系)の少なくと

も2カ月齢以上の雄が適している。精管結紮した雄を実験に用いる前に，手術後は少なくとも1週間交配し不妊性を確認するのがよい。もし精管結紮が成功していれば，膣栓を形成した雌のうち妊娠するものは1匹もいないはずである。精管結紮した雄は業者から購入することもできる(付録3参照)。20匹の不妊雄がいれば，週に5日間，各4～8匹の偽妊娠雌を得るのに十分である。精管結紮した雄は毎晩交配してもよいが，一晩おきのほうが望ましい。われわれの経験では，これらのマウスは少なくとも1年間は高い膣栓形成率を維持するようである。それぞれの不妊雄についても膣栓形成の記録(上述した交配用雄のように)を残すとよい。精管結紮した雄のうち4～6回続けて雌に膣栓を形成できなかったものは交代させるべきである。

　胚の卵管内移植あるいは子宮内移植(第6章参照)に用いる偽妊娠雌を得るために同じ不妊雄を用いることができる。しかし，両方の実験を同時に行う時は，さらに別の不妊雄が必要であろう。

偽妊娠代理母レシピエント雌マウス

　胚移植のレシピエントとして用いる偽妊娠マウスは，自然発情期にある雌を精管結紮あるいは遺伝的不妊の雄と交配させることにより作製する。交尾後0.5日の偽妊娠雌は卵管内移植に，交尾後2.5日の雌は子宮内移植に用いる。同じ実験群の偽妊娠雌はどちらの種類の移植にも用いることができる。雌は少なくとも6～8週齢以上で，25～35gのものが理想的である。過重量のマウスは，卵巣周囲の脂肪塊が大きいため卵管内移植に使いにくく，重量不足のマウスは妊娠率が低い。重量不足のマウスは体重が増加するまでおいておき，過重量の雌は定期的にストックから淘汰する必要がある。

　非近交系あるいはF$_1$雑種マウスが最適のレシピエントである。特定の非近交系雌(Charles River LaboratoriesのCD1，TaconicあるいはHarlan Sprague DawleyのICRなど)は卵管膨大部が非常に大きいので，経験の乏しい研究者にとっても卵管内移植がやりやすく，一般的に代理母としても適している。F$_1$雑種雌([B6×CBA]F$_1$など)を好んで使う研究者もいるが，これらは卵管膨大部が小さいものの，子がわずか2匹でも養ってくれる非常に優れた母親となってくれる。

　場合によっては，誕生したマウスが実際に移植された胚に由来することを確認するために，胚のドナーとして用いる系統と偽妊娠レシピエントとして用いる系統との毛色の違いを利用するのが望ましい。しかし，精管結紮が適切に行われ，不妊を確認していれば，毛色の違いを利用する必要はない。

　もし，発情期にある雌を適切に選ぶことができれば，およそ50％以上の確率で膣栓を形成するはずである。発情期にあると判断した雌のすべてが実際に発情期にあるわけではないので，2匹の雌を1匹の雄と同居させるとそれぞれの雄の膣栓形成率が増加する。もし精管結紮した雄の数が限られている時は，この方法により雄あたりの膣栓形成数を最大にすることができる。一方，発情期にある雌のほうが限られている場合(例えば，特定の日に発情期にある雌が10匹しか得られなかった場合)，1匹の雌を1匹の雄と同居させれば膣栓形成数は最大になる。雌の選択が適切であれば，上記のいずれの方法でも必要な数の偽妊娠代理母が得られるはずである。多少余分に偽妊娠代理母が得られるように交配を計画すべきである。時として，偽妊娠代理母への胚移植に失敗したり，あるいは移植に用いる雌に排卵の跡が確認できなかったりして，代わりの偽妊娠レシピエントが必要になる場合があるからである。

　スペースが許せば，余った偽妊娠マウスは残しておくとよい。性周期を再開すれば(膣栓形成から10～14日後)，再び交配に使用できるからである。交配に失敗した雌はストック用

ケージに戻し，発情期になった時に再度使用する。

　系統にもよるが，一般に雌は4～5日ごとに発情期に入り排卵する。したがって，ランダムな性周期にある雌のコロニーでは，常に20～25％のマウスが発情期にあるはずである。発情期の雌を10～15匹得るためには，およそ50～75匹（時にはそれ以上）のマウスを検査しなければならない。したがって，週に30匹の偽妊娠代理母を得るには，少なくとも100匹の2～5カ月齢の雌を恒常的に維持する必要がある。使用されなかった偽妊娠雌は再利用できるため，新しい雌を生産（あるいは購入）する頻度は，1週間あたり実際に使用する偽妊娠代理母の数に依存する。

　大集団で飼育され，雄から隔離されている雌は，発情周期が同調する傾向にある。したがって，代理母として用いる雌をいくつかの集団に分けて飼育し，それぞれの雌集団をいつも一緒にしておけば，ケージ内での発情周期は同調するが，ケージ間では異なることになる。そこで，毎日異なる雌集団を交配に用いることができる。このほか，Whitten効果（142頁）を利用する，あるいは雌のコロニー全体について発情のしるしを調べて，膣栓形成をしなかった雌をケージ間で混合することもできる。

　時として，偽妊娠レシピエントの体内で出生まで発生する胚が極めて少ない時がある。このような場合，胎児は異常に大きくなる傾向があり，母親がうまく出産できない（難産）。腹の中の子を救うためには，レシピエントを犠牲にしてでも帝王切開により子を分娩させ，新しい里親に育てさせることが必要である。適当な母親を里親として利用できるように，偽妊娠代理母を作製するための交配の1～2日前に，数匹の雌を繁殖用雄と交配するとよい。系統間で1日前後異なることもあるが，ほとんどのマウスは交尾後19.5日目に出産する。

　もし偽妊娠代理母が出産予定日の正午までに生んでいなければ，帝王切開によってすぐに腹の子を分娩させるべきである。里親として使う母親は，その時までに出産を終えている必要がある。理想的には，里親は以前に出産に成功している雌がよい。ほとんどの場合，同じ実験ですでに出産を終えたレシピエントを里親として用いることができるので，別に交配する必要はない。里親に育てさせる時は，トランスジェニックマウスと里親の実子とを区別するために，毛色の違いを利用するとよい。それができない場合は，実子の尾の先を切ることにより識別ができる（詳細は第6章プロトコール6.5を参照されたい）。

　時には，何らかの理由により多数の胚が移植された場合に，1匹の母親から10～17匹もの子が生まれることがある。大人になった時，不妊になりやすいため，子が発育不良にならないように注意するべきである。別の授乳用雌に何匹かの子を育てさせることを勧める。

　ほとんどのマウスコロニーは，肥満による繁殖上の問題を避けるため低脂肪食（脂肪分4.5～6％）で維持するが，手術後のレシピエントは，子の食殺を減らすために高脂肪食（脂肪分9～11％）あるいは高脂肪食と低脂肪食をおりまぜて与える。できれば，1匹の妊娠した雌を1つのケージで飼育し（あるいはケージあたり最大でも2匹の妊娠雌），出産から2～3日は静かにしておくのがよい（あらかじめケージ交換をし，営巣材を与える）。営巣材（キムワイプ，コットン，切り裂いたペーパータオル）は食殺を減らし，ケージ交換の際の新生児の移動に役立つことがある。騒音，振動，嫌臭はマウスにストレスを与え，繁殖能力の低下や新生子の流産，食殺などを起こす可能性がある。

遺伝子改変マウスの命名法

　遺伝子，対立形質，および変異の命名法に関する規則とガイドラインが，International Committee on Standardized Genetic Nomenclature for Mice（議長；Ian Jackson；Email：

Ian.Jackson@hgu.mrc.ac.uk）によって，従来の規則をより明瞭に記述する目的で，2000年に全面的に改定された。現在の遺伝子名および遺伝子シンボルの中には，すでに適用されていない以前の慣例に由来するものがそのまま使われているものもある。http://www.informatics.jax.org/mgihome/nomen/gene.shtmlを参照されたい。

また，命名法についての詳論はhttp://www.informatics.jax.org/mgihome/nomen/table.shtmlを参照していただきたい。

Mouse Genome Database（MGD）は遺伝子名，遺伝子シンボルの中央管理システムとしての機能を担い，異なる遺伝子に同じ名前を用いること，あるいは同一の遺伝子に複数の名前を用いることを防いでいる。MGD Nomenclature Committee（nomen@informatics.jax.org）は唯一の鑑定者として，新規の名前およびシンボルを割り当てる際に助言を与えたり支援したりしている。新規の遺伝子座名を提案してくれるウェブツールがMGDのサイトに用意されている（http://www.informatics.jax.org）。

マウスの命名法の主要な特徴は，Laboratory Registration CodeあるいはLab Codeであり，マウスを作製した，あるいはDNAマーカーやマウス系統，変異などの場合はそれを所有する特定の施設・研究室・あるいは研究者を，通常3文字以内で表記したものである。Lab CodeはMGDあるいはInstitute of Laboratory Animal Research（ILAR；http://www4.nas.edul/cls/afr.nsf.）により与えられる。

導入遺伝子の命名法に関するガイドラインは，ILARが後援する委員会によって1992年に初めに策定され，Nomenclature Committeeにより1999年および2000年に修正された。導入遺伝子のシンボルは，定型の新規遺伝子座用命名提出様式に則ってMGDに提出する必要がある。これらのシンボルはさらに，Tbase（http://tbase.jax.org）にも登録できる。

導入遺伝子のシンボルは，以下の4つの部分から構成される。
- Tgの後に導入遺伝子の名称
- 括弧内に挿入DNAの正規の遺伝子シンボル
- 研究室が指定した系列，あるいは作製者による記号，あるいは通し番号
- 由来する研究室のLab Code

例えば，Tg(SV)7Briの場合は，SV40 large-T抗原遺伝子を含む導入遺伝子で，Ralph Brinster研究室が指定した7番目のトランスジェニック系列に導入されたものである。

特定の導入遺伝子を保持しているマウス系統は，これとは別にGuidelines for Mouse Stain Nomenclatureに従って命名する必要がある。トランスジェニックマウス系統を記述する際には，マウス系統名を導入遺伝子より前に表記しなければならない。

ES細胞内での相同組換えを用いた遺伝子ターゲッティングによる変異は，以下の3つの部分からなる上付文字により標的遺伝子のシンボルが与えられる。
- ターゲッティング変異（targeted mutation）を意味する「tm」の文字
- 由来する研究室がつけた通し番号
- 変異が作られた研究室のLab Code

例えば，$Bmp4^{tm1Blh}$ならBrigid Hogan研究所で最初に作られたbone morphogenetic protein 4（$Bmp4$）のターゲット変異である。

プロトコール 1　腹腔内注射

　腹腔内注射はホルモンや麻酔など，ほとんどの化学物質をマウスに投与する典型的な方法である。

材　料

供試動物
　マウス

器具
　皮下注射針。26あるいは30ゲージ，1/2インチ（比較的細い針のほうが若い動物には適している）
　注射筒。1～3 ml，滅菌ずみで使い捨てのもの

手　順

1. マウスのできるだけ耳に近い首筋をつかむ。皮膚を確実につまみ，マウスが頭を回してかみつかないようにする。尾を小指に巻き付けて固定する（図3.1）。
2. 皮下注射針で皮膚，腹筋を貫通し，横隔膜およびその他の臓器を避けて，溶液を腹腔内に注射する。針を引き抜く前に少し待ち，液体が漏出しないようにする（図3.1）。

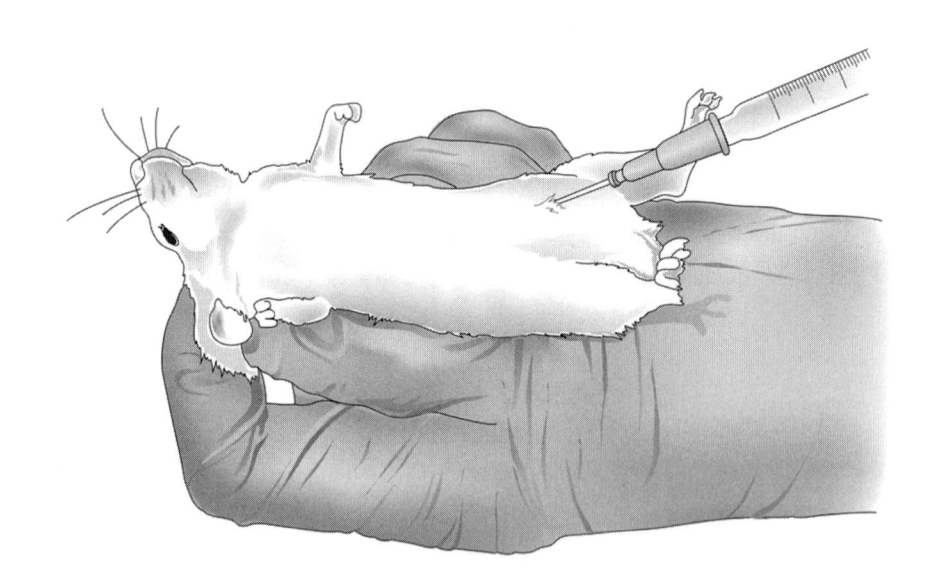

図3.1．マウスへの腹腔内注射法

> **コメント**
>
> もし，針を体壁に挿入する角度が十分でなかったために誤って皮下に注射した時は，注射部位に水疱が現れる。性腺刺激ホルモンを皮下に注射した場合は，マウスはいつものように交配できるが，胚の回収率は低下することがある。麻酔薬を皮下に注射すると，マウスに麻酔がかかったことを確認するまでにいつもより時間がかかる(2倍ほど)。さらに少量の追加麻酔が必要となるが，過剰投与する可能性があるため気をつける必要がある。

参考文献

Brinster R.L., Chen H.Y., Trumbauer M.E., Yagle M.K., and Palmiter R.D. 1985. Factors affecting the efficiency of introducing foreign DNA into mice by microinjecting eggs. *Proc. Natl. Acad. Sci.* **82:** 4438–4442.

Champlin A.K., Dorr D.L., and Gates A.H. 1973. Determining the stage of the estrous cycle in the mouse by the appearance of the vagina. *Biol. Reprod.* **8:** 491–494.

Foster H.L., Small J.D., and Fox J.G. 1981. *The mouse in biomedical research.* Vol. I. *History, genetics and wild mice.* Academic Press, New York.

———. 1982. *The mouse in biomedical research.* Vol. II. *Diseases.* Academic Press, New York.

———. 1983. *The mouse in biomedical research.* Vol. III. *Normative biology, immunology, and husbandry.* Academic Press, New York.

Gates A.H. 1971. Maximizing yield and developmental uniformity of eggs. In *Methods in mammalian embryology* (ed. J. C. Daniel), pp. 64–76. W.H. Freeman, San Francisco.

Grosschedl R., Weaver D., Baltimore D., and Costantini F. 1984. Introduction of a mu immunoglobulin gene into the mouse germ line: Specific expression in lymphoid cells and synthesis of functional antibody. *Cell* **38:** 647–658.

Hill A.C. and Stalley G.P. 1991. *Mycoplasma pulmonis* infection with regard to embryo freezing and hysterectomy derivation. *Lab. Anim. Sci.* **41:** 563–566.

Lyon M.F. and Searle A.G., eds. 1989. *Genetic variants and strains of the laboratory mouse*, 2nd edition. Oxford University Press, United Kingdom.

Silver L.M. 1995. *Mouse genetics: Concept and applications.* Oxford University Press, United Kingdom.

Taketo M., Schroeder A.C., Mobraaten L.E., Gunning K.B., Hanten G., Fox R.R., Roderick T.H., Stewart C.L., Lilly F., Hansen C.T., et al. 1991. FVB/N: An inbred mouse strain preferable for transgenic analyses. *Proc. Natl. Acad. Sci.* **88:** 2065–2069.

Tronik D., Dreyfus M., Babinet C., and Rougeon F. 1987. Regulated expression of the Ren-2 gene in transgenic mice derived from parental strains carrying only the Ren-1 gene. *EMBO J.* **6:** 983–987.

Whitten W.K. and Champlin A.K. 1978. Pheromones, estrus, ovulation and mating. In *Methods in mammalian reproduction* (ed. J.C. Daniel), pp. 403–417. Academic Press, New York.

Whittingham D.G. and Wood M.J. 1983. Reproductive physiology in the mouse. *Biomed. Res.* **111:** 137–164.

第4章

着床前胚の回収と体外培養

この章では，新しい遺伝学の知識や，様々な分野の研究に役立つ着床前のマウス胚の分離と培養について述べる。マウスのコロニーのセットアップや繁殖に役立つ情報をすでに述べてきたが，第3章とは独立して使うことができる。また，この章では，着床前マウス胚の培養培地の概要や体外培養のための重要なポイント，培地作製のための手順や着床前のすべてのステージにおける胚の回収について述べる。

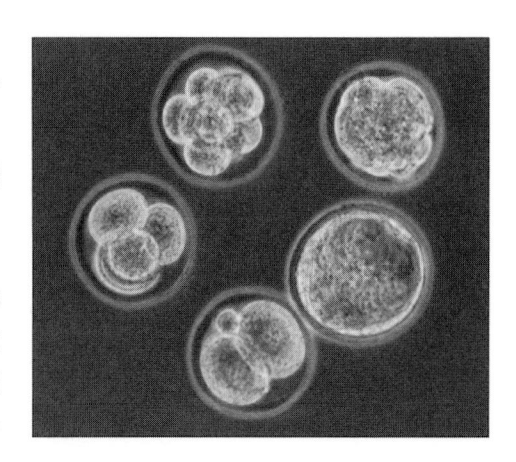

目　次

着床前の胚の培養液，150
　　歴史，150
　　マウス胚培養のための培地，152
　　胚培地の主成分，153
　　近年の発展，156
胚の体外培養における一般的注意，158
　　培地の調製，158
　　胚の回収と培養，159
　　品質の管理，160
胚培地の調製，161
胚操作ピペットの作製，161
着床前の胚の回収，162
プロトコール
　1．M16培地の調製，165
　2．M2培地の調製，167
　3．濃縮ストックからのM2およびM16培地の調製，169
　4．KSOM培地の調製，172
　5．微小滴培養のセットアップ，174
　6．硬質ガラス毛細管を用いたピペットの作製，176
　7．シリコン処理したピペットの作製，177
　8．腹腔の切開と雌性生殖器の配置，178
　9．受精卵の回収と卵丘細胞のヒアルロニダーゼによる除去，180
　10．2～8細胞期胚およびコンパクションを起こした桑実胚の回収，183
　11．胚盤胞期胚の回収，186
参考文献，188

着床前の胚の培養液

歴　史

　着床前のマウス胚の実験的研究は，1950年代後半からのWhitten(1956)の草分け的研究により実体のあるものになった。彼はグルコースとウシ血清アルブミン(BSA)を添加したKrebs-Ringer重炭酸緩衝液の中で8細胞期のマウス胚を胚盤胞まで発生させることに成功した。着床に影響する因子の研究(McLaren and Mitchie 1956)につづき，McLaren and Biggers(1958)が，体外培養した胚盤胞を偽妊娠雌の子宮内へ移植し産子を得ることに成功した。またMintz(1967)は，0.002％フェノールレッドと1.0mg/ml乳酸を添加した50％ウシ胎子血清(FBS)と50％Earle緩衝液中で凝集キメラの作製とその培養に成功した。

　現在では広く使用されるようになったマウス胚培養における微小滴培養法は，1963年にR.Brinsterにより開発され，発生の経時的解析や着床前胚の操作の発展に役立ってきた。この研究に使用されたKrebs-Ringer重炭酸緩衝液の初期の改良はカルシウム濃度を2.54mMから1.71mMに減らすことであり，現在ではほとんどの培地でこの濃度であるが，これは培地の微小滴中の沈殿を防ぐためであった。浸透圧変化，pH，アミノ酸組成，エネルギー基質

など培養液の特徴を調べたBrinsterの体系的な研究が，着床前のマウス胚培養の基礎を築いた。Whittenのオリジナルの培地では第3分割までの発生は不可能であったが，乳酸の添加が2細胞期からの発生を可能にすること(Brinster 1965a)や，グルコースではなくピルビン酸がマウス胚の初期のエネルギー源であること，同時に生存に必須であること(Brinster 1965b, c)が証明された。後のBiggersら(1967)による研究によって，マウス胚の2細胞期への発生にはピルビン酸が必須であることが示され，またグルコースが4細胞期／8細胞期胚の発生に必要であることもわかった(Brinster and Thomson 1966)。これらの研究がBMOC(Brinster's Medium for Ovum Culture)培地へつながり，最初の基礎培地であるBMOC2培地が完成した(Brinster 1968, 1969)。

　BMOCを基礎としたその他の培地も，例えば修正Whitten培地(Whitten 1971)や，Whittingham(1971)により考案され，現在も広く使用されている重炭酸培地であるM16培地なども次々に発展した。卵子の回収やマイクロインジェクションなどで，培養器外で行う操作が長引く時に使用する培地として，pHを一定にするために重炭酸緩衝液の代わりにHEPES緩衝液を使用した様々なM16培地の改良型が考案された(Quinn et al. 1982)。M16培地のような従来の培地では胚盤胞期胚への発生はいくつかの近交系マウス(例えば，C3H)やF₁雑種(例えば，C57BL/10J × SJL/J，B6AF1，B6D2F1)の胚でのみ可能であった。大部分の近交系と遠縁交配系(アウトブレッド)，例えばSJL/J，C57BL/10Jや129/Rr，C3H × DBA，DBA，Swiss Webster，CF1系などのマウス胚は2細胞で発生が止まってしまった(Whitten and Biggers 1968, Biggers 1971)。この現象は"2細胞期ブロック"と呼ばれ，精子の系統ではなく卵子の系統に依存して起こることがわかった(Goddard and Pratt 1983)。2細胞期ブロックは卵管内培養，あるいは器官培養によって解除することができ(Whittingham and Biggers 1967)，さらにF₁雑種の卵細胞質を注入することや(Muggleton-Harris et al. 1982)，EDTAのような重金属のキレート剤を培地に添加すること(Abramczuk et al. 1977)でも解除させることができた。Whitten培地へのEDTA添加は，C57BLやICR系の胚の胚盤胞期までの発生を可能にしたが，BALB/c系の胚では有効でなかった(Abramczuk et al. 1977)。より最近のSuzukiら(1996)による報告では，AKR/N，B10.Thy.1，ddY系由来の胚の発生はEDTAによって改善されないが，ICRとPW/a系由来の胚は有意に胚盤胞期胚までの発生が改善された。1つの系統(ICR)の精子を，55の異なったマウス系統由来の卵子に受精させた胚で体外発生させた研究によって，明らかに系統の違いがあり，2細胞期ブロックは母方の影響によって誘起されることが立証された。

　この20年近くの間でマウス胚培養の条件はほとんど変化がみられなかったが，体外におけるヒト胚発生のための培養条件は最適から程遠く，体外受精(IVF)における胚の損失が大きいため，胚培養研究がこの10年で再度活発になってきた。生理的知識や代謝要求のより確かな理解によって，第2世代の胚培地の開発が，胚培養技術の向上へつながっている。ヒト胚培地の発展のための体系的な研究のほとんどが，ヒトとマウスの代謝のパラメーターが似ていることから最初はマウス胚を用いて行われている。前核期から胚盤胞期までのマウス胚の培養は，ヒトのIVFクリニックにおいて培地組成，オイル，培養液および器具の品質管理テストに用いられている(Quinn et al. 1985b, Scott et al. 1993, Quinn and Horstman 1998)。しかしながら，このようなバイオアッセイの結果は，遺伝的背景や回収時の胚の発育段階，使用した培地の種類などの要素に依存するため，心して慎重に解釈されるべきであろう(160頁の品質の管理の項参照)。

マウス胚培養のための培地

MTF

　Krebs-Ringer重炭酸緩衝液を基本にエネルギー基質であるピルビン酸，乳酸，グルコース，血清アルブミンを添加した比較的単純な組成の着床前胚の培養液であるが，これらの組成はアミノ酸やビタミン，成長因子などを含む卵管液や子宮液とは大きく異なる(Leese 1988)。高感度超微量蛍光測定法により，胚の酵素活性や培養液の代謝産物が解析された(Gardner and Leese 1990)。MTF(mouse tubal fluid)はM16培地のイオン組成を参考にしたが，グルコース，ピルビン酸，乳酸は生理的濃度である(表4.1参照)(Gardner and Leese 1990)。MTFとM16の主な違いは乳酸の濃度である(4.79 mMと23.3 mM)。F_1マウス(CBA/Ca × C57BL/6)を交配して得たF_2胚を，乳酸濃度を下げた培地で4日間培養すると，M16培地と比較して，胚の細胞数や胎子発生が増加した(Gardner and Sakkas 1993)。しかしながら，雑種のCF1系雌より得た胚をこの培地で培養するとEDTAの存在下でさえ2細胞期で停止した(Erbach et al. 1994)。胚培地は発生段階で絶えず変化する雌の生殖器道環境を反映しなければならず，ある発生段階でその時の雌生殖器道内における胚の要求物を満たさなければならない。今後さらに詳しく，アミノ酸やビタミン類のような培地中の他の構成要素が，体外あるいは体内での胚発生にどのように影響するのかを調べる必要がある。

表4.1. マウス胚培養のための種々の培地の組成表(mM)

成分	BMOC2[1]	M16[2]	MTF[3]	CZB[4]	KSOM[5](AA)	G1[6]	G2[6]
NaCl	94.88	94.66	114.2	81.62	95.00	85.16	85.16
KCl	4.78	4.78	4.78	4.83	2.5	5.5	5.5
KH_2PO_4	1.19	1.19	1.19	1.18	0.35	−	−
$MgSO_4 \cdot 7H_2O$	1.19	1.19	1.19	1.18	0.2	1.0	1.0
$CaCl_2 \cdot 2H_2O$	1.71	1.71	1.71	1.71	1.71	1.8	1.8
$NaHCO_3$	25.00	25.00	25.00	25.00	25.00	25.00	25.00
乳酸ナトリウム	25.00	23.28	4.79	31.30	10.00	10.5	5.87
ピルビン酸ナトリウム	0.25	0.33	0.37	0.27	0.20	0.32	0.10
グルコース	5.56	5.56	3.40	0(5.56)	0.20	0.50	3.15
グルタミン	−	−	−	1.00	1.00	1.00	1.00
EDTA	−	−	−	0.11	0.01	0.01	−
タウリン	−	−	−	−	−	0.1	−
$NaH_2PO_4 \cdot 2H_2O$	−	−	−	−	−	0.5	0.5
BSA(mg/ml)	1.00	4.00	4.00	5.00	1.00	2.00	2.00
非必須アミノ酸[a]	−	−	−	−	(0.5×)	1×	1×
必須アミノ酸[b]	−	−	−	−	(0.5×)	−	1×(0.5×)

　すべての培地は，0.001〜0.01g/リットルフェノールレッド(随意)，0.06g/リットル(100単位/ml)ペニシリンG・カリウム塩，0.05g/リットルストレプトマイシンを含む。

[a] MEM NEAA, Minimum Essential Medium non-essential amino acids
[b] MEM EAA, Minimum Essential Medium essential amino acids

[1] Brinster(1968, 1969), [2] Whittingham(1971), [3] Gardner and Leese(1990), [4] Chatot et al.(1989). CZB培地は培養48時間後から5.56mMグルコースを添加する。[5] Lawitts and Biggers(1993)のNEAAとEAAを添加したKSOM培地は，KSOM-AAと示す。[6] Barnes et al.(1995)のG1/G2培地を後に改良したものは，G1.2とG2.2と示し，グルタミンとEDTA，リン酸濃度を低下させてあり，商業的な理由により詳細な組成は明らかにされていない。

CZB

　8細胞期までの着床前の胚はグルコースを効率的に使うことができず，ピルビン酸や乳酸をエネルギー基質として要求する(Iyengar et al. 1983, Leese 1991)。さらに，単純な培地ではグルコースは発生の遅延や停止を引き起こす。BMOC2のグルコースをグルタミンに変えると，2細胞期での停止を解除し，胚盤胞期胚まで発生する(Chatot et al. 1989)。BMOC2培地を改良したCZB培地は，乳酸／ピルビン酸の比を増やし，0.1mM EDTAとグルコースの代わりとして1mMグルタミンを添加した。この培地は通常なら2細胞期で発生停止するいくつかのマウス系統の胚でも，胚盤胞期への発生を促進した(CF1 × B6SJLF1/J，DBA × B6SJLF1/J)(Chatot et al. 1990)。しかし，CZB培地においてこれらの胚の桑実胚期から胚盤胞期への発生の成功には，48時間後から5.56mMグルコースを含んだ培地中で培養する必要があった(表4.1参照)(Chatot et al. 1990)。CZB培地はCF1やSwiss Websterの胚のように発生が停止する系統であっても，2細胞期以上への発生を可能にした(Chatot et al. 1989)。さらに最近，CZB培地やその改良培地が胚の操作や様々なマウスクローン実験の胚培養に使用されている(Wakayama et al. 1998, 1999, Eggan et al. 2000, 2001, Humphreys et al. 2001, 第13章参照)。

KSOM

　Lawitts and Biggers(1991, 1992)は，構成成分の最適化戦略，すなわち，いくつかの培地組成を同時に最適化し，遠縁交配系マウス胚(CF1)の2細胞期ブロックを解除するSOM(Simplex Optimized Medium)を開発した(Lawitts and Biggers 1991, 1992)。その後NaClとKCl濃度を高めたが，この新しい培地はKSOMと命名された(表4.1参照)(Lawitts and Biggers 1993, Erbach et al. 1994)。KSOM培地で遠縁交配系マウス系統(CF1 × B6D2F1)の胚を培養すると，それ以前の培地であるSOM培地やCZB培地と比較して，栄養膜の細胞分裂速度が高く，質の良い胚盤胞期胚が得られた(Erbach et al. 1994)。KSOM培地は，CF1やCD1，FVB，NOD，C57BL/6のような系統のマウス胚を胚盤胞期胚まで発生させる場合や胎子を得る時などに用いられる(Lawitts and Biggers 1993)。Flushing holding medium(FHM)は空気中で胚を操作する時に用いられ，KSOM培地に基づきHEPES緩衝液(20mM)を添加し，$NaHCO_3$を減らして(4mM)開発された(表4.3参照)。アミノ酸を添加した修正KSOMが(下記のアミノ酸の項目参照)，IVF後のマウス胚培養のための培地に適している(Marschall et al. 1999, Sztein et al. 2000)。アミノ酸を添加したKSOMは，B6C3F1系の除核，電気融合した再構築卵子の培養にも用いられている(Liu et al. 2000)。

胚培地の主成分

グルコース

　グルコースは，哺乳類の着床前胚に対してエネルギー基質として働くことが明らかにされている。グルコースはマウス胚の発育初期48時間では有害な影響を与えるが，胚盤胞の形成には必須である(Chatot et al. 1989, 1990)。ヒト胚の培地からグルコースを除く傾向にある(Quinn 1995)が，生殖器道管内にはグルコースが存在し(Gardner and Leese 1990)，グルコースを培地から完全に除去すると，体内の生理的状態を再現することはできない。

　リン酸は体外培養下ではグルコースと逆の効果をもたらし，高濃度(>0.35 mM)のリン酸存在化ではグルコースの働きに問題が生ずる(Scott and Whittingham 1996；Quinn 1998)。ヒトIVF用の最初の特別な培地であるHuman tubal fluid(HTF)培地(Quinn et al. 1985a)からは，グルコースとリン酸イオンを除き，代わりにBSAの形で外因性の蛋白質を添加し，さらに

0.1mM EDTA，1mMグルタミンを添加した培地は，CF1マウスやB6C3F1マウスの胚の体外発生を大幅に改善し，Basal X1 HTFと命名された(Quinn 1995)。同様に，リン酸濃度(0.35 mM)が低いKSOM培地では，グルコースを添加(5.56 mMまで)しても，異系交配マウス(CF1×B6D2F1)胚の脱出胚盤胞までの発生は阻害されなかった(Summers et al. 1995)。高濃度のリン酸存在下(1.19 mM)において，非必須アミノ酸やグルタミンを添加することで，マウス分割胚はグルコースによる阻害を受けなくなる(Gardner and Lane 1996)。グルコースを培地に添加しなくとも胚盤胞を得ることはできるが，グルコース添加培地で培養した胚に比べ，着床後の発育能力が劣る(Gardner and Lane 1996)。着床前の発育過程において，グルコースは，培地の組成によって異なる影響を与えるのかもしれない。最近，グルコースとリン酸は独立して働き，グルコースは着床前の体外発生を常に阻害するわけではないことが示されている(Biggers and McGinnis 2001)。

アミノ酸

初期の胚培地は，生理食塩水を基礎として，アミノ酸を添加せず，糖およびBSAのみを添加した培地であった。糖とBSAは胚発生を促進するが，分割率の低下(Bowman and McLaren 1970)や移植後の生存性の低下を引き起こす(Bowman and McLaren 1970)。当初，マウス2細胞期胚にとって，胚盤胞へ発生するための必須な外因性アミノ酸はないと報告されていた(Brinster 1965c)。しかし，マウス胚にはアミノ酸を取り込む能力があり(Brinster 1971)，アミノ酸は雌生殖器道に豊富に含まれている(Miller and Schultz 1987)。いくつかの系統のマウスの体外発生は特定のアミノ酸を添加することで改良された(Mehta and Kiessling 1990；Gardner and Lane 1993, 1996；Ho et al. 1995)。修正MTF(Gardner and Lane 1993)やKSOM(Ho et al. 1995)培地にアミノ酸を添加することで，胚盤胞や脱出胚盤胞への発生率および細胞数の増加が観察された。注目すべきことに，KSOMにアミノ酸を添加することで，数種の蛋白質のmRNA合成を in vivo レベルまで増加させることに成功している(Ho et al. 1995)。

最近，培地におけるアミノ酸の働きが集中的に研究され，培地の組成が改良された。Eagle(1959)は，アミノ酸を，体細胞の増殖に必要としない非必須アミノ酸と必要な必須アミノ酸に分類したが，非必須アミノ酸と必須アミノ酸のグルタミンは8細胞期までの分割を早め，結果としてマウス胚の発生率や生存性を向上させる(Lane and Gardner 1994, 1997)(表4.2参照)。コンパクション後，非必須アミノ酸は胚盤胞の拡張胚盤胞や脱出胚盤胞への発生を促進する。8細胞期以降に必須アミノ酸を添加すると，胚盤胞への発生が阻害される(Lane and Gardner 1994, 1997)が，内部細胞塊や胎子の発育が促進される(Lane and Gardner 1997)。

アミノ酸であるタウリンは遊離アミノ酸プールの主要成分であり，マウスの卵母細胞や胚，雌生殖器道中に存在し，胚発生を促進する(Schultz et al. 1981；Dumoulin et al. 1992)。タウリンは抗酸化作用をもち，オスモライトまたはキレート剤として働くことが示唆されており(Li et al. 1993)，G1(Barnes et al. 1995)やP1(Carrillo et al. 1998)などの培地に添加し，ヒト胚の培養にも使われている。

胚の生理学的研究によって，アミノ酸は哺乳類の胚発生を調節することがわかり，糖やアミノ酸の濃度を考慮した培地組成の改良が行われた。培地は胚の代謝要求量や生理的変化を考慮に入れながら，生殖器道の糖の組成を参考にして改良された。ヒト胚の胚盤胞までの培地として2つの培地(G1/G2)が考案された(Barnes et al. 1995)。G1は8細胞期まで，G2はその後，胚盤胞までの発生培地として設計されている(表4.1参照)。最近，ヒト胚用のG1/G2

培地は体細胞核移植により構築されたマウス胚の培養にも用いられ，成功を収めている（Munsie et al. 2000）。その後，G1/G2培地は改良され，グルタミンやEDTA，リン酸濃度を減少させ，G2に特異的なビタミンを含むG1.2/G2.2培地（Scandinavian IVF Science/Vitrolife）が考案されたが，商業的な理由で正確な組成は発表されていない（Gardner and Schoolcraft 1998；Gardner et al. 1998）。ヒト胚の培養に用いられ，マウス胚でもテストずみの購入可能な培地がいくつかある。S1/S2（Vitrolife，http://www.vitrolife.com）；P1/Blastocyst media（Irvine Scientific，http://irvinesci.com）；Enhance Day1, Day3, Day5 HTF（Conception Technologies，http://conception-technologies.com）；Quinn's Advantage Cleavage and Blastocyst Media（SAGE BioPharma，http://www.sagebiopharma.com）。

Eagleが提唱した胚培養のための必須アミノ酸濃度は，*in vivo*で胚がさらされる濃度よりも明らかに高く（表4.2参照），そのような濃度のアミノ酸を用いた場合，代謝や自発的崩壊によってアミノ酸から胚に害のあるアンモニウムが生産される（Gardner and Lane 1993）。マウス胚の生存性やアンモニウム生産における必須アミノ酸の影響を調べた最近の研究では，コンパクション後の培地には，アミノ酸濃度がイーグル培地（1959）の半分のG2.2が適していることが示されている（Lane et al. 2001）。しかしながら，非必須アミノ酸は2つの培地とも0.1mM（Eagleの濃度）を含んでいる。また，より安定なグルタミンの誘導体であるアラニルグルタミンを1mMの濃度でグルタミンの代わりに用いることで，アンモニウム生産を抑えることができる（Lane et al. 2001）。

表4.2. マウス胚培地のアミノ酸濃度

アミノ酸	イーグル培地		1/2イーグル培地（mM）	
	mM	mg/リットル	mM	mg/リットル
非必須アミノ酸				
L-アラニン-HCl	0.1	8.9	0.05	4.45
L-アスパラギン-H_2O	0.1	15.0	0.05	7.5
L-アスパラギン酸	0.1	13.3	0.05	6.66
L-グルタミン酸	0.1	14.7	0.05	7.36
グリシン	0.1	7.5	0.05	3.75
L-プロリン	0.1	11.5	0.05	5.76
L-セリン	0.1	10.5	0.05	5.26
必須アミノ酸				
L-アルギニン-HCl	0.6	126.4	0.3	63.2
L-シスチン	0.1	24.0	0.05	12.02
L-ヒスチジン-HCl-H_2O	0.2	41.9	0.1	20.96
L-イソロイシン	0.4	52.4	0.2	26.23
L-ロイシン	0.4	52.4	0.2	26.24
L-リジン-HCl	0.4	73.1	0.2	36.52
L-メチオニン	0.1	14.9	0.05	7.46
L-フェニルアラニン	0.2	33.0	0.1	16.52
L-スレオニン	0.4	47.6	0.2	23.82
L-トリプトファン	0.05	10.2	0.025	5.11
L-チロシン	0.2	36.2	0.1	18.12
L-バリン	0.4	46.9	0.2	23.42

非必須アミノ酸，必須アミノ酸ともに，Eagle（Eagle 1959；Ho et al. 1995；Biggers et al. 2000）がヒト細胞で用いた半分の濃度をKSOM培地に添加した。非必須アミノ酸濃度は0.1mMでG1，G2培地に用いた。必須アミノ酸濃度はイーグル培地と同様の濃度でG2に用いているが，Lane et al.（2001）は半分の濃度にすることを勧めている。必須アミノ酸のグルタミンは1mM含まれているが，より安定なジペプチドのL-アラニル-L-グルタミンを代わりに用いてもよい。

KSOMに必須アミノ酸，非必須アミノ酸ともにイーグル培地の1.5倍添加した場合，CF1マウス胚の後期胚盤胞までの発生が促進され，栄養芽細胞よりも内部細胞塊の細胞増殖が選択的に刺激された(Biggers et al. 2000)。アミノ酸の影響を調べた研究では，BSA(通常マウス胚培地に用いられる)の代わりにポリビニルアルコールが用いられており，培地には外因性の窒素供給源は含まれていない。

近年の発展

広く知られていることであるが，培地の量を減少させたり，胚をグループで培養すると，胚盤胞への発生，細胞数，さらに移植後の生存性が増加する(Paria and Dey 1990；Lane and Gardner 1992)。外因性の蛋白質を添加せずにマウス胚を培養した場合，培地あたりの胚数が10個/10μlでは脱出胚盤胞まで発生するが，1個/10μlでは発生しない(Quinn et al. 1993)。このような現象は，胚によってオートクリン／パラクリン的に生産された因子が，培地によって希釈されると考えられる。非常に多くの成長因子が生殖器道に含まれており，着床前の胚発生における母方由来の成長因子や胚の成長因子の役割が多く報告されている(Kane et al. 1997；Kaye 1997；Hardy and Spanos 2002総論参照)。

血小板活性化因子(PAF)，インスリン様成長因子-II(IGF-II)など，いくつかの成長因子の受容体やmRNAがマウス着床前胚に同定されている(O'Neill 1997)。子宮の白血球病抑制因子(LIF)はマウス胚の着床に必須であり(Stewart et al. 1992)，組換え型LIFは体外培養下のマウス胚の発生を向上させ(Fry 1992)，特に体外培養下の8細胞期胚の発生における栄養膜細胞の成長や透明帯脱出が促進された(Lavranos et al. 1995)。多くの成長因子は胚盤胞形成を促進する。例えば，ヘパリン結合上皮増殖因子(HB-EGF)や形質転換成長因子-α(TGF-α)は胚盤胞への発生を促進し(Paria and Dey 1990)，インスリンやIGF-I，IGF-IIは内部細胞塊の細胞数を増加する(Harvey and Kaye 1990, 1992a, b)。またマウス胚盤胞のEGF処理は着床率を増加する(Morita et al. 1994)。このように，成長因子は着床前胚の発生に大きく関わり，培地に添加することで胚の生存性を向上させることができる。

培養条件の改良とともに，ヒトIVFクリニックでは，着床率や胚の発育および生存能力を向上させるために，培養時間を延長し，より発生の進んだ胚を移植している(Gardner and Lane 1997, 2000)。しかし，体外での培養や操作は，生存能力の低下や異常な発育を引き起こす(Bavister 1995)。これらの異常などは体外培養に起因する胚ゲノムのエピジェネティックな変化に関係することが多い。最近の研究では，マウス着床前胚において，培養条件(Whitten培地 vs.アミノ酸添加KSOM培地)による刷り込み$H19$遺伝子の発現の違いが観察されている(Doherty et al. 2000)。血清存在下でのマウス着床前胚の培養は，$Igf2$，$H19$，$Grb10$のような成長に関わる刷り込み遺伝子に影響し，胎子の異常な成長を誘導する(Khosla et al. 2001a)。最近の総説では，着床前胚の培養は，遺伝子発現や表現型へ長期的に影響することが述べられている(Khosla et al. 2001b)。

胚は，培養によって大気の酸素分圧(～20%O_2)にさらされると，フリー・ラジカルの生成によりダメージを受ける危険性がある。培養により活性酸素種(ROS)が生産され，この酸化的ダメージが増加し，発生が阻害される(Legge and Sellens 1991)。EDTAは分割胚に対して重金属イオンのキレーターとして働き，ROSの生産を抑える(Nasr-Esfahani et al. 1992)，またマウス胚では解糖の早過ぎる利用を抑えるとも報じられている。しかし，これらの有益な効果は分割胚に限られ，コンパクション後の胚の培養への使用は，内部細胞塊の減少や胎子の発育不良につながる(Gardner and Lane 1996；Gardner et al. 2000)。LaneやGardner (2001)の最近の研究では，EDTAはマグネシウムのような2価の陽イオンのキレーターとし

て働き，少なくとも1つの解糖のキナーゼを抑制し，体外発生を阻害するグルコース代謝の初期スイッチをブロックすることが明らかにされた。これらのことから，マウス胚の培養では，培養初期48時間は10 μM EDTAを添加し，コンパクション後はEDTAを添加しないことが望ましいと思われる（G1/G2培地，5% O_2条件下）。KSOMに10 μM EDTAを添加することで，胚盤胞形成や透明帯脱出率は向上したが，胚盤胞の細胞数が減少した。他方で，酸素分圧の低下（5% O_2）は，発生の指標となるすべての点で有益な影響を及ぼしていることが示された（Orsi and Leese 2001）。したがって，マウス胚の培養は，5% O_2条件下で，EDTA無添加培地に蛋白質やアミノ酸のような生理学的なキレーターを添加し，活性酸素から保護して行うことが望ましい。

　胚培養は複数のパラメーター，特に胚の遺伝的背景や培地組成に影響される。ごく最近，Kamjooら（2002）は，2系統（MF1，C57BL/6 × CBA）のマウス胚の培養で，2種類の培地（M16 and. KSOM）間にアポトーシスレベルの違いがみられたことを報告している。用いる培地は目的ごとに最適なものを選ばなければならない。例えば，最適なIVFではほかと比べ高い濃度のグルコースが必要である（Hoppe 1976；Fraser and Quinn 1981）。しかし，グルコースはマウス胚の初期発生を阻害するため（Chatot et al. 1989；Lawitts and Biggers 1991），マウスIVFに用いられる修正Tyrode培地（Fraser and Drury 1975）やHTF（Quinn et al. 1985a）などは，F_1雑種で用いる場合は別だが，2細胞期以降の培養には適さない。さらに，最適な培養条件を考えるうえで，酸素や二酸化炭素の濃度，安定した環境，培養液量は重要である（「胚の体外培養における一般的注意」参照）。

　近年のヒト胚の培養技術における目覚しい発展は，マウスを扱う研究者からは軽視されがちである。しかし，マウスにおける遺伝子操作にも応用できる可能性があり，クローニング，胚や精子の凍結保存，IVFなどの改良にもつながるかもしれない。マウスクローニング分野において，異なる2つの胚培養法が示された。体細胞核移植により構築したクローン胚の胚盤胞は，CZB培地を用いた場合，G1/G2やKSOM/G2培地を用いた場合と同様に，コントロールとして用いられる単為発生胚と比べ培養条件による影響が大きく，培地が着床前胚の発生に大きく影響する（Heindryckx et al. 2001）。Chungら（2002）はマウスクローン胚の初期発生に及ぼす培養条件の影響について調べ，初めにWhitten培地を用い，次にKSOM培地を用いる組み合わせが，グルコース添加CZB培地よりも，胚盤胞の細胞数を増加し発生を促進することを報告した。

　以上をまとめると，哺乳類の着床前胚培養技術は着実に進歩している。着床前胚の体外培養に適した培地を選択することが，初期発生や哺乳類のゲノム操作の研究を可能にする。M16は，長年，トランスジェニック作製に用いられてきたが，例外としてアミノ酸を添加したKSOMでは可能かもしれないが，現段階では1つの培地をマウス胚のすべての操作に用いることは勧められない。これまで様々な着床前胚の培地について述べてきたが，添加するアミノ酸濃度は表4.1と表4.2，調製方法はプロトコール4.1～4.4を参照していただきたい。

胚の体外培養における一般的注意

胚の体外培養を成功させるために，最も重要な点を以下に述べる。

培地の調製

理想的には，使い捨ての滅菌プラスチック容器（例えば，Nalge square medium bottles 2019-0250，または50ml conical tubes）やピペットを用いるのがよい。胚の採取や操作，培地の調製や保存にガラス製品を使用する場合は，それぞれ1つの目的にだけ使用し，洗剤の残留物がないように完全に洗い，滅菌前に少なくとも6回ガラス蒸留水ですすぐ。

極めて重要な点は，培地を作るための水は，少なくとも2回，金属部分がすべてガラスで覆われた蒸留器の中で蒸留する（ガラス蒸留），または18MΩ作製用Milli-Q装置などを用い濾過することで精製し，清浄なプラスチック容器に保存することである。濾過で精製した水はエンドトキシンについて試験しなければならない（第8章参照）。長期保存は望ましくない。販売されている器官培養用脱イオン水やエンドトキシン試験ずみの水，ヒト静脈注射用の水を使用してもよい。

薬品はすべて最高品質のものを使用しなければならない。特定の成分，例えばウシ血清アルブミン（BSA），パラフィンオイルについては，いくつかのバッチを試験し，1つのバッチを培養用に保存しておく。BSA（Sigma A3311）や軽質ミネラルオイル（Sigma M8410），ES細胞用ライトミネラルオイル（Specialty Media ES-005-C）など，胚で試験ずみの製品はすぐに利用できるが，実際の研究条件下で新しいバッチについて試験をすることが望ましい。2回洗浄ずみ，濾過ずみ，エンドトキシン試験ずみ，および胚試験ずみ軽質ミネラル（パラフィン）オイル（Vitrolife，Irvine Scientific，SAGE BioPharmaなど）はヒト胚の培養に適しており，高価であってもいずれかのオイルを使用するべきである。ヒトの医薬用のパラフィンオイルや軽質ミネラルオイルも胚培養に用いてもよい。オートクレーブ処理したオイルは毒性が上昇している可能性があるので勧められない。必要ならば，オイルを0.8μmフィルターで濾過することは可能である（濾過の項，参照）。バッチごとの毒性は，予備の胚を培養し，胚盤胞への発生や移植後の生存性を観察し，検査しなければならない（160頁参照）。パラフィンオイルのビンを開封後は，毒性が増加するのでできるだけ早く使用する。胚の培養に用いるオイルは蒸留水かBSAを添加していない培地とともに撹拌することで洗浄し，その後分離しほかの容器に移す。IVFのような影響を受けやすい操作の場合，胚の培養に用いる前に5% CO_2で泡立たせ，ガス処理を行う。代わりとして，ふたを緩めた状態でインキュベーター内に5〜6時間または一晩置く。

胚培地は，1週間以上（最長2週間まで）保存してはいけない。新鮮な胚の培地は1〜2週間ごとに調製しなければならず，正確でかつ時間を要する試薬秤量が必要なので，ストック液を用いるのが便利である。多くのストック液は，4℃で保存すれば数カ月間利用できる。ピルビン酸，重炭酸，グルコース，グルタミンのような貯蔵寿命の短いストック液は，1週ごとに調製し凍結するか，新しく調整したものを用いる。すべてのストック液は−20℃または−70℃で2〜3カ月間保存できる。

蛋白質を含む溶液は，ミリポアフィルター（GS型，0.22μmポアサイズ）または滅菌ずみのフィルターセット（Gelman Acrodisc，0.2μmポアサイズ）などによる陽圧濾過で濾過する。滅菌ずみのナルゲンフィルターユニット（Nalge，S型0.20μmポアサイズ，例えば，Nalgene 175-0020）は，250mlまでの溶液ならば真空ポンプを使い容易に滅菌することができる。しか

し，フィルターは細胞毒性をもっている可能性があるので(Harrison et al. 1990)，着床前胚に使用する培地やほかの試薬を濾過する場合は，フィルターを滅菌ずみの水で前もって洗浄するか，培地のはじめの数mlは捨てなければならない。培地の一部を用いて浸透圧を測定し，10ミリオスモル以内の誤差とする。

CO_2濃度が高い環境では培地はすぐにアルカリ性になってしまうので，新たに調製した胚の培地は，pHを保つために保管容器内において5％CO_2の混合ガスで処理し，4℃で保存した容器を開ける前に再びガスで処理することを勧める。培養ドロップは，実験の少なくても4〜6時間前に作るか(Chatot et al. 1989; Gardner and Lane 1996)，あるいは前日から一晩ガス平衡を行う(Lawitts and Biggers 1993)(プロトコール4.5参照)。最後に述べたことは，IVFのような影響を受けやすい操作をする場合，とても重要なことである。

培養のほとんどは，5％CO_2，95％空気で自動調節された加湿環境で行う。少量の加湿混合空気を入れた容器を，大型の組織培養インキュベーターの中に置いてもよい。モジュラーインキュベーターチャンバー(MIC)は，密閉性でガスや温度が調節でき，内部はいくつかの区画に分けられており，扉を開いた時の温度やCO_2濃度の変動を抑えることができるので，胚培養に便利である。5％CO_2，95％空気条件下でのマウス胚の培養では，区画が分けられていないものに比べMICはよい成績をあげている(Gardner and Lane 1996)。

Hoppe and Pitts(1973)は5％CO_2，5％O_2，90％N_2の混合空気が，初期卵割胚の生存を促進すると報告しており，研究所によってはこのガス比が好まれている(McGrath and Solter 1983)。最近の研究は，このことを裏付けている。マウス胚を一時的に20％O_2にさらすと，体外発生が阻害される(Pabon et al. 1989)。Orsi and Leese(2001)はO_2濃度を20％から5％に減少させることで，マウス胚の発生や細胞数が増加することを示した。マウス胚はO_2が高濃度でも発育することはできるが，低濃度の方が望ましい。重炭酸緩衝液のpHを保つためにCO_2が用いられ，多くの場合5％の濃度が用いられるが，25mM重炭酸を含む培地のpHを7.2〜7.4に保つためには5.5〜6.5％CO_2が必要である(Gardner and Lane 2000)。マウス胚は2細胞期から胚盤胞までpH 5.9〜7.8で発育するが(Brinster 1965)，マウス初期胚を一時的に高いpHの培地にさらすと，胚盤胞への発生が明らかに阻害される(Scott et al. 1993)。そのため，実際に研究室で培地のpHを測り，pHを7.2〜7.4にする必要がある場合にはCO_2レベルを調節することが望ましい。ごく最近の報告では，マウス胚の培養はG1/G2培地(Lane and Gardner 2001)やKSOM培地(Biggers and McGinnis 2001)で6％CO_2，5％O_2，89％N_2の混合空気が用いられている。

胚の回収と培養

プラスチック組織培養皿に調製した微小滴は実験の4〜6時間前あるいは前日から培養しておく(プロトコール4.5参照)。オイルで覆うことで培地を安定させ，蒸発(浸透圧の増加を引き起こす)，温度そして培養器の外に出した時のCO_2の減少によって引き起こされるpHの変動を最小限にする。微小滴培地の量や培地あたりの胚数を変えた実験で，明らかに胚盤胞期胚への発育率および細胞数が増加することが示されたため，培養液は20〜50 μlの小滴が用いられる。体外でのマウス胚発生において最適な培地あたりの胚の割合は20 μlの小滴あたり10個である(Lane and Gardner 1992)。オイルを除いた多量の培養液を用いる培養系(例えば，器官培養中央穴培養皿，Falcon 353037)は，回収した新鮮な胚の操作前後の短時間培養や短時間輸送(例えば，研究室から研究室)に便利である。

細胞，特に卵子，受精卵および2細胞期胚はpHと温度の変化に弱い。5分間室温にマウス受精卵をさらすと分割が抑制され，10〜15分間さらすと胚盤胞期胚への発育率が半減す

る(Scott et al. 1993)。マウスを含むほとんどの哺乳類では，減数分裂時の紡錘体は温度変化に敏感である(Pickering and Johnson 1987)。卵子の体外操作中の温度変化は紡錘体を不安定にし，異常な染色体の分布を引き起こし，結果的に受精不全あるいは異常な受精を引き起こす(Pickering et al. 1990；Almeida and Bolton 1995)。近年，偏光顕微鏡により生きたヒト卵子の減数分裂時の紡錘体を観察したところ，温度変化に敏感であった。それらの正常性は正常な受精および胚の発生に重要である(Wang et al. 2001)。それゆえに，ある種の実験，例えば培養器外での長時間操作や体外受精では顕微鏡のステージを37℃に加温することが望ましい。

　胚の回収・操作・培養に使われる培地には抗生物質を添加し，使用前に濾過滅菌をする。また通常，使い捨て滅菌プラスチック器具や直前に引いた胚操作ピペット(163頁参照)を用いる。培養後すぐに胚を卵管や子宮に移植する場合は，さほど汚染に注意しなくてもよい。しかし24時間以上の胚の培養や，特殊なSPF装置での操作が必要な場合には，細菌や酵母の汚染を避けるために滅菌操作が不可欠である。この場合，加圧滅菌された器具や滅菌胚操作ピペットが用いられ，ラミナフローフードの中に解剖用顕微鏡を設置する。

　胚を空気中にさらす時にはpHを安定させた培地を使うことが望まれる(Quinn et al. 1982, 1985b)。近年，マイクロマニピュレーション，凍結保存および胚移植といった培養器外での卵子および胚のすべての操作には，HEPES緩衝培養液を用いることが有効であるとLaneら(1999)とLane and Gardner(2000)が報告した。リン酸緩衝液の存在下では培養液のpHは劇的に変化し，著しく発生を阻害した。そのため胚操作時の培地のpHの変動に極力注意を払うべきである。培養器外で胚操作を行うための胚培養用のいくつかの培養液には，20mM重炭酸塩の代わりにpH 7.4の20mM HEPES緩衝液を加えている。M2(HEPES緩衝M16)，FHM(HEPES緩衝KSOM)およびその他の洗浄用培養液であるダルベッコ緩衝液(D-PBS)の組成は表4.3に示した。

　個体からの胚の採取，培養皿への胚の回収および胚回収後の残屑の適切な除去が胚培養成功の鍵となる。胚についたHEPESを取り除くためHEPES緩衝培養液から取り出し，平衡化した培養液の小滴で数回洗浄する。

品質の管理

　胚盤胞期胚へのマウス受精卵の培養にはあらかじめ培地，培地の成分，オイル，BSA，フィルターなどのバッチテストをするとよい。そのようなテストの結果は慎重に解釈する必要がある。なぜなら，その結果がマウス系統の遺伝的背景や用いた培地の種類といった多種の要因に左右されるからである。一般的に非近交系マウス胚は近交系あるいはF_1雑種の胚よりも環境要因に敏感で，2細胞期ブロックを引き起こす(151頁参照)(Scott and Whittingham 1996；Gardner and Lane 2000)。胚培地による明らかな2細胞期ブロック，遺伝的背景の影響および培地の化学的組成の詳細は153頁で述べた。マウス胚の感受性は回収時の胚の発生段階に依存し，受精卵で最も高い(Davidson et al. 1988a, b)。透明帯の除去は培養条件に対するマウス胚の感受性を増加させるため，最適培養条件の設定が凝集キメラ作製の成功には必須である(第11章参照)。

　これらすべての要因を考慮したうえで，受精卵の培養条件を決定する。一定時間(例えば，培養96時間)での胚盤胞期胚形成は80％以上になる。しかし，これはやや主観的で，胚の品質および発生能力の指標としては最適ではない(Lane and Gardner 1996)。多少，複雑な操作を必要とするが，より正確で量的な指標は胚盤胞期胚の細胞数である(Scott et al. 1993)。胎子形成は体外培養後の胚発生能力の最終的な評価だが，常に有効というわけではなく，付加

表4.3. 胚回収用培地の組成

成分	M2 mM	M2 g/リットル	FHM[1] mM	FHM[1] g/リットル	D-PBS[1] mM	D-PBS[1] g/リットル
NaCl	94.66	5.534	95.0	5.55	136.0	8.0
KCl	4.78	0.356	2.5	0.186	2.68	0.2
KH_2PO_4	1.19	0.162	0.35	0.0476	1.47	0.2
$Na_2HPO_4 \cdot 12H_2O$	–	–	–	–	8.1	2.89
$MgSO_4 \cdot 7H_2O$	1.19	0.293	0.20	0.0493	–	–
$MgCl_2 \cdot 6H_2O$	–	–	–	–	0.49	0.1
乳酸ナトリウム	23.28	2.61	10.0	1.12	–	–
ピルビン酸ナトリウム	0.33	0.036	0.2	0.022	–	–
グルコース	5.56	1.00	0.2	0.036	–	–
グルタミン	–	–	1.0	0.146	–	–
EDTA	–	–	0.01	0.0038	–	–
$NaHCO_3$	4.15	0.349	4.0	0.336	–	–
$CaCl_2 \cdot 2H_2O$	1.71	0.25	1.71	0.251	0.9	0.133
HEPES	20.85	4.969	20.0	4.76	–	–
BSA				4.0	4.0	3.0

すべての培地が0.001〜0.01g/リットルのフェノールレッド（随意），0.06g/リットル（100単位/ml）のペニシリンG・カリウム塩，0.05g/リットルのストレプトマイシン硫酸塩を含んでいる。pHは7.3〜7.4に調整する。

D-PBSに1000mg/リットルのグルコース（あるいはデキストロース）と36mg/リットルのピルビン酸ナトリウムを添加したPB-1は，胚操作や凍結保存に用いられる。D-PBSの組成は0.1g/リットルの無水$CaCl_2$；2.16g/リットルの無水$Na_2HPO_4 \cdot 7H_2O$；1.15g/リットルの無水Na_2HPO_4に代用可能である。

[1]Lawitts and Biggers (1993)

要因によって影響される。この場合，胚盤胞期胚の完全な拡張，孵化および培養皿の表面への接着が重要な指標となる。

胚培地の調製

最も一般的に用いられるマウス胚の培地であるM16，M2およびKSOMの詳細はプロトコール4.1〜4.4で述べる。ほかの胚培地も同様の方法で調製できる。それらの組成は，表4.1に示す。

M2培地は空気中での胚の回収や操作に用いられるが，FHM（HEPES-KSOM）（表4.3参照）あるいはHEPES-CZBなどのHEPES緩衝液を加えた培地で代用可能である。胚操作や培養には新たな培養液（M16，KSOM-AA，CZBなど）を用いることが理想的である。

様々なマウス胚培地はSigma（M2[M5910，M7167]とM16[M1285，M7292] http://www.sigma-aldrich.com）やSpecialty Media（M2[MR-015]，FHM[MR-024]，KSOM-AA[MR-106，MR-121] http://www.specialtymedia.com）から販売している。Vitrolife，Irvine Scientific，SAGE BioPharma，およびConception Technologiesといったいくつかの会社で製造されているヒトの胚培地はマウス胚の培養にも用いることができる。

胚操作ピペットの作製

吸引マウスピース，チューブ（例えば，latex 1/8"ID，1/32"wall，VWR62996-350），およびパスツールピペットあるいは炎上で引いたガラスキャピラリーで構成されるマウスピペットが，すべての胚操作において最も一般的に用いられる（図4.1A，B参照）。マウスピー

スはMEDTECHの子会社であるHPI Hospital Productsの1501P-B4036-2(平板)あるいはDrummondの吸引チューブ2-000-0001(円形)を利用すると便利である(http://www.drummondsci.com)。ガラスキャピラリーやパスツールピペットは穴を狭くするために炎の上で引く。チューブに結合させた1000μlチップに差し込む時，しっかりと固定されるので，使い捨てのガラスパスツールピペット(例えば，VWR 14672-380)を引くと便利である(図4.1A)(プロトコール4.6と4.7参照)。パスツールピペットの狭い部分や硬質のガラスキャピラリーを用いる時にはマイクロピペットホルダーが必要である(例えば，Drummond Microcaps bulbの部分)(図4.1B)。1000μlチップやパスツールピペットの綿栓は有効で，また両方のキャピラリーチューブの間に小さなフィルターを取り付けるとよい。

　マウスピペットに代わるより衛生的なものとして，4～5cmの軟らかいプラスチックチューブの片側をしばり，もう片方を引いたキャピラリー，あるいはパスツールピペットの狭い部分を取り付けた手持ちサイズのものがある。チューブの内径はキャピラリーホルダーとして利用する200μlチップのちょうど中間ぐらいである(図4.1C)。これはマウスピペットを必要とする胚移植以外のすべての胚操作に有効である。

　Drummond マイクロキャップ(10009002，10009003)はキャピラリーに結合したバルブ(あるいは上述したプラスチックチューブ)を押すことで微量の液体を吸い上げる。Ultramicro Accropet Pipettor(http://www.bel-art.com)はマイクロピペットおよびキャピラリーチューブを用い，ノブを回すことによって片手で液を満たし，0.2mlに分注することができる。マイクロインジェクション(第7章参照)に用いられるマイクロメーター圧縮あるいは水圧システム器具は必要であればマウスピペットの代わりに使用可能である。

　胚操作用に口あるいは手で操作するピペットを用いる時は，一般的に胚を扱う前にきれいな培地でキャピラリーを満たす。この操作はピペット内へ胚を吸い上げるキャピラリー動作を減らし，胚の紛失を減らすために行う。またキャピラリーから胚を出す時に空気の泡を出さないようにする。マウスピースを用いる時は胚移植で述べたように泡をいくらか吸うことでキャピラリー動作をゆっくりにする(第6章，図6.1参照)。特に，ピペットの肩を過ぎたあたりまで軽パラフィンオイルを満たすことで胚操作中のキャピラリー動作を減らすことができる。できるだけ胚はピペットの先端付近に保持するとよい。胚をいくつかの培地小滴で洗浄するといった培地から培地へ胚を移動する時は，残っている培地を出し，次の新しい培地から液を吸ってピペットを満たす。胚を培地に出す時は，培地へ泡を出さないようにするためすべての培養液を出してしまわないように注意しなければならない。

着床前の胚の回収

　一般にマイクロマニピュレーションに使う受精卵や着床前の胚を回収する場合，厳密な滅菌操作は必要ない。しかし，作業は清潔でほこりのたたない場所で行うべきで，作業台には新しい吸湿紙を敷くべきである。器具はオートクレーブかアルコール消毒をし，使用時に空気中で乾燥させる。胚の長時間培養や部分的なSPF調節が必要な場合には，滅菌操作は必須である。プロトコール4.8では雌性生殖器の解剖のために頸椎脱臼により苦痛を与えないで殺す方法を紹介した。

　受精卵はマイクロインジェクションを行う数時間前に回収してもよい(プロトコール4.9参照)。午前0時を暗期の中間点とする明暗周期で維持されている場合，正午前に取り出し始めると便利である。過排卵の場合には，受精卵はヒト絨毛性性腺刺激ホルモン(hCG)投与後21～25時間の交尾後の朝，すなわち，交尾後0.5日目に膣栓検査を行い回収する。卵丘細胞

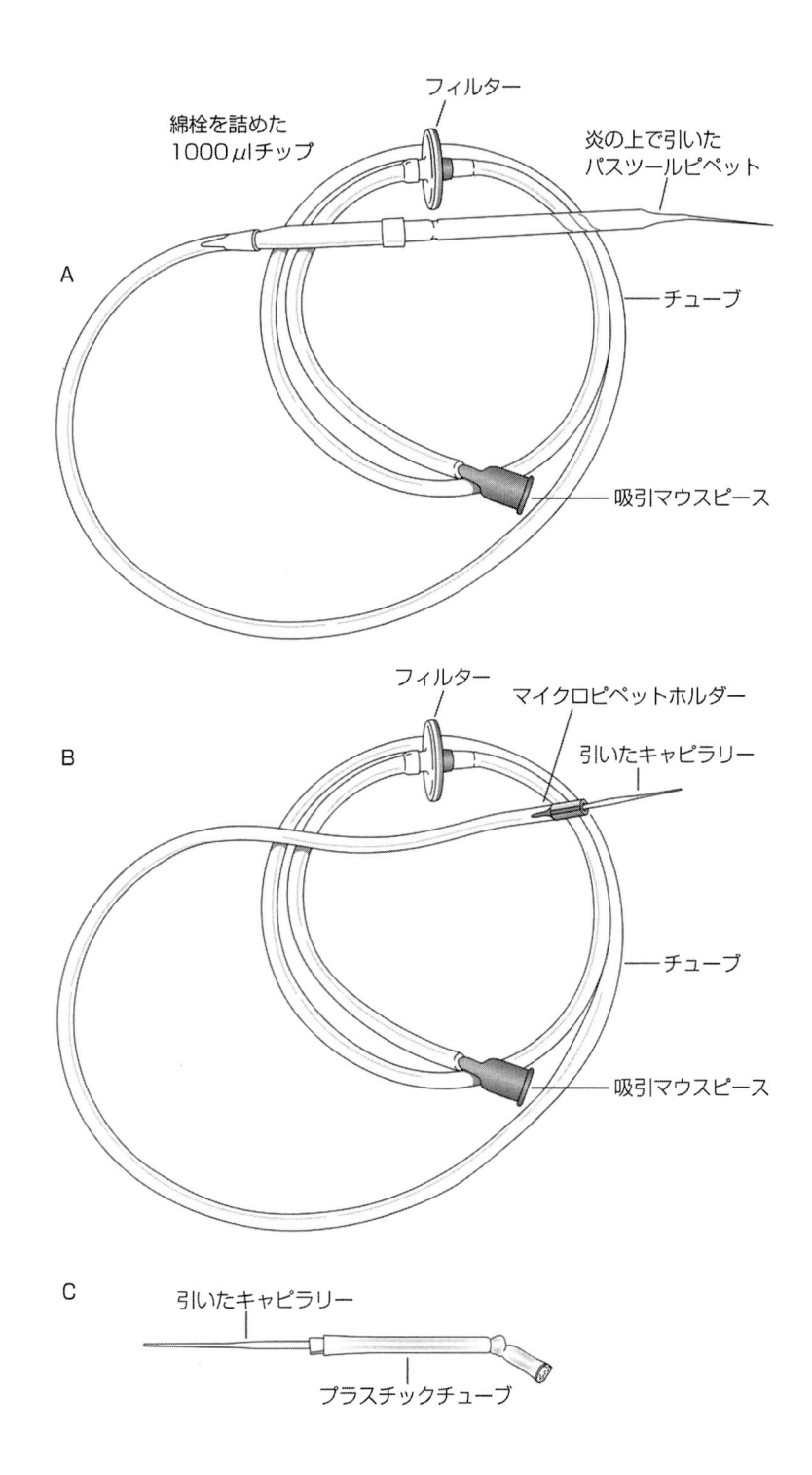

図4.1. 胚操作に用いるピペットの構造。パスツールピペット（A）あるいはキャピラリー（B）を引いて作った口で操作するピペット（マウスピペット）。胚操作に用いる手で操作するピペット（C）

に囲まれた未受精卵の回収は受精卵の回収と同様な方法で行えるがIVFのタイミングに十分注意する必要がある（第14章参照）。採卵時間が遅れると卵丘（卵胞）細胞は脱落しはじめ，受精卵の回収がいくぶん難しくなり，プロトコール4.10の2細胞期胚以降の胚の回収で述べる卵管からの灌流が必要になる。

　2～8細胞期胚は交尾（p.c.）後20～60時間の卵管にある。この時間までに胚は卵丘細胞を失い，少量のM2で灌流できるようになる。過排卵をかけた雌マウスの場合，2細胞期胚は交尾後1.5日，hCG投与後45～48時間の間で回収できる。8細胞期胚およびコンパクションを起こした桑実胚は交尾後2.5日，hCG投与後67～77時間の間で回収できる（2～8細胞期胚およびコンパクションを起こした桑実胚の回収はプロトコール4.10で述べる）。胚盤胞期胚は交尾後3.5～4.5日に，子宮灌流法により回収できる（プロトコール4.11）。

| プロトコール 1 | M16培地の調製 |

M16はKrebs-Ringer重炭酸溶液を修正したものであり，Whitten培地（Whitten 1971）に非常に似ている。M16の詳細についてはWhittingham（1971）を参照していただきたい。

材料

成分	mM	分子量	g/リットル
NaCl	94.66	58.450	5.533[a]
KCl<！>	4.78	74.557	0.356
$CaCl_2 \cdot 2H_2O$	1.71	147.200	0.252
KH_2PO_4	1.19	136.091	0.162
$MgSO_4 \cdot 7H_2O$<！>	1.19	246.500	0.293
$NaHCO_3$	25.00	84.020	2.101
乳酸ナトリウム	23.28	112.100	2.610
			または60％液を4.349g
ピルビン酸ナトリウム	0.33	110.000	0.036
グルコース	5.56	179.860	1.000
ウシ血清アルブミン（BSA）			4.000
ペニシリンG・カリウム塩			0.060
（最終濃度　100単位/ml）			
硫酸ストレプトマイシン			0.050
（最終濃度，50mg/ml）			
フェノールレッド			0.010[c]
2×蒸留水[b]			1リットルになるように加える

a　Ca^{++}フリー培地のために$CaCl_2$を除いている場合には，NaClを5.68g/リットルに増加する。
b　一般的注意の水の項参照，158頁
c　胚への毒性の影響が考えられるので，フェノールレッドの濃度は0.0001〜0.001g/リットルに減らすことが可能である。

注意：＜！＞をつけた材料の適切な取り扱いについては付録2を参照のこと。

手順

1. ペニシリンとストレプトマイシンを秤量し，少量の2×蒸留水に溶かす。
2. 塩化カルシウムを秤量し，2×蒸留水に溶かす。
3. 残りの成分（BSAと乳酸塩以外）を秤量し，1リットル目盛つきフラスコに入れ，約500mlの2×蒸留水を加える。自然溶解させる。
4. ペニシリン，ストレプトマイシンおよび塩化カルシウムを目盛つきフラスコに加える。
5. 乳酸塩溶液を10mlビーカーで調製し，容量フラスコに加える。ビーカーを数回，2×蒸留水でゆすぎ，洗浄水を容量フラスコに加える。
6. 培地のpHは7.2〜7.4の間で調整する。低ければ0.2M水酸化ナトリウムで調整する。全

量を1リットルに調整する。培地に5％CO_2，95％空気を5分間通気してpHを調整する(pHが7.4の場合にはこの操作を省いてよい)。

7. BSAを培地の上に振りかけ，徐々に溶解させる。静かに混合する。培地を振ってはいけない。泡立てると蛋白質を変性させる。

8. 培地をミリポアフィルターで濾過し，小型滅菌容器に入れる。気相には5％CO_2，95％空気を入れ，pH 7.2〜7.4に保つためにしっかりとキャップをしめる。泡立ちを少なくするために濾過は陽圧で行う。フィルターからの濾過液の最初の数mlは捨てる。

9. 4℃で2週間は保存できる。浸透圧は288〜292ミリオスモルにする。

プロトコール 2　M2培地の調製

　M2培地は重炭酸塩の一部をHEPES緩衝液に変えたKrebs-Ringer液の修正培地である（Quinn et al. 1982）。胚の採取および加湿培養器外での胚の操作に用いる。

材料

成分	mM	分子量	g/リットル
NaCl	94.66	58.450	5.533[a]
KCl＜！＞	4.78	74.557	0.356
$CaCl_2 \cdot 2H_2O$	1.71	147.200	0.252
KH_2PO_4	1.19	136.091	0.162
$MgSO_4 \cdot 7H_2O$＜！＞	1.19	246.500	0.293
$NaHCO_3$	4.15	84.020	0.349
HEPES	20.85	238.300	4.969
乳酸ナトリウム	23.28	112.100	2.610
			または60％液を4.349g
ピルビン酸ナトリウム	0.33	110.000	0.036
グルコース	5.56	179.860	1.000
BSA			4.000
ペニシリンG・カリウム塩			0.060
硫酸ストレプトマイシン			0.050
フェノールレッド			0.010[c]
2×蒸留水[b]			1リットルになるように加える

a　Ca^{++}フリー培地のために$CaCl_2$を除いている場合には，NaClを5.68g/リットルに増加する。
b　一般的注意の水の項参照，158頁
c　胚への毒性の影響が考えられるので，フェノールレッドの濃度は0.0001～0.001g/リットルに減らすことが可能である。

注意：＜！＞をつけた材料の適切な取り扱いについては付録2を参照のこと。

手順

1. HEPESを秤量し，50～100mlの2×蒸留水に溶かす。
2. 0.2M水酸化ナトリウムでpH7.4に調整する。
3. ペニシリンとストレプトマイシンを秤量し，2×蒸留水に溶かす。
4. 塩化カルシウムを秤量し，2×蒸留水に溶かす。
5. 残りの成分（BSAと乳酸塩を除く）を秤量し，1リットルの目盛つきフラスコに入れ，2×蒸留水を500mlまで加える。自然に溶解させる。
6. 目盛つきフラスコにストレプトマイシン，HEPESおよび塩化カルシウムを加える。
7. 乳酸塩液を10mlビーカーに秤量し，目盛つきフラスコに加える。ビーカーを2×蒸留水で数回すすぎ，洗浄水を容量フラスコに加えて，全量を1リットルにする。

8. BSAを培地の上に振りかけ徐々に溶解させる。培地を振ってはいけない。泡立てると蛋白質を変性させることがある。
9. 必要な場合には，0.2M水酸化ナトリウムで，培地のpHを7.2〜7.4に調整する。
10. ミリポアフィルターを用いて陽圧で濾過する。最初の数mlは捨て，濾過液を滅菌容器に分注する。
11. 4℃で2週間保存できる。浸透圧は285〜287ミリオスモルにする。

プロトコール 3　濃縮ストックからのM2およびM16培地の調製

M2とM16の各成分の濃縮ストックを作っておくと便利なことが多い。しかし保存にあたっては，以下の注意が必要である。

材　料

ストックA (10×濃縮)	成分	g/100ml
	NaCl	5.534
	KCl<！>	0.356
	KH_2PO_4	0.162
	$MgSO_4 \cdot 7H_2O$<！>	0.293
	乳酸ナトリウム	2.610 または60％液を4.349g
	グルコース	1.000
	ペニシリン	0.060
	ストレプトマイシン	0.050
ストックB (10×濃縮)	成分	g/100ml
	$NaHCO_3$	2.101
	フェノールレッド	0.010[a]
ストックC (100×濃縮)	成分	g/10ml
	ピルビン酸ナトリウム	0.036
ストックD (100×濃縮)	成分	g/10ml
	$CaCl_2 \cdot 2H_2O$	0.252
ストックE (10×濃縮)	成分	g/100ml
	HEPES	5.958
	フェノールレッド	0.010[a]

[a] 胚への毒性の影響が考えられるので，フェノールレッドの濃度は0.0001～0.001g/リットルに減らすことが可能である。

注意：＜！＞をつけた材料の適切な取り扱いについては付録2を参照のこと。

手　順

ストックA，B，C，Dの調製法

1．塩類（乳酸ナトリウムを除く）を秤量し，目盛つきフラスコに入れ，2×蒸留水を加える。
2．乳酸ナトリウムを秤量し，10ml容ビーカーに入れる。
3．乳酸ナトリウムを目盛つきフラスコに加える。
4．ビーカーを2×再蒸留水で数回すすいで洗浄水を目盛つきフラスコに加え，2×蒸留水

を所定量まで加える。
5．ミリポアフィルターで濾過し，滅菌プラスチックチューブに入れる。

ストックEの調製法

1．HEPESとフェノールレッドを秤量し，ビーカーに入れる。
2．約50mlの2×蒸留水を加えて，自然溶解させる。
3．0.2M水酸化ナトリウムをpH7.4に調整する。
4．100ml目盛りつきフラスコに移す。
5．ビーカーを2×蒸留水ですすぎ，洗浄水をフラスコに加え，100mlに調整する。
6．ミリポアフィルターで濾過し，滅菌プラスチックチューブに入れる（表4.4参照）。

表4.4. 濃縮ストックからのM2とM16培地

	濃縮ストックからのM2培地			
ストック	10ml	50ml	100ml	200ml
A(×10)	1.00	5.0	10.0	20.0
B(×10)	0.16	0.8	1.6	3.2
C(×100)	0.10	0.5	1.0	2.0
D(×100)	0.10	0.5	1.0	2.0
E(×10)	0.84	4.2	8.4	16.8
H_2O	7.80	39.0	78.0	156.0
BSA	40mg	200mg	400mg	800mg
	濃縮ストックからのM16			
ストック	10ml	50ml	100ml	200ml
A(×10)	1.0	5.0	10.0	20.0
B(×10)	1.0	5.0	10.0	20.0
C(×100)	0.1	0.5	1.0	2.0
D(×100)	0.1	0.5	1.0	2.0
H_2O	7.8	39.0	78.0	156.0
BSA	40mg	200mg	400mg	800mg

保存

4℃冷蔵庫ではストックA，DおよびEは3カ月間保存できる。しかし，ストックBとCは1週間おきに代えなければならない。−20℃あるいは−70℃で凍結すれば長期保存できる。しかし，1倍液にした後は，1〜2週間以上の保存はできない。

濃縮ストックからのM2およびM16培地の調製

1. 2×再蒸留水を正確に秤量して，三角フラスコに入れる。三角フラスコの代わりにプラスチックの50 mlチューブ，あるいは滅菌培養ボトル（例えば，Nalge square media bottles 2019-0250）を用いてもよい。
2. プラスチックピペットあるいはチップでストック溶液を計り，ピペットを三角フラスコに入れる。
3. フラスコの中で，蒸留水と培地の混合液を2～3回ピペットで吸い上げて，ピペットをすすぐ。
4. 培地の浸透圧を計る（随意）。
5. M16培地に5％CO_2，95％空気を約15分間吹き込み，pHを7.4に調整する（随意）。
6. BSAを4 mg/mlになるように培地に加え，徐々に自然溶解させ，静かに混合させる。培地を振ってはいけない。泡立てると蛋白質を変性させることがある。
7. 必要であれば，色標準を用いて0.2 N水酸化ナトリウムで培地をpH 7.2～7.4に再調整する。
8. ミリポアフィルターで濾過し，滅菌チューブに入れる。M16培地に5％CO_2，95％空気を30秒間吹き込み，キャップをしっかりしめて，pHを7.2～7.4に保つ。
9. 4℃で1～2週間は保存できる。

プロトコール 4　KSOM培地の調製

　KSOM培地は構成成分最適化法を用いて発展し，NaCl，KCl，KH$_2$PO$_4$，乳酸およびグルコースは比較的低濃度である。KSOMは胚の2細胞期ブロックを防ぎ，各種のマウス系統の体内および体外発育を支える(Lawitts and Biggers 1993；Erbach et al. 1994)。

材　料

成分	最終濃度 mM	最終濃度 g/リットル	濃縮ストック	100mlあたりのストック量
			A′(10×)g/100ml	10ml
NaCl	95.0	5.55	5.55	
KCl<！>	2.50	0.186	0.186	
KH$_2$PO$_4$	0.35	0.0476	0.0476	
MgSO$_4$・7H$_2$O<！>	0.20	0.0493	0.0493	
グルコース	0.20	0.036	0.036	
ペニシリンG			0.060	0.060
ストレプトマイシン			0.050	0.050
乳酸ナトリウム	10.0	60％液を1.12または1.87g	60％液を1.12または1.87g	
			B′(10×)g/10ml	10ml
NaHCO$_3$	25.0	2.10	2.10	
フェノールレッド			0.001	
			C′(100×)g/10ml	1ml
ピルビン酸ナトリウム	0.20	0.022	0.022	
			D(100×)g/100ml	1ml
CaCl$_2$・2H$_2$O	1.71	0.25	0.25	
			F(1000×)g/10ml	0.1ml
EDTA	0.01	0.0038	0.038	
L-グルタミン	1.00	0.146	G(200×)200mM	0.5ml
BSA (例えば，Sigma A3311)		1.000		100mg

注意：<！>をつけた材料の適切な取り扱いについては付録2を参照のこと。

手　順

　KSOM培地は上述したM2およびM16培地同様に濃縮ストックから調製できる。−20℃あるいは−70℃で保存した場合，すべてのストックは数カ月保存できる。塩化カルシウムおよびBSAを除いた2×KSOMは−70℃で3カ月間保存可能である。0.171M塩化カルシウ

ムおよび100mg/ml BSAストックは別々に凍結し，培地調製時に加える（Biggers et al. 1997, 2000）。KSOMの浸透圧は256ミリオスモルにする。調製した培地は0.2μmミリポアフィルターで濾過滅菌する。ポリプロピレンチューブに入れた培地は4℃で1～2週間保存できる。

コメント

- L-グルタミン（200mM；例えば，Invitrogen Life Technologies 25030）はより安定したジペプチドL-アラニル-L-グルタミンで代用可能である（例えば，GlutaMAX supplement, Invitrogen Life Technologies 35050-061）。
- KSOMにアミノ酸を加える場合，最小必須培地（minimal essential medium MEM），必須アミノ酸（EAA）および非必須アミノ酸（NEAA）を用いる（例えば，Invitrogen Life Technologies：100×[10mM] NEAA 1140, 50×EAA 11130）。イーグル濃度の1/2に調製するため，KSOM培地100mlあたり0.5ml NEAAおよび1ml EAAを加える（Ho et al. 1995；Biggers et al. 2000）。表4.2を参照していただきたい。
- 使用は選択できるが，培地にとって有用なpH指示薬であるフェノールレッドは高濃度では胚に有毒である。培地100mlに0.5％あるいは1％フェノールレッド溶液を0.01ml加えれば十分である。

プロトコール 5　微小滴培養のセットアップ

　微小滴培地の準備は，培地の温度とガスの平衡化を行うために実験の数時間前もしくは前日に行うことが望ましい。

材　料

器具
　5％CO_2，5％O_2および90％N_2
　インキュベーター(37℃，5％CO_2，95％空気)
　マイクロピペットおよびチップ(Gilson P20あるいはP200)
　軽パラフィンオイル(例えば，Sigma M84510)
　ピペット(5ml)あるいはパスツールピペット
　胚操作用ピペット(プロトコール4.6および図4.11参照)
　26ゲージの注射針をつけた1ml注射筒(随意)
　35mm滅菌プラスチック組織培養皿

試薬
　M16培地またはその他の胚培地

手　順

1. 35mm滅菌プラスチック培養皿の底に，マイクロピペットを用いてM16微小滴培地を20～40μlずつ一列に分注し，微小滴を作製する(図4.2A)。微小滴を作製する際，26ゲージの注射針をつけた1ml注射筒を用いても便利である。
2. すぐに5mlピペットまたはチューブで軽パラフィンオイルを注ぎ，微小滴を覆うことで微小滴が空気にさらされないようにする(図4.2B，C)。
3. 培養皿をインキュベーターに静置し，平衡化させる。
4. 胚の回収や操作の終了後，胚操作用ピペット(図4.1，プロトコール4.6，4.7参照)を用いてパラフィンオイルに覆われた微小滴培地に胚を移す(図4.2D)。この時，いくつかの平衡化微小滴培地に胚を移し変えることで，胚に付着したHEPES緩衝培地を洗浄することが重要である。
5. 培養皿をインキュベーターに静置する。空気にさらされる操作を最小限にするように注意する。

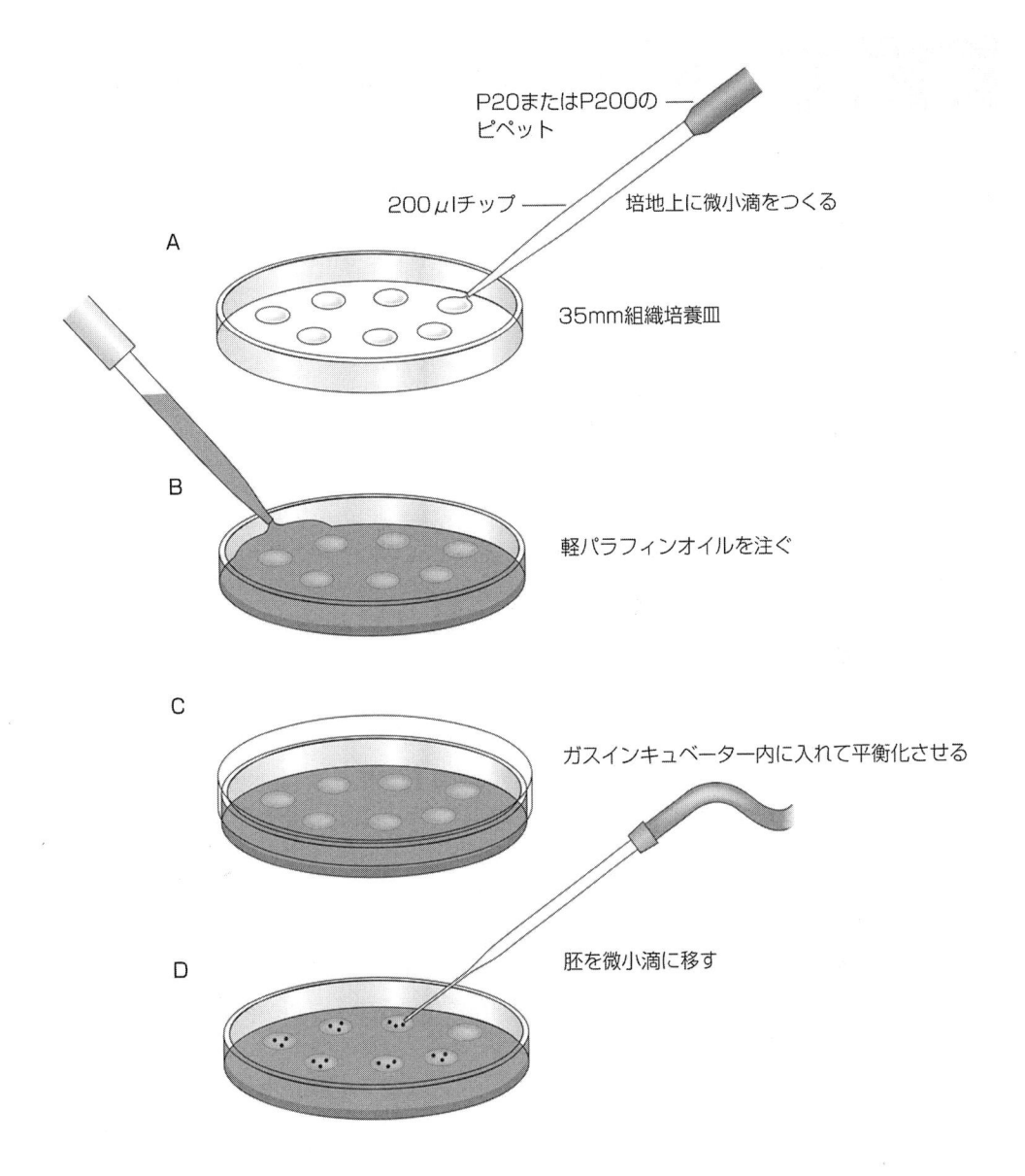

図4.2. 微小滴培養方法。（A）35mm滅菌プラスチック組織培養皿に，200μlチップまたは注射筒を使って胚培地の微小滴を作製する。（B，C）培養皿に軽パラフィンオイルを注ぎ，微小滴を覆った後，37℃ガスインキュベーターに入れて平衡化させる。（D）胚を微小滴に移す。

プロトコール 6　硬質ガラス毛細管を用いたピペットの作製

材　料

器具

小さいブンゼンバーナーまたはマイクロバーナー
金属キャップつきガラス試験管（BDH267/0040/07；225/0014/08）
硬質ガラス毛細管（外径1.5mm）またはダイヤモンドペンや研磨石（オイル石）で切断したパスツールピペットの細い部分
マイクロピペットホルダー（例えば，Drummond Microcaps（10009-002，10009-003））
滅菌用オーブン
マウスピース保定用シリコンチップ（Baxter Scientific P5066-14D）
マウスピース（HPI Hospital Products Med.Tech.1501P-B4036-2［平板］）またはアスピレーターチューブセット（Drummond 2-000-0001（円形）またはCurtin Matheson Scientific 258616）の一部
ゴムチューブ（例えば，latex 1/8" ID，1/32" wall）

手　順

1. 小さな炎の中でガラス管またはパスツールピペットを回転させ，ガラスを柔らかくする。必要に応じて曲げたパスツールピペットまたは18ゲージや20ゲージの注射針を使ってガスを供給するマイクロバーナーを作製してもよい。
2. 炎からガラスを取り出し，すばやく両端を引くことで内径を200〜250μmにする。この時，炎の中で引っ張らない。
3. ガラス管をきれいに折るためにダイヤモンドペンや研磨石で傷をつけてそっと折る。あるいは，冷えた管の両端を引っ張り2本に折る。パスツールピペットでは細いシャフトの部分が2〜3cmほどのものが使いやすい。また，先端が粗いものは胚操作が行いにくいのできれいに折ることも重要である。
4. 先端を瞬間的に炎に当て滑らかにする。これは胚の操作や移植時における透明帯や卵管，子宮へのダメージを最小限に抑えるために効果的であり，透明帯の無い胚を扱う際には絶対に必要である。また，先端が鋭いピペットは培養皿の表面に引っかかりやすく，折れる原因となるほか，胚移植の際に夾雑物を拾いやすい。
5. 必要に応じてピペットをガラス管に入れ，金属キャップでふたをしてオーブンで乾熱滅菌する。
6. 胚移植用ピペットのホルダーは図4.1と前述のようにして作製することができる。

プロトコール 7　シリコン処理したピペットの作製

必須ではないがシリコン処理したパスツールピペットを使用することにより，移植時における胚や胚性組織の紛失を少なくすることができる。しかし，オイルを移植ピペットのブレーキ剤として使う場合はシリコン処理をしてはいけない。使用直前に1％BSA溶液でピペットをコーティングすることでも，胚移植時の粘着性を抑えることができる。

材　料

器具
　大きめのビーカー
　脱脂綿
　ドラフト
　キムワイプ
　オーブン
　ガラス製パスツールピペット

試薬
　ジメチルジクロロシラン＜！＞（Sigma D3879）あるいはレベルコート（BDH 63216 6L）
　HCl＜！＞1mM
　蒸留水

注意：＜！＞をつけた材料の適切な取り扱いについては付録2を参照のこと。

手　順

1. パスツールピペットを1M HClに一晩浸す。蒸留水で3回洗浄後，オーブンに入れ100〜180℃で1時間乾燥させる。
2. ドラフト内で大きめのビーカーにピペットが完全に浸る程度のレベルコートあるいはジメチルジクロロシランを入れ，ピペットをその中に完全に浸す。取り出した後，キムワイプの上に傾けて置き，乾燥させる。
3. 脱脂綿でピペットに栓を作り，適当な容器に入れ，180℃で乾熱滅菌する。

プロトコール 8　腹腔の切開と雌性生殖器の配置

ここでは，マウスに苦痛を与えないで殺す方法として頸椎脱臼法を紹介するが，それぞれの機関の研究規則に従って方法を選択するべきである。

材　料

供試動物
　妊娠雌マウス

器具
　吸湿紙
　#5時計用ピンセット，2組
　ハサミ（眼科用1個，外科用1個）

試薬
　70％エタノール＜！＞入りスクイズボトル

注意：＜！＞をつけた材料の適切な取り扱いについては付録2を参照のこと。

手　順

1. マウスをケージの上に乗せ前足でケージをつかませる。首の付け根をしっかりと押さえつけ，同時に尾を後方に引きながら頸椎を脱臼させる（図4.3）。ヘラや鉛筆，ケージのカードホルダーを用いて首の付け根を押さえてもよい。必要に応じて，CO_2を吸入させて殺す方法もとられている。
2. 動物を吸湿紙の上に仰向けで置き，スクイズボトルの70％エタノールで全身を濡らす。これは，解剖した部位がマウスの体毛により汚染される危険性を減らすために重要である。

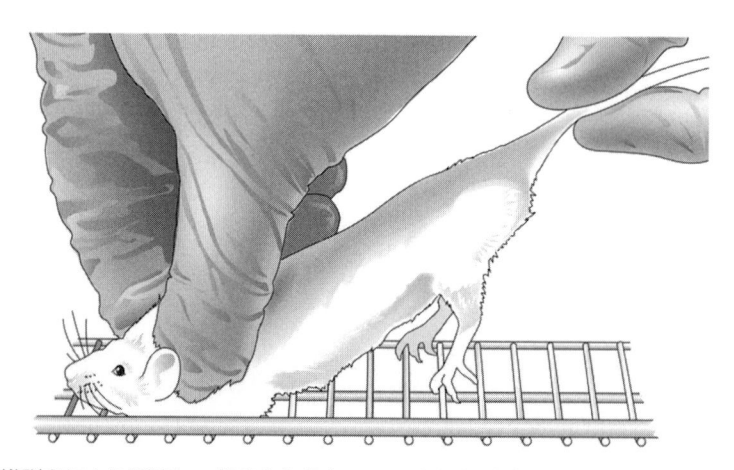

図4.3. 頸椎脱臼により迅速かつ苦痛を与えないでマウスを殺す方法

3. 皮膚をつまみ上げ，外科用のハサミで体の中央部（位置は大体でよい）に横向きの切れ込みを入れる（図4.4A）。切れ込みを入れた上下の皮膚をしっかりと持ち上げ，腹腔が完全に露出し，毛皮がきれいに剥ぎ取れるまで皮膚を頭と尾の方向に引く。時計用ピンセットと眼科用のハサミを用いて，図4.4Bのように体壁（腹壁）を切る。コイル状の腸を押しどけると，2つの子宮角，卵管，卵巣が見える（図4.4C）。

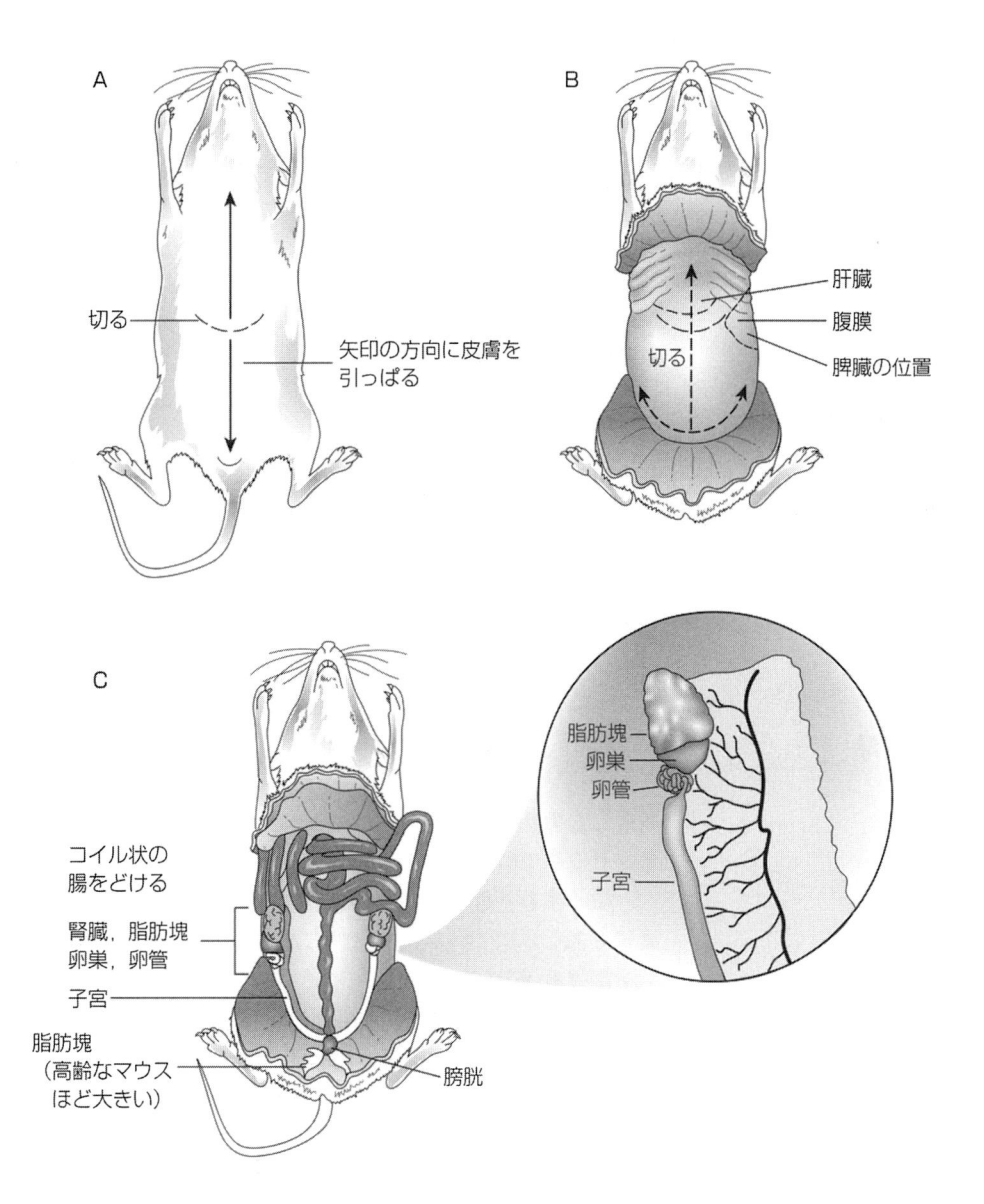

図4.4. 雌マウスの生殖器の解剖。（A）破線に示す位置に小さく横に切れ込みを入れ，矢印の方向に皮膚を引っぱる。（B）体壁（腹膜）を破線矢印の方向に切る。（C）腸などの消化管をどけると腹腔の底に生殖器が見える。

プロトコール 9　受精卵の回収と卵丘細胞のヒアルロニダーゼによる除去

材　料

供試動物
苦痛を与えないように殺した妊娠雌マウス(プロトコール4.8参照)

器具
胚移植用ピペット(プロトコール4.6, 4.7参照)
眼科用ピンセット
#5時計用ピンセット, 2組
微小滴培地(プロトコール4.5参照)
26ゲージ注射針(随意)
器官培養皿(Falcon 3037)(随意)
35mmペトリ皿あるいは発生学用時計皿
眼科用ハサミ
透過型, 反射型照明装置ないしファーバー照明装置(随意)つきの実体顕微鏡(ステージはガラスがよい), 倍率は20倍と40倍

試薬
M2培地に溶解したヒアルロニダーゼ(Sigma H4272)(室温または37℃)
M2培地(室温)

手　順

1. 前述した方法で腹腔を切開する(プロトコール4.8参照)。一方の子宮角の上端を眼科用ピンセットでつまみ, 子宮, 卵管, 卵巣および脂肪塊を静かに引っ張り体腔から引き出す。こうすると薄い膜(子宮間膜)が見えるが, これは体壁に生殖器をつなげ, 発達した血管を走行させている。先を閉じた眼科用ピンセットかハサミで卵管に近い部分の膜に穴を開ける(図4.5A)。

2. 眼科用ピンセットで卵管, 卵巣および脂肪塊を引っ張り, 図4.5Bに従い, 卵管と卵巣の間を眼科用ハサミで切る。怖がらずに卵管の近くを切る。次にピンセットの位置を変え, 卵管近くの子宮を切る。

3. 卵管および付着した子宮を, 室温のM2培地が入った35mmペトリ皿もしくは発生学用時計皿に移す。数匹分の卵管を同じ皿に集めてもよい。

4. 新しく排卵された卵子は卵丘細胞に包まれており, 卵管の上部(膨大部)に見られる。この時(排卵後12時間), 卵管膨大部は大きく膨らんでいる。排卵時には卵管の端の采状部(卵管漏斗)も膨大しており, 20倍の実体顕微鏡下で容易に観察できる(図4.6A, B)。

5. 室温(または37℃)のM2培地に溶解したヒアルロニダーゼ(約0.3mg/ml)が入った35mmペトリ皿に卵管の1つを移し, 実体顕微鏡を用いて20倍または40倍で見る(図4.6B)。

6. #5時計用ピンセットで, 膨大した漏斗部に続く卵管をつかみ, ペトリ皿の底にしっかりと保定する。別の時計用ピンセットまたは26ゲージ注射針を用いて卵があるあたり

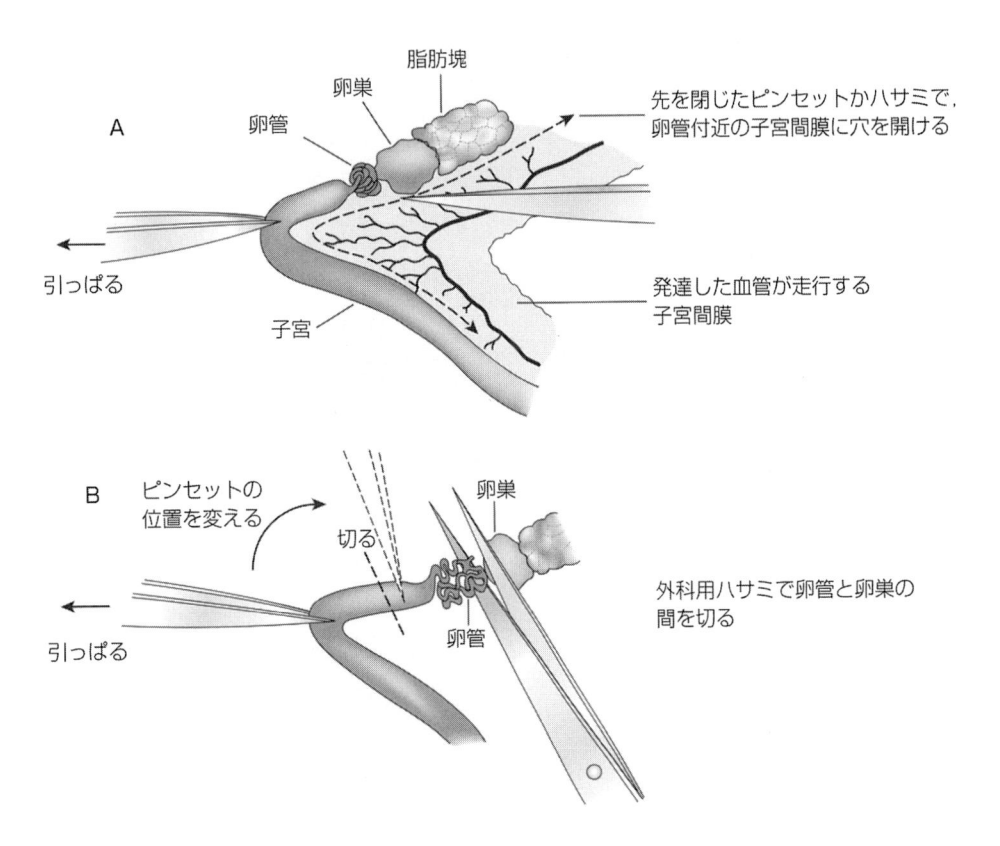

図4.5. 卵管の解剖。（A）先を閉じた外科用ピンセットの先端で卵巣，卵管および子宮の端を子宮間膜から切り取る。（B）まず卵管と卵巣の間を切り，ピンセットの位置を変えてから子宮と卵管を切り離す。

の卵管を裂く（図4.6C，D）と卵塊が出てくる（図4.6E）。卵塊が流れ出てこない場合はピンセットを使って静かに卵管から押し出す。卵塊が卵管の外側に張り付いてしまった場合は，卵管を数分間ヒアルロニダーゼの中に置くと，張り付いた卵丘細胞塊が消化され離れる。ピンセットに卵子がついてしまった場合は，ピンセットをペトリ皿から出せば，卵子は表面張力で液表面にとどまり，底に沈む。

7. 卵丘細胞が剥がれるまでヒアルロニダーゼ溶液中で数分間培養する。必要であれば卵子を数回ピペッティングするが，卵丘細胞が剥れた後，2〜3分間以上の間ヒアルロニダーゼ溶液に入れておくことは卵子に有害なのでしてはいけない。ヒアルロニダーゼ溶液の濃度は約0.3 mg/mlが広く用いられているが，より短時間での処理が必要な場合などでは高濃度な0.5〜1 mg/mlを用いてもよい。

8. 移植用ピペットを使い，卵子を拾い上げ，M2微小滴培地を並べたペトリ皿に移し，培地でヒアルロニダーゼや卵丘細胞，夾雑物を洗い落とす。次に，平衡化しておいた培養用M2微小滴培地に卵子を数回移し変え洗浄した後，必要になるまで37℃，5% CO_2で培養する。平衡化した胚培地の入った器官培養皿（Falcon 35-3037）もマイクロインジェクション前などの短時間の培養に使用されている。

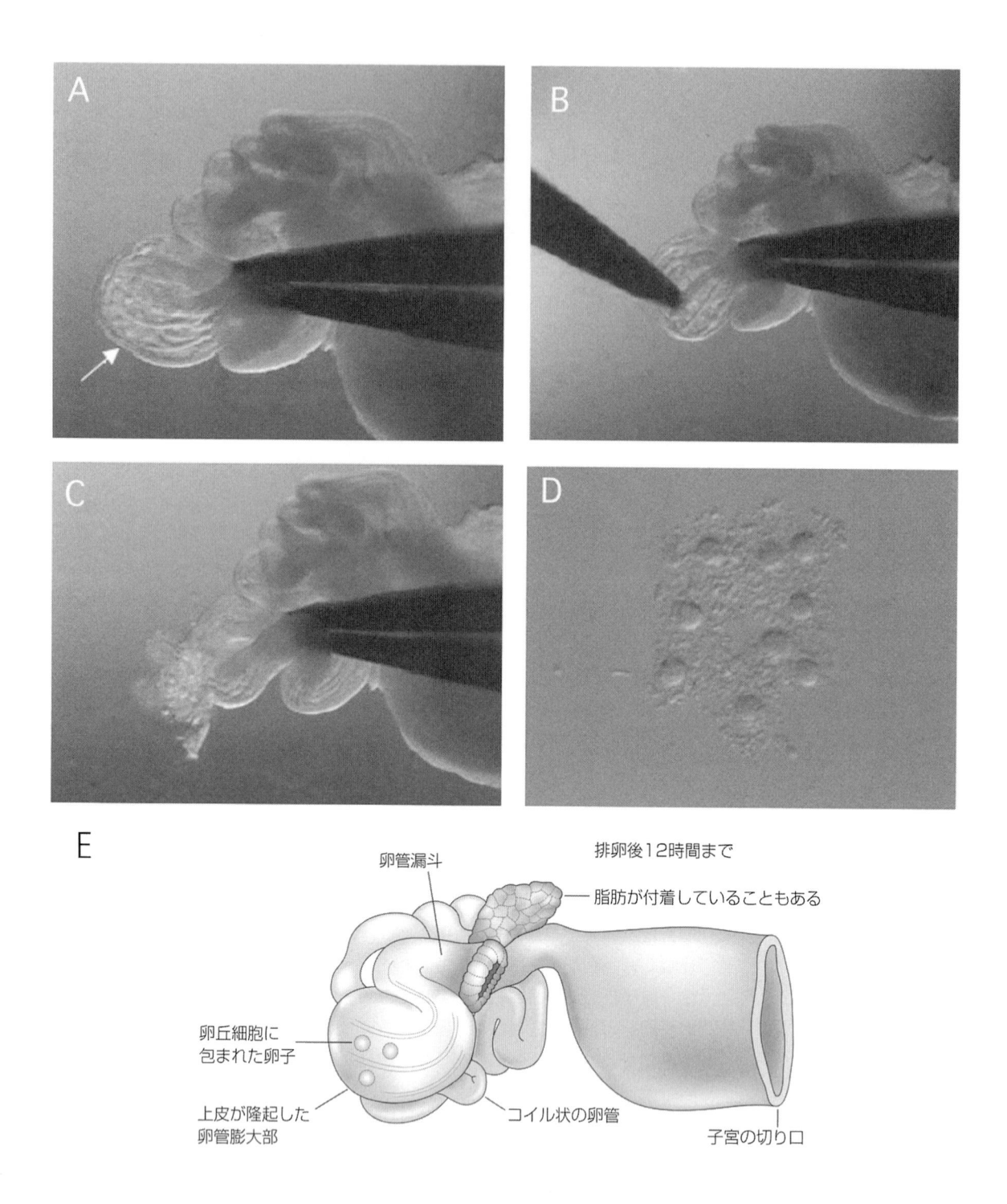

図4.6. 切断した卵管から卵子を回収する。受精後すぐに卵管を取り出した場合，卵丘（卵胞）細胞に包まれた卵子が卵管上部の膨れた場所（卵管膨大部）にあり（A，E），外科用ハサミで卵管膨大部を裂くことで卵子が出てくる（B，C）。（D）卵丘細胞が付着した卵子。（E）方法の図解。

| プロトコル 10 | 2～8細胞期胚およびコンパクションを起こした桑実胚の回収 |

材　料

材料
　苦痛を与えずに殺した妊娠雌マウス(交尾後20～60時間)

器具
　胚操作用ピペット(訳注：図4.1参照)
　灌流針(30または32ゲージ皮下注射針[先端を切り，丸くしたもの])
　眼科用ピンセット
　＃5時計用ピンセット，2組
　微小滴培地を作製した培養皿(プロトコール4.5参照)
　器官培養皿(Falcon 3037)(随意)
　35mmペトリ皿あるいは発生学用時計皿
　眼科用ハサミ
　透過型，反射型照明装置ないしファーバー照明装置(随意)つきの実体顕微鏡(ステージはガラスがよい)，倍率は20倍と40倍
　1ml注射筒

試薬
　70％エタノール＜！＞
　M2培地(室温)

注意：＜！＞をつけた材料の適切な取り扱いについては付録2を参照のこと。

手　順

1. 卵管を破る危険性を減らすために30または32ゲージ皮下注射針の先端を切り，研磨して丸めておく(図4.7A)。先端を切らずに研磨のみして先端の角度を小さくしたものは，若齢マウスの卵管灌流に便利である。使用する灌流針は灌流直前に70％エタノールで滅菌する。
2. 前述した方法で腹腔を開く(プロトコール4.8参照)。一方の子宮の上端を眼科用ピンセットでつまみ，子宮，卵管，卵巣および脂肪塊を静かに引っ張り体腔から引き出す。こうすると薄い膜(間膜)が見えるが，これは体壁に生殖器をつなげ，発達した血管を走行させている。先を閉じた眼科用のピンセットかハサミの先で卵管に近い部分の膜に穴を開ける(図4.5A参照)。
3. 眼科用ピンセットで卵管，卵巣および脂肪塊を引っ張り，図4.5Bのように卵管と卵巣の間を眼科用ハサミで切る。怖がらずに卵管の近くを切る。次にピンセットの位置を変え，卵管近くの子宮を切る。交尾後2.5日のマウスであれば付着した子宮の上部を少なくとも1cm残して切る。
4. 切り取った卵管と付着した子宮を，室温のM2培地が入った35mmペトリ皿または発生学用時計皿に移し，実体顕微鏡にセットする。数匹分の卵管を同じ皿に集めてもよい。

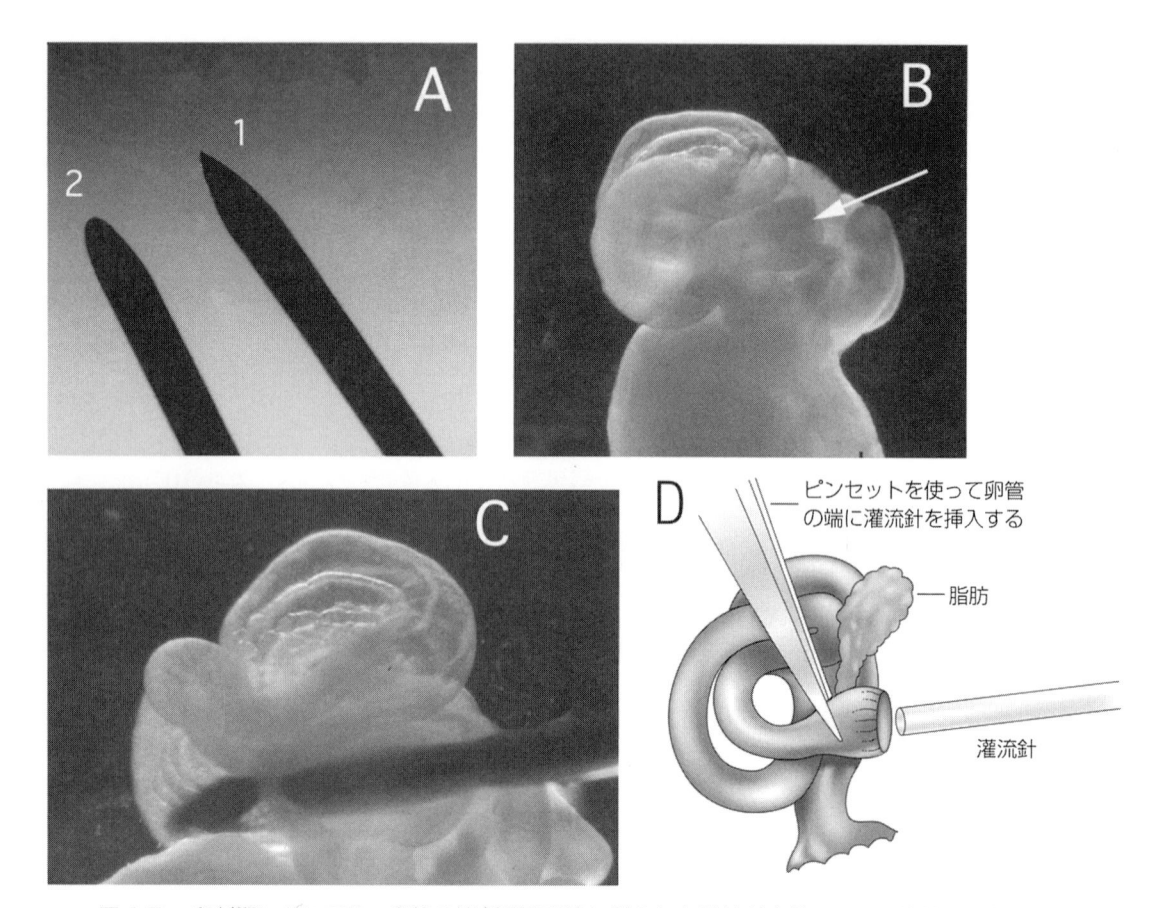

図4.7. 卵割期においては，卵管の端(卵管漏斗)に挿入した灌流針を使い，M2培地で卵管を灌流することで胚を回収する。(A)灌流針：30ゲージ注射針(1)，先端を研磨し丸くしたもの(2)。(B)卵管漏斗の位置。(C)卵管漏斗からの卵管の灌流。(D)方法の図解。

5. 灌流針を挿入する前に注射筒に空気が入っていないこと，およびM2培地が滑らかに流れることを確認すること。
6. この時期，すでに卵管の開口部(漏斗)は膨らみがなくなり，卵管の螺旋内に位置している(図4.7B，C)。眼科用ピンセットを使って卵管の端を灌流針に向け，ゆっくりと灌流針を入れる。灌流針が正しく位置するように先端を皿の底にやさしく押し付けながら挿入していき，約0.1mlのM2培地で卵管を灌流する(図4.7D)。
7. 移植用ピペットを用いて胚を拾い上げ，M2微小滴培地に数回移し変えることで夾雑物を洗い落とす。
8. 平衡化しておいた培養用M2微小滴培地に卵子を数回移し変え洗浄した後，必要になるまで37℃，5%CO_2で培養する。平衡化した胚培地の入った器官培養皿も短時間の培養に使用されている。

コメント

- 卵管漏斗を探す際に卵管が動いてしまうのを防ぐために非常に小さな微小滴培地を用いたり，それでも動く場合は乾燥したプラスチックの上に置いてもよい。
- 灌流針の先を丸めるのは卵管を裂いてしまうのを防ぐためである。したがって，灌流針は卵管をディッシュの底に押し付けるためにも使われ，灌流の時に卵管漏斗内の正しい位置で灌流できる。
- 実験には質のよい胚のみを使い，発生が遅れている胚やフラグメンテーションを起こしている胚を選別することが重要である。交尾後1.5および2.5日に回収した胚の例を図4.8に記す。交尾後，0.5および3.5日に回収した胚は，第7章および第11章を参照していただきたい。

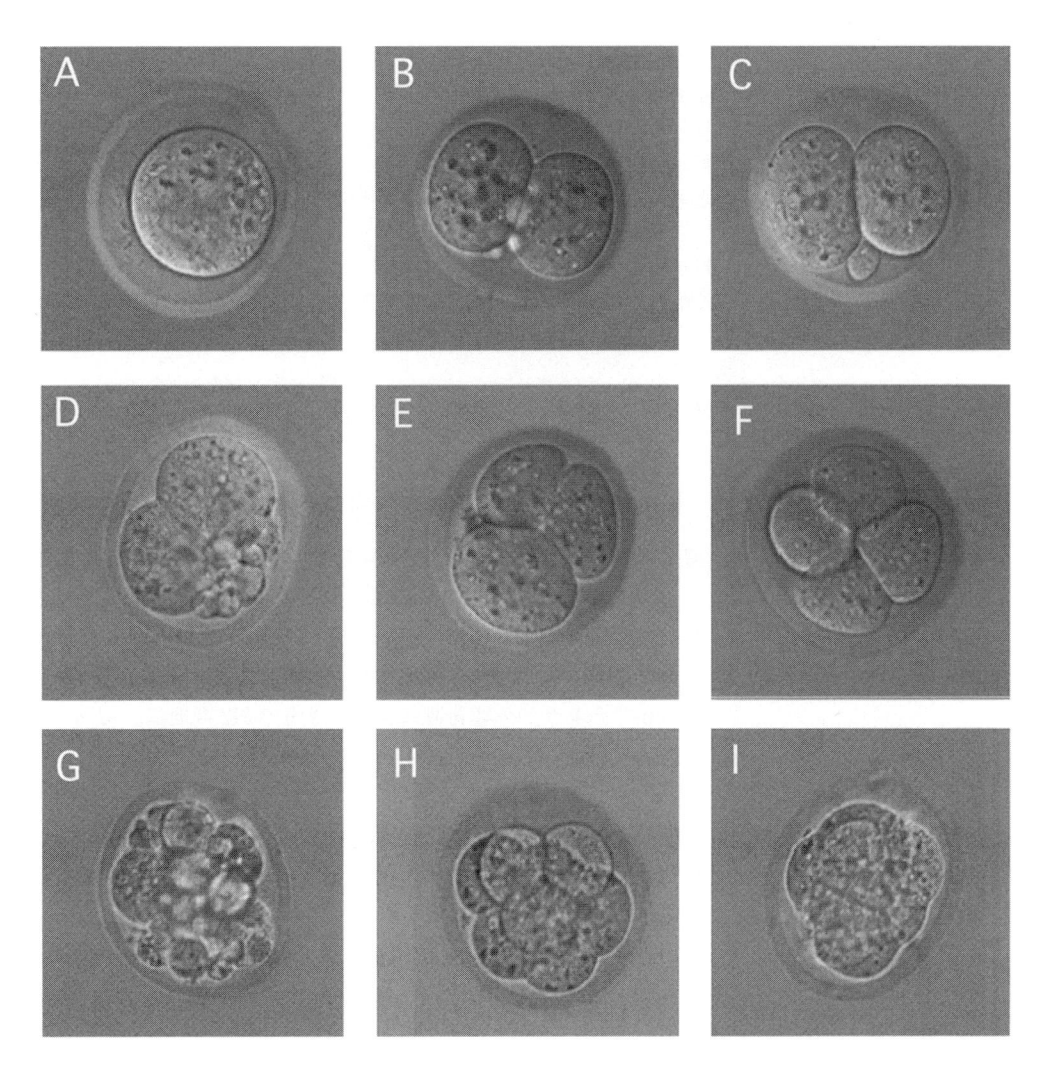

図4.8. 交尾後1.5日および2.5日に回収される質の異なる胚の例。(A)未受精卵，(B，C)2細胞期胚，(D)フラグメンテーション（断片化）した2細胞期胚，(E)3細胞期胚，(F)4細胞期胚，(G)フラグメンテーションした胚，(H)8細胞期胚，(I)コンパクションを起こした桑実胚。

プロトコール 11　胚盤胞期胚の回収

材　料

材料
苦痛を与えずに殺した妊娠雌マウス(交尾後3.5～4.5日)(プロトコール4.8参照)

器具
胚操作用ピペット(図4.1，プロトコール4.6，4.7参照)
眼科用ピンセット
26ゲージ皮下注射針
微小滴培地
器官培養皿(Falcon 3037)(随意)
眼科用ハサミ
透過型，反射型照明装置ないしファーバー照明装置(随意)つきの実体顕微鏡(ステージはガラスがよい)，倍率は20倍と40倍
1mlあるいは2ml注射筒
組織培養皿(35mm滅菌プラスチックディッシュまたは発生学用時計皿)

試薬
M2培地

手　順

1. 前述の方法で腹腔を開く(図4.4参照)。膀胱の後ろにある子宮頸部のすぐ上を眼科用ピンセットでつまみ(図4.9A)，眼科用ハサミで頸部を切断して子宮を取り出す(図4.9B)。子宮間膜を伸ばすように子宮を引き上げ，眼科用ハサミで子宮角壁に沿ってこの膜を取り除く(図4.9C)。次に卵巣と卵管の間を切る。子宮と卵管の接合部を切除しないこと。
2. 35mmプラスチック培養皿に入れた少量のM2培地に，切除した子宮を移す。
3. 次からの操作は灌流の方法によって異なる。

オプション1 (子宮頸部から卵管に向かって灌流する方法)

- 子宮と卵管の接合部はバルブの働きをしているので，灌流できるように接合部を縦に切断する(図4.9D)。
- 皮下注射針を切断された子宮頸部から入れ，それぞれの子宮角の付け根に押し込む。1mlあるいは2ml注射筒を使い，約0.2mlのM2培地でそれぞれの子宮角を灌流する(図4.9D)。

オプション2 (子宮頸部に向かって灌流する方法)

- 頸部の付近でそれぞれの子宮を切断する。
- 子宮の上部(子宮と卵管の接合部付近)に26ゲージの注射針を挿入し，それぞれの子宮角を頸部に向かって灌流する(図4.9E)。プロトコール4.10に従って，卵管漏斗から卵管と子宮両方を灌流することもできる。

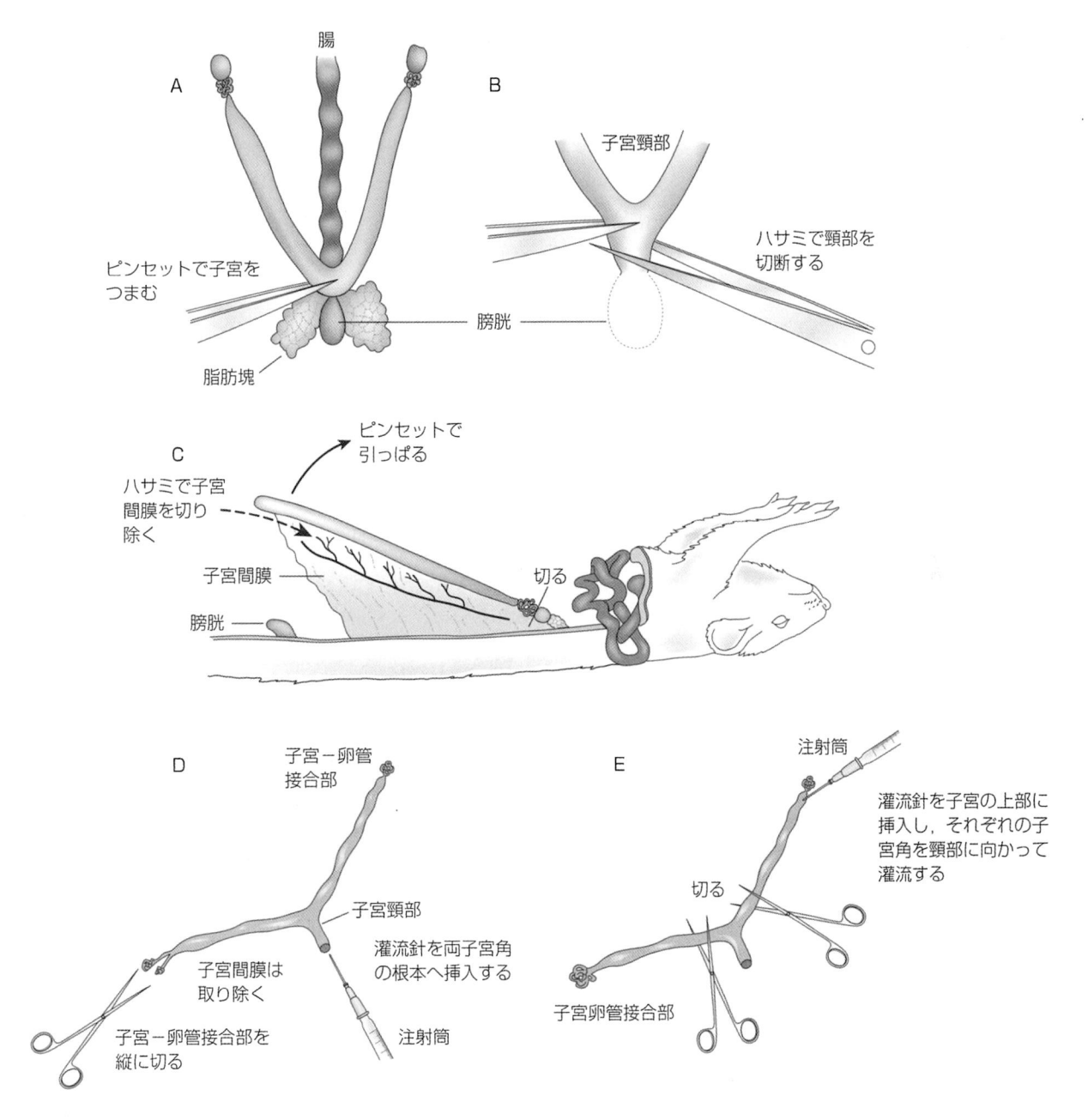

図4.9. 子宮から胚を灌流するための解剖。(A, B)子宮頸部を切断し子宮を取り出す。(C)子宮を体壁に固定している膜(子宮間膜)を取り除き，卵管はつないだまま子宮を切る。(D)子宮を少量のM2培地に入れ，子宮と卵管の接合部を縦に切り，頸部からそれぞれの子宮角を灌流する。(E)頸部の近くで子宮を切り，灌流針を子宮の上部から挿入してそれぞれの子宮角を頸部に向かって灌流する。

4. 移植用ピペットで胚を拾い上げ，いくつかのM2微小滴培地に移し変えることで夾雑物を洗い落とす。次に胚を37℃，5%CO_2に平衡化された培養用微小滴培地に移し変えて必要時まで培養する。

> **コメント**
>
> 透明帯から脱出し子宮壁に接着した後の胚盤胞（交尾後4.5日）の回収率は非常に低い。卵管と子宮の接合部をそのまま残し，方法3のオプション2を用いることで回収率が上がることがある。また，子宮頸部からM2培地を注入し，子宮角を膨らませ，子宮卵管接合部を切って内容液を放出させることでも回収率を上げられることがある。

参考文献

Abramczuk J., Solter D., and Koprowski H. 1977. The beneficial effect of EDTA on development of mouse one-cell embryos in chemically defined medium. *Dev. Biol.* **61:** 378–383.

Almeida P.A. and Bolton V.N. 1995. The effect of temperature fluctuations on the cytoskeletal organisation and chromosomal constitution of the human oocyte. *Zygote* **3:** 357–365.

Barnes F.L., Crombie A., Gardner D.K., Kausche A., Lacham-Kaplan O., Suikkari A.M., Tiglias J., Wood C., and Trounson A.O. 1995. Blastocyst development and birth after in-vitro maturation of human primary oocytes, intracytoplasmic sperm injection and assisted hatching. *Hum. Reprod.* **10:** 3243–3247.

Bavister B.D. 1995. Culture of preimplantation embryos: Facts and artifacts. *Hum. Reprod. Update* **1:** 91–148.

Biggers J.D. 1971. Metabolism of mouse embryos. *J. Reprod. Fertil. Suppl.* **14:** 41–54.

Biggers J.D. and McGinnis L.K. 2001. Evidence that glucose is not always an inhibitor of mouse preimplantation development in vitro. *Hum. Reprod.* **16:** 153–163.

Biggers J.D., McGinnis L.K., and Raffin M. 2000. Amino acids and preimplantation development of the mouse in protein-free potassium simplex optimized medium. *Biol. Reprod.* **63:** 281–293.

Biggers J.D., Summers M.C., and McGinnis L.K. 1997. Polyvinyl alcohol and amino acids as substitutes for bovine serum albumin in culture media for mouse preimplantation embryos. *Hum. Reprod. Update* **3:** 125–135.

Biggers J.D., Whittingham D.G., and Donahue R.P. 1967. The pattern of energy metabolism in the mouse oocyte and zygote. *Proc. Natl. Acad. Sci.* **58:** 560–567.

Bowman P. and McLaren A. 1970. Cleavage rate of mouse embryos in vivo and in vitro. *J. Embryol. Exp. Morphol.* **24:** 203–207.

Brinster R.L. 1963. A method for in vitro cultivation of mouse ova from two-cell to blasocyst. *Exp. Cell Res.* **32:** 205–208.

———. 1965a. Lactate dehydrogenase activity in the preimplanted mouse embryo. *Biochim. Biophys. Acta.* **110:** 439–441.

———. 1965b. Studies on the development of mouse embryos in vitro. II. The effect of energy source. *J. Exp. Zool.* **158:** 59–68.

———. 1965c. Studies on the development of mouse embryos in vitro. IV. Interaction of energy sources. *J. Reprod. Fertil.* **10:** 227–240.

———. 1968. In vitro culture of mammalian embryos. *J. Anim. Sci.* **27:** 1–14.

———. 1969. Mammalian embryo culture. In *The mammalian oviduct* (ed. E.S.E. Hafez and R. Blandau), pp. 419–444. University of Chicago Press, Illinois.

———. 1971. Uptake and incorporation of amino acids by the preimplantation mouse embryo. *J. Reprod. Fertil.* **27:** 329–338.

Brinster R.L. and Thomson J.L. 1966. Development of eight-cell mouse embryos in vitro.

Exp. Cell. Res. **42:** 308–315.
Carrillo A.J., Lane B., Pridman D.D., Risch P.P., Pool T.B., Silverman I.H., and Cook C.L. 1998. Improved clinical outcomes for in vitro fertilization with delay of embryo transfer from 48 to 72 hours after oocyte retrieval: Use of glucose- and phosphate-free media. *Fertil. Steril.* **69:** 329–334.
Chatot C.L., Lewis J.L., Torres I., and Ziomek C.A. 1990. Development of 1-cell embryos from different strains of mice in CZB medium. *Biol. Reprod.* **42:** 432–440.
Chatot C.L., Ziomek C.A., Bavister B.D., Lewis J.L., and Torres I. 1989. An improved culture medium supports development of random-bred 1-cell mouse embryos in vitro. *J. Reprod. Fertil.* **86:** 679–688.
Chung Y.G., Mann M.R., Bartolomei M.S., and Latham K.E. 2002. Nuclear-cytoplasmic "tug of war" during cloning: Effects of somatic cell nuclei on culture medium preferences of preimplantation cloned mouse embryos. *Biol. Reprod.* **66:** 1178–1181.
Davidson A., Vermesh M., Lobo R.A., and Paulson R.J. 1988a. Mouse embryo culture as quality control for human in vitro fertilization: The one-cell versus the two-cell model. *Fertil. Steril.* **49:** 516–521.
———. 1988b. The temporal effects of changes in in vitro fertilization culture media on the one-cell mouse embryo system. *J. In Vitro Fert. Embryo. Transf.* **5:** 149–152.
Doherty A.S., Mann M.R., Tremblay K.D., Bartolomei M.S., and Schultz R.M. 2000. Differential effects of culture on imprinted H19 expression in the preimplantation mouse embryo. *Biol. Reprod.* **62:** 1526–1535.
Dumoulin J.C., Evers J.L., Bakker J.A., Bras M., Peters M.H., and Geraedts J.P. 1992. Temporal effects of taurine on mouse preimplantation development in vitro. *Hum. Reprod.* **7:** 403–407.
Eagle H. 1959. Amino acid metabolism in mammalian cell cultures. *Science* **130:** 432–437.
Eggan K., Akutsu H., Hoechedlinger K., Rideout W. 3rd, Yanagimachi R., and Jaenisch R. 2000. X-Chromosome inactivation in cloned mouse embryos. *Science* **290:** 1578–1581.
Eggan K., Akutsu H., Loring J., Jackson-Grusby L., Klemm M., Rideout W.M., 3rd, Yanagimachi R., and Jaenisch R. 2001. Hybrid vigor, fetal overgrowth, and viability of mice derived by nuclear cloning and tetraploid embryo complementation. *Proc. Natl. Acad. Sci.* **98:** 6209–6214.
Erbach G.T., Lawitts J.A., Papaioannou V.E., and Biggers J.D. 1994. Differential growth of the mouse preimplantation embryo in chemically defined media. *Biol. Reprod.* **50:** 1027–1033.
Fraser L.R. and Drury L.M. 1975. The relationship between sperm concentration and fertilization in vitro of mouse eggs. *Biol. Reprod.* **13:** 513–518.
Fraser L.R. and Quinn P.J. 1981. A glycolytic product is obligatory for initiation of the sperm acrosome reaction and whiplash motility required for fertilization in the mouse. *J. Reprod. Fertil.* **61:** 25–35.
Fry R.C. 1992. The effect of leukaemia inhibitory factor (LIF) on embryogenesis. *Reprod. Fertil. Dev.* **4:** 449–458.
Gardner D.K. and Lane M. 1993. Amino acids and ammonium regulate mouse embryo development in culture. *Biol. Reprod.* **48:** 377–385.
———. 1996. Alleviation of the '2-cell block' and development to the blastocyst of CF1 mouse embryos: Role of amino acids, EDTA and physical parameters. *Hum. Reprod.* **11:** 2703–2712.
———. 1997. Culture and selection of viable blastocysts: A feasible proposition for human IVF? *Hum. Reprod. Update* **3:** 367–382.
———. 2000. Embryo culture systems. In *Handbook of in vitro fertilization*, 2nd edition (ed. A. Trounson and D. Gardner), pp. 205–264. CRC Press, New York.
Gardner D.K. and Leese H.J. 1990. Concentrations of nutrients in mouse oviduct fluid and their effects on embryo development and metabolism in vitro. *J. Reprod. Fertil.* **88:** 361–368.
Gardner D.K. and Sakkas D. 1993. Mouse embryo cleavage, metabolism and viability: Role of medium composition. *Hum. Reprod.* **8:** 288–295.
Gardner D.K. and Schoolcraft W.B. 1998. Human embryo viability: What determines

developmental potential, and can it be assessed? *J. Assist. Reprod. Genet.* **15:** 455–458.

Gardner D.K., Lane M.W., and Lane M. 2000. EDTA stimulates cleavage stage bovine embryo development in culture but inhibits blastocyst development and differentiation. *Mol. Reprod. Dev.* **57:** 256–261.

Gardner D.K., Vella P., Lane M., Wagley L., Schlenker T., and Schoolcraft W.B. 1998. Culture and transfer of human blastocysts increases implantation rates and reduces the need for multiple embryo transfers. *Fertil. Steril.* **69:** 84–88.

Goddard, M. J. and Pratt H.P. 1983. Control of events during early cleavage of the mouse embryo: An analysis of the '2-cell block'. *J. Embryol. Exp. Morphol.* **73:** 111–133.

Hardy K. and Spanos S. 2002. Growth factor expression and function in the human and mouse preimplantation embryo. *J. Endocrinol.* **172:** 221–236.

Harrison K.L., Sherrin D.A., Hawthorne T.A., Breen T.M., West G.A., and Wilson L.M. 1990. Embryotoxicity of micropore filters used in liquid sterilization. *J. In Vitro Fert. Embryo Transf.* **7:** 347–350.

Harvey M.B. and Kaye P.L. 1990. Insulin increases the cell number of the inner cell mass and stimulates morphological development of mouse blastocysts in vitro. *Development* **110:** 963–967.

———. 1992a. IGF-2 stimulates growth and metabolism of early mouse embryos. *Mech. Dev.* **38:** 169–173.

———. 1992b. Insulin-like growth factor-1 stimulates growth of mouse preimplantation embryos in vitro. *Mol. Reprod. Dev.* **31:** 195–199.

Heindryckx B., Rybouchkin A., Van Der Elst J., and Dhont M. 2001. Effect of culture media on in vitro development of cloned mouse embryos. *Cloning* **3:** 41–50.

Ho Y., Wigglesworth K., Eppigg J.J., and Schultz R.M. 1995. Preimplantation development of mouse embryos in KSOM: Augmentation by amino acids and analysis of gene expression. *Mol. Reprod. Dev.* **41:** 232-238.

Hoppe P.C. 1976. Glucose requirement for mouse sperm capacitation in vitro. *Biol. Reprod.* **15:** 39–45.

Hoppe P.C. and Pitts S. 1973. Fertilization in vitro and development of mouse ova. *Biol. Reprod.* **8:** 420–426.

Humpherys D., Eggan K., Akutsu H., Hochedlinger K., Riseout W.M. 3rd, Biniszkiewicz D., Yanagimachi R., and Jaenisch R. 2001. Epigenetic instability in ES cells and cloned mice. *Science* **293:** 95–97.

Iyengar M.R., Iyengar C.W., Chen H. Y., Brinster R.L., Bornslaeger E., and Schultz R.M. 1983. Expression of creatine kinase isoenzyme during oogenesis and embryogenesis in the mouse. *Dev. Biol.* **96:** 263–268.

Kamjoo M., Brison D.R., and Kimber S.J. 2002. Apoptosis in the preimplantation mouse embryo: Effect of strain difference and in vitro culture. *Mol. Reprod. Dev.* **61:** 67–77.

Kane M.T., Morgan P.M., and Coonan C. 1997. Peptide growth factors and preimplantation development. *Hum. Reprod. Update* **3:** 137–157.

Kaye P.L. 1997. Preimplantation growth factor physiology. *Rev. Reprod.* **2:** 121–127.

Khosla S., Dean W., Reik W., and Feil R. 2001a. Culture of preimplantation embryos and its long-term effects on gene expression and phenotype. *Hum. Reprod. Update* **7:** 419–427.

Khosla S., Dean W., Brown D., Reik W., and Feil R. 2001b. Culture of preimplantation mouse embryos affects fetal development and the expression of imprinted genes. *Biol. Reprod.* **64:** 918–926.

Lane M. and Gardner D.K. 1992. Effect of incubation volume and embryo density on the development and viability of mouse embryos in vitro. *Hum. Reprod.* **7:** 558–562.

———. 1994. Increase in postimplantation development of cultured mouse embryos by amino acids and induction of fetal retardation and exencephaly by ammonium ions. *J. Reprod. Fertil.* **102:** 305–312.

———. 1996. Selection of viable mouse blastocysts prior to transfer using a metabolic criterion. *Hum. Reprod.* **11:** 1975–1978.

———. 1997. Nonessential amino acids and glutamine decrease the time of the first three cleavage divisions and increase compaction of mouse zygotes in vitro. *J. Assist.*

Reprod. Genet. **14:** 398–403.
———. 2000. Regulation of ionic homeostasis by mammalian embryos. *Semin. Reprod. Med.* **18:** 195–204.
———. 2001. Inhibiting 3-phosphoglycerate kinase by EDTA stimulates the development of the cleavage stage mouse embryo. *Mol. Reprod. Dev.* **60:** 233–240.
Lane M., Hooper K., and Gardner D.K. 2001. Effect of essential amino acids on mouse embryo viability and ammonium production. *J. Assist. Reprod. Genet.* **18:** 519–525.
Lane M., Ludwig T.E., and Bayister B.D. 1999. Phosphate induced developmental arrest of hamster two-cell embryos is associated with disrupted ionic homeostasis. *Mol. Reprod. Dev.* **54:** 410–417.
Lavranos T.C., Rathjen P.D., and Seamark R.F. 1995. Trophic effects of myeloid leukaemia inhibitory factor (LIF) on mouse embryos. *J. Reprod. Fertil.* **105:** 331–338.
Lawitts J.A. and Biggers J.D. 1991. Optimization of mouse embryo culture media using simplex methods. *J. Reprod. Fertil.* **91:** 543–556.
———. 1992. Joint effects of sodium chloride, glutamine, and glucose in mouse preimplantation embryo culture media. *Mol. Reprod. Dev.* **31:** 189–194.
———. 1993. Culture of preimplantation embryos. *Methods Enzymol.* **225:** 153–164.
Leese H.J. 1988. The formation and function of oviduct fluid. *J. Reprod. Fertil.* **82:** 843–856.
———. 1991. Metabolism of the preimplantation mammalian embryo. *Oxf. Rev. Reprod. Biol.* **13:** 35–72.
Legge M. and Sellens M.H. 1991. Free radical scavengers ameliorate the 2-cell block in mouse embryo culture. *Hum. Reprod.* **6:** 867–871.
Li J., Foote R.H., and Simkin M. 1993. Development of rabbit zygotes cultured in protein-free medium with catalase, taurine, or superoxide dismutase. *Biol. Reprod.* **49:** 33–37.
Liu L., Oldenbourg R., Trimarchi J.R., and Keefe D.L. 2000. A reliable, noninvasive technique for spindle imaging and enucleation of mammalian oocytes. *Nat. Biotechnol.* **18:** 223–225.
Marschall S., Huffstadt U., Balling R., and Hrabe de Angelis M. 1999. Reliable recovery of inbred mouse lines using cryopreserved spermatozoa. *Mamm. Genome.* **10:** 773–776.
McGrath J. and Solter D. 1983. Nuclear transplantation in the mouse embryo by microsurgery and cell fusion. *Science* **220:** 1300–1302.
McLaren A. and Biggers J.D. 1958. Successful development and birth of mice cultivated in vitro as early embryos. *Nature* **182:** 877–878.
McLaren A. and Michie D. 1956. Studies on the transfer of fertilized mouse eggs to uterine foster-mothers. I. Factors affecting the implantation survival of native and transferred eggs. *J. Exp. Biol.* **33:** 394–416.
Mehta T.S. and Kiessling A.A. 1990. Development potential of mouse embryos conceived in vitro and cultured in ethylenediaminetetraacetic acid with or without amino acids or serum. *Biol. Reprod.* **43:** 600–606.
Miller J.G. and Schultz G.A. 1987. Amino acid content of preimplantation rabbit embryos and fluids of the reproductive tract. *Biol. Reprod.* **36:** 125–129.
Mintz B. 1967. Mammalian embryo culture. In *Methods in developmental biology* (ed. F.H. Wilt and N.K. Wessels), pp. 379–400. Cromwell, New York.
Montoro L., Subias E., Young P., Baccaro M., Swanson J., and Sueldo C. 1990. Detection of endotoxin in human in vitro fertilization by the zona-free mouse embryo assay. *Fertil. Steril.* **54:** 109–112.
Morita Y., Tsutsumi O., and Taketani Y. 1994. In vitro treatment of embryos with epidermal growth factor improves viability and increases the implantation rate of blastocysts transferred to recipient mice. *Am. J. Obstet. Gynecol.* **171:** 406–409.
Muggleton-Harris A., Whittingham D.G., and Wilson L. 1982. Cytoplasmic control of preimplantation development in vitro in the mouse. *Nature* **299:** 460–462.
Munsie M.J., Michalska A.E., O'Brien C.M., Trounson A.O., Pera M.F., and Mountford P.S. 2000. Isolation of pluripotent embryonic stem cells from reprogrammed adult mouse somatic cell nuclei. *Curr. Biol.* **10:** 989–992.
Nasr-Esfahani M.H., Winston N.J., and Johnson M.H. 1992. Effects of glucose, glutamine, ethylenediaminetetraacetic acid and oxygen tension on the concentration of reactive

oxygen species and on development of the mouse preimplantation embryo in vitro. *J. Reprod. Fertil.* **96:** 219–231.

O'Neill C. 1997. Evidence for the requirement of autocrine growth factors for development of mouse preimplantation embryos in vitro. *Biol. Reprod.* **56:** 229–237.

Orsi N.M. and Leese H.J. 2001. Protection against reactive oxygen species during mouse preimplantation embryo development: Role of EDTA, oxygen tension, catalase, superoxide dismutase and pyruvate. *Mol. Reprod. Dev.* **59:** 44–53.

Pabon J.E., Jr., Findley W.E., and Gibbons W.E. 1989. The toxic effect of short exposures to the atmospheric oxygen concentration on early mouse embryonic development. *Fertil. Steril.* **51:** 896–900.

Paria B.C. and Dey S.K. 1990. Preimplantation embryo development in vitro: Cooperative interactions among embryos and role of growth factors. *Proc. Natl. Acad. Sci.* **87:** 4756–4760.

Pickering S.J. and Johnson M.H. 1987. The influence of cooling on the organization of the meiotic spindle of the mouse oocyte. *Hum. Reprod.* **2:** 207–216.

Pickering S.J., Braude P.R., Johnson M.H., Cant A., and Currie J. 1990. Transient cooling to room temperature can cause irreversible disruption of the meiotic spindle in the human oocyte. *Fertil. Steril.* **54:** 102–108.

Quinn P. 1995. Enhanced results in mouse and human embryo culture using a modified human tubal fluid medium lacking glucose and phosphate. *J. Assist. Reprod. Genet.* **12:** 97–105.

———. 1998. Glucose and phosphate–important or unimportant in culture media for embryos? *Fertil. Steril.* **70:** 782–783.

Quinn P. and Horstman F.C. 1998. Is the mouse a good model for the human with respect to the development of the preimplantation embryo in vitro? *Hum. Reprod.* (Suppl.) **4:** 173–183.

Quinn P., Barros C., and Whittingham D.G. 1982. Preservation of hamster oocytes to assay the fertilizing capacity of human spermatozoa. *J. Reprod. Fertil.* **66:** 161–168.

Quinn P., Hirayama T., and Marrs R.P. 1993. Cooperative interaction among mouse zygotes cultured in protein-free medium: Blastocyst development and hatching. In *Preimplantation embryo development* (ed. B.D. Bavister), p. 328. Springer-Verlag, New York.

Quinn P., Kerin J.F., and Warnes G.M. 1985a. Improved pregnancy rate in human in vitro fertilization with the use of a medium based on the composition of human tubal fluid. *Fertil Steril.* **44:** 493–498.

Quinn P., Warnes G.M, Kerin J.F., and Kirby C. 1985b. Culture factors affecting the success rate of in vitro fertilization and embryo transfer. *Ann. N.Y. Acad. Sci.* **442:** 195–204.

Schultz G.A., Kaye P.L., McKay D.J., and Johnson M.H. 1981. Endogenous amino acid pool sizes in mouse eggs and preimplantation embryos. *J. Reprod. Fertil.* **61:** 387–393.

Scott L. and Whittingham D.G. 1996. Influence of genetic background and media components on the development of mouse embryos in vitro. *Mol. Reprod. Dev.* **43:** 336–346.

Scott L.F., Sundaram S.G., and Smith S. 1993. The relevance and use of mouse embryo bioassays for quality control in an assisted reproductive technology program. *Fertil. Steril.* **60:** 559–568.

Stewart C.L., Kaspar P., Brunet L.J., Bhatt H., Gadi I., Kontgen F., and Abbodanzo S.J. 1992. Blastocyst implantation depends on maternal expression of leukaemia inhibitory factor. *Nature* **359:** 76–79.

Summers M.C., Bhatnagar P.R., Lawitts J.A., and Biggers J.D. 1995. Fertilization in vitro of mouse ova from inbred and outbred strains: Complete preimplantation embryo development in glucose-supplemented KSOM. *Biol. Reprod.* **53:** 431–437.

Suzuki O., Asano T., Yamamoto Y., Takano K., and Koura M. 1996. Development in vitro of preimplantation embryos from 55 mouse strains. *Reprod. Fertil. Dev.* **8:** 975–980.

Sztein J.M., Farley J.S., and Monbraaten L.E. 2000. In vitro fertilization with cryopreserved inbred mouse sperm. *Biol. Reprod.* **63:** 1774–1780.

Wakayama T., Perry A.C., Zuccotti M., Johnson K.R., and Yanagimachi R. 1998. Full-term development of mice from enucleated oocytes injected with cumulus cell nuclei.

Nature **394:** 369–374.

Wakayama T., Rodriguez I., Perry A.C., Yanagimachi R., and Mombaerts P. 1999. Mice cloned from embryonic stem cells. *Proc. Natl. Acad. Sci.* **96:** 14984–14989.

Wang W.H., Meng L., Hackett R.J., Oldenbourg R., and Keefe D.L. 2001. Limited recovery of meiotic spindles in living human oocytes after cooling-rewarming observed using polarized light microscopy. *Hum. Reprod.* **16:** 2374–2378.

Whitten W.K. 1956. Culture of tubal mouse ova. *Nature* **177:** 96.

———. 1971. Embryo medium. Nutrient requirements for the culture of preimplantation embryos in vitro. *Adv. Biosci.* **6:** 129–141.

Whitten W.K. and Biggers J.D. 1968. Complete development in vitro of the pre-implantation stages of the mouse in a simple chemically defined medium. *J. Reprod. Fertil.* **17:** 399–401.

Whittingham D.G. 1971. Culture of mouse ova. *J. Reprod. Fertil. Suppl.* **14:** 7–21.

Whittingham D.G. and Biggers J.D. 1967. Fallopian tube and early cleavage in the mouse. *Nature* **213:** 942–943.

第5章

着床後胚の分離，培養，体外操作

排卵し受精した後，子宮に向かって卵管内を下降しながら着床前胚は卵割し，分化の最初のステップを行う。子宮に到達すると，交尾後4.5日目に胚盤胞期胚は透明帯から脱出する。子宮壁へマウス胚が着床すると，体外操作はより難しくなる。本章では，着床後のマウス胚の解剖，実験的解析のための特定組織および細胞の分離方法を述べる。さらに，母体外で着床後のマウス胚の体外操作や観察をするための回転・静止培養法について述べる。最近，マウス胚への電気穿孔による遺伝子導入法が開発されてきている。その1つの方法として，電気穿孔法による着床後マウス胚への遺伝子発現コンストラクトの導入法がある。

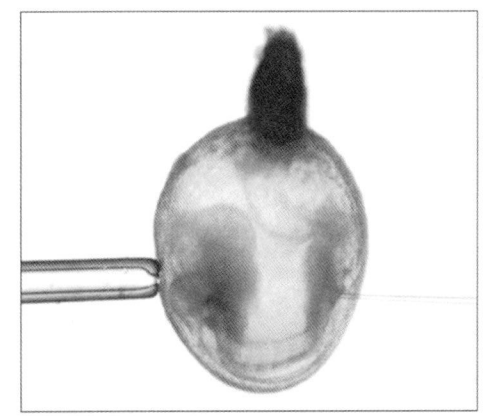

Simon Kinder and Patrick Tam, Children's Medical Research Instituteの好意による

目次

着床後胚の分離，196
 初期着床部位の観察，196
 着床後胚の分離，197
 胚体外膜の分離，197
 着床後の胚葉の分離，198
 胚葉組織の再構成培養，198
 生殖隆起からの生殖細胞の分離，198

着床後胚の培養，199
 胚の準備，199
 着床後胚の回転培養，200
 着床後胚の静止培養，200
 観察のための着床後胚の静止培養，201

電気穿孔による着床後胚への核酸の導入，201

プロトコール
 1．色素注入による初期胚の着床部位の可視化，203
 2．着床後胚の分離，205
  前原条期胚(交尾後約5.5日)の解剖，206
  初期原条期胚(交尾後約6.5日)の解剖，208
  後期原条期胚(交尾後約7.5日)の解剖，209
  初期神経胚(交尾後約8日)の解剖，209
  初期体節期胚(交尾後約8.5日)の解剖，210
 3．胚体外膜の分離，212
 4．着床後の胚葉の分離，215
 5．胚葉組織の再構成培養，218
 6．生殖隆起からの生殖細胞の分離，220
 7．着床後胚の回転培養，223
 8．着床後胚の静止培養，227
 9．観察のための着床後胚の静止培養，229
 10．電気穿孔法，232

参考文献，235

着床後胚の分離

初期着床部位の観察

マウスにおいて，交尾後4.5日までに胚盤胞は子宮内に着床する。この段階のマウス胚は，とても小さく，子宮内の位置の特定が難しいため，研究の困難な発生ステージの一つであったが，胚盤胞の着床部位を視覚化する方法の開発によって，マウスの発生に関する研究が促進された。胚盤胞の栄養外胚葉と子宮管腔上皮間での接着反応において前もって必要と考えられていた最初の形態学的な変化の一つは，胚盤胞の接着部位における子宮間質内での血管透過性の増加である(Paria et al. 2000, 2001)。子宮内での血管透過性の上昇は，供試動物で

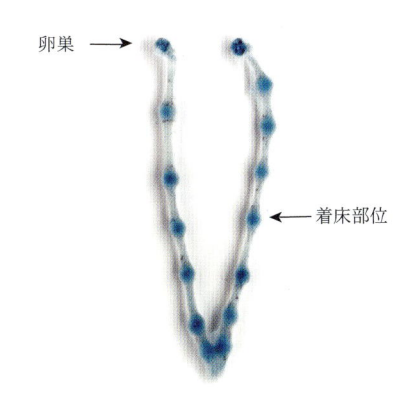

図5.1. 着床部位を観察するために色素を静脈注射した妊娠6日目の雌マウスから得た子宮。着床部位は青く染まっている。

あるマウスやラットの静脈に高分子の青色色素を注入し，その2～3分後に殺すことにより確認できる（プロトコール5.1参照）。色素は血液を循環する蛋白質と結合して，蛋白質・色素結合体は血管透過の高進した部位の間質に蓄積される。子宮に沿って明瞭な青い帯が着床部位を表し，進行中の接着過程を示している（図5.1）。目に見える着床部位と着床部位の間の染まっていない区域は簡単に分離でき，その後の研究に用いられる。

着床後胚の分離

マウスにおける着床後の発生は，交尾後4.5日から誕生までの間であり，それは妊娠期間の約80％にあたる。したがって，通常の発生についての広範囲にわたる理解のためには，着床後のマウス胚の分離と解析能力が必要である。加えて，多くの遺伝子における変異は，子宮着床後の胚に欠陥を生じさせているため，これらの段階での胚の分離は重要である（Copp 1995）。分離する過程で，細胞を生きたまま健康な状態に保つためには，着床前の胚よりも着床後の胚の方がより複雑な培地を必要とする。したがって，10％ウシ胎子血清（FBS）を含むダルベッコ修正イーグル培地（DMEM）の中で胚を解剖するのが適当である。血清のもつ大きな働きは，組織の粘着性を抑えることである。もし必要ならば，血清をウシ血清アルブミン（BSA）に置き換えることができる。HEPES緩衝液（約25mM，pH 7.4）はインキュベーターの外で胚を扱う間，pHを維持するために加える。プロトコール5.2には，交尾後5.5～8.5日の胚を分離するための方法を示した。

胚体外膜の分離

マウスの発生において，胚体外組織は着床前後に必須である。胚体外組織の欠損は，子宮内での成長阻害（intrauterine growth restriction，IUGR）や胎子の死を引き起こし，哺乳類における妊娠阻害を高い率で起こす（Cross et al. 1994）。このような欠損を起こす分子的な基盤を調べるために，胚体外組織を分離し解析することが必要となる。母体組織の混ざらない栄養膜組織を得る最もよい材料は，交尾後7.5～8.5日の外胎盤錐である（図5.7B）（Rossant and Croy 1985）。壁側卵黄嚢（PYS），臓側卵黄嚢（VYS）および羊膜を同時に分離するためには交尾後13.5日の胚を使うとよい。発生の進んだ胚ではPYSが退化し始め，交尾後15～16日には消失する。これらの膜の分離法はプロトコール5.3に示した。

VYSはES細胞由来キメラの遺伝子型を決定することに用いることができる（Varlet et al.

1997)。VYSの中胚葉は，エピブラストに由来する一方，VYSの内胚葉は臓側内胚葉に由来する。ES細胞は，キメラ個体内でVYSの臓側内胚葉にあまり関与していないため，キメラを発生させるために用いるレシピエント胚の遺伝子型はVYSの内臓内胚葉を解析することによって調べられる。ES細胞由来キメラの遺伝子型を決定するためには，VYS組織の分離（プロトコール5.3）により得られた臓側内胚葉を用いる（Varlet et al. 1997）。

着床後の胚葉の分離

胚葉は，多能性をもった胚性組織であり，先天的・後天的因子により様々な組織に分化できる能力がある。したがって，胚葉を分離し，体外操作する技術は，その潜在能力と分化を調節するメカニズムの解明に必要である。胚葉分離のための基本的なステップを以下の図5.12（プロトコール5.4参照）に示した。この図は，後期原条期胚（交尾後約7.5日）から内胚葉，中胚葉および外胚葉を分離する方法を示したものだが，機械的処理を組み合わせた組織分離法は，神経葉，体節ないし脊索（交尾後8.5〜9.5日）のように，より後期に発生する組織や2層性の前原条および初期原条期の胚（交尾後5.5〜6.5日）にも応用できる。すべての場合において，まず分離しようとする組織を含む部分を切り出す。胚の操作や保存には10％FBSを含む25 mM HEPES緩衝DMEM溶液を使う。切り出した部分を，4℃で，パンクレアチン（2.5％）とトリプシン（0.5％）を含むPBS（pH 7.6〜7.7）ないしタイロードリンゲル液（どちらもCa^{++}/Mg^{++}を含まない）でインキュベートする。小断片ならパンクレアチン／トリプシン溶液で10分間ほど処理するだけでよいが，発生の進んだ胚からのより大きな断片では1時間ほどかかる。酵素処理に必要な時間は経験的に決めなければならない。酵素消化は10％FBSを含むDMEMに胚性組織を戻すことにより停止する。重要なことは，消化した胚組織を2分間もしくはそれ以上"休止"させ，その後の機械的処理に移ることである。10％FBSを含むDMEMに2分間置いた後なら，組織崩壊を恐れることなく，次の機械的処理に移ることができる。

胚葉組織の再構成培養

胚葉組織の再構成培養は，野生型マウス初期胚の胚盤における神経板形成を誘導する組織を決定するために，マウスにおいて胚盤と中胚葉を用いて初めて検討された（Ang and Rossant 1993）。プロトコール5.5は，野生型，変異型マウス胚より分離された胚葉断片の体外での分化誘導能を調べるために用いられる（Ang et al. 1994；Shawlot et al. 1999；Kimura et al. 2000）。この方法は，初期原条期胚（交尾後6.5日と7.5日）と初期体節期胚（交尾後8.5日と9.5日）に使われる。胚葉断片は，集合キメラ作製に使用されるものに似た溝のあるウェル内で，体外で再構成され，培養される（第11章参照）。この方法もまた，異なる胚組織の分化を誘導する性質を調べるのに適している（Shawlot et al. 1998；Tian et al. 2002）。

生殖隆起からの生殖細胞の分離

生殖細胞は，親から子へ遺伝情報を伝える。このため，哺乳類の生殖系列の発生は，発生生物学において最も興味深いトピックスの一つである（McLaren 2001）。いったん始原生殖細胞が生殖原基へ移動すると，比較的簡単に分離することができる。プロトコール5.6では交尾後11.5日以降のマウス胎子の生殖原基からの生殖細胞の分離を示している。同じ母親由来の異なる胚においても発生の段階が異なるため，肢芽の形態によって区別することが適当である（図5.2）。EDTA処理の目的は，体細胞の混入を最小限にし，支質から生殖細胞を解離するためである。分離した生殖細胞は，のちに解析，培養もしくは移植に用いられる。

雄と雌の生殖隆起は，ステージ6（交尾後12.5日）かそれ以上のステージで形態学的に区別することができる（図5.14）。生殖細胞の単離やその他の目的のために交尾後12.5日以前の胚の性別を知っておく必要もある。簡単なマーキング方法として，着床後のあらゆる発生段階にある雄，雌を視覚的に区別するX結合型GFP遺伝子改変マウスを用いる方法がある（Hadjantonakis et al. 1998）。GFPヘミ接合体（$X^{gfp}Y$）雄を野生型の雌と交配させる。すべての雌由来の子孫は遺伝的にX結合型トランスジェニック（$X^{gfp}X$）でGFPを発現し，一方すべての雄は遺伝的にトランスジェニックにならずに（XY），GFP陰性である。このように，先に述べたような交配により発生した胚は，生殖原基や生殖細胞を分離する前に，解剖顕微鏡下でGFP蛍光により簡単に分類できる。

着床後胚の培養

胚の準備

交尾後6.5～11.5日の胚は子宮から分離できる。すべての体外操作は，胚性組織どうしが接着するのを防ぐために10％ウシ胎子血清（FBS）を含む培地で行う。手術台上で胚の回収や短時間の保存をする際に用いる適当な培地として，10％FBSを含むHEPES緩衝DMEM溶液（25mM，pH 7.4）がある。体外ではライヒェルト膜が広がりにくいため，胚を培養する前に取り除かなくてはならない。後期原条期胚ライヒェルト膜の除去は図5.10に示した。体外操作は基本的にほかのステージの胚と同じである。

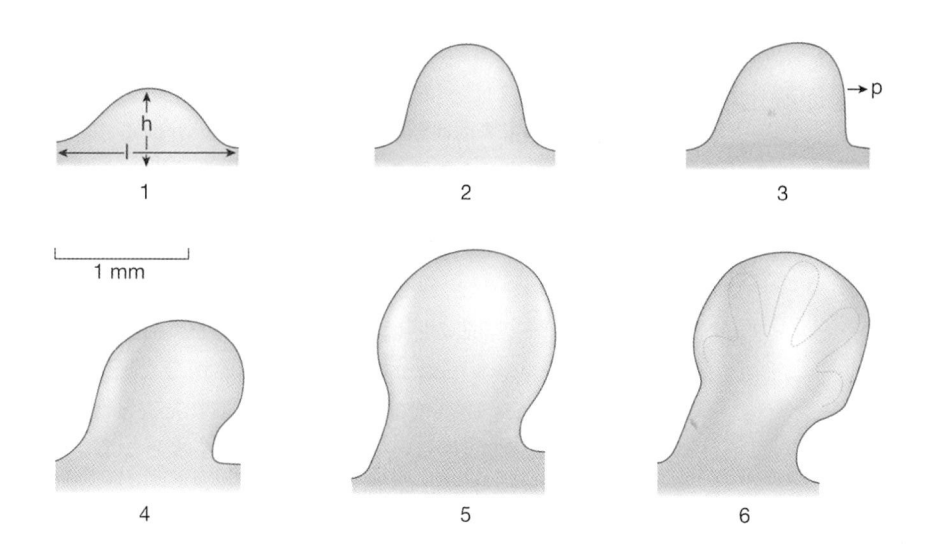

図5.2．交尾後10.5～12.5日齢胎子の後肢芽の形態。後肢芽の形態は生殖隆起の分化と相関しており，判別に有効である。雄と雌の生殖隆起はステージ6までは区別できない。(1)長さ(1)＞高さ(h)；(2)h＞1。(3)肢芽は非対称で後部(p)がくぼむ。(4)前と後ろがくぼむ。(5)肢芽は対称になり外形は円形。(6)肢芽は角張り，指の線が見える。

着床後胚の回転培養

　交尾後6.5日ないし11.5日の胚は回転培養で培養できるが(プロトコール5.7参照)，体外培養にもっていく時期が遅いほど体外で正常発生が維持できる期間が短くなる。このように，着床後の発生を行うステージの胚は分離が可能で，実験的な体外操作，そして子宮外での培養を行うことができる(Kinder et al. 2001)。次に，"古典的"な全胚培養の概要を示す。(1)ラット血清は培地の主な成分である。(2)培養は少量の培地が入ったチューブの中で，培地がガス相と一定の平衡状態を保つように常にローラーの上で回転させて行う。(3)ガスの組成は，培養胚の発生ステージにより異なる。初期原条期から初期体節期に培養を開始すると，胚はこれらの条件下でわずかに増殖が遅れるだけで正常に48時間までは発生する。その後24時間または36時間が体外での正常発生の限界である。胚や培地の準備に使うすべての器具と容器は，細心の注意を払い清潔にし，ほかの発生学実験に用いた毒性物質(例えば，組織学の有機溶剤や洗浄液)の混入を防がなくてはならない。全胚培養のため全体的なプロトコールについて，Beddington(1987)，Cockroft(1990)，Sturm and Tam(1993)の論文を参照していただきたい。

　回転培養を成功させるために，いくつかの異なった装置の準備が必要である。インキュベーター内のミニローラーは，BTC Engineeringから入手できる。Wheatonが販売しているミニローラーは，インキュベーター内に入れることができる(例えば，Precision Scientific)。あるいは，チューブをBellcoローラードラム内に入れることができる。ドラムは，基本的には穴をもつ輪の形をしており，様々な回転スピードに変えることができる(回転スピードを上げるために小さなハイブリダイズインキュベーターもまた利用できる)。インキュベーターは常に37～38℃を保ち，30rpmで回転させる。

着床後胚の静止培養

　着床後の胚の古典的回転培養法は，最近，いわゆる"静止"培養法へと修正された。それは，培地を回転させる装置を必要とせず，体外発生における胚の視覚化を可能にする。プロトコール5.8と5.9でこれを示す。交尾後6.0～7.0日の胚は，ガスの拡散によって平衡化されたCO_2，O_2レベルの培地内で静止培養できる。前原条期，中期，後期原条期，後期尿膜，初期頭側胚期への発生は，それぞれ約65％，75％，85％で，交尾後6.0日，6.5日，7.0日で進む。交尾後6.0～7.0日の胚は，規則的に発生し，回転培養よりも静止培養の方が形態学的な比較を行いやすい。しかしながら，初期頭側ひだ胚期以降の発生(体内で交尾後8.0日；Downs and Davies 1993)では，静止培養により発生を効率よく維持できないため，ガス交換効率がよく，緩衝能力がよりよい回転培養が必要となる。したがって，静止培養は，体外培養で交尾後6.0日の胚では48時間もしくは交尾後7.0日の胚は24時間までが実験の限界といえる。

　この培養法の主な特徴は次のとおりである。(1)培地を実験の間，静止させておく。(2)培養中にガスの組成が変化しない。(3)培地はラットもしくはヒト血清を含むDMEMまたは血清のみである。そして，(4)培養は，ディッシュか組織培養用チャンバースライドのウェルを用いて少量の培地内で行う。この最後の特徴は，個々の胚もしくは3～4個の胚の小さなグループを互いに区別して，定期的に発生を観察する必要がある時，特に有利である。この方法は，貴重な血清基礎培養培地を最も効率的に使うことができ，最小の操作で胚のリアルタイムでの観察を繰り返し行うことができる。前原条期から後期原条期への培養胚は，培養管内の底に沈んでいる傾向があり，解剖顕微鏡や蛍光顕微鏡でそのまま研究できる。しかし，後期原条期を超えて発生した胚は卵黄嚢内に液を蓄積し始め，高濃度の血清を含む培養培地

内でも浮遊する。さらに発生した胚は，観察するために静止培養系から支持培地(例えば，PB1)へ移さなければならない。

観察のための着床後胚の静止培養

回転培養法は，体外で着床後の胚を発生させるために不可欠であるが，継続的な回転を必要とし，胚や細胞の動き，関連性を観察するのが困難である。基本的に，胚は回転培養装置を停止させ，培地管内で直接見るか，観察のために一時的に支持培地の入ったペトリ皿に移す。胚を継続的に回転培養システムで見るのは不可能である。着床後の胚を培養する静止培養法は，回転培養法に必要な継続的な運動を必要としないため，継続的な胚の観察を大変容易にする。最近では，顕微鏡下で着床後初期の胚の培養を行うことのできるプロトコールがある(プロトコール5.9)。交尾後6.5日と9.5日の間の胚は，ほとんど成長阻害を伴わずに24時間培養が可能で観察できる。培地の調製とガスの要求性は回転培地に似ているが，蒸発を防ぐために細心の注意を払わなければならない。正常に発生させるためには，試薬と胚の質も大変重要である。

電気穿孔による着床後胚への核酸の導入

最近，電気穿孔によるマウスを含む様々な種の胚に遺伝子を注入する方法が開発された(Osumi and Inoue 2001；M. Takahashi et al. 投稿準備中)(プロトコール5.10参照)。電気穿孔法によるマウス胚への遺伝子導入法は，前核注入や組換えウイルスの導入により作製するトランスジェニックマウス作製法に代わる簡便で有効な方法である。遺伝子のコンストラクトの組織特異的な転写活性の検討や遺伝子産物を過剰発現させることに用いることができる。さらに，lacZや緑色蛍光蛋白質(GFP)のようなトレーサーを電気穿孔してラベリングした細胞は，細胞の増殖や移動など細胞の動態をモニターするのに使うことができる。最近，電気穿孔法によって，透明帯を一時的に酸性Tyrode液処理した着床前のマウス胚に二重鎖RNA(dsRNA)を導入することに成功している(Grabarek et al. 2002)。この方法は，着床前胚において，RNA干渉によって遺伝子ノックダウンを行うのに用いられている(Fjose et al. 2001)。このことは電気穿孔法によって着床前胚にDNAコンストラクトを導入し，トランスジェニックマウスを作製できるかも知れないことを示唆している。

培養した交尾後9.5〜11.5日(もしくはそれより早い時期)の着床前のマウス胚，もしくは胚の小部分でも，最初に鳥類の胚で確立した方法(Muramatsu et al. 1997；Nakamura and Funahashi 2001)によって，外来遺伝子を電気穿孔により容易に導入できる。負の電荷を帯びているDNAは，発現させたい場所に配置した正の電荷を帯びた電極へと移動することから，特定の胚領域に発現を局在化させることが可能である。原則的には，どのような胚の部分でも電気穿孔のターゲットになり得るが，小胞と管(例えば，神経管)は，DNA溶液注入が容易であることから電気穿孔法を行うのに大変適している。電気穿孔によって導入された発現は一時的なものであるが，遺伝子発現の変化やその結果起こる表現型の誘導といった導入の影響を解析するのには十分である。電気穿孔法の基本的な特徴は，(1)遺伝子発現ベクターの構築，(2)精製したプラスミドDNA溶液の準備，(3)標的部位へのDNA溶液の注入，(4)組織へとDNAを移動させるためのスクエア電気パルスの適用，そして最後に(5)体外での培養，である(図5.3)。

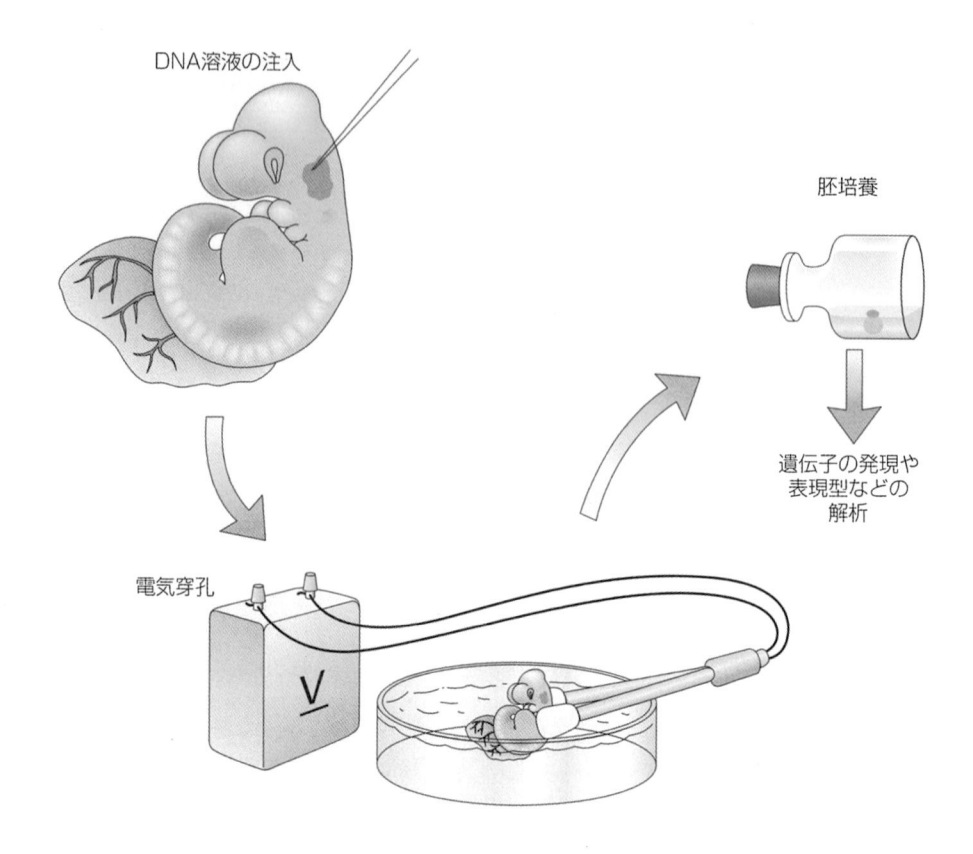

図5.3. 遺伝子機能を解析するための，着床後のマウス胚の標的部位への電気穿孔によるDNA導入方法。

プロトコール 1　色素注入による初期胚の着床部位の可視化

　このプロトコールはS.K.Dey(Departments of Pediatrics and Cell Biology, Vanderbilt University Medical Center, Nashville, Tennessee)より提供された。

材　料

供試動物
　妊娠雌マウス(交尾後4.5〜5.5日)

器具
　温湯を入れるボール
　ガーゼスポンジ，あるいはペーパータオル
　皮下注射用の27ゲージ，1/2インチの注射針
　1ml注射筒

試薬
　麻酔剤
　Chicago Sky Blue 6B(Pontamine sky blueとも呼ばれる)(Sigma C8679)
　　等張の食塩水に1％溶液になるように溶解する(1mg/100ml食塩水)。溶液はWhatmanフィルターペーパー(Whatman International, Maidstone, United Kingdom, 1001110)で濾過する。ガラスボトル中で室温保存する。

手　順

1. 妊娠雌マウスに麻酔をかける。
2. 尾部を温湯(60℃)に浸けてガーゼスポンジかペーパータオルを用いて，尾部静脈を拡張させるよう温和な圧力で3〜4回洗う。
3. すぐに1％青色色素0.1mlを，27ゲージ注射針をつけた1ml注射筒を用いて尾部静脈から注入する。
    a. 色素を入れた注射筒は空気を抜いておく。この時，注射針のカット面を上に向けておくと注入しやすくなる。
    b. 尾部側面の両側の静脈へ注入可能である。尾部末端の静脈から注入し始めるのがよい方法であるが，失敗した場合はより基部の静脈に注入する。
    c. 注射針を静脈中に入れ，青色色素をゆっくり流すように注入する。
4. 注入後，出血を止めるために針を抜いたところにガーゼかペーパータオルを軽く押しながらあてがう。
5. 色素注入3分後に動物を殺す(プロトコール4.8の苦痛を与えずに殺す方法の項参照)。
6. 雌の子宮を解剖する(図5.5A参照)。
7. 子宮角に沿ってはっきりと出る青色バンドによって着床領域が明らかになる(図5.1)。
8. 着床領域(青色バンド)と着床途中の領域に分けることで，細胞，生化学および分子生物学解析に用いることができる。

> **コメント**
>
> - 静脈中に注射している間に，もし抵抗を感じたり，注入場所に染色液の部分的な蓄積がみられたら，注射をすぐやめて，第1回目の注入部位より基部の静脈に注入する。
> - 色素を注入してから動物を殺すまでの時間が経ち過ぎると，青色バンド間の境界が不明瞭になる。青色バンドがない場合，子宮角を培地で洗い流すことで未着床胚を回収することができる。

プロトコール 2　着床後胚の分離

材　料

供試動物
　苦痛を与えずに殺した妊娠雌マウス

器具
　＃5時計用ピンセット，2組
　眼科用ハサミ
　実体顕微鏡
　滅菌プラスチック組織培養皿
　タングステン針（純度99.95％，直径0.5mm）(Goodfellow Metals W005160ないしErnest F.Fullam 16210)。タングステン針の研磨法は図5.4参照。

試薬
　ダルベッコ修正イーグル培地(DMEM)
　牛胎子血清(FBS)もしくはウシ血清アルブミン(BSA)(Sigma A9647)
　1M HEPES緩衝液(pH 7.4)(Sigma H0087)

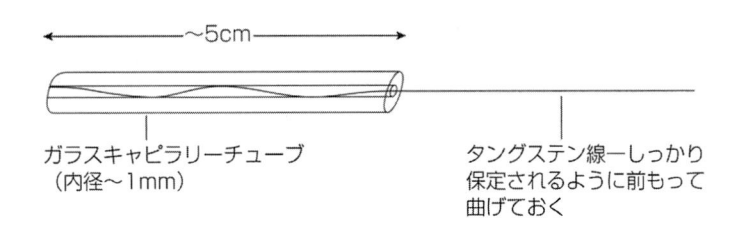

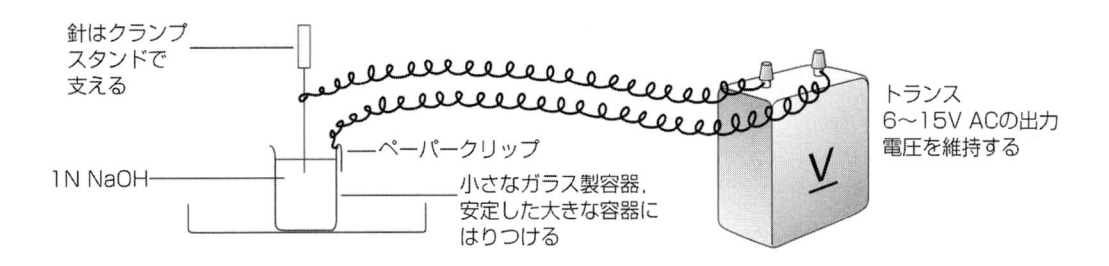

図5.4．電気分解によってタングステン針を研ぐための装置。鈍端にごく少量のプラスティシンをつけておき，それが落ちたとき電気分解を止める。

手　順

前原条期胚(交尾後約5.5日)の解剖

1. 前述の方法(プロトコール4.8, 図4.4)により開腹する。卵管の手前で一方の子宮角を切り，ピンセットで子宮端を強くつかむ。子宮を持ち上げ，ピンセットかハサミの先を使って子宮間膜から分ける(図5.5A)。次に子宮を下方に引いてピンと張り，体の外側に出す。

2. 切断端に近い子宮の間膜と反対側の壁に眼科用ハサミの先を入れる(図5.5B)。ハサミをわずかに上方へ持ち上げながら"滑らし"，同時に注意深く子宮壁を切る。脱落膜はピンセットで子宮の"殻"から取り出し(図5.5C)，10％FBSと25 mM HEPES(pH 7.4)を含むDMEM培地の入った培養皿に移す。この時期の脱落膜は必ずしも子宮内膜間質からきれいに分離せず，むしろボロボロになる。

3. 透過照明を使って，脱落膜を眼科用ピンセットで裂く。子宮とその上皮の2枚の壁はまだ完全には癒着しておらず，はっきりとした溝がある(図5.5D参照)。暗いシミ，あるいはすじのような胚を探す。胚はピンセットの先で取り出せる。暗い組織が栄養膜で，卵円筒はとても壊れやすく，透明である(図5.5D)。

着床後胚の分離，培養，体外操作 ■ 207

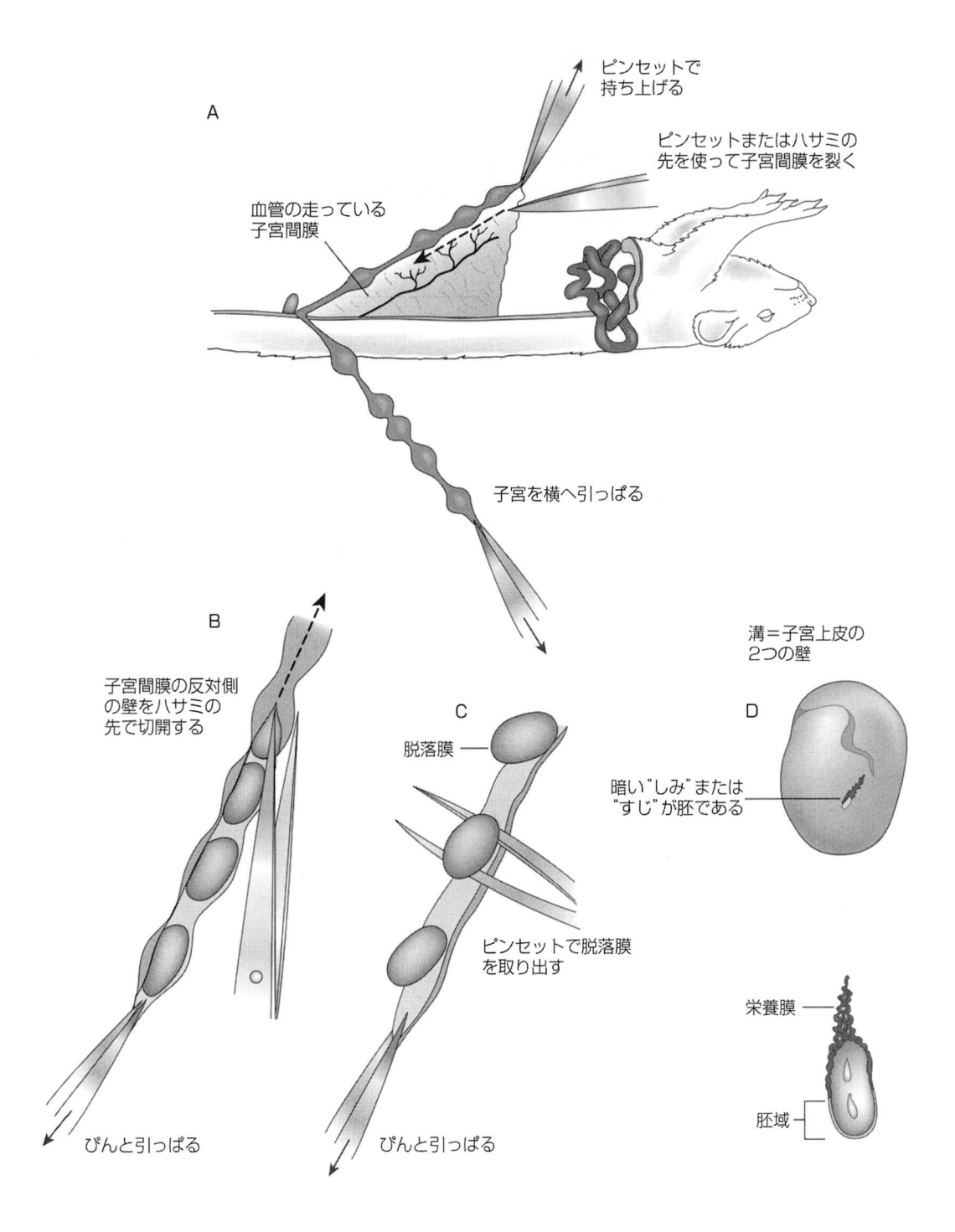

図5.5. 前原条期マウス胚(交尾後約5.5日)の解剖

初期原条期胚(交尾後約6.5日)の解剖

脱落膜は前述の方法,あるいは以下の方法で子宮から取り出せる。

1. 子宮頸と卵管接合部の2カ所を切断して子宮をそっくり取り出し,10%FBSと25mM HEPES(pH 7.4)を加えたDMEM培地の入った培養皿に置く。図5.6Aに示すように各々の膨大部を切る。図5.6Bのようにピンセットで筋層を除く。

2. 脱落膜組織を切開して(図5.6C),小さな胚が見えるようにする。胚は閉じたピンセットの先で取り出す。タングステン針をハサミのように使って,胚を外胎盤錐(栄養膜)と卵円筒に分ける。針の作り方は図5.4,解剖の方法はSnow(1978)を参照していただきたい。

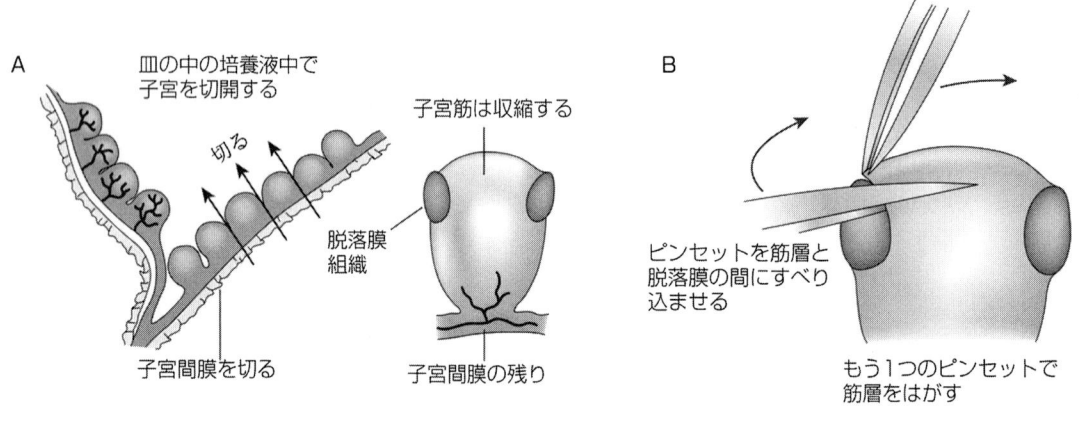

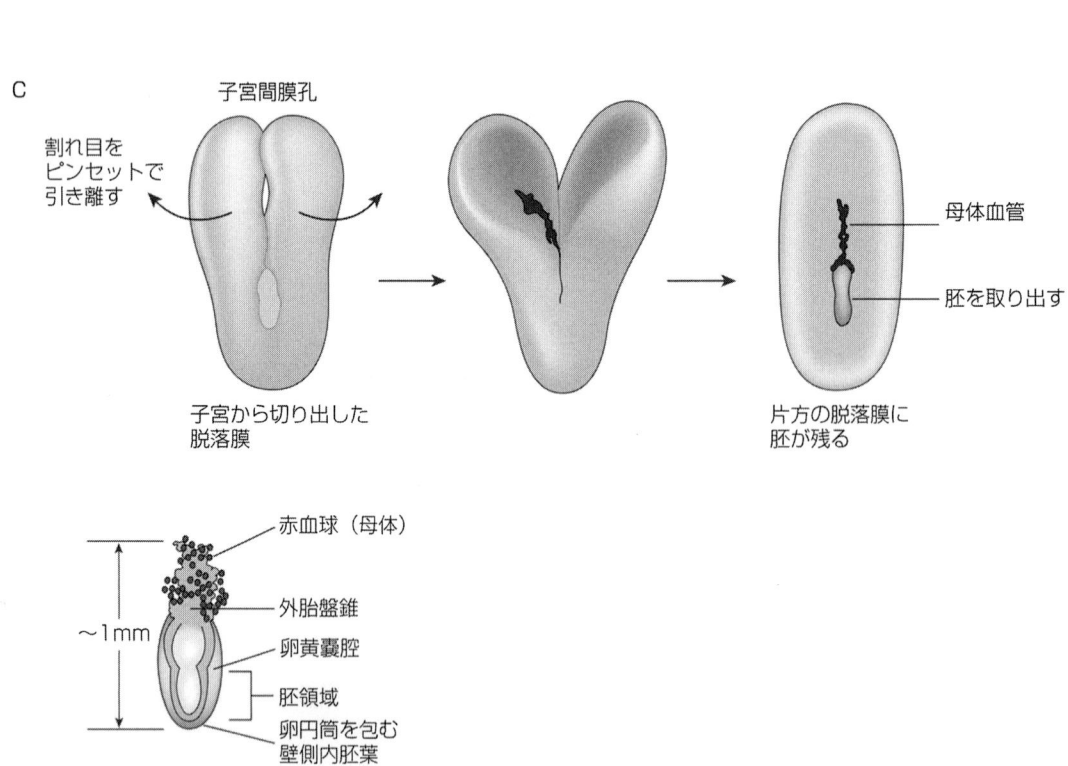

図5.6. 初期原条期マウス胚(交尾後約6.5日)の解剖

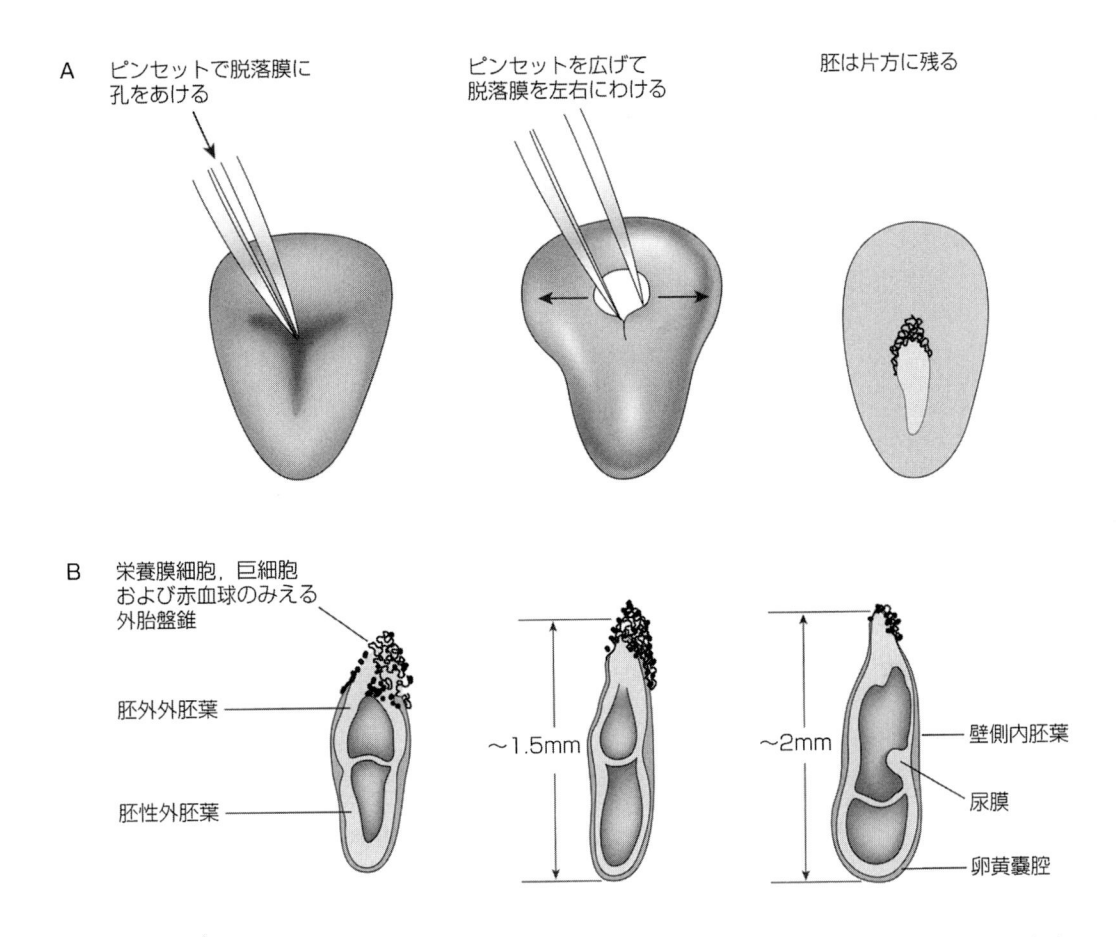

図5.7. 初期原条期マウス胚(交尾後約7.5日)の解剖。(A)胚を露出するために脱落膜を分離する方法。閉じたピンセットの先で胚を押し出す。(B)胚の発育はどれも同じように進むわけではない。最も進んだものは小さい尿膜をもっている(右端)。

後期原条期胚(交尾後約7.5日)の解剖

前述の方法や図5.7の要領で脱落膜と胚を取り出す。この時期およびこれより前では，前原条期胚は酵素による消化と機械的解剖の組み合わせによって外胚葉，内胚葉および中胚葉に分けられる(プロトコール5.4参照)。

初期神経胚(交尾後約8日)の解剖

図5.8Aのように胚を取り出す。

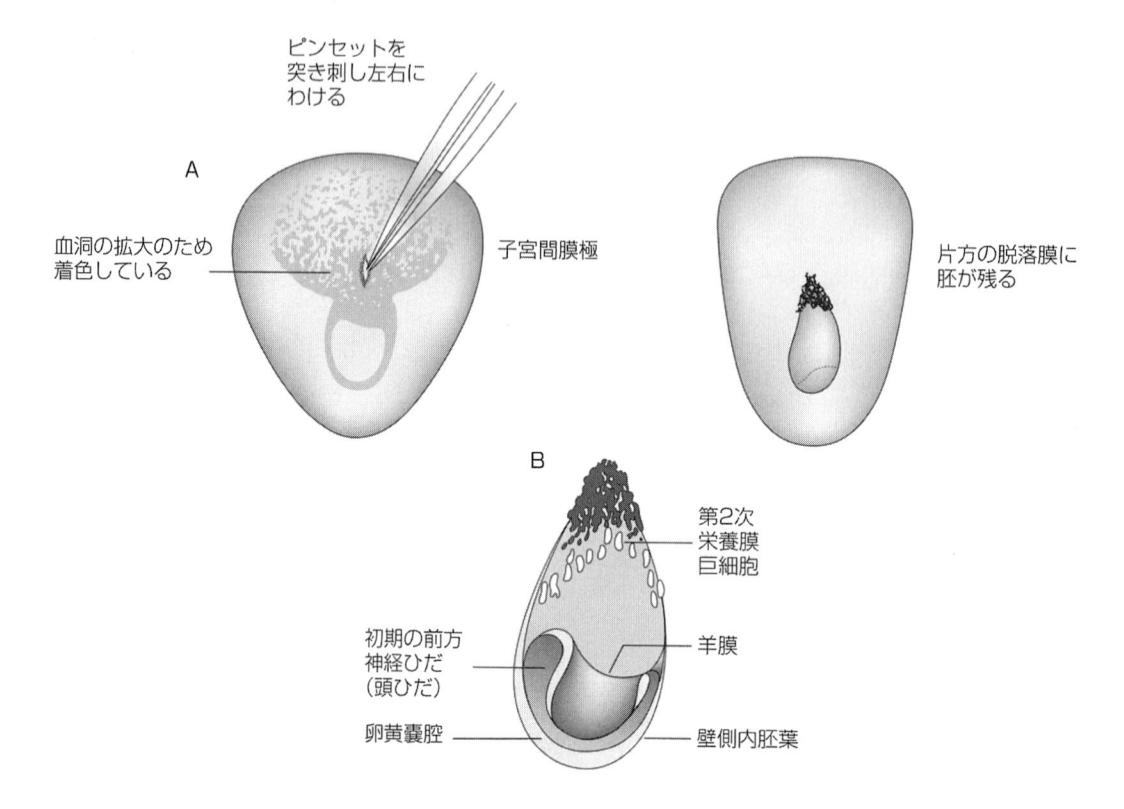

図5.8. 初期神経胚期マウス胚(交尾後約8日)の解剖。(A)脱落膜と胚を分離する方法は図5.7と同じ。(B)胚は大きな前方神経ひだと深い神経溝をもった特殊な形をしている。

初期体節期胚(交尾後約8.5日)の解剖

　　　次に述べる方法は，この時期の胚を解剖する方法として最も簡単なものである。ほとんどの胚では，尿膜は絨毛膜とまだ癒着していない(図5.9B)。さらに進んだ胚では"回転"を始め，心臓が拍動するものもしばしば見られる。

1．図5.9Aのようにピンセットを使い，脱落膜の子宮間膜側3分の1のあたりを切る。
2．ピンセットで脱落膜を2つに裂き，静かに胚を取り出す。
3．もし必要なら，図5.9Bのようにピンセットを使って胚体外膜を切除する。

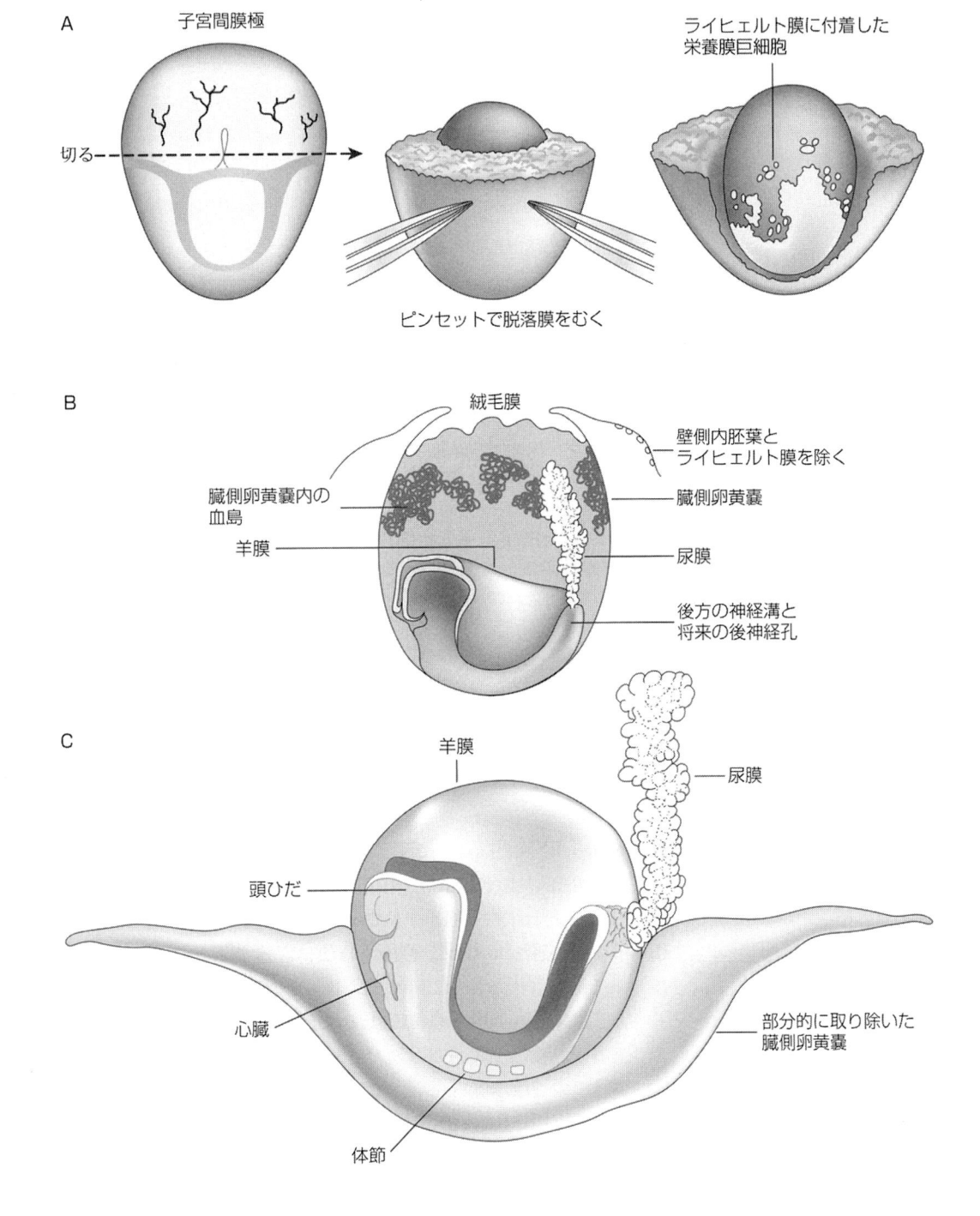

図5.9. 初期体節期マウス胚(交尾後約8.5日)の解剖

プロトコール 3　胚体外膜の分離

材　料

供試動物
　苦痛を与えずに殺した交尾後13.5日の妊娠雌マウス

器具
　ピンセット，先端の細いもの2個
　＃5時計用ピンセット
　眼科用ハサミ，先の細いもの
　実体顕微鏡
　滅菌プラスチック組織培養皿

試薬
　2 mM HEPES (pH 7.4) を加えたDMEM
　10％FBSおよび25 mM HEPES (pH 7.4) を加えたDMEM
　DMEMに溶かしたヒアルロニダーゼ (Sigma H3884)（約300 μg/ml）（付録1参照）
　メタノール<！>／アセトン<！>（1：1）
　パンクレアチン／トリプシン酵素溶液（付録1参照）
　トリプシン／EDTA溶液（付録1参照）

注意：<！>をつけた材料の適切な取り扱いについては付録2を参照のこと。

手　順

1. プロトコール4.8の図4.4で述べられたように開腹する。
   a. 10％FBSおよび25 mM HEPESを加えたDMEMの入った組織培養皿に子宮を取り出し，受胎産物を摘出するために着床面を切り離す（図5.6A参照）。
   b. 子宮の筋層を取り除く（筋層は自然に収縮する）（図5.10A）。
   c. 胚を回転させながら2本のピンセットの先でつまむように動かし，ライヒェルト膜を胎盤に沿って切り離す（図5.10B）。
   d. 壁側内胚葉細胞に付着したライヒェルト膜を分離し，無血清の新しい培地に移す。少量の栄養膜細胞も付着しているが，その量はマウスの日齢や系統によって異なる（交尾後13.5日のC3H/Heマウスでは非常に少ない）。15日までにライヒェルト膜はとても薄くなり，壁側内胚葉細胞のほとんどは退行する。

2. 壁側内胚葉細胞をそのまま観察するために，ライヒェルト膜をプラスチック培養皿の表面に付着させる。
   a. 閉じた2本のピンセットの先で膜の辺縁層をつつき，膜を培養皿の上に固定する（最も柔らかい表面をもつ培養皿を見つけるためにいくつかの商品を試してみる）。
   b. 無血清培地で静かに膜を洗い，もし免疫細胞化学のために必要ならメタノールとアセトンの1：1の混合液で5分間，室温で固定する。
   c. 空気乾燥し，−70℃で保存する (Lane et al. 1983)（メタノールとアセトンの1：1の混合液はプラスチック培養皿を溶解しない）。

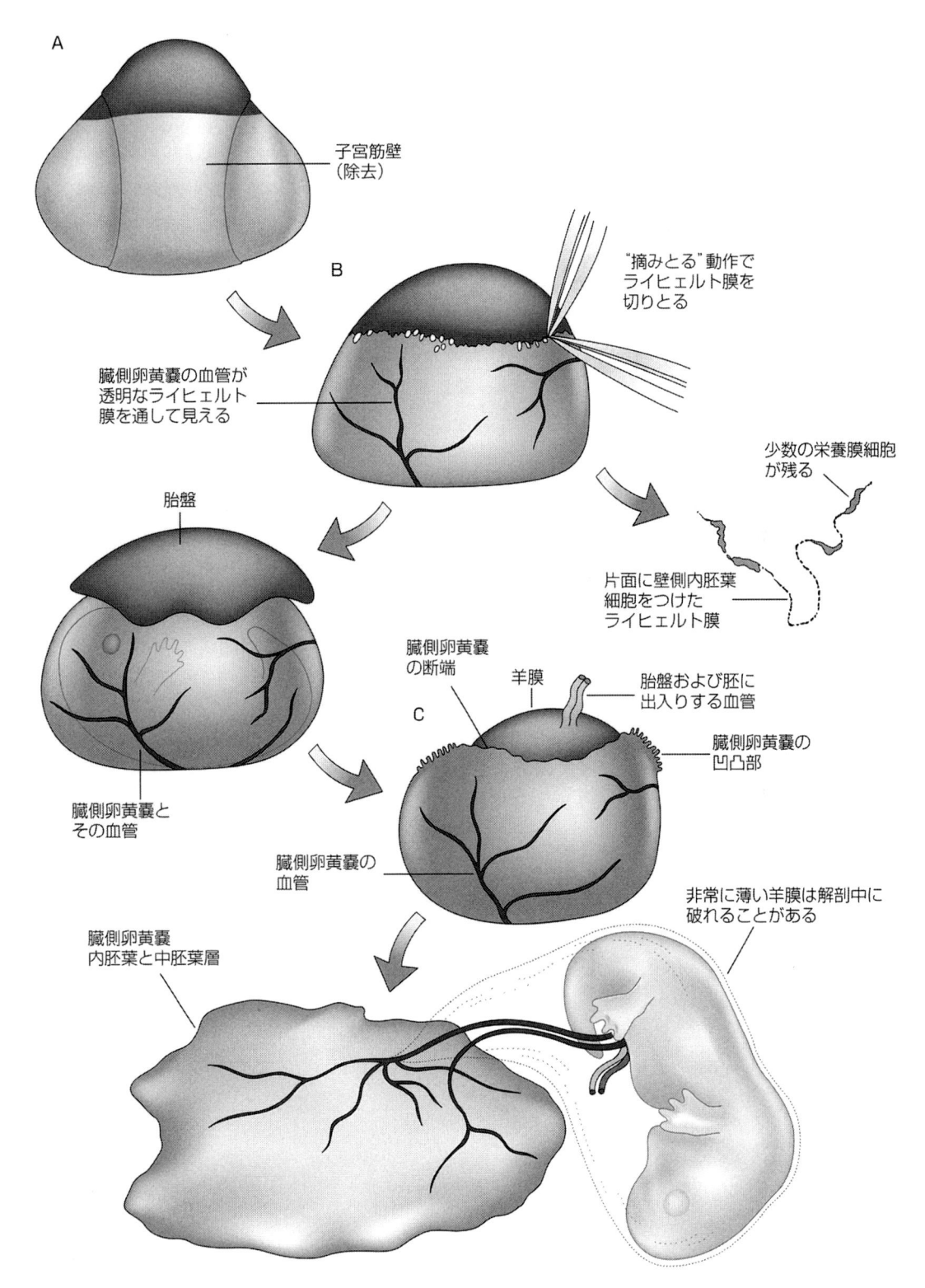

図5.10. 胚外組織（ライヒェルト膜上の壁側内胚葉，臓側卵黄嚢および胎盤）を採取するための交尾後13.5日マウス胚の解剖。

3. 壁側内胚葉を除去後，胎盤と臓側卵黄嚢(VYS)の上部を眼科用ハサミで切り取り，VYSと胚(羊膜に包まれている)を分ける(図5.10C)。臓側内胚葉の細胞塊は，胎盤に最も近い曲部から剥がれやすいので注意する。さもないと，羊膜や壁側卵黄嚢が混入することがある(混入物の問題については，Dziadek and Andrews 1983参照)。
4. 臓側内胚葉の上皮細胞層は，VYS(交尾後およそ9.5〜13.5日齢胚)をパンクレアチン/トリプシン酵素溶液で培養することにより，中胚葉(内皮細胞，血島，および線維芽細胞)から分離できる。この操作には通常4℃で15分から1.5時間かかる。時間は酵素のバッチによって異なるため，経験的に決定する必要がある。
   a. 培養開始前に，無血清培地でVYSを洗う。
   b. 培養終了後，VYSを10％血清を含むDMEMに移し，時計用ピンセットを使って2つの層を離す。分離した組織はトリプシン／EDTA溶液で培養することにより，さらに細かく(単一細胞まで)分離することができる。

コメント

妊娠の終了が近づくにつれ，羊膜はとても薄くなり操作しにくくなる。多量のグリコサミノグリカン分泌物は膜をヒアルロニダーゼ(約300 μg/ml)DMEM溶液で短時間培養することで除去できる。

プロトコール 4　　着床後の胚葉の分離

材　料

供試動物
　後期原条期胚(交尾後約7.5日)

器具
　#5時計用ピンセット，2組
　器械用チューブ(Leitz 520142)
　マイクロバーナー
　硬質，シリコン処理ガラス針(外径1mm，内径0.5mm)，またはタングステン針(図5.4参照)。
　　ガラス針はLeitz厚手ガラスキャピラリー(Leitz 520119)の中央部を溶かし，エレクトロードプーラーで引いて作る。軸の部分の長さを約1cmとする。フードの中で針の先端をレペルコート(BDH 63216 6L)，またはシグマコート(Sigma SL-2)に浸す。マイクロバーナー，あるいはマイクロフォージで2カ所曲げる。1つは柄の近くで90度に，もう1つは針の先端から1cmのところで約130度に曲げる(図5.11)。この方法により，手で操作した時，皿の底に平行して軸の動く針が作れる。
　シリコン処理したパスツールピペット
　　これは胚性組織よりも内径がいくぶん小さくなるように，マイクロバーナー上で手で引く。さらに，マイクロバーナーの炎の上を素早く通すことによって，そのパスツールピペットの先端を丸くする。
　実体顕微鏡
　60mm滅菌プラスチック組織培養皿

試薬
　25mM HEPES(pH 7.4)を加えたDMEM
　10%FBSおよび25mM HEPES(pH 7.4)を加えたDMEM
　パンクレアチン／トリプシン酵素溶液(付録1参照)

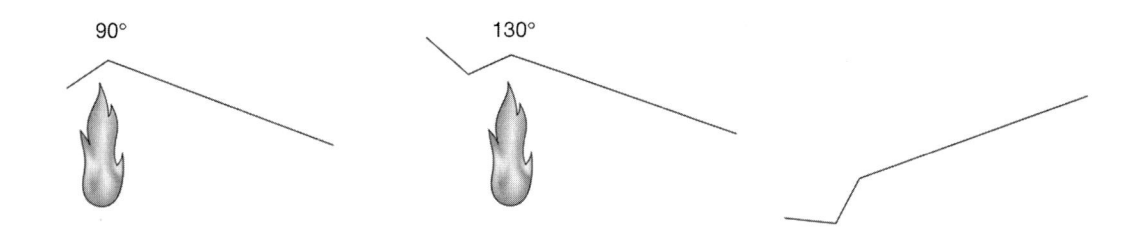

図5.11．ミクロバーナーにかざしてガラス針を曲げる

手　順

1. 脱落膜から分離した胚を10％FBSおよびHEPESを加えたDMEMに入れ，次のようにライヒェルト膜を取り除く（図5.12A，B）。
   a. 外胎盤錐近くの卵黄腔（腔は壁側内胚葉と臓側内胚葉を分けている）内に閉じた状態の時計用ピンセットの先を入れ，胚を培養皿の底に固定する（図5.12A）。
   b. 別の時計用ピンセットを同じところに入れ，それを円筒の端まで引いて裂く（図5.12B）。
   c. 離すと膜は外胎盤錐の方へ縮むので，ピンセットをハサミのように使って膜を切り離す。
2. 胚の部分を硬質シリコン処理ガラス針またはタングステン針で切り離す（図5.12C）。針の軸を予定切断線にあて，培養皿の底に押し付け，2〜3回切るように横に往復させて切り離す。
3. 無血清培地でその胚の部分を洗う。その後，パンクレアチン／トリプシン酵素溶液に10〜15分間，4℃で培養し，プラスチック皿の10％FBSおよびHEPESを加えたDMEMに移す。胚を2〜3分間静置する。
4. シリコン処理パスツールピペットで胚をそっと吸引し（遠位端から），内胚葉層を取り除く（図5.12D）。口による通常のピペッティングにより胚を2, 3回出し入れさせる。内胚葉は胚の周囲から離れる（図5.12E）が，原条の前部（胚の遠位端）についたままになっている。その内胚葉はガラス針またはタングステン針で切り離す。
5. まだ中胚葉が分離していない場合は，ガラス針またはタングステン針の先を胚の前面の中胚葉の下に挿入する。
   a. 針の軸を使って胚をやさしくさすり（前部から後部へ），中胚葉層を両端から剥ぎ取る。これにより，中胚葉は原条に沿って外胚葉に付着し，2枚の羽のようになる（図5.12F）。
   b. 原条を皿の底に横たえるように胚を針で保定させる。
   c. 2つの中胚葉の羽を別の針で原条に対して平行に切り離す（図5.12F）。
6. 外側を皿の底に横たえるように針で胚を保定させる。別の針を使って，原条部分を切り離す（図5.12G）。原条はJ型なので，原条につく外胚葉の量は2回切断することで最小限にすることができる。胚の基部の遠位軸に平行に1回目の切り込みを入れ，原条の3分の2を切り離す。次に2回目の切り込みは遠位端に渡って直角に入れ，原条の前部末端を切り離す（注意：この方法では，原条断片を無傷に取り出すことはできない）。

着床後胚の分離，培養，体外操作 ■ 217

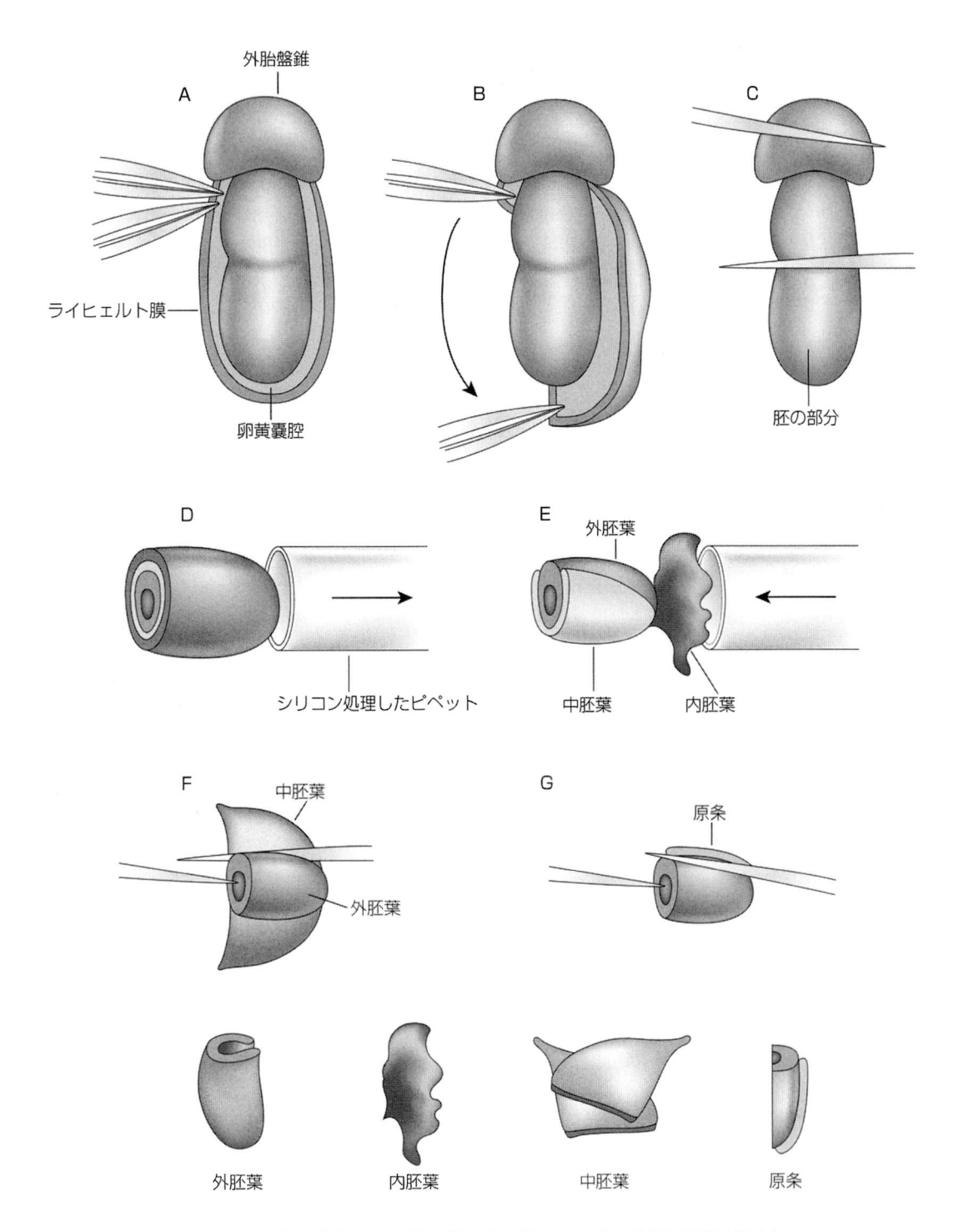

図5.12. 後期原条期胚から外胚葉，内胚葉，および中胚葉を分離する方法

ラベル:
A: 外胎盤錐，ライヒェルト膜，卵黄嚢腔
C: 胚の部分
D: シリコン処理したピペット
E: 外胚葉，中胚葉，内胚葉
F: 中胚葉，外胚葉
G: 原条

下段: 外胚葉，内胚葉，中胚葉，原条

プロトコール 5　胚葉組織の再構成培養

このプロトコールはWilliam Shawlot(Department of Genetics, Cell Biology, and Development, University of Minnesota, Minneapolis, Minnesota 55455)より提供された。

材料

供試動物
マウス胚

器具
集合針(BLS, Hungary, http://www.bls-ltd.com DN-09)
ガラスキャピラリー(World Precision Instruments TW100-4)
5%CO_2, 37℃の加湿インキュベーター
＃5顕微解剖用ピンセット(Roboz RS-4905)
3cm細菌学用ペトリ皿(Falcon 1008)
ピペットチップ
研磨石
実体顕微鏡
6〜15V AC出力の電解用トランス変圧器
直径0.5mmのタングステンワイヤー(Goodfellow Corportion, Malvern, Pennsylvania)およびタングステン針ホルダー(Fine Science Tools 26016-12)

試薬
培地(15%牛胎子血清[FCS], 2mMグルタミン, および0.1mM β-メルカプトエタノール<！>を含むDMEM)
15%FCSを含むDMEM
ミネラルオイル(Sigma M8410)
パンクレアチン／トリプシン酵素溶液(付録1参照)
5%牛胎子血清(FBS)を含むリン酸緩衝液(PBS)
1N水酸化ナトリウム(NaOH)<！>

注意：<！>をつけた材料の適切な取り扱いについては付録2を参照のこと。

手順

1. タングステン針を準備するため, ワイヤーを4〜5cmの長さに切り, 研磨石を使ってナイフの刃のように作る。鋭くしたワイヤーを胚の顕微操作のためにニードルホルダーにはめ込む。

   使用する前に, タングステン針を1N NaOHで電解することによって再研磨する(図5.4参照)。ガラス針は市販用のニードルプーラーで引き, そのまま使用する。
2. 5%FBSを含むPBS中の子宮から胚を取り出す。
   a. 原条胚期(交尾後6.5〜7.5日)に, ＃5顕微解剖用ピンセットで胚の一部から壁側内胚葉層を取り出す。

b．日齢のたった胚から，卵黄囊と羊膜を取り除き，もしDNA抽出に必要なら卵黄囊は取っておく。
　　c．2つの針を使って，目的の組織片を分離する。1つの針を使って胚を固定し，もう一方の針で組織片を切り離す。
　　　　交尾後6.5日の胚から細かく組織を分離するなら，一般的にガラス針の方がよい。後期胚から胚葉を切り出し分離するなら，タングステン針の方がよい。
3．酵素作用を阻害する血清を取り除くために，PBSの入ったペトリ皿で胚片を洗う。
　　a．胚葉を分離するために，組織片（10〜20）をパンクレアチン／トリプシン酵素溶液500 μl の中に4℃で5〜10分置く。
　　b．15％FCSを含むDMEMの入った無菌皿に組織片を移し，酵素反応を止める。
　　c．DMEM／血清を少量含むピペットチップを使って，組織片がピペットにくっつかないようにする。
　　d．2つのタングステン針またはガラス針を使って，付近の組織層から目的の組織をやさしく取り除くことにより，胚葉を分離する。
　　　　練習が必要である。単離した組織片は加湿インキュベーターのDMEM／血清中に短時間なら貯めることができるので，一方でほかの胚葉片を分離する。
4．25 μl の培地ドロップ中で，胚葉片を適切に再結合させる。3 cmの細菌学用ペトリ皿にかがり針でくぼんだ穴を作り，組織片を再結合させ続ける。ミネラルオルで培地のドロップを覆う。細菌学用ペトリ皿は組織片が皿に付着するのを防ぐために使用する。5％ CO_2，37℃の加湿組織培養インキュベーター内で1〜2日間体外培養させる。再結合組織片は *lacZ* 検出，RNA whole-mount *in situ* ハイブリダイゼーション，免疫細胞化学的な解析に使用することができる（第12章と第16章参照）。

プロトコール 6　生殖隆起からの生殖細胞の分離

このプロトコールは，Anne McLaren (Wellcome/CRC Institute, University of Cambridge, Tennis Court Road, Cambridge CB2 IQR, United Kingdom) より提供された。

材　料

供試動物
　マウス胚（交尾後12.5日）

器具
　吸湿紙
　26ゲージ皮下注射針
　ニードルホルダー（Fisher 13-086；Gallenkamp DKD 430N）
　#6半曲眼科用縫合針（Holborn Surgical and Veterinary Instruments E705；Anchor Products 1821-20）
　35mmプラスチックペトリ皿または発生学用時計皿
　眼科用ハサミ
　実体顕微鏡
　1ml注射筒
　#5時計用ピンセット

試薬
　解剖用培地（新鮮なもの）。PBS（pH 7.2，付録1参照）またはM2培地（第4章参照）
　グルコースを含む生理食塩水／EDTA溶液（付録1参照）

手　順

1. 胚体外膜から胚を取り出し（図5.10），吸湿紙の上に置く。
   a. 眼科用ハサミで胚の腋下から前半分を切り離す（図5.13A）。
   b. 胚の後半分の腹部の中心に沿って切り（図5.13B），閉じたハサミの先で肝臓と腸管をかき出す。
2. 胚断片を解剖用培地の入った35mmプラスチックペトリ皿に移し，仰向けにする。
   a. 時計用ピンセットで胚を保定し，半曲針で腸管などの残物を取り除く（図5.13C）。
   b. 生殖隆起は胚断片の背側壁にあり，盾のような中腎に隣接している。針を生殖隆起と中腎の後ろに滑らせて胚から切り取る（図5.13D）。
3. 時計用ピンセットで生殖隆起と中腎を新たな解剖用培地に移す。
   a. 半曲針を使って中腎を生殖隆起から切り離す（図5.14C）。
   交尾後約12.5日（後肢芽形態ステージ6）から卵巣と精巣は，その形態によって区別できる。精巣には縞模様があって同じ時期の卵巣より大きい（図5.14A）。一方，卵巣には斑点があり，隣接する中腎より小さい（図5.14B）。
4. 生殖隆起をグルコースを含む生理食塩水／EDTA溶液に移し，室温で約15分間置く。

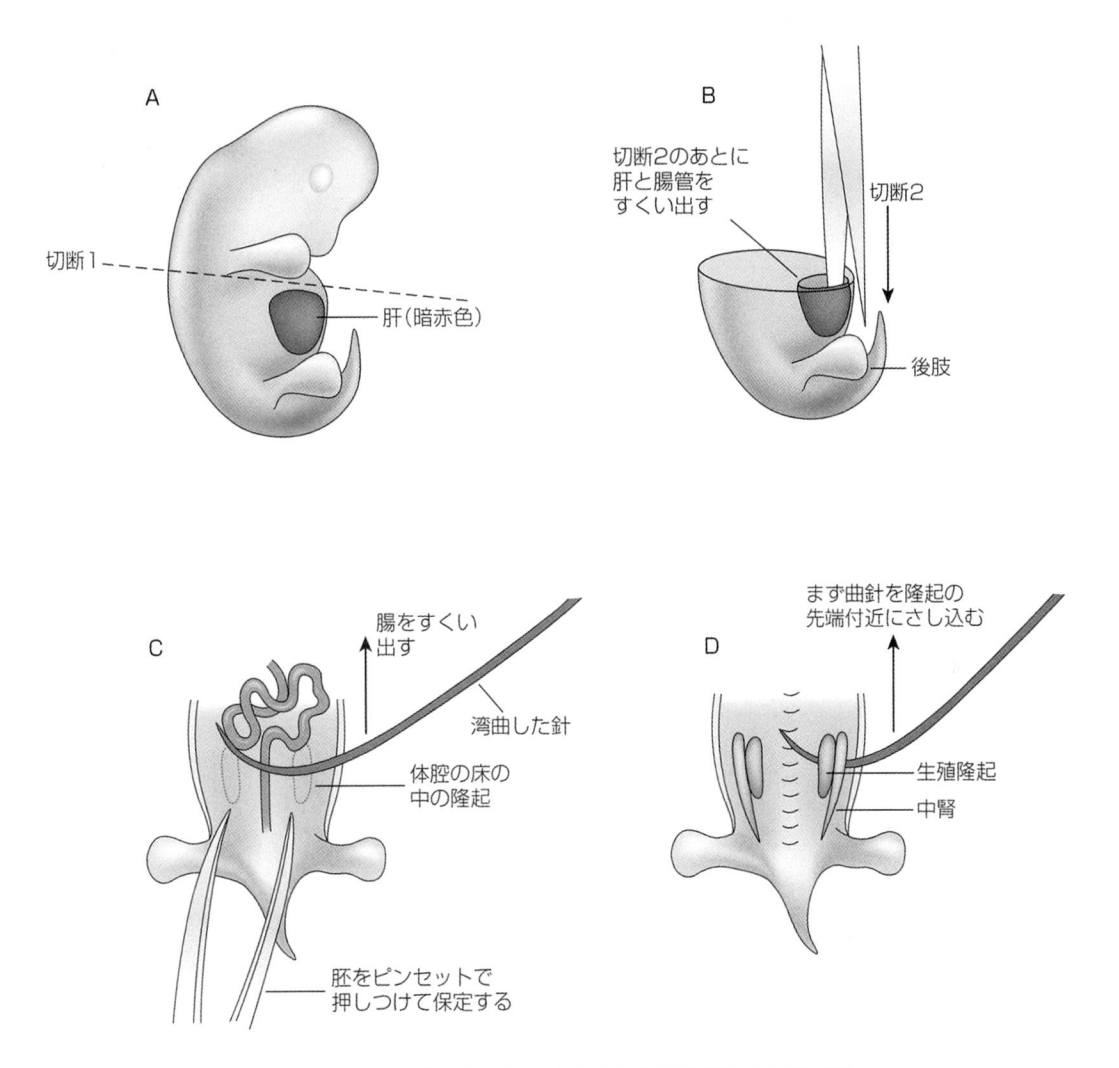

図5.13. 交尾後12.5日マウス胚の生殖隆起と中腎の解剖

a．解剖用培地に生殖隆起を戻す。
b．時計用ピンセットで保定し，26ゲージ皮下注射針を突き刺して隆起に穴を開ける（図5.14D）。この穴から生殖細胞が遊離してくるが，間質細胞はほとんど出てこない。穴はおよそ20個で十分である。あまり多く穴を開けると生殖細胞の数も増えるが間質細胞の混入も多くなる。生殖細胞は位相差顕微鏡下でその形態によって見分けられる。それらは大きく，外形は滑らかではあるが，でこぼこしていることもある(De Felici and McLaren 1983)。しかしながら，このような形態を示すすべての細胞が生殖細胞というわけではない。アルカリホスファターゼ染色によると均一な集団ではないことがわかる。

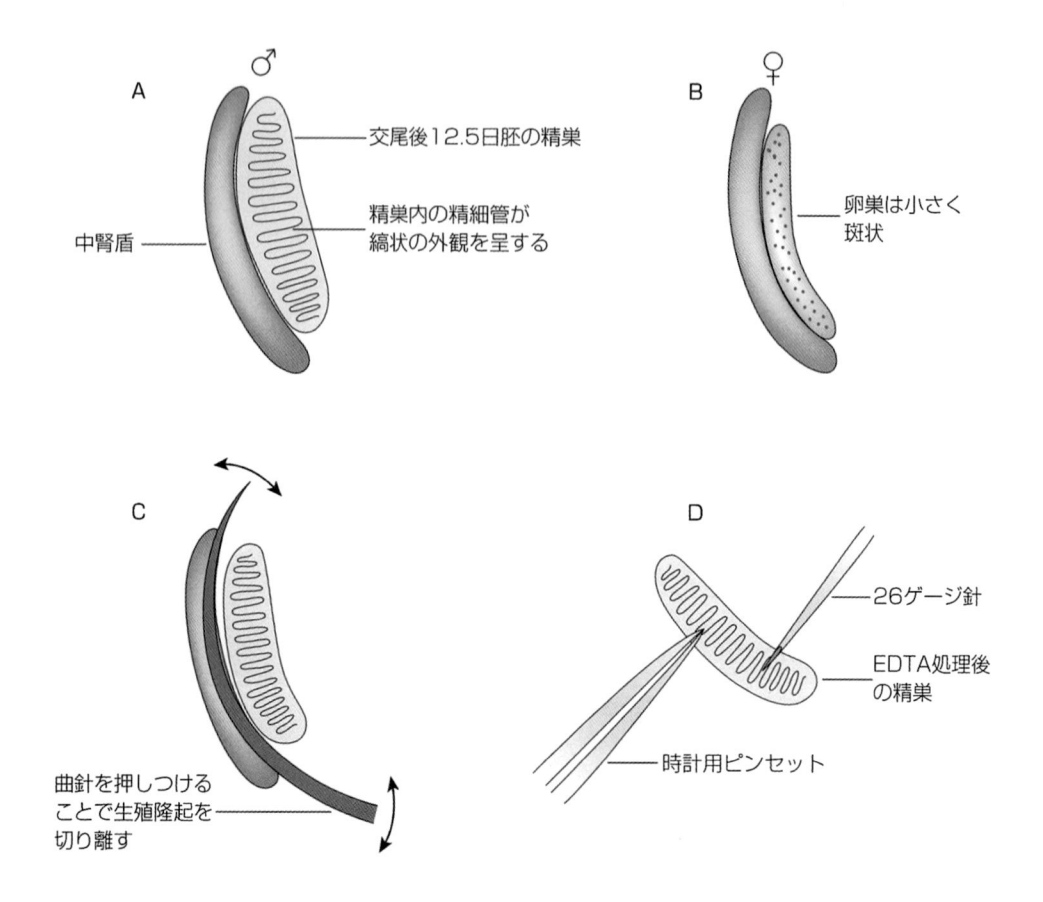

図5.14. 雄性および雌性生殖隆起から生殖細胞を分離する方法

プロトコール 7　着床後胚の回転培養

このプロトコールはPatrick Tam(Children's Medical Research Institute, University of Sydney, Wentworthville, New South Wales, Australia)より提供された。

材　料

供試動物
　成体雄ラット
　マウス胚(交尾後6.5〜11.5日)

器具
　プラスチック培養皿
　遠心分離機
　大きなピンセット
　＃5時計用ピンセット
　19ゲージ皮下注射針
　37℃インキュベーター
　パスツールピペット
　回転培養装置(例えば，BTC Engineering)
　回転チューブ
　実体顕微鏡
　20ml滅菌注射筒
　0.45μm注射筒フィルター
　15mlポリプロピレン製スクリューキャップつきチューブ(Corning 23519)
　50mlポリプロピレンチューブ(Falcon)
　56℃ウォーターバス

試薬
　ダルベッコーの修正イーグル培地(DMEM)
　エーテル＜！＞
　混合ガス(図5.15参照)
　PB1あるいはM2培地(第4章参照)
　ラット血清
　高度真空用シリコングリース

注意：＜！＞をつけた材料の適切な取り扱いについては付録2を参照のこと。

培地の調製

　初期体節期まで，胚はDMEMで1：1に希釈したラット血清中で発育するが，それよりも大きくなった胚は，100％ラット血清の方がよく発育する。図5.16にラット血清の調製法を示す。ラット血清は入手しやすいが，質は製品とバッチによって変わることがある。そのため，代わりにマウスの血清をラット血清と組み合わせて使用することがある。以下の混合液は，交尾後7.5〜11.5日胚に使用できる。50％ラット血清，25％マウス血清，25％DMEM。この混合液は100％ラット血清と同等に機能する。ヤギ，ヒツジ，子ウシ血清では，

| 培地1ml
あたりの
胚の数 | 3 | 2 | 1.5 | 1 | 1 |

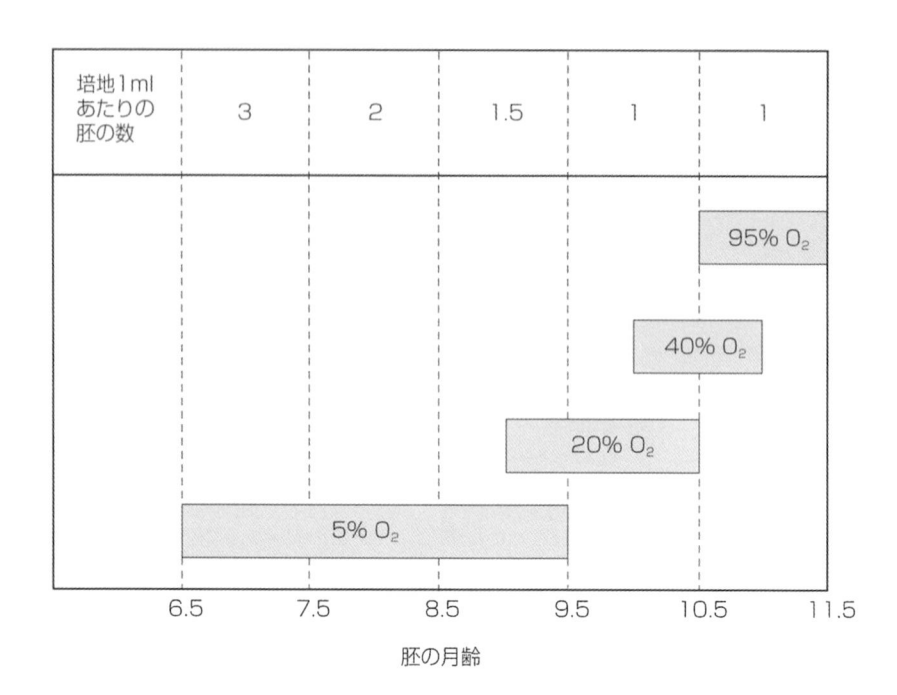

グラフ:
- 95% O_2: 10.5〜11.5
- 40% O_2: 9.5〜10.5
- 20% O_2: 8.5〜9.5
- 5% O_2: 6.5〜9.5

横軸: 胚の月齢 (6.5, 7.5, 8.5, 9.5, 10.5, 11.5)

図5.15. 各分化段階の胚のための気相に必要な酸素割合と培地1mlで培養できる胚の数(すべての混合ガスにはN_2で調製した5%CO_2が含まれる)。

未着床マウス胚の体外培養はできない。

1. エーテル麻酔をした雄ラットの腹腔内の背部大動脈から血液をゆっくりと(溶血を避けるために)採取する(図5.16A)。
   a. 滅菌20ml注射筒に装着した19ゲージ針を背部大動脈に刺す。必ず針のカット面を下に向けて刺し,血液がもれないようにする(図5.16B, C)。大きなラットからは10〜20mlの血液を採取することができる。
   b. 全採血が終わったら,施設のガイドラインに従ってラットを安楽死させる。系統間における血清の質に特に違いはないようであるが,胚の良好な分化を支える点で,雄血清の方が雌血清よりも優れていることが認められている。このことは,おそらく雄が周期的なホルモンの影響や発情による生理的変化を受けにくいことに起因している。老齢ラットや繁殖に用いていない個体からは,大量の血液を採血することができる。脂肪過多の血清は一般的に良くなく,血漿は決して使用してはならない。

   エーテルは血清の中に毒性を残すことなく容易に蒸発することから,麻酔用に適している。

2. 針を抜き,血液をゆっくりと(再び赤血球の溶血を防ぐために)15mlポリプロピレン製スクリューキャップつき遠心チューブに移す(図5.16D)。
   a. 直ちに血液を室温で1200g,5分間遠心する。血漿の上層に白いフィブリンの凝固塊が形成される。白いフィブリンの塊ができるまで,大きなピンセットで凝固塊に圧を加える(図5.16E, F)。
   b. チューブを再び1200g,5分間遠心する。血漿塊ができたことにより,赤血球から分離された透明な血清の層が上部に生じるはずである(図5.16H)。もし生じてい

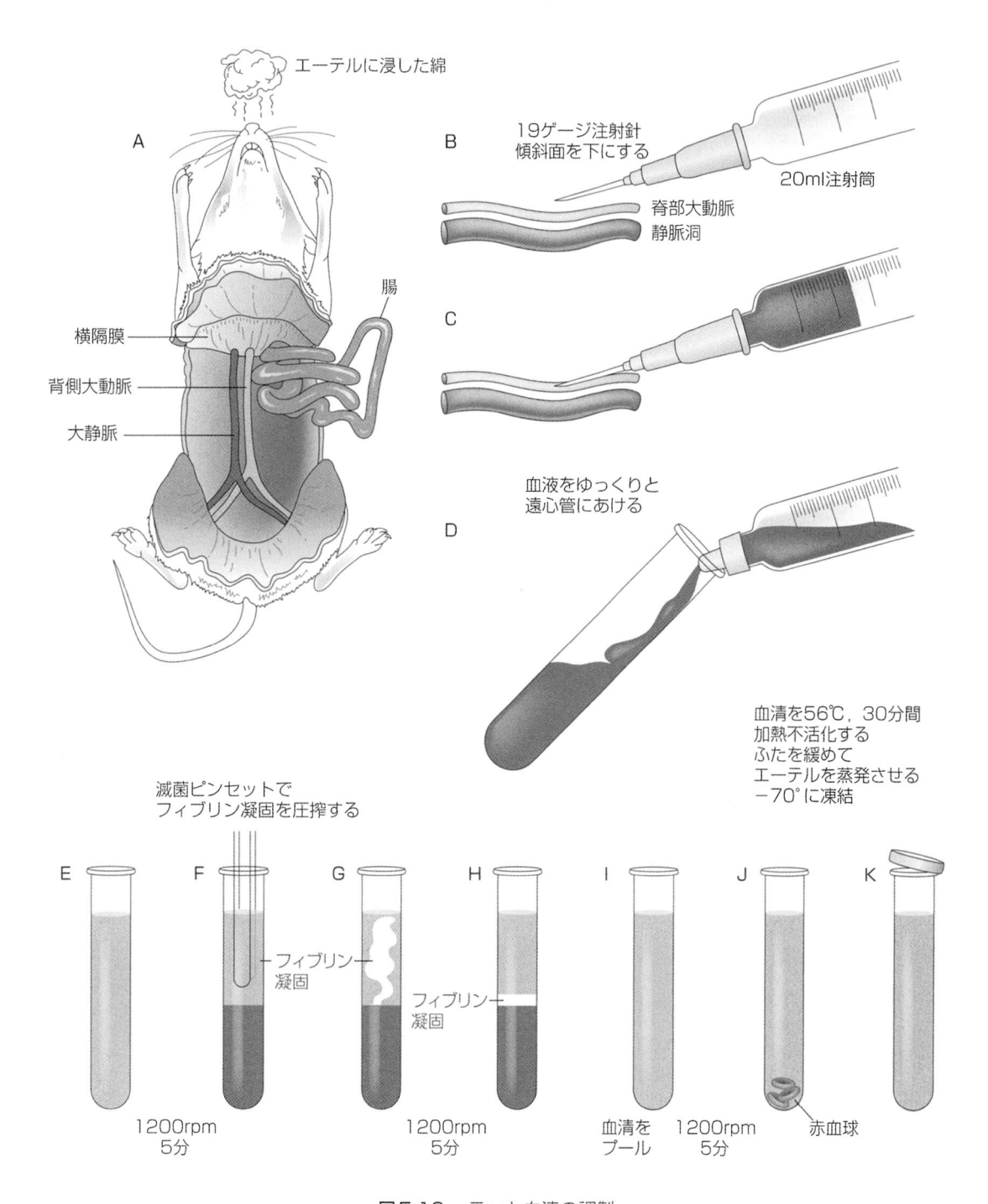

図5.16. ラット血清の調製

ない場合は，図5.16E〜Hの操作を繰り返す。
3. 滅菌パスツールピペットで血清を遠心チューブの中に移す。この段階でいくつものラットの血清をプールし，氷上に置く。
   a．最後に，残りの赤血球を分離するためにプールした血清を1200 g，5分間遠心する（図5.16J）。
   b．血清を新しいチューブに移す（図5.16K）。この段階で5 mlずつ分注するのが便利

である。
4. 56℃ウォーターバス内で30分間、血清を加熱不活化する。
    a. この際、綿栓パスツールピペットを用いて、混合ガス（後述参照）または空気を血清の上から吹きかけ、エーテルを吹き飛ばす。エーテルはいつまでも残って胚の成長に毒性を示すため、この操作は重要である。
    b. 血清はすぐに用いるか、−20℃（4カ月間まで）または−80℃（6カ月間まで）で保存する。

胚の準備

1. PB1あるいはM2培地（25〜30℃）を入れたプラスチック培養皿に胚を入れる。
    a. 時計用ピンセットの先端を胎盤外膜錐体領域の卵黄腔内に刺して、胚をプラスチック培養皿の底に保定する。
    b. もう1つの時計用ピンセットの先を同じ場所に刺し、シリンダーの末端に向けて先端を引っ張り、膜を剥がす。膜は胎盤外膜の方に縮む。
    c. ピンセットの先端をハサミのように使って膜をつまむ。この操作で傷が生じることがあるが、傷は大部分が内胚葉層の傷であり、そのような傷ついた胚は捨てる。
2. 内径が胚よりも若干大きいシリコン加工パスツールピペットで胚を吸引して、回転チューブに移す。
    交尾後8.5日以降の胚は、回転チューブに移す前に、まず培地の中に入れなければならない。これにより余分なHEPES緩衝M2（HEPESはCO_2気相下の培地の緩衝作用を阻害する）が持ち込まれるのを防止する。

胚培養

1. 使用前に血清をDMEMで1：1に希釈し、0.45μmミリポアフィルターで濾過する。
    a. 50mlポリプロピレン遠心チューブ（Falcon）に2〜3mlずつ分注する。チューブはふたを緩めた状態で少なくとも1時間、5%CO_2、95%空気の37℃組織培養インキュベーターに入れておく。これにより残っているエーテルは蒸発する。
    b. 胚を入れる前に、培地を適当な混合ガスにより37℃で少なくとも1時間平衡化させる。綿栓パスツールピペットを用いてガスを静かに培地の表面に吹きかける。泡をたててはいけない。胚の各分化段階で、混合ガスおよび培地1mlあたりに推奨されている胚の数を図5.15に示す。
2. 胚を培地に入れる。
    a. チューブに再び（ガスを培地表面に静かに吹きかけて）ガスを入れ、しっかり栓をする。
    チューブが確実に密栓されるように高度真空用シリコングリースの薄いフィルムをチューブの上端でスクリューキャップに巻き付ける。
    b. チューブを回転培養装置に入れる。培地がチューブの底に常に保たれているように、1インチのくさびをファンボックスの下に入れておき、回転装置が水平よりもわずかに傾いているようにする。
3. 胚の分化時期に応じた混合ガスを12時間ごとにチューブに入れる。BTC Engineeringで製造されたミニローラー装置は、一定量のガス注入に利用できる。培地は24時間ごとに交換し、図5.15に示すように培地1mlあたりの胚の数を減らす。発育不全または異常にみえる胚は捨てる。

プロトコール 8　着床後胚の静止培養

このプロトコールはPatrick Tam（Children's Medical Research Institute, University of Sydney, Wentworthville, New South Wales, Australia）より提供された。

材　料

供試動物
　胚（交尾後6.0～7.0日）

器具
　MSEベンチトップ遠心機
　60mm培養皿
　フィルターペーパー
　1.5mlエッペンドルフチューブ
　37℃インキュベーター
　滅菌パスツールピペット
　実体顕微鏡
　組織培養チャンバースライド（Lab-Tekチャンバースライド（Nunc））：2ウェル
　　4ウェルスライド（4812, 177429），ウェルは6～8個の胚培養のため1.5ml培養液を含む。
　　8ウェルスライド（4814, 177437），ウェルは4～5個の胚培養のため1.0ml培養液を含む。
　　スライド（4818, 177435），ウェルは1～3個の胚培養のため0.5ml培養液を含む。
　　チャンバースライドのウェルは，より優れた光学像をもたらす。ウェルは，気相と培地の接着面を減らし，蒸発による培地の損失を防ぎ，培養皿中でより縦長の培地を作るようになっている。これらの要素はウェル中の胚発生をよりよくするであろう。
　組織培養皿（35×10mm，例えば，8～10個の胚培養のための2.0ml培養皿 Corning 25000）
　56℃ウォーターバス

試薬
　培地
　　a. DR75培地：ラット血清とダルベッコーの修正イーグル培地（DMEM）の3：1の混合（V/V）
　　b. DRH培地：ラット血清とヒト胎盤臍帯血清，DMEMの2：1：1の混合（V/V）
　　c. ラット血清のみ
　混合ガス＜！＞：5％CO_2，5％O_2，90％N_2あるいは5％CO_2の空気条件下

注意：＜！＞をつけた材料の適切な取り扱いについては付録2を参照のこと。

手　順

培地の調製

培地は血清とDMEMの混合，あるいは100％血清で調製する。培地中の血清は，ラット血清あるいはラット血清とヒト胎盤臍帯血清との混合のいずれかである（後述のヒト血清の調製の項参照）。前述した3つの培地は静止培養に用いることができる。DR75培地は，バッチによって異なった胚発生促進作用をもつ。DRH培地は，交尾後6.0～6.5日胚の培養にお

いてはDR75培地よりもよい結果をもたらす。
1. プロトコール5.7に従いラット血清を準備する。
2. ヒト胎盤臍帯血清を準備する。
   a. 新鮮な胎盤臍帯血液を産科病棟の看護婦を介して帝王切開した胎盤から回収する。バイオハザードの点から，肝炎やAIDSウイルスのような潜在的な伝染性因子をもたない母親から回収することとする。
   b. 血液は臍帯血管から注射筒で採取し，ヘパリン処理されていない無菌のプラスチック培養チューブ（17×100mm規格の15mlチューブ）に移す。また，研究室までの移送中は氷上で保存する。
   c. swinging-bucketローターを用いたMSEベンチトップ遠心機を用いて3600rpmで部分的に凝固した血液を遠心する。
   d. 麦色の血清（上清）をパスツールピペットで吸引し，1mlのエッペンドルフチューブに分注する。使用するまで$-20°C$で凍結保存する。
3. 血清を培地に添加する前に，血清を融解し56°Cで30～35分間加熱不活化する。

静止培養の準備

1. 使用前に30～60分間，適切な混合ガス条件下において培養用インキュベーター内で最終混合液を平衡化する。
2. 培養皿に胚を入れる際に，過度のHEPES緩衝液を持ち込まないように注意する必要がある。
3. 保湿フィルターペーパーにより加湿された60mm培養皿の中に培養皿もしくはチャンバースライドを置く。5％CO_2条件下のインキュベーター内ですべての胚を維持する。代替方法として，培養皿とチャンバースライドは5％CO_2，5％O_2，90％N_2，あるいは5％CO_2空気の混合ガスで満たされ，しっかりと密閉されたプラスチックコンテナ内で維持することも可能である。
4. 24時間以上実験を続ける場合，24時間培養後に新たな培地に胚を移す。

プロトコール 9　観察のための着床後胚の静止培養

このプロトコールはMary Dickinson, Elizabeth Jones, Scott Fraser(Division of Biology, California Institute of Technology, Pasadena, California 91125)より提供された。

材　料

供試動物
　胚(交尾後6.5～9.5日)

器具
　バブラー
　　　ガスの入り口は，多くの穴をもつチップを備えたチューブからなる。これは水の下に沈められており，ガス出口は水位の上にある。バブラーは150ml以下の水を保持する(図5.17)。
　デンタルワックス(Surgident Periphery Wax, Heraeus Kulzer)
　37℃フード
　37℃，5％CO_2インキュベーター
　倒立顕微鏡(経時的観察が可能で，ヒーターボックスつきのもの)
　　　顕微鏡ステージと光学周辺は，断熱材の厚紙(4mm厚)で覆われている(Reflectix Co., Markleville, Indiana；5/16"のfoil-foil絶縁)。温度は孵卵器のためにデザインしたヒーター(Lyon Electric Company 115-20)を使って調節する(図5.17参照)。
　Lab-Tekチャンバー(Nalge Nunc 155380)
　実体顕微鏡
　0.2×m，注射筒フィルター
　テフロンテープ
　　　チャンバーはふたに小さな穴を開け，管状コネクターの挿入により作製する(Cole-Parmer 6365-44)。これはチャンバーにガスチューブ管を取り付けるのに用いられる。
　トランスファーピペット

試薬
　培養培地
　　　DMEM/F12 (GIBCO 11330032)　1ml
　　　加熱不活化したラット血清　1ml
　　　100×Pen-Strep (Sigma P0781)　10μl
　　　1M HEPES緩衝液(pH 7.4)(Irvine Scientific 9319)　10μl
　　　ラット血清は次の例外を除いて，プロトコール5.7を参考に調製する。血液は説明のとおり。注射筒で回収するのではなく，Vacutainer Safety-lok butterfly 針(Becton-Dickinson 367283)とVacutainer血液回収チューブ(Becton-Dickinson 366512)を用いて行う。

　解剖用培地
　　　DMEM/F12(GIBCO 11330032)　45ml
　　　加熱不活化牛胎子血清(FBS)(GIBCO 16140063)　4.5ml
　　　100×Pen-Strep溶液(Sigma P0781)　0.5ml
　70％エタノール<！>

混合ガス：5％CO_2＜！＞平衡化した空気
毛
ミネラルオイル（Sigma M8410）

注意：＜！＞をつけた材料の適切な取り扱いについては付録2を参照のこと。

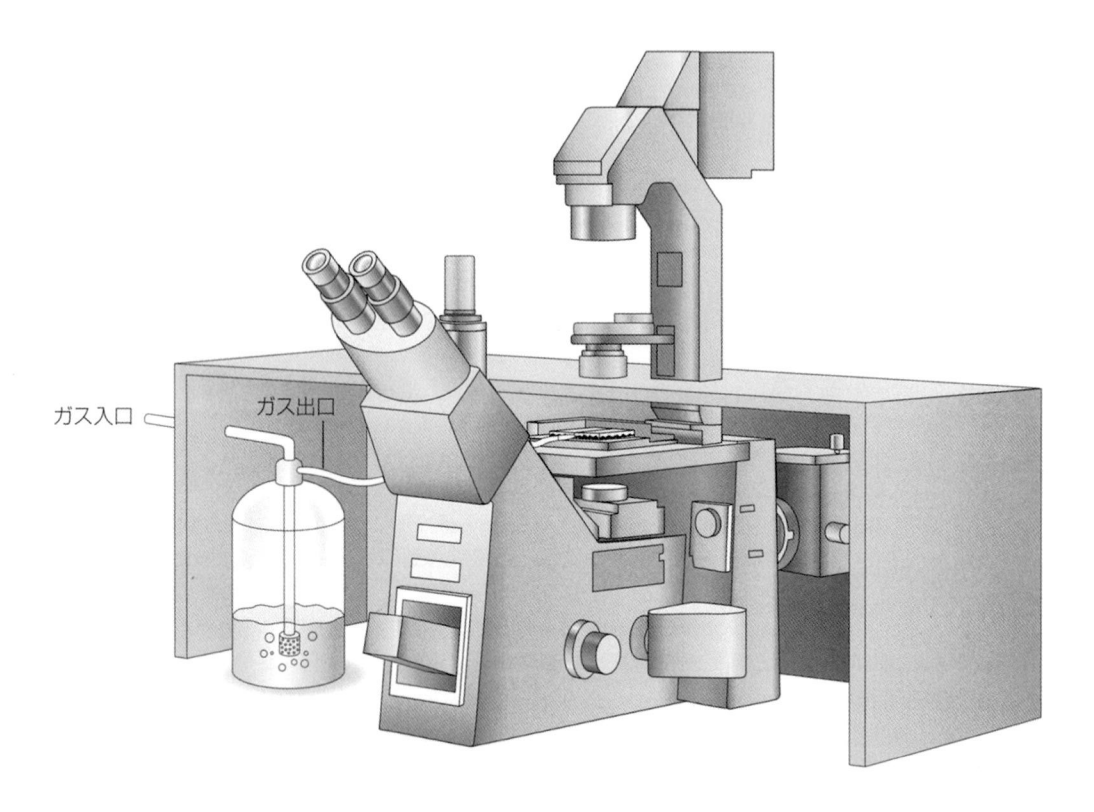

図5.17． 未着床マウス胚を経時的に観察するための静止培養システム。顕微鏡と静止培養装置は37℃ヒーターボックスで覆われている。培養のための混合ガスは，バブラーを用いて加湿されている。

手　順

1. 解剖用培地を使用前夜に前述の組成リストに従って混合し，準備する。解剖前に培地を37℃に加温しておく。
2. 培地を使用前夜に調製し，4℃に保存しておく。濾過滅菌には0.2 μmのフィルターを使用する。培養に使用する前に培地を37℃，5％CO_2条件下で1時間インキュベートして平衡化させる。
3. 未着床胚を分離する方法に従って，適切な時期の胚を37℃フード中で回収する。解剖用培地は解剖中加温状態を維持しなければならない。交尾後8.5日胚では卵黄嚢が完全に残っているが，交尾後9.5日胚ではなくなる。
4. 解剖後，トランスファーピペットを用いて3つの胚を微量な解剖用培地ごとLab-Tekチャンバーの1つのウェルに移す。
5. 交尾後8.5日胚はすぐに浮いてしまうので，固定する必要がある。少量のデンタルワッ

クスを用いて，脱落膜周囲に毛（70％エタノールで滅菌し，培地で洗浄する）をまわし，チャンバー底面に毛の末端を固定する。より若い胚はほとんど浮かず，交尾後9.5日胚は卵黄囊がない。したがって，それらを固定する必要はない。

6. 培養チャンバーに培地を2ml入れる。可能であれば，交尾後8.5日胚とより若い胚のためにミネラルオイルで培地を覆う。交尾後9.5日胚の培養はミネラルオイルで覆わない方がよい。
7. 胚は37℃組織培養用インキュベーターに入れ，5％CO_2を含む空気中で1時間平衡化させる。
8. ふたをテフロンテープで目張りしてふさぐ。
9. チャンバーをつなぐ前に，ガスの入り口とバブラーとの経路を確認する。
10. レンズのくもりを防ぐために，顕微鏡とバブラー，ヒートボックスは37℃であらかじめ加温しておく。顕微鏡ステージにヒートボックスとともに培養チャンバーを置く（図5.17）。
11. 倒立顕微鏡で明視野あるいは蛍光照射により胚を観察する。観察中には温度や焦点の変化を監視し，時折ガスの流れが安定しているか確認する。

プロトコール 10　電気穿孔法

このプロトコールは，Noriko Osumi(Department of Developmental Neurobiology, Tohoku University, Graduate School of Medicine, Sendai, Japan)より提供された。

材　料

生物学的分子

発現ベクターのDNA溶液の精製

哺乳動物細胞で利用できる発現ベクターは，胚の電気穿孔にも用いることができる。pCAX(CMV+β-actin)とpEFX(EF-1プロモーター)ベクターは，よく用いられる(Osumi and Inoue 2001；Takahashi et al. 2002)。プラスミドDNAは，高い精製度と汚染のないことが必須である(例えば，プラスミドDNAの精製にCsClを用いる)。実験当日あるいはそれ以前(高濃度の場合)にPBSにDNAを溶かし，最終濃度(用途にあわせて5 mg/mlまで)に調製する。Fast Green(0.05%，Sigma F7258)は，注入過程において視覚化しやすくするために添加する。遺伝子コンストラクトとともに電気穿孔した組織を観察するために，GFPベクターを同時に電気穿孔する。

器具

電極

チャンバー型(例えば，CUY 524)や鉗子型(CUY 650-P5)電極(図5.18)は，Unique Medical Imada(Miyagi, Japan)から入手することができる。2つの電極の距離は重要な因子であり，胚の時期に合わせ，また実験の目的により変化させる(例えば，交尾後9.5～10.5日胚の場合，間隔は20mm)。電気穿孔チャンバーはエタノールで滅菌し，タイロードリンゲル液で数回洗浄した後，電気穿孔直前にタイロードリンゲル液で満たす。電気穿孔後，胚に悪影響をもたらす可能性があるため，チャンバーを溶液で数回洗浄し，質の低下した物質を除去した方がよい。鉗子型の電極は100mmのペトリ皿にタイロードリンゲル液を満たして使用するため，各電気穿孔後に溶液を交換する必要はない。

エレクトロポレーター(Electro-Square Porator CUY21, NEPA Gene, Japan)

注入用針

ガラスキャピラリー(例えば，外径1mm，内径0.58mm，長さ100mm；B100-58-10；Sutter Instrument, Novato, California)をひき，細いオープンチップを作製する。

60mmペトリ皿

試薬

タイロードリンゲル液

手　順

1. 交尾後9.5～11.5日胚は前述したとおりに切開した卵黄嚢(プロトコール5.2と5.8参照)とともに電気穿孔前に1.5～2時間前培養する。
2. 室温下でタイロードリンゲル液とともに胚をペトリ皿にのせる。
3. 細いガラス針を用いて，胚の目的とする部位にプラスミドDNA溶液0.25 μlを注入する(図5.19A)。

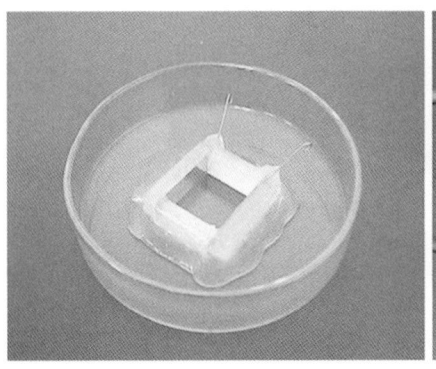

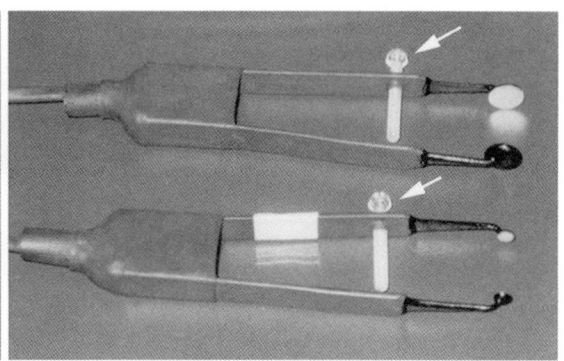

図5.18．電気穿孔に使用するチャンバー型(A)と鉗子型(B)電極。鉗子型電極の2つの電極間の間隔は，ねじで調節が可能である(矢印)。

4．電気穿孔を行う組織は，DNAを移動させるために陽極に対して直角になるように胚の位置を合わせ，鉗子型電極を使用して平方パルスを加える（例えば，50msec，70V，1秒間間隔で5回のパルスを5回繰り返す）。
5．その後の解析のために電気穿孔した胚(プロトコール5.8参照)を培養する(図5.19B, C)。

コメント

- 30体節期後に卵黄囊を切開することで，胚と卵黄囊血液循環で直接酸素の拡散を増強させ，それにより失われた絨毛膜羊膜胎盤の機能を補う。加えて，卵黄囊の切開はインジェクションするために目的とする領域に接触しやすくさせる。卵黄囊を切開する手法の詳細はOsumi and Inoue(2001)を参照してしただきたい。
- 電気穿孔の条件(電圧，継続時間，パルス回数など)は実験の目的により経験に基づいて最適化する。
- 阻害実験は，ドミナントネガティブ遺伝子コンストラクトを用いて行うことができる。
- 野生型遺伝子の過剰発現により，遺伝子改変胚の表現型を元に戻すことができる。

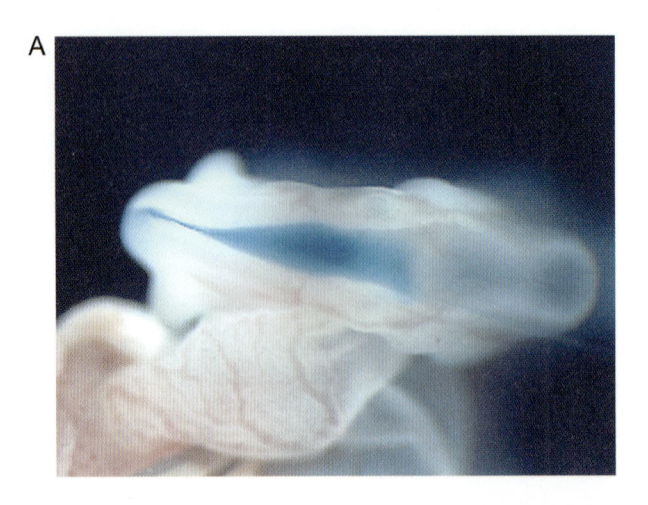

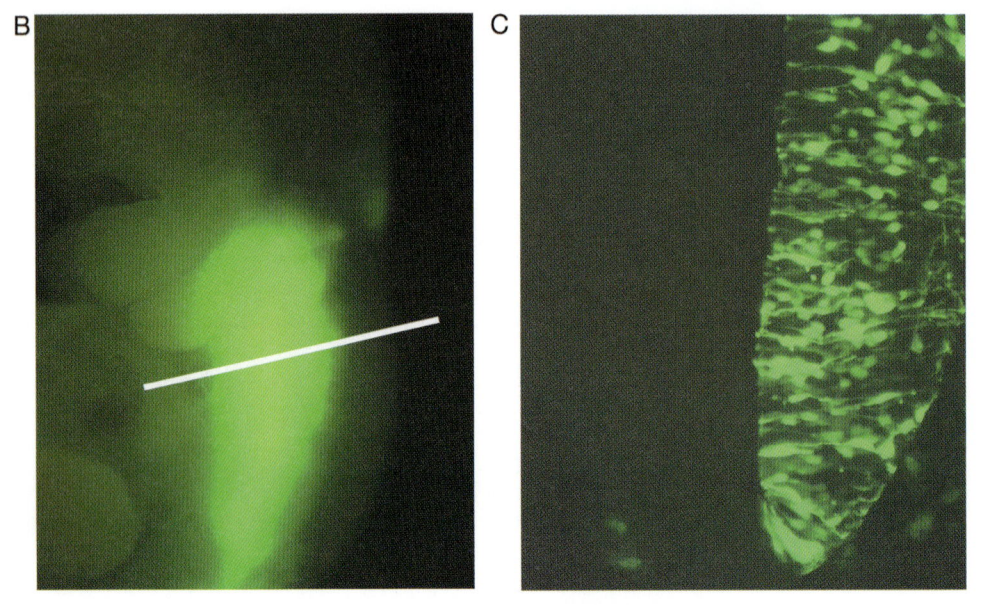

図5.19. （A）細いガラス針（矢印）を用いた胚の神経管空洞へのDNA溶液（青）の注入。電気穿孔はDNA注入後直ちに行う。（B）電気穿孔30時間後。GFP（緑）は培養した胚の標的とした脳の部分で発現している。（C）パネルBに示すのは切断部位における組織像。GFPは神経管の電気穿孔部位で効率よく発現している。

参考文献

Ang S.L. and Rossant J. 1993. Anterior mesendoderm induces mouse Engrailed genes in explant cultures. *Development* **118:** 139–149.

Ang S.L., Conlon R.A., Jin O., and Rossant J. 1994. Positive and negative signals from mesoderm regulate the expression of mouse Otx2 in ectoderm explants. *Development* **120:** 2979–2989.

Beddington R.S. 1987. Isolation, culture, and manipulation of post-implantation mouse embryos. In *Mammalian development: A practical approach* (ed. M. Monk), pp. 43–69. IRL Press at Oxford University Press, England.

Beddington R.S. and Robertson E.J. 1989. An assessment of the developmental potential of embryonic stem cells in the midgestation mouse embryo. *Development* **105:** 733–737.

Cockroft D.L. 1990. Dissection and culture of postimplantation embryos. In *Postimplantation mammalian embryos: A practical approach* (ed. A.J. Copp and D.L. Cockroft), pp. 15–40. IRL Press at Oxford University Press, England.

Copp A.J. 1995. Death before birth: Clues from gene knockouts and mutations. *Trends Genet.* **11:** 87–93.

Cross J.C., Werb Z., and Fisher S.J. 1994. Implantation and the placenta: Key pieces of the development puzzle. *Science* **266:** 1508–1518.

De Felici M. and McLaren A. 1983. In vitro culture of mouse primordial germ cells. *Exp. Cell Res.* **144:** 417–427.

Downs K.M. and Davies T. 1993. Staging of gastrulating mouse embryos by morphological landmarks in the dissecting microscope. *Development* **118:** 1255–1266.

Dziadek M.A. and Andrews G.K. 1983. Tissue specificity of alpha-fetoprotein messenger RNA expression during mouse embryogenesis. *EMBO J.* **2:** 549–554.

Fjose A., Ellingsen S., Wargelius A., and Seo H.C. 2001. RNA interference: Mechanisms and applications. *Biotechnol. Annu. Rev.* **7:** 31–57.

Grabarek J.B., Plusa B., Glover D.M., Zernicka-Goetz M. 2002. Efficient delivery of dsRNA into zona-enclosed mouse oocytes and preimplantation embryos by electroporation. *Genesis* **32:** 269–276.

Hadjantonakis A.K., Gertsenstein M., Ikawa M., Okabe M., and Nagy A. 1998. Non-invasive sexing of preimplantation stage mammalian embryos. *Nat. Genet.* **19:** 220–222.

Kimura C., Yoshinaga K., Tian E., Suzuki M., Aizawa S., and Matsuo I. 2000. Visceral endoderm mediates forebrain development by suppressing posteriorizing signals. *Dev. Biol.* **225:** 304–321.

Kinder S.J., Tsang T.E., Wakamiya M., Sasaki H., Behringer R.R., Nagy A., and Tam P.P. 2001. The organizer of the mouse gastrula is composed of a dynamic population of progenitor cells for the axial mesoderm. *Development* **128:** 3623–3634.

Lane E.B., Hogan B.L., Kurkinen M., and Garrels J.I. 1983. Co-expression of vimentin and cytokeratins in parietal endoderm cells of early mouse embryo. *Nature* **303:** 701–704.

McLaren A. 2001. Mammalian germ cells: Birth, sex, and immortality. *Cell Struct. Funct.* **26:** 119–122.

Muramatsu T., Mizutani Y., Ohmori Y., and Okumura J. 1997. Comparison of three non-viral transfection methods for foreign gene expression in early chicken embryos in ovo. *Biochem. Biophys. Res. Commun.* **230:** 376–380.

Nakamura H. and Funahashi J. 2001. Introduction of DNA into chick embryos by in ovo electroporation. *Methods* **24:** 43–48.

Osumi N. and Inoue T. 2001. Gene transfer into cultured mammalian embryos by electroporation. *Methods* **24:** 35–42.

Paria B.C., Song H., and Dey S.K. 2001. Implantation: Molecular basis of embryo-uterine dialogue. *Int. J. Dev. Biol.* **45:** 597–605.

Paria B.C., Lim H., Das S.K., Reese J., and Dey S.K. 2000. Molecular signaling in uterine receptivity for implantation. *Semin. Cell. Dev. Biol.* **11:** 67–76.

Rossant J. and Croy B.A. 1985. Genetic identification of tissue of origin of cellular populations within the mouse placenta. *J. Embryol. Exp. Morphol.* **86:** 177–189.

Shawlot W., Deng J.M., and Behringer R.R. 1998. Expression of the mouse cerberus-related gene, Cerr1, suggests a role in anterior neural induction and somitogenesis. *Proc. Natl. Acad. Sci.* **95:** 6198–6203.

Shawlot W., Wakamiya M., Kwan K.M., Kania A., Jessell T.M., and Behringer R.R. 1999. Lim1 is required in both primitive streak-derived tissues and visceral endoderm for head formation in the mouse. *Development* **126:** 4925–4932.

Snow M.H.L. 1978. Techniques for separating early embryonic tissues. In *Methods in mammalian reproduction* (ed. J. C. Daniel), pp. 167–178. Academic Press, New York.

Sturm K. and Tam P.P.L. 1993. Isolation and culture of whole postimplantation embryos and germ layer derivatives. *Methods Enzymol.* **225:** 164–190.

Tian E., Kimura C., Takeda N., Aizawa S., and Matsuo I. 2002. Otx2 is required to respond to signals from anterior neural ridge for forebrain specification. *Dev. Biol.* **242:** 204–223.

Varlet I., Collignon J., and Robertson E.J. 1997. Nodal expression in the primitive endoderm is required for specification of the anterior axis during mouse gastrulation. *Development* **124:** 1033–1044.

第6章

外科的手法

　本章で述べる基礎的な外科的手法は，トランスジェニックマウスおよびキメラマウスを作製・解析するうえで行われる様々な実験に必要とされる。これらの手法には，偽妊娠代理母の卵管や子宮への着床前のマウス胚の移植，精管・卵巣切除，帝王切開や代理哺乳，組織移植および組織バイオプシーのテクニックが含まれる。本章では，まずマウスの手術のための一般的なガイドラインを述べ，その後にプロトコールを示す。なお，麻酔，消毒および手術後のケアの方法は，地域の規則や規制に依存しており，施設間でも異なっている。そのため，それらの詳細については述べていない。

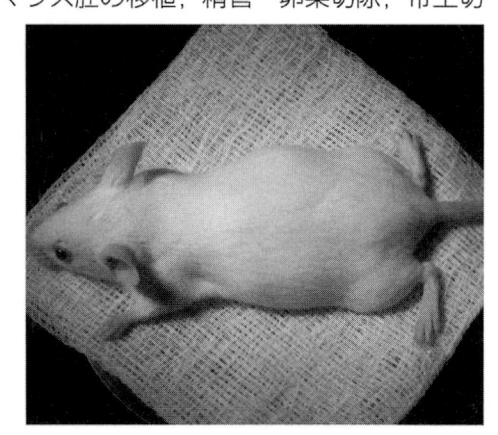

目次

概要，238
精管・卵巣切除，240
胚移植，240
 卵管内移植，240
 子宮内移植，241
 レシピエント雌，241
 胚移植におけるテクニック，242
帝王切開および代理哺乳，243
組織移植，243
組織バイオプシー，243
プロトコール
 1．不妊雄マウス作出のための精管切除，244
 2．胚盤胞の着床遅延誘起のための卵巣摘出，247
 3．卵管内移植，249
 4．子宮内移植，254
 5．帝王切開および代理哺乳，258
 6．腎被膜下への組織の移植，260
 7．ES細胞の皮下注入，263
 8．部分肝切除，264
 9．脾臓摘出，266
 10．腎臓切除，267
 11．去　勢，269
 12．尾部よりの採血，271
参考文献，272

概　要

　手術の成功には，無菌的に手術を行うテクニック，適切な手術器具の使用と麻酔処理，および手術後のケアが必要である。すべての手術のプロトコールは，国や地域の規制に従い，地域の監督機関によって承認されるべきである。マウスの手術は，動物舎に隣接した処置室もしくは清潔で明るい研究室の指定された場所で行われなければならない。手術に用いる手術台と顕微鏡は消毒しておく必要がある（例えば，第4級アンモニウムもしくは70％アルコールを用いる）。特定病原体フリー（SPF）の施設において手術が行われる場合，付加的な処置（例えば，ラミナフローフードの使用）が必要不可欠となる（第3章参照）。

　手術用ステンレススチール器具は，Roboz Surgical Instrument（http://www.roboz.com），Fine Science Tools（http://www.finescience.com），World Precision Instruments（http://www.wpiinc.com）などの会社から購入することができる。器具類は手術の前に滅菌する（例えば，蒸気または乾熱滅菌）。異なる個体を処置する時，器具の先端を70％アルコール，またはガラスビーズ滅菌器（Inotech Biosystems International，http://www.inotechintl.com から入手できる）で消毒する必要がある。慎重に器具を扱うことが重要である。使用後，器具は毎回洗浄・空気乾燥し，点検する。鋭利な部分のあるデリケートな器具（例えば，眼

科用ピンセット，解剖用ハサミ)は，保護キャップ(例えば，使い捨てのピペットチップ，もしくは柔軟なラバーチューブ)でカバーすることにより，その部分を保護する必要がある。特に，眼科用ピンセットの先端は，油紙，または細かい紙やすりを使って単一の針先になるまできれいに磨いておくべきである。さもないと，組織をつかむことが難しくなる。

ケタミン／キシラジン混合物とアバーチン(トリブロムエタノール)は，マウスの手術に最も一般的に用いられている2つの異なるタイプの麻酔剤である。ケタミン／キシラジン麻酔の間，呼吸と心臓血管機能は低下するが，この組み合わせはマウスの手術においてとても信頼性のあるものと考えられている(Erhardt et al. 1984)。抗コリン作用性の前麻酔薬であるアトロピンは，気管支と唾液腺の分泌(ケタミンに起因する)と徐脈(キシラジンに起因する)を低下させる(Nowrouzian et al. 1981；Magoon et al. 1988)ために用いられる。

アバーチンは，急速な麻酔誘導と回復という性質をもつ非持続的作用性の麻酔剤である。その使用は，腹部の癒着と急性腹膜炎を引き起こすため疑問視されてきた(Zeller et al. 1998)。しかしながら，Papaioannou and Fox(1993)は，その精密な研究においてアバーチンの変質を防ぐための最小限の予防措置(4℃，遮光保存)が取られた場合のマウスの手術に対するアバーチンの効力，安全性および適合性を確認した。アバーチンの正しい投与量は，調製法により様々であり，新しいストックを調製するたびに再度決定し直すべきである(詳細は付録1参照)。

呼入麻酔(ハロセンまたはイソフルオレン)は，安全性，効力および短時間での回復の点から，注射による麻酔よりマウスの手術において優れていると広く考えられている。しかし，それらは，特殊な装置，酸素の供給や笑気の排出システムを必要とし，またこれらの装置を用いると手術時にマウスを置く位置が限定されてしまう。一般的な麻酔に加えて，皮下注射されるブピバカインのような局所麻酔は，手術中の麻酔の効果や手術後の痛覚脱失を延長させる(Grant et al. 1994)。

マウスに麻酔をした後，規則によって必要とされているのならば，バリカン，解剖用メスやハサミを使って切開部(幅5〜10mm)から体毛を取り除く。または，露出した皮膚から体毛を丁寧に払い，70％アルコールまたは手術用ヨードチンキで消毒する。麻酔の間に角膜の乾燥を防ぐために，マウスの眼は滅菌したリン酸緩衝液(PBS)または眼病用の軟膏で湿らせておくのが望ましい。

体腔の臓器を取り出すには，まず体壁筋を露出するために鈍利なハサミで皮膚の端を切開する。間にある結合組織を引き裂くか切断することにより筋肉から皮膚を引き離す。その後，内臓を引き出すために体壁筋を外科用ハサミで切開する。切開は，操作しやすいように目的の臓器のすぐ近くに入れる必要がある。両側の雌性生殖器を取り出すためには，異なった方法が用いられている。一つは，脊柱の左右1cm，最後位肋骨の下を横向きに1cm以下の切開を2つ背面に入れる方法である。もう一つの方法は，背中線に沿って，または脊柱に垂直に1cmの切開を入れ，その切り口を一方にずらすことにより，生殖器を取り出す方法である。

手術用ドレープは，臓器が体腔内外に出し入れされる時によく用いられる。腹筋は，吸収されやすい縫糸を使って縫合する。縫合には様々な方法が用いられているが，一般的には，1針に対しては2重結びが用いられている。皮膚の切開部は縫糸，組織接着剤または傷口用クリップを用いて閉じる。傷口用クリップを用いる場合，動物が取ってしまう恐れがあるため，クリップアプリケーターでしっかりと止める。傷口用クリップはクリップリムーバーを用いて取り除くが，手術後1週間以上経過してから行う方がよい(随意)。

手術後の動物は，50Wの電球下(動物の眼を保護するように気をつける)で温度の制御され

たウォームプレート，ブランケットまたはウォームケージに移し，ケージ内を歩き回れるようになったら動物舎に戻す。所属機関における手術後のケアの方法については，監督機関に意見を求めるべきである。

これらの簡潔なガイドラインは以下に述べるマウスの外科的手術に適用される。厳密な消毒処置や手術後のケアの方法については，主に地域の規則や規制に基づいているため，それらの詳細についてはプロトコールでは述べていない。

精管・卵巣切除

精管切除雄は，卵管および子宮内移植用の偽妊娠レシピエント雌を作るために必要である。発情期の雌は第3章で述べたように選ぶ。不妊の雄と交配すると雌自身の未受精卵は退行するが，生殖器道は移植された胚を受け入れる状態になる。偽妊娠レシピエント雌は，約11日間は自然周期に戻らない。精管切除雄は，実験動物業者からも購入することができる(付録3参照)。精管切除については，プロトコール6.1で述べている。

プロトコール6.2では，プロジェステロン(デポプロベラ)の投与と卵巣組織の外科的除去を組み合わせた胚盤胞の着床遅延の誘起について述べる。胚の生存性は，卵巣除去後10日間まで維持でき，この技術はBergstrom(1978)によって詳細に示されている。また，着床遅延胚盤胞からES細胞株を樹立することができる(Robertson 1987)。

胚移植

1細胞期から胚盤胞期(交尾後0.5～3.5日)までの胚は，偽妊娠レシピエント雌の生殖器道に移植されると満期まで発育する。1細胞期から胚盤胞期(交尾後0.5～3.5日)までの胚は，交尾後0.5日の偽妊娠レシピエント雌の卵管膨大部に移植する(プロトコール6.3)。一方，交尾後3.5日の胚盤胞は交尾後2.5日(最も遅くて交尾後3.5日)の偽妊娠レシピエント雌の子宮に移植する(プロトコール6.4)。交尾後2.5日の偽妊娠レシピエント雌は，交尾後3.5日のものよりも子宮内移植に適している。その理由は，胚を偽妊娠のより早い段階に移植することにより，発生の進み具合が子宮の条件に合うようになるために必要な時間を胚に与えることができるからである。

一般的に，透明帯に包まれた胚を用いると最も効率的に卵管内移植を行うことができると考えられているが，これは1および2細胞期胚だけに限ったことである(Nichols and Gardner 1989)。また，この研究では，透明帯に包まれていない胚は，卵管内移植する前に桑実胚期まで培養する必要があると示唆している。透明帯に包まれていない胚盤胞期胚を卵管もしくは子宮に移植した場合，同等の効率を得ることができる(K.Vintersten，私信)。したがって，交尾後2.5日の偽妊娠レシピエント雌が不足した場合，3.5日の胚盤胞を交尾後0.5日の偽妊娠レシピエント雌の卵管に移植することができる。また，交尾後3.5日の胚盤胞を4.5日までもう一晩培養し，交尾後0.5日の偽妊娠レシピエント雌の卵管もしくは交尾後2.5日の偽妊娠レシピエント雌の子宮に移植することもできる。

卵管内移植

マウス胚の卵管内移植はTarkowski(1959)によって最初の報告がなされた。Whittingham(1968)は，ラットに用いられていた方法(Noyes and Dickman 1961)をマウスに応用し，それはプロトコール6.3で述べる方法の基礎となっている。

未操作受精卵または2細胞期胚が，交尾後0.5日の偽妊娠レシピエント雌の卵管に移植された場合，それらの胚は75%よりも高い確率で正常な胎子となる。DNAを注入された受精卵の場合，その産子までの成功率は，そのDNAのコンストラクトにより大きく変化するが，注入された受精卵の20〜30%以下しか子にならないだろう。そのような作出効率の場合，注入された受精卵を約20〜25個移植すべきである。

子宮内移植

プロトコール6.4で述べる子宮内移植の方法は，McLaren and Mitchie (1956)による徹底的な研究に基づいており，この研究の結果，マウス胚の体外培養とその体外培養胚からの産子を得ることに初めて成功した(McLaren and Biggers 1958)。同様の方法の解説がMintz (1967)とRafferty (1970)によってなされている。透明帯に包まれた未操作の胚盤胞(C57BL/6)の胎子または子までの発生率は少なくとも75%である。

子宮内移植は，キメラ作製に最も広く用いられている。ES細胞由来のキメラの作製は，ES細胞株の種類とクローニングの程度にとても左右される。いくつかのES細胞クローンは発生能力が低く，低いキメリズムのマウスしか作ることができない。ほかにも胚の発生能を低下させるES細胞クローンもある。一般的に，移植された操作胚の40〜60%は妊娠の最後まで発育する。1匹の仮親におおよそ10〜15個の胚が移植されるが，もし片側だけに移植するのであれば，8個より多く胚を移植してはならない。透明帯のないCD1/ICR胚盤胞の発生率はいくぶん低いため，レシピエント雌1匹に対しておおよそ16〜20個の胚が移植される。レシピエント雌が不足した場合，透明帯のない操作胚はレシピエント雌1匹に対して24個まで両側の子宮角に分けて移植することができる。

レシピエント雌

移植される胚のステージに関わらず，仮親のステージに応じて子は出産される。胚を偽妊娠のより早い段階に移植する理由は，着床に適した条件にさらされる前に，"発生の進み具合が子宮の条件に合うようになる"ための時間を胚に与えるためである。一般的にはどちらの方法でも，高い確率(>75%)で未操作胚は妊娠の終わりまで発育する。操作された胚の発生能は，非常に変わりやすく，注入されたDNAや導入されたES細胞に大きく左右される。理想的には5〜7匹の産子数を得るのに十分な胚を移植するべきである。もし子宮内にたった1つか2つの胚しかなければ，その胚は大きくなり過ぎて損傷を受けて生まれてくるかもしれない。また，母親は産子数が少ない時は子を育てないかもしれない。もし産子数が多すぎる(10匹以上)と，2〜3匹は大きくならないかもしれないし，全く子を産まなくなる危険もある。同じ遺伝子型もしくは同じ構成の胚を移植した時は，2匹の仮親を移植手術後に同じケージに置くことも可能である。2匹はのちに子を育てるのを互いに助け合う。

レシピエント雌は少なくとも6週齢で体重が25〜35gであるものが望ましい。F1交雑群(例えば，C57BL/6×CBAまたはC57BL/6×DBA/2)ないしSwiss Webster, ICR, CD1, MF1などの遠縁交配系の雌が里親に適している。偽妊娠レシピエント雌は余分に用意しておくことが望ましい。雌は第3章で述べたように精管切除雄と交配させ，膣栓が観察された日を偽妊娠の0.5日とする。卵管内移植には0.5日の偽妊娠レシピエント雌を用い，子宮内移植には2.5〜3.5日の偽妊娠レシピエント雌を用いる。

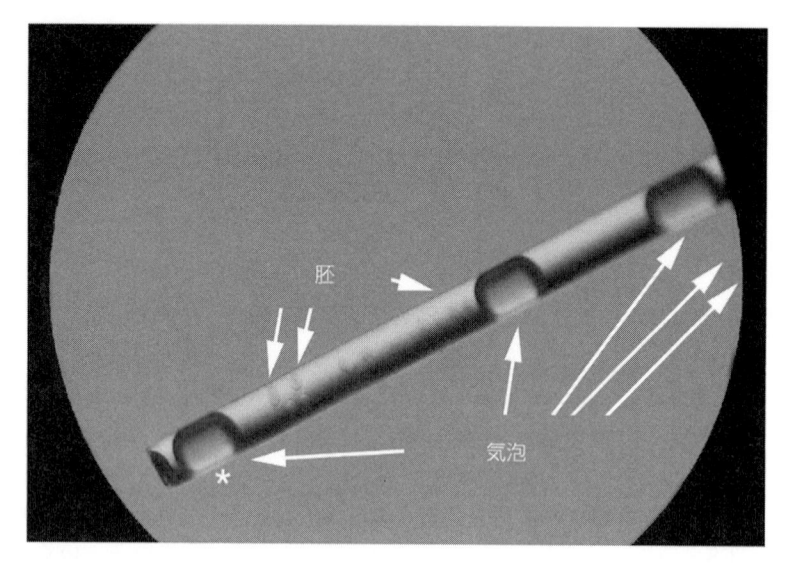

図6.1. 胚移植用ピペットにおける気泡，培地，胚の配列を示す。移植中は気泡の位置をチェックすることにより，すべての胚が注入されたのを確認する。＊のついた気泡は卵管内移植にのみ用いられる。

胚移植におけるテクニック

　　　　　　　　　　移植用ピペット（硬質ガラス毛細管ないしパスツールピペットを引いたもの）は第4章（図4.1.AB）で述べたように作製し，チューブのついたマウスピースに接続する。もしパスツールピペットを引いたものを用いる場合は，細い部分が長さ2〜3cmになるようにする。移植用ピペットの外径は200μmで，内径がちょうど胚1つより大きく，2つより小さくなるようにする（図6.1）。ピペットは清潔で先端が平坦なものを用いる。加えて，卵管や子宮の損傷を最小限にするために，ホールディングピペットを作製するのと同様にピペットの先端はバーナーやマイクロフォージを使って丸めておく（第7章参照）。鋭い縁もまた汚れがつきやすく，ピペットが詰まる原因となる。子宮内移植用のピペットは先端から約1cmのところを曲げておくと，子宮に挿入した時にどの程度入ったかがわかる。手術を始める前に数本の移植用ピペットを用意しておくべきである。

　　微量の液体の移動を制御するために，ピペットの毛細管現象を抑えることが重要である。毛細管現象を抑えるための一つの方法は，胚を吸引する前にピペットの肩を過ぎたあたりまで培地でピペットを満たしておくことである。毛細管現象を抑え，うまく制御するためのもう一つの簡単な方法は，ピペットの先端を培地のドロップから出し入れすることによって，2，3個の気泡をピペット内に詰めておくことである（図6.1）。ピペット内の気泡は，胚移植時の培地の動きを見るのにも役に立つ。また，動きを見るためには青く色をつけたAffigelビーズ（BioRad 153-7302）を用いる方法もある。移植用ピペットの肩を過ぎたあたりまで軽パラフィンオイルを満たしておく従来の方法もまた毛細管現象を抑えることができる。オイルの粘性のおかげで，大ざっぱな操作で胚を吸い上げたり吹き出したりできる。透明帯のない胚を扱う時は，オイルが胚にくっついてしまうので，オイルの使用は避ける。オイルを用いる代わりに腎被膜下への組織の移植の時に用いるブレーキピペット（プロトコール6.6，260頁参照）と同様にピペットのもう一方の端を溶かして口径を小さくしておくとよい。

　　どんな場合でも，胚はピペットの先端付近で，最も末端の気泡から短い幅（5〜7mm）でできるだけ少量の培地と一緒に吸い上げる。卵管内移植を行う場合は，さらにピペットの先

端に気泡を吸引する(図6.1の*)。2ないし3番目の気泡まで卵管に吹き入れれば，確実に胚は移植されている。気泡は着床を妨げる可能性があるので子宮内移植の場合は，1個の気泡もしくは全く気泡を子宮内に吹き入れないようにすることが望ましい。ピペットの胚がくっついてしまうのを防ぐため，移植用ピペットは胚を吸う前に1%ウシ血清アルブミン(BSA)に浸けておくとよい。この処理は特に透明帯のない胚を操作する時に役に立つ。

M2もしくはほかのHEPES緩衝液を加えた培地に入れ，一度に移植する胚の数は，麻酔された1ないし2匹のレシピエント雌に必要なだけ用意するべきである。

帝王切開および代理哺乳

もしレシピエント雌がそのマウスの系統に固有な期間までに出産しない時は，帝王切開が必要である。胚が1つか2つしか存在しない時や，胚が大きく成長しすぎて出産できない時も同様である(レシピエント雌の項，241頁参照)。加えて，トランスジェニックないし遺伝子改変マウスが出産時に死んでしまっても，すべての子について解析が可能になるように，交尾後18.5日で帝王切開によりすべての子を回収することは有効である。帝王切開により得られた子の上手な代理哺乳の方法については，プロトコール6.5で説明する。この技術には練習が必要とされるが，プロトコール6.5で述べられているように様々な方法で行うことができる。この技術については，第3章もまた参照していただきたい。

組織移植

プロトコール6.6および6.7は，ES細胞同様，初期胚，体節，尾芽を含む成体ないし胚性組織が生体内で成長するかどうかを調べるために用いられる。結果として生じる奇形腫や奇形癌は，組織学的に解析され，組織への分化を評価する指標となる。

組織バイオプシー

プロトコール6.8は解析に必要な肝組織を得るための外科的手法を説明している。脾臓摘出，腎臓切除および去勢に必要な同様の手法については，プロトコール6.9，6.10，6.11で述べる。

解析のための血液採取は，プロトコール6.12で述べるように尾部からの採血による。

プロトコール 1　不妊雄マウス作出のための精管切除

これには2つの方法があり，体壁を切開して精管を引き出す方法と，よりダメージの少ない陰嚢を切開する方法がある。この2つの方法では術後10日～14日で交配可能となる。初心者には精管切除が確実に行われたかを確かめておくことを勧める。精管切除雄ラットを繁殖能力のある雌ラットと交配させると膣栓を確認することはできるが妊娠はしない。

材料

供試動物
　雄マウス(少なくとも2カ月齢で，繁殖能力が高ければどの系統でもよい)

器具
　アルコールランプまたはブンセンバーナー(随意)
　クリッパー(随意)
　清浄なケージ
　光ファイバー照明(随意)
　先の鈍いピンセット
　#5時計用ピンセット(焼き切る場合に1組用いる)，2組
　26ゲージ，1/2インチ皮下注射針
　解剖ハサミ
　湾曲手術針(例えば，サイズ10，三角，鋭利針)
　外科用絹糸(サイズ5-0)
　1 ml注射筒
　ティッシュペーパー
　ウォームプレート，ヒーティングパッドまたは50 W電球
　動物用体重計
　縫合クリップとアプリケーター(随意)

試薬
　麻酔剤(付録1参照)
　70%エタノール<！>

注意：<！>をつけた材料の適切な取り扱いについては付録2を参照のこと。

手順

方法 1

1. 体重を測定し，腹腔内(IP)注射により麻酔をかける(第3章，146頁参照)。
2. 腹部が見えるようにマウスを置く。地域の規則や規制により必要ならば，腹部の毛を剃る。霧吹きを用いて腹部に70%エタノールをかけ，ティッシュペーパーで拭く。
3. 解剖ハサミで皮膚を切開し体壁を開き，後肢の付け根の部分を横向きに1.5 cmほど切る。同じ程度の大きさの横向きの切開を体壁に入れる。片側の体壁に湾曲解剖針を入れ，絹糸を通しておく(こうしておけば後で体壁を見つけるのが容易になる)。どちらの精巣も

1つの切り口から取り出せる(図6.2A)。
4. 先の鈍いピンセットでやさしく片側の脂肪塊をつかみ，引っ張り出す(図6.2A)。精巣，精管および精巣上体はこれに伴って出てくる。精管は精巣の背後にあり，付近を血管が走っているのでそれとわかる。1組の時計用ピンセットで精管をつかみ(図6.2B)，ハサミでそれを切る(図6.2C)か，先を熱したもう1組のピンセットの先端で焼き切ることにより精管(約1cm)を除去する(図6.2D)。
5. 脂肪塊を先の鈍いピンセットで摘み，注意深く精巣を体壁の中に戻す。
6. もう片方の精巣についてもステップ4と5を繰り返す。次の精管除去を成功させるために，除去した精管の一部をペーパータオル上に取っておくほうが賢明である。
7. 2～3針で体壁を縫合する。次に皮膚を縫合するか縫合クリップで止める。
8. すべての行程が終わったらマウスを清浄なケージに入れ，麻酔が覚めるまで50W電球の照明下で暖める(目を保護するように注意する)。もしくは，ケージごとウォームプレートの上に置いて暖める。詳細は地域の監督機関の規制に従うとよい。

方法 2

1. 体重を測定し，IP投与により麻酔をかける(第3章，146頁参照)。
2. 腹部にやさしく圧をかけることにより精巣を陰嚢に押し込む。
3. 正中線に沿って陰嚢を10mm切開する(図6.2E)。
4. 陰嚢の膜を覆っている精巣嚢の間にある正中線を探す。明るい白っぽい線として見える。
5. 正中線の少し左側の精巣膜を5mm程度切開する。
6. 注意深く精巣を左に押すと，精管が精巣と正中線の間に血管が1本走った白い管として確認できる。
7. ピンセットを使って精管を引き出す。1組の時計用ピンセットで精管をつかみ，ハサミでそれを切るか，先を熱したもう1組のピンセットの先端で焼き切ることにより精管(約1cm)を除去する(図6.2B～D)。
8. もう片方の精巣についてもステップ4と5を繰り返す。次の精管除去を成功させるために，除去した精管の一部をペーパータオル上に取っておく方が賢明である。
9. 皮膚を縫合するか縫合クリップで止める。
10. すべての行程が終わったらマウスを清浄なケージに入れ，麻酔が覚めるまで50W電球の照明下で暖める(目を保護するように注意する)。もしくは，ケージごとウォームプレート，あるいはヒーティングパッド上に置いて暖める。詳細は地域の監督機関の規制に従うとよい。

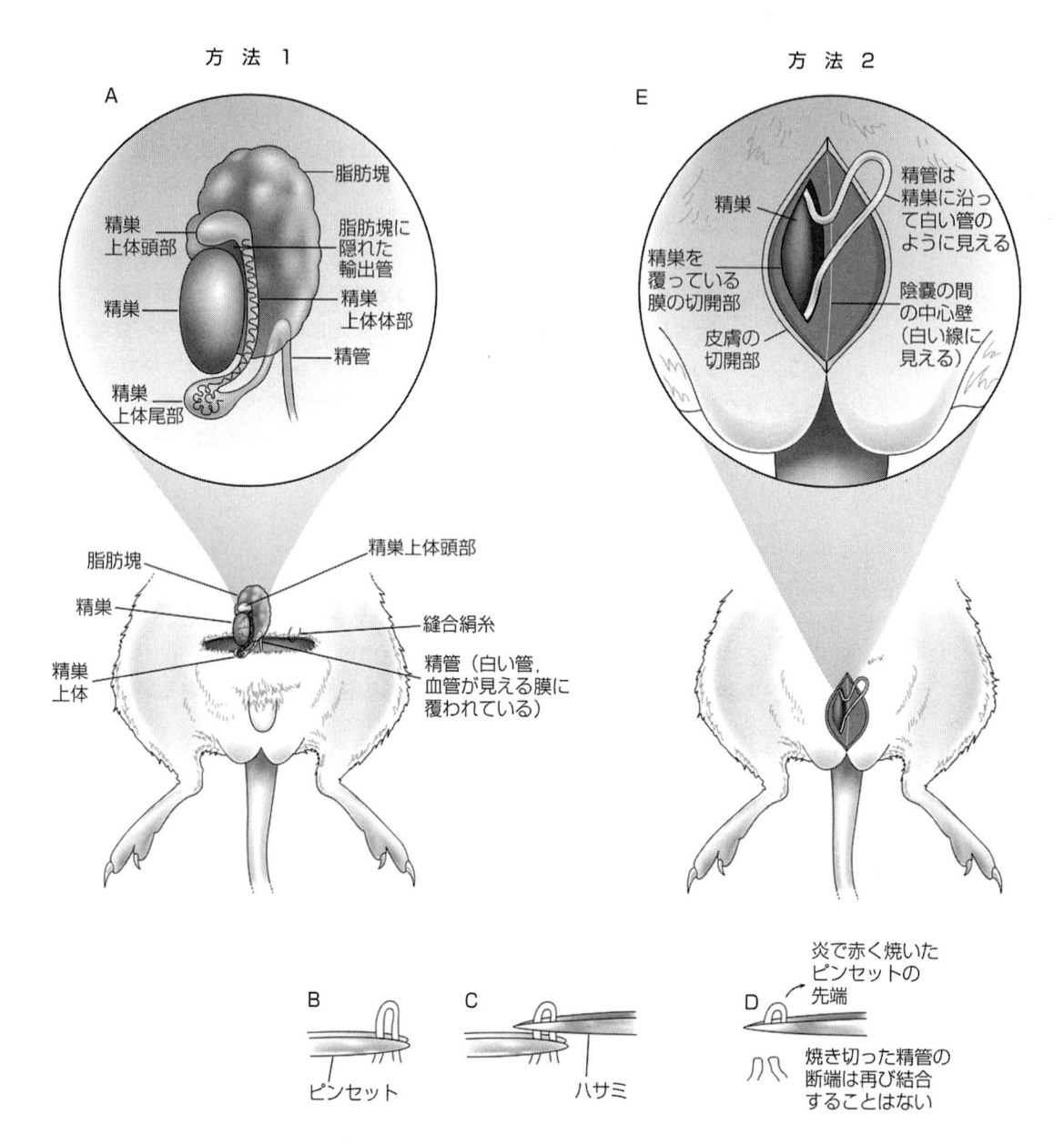

図6.2. 精管切除雄マウス作出の2つの方法。方法1では腹部を切開し，腹部から精管に近づいて(A)，切る(C)または焼き切る(D)。方法2では，陰嚢を小さく切開することにより精巣を押し出すことなく両精管に近づき，方法1と同じように切るか焼き切る(B，C，D)。

プロトコール 2　　胚盤胞の着床遅延誘起のための卵巣摘出

　この方法は，桑実胚が卵管の中を確実に移動している妊娠3日目の午後に行って(コメント参照)，卵巣摘出によるダメージを減らす。

材　料

供試動物
　妊娠雌マウス(交尾後2.5日)

器具
　クリッパー(随意)
　清浄なケージ
　解剖顕微鏡，低倍率で双眼のもの(随意)
　光ファイバー照明(随意)
　先の鈍いピンセット
　#5時計用ピンセット，2組
　26ゲージ，1/2インチ皮下注射
　湾曲手術針(例えば，サイズ10，三角，鋭利針)
　解剖ハサミ
　バネハサミ
　外科用絹糸(サイズ5-0)
　1ml注射筒
　ティッシュペーパー
　ウォームプレート，ヒーティングパッドまたは50W電球
　動物用体重計
　縫合クリップとアプリケーター(随意)

試薬
　麻酔剤(付録1参照)
　デポプロベラ溶液(6 α-methyl-17 α-hydroxy-progesterone acetate)(滅菌生理食塩水で10mg/mlとする)(Sigma M1629)
　70%エタノール<！>

注意：<！>をつけた材料の適切な取り扱いについては付録2を参照のこと。

手　順

1. 体重を測定し，IP投与により麻酔をかける(第3章，146頁参照)。
2. 背側または側方を切開するため腹部を下，あるいは側部を下にマウスを置く。霧吹きで背側または側方にアルコールをかけ，ティッシュペーパーで拭き取る。地域の規制により必要ならば腹部の毛を剃る。
3. マウスの背中の皮膚を少し切開するために解剖ハサミを用いる。左の卵巣の脂肪塊上の皮膚を小さく切開して，先の鈍いピンセットで脂肪塊をつかみ，卵巣と卵管を体外に引

き出す。

4. 2組の時計用ピンセットを用いて卵巣と卵管を包んでいる膜を引き裂く。あるいはバネハサミを用いて膜を切り，卵巣を露出させる。卵巣と卵管の間に外科用絹糸の輪を滑り込ませ卵巣と卵巣血管を丸ごと結紮する。ハサミを用いて結紮部分から先の卵巣を切り取る。
5. 先の鈍いピンセットを用いて子宮を腹腔に戻す。1針で体壁の切開部を縫合する（随意）。
6. 右の卵巣についてステップ4と5を繰り返す。
7. 皮膚の切開部を縫合するか縫合クリップでとめる。
8. マウスはまだ麻酔から覚めていないが，0.1mlの滅菌した生理食塩水に溶かしたデポプロベラ1mgを26ゲージ注射針をつけた1ml注射筒を用いて皮下投与する。
9. すべての行程が終わったらマウスを清浄なケージに入れ，麻酔が覚めるまで50W電球の照明下で暖める（目を保護するように注意する）。もしくは，ケージごとウォームプレート，あるいはヒーティングパッド上に置いて暖める。詳細は地域の監督機関の規制に従うとよい。

コメント

遅延胚盤胞の採取スケジュール
1. 0 日：雄マウスと交配
2. 0.5日：膣栓の確認
3. 2.5日：卵巣摘出とデポプロベラ1mgの投与
4. 6.5〜10.5日：子宮灌流による遅延胚盤胞の回収（プロトコール4.11）

プロトコール 3　　卵管内移植

ラットでよく報告されている方法（Noyes and Dickman 1961）をマウスに応用したWhittingham（1968）法が，以下に述べる方法の基礎となっている。この方法は最初に死体を使って練習するとよい。その後，偽妊娠 0.5 日のマウスに麻酔して，胚ではなく染色液と青く色をつけた Affigel ビーズを用いて卵管の開口部（卵管采）を見つける練習をするとよい。卵管采の位置はマウスによらず比較的変わらないので，少し練習すればこの方法は日常的なものになる。

材　料

供試動物
マウス胚（交尾後 0.5〜3.5 日）
偽妊娠レシピエント雌マウス（交尾後 0.5 日）

器具
光ファイバー照明（とても役立つ）
先の鈍く鋸歯状のピンセット
先の鋭いピンセット
＃5 時計用ピンセット　2 組
26 ゲージ，1/2 インチ皮下注射針
9cm プラスチックペトリ皿のふた，ガラス板ないしペーパータオル
50W 電球
湾曲手術針（例えば，サイズ 10，三角，鋭利）（随意）
プラスティシン（随意）
解剖ハサミ
セラフィンクランプないしベビーディーフェンバッククリップ（1.5 インチ以下）（例えば，Roboz Surgical Instrument RS7440；Weiss B950B，あるいは Fine Science Tools 18050-35）
透過光と反射光を備えた実体顕微鏡，理想的には 2 台（1 台は手術用，1 台は胚を移植用ピペットに吸う時のためのもの）
外科用絹糸（サイズ 5-0）（随意）
1ml 注射筒
ティッシュペーパー（小さな棒に数枚巻きつけたものは，血液を吸い込ませるのによい）
移植用ピペットとマウスピースつきピペット（第 4 章と図 4.1 A，B）
ウォームプレートないしヒーティングパッド
動物用体重計
縫合クリップとアプリケーター（随意）

試薬
麻酔剤（付録 1 参照）
青く色をつけた Affigel ビーズ（BioRad 153-7302）
エピネフリン（随意）
70％エタノール＜！＞
M2 培地ないし HEPES 緩衝培地（室温）

注意：＜！＞をつけた材料の適切な取り扱いについて付録2を参照のこと。

手　順

1. 体重を測定し，IP注射により麻酔をかける（第3章，146頁参照）。
2. 顕微鏡のステージ上へ移動しやすいようにマウスを9cmプラスティックペトリ皿のふた，ペーパータオルまたはその他の支持体の上に置く。
3. 胚盤胞期胚を移植用ピペットに吸う。胚が数分間インキュベーターの外に出ることになるので，移植用ピペットに吸うまでM2またはHEPES緩衝培地に入れておく。
   a. 移植用ピペットに少量のM2培地，気泡，M2培地と交互に吸う。キャピラリーの動きをコントロールできるようになるまで繰り返す（図6.1参照）。
   b. なるべく少量（5～7mm）のM2培地と共に胚を吸う（図6.1）。ピペットの先端に小さい気泡を入れる。
   c. 移植用ピペット（マウスピースをつけたまま）を実体顕微鏡の台の上に置いたプラスティシンスタックに押しつけて，胚を子宮に移植する準備ができるまでそのままにしておく。
   ピペットの先端がどこにも触れないように注意する。
4. レシピエントの生殖器官を露出させる。
   a. 70％エタノールでレシピエントマウスの背部を拭く。地域の規制により必要ならば，体毛を剃る。解剖ハサミで皮膚を背側の中心線に沿って最後位肋骨のあたりを小さく切開する（図6.3A，B）。切開部を70％エタノールで拭き，抜け毛はすべて除く。上述したように両卵管は，最後位肋骨のあたりの脊椎に垂直に切開した切開部から，または脊椎から横1cmのところの切開部からアプローチできる。
   b. 皮膚を左右に動かし，切開部が卵巣（オレンジ色）または脂肪塊（白色）の上になるようにする。どちらも体壁を通して見ることができる（図6.3C）。ついで時計用ピンセットで体壁をつまみ，解剖ハサミで卵巣の上を小さく切開する。これは先の鋭いピンセットを用いてもできる。切開部をハサミまたはピンセットで拡げて出血を止める（図6.3D）。湾曲縫合針を使って絹糸を体壁に通す。このようにしておくと後で体壁を見つけやすい（随意）。
5. 胚を移植する。
   a. 先の鈍いピンセットで脂肪塊をつまみ，これにつながる卵巣，卵管および子宮を引き出す（図6.3E）。脂肪塊をセラフィンクランプで止め，背側の中央に置く。これにより卵巣と卵管は体壁の外に出たままになる（図6.3F）。
   b. マウスを静かにつまみ，頭を実体顕微鏡のステージの左側に向ける。
   c. 実体顕微鏡下で卵巣嚢（卵巣と卵管を覆う血管の走行する透明な膜）の下にある卵管采と膨大部を探す。マウスや卵管などをピペットの挿入しやすい位置にする。頭を左に向け，卵巣などをセラフィンクランプでマウスの右側に引き体腔の外に出しておくと操作しやすい。左利きの人はマウスの位置を逆にするとよい。エピネフリンのドロップを卵巣嚢にたらすと出血が減少し，卵管采を見つけやすくピペットが詰まるのを抑えられる（随意）。2つの時計用ピンセットで漏斗部を覆う卵巣嚢に穴を開ける。またはバネハサミで切る。大きな血管を裂かないように注意する。卵管采を見つける（図6.3G）
   d. 漏斗部の一端を先の鈍いピンセットでつまみ，膨大部の開口部に移植用ピペットを

　　　　挿入する(図6.3H)。気泡か青いビーズ(練習であれば)が膨大部に入るまで吹き込む。気泡か青いビーズが卵管の内部に見えることが成功の証である。
　　e．セラフィンクランプをはずし，マウスを実体顕微鏡からおろす。先の鈍いピンセットで脂肪塊をつまみ，卵巣，卵管および子宮を体壁内に押し戻す。体壁を1〜2針縫い(随意)，縫合クリップで皮膚を閉じる。
6．もし必要なら右卵管に追加の胚を移植するため，ステップ3，4および5を繰り返す。
7．すべての行程が終わったらマウスを清浄なケージに入れ，麻酔が覚めるまで50W電球の照明下で暖める(目を保護するように注意する)。もしくは，ケージごとウォームプレート，あるいはヒーティングパッド上に置いて暖める。詳細は地方の監督機関の規制に従うとよい。

コメント

- 胚を移植する前に，卵巣を露出させた時点で排卵が起こったかどうかを確かめておく方が賢明である。排卵が起こっていると顕微鏡を使わないでも血液が混ざった液や塊が確認できるし，破裂したグラーフ卵胞が顕微鏡下で確認できる。卵管膨大部や卵丘細胞に囲まれた受精していない自然排卵卵子も確認できる。もし排卵の指標が不確かであれば，別のレシピエントを使う方がよい。
- 胚移植の別の方法として，卵管壁を破り，膨大部へ移植する方法がNakagata(1992)によって報告されている。30ゲージの注射針(また穿刺針)を用いて卵巣嚢を通して卵管壁に孔を開ける。この方法は卵管采へ到達するための卵巣嚢を破る行程を省いている。卵管の細い血管が孔を開ける部位の指標となるが，確認しづらいことがある。

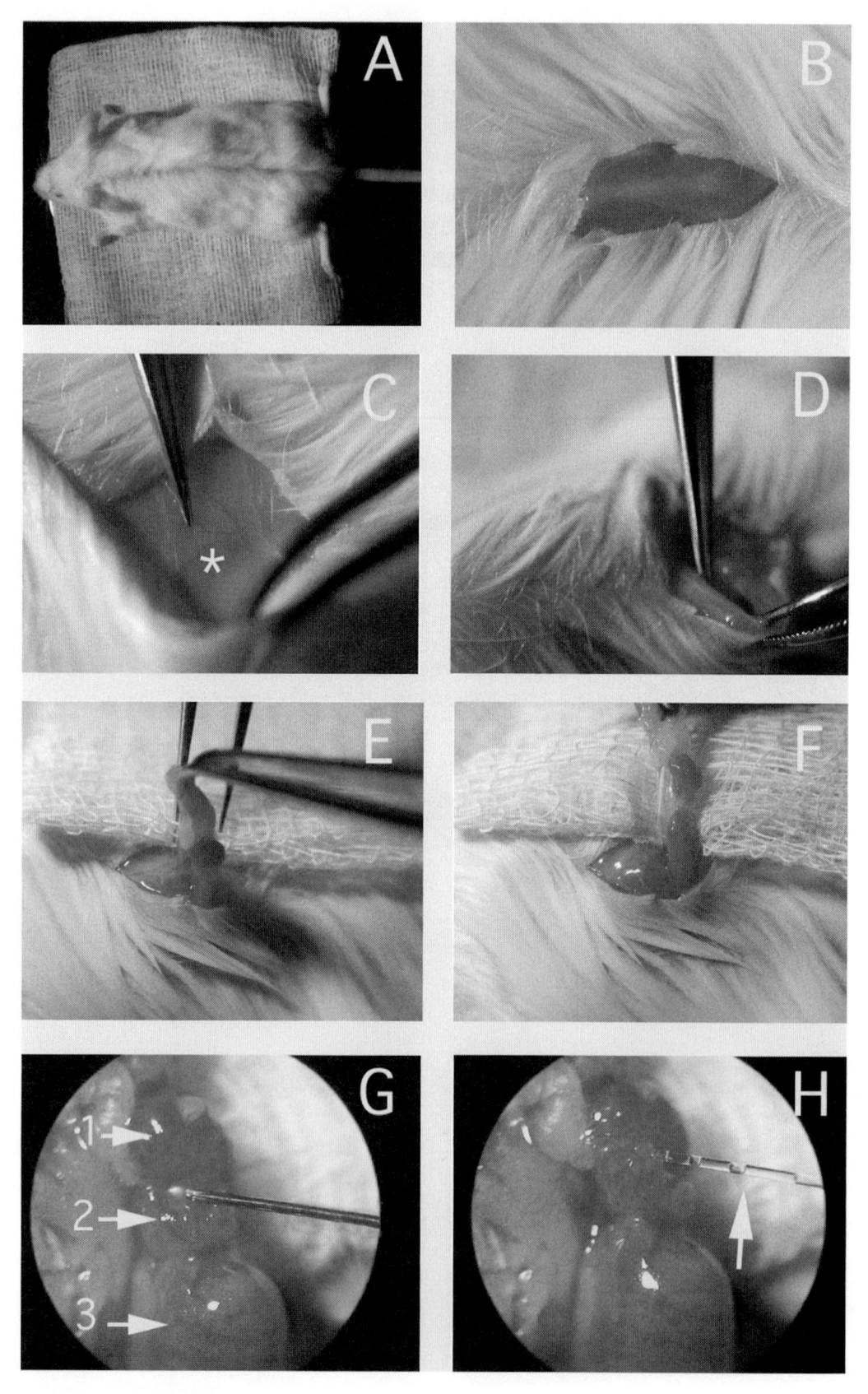

図6.3 （次頁を参照）

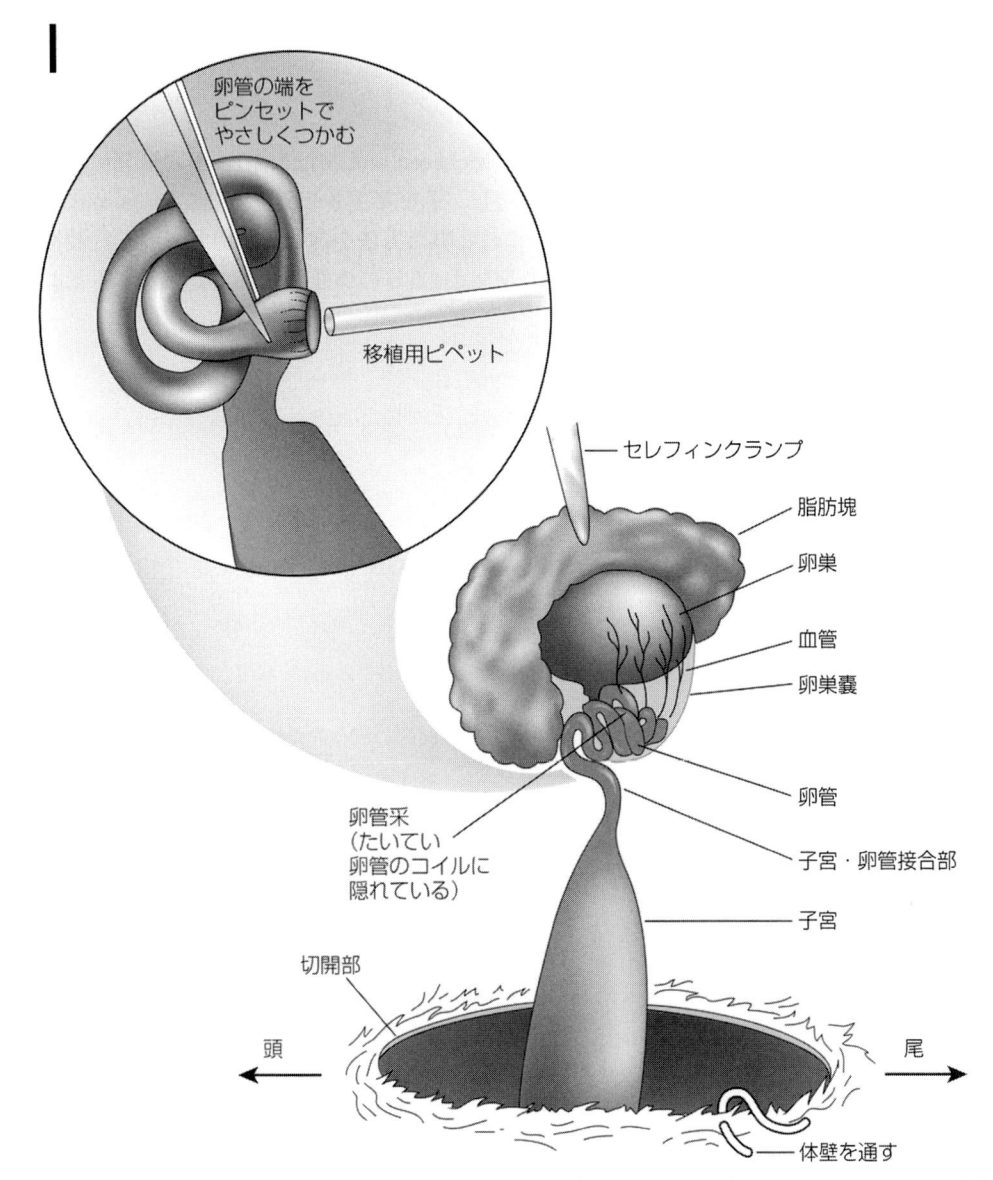

図6.3．（つづき）卵管内移植。(A)マウスを卵管移植用に用意。麻酔したマウスを9cmペトリ皿のふたに置くことにより，移動を容易にする。ここに示す方向にマウスを保定することにより，卵管への接近と本法による胚移植を容易にする。(B)背側の中心を小さく切開する。(C)卵巣(オレンジ色)または脂肪塊(白色)が体壁を通して確認できる(星印)。(D)解剖ハサミまたは先の鋭い時計用ピンセットを用いて卵巣上の体壁を切り，出血を抑えるためにハサミまたはピンセットで切開部を拡げる。(E，F)卵巣，卵管および子宮がついている卵巣脂肪塊をつかみ，引き出す。卵巣(1)，卵管(2)および近接した子宮(3)をセレフィンクランプで卵巣脂肪塊をつかむことによって体外に出しておく。(G)卵巣と卵管は血管をもった薄い透明の膜(卵巣嚢)に覆われている。血管を避け卵巣嚢を小さく切開し，卵管采を見つける。(H)胚の入った移植用ピペットを卵管采に挿入する。卵管采はピンセットでやさしくつかむ。(I)図はテクニックの概要を示している。

プロトコール 4　子宮内移植

　以下に説明している方法はMcLaren and Mitchie(1956)の研究に基づいており，体外培養マウス胚の発育に初めて成功し，子を誕生させている(McLaren and Biggers 1958)。Mintz(1967)とRafferty(1970)がこれと似た方法を詳しく説明している。最初は，死んだ個体で練習し，その後麻酔をかけた交尾後2.5日の偽妊娠マウスで練習するとよい。胚よりも青く色をつけたAffigelビーズを使うとよい。

材　料

供試動物と胚
　マウス胚盤胞期胚(交尾後3.5日)
　偽妊娠レシピエントマウス(交尾後2.5日)

器具
　清潔なケージ
　光ファイバー照明(とても役に立つ)
　細い鈍端のピンセット，先端に鋸歯状の刻みのついたもの
　#5時計用ピンセット，2組
　26ゲージ，1/2インチ皮下注射針
　9cmプラスチックペトリ皿のふた，ガラス板ないしペーパータオル
　湾曲外科用針(例えば，サイズ10，三角，鋭利)
　移植用またはマウスピースつきピペット(第4章と図4.1A，B，163頁参照)
　プラスティシン(随意)
　解剖ハサミ
　セラフィンクランプ，あるいは小さなデッフェンバッハクリップ(4cm以下)(Roboz Surgical Instruments RS7440；Weiss B950BないしFine Science Tools 18050-35)
　透過光および反射光を備えた実体顕微鏡(理想的には2台，1台は手術用，1台は胚を移植用ピペットに吸う時のためのもの)
　外科用絹糸(サイズ5-0)
　1ml注射筒
　ティッシュペーパー
　ウォームプレート，ヒーティングパッド，あるいは50W電球
　動物用体重計
　縫合クリップとクリップアプリケーター

試薬
　麻酔剤(付録1参照)
　青く色をつけたAffigelビーズ(BioRad 153-7302)
　HEPES入りのダルベッコ修正イーグル培地(DMEM)，M2ないしその他のHEPES緩衝培地
　70%エタノール<！>
　軽パラフィンオイル(随意)

注意：<！>をつけた材料の適切な取り扱いについては付録2を参照のこと。

手　順

1. レシピエントマウスの体重を量り，IP投与で麻酔をかける（第3章参照）。
2. 顕微鏡のステージに容易に置けるように，マウスをペトリ皿のふた（ないし代用できるもの）の上に乗せる。
3. 胚の入った移植用ピペットを乗せる（図6.1参照）。
   a. 移植用ピペットに少量のM2培地を吸い，少量の空気を吸い，再びM2培地，そして2つ目の気泡を吸引する。
   b. できるだけ少量の培地と一緒に胚を吸い上げるようになるまで何度も繰り返す（ピペットの5～7mmを満たす）。
   c. 移植用ピペット（マウスピースをつけたまま）を実体顕微鏡の台の上に置いたプラスティシンパッドに押し付けて，胚を子宮に移植する準備ができるまでそのままにしておく。あるいは，ピペットをチューブの上に置くか，顕微鏡の近くにあるほかのものの上においてもよい。ピペットの先がほかのものに触れないようにする。
   ピペットを壊さないように注意すること
4. 子宮の露出
   a. 70％エタノールでレシピエントマウスの背部を拭き，眼科用解剖ハサミで皮膚を脊髄の左約1cm，最後位肋骨あたりを横向きに小さく（1cm以下）切開する（図6.4A, B）。地域の規制により必要であるならば毛を刈る。切開部分を70％エタノールで拭き，抜けた毛はすべて除く。
   b. 皮膚を左右に動かし，切開部分が卵巣（オレンジ色）ないし脂肪塊（白色）の上になるようにする。どちらも体壁を通して見ることができる（図6.4C）。次いで時計用ピンセットで体壁をつまみ，解剖ハサミで卵巣の真上を小さく切開する（太い血管は避ける）。さらに切開部分を広げて出血を止める。鋭利なピンセットで体壁を刺してもよい。湾曲縫合針を使って絹糸を体壁に通す。このようにしておくと後で体壁を見つけやすい（随意）。
5. 胚移植
   a. 細い鈍端のピンセットで脂肪塊をつまみ，これにつながる左側の卵巣，卵管および子宮を引き出す。脂肪塊をセラフィンクランプで止め，背の中央に置く。これにより卵巣と卵管は体壁の外に出たままになる（図6.4D）。
   b. マウスを静かにつまみ，頭を実体顕微鏡のステージの上に置く。はじめにマウスを9cmペトリ皿のふたかペーパータオルの上に置いておけば，この移動はより容易である。
   c. 細い鈍端のピンセットで子宮端をつまみ，26ゲージないし30ゲージ，1/2インチ針を使って子宮卵管接合部から2～3mm下の子宮に穴を開ける（図6.4E）。子宮壁の小血管は避ける。出血した場合は，ティッシュペーパーを使って血を拭き取る。針が内腔に入り子宮壁に留まっていないことを確かめる。針が内腔に入ったかどうかを調べるにはわずかに引き出してみるとよい。たやすく滑れば針は内腔に達している。子宮を引き裂く恐れがあるので，針をあまり動かしてはいけない。針の角度と深さを見て，子宮角に平行にしておく。
   d. 針で作った穴から目を離さないで針を抜き，胚盤胞の入った移植用ピペットを約5mm挿入する（図6.4F参照）。胚に最も近い気泡あるいは青いビーズがピペットの先端にくるまで静かに吹く。これによりすべての胚盤胞が吹き出される。移植用ピ

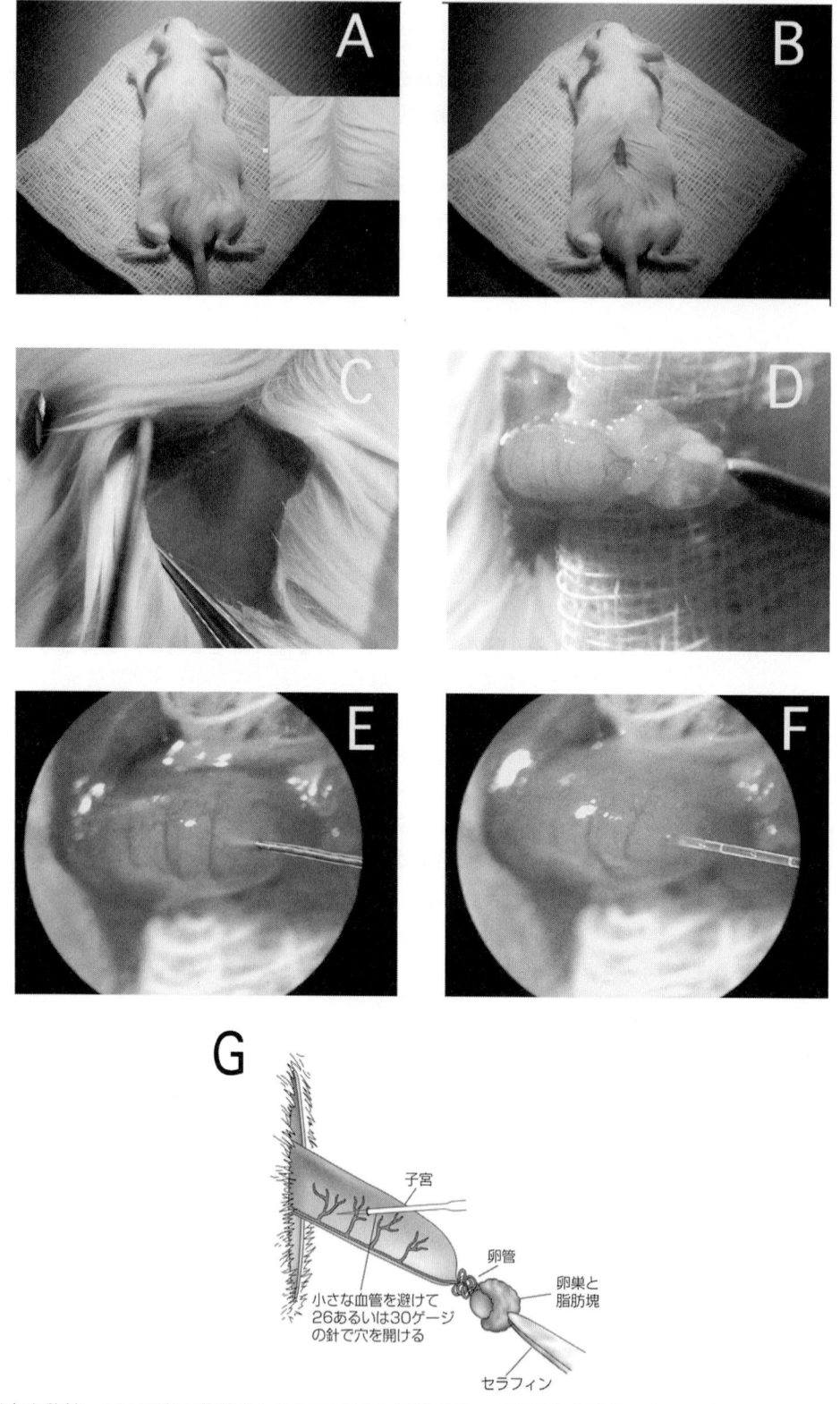

図6.4. 子宮内移植。(A)子宮内移植のためにマウスを準備する。(B)子宮内移植のための切開部位。(C)体壁を通して卵巣(オレンジ色)と脂肪塊(白色)が見える。(D)セラフィンクランプを用いて卵巣上部の脂肪塊をつまみ，卵巣，卵管と子宮の端を体外に取り出す。(E)30あるいは26ゲージ針を使って子宮内壁から内腔に達する穴を開ける。(F)針を抜いた後，移植用ピペットを穴に入れ，胚盤胞を注入する。子宮は細いピンセットでそっとつまむとよい。(G)テクニックの概要を示した図。

ペットの気泡や青いビーズがピペットの端に来るまでゆっくりと吹く。ピペット内の気泡あるいは青いビーズ(練習用)の動きをよく観察し,開いた子宮に最初の気泡が達した時にピペットを抜く。これにより,移植を妨げるような子宮内に多量の気泡が入ることが避けられる。

　　　　もし,液体が流れなくても無理に出してはいけない。ピペットを抜き,顕微鏡下でピペットが詰まっていないかを確認し,胚を吐き出し,同じピペットか新しいものを付け直す。

　e. セラフィンクランプを外し,マウスを実体顕微鏡のステージから下ろす。先の鈍いピンセットで脂肪塊をつまみ,子宮,卵管および卵巣を体壁内に押し戻す。体壁を1～2針縫い(随意),縫合クリップで皮膚を閉じる。

6. もし必要なら,右側についてもステップ3,4および5を繰り返す。
7. すべての行程が終わったらマウスを清浄なケージに入れ,麻酔が覚めるまで50W電球の照明下で暖める(目を保護するように注意する)。もしくは,ケージごとウォームプレート,あるいはヒーティングパッド上に置いて暖める。詳細は地域の監督機関の規制に従うとよい。

コメント

最近 Chin and Wang(2001)が,子宮・卵管接合部から子宮内移植を行う改良方法を報告した。この方法を用いると,胚が針で開いた穴から溢れ出るのを防ぐことができる。これは子宮と卵管の接合部には障壁があるからである。この方法を用いれば,100%の確率で移植ができる(Chin and Wang 2001)。

| プロトコル 5 | 帝王切開および代理哺乳 |

　帝王切開は，胚移植したレシピエント雌や妊娠した雌がそのマウスの系統に固有な期間までに出産しない時に必要である。

材　料

供試動物
　里親
　妊娠雌マウス

器具
　卓上ランプあるいはウォームプレート
　先の鋭いピンセット
　＃5時計用ピンセット，2組
　解剖ハサミ
　ティッシュペーパー

試薬
　70％エタノール＜！＞

注意：＜！＞をつけた材料の適切な取り扱いについては付録2を参照のこと。

手　順

1. 適当な里親がいる場合，妊娠している雌を頸椎脱臼法（図4.3参照）で殺す。腹を上にして妊娠雌を設置する。霧吹きを使って70％エタノールを腹部に吹きかけ，ティッシュペーパーで拭く。

2. 素早く腹腔を開いて子宮をペーパータオルの上に取り出す。慎重に子宮壁を切って胚膜に包まれた胚を外に出す。胎子を臓側卵巣嚢および羊膜から出し，臍帯を切断する。ティッシュペーパーで特に口や鼻のあたりの羊水や分泌物を拭く。

3. 静かにピンセットで産子の体をつまみ，呼吸を刺激する。つまんだ時に，産子が鳴いたら，通常は大丈夫である。産子を卓上ランプないし37℃ウォームプレートの上の濡れたティッシュペーパーに置く。静かに尾部をつまんだら元気に動き，鳴き，ピンク色になるまで暖める。

4. 次に，里親に子マウスを自分の子として受け入れ，面倒を見させる。自分の子を1回以上育てることに成功し，同じ日か前日に出産した雌が理想的な里親である。もし，日常的に良好な繁殖雌マウスが手に入らないようならば，レシピエント雌マウスを交配させた1〜2日前か同じ時に通常の交配を行うとよい。異なる体毛の里親を使うか，里親の出産した子マウスの尾部を切っておけば後で里子を区別できる。母マウスをケージから除き，系統により異なるが，元の子マウスを最終的には6〜8頭にする。必要ならば，自然に生まれた子を除いて，里子と入れ替える。母マウスをケージに戻す前に，里子と

自然に生まれた子および敷床を混ぜ合わせる。2つの集団間の温度差を最小にし，里子を暖かくしておくことが大変重要である。

プロトコール 6　腎被膜下への組織の移植

　このプロトコールは，Davor Solter(Max-Planck-Institute of Immunobiology, D-79108 Freiburg-Zähringen, Germany)より提供された。

材　料

供試動物と組織
　移植する成体または胚の組織
　組織適合性がある(あるいは免疫不全の)レシピエントマウス

器具
　清潔なケージ
　26mmデスマレス霰粒腫鉗子(Shields/Dina C62-2810)
　先の鈍いピンセット
　＃5時計用ピンセット
　26ゲージ，1/2インチ皮下注射針
　湾曲外科用針(サイズ10，三角，鋭利)
　ブレーキピペット
　　　小さな組織片を移植する場合に使用する。ブレーキピペットを作るには，ガラス製毛細管(移植用ピペット)を微小バーナーで引いて先を非常に細くする。先を細くした毛細管をより大きなガラス管の中に入れ，例えば，Drummondマイクロピペットチップまたは密封用ワックスを用いて固定する(図6.5参照)。毛細管のもう一端を希望する太さに引く。基本的に液体の流れに対する抵抗は，毛細管の細い端の直径に反比例する。
　解剖ハサミ
　実体顕微鏡
　外科用絹糸(サイズ5-0)
　1ml注射筒
　ティッシュペーパー
　ウォームプレート，ヒーティングパッド，あるいは50W電球
　動物用体重計
　縫合クリップとクリップアプリケーター

試薬
　麻酔剤(付録1参照)
　70％エタノール＜！＞
　滅菌ずみの等張ないしリン酸緩衝液(PBS)(pH 7.2，付録1参照)

注意：＜！＞をつけた材料の適切な取り扱いについては付録2を参照のこと。

手　順

1. レシピエントマウスの体重を量り，麻酔をかける。
2. 70％エタノールでレシピエントマウスの背部を拭き，地域の規制により必要であるならば毛を刈る。胚移植用に約1cmの切り口を作る(239頁参照)。切り口を一方にずらし，卵巣のちょうど上の位置で体壁を切る。先の鈍いピンセットで脂肪塊をつまみ腎臓を引き出す。デスマレス霰粒腫鉗子で腎臓を固定する(図6.5)。2～3分腎臓表面を乾燥させる(こうすると被膜は時計用ピンセットでつまめるようになる)。
3. 時計用ピンセットで被膜を小さく裂き，被膜を滅菌食塩水かPBSで湿らせる。濡れた時計用ピンセットで被膜下にポケットを作り，続いて移植する組織をピンセットかブレーキピペットを用いて入れる。このブレーキピペットは血液が逆流し開口部に詰まるのを防ぐ働きがある。
4. 切り口からなるべく遠くに組織を入れる。鉗子から腎臓をはずし，先の鈍いピンセットで体腔内に戻す。体壁を1ないし2針縫い，皮膚をクリップで閉じる。

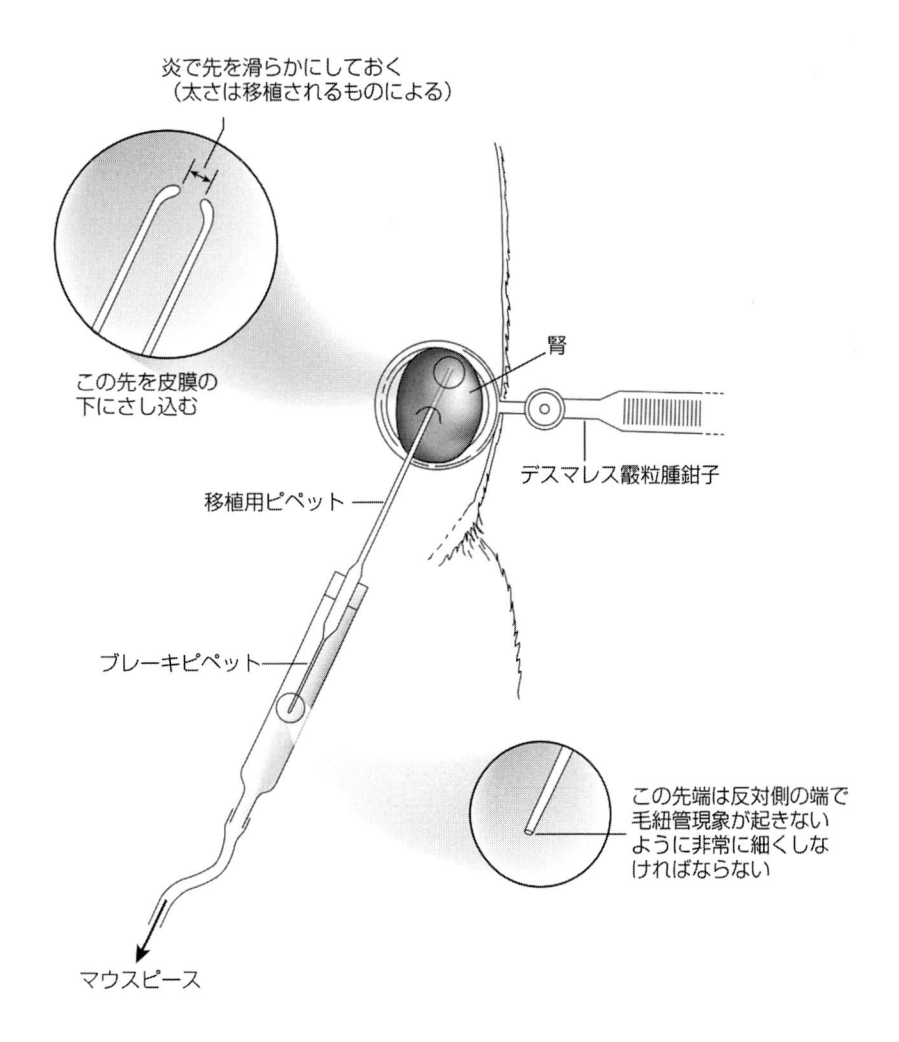

図6.5. ブレーキピペットを用いて小組織塊を腎被膜下に移植する方法

5．すべての行程が終わったらマウスを清浄なケージに入れ，麻酔が覚めるまで50W電球の照明下で暖める（目を保護するように注意する）。もしくは，ケージごとウォームプレート，あるいはヒーティングパッド上に置いて暖める。詳細は地域の監督機関の規制に従うとよい。

プロトコール 7　ES細胞の皮下注入

この方法は，Robertson(1987)に基づいている。

材料

供試動物と組織
胚性幹(ES)細胞(マウスあたり約 2×10^6 細胞)
組織適合性がある(あるいは免疫不全の)レシピエントマウス

器具
26ゲージ，1/2インチ皮下注射針
1cc注射筒
動物用体重計(随意)

試薬
麻酔剤(随意)

手順

1. ES細胞の単一細胞懸濁液を調製する(第8章のトリプシン処理参照)。
2. レシピエントマウスの体重を測定し，麻酔をかける。麻酔は必ずしもかけなくてもよい。
3. ES細胞(マウスあたり約 2×10^6 細胞)をマウスの側腹部に皮下注入する。
4. 移植から6週間後，解析のために生成した腫瘍を採取する(第16章参照)。

プロトコール 8　部分肝切除

材　料

供試動物
　マウス

器具
　クリッパー
　清潔なケージ
　光ファイバー照明(随意)
　先の鈍いピンセット
　＃5時計用ピンセット, 2組
　26ゲージ, 1/2インチ針
　外科用縫合針(例えば, サイズ10, 三角, 鋭利)
　解剖用ハサミ
　縫合絹糸(サイズ5-0)
　1ml注射筒
　ティッシュペーパー
　ウォームプレート, ヒーティングパッド, あるいは50W電球
　動物用体重計
　縫合クリップとアプリケーター

試薬
　麻酔薬(付録1参照)
　70％エタノール＜！＞

注意：＜！＞をつけた材料の適切な取り扱いについては付録2を参照のこと。

手　順

1. マウスの体重を量り, 麻酔をかける。
2. マウスの腹部上方を剃り, 70％エタノールで皮膚を拭いて残毛を取り除く。
3. 胸骨直下の皮膚へ長さ1.5 cm以下の横切開を解剖用ハサミで入れる。皮膚を70％エタノールで拭く。時計用ピンセットで腹壁を持ち上げ, 胸骨直下を横切開する。壁中央線の両側に位置し, 腹壁を縦に走る2本の太い血管(約1cm離れている)の切断を避ける。これは動物に致命的なことではないが, かなりの出血をもたらし, 切開部が見えづらくなる。
4. 1組の時計用ピンセットで体壁を固定し, 腹壁の内部に到達したら, 1組の先の鈍いピンセットで肝葉部頂端をそっとつかむ。腹壁の外側へ肝葉部をそっと引き出して, ピンセットを水平に保持し, 先の鈍いピンセットで肝をつかむ。肝の約3分の2が出るまで, 肝葉を慎重にマウスの外側へ引き出す。肝が切断された際に出血しないように, 肝葉の下へ外科用絹糸を通し, 血管をしめるようにして結紮する。前もって絹糸を大きな輪に結んでおけば, 輪に肝葉を通すことができる。ハサミで末端から縫合部までの肝葉を切

除する。肝葉は用途に応じて処理する。
5. 腹壁を1，2針縫い合わせて，縫合クリップで皮膚を閉じる。
6. すべての行程が終わったらマウスを清浄なケージに入れ，麻酔が覚めるまで50W電球の照明下で暖める（目を保護するように注意する）。もしくは，ケージごとウォームプレート，あるいはヒーティングパッド上に置いて暖める。詳細は地域の監督機関の規制に従うとよい。

プロトコール 9　脾臓摘出

材　料

供試動物
　マウス

器具
　クリッパー
　清潔なケージ
　光ファイバー照明(随意)
　先の鈍いピンセット
　＃5時計用ピンセット，2組
　26ゲージ，1/2インチ針
　外科用縫合針(例えば，サイズ10，三角，鋭利)
　解剖用ハサミ
　縫合絹糸(サイズ5-0)
　1ml注射筒
　ティッシュペーパー
　ウォームプレート，ヒーティングパッド，あるいは50W電球
　動物用体重計
　縫合クリップとアプリケーター

試薬
　麻酔薬(付録1参照)
　70％エタノール＜！＞

注意：＜！＞をつけた材料の適切な取り扱いについては付録2を参照のこと。

手　順

1. マウスの体重を量り，IP投与により麻酔をかける(第3章，146頁参照)。
2. マウスの腹部上方を剃り，70％エタノールで皮膚を拭いて残毛を取り除く。
3. 最後位肋骨のあたりで脊椎の左側の皮膚に小さな横切開を解剖用ハサミで入れる。皮膚を70％エタノールで拭く。体壁を解剖用ハサミで横切開する。先の鈍いピンセットで脾臓を取り出す。脾臓の片側端にある胃－脾靭帯をハサミで切除する。太い動脈と静脈が脾臓の中央部に向けて脂肪組織内を一緒になって走っている。これらの血管を外科用絹糸で結紮する。結紮部の端で血管を切除し脾臓を全摘する。
4. 体壁を1～2針縫い合わせて，縫合クリップで皮膚を閉じる。
5. すべての行程が終わったらマウスを清浄なケージに入れ，麻酔が覚めるまで50W電球の照明下で暖める(目を保護するように注意する)。もしくは，ケージごとウォームプレート，あるいはヒーティングパッド上に置いて暖める。詳細は地域の監督機関の規制に従うとよい。

プロトコール 10　腎臓切除

材料

供試動物
マウス

器具
クリッパー
清潔なケージ
解剖用ハサミ
光ファイバー照明(随意)
先の鈍いピンセット
＃5時計用ピンセット，2組
26ゲージ，1/2インチ針
外科用縫合針(例えば，サイズ10，三角，鋭利)
縫合絹糸(サイズ5-0)
1ml注射筒
ティッシュペーパー
ウォームプレート，ヒーティングパッド，あるいは50W電球
動物用体重計
縫合クリップとアプリケーター

試薬
麻酔薬(付録1参照)
70％エタノール<！>

注意：<！>をつけた材料の適切な取り扱いについては付録2を参照のこと。

手順

1. マウスの体重を量り，IP投与により麻酔をかける(第3章，146頁参照)。
2. マウスの腹部上方を剃り，70％エタノールで皮膚を拭いて残毛を取り除く。
3. 最終肋骨のあたりで脊椎の左側に沿って，解剖用ハサミで皮膚に0.5〜1.0cmの縦長の切開を入れる。70％エタノールで皮膚を拭く。体壁を縦に0.5cm切開し，外科用縫合針と縫合絹糸を用いて背壁を1針縫合する。
4. 腎臓の位置を確かめてから，体壁外側より腎臓を押し，マウスから搾り出すようにする。もしくは，先の鈍いピンセットで腎臓の基底部にある脂肪組織をつまみながら腎臓を引き出す。腎臓の下に通した縫合糸を引っ張り，腎動脈，腎静脈および尿管を2カ所で結紮する。解剖用ハサミで大部分の腎臓を切除し，結紮が抜け落ちないようにして腎小片を後に残しておく。

5．体壁を1，2針縫い合わせて，縫合クリップで皮膚を閉じる。
6．すべての行程が終わったらマウスを清浄なケージに入れ，麻酔が覚めるまで50W電球の照明下で暖める（目を保護するように注意する）。もしくは，ケージごとウォームプレート，あるいはヒーティングパッド上に置いて暖める。詳細は地域の監督機関の規制に従うとよい。

プロトコール 11　去　勢

　去勢は精巣由来のホルモンを除くため，もしくは雄マウスを殺さずに精巣を得るために行われる。片側，もしくは両側の精巣を取り除くことができる。雄の去勢は精管切除と同様の処理で行うことができる（プロトコール6.1参照）。精巣へは，プロトコール6.1の方法1もしくは2で到達できる。

材　料

供試動物
　雄マウス

器具
　アルコールもしくはブンゼンバーナー（随意）
　クリッパー（随意）
　光ファイバー照明（随意）
　先の鈍いピンセット
　＃5時計用ピンセット，2組
　26ゲージ，1/2インチ皮下注射針
　外科用縫合針（例えば，サイズ10，三角，鋭利）
　大型のハサミ
　細い解剖用ハサミ
　縫合絹糸（サイズ5-0）
　1 ml注射筒
　ティッシュペーパー
　動物用体重計
　縫合クリップとアプリケーター（随意）

試薬
　麻酔薬（付録1参照）
　70％エタノール＜！＞

注意：＜！＞をつけた材料の適切な取り扱いについては付録2を参照のこと。

手　順

1. マウスの体重を量り，IP投与により麻酔をかける（第3章，146頁参照）。
2. マウスの腹部上方を剃り，70％エタノールで皮膚を拭いて残毛を取り除く。
3. 陰嚢の中心線に沿って約1cmほど切開する（図6.2E参照）。
4. 膜に覆われた精巣嚢間の中心壁を確認する。これは淡白色に見えるはずである。
5. 左側の膜に5mmの切れ込みを入れる。
6. 丁寧に精巣を取り出す。
7. 先の鈍いピンセットで精巣に付着している脂肪塊をつかむ。脂肪塊はあまり遠くに引き

出さないこと。再び精巣嚢に戻すのが難しくなる。次に精管および精管に沿って著しく発達している血管を確認する。精巣を保持したまま，精管と血管を炎で赤熱したピンセットの先端部で挟み，焼き切る。脂肪塊から精巣を切り取り，除去する。脂肪塊を精巣嚢に戻す。

8. 必要ならばもう片方の精巣にもステップ4から7の処理を施す。
9. 切開部を縫合するか縫合クリップで止める。必ずしも必要ではないが，陰嚢の膜を縫い合わせることができる。
10. すべての行程が終わったらマウスを清浄なケージに入れ，麻酔が覚めるまで50W電球の照明下で暖める（目を保護するように注意する）。もしくは，ケージごとウォームプレート，あるいはヒーティングパッド上に置いて暖める。詳細は地域の監督機関の規制に従うとよい。縫合クリップを10〜14日後に取り外す。

プロトコール 12　尾部よりの採血

材　料

供試動物
マウス

器具
100Wランプ
1.5ml 微量遠心チューブ
ヘパリン処理した微量ヘマトクリットチューブ
レーザーカミソリ
スライドウォーマー

試薬
麻酔薬(ケタミン/キシラジン混合，もしくはアバーチンを用い，量は採取する血液量によって調節する)
イソフルオレン(約0.5mlを綿に吸わせ，ふたをした1リットルビーカー内に入れておく)
ヘパリン(随意)
リン酸緩衝液(PBS)(付録1参照)

手　順

1. イソフルオレンを入れたふたつき1リットルビーカー内にマウスを入れ，麻酔する。ビーカーをゆすってマウスの動きが止まり，寝入ったころにマウスを取り出す。マウスは約1分間，無意識状態になる。
2. レーザーカミソリでマウスの尾部末端を約2cm切り取る。
3. 75μlの血液の採取：ヘパリン処理をした微量ヘマトクリットチューブを水平にもち，マウスの尾部出血部の先端をヘパリンで処理し，毛細管現象で微量ヘマトクリットチューブを血液で満たす。

   100〜200μlの血液の採取：血液凝固を阻止するために，1.5ml微量遠心チューブ内へあらかじめヘパリンの小滴(約1000 U/ml)を入れておき，試験管を振ってヘパリンで内面をコートする。マウスが意識を回復する際に尾部を動かすので，首をつかんで(図3.1参照)，切断した尾部をヘパリン処理した微量遠心チューブ内へ素早く押し込んで，それを保持しながら必要とする血液量で採血する。切断端の方向へ尾部をそっとなでると余分の血液が採れるが，この操作は採血した血液中の血漿/血球の割合を変える。マウスが特に静かな時には，麻酔から覚めた後，ケージの上に立たせて尾部を採血用チューブの中へ入れ保持する。血液はPBSを入れたチューブの中へも採血できる。血液細胞は遠心によって回収する。

   200〜500μlの血液の採取：マウスをケタミン／キシラジン混合，あるいはアバーチン(手術の際に要する量よりも少なめに)で麻酔する。マウスを37℃のスライドウォーマーの上に置き，温めて，尾部を切断する(上記と同様)。切断した尾部をヘパリン処理したチューブ，あるいはPBSを入れたチューブ内へ入れる。20gのマウスからは致命

的にならない量として0.5mlまで採血できる。血液が凝固し，流出が止まれば，尾部の近部をさらに切断する。

参考文献

Bergstrom S. 1978. Experimentally delayed transplantation. In *Methods in mammalian reproduction* (ed. J.C. Daniel), pp. 419–435. Academic Press, New York.

Chin H.J. and Wang C.K. 2001. Utero-tubal transfer of mouse embryos. *Genesis* **30:** 77–81.

Erhardt W., Hebestedt A., Aschenbrenner G., Pichotka B., and Blumel G. 1984. A comparative study with various anesthetics in mice (pentobarbitone, ketamine-xylazine, carfentanyl-etomidate). *Res. Exp. Med.* **184:** 159–169.

Grant G.J., Vermeulen K., Langerman L., Zakpwski M., and Turndorf H. 1994. Prolonged analgesia with liposomal bupivacaine in a mouse model. *Reg. Anesth.* **19:** 264–269.

Magoon K.E., Hsu W.H., and Hembrough F.B. 1988. The influence of atropine on the cardiopulmonary effects of a xylazine-ketamine combination in dogs. *Arch. Int. Pharmacodyn. Ther.* **293:** 143–153.

McLaren A. and Biggers J.D. 1958. Successful development and birth of mice cultivated in vitro as early embryos. *Nature* **182:** 877–878.

McLaren A. and Michie D. 1956. Studies on the transfer of fertilized mouse eggs to uterine foster-mothers. I. Factors affecting the implantation and survival of native and transferred eggs. *J. Exp. Biol.* **33:** 394–416.

Mintz B. 1967. Mammalian embryo culture. In *Methods in developmental biology* (ed. E.H. Wilt and N.K. Wessels), pp. 379–400. Cromwell, New York.

Nakagata N. 1992. Embryo transfer through the wall of the fallopian tube in mice. *Jikken Dobutsu* **41:** 387–388.

Nichols J. and Gardner R.L. 1989. Effect of damage to the zona pellucida on development of preimplantation embryos in the mouse. *Hum. Reprod.* **4:** 180–187.

Nowrouzian I., Schels H.F., Ghodsian I., and Karimi H. 1981. Evaluation of the anaesthetic properties of ketamine and a ketamine/xylazine/atropine combination in sheep. *Vet. Rec.* **108:** 354–356.

Noyes R.W. and Dickman Z. 1961. Survival of ova transferred into the oviduct of the rat. *Fertil. Steril.* **12:** 67–79.

Papaioannou V.E. and Fox J.G. 1993. Efficacy of tribromoethanol anesthesia in mice. *Lab. Anim. Sci.* **43:** 189–192.

Rafferty R.A. 1970. *Methods in experimental embryology of the mouse.* Johns Hopkins Press, Baltimore.

Robertson E.J. 1987. Embryo-derived cell lines. In *Teratocarcinoma and embryonic stem cells: A practical approach* (ed. E.J. Robertson). IRL Press, Oxford.

Tarkowski A.K. 1959. Experimental studies on regulation in the development of isolated blastomeres of mouse eggs. *Acta. Theriol.* **3:** 191–287.

Whittingham D.G. 1968. Fertilization of mouse eggs in vitro. *Nature* **220:** 592–593.

Zeller W., Meier G., Burki K., and Panoussis B. 1998. Adverse effects of tribromoethanol as used in the production of transgenic mice. *Lab. Anim.* **32:** 407–413.

第7章

トランスジェニックマウスの作製

過去ほんの20～30年の間に，マウスの生殖系列細胞中に遺伝子を導入するための技術が数多く開発された。これらの技術によって，正常であるかどうかを問わず，クローン化されたものならどのような遺伝子でも生殖系列に導入することが可能になった。またES細胞を用いて特定の遺伝子に変異を挿入したり，遺伝子トラップベクターを用いて無作為に遺伝子に変異を挿入したりすることも可能になり，マウス遺伝学に革命的な変革をもたらした。この章では外来遺伝子を直接マウスの胚に導入する方法について解説する。さらにマイクロインジェクションの方法だけにはとどまらず，導入遺伝子の精製法やガラス毛細管の作製法などについても記載する。これらの方法は良い実験結果をもたらすためには必須である。さらにBACsやYACsなどの高分子DNAの取り扱いについても解説する。

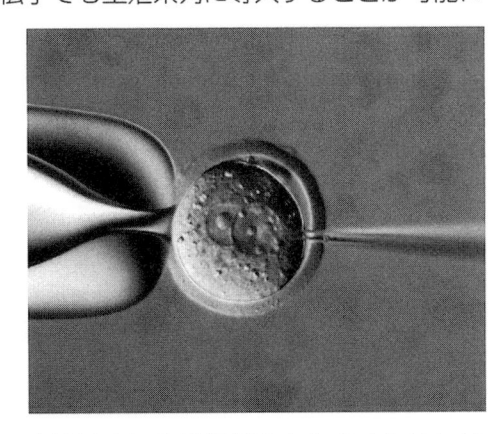

目次

トランスジェニックマウス作製技術の利用, 275
前核へのマイクロインジェクションによるマウスゲノムへの遺伝子導入, 277
導入遺伝子のデザイン, 278
 原核細胞由来ベクター配列の影響, 278
 DNAコンストラクトの長さ, 279
 2つ(あるいはそれ以上)の遺伝子の同時導入, 279
 導入遺伝子と内在遺伝子の発現の区別, 280
 制御配列を同定する方法, 280
 レポーター遺伝子, 281
 トランスジェニックコンストラクトへの既知の組織特異的制御配列の利用, 281
 cDNAの発現と導入遺伝子の発現におけるイントロンの役割, 282
 全身発現への「ハウスキーピング遺伝子」プロモーターの利用, 282
 遺伝子導入の効率に関与する因子, 282
 巨大DNAの扱いに関する一般的な注意事項, 284
DNAの抽出と精製, 284
 一般的注意事項, 284
 不純物とその除去法, 284
 プラスミドとインジェクション用DNAの精製に使用できる市販のキット類, 286
 通常の大きさのDNAを大腸菌から精製する方法, 286
 インジェクション用DNA断片切り出しのための制限酵素処理, 287
 ゲル電気泳動法による分離, 288
 アガロースゲルからのDNA断片の回収, 288
 DNA断片の精製, 288
マイクロインジェクション用DNAの調製, 289
 定量とDNAの品質の維持, 289
 インジェクション用DNAの定量, 290
 DNA溶液を濾過するか？, 290
 調製ずみDNAの保存, 291
器材と受精卵の準備, 291
 マウス系統の選択, 291
 受精卵の準備, 291
 支持ピペットの作り方, 291
 マイクロインジェクションピペットの作り方, 292
 マイクロインジェクションの準備, 294
マイクロインジェクション, 299
 マイクロインジェクションの時期, 299
 受精卵へのマイクロインジェクション, 299
 マイクロインジェクション後, 300
トランスジェニック系の確立と維持, 300
プロトコール
 1. 簡単で確実なDNA断片の分離と精製法, 302

2．NucleoBondキットを使用した大腸菌培養液からのBAC DNAの単離，304
3．NucleoBondキットで調製したBAC DNAの精製，306
4．アガロース・プラグ法による酵母DNAの大量調製，307
5．フィルターキットによるYAC DNAの精製，310
6．通常サイズDNA用のインジェクションバッファーの調製，313
7．BAC/YAC DNA用インジェクションバッファーの調製，314
8．支持ピペットの作製，315
9．インジェクションピペットの作製，317
10．マイクロインジェクションの準備，318
11．マウス胚へのマイクロインジェクション，321

トラブルシューティング，326

参考文献，330

トランスジェニックマウス作製技術の利用

このマニュアルが最初に出版されてから，トランスジェニックマウスは生物医学の研究に広く使用されるようになり，応用例も数多く開発され，いくつか総説も出版された(Palmiter and Brinster；1986, Jaenisch；1988, Hanahan；1989)。もっとも一般的なトランスジェニックマウスの利用方法は，(1)遺伝子発現の組織特異性や，発生過程における時期特異性に関する制御機構の研究，(2)導入遺伝子の発現による表現型の解析，の2つである。マウスの生殖系列細胞に導入された遺伝子の多くは，宿主染色体への組み込み位置が見かけ上ランダムであるにもかかわらず，発現の正常な組織特異性および時期特異性をもつことが示されている。したがって，マウス胚への遺伝子導入は，動物の発生過程における遺伝子転写の特異性を支配している*cis*制御DNA配列を実験的に解析する手段を提供することになった。そのうえこの様な研究によって，遺伝子の発現を制御する塩基配列が決定されたことにより，望みの遺伝子を発生途中のマウスの特定の組織で発現させることが可能になった。

導入遺伝子の発現とその表現型の解析例としては，ホルモン(Palmiter et al. 1982；Hammer et al. 1985)，発癌遺伝子(Brinster et al. 1984, Stewart et al. 1984)，発生制御遺伝子(Wolgemuth et al. 1989；Kessel and Gruss 1990)，免疫系の遺伝子(Storb et al. 1984)，ウイスル遺伝子(Chisari et al. 1985；Berns 1991；Skowronski et al. 1993)などがある。通常，新規の遺伝子を発現するトランスジェニックマウスは過剰発現による表現型異常(gain of function)を起こす。また，機能欠損(loss of function)は無作為な挿入突然変異(randam insertional mutation；Woychik and Alagraman 1998 レビュー)やジーンターゲティング(Brinster et al. 1989)によって可能である。また，いくつかの導入遺伝子によっては，優性抑制(Dominant negative)変異体が得られており(Stacey et al. 1988；Metsaranta et al. 1992；Peters et al. 1994)，また，アンチセンスRNAの発現によって内在性遺伝子の発現が抑えられたという報告もある(Sokol and Murray 1996 Erickson 1999)。最近マウスの系で，二重鎖RNA(RNA干渉法，またはRNAi)によって遺伝子発現をほぼ失わせることができるという報告がなされた(Wianny and Zernicka-Goetz 2000；McCaffrey et al. 2002)。

トランスジェニックマウスのほかの利用法として以下の報告をあげる。

- 特定の細胞集団を消失させる(Palmiter et al. 1987；Borrelli et al. 1989；Heyman et al. 1989)
- 特定の細胞集団に新しいマーカーを付与する(Lo et al. 1987；Beddington et al. 1989)

- 体細胞や減数分裂における遺伝子組換えの研究(Murti et al. 1992)
- 変異誘発剤の検定(Gossen et al. 1989；Kohler et al. 1991)
- クローン化した遺伝子がマウスの突然変異を相補できるかどうかの検定(Readhead et al. 1987；Stacey et al. 1987；Probst et al. 1998；Zhu et al. 2000)
- 大動物に蛋白質を産生させる方法の開発(Pittius et al. 1988；Archibald et al. 1990)

　発生過程や細胞特異的に導入遺伝子を発現させる目的に加えて，近年では一過性，または誘導時に発現させることが要求されている(Lewandoski 2001)。現在では主にテトラサイクリンとRU-486，タモキシフェンの3種類の誘導剤が使用される。テトラサイクリンシステムはアクティベーター遺伝子とレスポンダー遺伝子から構成され，アクティベーター遺伝子からはバクテリアのテトラサイクリンレスポンダー(TetR)蛋白質と単純ヘルペスウイルスVP16転写活性化領域の2種類の融合蛋白質が発現する。TetRはテトラサイクリンと19bpのtetオペレーター(*tetO*)と呼ばれる配列の両方に結合することができるが，その*tetO*はマウスのゲノム中には存在しない(Gossen et al. 1995)。レスポンダーはこの*tetO*と最少限のプロモーターをつなげた導入遺伝子で構成される。この*tetO*遺伝子はそのままではマウスの内在性遺伝子の発現を誘導しないが，テトラサイクリン存在下，または非存在下(前者をtet-ONシステム，後者をtet-OFFシステムと呼ぶ)で導入遺伝子の発現を誘導し，マウスの生存中はいつでもテトラサイクリンを投与したり，投与を中止したりすることによって発現を制御することができる(Shin et al. 1999)。

　タモキシフェンとRU-486による誘導システムはこれとは別の原理に基づいており，Cre特異的DNA組換えと呼ばれる遺伝子スイッチシステムを利用する。Cre組換え酵素はバクテリオファージP1由来で，「*loxP*」部位と呼ばれる34bpからなる配列に両端を挟まれたDNAを特異的に切り出す。都合のよいことに，*loxP*部位はマウスのゲノムには存在しないので，このCre組換え酵素と*loxP*部位を利用することにより，遺伝子組み込み後の導入遺伝子改変が可能となる。現在多くの強力な「遺伝子スイッチ」が開発されており，部位特異的な遺伝子組換えを担っている。その詳細についてはCre組換え酵素を用いた条件つきのトランスジェニック，ノックアウトマウスの作製や染色体DNA改変などを含めて9章で解説する。ここでは，タモキシフェンおよびRU-486誘導システムにおけるCre/*loxP*システムの利用と，*loxP*を含んだ標的導入遺伝子に関して解説する。組み込まれた遺伝子を改変させるために，通常はCre組換え蛋白質を特定のプロモーター制御下に発現させた別のトランスジェニックマウスを作製し交配させる。この組換えは核の中で起こり，さらにこの組換えはほかにも，例えばプロゲステロンやエストロゲンレセプターといった別のホルモン結合部位と融合蛋白質にすることにより制御できることが知られる。エストロゲンレセプター領域には内在性のエストロゲンはほとんど結合せず，しかも「人工的な」相同体であるタモキシフェンとは結合できるような変異を挿入しておく。同様に，プロゲステロン領域には内在性のプロゲステロンとは結合せず，RU-486とは結合する様な変異を挿入する。この両方のシステムにおけるそれぞれの外来性リガンドの目的は，Cre蛋白質の核への移行を促進することにある。

　*LoxP*部位を導入したトランスジェニックマウスはCre組換え酵素の標的として使用できる(Grieshammer et al. 1998)。しかし，通常，導入遺伝子は直列に複数コピーが組み込まれるので，導入遺伝子が組み込まれた部位には多くの*loxP*部位が存在することになってしまう。また，*loxP*部位がいくつか逆向きに挿入されるような複雑な遺伝子導入が起こった場合は，Creの発現により染色体を失ってしまうことが起こりうる(Lewandoski and Martin 1997)。マウスではX染色体以外は一染色体性では生存できないので，その結果，胚性致死となる。この様にこのシステムを利用する場合には導入遺伝子は1コピーのみ組み込まれることが望ま

しい。この1遺伝子の組み込みを起こすには前核へのインジェクション法ではなく，ES細胞を用いたトランスジェニック作製法がより適している（第9章）。

トランスジェニックマウスが作られ始めた当初から，トランスジェニックマウスを作製することの副産物として，様々な表現型を示す挿入突然変異が得られることが知られていた(Woychik et al. 1995；Woychik and Alagramam 1998)。以下に述べるいずれの方法で作製されたトランスジェニックマウスでも，そのうちの約5～15％は劣性の胚性致死，あるいは致死ではないが表現型として検出可能な劣性挿入突然変異をもっている。挿入したDNAが突然変異を起こした遺伝子に「目印」をつけるため，その遺伝子をクローン化して解析することができ，発生過程で重要な機能を担っている可能性のある新規の遺伝子を同定することが可能になる（総説ではJaenisch 1988；Gridley 1991；Meisler 1992)。しかし，導入遺伝子が組み込まれた位置で染色体に大きな構造変化が引き起こされ，解析を非常に面倒にすることがある。それでも，マウスの全ゲノムシークエンスが完了したことにより，挿入部位の特定はより容易となり，より興味深い研究対象となった。挿入位置近傍のDNAをクローン化する方法は第12章で解説する。さらに，最近はジーントラップ法に相補的で，より効率的な方法が新規遺伝子の同定に利用されるようになった。これらの方法は発生過程における遺伝子発現パターンと，試験管内分化誘導アッセイ，およびシークエンス・タグ法を組み合わせたものである(Gossler et al. 1989；Friedrich and Soriano 1991；Skarnes et al. 1992；Hicks et al. 1997；Zambrowicz et al. 1998；Wiles et al. 2000)。これらはES細胞を利用する方法で，詳細は第9章に記載する。

前核へのマイクロインジェクションによるマウスゲノムへの遺伝子導入

最も広く，かつ最も成功率の高い方法として用いられているのは，マウス受精卵の前核に直接DNAをマイクロインジェクションする方法である。最初にLin(1966)は，マイクロマニピュレーション法を用いてマウスの受精卵の前核に，細いガラス針を刺しても発生を続けることを証明した。その後，ウシ血清アルブミン(BSA)の様な大きな分子を受精卵に注入し，その受精卵を偽妊娠した仮親へ移植することにより生きたマウスが産まれることを示した。しかし，Linの技術は時代を先行しすぎていた。なぜならこの時代にはまだDNA組換え技術は存在しなかったのである。1980年の終わりになって，DNAを受精卵の前核に注入する方法によってトランスジェニックマウスが作製されたことがGordonら(1980)によって報告された。さらに導入遺伝子の染色体への組み込み，生殖細胞系列への伝播，個体内での導入遺伝子の発現などが次の一年間で，6つの独立したグループから相次いで報告された(Brinster et al. 1981；Costantini and Lacy 1981；Gordon and Ruddle 1981；Harbers et al. 1981；E. Wagner et al. 1981；T. Wagner et al. 1981)。現在ではこの技術は十分に確立されたものとなっており，世界中の多くの研究室で行われる標準的な方法となっている。また，最近では巨大DNA断片の利用が多くみられる様になった(Copeland et al. 2001)。酵母人工染色体(YACs)(Schedl et al. 1992；Peterson et al. 1997)や，P1バクテリオファージ由来人工染色体(PACs)(Sternberg 1992)，バクテリア人工染色体(BAC)(Antoch et al. 1997；Nielsen et al. 1997；Yang et al. 1997)などのすべてのDNAでトランスジェニックマウスの作製に成功している。これらの方法では産まれてきたマウスの10～40％に外来遺伝子の染色体への安定な組み込みが認められる。より詳細な総説としてGirlado(2001)の著書をあげる。

前核へのDNAインジェクション法で，ホストのゲノムに組み込まれる場所は，1つの例外(Brinster et al. 1989)を除いて無作為である。さらに，組み込まれる位置を予測したり，コピ

一数を見積もったりすることはほとんど不可能である。したがって，それぞれのファウンダー・マウスはそれぞれ固有の部位に，固有のパターンとコピー数の外来遺伝子をもつことになる。直鎖状，環状どちらのDNAをマイクロインジェクションしても，複数コピーが組み込まれる場合が多い。その理由として，直鎖状DNAでも前核に注入された直後に環状化し，その後その環状DNA間で相同組換えが起こり，ホストのゲノムに組み込まれているからと考えられている(Brinster et al. 1981, 1982)。直鎖状DNAの末端の構造は，組み込みの効率や，組み込まれる際の構造に少し影響を及ぼす。しかし，直鎖状DNAの末端構造がどの様なかたちであるにせよ，head-to-tailの順方向に組み込まれる場合が一番多い(Brinster et al. 1981；Costantini and Lacy 1981)。ほとんどの場合，組み込みは1カ所にのみ起こる。しかし，時々異なった染色体上の別々の部位に組み込みが起こることがある(Lacy et al. 1983)。また，1匹のファウンダーマウスの中で，染色体上の別々の2カ所にDNAが組み込まれる場合もあり，この場合はその子孫から2つの別々の系統が樹立されることになる。外来遺伝子の組み込みは，一般的にDNA注入後すぐに，最初の細胞分裂前に起こるが，20～30％以内の確率で，細胞分裂後に組み込みが遅れることがあり，その場合はモザイクとなる(Wilkie et al. 1986)。なお，外来遺伝子は体細胞と生殖細胞共に組み込まれる。ファウンダーマウスがモザイクだった場合，非トランスジェニックマウスと交配した時，子孫に外来遺伝子が伝わる確率は50％以下になる。外来DNAが組み込まれる際のコピー数は1～数百になることがあり，これは注入するDNAの濃度に依存する(Ellis et al. 1997)。

　この章では外来遺伝子を受精卵あるいは初期胚に直接注入する方法について解説するが，その他の方法として，受精卵(Soriano et al. 1986；Lois et al；2002)やES細胞(第9章，10章を参照)にウイルスベクターを使用して外来遺伝子を組み込ませる方法がある。ES細胞への外来遺伝子の導入は，リン酸カルシウム法(Gossler et al. 1986)，レトロウイルスベクター法(Robertson et al. 1986)，リポフェクション法(Strauss and Jaenisch 1992)などがある。外来遺伝子の導入効率が非常に低い時(ジーン・ターゲッティングなど)にES細胞を利用する意義があるが，その他にも受精卵の前核へのマイクロインジェクション法の代わりにES細胞に外来遺伝子を導入してキメラマウスを作製する場合がある。例えば，マウスの染色体に組み込む前に遺伝子導入したES細胞を試験管内で分化させ，導入遺伝子の発現特異性を評価する場合や，ES細胞で突然変異を相補させ，キメラマウスを作製して評価する方法などがある。

　核移植や細胞質内への精子注入法(ICSI；Perry et al. 1999, 2001)(第13章を参照)といった新しい方法もマウスに応用されたが，現在ではこれらの方法はマウス以外の哺乳動物で活用されている(Keefer et al. 2001；Zakhartchenk et al. 2001)。

導入遺伝子のデザイン

原核細胞由来ベクター配列の影響

　原核細胞由来のクローニングベクターの配列は，マイクロインジェクションされた遺伝子の組み込みの効率にはあまり影響しないようにみえるが，重要なこととして，これらはマウスの生殖系列に導入された真核生物由来の遺伝子の発現を非常に強く抑制する可能性がある(例：Chada et al. 1985；Krumlauf et al. 1985；Townes et al. 1985；Hammer et al. 1987，総説としてPalmiter and Brinster 1986；Rusconi 1991)。ベクター配列の影響を受けないためには，マウス生殖系列に遺伝子を導入する前にプラスミド由来配列を除いたほうがよい。また，制限酵素の*Not*I認識部位が両端を挟むかたちでマルチクローニング部位をもつクローニングベクターもあるが，*Not*I認識部位は真核生物のDNAにはまれにしか存在しないので，導入遺

伝子のみを切り出すことが容易にできる(Lathe et al. 1987 ; Taylor et al. 1992)。ほかにpBluescript(Stratagene)も真核生物にはほとんど存在しない*Bss*HII認識部位をマルチクローニング部位の両端にもっている。遺伝子の設計は，ベクター部分と導入遺伝子断片を同時にアガロース電気泳動した時に，容易に分離できるようにするべきである。

最近はBACsやYACsなどの巨大DNAをインジェクションすることも多くなってきた(Giraldo and Montoliu 2001)。YACsは直鎖状で，BACsは環状であるが，これらの巨大分子は取り扱いが難しい。例えばBACsの場合，導入遺伝子をベクターから切り出せる様な制限酵素部位を探し出すことは通常，不可能である。しかし，BACやYAC由来の配列は導入遺伝子の発現に特に影響がないようである(Jakobovits et al. 1993 ; Mendez et al. 1997 ; Kaufman 1999)。多くのBACベクターは直鎖状にするための制限酵素認識部位が存在する(例：*Isce*I)。直鎖状にしたBACは組み込まれる効率は高くなるが，同時にDNAの粘度も高くなり，その結果，マイクロインジェクションの操作もやりにくくなる。しかし，BACsは環状のままでもトランスジェニックマウスの作製に用いることができる(Probst et al. 1998)。これは，無作為な2重鎖DNA切断が起こり，ホストのゲノムに組み込まれるためであると考えられている。この方法では，組み込みの前のDNA切断が無作為であることと，さらにその後の解析が複雑になるという欠点がある。また，BACやYACを使用した場合，ベクター配列は導入遺伝子にほとんど影響を及ばさないので，逆に，遺伝子型を決定する際のタグとしてそのまま利用することもできる。

DNAコンストラクトの長さ

トランスジェニックマウスの作製に用いるDNAコンストラクトの長さは，現在のところクローニングと操作上の扱いやすさによってのみ制約されている。50kbのバクテリオファージλクローン(Costantini and Lacy 1981)，60kbのコスミド・インサート(Taylor et al. 1992)，2つのコスミドを試験管内でつなげた70kbの断片(Strouboulis et al. 1992)は，そのまま導入できている。大きなコンストラクトは，2つ以上のオーバーラップした断片を同時注入し，ゲノムへの挿入の前（または間）に効率的な相同組換えを起こさせることにより*in vivo*で再構築することもできる(Palmiter et al. 1985 ; Pieper et al. 1992, Verma-Kurvari et al. 1996)。上述の様に，巨大DNAを利用したトランスジェニックマウスの作製は広くいきわたりつつある。BAC(Nielsen et al. 1997 ; Zhu et al. 2000)やPAC(Duff et al. 2000)では数百kb，YAC(Lamb et al. 1999)では1000kbを越えるDNAでの成功例が報告されている。

2つ(あるいはそれ以上)の遺伝子の同時導入

同じマウスに2つ以上の異なった遺伝子を導入するには，いつくかの方法がある。2つの異なるトランスジェニック系統を作出して交配させる，マイクロインジェクション用に2つの遺伝子を1つのコンストラクトに入れてしまう，あるいはもっと単純に，2つの遺伝子を混ぜて，同時にインジェクションすることもできる。この場合，ゲノムの同じ場所に両者が同時に組み込まれることが多いが(Behringer et al. 1989)，片方の遺伝子のみをもったトランスジェニックマウスが別々にできることもある。

しかし，2つの遺伝子を混ぜて同時にインジェクションする場合でも，DNAの最終濃度は"通常どおり"の濃度にしておく必要がある。つまり，混合溶液中ではそれぞれのコンストラクトの濃度は通常の半分になる。また，2つのコンストラクトの大きさが著しく異なる時は，混合溶液中でのそれぞれのモル濃度が大体同じになるように計算する必要がある。

また，マイクロインジェクションしたDNA同士(Palmiter et al. 1985 ; Pieper et al. 1992 ;

Verma-Kurvari et al. 1996) や P1 バクテリオファージ (Wagner et al. 1996) 同士で直接高頻度に正確な相同組換えを起こすことができるため，このことを利用して比較的大きな導入遺伝子を作製することができる．

導入遺伝子と内在遺伝子の発現の区別

内在性の RNA や蛋白質と導入遺伝子産物を区別することが重要な場合は以下に述べる方法が可能である．マウスの遺伝子の非翻訳領域にオリゴヌクレオチドを挿入することによって目印を付ける (Peschon et al. 1987；Shi et al. 1989)，短い RNA を作るような「ミニ遺伝子」を作製する (Krumlauf et al. 1985)，または，マウス遺伝子の特定の対立遺伝子を別の対立遺伝子をもつ系統に導入する (例：Tronik et al. 1987参照)．ヒトを含む異なる生物種由来の遺伝子を導入した例も多い．その場合は種に特異的なプローブを使用する必要がある．また，導入遺伝子と融合蛋白質ができるようなかたちで短いエピトープ／ペプチド・タグ (myc, FLAG, HA) を使用することで，タグに特異的な抗体で，導入遺伝子由来の蛋白質を確認することができる (Swierczynski et al. 1996；Previtali et al. 2000)．しかし，これらのタグは導入遺伝子の機能に影響を与えるのか与えないのかを確認しておく必要がある．さらに，レポーター遺伝子 (アルカリホスファターゼ [Muller et al. 1998]) や GFP (Van Roessel and Brand 2002) などの大きなタグと導入遺伝子との融合蛋白質でも両方の機能を保持する場合があり，その結果，レポーター遺伝子を利用して発現強度を測定したり，発現細胞や，細胞内での局在を確認したりすることが可能となる．また，融合蛋白質を作らないで，転写レベルで導入遺伝子とレポーター遺伝子を同時に発現させることも可能である．別々の遺伝子の全長をウイルスのリボソーム内部進入部位 (IRES) を挟むかたちで配置しておくと，1つの mRNA から2種類の別々の蛋白質を翻訳させることができる (Jang et al. 1988)．しかし，この場合では IRES を介したレポーター遺伝子の活性は，転写後は導入遺伝子産物とは対になっておらず，導入遺伝子の発現を十分に反映しているとはいえない可能性がある．

制御配列を同定する方法

先に述べたようにトランスジェニックマウスを作製する主な目的は，遺伝子の発現制御メカニズムの解析と導入遺伝子の発現が生体に及ぼす影響を解析すること，および特定の細胞集団にマーカーを導入することである．遺伝子発現制御の研究をするために，まず，目的の遺伝子全体を (もし扱える大きさであれば) 5'側と3'側をそれぞれ数 kb ずつ含む配列とともに導入したトランスジェニックマウスを作製する．もし，その遺伝子がトランスジェニックマウスで適度に発現したら，5'側，3'側，あるいは遺伝子内の領域を少しずつ削った DNA 断片で試してみる．また，もし発現しなかった場合には，元のコンストラクトには含まれていなかったもっと離れた位置の配列によって制御されていることになる．場合によっては上流，あるいは下流の DNase 超感受性部位を検討することにより，制御領域の目安をつけられることがある (例 Grosveld et al. 1987)．また，目的の遺伝子を含んだ BAC クローンを用いてトランスジェニックマウスを作製すると，多くの場合，遺伝子は正しく発現制御され，発現制御領域は BAC に含まれていることがわかる．さらに BAC を使い，トランスジェニックマウスを利用したデリーション・マッピングも可能である．現在ではマウス，ヒト，その他のゲノム配列間で保存された非コード領域を比較することが，遺伝子の制御部位を特定するための手段として重要になっている．

レポーター遺伝子

　　遺伝子の制御領域を明らかにする上で「レポーター」遺伝子を含むコンストラクトを使うことが有効である場合が多い。大腸菌のlacZ遺伝子(Goring et al. 1987)やクロラムフェニコール・アセチルトランスフェラーゼ(CAT)遺伝子(例，Overbeek et al. 1985)，ホタルのルシフェラーゼ遺伝子(例，Lira et al. 1990；Lee et al. 1992)，耐熱性ヒト胎盤アルカリホスファターゼ(hPAP)遺伝子(DePrimo et al. 1996)，緑色蛍光蛋白質(GFP)遺伝子(Obake et al. 1997)やその誘導体などをレポーター遺伝子として用いたトランスジェニックマウスが作製されている。LacZ遺伝子は，妊娠中期までの胚を染色することによってβ-ガラクトシダーゼ(β-Gal)活性を視覚的にとらえることができるので，特にマウス胚における組織や部位特異的な遺伝子の発現をみるのに有効である(第16章参照)。後期では，凍結切片を染色することで，β-Gal活性を測定することができる。さらに，lacZには細胞内の局在(細胞質，核，軸索など)の異なる多くの変異体が存在する。lacZと同様に，ヒト胎盤アルカリホスファターゼ(ALPP)も胚をそのまま，あるいは組織切片を用いて細胞レベルの解析をするために優れたレポーター遺伝子である。アルカリホスファターゼはlacZより若干感度は良いが，組織への浸透性の点で劣っている。CATとルシフェラーゼは(通常これらの発現は組織抽出液中の酵素活性分析によって検出する)検出法が容易で，感度が高く，定量性があるので非常に有用であるが，発現の空間的パターンを視覚的にとらえることができない。

　　最近ではトランスジェニックマウスを作製するときのレポーター遺伝子としてはGFPが使われることが多い。GFPの由来は*Aequorea victoria*というクラゲである。この蛋白質は適切な励起光を照射すると発光する性質があり，マウスなどのほかの生物でもこの系は応用できる。集中的な突然変異誘発によって，異なる発光強度や極大励起波長および蛍光極大波長をもつ誘導体が同定されている。GFPのなかでも強化GFP(EGFP)という変異体が最も汎用されており，このEGFPの励起極大波長は488nmで，蛍光極大波長は507nmである。また，シアンや黄色の蛍光を発する変異体もある。これらのレポーター遺伝子を使用した場合は蛍光を測定するために細胞を固定する必要はなく，そのため今までは不可能であった，生きたままの細胞を観察することが可能になった。その他のレポーター遺伝子は第16章で解説する。

トランスジェニックコンストラクトへの既知の組織特異的制御配列の利用

　　トランスジェニックマウスで発現させるコンストラクトを作製するために様々な組織特異的遺伝子が使用されており，多くの場合，正確な遺伝子発現のパターンが得られている(Palmiter and Brinster 1986)。これらの組織特異的遺伝子はあまりにたくさんあり，またとても複雑なのでここでは紹介できない。特定の蛋白質をマウスに特定の組織特異性をもって発現させようとする時にはMedlineなどの文献データベースで「トランスジェニック」，「マウス」，そして発現させたい細胞や組織などをキーワードとして検索してみるとよいだろう。またTBASEというトランスジェニック動物のデータベースでも検索できる(http://tbase.jax.org)。また，Cre組換え酵素トランスジェニックデータベース(http://www.mshri.on.ca/nagy/.)でも組織／細胞特異的な導入遺伝子の発現パターンが紹介されている。

　　文献を読む際には，その実験が完全長の遺伝子を正しいパターンで発現させるために行われたものか，あるいは特定の遺伝子の制御配列を用いて(レポーター遺伝子の様な)異なる遺伝子を発現させるために行われたものかをきちんと区別することが重要である。なぜなら，前者では5'側だけ，あるいはイントロン，3'側の配列だけではレポーター遺伝子を正しいパターンで発現させるためには不十分かも知れないし，後者では違う「レポーター遺伝子」に変えたら，発現パターンが変わる可能性もある。さらに，新規の融合遺伝子を作ることによっ

て，予想外の発現パターンになることもあるからである(例；Behringer et al. 1988；Russo et al. 1988；Al Shawi et al. 1991；Trudel et al. 1991)。

cDNAの発現と導入遺伝子の発現におけるイントロンの役割

　　cDNAは通常ゲノムDNAより小さいので，トランスジェニックマウスで発現させる融合遺伝子を構築する時に扱いやすい場合が多い。しかし，cDNAを基にしたコンストラクトはイントロン，エクソンを含むゲノムの塩基配列を用いた時に比べて発現する頻度や発現量が極端に低くなる場合が多い(Brinster et al. 1988)。その理由として，イントロンにあるエンハンサーが原因である場合もあるが，それだけではないようである。cDNAを基にしたコンストラクトに異種のイントロンを付け加えると，発現の組織特異性を変えることなく，発現量をかなり上げることができる(Choi et al. 1991；Palmiter et al. 1991)。しかし，これも遺伝子による。それゆえ，遺伝子の発現量が重要な場合には，(1)扱える大きさであればcDNAを基にした融合遺伝子よりもゲノムの配列を使うこと，(2)cDNAの一部を含むエクソンとイントロンをあわせたミニ遺伝子を構築すること(Krumlauf et al. 1985；Hammer et al. 1987)，(3) cDNAをもとにしたコンストラクトに外来のイントロンを入れる(Choi et al. 1991；Palmiter et al. 1991)，などの方法をとるとよいだろう。いずれの場合でも，隠れたスプライシング・アクセプターやドナーがcDNAに存在し，一番重要なcDNAのコーディング領域がmRNAからスプライス・アウトされてしまわないように，コンストラクトの転写産物は念入りに調べておく必要がある。

全身発現への「ハウスキーピング遺伝子」プロモーターの利用

　　トランスジェニックマウスの系統において，遺伝子産物を組織特異的に発現させるよりも，全身的あるいは広範囲な組織にわたって発現させる方が有用である場合がある。発生段階を通じてすべての細胞でレポーター遺伝子と同じレベルの発現を示すような理想的な制御配列は同定されていないが，いくつかの融合遺伝子は発生途中の胚や成熟マウスにおいて比較的広範囲な発現が得られている。これらの例として，β-アクチンプロモーター(Balling et al. 1989；Beddington et al. 1989)サイトメガロウイルス(CMV)エンハンサーとチキンβ-アクチンプロモーターの組み合わせ(Niwa et al. 1991)，マウス・メタロチオネイン・プロモーター(Palmiter et al. 1983；Iwamoto et al. 1992)，マウス*Hmgc*プロモーター(Mehtali et al. 1990；Tam and Tan 1992)，ヒストンH4プロモーター(Choi et al. 1991)，*Rosa26*部位のプロモーターなどを含むコンストラクトがあげられる。

　　これらの制御配列によって制御される遺伝子発現も組み込まれる部位によって大きく左右される。そのため，望みどおりの発現パターンをもったトランスジェニックマウスを得るためには，数系統のトランスジェニックラインを調べ選別する必要がある。ESを利用したトランスジェニック作製法(第9章参照)は導入遺伝子が組み込まれたかどうかを調べる際の効率がよく，その結果，広範で発現量の高いトランスジェニックマウスを得ることができる(Hadjantonakis et al. 1998)。

遺伝子導入の効率に関与する因子

　　十分な量と純度のあるDNA分子なら，マウス受精卵の前核への微量注入法で効率よくゲノムへ組み込むことが可能である。同一の条件下で行っても，DNA断片や，そのコンストラクトによって組み込まれる効率は数倍程度振れることがあるが，それがDNA配列によるものかどうかはわかっていない。(30kbを越えるような)巨大DNAは調製と構築は難しいこ

とが多いが，その大きさはDNAが組み込まれる時の効率には関与していないようだ。

　組み込み後のDNAの構造や頻度に影響を与えると考えられている微量注入に用いるDNA標品の性状に関する注意点を以下に述べる。

- DNAの形状が環状であるか直鎖状であるか：微量注入法によってトランスジェニックマウスを作製する際には通常直鎖状DNAを用いる(Brinster et la. 1985)。ゲノムに組み込ませずに一過性に発現させる場合は(例：Cre発現プラスミド)環状DNAを微量注入する場合が多い。BACやYACなどの巨大DNAの場合は直鎖状でも環状でも組み込まれる効率は同等であることが示されている(Camper and Saunders 2000)。環状DNAを微量注入した場合は，ゲノムへの組み込みの前に無作為なDNA切断が起きる。したがって，この場合，導入遺伝子のうちの機能部位が切断されてしまう危険性を伴う。

- DNAの濃度：前核への微量注入法においてはDNAの濃度は効率を左右する重要な要素である。DNA濃度が低いと組み込まれる効率が下がる一方，濃い場合には受精卵の生存率が悪くなる。したがって，最も効率よくトランスジェニックマウスができる濃度は1.5〜2ng/μlで，できる限り正確に調製する必要がある。以前は微量注入するDNAの濃度と組み込まれるDNAのコピー数には関係がないと考えられていたが，最近ではDNA濃度を0.1ng/μl程度まで下げると，産まれてくるファウンダーマウスのうち，導入遺伝子を1コピーしかもたないものの割合が増えることが示されている。また，DNA濃度が低いとトランスジェニックマウスのできる頻度が少し下がる。

- DNAの純度：微量注入に用いるDNA標品は，フェノール，エタノール，酵素などの様に受精卵にとって有害である可能性のある不純物を含んでいてはならない。トランスジェニックマウスの作製法はたった1つの受精卵をマウスにする技術であり，この点が少しの細胞のロスは許される培養細胞を用いたトランスフェクション実験とは基本的に異なる点である。

- DNAを溶解するバッファー：針を詰まらせるような粒子があるとインジェクション操作は非常にやりにくくなるので，DNAを溶かすバッファーの組成，品質，純度は非常に重要な要因である。通常の分子生物学的手法で使うTEバッファー組成ではEDTAの濃度は1mMであるが，この濃度では受精卵の生存率を下げてしまう(Brinster et al. 1985)。そこで，マウス受精卵へのインジェクションに用いるTEバッファー中のEDTA濃度は0.1〜0.3mMに調製する。また，巨大DNAを使用する時はさらにバッファーの組成を変更する必要がある(プロトコール7.7参照)。

- 受精卵を採取，および移植するマウスの取り扱いに関する注意事項：採卵，移植用マウスの飼育条件もトランスジェニックマウス作製の成功を左右する重要な要因である。詳細はFoster et al.(1983)を参照して欲しい。

　トランスジェニックマウス作製に必要なマウスの数は以下のいくつかの要因に依存する。採卵用メスマウスとオスマウスの週齢・質，動物飼育室とインジェクション用実験室の物理的環境，受精卵の培養条件，DNAの純度，DNAの濃度，実験者の技術などである。通常，インジェクション後の受精卵のうち20〜30％が機械的な損傷により直後に死んでしまうが，最良の条件下では90％以上の受精卵を生存させることが可能である。その後，生存していた受精卵のうち平均的には約30％が最後まで発生し，さらにその20％に導入遺伝子が組み込まれている。したがって，すべての条件が整えば，3〜6匹のファウンダーマウスを得るためには100〜150の受精卵に打ち込めばよいことになる。

　BACやYACなどの巨大DNAをインジェクションする場合も，プラスミド由来のDNAを

インジェクションする場合に比べて，トランスジェニックマウスの産まれる効率はさほどかわらず，むしろDNAのコンストラクトの方が効率を左右する。さらに，DNAの大きさより，どちらかというとDNAが溶けているバッファーの純度も効率に影響を与える(Giraldo and Montoliu 2001)。また，YACsやBACsに含まれる遺伝子の数が多すぎて，受精卵の生存率を下げてしまう可能性もある。

巨大DNAの扱いに関する一般的な注意事項

巨大DNAを用いた微量注入法も，通常のDNAを用いる場合と基本的には変わらないが，いくつか注意点がある。DNAの大きさは通常の場合と比べ，数百倍にもなるので，DNAを損傷してしまう危険性がとても高くなる。DNAの精製，希釈，インジェクションのそれぞれの過程で，物理的に損傷してしまうのである。それを避けるために，DNA溶液は細心の注意を払って取り扱う必要がある。そのため，BAC/PAC/YAC DNAの取り扱いはプラスミドより時間がかかる(プロトコール7.1〜7.4参照)。巨大DNAを前核にインジェクションする場合は針の内径は若干太くしておくが，DNAの流出圧は通常のDNAの場合と同程度にしておく。また，DNAの保護用にインジェクション用のバッファーにポリアミンを加えることもある。BAC/YAC/PACを使用したトランスジェニック法についての詳細はGiraldo and Montoliu(2001)の総説を参照されたい。そこではこれらの3種類の比較などもされている。

DNAの抽出と精製

一般的注意事項

前核への微量注入法で，DNAの純度は成否を左右する重要な要因である。ほんの少しの不純物も受精卵の生存を妨げ，インジェクション後すぐに死んでしまったり，移植の前や後でも発生が止まってしまったりする。また，DNAの精製法は非常に重要であるが，研究室ごとに方法が異なる場合もあるので，ここでは可能な限り多くの方法に関して解説する。しかし，特別な方法も基本は以下に記したものと同じである。

1. 必要なプラスミドの入った大腸菌を培養する。
2. 大腸菌を集菌し，溶菌する(286頁参照)。
3. 大腸菌の由来の成分を除去し，プラスミドを精製する(プロトコール7.1，7.2，7.4参照)
4. プラスミドを制限酵素で消化し，その後酵素を熱失活させる(287頁参照)
5. アガロースゲルでベクターと必要な断片を分離する(288頁参照)
6. インジェクション用の断片を精製する(288頁参照)
7. DNAから不純物を取り除く(288頁参照)
8. DNAの濃度を測定する(290頁参照)
9. インジェクション用の濃度に調製する。

不純物とその除去法

インジェクション前に以下の不純物を取り除くことは必須である。
1. 大腸菌由来の成分：大腸菌由来のRNAや染色体DNAが精製後のプラスミドに混入することがある。
2. エンドトキシン：大腸菌のようなグラム陰性菌は成育中に少量のエンドトキシンを放出し，その結果，精製後のプラスミドにかなり混入している場合がある。

3. エチジウムブロマイド(EtBr)：EtBrはDNAの高次構造の間に浸透し，UV光下でオレンジ色の蛍光を発する。したがって，セシウムクロライド(CsCl)の密度勾配法で精製した場合や，アガロゲルで染色したDNAには必ず混入している。EtBrは有害性で，非常に強力な変異原性があり，発癌物質にもなり得る。EtBrを含んだゲルとバッファーの取り扱いには注意が必要で，適切に処理をしなければならない。EtBrは遮光保存をする。
4. CsCl：CsCl密度勾配法でプラスミドを精製した場合，DNA溶液にCsClが混入する場合がある。
5. 酵素：プラスミドDNAから必要な断片を切り出す時のDNAの切断に使用する。
6. フェノールとクロロホルム：フェノールやクロロホルムを使用してDNAを精製する際にDNA溶液に残ってしまうことがある。
7. 塩類：DNAをアルコール沈殿する時に使用する。
8. アガロース：制限酵素処理，アガロースゲルによる切り出し後のDNA溶液には少量のアガロースが混入している。

効率よく不純物を取り除くためのいくつかの標準的なプロトコールが確立されており，詳細はSambrookとRussell(2001)を参照されたい。ここでは上記の不純物を除く方法を記載する。

1. CsCl密度勾配法：CsCL密度勾配法は大腸菌RNAや染色体DNAなどの大腸菌由来成分を除去する際に行う。エンドトキシンを除去するためには精製操作を2回行う必要がある。
2. 酵素の熱変性：プラスミドからトランスジェニック作製用のDNA断片を切り出すために使用した制限酵素は加熱して失活させることができる。
3. フェノール・クロロホルム抽出：蛋白質や酵素を除去する時に通常有機溶媒が使われる。
4. エタノール沈殿とその後のリンス，徹底的な透析：アガロース，CsCl，有機溶媒(フェノール，クロロホルムなど)を除去する時にこの方法を用いる。エタノール沈殿は通常，塩を用いるが，巨大DNAを沈殿させる時には，酢酸塩よりもアンモニウム塩の方が効率がよい。
5. 水飽和ブタノール抽出：この方法はEtBrを除去する時に用いる。
6. 透析：微量に残存した塩類やCsCl，有機溶媒を除去するために，大量のTAEに対して，最低16時間(平均24〜48時間)透析する。
7. 電気的溶出法：DNAをアガロースから溶出させる際に用いる。
8. Gelase：GelaseはDNAをアガロースから溶出させる際に，電気的溶出法の代わりに用いられる。
9. イオン交換クロマトグラフィー：DNAはイオン交換樹脂に結合し，低塩濃度バッファーで洗浄可能で，高塩濃度バッファーで溶出される。この方法ではCsCl密度勾配法で2回精製した場合と同等の純度のRNAやDNAが回収できる。残存した塩類はエタノール沈殿，リンス，透析を行って除去する。イオン交換クロマトグラフィー法では，大腸菌の残骸や蛋白質，炭水化物，代謝産物，染色体DNA，EtBr，有機溶媒(フェノール，クロロホルム)，酵素，アガロース，泳動用ダイ，低分子量の不純物などを除去することができるが，RNAとDNAを分離できないイオン交換樹脂もある。また，エンドトキシンは負の電荷を帯びているので，イオン交換樹脂の基質と反応してしまうため，除去で

10. シリカカラム：シリカカラム法は単純な結合・洗浄・溶出のステップが基本となっている。核酸を高濃度のカオトロピック塩存在下でシリカゲル膜に吸着させ，DNA溶液の水分を除去する。多糖類や蛋白質は吸着しないので，除去することができる。洗浄後，少容量の低塩濃度バッファーでDNAが溶出でき，これは精製DNA標品となる。この方法で精製したDNA溶液は，通常，そのままインジェクションに用いることができる。シリカカラム法では，炭水化物，蛋白質，RNA，小さいDNA断片，酵素，有機溶媒（フェノール，クロロホルム），アガロース，塩類，油脂，界面活性剤などが除去できる。

プラスミドとインジェクション用DNAの精製に使用できる市販のキット類

インジェクション用のDNAを精製する方法は何通りかある。CsCl密度勾配法でのプラスミドを精製後，Gelase，または電気的溶出法によるアガロースゲルからのDNA溶出，有機溶媒によるDNA抽出，水飽和ブタノールによるEtBr除去操作，エタノール沈殿とリンス，そして透析，といった古典的なDNA精製法は時間がかかり，退屈である。最近ではプラスミドDNA精製とインジェクション用DNA精製用に大変便利なキット類が市販されている。これらのキットはどのメーカーのものを使用しても大差はないが，製品のバッチによってDNAの回収率や純度が変わってしまうことがある(Montoliu and Saunders, 私信)。高品質の新しいキットが次々と市販されているが，その選択の基準についても少しふれる。表7.1にトランスジェニック動物作製用に使用できるキットをまとめた。

通常の大きさのDNAを大腸菌から精製する方法

プラスミドをもった大腸菌を選択培地で最適の濃度まで培養し，集菌する。集菌した大腸菌はラウリル硫酸ナトリウム(SDS)単独，またはアルカリSDSで溶菌させる。大腸菌の種類によってどちらの方法を選ぶか決定する(Sambrook and Russell 2001)。

粗製DNA標品には大腸菌由来成分，RNA，染色体DNAが混入しており，これらの不純物はCsC-EtBr密度勾配法で除去する(Sambrook and Russell 2001)。これは環状DNAと直鎖状DNAではEtBrの結合する量が異なることを利用して両者を分離する，大変有効な方法である。しかし，時間がかかり，高価な機器をも必要とし，さらに後で除去しなければならないような不純物をわざわざ加える必要がある，という欠点がある。非連続密度勾配法(3種類の濃度の異なるCsCl溶液を遠心チューブに重層する)は時間の節約になるが，連続密度勾配法のようにプラスミドDNAと大腸菌の染色体DNAを分離することはできない。したがって，インジェクション用のプラスミドDNAを精製する目的には使用できない。

最近は，溶菌，DNAの粗抽出，プラスミドDNAと大腸菌DNAの分離の3ステップを一気にできるキットが市販されている(表7.1)。このキットはイオン交換クロマトグラフィー法で，プラスミドDNAと大腸菌のDNAを分離している。これらのキットは使い捨てのカラムを使っているが，ガラスやケイソウ土，DEAEやQAEなどの陰イオン交換樹脂といった種々の充填剤が使われている。データ上ではこれらのキットでも，CsCl-EtBr密度勾配法でもインジェクション用のDNAは同等に精製できるが，密度勾配法で精製したDNAが一番きれいになると未だに主張する研究者もいる。ここでは第一選択として市販のキットを使用することを勧める。そこで，もし，DNAの純度に問題があるようなら，CsCl密度勾配法で精製してみるとよいだろう。

BAC DNAは巨大DNA精製用に設計されたプラスミド精製キットで分離することができる(プロトコール7.2)。YACのようなもっと大きなDNAの分離はより困難である。YACも分離

表7.1. プラスミド調製,およびDNA精製キット

	概要	適用	不純物の除去	最大DNAサイズ
キアゲンEndo フリー プラスミドキット (12362)	アルカリ法の変法によるバクテリアからのプラスミド調製。自然落下による,特殊な陰イオン交換樹脂による精製。特に推奨できる,エンドトキシン除去ステップを含む。	プラスミドの精製	CsCl超遠心とフェノール・クロロホルム抽出の代わりに用いることができる。細胞の残滓と蛋白,炭水化物,小さな代謝産物,バクテリアDNA,RNA,色素,低分子不純物などを除くことができる。	150kbまでのプラスミドを精製できる。ただし,45〜50kbを越えるものは溶出の効率が低下する。
Elutip-D(Schleicher & Schuell, 462615)	RPC-5と同等のマトリックスを持つイオン交換クロマトグラフィー。もしアガロースゲルから溶出したDNAの場合はプレフィルターを用いる。	DNA断片精製法として使える。溶出したDNAは余分の塩を除くために沈殿と透析によってさらに精製する必要。	マトリックスにDNAとRNAが結合するため,RNAの混入を除くためには効率的でない。	50kbまでの断片が精製できる。
BIO 101 GENECLEAN Spin Turbo (1102-)	ケイオトロピック塩存在下にガラスシリカカラムにDNAが結合し,低塩,または水で溶出する。	マイクロインジェクション用のDNAの最終精製段階として用いる。	蛋白,炭水化物,RNA,200 bp以下のDNA,フェノール・クロロホルム抽出後の有機物の残り,塩,アガロース,EtBr,酵素,オイル,および表面活性剤などを除くために用いる。	著者たちはこれらのカラムを用いて,20kbまでのDNA断片を効率よく精製している。製品の効能書きによれば,300kbまでの断片の精製に用いることができる。
QIAクイック (28704)および QIAEX II(20021) ゲル抽出キット	シリカゲル膜をもつスピンカラムでDNAを精製する。DNAは高塩濃度で膜に結合し,水,またはTris緩衝液で溶出する。	両方のキットは共にスタンダード,およびLMPアガロースゲルからDNAを抽出するのに用いる。	これらのカラムにより,塩,酵素,アガロース,色素,EtBr,オイル,および表面活性剤を除くことができる。	QIAクイックは最大10kbまでの断片に対し,QIAEX IIは50kbまでの断片の精製に向いている。
NucleoBond AX500 Tip (Clontech 4003-1)	NucleoBondキットは陰イオン交換システムに基づいており,微細孔をもつ親水性シリカビーズ樹脂がポリプロピレンカラムに詰めてある。	バクテリアからの高コピー数,および低コピー数のプラスミド,BAC,およびPACを精製することができる。	この方法で精製したプラスミドは従来のCsCl法で精製したものに匹敵する純度をもつ。	PACおよびBAC

できるとうたっているキットもあるが,YACの分離にはアガロース・プラグとパルスフィールド電気泳動(PFGE)を使った方がよい(プロトコール7.2)。さらに,YACsは普通,酵母の染色体DNAと大きさがほぼ同じなので,精製後のYACに染色体が混入してしまうことがある。しかし,YACトランスジェニックマウスの遺伝子発現に混入した酵母染色体DNAは影響を与えないという報告もあるので,完全に除去する必要はないのかもしれない(Giraldo 2001)。この問題はウインドウ・ストレインと呼ばれる酵母を使うことで回避することができる。この酵母は系統によって特徴的な核型をもっており,比較的純度の良いYACを精製することが可能である(Hamer 1995)。

インジェクション用DNA断片切り出しのための制限酵素処理

インジェクション用のDNA断片は,できる限りベクター由来配列を除いたほうがよい。プラスミドは制限酵素処理のため,その酵素に適した温度で反応させ,翌日,適度の熱を加え残存する酵素を失活させる。アガロースゲル上で泳動する時は,はっきりとサイズの異な

る断片を生じるような制限酵素を選ぶことが重要である．もし必要ならば，ベクター配列をさらに切断して小さな断片にする．注入に用いるのに十分な（高濃度の）純化断片を得るために，大量の（少なくとも100kg）のプラスミドDNAから始めることを推奨する．DNA溶液の一部を電気泳動し，DNAの品質と制限酵素処理が完全かどうかを確認する．EtBrで染色し，UV光を照射することにより，DNAのバンドを可視化する．「口ひげ」のような形をしたスミアーなバンドはDNAが分解したものであり，また，余分のバンドは想定外の制限酵素切断部位があることを示しており，このようなDNAは使用できない．

ゲル電気泳動法による分離

制限酵素で消化後のプラスミドDNAはアガロースゲル電気泳動で，ベクター配列とインジェクション用の断片に分離することができる．泳動バッファーとゲルにはTAEバッファー（TBEではない）を使用する．アガロースにはいろいろな種類があるが，主にDNAの大きさによって使い分け，ゲルの濃度は一般的には0.8～1.5％で使用する．小さなDNA断片（500bp以下）ではアガロースゲルの濃度は1.5～2％に高くしたほうがよく，10～15kbの大きさではアガロースの濃度を低くしたほうがよい．50kb以上の大きなDNA断片にはPFGEを使用する．DNAを良い状態で回収するためにはアガロースの品質は重要な要因なので，可能な限り高品質で，純度の高いアガロースを使用したほうがよい．今までは，泳動の前か後にEtBrで染色し，UV光を照射しDNAを検出した．これは，最も感度が良く，DNAの定量にも最適な方法で(290頁参照)，DNAの品質も確認できる(289頁参照)方法である．しかし，EtBrは有害で，変異原性が強く，受精卵にも毒性があるので，インジェクション前には完全に除去しなければならない．さらに，可視化にはUV光を照射する必要があり，これもDNAの構造に損傷を与える危険性がある．あらかじめDNAの品質を確認してあれば，大きさの違うバンドを分離するためにEtBrのような感度の良い方法を使う必要は特になく，泳動後のバンドを可視化するために別の方法を用いることができる．一つの選択肢として，メチレンブルー(Flore et al. 1992)をあげる．これは毒性のない染色剤で，染色後は可視光下で可視化できる．また，泳動後のゲルは一部を切り取って，EtBrで染色し，それをマーカーにすれば比較的きれいなDNAが回収できる．

アガロースゲルからのDNA断片の回収

アガロースゲルからDNAを回収する方法はいくつかあるので(表7.2)，DNAの大きさ，量，個人の好みによって選択するとよいだろう．

DNA断片の精製

インジェクション用のDNA断片を最終的に精製する方法は，簡単なものから，煩雑で時間のかかるものまで数多くある．DNA標品に混入している不純物の種類と個人の経験の程度によってその方法を使い分ける必要があるだろう．たとえ，どこかの研究室で良い結果がでる方法でも，実験者が変わると必ずしもうまくいくとは限らない．第一の選択としては，プロトコール7.1に記載した簡単な方法がよいのではないだろうか．もし，もともとのDNA溶液に含まれていたと考えられる不純物が混入していたら，時間がかかるが，古典的なCsCl密度勾配法と透析法に変えるとよい．また，DNAの精製法とは別に注意事項を以下にあげる．

- 大腸菌のRNA，染色体DNA，その他の由来物，有機溶媒，エタノール，塩類，EtBrは完全に除去しなければならない．

表7.2. アガロースゲルからのDNAの回収

Biotrapを用いた電気溶出	Biotrap BT1000電気溶出システム（Schleicher & Schuell）。14〜15kbpまでのDNA断片を溶出することができる。
透析膜を用いた電気溶出	広範なサイズのDNA断片の溶出に用いることができる（Sambrook）。
陰イオン交換，またはシリカマトリックスクロマトグラフィー	Elutip-D（Schleicher & Schuell），NACS Life Technologies，GeneClean BIO 101，Q-Biogeneなどのキット。
酵素的溶出	LMPアガロースゲルからのアガラーゼ，ゲラーゼを用いた抽出。DNA断片を含むゲル片をアガロースを2糖にまで分解する活性をもつアガラーゼ，ゲラーゼを用いて分解する。
パルスフィールドゲル電気泳動	巨大なDNA断片はPFGEによって分離し，酵素的処理によってアガロースゲルから回収する。PFGEは6MbまでのDNA断片を分離することができる。

- DNAが損傷しないように気をつける（以下参照）
- 精製の段階で使用する試薬類は可能な限り高品質なものを使用する。
- バッファーの作製にはシグマかギブコから購入した滅菌水，または18OhmのMilli-Q水を使用する。インジェクション用のバッファーにはシグマの卵操作用の水（W1503）がよい。
- インジェクション用のバッファーは使用前に0.22ミクロンのフィルターを通す（290頁およびプロトコール7.6，7.7を参照）。
- YAC DNAの精製と濃縮にはいくつかの方法がある。通常はPFGEを一回した後，もう一度泳動し，DNAを溶出させる場合が多い。最近ではウルトラ・フィルトレーション・ユニット（プロトコール7.5）が使われることが増えてきた。この方法は一番早く，便利な方法であるが，DNAを損傷しないように注意を払う必要がある。BAC DNAはYACsと同じ方法でも精製できるし，その他の市販のキットを使用してもよい（プロトコール7.3）。

マイクロインジェクション用DNAの調製

定量とDNAの品質の維持

DNAの取り扱いは，精製，希釈，保存などすべての段階において注意を払わなければならない。100kb以上の巨大DNAは特に取扱中に損傷しやすいが，50kbのDNAでも雑に扱えば損傷を受ける。切断されたり，ニックが入ったり，分解したりしたDNAはインジェクションに使用できない。また，DNAの精製をやり直すと時間がかかるので，最初から損傷を与えないように気をつけて取り扱うべきである。

特に注意する点を以下に記す。

- 口径の小さいピペットチップは先端を切って使用するか，口径の大きいチップを使用する。
- DNA溶液を混合する時はゆっくりとピペッティングを行い，必要以上はやらない。
- 可能ならばボルテックスや乱暴な撹拌はさけ，かき混ぜるだけにする。
- プラスミドDNAが変性するような状態で放置しない。
- 制限酵素処理を過分に行ったり，不十分に行ったりしない。
- アルコール沈殿のあとは特に気をつけて，ゆっくりと加温せずにDNAを溶解させる。この段階でDNAが損傷を受ける場合が最も多い。
- 高DNA濃度を維持する。
- 巨大DNAを扱う際にはポリアミンを加える（プロトコール7.7参照）。
- UV光の照射は最小限にとどめる。

- 標準的なアガロースゲルの場合，1レーンに200ng以上のDNAを泳動させない。
- 必ず滅菌したピペットチップとチューブを使う。
- 必ずTAEバッファーを使用する。インジェクション用DNAの調製にはTBEは使わない。

インジェクション用にDNAを希釈する前に必ず，DNAが完全であることを確認する。確認のためにはDNA溶液の一部を標準的なアガロースゲルを用い低速で泳動するのが一番よい。バンドの品質を注意深く観察すると共に，露出を変えた写真撮影を行い，十分に確認する。また，大きさが正しいことも確認する。DNAが分解して，バンドが低分子量側に尾を引くような形になってしまったら，そのDNAは使えない（そのスミアーなバンドは露出過剰の状態で写真撮影すると検出しやすい）。BAC DNAは*Not*Iで消化後PFGEで確認する方法が一番よい（T.Saunders　私信）。

インジェクション用DNAの定量

Brinsterら(1985)は，1μg/ml，またはそれより高濃度の直鎖状DNAを用いた時，組み込まれる確率は最高で，20〜40%に達する，と報告している。しかし，10μg/ml以上の高濃度のDNAでは，受精卵の生存率は有意に低下する。1〜2μg/mlの濃度のDNAをインジェクションした場合が，トランスジェニックマウスの産まれる確率は一番高く，この濃度は，DNA断片が5kbであったら，200〜400分子/plに相当する。

かつては，組み込みのコピー数はDNAの濃度にはほとんど依存しないと考えられていた（Brinster 1985）が，最近の詳細な解析で，低濃度のDNAでインジェクションを行うと，1コピーだけ組み込まれたマウスが産まれる割合が増加するということが示された（Ellis et al. 1997）。組み込みの効率は明らかに低くなるが，1コピーだけ組み込まれたファウンダーマウスが産まれる割合は有意に増加している。したがって，この方法は，やむを得ず効率が下がっても，1コピーだけ組み込まれたマウスが欲しい時には有効である。標準的な，20〜30kbの大きさのDNAの場合，0.25〜0.5ng/μlの濃度で行い，BACの場合，0.1ng/μlまで濃度を下げる。

精製したDNA溶液の濃度を正確に測定することは重要なことである。DNAの濃度が正確に測定されていないと，組み込みの効率が下がったり，受精卵の生存率が下がったりする事態をまねくからである。分光光度計を用いたDNA測定法はRNAやその他のUV光を吸収する物質の混入があると，実際よりも濃度を濃く測定してしまう。より正確な定量法は蛍光を使ったものであるが，この方法ではDNAが損傷を受けていないかどうかがわからない。そこで，目的のDNA溶液を100ng〜500ngになるように見積もって，アガロースゲルで何レーンか泳動し，同時に濃度のわかっている標準DNA(CsClで精製し，直鎖状にしたプラスミドDNAや，*Hind*IIIで消化したバクテリオファージλのDNA)の希釈系列を一緒に泳動する。そして，目的のDNAのバンドの濃さをコントロールのバンドと比較して濃度を決定する。BAC/YACのDNAを用いる場合，分子量が大きいため，通常の大きさのインジェクション用DNAと同じ濃度に調製すると，モル濃度が著しく低下してしまう。しかし，予想されるようなDNAの組み込み効率の低下は起こらないようである。したがって，これらの巨大DNAを用いる場合も通常の1〜2ng/μlに調製する。

DNA溶液を濾過するか？

インジェクション用バッファーをあらかじめ濾過する，これまで述べた注意事項をよく守りDNAを注意深く精製する（プロトコール7.1〜7.5），精製後の保存用DNAの濃度を50

μg/ml以上にする，などの点が遵守されていれば，インジェクション用の針が詰まってしまうことはほとんどない。それでも詰まってしまうようなら，0.22ミクロンのフィルターをあらかじめミリQかインジェクションバッファーで洗った後，希釈ずみのDNAを濾過する。しかし，5kb以上の大きさのDNAは濾過してはいけない。別の方法として，DNA溶液を最大スピードで10分間遠心し，上半分の溶液をインジェクションに用いることもできる。ただし，YACs，BACsなどの巨大DNAには適用できない。

調製ずみDNAの保存

保存用DNAも希釈ずみのDNAも4℃で保存する。保存期間が2週間以上になったら，DNAが壊れていないか電気泳動で確認する。保存用のDNAは−20℃で保存してもよいが，インジェクション用に希釈したものは凍結保存せず，用時調製する。BACやYAC DNAも凍結させず，使用直前に希釈する。

器材と受精卵の準備

マウス系統の選択

採卵用に用いるマウスの系統はよく考えて選ぶ必要がある(第3章，139頁参照)。多くの場合，(C57BL/6×CBA)F$_1$，(C57BL/6×SJL)F$_1$，(C57BL/6×DBA/2)F$_1$などのF$_1$が使われる場合が多い。これらの組み合わせでは，質の良い受精卵が大量に回収できるからである。われわれの研究室では，アウトブレッド系統のCD1の雌とインブレッド系統のC57BL/6の雄を交配し，受精卵を回収しており，非常に良い結果が得られている。しかし，ファウンダーマウスの遺伝的背景は均一でなくなってしまう。さらに，導入遺伝子の発現はマウスの遺伝的背景の影響を受けることも示されている(Chisari et al. 1989；Harris et al. 1988)。近交系のマウスでトランスジェニックマウスを作製する必要があるのなら，例えば，C57BL/6マウスやFVB/Nマウスが使用できるが，インジェクション操作は難しくなり，受精卵の生存率も低下する。もしくは，CD1やICRなどのアウトブレッドマウスは低価格でもあり使用することが可能であるが，F$_1$の受精卵よりも死んでしまうことが多い(第3章参照)。また，採卵用のメスは受精卵の回収量を増やすために過排卵処理をする(第3章プロトコール3.1.参照)。

受精卵の準備

インジェクション用の受精卵は最大限の注意を払って回収する(プロトコール4.9)。受精卵は温度の変化に大変敏感なので，インキュベーターの外に出してある時間やヒアルロニダーゼ処理の時間はなるべく短くする。

受精卵の品質は吟味し，形状の良いものだけをインジェクションに用いる。選別は顕微鏡下で行う。形態の良いものと悪いものを図7.1に示した。

理論的には2つの極体が観察されるはずである。まれに，片方の極体が分裂したり断片化してしまったりして低倍では見えないこともあるが，その様な，極体が見えなかったり3つあるような受精卵もまだこの段階では排除すべきではない。また，実体顕微鏡による受精卵の選別は顕微鏡の性能とオペレータの経験に大きく依存する。

支持ピペットの作り方

インジェクションの間，受精卵を優しく，しっかりと保持するために，支持ピペットを使用する。滅菌ずみで品質の良いものも市販されている。自家製でも同等品が作製できるよう

になり，形や大きさも個人の好みに合わせることができる。どちらを選択するかは，品質と，値段，時間のかね合いで決定すればよい。

支持ピペットの作製法はプロトコール7.8に記載した。良い支持ピペットを作製するためには時間と労力がかかるが，インジェクション操作にかかる時間の短縮を考えるとその努力はむだではない。支持ピペットの形と内径は重要であり，さらに，開口部は受精卵に傷をつけないようになめらかでなければならない。また，開口部は大きすぎても，小さすぎてもいけない。小さすぎると，針で刺した時に受精卵が動いてしまい，前核に顕微鏡の焦点が合わなくなってしまうからである。また，開口部が大きすぎると，受精卵は支持ピペットに吸い込まれてしまったり，ゆがんでしまったりする。

支持ピペットが太すぎる場合には別の問題も起きる。太すぎるピペットが顕微鏡のスライドガラス表面に当たって，受精卵を吸い上げた場合，どうしても受精卵はスライドガラス表面から離れて，浮いてしまう。その結果，受精卵の位置は安定せずに回転してしまい，前核が顕微鏡の焦点からずれてしまう。理想的な支持ピペットを図7.2に示した。

支持ピペットの先端ぎりぎりの部分を曲げて使われる場合もある。そのように角度をつけると支持ピペットをインジェクションチャンバーと水平に保ちやすくなる（図7.3）。しかし，支持ピペットとチャンバーの角度が20度以下ならば，ピペットを曲げる必要はない。外径が正しい太さならば，支持ピペットをインジェクションチャンバーの表面におろした後，水平になるように少しだけ押しつけるようにするとよい。

マイクロインジェクションピペットの作り方

マイクロインジェクションピペットの品質は，インジェクション操作の効率だけではなく，受精卵の生存率にも関わる重要な要素である。作製条件を最良のものにしておくべきである。インジェクションピペットは基本的に使い捨てであり，ピペットの内側や外側にゴミが付着してしまうことがよくある。その様なピペットはすぐに廃棄すべきである。

マイクロインジェクションピペットも市販されているが，水平型，または垂直型のピペット作製器で作製することができる（プロトコール7.9）。その場合はインジェクションの時にピペットを装着する器具にあった外径の，薄手のガラス管を使用する（通常1mmまたは1.5mm）。芯入りのガラス管が，毛細管現象を利用して底の方から液を満たすことができるので便利である。ほとんどのガラス管は洗浄や滅菌することなしに入手したものをそのまま使うことができる。しかし，未使用のガラス管の入れ物は，ゴミが入らないように封をしておく。また，ピペット作製時には，ピペットの先端や中間部分を触らないように気をつける。それは，DNA溶液を吸う時にゴミを一緒に吸ったり，指紋の脂肪やカスで詰まらせたりしないためである。ピペットを取り扱う時に，パウダーつきの手袋を使うとピペットが詰まるので避ける。

古いピペットはホコリがたまり詰まりやすい傾向があるので，使う日かまたは数日以内に作製する。作製後は，粘土か粘着テープをまいたもので固定して，ペトリ皿に保管するとよい。10〜15cmの長さのガラス管を使い，適当な先端を作るためにガラス管を引き伸ばすにはピペット作製器を用いる。また，ピペットの先端は$1\mu m$以下でなければならない。これは光学顕微鏡でははっきりと見えない細さである。もし，ピペットの先端の開口部が顕微鏡ではっきりと見えるようならば，それは太すぎると考えてよい。ピペットの先端が太すぎると，前核に突き刺すことが難しく，また受精卵の生存率も下がる傾向にある。逆に細すぎるピペットは穴が詰まりやすい。結局，良いピペットがどのようなものかは，いろいろなピペットを試してみてどれが一番調子よいかを見るしかないだろう。ピペット作製器で適切な太

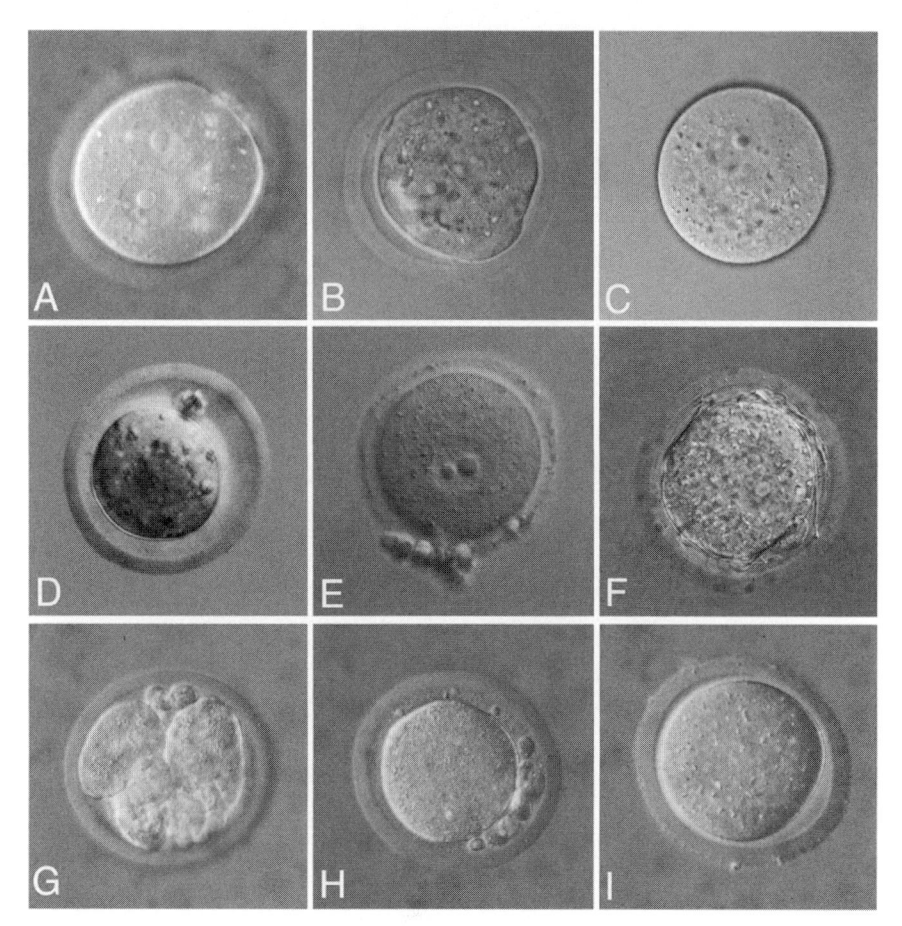

図7.1 受精卵の形態。(A) 正常卵 (B) 分裂直前の受精卵。細胞質がやや不均一にみえる。(C) 透明帯を喪失した受精卵。(D) 大きさが異常で「萎縮した」受精卵。(E) 除去不十分な卵丘細胞が透明帯に付着している。その結果，粘性が増大し受精卵を支持ピペットに正しく支持しにくくなる。(F) 重度の多重受精（透明帯下に集積した精子は暗視野で容易に観察できる）。(G) 細胞質の断片化。(H) 極体の断片化。(I) 未受精卵。

さのもの（0.5μm以上1.5μm以下）を作製することは可能であるが，もしできないようであれば，マイクロフォージ上のガラス粉か，ホールディングピペットを用いて削ることもできる。また，シリコン・カーバイト・スラリー・ステアリングのあるグラインダーで削ったり，角度をつけたりする研究者もいる (Gundersen et al. 1993)。しかし，これらの方法では，ピペットの先端が太くなりすぎ，液が流れる速度が大きくなってしまう。ただし，BACやYAC DNAを扱う時はDNAの断片化を避けるために開口部の大きなピペットを使用する。

もう一つの重要な要素として，ピペット先端付近の勾配がある。これは先端から一定の距離でピペットの径を測ればよい。ピペットの先端から50μmの位置で，直径が10～15μmかそれ以下でなければならない。ピペット先端から肩までの距離はあまり重要ではないが，少なくとも5～8mmは必要である。Mann, McMahon (1993) は8mmが最適であると述べている。もし，この部分が短いと，肩の部分がつかえるためにインジェクションチャンバーの底面付近に先端をもってくることが難しくなる。逆に長すぎると，ピペットの安定が悪くなり，インジェクション操作中にインジェクションチャンバーのミネラルオイルの中で曲がってしまう。

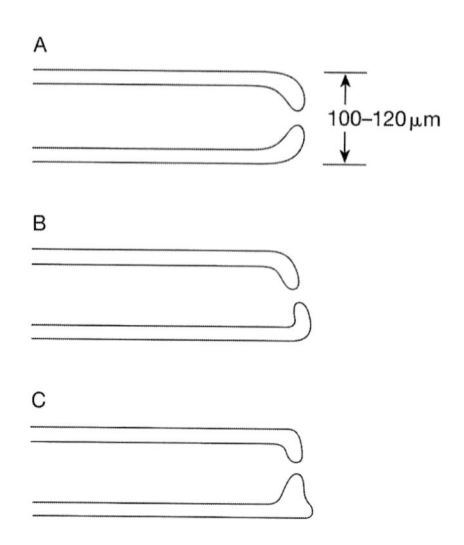

図7.2　マイクロインジェクション用の支持ピペット。(A)正常で，対称的な先端。(B，C)いびつな形の先端。

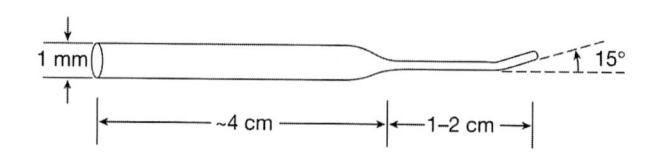

図7.3．マイクロインジェクション用の支持ピペット。傾斜をつけ，図7.5に示したくぼみをつけたスライド用。

　　最適なピペットは，温度は低め，引く強さとスピードは強めで，タイム・ディレイは小さめの条件がよい。テスト・ランつきの電子式ピペット作製器は，フィラメントを燃やしてしまわないように，キャピラリーを引く前に必ずテスト・ランを行う。Sutter P97型器ではランプ・テストと呼び，ランプ・テストの結果はテストに用いたフィラメントとガラスの組み合わせで，かけられる最高の温度を算出する。また，フィラメントの正確な位置と品質は良いピペットの作製に大変重要な要素である。そこで，使用前にはフィラメントが損傷していないか，正確な位置に設置されているかどうかを必ず確認する。
　　また，ピペットをシリコン処理する研究者もいる(DePamphilis et al. 1988)。シリコン処理は"難しい系統"の受精卵でインジェクションを行う時に有効である。膜を裂かないできちんと突き刺すようにピペットが受精卵に入るためには，斜めではなく，垂直方向に入ることが必要である。したがって，カーブのついたスライドガラスをインジェクションチャンバーに用いる場合には先端が水平になるように角度をつける必要がある。

マイクロインジェクションの準備

　　マイクロインジェクション用の器材をセットアップするには多くの方法がある(プロトコール7.10)。また，ほとんどすべての部品を「使用可能」に配置にして，セットアップずみの状態で販売されている場合もある。その結果，即刻実験を開始でき，また，大変優れている場合が多いが高価である。使用者が自分で行っても同等にセットアップ可能であるが，それぞれの部品を組み立てて最適な状態にすることはそれほど楽なことではない。
　　インジェクション装置の基本的な構成品は，倒立顕微鏡とその両側にあるマイクロマニピ

ュレーターである（図7.4）。マイクロマニピュレーターの非常に精密な動作のためにインジェクションができるのである。また，インジェクションピペットと支持ピペットの両方の圧力は一定でなければならない。さらに，インジェクションが成功し，受精卵が生き残るためには，振動があってはならない。もし，振動のない実験室が使えるのなら，普通の重い実験台で十分である。しかし，耐震性の大理石の実験台か空気圧の振動吸収装置のついた実験台が必要になる場合が多い。

顕微鏡

マイクロインジェクションは倒立顕微鏡で行うのが一番便利である。現在ではLeica，ニコン，Zeiss，オリンパス（第17章参照）からマイクロインジェクション用のモデルが販売されている。受精卵の前核へのインジェクションは400〜500倍の倍率で行うと最も効率的で，通常40倍の対物レンズと10〜12.5倍の接眼レンズを使う。また，受精卵をチャンバーの中へ入れたり，出したりする際に低倍（2.5〜5倍）の接眼レンズを使う。

受精卵の前核はノマルスキー微分干渉装置（DIC），あるいはホフマンコントラストを用いて観察することができる。DICの方が解像度が良く，前核の輪郭が観察しやすいので使いやすいだろう。しかし，ホフマンの方が少し安いのでこちらでも構わない。DICを使用する時はガラス製のインジェクションチャンバーを使う必要があるが，ホフマンではプラスチック製の使い捨てシャーレを使用することができる。位相差干渉装置で前核を観察することはできないが，低倍の対物レンズは明視野光学系のもので十分である。

マイクロマニピュレーター

マイクロマニピュレーターは支持ピペット用とインジェクションピペット用に2台必要である。Leica，Eppendorf，成茂から市販されており，好みやそれぞれの事情に応じて選択すればよいだろう。詳細は第17章を参照されたい。

支持ピペットの圧力調整

支持ピペットの制御（受精卵を保持したり，離したりする）は空気，オイル，または水を利用したシステム（例：Eppendorf社のCellTramは空気圧），または，単に口で吸ったり，5ccか10ccの注射筒と支持ピペットをオイルまたは空気で充填したチューブでつないで作製した自家製のシステムなどで行う。市販品のシステム（Eppendorf，Sutter，Narishige）では，梱包されている空気を充たしたチューブと，支持ピペット・チューブ・制御部のユニットを説明書どおりに組み立てる。場合によってはガラス管の内径が異なるため，キャピラリー内の動きが速すぎると感じることがあるかもしれない。その時は，チューブを軽パラフィンオイルで充填するとよいだろう。自分で組み立てたねじ式の圧力制御装置を使用する場合は，厚手のTygonチューブ（Tygon R3603）を利用し，すべての部分（注射筒，チューブ，支持ピペット）をオイルで充填すると，精密な動きに対応できる。

最も簡単で，効果的な方法は口で吸うことである。ただ一つの問題はその間話をすることができず，他人に教授することもできない（マウス・ピペッティングは規制の対象になる場合もある）。

自分でユニットを組み立てた場合，オイルの粘度は，支持ピペットとチューブの内径に応じて選択する。通常，オイルは重いほど，チューブや支持ピペットの内径は細いほど動きは遅くなる。

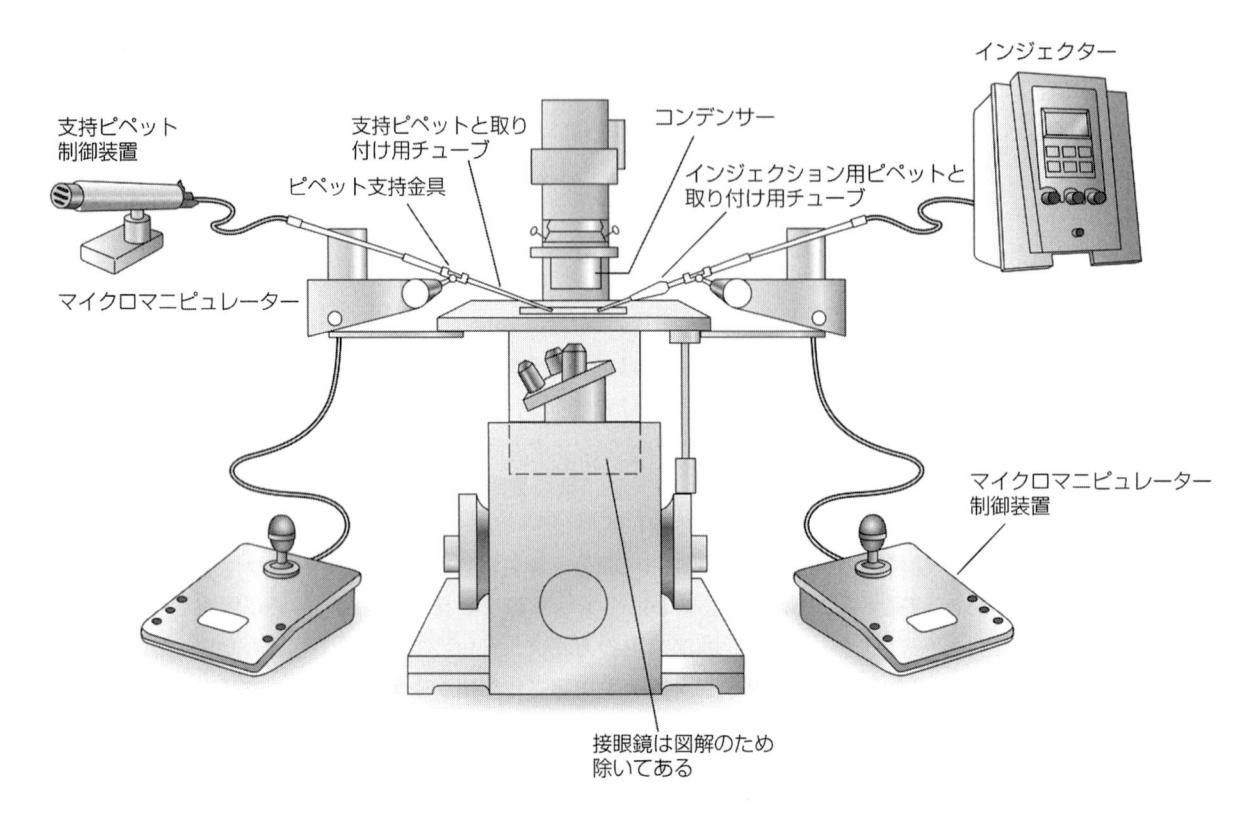

図7.4. マイクロインジェクションのための顕微鏡とマイクロマニピュレーターの配置

インジェクションピペットの圧力調整

　インジェクションピペットから流出させるDNAの量は自動インジェクターを使うと一番うまくコントロールできるだろう（例，Eppendorf Femtojet；第17章参照）。自動インジェクターを使用するとインジェクション操作を正確で，楽に行うことができる。また，単純に以下の様に作ることも可能である。10mlか50mlの注射筒にパラフィンオイルを塗り，マイクロマニピュレーターのハンドルを通してインジェクションピペットを，Tygonの厚手チューブにルアーロックつき注射筒とアダプターをつけたものでつなぐ。ロックつき注射筒は必要に応じて圧を解除するためのものである。この方法は低価格で便利であるが，経験者以外には勧めない。"逆流"の危険性が高く，市販品に比べインジェクション操作も難しくなるからである。どちらのシステムでも，コントローラーとインジェクションピペットの接続はしっかりと気密性が保たれていなければならない。Eppendorf社のフェムトジェット型器を使用する場合はプレッシャー・コンスタンス（Pc）は10程度に設定し，インジェクションピペットからDNAがゆっくりした一定速度で流出するようにする。その結果，インジェクションピペットは詰まりにくくなり，また培地がピペットに逆流してDNAが希釈されてしまうことも防げる。インジェクション・プレッシャー（Pi）は最初30〜40に設定する。その後，1秒以内に受精卵の前核がふくらむことを目安にPiの値を調節する。ただし，早すぎてもいけない。圧が低すぎると，インジェクションに時間がかかりすぎ，受精卵の生存率が低下する。逆に圧が高すぎると，前核が早くふくらみすぎ，受精卵を死なせる結果となる。インジェクションを"マニュアル"モードで行うと，前核がふくらむことをはっきりと確認できるようにひとつずつの受精卵にあわせて時間が変更できる。

別の方法として，オイルで充填したシステムでインジェクションピペットからのDNA流出を制御できる。例えば，NarishigeマイクロインジェクターIM-9BやEppendorf・Cell Tram Varioなどの注射筒とマイクロメーター・スクリューをつないだシステムである。これらのシステムではフィラメントのないピペットに始めはうしろからオイルを注入し，次に制御装置で陰圧をかけながら前面からDNAを吸入する。その後，ピペットをインジェクションチャンバーに移動し，制御部のノブを回してゆっくりとした陽圧にする。この方法では，正しく使えばインジェクションピペットに培地が逆流することは避けられるが，電子式のインジェクターほど正確に圧を調節することは不可能である。圧が高すぎると，受精卵の生存率は低下する。

インジェクションチャンバー

インジェクションはインジェクションチャンバー上で行い，そこでは受精卵が短期間生存できなければならない。インジェクションチャンバーはミネラルオイルで覆った2つのM2培地の液滴で構成される。また，右手側からインジェクションピペットが差し込まれ，支持ピペットは左側にあり，受精卵は中央部にある(図7.5)。また，インジェクションチャンバーのセットアップにはほかにもいくつか方法がある。

- ガラス底のプラスチックシャーレ(Willco Wells GWst-3522)(図7.6)：中にガラス底の大きな，平らの穴の空いた，外壁の浅い特製のプラスチックディッシュにM2培地を入れ，ミネラルオイルで覆う。ディッシュは大変便利にできており，また使い捨てなので，洗浄の手間が省け，また残った洗剤の混入なども心配しなくてすむ。しかし，このディッシュでは支持ピペットやインジェクションピペットの挿入角度をあまり浅くすることができないので(プロトコール7.9)，受精卵の生存率が下がってしまう可能性がある。またホフマンのついた顕微鏡を使用する場合には，普通のプラスチックディッシュのふたを逆さにしたものでも同様に使用できる。
- くぼみ付きスライドグラスインジェクションチャンバー(図7.7)：このタイプはどのような光学系をつけた倒立顕微鏡ででも使うことができる。くぼみの中央にM2培地の液滴を入れ，軽パラフィンオイルで覆う。スライドグラスは大量の水で洗浄後，70%エタノールですすぎ，乾かして再使用できる。
- 金属枠つきガラススライドインジェクションチャンバー(図7.8)：これは，スライドグラスの外側にぴったりと合う形に金属枠のついたスライドグラスである。金属枠の中央にはおおよそ10×20mm程度の長方形の穴がある。金属枠の表面には真空用の油脂(ダウ・コーニング698)が塗ってあり，スライドグラスに密着させてある。枠の中央のガラス部分にM2培地を入れ，パラフィンオイルで覆う。

注意点を以下に記す。

- インジェクションチャンバーに使用するガラスの種類によっては，M2培地が流れてしまい，液滴が広く浅くなって受精卵や支持ピペットを置くために十分な厚みがなくなってしまうことがある。その様な時には，まず，非常に小さいM2培地の液滴をガラスの上に作り，ミネラルオイルでおおう。次に，引き伸ばしたガラス管を使い，必要な量になるまでM2培地をマウス・ピペッティングで追加する。オイルが液滴の形を維持するので，十分な厚みの液滴ができる。または，液滴が平らにならなくなるまでスライドグラスをシリコン処理(Sigmacote, Sigma)する。
- 微分干渉装置つきの顕微鏡を使用している時に培地の液滴が厚くなりすぎると，光の屈折に問題が生じ，その結果，受精卵の前核が見えにくくなる。その場合には培地をミネラル

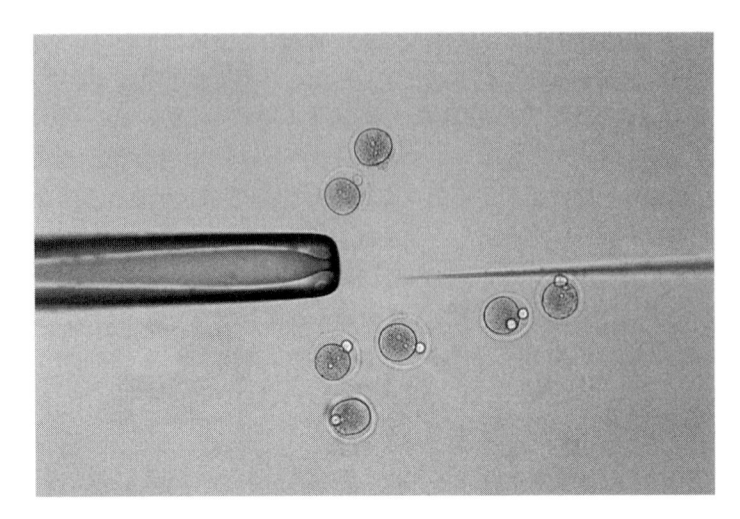

図7.5. インジェクションの準備が整った支持ピペット，インジェクションピペット，受精卵が設置されたチャンバー

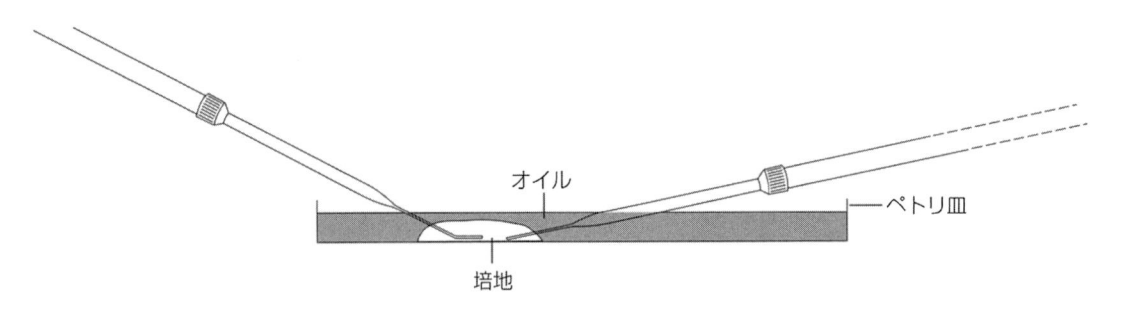

図7.6. ペトリ皿インジェクションチャンバー

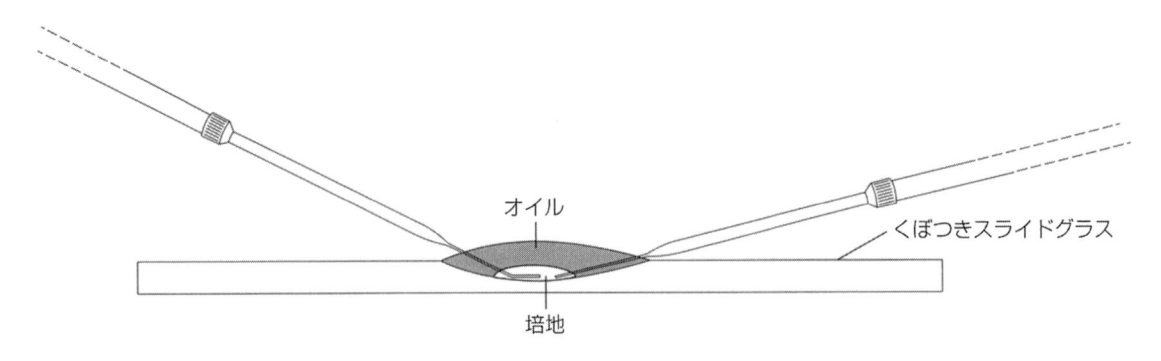

図7.7. くぼみつきスライドグラスインジェクションチャンバー

オイルでおおう前にガラス管で液滴の周辺部を回すように動かし，広げる。
- どのインジェクションチャンバーを使用する場合でも，倒立顕微鏡の対物レンズにオイルをこぼさないように気をつける。もし，オイルをこぼしてしまったら，すぐに，きちんとふきとり，きれいにする。もし，対物レンズ部よりも下部にオイルが入ってしまったら，そこで顕微鏡の使用は中止し，顕微鏡に決定的な損傷を与えないように専門業者にクリー

ES細胞をインジェクトする時に用いる，冷却水を循環させるための蛇口

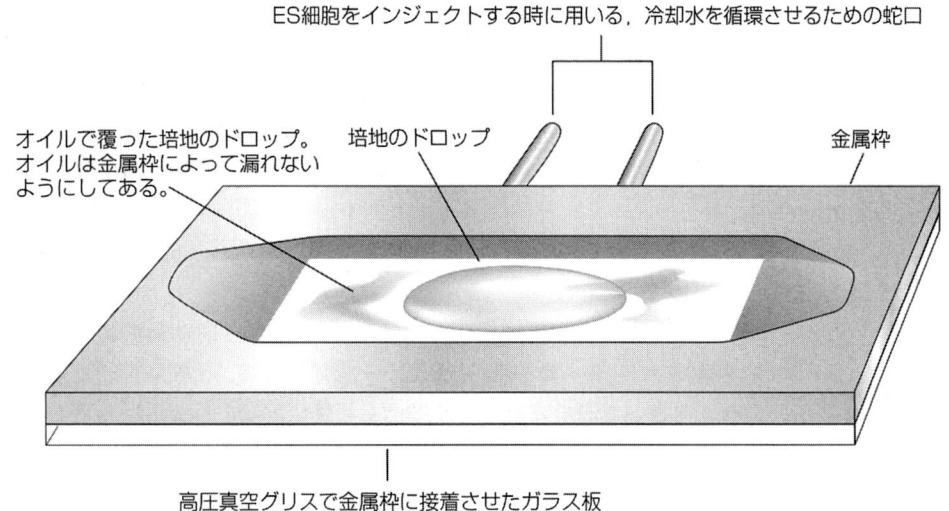

オイルで覆った培地のドロップ。オイルは金属枠によって漏れないようにしてある。

培地のドロップ

金属枠

高圧真空グリスで金属枠に接着させたガラス板

図7.8. 金属枠つきインジェクションチャンバー

ニングを依頼する。

マイクロインジェクション

マイクロインジェクションの時期

マウス受精卵の前核は，第一卵割に先立ち核膜が消失する前に最大の大きさとなり，その時が一番インジェクションに適している。前核は1細胞期の間，徐々にふくらみ，インジェクションに適した状態が3～5時間続く。受精卵の発生段階は，ヒト絨毛性性腺刺激ホルモン(hCG)を投与する時間，動物室の明暗サイクル，採卵の時間などを注意深く調節することで制御することが可能である。しかし，それらの要因も使用するマウスの系統や，F_1の場合，親系統の組み合わせによって大きく変わるので注意が必要である。詳細は第3章に記した。標準的には午前5時～夜7時の明期で，hCGをインジェクション前日の正午に投与すると，午前10時に採卵が可能で，正午から4時までがインジェクションに最適となる。ホルモン処理の時間，明暗サイクル，採卵，それぞれに最適な時間は経験に基づいて決定する。受精卵が未発達であった場合は，前核は小さく，周辺部にあり，インジェクションが容易ではない。その時は，hCGの投与時間を早めるか，明期を後方へずらせる，またはその両方を試みる。逆に，受精卵の発生段階が後期になりすぎていた場合，前核は融合してしまい，第一卵割が始まってしまう。その時は，hCGの投与時間を遅らせるか明期を前方へずらせる，またはその両方を試みる。

受精卵へのマイクロインジェクション

インジェクション法の詳細はプロトコール7.11に記載した。支持ピペットで受精卵を保持し，インジェクションピペットを慎重に前核へ突き刺す。前核がふくらむことをはっきりと確認するまでDNAを注入し，インジェクションピペットを引き抜く。いちどマイクロインジェクションの過程がすべてセットアップされてしまえば，この過程はかなり速くこなすことができるようになるが，そこまで到達するためには少し時間がかかる。装置類の調整には細部まで注意をはらう必要がある。それはインジェクション後の受精卵の生存率に大変重要

であるからである。一般的にはインジェクションの際には，速度を上げることよりも注意を集中させることの方が重要である。すると，受精卵の生存率は上昇し，ファウンダーマウスの産まれる割合が増えるが，これはインジェクションの量よりも質に焦点を当てることにより達成される。したがって，ここではある一定時間に何個程度の受精卵にインジェクションができるかという点についてはふれない。これは各個人の経験に大きく依存するからである。

マイクロインジェクション後

インジェクション後に生存している受精卵は0.5日の偽妊娠マウスの卵管にその日のうちに移植できる（第6章参照）。また，一夜培養して，2細胞期になったところで1細胞期の受精卵と同様の方法で移植をすることも可能である。しかし，一夜の培養は受精卵の生存率を低下させるということに気をつける。移植用のマウスがいない時や，その他の事情がある時は一夜培養するとよい。また，培養することにより，一度にインジェクションを行う受精卵の数を増やすことができることと，きちんと2細胞に分裂する受精卵を選別することができる，という利点がある。さらに，導入遺伝子が非常に早期に発現するために受精卵の生存率が低下することが考えられる場合には，試験管内で培養して観察することができる。最終的にインジェクションを行った受精卵の約30％を卵管に移植することになる。産子数が少なく，仮親が育児を放棄してしまわないように，1匹当たり，20〜30個のインジェクション後の受精卵を移植するとよい。インジェクション後の受精卵を片方の卵管にすべてを移植してもよいが，両方に半分ずつ移植することを強く勧める。

トランスジェニック系統の確立と維持

インジェクションを行った受精卵から発生してきたトランスジェニックマウスのことを「ファウンダー」と呼ぶ。ファウンダーは生検組織を使って，導入遺伝子があるか，ないかで同定する。または，ファウンダーはすぐに交配させ，子マウスで導入遺伝子が発現しているかどうかで確認を行ってもよい。オスのファウンダーからトランスジェニック系統を樹立するためには非トランスジェニックマウスのメス数匹と交配させる。子マウスが産まれるまでオスとメスを同居させておく必要はなく，最初のメスと交配したことが確認できたら，すぐに次の新しいメスと交配させる。この様に，オスのファウンダーは短期間に多数の子マウスを産ませることができる。メスのファウンダーからトランスジェニック系統を樹立するためには，非トランスジェニックのオスと交配させる。また，メスのファウンダーは子を生み，育て，トランスジェニックが産まれるまで待たなければならない。トランスジェニック系統を樹立するためには，子に導入遺伝子が伝わったことを確認するまで，オスでもメスでもファウンダーを淘汰してはいけない。通常はファウンダーの子の50％に導入遺伝子が伝わるが，約20〜30％のファウンダーはモザイクになっており，その場合には子に導入遺伝子が伝播する確率も低い（例，5〜10％，または0％；Wilkie et al. 1986）。

ファウンダーが近交系のマウスであったら，通常はトランスジェニック系統を同じ遺伝的背景のマウスで維持するために同系のマウスと交配する。逆に，ファウンダーが雑種のF$_2$であったり，トランスジェニック系統を近交系で維持する必要がなければ，アウトブレット系統かF$_1$マウスと交配するとよい。その方が近交系よりも産子数が多いからである。

一番単純なトランスジェニック系統の維持方法はヘミ接合体のオスと非トランスジェニックのメスを交配させる方法である。子がトランスジェニックかどうかは，導入遺伝子の有無

で決定する。もちろん，ヘミ接合体のメスと非トランスジェニックのオスを交配することにより，トランスジェニック系統を維持することも可能であるが，非生産的である。また，トランスジェニック系統をヘミ接合体で維持することにより，挿入突然変異による問題や近親交配による生殖能の低下といった問題を最小限にとどめることができる。

　この様な問題があるが，必要ならばヘミ接合体同士を交配させることにより，ホモ接合体を作製することも可能である。ヘミ接合体同士の子は4分の1がホモ接合体で，2分の1がヘミ接合体，残りの4分の1が非トランスジェニックである（ホモ接合体とヘミ接合体を区別する方法は第12章を参照）。無作為な導入遺伝子の組み込みの結果，おおよそ5〜15％が劣性致死の変異体になっており，そのため，すべてのトランスジェニック系統でホモ接合体が作製できるとは限らない。

プロトコール 1　簡単で確実なDNA断片の分離と精製法

材　料

器具
BioTrap電気溶出装置（Schleicher & Shuell, BioRad BT1000）など
BioTrapに使える電気泳動装置
GENECLEAN　ターボカラム（BIO 101, 1102）
1.5mlチューブ
キアゲン　Endo Free Plasmid kit（12362）
メスの刃，きれいなもの

試薬
導入遺伝子の入ったプラスミドを含む大腸菌の培養液
蒸留水
GENECLEAN用塩（BIO 101, 1102）
GENECLEAN用洗浄液（BIO 101, 1102）
0.5M酢酸ナトリウム（pH 5.2）の入った0.1％メチレン・ブルー溶液＜！＞
インジェクション用バッファー（プロトコール7.6参照）
導入遺伝子の入ったプラスミドDNA（100μg）
制限酵素
TAEバッファー＜！＞　（付録1）参照
　1×溶液：40mM Trs酢酸，1mM EDTA（pH8.0）

注意：＜！＞をつけた材料の適正な取り扱いについては付録2を参照のこと。

手　順

1. キアゲン Endo Free Plasmid kitを用いて，大腸菌の培養液からプラスミドDNAを分離する。方法は添付の説明書どおりに行い，最低100μgを回収する。
2. 適切な制限酵素で消化する。
3. 制限酵素を熱変性させる。
4. 制限酵素処理をしたプラスミドをアガロースゲルとTAEバッファーで電気泳動する。
5. ゲルを20分間0.1％メチレンブルー溶液に浸して染色する。
6. ゲルを蒸留水で脱染する。10分ごとに水を換えながら，合計30分間行う。
7. ゲルに短波長のUVを照射し，観察し，外科用メスで導入遺伝子を含むバンドを切り出す。
8. 取り扱い説明書の指示どおりに適切なフィルターを選択し，BioTrapの部品を組み立てる。グリセリン・ストックのフィルターを右側に取り付け，溶出用チューブは最小量になるようにセットする。
9. 切り出したゲルをBioTrapにセットする。TAEで充填し，普通の電気泳動装置にセットする。
10. 150Vで4〜5時間かけてDNAを電気溶出させる。

11. 溶出したDNAを溶出チューブから回収する。
12. 溶出過程で25％が損失したと考え，DNA量を見積る。
13. DNA溶液を遠心チューブに入れる。各チューブに入れる量は10μg以内とする。
14. 5倍量のGENECLEAN用の塩を入れる。
15. よく混ぜてからGENECLEANのカートリッジを入れる。
16. 37℃で10分間保温し，DNAを吸着させる。
17. カートリッジを14,000gで数秒間遠心し，素通りしたものを捨てる。
18. 500μlの洗浄液を入れる。
19. 14,000gで数秒間遠心し，洗浄液を捨てる。
20. ステップ9とステップ10を繰り返す。
21. カートリッジを14,000gで4分間遠心し，溶出用のチューブに移す。
22. 30μlのインジェクション用バッファーを加え，37℃で10分間保温し，DNAを溶出させる。
23. 14,000gで10秒間遠心し，溶出したDNAを回収する。

コメント

- 以下の操作を加えるとDNAの純度はさらに向上する。
- Elutip-D-minicolumn (Schleicher & Schuell 27370)またはNACS Columns。精製後にエタノール沈殿を行い，脱塩の必要がある。
- イソプロパノール沈殿後は70％エタノールで沈殿を洗い，透析する必要がある。
- フェノール／クロロホルム抽出(2, 3回)は，5％のイソアミルアルコールを含んだクロロホルムで行い，その後，クロロホルム抽出を2回行い，さらにエタノール沈殿し，70％エタノールでリンスする。さらに透析を行う。
- 透析は，2リットルのインジェクションバッファーに対し12〜72時間行う。バッファーは数回交換する。
- 0.22ミクロンのフィルター(水かインジェクションバッファーであらかじめ洗ったもの)による濾過は，導入遺伝子が小さい場合有効である。しかし，5kb以上の大きいDNAには適用できない。

プロトコール 2　NucleoBondキットを使用した大腸菌培養液からのBAC DNAの単離

このプロトコールはDr. Thom Saunders（University of Michigan, Transgenic Animal Model Core, Ann Arbor, Michigan 48109-0674）によって提供された。

材　料

器具
NucleoBond AX-500チップ（Clontech 4003-1）
NucleoBond Foldedフィルター（Clontech 4062-1）
50mlチューブ

試薬
100〜300mlの大腸菌培養液のペレット
NucleoBond バッファーセットI（Clontech 4040-1）
　バッファーセットのS1とS3バッファーは4℃で保存し，S2，N2，N3，N5バッファーは室温で保存する。

手　順

1. 最大300mlまでの培養から得られた大腸菌のペレットを，50mlのチューブの中で12mlのS1バッファーに懸濁させる。
2. 12mlのS2バッファーを加える。ゆっくりと撹拌し，室温で5分間放置する。ボルテックスは使わない。
3. 12mlのS3バッファーを加え，中の溶液が泡立つまで6〜8回ゆっくりと上下に反転させ撹拌する。氷上に10分間放置する。
4. Folded NucleoBondフィルターを新しい50mlチューブにのせ，0.5〜1.0mlの水で湿らせた後，ステップ3の溶液を入れる。濾液を50mlチューブに回収する。
　　最大量のDNAを回収するためには，1.5mlの水を加えてフィルターペーパーをすすぐ。
5. AX-500カートリッジを5mlのN2バッファーで平衡化させる。
6. 4の濾液を平衡化させたAX-500カートリッジに入れる。
7. 12mlのN3バッファーでカートリッジを2回洗う。
8. 6mlのN5バッファーでDNAを溶出させる。
　　DNAの溶出をもう一度行うと，さらに30％程度のDNAを回収できる。

コメント

- ステップ5の上清が透明になっていることを確認する。どんな小さな固形物でもカートリッジを詰まらせ，その結果，DNAの吸着が悪くなる。
- 大腸菌がきちんと溶解していないと，DNAの回収率が悪くなるので，粘度を下げ，よく拡散するようにバッファーを多くするとよい。100mlの培養液当たり，S1，S2，S3バッファーは最低でも4ml使用する。
- BACsの様な巨大DNAの場合はGC含有量にかかわらず，高GC含有DNA用のバッファーを使用すると回収率がよくなる，という報告もある。しかし，このホルムアミドを含有するバッファーを使用する場合は，塩が沈殿しないように注意が必要である（プロパノールを使用して，遠心までを室温で行う）。ホルムアミドを除去し（プロパノール沈殿は2回行う必要がある），プロパノールを除去する（さらにエタノール沈殿を行う）。この変性のステップは入念に行うことが大切である。さらに酢酸カリウムを加える操作は必須である。

プロトコール 3　NucleoBondキットで調製したBAC DNAの精製

このプロトコールはDr. Thom Saunders（University of Michigan, Transgenic Animal Model Core Ann Arbor, Michigan 48109-0674）によって提供された。

材　料

器具
遠心分離機

試薬
NucleoBondで調製したBAC DNA
70％エタノール＜！＞
イソプロパノール＜！＞
マイクロインジェクション用バッファー（プロトコール7.7参照）

注意：＜！＞をつけた材料の適正な取り扱いについては付録2を参照のこと。

手　順

1. プロトコール7.2で調製したDNA溶液に室温のイソプロパノールを0.7倍量加える。
2. 4℃，12,000 g以上で10〜20分遠心する。
3. 沈殿を70％エタノールで洗う。
4. 沈殿を5分間風乾させ，インジェクションバッファーで溶解し，使用するまで4℃で保存する。

プロトコール 4　アガロース・プラグ法による酵母DNAの大量調製

　このプロトコールはDr. Lluis Montoliu〔Centro Nacional de Biotechnologia（CNB-CSIC），Campus de Cantoblanco, 28049 Madrid, Spain〕より提供された。

材　料

器具
ゲル作製用トレイ（プラグ用のもの），テープで底をシールする。
遠心分離器
1リットルのフラスコ
血球計算版
37〜40℃のウォーターバス

試薬
50mM EDTA（pH8.0）
一晩培養したYAC
YACs用の選択培地（AHC，ドロップ・アウト培地，SD-W-Uなど，SigmaY1251に酵母の種類に応じた添加物を加えたもの）
溶液 I
　約1Mソルビトール（メルク，オートクレーブ処理）
　20mM EDTA（pH8.0）（オートクレーブ処理）
　14mM β-メルカプトエタノール＜！＞（Merck）
　2mg/ml ザイモリエース-20T＜！＞（ICN320921）
　滅菌水
　使用事調製
溶液 II
　約1Mソルビトール（メルク，オートクレーブ処理）
　20mM EDTA（pH8.0）（オートクレーブ処理）
　2％ SeaPlaque GTG アガロース（FMC50112）0.2g
　14mM β-メルカプトエタノール＜！＞（Merck）
　滅菌水
　使用事調製。ソルビトールにEDTAを入れ，アガロースを加え，電子レンジで溶解させる。その後，37〜40℃の恒温水槽で平衡化させる。β-メルカプトエタノールを加え，37〜40で保温しておく。
溶液 III
　約1Mソルビトール（メルク，オートクレーブ処理）
　20mM EDTA（pH8.0）（オートクレーブ処理）
　10mM トリス塩酸（pH7.5）＜！＞（オートクレーブ処理）
　14mM β-メルカプトエタノール＜！＞（メルク）
　2mg/ml ザイモリエース-20T＜！＞（ICN320921）
　滅菌水
　使用事調製
溶液 IV
　1％ラウリル硫酸リチウム＜！＞（Sigma L4632）

> 100mM EDTA(pH 8.0)(オートクレーブ処理)
> 10mM Tris塩酸(pH 8.0)<！>(オートクレーブ処理)
> 滅菌水
> 濾過滅菌(0.22ミクロン)し，室温で保存する。
> 100％NDSバッファー
> 93gのEDTAと0.6gのTris・ベース<！>を350mlの水に入れ，混合する。固体のNaOHでpH 8.0以上に調整し，あらかじめ50mlの水に溶かした5gのN-ラウリルサルコシン(Sigma)を加える。10MのNaOHでpH 9.0に調整し，最終的に水で500mlにメスアップする。濾過滅菌(0.22ミクロン)し，4℃で保存する。

注意：<！>をつけた材料の適正な取り扱いについては付録2を参照のこと。

手　順

1. 200mlのYACs用選択培地の入った1リットルのフラスコに，一晩培養したYAC 1mlを播種する。飽和状態になるまで(1～2日間)30℃で激しく振盪し，培養する。
2. 血球計算板で酵母数を計数する。
3. 50mlチューブに入れ，室温600gで5分間遠心し，上清は捨てる。
4. 50mMのEDTA(pH 8.0)で再懸濁し，沈殿を洗う。もとの100mlの培養液当たり，40mlのEDTAを使用する。ステップ2の要領で遠心後，10～20mlのEDTAでもう一度洗う。上清は捨てる。
5. 沈殿の重量を測定する(密度は1g/mlとして計算する)。
6. 沈殿を37～40℃で30秒間保温する。ただちにあらかじめ加温した溶液Iを加える。最終濃度を8×10^9個/mlになるようにし，注意深く沈殿を再懸濁する。可能な限り，加える溶液の量は少なくする。酵母の細胞数を数えることが困難なら，沈殿の体積と同量の溶液Iを加える。
7. すぐに，あらかじめ加温(37～40℃)しておいた溶液IIを等量加える。素早く混合し，80μlずつを分取して，底をテープでシールしてあるアガロースブロック作製器(プラグ型)に入れ，氷上に静置する。その結果，アガロースプラグの酵母濃度は4×10^9になっているはずである。プラグの中に泡が入らないように，素早く行う。酵母とアガロースの入ったチューブは，すべてアガロースゲルトレイに分注し終わるまで，固まってしまわないように恒温水槽(37～40℃)に入れ，20秒ごとに撹拌する。
8. アガロースプラグが固まるまで氷上に10分間静置する。
9. 細胞壁を取り除くために，アガロースプラグを溶液IIIに移す。プラグ1ml当たり，8mlの溶液IIIを使用する。ゆっくりと振盪しながら37℃で2～3時間保温する。
   > これはDNAの収量と質を左右する重要なステップである。細胞壁がきちんと破壊されていないと，DNAの収量は非常に落ちる。逆に，消化させすぎたり，品質の悪い酵素を使用すると，DNAが断片化してしまったり，電気泳動時の泳動度が悪くなる。
10. 溶液IIIを捨て，等量の溶液IV(1mlのプラグ当たり8ml)を加える。ゆっくりと振盪しながら最低1時間37℃で保温する。次に新しい溶液IVにかえ，ゆっくりと振盪しながら37℃で一晩保温する。
11. 翌日，バッファーを捨て，アガロースプラグを20％NDSバッファーで洗う。1mlのプラグ当たり8mlのバッファーを使う。室温で2時間ゆっくりと振盪する。1回か2回繰

り返す。アガロースプラグはそのままPFGEにかけるか，4℃で保存する。

　PFGEでの解像度を上げるために，プラグをゲルにのせる前に泳動バッファーかTE(pH8.0)で平衡化させる。平衡化するためには，使用するバッファーに30分間浸し，それを最低4回繰り返す。また，プラグは0.5M EDTA(pH8.0)で保存できるが，長期間(数カ月)保存する時は4℃に保存する。

プロトコール 5　フィルターキットによるYAC DNAの精製

このプロトコールはDr. Lluis Montoliu〔Centro Nacional de Biotechnologia(CNB-CSIC), Campus de Cantoblanco, 28049 Madrid, Spain〕より提供された。

材料

器具

1.5mlエッペンドルフチューブ
泳動用コーム
ミリポア透析フィルター(ミリポアVMWP02500，孔径0.05ミクロン)
ミリポア　ウルトラフィルトレーション　ユニット(ミリポア　ウルトラフリー　MC 30,000 NMWL UFC3 TTK 00)
ペトリ皿
パルスフィールド電気泳動装置
定規
外科用メス
UVランプ＜！＞
40℃の恒温水槽
40℃と65℃のウォーターバスかヒートブロック

試薬

アガロースゲル
低融点アガロースゲル，LMP(NuSieveGTG, FMC)と1×TAE
アガロースプラグ(プロトコール7.4参照)
平衡化バッファー
　10mM ビス-Tris塩酸(pH6.5)＜！＞
　0.1mM EDTA
　100mM NaCl
　0.030mMスペルミジン＜！＞(Sigma　テトラクロライド，S1141)
　0.070mMスペルミジン＜！＞(Sigma　テトラクロライド　S2501)
エチジウムブロマイド＜！＞(EtBr)染色液
　1リットルの泳動バッファーに10mg/mlのEtBrを50μl入れる。
ゲラーゼ(エピセンター，またはNEBのアガラーゼ)
λDNAマルチマー(NEB，またはベーリンガー　マンハイム)
インジェクション用バッファー(プロトコール7.7参照)
低融点アガロース, Sea PlaqueGTG(FMC)
TAEバッファー, 0.5×, 1×(付録1参照)
　1×溶液：40mMトリス酢酸＜！＞, 1mM EDTA(pH8.0)

注意：＜！＞をつけた材料の適正な取り扱いについては付録2を参照のこと。

手順

1. 1％のPFGE用低融点アガロースSeaPlaqueGTG(FMC)を中央に大量調製用のスロット

をもつコームをつけたゲル枠に入れる。

2. アガロースゲルプラグを垂直に，互いに接触するように，スロットに立てる（スロットの大きさによるが，6〜9個程度）。同じバッチのアガロースプラグを小さく切り，両端に置き，マーカーレーンとする。また，λDNAマルチマーを流すマーカーレーンも作る。

3. ゲルがうまく準備できたら，スロットを1%のSeaPlaqueGTG(FMC)LMPで被い，しっかりと固める。DNAの大きさに応じて適切な泳動条件で泳動を開始する。

　　染色体のほとんどは(50〜2000kb)0.5×TAE，10℃，180Vで，最初12時間は30秒のパルス，その後15時間を60秒のパルスで泳動させる。解像度を良くするために，PFGEのタンクにあまりバッファーを入れすぎないようにする（ゲル表面から2mm以上にならない）。

4. 泳動が終了したら，スロットの両端にあるマーカーのレーンを切り離し，EtBrで染色する。ゲルの中央部のスロットを大部分含む部分は染色せずにそのまま置いておく。

5. UV光を照射して，YAC DNAの位置と，その他のバンドの位置にメスで目印をつける。

6. 染色し，目印をつけたゲルをもとのゲルの隣に置き，十分に注意して，その目印と定規を使ってYAC DNAを含んでいる部分のアガロースゲルを切り出す。アガロースゲルの厚みは5〜6mm以上にならないように気をつける。

7. YAC DNAを含んだ，切り出したゲルを30分ずつ3回1×TAEで洗う。

8. そのゲルを次は平衡化バッファーに2時間浸し，平衡化させる。

9. ゲルを滅菌した台の上に置き，水滴をティッシュペーパーで拭き取る。

10. ゲルを滅菌したエッペンドルフチューブに入れ，計量する。

11. チューブを65℃のヒートブロックかウォーターバスに入れ，10分間保温し，ゲルを溶かす。

12. チューブを5秒間遠心する。

13. ゲル100mg当たり4〜8ユニットのゲラーゼを入れる。ゲルが固まってしまわないように，ゲラーゼはあらかじめ室温に戻しておく。アガラーゼを使用する場合は平衡化バッファーを使用する。

14. チューブを40℃のウォーターバスに入れる。5分間保温したら，先を切った太いチップで2，3回吸ったり出したりして混ぜる。1時間ごとに同様に混ぜながら，40℃で2〜3時間消化させる。

15. ゲルが完全に消化されたことを確認したら，5〜10分間氷上に静置する。

　　ここは非常に重要なステップである。もし，うすい茶色，または不透明なもやもやしたものが見えた場合，それはゲルの消化が不十分である証拠である。その場合，酵素を追加して，ステップ13からやり直す。

16. 消化後のチューブを最大速度で20分間遠心する。

17. 最大で400μlまでを，ミリポア・ウルトラフリー・チューブの上のカップに入れ，6,000rpmで2分間遠心する。合計で320μlが下のチューブにたまるまで，繰り返す。

18. チューブを4℃で数時間静置する。先の切ってある太いチップで吸ったり出したりして（最高2〜3回まで）YAC DNAを溶解させる（できればカップの底の膜についたものも回収する）。

　　このステップはDNAを断片化させたり，分解させてしまったりする危険性が一番高い。

19. ペトリ皿にインジェクションバッファーを40ml入れる。その上に，光沢のある面を上にして，ミリポア・透析フィルターをのせる。

20. 注意しながら，YAC DNA溶液をフィルターの中央にのせ，2～3時間透析する．透析は，振盪したり動かしたりせずに，静かに行う．また，3時間以上は行わないようにする．
21. ピペットでバッファーを捨て，YAC DNA溶液を滅菌したエッペンドルフチューブに入れる．これはストックのYAC DNAになる．また，通常，もとの50～70％の液量が回収できればよい．YAC DNAは4℃に保存し，凍結はしない．また，遠心はスピン・ダウン程度にとどめる．
22. アガロースゲルでYAC DNAの濃度を確認する（290頁参照）．サンプルはゲルの深さが2cm以上にならないようにする．
　　このプロトコールでは通常，20～60ng/μl程度のかなり高濃度のDNAが回収できているはずである．
23. YAC DNAが損傷していないかどうかPFGEで確認をするか，可能なら電子顕微鏡で観察する．

プロトコール 6　通常サイズDNA用のインジェクションバッファーの調製

材　料

器具
0.22ミクロンのフィルター（Whatman 6809-1102）

試薬
超純水（Sigma　W1530）
0.5M EDTA（Sigma E7889）
1M 塩酸＜！＞
1M Tris 塩酸＜！＞（Sigma T2663）

注意：＜！＞をつけた材料の適正な取り扱いについては付録2を参照のこと。

手　順

1. 超純水で5mMトリス，0.1mM EDTA溶液を作製する。
2. 1M HClでpHを7.4に調整する。
3. あらかじめ湿らせた0.22ミクロンのフィルターで濾過する。
4. 4℃か－20℃で保存する。

プロトコール 7　BAC/YAC DNA用インジェクションバッファーの調製

このプロトコールはDr. Lluis Montoliu〔Centro Nacional de Biotecnologia(CNB-CSIC), Campus de Cantoblanco, 28049 Madrid, Spain〕より提供された。

材　料

器具
50mlのファルコンチューブ

試薬
滅菌した再蒸留水
0.5M EDTA(pH8.0)
5M NaCl＜！＞
スペルミジン＜！＞(Sigma, 四ナトリウム塩, S2501)
スペルミン＜！＞(Sigma, 四塩酸塩, S1141)
Tris-HCl＜！＞(pH7.5)

注意：＜！＞をつけた材料の適正な取り扱いについては付録2を参照のこと。

手　順

1. 1000×のポリアミンストック用に，スペルミジンは30mM，スペルミンは70mMになるように滅菌水に溶解させる。
2. 濾過滅菌し(0.22ミクロン)，−20℃に保存する。
3. 基本バッファー用に，プラスチックの使い捨て50mlチューブに1M Tris塩酸を0.5ml入れる。
4. 0.5M EDTAを10μl入れる。
5. 5M NaClを1ml入れる。
6. 滅菌水で50mlにメスアップする。
7. 濾過滅菌し，4℃で保存する。
8. 使用時に50mlの基本バッファーに対して50μlのポリアミンを入れる，混ぜる。
    ポリアミンストックは−20℃で数カ月間安定である。また，ポリアミンを添加していない基本バッファーは4℃で数カ月間安定である。ポリアミン添加後のバッファーは保存不能であり，用事調製する。

プロトコール 8　支持ピペットの作製

材　料

器具
ホウ珪酸塩のガラス毛細管（Leica 520119 など）
ブンゼンバーナー（小さいもの）またはマイクロバーナーかキャピラリー・プラー（Sutter など）
ダイアモンドペンまたはオイルストン
マイクロフォージ（例：Bachofer, Alcatel, Narishige, De Fonbrune）（随意）
大きいペトリ皿
支持ピペットを一時的に保管しておくためのゴム粘土，またはテープを丸めたもの
接眼レンズにスケールのついた実体顕微鏡

手　順

1. 長さ10 cmの毛細管を両手で持ち，まわしながら小さな炎で中央部の狭い範囲を加熱する。非常に細いピペットを作るコツは，炎から離す前に約1 cm毛細管を伸ばしておいて，素早く炎から離し，次いで炎の外で両端を強く引いて細い部分が5〜10 cmになるように2段引きすることである。完全にまっすぐに引くことが重要で，曲がるとその部分から2本のピペットを作ることができない。引いて細くなった部分の外径は約80〜120 μm（透明帯に接する部分）でなければならない。別の方法として市販のキャピラリー・プラーをこの形になるように設定し，使用する。

2. ピペットの肩（細くなり始めたところ）の部分から2〜3 cmのところを折る。ダイアモンドペンかオイルストンでキズをつけ，曲げてその部分で折り，完全に先端が平坦になるようにする。もし，ピペットが少しでもでこぼこしていたり，欠けていたり，正確に90度ではなかったら，それは使えないので捨てる。

3. ピペットをマイクロフォージのクランプで挟む。
   a. ピペットの先端が，どの角度からも加熱フィラメントに垂直になるように固定する。
   b. フィラメントを熱し，ガラスが溶け始めるまでピペットの先端に近づける。ピペットが溶け始めたら，スケールつきの接眼レンズを使って内径を計測し，径がおよそ15 μmになるまで縮ませる。開口部の広さは，受精卵を保持するために十分な大きさがなければならないが，ピペットと接触している面がピペットの中に吸い込まれるようでは大きすぎる。受精卵の直径の20％程度がちょうどよい大きさである。
   c. ピペットが適当な径になったら素早くフィラメントの電流を切るか，ピペットをフィラメントから離す。フィラメント温度が適切で，ピペットとの距離も適当なら，先端を整える作業は2〜3秒しかかからないはずである。
   d. ピペットの孔はまっすぐでなければならず，どちらかに傾いていてはいけない。また，先端は滑らかで，長軸に対して垂直でなければならない（図7.2）。もし，先端がゆがんでいたり非対称であったり，内径が小さすぎる場合は，先端を数mm折って，もう一度溶かす作業をやり直す。

4. もし，ピペットに傾斜をつける必要があるのなら，ピペットをマイクロフォージの中で水平にし，先の方がフィラメントから突き出るようにする。
    a. フィラメントを動かして，先端から2〜3mmのところでピペットにほとんどさわる位まで近づける。
    b. 加熱された部分が柔らかくなり始めるまで，注意深くフィラメントを加熱し，自身の重さで15度程度角度がつくまで待つ(図7.3)。
    c. それ以上曲がらないように素早くフィラメントのスイッチを切る。この傾斜をつける理由はインジェクションチャンバーの中でピペットの先を水平に保つためである。
5. できあがったピペットをゴム粘土かテープをまいた支持台を入れたペトリ皿に保管する。ホコリがかからないようにすればそのままずっと保存できる。

炎を使った研磨法

マイクロフォージがない場合，小さなバーナーの炎に一瞬触れさせることでピペットの先端を滑らかにすることができる。炎の先端は熱いので，横の部分にピペットのほんの先端だけを入れる。しかし，この方法は練習と経験を積まないとできない。

通常1本の支持ピペットは1回のインジェクションの間使えるが，だんだん汚れてくるので永久に使用できるというわけではない。また，先端を溶かして狭くすることを好まない研究者もいる。その場合，支持ピペットを厳重に精密に動かさないと受精卵を損傷する。

プロトコール 9　　インジェクションピペットの作製

材　料

器具
ピンセット
芯入りのガラス毛細管（W-P Instruments TW100F；Clark Electromedical Instruments GC 100TF-15）または市販のインジェクションピペット（Eppendorf Femtotip II）
ピペット作製機（Sutter P-97）
ピペット保管用ペトリ皿
ピペットを一時的に保管するためのゴム粘土かテープをまいたもの
3 mmのフィラメント（Science Bioproducts FT 330B）

手　順

Sutter Puller P-97の調整

1. 3 mmのフィラメントを使用する。きれいなピンセットを使って，毛細管をピペット作製器に入れる。
2. 設定テストを行う。
3. ヒートのダイヤル目盛りを−10に設定する。
4. プルを100に設定する。
5. 速度を150に設定する。
6. タイムを100に設定する。
7. この設定で毛細管を引く。
8. 先端の形を観察し，どこかの設定を変える必要があるかどうか見きわめる。
9. 必要ならヒート，プル，速度，タイムを10程度変える。どの設定を変更したら，先端の形がどうかわったか記録する。

コメント

ピペットがほぼ完璧になるように各パラメーターを設定する。しかし，そのためには多くの時間と労力と忍耐力を要する。Sutterのピペット作製器に関して，http://www.sutter.com/にアドバイスが記載されている。以下の点をさらに付け加えるが，各パラメーターはそれぞれ互いに関連していることに気をつける必要がある。1つの設定を変更すると，ほかのパラメーターにも影響が出てくる。
- ヒート設定を大きくすると，ピペットの傾斜部は長く，細くなり，先端の直径は小さくなる。
- プル設定を大きくすると，傾斜部は長くなるが，先端の直径にはあまり影響しない。
- 速度設定を大きくすると先端の直径は細くなる。
- タイム設定を大きくすると傾斜部は短くなり，直径が急に細くなる。
- 圧を変えるためには別のプログラミング方法が必要になる。圧を上げると傾斜部は短くなり，先端の直径は太くなる。

プロトコール 10　マイクロインジェクションの準備

材　料

器具
耐震性の机(第17章参照)
支持ピペット制御装置(第17章参照),または吸い口をつけたタイゴンチューブ
支持ピペット
インジェクションチャンバー
インジェクションピペット
インジェクター(第17章参照),または10mlのガラス注射筒(Becton Dickinson 2590, 6458)と Tygonチューブ
微分干渉装置,またはホフマンコントラスト装置つき倒立顕微鏡と2.5倍か5倍の接眼レンズと32倍か40倍の長距離コンデンサー(第17章参照)
微量用ピペットチップ(エッペンドルフ Femtotips用)
マイクロマニピュレーター(第17章参照)
5cm,26ゲージのガラス毛細管
Tygonチューブ(随意)

試薬
DNA溶液,1〜2ng/μl
M2およびM16培養液(第4章参照)
軽パラフィンオイル(Merck 1.07161など)

手　順

1. 耐震性の机にインジェクションの作業スペースを準備する(図7.4)。作業スペースの中心に倒立顕微鏡を置き,その両側にマイクロマニピュレーターを1台ずつ置く。電子制御,または液圧制御のマイクロマニピュレーターを顕微鏡のステージに取り付け,Leitzのマニピュレーターをしっかりと取り付ける(第17章)。

2. 取り扱い説明書に従ってマイクロマニピュレーターのハンドルの右手側にインジェクターを取り付ける(プロトコール11,およびコメント参照)。代替法として,マイクロマニピュレーターを厚手のTygonチューブでガラス注射器につないでも行える。しかし,この方法は正確性に欠け,高度な習熟度を必要とするので,インジェクターが入手困難な場合にのみ採用すべきである。

3. 顕微鏡のステージにインジェクションチャンバーを準備する(297〜298頁参照)。インジェクション用の培地の液滴の全貌を観察するためには倍率の低いレンズ(2.5〜5倍)を使用する。

4. 機械的に制御する支持ピペット制御装置を使用する場合は,取り扱い説明書にしたがって,オイルか空気でチューブを充填する。マウスピペッティングで制御する場合は以下のように支持ピペットをパラフィンオイルで充填する。注射筒に軽パラフィンオイルを充たし,針をつける。針を支持ピペットの後ろ側から挿入し,オイルが支持ピペットの先端にくるまで,オイルを押し出す。支持ピペットに気泡が入らないように気をつけ

る。
5. 支持ピペットを左手側のマイクロマニピュレーターのハンドルに接続する。支持ピペットをインジェクションチャンバーの底面に対し水平になるように保ち，まっすぐ90度の角度で培地の液滴の中に入れる。
6. 長くて細いマイクロローダー(Microloader, Eppendorf)を用いて，インジェクションピペットの後側の太い方の端からDNA溶液を入れる。別の方法としては，インジェクションピペットのうしろの平坦な方の先端をDNA溶液に浸け，毛細管現象でDNAが反対の端にくるまで待つ。
7. インジェクションピペットをマイクロマニピュレーターの右手側のハンドルに装着する。ピペットの先端からDNAが一定でゆっくりとした速度で流れ出すように，インジェクターの取扱説明書に従って設定する。または，注射器をインジェクターの替わりに使用する場合は注射筒に圧力をかける。
8. インジェクションピペットをインジェクション用の培地の液滴に対し90度の角度で差し入れ，インジェクションチャンバーの底面に対して水平で，かつ，支持ピペットと完全に平行になるように調整する(図7.9，図7.10)。

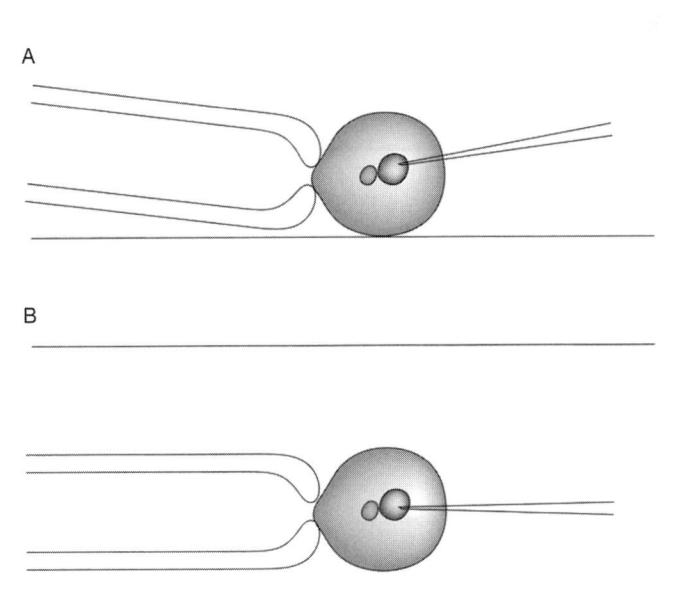

図7.9. インジェクションチャンバー。（A）横から見たもの（B）上から見たもの。

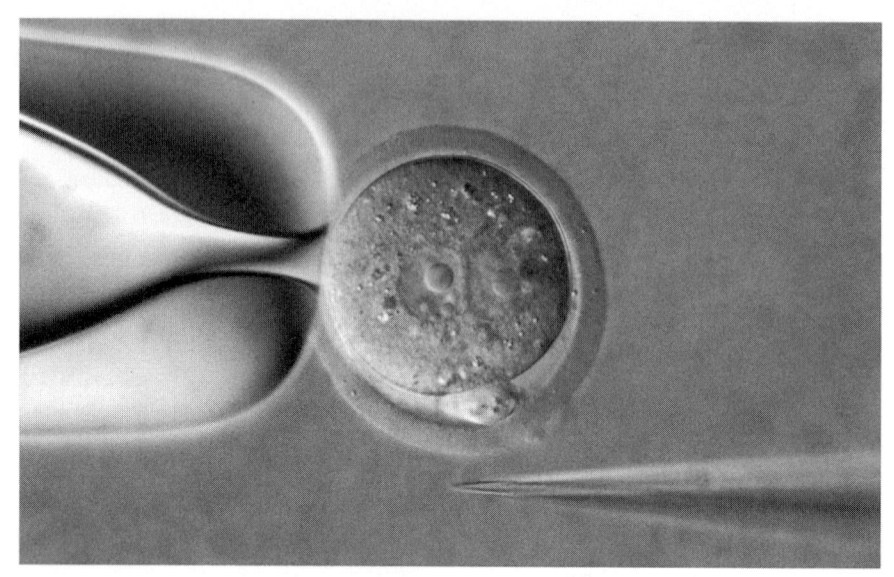

図7.10.「6時」の位置に設置したインジェクションピペット。ピペットの先端と前核が同一焦点内にくるようにZ軸方向に調節する。

コメント

- 支持ピペットとインジェクションピペットは完全に180度で向き合うように調整することが非常に重要である。さもないと，インジェクションの間，受精卵をきちんとした位置に保つことが難しくなる。
- 支持ピペットの先端に角度をつけていないまっすぐな形のものを使用する場合は，ピペットがインジェクションチャンバーの底面に触れて前進し始めるまでまっすぐ液滴の中に降ろしていく。支持ピペットの外径があっていれば，受精卵をきちんと保持できるはずである（図7.2）。
- インジェクションピペットがインジェクションチャンバーに挿入される角度は小さければ小さい程よい。5度であれば理想的で，10度までは許容できるが，15度は角度がつきすぎである。なぜなら，だんだん受精卵の前核に正確に針を打ち込むことが難しくなるため，機械的刺激が強くなり，受精卵の生存率が低下するからである。
- 支持ピペットが受精卵を保持したり，離したりする速度はピペットに充填するオイルを変えることで調節できる。粘度の高いオイルを使用した場合や，支持ピペットの内径が細い場合は，速度が遅くなる。

| プロトコール 11 | マウス胚へのマイクロインジェクション |

材　料

器具
プロトコール 7.10 に従って準備したインジェクション装置一式

試薬
マウスの(受精後)0.5日胚(第3章参照)
KSOM，M16，またはそのたの受精卵培養用培地

手　順

1. 胚操作用ピペットを用い，インジェクションチャンバー中に数個の受精卵を入れる。インジェクションチャンバーに移動する受精卵の数は習熟度と装置の状態によって決める。20～30分で処理できる数より多くの受精卵をインジェクションチャンバーに移動させないこと。

2. 高倍率で受精卵を観察し，前核が2つ見え，かつ卵の形態が良いこと(図7.1)を確認する。異常卵は廃棄する。

3. インジェクションピペットの先端が閉じていたり，詰まっていたりしないことを確認し，受精卵と同じ平面(高倍率で同じ焦点内)になるように調整し，受精卵のそばにピペットをもってくる(触れてはいけない)。インジェクターの制御装置を操作して，圧力をかける。

   もし，ピペットにきちんと穴が開いていたら，押し出されたDNA溶液によって受精卵は遠方へ動かされるであろう。

   もし，ピペットの先端が閉じていたり，詰まっていたりしたら，FemtoJetの「クリア」機能を使って，DNAを高圧力で吹き出させ，その後もう一度テストをする。それでもまだ詰まっていた場合は，先端を注意深く支持ピペットに触れさせ，先端を少し欠いて内径を大きくする。内径が大きくなりすぎてしまった場合や，まだ開かない場合にはそのピペットは捨てて新しいものと取り替える。

4. 支持ピペットの先を受精卵のそばに移動し，圧力制御部を操作し，陰圧にして受精卵を吸いつける。その後，前核に焦点を合わせる。

   前核がインジェクションピペットに近い側の半球にあるように置かれた受精卵が最もインジェクション操作が容易になる。さらに，前核は，支持ピペットの中心軸にできるだけ近くなるようにする。ずれていると，インジェクションピペットを刺した時に受精卵が回転してしまう。必要なら，受精卵を支持ピペットから離し，インジェクションピペットや支持ピペットで転がして位置を調整し，最後にもう一度支持ピペットに吸着させる。

5. 受精卵が満足すべき位置にきたら，支持ピペットを制御している注射器のネジをさらに1回転させ，受精卵をしっかりと保持する。この時，透明帯は，ピペットの開口部から少し内側に吸い込まれるが，受精卵自体は変形してはいけない。2つの前核のうち，ど

ちらにインジェクションしてもよい。

6. インジェクションの前にもう一度顕微鏡の焦点を前核に合わせ，境界線がはっきりと見えるようにする（焦点は前核の中央面に合わせる）。
    a．インジェクションピペットを前核の中央面に合わせた焦点内にくるように移動する。
    b．目的とする前核と同じY軸上になるようにインジェクションピペットを移動し（受精卵の6時または12時の位置），ピペットの先端がはっきりと見える位置にピペットの高さを調節する（焦点を変えずに行う）。これは，ピペットを正確に前核に入れるために重要である（図7.10）。

7. ピペットの高さをかえずに，インジェクションピペットを3時の方向へ移動する。前核へ向かって透明帯から細胞質へとインジェクションピペットを押し込んでいく。両方のピペットの先端と前核の境界線が同じ焦点内にとどまっていることを確認する。もし，受精卵が動いて前核が焦点からはずれてしまったら，インジェクションピペットは前核を刺すことはできない。
    a．さらにピペットを押して，核の内部に到達するまで前進させる。核仁は非常に粘着力が強く，ピペットにくっついてしまうので触れないようにする。
    b．ピペットの先端が核の内部に達したと思われたら，インジェクターを操作して圧を上げる。

8. 前核がふくらむことを確認できたら（図7.11，図7.12参照），インジェクションは成功である。ピペットを迅速に受精卵から引き抜く。
    ピペットをゆっくりと引き抜くと，核の成分（多分核膜か染色体）がついてきてしまうことが多く，また，そのため，細胞膜にも悪影響を与える。

9. 核がふくらまない場合はピペットが詰まっているか，受精卵の細胞膜を突き破っていない。
    a．インジェクションピペットのまわりに小さな「気泡」ができるようなら（図7.11，図7.12参照），ピペットは細胞膜を突き破っていない。この膜は非常に弾力性に富んでおり，前核に到達するほど刺したつもりでも，膜が破れていない場合がある。そのような場合には，ピペットが核を通り越えて反対側に出るまで押し込んだ後，少し戻して，再び先端が核内にくるようにしてみるとよい。このようにすると細胞膜を突き破って核内にピペットを入れることができる場合が多い。
    b．実際にピペットが膜を突き破っていることの別の証拠は，侵入点においてピペットが膜にほぼ垂直に突き刺さっていることで（図7.11B，図7.12B），もし，膜が破れていない場合には，膜はくぼんでみえる（図7.11A，図7.12A）。

10. 不可能ではないが，注入するDNAの量を調節することは困難である。1〜2ピコリットルが注入されたと見積る研究者が多いが，実際に核の内部に留まっている量は不明である。また，前核の大きさは受精卵によってバラバラであるので，注入する量は大きさに応じて調節する。前核がはっきりとふくらむまで注入することを基準にするとよい。

11. ピペットを引き抜いた後で，細胞質顆粒が流れ出してくるようであれば，その受精卵は死に始めている。その場合，または核の成分がピペットについてきてしまった場合は，その受精卵は廃棄する。逆に，受精卵が無傷で，インジェクションも成功したと考えられる場合には，その受精卵は"良い受精卵"を置いておく場所へ移動し，次の受精卵に取りかかる。

12. インジェクションがうまくいく限り，同じピペットを使用することができる。新しいピ

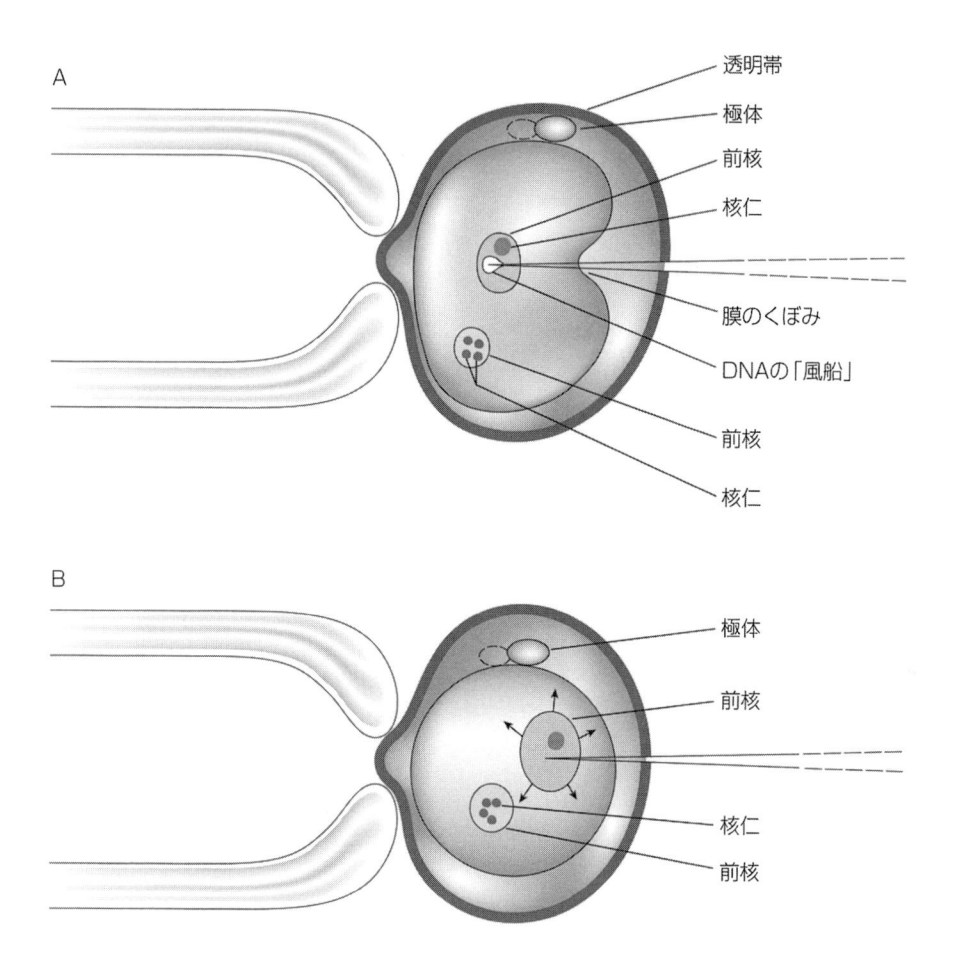

図7.11. 前核へのマイクロインジェクション。（A）受精卵の細胞膜を突き破ってない場合，細胞膜はマイクロインジェクション用の針で前核の中まで押し込まれている。針先から出たDNA溶液は，細胞膜に包まれてはっきりと見えるほどの風船を前核の中に作るが，前核はふくらまない。針を抜くとDNAは受精卵から流れ出してしまう。（B）うまく前核に注入できた場合。細胞膜は突き破られ，受精卵は元の球形に戻っている。針先は前核の中に止まり，針から出たDNAによって，前核が明らかに膨れている。

ペットに変えるタイミングは，(a)前核がはっきり見えている受精卵を数個試みて，すべて刺せなくなってしまった時，(b)注入の直後に2個続けて受精卵が壊れてしまった時，(c)先端が明らかに汚れてきた時，または核内の成分の何かがピペットにまとわりついた時，(d)ピペットの先端が壊れて径がおおよそ1μmより太くなった時，あるいは(e)ピペットが詰まって，圧力（FemtoJetのクリーン）をかけても直らない時，である。

13. チャンバーにある受精卵すべてのインジェクションが終了したら，すぐにM16かKSOM培地に戻し，37℃で培養する。その後，次の受精卵をチャンバーに移動し，すべて終わるまで続ける。

14. インジェクション操作の機械的な刺激で，壊れてしまう受精卵もある。インジェクション後約5～30分で壊れ始めるが，壊れた受精卵は，正常卵とはっきり区別できる。壊れた受精卵は，半透明で透明帯の内容積いっぱいになっていて，軽くなった印象を受ける（培地を吹いた時，簡単に浮いてしまう）。正常卵は細胞膜と透明帯の間に明らかな間隙があり，細胞質はぎゅっと縮んだようにみえる。通常インジェクション後の受精卵は約

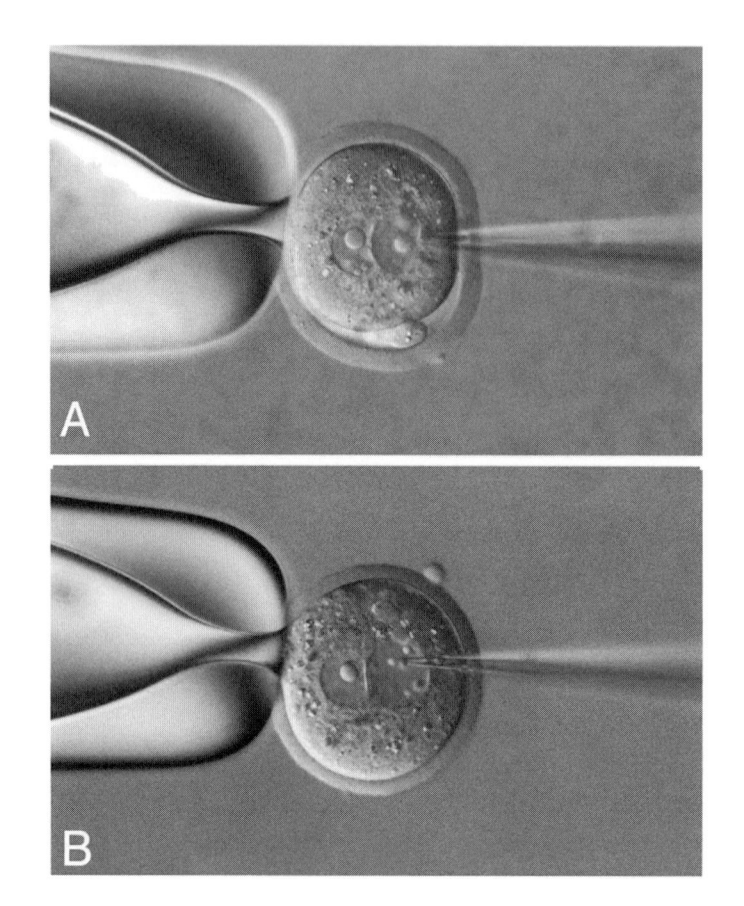

図7.12. 前核へのマイクロインジェクション。図7.11で示した図の実例。(A)受精卵の細胞膜を突き破っていない場合。(B)成功例。細胞膜は完全に突き破られている。

75％が正常卵として残る。

コメント

- インジェクションに用いる受精卵は品質の良いもの(図7.1参照)のみを用いることが一番重要である。透明帯の内側に精子の片鱗すら残っていてもいけない。また，透明帯の内側が何かでうまっておらず(細胞膜との間に隙間がなければいけない)，また，縮んでいてもいけない。前核が2つはっきりと見えなければならず，断片化が起きていてはいけない。
- 前核が1つだけ見える場合は，それは未受精卵であると考えてよい。前核が3つ以上見える場合は，その受精卵は多精子受精(複数の精子と受精した)である。第2極体がない場合，単に断片化してしまっただけの場合もあるので，これだけでは未受精かどうかを見極めるのは難しい。しかし，受精卵自体は絶対に断片化していてはいけない。
- インジェクションしながら受精卵の品質を評価することができる。インジェクションに成功した正常卵と，失敗した，あるいは異常卵を分ける時には十分注意する。後では区別がつかない。電子制御式のインジェクターを使用している場合は，セットされているプログラムを利用して正常卵とそうではないものに分ける。その場合，ポジション1をドロップから遠い方に，ポジション2を近い方に設定する。すると，インジェクションした受精卵は自動的に対応する位置に移動される。

- 受精卵を支持ピペットに固定する時，インジェクション針を突き刺した時に回転してしまわないように，前核を細胞質のほぼ中心にもってくることが重要である。その結果，前核の形をはっきりと観察することができ，透明帯を突き破ることも容易になり，はっきり観察できる。
- 最新式の電子制御のインジェクター(FemtoJetなど)は「自動」モードと「手動」モードがある。その違いは単純に，リリースボタンやフッドペダルの制御方式である。「自動」モードではインジェクションの時間はあらかじめ設定した速度で統一されるが，「手動」モードではそれぞれの受精卵ごとに変えることができ，リリースボタンやフッドペダルを押している間はインジェクションが続く。前核の大きさは受精卵によって明らかに異なるので，「手動」モードを使用し，受精卵一つひとつの前核がきちんとふくらむことを確認するほうがよいだろう。
- インジェクションプレッシャー(Pi)とコンスタントフロープレッシャー(Pc)はインジェクションピペットの内径をもとに経験的に決定する。FemtoJetの場合，Pcは10〜15に設定し，Piは40〜50に設定する。前核がふくらむ速度が速すぎると破裂してしまう場合があるので，圧を下げる。逆にふくらむ速度が遅い場合には圧を上げる。
- 注入するDNAの大きさが異なる場合でもインジェクターのセットアップは同様に行う。しかし，巨大DNAは粘度が高く，細いピペットで扱うと断片化されやすいことに気をつける。Piはできるだけ低くし，ピペットが少しでも詰まったようであればすぐに変える。インジェクションピペットの内径をこころもち太くすると，Piを上げることなくDNAがなめらかに流れる。インジェクションピペットの先端の少し太くなったところを支持ピペットに軽くたたきつけ，その部分で折ると簡単に太くすることができる。巨大DNAを扱う場合，細いピペットに圧をかけてDNAを断片化させてしまうより，受精卵に損傷を与える危険性は高くなってもある程度やむを得ない。
- 2つの前核のうち，大きな方，あるいは，近い方にDNAを注入するとよい。受精卵の発生段階が適切ならば，前核は2つとも大きく，はっきりと中央部に見えるはずである。「雄性前核にインジェクションするように」というアドバイスは古い。インジェクションに最適な時間ではどちらが雌性前核でどちらが雄性前核であるかわからないものである。選ぶ唯一の基準はやりやすいほうである。それは大きくて，インジェクションピペットに近いほうである。
- 前核が小さい場合はまだインジェクションに適当な時ではない。その時は受精卵を1時間ほど培養するとよいだろう。しかし，インジェクション前に受精卵をあまり長時間37℃で培養すると，2つの前核は融合してしまい，インジェクションができなくなってしまう。受精卵の発生段階はhCGの投与時間と明暗サイクルに大きく依存しているので，インジェクションを行う時間は過排卵処理のプロトコルに影響される(第3章参照)。
- 間違ってオイルや培地を顕微鏡の光学系にこぼしたりしないようにインジェクション終了後はすぐにインジェクションチャンバーを顕微鏡から移動させる。
- マイクロインジェクションは決して簡単な操作ではない。高度に習熟するまでには，十分な練習が必要である。また，受精卵は生き物であり，扱いには注意を要する。受精卵にとっては，マイクロインジェクションに耐え，培養に耐えるだけでは十分でなく，仮親に移植されたら正常なマウスに発生しなければならないのである。これは，受精卵を顕微操作し，培養し，取り扱う時に常に心にとめておかなければならないことである。

トラブルシューティング

　前核へのマイクロインジェクションによる遺伝子改変マウスの作製には非常に繊細な気配りを要する。産子数が少ないとか，子が産まれてもファウンダーがいない，などという結果を招く多くの潜在的な問題を抱えている。ここでは，一般的に生じやすい問題について述べ，その原因と解決方法について記載する。

1. 膣栓がつきにくい
   - 雄が若すぎるか，年を取りすぎている。2～6カ月齢が最適である。
   - 雄を交尾させすぎている。過排卵処理した雌と週に2回以上は交尾させず，また，前回交尾させた日から最低でも1日以上間をあける。
   - PMSGかhCGの品質か調製に問題がある。ホルモンは凍結保存し，溶解後は1時間以内に使用する。
   - 明暗サイクルが一定していない。明暗サイクルは毎日一定にしておくことが重要であり，絶対にずれてはいけない。暗期には動物室は入室禁止にするべきである。
   - 飼育室の環境に問題がある。騒音がひどい―特に普段はしない騒音がある―，振動，室温の変動，不適当な湿度などはできるだけ避ける。

2. 卵が少ない
   - 上記と同様な動物室の環境問題，明暗サイクル，ホルモンに問題がある場合がある。
   - 雌の年齢が最適でない。マウスの系統や，ハイブリッドの場合は組み合わせにもよるが，もっと年をとっているかあるいは若いか，どちらかホルモン剤に反応しやすい雌を用いるべきである。
   - ホルモンの投与量が適当でない。過排卵に必要なPMSGやhCGの投与量は系統や交配の組み合わせ，雌の年齢によって異なる。最適の投与量は経験的に決定する。

3. 2つの前核をもつ受精卵がほとんど取れない，あるいは全く取れない
   - 雌の膣栓は実際にはついていなかった。
   - 卵が受精していなかった。これは，雄が年を取りすぎていたり，使いすぎていた場合と，雌が若すぎた場合に起きる。
   - 受精してからの時間が短い場合。この場合は数時間培養すると見えるようになる。次回からはホルモンの投与時間を早くする。
   - 顕微鏡の調整がきちんとできていない，光学系がきちんと調整できていないか，レンズが汚れているか，またはその両方である。
   - インジェクション用の顕微鏡に微分干渉装置かホフマンコントラスト装置がついていない，または微分干渉装置を装着した顕微鏡でプラスチックのディッシュを使用している。
   - ポイント5も参照する。

4. 前核が小さすぎてインジェクションしにくい
   - 受精してからの時間が短すぎる。この場合はホルモンを投与する時間を早くするか，インジェクションする時間を遅くする。
   - 前核が小さく，インジェクションしにくい系統もいる。その場合，ほかの系統に変えたり，ハイブリッドの組み合わせを変えてみる。

5．前核がはっきりと見えない
- ポイント4を参照
- インジェクションチャンバーの培地の液滴の表面に小さな油滴が集まっていると，像をゆがませる。これは，受精卵を液滴に入れたり出したりする際に起きやすい。油滴はその部分に低倍で焦点を合わせ，マウス・ピペッティングで取り除くか，新しいインジェクションチャンバーに変える。
- 液滴が完全にオイルで覆われていない。これは，液滴の高さが高すぎたり，オイルの層が薄すぎる場合に起きる。この場合もまた，像がゆがむので，オイルを追加する。
- 微分干渉装置，あるいはホフマンコントラストがきちんと調整されていない。正しい調整方法をメーカーに問い合わせる。
- 接眼レンズか対物レンズが汚れている（エタノールと水とレンズペーパーを用いて丁寧に掃除する）。マイクロインジェクションチャンバーからオイルを絶対にこぼさないように十分注意する。インジェクション終了後はすぐにチャンバーをステージから取り除くこと。

6．受精卵からインジェクションピペットを引き抜く時，針先に核内成分がからみついてくる
- インジェクションピペットが核小体に触れた。核小体は核内にあり，小さく明るく見える。核小体は非常に粘着性があり，もし触れると瞬時にピペットに付着する。インジェクション中に核小体には触れないようにする。
- ピペットが汚れている場合があるので，交換する。高倍でも見えないような非常に小さな粒子でもピペットの外側表面の粘着性を上げる場合があり，その場合は核の成分を絡めてしまう危険性が高くなる。
- インジェクションピペットを引き抜く速度が遅すぎる。前核がふくらんだらもっと速くピペットを引き抜く。
- 使用前にピペットをシグマコート（シグマ）で処理をすると解決する場合がある。

7．インジェクションピペットが詰まりやすい
- 電子式インジェクターを使用している場合は「クリーン」ボタンを押す。
- ピペットの開口部が細すぎる。ピペット作製器の設定を変更するか，ホールディングピペットに先端を押しつけて折り，穴を広げる。
- インジェクションプレッシャーが低すぎる。コンスタントフロープレッシャーを上げる。
- DNA溶液に不純物がある。精製方法を改善する。

8．インジェクションピペットあるいは支持ピペットが自然に動いてしまう（Leitzのマイクロマニピュレーター使用時）
- ジョイスティックのつまみを回して，針先運動の拡大率を下げる。
- ジョイスティックが離れた場所にありすぎる。ピペットとマニピュレーターのネジをを適切な位置に設置する。

9．インジェクションの最中にピペットの先端が動いてしまう
- ピペットの先端が対称ではない。ピペットが加熱フィラメントの中央にくるようにピペット作製器を設定し直す。
- Leitzのマイクロマニピュレーターの場合，ピペット取り付け用のシリコンゴムチューブが曲がっている場合があるので，取り替える。

10．インジェクションによって死ぬ受精卵が多い

- インジェクションピペットの先端が太すぎる。その場合，ピペットを取り替え，ピペット作製器の設定を調整する。
- インジェクションピペットの長軸と顕微鏡のステージ台との角度が大きすぎる。ピペットを入れる角度をできるだけ小さくするようにする。
- インジェクションピペットが汚い場合は交換する。
- DNAの純度が悪い場合は精製方法を改良する。
- DNA濃度が濃すぎる場合は半分にする。
- 受精卵に刺した時に，ピペットがy軸方向にずれてしまう。その場合，ピペットを真っ直ぐに突き刺すように，もっと注意する。
- 注入する容量が多すぎる。その場合は，前核がふくらんだことを確認したらすぐに注入をやめる。
- ピペットを引き抜く速度が遅すぎる。ピペット操作をもっと迅速にする。
- インジェクションプレッシャーまたはコンスタントフロープレッシャーが高すぎる。DNAの流出速度をもっと遅くする。
- 顕微鏡のステージ台が振動する，実験室の室温が低過ぎる，または，培地が適切でない，などの問題がある場合にも受精卵の生存率が低下する場合がある。

11. 細胞膜，あるいは核膜を突き通すことができない
    - 針先がまるまっている。その場合は鋭利なピペットに変えるか，支持ピペットに先端を打ち付け，先端を少し欠けさせて使用する。
    - インジェクションピペットが汚い場合は交換する。
    - ピペットが受精卵の反対側に到達するまで突き刺して，少し戻してみると，先端が核に入っていく場合がある。
    - 支持ピペットの中心軸に大きい方の前核がくるように受精卵を回転させる。
    - ピペットを突き刺す時，核の中心部に目標を設定する。
    - インジェクションピペットのz軸方向の位置は，完全に前核と同じ焦点内になければならない（ポイント6）。

12. 受精卵を培養した時に卵割しない
    - 卵が受精していなかった。前核が3つ以上見える受精卵だけを使用すること。
    - 受精卵が多精子受精をしていた。前核が2つある受精卵だけを選別すること。
    - 培地の品質が悪い，インキュベーターの温度や炭酸ガス濃度が適切ではない，湿度が不十分である，などの場合。その場合にはインジェクションしていない受精卵を培養し，培養条件を検討する。インキュベーターに水が入っていることを確認する。
    - インジェクションのために，受精卵を室温に長く置きすぎた場合。または，実験室の室温が低すぎた場合，あるいは顕微鏡のステージ台に振動があった場合。
    - インジェクション操作で受精卵が機械的に損傷した（ポイント9を参照）。
    - DNAに有害な不純物が含まれている場合。異なるDNAやバッファーだけでテストしてみる。
    - DNAの濃度が高すぎるか，注入する容量が多すぎる。
    - 導入遺伝子が一過性に発現して受精卵の発生を阻害している場合がある。

13. 偽妊娠代理母の妊娠率が悪い，または最終段階まで発生する割合が低い
    - ポイント12参照
    - 膣栓が実際にはついていなかった，または膣栓のついた日を間違えている。仮親の卵管に移植する場合，移植する日に膣栓がついたものを使用する。一晩培養し，翌日移

植する場合にも，移植当日についたものを使用する。
- 受精卵がきちんと卵管に移植できていなかった場合。
- 生殖器官が移植過程で損傷してしまった場合。その場合は，卵巣に触れないように注意し，また卵管を注意深く扱う。
- インジェクション操作で受精卵の大部分が損傷している場合（ポイント11参照）。
- 騒音，悪臭，振動などの飼育室の環境が妊娠率に悪影響を及ぼす場合がある（第3章144頁参照）

14. トランスジェニック率が悪い
    - 注入するDNA量が少なすぎる。前核がもっとふくらませるようにDNAを注入する。
    - DNA濃度が実際は測定値よりも低い。この場合は濃度を測定し直すか，濃度を上げる。
    - インジェクションピペット内に培地が逆流している場合。この場合はコンスタントフロープレッシャーを適切に設定する。注射筒を使ってインジェクションを行っている場合は，インジェクションピペットを受精卵に刺す前に内筒を押して，培地を押し出すようにする。
    - （a）針が核膜に貫通していないため，DNAが核に入っておらず，細胞質に入っている，または，（b）核膜も細胞膜も貫通していない場合。その場合は鋭利なピペットに交換し，また前核がはっきりとふくらむことを確認する。
    - 偽妊娠用の雄の精管結紮がきちんとできていない場合，仮親は移植された受精卵以外に自身の受精卵で妊娠している。例えば，CD1系統を精管結紮の雄と仮親の雌の両方に使用した場合，インジェクション用のマウスは毛色の濃い系統を使用する。産まれたマウスにアルビノがいたら，それは精管結紮の失敗を疑うべきである。また，精管結紮をしたオスは使用前に不妊であることを確認する（第6章参照）。
    - 導入遺伝子が致死的に働く場合がある。

15. 初代のトランスジェニックマウスの導入遺伝子が子孫に伝わらない
    - ファウンダーが実際はトランスジェニックではなかった。
    - ファウンダーがモザイクになっており，生殖細胞のほとんど，あるいはすべてに導入遺伝子が組み込まれていない場合。この場合は子をもっと産ませる，別のファウンダーを使う，もしくは，さらにトランスジェニックを作製する。
    - ファウンダーはモザイクであるので生存できるが，F_1では導入遺伝子の発現が致死的に働いている場合。ファウンダーが雄である場合には，子の発生段階が追えるので，各発生段階で解析をする。

16. ファウンダーから産まれたF_1マウスにおいて導入遺伝子の組み込み，あるいは発現，またはその両方のパターンが異なる
    - ファウンダーがモザイクで，2カ所以上に導入遺伝子の組み込みがあった場合。一般的なルールとして，ファウンダーから産まれたF_1はPCRだけではなく，組み込みのパターンがわかるような解析をするべきである。

参考文献

Al Shawi R., Burke J., Wallace H., Jones C., Harrison S., Buxton D., Maley S., Chandley A., and Bishop J.O. 1991. The herpes simplex virus type 1 thymidine kinase is expressed in the testes of transgenic mice under the control of a cryptic promoter. *Mol. Cell. Biol.* **11:** 4207–4216.

Amid C., Bahr A., Mujica A., Sampson N., Bikar S.E., Winterpacht A., Zabel B., Hankeln T., and Schmidt E.R. 2001. Comparative genomic sequencing reveals a strikingly similar architecture of a conserved syntenic region on human chromosome 11p15.3 (including gene ST5) and mouse chromosome 7. *Cytogenet. Cell Genet.* **93:** 284–290.

Antoch M.P., Song E.J., Chang A.M., Vitaterna M.H., Zhao Y., Wilsbacher L.D., Sangoram A.M., King D.P., Pinto L.H., and Takahashi J.S. 1997. Functional identification of the mouse circadian Clock gene by transgenic BAC rescue. *Cell* **89:** 655–667.

Archibald A.L., McClenaghan M., Hornsey V., Simons J.P., and Clark A.J. 1990. High-level expression of biologically active human alpha 1-antitrypsin in the milk of transgenic mice. *Proc. Natl. Acad. Sci.* **87:** 5178–5182.

Balling R., Mutter G., Gruss P., and Kessel M. 1989. Craniofacial abnormalities induced by ectopic expression of the homeobox gene Hox-1.1 in transgenic mice. *Cell* **58:** 337–347.

Beddington R.S., Morgernstern J., Land H., and Hogan A. 1989. An in situ transgenic enzyme marker for the midgestation mouse embryo and the visualization of inner cell mass clones during early organogenesis. *Development* **106:** 37–46.

Behringer R.R., Peschon J.J., Messing A., Gartside C.L., Hauschka S.D., Palmiter R.D., and Brinster R.L. 1988. Heart and bone tumors in transgenic mice. *Proc. Natl. Acad. Sci.* **85:** 2648–2652.

Behringer R.R., Ryan T.M., Reilly M.P., Asa-kura T., Palmiter R.D., Brinster R.L., and Townes T.M. 1989. Synthesis of functional human hemoglobin in transgenic mice. *Science* **245:** 971–973.

Berns A. 1991. Tumorigenesis in transgenic mice: Identification and characterization of synergizing oncogenes. *J. Cell. Biochem.* **47:** 130–135.

Borrelli E., Heyman R.A., Arias C., Sawchenko P.E., and Evans R.M. 1989. Transgenic mice with inducible dwarfism. *Nature* **339:** 538–541.

Brinster R.L., Allen J.M., Behringer R.R., Gelinas R.E., and Palmiter R.D. 1988. Introns increase transcriptional efficiency in transgenic mice. *Proc. Natl. Acad. Sci.* **85:** 836–840.

Brinster R.L., Chen N.Y., Trumbauer M.E., Yagle M.K., and Palmiter R.D. 1985. Factors affecting the efficiency of introducing foreign DNA into mice by microinjecting eggs. *Proc. Natl. Acad. Sci.* **82:** 4438–4442.

Brinster R.L., Chen H.Y., Warren R., Sarthy A., and Palmiter R.D. 1982. Regulation of metallothionein–thymidine kinase fusion plasmids injected into mouse eggs. *Nature* **296:** 39–42.

Brinster R.L., Braun R.E., Lo D., Avarbock M.R., Oram F., and Palmiter R.D. 1989. Targeted correction of a major histocompatibility class II E alpha gene by DNA microinjected into mouse eggs. *Proc. Natl. Acad. Sci.* **86:** 7087–7091.

Brinster R.L., Chen H.Y., Messing A., van Dyke T., Levine A.J., and Palmiter R.D. 1984. Transgenic mice harbouring SV40 T-antigen genes develop characteristic brain tumors. *Cell* **37:** 367–379.

Brinster R.L., Chen H.Y., Trumbauer M., Senear A.W., Warren R., and Palmiter R.D. 1981. Somatic expression of herpes thymidine kinase in mice following injection of a fusion gene into eggs. *Cell* **27:** 223–231.

Camper S.A. and Saunders T.L. 2000. Transgenic rescue of mutant phenotypes using large DNA fragments. In *Genetic manipulation of receptor expression and function* (ed. D. Accili.), pp. 1–22. John Wiley, New York.

Chada K., Magram J., Raphael K., Radice G., Lacy E., and Costantini F. 1985. Specific expression of a foreign beta-globin gene in erythroid cells of transgenic mice. *Nature* **314:** 377–380.

Chisari F.V., Pinkert C.A., Milich D.R., Filippi P., McLachlan A., Palmiter R.D., and

Brinster R.L. 1985. A transgenic mouse model of the chronic hepatitis B surface antigen carrier state. *Science* **230:** 1157–1160.

Chisari F.V., Klopchin K., Moriyama T., Pasquinelli C., Dunsford H.A., Sell S., Pinkert C.A., Brinster R.L., and Palmiter R.D. 1989. Molecular pathogenesis of hepatocellular carcinoma in hepatitis B virus transgenic mice. *Cell* **59:** 1145–1156.

Choi T., Huang M., Gorman C., and Jaenisch R. 1991. A generic intron increases gene expression in transgenic mice. *Mol. Cell. Biol.* **11:** 3070–3074.

Copeland N.G., Jenkins N.A., and Court D.L. 2001. Recombineering: A powerful new tool for mouse functional genomics. *Nat. Rev. Genet.* **2:** 769–779.

Costantini F. and Lacy E. 1981. Introduction of a rabbit beta-globin gene into the mouse germ line. *Nature* **294:** 92–94.

Cotten M., Baker A., Saltik M., Wagner E., and Buschle M. 1994. Lipopolysaccharide is a frequent contaminant of plasmid DNA preparations and can be toxic to primary human cells in the presence of adenovirus. *Gene Ther.* **1:** 239–246.

DePamphilis M.L., Herman S.A., Martinez-Salas E., Chalifour L.E., Wirak D.O., Cupo D.Y., and Miranda M. 1988. Microinjecting DNA into mouse ova to study DNA replication and gene expression and to produce transgenic animals. *Biotechniques* **6:** 662–680.

DePrimo S.E., Stambrook P.J., and Stringer J.R. 1996. Human placental alkaline phosphatase as a histochemical marker of gene expression in transgenic mice. *Transgenic Res.* **5:** 459–466.

Ding H., Roncari L., Shannon P., Wu X., Lau N., Karaskova J., Gutmann D.H., Squire J.A., Nagy A., and Guha A. 2001. Astrocyte-specific expression of activated p21-ras results in malignant astrocytoma formation in a transgenic mouse model of human gliomas. *Cancer Res.* **61:** 3826–3836.

Duff K., Knight H., Refolo L.M., Sanders S., Yu X., Picciano M., Malester B., Hutton M., Adamson J., Goedert M., Burki K., and Davies P. 2000. Characterization of pathology in transgenic mice over-expressing human genomic and cDNA tau transgenes. *Neurobiol. Dis.* **7:** 87–98.

Ellis J., Pasceri P., Tan-Un K.C., Wu X., Harper A., Fraser P., and Grosveld F. 1997. Evaluation of beta-globin gene therapy constructs in single copy transgenic mice. *Nucleic Acids Res.* **25:** 1296–1302.

Erickson R.P. 1999. Antisense transgenics in animals. *Methods* **18:** 304–310.

Flores N., Valle F., Bolivar F., and Merino F. 1992. Recovery of DNA from agarose gels stained with methylene blue. *BioTechniques* **13:** 203–205.

Foster, H.L., Small J.D., and Fox J.G. 1983. *The mouse in biomedical research*. Academic Press, New York.

Friedrich G. and Soriano P. 1991. Promoter traps in embryonic stem cells: A genetic screen to identify and mutate developmental genes in mice. *Genes Dev.* **5:** 1513–1523.

Gaensler K.M., Kitamura M., and Kan Y.W. 1993. Germ-line transmission and developmental regulation of a 150-kb yeast artificial chromosome containing the human beta-globin locus in transgenic mice. *Proc. Natl. Acad. Sci.* **90:** 11381–11385.

Giraldo P. and Montoliu L. 2001. Size matters: Use of YACs, BACs and PACs in transgenic animals. *Transgenic Res.* **10:** 83–103.

Gordon J.W. and Ruddle F.H. 1981. Integration and stable germ line transmission of genes injected into mouse pronuclei. *Science* **214:** 1244–1246.

Gordon J.W., Scangos G.A., Plotkin D.J., Barbosa J.A., and Ruddle F.H. 1980. Genetic transformation of mouse embryos by microinjection of purified DNA. *Proc. Natl. Acad. Sci.* **77:** 7380–7384.

Goring D.R., Rossant J., Clapoff S., Breitman M.L., and Tsui L.C. 1987. In situ detection of β-galactosidase in lenses of transgenic mice with a gamma-crystallin/lacZ gene. *Science* **235:** 456–458.

Gossen J.A., de Leeuw W.J., Tan C.H., Zwarthoff E.C., Berends F., Lohman P.H., Knook D.L., and Vijg J. 1989. Efficient rescue of integrated shuttle vectors from transgenic mice: A model for studying mutations in vivo. *Proc. Natl. Acad. Sci.* **86:** 7971–7975.

Gossen M., Freundlieb S., Bender G., Muller G., Hillen W., and Bujard H. 1995. Transcriptional activation by tetracyclines in mammalian cells. *Science* **268:** 1766–1769.

Gossler A., Joyner A.L., Rossant J., and Skarnes W.C. 1989. Mouse embryonic stem cells and reporter constructs to detect developmentally regulated genes. *Science* **244:** 463–465.

Gossler A., Doetschman T., Korn R., Serfling E., and Kemler R. 1986. Transgenesis by means of blastocyst-derived embryonic stem cell lines. *Proc. Natl. Acad. Sci.* **83:** 9065–9069.

Gridley T. 1991. Insertional versus targeted mutagenesis in mice. *New Biol.* **3:** 1025–1034.

Grieshammer U., Lewandoski M., Prevette D., Oppenheim R.W., and Martin G.R. 1998. Muscle-specific cell ablation conditional upon Cre-mediated DNA recombination in transgenic mice leads to massive spinal and cranial motoneuron loss. *Dev. Biol.* **197:** 234–247.

Grosschedl R., Weaver D., Baltimore D., and Costantini F. 1984. Introduction of an immunoglobulin gene into the mouse germ line: Specific expression in lymphoid cells and synthesis of functional antibody. *Cell* **38:** 647–658.

Grosveld F., van Assendelft G.B., Greaves D.R., and Kollias G. 1987. Position-independent, high-level expression of the human beta-globin gene in transgenic mice. *Cell* **51:** 975–985.

Gundersen K., Hanley T.A., and Merlie J.P. 1993. Transgenic embryo yield is increased by a simple, inexpensive micropipet treatment. *BioTechniques* **14:** 412–414.

Harbers K., Jahner D., and Jaenisch R. 1981. Microinjection of cloned retroviral genomes into mouse zygotes: Integration and expression in the animal. *Nature* **293:** 540–542.

Hadjantonakis A.K., Gertsenstein M., Ikawa M., Okabe M., and Nagy A. 1998. Generating green fluorescent mice by germline transmission of green fluorescent ES cells. *Mech. Dev.* **76:** 79–90.

Hamer L., Johnston M., and Green E.D. 1995. Isolation of yeast artificial chromosomes free of endogenous yeast chromosomes: Construction of alternate hosts with defined karyotypic alterations. *Proc. Natl. Acad. Sci.* **92:** 11706–11710.

Hammer R.E., Brinster R.L., Rosenfeld M.G., Evans R.M., and Mayo K.E. 1985. Expression of human growth hormone-releasing factor in transgenic mice results in increased somatic growth. *Nature* **315:** 413–416.

Hammer R.E., Krumlauf R., Camper S.A., Brinster R.L., and Tilghman S.M. 1987. Diversity of alpha-fetoprotein gene expression in mice is generated by a combination of separate enhancer elements. *Science* **235:** 53–58.

Hanahan D. 1989. Transgenic mice as probes into complex systems. *Science* **246:** 1265–1275.

Harris A.W., Pinkert C.A., Crawford M., Langdon W.Y., Brinster R.L. and Adams J.M. 1988. The E mu-myc transgenic mouse. A model for high-incidence spontaneous lymphoma and leukemia of early B cells. *J. Exp. Med.* **167:** 353–371.

Heyman R.A., Borrelli E., Lesley J., Anderson D., Richman D.D., Baird S.M., Hyman R., and Evans R.M. 1989. Thymidine kinase obliteration: Creation of transgenic mice with controlled immune deficiency. *Proc. Natl. Acad. Sci.* **86:** 2698–2702.

Hicks G.G., Shi E.G., Li X.M., Li C.H., Pawlak M., and Ruley H.E. 1997. Functional genomics in mice by tagged sequence mutagenesis. *Nat. Genet.* **16:** 338–344.

Iwamoto T., Takahashi M., Ito M., Hamatani K., Ohbayashi M., Wajjwalku W., Isobe K., and Nakashima I. 1991. Aberrant melanogenesis and melanocytic tumour development in transgenic mice that carry a metallo-thionein/ret fusion gene. *EMBO J.* **10:** 3167–3175.

Jaenisch R. 1988. Transgenic animals. *Science* **240:** 1468–1474.

Jakobovits A., Moore A.L., Green L.I., Vergara G.J., Maynard-Currie C.E., Austin H.A., and Klapholz S. 1993. Germ-line transmission and expression of a human-derived yeast artificial chromosome. *Nature* **362:** 255–258.

Jang S.K., Krausslich H.G., Nicklin M.J., Duke G.M., Palmenberg A.C., and Wimmer E. 1988. A segment of the 5′ nontranslated region of encephalomyocarditis virus RNA directs internal entry of ribosomes during in vitro translation. *J. Virol.* **62:** 2636–2643.

Kaufman R.M., Pham C.T., and Ley T.J. 1999. Transgenic analysis of a 100-kb human beta-globin cluster-containing DNA fragment propagated as a bacterial artificial chromosome. *Blood* **94:** 3178–3184.

Keefer C.L., Baldassarre H., Keyston R., Wang B., Bhatia B., Bilodeau A.S., Zhou J.F., Leduc M., Downey B.R., Lazaris A., and Karatzas C.N. 2001. Generation of dwarf goat (*Capra hircus*) clones following nuclear transfer with transfected and nontransfected fetal fibroblasts and in vitro-matured oocytes. *Biol. Reprod.* **64:** 849–856.

Kessel M. and Gruss P. 1990. Murine developmental control genes. *Science* **249:** 374–379.

Kisseberth W.C., Brettingen N.T., Lohse J.K., and Sandgren E.P. 1999. Ubiquitous expression of marker transgenes in mice and rats. *Dev. Biol.* **214:** 128–138.

Kohler S.W., Provost G.S., Fieck A., Kretz P.L., Bullock W.O., Sorge J.A., Putman D.L., and Short J.M. 1991. Spectra of spontaneous and mutagen-induced mutations in the lacI gene in transgenic mice. *Proc. Natl. Acad. Sci.* **88:** 7958–7962.

Krumlauf R., Hammer R.E., Tilghman S.M., and Brinster R.L. 1985. Developmental regulation of alpha-fetoprotein genes in transgenic mice. *Mol. Cell Biol.* **5:** 1639–1648.

Lacy E., Roberts S., Evans E.P., Burtenshaw M.D., and Costantini F.D. 1983. A foreign beta-globin gene in transgenic mice: Integration at abnormal chromosomal positions and expression in inappropriate tissues. *Cell* **34:** 343–358.

Lamb B.T., Bardel K.A., Kulnane L.S., Anderson J.J., Holtz G., Wagner S.L., Sisodia S.S., and Hoeger E.J. 1999. Amyloid production and deposition in mutant amyloid precursor protein and presenilin-1 yeast artificial chromosome transgenic mice. *Nat. Neurosci.* **2:** 695–697.

Lathe R., Vilotte J.L., and Clark A.J. 1987. Plasmid and bacteriophage vectors for excision of intact inserts. *Gene* **57:** 193–201.

Lee K.J., Ross R.S., Rockman H.A., Harris A.N., OBrien T.X., van B.M., Shubeita H.E., Kandolf R., Brem G., Price J., Evans S.M., Zhu H., Franz W.M., and Chien K.R. 1992. Myosin light chain-2 luciferase transgenic mice reveal distinct regulatory programs for cardiac and skeletal muscle specific expression of a single contractile protein gene. *J. Biol. Chem.* **267:** 15875–15885.

Lewandoski M. 2001. Conditional control of gene expression in the mouse. *Nat. Rev. Genet.* **2:** 743–755.

Lewandoski M. and Martin G.R. 1997. Cre-mediated chromosome loss in mice. *Nat. Genet.* **17:** 223–225.

Lin T.P. 1966. Microinjection of mouse eggs. *Science* **151:** 333–337.

Lira S.A., Kinloch R.A., Mortillo S., and Wassarman P.M. 1990. An upstream region of the mouse ZP3 gene directs expression of firefly luciferase specifically to growing oocytes in transgenic mice. *Proc. Natl. Acad. Sci.* **87:** 7215–7219.

Lo C.W., Coulling M., and Kirby C. 1987. Tracking of mouse cell lineage using microinjected DNA sequences: Analyses using genomic Southern blotting and tissue-section in situ hybridizations. *Differentiation* **35:** 37–44.

Lois C., Hong E.J., Pease S., Brown E.J., and Baltimore D. 2002. Germline transmission and tissue-specific expression of transgenes delivered by lentiviral vectors. *Science* **295:** 862–872.

Mann J.R. and McMahon A.P. 1993. Factors influencing frequency production of transgenic mice. *Methods Enzymol.* **225:** 771–781.

McCaffrey A.P., Meuse L., Pham T.T., Conklin D.S., Hannon G.J., and Kay M.A. 2002. RNA interference in adult mice. *Nature* **418:** 38–39.

Mehtali M., LeMeur M., and Lathe R. 1990. The methylation-free status of a housekeeping transgene is lost at high copy number. *Gene* **91:** 179–184.

Meisler M.H. 1992. Insertional mutation of 'classical' and novel genes in transgenic mice. *Trends Genet.* **8:** 341–344.

Mendez M.J., Green L.L., Corvalan J.R., Jia X.C., Maynard-Currie C.E., Yang X.D., Gallo M.L., Louie D.M., Lee D.V., Erickson K.L., et al. 1997. Functional transplant of megabase human immunoglobulin loci recapitulates human antibody response in mice. *Nat. Genet.* **15:** 146–156.

Metsaranta M., Garofalo S., Decker G., Rintala M., de Crombrugghe B., and Vuorio E. 1992. Chondrodysplasia in transgenic mice harboring a 15-amino acid deletion in the triple helical domain of pro alpha 1(II) collagen chain. *J. Cell Biol.* **118:** 203–212.

Muller H., Dai G., and Soares M.J. 1998. Placental lactogen-I (PL-I) target tissues identified with an alkaline phosphatase-PL-I fusion protein. *J. Histochem. Cytochem.* **46:** 737–743.

Murti J.R., Bumbulis M., and Schimenti J.C. 1992. High-frequency germ line gene conversion in transgenic mice. *Mol. Cell. Biol.* **12:** 2545–2552.

Nielsen L.B., McCormick S.P., Pierotti V., Tam C., Gunn M.D., Shizuya H., and Young S.G. 1997. Human apolipoprotein B transgenic mice generated with 207- and 145-kilobase pair bacterial artificial chromosomes. Evidence that a distant 5´-element confers appropriate transgene expression in the intestine. *J. Biol. Chem.* **272:** 29752–29758.

Niemann H., Halter R., Carnwath J.W., Herrmann D., Lemme E., and Paul D. 1999. Expression of human blood clotting factor VIII in the mammary gland of transgenic sheep. *Transgenic. Res.* **8:** 237–247.

Niwa H., Yamamura K., and Miyazaki J. 1991. Efficient selection for high-expression transfectants with a novel eukaryotic vector. *Gene* **108:** 193–200.

Okabe M., Ikawa M., Kominami K., Nakanishi T., and Nishimune Y. 1997. "Green mice" as a source of ubiquitous green cells. *FEBS Lett.* **407:** 313–319.

Onyango P., Miller W., Lehoczky J., Leung C.T., Birren B., Wheelan S., Dewar K., and Feinberg A.P. 2000. Sequence and comparative analysis of the mouse 1-megabase region orthologous to the human 11p15 imprinted domain. *Genome Res.* **10:** 1697–1710.

Overbeek P.A., Chepelinsky A., Khillan J.S., Piatigorsky J., and Westphal H. 1985. Lens-specific expression and developmental regulation of the bacterial chloramphenicol acetyltransferase gene driven by the murine alpha-crystallin promoter in transgenic mice. *Proc. Natl. Acad. Sci.* **82:** 7815–7819.

Palmiter R.D. and Brinster R.L. 1986. Germ-line transformation of mice. *Annu. Rev. Genet.* **20:** 465–499.

Palmiter R.D., Hammer R.E., and Brinster R.L. 1985. Expression of growth hormone genes in transgenic mice. *Banbury Rep.* **20:** 123–132.

Palmiter R.D., Norstedt G., Gelinas R.E., Hammer R.E., and Brinster R.L. 1983. Metallothionein-human GH fusion genes stimulate growth of mice. *Science* **222:** 809–814.

Palmiter R.D., Sandgren E.P., Avarbock M.R., Allen D.D., and Brinster R.L. 1991. Heterologous introns can enhance expression of transgenes in mice. *Proc. Natl. Acad. Sci.* **88:** 478–482.

Palmiter R.D., Behringer R.R., Quaife C.J., Maxwell F., Maxwell I.H., and Brinster R.L. 1987. Cell lineage ablation in transgenic mice by cell-specific expression of a toxin gene. *Cell* **50:** 435–443.

Palmiter R.D., Brinster R.L., Hammer R.E., Trumbauer M.E., Rosenfeld M.G., Birnberg N.C., and Evans R.M. 1982. Dramatic growth of mice that develop from eggs microinjected with metallothionein-growth hormone fusion genes. *Nature* **300:** 611–615.

Perry A.C., Wakayama T., Kishikawa H., Kasai T., Okabe M., Toyoda Y., and Yanagimachi R. 1999. Mammalian transgenesis by intracytoplasmic sperm injection. *Science* **284:** 1180–1183.

Perry A.C., Rothman A., de las Heras J.I., Feinstein P., Mombaerts P., Cooke H.J., and Wakayama T. 2001. Efficient metaphase II transgenesis with different transgene archetypes. *Nat. Biotechnol.* **19:** 1071–1073.

Peschon J.J., Behringer R.R., Brinster R.L., and Palmiter R.D. 1987. Spermatid-specific expression of protamine 1 in transgenic mice. *Proc. Natl. Acad. Sci.* **84:** 5316–5319.

Peters K., Werner S., Liao X., Wert S., Whitsett J., and Williams L. 1994. Targeted expression of a dominant negative FGF receptor blocks branching morphogenesis and epithelial differentiation of the mouse lung. *EMBO J.* **13:** 3296–3301.

Peterson K.R., Clegg C.H., Li Q., and Stamatoyannopoulos G. 1997. Production of transgenic mice with yeast artificial chromosomes. *Trends. Genet.* **13:** 61–66.

Pfeifer A., Ikawa M., Dayn Y., and Verma I.M. 2002. Transgenesis by lentiviral vectors: Lack of gene silencing in mammalian embryonic stem cells and preimplantation embryos. *Proc. Natl. Acad. Sci.* **99:** 2140–2145.

Pieper F.R., de Wit I., Pronk A.C., Kooiman P.M., Strijker R., Krimpenfort P.J., Nuyens J.H., and de Boer H.A. 1992. Efficient generation of functional transgenes by homologous recombination in murine zygotes. *Nucleic Acids Res.* **20:** 1259–1264.

Pittius C.W., Hennighausen L., Lee E., Westphal H., Nicols E., Vitale J., and Gordon K. 1988. A milk protein gene promoter directs the expression of human tissue plasminogen activator cDNA to the mammary gland in transgenic mice. *Proc. Natl. Acad. Sci.* **85:** 5874–5878.

Previtali S.C., Quattrini A., Fasolini M., Panzeri M.C., Villa A., Filbin M.T., Li W., Chiu S.Y., Messing A., Wrabetz L., and Feltri M.L. 2000. Epitope-tagged P(0) glycoprotein causes Charcot-Marie-Tooth-like neuropathy in transgenic mice. *J. Cell Biol.* **151:** 1035–1046.

Probst F.J., Fridell R.A., Raphael Y., Saunders T.L., Wang A, Liang Y., Morell R.J., Touchman J.W., Lyons R.H., Noben-Trauth K., Friedman T.B., and Camper S.A. 1998. Correction of deafness in shaker-2 mice by an unconventional myosin in a BAC transgene. *Science* **280:** 1444–1447.

Readhead C., Popko B., Takahashi N., Shine H.D., Saavedra R.A., Sidman R.L., and Hood L. 1987. Expression of a myelin basic protein gene in transgenic shiverer mice: Correction of the dysmyelinating phenotype. *Cell* **48:** 703–712.

Robertson E., Bradley A., Kuehn M., and Evans M. 1986. Germ-line transmission of genes introduced into cultured pluripotential cells by retroviral vector. *Nature* **323:** 445–448.

Rusconi S. 1991. Transgenic regulation in laboratory animals. *Experientia* **47:** 866–877.

Russo A.F., Crenshaw E.B., III, Lira S.A., Simmons D.M., Swanson L.W., and Rosenfeld M.G. 1988. Neuronal expression of chimeric genes in transgenic mice. *Neuron* **1:** 311–320.

Sambrook J. and Russell D. 2001. *Molecular cloning: A laboratory manual*, 2nd edition. Cold Spring Harbor Laboratory Press, Cold Spring Harbor, New York.

Schedl A., Beermann F., Thies E., Montoliu L., Kelsey G., and Schutz G. 1992. Transgenic mice generated by pronuclear injection of a yeast artificial chromosome. *Nucleic Acids Res.* **20:** 3073–3077.

Schedl A., Larin Z., Montoliu L., Thies E., Kelsey G., Lehrach H., and Schutz G. 1993. A method for the generation of YAC transgenic mice by pronuclear microinjection. *Nucleic Acids Res.* **21:** 4783–4787.

Shi Y., Son H.J., Shahan K., Rodriguez M., Costantini F., and Derman E. 1989. Silent genes in the mouse major urinary protein gene family. *Proc. Natl. Acad. Sci.* **86:** 4584–4588.

Shin M.K., Levorse J.M., Ingram R.S., and Tilghman S.M. 1999. The temporal requirement for endothelin receptor-B signalling during neural crest development. *Nature* **402:** 496–501.

Simon M.C., Pevny L., Wiles M.V., Keller G., Costantini F., and Orkin S.H. 1992. Rescue of erythroid development in gene targeted GATA-1- mouse embryonic stem cells. *Nat. Genet.* **1:** 92–98.

Skarnes W.C., Auerbach B.A., and Joyner A.L. 1992. A gene trap approach in mouse embryonic stem cells: The lacZ reported is activated by splicing, reflects endogenous gene expression, and is mutagenic in mice. *Genes Dev.* **6:** 903–918.

Skowronski J., Parks D., and Mariani R. 1993. Altered T cell activation and development in transgenic mice expressing the HIV-1 nef gene. *EMBO J.* **12:** 703–713.

Sokol D.L. and Murray J.D. 1996. Antisense and ribozyme constructs in transgenic animals. *Transgenic Res.* **5:** 363–371.

Soriano P., Cone R.D., Mulligan R.C., and Jaenisch R. 1986. Tissue-specific and ectopic expression of genes introduced into transgenic mice by retroviruses. *Science* **234:** 1409–1413.

Stacey A., Mulligan R., and Jaenisch R. 1987. Rescue of type I collagen-deficient phenotype by retroviral-vector-mediated transfer of human pro alpha 1(I) collagen gene into

Mov-13 cells. *J. Virol.* **61:** 2549–2554.

Stacey A., Bateman J., Choi T., Mascara T., Cole W., and Jaenisch R. 1988. Perinatal lethal osteogenesis imperfecta in transgenic mice bearing an engineered mutant pro-alpha 1(I) collagen gene. *Nature* **332:** 131–136.

Sternberg N.L. 1992. Cloning high molecular weight DNA fragments by the bacteriophage P1 system. *Trends Genet.* **8:** 11–16.

Stewart T.A., Pattengale P.K. and Leder P. 1984. Spontaneous mammary adenocarcinomas in transgenic mice that carry and express MTV/myc fusion genes. *Cell* **38:** 627–637.

Storb U., O'Brien R.L., McMullen M.D., Gollahon K.A., and Brinster R.L. 1984. High expression of cloned immunoglobulin kappa gene in transgenic mice is restricted to B lymphocytes. *Nature* **310:** 238–241.

Strauss W.M., and Jaenisch R. 1992. Molecular complementation of a collagen mutation in mammalian cells using yeast artificial chromosomes. *EMBO J.* **11:** 417–422.

Strouboulis J., Dillon N., and Grosveld F. 1992. Developmental regulation of a complete 70-kb human beta-globin locus in transgenic mice. *Genes Dev.* **6:** 1857–1864.

Swierczynski S.L., Siddhanti S.R., Tuttle J.S., and Blackshear P.J. 1996. Nonmyristoylated MARCKS complements some but not all of the developmental defects associated with MARCKS deficiency in mice. *Dev. Biol.* **179:** 135–147.

Tam P.P.L. and Tan S.-S. 1992. The somito-genetic potential of cells in the primitive streak and the tail bud of the organogenesis-stage mouse embryo. *Development* **115:** 703–715.

Taylor L.D., Carmack C.E., Schramm S.R., Mashayekh R., Higgins K.M., Kuo C.C., Woodhouse C., Kay R.M., and Lonberg N. 1992. A transgenic mouse that expresses a diversity of human sequence heavy and light chain immunoglobulins. *Nucleic Acids Res.* **20:** 6287–6295.

Townes T.M., Lingrel J.B., Chen H.Y., Brinster R.L., and Palmiter R.D. 1985. Erythroid-specific expression of human beta-globin genes in transgenic mice. *EMBO J.* **4:** 1715–1723.

Tronik D., Dreyfus M., Babinet C., and Rougeon F. 1987. Regulated expression of the Ren-2 gene in transgenic mice derived from parental strains carrying only the Ren-1 gene. *EMBO J.* **6:** 983–987.

Trudel M., D'Agati V., and Costantini F. 1991. C-myc as an inducer of polycystic kidney disease in transgenic mice. *Kidney Int.* **39:** 665–671.

van Roessel P. and Brand A.H. 2002. Imaging into the future: Visualizing gene expression and protein interactions with fluorescent proteins. *Nat. Cell Biol.* **4:** 15–20.

Verma-Kurvari S., Savage T., Gowan K., and Johnson J.E. 1996. Lineage-specific regulation of the neural differentiation gene MASH1. *Dev. Biol.* **180:** 605–617.

Wagner E.F., Stewart T.A., and Mintz B. 1981. The human beta-globin gene and a functional viral thymidine kinase gene in developing mice. *Proc. Natl. Acad. Sci.* **78:** 5016–5020.

Wagner S.D., Gross G., Cook G.P., Davies S.L., and Neuberger M.S. 1996. Antibody expression from the core region of the human IgH locus reconstructed in transgenic mice using bacteriophage P1 clones. *Genomics* **35:** 405–414.

Wagner T.E., Hoppe P.C., Jollick J.D., Scholl D.R., Hodinka R.L., and Gault J.B. 1981. Microinjection of a rabbit beta-globin gene into zygotes and its subsequent expression in adult mice and their offspring. *Proc. Natl. Acad. Sci.* **78:** 6376–6380.

Wianny F. and Zernicka-Goetz M. 2000. Specific interference with gene function by double-stranded RNA in early mouse development. *Nat. Cell. Biol.* **2:** 70–75.

Wiles M.V., Vauti F., Otte J., Fuchtbauer E.M., Ruiz P., Fuchtbauer A., Arnold H.H., Lehrach H., Metz T., von Melchner H., and Wurst W. 2000. Establishment of a gene-trap sequence tag library to generate mutant mice from embryonic stem cells. *Nat. Genet.* **24:** 13–14.

Wilkie T.M., Brinster R.L., and Palmiter R.D. 1986. Germline and somatic mosaicism in transgenic mice. *Dev. Biol.* **118:** 9–18.

Wolgemuth D.J., Behringer R.R., Mostoller M.P., Brinster R.L., and Palmiter R.D. 1989. Transgenic mice overexpressing the mouse homoeobox-containing gene Hox-1.4 exhibit abnormal gut development. *Nature* **337:** 464–467.

Woychik R.P. and Alagramam K. 1998. Insertional mutagenesis in transgenic mice generated by the pronuclear microinjection procedure. *Int. J. Dev. Biol.* **42:** 1009–1017.

Woychik R.P., Stewart T.A., Davis L.G., D'Eustachio P., and Leder P. 1985. An inherited limb deformity created by insertional mutagenesis in a transgenic mouse. *Nature* **318:** 36–40.

Yang X.W., Model P., and Heintz N. 1997. Homologous recombination based modification in *Escherichia coli* and germline transmission in transgenic mice of a bacterial artificial chromosome. *Nat. Biotechnol.* **15:** 859–865.

Zakhartchenko W., Mueller S., Alberio R., Schernthaner W., Stojkovic M., Wenigerkind H., Wanke R., Lassnig C., Mueller M., Wolf E., and Brem G. 2001. Nuclear transfer in cattle with non-transfected and transfected fetal or cloned transgenic fetal and postnatal fibroblasts. *Mol. Reprod. Dev.* **60:** 362–369.

Zambrowicz B.P., Friedrich G.A., Buxton E.C., Lilleberg S.L., Person C., and Sands A.T. 1998. Disruption and sequence identification of 2,000 genes in mouse embryonic stem cells. *Nature* **392:** 608–611.

Zhu Y., Jong M.C., Frazer K.A., Gong E., Krauss R.M., Cheng J.F., Boffelli D., and Rubin E.M. 2000. Genomic interval engineering of mice identifies a novel modulator of triglyceride production. *Proc. Natl. Acad. Sci.* **97:** 1137–1142.

第8章

胚盤胞に由来する幹細胞の分離と培養

　胚性幹(ES)細胞の分離とそれに対する遺伝的操作は，哺乳類発生生物学における最も重要で影響の大きい業績の一つである。Evans and Kaufman(1981)およびMartin(1981)は，多分化能をもつ胚性癌腫(EC)細胞研究の基盤に立って，初めて培養胚盤胞からES細胞を得た。その後間もなく，ES細胞は宿主胚盤胞に注入され，仮親に戻された時に，キメラ個体の生殖細胞を含む多くの組織に寄与できることが明らかになった(Bradley et al. 1984)。ES細胞はマウスゲノムを改変するための代表的な伝達手段として用いられるが，キメラ研究のためにも使用することができる(第11章参照)。最近樹立され，特徴づけられているいくつかのES細胞株(Eggan et al. 2001)は，完全にES細胞に由来する動物の作製効率を非常に高めている。このアプローチは，ヘテロ接合体の，そして可能性としてはホモ接合体のミュータントを直接作り，解析するために利用できる(Carmeliet et al. 1996；Eggan et al. 2002)。ES細胞はまた，将来は疾病の細胞治療に使える可能性をもつ多くのタイプの分化細胞を生じるように体外で操作できる。最近，もう一つの幹細胞，すなわち栄養膜幹(TS)細胞が胚盤胞から分離された(Tanaka et al. 1998)。この細胞は栄養膜の分化と胎盤の生物学に新しい視点を導入することを約束するものである。近いうちに，原始内胚葉の幹細胞が胚盤胞から作られることも期待できる。そうなれば，胚盤胞の3つの発生的に異なる細胞系譜から永続的な細胞株が確立されることになるであろう。

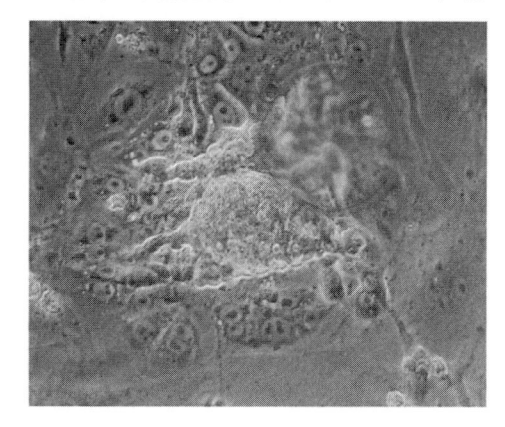

目次

ES細胞株の入手，340
ES細胞を培養する，341
　マイコプラズマおよびマウス抗体産生テスト，341
　ES細胞の培養条件，343
　培　地，343
　血　清，346
　白血病抑制因子，346
　トリプシン/EDAT，347
フィーダー細胞，347
　初代マウス胚線維芽細胞，347
　STO線維芽細胞，348
ES細胞の染色体を数える，348
体外におけるES細胞の分化，349
栄養膜幹(TS)細胞，349
　栄養膜幹(TS)細胞の分離と培養，350
プロトコール
　1．マウス胚線維芽細胞の調製，351
　2．STOまたはMEFフィーダー細胞の調製，353
　3．ES細胞の継代，355
　4．クライオバイアルを用いたES細胞の凍結と融解，356
　5．胚盤胞からES細胞株を新たに分離する，358
　6．ES細胞の染色体を数える，365
　7．ES細胞を胚様体へ分化させる，367
　8．TS細胞株を培養する，369
　9．胚盤胞からTS細胞株を派生させる，371
参考文献，373

ES細胞株の入手

　ES細胞株を手に入れるためにはいくつかの方法がある。(1)すでに確立され，性質がわかっているES細胞株を，それを樹立した研究者から分けてもらう，(2)商品として購入する，(3)胚盤胞から自分自身の株を作る(プロトコール8.5参照)。自分自身の株を作る決心をした時は，樹立の容易さと発生能力が遺伝的背景の影響を強く受けることに注意すべきである。
　ほとんどのES細胞株は129近交系マウスから樹立されている。興味深いことに，129の亜系統はほかの系統と交雑されて新しい形質が導入されたために，遺伝的に非常に多様である(Simpson et al. 1997；Threadgill et al. 1997)。これが129の亜系統間で，アルビノ(c)とピンク眼淡色(p)の遺伝子座が高度に変異に富んでいること，および亜系統間で途方もなく毛色がばらついている理由である。ほとんどの129系マウスは，腹白野生色遺伝子座についてホモ接合である(A^w/A^w)。129の亜系統の中で，他系統からの遺伝子の混入が最も少ないと思われるのは，元々はジャクソン研究所に由来しタコニック(Taconic)で維持されている129S6/SvEvTacである。CCE，D3，およびAB1のようなES細胞株は，アグーチ色の129亜

系から由来している(Doetschman 1985；Robertson 1986；McMahon and Bradley 1990)。また，E14およびそのサブクローンIB10のようなES細胞株は，明るいクリーム色をした亜系統129P2/Olaに由来している(Hooper et al. 1987)。この亜系統は，c座がチンチラ遺伝子 (c^{ch}) のホモ接合型，p座はピンク眼淡色遺伝子(p)のホモ接合型になっている。R1ES細胞株 (Nagy et al. 1993)は，2つの129亜系統間のF$_1$雑種(129X1/SvJと129S1/SV-+$^{p+Tyr-c}$Kit1^{Sl-J}/+)に由来する。R1ES細胞は，c座およびp座ともにヘテロ接合型(C/c, P/p)で，生殖系列への伝達後のF$_2$世代で特徴的な毛色の変異を生じる。

C57BL/6(B6)ES細胞株がいくつかの実験室で作られ，標的遺伝子改変を生殖系列に伝えることに成功したと報じられている(Ledermann and Burki 1991)。しかし，逸話的ではあるが，時には何度もの遺伝的改変を経る現在のジーンターゲッティング・ストラタジーの中では，生殖系列への分化能力の維持が不安定であると示唆されている。F$_1$あるいは雑種の遺伝的背景からES細胞株を樹立する成功率は，特に129系を含む場合には通常非常に高い。ES細胞株の培養と操作の経験をもつ実験室にとっては，新しいES細胞株を樹立することは困難ではない。胚盤胞からES細胞株を派生させるための条件とプロトコールの詳細は十分に確立されている(例えば，プロトコール8.5)。ES細胞を使い始めたばかりの実験室ではすでに樹立され，十分に性質が調べられたES細胞株を入手するほうが賢明である。

表8.1は，生殖系列へ伝達能力をもつES細胞株を科学者の仲間に提供する用意のある個人のリストである。一部のES細胞株については，その使用および由来したマウス系統の使用に関して，ある種の条件が課せられている。線維芽細胞フィーダーもまた，ほとんどのES細胞株の維持に必要である。全部ではないが，一部の実験室ではES細胞株に添えてSTO線維芽細胞(下記参照)も提供している。ES細胞は商品としても購入できる。その発売元には，Taconic(http://www.taconic.com)および，Specialty Media(http://www.specialtymedia.com)が含まれる。

ES細胞を培養する

マイコプラズマおよびマウス抗体産生テスト

ES細胞株およびフィーダー細胞は，まず病原体の存在を検査しなければならない。病原体に汚染されたES細胞株は生殖系列への発生能力を低下させ，マウスコロニーを汚染させる可能性がある(第3章参照)。心得ておかなければならない非常に重要な点は，病原体はフィーダー細胞からES細胞へ感染する可能性があることであり，したがって使用するマウス初代線維芽細胞(MEF)が病原体フリーかどうかわからない時は，それを検査することが先決である(Nicklas and Weiss 2000)。

マイコプラズマは，ES細胞およびフィーダー細胞に感染するありふれた病原体である。マイコプラズマの簡単な検査法は紫外線蛍光色素 Hoechst 33258 でDNAを染色することである(Chen 1977)。マイコプラズマの存在は，(酵母および増殖の遅い細菌も同じであるが)細胞質にくっついた"数珠状"の核外染色として認められる。抗生物質を含まない培地で少なくとも2度継代して増やしたサブコンフルエントの(組織培養皿上に一面に広がっていない，まばらな)培養細胞を食塩水で洗い，カルノア液(100%メタノール：酢酸，3：1)を2度取り替えて15～30分間，室温で固定する(もし細胞がコンフルエントになっていると，細胞の縁についた染色物を観察するのは難しい)。ヘキスト色素は，ハンクス緩衝液(pH7.0)に0.05μg/mlの濃度に溶解する(1mg/mlの保存液を希釈して作る)。染色液は，10分間から一晩，細胞に加えて染色し，その後，蒸留水で細胞を2回洗う。PBSまたは水の上からカバーグラ

表8.1. 生殖系列への分化能力をもつES細胞株の供給元

Allan Bradley, The Sanger Centre, Wellcome Trust Genome Campus, Hinxton, Cambridge, CB10 1SA
 ESおよびSTO細胞株:
  http://www.imgen.bcm.tmc.edu/molgen/labs/bradley/cell.htm
  AB1 (起源: 129S7/SvEvBrd)
  AB2.1 (起源: 129S7/SvEvBrd, *Hprt* 欠損)
  SNL 76/6 フィーダー細胞株 (*neo^r*)

Rudolf Jaenisch, The Whitehead Institute, 9 Cambridge Center, Cambridge MA 02139.
 ES細胞株:
  J1 (起源: 129S4/SvJae)

Andras Nagy, Samuel Lunenfeld Research Institute, Mt. Sinai Hospital, Toronto, Canada M5G 1X5
 ES細胞株: http://www.mshri.on.ca/nagy
  R1 (起源: 129X1/SvJ x 129S1/SV-+^{p}+$^{Tyr-c}$Kit^{Sl-J}/+)
  R1-蛍光蛋白標識ES細胞株

Elizabeth Robertson, Department of Molecular and Cellular Biology, Harvard University, 16 Divinity Ave., Cambridge, MA 02138
 ES細胞株:
  CCE (起源 129S6/SvEv)
  Rosa26-標識ES細胞株

Colin Stewart, Center for Cancer Research, National Cancer Institute, FCRDC, Frederick, MD 21702
 ES細胞株:
  W9.5 (起源: 129X1/SvJ)

スをのせてUV蛍光のもとで40倍対物レンズで観察する。マイコプラズマ陽性細胞を増やさなくても染色の様子があらかじめわかるように，マイコプラズマ陽性および陰性の固定細胞について対照となるスライドのキットがBionique Testing Laboratory (http://www.bionique.com) から販売されている。この会社は検査のサービスも提供している。もう一つの方法として，マイコプラズマ・テストのためのPCRキットがStratagene (302007) から入手できる。しかし，この方法でマイコプラズマのすべてのサブタイプを検出するためには，複数のプライマーを使う必要がある。

 マイコプラズマには数種のサブタイプがあること，およびES細胞株によって感染に対する感受性が異なることを念頭におかなければならない。ゆっくり増殖するマイコプラズマのサブタイプは最適条件下で3週間にわたり培養した上清みを検査しない限り検出が困難である。これは特別の装置をもった実験室でのみ可能である。E14-1 ES細胞株 (Hooper et al. 1987) は*Mycoplasma hominis*に汚染されていて，検出が比較的困難であるために感染がしばしば見落とされる好例である。興味深いことに，選択の過程でE14-1 ES細胞株がG418で処理されると*M. hominis*は除去される。

 マウス抗体産生 (MAP) テストは，マウスのウイルス汚染を検出し同定するための，おそらく最も鋭敏で特異的な方法である。それはウイルス抗体をもたない (VAF) 動物に検体を接種し，血清中の特異的抗体を検定する方法であり，Charles River Laboratories (http://www.criver.com) から提供されている。新たに入手したES細胞株または新しく作ったES細胞株をSPF (specific-pathogen-free) 飼育施設内でキメラ作製に用いる時は，MAPテストを受けることを推奨する。MAPテストに代わるPCRに基づく方法がミズーリー大学で開発されている (http://www.radil.missouri.edu)。経費はMAPテストよりも安く，結果が早くわかる。

ES細胞の培養条件

　　完全な発生能力を保ちながらES細胞を維持するためには，最善の条件で培養しなければならない。不適当な条件下で培養されたES細胞は遺伝的損傷（例，異数性）を徐々に受け，生殖系列への分化能力が危険に曝される。最適からはずれた培養条件下では，染色体の再配列あるいは突然変異によって成長速度は増しているが，分化能力は低下している変異体が選択される。そのような条件には，ある種の栄養成分あるいは成長因子の供給量が限られている場合，および細胞を高い密度で長い時間放置してES細胞の大きな塊の表面で内胚葉への分化が起こりやすくなるような培養の仕方が含まれる（図8.1参照）。

　　ES細胞は無理のない高密度で培養し，2～3日ごとに1：3ないし1：6に分けて培養すべきである（プロトコール8.3参照）。この方法では培地は毎日交換しなければならないが，非常に低い密度で細胞を維持するよりも望ましい。さらに，ES細胞の塊は内胚葉に分化しやすいので，培養細胞をトリプシン処理で個々の細胞になるまでばらばらにすることが極めて大切である。典型的な培養細胞を図8.1に示す。細胞が滑らかな輪郭をもつ緊密に詰め込まれた集団として増殖していることに注目してほしい。もし細胞が基質の上に広がり始めたり，表面に「ざらざらした」内胚葉をもつコロニーを作り始めたら，その培養は最善ではない。

　　ES細胞に染色体異常が蓄積する危険を最小限にするために新しい細胞株を作り出した後は，あるいは他の実験室から生殖系列へ定着できる全能性ES細胞株の善意の提供を受けた時は，その保存細胞の容器をできるだけ速やかに凍結すべきである（プロトコール8.4参照）。融解後は，細胞が受けた継代数の記録を保存すべきである。一般的な決まりとして，それぞれの実験ごとに最初のES細胞に戻るべきであり，また相同遺伝子組換えによる遺伝子ターゲッテングの実験を始める前に3～4回以上継代してはならない。相同遺伝子組換えによる標的突然変異のプロジェクトを始める前に，保存細胞が自分の実験室の培養条件下でなお生殖系列への定着能力を保持しているかどうか試しておくことは賢明なことである。もし細胞株が生殖系列への高率の伝達を示さなかった時は，一つの選択肢として単一の細胞から5～10個のサブクローンを作って，その生殖系列への伝達を試すことである。いくつかの実験室から得られた証拠は，これが全能性クローンを回復させるための信頼できる方法であり，全く新しい細胞株を作るよりも手間がかからないことを示唆している。ひとたび遺伝的に改変された細胞が選択されたならば，その細胞を胚盤胞に注入するまでの培養時間を短くすることが肝要である。

培　地

　　最も頻繁に用いられる培地はダルベッコ修正イーグル培地（DMEM）（高グルコース，4500 mg/l）である。もし細胞株がほかの実験室で得られたものであれば，その実験室で使われているのと同じ培地およびサプリメントがおそらく最善である。なぜなら，培地に対する要求はES細胞株によって異なるからである。DMEMは，再構成を必要とする粉末として（例，Invitrogen Life Technologies 12100），あるいは500mlまたは1リットル瓶の既製品として購入できる。高品質の液体培地は，Invitrogen Life Technologies:http://www.invitrogen.comからのGIBCO製品（例，KO-DMEM medium 10829-018）として，またはSpeciality Media:http://www.specialtymedia.com（例，SLM-220B）から購入できる。重炭酸塩の濃度は，通常の3.7g/リットルの代わりに2.2g/リットルを使う方が5％CO_2の環境により適していて，血清の値に近い290mOsmの浸透圧を与えるので好ましいと提案されている（P.Soriano，私信）。

　　DMEMは重炭酸塩で緩衝された培地であり，5％CO_2 95％空気の気相の下で7.2～7.4のpHを示すように設計されている。したがって正確なpHを確保するためにはインキュベータ

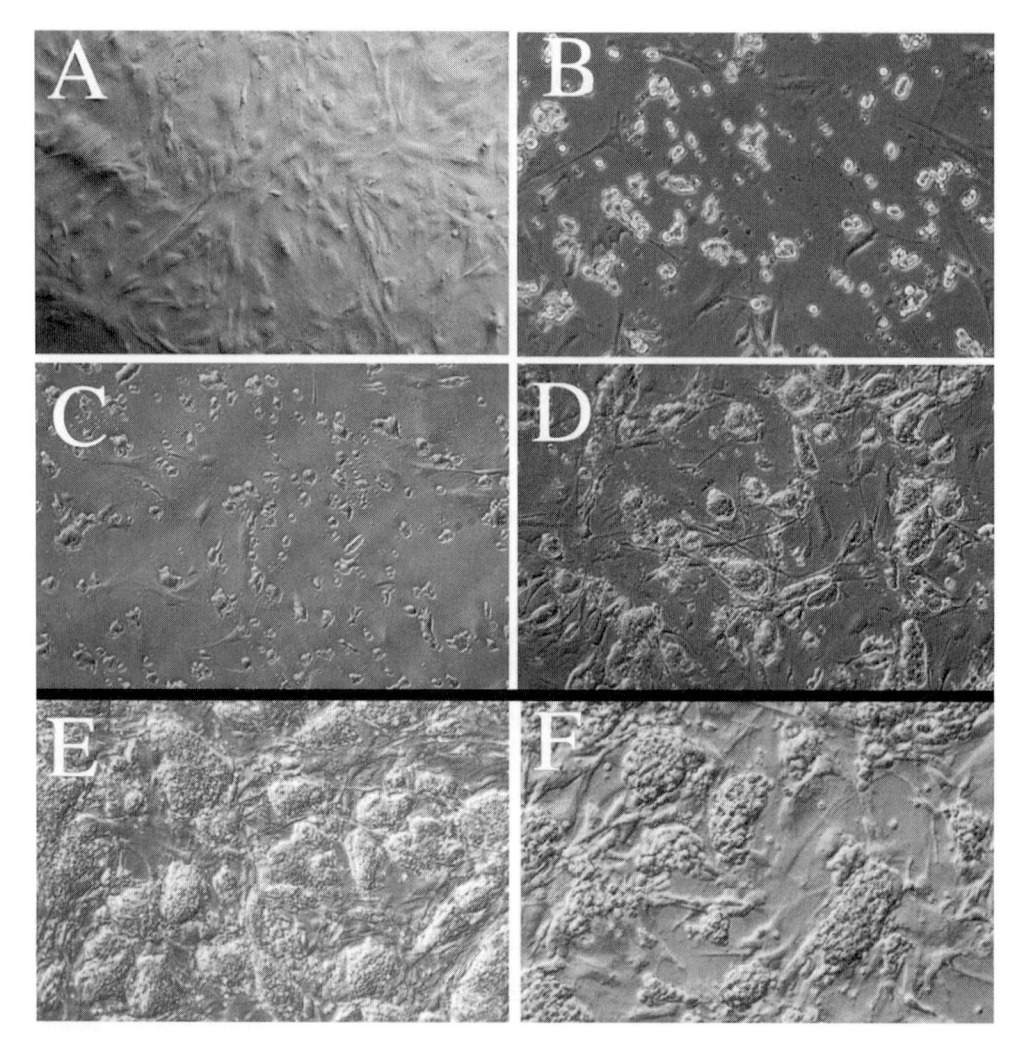

図8.1. 胚性幹細胞の培養。(A〜D)最適なＥＳ細胞維持の各段階，(A)播種前のフィーダー細胞，(B)播種の4時間後，(C)1日後，(D)2日後。(E)，(F)は増えすぎて分化が始まっている様子を示す。密に詰め込まれた細胞のコロニーが滑らかな外縁をもっていることに注目してほしい(D)。分化した細胞は非常に強くディッシュの表面に付着するか，あるいは表面がざらざらした内胚葉様の細胞層を作る。

ーの計器を頼るのではなく，定期的に内部のCO_2濃度を直接監視するのがよい考えである。これはBacharach(http://www.bacharach-inc.com)の簡単な装置(FYRITE test kit)で行うことができる。インキュベーターが加湿状態に保たれていることが必須である。これは水を入れた受け皿を置くことで容易に達成できる。

　もし培地を粉末から作る時は細心の注意を払って正確に作り，水は細菌性エンドトキシンを含まないMilliQ-水または蒸留水を使う。MilliQ-水を使う時には，フィルターを必ず定期的に交換する。細菌が樹脂上で繁殖し，水中にエンドトキシンを放出するかも知れないからである。カブトガニ(Limulus)のアメーバ様細胞の溶解産物に存在する蛋白質のゲル化を指標とする簡単なエンドトキシンの検出キットが，Associates of Cape Cod, Inc.から入手できる。エンドトキシンを含まない蒸留水も商品として購入できる。

　ひとたび培地が作られたら，組織培養用洗剤で洗った後にエンドトキシンを含まない蒸留水で徹底的にすすいだガラス容器に小分けして保存する。あるいは使い捨てのプラスチック

製組織培養用ビンに保存してもよい。培地は4℃の暗所に保存すべきである。組織培養用の培地は，特にグルタミン(酸化されてグルタミン酸になる)と血清(グルタミナーゼを含む)を含む場合には，4℃でも限られた期間しか保存できない。もし，出来上がった培地を2週間以上保存する時は，1～2mMのL-グルタミンを補充する。このアミノ酸が不安定なためである。グルタマックス培地(Glutamax medium, Invitrogen Life Technologies 10566)はL-グルタミンを安定化したジペプチドの形で含み，サプリメントの追加なしで使用できる。蛍光灯の近くで培地を保存してはならない。なぜならビタミンが破壊されるからである。

　細胞の継代培養あるいは凍結のような日常的な作業には使い捨てのプラスチック製品を使うべきである。もしこれが不可能な時は，すべてのピペットと容器は洗剤の痕跡も残さないように注意深く洗浄しなければならない。試薬の混入を防ぐために，組織培養専用と記したガラス器具を使うことを勧める。細胞は組織培養用のプラスチックディッシュにのみ効率よく接着する。混同を避けるために，細菌用ディッシュには明瞭にラベルをつけておく。組織学的および電子顕微鏡的操作に用いる化学薬品に抵抗性のあるプラスチックディッシュも入手できる(例，Falcon 3006 Optical)。

　培地，トリプシン/EDTA，およびカルシウムとマグネシウムを含まないリン酸緩衝液(Ca^{++}/Mg^{++}-フリー PBS)を実験室で作る時は，エンドトキシンを含まない水と組織培養グレード(tissue culture-grade)の試薬を使うべきである。これらの溶液を既製品として会社から購入するのは経費がかかるが，マイコプラズマ，エンドトキシンおよび細胞毒性について検査してあるので，おそらく心配の種がないだけの価値がある。

　使用に先立ち，次のものをES細胞培地へ添加する。

1. グルタミンを，100倍の濃縮保存液(200mM，小分けして-20℃に保存)(例，25030-081 Glutamax 35050-061, Invitrogen Life Technologies)から2mMになるように加える。
2. MEM非必須アミノ酸を，100倍の濃縮保存液(10mM，4℃保存)(例，Invitrogen Life Technologies 11140-050)から0.1mMになるように加える。
3. 0.1mMベータ・メルカプトエタノール(βME)(組織培養グレード，Sigma M7522)または0.15mMモノチオグリセロール(組織培養グレード，Sigma M6145)。モノチオグリセロールはβMEよりも非揮発性である，-20℃に保存する。
   注意：計算を間違えてβMEの濃度を増加させるとES細胞の培養は必ず失敗する。
4. ピルビン酸ナトリウム(随意)100倍の濃縮保存液(例，Invitrogen Life Technologies 11360-070，4℃保存)から1mMになるように加える。
5. ゲンタマイシンを50μg/mlの濃度に(50mg/ml保存液，Sigma G1522)，またはペニシリン(50U/ml)とストレプトマイシン(50μg/ml)，あるいは抗生物質は一切加えない，特にマイコプラズマの検査をする時は(341頁参照)加えない。ペニシリンとストレプトマイシンの100倍の濃縮保存液(例，Invitrogen Life Technologies 15070-063)は-20℃に保存する。
6. 15％血清(FBS)(下記参照)。
7. 白血病抑制因子(LIF)，500～1000単位/ml(下記参照)。

血 清

　牛胎児血清(FBS)はES細胞培養のためのDMEMの補助剤として用いられる。最適な増殖を与える血清の一度分(バッチ)を選択すること，およびもし可能であれば，繰り返しの検査を避けるために，そのバッチの当面の必要量を確保することが極めて重要である。特定の血清のバッチについて，少量のサンプルが異なった供給元(例，HyClone, Gemini, Invitrogen Life Technologies, Sigma, Specialty Media, Wisent)から入手できるので，播種効率(plating efficiency)を試すことができる。対数増殖期にあるES細胞の培養皿をトリプシン処理し，それぞれの血清サンプルを15％加えた培地にフィーダー細胞(後述)なしでES細胞を低い密度(6cm皿に約 1×10^3 細胞)で播く。高濃度における細胞毒性をテストするための30％血清添加皿，および品質のわずかの差を検出するための10％血清添加皿の各1個を含めて，サンプル当たり5～6皿を用意する。培地は毎日新しいものに取り替える。7～10日後にES細胞が肉眼で見えるようになったら，培地を捨ててES細胞をPBSで洗い，2％メチレンブルーで2～5分間染色する。播種効率(播かれた細胞あたりのコロニー数)とともにコロニーの形態も点検する。播種効率は5～10％の間であるべきである。選ばれたバッチは後のサンプルをテストするための標準として使う。多くの実験室でFBSの加熱不活性化処理は不要であることが見出されている。熱処理はES細胞培養の最適条件に必要な重要成分を破壊するかも知れない。

　異なるES細胞株は，FBSが同じであっても異なった振る舞いをする可能性がある。もし，ES細胞をほかの実験室から受け取り，そこではある一つの血清でうまくいっている時は，同じバッチを手に入れることを勧める。そのバッチがもう供給元から手に入らない時は，ES細胞を作った実験室に問い合わせて，最後のスクリーニングで二番目に良かったバッチを知らせてもらうのがよい。

　ほとんどの実験室は，初代MEF細胞およびSTO細胞株の培養には，より安価な新生子牛血清(必ずしも選択されたバッチではない)を用いている。しかし，いくつかの実験室はSTO細胞の培養にとって血清の品質が非常に重要であると信じていて，ES細胞用と同じ血清をSTO細胞株の培養に用いている。

白血病抑制因子

　白血病抑制因子(LIF，分化抑制因子DIA，としても知られている)は，ES細胞の偶発的分化を抑制する分泌性ポリペプチド・サイトカインである(Smith et al. 1988；Williams et al. 1988)。これは，ES細胞を増やすために用いられるバッファローラット順化培地の活性成分の一つであり(Smith and Hooper 1987)，初代MEF細胞およびSTO細胞の両方で作られる。MEF細胞あるいはSTO細胞は純化したLIFで完全に代用することができる。典型的な場合には，もしES細胞がフィーダー細胞から「乳離れ」して，ゼラチン処理されたプレート上でLIFを補った培地中で培養されるとコロニーが平たくなり，その周辺が広範囲に分化する，いわゆる「危機」に陥る。しかし，ほとんどの場合には2～3回の継代後に良好な形態が再び現われ，このような条件下で良好な形態を示すサブラインを派生させることができる。実際，いくつかの実験室では，生殖系列への分化能力を保持した「ゼラチンで訓練された」ES細胞をLIF補充培地中で維持することに成功している。現在は，CHEMICON International (http://www.chemicon.com)がESGRO(ESG-1107)の商品名でLIFを占有的に製造・販売している。LIF欠損線維芽細胞がES細胞を未分化状態に維持できないという観察は，LIFが多分化能にとって決定的な要因であることの証拠である。しかし，MEFおよびSTO細胞が，おそらくLIF以外にES細胞の生存と成長を増強する因子を生産していることは注目に値す

る。ほとんどの実験室では引き続きフィーダー細胞を使っているが，ある場合には成長培地にLIFを補うこともある。LIFは，MEFフィーダーを用いる時は500〜1000U/mlの濃度で，またSTO細胞を用いる時は1000U/mlの濃度で用いるべきである。

トリプシン／EDTA

トリプシンとEDTAのCa^{++}/Mg^{++}-フリー PBS混合液は，組織培養皿から細胞を剥がすために，また細胞をばらばらにするために用いる。初代MEFまたはSTOマウス繊維芽細胞株の型どおりの培養には，0.05％トリプシン/0.02％(0.53mM)EDTAを用いる。これは，Invitrogen Life Technologies(15400-054)のような供給元からの10倍保存液(0.5％トリプシン/5.3mMEDTA)を，1×ダルベッコPBSに希釈することで作製できる。0.05％トリプシン/0.53mM EDTAは，また既製品としても購入できる(Invitrogen Life Technologies 25300-054)。この希釈された溶液は使いやすい量(例えば，5〜10ml)に小分けして，−20℃に凍結保存する。

ES細胞の型どおりの継代培養，選択後のES細胞の分散，および新たなES細胞の作製のためには，より高いトリプシン/EDTA濃度が推奨される。この場合の最終濃度は，ハンクス緩衝塩溶液(またはトリス緩衝塩溶液)に0.25％トリプシン/0.04％(1mM)EDTAである。これは，1倍溶液としてInvitrogen Life Technologies(25200-056)から購入できる。高濃度のトリプシン/EDTA(一部の実験室では0.5％トリプシンの高濃度を用いている)は，緊密に固まったES細胞のコロニーを単一の細胞に分散させるのに役立つ。凍結乾燥粉末(例，Bacto Trypsin 1：250, Difco, Becton Dickinson 215320 http://www.bd.com)を塩類/EDTA溶液に溶かして，好みの濃度のトリプシン溶液を調製することも可能である(付録1参照)。

フィーダー細胞

ES細胞を未分化状態に保持するために，2種類のフィーダー細胞が最も一般的に用いられている。マウス胚線維芽細胞の初代培養(MEFs)とSTOマウス線維芽細胞株である。2つの方法が有糸分裂的に不活性なフィーダー細胞を調製するために用いられる。マイトマイシンC処理とγ線照射である(プロトコール8.2参照)。マイトマイシンCはDNAと架橋結合し，増殖をブロックする。γ線照射は，マイトマイシンCをフィーダー細胞からES細胞へ持ち込む危険を回避し，もし線源が容易に使えればより便利で労力を要しない方法である。

初代マウス胚線維芽細胞

MEFsを使う利点は，初代細胞として非常に強力な，信頼できる，そして再現性の高いフィーダー細胞の供給源を代表していることである。MEFsは培養で無限に維持することはできないので，成長促進活性を失った時を越えてまで使おうという誘惑にかられることがない(STO細胞に関する下記参照)。MEFsを使うことの不利な点は，限られた寿命しかなく，常に凍結保存材料から補充しなければならないことである。しかし，これは大きな問題ではない。年に1回かそれ以下の頻度でMEFsのストックを作る必要があるだけである(プロトコール8.1参照)。注意すべき点は，野生型マウスから取ったMEFsが薬剤選択(例，G418, ピューロマイシン，ハイグロマイシン)の過程でフィーダー細胞として使えないことである。しかし，これはLIFを補った培地を用いてゼラチン処理されたプレート上で選択を行うことで克服できる。あるいはトランスジーンまたは標的組み込みによって薬剤耐性遺伝子を構成的に発現しているマウスの系統から得たMEFsを用いることも可能である。生殖能力のある

ホモ接合の遺伝子ノックアウトマウスは，そのすべての胚が薬剤耐性遺伝子を発現しているので使いやすい。C57BL/6J-TgN(pPGKneobpA)3Ems(002356)のようなホモ接合型neoトランスジェニックマウスは，ジャクソン研究所から入手できる。最近，Rudolf Jaenischの実験室で開発されたもう一つの有用なマウスも，TgN(DR4)1Jae(003208)としてジャクソン研究所から手に入る。この系統は，一番目はネオマイシンとピューロマイシンに対する抵抗性遺伝子をもち，二番目はヒグロマイシン抵抗性遺伝子を，三番目はHprt遺伝子の突然変異をもつ，3つの異なる系統の交雑で作られた(Tucker et al. 1997)。

STO線維芽細胞

STO細胞は，Dr. Alan Bernsteinによって分離されたSIMマウス線維芽細胞のチオグアニン(thioguanine)およびウアバイン(ouabain)抵抗性亜系である(Bernstein et al. 1976)。この細胞はフィーダー細胞として多分化能をもつ奇形癌腫(EC)細胞およびES細胞の培養に広く用いられている。フィーダー細胞としてMEFsの代わりに連続的な細胞株を用いることの利点は，細胞を容易に増やすことができることと，凍結保存細胞を補充するための長時間にわたる退屈な日常業務を必要としないことである。しかし，STO細胞を最適条件で維持するために，また細胞の密度が高すぎる時に起こり得ることであるが，より早く増殖する変異体を選択しないようにするために細心の注意が必要である。一定回数の継代の後に凍結保存細胞を融解する日常的手順を確立しておくべきである。ネオマイシン抵抗性(neo^r)発現ベクターおよびLIF発現ベクターを安定的に組み込んだSTO細胞(SLNまたはSTO/N/L細胞)がAllan Bradley(The Sanger Centre, Wellcome Trust Genome Campus, Hinxton)およびElizabeth Robertson(Biological Labs, Harvard University, Cambridge, Massachusetts)から入手できる。neo^r遺伝子の発現は，G418細胞を選択の過程でフィーダー細胞として使用することを可能にする。STO細胞は，7～10％新生子牛血清を加えたDMEM培地を用いてゼラチン処理組織培養皿上で培養する(プロトコール8.2参照)。

ES細胞の染色体を数える

ES細胞における異数性が，ES細胞をキメラ個体の生殖系列を含むすべての細胞へ寄与させることに失敗する主要な原因である。ある研究(Longo et al. 1997)によると，50～100％の割合で正二倍体の中期核板をもつES細胞クローンの大半は生殖系列へ伝わるが，対照的に50％を越えて異常な中期核板をもつES細胞クローンは全く生殖系列へ伝わらなかった。体外で培養された正二倍体のES細胞クローンは，20代を越えて継代されると急速にひどい異数性になる。この結果はキメリズムの割合およびES細胞―胚キメラの数と密接に関連していた。

ES細胞における染色体異常は遺伝子ターゲッテングの間にかなり頻繁に起こることが見出された。異常な染色体数，特に第8染色体のトリソミーをもつ細胞が，独立に作られた3つのES細胞株で見つかっている(liu et al. 1997)。この異常は細胞に対して増殖上の優位性を付与し，継代を経るに従い正常なES細胞を減少させ，ついには消し去ってしまう。親株と比較し，トリソミー8をもつES細胞はまれにしか生殖系列へ寄与しない。

高い確率で生殖系列へ寄与するクローンを選ぶための主観的方法は，細胞の形態と成長速度に基づいている。細胞は密な三次元のコロニーを作って明瞭な縁をもつべきであり，平たくなったコロニーや線維芽細胞様の派生物は最小限でなければならない。異常に高い，または低い成長速度のクローンは，できれば排除する。多くのES細胞クローンを検査しなけれ

ばならない時は，簡単で迅速な中期核板の染色体数検査法が役に立つ(プロトコール8.6参照)。70〜80％の中期核板が正二倍体を示すES細胞クローンをキメラ作製に用いる。

しかし，記憶すべき重要な点は，染色体を数えただけでは転座や偶発的突然変異のような染色体の異常は見つからないことである。ES細胞の発生能力を知る唯一の信頼できる方法は，そのES細胞を胚の環境に導入して生殖系列への潜在能力をスクリーニングすることである。

体外におけるES細胞の分化

多分化能をもつES細胞は分化できる環境に戻されると多くの型の分化細胞へ発生することができる。これは，*in vivo*では胚の中に注入されるか胚と凝集させられた場合であり，また*in vitro*では培養条件が分化を誘導するように変更された場合である。分化誘導のための培養条件の数は増加しており，心室筋細胞，ドーパミン作動性ニューロン，膵β細胞，造血細胞，内皮細胞，および脂肪細胞などの好みの細胞型への分化誘導が可能になっている(Kawasaki et al. 2000；Turksen 2002)。治療上重要な細胞型へのES細胞の分化を制御している機構の解明は急速に進展している研究分野である。これらの研究から得られた知見は，究極的には特定の障害組織を回復させるための幹細胞の使用につながるかも知れない。ES細胞の分化は多くの場合，胚様体(embryoid body)と呼ばれる中間段階を経る。胚様体は分化の最初の段階に入っているES細胞で構成された球状の構造である。その後，より分化した細胞型を生成するように，さらに胚様体は操作される。ES細胞を胚様体に分化させるための方法はプロトコール8.7に示されている。

栄養膜幹(TS)細胞

後期胚盤胞には3つの異なった細胞型が見出される。栄養外胚葉と呼ばれる外側の上皮，および内部細胞塊を作る内側の原始外胚葉と原始内胚葉である(詳細は第2章参照)。ES細胞の発生潜在能力は，将来胚自身と一部の胚外組織になる原始外胚葉の系譜を代表している。最近，第二の胚盤胞由来細胞株である栄養膜幹(TS)細胞を樹立するための培養条件が確立された。この細胞は栄養外胚葉の発生潜在能力を保持しており，したがって胎盤の栄養膜系譜にのみ寄与する(Tanaka et al. 1998)。TS細胞が使えることで，栄養膜の分化および胎盤の機能に関する新しい研究が可能になった。TS細胞を遺伝的に改変するためのテクノロジーは現在開発中であり，発生途上胚の胎盤の中へ遺伝的に改変された細胞成分を選択的に導入する道が開かれるであろう。樹立されたTS細胞株は，Janet Rossant, Samuel Lunenfeld Research Institute, Mt. Sinai Hospital, Toronto, Canada M5G 1X5から入手可能である。

栄養膜幹(TS)細胞の分離と培養

TS細胞の樹立と維持のための培養条件は，ES細胞のものよりも少し複雑である(プロトコール8.8参照)。一方，これらの条件下で，TS細胞はES細胞よりも安定して，より容易に異なった遺伝的背景から樹立できる(プロトコール8.9参照)。ES細胞にとってLIFは必須であるが，TS細胞の未分化状態の保持には培地中の線維芽細胞成長因子-4(FGF-4)とヘパリンが決定的に重要な成分である。それに加えて，TS細胞の維持にはMEFフィーダーまたはMEF馴化培地が必要なので，まだ未同定の必須成分があるらしい。TS細胞の培養は，最適条件でもいくぶんかの(5〜10％)分化細胞を含んでいる。それらはトリプシン抵抗性であり，しばしば有糸分裂後なので，継代を経ても増加することはない。より詳細は，Kunath et al. (2001)を参照のこと。

プロトコール 1　マウス胚線維芽細胞の調製

われわれは，以下に述べる方法を用いているが，初代培養のための少し違うプロトコールがAbbondanzo et al.(1993)によって記載されている．

材　料

胚
　マウス胚(交尾後15.5〜16.5日)，10cm滅菌プラスチック・ペトリ皿内で切り出す(系統の選択については，マウス胚線維芽細胞，347頁参照).

器具
　細胞培養ディッシュ，150mm
　遠心分離機
　尖底試験管，15または50ml滅菌スクリューキャップつき
　凍結保存容器(Cryovials)
　解剖用ピンセットとハサミ(使用前にオートクレーブまたはアルコールに浸してマイクロバーナーの炎で滅菌する)
　ガラス球(直径3〜5mm，オートクレーブずみ)，滅菌
　37℃温室内のマグネチックスターラーまたは37℃の大型インキュベーター
　倒立顕微鏡
　ペトリ皿，10cm，滅菌
　撹拌棒(1〜2インチ，オートクレーブずみ)，滅菌
　外科用刃，滅菌

試薬
　ダルベッコ修正イーグル培地(DMEM)，10%新生子牛血清または牛胎児血清(FBS)添加 (346頁参照)トリパンブルー(Flow Labs 16-910-49)
　トリプシン/EDTA(347頁参照)

手　順

1. 1〜2匹の妊娠マウスから交尾後15.5〜16.5日マウス胚(第5章参照)を無菌的に切り出す(腹当たり約8個の胚)．滅菌PBSが入った滅菌プラスチック製ペトリディッシュに胚を入れる．ディッシュは必ずしも組織培養用でなくてもよい．
2. 四肢を除き内臓を抉り出す．頭の下部は残すが，脳を含む頭の上部は取り去る．
3. 死体を滅菌PBSを含む50ml滅菌スクリューキャップつき尖底試験管に入れる．3回以上，血清を加えない滅菌DMEM培地で洗う(随意)．
4. 胚を10cmペトリ皿へ入れ，培地を除く．
5. 胚を外科用刃またはハサミで非常に小さな破片になるまで刻む．
6. 刻んだ胚を約10mlのトリプシン/EDTA添加PBSまたは類似の緩衝液を含む50ml滅菌スクリューキャップつき試験管に入れる．5mlのガラス球および撹拌棒を入れてチューブのふたを閉める．

7. 試験管を30分間，37℃で振盪させながらインキュベートする。
8. 10 mlのトリプシン/EDTAを加えてさらに30分間，37℃で振盪させながらインキュベートする。
9. ステップ8を繰り返す（最終液量は30 ml以上となる）。
10. 細胞の浮遊液を，各3 mlのFBSを含む2本の50 ml試験管へ移す。
11. スクリューキャップつき試験管を10％牛胎子血清添加DMEMで二度洗い，その液をステップ10の試験管へ入れる。
12. 1000 rpm（200 g）で5分間遠心分離して，ペレットを約50 mlの10％牛胎子血清添加DMEMに再度浮遊させる。
13. 生存している有核細胞をトリパンブルーで計数する（10匹の胎子から約 $5 \times 10^7 \sim 5 \times 10^8$ の細胞が期待できる）。
14. 10％牛胎子血清添加DMEMを含む150 mm滅菌プラスチック製組織培養ディッシュ当たり 5×10^6 個の細胞を播く。
15. 翌日，培地を交換し，ディッシュがコンフルエントになるまで細胞が増えるに任せる。繊維芽細胞の外に多くの型の細胞（例，神経および軟骨）が見えてくるが，これらは継代後は生き残らない。
16. 細胞を1：6に分割し，コンフルエントになるまで増やす。コンフルエントになったらプロトコール8.4に従って凍結保存し，マイコプラズマおよびマウス病原体をテストする（341頁参照）。

    大量の細胞を処理する実験室では，それぞれの150 mmディッシュは1個の凍結保存バイアル内に凍結できる（プロトコール8.4参照）。細胞の増殖速度が減退するまでの継代数について厳密な規則はない。しかし，バイアルごとの細胞数は大体同じでなければならない。
17. ES細胞のフィーダーを準備するためには，凍結保存MEFの1つのバイアルを融解して，10％牛胎子血清添加DMEMを含む5～6個の150 mm滅菌プラスチック製組織培養皿に入れて培養する（プロトコール8.4参照）。

    約3日後にコンフルエントになったところで，3つの選択肢が可能である。

    a．もし必要があれば，もう一度細胞を分けてからマイトマイシンC処理または照射を行う（プロトコール8.2参照）。
    b．マイトマイシンC処理または照射を行い，直接ES細胞培養のフィーダーとして用いる。
    c．マイトマイシンC処理または照射を行い，後日使用のため凍結保存する。

コメント

MEFおよびSTO細胞は10％血清を添加しただけのDMEM内で良好に増える。しかし，多くの実験室は，0.1 mMベータ・メルカプトエタノール（βME）と0.2 mM L-グルタミンを培地に追加している。抗酸化剤として，βMEはフリーラジカルによる細胞の障害を防ぎ，初代培養での播種効率を高めることが示されている（Oshima 1978）。

| プロトコール 2 | STOまたはMEFフィーダー細胞の調製 |

材料

器具
　遠心分離機
　インキュベーター，加湿，37℃，5％CO₂，95％空気
　倒立顕微鏡
　組織培養ディッシュ，種々の大きさのもの
　組織培養ディッシュ，STO細胞のためにゼラチン処理されたのも
　γ照射用：
　　ガンマウエル40エグザクター（例，MDS Nordion, http://www.mds.nordion.com）

試薬
　10％新生子牛血清またはFBSを補ったDMEM
　　ゼラチン（豚皮膚タイプⅡ，Sigma G2500）(0.1％水溶液，オートクレーブずみ）
　　インキュベーター，加湿，37℃，5％CO₂，95％空気
　　Ca⁺⁺とMg⁺⁺を含まない（Ca⁺⁺/Mg⁺⁺-フリー）リン酸緩衝液（PBS）(付録1参照）
　　トリプシン/EDTA(347頁参照）。
　マイトマイシンC処理用：
　　マイトマイシンC＜！＞保存液（0.5〜1.0mg/ml PBSまたはガラス製蒸留水）。
　　遮光して4℃に1週間保存。凍結保存の時は融解時に完全に溶けていることを検査する
　　（Sigma M0503)。10μg/mlで使用する。
　STOまたはMEFフィーダー細胞

注意：＜！＞をつけた材料の適切な取扱いについては付録2を参照のこと。

手順

マイトマイシンC処理

1. 組織培養皿内のコンフルエントになったSTOまたはMEF細胞を，10％FBSおよび10μg/mlマイトマイシンCを含むDMEMで処理する。
2. 組織培養ディッシュを37℃，5％CO₂の加湿インキュベーターに戻して2〜3時間維持する。
3. 組織培養ディッシュをPBSで徹底的に洗い（数回），トリプシン処理して細胞を集める。低速遠沈（1000 rpm，5分）で細胞を沈める。
4. 上清を取り除き，ペレットを新しい10％FBS添加DMEMに再浮遊させる。
5. 細胞数を計測し，最終細胞密度が2×10^5/mlになるように希釈する。例えば，1枚のコンフルエント150mm MEFプレートからおよそ次のような数のフィーダー・プレートを作ることができる：
　　5枚の100mmプレート（各10ml）
　　12枚の60mmプレート（各5ml）
　　25枚の35mmプレート（各2ml）

25枚の4ウェルプレート，または4～5枚の24ウェルプレート(0.5ml/ウェル)
6枚の96ウェルプレート(0.2ml/ウェル)

6．MEF細胞を直接，組織培養ディッシュに播く(下記コメント参照)。STO細胞はゼラチンで前処理した組織培養ディッシュに播く。ゼラチン処理は，0.1%ゼラチン溶液で組織培養ディッシュの床を覆い，次いで溶液を完全に除くことにより行う。使用前に床を乾燥させる必要はない。

ガンマ線照射による処理

1．コンフルエント細胞に3,000～10,000ラドのガンマ線を照射する。
2．トリプシン処理して細胞を集め，低速遠沈(1000 rpm，5分)で細胞を沈める。
3．数をかぞえ，組織培養グレードのディッシュに播く。

ガンマ線照射細胞は，5×10^6 細胞/mlの密度で凍結保存することができる。融解後，この細胞浮遊液の1mlを4～5枚の6cm組織培養ディッシュに播く。

> **コメント**
>
> - 一般的に，健康な線維芽細胞は組織培養グレードのディッシュの表面に接着するので，MEF細胞のためにディッシュをゼラチン処理する必要はない。しかし，照射を受けたMEFはゼラチ処理プレートに播かれると長生きする。
> - コンフルエントで均一な単層を作るためには，フィーダー細胞を正確な密度で播くことが大切である。STO細胞には，$5 \times 10^4/cm^2$ が推奨される。
> - フィーダー細胞を敷いたプレートは，作製後1週間は使用できる。培地はES細胞を使用する直前にES細胞用培地と交換すべきである。使用前に単層が完全に保たれていることを確かめる。

プロトコール 3　　ES細胞の継代

　ES細胞は2～3日ごとに，その増殖が70％コンフルエンシーに近づいた時に増殖速度に応じて1：3から1：7に分割すべきである。90％コンフルエンシーを越えて増殖させてはならない。ES細胞は，お互いに接触していない，しっかりと詰め込まれたコロニーを作るべきである。培地は毎日取り替えなければならない。ES細胞の塊は内胚葉に分化する傾向があるので，トリプシン処理後は培養細胞を単一の細胞にまで分散させることが極めて重要である。

材　料

細胞
　ES細胞（サブコンフルエント　60mmプレート，継代の準備ができたもの）
　STOまたはMEFフィーダー・プレート

器具
　遠心分離機
　インキュベーター，加湿，37℃，5％CO_2，95％空気
　倒立顕微鏡
　ピペット
　試験管，滅菌プラスチック，キャップつき（例，14ml）
　組織培養ディッシュ

試薬
　FBSおよびサプリメントを加えたES細胞用の培地（ES-DMEM，343～345頁に記載）
　Ca^{++}とMg^{++}を含まない（Ca^{++}/M^{++}-フリー）リン酸緩衝液（PBS）（付録1参照）
　トリプシン/EDTA（347頁参照）

手　順

1. 培養がおよそ70％コンフルエンシーに近づいた時，培地を吸引除去し，プレートをPBSで洗い，0.5～1mlのトリプシンを加える。
2. プレートを37℃のインキュベーター内に5分間静置する。この間に細胞塊が床から持ち上がり，ほぐれてくるはずである。
3. 4mlのES-DMEMをプレートに加えてトリプシンの作用を止める。
4. 細胞浮遊液を14ml滅菌試験管へ移し，1000rpm，5分間の遠心分離で細胞を沈める。上清は吸引除去する。
5. ペレットを新しいES-DMEMに静かに浮遊させ，新しいフィーダー・プレートの上に1：3から1：7の比率で播く（60mmプレート当たり約1×10^6細胞，100mmプレート当たり2×10^6細胞）。少しの間，プレートを縦・横の方向に傾けて細胞を均等に分散させた後に，プレートをインキュベーター内に置く。
6. 継代番号を書き留めながら，1～5の操作を一日おきに繰り返す。

プロトコール 4　　クライオバイアルを用いたES細胞の凍結と融解

　ES細胞株は培養に置かれる時間を最小限に止めるために，できるだけ速やかに凍結することが大切である．細胞の継代数と，その凍結保存バイアルの保管位置についての注意深い記録を保持する．通常，ES細胞はおよそ $2\times10^6\sim5\times10^6$ 細胞/ml（100 mmディッシュ1枚から4〜5個のバイアル）で凍結される．このプロトコールは，融解した時に60 mmプレートに必要な上記の数の細胞を含むクライオバイアルのための処方である．融解後は，できるだけ速やかに37℃に移すことが重要である．

材　料

細胞
　凍結保存ES細胞を含むクライオバイアル（融解操作用）
　ES細胞（凍結できる状態のサブコンフルエント・プレート）
　STOまたはMEFフィーダー・プレート（60 mm）

器具
　遠心分離機
　クライオバイアル（例，Nalge 5000-0012），ラベルつき
　凍結保存容器（例，Nalge 5100-0001）
　インキュベーター，加湿，37℃，5％CO_2，95％空気
　倒立顕微鏡
　ピペット
　試験管，滅菌プラスチック，キャップつき（例，14 ml）
　組織培養ディッシュ
　ウォーターバス，37℃，クライオバイアルのための浮きつき

試薬
　20〜25％FBSおよび10％ジメチルスルホキシド（DMSO）を含むDMEM＜！＞（例，Sigma D2650, D5879），氷上で冷やしておく
　FBSおよびサプリメントを加えたES細胞用の培地（ES-DMEM，343〜345頁に記載）
　トリプシン/EDTA溶液（347頁参照）

注意：＜！＞をつけた材料の取り扱いにつては付録2を参照されたい．

手　順

凍　結

1. ES細胞凍結の2〜3時間前に培地を交換する（随意）．
2. 凍結保存培地を調製し，氷上で冷やしておく．凍結用の培地は，すでに15％FBSを含んでいるES-DMEMに，さらに10％FBSおよび10％DMSOを加えることで調製できる．
　　2倍濃度の凍結用培地を細胞浮遊液に等量加えることも可能である．その組成は，20％DMSO，20％FBSおよび60％ES-DMEM（すでに15％FBSを含む）である．

3. ES細胞を含むディッシュから培地を取り除く。PBSを加えて細胞を洗い，そのPBSも除く。次いでトリプシン/EDTA溶液を加える（例，100mmディッシュ当たり2ml）。プレートを37℃のインキュベーター内に5分間おく。
4. 4mlのES-DMEMをプレートに加えてトリプシンの作用を止める。細胞浮遊液を14ml滅菌試験管へ移し，1000rpm，5分間の遠心分離で細胞を沈める。上澄みは吸引除去する。
5. 適量の冷却した凍結用培地を加えて$2 \times 10^6 \sim 5 \times 10^6$細胞/ml（バイアル）になるように細胞をおだやかに分散させ，明瞭にラベルしたクライオバイアルへ入れる。
6. バイアルを凍結保存用の容器に入れて，直ちに－70℃に移し一晩おく。翌日，クライオバイアルを液体窒素に移して保存する。

コメント

細胞を液体窒素内の保存する前に，－70℃まで1分間に約1℃の割合でゆっくり凍らせることが重要である。この操作は細胞内部の氷晶形成を防ぐ。このゆるやかな冷却速度はいくつかの方法で達成できる。例えば，Nalge Nunc（5100-001）によるクライオバイアルの保持容器が種々の供給元から購入できる（例，Sigma C1562, Fisher 15-350-50）。あるいは，2片のスチロフォームから簡単な容器を作る。熱した金属製のへら（あるいは類似の道具）でクライオバイアルを入れるための孔を開ける。孔の位置はクライオバイアルを囲むすべての方角に約1インチのスチロフォームの厚さが確保されるようにする。ふたつきのスチロフォーム・チューブラックを使うことも可能である。

融　解

1. ES細胞のクライオバイアルを37℃のウォーターバスの中に投入し，氷晶がほとんど融解するまで速やかに加温する。
2. ES-DMEM（例，4ml）を満たしたピペットで細胞浮遊液を無菌的に14ml滅菌試験管へ移し，ゆっくりと希釈する。
3. 1000rpm，5分間の遠心分離で細胞をペレットにする。上澄みは吸引除去する。
4. 新鮮なES-DMEMでおだやかに細胞を再浮遊させ，6mmフィーダー・プレートの上に播く。少しの間，プレートを縦・横の方向に傾けて細胞を均等に分散させたあとに，プレートをインキュベーター内におく。
5. 翌日，培地を吸引して浮遊している死滅細胞を取り除き，新鮮な培地を加える。適切に操作されていれば，細胞は2〜3日で継代可能になる。

| プロトコール 5 | 胚盤胞からES細胞株を新たに分離する |

出発材料は，交尾後3.5日の正常な拡張胚盤胞，または"遅延"胚盤胞である。遅延胚盤胞は，通常は卵巣除去後4～6日に採取する（第6章参照）。どちらの胚盤胞についても組織培養操作は同一であり，ただ遅延胚盤胞が最初はゆっくり増殖するために，第一回の細胞分散の時期が異なるだけである。

材　料

胚と細胞
- 拡張胚盤胞交尾後（3.5日），または"遅延胚盤胞"
- フィーダー層（STOまたはマウス胚線維芽細胞，MEFs）

器具
- 倒立顕微鏡
- パスツールピペット，先端を細く引き伸ばしたもの，マウスピース管つき（第4章参照），またはGilson P2 ピペット
- 組織培養ディッシュ，10mm ウエル（4×10mm ウエルプレートが理想的である。例，Nalge Nunc International multidish 4 well 176740）。および35，60，100mmディッシュ。

試薬
- ES細胞培地（ES-DMEM，343～345頁参照）
- 軽パラフィンオイル（例，胚テストずみミネラルオイル Sigma M8410），またはES細胞保証・軽ミネラルオイル Speciaty Media, ES-005-C（第4章も参照）。
- M2培地（第4章参照）または10％血清と25mM HEPES（pH7.4）を加えたDMEM
- Ca^{++}/Mg^{++}-フリー リン酸緩衝液（PBS）（付録1参照）
- トリプシン/EDTA溶液（347頁参照）

手　順

1. 胚を子宮角からM2培地，または，10％血清と25mM HEPES添加DMEM（pH7.4）で灌流し，あらかじめ作製しておいたSTOまたはMEFフィーダー層と0.5ml ES細胞培地（343～345頁参照）を含む10mmウエル組織培養ディッシュに1個ずつ移す。

胚培養の最初の段階は，フィーダー細胞なしで軽パラフィンオイルに覆われたES細胞培地の微小滴あるいはゼラチン処理された4ウエルプレートの中でも行うことができる。1～2日間の培養の後に胚は透明帯から脱出し，栄養膜細胞が広がって胚は組織培養ディッシュ表面に接着する。胚接着後間もなく，内部細胞塊（ICM）が容易に区別できるようになり，続く2日間に急速に成長する。通常は，1～2日後に内部細胞塊はかなり大きくなるが，一群の胚の間にばらつきがあるので個々の胚を毎日監視することが必須である。しかし，胚を過度に室温および空気に曝すことは避けなければならない。環境の変化が分化の引き金になる可能性があるためである。培養された胚盤胞の形態が変化していく様子は，図8.2A～Dに例示されている。

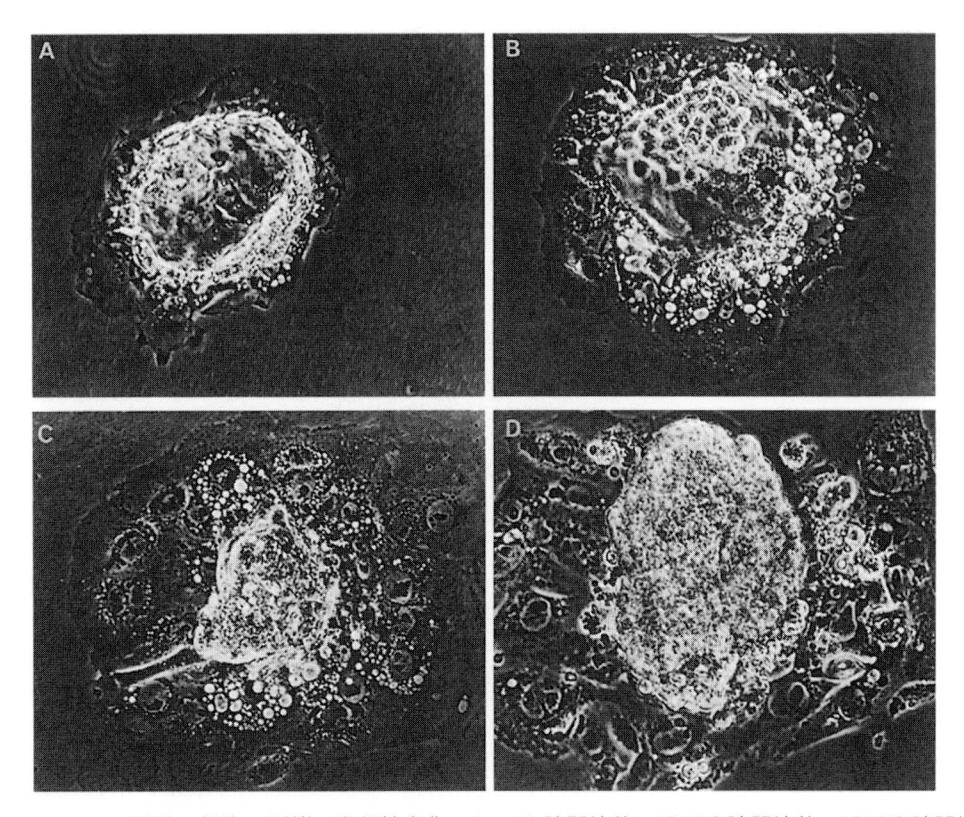

図8.2. 培養胚盤胞の形態の進行性変化。(A)48時間培養，(B)72時間培養，(C)96時間培養，(D)120時間培養。内部細胞塊由来の要素がDに示される大きさと形態に達した時が，本文に記述された方法で摘み取り分散させる適期である。

2．ICM由来の細胞塊が，図8.2Dの段階に達した時（通常は培養開始から4〜5日で到達する），細く引き伸ばしたパスツールピペットを用いてICMを下の栄養膜細胞層から剥がす。外側に内胚葉の層をもつ細胞塊は分化しすぎたものであり，ES細胞を生じる可能性は低い。細胞塊をCa^{++}/Mg^{++}-フリー PBSで2回洗い，先を細く引き伸ばしたピペットを用いて，軽パラフィンオイル下の0.25％トリプシン/0.2％EDTAを含むPBS（または類似の緩衝液）の微小滴の中へ移す。このステップと次のステップのための，もう一つはGilson P2ピペットマンを用いて細胞塊を拾い上げ，96ウェル内の25〜30μlのトリプシン微小滴に移す方法である。

3．微小滴を37℃で3〜4分間インキュベートする。血清を含む培地で満たしたほかのパスツールピペット（ピペット先端の直径は細胞塊よりも大きくてはいけない）を用いて，微小滴内の細胞を穏やかに分散させ，ES細胞を3〜4個の塊にする。

　注意：ICM由来の細胞塊を単一の細胞にまで分散させることは推奨できない。

4．分散させた微小滴の内容物を新しいフィーダー細胞を敷いた10mm組織培養ウェルに移す。個々の培養を毎日検査する，ただし短時間。一般的に，2日後に最初の細胞コロニーが容易に観察できるようになる，それは次のいずれかの形態を示す。

　a．栄養膜様細胞
　b．上皮様細胞
　c．内胚葉様細胞
　d．幹細胞様細胞（下記コメント参照）

5. もしES細胞の形態をもつ細胞塊が主体を占めていたら，維持のために記載した標準どおりのトリプシン処理（上記）によって細胞の継代を開始する。そうでない時は，ステップ2～5に従ってES細胞様の細胞塊（複数のこともある）を物理的に分離すべきである。
6. ES細胞様のコロニーが10mmウェルの中で主体を占めてきたら，細胞を徐々に増やして，35mm，次いで60mm，さらに100mmプレートへ広げるべきである。新しく樹立したES細胞は凍結保存する前に1～2個の100mmプレートにまで広げることを推奨する。

コメント

- **栄養膜様細胞**：ほとんど100％の場合，栄養膜細胞の区域が急速に現れる。これらの細胞は，胚盤胞から最初に外に向かって広がった細胞（initial blastocyst outgrowth）と形態的に全く同一である。このような栄養膜巨大細胞の形態の例は，図8.3に示されている。さらに，このコロニーは培養開始後間もない段階では，しばしば多分化能幹細胞と形態的に同じように見えるが，実際はその2～3日後には栄養膜様細胞だけになってしまう（図8.3A～C）。
- **上皮様細胞**：時折，非常に明瞭で，容易に見覚えられる表現型のコロニーが形成される。これらの細胞は非常にゆっくり増殖し，フィーダー層上に不連続の区画を作る。構成細胞はお互いに固まって，平坦な敷石状の上皮様構造をとる。コロニーの縁は，しばしば非常に目立ち，高度の屈折性をもつ。典型的な例は図8.3Dに示される。
- **内胚葉様細胞**：少数の培養例では，円形で，屈折性があり，緩く付着した細胞の区域が成長する。これは，幹細胞が培養で分化させられた時に生じる内胚葉細胞型に似ている。
- **幹細胞様細胞**：この細胞は，進行性に増殖しながらES細胞様の表現型を安定的に保持している（図8.4）。幹細胞の形態を示す個々のコロニーについてその位置を確かめ，印をつける。培養7～8日目を経た後に，分化を全く示さずにES細胞の表現型だけを保持している細胞のコロニーを選択的に取り出す。次いで，これらのコロニーをトリプシン/EDTAの微小滴内で分散させ（ステップ2と3，上記），細胞密度を高く保つために新しい小型のフィーダーウエルに移して培養する。うまくいくと，2～3日の培養後に幹細胞の小さな巣が現れる。相対的な増殖速度に応じて，3～5日後にウエル全体をトリプシン処理し，その内容物をより大きなフィーダーディッシュに移して培養細胞を広げる。このテクニックの実験段階と種々の細胞分散事象のタイミングは，図8.5に図解しまとめてある。
- 樹立されたES細胞株は，細胞増殖速度に応じて2～3日間隔の注意深い継代培養を必要とする。もし，継代する時に細胞を分散させるための注意を怠るとコロニーは塊を作り，広範囲に分化して大量の内胚葉を作る。細胞の生存性を高めるために，サブコンフルエント培養細胞は継代の2～3時間前に新しい培地を与えるのがよい。細胞はPBSを二度取り替えて十分に洗い，少量の0.25％トリプシン，0.2％EDTAを含むPBS（または類似の緩衝液）をディッシュに加える。37℃，3～4分のインキュベーション後に細胞がディッシュから離れてくるのが観察できる。細胞塊をパスツールピペットで激しくピペッティングして単一の細胞にまで分散させる。細胞浮遊液に血清を含む培地を添加したのちに新鮮なフィーダーウエルに播く。
- ES細胞樹立の全体の効率は，樹立しやすい系統であっても変動する。血清と余分のLIF（2000単位/mlまで）の代わりに，ノックアウト血清交替物（knockout serum replacement, Invitrogen Life Technologies 10828-028）を用いることで改善されるかもしれない（A.Nagy lab）。MEK1抑制因子（MEK1 inhibitor, Parke-Davis 098059；New England Biolabs 9900L）の添加はES細胞樹立を促進する（A.Smith labs）。その理由は，この因子がES細胞の自己更新に対するLIFの作用を増強し，ES細胞の分化をさらに抑制するからである（Burdon et al. 1999）。
- 新たに樹立されたES細胞株は，すべてその性と核型を決定すべきである。雄のES細胞をも

つことが望ましい。なぜなら、XY型のES細胞はキメラ作製において宿主胚の性を転換し、キメラ雄は雌よりも多くの子孫を作るからである。キメラの生殖系列を経由するES細胞ゲノムの伝達は、ES細胞の正二倍体性に依存している(Longo et al. 1997)。新たに樹立したES細胞株はマイコプラズマおよびマウス抗体産生テストを受けることも重要である(マイコプラズマおよびMAPテスト、341～342頁参照)。

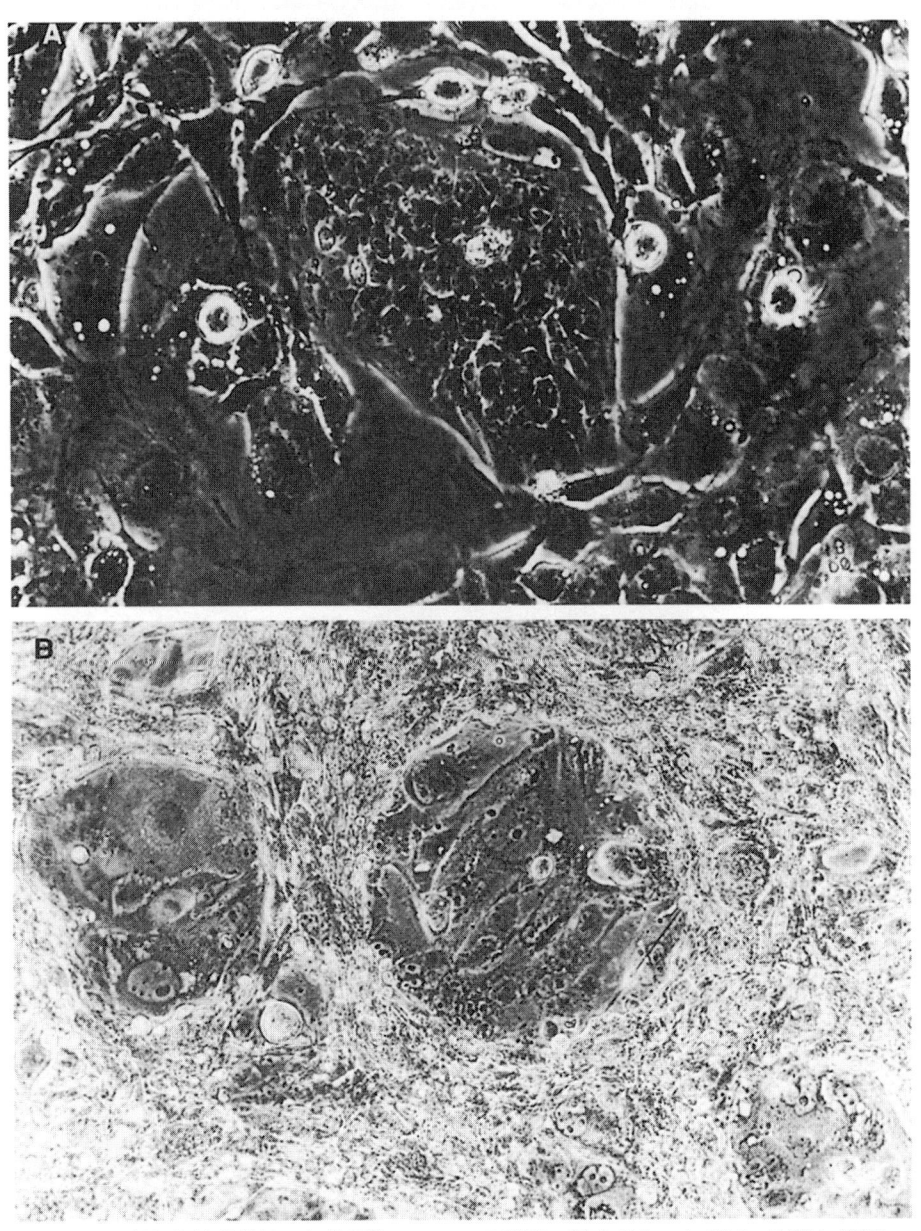

図8.3. 内部細胞塊分散後の初代細胞コロニーの形態。(CとDについては、次頁を参照)。
(A, B, C)「栄養膜様」コロニーの例。これらのコロニーは、最初、継代の1～2日後に、見かけ上は「幹細胞様」の形態を示す小さな細胞巣として現れる(A)。その後さらに培養を続けると、細胞の外形は変化して平たくなり、広がって巨細胞の単層で構成される区域を作る。(B, C)この表現型の胚由来細胞は最初の培養の間はよく増えるが、特殊な条件を与えない限り(Tanaka et al. 1998)、長期間培養では増えなくなる。(D)「上皮様」細胞。この型の細胞は、比較的ゆっくり成長する島状のコロニーを作る。長く(2週間)培養すると、単層細胞で構成される偏平で大きなコロニーが生じる。

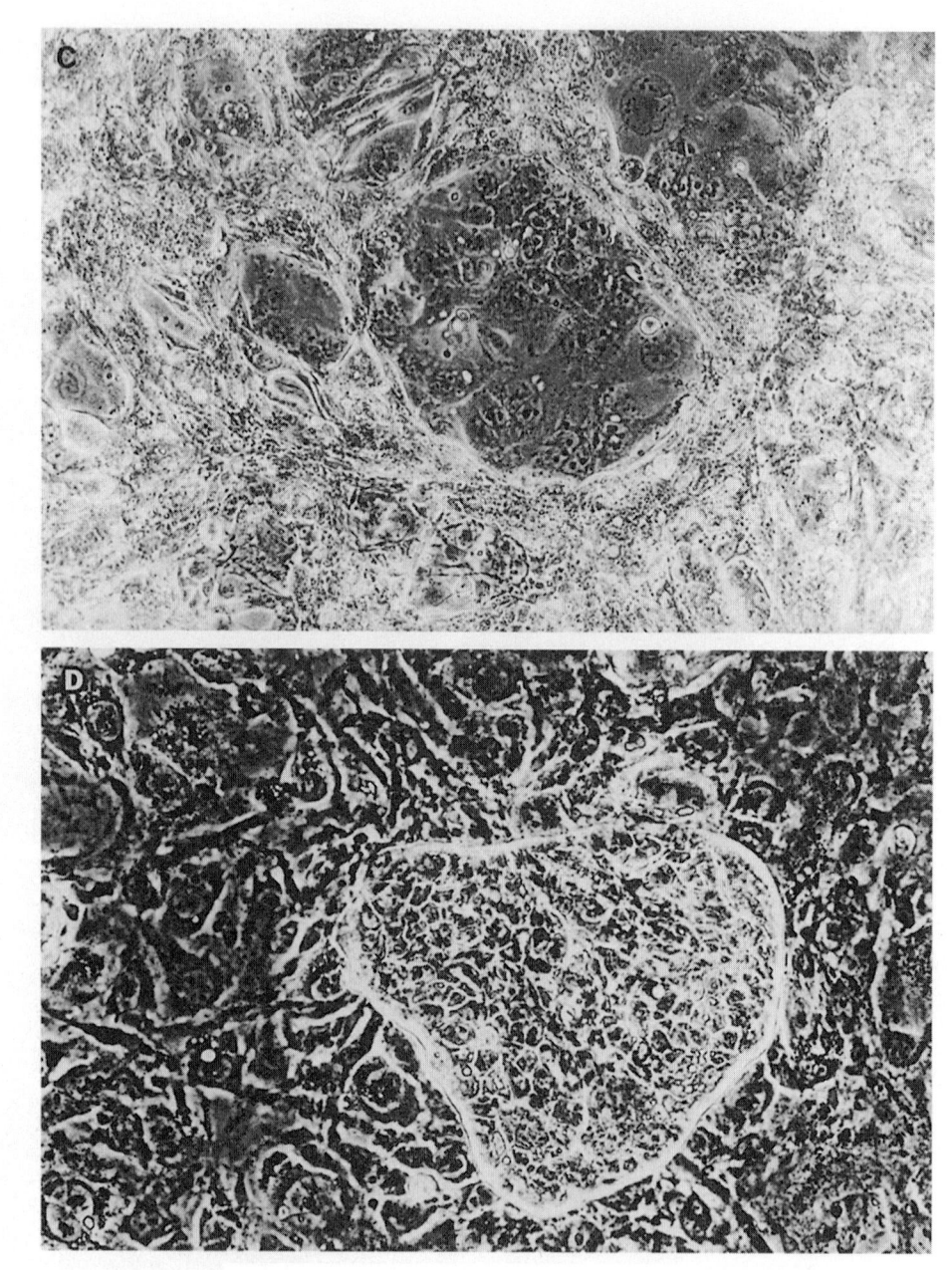

図8.3. （AとBについては，前頁を参照）

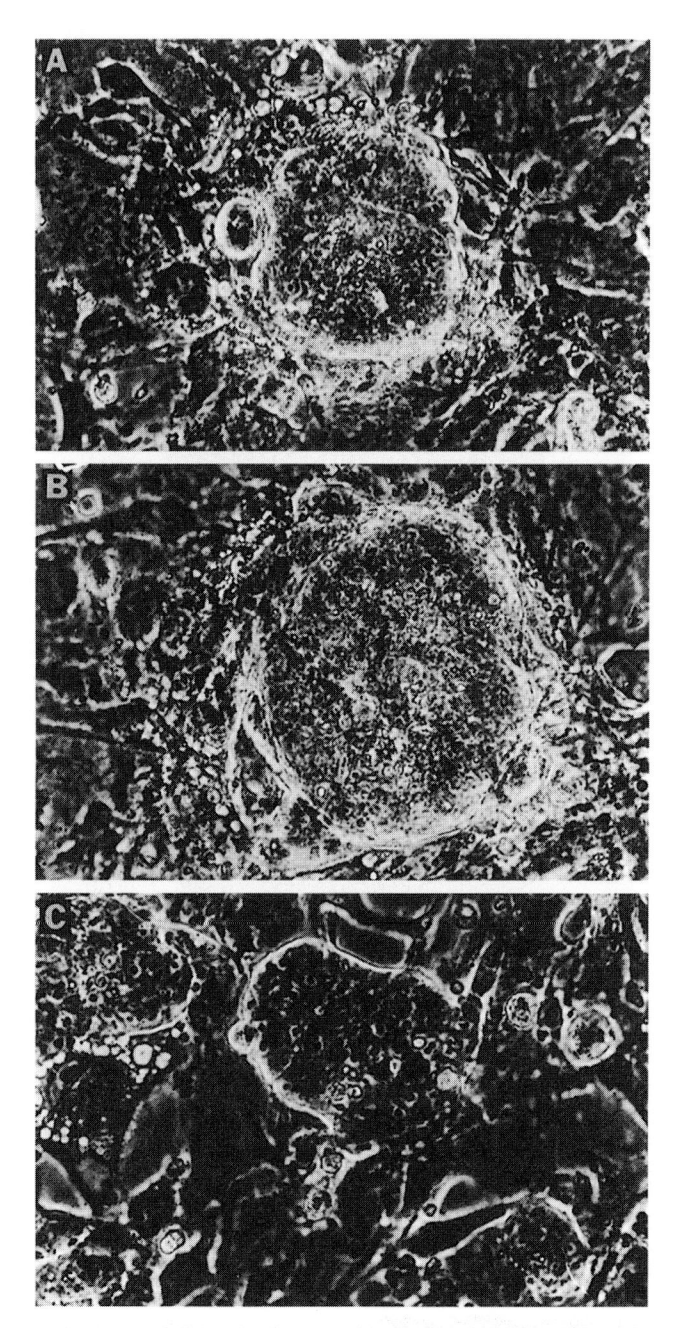

図8.4. 胚性幹(ES)細胞コロニーの形態。(A)内部細胞塊分散2日後の幹細胞コロニーの外観, (B)さらに2日後の同じコロニー。コロニーは幹細胞の均質な集団で構成され, 目立った細胞分化を起こしていないことに注目されたい。幹細胞は比較的小さく, 1つ以上の顕著な核小体を含む大きく明瞭な核をもつことが象徴的であり, 多層の初代コロニーの中にぎっしりと密に詰め込まれている。(C)Bに示されるコロニーを(本文に記述の方法で)新しいフィーダーウェルにサブカルチャーした。2日以内に, 多数の小さな幹細胞の巣が培養中に現れる。

	日
	0
	5〜6
	5〜6
	9
	12〜13
	14
細胞株	16

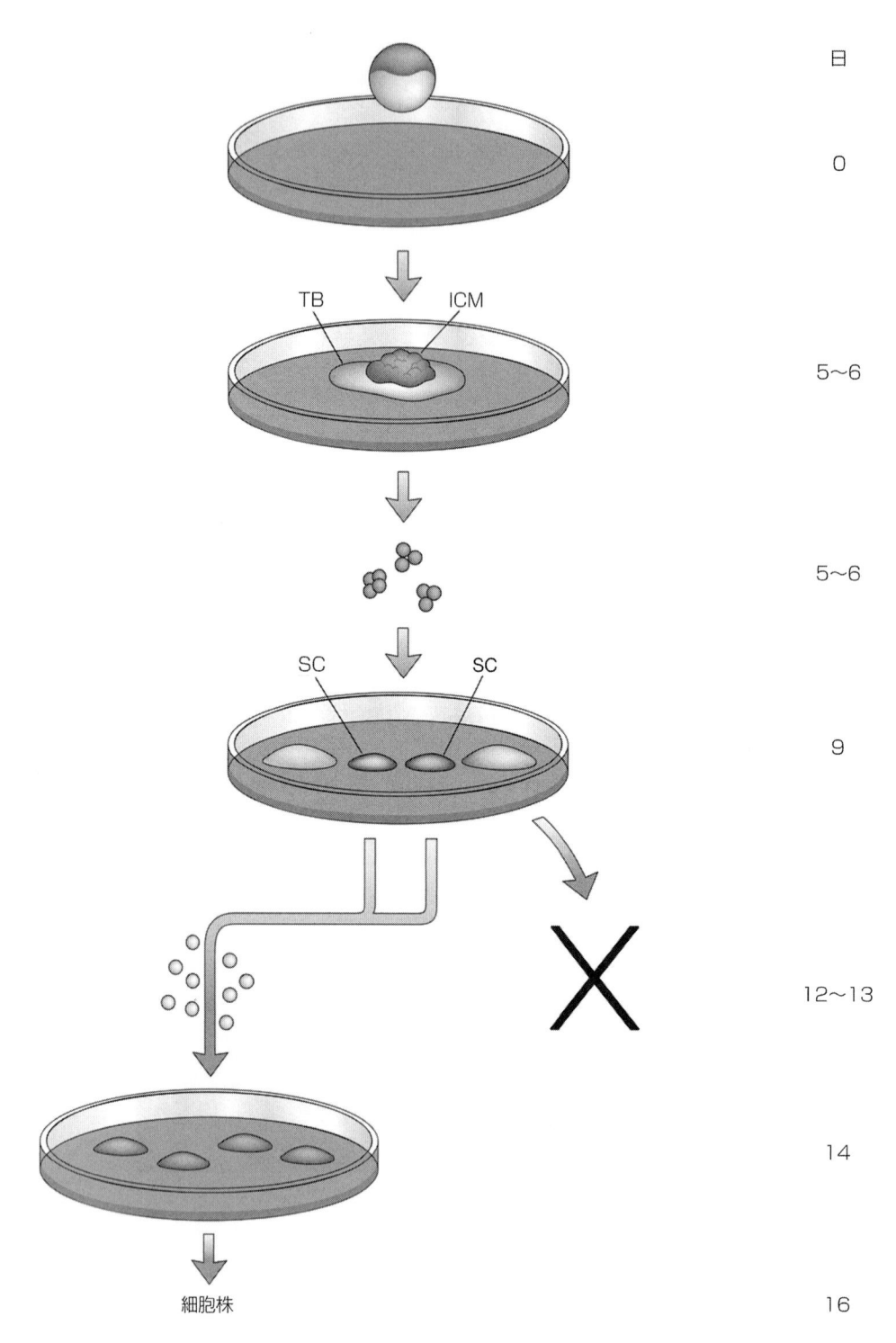

図8.5. 胚性幹(ES)細胞株を得るための操作の要約。胚盤胞を回収してフィーダーウェルの中へ入れる(0日)。5〜6日までに，ICMが増殖し「胚盤胞の派生物」(blastocyst outgrowth)を作る。それを栄養膜(TB)細胞から分離し，細胞塊に分けて新しいフィーダーウェルへ移す。9日に初代コロニーを検査して，形態によって分類する。幹細胞(SC)に似ているコロニーを個々に拾い上げ，少数の細胞の塊にまで分散させ，12〜13日に新しいフィーダーウェルに再び植えつける。その2日後(14日)ES細胞コロニーの存在を検査し，幹細胞を含むウェルはサブカルチャーして永続的な細胞株とする(16日)。

プロトコール 6　ES細胞の染色体を数える

マウス核型の染色体分染法による解析は第12章のプロトコール12.6に述べられている。

材　料

細胞
　ES細胞，35または60mmディッシュのサブコンフルエント培養

器具
　遠心分離機
　遠心管，15ml尖底
　顕微鏡，100×油浸，および40×位相差または蛍光対物鏡
　顕微鏡用スライド，洗浄ずみ（例，Fisherbrand Superfrost 12-550-12）

試薬
　コルセミド，10μg/ml保存液（例，Invitrogen Life Technologies 15210-012）
　ES細胞培地（培地，343頁参照）
　固定液
　　メタノール＜！＞3：氷酢酸＜！＞1，毎回，新しく作り4℃に保存。蒸気フードを用い，溶媒は適切に廃棄する。
　ギムザ染色液（例，Invitrogen Life Technologies 10092-013）
　Gurr's緩衝タブレット（pH 6.8）（例，Invitrogen Life Technologies 10582-013またはBDH 33-193）
　低浸透圧液
　　0.075M塩化カリウム＜！＞（0.559g KCl/100ml），使用前に37℃に温めておく
　DAPIを含む包埋液＜！＞（Vectashield，Vector H-1200）
　Ca^{++}/Mg^{++}-フリー リン酸緩衝液（PBS）
　0.25％トリプシン/1mM EDTA溶液（例，Invitrogen Life Technologies 25200-056）

注意：＜！＞をつけた材料の取り扱いについては付録2を参照されたい。

手　順

1. 活発に増殖しているES細胞（例，ゼラチン処理プレート上で1：5継代後24～48時間）をコルセミド（0.05～1μg/ml）存在下に1時間培養する。
2. 培地を除いてPBSで洗い，トリプシンを加えて3～5分インキュベートする。
3. 細胞を尖底遠心管に集め，1000rpm，5分遠心し，上澄みを除いて軽く叩く。1.5mlの新しい培地に再浮遊させる。
4. 加温（37℃）KCl溶液10mlを1滴ずつ，壁に沿ってゆっくり加える。同時に壁を軽く叩く。数度反転させた後に，37℃で15～20分間インキュベートする。
5. 氷で冷やした固定液を2～3滴加える。遠心管を反転し，5分間遠心して細胞をペレットにする。
6. 約1mlを残して上澄みを吸い取る。ペレットを軽く叩く。

7. ボルテックスを用いて細胞を分散させながら，氷で冷やした固定液を1滴ずつ10mlまで加える，5分間遠心し約1mlを残して上澄みを吸い取る。壁を軽く叩く。
8. ステップ7を少なくとも1回，できれば2～3回繰り返す。合計3～4回の固定。
9. スライドは最後の固定後3時間以内に作るのが最もよい。もし固定液内の細胞が4℃または−20℃に保存されれば，あとで作ってもよい。その時はスライド上に広げる前に新しい固定液に再浮遊させる。
10. 最後の固定後，細胞を少量（約0.5ml）の固定液に再浮遊させる。濃すぎる場合は後に希釈する。1つの試料から数枚のスライドが作れる。
11. 10cmの高さから浮遊液をスライドガラス上に滴下し，室温で空気乾燥させる。または，加湿条件下で60～80μlの細胞浮遊液を湿ったスライド上にゆっくり広げる。空気乾燥する前に2～3滴の固定液をスライド上に加える。
12. 最初のスライドを40倍対物鏡でスキャンする。必要ならば細胞浮遊液を薄めるか，またはペレットにして少量で再浮遊させる。
13. DAPIを含む包埋液の1滴を各スライドに加えてカバーグラスで包埋する。染色体は紫外線のもとで見ることができる。または，作りたてのギムザ染色液（2.5mlギムザ染色液を47.5mlのGurr's pH6.8緩衝液で薄めたもの）でスライドを10分間染色する。きれいになるまで水で洗う。空気乾燥。
14. 100倍油浸対物鏡を用いて染色体を数える。広い視野を探す。39より少ない数の染色体は無視する。全部で20～40個の良好な標本が得られればほどよいサンプリングである。最小限，70％の標本が40本の染色体をもっていればそのES細胞は使用可能である。時折，Y染色体を失った雌キメラを通して生殖系列への伝達が起こることがある。もしターゲットされたES細胞が異数性であった時は，サブクローンを作り，正二倍体のサブクローンからキメラを作製する。

プロトコール 7　ES細胞を胚様体へ分化させる

　浮遊培養でのES細胞の分化には，接着する細胞数を抑えるために組織培養グレードではない(non-tissue culture grade)プラスチックを用いる。もう一つの懸滴培養によるES細胞の分化誘導法(Wobus et al. 2002)は，胚様体のより均一な発生と，よりすぐれた密度の制御を可能にしている。

材　料

細胞
　ES細胞

器具
　ファルコン・チューブ，50ml
　倒立顕微鏡
　ペトリ皿，バクテリア・グレード
　ピペット

試薬
　FBSとサプリメント入りのES細胞培地，ただしLIFは含まない(ES-DMEM w/o LIF，343〜345頁)
　Ca^{++}/Mg^{++}-フリーリン酸緩衝液(PBS)(付録1参照)
　トリプシン/EDTA溶液(347頁参照)

方　法

0日
1．コロニーが浮いてくるまで細胞をトリプシン処理する。
2．ディッシュに5mlのPBSを加えて穏やかにピペッティングする。ゆるく結合した細胞塊をこわさないように優しく取り扱うよう心がける。
3．20mlのPBSを含む50mlチューブに細胞を移す。コロニーが底に沈むのを待つ。
4．トリプシン/PBSを吸引除去する。洗浄のステップを繰り返す。
5．LIFを含まないES-DMEMをチューブに加える。次いで，バクテリア・グレードのディッシュに直接細胞を播く。例えば100mmディッシュ当たり $5 \times 10^5 \sim 10 \times 10^5$ 細胞。これは非常に一般的なガイドラインである。異なったES細胞は異なる播種効率をもち，異なる細胞密度を要求するかも知れない。

2日
6．デッシュを注意深く傾けて培地の一部を除き，新しい培地を加えることが可能である。それに代わる方法は，細胞塊と培地をピペットで50mlチューブへ移し，細胞塊が底に沈むのを待って古い培地を吸引除去し，LIFを含まない新しいES細胞培地を加えて細胞をプレートへ戻す。

4日

7．2日と同じように培地を交換する。この時期には，細胞の凝集は単純胚様体(simple EBs)と呼ばれる。

7〜14日

8．培地を2〜3日ごとに換える。

> 15日までに，胚様体は液体で満たされた腔を高率にもつようになる。このような構造は，囊胞性胚様体(cystic EBs)と呼ばれる。

プロトコール 8　TS細胞株を培養する

このプロトコールは，Janet Rossant, Samuel Lunenfeld Research Institute, Mount Sinai Hospital, Toronto, Ontario M5G 1X5, Canada から提供されたものである。

材料

細胞
TS細胞
MEFフィーダー細胞

培地
FGF4保存液（1000×, 25 µg/ml）：ヒト組換え線維芽細胞増殖因子-4（FGF4；Sigma F2278, 25 µg），バイアル中の凍結乾燥FGF4を1.0ml PBS/0.1%（w/v）ウシ血清アルブミン（BSA）に再懸濁させる。十分に混和し，100 µlに小分けして−80℃に凍結する。必要に応じて融解し，4℃に保存する。再凍結してはいけない。

PBS/0.1%（w/v）ウシ血清アルブミン・フラクションV. 10mgのBSA fraction V（Sigma A3311）を，10mlのCa^{++}/Mg^{++}-フリー PBSに溶かす。これで最終濃度が0.1%（w/v）になる。0.45 µmのフィルターを通して小分けし，−80℃に保存する。

ヘパリン保存液（1000×, 10mg/ml）（Sigma H3149, 10,000単位）：PBSに再懸濁し，−80℃に保存する。10,000×濃度で保存し，これから1000×保存液のバッチを作ることも可。

TS培地（650ml）は，500mlのRPMI 1640培地（例，Invitrogen 61870または11875）に次の試薬を加えて作製する。

　　FBS（例，CanSera, CS-COB-500，ほかの供給元から代用可）130ml（最終濃度，20%）
　　ペニシリンとストレプトマイシン（100×保存，例，Invitrogen 15070-063）（最終濃度，各50 µg/ml）
　　ピルビン酸ナトリウム（100mM保存液，例，Invitrogen Life Technologies 11360）6.5ml（最終濃度，1mM）
　　βメルカプトエタノール<！>10mM保存液，Sigma M7522）1.5ml（最終濃度，100 µM）
　　L-グルタミン（200mM保存液，例，Invitrogen 25030または35050）6.5ml（最終濃度，2mM）

TS+F4H培地：10 µlの1000×FGF4保存液（25ng/ml）と10 µlの1000×ヘパリン保存液（10 µg/ml）を10mlのTS培地へ加える。

フィーダー馴化培地（feeder-CM）：マイトマイシン処理マウス胚線維芽細胞（MEF）（プロトコール 8.2 参照）を準備し，TS培地で72時間培養する。培地を集める。浮遊細胞と残渣を遠心で除き，濾過し（0.45 µm）小分けして，−20℃に保存する。必要に応じて融解し，4℃に保存する；再凍結してはいけない。さらに2つのfeeder-CMのバッチを作った後，MEFは廃棄する。MEFはマイトマイシン処理後，10日間は使用できる。

70cond培地：3mlのTS培地を7mlのfeeder-CMに加える。

70cond+F4H培地：10 µlの1000×FGF4保存液（25ng/ml）と10 µlの1000×ヘパリン保存液（10 µg/ml）を10mlの70cond培地へ加える。

器具
インキュベーター，37℃，5%CO$_2$, 95%空気
倒立顕微鏡
組織培養ディッシュ

試薬
0.1％トリプシン/EDTA(347頁参照)

注意：＜！＞をつけた材料の取り扱いについては付録2を参照のこと。

手　順

1. TS細胞をMEF上で培養する：
   a. 標準的な組織培養インキュベーター(37℃，5％CO_2)内で，ES細胞に通常用いる時の半分のMEF密度(すなわち，$1×10^5$細胞/ml)でTS細胞をTS＋F4H培地内で培養する。
   b. 培地を一日おきに交換し，4日目ごとに，あるいは約80％コンフルエンシーに達した時に継代(1：10〜1：20)する。これ以上高い密度で継代すると分化が早々と起こってしまう。
   c. 非常に細かい細胞塊になるまで(一部は単一の細胞を含む)トリプシン処理をする。完全に単一の細胞にすることは必要ではない。むしろ，これは培養細胞を傷つけてしまう。通常は，時々ピペッティングしながら，3〜4分間，37℃でトリプシン処理すれば十分である。

2. TS細胞を組織培養プレート上で培養する：
   a. 70cond＋F4H培地内でTS細胞を培養する。TS細胞はfeeder-CMを補った培地内であれば，MEFなしで標準的な組織培養ディッシュ上で良好に成長する。ディッシュはゼラチン処理する必要はない。
   b. 上記にしたがって培地交換と継代を行う。

3. TS細胞はES細胞とほぼ同じ方法(プロトコール8.4)で凍結および融解できる。ただし，より高い血清濃度を必要とする。新鮮な2×凍結培地を作り，氷上で冷やしておき，細胞浮遊液に等量加える；2×凍結培地は，50％FBS，20％DMSO＜！＞，30％TS(すでに20％FBSを含む)の組成である。

コメント

MEFからfeeder-CMに切り替える時は，MEFを直ちに除くのが望ましい。MEF(早い)とTS細胞(遅い)との接着速度の差が，純粋なTS細胞集団を得るために利用される。細胞を新しいプレートに継代して37℃，5％CO_2で1時間インキュベートする。上澄みを取り，別のディッシュに播く。この細胞集団はほとんど完全にTS細胞で構成されているはずである。このような差動的な播種によって，すでに分化した栄養膜細胞を除いて幹細胞を集めることができる。

プロトコール 9　胚盤胞からTS細胞株を派生させる

　交尾後3.5日マウス胚からのTS細胞株の分離は，ES細胞株のそれと類似している。しかし成功率はかなり高く，多分化能TS細胞コロニーを見分けるためにES細胞ほどの熟練は要しない。このプロトコールは，Janet Rossant (Samuel Lunenfeld Research Institute, Mount Sinai Hospital, Toronto, Ontario M5G 1X5, Canada) より提供された。

材　料

胚および細胞
　拡張胚盤胞（交尾後3.5日）
　MEFフィーダー層

器具
　インキュベーター，37℃，5% CO_2，95%空気
　倒立および実体顕微鏡
　パスツールピペット，先端を細く引き伸ばしたもの，マウスピース管つき（第4章参照），またはGilson P2ピペット
　組織培養ディッシュ，10mmウエル（4×10mmウエルプレートが理想的である。例，Nalge Nunc International multidish 4well 176740）。

試薬
　70cond+1.5×F4H培地（プロトコール8.8参照）
　M2倍地（第4章参照）または10%血清および25mM HEPESを加えたダルベッコ修正イーグル培地（DMEM）（pH7.4）
　Ca^{++}/Mg^{++}-フリーリン酸緩衝液（PBS）（付録1参照）
　トリプシン/EDTA（347頁参照）
　TS+F4H培地（プロトコール8.8参照）

手　順

1. 好みのマウスの間で交配を行う（自然または過剰排卵）。
2. 胚を取り出す前日に，MEFを敷いてTS培地を入れた4ウェルプレート（MEF細胞の密度はES細胞用およびfeeder-CM作製時の半分，すなわち，1×10^5 細胞/ml）を準備する。
3. 胚採取日の朝にTS培地をTS+F4H培地と取り替える（ウェル当たり500μl）（1日目）。
4. 無菌的に交尾後3.5日胚を集めて，TS+F4H培地を含む4ウエルプレートの各ウェルに胚盤胞を1個ずつ入れる。37℃，5% CO_2 で培養する。
5. 胚盤胞は24～36時間以内に孵化し，ウェルに接着すべきである（2日目）。
6. 3日目になると，それぞれの胚から小さな派生物（outgrowth）が出てくる。各ウェルに新しいTS+F4H培地を与える（500μl）。
7. 通常は4日目に派生物を分ける。しかし，それは大きさによる。また，ES細胞を分離する時よりも小さい。TS細胞株の分離に理想的な大きさは図8.6A, Bに示す。より大

きな派生物も使えるが効率は落ちる。
8. ひとたび適当な派生物が選ばれたら，培養されているウェル中で直接分けることが可能である。培地を除き，細胞をPBS(500 μl)で洗う。PBSを吸引除去し，0.1％トリプシン/EDTA(100 μl)を加えて37℃，5％CO_2で5分間インキュベートする。P2ピペットマンまたは細く引いたパスツールピペットを用いて，ピペッテングにより激しく細胞を上下させながら小さな細胞塊になるまで分散させる。直ちに，70cond+1.5×F4H培地(400 μl)を加えてトリプシンの作用を止める。ウェルはインキュベーターへ戻す。
9. 16時間後に培地(70cond+1.5×F4H)を換える。
10. 6日目にそれぞれの培養に新しい培地(70cond+F4H，500 μl)を与え，以後2日ごとに繰り返す。
11. 7日～11日の間に(この時期は非常にばらつく)TS細胞コロニーが現われる。それは明瞭な外縁をもつ平坦な上皮性の薄板のように見える(図8.6C)。

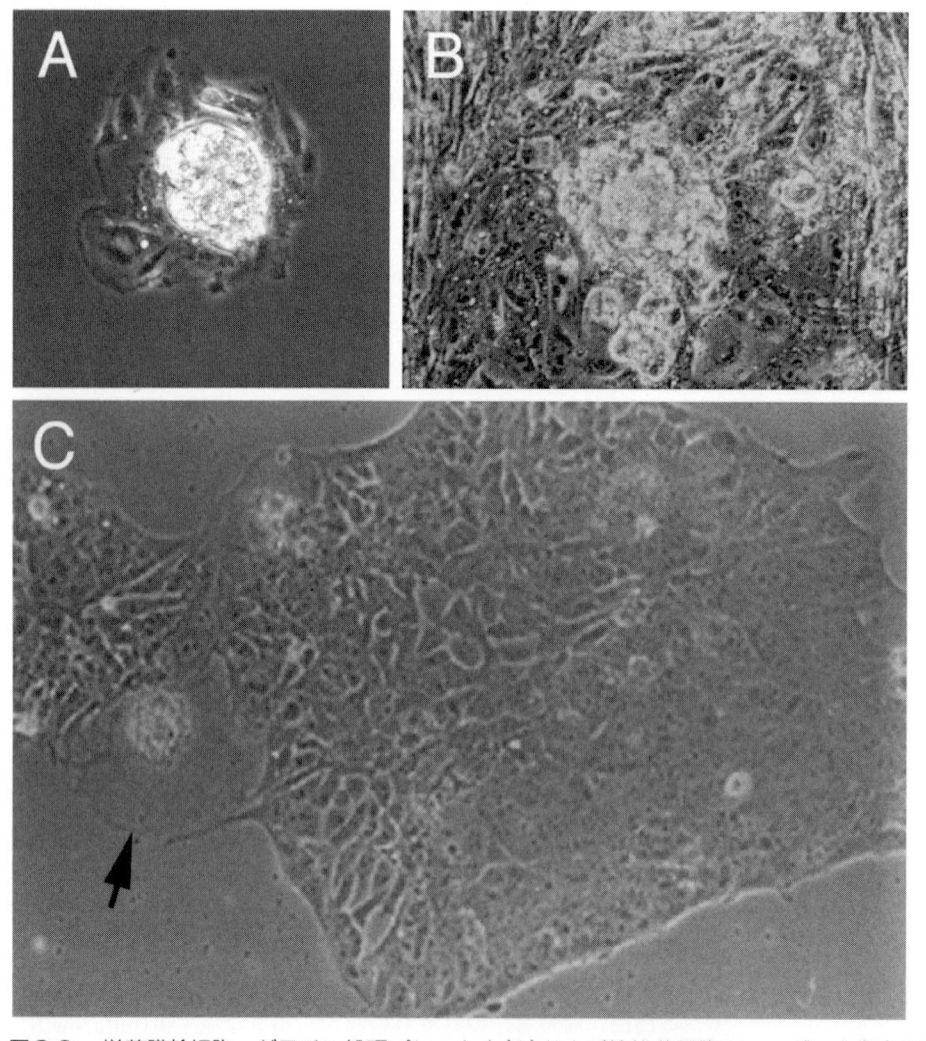

図8.6. 栄養膜幹細胞。ゼラチン処理プレート上(A)および線維芽細胞フィーダー上(B)の胚盤胞派生物。(C)ゼラチンプレート上の典型的なＴＳ細胞コロニー。矢印は巨大栄養膜細胞へ分化した細胞を示す。

12. TS細胞コロニーがウェルのおよそ50％以上を覆うようになるまで培養を続ける。コロニーの端の部分ではある程度の分化が観察されるが，これは正常である。これらの分化細胞は，巨細胞であるか，または幹細胞と巨大細胞の表現型の間に位置するほかの未分化細胞型であることが多い。
13. なかばコンフルエントになったTS細胞のウェルを，MEFを含む6ウェルプレートまたは35mmディッシュに継代する。培地を吸引除去しPBSで洗う。次いでPBSも吸引除去し，0.1％トリプシン/EDTA（100 μl）を加えて37℃，5％CO_2で5分間インキュベートする。TS＋1.5×F4H培地（400 μl）を加えてトリプシンの作用を停止させ，ピペッティングにより激しく細胞を上下させながらほとんど単一の細胞になるまで分散させる。細胞を6ウェルプレートまたは35mmディッシュのMEF上に，TS＋1.5×F4H培地（2.5ml）と共に移す。この最初の継代が決定的に重要である。なぜなら，この時に最も分化が起こりやすいからである。
14. 継代後は16時間ごとに培地を換える（TS＋1.5×F4H）。
15. 2日ごとに新しい培地（TS＋F4H）を与える。MEF上でさらに5〜6代以上継代することにより，TS細胞はMEFなしで70cond＋F4Hの存在下に維持できるようになる。

参考文献

Abbondanzo S.J., Gadi I., and Stewart C.L. 1993. Derivation of embryonic stem cell lines. *Methods Enzymol.* **225:** 803–823.

Bernstein A., MacCormick R., and Martin G.S. 1976. Transformation-defective mutants of avian sarcoma viruses: The genetic relationship between conditional and nonconditional mutants. *Virology* **70:** 206–209.

Bradley A., Evans M., Kaufman M.H., and Robertson E. 1984. Formation of germ-line chimaeras from embryo-derived teratocarcinoma cell lines. *Nature* **309:** 255–256.

Burdon T., Stracey C., Chambers I., Nichols J., and Smith A. 1999. Suppression of SHP-2 and ERK signalling promotes self-renewal of mouse embryonic stem cells. *Dev. Biol.* **210:** 30–43.

Carmeliet P., Ferreira V., Breier G., Pollefeyt S., Kieckens L., Gertsenstein M., Fahrig M., Vandenhoeck A., Harpal K., Eberhardt C., Dechercq C., Pawling J., Moons L., Collen D., Risau W., and Nagy A. 1996. Abnormal blood vessel development and lethality in embryos lacking a single VEGF allele. *Nature* **380:** 435–439.

Chen T.R. 1977. In situ detection of mycoplasma contamination in cell cultures by fluorescent Hoechst 33258 stain. *Exp. Cell Res.* **104:** 255–262.

Doetschman T.C., Eistetter H., Katz M., Schmidt W., and Kemler R. 1985. The in vitro development of blastocyst-derived embryonic stem cell lines: Formation of visceral yolk sac, blood islands, and myocardium. *J. Embryol. Exp. Morphol.* **87:** 27–45.

Eggan K., Akutsu H., Loring J., Jackson-Grusby L., Klemm M., Rideout W.M., 3rd, Yanagimachi R., and Jaenisch R. 2001. Hybrid vigor, fetal overgrowth, and viability of mice derived by nuclear cloning and tetraploid embryo complementation. *Proc. Natl. Acad. Sci.* **98:** 6209–6214.

Eggan K., Rode A., Jentsch I., Samuel C., Hennek T., Tintrup H., Zevnik B., Erwin J., Loring J., and Jackson-Grusby L., et al. 2002. Male and female mice derived from the same embryonic stem cell clone by tetraploid embryo complementation. *Nat. Biotechnol.* **20:** 455–459.

Evans M.J. and Kaufman M.H. 1981. Establishment in culture of pluripotential cells from mouse embryos. *Nature* **292:** 154–156.

Hooper M., Hardy K., Handyside A., Hunter S., and Monk M. 1987. HPRT-deficient (Lesch-Nyhan) mouse embryos derived from germline colonization by cultured cells. *Nature* **326:** 292–295.

Kawasaki H., Mizuseki K., Nishikawa S., Kaneko S., Kuwana Y., Nakanishi S., Nishikawa S.I., and Sasai Y. 2000. Induction of midbrain dopaminergic neurons from ES cells by stromal cell-derived inducing activity. *Neuron* **28**: 31–40.

Kunath T., Strumpf D., Rossant J., and Tanaka S. 2001. Trophoblast stem cells. In *Stem cell biology*. (eds. D.R. Marshak, R.L. Gardner, and D. Gottlieb). Cold Spring Harbor Laboratory Press, pp. 267–287.

Ledermann B. and Burki K. 1991. Establishment of a germ-line competent C57BL/6 embryonic stem cell line. *Exp. Cell. Res.* **197**: 254–258.

Liu X., Wu H., Loring J., Hormuzdi S., Disteche C.M., Bornstein P., and Jaenisch R. 1997. Trisomy eight in ES cells is a common potential problem in gene targeting and interferes with germ line transmission. *Dev. Dyn.* **209**: 85–91.

Longo L., Bygrave A., Grosveld F.G., and Pandolfi P.P. 1997. The chromosome make-up of mouse embryonic stem cells is predictive of somatic and germ cell chimaerism. *Transgenic Res.* **6**: 321–328.

Martin G.R. 1981. Isolation of a pluripotent cell line from early mouse embryos cultured in medium conditioned by teratocarcinoma stem cells. *Proc. Natl. Acad. Sci.* **78**: 7634–7638.

McMahon A.P. and Bradley A. 1990. The wnt-1 (int-1) proto-oncogene is required for development of a large region of the mouse brain. *Cell* **62**: 1073–1085.

Nagy A., Rossant J., Nagy R., Abramow-Newerly W., and Roder J.C. 1993. Derivation of completely cell culture-derived mice from early-passage embryonic stem cells. *Proc. Natl. Acad. Sci.* **90**: 8424–8428.

Nicklas W. and Weiss J. 2000. Survey of embryonic stem cells for murine infective agents. *Comp. Med.* **50**: 410–411.

Oshima R. 1978. Stimulation of the clonal growth and differentiation of feeder layer dependent mouse embryonal carcinoma cells by beta-mercaptoethanol. *Differentiation* **11**: 149–155.

Robertson E., Bradley A., Kuehn M., and Evans M. 1986. Germ-line transmission of gene introduced into cultured pluripotential cells by retroviral vector. *Nature* **323**: 445–448.

Simpson E.M., Linder C.C., Sargent E.E., Davisson M.T., Mobraaten L.E., and Sharp J.J. 1997. Genetic variation among 129 substrains and its importance for targeted mutagenesis in mice. *Nat. Genet.* **16**: 19–27.

Smith A.G. and Hooper M.L. 1987. Buffalo rat liver cells produce a diffusible activity which inhibits the differentiation of murine embryonal carcinoma and embryonic stem cells. *Dev. Biol.* **121**: 1–9.

Smith A.G., Heath J.K., Donaldson D.D., Wong G.G., Moreau J., Stahl M., and Rogers D. 1988. Inhibition of pluripotential embryonic stem cell differentiation by purified polypeptides. *Nature* **336**: 688–690.

Tanaka S., Kunath T., Hadjantonakis A.K., Nagy A., and Rossant J. 1998. Promotion of trophoblast stem cell proliferation by FGF4. *Science* **282**: 2072–2075.

Threadgill D.W., Yee D., Matin A., Nadeau J.H., and Magnuson T. 1997. Genealogy of the 129 inbred strains: 129/SvJ is a contaminated inbred strain. *Mamm. Genome* **8**: 390–393.

Tucker K.L., Wang Y., Dausman J., and Jaenisch R. 1997. A transgenic mouse strain expressing four drug-selectable marker genes. *Nucleic Acids Res.* **25**: 3745–3746.

Turksen K., ed. 2002. *Embryonic stem cells: Methods and protocols. Methods in molecular biology*, vol. 185. Humana Press, Totowa, New Jersey.

Williams R.L., Hilton D.J., Pease S., Willson T.A., Stewart C.L., Gearing D.P., Wagner E.F., Metcalf D., Nicola N.A., and Gough N.M. 1988. Myeloid leukemia inhibitory factor maintains the developmental potential of embryonic stem cells. *Nature* **336**: 684–687.

Wobus A.M., Guan K., Yang H.-T., and Boheler K.R. 2002. Embryonic stem cells as a model to study cardiac, skeletal muscle, and vascular smooth muscle cell differentiation. *Methods Mol. Bio.* **185**: 127–156.

第9章

胚性幹(ES)細胞を用いた遺伝子導入とゲノム改変のためのベクターデザイン

マウスES細胞はいくつかの特徴的な性質を備えており，遺伝子改変マウス作製のために必須の材料となっている。トランスジェニック法，相同組換えに基づくジーンターゲティング法，部位特異的組換え酵素，ポジティブ／ネガティブ選択マーカー，レポーター遺伝子や，マウスゲノム配列の公開などのリソースの蓄積などを駆使することにより，以前は想像もできなかったほどゲノムを自在に操作することが可能となっており，点変異から小さな欠失，さらには巨大な染色体異常に至るまで，ヒトの疾患にほぼ対応した遺伝子変異を動物に再現することが可能である。こうしたことから，マウスの遺伝子工学は重要な遺伝子機能を探り出すための強力な方法となっており，またマウスはヒトの疾患モデルを作製するための理想的な系として認識されるに至った。この章では，最も広く使われている遺伝子改変方法の基本原理を紹介し，きわめて複雑な遺伝子間の相互作用をよりよく理解するために，新しいやり方でこれらのツールを組み合わせることの重要性を示したい。

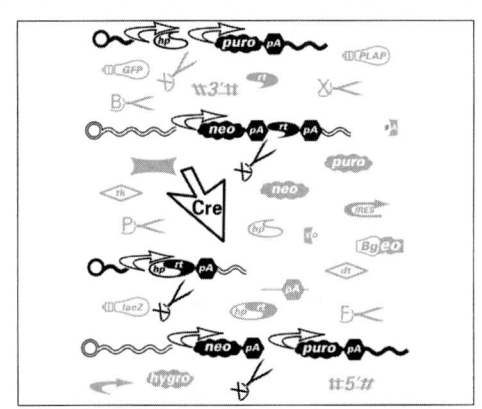

目　次

用語解説，376
　　　ゲノムと遺伝子の構成要素，376
　　　選択マーカー，377
　　　レポーター，380
　　　部位特異的組換え酵素，380
　　　誘導システム，382
　　　組換え検出用レポーター，383
ES細胞を用いた遺伝子導入，384
ジーンターゲティング，386
遺伝子，およびプロモータートラップ，391
相同組換え：置換法，392
部位特異的組換えを利用した遺伝子挿入，394
部位特異的な染色体異常の導入，396
ホモ接合型変異ES細胞株の樹立，398
プロトコール1
　　全身で導入遺伝子が発現するマウスを得るための in vitro スクリーニング法，401
参考文献，403

用語解説

　　マウスのゲノムを改変し，特定の遺伝子機能を修飾するために必要な遺伝子および蛋白因子の数は多くない。異なったデザインでこれらを用い，またそれを組み合わせることにより，非常に多くの遺伝的変異を導入することができる。

ゲノムと遺伝子の構成要素

　プロモーター(Promoters)：プロモーターとは当初は転写が始まる前段階としてRNAポリメラーゼが強く結合できる特異的なDNA配列として定義された。しかし今日，この定義は広く解釈され，転写装置をコントロールして転写の量と特異性を決定しているシス調節領域を指す。ES細胞を用いたある種の遺伝子／ゲノム改変，例えば遺伝子トラップや"プロモーター欠損型"ジーンターゲティングでは，内在性のプロモーター(　　)を利用するが，ほとんどの場合，外来性のプロモーター(　　)をベクターに組み込み細胞に導入する。マウスPgk-1プロモーターは，ES細胞における信頼度の高いプロモーターとして知られており，選択マーカーの発現調節因子として広く用いられている。

　エクソン(Exon)：expressed region(　　)：蛋白，または蛋白の一部をコードするゲノムDNA中の一部分。これらの部分は非コード領域(イントロン)によって分割されている。

　イントロン(Intron)：intragenic region(―――)：コード領域(エクソン)を分断する非コード配列。

ポリAシグナル(Polyadenylation signal)（ ─*pA*─ ）：転写反応を終結させて3'末端にポリA配列を付加するシグナル配列。この過程は，RNAポリメラーゼIIによって合成された転写産物が成熟mRNAになるために必須である。

スプライスドナー(Splice donor)（ *SD* ）とスプライスアクセプター(Splice acceptor)（ *SA* ）：初期転写産物からイントロンを除きエクソンを連結する反応がRNAスプライシングである。イントロンは通常スプライシングのためのシグナルを含んでいる。多くのイントロンは5'端が"GU"配列から始まり，3'端に"AG"配列をもつ。これらはそれぞれスプライスドナー(SD)とスプライスアクセプター(SA)と称される。しかし，この2つの配列だけではイントロンのシグナルとしては不十分である。もう一つの重要な配列として，アクセプター部位の20-50塩基上流に位置するブランチ部位と呼ばれる配列も必要である。ブランチ部位の共通配列はCU(A/G)A(C/U)であり，特にAはすべての遺伝子で保存されている(McKeown 1993)。

IRES，リボソーム内部進入部位(Internal Ribosome Entry Site)（ *IRES* ）：これらの配列によりキャップ非依存的に翻訳を開始することが可能となる(Mountford and Smith 1995)。この種の翻訳開始の存在は，当初ピコルナウイルス(脳心筋炎ウイルス(encephalomyocarditis virus)[EMCV])などのウイルスRNAsで示された(Jang et al. 1988, 1989)。約500塩基対からなるIRES配列を用いて，人工的にバイシストロニック導入遺伝子を構築し，2つ(またはそれ以上)の蛋白コード領域をもつ遺伝子を作製することが可能である。導入遺伝子上で2番目の蛋白を翻訳させるためには，IRES配列を2つのコード領域の間に置かなければならない。加えて，第2コード領域にはキャップ非依存的翻訳開始部位としてIRESが元来もっているATGを用いなければならない。なお，キャップ依存的およびキャップ非依存的翻訳開始部位は共に最適化しなければならないことを心に留めておいていただきたい(Mizuguchi et al. 2000；Hemecke et al. 2001)。

相同領域：相同領域はES細胞でのジーンターゲティングに必須の構成要素である。これらはターゲティングベクターのポジティブ選択マーカー遺伝子の両隣に配置し，2つの相同領域は目的とする遺伝子の対応部分と全く同じ塩基配列とする。目的遺伝子の方向性と関連して，2つの相同領域を5'相同領域（ *5'* ）と3'相同領域（ *3'* ）として区別する。相同組換えにより遺伝子挿入が起きれば，ベクターのポジティブ選択マーカー遺伝子と2つの相同領域に挟まれた配列が置き換わることになる。相同領域の長さは組換え効率に影響を及ぼす(Thomas and Capecchi 1987；Hasty et al. 1991a)。良好なターゲティング効率を得るためには，2つの相同領域の合計が最低でも6000〜8000塩基対は必要である。相同領域の長さは両側が同じでなくても構わないが，片方の相同領域を1000塩基対以下にすることは推奨できない。

　相同領域として用いるゲノムDNAは，ES細胞と同じ近交系マウスからクローニングすべきである。同質遺伝系統のDNAを用いることによりターゲティング頻度が上昇することが報告されている(te Riele et al. 1992)。

選択マーカー

注意：適正な取り扱いのために＜！＞のマークのついている材料については，付録2を参照のこと。

ES細胞への遺伝子安定導入の効率は，ウイルス介在性の場合を除いて，比較的低い（約0.1％）ため，選択マーカーはES細胞を用いたゲノム操作技術には必要不可欠な要素になっている．そのため，染色体への組み込みが起きた（ポジティブ選抜），または相同遺伝子組換えの結果選択マーカーが失われた（ネガティブ選抜）細胞を選抜・同定する必要がある．ES細胞を用いたゲノム改変に通常使用される選択マーカーを下記に示す．

ポジティブ選択マーカー

　ポジティブ選択マーカーは，DNAが一過性に導入された，あるいは染色体に組み込まれた細胞を同定するために，下記に述べるようにほとんどのコンストラクトに導入されている．ES細胞を用いた操作で頻繁に使用されるマーカーは4つある．

neo；ネオマイシンリン酸基転移酵素（neomycin phosphotransferase）またはアミノ配糖体3'リン酸基転移酵素（aminoglycoside 3'-phosphotransferase）遺伝子（ neo ）：最も広く用いられている*E. coli*由来の選択マーカー．選択薬剤はG418＜！＞であり，蛋白合成を阻害するアミノ配糖体系の抗生物質である．
　*neo*遺伝子はリン酸基を転移することによりG418を不活化させるアミノ配糖体3'リン酸基転移酵素をコードしている．ES細胞の技術に用いる*neo*耐性遺伝子には，2つの型がある．すなわち野生型遺伝子と活性がそれより数倍弱くなっている点変異型である．実験目的に応じて使い分けるとよい．例えば，きわめて発現量の低い遺伝子トラップに用いる*neo*遺伝子の場合は，野生型*neo*遺伝子を用いるべきである．一方，高濃度のG418選抜によりホモ欠損ES細胞を得たい場合は，変異型*neo*遺伝子を用いるとよい．
　G418溶液は－20℃で保存すれば3カ月は安定である．ES細胞での利用濃度は活性値で100〜400μg/mlである．耐性遺伝子の発現が十分あれば，ES細胞は2〜5mg/mlの濃度まで耐性となる．

puro；ピューロマイシン耐性遺伝子（puromycin resistance gene）（ puro ）：ピューロマイシン＜！＞は*Streptomyces alboniger*より産生されるプリン配糖体系の抗生物質である．リボソームでのペプチド転移を特異的に阻害することにより，ES細胞を含む様々な動物および昆虫細胞の増殖を停止させる．*pac*遺伝子（*S. alboniger*由来ピューロマイシン-N-アセチル基転移酵素（puromycin-*N*-acetyltransferase））を発現させることにより，遺伝子導入細胞はピューロマイシン耐性となる．ES細胞における選抜での推奨濃度は1μg/mlである．保存溶液は水溶液（5〜50mg/ml）として－20℃で保管する．

hygro；ハイグロマイシン耐性遺伝子（hygromycin resistance gene），hph[r]（ hygro ）：ハイグロマイシンB＜！＞は*Streptomyces hygroscopicus*により産生されるアミノ配糖体系の抗生物質であり，*E. coli*由来のハイグロマイシン耐性遺伝子を導入した原核および真核生物の細胞の選抜・維持に用いられている．ハイグロマイシンBは蛋白合成を阻害することにより細胞を死滅させる．耐性遺伝子はハイグロマイシンBをリン酸化することにより不活化させるリン酸化酵素をコードしている．
　ES細胞でこの選択マーカーを用いた場合，ハイグロマイシンBの終濃度は150μg/mlを推奨する．感受性細胞は4〜5日で死滅する．しかし，これらの死んだ細胞は耐性細胞に付着して残っているようにみえるので，選抜の初期段階ではES細胞のコロニーを見つけるのは大変難しい．コロニーの単離は選抜開始から1週間後が望ましい．

hprt；ヒポキサンチン・ホスホリボシルトランスフェラーゼ(<u>h</u>ypoxanthine <u>p</u>hospho<u>r</u>ibosyl<u>t</u>ransferase)(　)：*hprt*遺伝子は遊離プリン塩基を対応するヌクレオシドに変換する酵素をコードし，この変換されたヌクレオシドは核酸合成に用いられるようになる。この遺伝子はX染色体上にあるため，雄性ES細胞のラインから*hprt*遺伝子欠損ES細胞を得るのは比較的容易である。

　*hprt*欠損細胞は，ヒポキサンチン，アミノプテリン，チミジン(HAT)培地選抜で生き残ることはできない(Szybalski 1992)。機能的な*hprt*遺伝子を細胞に再導入することができれば，その導入細胞のみ生存することになる。*hprt*遺伝子をイントロン部分で2つに分けた二分割ミニジーンも作られている(Ramirez-Solis et al. 1995)。この遺伝子は5'側半分と3'側半分の2つに分けることができ，それぞれ半分のみでは機能しない。しかし，5'部分(　)が3'(　)部分のすぐ前方に存在すると機能を回復する。この遺伝子の二分割特性は，多くのゲノム操作に有用である。

コメント

最も一般的に利用されているポジティブ選択マーカーは，ネオマイシン耐性遺伝子である。通常，細胞がすでに耐性になっているために*neo*遺伝子が利用できない時に，ハイグロマイシンまたはピューロマイシン耐性遺伝子を使用する。それぞれの抗生物質ごとに選抜のタイムコースは異なる。ピューロマイシン選抜が最も速く，感受性細胞は3日間のうちに死滅する。ネオマイシンは完全に選抜するのに約1週間を要し，ハイグロマイシン選抜は最も遅く，7～10日かかる。

ネガティブ選択マーカー

　ネガティブ選択マーカーはその遺伝子が欠失することが望ましい場合に利用する。すなわち，遺伝子欠損細胞を作製したり，相同遺伝子組換えによる遺伝子組換え体を濃縮させたりする場合である。ES細胞に頻繁に利用されているものとして3つのマーカーがある。

<u>HSV-*tk*</u>，単純ヘルペスウイルス1型チミジンキナーゼ(<u>h</u>erpes <u>s</u>implex <u>v</u>irus-1 <u>t</u>hymidine <u>k</u>inase)遺伝子(　)：内在性チミジンキナーゼと異なり，HSV-TKはピリミジンと同様にプリンやそのアナログを基質として用いてしまうなど，特異性が低い。ガンシクロビル(ganciclovir；GCV)<！>は2'-デオキシグアノシンの非環型アナログである。GCVはHSV-TKによりリン酸化されてGCV一リン酸(monophosphate)(GCV-MP)となる。GCV-MPは宿主のキナーゼによりさらに二リン酸および三リン酸(GCV-TP)に変換される。GCV-TPはDNA鎖の伸長に必須の残基を欠いている。

　ポリメラーゼによりGCV-TPがDNAに取り込まれるとDNA合成が途中で停止し，続いて細胞死が引き起こされる。FIAU(5-iodo-2'-fluoro-2'-deoxy-1-β-D-arabino-furanosyl-uracil)は，ガンシクロビルの代わりに使うことができるアナログである。

　HSV-*tk*を使用する時には注意が必要である。生殖細胞でのHSV-*tk*の発現は不妊を引き起こす(Wilkie et al. 1991)。そのため，しばしばES細胞でHSV-*tk*遺伝子を発現させると生殖系列への分化ができなくなる。しかし，短縮型HSV-*tk*遺伝子によりこの問題を回避できる(Salomon et al. 1995)。ガンシクロビル，FIAU選抜のどちらも，近傍の細胞を殺してしまう効果がある。すなわち，死んでいく非耐性細胞から毒性産物が近傍の耐性細胞に移行し，同じように細胞死を引き起こす。このネガティブ選抜を適切に行うためには，細胞を低密度で培養し，またより近傍の細胞を殺してしまう効果が少ないFIAUを用いるとよい。

dt, ジフテリアトキシン(<u>d</u>iphtheria <u>t</u>oxin)（ ⬬*dt* ）；*Corynebacterium diphtheriae*由来のジフテリアトキシン<！>は，1分子で細胞死を引き起こすほど非常に毒性が高い(Honjo et al. 1969)。ジフテリアトキシンは，伸長因子2（elongation factor-2）(EF-2)を不活化し蛋白合成における鎖伸長反応を阻害する。ジフテリアトキシンはジーンターゲティングにおけるネガティブ選抜法，および特定細胞系列を除去する場合の条件付き導入遺伝子として頻繁に用いられている。

hprt；ヒポキサンチン・ホスホリボシルトランスフェラーゼ(<u>h</u>ypoxanthine <u>p</u>hospho<u>r</u>ibosyl<u>t</u>ransferase)（ ⬬*hp* ）：*hprt*欠損細胞におけるポジティブ選択マーカーとして使用されるこの酵素は，ネガティブ選択マーカーとしても使うことができる。*hprt*欠損細胞はHATを含む培地に感受性であるが，一方で6-チオグアニン(6-thioguanine)(6TG)を含む培地には耐性となる。*hprt*遺伝子をもつようになると耐性／感受性の関係が変わり，HAT培地で生育し6TG培地で死滅する。そのため，6TGをネガティブ選抜試薬として用いることができる。

レポーター

LacZ；大腸菌由来β-ガラクトシダーゼ遺伝子(β-galactosidase gene from *E. coli*)（ ⬬*lacZ* ）：トランスジェニックマウスに用いるレポーター遺伝子として，大変便利な遺伝子である。遺伝子発現を可視化したり細胞を標識したりする方法として，ゲノムや遺伝子の改変に頻繁に用いられている。詳細については第16章を参照のこと。

GFP；緑色蛍光蛋白遺伝子(<u>G</u>reen <u>F</u>luorescent <u>P</u>rotein gene)（ ⬬*GFP* ）：この遺伝子はクラゲ*Aequorea victoria*から単離された。クラゲにおけるGFPの本来の役割は，発光蛋白・エクオリンの青色化学発光がエネルギー供与により緑色蛍光に変換されることである。短時間に限られるが，細胞の挙動，遺伝子発現，生細胞内での代謝動態などの観察が可能になることから，生命科学研究の多くの分野で*GFP*遺伝子は非常に強力なツールとなっている。多くの蛋白とN末およびC末端で融合させてもGFPは発光することから，蛋白の移動や蛋白-蛋白間の相互作用の研究に用いられる。マウスでのES細胞を用いた遺伝子およびゲノム操作においても，その重要性は増している。放射光の波長と強度を変えたいくつかの変異体がすでに単離されている。シアン，緑色，黄色変異体の発現が，ES細胞での遺伝子／ゲノム改変技術に適用できることが示されている(Hadjantonakis et al. 2002)。

hPLAP；ヒト胎盤性アルカリホスファターゼ遺伝子(<u>H</u>uman <u>P</u>lacental <u>A</u>lkaline <u>P</u>hosphatase gene)（ ⬬*hPLAP* ）：ヒト胎盤性アルカリホスファターゼは，通常細胞に発現しているほかのAP蛋白と異なり熱安定性が高い。単純に熱を加えるだけで(第16章を参照のこと)内在性のアルカリホスファターゼは失活するが，*hPLAP*は活性が失われない。このレポーターは便利さと検出法において*lacZ*と類似している。少なくとも感度においては*lacZ*と同程度であり，神経系における軸索の標識にはより優れている。

部位特異的組換え酵素

部位特異的組換え酵素は2つのコンセンサス配列の間での遺伝子組換えを触媒する。導入遺伝子内，または標的遺伝子座内にこれらのコンセンサス配列が適切に配置され，かつ同一細胞内で組換え酵素が発現した場合，部位特異的組換えにより標的遺伝子座が修飾される，

もしくは導入遺伝子が改変されることになる。こうして，遺伝子導入後に目的の遺伝子に新しい機能を付与したり，機能を欠失させたりすることが可能である。

Cre組換え酵素

バクテリオファージP1由来のCreリコンビナーゼがマウスのトランスジェニックとジーンターゲティングの組み合わせで最も広範に使われている (Nagy 2000)。この原核生物の酵素はLaksoら (1992) により，初めてマウスで機能することが示された。Cre蛋白質は，2つの34塩基長からなるloxP認識配列の間での組換えを触媒する。loxP配列は，8塩基のコア配列の両側に13塩基のパリンドローム様繰り返し配列をもつ，特徴的な構造をしている。非対称性のコア配列がloxP部位の方向性を決定している。Creを介してDNA鎖の開裂および2つのlox部位間での組換えは8塩基のコア配列内で生じる。

loxP配列（ ✂ ）：

5'-ATAACTTCGTATA　gcatacat　TATACGAAGTTAT-3'
3'-TATTGAAGCATAT　cgtatgta　ATATGCTTCAATA-5'

　　　→　　　　　　　　　　　←
　パリンドローム様繰り返し　　コア　　パリンドローム様繰り返し

組換え効率は一般的にlox配列の変異に強く影響されるが，いくつかの実用可能な変異体が同定されている (Albert et al. 1995；Lee and Saito 1998)。同じlox配列の組み合わせを使用した場合に生体内でもっとも効率よく組換えが起こり，異なるlox配列の組み合わせを用いた場合は効率がきわめて低くなる。

一般に使われている変異lox配列：

lox66	...TATACGAA*CGGTA*	(3'パリンドローム配列変異体)
lox71	*TACCG*TTCGTATA	(5'パリンドローム配列変異体)
lox FAS	*tacctttc*	(コア部分変異体)
lox511	g*t*atacat	(コア部分変異，1塩基)
lox2272	g*g*atact*t*	(コア部分変異，2塩基)
lox2372	g*g*atac*c*t	(コア部分変異，2塩基)

（変異塩基を下線および斜体で表示）

コメント

loxP配列は，3'側DNA鎖から読むと2つの異なるフレームのATG配列を含んでおり，もしloxP配列を遺伝子の前方に逆向きに位置させた場合，コード領域の本来の翻訳開始を干渉する可能性があるので，注意すること。

Flp組換え酵素

2番目によく使われている組換え酵素は酵母 (*Saccharomyces cerevisiae*) 由来のFlpリコンビナーゼである。反応機序はCre/loxPによく似ているが，今のところ効率はCreよりも明らかに低い。しかし近年，Creとほぼ同等の効率をもつように組換え効率を改善させた改良型Flp (Flpe) が開発されている (Buchholz et al. 1998；Rodriguez et al. 2000)。34塩基からなるFlpの

コンセンサス認識配列は*FRT*と呼ばれている。*FRT*は*loxP*と同様の構造をしているが，配列は異なっている。

FRT配列（ F◁ ）：

5'-GAAGTTCCTATAC　tttctaga　GAATAGGAACTTC-3'
3'-CTTCAAGGATATG　aaagatca　CTTATCCTTGAAG-5'

　―――――→　　　　　　　　　←―――――
　パリンドローム様繰り返し　　コア　　パリンドローム様繰り返し

　Creと同様にFlpリコンビナーゼも*FRT*部位の配列の違いに非常に敏感である。しかし，いくつかの変異体が同定されており(Schlake and Bode 1994)，同じ組み合わせの部位では効率よく組換えが起こるが，変異体の異なる組み合わせの間や変異体と野生型*FRT*部位間では非常に起こりにくくなっている(Seibler et al. 1998)。

変異型*FRT*部位：
F3- tt*caa*a*ta*　（コア部分変異）
F5- tt*caaaag*　（コア部分変異）
(変異塩基を下線および斜体で表示)

φC31インテグラーゼ3

　*Streptomyces*ファージφC31由来のφC31インテグラーゼは，最近ヒト細胞でも機能することが示された(Groth et al. 2000)。この酵素は，attPP'部位とattBB'部位の間のttg三塩基対(下図参照)で部位特異的組換えを行う。ttg組換え部位の両側はどちらも独自の配列であるため，組換えが起こると元の認識配列は失われる。すなわち，結果としてできる混成部位はもはやインテグラーゼの基質にはならず，組換えは一度しか起こすことはできない。φC31インテグラーゼを実用可能なレベルで発現させても，ES細胞の生殖系列への分化には影響がないようである(Belteki et al.，投稿準備中)。このシステムはまだES細胞技術の中では初期段階であるが，不可逆反応という独自の有利な特性をもつことから，特殊な条件で使用する第三の組換えシステムとして有望である。

52塩基の短鎖*attBB'*部位（ B◁ ）：

5'-TGCGGGTGCCAGGGCGTGCCC ttg GGCTCCCCGGGCGCGTACTCCACCTCAC-3'
3'-ACGCCCACGGTCCCGCACGGG aac CCGAGGGGCCCGCGCATGAGGTGGAGTG-5'

51塩基の短鎖*attPP'*部位（ P◁ ）：

5'-GTGCCCCAACTGGGGTAACCT ttg AGTTCTCTCAGTTGGGGCGTAGGGTC-3'
3'-CACGGGGTTGACCCCATTGGA aac TCAAGAGAGTCAACCCCCGCATCCCAG-5'

誘導システム

　原核生物および真核生物の転写調節制御の理解が進むにつれ，いくつかの人工的な遺伝子発現誘導システムがマウスやほかの真核生物モデル系において開発されている。これらのシステムではすべて同じコンセプトの誘導法が考えられている。すなわち，システムの構成要素は遺伝子導入によりあらかじめ動物に組み込んでおき，胚または動物に簡単に投与したり

取り込ませたりすることができる低分子を投与することによって，人工転写因子と標的遺伝子(テトラサイクリン・システム)または"DNA修飾"蛋白質と標的遺伝子(例えばCreリコンビナーゼ)という組み合わせを機能させるというコンセプトになっている。

タモキシフェン，またはRU-486誘導型リコンビナーゼ発現

リガンドが存在すると，エストロゲンまたはプロゲステロン受容体のリガンド結合部分は，受容体を核に移行させる。この領域とその一部の変異体は，キメラ蛋白としても同様にこの特性を保持している。この現象を基礎として，内在性のエストロゲンまたはプロゲステロンとは結合できないが，タモキシフェン(エストロゲン拮抗物質)またはRU486(合成ステロイド)それぞれとは結合する変異型受容体を作製し，そのリガンド結合部分をCreリコンビナーゼと融合させた。このキメラCre分子の核移行は，これらのリガンドに依存する(Brocard et al. 1998 ; Kellendonk et al. 1999)。これらのシステムはどちらもある程度の誘導性を備えていたが(Danielian et al. 1998 ; Guo et al. 2002)，非誘導時は全くCre活性がなく，誘導時には100％Creが機能するという，理想的なシステムとはなっていない。

テトラサイクリン誘導型遺伝子発現

テトラサイクリン誘導型遺伝子発現システムは，タモキシフェンまたはRU486誘導型Creリコンビナーゼシステムよりも融通のきくシステムである。それは，後者はCreリコンビナーゼの処置をすると標的遺伝子の改変が起こるため，不可逆的であるからである。テトラサイクリン誘導型遺伝子発現システムは，組換え酵素システムとは無関係で，細胞におけるテトラサイクリンの状態に依存して発現のオン・オフを行う。これには，細菌由来tetリプレッサー・蛋白のDNA結合部位と，ヘルペスウイルス由来VP16の強力な転写活性化部位を融合させたものを用いている。この異種融合蛋白質は，テトラサイクリンが存在するとテトラサイクリン・オペレーター・エレメントに結合して転写を活性化することができる(Gossen et al. 1995)。

組換え検出用レポーター

どの組換えシステムを使う場合でも，複雑な実験を計画・開始する前に遺伝子組換えの効率と特異性の検討を行うことを強く勧める。いくつかのリコンビナーゼ活性レポーター用のトランスジェニックマウス(すなわち，リコンビナーゼ介在性遺伝子組換えが起こるとレポーター遺伝子が発現するトランスジェニック系統)がすでに樹立されている。これらはすべて同じ原理に基づいており，構成的に発現させるプロモーターと，それに続くリコンビナーゼ認識配列に挟まれた転写終結領域，そしてその下流にレポーター遺伝子のコード領域からなる導入遺伝子を1コピーもつトランスジェニックマウスである。リコンビナーゼ作用により転写終結領域が失われた後にのみ，プロモーターの制御下にレポーター遺伝子が発現を開始する。CreとFlpの両方について，そのような条件付きlacZレポーター遺伝子がROSA26ジーントラップクローンの組み込み部位にすでに導入されている(Mao et al. 1999 ; Soriano 1999 ; Awatramani et al. 2001)。もう一方のシステム(Z/APとZ/EG)は2つのレポーターを用いている。すなわち，細胞はCreを作用させる前にlacZを発現し，Creによる除去の後にはZ/APは耐熱性ヒト胎盤性アルカリホスファターゼ(Lobe et al. 1999)を，Z/EGは改良型緑色蛍光蛋白質(Novak et al. 2000)を発現する。ES細胞を用いた遺伝子導入により(プロトコール9.1を参照)，ランダムかつ1コピーの組み込みを実現している。

ES細胞を用いた遺伝子導入

　前核へのマイクロインジェクションによる遺伝子導入とES細胞を用いたゲノム改変の技術の開発をこの20年間にわたり行ってきた人たちは，DNAのマイクロインジェクションは染色体へのランダムな挿入型遺伝子導入法として用い，ES細胞はそれ以外の場合の遺伝子改変法として用いると考えていた。ES細胞の取り扱い技術が容易になり広く受け入れられるようになるまでは，長い間これはほぼ正しかった。ES細胞を用いたランダムな挿入型遺伝子導入法は，トランスジェニックマウス作製の代替法というだけでなく，低コピー数（1コピー）の遺伝子導入が必要な時に有利である。加えて，どの導入細胞をキメラ作製に用いるかを決定するために，導入した遺伝子の発現チェックを行うこともできる（プロトコール9.1とそのコメントを参照のこと）。

例　A

　細胞に遺伝子を導入する通常の方法として，導入遺伝子の中にポジティブ選択マーカーが組み込まれている。この場合，例えば*loxP*部位で挟むことにより，遺伝子を組み込んだ後に選択マーカーを除去する。

例　B

　ES細胞で導入遺伝子を発現させるならば，選択マーカーと目的遺伝子の2つのコード領域をIRES配列でつなぐことができる。*neo*耐性の強度は目的遺伝子の発現強度を反映することになる。

例　C

　多くの場合，選択マーカー遺伝子と非選択マーカー遺伝子を同時にエレクトロポレーションすることも可能である。この例では，目的遺伝子の発現は両方の間にIRES配列を使うことによりGFPの発現と同じになっている。ピューロマイシン発現用導入遺伝子により，取り込んだ細胞の速く効率的な選抜ができる。エレクトロポレーションに用いる2つの導入遺伝子のDNA濃度について目的遺伝子を多くして偏らせると（20：2μg），ピューロマイシンで生き残ってきたコロニーの大部分が目的遺伝子のトランスジェニックとなる。ピューロマイシン選抜を3～4日で中止すれば，選択マーカーについては一過性の発現で，染色体には組み込まれていないトランスジェニック細胞を簡単に同定できる。

例　D

Creリコンビナーゼは，"条件付き"トランスジェニックとして目的遺伝子の発現を活性化させる時に使うことができる。この導入遺伝子では，外来性のプロモーターによって同じ向きの loxP 部位で挟まれた β geo + pA 遺伝子が発現するように作られている（Friedrich and Soriano 1991）。この挟まれた部分のうしろに独自のポリA配列をもった目的遺伝子のコード領域がつないである。この導入遺伝子は β geo を発現するので，トランスジェニック・クローンの同定に選択マーカーが使えるのに加えて，発現の特異性と強度の情報が簡単に得られる。そして Cre リコンビナーゼを用いた遺伝子除去により loxP に挟まれた部分を取り除くことにより，目的遺伝子のみを発現させることができる。Cre リコンビナーゼは別の特異性をもった導入遺伝子で発現させてもよい。いかに Cre リコンビナーゼを発現させるかによって，目的遺伝子の発現をコントロールすることができる。

このようなES細胞への遺伝子導入には，いくつかの注意が必要である。このコンストラクトを導入したES細胞から仮に生殖系列を通して動物個体を樹立することができれば，それは多くの用途に用いることができる。Cre リコンビナーゼのトランスジェニックマウスと交配することにより，目的遺伝子の発現を活性化させることができるので，一つの条件付きトランスジェニック系統を創り出すだけで，様々な発現特異性をもった条件での研究が可能である。しかしながら，条件付きトランスジェニック系統の樹立には注意を要する。第一に，導入遺伝子は1コピーの組み込みで，全身，あるいは少なくとも広範な組織での発現を示さなければならない。β アクチンのような構成的に発現すると思われるプロモーターでさえも，ランダムに組み込まれた場合には広範な組織での発現が見られることはまれである。導入遺伝子の発現が総合的に望ましいものを見つけるために，組み込み部位の異なる多数のクローンについてスクリーニングを行う必要がある。

この例にあげたように導入遺伝子を設計すると，ES細胞に導入する場合にスクリーニングが大変容易である。トランスジェニック細胞は neo 耐性を指標にクローン化することができ，導入遺伝子の発現は簡単な組織化学染色法により lacZ の発現強度で決定することができる。さらに，ES細胞での遺伝子導入は1コピーの組み込みであるという特徴もある。100〜200コロニーの中からスクリーニングすれば，1コピーで，全身で強く遺伝子発現をするES細胞を十分同定することができる。プロトコール9.1にさらに詳細に述べる。

例　E

この導入遺伝子の設計は例Dをより精巧にしたものであり，さらに工夫してある。この条件付き導入遺伝子には，目的遺伝子のコード領域にIRESでレポーター遺伝子を付け加えてあり，loxP で挟まれた β geo が除去されて導入遺伝子が活性化されると，発現を簡単に視覚的にとらえることができる。GFPの代わりに，実際の実験の必要性に応じて，ほかのレポーター遺伝子（lacZ を除く）または選択マーカー遺伝子（neo 以外）をつないでもよい。

ジーンターゲティング

　ES細胞のゲノムと(ターゲティング)ベクターに組み込まれた相同配列との間での相同組換え反応という非常に頻度の低い現象を選抜できるように，特別にデザインされたDNAベクターを用いて，マウスES細胞はこれまでにジーンターゲティングに数多く用いられてきた。適切にデザインされたターゲティングベクターを用いることにより，目的の遺伝子について完全欠損したマウス(遺伝子ノックアウト)を創り出すことが可能である(Capecchi 1989)。マウスですでにいくつの遺伝子がノックアウトされたか見積るのは難しいが，このマニュアルが出版された時点でおそらく5,000は超えていると考えられる。

　正常な個体の発達と病気の発症過程における遺伝子の機能を理解するために重要な情報がこの方法により得られている。多くの遺伝子はそれぞれの発生段階ごとに様々な機能をもっているため，完全欠損を創り出すだけでは限界があることもわかってきた。"古典的な"ジーンターゲティング法と新しいツールを組み合わせることにより，きわめて精巧なレベルにまで到達している。結果として，点変異から小さな欠失，特異的染色体異常という大きな変異に至るまで，ヒトの病気と関連したほぼすべての遺伝的変異を再現することができる。

例　A

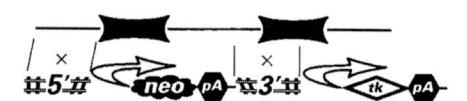

　遺伝子をノックアウトするためのターゲティングベクターを構築する基本的な概念として，蛋白をコードするエクソンのような，目的遺伝子の機能に必須な部分の両脇に目的遺伝子と同じ配列をもった2つの相同部分を使うことがある。ターゲティングベクターでは，neo遺伝子のようなポジティブ選択マーカーを相同領域の間に配置する。ベクター上の相同領域と対応するゲノム領域の間で相同組換えが起こると，ポジティブ選択マーカーがその遺伝子の機能的に必要不可欠な部位と置き換わり，"完全欠損"遺伝子座が創り出される。いつもではないが頻繁に，HSV-tkまたはdt遺伝子のような，ネガティブ選択マーカーを相同領域の一方または両方の外側に配置する。もし相同領域部分で相同組換えが起これば，ネガティブ選択マーカーはゲノムに組み込まれないことになる。つまり，その細胞はネガティブ選抜で生き残ることになる。多くの場合に起こるゲノムへのランダムな組み込みの場合，ネガティブ選択マーカーも組み込まれて細胞は死ぬことになる。このポジティブ・ネガティブ選抜法は，相同組換え体を濃縮するためにCapecchi研究室で最初に開発された(Mansour et al. 1988)。

例　B

　例Aに示した"古典的"ターゲティングベクターでは，neo遺伝子がプロモーターとともにターゲット遺伝子座に残ることになる。選択マーカー発現カセットが存在すると，その近傍の遺伝子の発現に影響を与えることがあるという懸念がある(Kim et al. 1992；Fiering et al. 1993；Braun et al. 1994；Olson et al. 1996)。このカセットの存在による干渉作用は表現型の誤った解釈につながってしまう。選択マーカーを除くために，古典的ターゲティングベクタ

ーを少しだけ改良する．すなわち，loxPまたはFRT部位を選択マーカーの周りに配置する．ターゲット遺伝子座から選択マーカーを除くことにより，その細胞はG418感受性になるので，同じターゲティングベクターを使って2回目のジーンターゲティングを行うことにより，ホモ欠損型のノックアウトES細胞を創り出すことができる(Rossant and Nagy 1995；Abuin and Bradley 1996；Nagy 1996)．neo選択マーカーは，Creリコンビナーゼ遺伝子を発現するようなトランスジェニックマウスとターゲット遺伝子をもったマウスを単純に交配するだけで，胚発生の初期(例えば着床前など)に in vivo で除去することができる．もしCreリコンビナーゼをダブル・トランスジェニック子マウスで適切に発現させることができれば，neo選択マーカーをターゲット遺伝子座から除くことができる．この改変の後，この遺伝子座は元々の遺伝子座とは構造が異なることになり，この違いにより，例えばキメラ解析などのさらなる研究に利用できるようになる．

例　C

目的遺伝子の発現をレポーターの発現として置き換えることも好んで用いられている方法である．この場合，レポーターとして lacZ (Le Mouellic et al. 1990)またはGFP(Godwin et al. 1998)がターゲット遺伝子座をもった細胞の場所と挙動を解析する便利な方法として利用されている．

例　D

目的遺伝子がES細胞でも発現している場合，選択マーカーを内在性のプロモーターでドライブされるような位置に配置することによって，内在性プロモーター利用型のターゲティングベクターにすることができる(Schwartzberg et al. 1990)．選択マーカーを入れる位置は，通常最初のコード領域を含むエクソンとし，内在性のATGと同じ読み枠にするか，もしくは内在性ATGとマーカーの転写開始部位の3'側のATGと置き換える．ランダムな挿入では多くの場合ポジティブ選択マーカーは発現されず細胞は生き残ることができないので，これは大変効率のよい方法である．この方法の場合，ネガティブ選択マーカーは必要ない．

例　E

この例では，lacZ と neo の融合蛋白 β geo，つまり例CとDの組み合わせを示す．この方法では内在性のプロモーターにより β geo が発現することになり，ターゲットされた細胞は lacZ 活性をもち，かつG418耐性となる．

例　F

ES細胞で発現する遺伝子のなかには，例DとEで詳しく述べているようなプロモーターなしのターゲティングベクターを作るための選択マーカーを第一コード領域に挿入することができないものがある．IRES配列を用いることにより，遺伝子の途中のエクソンまたは挿入部位に人工的に作り出したエクソンから選択マーカーを発現させることができる(Jeannotte et al. 1991)．

例　G

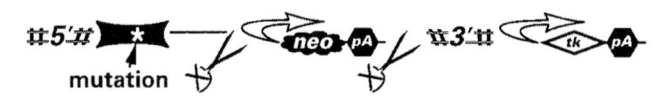

相同組換えは，目的遺伝子とターゲティングベクターの相同部分の間で起こる．このコンストラクトにより目的の領域に特異的かつ微妙な変化を導入することができる．しかし，ポジティブ選択マーカーは適切な場所に配置し(例えばイントロンの中など)，組換えシステムにより除去できるようにしなければならない．このような設計を用いたターゲティングを行うことにより，例えば点変異などを作ることができ，選択マーカーを除去した後は loxP または FRT 部位がイントロンに残されるだけである．この短い認識配列が変異遺伝子座の正常な発現を妨げることはほとんど起きないので，導入した微妙な遺伝子変異の効果について研究をすることができる．しかし，相同組換えによりターゲット遺伝子座へ目的の変異が必ずしも導入できるわけではないということを知っておく必要がある．変異を導入した相同領域での組換えが，変異部位とポジティブ選択マーカーの間で起こってしまうことがあるからである．この場合，マーカーのみがイントロン中に導入されたことになる．しばしばイントロンに挿入された neo カセットがその遺伝子座から読まれるmRNAの発現を激しく低下させることがある(Meyers et al. 1998；Nagy et al. 1998)．この結果，neo 配列は潜在的なスプライシング部位をもつことから目的遺伝子にコードされた蛋白の短小化を引き起こす場合もあるものの，neo 遺伝子のイントロンへの挿入が非常に有益な"ノックダウン"遺伝子座を提供することになり，遺伝子機能のより深い理解に役立つこともある(Meyers et al. 1998；Nagy et al. 1998)．

例　H

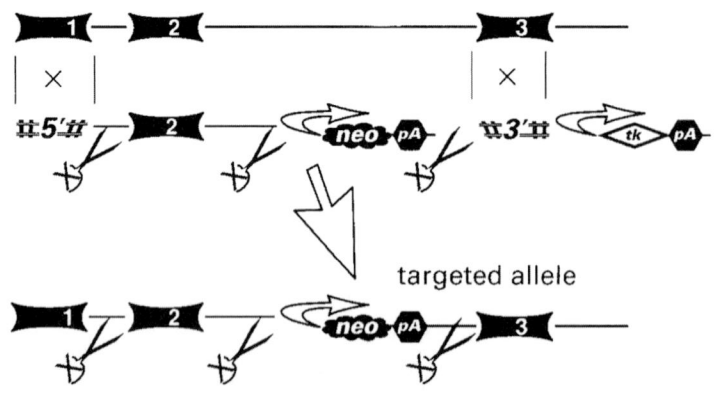

targeted allele

ジーンターゲティングと Cre/loxP リコンビナーゼシステムを組み合わせることにより，複雑な表現系に対する最も強力な遺伝学的解析法，すなわち，条件付き，細胞種特異的，または細胞系譜特異的遺伝子ノックアウトが可能となる．この目的のためのターゲティングベクターのデザインは，コード領域を含むエクソンに全く改変を加えないということ以外は，例

Gに示したものとほとんど同じである。この例のベクター設計として描かれているように，選択マーカーを挟んでいる*loxP*部位だけでなく，必要不可欠なエクソンを挟むようにした*loxP*部位を，さらなる（第3の）*loxP*部位としてイントロンに組み込むように改変してある（Gu et al. 1994）。ターゲット遺伝子座では，コード領域を含むエクソンは破壊されておらず，イントロンに新しい配列の挿入が認められるだけである。しかし選択マーカーの挿入は，この遺伝子座の正常な機能にきわめて有害である場合がある。Cre発現ベクターをこの遺伝子座がヘテロのES細胞に一過性に発現させると，3つの*loxP*部位の間ですべて組換わったものと部分的に組換わったものの両方が得られ，結果として以下の3つの遺伝子座が形成される。

1. 完全除去

2. I型除去

3. II型除去

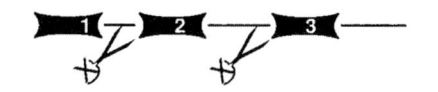

　完全およびII型除去は望ましい結果である。実際のところ，この2つはG418耐性でなくなっている。そのため，選択マーカーを利用せずに一過性にCreを発現した後にランダムに数百のコロニーを単離することにより，比較的簡単に同定することができる。完全除去型は目的遺伝子の完全欠損型遺伝子座を作り出し，II型除去遺伝子座は野生型と同等の機能をもつ遺伝子座となることが期待できる。しかし，生殖系列への伝達後，II型除去遺伝子座の機能は細胞内におけるCreリコンビナーゼの発現に依存的になる。細胞内でCreを発現させると，*loxP*で挟まれた必須エクソンがこの遺伝子座から除かれて機能を失うことになる。簡単な交配により，完全欠損型遺伝子座をもつものや，条件付き遺伝子座と細胞・組織特異的発現型Cre遺伝子とを一緒にもった胚または動物を作製することができる。こうすることにより細胞・組織特異的遺伝子ノックアウトを作ることができ，この特異性はCreリコンビナーゼの発現に限局したものとなる。

例　I

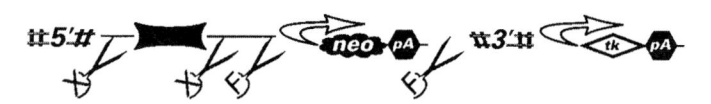

　前出の例（H）で決定的で，そして最も重要な点は，いかにしてII型除去を起こさせ，条件付きターゲット遺伝子座を得るかである。同じ戦略ではあるが，CreとFlpリコンビナーゼを組み合わせることにより，より直接的にかつ間違いなくこの遺伝子座を得ることができる。選択マーカーを*FRT*部位で挟み，必須エクソンの周りには2つの*loxP*部位を用いる。その後，

ターゲット遺伝子座をヘテロにもつES細胞で一過性に*Flpe*遺伝子(Schaft et al. 2001)を発現させると，選択マーカーのみが除かれ，*loxP*に挟まれたエクソンとイントロン内に*FRT*部位が残ることになる。これに代わる方法としては，Flpe発現ベクター(Schaft et al. 2001)をターゲット遺伝子座をもった胚の前核へマイクロインジェクトする方法がある。

例　J

Example J

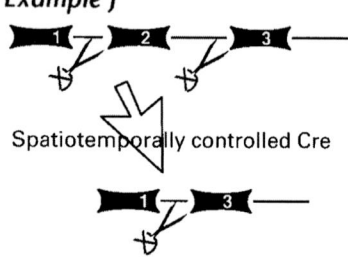

Spatiotemporally controlled Cre

　目的遺伝子の必須エクソンまたは領域を*loxP*部位で挟み込むことにより条件付き遺伝子座を創り出すことができた場合，場所的にだけでなく時間的にもノックアウトをコントロールすることが可能となる。これは誘導型Creトランスジェニックシステムを条件付きノックアウト遺伝子座と組み合わせて用いることにより実現できる。様々な細胞系譜・細胞種特異的なCre発現系として，タモキシフェン(Danielian et al. 1998；Guo et al. 2002)やRU486(Wunderlich et al. 2001)，テトラサイクリン誘導型(Utomo et al. 1999)のCreトランスジェニック系統が樹立されており，Cre作用を誘導できることが示されている。

　ここで述べておかなければならない2つの補足説明をしておく。一つは，理想的な誘導条件，すなわち，非誘導期にはCre活性はゼロであり，誘導期にはすべて(100％)除去できるという誘導システムは，存在しないということである。部分的な除去により，表現系の解析を複雑にするようなターゲット細胞群のモザイク状態が生じる。もう一つは，部位特異的リコンビナーゼによる条件付きノックアウトを行った場合の標的蛋白がなくなるまでに要する時間の問題である。このシステムには時間を遅らせるいくつかの段階が存在している。最初にCreの転写が始まり，続いて翻訳そして蛋白の集積が行われ，それからCre酵素によりターゲット*loxP*部位で組換えが触媒される。この現象により目的蛋白の転写供給は終わるが，すでに作られていたmRNAはこの細胞内でしばらく翻訳用の鋳型として使われることになる。さらに，翻訳が減衰した後に蛋白が分解されることになる。Creとターゲット遺伝子との発現動態，mRNAと蛋白の安定性に依存して，この遅れは数時間から数日まで変化することになり，この条件付きノックアウト法を短時間で起こるような発生過程の解析に適用することへの制限となっている(Nagy 2000)。

　それにもかかわらず，部位特異的な体細胞変異を空間・時間をコントロールして生み出す技術は，多様な遺伝子機能を詳細に分析するのに最も強力な遺伝学的ツールの一つであることは間違いない。条件付き部位特異的組換えシステムは，通常のジーンターゲティングでは迫ることのできないノックアウトの表現型の解析を可能とするのである。

遺伝子，およびプロモータートラップ

　　ES細胞に導入されたDNAは一般的にはランダムにゲノム中に組み込まれる。この組み込みはゲノム上の特定の遺伝子の外側，または内部で起こることがある。後者の場合，特別に設計されたベクターを用いれば，単にその遺伝子を阻害するだけでなく，発現部位と(または)その遺伝子産物の特徴を見ることができる(Gossler et al. 1989)。これら"遺伝子センサー"ベクターは遺伝子トラップベクターと呼ばれている。最終的にはマウスゲノムのすべての遺伝子をトラップすることを目指して，大規模な遺伝子トラップ計画を行っている研究センターが世界中にいくつかある(Stanford et al. 2001)。遺伝子トラップベクターの挿入による変異率は非常に高く，この方法はトラップされた遺伝子の存在と重要な特徴(例えば，配列や発現パターンなど)を示してくれるだけでなく，遺伝学的解析に用いるための突然変異体を得ることができる。

例　A

　　ES細胞に導入される多くのベクターはポジティブ選択マーカーをもっており，導入遺伝子が組み込まれているクローンを簡単に分離することができるようになっている。古典的な遺伝子トラップベクターの場合，導入遺伝子としては独立して発現するように，選択マーカーが"トラッパー"部位と分離されている。遺伝子のトラップは，異種遺伝子間でのスプライスアクセプター(SA)機能を利用して行われる。すなわち，SA-レポーター複合体(例えばSA-*lacZ*)が遺伝子のイントロンに組み込まれると，その領域の本来の転写調節機構に従って作られたmRNAに，スプライシングによりレポーターが組み込まれる。もしこの混成mRNAからの翻訳がレポーターと同じフレームで行われると，カルボキシル末端がβガラクトシダーゼとなった融合蛋白が作り出される。この酵素は末端が伸びてもほとんど活性は失われない。そのため，多くの場合機能的であり，簡単な組織化学染色により活性を検出することができる(第16章を参照のこと)。このため，トラップされた遺伝子の臓器特異的発現調節機構を理解するのに都合がよくなっている。加えて，混成mRNAは既知の*lacZ*配列を手がかりにして見つけることができるため，*lacZ*配列に引き続く遺伝子配列を解析することにより，トラップされた遺伝子を同定することができる。ジーントラップの10年を超える歴史の間に用いられるベクターは多様化の一途をたどり，本質的には変わらないが，様々な方法が考案されている。

例　B

　　ES細胞で発現している遺伝子をトラップするのが目的の場合は，ベクターはβ *geo*，すなわち*lacZ*と*neo*の融合遺伝子を使うことにより，さらにシンプルになっている(Friedrich and Soriano 1991)。

例　C

例Bで紹介したベクター設計のより洗練された改良型は，膜貫通領域(transmembrane domain；TM)がスプライスアクセプターの後ろでβgeoの前方に配置されている(Skarnes et al. 1995)。トラップされた遺伝子が膜貫通型蛋白の分泌シグナルをコードしていないと，その遺伝子のアミノ末端とβgeoの融合蛋白はシグナルペプチドをもたないことになり，これはTM含有蛋白の小胞体内腔への放出を阻害する。この結果，β-gal活性がなくなってしまう。シグナルペプチドがトラップされた遺伝子によって付加されれば，融合蛋白は細胞質内へ移行し，β-gal活性が検出できるようになる。このようなトラップベクターは分泌因子や受容体のような膜貫通蛋白をコードしている遺伝子を優先的に検出することができる。

例　D

レポーター遺伝子産物は細胞内で異なる局在を示す場合があり，細胞内の区画を可視化することに使うことができる。例えば，ヒト胎盤型アルカリホスファターゼは神経では軸索に優先的に分布するが，β-galは神経細胞体に留まる。上記のダブル-レポーター遺伝子トラップベクターは，マウス脳の神経回路決定に関与する遺伝子の大規模な同定作業に応用されている(Leighton et al. 2001)。

例　E

トラップベクターからスプライスアクセプターを省いてしまうと，この"遺伝子センサー"としての能力はエクソンへの挿入に限定されることになる。この方法はプロモータートラップと呼ばれ，明らかにジーントラップよりも効率は低い。しかしながら，プロモータートラップはきわめて遺伝子変異活性が高いことが，ジーントラップよりも優位な点といえる。

相同組換え：置換法

これまでの例では，常に"多少の"の制約があった。すなわち，ポジティブ選択マーカーが修飾した領域に残ってしまうか，またはターゲット遺伝子座への導入や遺伝子の組み込みを確認してから部位特異的組換え酵素で取り除かねばならなかった。しかも後者でさえ，少なくとも組換え酵素の認識配列が残ってしまう。ここでは，相同組換えによる遺伝子挿入を利用した2つの純粋な遺伝子置換法について述べる。この方法の利点はより完全な遺伝子置換であることであり，欠点は一般的に効率が低い点である。

例　A

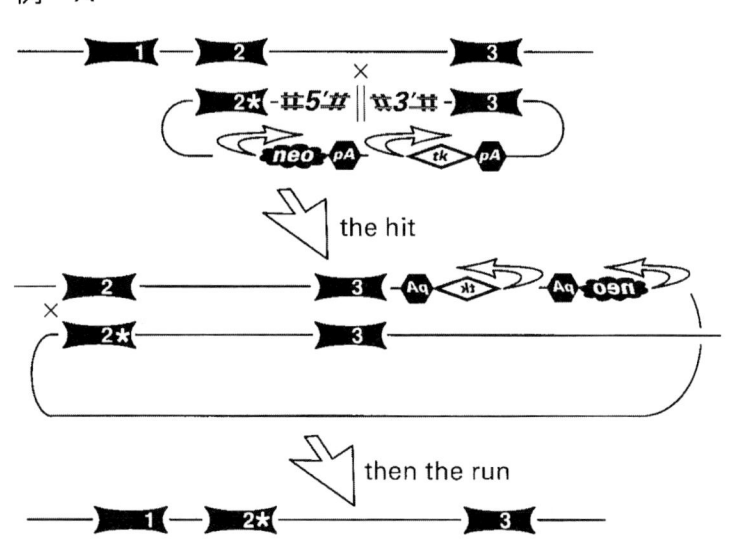

the hit

then the run

　"ヒット・エンド・ラン"戦略は，本来は目的遺伝子に点変異を導入する純粋な方法，すなわち余分な配列を全く残さない方法として考案された（Hasty et al. 1991b）。これは選択マーカーが相同領域の間に配置されたものではなく，その外側にマーカーを連結した挿入型ターゲティングベクターの特別な性質に基づいている。まず相同組換え（ヒット）によりベクター全体が1カ所に挿入されると，相同領域部分のゲノム配列に重複が起こる。相同領域によって，選択マーカーの両脇に同じ向きの重複が形成されるのである。そのため，挿入後にゲノムがループ構造を作り，重複部分がペアとなって相同組換えが起こる（ラン）。ポジティブ選択マーカー（neo）が"ヒット"の同定に役立ち，ネガティブ選択マーカー（HSV-tk）が"ラン"を見つけるのに使われる。点変異をベクターの1つの相同領域内に作っておけば，"ラン"現象によりその変異を残すことができる。しかし，これは重複部位での相同組換えに依存している。"ラン"現象が変異部位より5'側で起きなければならない。

例　B

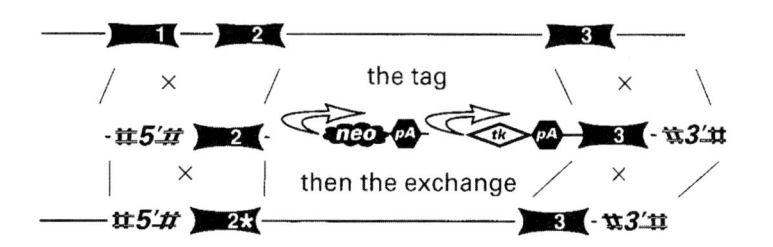

the tag

then the exchange

　"標識と入れ替え"戦略の概念は"ヒット・エンド・ラン"法の概念に似ている。しかし，2回のターゲティングのステップを経る（Askew et al. 1993）。最初のターゲティングベクターにより，ポジティブおよびネガティブ選択マーカーを目的遺伝子のイントロンに組み込む（標識）。このステップではポジティブ選択マーカーをターゲットクローンの同定に用いるが，特別のターゲティングベクターを用いた次のステップのターゲティングが本題となる。このベクターは，最初のターゲティングで選択マーカーが位置していた部位のゲノムDNAの断片のみからなる。この単純なベクターでの相同組換えにより選択マーカーをこの領域から取り除き，本来の野生型の状態に復元する（入れ替え）。この事象はネガティブ選択マーカーで

選抜することができる。点変異などの微妙な変異を第2のベクターの一方の相同領域内に作っておけば，標識領域と第2ベクターの変異導入相同領域間の相同組換え部位に依存するものの，"入れ替え"作業の時にこの変異を導入することができる。遺伝子に点変異を導入するには，理想的な方法である。選択マーカーの複合体と入れ替える第2ベクターには，実際にあらゆる変異を配置することができる。この置換は純粋な遺伝子変異導入法であり，何の束縛もないのである。

部位特異的組換えを利用した遺伝子挿入

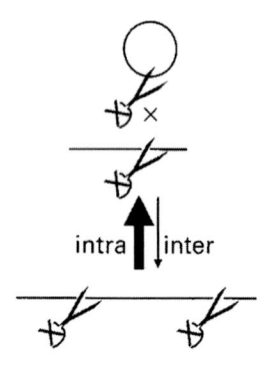

　遺伝子改変法には，別に組換え酵素を用いたゲノムへの部位特異的遺伝子挿入法がある。すなわち，組換え酵素介在性部位特異的遺伝子挿入法，または組換え介在性カセット交換法（recombination-mediated cassette exchanges；RMCE）である。Flp，Creリコンビナーゼとφ C31インテグラーゼのいずれもが分子内および分子間で機能する。これまでの例では，これらの酵素の分子内作用を示してきた。これらの蛋白の分子間での作用の一つが部位特異的挿入を介在することである。この反応におけるCreとFlpに共通かつ本質的な問題は，これらが2つの同型認識部位の間で作用するため，プラスミドのような小さい分子がゲノムに挿入された場合，2つのリコンビナーゼ認識配列が挿入部位を挟む形で作り出されてしまうことにある。これらの部位は，続いて起こる分子内組換えの標的に"容易に"なってしまう。分子内組換えは分子間組換えよりもずっと効率が高い。そのため，組換え反応の平衡は挿入反応から除去反応の方に偏ってしまう。このような起こりにくいほうの挿入反応を選抜するように，または組み込みに平衡が偏るようにした，いくつかの洗練されたデザインのベクターが考案されている。

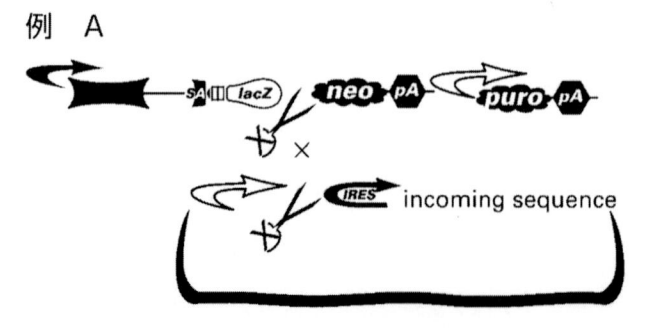

例　A

　この例では，cDNAまたはほかの配列のジーントラップベクター挿入部位へのCreリコンビナーゼ介在性の挿入型組込みが可能になっている，改良型ジーントラップベクターの方法を示している（Hardouin and Nagy 2000より改変）。ベクターがゲノムへランダムに挿入した

クローンの選抜にはピューロマイシンを用い，SA-lacZ（lacZの後ろにはポリAがないことに注意！）がジーントラップの指標となる。loxP-プロモーター・レスneo-ポリA部分がこれら2つのカセットの間に配置されている。この状態ではneoは発現しないので，この細胞はG418感受性となる。続いて，Cre発現ベクターと環状挿入配列（プラスミド）を導入する。プラスミドは，一個のloxP部位とIRES配列，挿入cDNA，プラスミド本体，プロモーターから構成されている。プラスミドが挿入されると，neoの前方にプロモーターが配置され，細胞はG418耐性になる。このプラスミドのもう一つの"機能面"として，IRES挿入配列（例えば，IRES-cDNAなど）がlacZのコード領域の後ろに組み込まれ，挿入配列がトラップされた遺伝子の発現調節を受けることになる。除去されたものや無傷のジーントラップクローンはG418感受性のため，neo選抜により生き残るクローンは組み込みが起こった細胞のみになる。

例 B

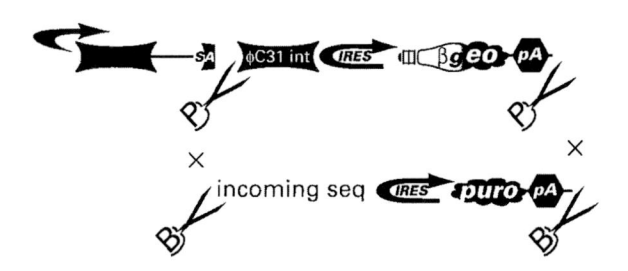

以前に述べたように，φC31は組換え酵素の中では特異的である。2つの非相同な部位（attPP'とattBB'）の間で組換えが起こり，その結果生じる組換え部位は酵素の基質でなくなってしまう。この特性は標的配列と挿入断片の効率的な置き換えに用いることができる。この例での組み込まれた遺伝子トラップベクター（G. Belteki and A. Nagyの投稿準備中のデータより改変）は，attPP'に挟まれた領域にφC31インテグラーゼとβgeoレポーター／選択マーカーを繋いだ遺伝子をもっている。この後者部分がジーントラップの指標となる。挿入配列は，もう一方の認識部位attBB'に挟まれており，この領域の中にIRES-puro-pAが配置されている。トラップクローンではすでにφC31が発現するようになっているため，置換のためにφC31を一過性に発現する必要はなくなっている。置換（カセット交換）されると，認識配列はなくなり，φC31インテグラーゼとβgeoは挿入配列とIRES-puroに入れ替わってしまう。この細胞はG418感受性でピューロマイシン耐性となる。

例 C

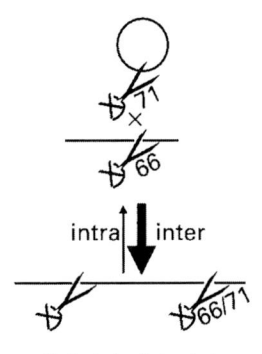

多大な努力により，CreまたはFlp介在性カセット交換反応後の挿入期の安定性を増大さ

せるような lox や FRT 部位の変異体が同定されている(Schlake and Bode 1994；Lee and Saito 1998；Siegel et al. 2001)。例えば，lox66 と lox71 はパリンドローム部位のそれぞれ 3'，5' 部分に変異をもつ。相対的に高い頻度でこれらは組換えが起きるが，この結果として野生型 loxP 部位と二重変異 lox 66/71 部位ができ，これらは組換えが非常に低い頻度でしか起こらなくなる(Araki et al. 1997)。

例　D

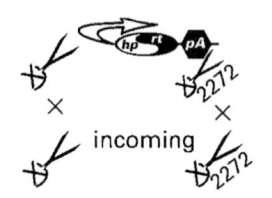

もう一つの loxP 部位の組み合わせ，loxP と lox2272 は RMCE に対して非常に有用な組み合わせのようである(Kolb 2001)。ES 細胞が HPRT 欠損株の時のみ，hprt 遺伝子を選択マーカーとして使うことができる。カセット置換法でのこの選択マーカーの利点は，ポジティブ選抜とネガティブ選抜の両方に使うことができる点である。ポジティブ選抜は，例えば相同組換えによる目的遺伝子への遺伝子挿入など，ゲノムへの lox 部位に挟まれた領域の組み込みに役立ち，一方，導入された hprt に対するネガティブ選抜は RMCE の同定に役立つ。別の方法として，ポジティブ(neo など)およびネガティブ(HSV-tk など)選択マーカーを，loxP と lox2272 部位の間に配置してもよい。

部位特異的な染色体異常の導入

　組換え酵素の認識部位間の距離が離れるにつれて，あるいは認識部位が染色体間にまたがって存在すると，組換え効率は劇的に低下する。幸い，ES 細胞を用いた場合はその数と Cre リコンビナーゼの一般的に優れた機能によってこの効率の減少をカバーすることができる。loxP 部位の位置と方向性を考慮したポジティブ選択マーカーを用いることによって，巨大な染色体欠失，重複，逆位，そして転座を引き起こすことができる。

例　A：欠失

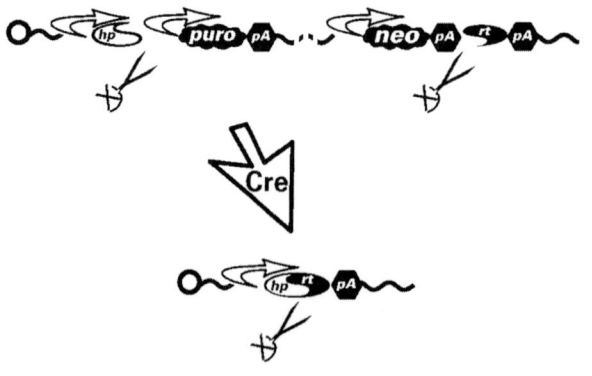

　巨大な染色体領域の欠失を創り出すためには，独立したターゲティングで同じ向きの loxP 部位をブレークポイントに導入することと，そのターゲティングと続いて行う欠失の両方を

検出するための選択マーカーが必要である。ここで紹介する（Allan Bradley研究室によって開発された）方法は，hprt欠損ES細胞を用いる。欠失の一方のブレークポイントはピューロマイシンを，もう一方はネオマイシン選択マーカーを用いてターゲティングを行う。ターゲティングベクターにより，二分割型hprtミニジーンをそれぞれ半分ずつ導入する。このミニジーンの断片は，欠失する領域の外側に配置することが重要である。この場合，loxP部位の間で欠失が起こると，二分割断片が1つにつながってhprtミニジーンが機能的となり，細胞はG418とピューロマイシン耐性を失い，HAT耐性を獲得することになる。

例　B：逆位

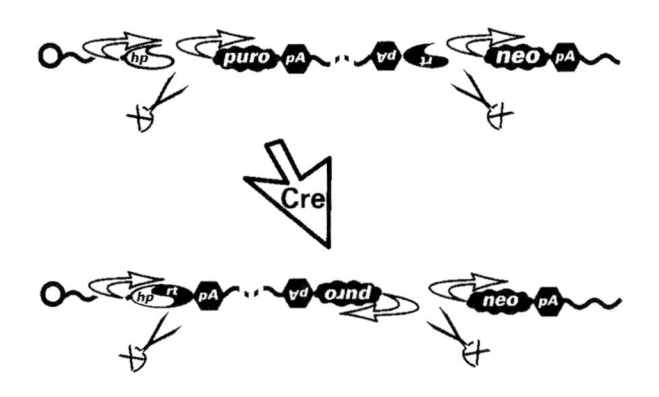

欠失を行う時と同様に，hprt欠損ES細胞を用いて逆位の両側のブレークポイントへの独立したターゲティングが必要である。しかしこの場合は，loxP部位が逆向きになっている。逆位の一方のブレークポイントはピューロマイシンを，もう一方はネオマイシン選択マーカーを用いてターゲティングを行う。ターゲティングベクターにより，二分割型hprtミニジーンをそれぞれ半分ずつ導入する。このミニジーンの断片は，セントロメア側から見て両方をloxP部位に対して近位側または遠位側に配置することが重要である。この場合，逆向きのloxP部位の間で組換えが起こると二分割断片が1つにつながってhprtミニジーンが機能的となり，細胞はG418とピューロマイシン，HATの3つに対して耐性となる。

例　C：転座

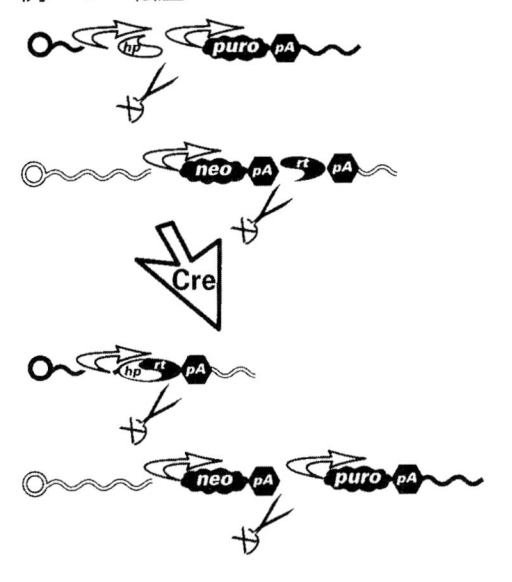

　　　　*hprt*欠損ES細胞を用いて，それぞれのブレークポイントに対して独立したターゲティングを行う。*loxP*部位はそれぞれの染色体のセントロメアに対して同じ向きになるように配置することが重要である（向きが異なる場合は，組換えの後に二動原体染色体と無動原体染色体を形成することになる）。転座の一方のブレークポイントはピューロマイシンを，もう一方はネオマイシン選択マーカーを用いてターゲティングを行う。ターゲティングベクターにより，二分割型*hprt*ミニジーンをそれぞれ半分ずつ導入する。このミニジーンの断片は，それぞれのセントロメアからみた場合，対応する*loxP*部位に対して一方は近位側に，もう一方は遠位側に配置することが重要である。この場合，*loxP*部位間で組換えが起こると，一方の染色体上で二分割断片が1つにつながって*hprt*ミニジーンが機能的となり，もう一方の染色体に*neo*とピューロマイシン遺伝子が存在することになる。そのため，細胞はG418とピューロマイシン，HATの3つに対して耐性となる。

ホモ接合型変異ES細胞株の樹立

　　　　ES細胞は四倍体胚から胎盤と原始内胚葉由来胚体外膜が供給されれば成体まで発生させることができる（第11章を参照のこと）。培養細胞でのこの優れた分化発生能により，細胞培養系で直接変異体を使って実験ができ，研究者にとって資金と資源，そして時間を節約することができる。遺伝子ノックアウト（ターゲティング）に関して，ホモ接合型変異体のES細胞を創り出す方法がいくつかあるので，5つの方法について例を述べたい。

例　A

　　　　すでにマウス個体への導入がすんでいる変異の場合，ホモ接合型変異ES細胞を得る最も直接的な方法は，ホモ接合型変異胚から新たにES細胞株を樹立することである。多くの場合，このためには遺伝子が分離している（すなわちF_2）世代の胚からES細胞を樹立しなければならないが，このときにはまだ胚の一部しか目的の遺伝子型となっていない。樹立後は，サザンブロットまたは信頼性の高いPCRによって細胞の遺伝子型を決定しなければならない（第12章参照のこと）。もし遺伝的背景が近交系である必要がないのであれば，ヘテロ接合型の遺伝的背景をもつマウスを用いることを推奨する。これは，細胞培養での遺伝的，かつ（または），後生的な損傷に起因する付加的な表現型が現れてしまう危険性を減らすことになるからである。

例　B

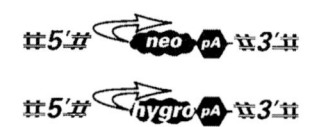

‡5′‡ ─neo─pA─ ‡3′‡

‡5′‡ ─hygro─pA─ ‡3′‡

　　　　遺伝子ホモ欠損ES細胞株樹立の歴史的に最初の方法（Mortensen et al. 1991；Sawai et al. 1991）は，異なる2つのポジティブ選択マーカーを用いて，2回の独立，かつ連続したES細胞でのターゲティングを行う方法である。

例　C

　　　　ES細胞でCreを一過性に発現させることにより*loxP*に挟まれた選択マーカーをターゲット遺伝子座から除くことができれば，元のターゲティングベクターを2回目のターゲティング

にもう一度使うことができる(Abuin and Bradley 1996)。この方法では例Bで使われたような2回目用のターゲティングベクターを構築する必要はなくなるが，エレクトロポレーションとクローニングのステップが余分に必要となる。

例 D

効率的であるがまだ完全には確立されていないターゲット遺伝子のホモ接合型変異ES細胞を作る方法は，ターゲット遺伝子座がヘテロになっているG418耐性の細胞に対して単純にG418の濃度を増やすことによって，2回目の選抜を行うことである(Mortensen et al. 1992)。効果的な高濃度(最初のターゲット細胞を同定した時に用いたG418濃度の6～20倍)では，ほとんどすべての細胞が死滅する。わずかの細胞(1回のエレクトロポレーションにつき30～100個)が生存し，コロニーを形成する。この効果的な濃度は遺伝子によって異なり，実験的に決定しなければならない。これらの細胞のほとんどでターゲット遺伝子座がホモ接合型となっており，G418耐性遺伝子が2コピー含まれていることが遺伝子型検査によりわかる。

長い間，この現象の基礎となる機構はわかっていなかった。しかし最近，3つの機構，すなわち，遺伝子変換(局所的事象)，有糸分裂組換え(領域的事象)，そして完全染色体重複(染色体的事象)による可能性があり，その中でも特に染色体的事象が最も有力であることが示されている(Lefebvre et al. 2001)。結果として，この細胞の中ではターゲット遺伝子だけでなく同一染色体上の遺伝子もホモ接合型になっている。

高濃度のG418によりホモ接合型ES細胞を得ることは多くの遺伝子で行われている。しかし，もし目的遺伝子がインプリンティングを受けた染色体上に位置している時には，この方法には注意が必要である。この方法では片親染色体の二倍体化を引き起こし，これが表現型に影響する可能性がある。

このターゲティングには変異型*neo*遺伝子(Yenofski et al. 1990)を使った選抜でしか機能しないということも重要である。野生型の*neo*遺伝子では細胞が5～10mg/mlでも生存し，耐性度とは関係なく基本的な細胞毒性を発揮し始める濃度までG418耐性となってしまう。

高濃度G418選抜は，Creリコンビナーゼ介在性の有糸分裂組換え機構によるホモ変異ES細胞の同定にも用いることができる。この方法に先立って，相同染色体の同じ部位の両方に*loxP*部位を配置しておく。目的遺伝子の*neo*を含む遺伝子座が*loxP*部位の遠位にあり，かつCre介在性組換えが細胞周期のG2期に起こると，染色体分離の結果としてホモ接合型のターゲット遺伝子座となる(Koike et al. 2002)。この場合，*loxP*部位から遠位の染色体部分のみがホモ接合型化する。

例 E

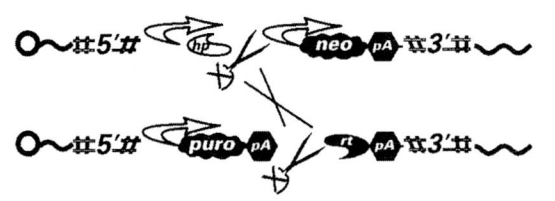

洗練されてはいるが，選択マーカーの遺伝子量とは独立したコンストラクトが同様にCreリコンビナーゼ介在性有糸分裂組換えに用いられている(Liu et al. 2002)。上記の戦略と同様に，1つの*loxP*部位を相同染色体の両方の同じ部位に配置しておく。二分割型*hprt*ミニジーンを染色体間で分けておくが，リコンビナーゼによりG2期に両者間で組換えが起こると，

機能的な *hprt* 遺伝子が形成される。さらに分裂に伴って起こる染色体間のクロス分離の結果として，*hprt* 陽性細胞では *loxP* 部位から遠位の染色体部分がホモ接合型化する。おそらくこの技術はホモ接合型ノックアウトへの応用は限られているが，網羅的なランダム突然変異作製後にヘテロ接合性の消失（loss of heterozygosity）を作り出す手段としては重要であろう。

プロトコール 1　全身で導入遺伝子が発現するマウスを得るための in vitro スクリーニング法

　このプロトコールは，この章で述べたトピックスの主題に相当している。これは第10章で詳しく記載されているいくつかのプロトコールを使っているので，プロトコール9.1の実行計画を立てる前に第10章の総論を読んでおいていただきたい。

　このプロトコールでは，ES細胞を使った遺伝子導入の特徴をいかした，導入遺伝子の広範囲な(構成的に近い)発現を可能にする方法について詳しく述べる。このような遺伝子発現は簡単なことのように思われるが，例え構成的に遺伝子発現させる目的で広く使われているプロモーターを用いたとしても，実際にはゲノムへのランダムな挿入では期待されるほどの導入遺伝子の発現は得られないことが多い。導入遺伝子の大部分は，遺伝子のゲノムへの挿入場所とコピー数に依存して，モザイク型または組織限局型の発現となってしまう。コピー数は発現の安定性に対して負に影響するようである。ES細胞を用いた遺伝子導入でもこれらの現象を避けることはできない。しかしES細胞を使う利点は，導入遺伝子の大部分が1コピーまたは低コピー数の挿入になっていることである。さらにES細胞を用いた遺伝子導入では，1回の実験で数百の異なる挿入部位をもつ細胞を簡単に作ることができる。マウスにする候補クローンを決定する前に，それぞれのクローンでの遺伝子発現を in vitro で検討することができる。そのため，遺伝子導入ベクターは遺伝子発現の特徴を簡単に判別できるものでなければならない。

　この要求を完全に満たす一つの例として，前述したCre除去条件付き遺伝子導入ベクターがある(ES細胞を用いた遺伝子導入，例D，385頁)。

　ES細胞に導入すると，この導入遺伝子をもつ細胞のみが β geo を発現しG418耐性となり，遺伝子導入コロニーの同定が可能となる。加えて lacZ の染色により，未分化状態と in vitro で分化させたES細胞での発現を簡単に調べることができる。

　プロモーターの選択に関しては，サイトメガロウイルス(cytomegalovirus；CMV)エンハンサーと第1イントロンを含んだニワトリ β-アクチンプロモーターを組み合わせたもの(Niwa et al. 1991)が，導入遺伝子の広範な発現という目的でよい結果が得られている(Okabe et al. 1997；Hadjantonakis et al. 1998)。Z/AP(Lobe et al. 1999)とZ/EG(Novak et al. 2000)を作出する過程で，いくつかのCre除去レポーター系統マウスが作られている。一方，たった一度のクローニングで条件付き遺伝子導入ベクターを作ることができる大変便利なプラスミド(pCALLとpCALL2)も構築されている。

　ほかの独立したプロトコールを個々のステップとして使っている点でプロトコール9.1は"特別な"プロトコールである。そのため，材料の欄ではこの手順で使われるプロトコールを列挙しておく。

材　料

　　器具，試薬，細胞，DNAについて，プロトコール10.1，10.2，10.5，11.5（または11.10 B），16.15を参照のこと。

手　順

1. プロトコール10.1の実行——DNAをES細胞にエレクトロポレーションし，G418耐性コロニーを選抜する。ステップ9はオプションである。1つだけでなくすべてのプレートについてステップ10を行う。今回の場合ネガティブ選抜は行わないので，ステップ11は無視する。
2. プロトコール10.2の実行——個々のES細胞のコロニーをピックアップして単離する。全部で約200コロニーを採取し，4枚のレプリカのプレートで培養する。4枚のうち2枚のプレートは凍結し（プロトコール10.3を参照），残りの2枚のプレートは4枚の96ウェルプレートに継代する。なお，これらの細胞は*lacZ*染色とDNA調製に使うので，この時からゼラチンコートしたプレートで培養する。また，ES細胞を未分化状態で維持するためにはLIFを含んだES細胞培養液を用いる。
3. 1枚のプレートは*lacZ*の発現を見るために染色を行う（プロトコール16.15；培養細胞の染色についてのコメント欄参照）。
4. 各培養ウェルごとに，発現量とすべての細胞で発現しているか（モザイク）どうかという点について*lacZ*発現の評価を行う。
5. ES細胞培養液からLIFをなくし，低密度で5〜8日間培養する。この期間に細胞は分化する。
6. 分化した細胞について，ステップ3と4を行う。
7. 2つの染色の結果を合わせて評価する。最も全体的に*lacZ*を発現している細胞株を選ぶ。もし発現量の高いものも望む場合は，発現量について同様に考慮する。
8. 最もよいと思われる15〜25の細胞株についてDNAを調製し，導入遺伝子が何コピーあるか決定するためのサザンブロットを行う（第12章参照）。
9. 導入遺伝子が1コピーで発現量が高いES細胞株を3〜4つ選ぶ。これらでキメラを作り，生殖系列伝達キメラを得る（第11章参照）。
10. 生殖系列伝達の後，プロトコール16.15に従って目的の時期における*lacZ*発現を評価する。通常は，トランスジェニック系統のうちの50〜75％が望ましい広範な発現を示すものになる。
11. 全身的Cre発現動物，または組織特異的Cre発現動物と交配することにより子を得て目的遺伝子の発現を活性化する。

コメント

- ステップ3では過染色に注意する。強い発現が認められるコロニーがまだ全体の10〜15％の時に染色反応を停止させる。
- 目的遺伝子を活性化させる別の方法としては，環状のCre発現プラスミドをトランスジェニック卵の前核にマイクロインジェクションする方法もある（Araki et al. 1995）。
- 少しの改良により，このプロトコールは細胞種特異的に導入遺伝子を発現するES細胞の*in*

*vitro*スクリーニングにも使うことができる。この方法において異なる点は，細胞種特異的プロモーターを使い*loxP*に挟まれた*β geo*遺伝子-目的遺伝子-pAとし，その後ろに独立して発現するプロモーター-puro-pAがあるという，少しだけ異なるベクター設計になっている点である。

細胞種特異性のためにES細胞では導入遺伝子が発現しない場合は，トランスジェニックES細胞はG418感受性でピューロマイシン耐性となっている。未分化のES細胞では特異的プロモーターからの発現がないことを確認するために*lacZ*染色を使うことができる。プロモーター特異性をもつ細胞種に*in vitro*で分化させたときに*lacZ*発現を検出するというもう一つの目的のためにも使うことができる。これらの細胞ではG418耐性になるため，G418での選抜も可能である。目的の細胞種特異的な表面マーカーを使うことにより，G418耐性細胞のさらなる性格づけができる。このように複雑な基準を満たしたクローンを，次にマウスにする。この手順により，希望の細胞種特異的遺伝子発現がみられるトランスジェニック系統を絞りこむことができる。
- 付加的なコメントについては，プロトコール10.1，10.2，10.5，11.5（または11.10 B），16.15を，総論に関しては第12章を参照のこと。

参考文献

Abuin A. and Bradley A. 1996. Recycling selectable markers in mouse embryonic stem cells. *Mol. Cell. Biol.* **16:** 1851–1856.

Albert H., Dale E. C., Lee E., and Ow D. W. 1995. Site-specific integration of DNA into wild-type and mutant lox sites placed in the plant genome. *Plant J.* **7:** 649–659.

Araki K., Araki M., Miyazaki J., and Vassalli P. 1995. Site-specific recombination of a transgene in fertilized eggs by transient expression of Cre recombinase. *Proc. Natl. Acad. Sci.* **92:** 160–164.

Araki K., Araki M., and Yamamura K. 1997. Targeted integration of DNA using mutant lox sites in embryonic stem cells. *Nucleic Acids Res.* **25:** 868–872.

Askew G.R., Doetschman T., and Lingrel J.B. 1993. Site-directed point mutations in embryonic stem cells: A gene-targeting tag-and-exchange strategy. *Mol. Cell. Biol.* **13:** 4115–4124.

Awatramani R., Soriano P., Mai J.J., and Dymecki S. 2001. An Flp indicator mouse expressing alkaline phosphatase from the ROSA26 locus. *Nat. Genet.* **29:** 257–259.

Braun T., Bober E., Rudnicki M.A., Jaenisch R., and Arnold H.H. 1994. MyoD expression marks the onset of skeletal myogenesis in Myf-5 mutant mice. *Development* **120:** 3083–3092.

Brocard J., Feil R., Chambon P., and Metzger D. 1998. A chimeric Cre recombinase inducible by synthetic, but not by natural ligands of the glucocorticoid receptor. *Nucleic Acids Res.* **26:** 4086–4090.

Buchholz F., Angrand P.O., and Stewart A.F. 1998. Improved properties of FLP recombinase evolved by cycling mutagenesis. *Nat. Biotechnol.* **16:** 657–662.

Capecchi M.R. 1989. Altering the genome by homologous recombination. *Science* **244:** 1288–1292.

Danielian P.S., Muccino D., Rowitch D.H., Michael S.K., and McMahon A.P. 1998. Modification of gene activity in mouse embryos in utero by a tamoxifen- inducible form of Cre recombinase. *Curr. Biol.* **8:** 1323–1326.

Fiering S., Kim C.G., Epner E.M., and Groudine M. 1993. An "in-out" strategy using gene targeting and FLP recombinase for the functional dissection of complex DNA regulatory elements: Analysis of the β-globin locus control region. *Proc. Natl. Acad. Sci.* **90**: 8469–8473.

Friedrich G. and Soriano P. 1991. Promoter traps in embryonic stem cells: A genetic screen to identify and mutate developmental genes in mice. *Genes Dev.* **5**: 1513–1523.

Godwin A.R., Stadler H.S., Nakamura K., and Capecchi M.R. 1998. Detection of targeted *GFP-Hox* gene fusions during mouse embryogenesis. *Proc. Natl. Acad. Sci.* **95**: 13042–13047.

Gossen M., Freundlieb S., Bender G., Muller G., Hillen W., and Bujard H. 1995. Transcriptional activation by tetracyclines in mammalian cells. *Science* **268**: 1766–1769.

Gossler A., Joyner A.L., Rossant J., and Skarnes W.C. 1989. Mouse embryonic stem cells and reporter constructs to detect developmentally regulated genes. *Science* **244**: 463–465.

Groth A.C., Olivares E.C., Thyagarajan B., and Calos M.P. 2000. A phage integrase directs efficient site-specific integration in human cells. *Proc. Natl. Acad. Sci.* **97**: 5995–6000.

Gu H., Marth J.D., Orban P.C., Mossmann H., and Rajewsky K. 1994. Deletion of a DNA polymerase beta gene segment in T cells using cell type-specific gene targeting. *Science* **265**: 103–106.

Guo C., Yang W., and Lobe C.G. 2002. A Cre recombinase transgene with mosaic, widespread tamoxifen-inducible action. *Genesis* **32**: 8–18.

Hadjantonakis A.K., MacMaster S., and Nagy A. 2002. Embryonic stem cells and mice expressing different GFP variants for multiple non-invasive reporter usage within a single animal. *BMC Biotechnology* **2**: 11.

Hadjantonakis A.K., Gertsenstein M., Ikawa M., Okabe M., and Nagy A. 1998. Generating green fluorescent mice by germline transmission of green fluorescent ES cells. *Mech. Dev.* **76**: 79–90.

Hardouin N. and Nagy A. 2000. Gene-trap-based target site for cre-mediated transgenic insertion. *Genesis* **26**: 245–252.

Hasty P., Rivera-Perez J., and Bradley A. 1991a. The length of homology required for gene targeting in embryonic stem cells. *Mol. Cell. Biol.* **11**: 5586–5591.

Hasty P., Ramirez-Solis R., Krumlauf R., and Bradley A. 1991b. Introduction of a subtle mutation into the Hox-2.6 locus in embryonic stem cells. *Nature* **350**: 243–246.

Hennecke M., Kwissa M., Metzger K., Oumard A., Kroger A., Schirmbeck R., Reimann J., and Hauser H. 2001. Composition and arrangement of genes define the strength of IRES-driven translation in bicistronic mRNAs. *Nucleic. Acids. Res.* **29**: 3327–3334.

Honjo T., Nishizuka Y., and Hayaishi O. 1969. Adenosine diphosphoribosylation of aminoacyl transferase II by diphtheria toxin. *Cold Spring Harbor Symp. Quant. Biol.* **34**: 603–608.

Jang S.K., Davies M.V., Kaufman R.J., and Wimmer E. 1989. Initiation of protein synthesis by internal entry of ribosomes into the 5′ nontranslated region of encephalomyocarditis virus RNA in vivo. *J. Virol.* **63**: 1651–1660.

Jang S.K., Krausslich H.G., Nicklin M.J., Duke G.M., Palmenberg A.C., and Wimmer E. 1988. A segment of the 5′ nontranslated region of encephalomyocarditis virus RNA directs internal entry of ribosomes during in vitro translation. *J. Virol.* **62**: 2636–2643.

Jeannotte L., Ruiz J.C., and Robertson E.J. 1991. Low level of Hox1.3 gene expression does not preclude the use of promoterless vectors to generate a targeted gene disruption. off. *Mol. Cell Biol.* **11**: 5578–5585.

Kellendonk C., Tronche F., Casanova E., Anlag K., Opherk C., and Schutz G. 1999. Inducible site-specific recombination in the brain. *J. Mol. Biol.* **285**: 175–182.

Kim C.G., Epner E.M., Forrester W.C., and Groudine M. 1992. Inactivation of the human beta-globin gene by targeted insertion into the beta-globin locus control region. *Genes Dev.* **6**: 928–938.

Koike H., Horie K., Fukuyama H., Kondoh G., Nagata S., and Takeda J. 2002. Efficient biallelic mutagenesis with Cre/loxP-mediated inter-chromosomal recombination. *EMBO Rep.* **3**: 433–437.

Kolb A.F. 2001. Selection-marker-free modification of the murine beta-casein gene using a lox2272 [correction of lox2722] site. *Anal. Biochem.* **290**: 260–271.

Lakso M., Sauer B., Mosinger B., Jr., Lee E. J., Manning R.W., Yu S.H., Mulder K.L., and Westphal H. 1992. Targeted oncogene activation by site-specific recombination in transgenic mice. *Proc. Natl. Acad. Sci .* **89:** 6232–6236.

Lee G. and Saito I. 1998. Role of nucleotide sequences of loxP spacer region in Cre-mediated recombination. *Gene* **216:** 55–65.

Lefebvre L., Dionne N., Karaskova J., Squire J.A., and Nagy A. 2001. Selection for transgene homozygosity in embryonic stem cells results in extensive loss of heterozygosity. *Nat. Genet.* **27:** 257–258.

Leighton P.A., Mitchell K.J., Goodrich L.V., Lu X., Pinson K., Scherz P., Skarnes W.C., and Tessier-Lavigne M. 2001. Defining brain wiring patterns and mechanisms through gene trapping in mice. *Nature* **410:** 174–179.

Le Mouellic H., Lallemand Y., and Brulet P. 1990. Targeted replacement of the homeobox gene Hox-3.1 by the *Escherichia coli* lacZ in mouse chimeric embryos. *Proc. Natl. Acad. Sci.* **87:** 4712–4716.

Lobe C.G., Koop K.E., Kreppner W., Lomeli H., Gertsenstein M., and Nagy A. 1999. Z/AP, a double reporter for cre-mediated recombination. *Dev. Biol.* **208:** 281–292.

Mansour S.L., Thomas K.R., and Capecchi M.R. 1988. Disruption of the proto-oncogene int-2 in mouse embryo-derived stem cells: A general strategy for targeting mutations to non-selectable genes. *Nature* **336:** 348–352.

Mao X., Fujiwara Y., and Orkin S.H. 1999. Improved reporter strain for monitoring Cre recombinase-mediated DNA excisions in mice. *Proc. Natl. Acad. Sci.* **96:** 5037–5042.

McKeown M. 1993. The role of small nuclear RNAs in RNA splicing. *Curr. Opin. Cell Biol.* **5:** 448–454.

Meyers E.N., Lewandoski M., and Martin G.R. 1998. An Fgf8 mutant allelic series generated by Cre- and Flp-mediated recombination. *Nat. Genet.* **18:** 136–141.

Mizuguchi H., Xu Z., Ishii-Watabe A., Uchida E., and Hayakawa T. 2000. IRES-dependent second gene expression is significantly lower than cap-dependent first gene expression in a bicistronic vector. *Mol. Ther.* **1:** 376–382.

Mortensen R.M., Conner D.A., Chao S., Geisterfer-Lowrance A.A., and Seidman J.G. 1992. Production of homozygous mutant ES cells with a single targeting construct. *Mol. Cell. Biol.* **12:** 2391–2395.

Mortensen R.M., Zubiaur M., Neer E.J., and Seidman J.G. 1991. Embryonic stem cells lacking a functional inhibitory G-protein subunit (alpha i2) produced by gene targeting of both alleles. *Proc. Natl. Acad. Sci.* **88:** 7036–7040.

Mountford P.S. and Smith A.G. 1995. Internal ribosome entry sites and dicistronic RNAs in mammalian transgenesis. *Trends Genet.* **11:** 179–184.

Nagy A. 1996. Engineering the mouse genome. In *Mammalian development* (ed. P. Lonai), pp. 339-371. Harwood Academic Publishers, Amsterdam.

———. 2000. Cre recombinase: The universal reagent for genome tailoring. *Genesis* **26:** 99–109.

Nagy A., Moens C., Ivanyi E., Pawling J., Gertsenstein M., Hadjantonakis A.K., Pirity M., and Rossant J. 1998. Dissecting the role of N-myc in development using a single targeting vector to generate a series of alleles. *Curr. Biol.* **8:** 661–664.

Niwa H., Yamamura K., and Miyazaki J. 1991. Efficient selection for high-expression transfectants with a novel eukaryotic vector. *Gene* **108:** 193–199.

Novak A., Guo C., Yang W., Nagy A., and Lobe C.G. 2000. Z/EG, a double reporter mouse line that expresses enhanced green fluorescent protein upon Cre-mediated excision. *Genesis* **28:** 147–155.

Okabe M., Ikawa M., Kominami K., Nakanishi T., and Nishimune Y. 1997. "Green mice" as a source of ubiquitous green cells. *FEBS Lett.* **407:** 313–319.

Olson E.N., Arnold H.H., Rigby P.W. and Wold B.J. 1996. Know your neighbors: Three phenotypes in null mutants of the myogenic bHLH gene MRF4. *Cell* **85:** 1–4.

Ramirez-Solis R., Liu P., and Bradley A. 1995. Chromosome engineering in mice. *Nature* **378:** 720–724.

Rodriguez C.I., Buchholz F., Galloway J., Sequerra R., Kasper J., Ayala R., Stewart A.F., and Dymecki S.M. 2000. High-efficiency deleter mice show that FLPe is an alternative to Cre- loxP. *Nat. Genet.* **25:** 139–140.

Rossant J. and Nagy A. 1995. Genome engineering: The new mouse genetics. *Nat. Med.* **1:** 592–594.

Salomon B., Maury S., Loubiere L., Caruso M., Onclercq R., and Klatzmann D. 1995. A truncated herpes simplex virus thymidine kinase phosphorylates thymidine and nucleoside analogs and does not cause sterility in transgenic mice. *Mol. Cell. Biol.* **15:** 5322–5328.

Sawai S., Shimono A., Hanaoka K., and Kondoh H. 1991. Embryonic lethality resulting from disruption of both N-myc alleles in mouse zygotes. *New Biol.* **3:** 861–869.

Schaft J., Ashery-Padan R., van der Hoeven F., Gruss P., and Stewart A.F. 2001. Efficient FLP recombination in mouse ES cells and oocytes. *Genesis* **31:** 6–10.

Schlake T. and Bode J. 1994. Use of mutated FLP recognition target (FRT) sites for the exchange of expression cassettes at defined chromosomal loci. *Biochemistry* **33:** 12746–12751.

Schwartzberg P.L., Robertson E.J., and Goff S.P. 1990. Targeted gene disruption of the endogenous c-abl locus by homologous recombination with DNA encoding a selectable fusion protein. *Proc. Natl. Acad. Sci.* **87:** 3210–3214.

Seibler J., Schubeler D., Fiering S., Groudine M., and Bode J. 1998. DNA cassette exchange in ES cells mediated by Flp recombinase: An efficient strategy for repeated modification of tagged loci by marker-free constructs. *Biochemistry* **37:** 6229-6234.

Siegel R. W., Jain R. and Bradbury A. 2001. Using an in vivo phagemid system to identify non-compatible loxP sequences. *FEBS Lett.* **499:** 147–153.

Skarnes W.C., Moss J.E., Hurtley S.M., and Beddington R.S. 1995. Capturing genes encoding membrane and secreted proteins important for mouse development. *Proc. Natl. Acad. Sci.* **92:** 6592–6596.

Soriano P. 1999. Generalized lacZ expression with the ROSA26 Cre reporter strain. *Nat. Genet.* **21:** 70–71.

Stanford W.L., Cohn J.B., and Cordes S.P. 2001. Gene-trap mutagenesis: Past, present and beyond. *Nat. Rev. Genet.* **2:** 756–768.

Szybalski W. 1992. Use of the HPRT gene and the HAT selection technique in DNA-mediated transformation of mammalian cells: First steps toward developing hybridoma techniques and gene therapy. *BioEssays* **14:** 495–500.

te Riele H., Maandag E.R., and Berns A. 1992. Highly efficient gene targeting in embryonic stem cells through homologous recombination with isogenic DNA constructs. *Proc. Natl. Acad. Sci.* **89:** 5128–5132.

Thomas K.R. and Capecchi M.R. 1987. Site-directed mutagenesis by gene targeting in mouse embryo-derived stem cells. *Cell* **51:** 503–512.

Utomo A.R., Nikitin A.Y., and Lee W.H. 1999. Temporal, spatial, and cell type-specific control of Cre-mediated DNA recombination in transgenic mice. *Nat. Biotechnol.* **17:** 1091–1096.

Wilkie T.M., Braun R.E., Ehrman W.J., Palmiter R.D., and Hammer R.E. 1991. Germ-line intrachromosomal recombination restores fertility in transgenic MyK-103 male mice. *Genes Dev.* **5:** 38–48.

Wunderlich F.T., Wildner H., Rajewsky K., and Edenhofer F. 2001. New variants of inducible Cre recombinase: A novel mutant of Cre-PR fusion protein exhibits enhanced sensitivity and an expanded range of inducibility. *Nucleic Acids Res.* **29** E47.

Yenofsky R.L., Fine M., and Pellow J.W. 1990. A mutant neomycin phosphotransferase II gene reduces the resistance of transformants to antibiotic selection pressure. *Proc. Natl. Acad. Sci.* **87:** 3435–3439.

Yu Y. and Bradley A. 2001. Engineering chromosomal rearrangements in mice. *Nat. Rev. Genet.* **2:** 780-790.

第10章

胚性幹(ES)細胞への外来DNAの導入

前章において,導入によりマウスゲノム上に特異的でユニークな変異を起こすことができる,あるいは機能を発揮させることができるいくつかの洗練されたDNAデザインについて紹介した。ここで,なぜ遺伝子ターゲッティングに胚性幹(ES)細胞が必要であるのか,ほかにこれらのベクターをマウスに直接導入する方法があるのではないかという疑問が生じるであろう。その答えは"数が扱える"ということである。われわれがベクターに期待する特異的機能の多くは,(非常にまれにしか起こらないような)特異的な挿入部位,あるいは挿入様式に依存している。例えば,相同組換え,ジーントラップ挿入,あるいは単一コピーが挿入されても発現が保証されているような部位への挿入などである。そのため,新しいゲノム操作技術のなかでES細胞が成功した最も重要な要素の一つは数が扱えるということである。1枚の10cm ES培養皿には1000万個以上の細胞が存在するため,1回の実験で同時に大量の細胞を遺伝的変異にさらすことが可能になる。もう1つの重要な要素は,ES細胞にネオマイシンリン酸基転移酵素遺伝子,ピューロマイシンあるいはハイグロマイシン耐性遺伝子のような薬剤耐性遺伝子を発現させることにより,抗生物質存在下においても生存可能となることである(Gossler et al., 1986)。最後に,トランスフェクション,抗生物質選択および凍結保存といったすべての操作後においても,遺伝的変異を起こしたサブラインES細胞が,本来備わっている生殖系列伝達能を保持していることである。

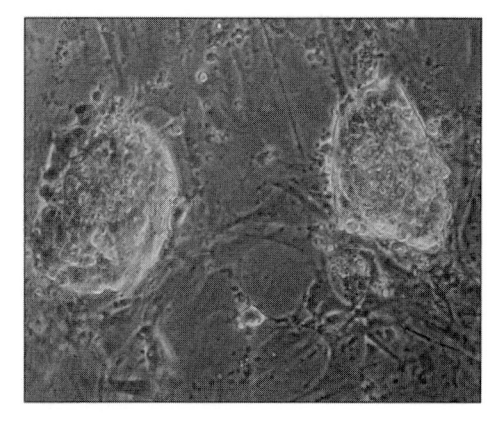

目　次

概　論，408
ES細胞に導入するDNAの調製，408
ES細胞へのDNAエレクトロポレーションと選択法，409
ES細胞コロニーのピッキングによる単離，レプリカの作製，および遺伝子型判定に向けてのES細胞の凍結，409
96ウェルプレートを用いた細胞からの簡易DNA調整法，410
プロトコール
　　1．ES細胞へのDNAエレクトロポレーションと選択法，411
　　2．ピッキングによるES細胞コロニーの単離，414
　　3．96ウェルプレートでのES細胞凍結，417
　　4．96ウェルプレートからのES細胞解凍，419
　　5．96ウェルプレートを用いた細胞からの簡易DNA調整法，420
　　6．24ウェル組織培養プレートからのDNA調製，422
　　7．ピッキング後のES細胞クローンの遺伝子型判定，424
参考文献，425

概　論

　ES細胞ゲノムに特異的な変異を導入する方法として最もよく用いられているのは，特別にデザインされたDNA断片をエレクトロポレーションにより導入する方法である。その結果DNAはES細胞の染色体に組み込まれる。外来DNAの組み込みは処理された細胞のほんの一部にのみ起こるため，これらのベクターはすべてポジティブ選別マーカー遺伝子をもっている。通常，薬剤耐性遺伝子が用いられ，組み込み後の細胞は薬剤処理後も生存し続けることができる。この処理の間に，感受性の高い細胞は死滅し，耐性細胞のみがピッキングによるサブクローニングに適したコロニーを形成する。その後，単離したサブクローンを増殖させ，レプリカを作製し，凍結した後，遺伝子型判定のためにゲノムDNAを調製する。

ES細胞に導入するDNAの調製

　化学物質の混入を除いた精製度の高いDNAを用いることが重要であるので，DNAはQiagen column（例，Qiagen 12143），あるいは，CsCl遠心により精製すべきである。その後，DNAを直鎖状にし，フェノール／クロロホルム／イソアミルアルコール（25：24：1）（例，Invitrogen Life Technologies, 15593-031）で抽出し，エタノールで沈澱させた後，滅菌リン酸緩衝液（PBS）あるいは水で1 mg/mlに溶解する。制限酵素処理により完全に線状化したことを，アガロースゲル電気泳動で確認すべきである。Qiagenカラムで精製する場合は，忠実に取扱い説明書に従うことが重要である。特に，多糖類がDNA標品に混入する危険性があるので，栄養分の非常に豊富な培地で過密になるまでバクテリアを培養してはならない。

ES細胞へのDNAエレクトロポレーションと選択法

　エレクトロポレーションはES細胞にDNAを導入するのに最も有効な方法である。しかし，個々のDNAコンストラクトに最適な条件で行うためには予備実験を行うべきである。プロトコール10.1に最適化する必要のあるプロセスを示した。例としてここで記述した選択法は，最も複雑なステップを踏むものである。この方法は，Mansour et al.(1988)により考案されたポジティブ-ネガティブ選択法に基づいている。同様の原理は，ほかの選択システムにも適用されている。この方法は，目的のマウス遺伝子のコーディング配列を，細菌性ネオマイシン耐性遺伝子(neo^r)と置き換えることにより欠損させるターゲッティングコンストラクトを用いることが基本となっている。さらに，ヘルペスウイルスチミジンキナーゼ(HSV-tk)遺伝子をターゲティングコンストラクトの片側あるいは両側末端におくことにより，相同組換えの際に取り除かれるが，染色体へのランダムな挿入では取り除くことができないようにする(第9章参照)。neo^r遺伝子を含むDNAコンストラクトがランダムであれ，相同であれ，組み込まれた細胞の選別には抗生物質G418を使用する。G418の有効濃度は，初めに細胞増殖を減速させ，3～5日後に死滅できる濃度である。HSV-tkは核酸アナログであるガンシクロビル，またはFIAU(1-[2'-deoxy-2'-fluoro-β-D-arabinofuranosyl]-5-iodouracil)を細胞毒性のある誘導体へと変換する。相同組換えにより組み込まれたDNAは薬剤耐性となると同時にHSV-tkを失うが，ランダムにDNAが組み込まれた細胞はHSV-tkを保有したままとなる。そのため，HSV-tkを発現できるような染色体部位に組み込まれた細胞は死滅する。ガンシクロビルは隣接している耐性細胞をもある程度死滅させる活性をもつことが認められているため，FIAUの使用を勧める。ポシティブ-ネガティブ選別についての詳細な情報はMansour et al.(1988)を参照されたい。

ES細胞コロニーのピッキングによる単離，レプリカの作製，および遺伝子型判定に向けてのES細胞の凍結

　コロニーが肉眼で確認できるようになるのは，選択培地で8～10日間培養した後であり，細胞コロニーの単離やDNAの分離とスクリーニングに必要な量まで細胞を増殖させるには，種々の方法が可能である。

- ES細胞コロニーの単離は，細く引き伸ばしたパスツールピペット，あるいはオートマチックピペッターでコロニーをピックアップし，トリプシンのマイクロドロップに入れるという，ES細胞の新規樹立と同様の方法で行う(プロトコール8.5参照)。
- Allan Bradleyにより考案された96ウェルプレートとマルチチャネルピペッターを用いてES細胞のピッキング，レプリカ作製および凍結やDNA解析を行うことは最も広く行われている方法であり，ジーントラップのようなハイスループット機能解析の自動化を可能にする。この方法の詳細は，プロトコール10.2，10.3，10.4，10.5に記述した。
- ES細胞のピッキング，レプリカ作製および凍結の原法は，24ウェルプレートが基本となっている。この方法は労力がかかるため，現在は比較的少数のコロニーを扱う場合にのみ用いられている。各クローン化細胞は直接24ウェルプレートに凍結させることもできるが，より大きなプレートで増殖させてから凍結用バイアルに凍結させることもできる。24ウェルプレートで殖やしたES細胞のDNA調製はプロトコール10.6に記載した。この方法は，96ウェルプレートを用いた一次スクリーニングによって，ターゲッティングが起こっている可能性が認められたクローンを確認するためによく用いられる。
- Philippe Sorianoにより開発されたターゲットクローンの同定のための簡易PCR(ポリメラ

ーゼ連鎖反応)法は,選別プレートから直接複数のコロニーをプールし,そのDNAの一部を用いて解析することが基本となっており,プロトコール10.7に記述した。この方法を用いると,PCRの結果をピッキング前に知ることができ,ポジティブクローンのみを増殖させればよいため,時間の節約となる。

96ウェルプレートを用いた細胞からの簡易DNA調製法

　ES細胞選別から胚盤胞へのインジェクションまでの期間を短縮することは極めて重要である。24ウェルプレートで培養した個々のクローンをピッキングし,培養・凍結・抽出およびDNA解析を行うことは非常に多くの時間を費やす。Allan Bradleyとその同僚(Ramirez-Solis et al. 1992, 1993)は96ウェルプレートを用いた簡易法を開発した(図10.1)。

　ゼラチン処理した96ウェルプレートで飽和状態にまで増殖したES細胞からのDNA調製と,"mini-Southern"法によるDNA解析をプロトコール10.4に記述した。各ウェルで直接細胞を溶解し,核酸を沈殿させることにより,ウェルの底に結合させる。そして,96ウェルプレート内で制限酵素処理を行う。この方法はいくつかの制限酵素で試されているが,すべての制限酵素がDNAを完全に切断できるわけではないため,大量にスクリーニングを行う前に選択した酵素がうまく働くかどうか予備実験を行うべきである。参考として,表10.1にわれわれの研究室で数年に検討した制限酵素を示した。大量のプレートを扱う際は,プレートの底にラベリングし混乱を避けるようにする。

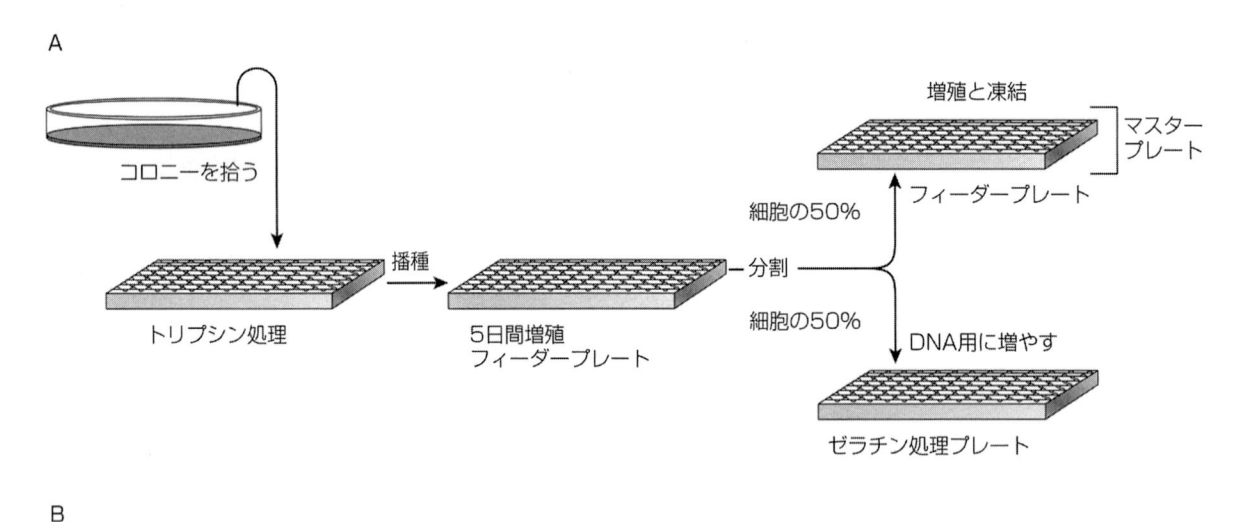

図10.1. 96ウェルプレートを用いたES細胞の簡易スクリーニング

表10.1. 96ウェルプレート内でES細胞DNAを制限酸素処理する場合の効率

効率がよいもの	ApaI, Asp718, AvrII, BamHI, BglI, BglII, DraIII, DrdI, EcoRV, HindIII, HpdI, NcoI, PstI, PvuII, ScaI, SstI, StuI, XbaI
不安定なもの	EcoRI, KpnI, SacI
効率が悪いもの	BspDI, HindII, SacI, SalI, SmaI, XhoI, XmnI

プロトコール 1　ES細胞へのDNAエレクトロポレーションと選択法

材　料

細胞とDNA
ES細胞（対数増殖期）
線状化DNA，25μg/エレクトロポレーション（導入遺伝子の一過性発現のためには環状DNAを用いる，例えばCreリコンビナーゼ）

装置
遠心機
エレクトロポレーション装置（例，Bio-Rad Gene Pulser II 装置 165-2105 または 165-2106，または MicroPulser 165-2100），電圧容量拡張パルスモジュールが装備されている装置（165-2108）
0.4cm幅滅菌エレクトロポレーションキュベット（例，Bio-Rad 165-2088）
インキュベーター，37℃，5% CO_2，95%空気
倒立顕微鏡
パスツールピペット
G418耐性STOあるいはMEFフィーダー細胞を播いた10cmプレート
ゼラチン処理10cmプレート

試薬
エレクトロポレーション緩衝液（特級ES-003-D）（随意，PBSの代わりに用いるとエレクトロポレーションES細胞の回収がよい）
15% FBS添加ES培地とサプリメント（ES-DMEM）（第8章参照）
培養用超純水を用いた0.1%ゼラチン溶液（例，Sigma G2500）
活性成分終濃度が200μg/ml ES-DMEMとしたG418（例，Geneticin, Invitrogen Life Technologies, 溶液10131，粉末11811；Sigma G9516）。ロットにより活性が異なることに注意。
G418含有ES-DMEM（上記）（終濃度 2×10^{-6} M，例，ガンシクロビル，Sigma G2566，または Cymevene, Syntex Pharmaceuticals BN 52304）（または0.2μM FIAU，例，Moravek Biochemical MC251, http://www.moravek.com）
Ca^{++}/Mg^{++} 非含有リン酸緩衝液（PBS）（付録1参照）
トリプシン/EDTA（347頁参照）

手　順

1. 対数増殖期のES細胞（継代数の少ないもの）を使用する3時間前に培地交換する。
2. 細胞をトリプシン処理し，トリプシンを不活化するために血清含有ES培地（ES-DMEM）を加えピペッティングにより細胞を均一に分散する。
3. 細胞を遠心して沈殿にし（200g，5分），PBSあるいはエレクトロポレーション緩衝液で1回洗い，もう一度 Ca^{++}/Mg^{++} 非含有PBSあるいはエレクトロポレーション緩衝液で 1×10^7 細胞/mlになるように細胞を均一に分散する。
4. 0.8ml細胞懸濁液を0.4cm滅菌キュベット（例，Bio-Rad 165-2088）に入れ，25μg線状化DNA（または一過性発現用環状DNA）を加え，混和する。混合溶液を5分間室温で静置

する(随意)。

5. 細胞にパルス電圧をかける。この時のパルスは通常230〜250V, 500μFである。また, 800V, 3μFでも可能であるが, 条件は検討する必要がある。PBSを使用した時は, 約50%の細胞が死滅することが予想される。

6. パルス後, 室温で5分間静置する(研究室によっては"氷上"に静置している)。キュベットをよくすすぎ, すべての細胞を回収する。

7. その間に, フィーダー細胞としてマイトマイシン処理により不活化したSTO細胞, あるいはneo^rマウス胎児線維芽(MEF)細胞を殖やした10cmプレートの培地交換をする。フィーダーを用いないで選別したければ, ゼラチン処理プレートを準備する(下段コメント参照)。Mansour et al.(1988)のポジティブ-ネガティブ選択法を用いるなら, エレクトロポレーションキュベットからの0.8mlの細胞懸濁液を4枚のプレートに均等に分ける。

8. いずれの条件においても, およそ24時間は細胞を非選択培地, すなわち選択試薬を添加していないES-DMEMで増殖させる。

9. 24時間後, 非選別培地で増殖させるものを1枚作製し, このプレートはエレクトロポレーション後の生存細胞数を算定するためのコントロールとする。

10. G418(200μg/ml)を加えたES培地(ES-DMEM)を次のプレートに加え, neo^rの組換えにより形質転換した細胞数を算定する。

11. G418とガンシクロビル(2×10^6M)(あるいは0.2μM FIAU;McMahon and Bradley 1990)を加えた培地を残りのプレートに加え, neo^r遺伝子をもっているが相同組換えによりHSV-tk遺伝子を失った細胞を増殖させる。残りのキュベットからコントロールを設定する必要はない。

12. 細胞を8〜10日間培養する。この間, 毎日培地交換する。

コメント

- 異なるES細胞株のG418感受性は同じではなく, また, 異なるロットのG418の作用は同じではない。そのため, あらかじめ形質転換していない細胞を5日以内に100%死滅させることのできるG418の最少濃度を検討しておくことが望ましい。
- 理想的には, 培養10日後にダブル選択プレートで50〜100クローンが確認できるはずである。もし, 得られたコロニーが有意に少なければ, エレクトロポレーションの条件あるいはコンストラクトデザインを変えることにより効率を向上させることができる。変更できるパラメーターは以下のとおりである。
  1. エレクトロポレーション装置をシングルパルスの代わりにダブルパルスで行う, もしくは, 電圧を変える。
  2. キュベットに入れるDNA(10〜100μg)の量。
  3. neo^r遺伝子を発現させるプロモーター。
  4. ターゲッティングコンストラクトのDNAの長さや選択した遺伝子の位置。
- DNAサザンブロッティング法によりクローンを選別するなら, 1回の実験で容易にスクリーニングできるクローン数はおよそ300であり, 上記の予備実験の結果に基づき, 最終的なエレクトロポレーションはこの数になるよう行うべきである。
- 同じプロトコールがtk-ネガティブ選択を使わないneo-ポジティブ選択のみの場合や, 選択試薬の必要ないジフテリア毒素(dt)遺伝子を用いた場合にも適用できる。当然その場合, tkに対する選択は行わなくてよい。
- プレートをゼラチン処理するには, 0.1%ゼラチン溶液を数秒間入れるだけでよい。ゼラチンを完全に除き, ES細胞培地にleukemia inhibitory factor(LIF)(第8章参照)を添加した培地をプ

レートに加える。この処理により，ES細胞のプレートへの接着が増加する。
- ベクター挿入の選別をピューロマイシンを用いて行う場合は，感受性の高い細胞や，挿入を起こしていない細胞の死滅は早く，通常約3日である。しかし，コロニーが適度な大きさになるまで，ピッキング（プロトコール10.2参照）はさらに4～5日待ったほうが望ましい。

プロトコール 2　ピッキングによるES細胞コロニーの単離

材　料

細胞
　エレクトロポレーション後の選択中のES細胞
　neo耐性STOあるいはMEFフィーダー細胞

装置
　インキュベーター，37℃，5％ CO_2，95％空気
　低倍率対物レンズを備えた倒立顕微鏡あるいは解剖立体顕微鏡
　滅菌ディスポーザブルチップ適用20μlマイクロピペッター（例，Gilson）
　滅菌ディスポーザブルチップ適用200μlマイクロピペッター（96ウェルプレイト用8あるいは12チャネル）（例，Coster 4888, 4880）
　マルチチャネルアスピレーターシステム（随意）（例，Inotech Biosystems Vacuset IV-520）
　30μlトリプシン/EDTA溶液，あるいは同様な溶液（414頁参照）を1列置きに入れた，UあるいはV底96ウェルプレート（コートしていないもの）
　平底96ウェルプレート
　　$1×10^4$ STOフィーダー細胞，あるいは$1.5～2.0×10^4$ MEFフィーダー細胞を0.1ml G418含有ES細胞培地（ES-DMEM）に懸濁させたものを各ウェルに播いておく。選択をフィーダー細胞なしで行う場合，代わりにゼラチン処理した96ウェルプレートを準備する。

試薬
　有効濃度G418含有ES培地（ES-DMEM）
　ES培地（ES-DMEM）
　$Ca^{++}Mg^{++}$含有リン酸緩衝液（PBS）（付録1参照）
　トリプシン/EDTA（347頁）

手　順

1. Neo耐性STOあるいはMEFフィーダー細胞を播した96ウェルプレート，もしくはゼラチン処理したプレートにLIF添加ES細胞培地を加えたものを用意する。さらに，未コーティングUあるいはV底96ウェルプレートに，30μl 0.25％トリプシン/0.04％EDTAを1列おきに入れたものを用意する。

2. ES細胞培地を除き，$Ca^{++}Mg^{++}$含有PBSで1回洗う。PBSは培養皿の表面を覆うぐらいまで（約2ml）加える。

3. このステップは，クリーンベンチ内でも通常の実験台でも行うことができる。マイクロピペッターを使って8～10μlのトリプシン/EDTAを滅菌ディスポーザブルピペットチップに吸い取り，倒立顕微鏡あるいは立体顕微鏡下に，チップをES細胞のシングルコロニーの近傍に接触させ，コロニー上に少量のトリプシン/EDTA緩衝液を注ぐ。その後，コロニーをピペットチップで吸い取り，トリプシン/EDTA 96ウェルプレートの次のウェルに移す。

4. 6列（48コロニー）が埋まるまでこのステップを繰り返す。プレートを37℃で5分間保温する。

5. 40μlに設定したマルチチャネルマイクロピペッターで，最初の1列から細胞を穏やかにピペッティングし，コロニーを分散させる。平底96ウェルプレートの対応する列に細胞を移す。
6. この方法により48クローンすべてを回収後，さらに48クローンを回収し96ウェルプレートを満たす。

    プレートを乾燥させたり，培地なしで長時間放置しないことが重要である。もし1つのプレートから多数のコロニーをピックアップする場合は，数回に分けてピックアップすることが望ましく，セッションの間PBSの代わりに培養液を用い，残りのコロニーを回収することが可能である。
7. 必要な数のコロニーを回収後，3〜4日間培養し，ピッキング1日後，3日後，4日後に培地交換する。ピッキング4日後までに，大部分のウェルにほぼ飽和状態に細胞が増殖してくるはずである。
8. DNA解析ができるよう各コロニーを増殖させる。DNAをスクリーニングする間，残りの細胞は凍結しておく。一般的に，DNA調製のために2枚のレプリカプレートと，凍結ストック用として1〜2枚のレプリカプレートを準備することを勧める。
9. PBSで各ウェルを洗い，細胞をトリプシン処理して剥がし，新しい2枚のプレートの対応するウェルに分注する。あとでわかるように各プレートに明確にラベルする。これらの細胞がほぼ飽和状態になったら，1枚のレプリカプレートを凍結し(プロトコール10.3参照)，もう一方のプレートを用いて再度播種する。別の方法として，同時に2枚のプレートに播き，最後に4枚がコンフルエントに達したところで2枚は凍結し，残りの2プレートでDNAを精製する。

コメント

- ピッキング前にES細胞選別プレートの培地を交換する時は，$Ca^{++}Mg^{++}$含有PBSを用いる。もし，$Ca^{++}Mg^{++}$を除くと，細胞接着が非常に早く緩み，自然にコロニーが剥離する危険性がある。
- フィーダープレートからのピッキングは，ES細胞の塊がフィーダー層に強く接着しているためゼラチン化したプレートからよりも多少困難である。そのため，細胞塊を吸い取る前にES細胞コロニーの周りのフィーダーをピペットチップで剥がしておくとよい。
- 1列おきにトリプシンプレートを使用すると(48ウェル)，ピッキング中に次の空ウェルの位置の確認が容易となる。
- G418選別に関して，ピッキング後3〜4日細胞を維持しておくことが重要である。特に非常に低濃度のG418を使用した場合，細胞が一過性にneoを発現した時やG418耐性フィーダー細胞の近傍で共存培養された時に，耐性ではない細胞が選択期間後も生き残ってしまうことがある。
- 96ウェルプレートにピッキングする利点は，素早く作業ができ，同時に多数のコロニーを取り扱うことができることである。欠点は各ウェルから得られるDNA量が少なく，通常1回のサザンブロット解析ができるのみである。さらに，すべての制限酵素が細胞塊から調製した粗製DNAに対して十分に作用するわけではない(表10.1)。ターゲッティングあるいはトランスジェニックベクターのデザインの段階で，こうした制限を考慮に入れなければならない(第9章参照)。
- 上記の問題を回避するために，研究室によっては24ウェルプレートで細胞を発育させている。この手順のプロトコールは，トリプシン処理過程後，細胞をフィーダーもしくはゼラチン処

理した24ウェルプレートに移動させることを除いて，特に96ウェルプレートピッキング法と変わるところはない。
- フィーダー細胞が存在することによりES細胞の遺伝子型判定が干渉されるため，DNA調製を行う前の2～3回はフィーダーなしのゼラチン処理プレートで細胞を増殖させることが重要である。

プロトコール 3　96ウェルプレートでのES細胞凍結

材料

細胞
　大部分のウェルが飽和状態になった96ウェルプレートのES細胞

装置
　マルチチャネルマイクロピペッターとアスピレーションシステム
　96ウェルプレートと－70℃フリーザーに適合する大きさの発泡スチロールボックス
　96ウェルプレート

試薬
　15％FBS，サプリメント含有ES細胞培地（ES-DMEM）
　2×凍結培地
　　60％ES-DMEM（15％FBS含有）
　　20％牛胎児血清
　　20％ジメチルスルホキシド＜！＞
　　使用時調製，氷上で冷やしておく。
　冷やした無菌ミネラルオイル
　トリプシン/EDTA溶液（0.25％トリプシン/0.04％EDTA）

注意：＜！＞をつけた材料の適正な取り扱いについては付録2を参照のこと。

手順

1. 80％飽和状態になった96ウェルプレート細胞をPBSで洗い，各ウェルに25μlのトリプシン/EDTAを加える。反応後70μlのES培地を加えトリプシン作用を止める。懸濁液の最終量は100μl/ウェルとする。
2. 氷上で手早く2×凍結培養液を100μlずつ各ウェルに加える。細胞が均一になるように数回ピペッティングする。別の方法として，氷上であらかじめ100μlの2×凍結溶液を入れてある新しいV底96ウェルプレートに細胞を移してもよい。
3. 各ウェルに滅菌ミネラルオイルを50μl加える。
4. パラフィルムでプレートを包む。あらかじめ冷やしておいた発砲スチロールボックスにプレートを置き，解凍，増殖まで－70℃冷凍庫に保存する。2～3カ月以上保存しないことが望ましい。－70℃冷凍庫に保存する前はアルミホイルで包んでもよい。

コメント

- －70℃で96ウェルプレートを保存する際の貯蔵期限は2～3カ月である。クローン解析（例，遺伝子型判定）はこの期間に完了しなければならず，選別クローンは増殖させ，次の実験のために液体窒素中に保存する。
- 多数のES細胞株（ライブラリー）を扱うような新規技術の場合，96ウェルプレートを基本に

より長期間凍結させる方法が便利である。このために，Continental Lab Productsは特別な96ウェルプレート(2600 mini)を製造し，これには，取り外しのできるキャップ(VWR/Falcon 352117)がついており，各ウェルを分離することができる。これらのプレートは，96ウェルプレートラック(Sanyo CDP12LR)のついた－150℃フリーザー(Sanyo SY1155TN)に長期間保存することができ便利である。

プロトコール 4　96ウェルプレートからのES細胞解凍

　ゲノムサザンもしくはPCRにより候補クローンの同定後，凍結した96ウェルプレートから細胞を解凍する方法が重要となる。前述したように，-70℃の保存は2～3カ月以上経過してはならない。

材　料

細胞
　相同組換え細胞株

装置
　凍結用バイアル
　血清およびサプリメント含有ES培地を加えた4あるいは24ウェルフィーダープレート(411～413頁参照)
　インキュベーター，37℃，5% CO_2，95%空気

試薬
　ES培地
　70%エタノール<！>

注意：<！>をつけた材料の適正な取り扱いについては付録2を参照のこと。

手　順

1. 冷凍庫から相同組換えクローンを含んだプレートを取り出す。プレートの包装を剥がし，素早く温める(インキュベーターに入れる)。
2. 氷の結晶が大部分消失したら，プレートの外側を70%エタノールで拭く。
3. ウェルの内容物を準備しておいた新しいフィーダー入り4あるいは24ウェルプレートに移す。
4. 96ウェルプレートをさらにES培地で洗い，同じウェルに移す。一晩おいて培地を交換し，その後，毎日交換する。
5. 70～80%飽和状態になったら細胞を大きいプレート(例，35mmもしくは直接60mm)に移し，発育の遅い細胞は2回目のDNA解析にとっておく。数日以内に細胞が飽和状態にならず，ウェル内に大きいコロニーが形成されたらトリプシン処理し，より小さい細胞塊に分散し同じプレートに戻す。
6. 一日おきに1：5で播種する(プロトコール8.3参照)。凍結用バイアルで細胞を凍結する(プロトコール8.4参照)。
7. 解凍したクローンが実際にターゲッティングされているかどうかを確認するため，プロトコール10.6に記述した様に4あるいは24ウェルプレートのES細胞からDNAを調製する。
8. 相同組換えを確認したら，ES細胞を染色体数測定のために解凍し(プロトコール8.6)，キメラマウス作製のために使用する(第11章参照)。

プロトコール 5　96ウェルプレートを用いた細胞からの簡易DNA調製法

このプロトコールはRamirez-Solis et al.(1992)により確立された。

材　料

細胞
96ウェルプレートに播いた飽和状態のES細胞

装置
ゲル電気泳動装置とDNAトランスファー装置
　96サンプルと分子量マーカーレーン1列を一度に泳動することのできる，3.3インチずつ離れた3つの33レーンコームをもつ，6インチ×10インチ大の1％アガロースゲル
インキュベーター，37℃，5％CO_2，95％空気
マルチチャネルピペッター(Fisher 21-233)
ペーパータオル
プラスチックコンテナ(タッパーウェアータイプ)
飽和状態までES細胞を増殖させたゼラチン処理96ウェルプレート

試薬
70％エタノール＜！＞
ゲル電気泳動ローディングバッファー
細胞溶解液
　10mM Tris＜！＞(pH7.5)
　10mM EDTA
　10mM NaCl
　0.5％(w/v) sarcosyl
　使用直前に1mg/mlプロテナーゼKを加える
5M NaClと無水エタノール＜！＞混合液
　150μl 5M NaClを10ml冷無水アルコールに加える(使用時調製)
リン酸緩衝液(PBS)(付録1参照)
制限酵素切断混合液
　1×制限酵素緩衝液
　1mM spermidine＜！＞
　100μg/ml　ウシ血清アルブミン(BSA)
　50〜100μg/ml RNase
　10単位 制限酵素／サンプル
1×TAE

注意：＜！＞をつけた材料の適正な取り扱いについては付録2を参照のこと。

手　順

1. 1日で培地がオレンジか黄色になるまでES細胞をゼラチン処理ウェルで発育させる(培養後4〜5日)。
2. 細胞がDNA抽出できるようになったら，PBSで細胞を2回洗い，各ウェルに50μl細胞溶解液を加える。使用直前に1mg/mlプロテナーゼKを加える。
3. プレートを60℃で一晩保温する(例，プレートをウェットペーパタオルを入れた密閉式プラスチックタッパウェアータイプコンテナの中に置き，一般的な60℃オーブンに入れる)。
4. 翌日，注意深くNaClとエタノールの混合液100μl(150μl 5M NaClと10ml冷無水エタノール)をマルチチャネルピペッターを使って加える。
5. 96ウェルプレートを室温で30分混ぜずにベンチで静置する。核酸を糸状に沈澱させる。各洗浄ごとに沈殿物をチェックすると有効である。
6. プレートを注意深く逆さにし，NaCl／エタノール混合液を捨てる。核酸はプレートの底に接着したままである。ペーパータオルで余分な水分を拭き取る。
7. マルチチャネルピペットを用いて各ウェルに70％エタノール150μlを穏やかに加えて核酸を3回洗う。各洗浄ごとにプレートを逆さにし，アルコールを捨てる。この時点で，DNAは70％エタノール中で−20℃で保存可能である。
8. 最後の70％エタノール洗浄が終了後，プレートを逆さにし，10〜15分ベンチでDNAを乾燥させる。DNAは制限酵素で切断できるようになる。
9. 制限酵素切断混合液を準備する。
10. 各ウェルにマルチピペッターを用いて30μl制限酵素切断バッファを加える。ピペッティングにより内容物を混合し，5％CO_2，37℃インキュベーターで一晩反応させる。
11. ゲル電気泳動ローディング溶液をサンプルに加え，電気泳動し，DNAをブロッティングメンブランに移す。
    1×TAE，80V，4〜5時間ゲル電気泳動すると，1〜10kbの範囲はよく分離できる。

プロトコール 6　24ウェル組織培養プレートからのDNA調製

この実験法はWurst and Joyner(1993)を修正したものである。

材　料

細胞
24あるいは4ウェル組織培養プレートで飽和状態にまで増やしたES細胞

装置
1.5mlマイクロ遠心管
200～1000μlマイクロピペッター，ディスポーザブルチップ，もしくはガラスリッド
ロッキング振盪器，もしくはオービタル振盪器

試薬
70％エタノール＜！＞
イソプロパノール＜！＞
細胞溶解液：
　100mM Tris-HCl＜！＞(pH8.5)
　5mM EDTA
　0.2％SDS＜！＞
　200mM NaCl
　100μg/mlプロテナーゼK（20mg/mlプロテナーゼKストックは－20℃に保存しておき使用前に細胞溶解液に加える）
リン酸緩衝液(PBS)（付録1参照）
TE緩衝液(10mM Tris-HCl [pH8.0]，1mM EDTA)
別法
　100％エタノール＜！＞（－20℃に保存）
　フェノール＜！＞：クロロホルム＜！＞：イソアミルアルコール＜！＞(25：24：1)
　酢酸ナトリウム(3M, pH5.2)

注意：＜！＞をつけた材料の適正な取り扱いについては付録2を参照のこと。

手　順

1. 飽和状態のES細胞を播いた各ウェルの培地を吸い取り，PBSで1回洗った後，各ウェルに200～500μlの細胞溶解液を加え，4～16時間55℃で保温する。

    別法：トリプシン処理により細胞を回収し（プロトコール8.3参照），細胞懸濁液をマイクロ遠心管に移し，冷えたPBSで洗い，各サンプルに200～500μlの細胞溶解液を加え，4～16時間55℃で保温する。細胞溶解液を直接細胞に加えて細胞を回収することも可能である。反応後，等量のフェノール／クロロホルム／イソアミルアルコールをチューブに加え1分間撹拌する。14,000rpmで5分間遠心する。注意深く上層を新しいチューブに移し，1/10量の3M酢酸ナトリウムと3倍量の100％エタノールを加える（－20℃）。14,000rpmで10分間遠心し，上清を取り除き，4へ続

く。
2. 反応後，15分間振盪器で揺らした後，各ウェルに等量のイソアミルアルコールを加え，DNA沈殿物が見えるようになるまで振盪する（15～30分）。
3. マイクロピペッターのディスポーザブルチップあるいはガラス棒を用いてDNAを巻き取り，エッペンドルフチューブへ移す。軽く遠心し，沈殿にする。
4. DNAを70％エタノールで2回洗い，室温で10分乾燥させる。50～100μl TE緩衝液を加えて撹拌し，沈殿を溶解させるため3～4時間55℃で保温する。4℃で保存する。

| プロトコル 7 | ピッキング後のES細胞クローンの遺伝子型判定 |

このPCRを基本とした方法は，Philippe Sorianoによりピッキング後のターゲッティングクローンを同定するために開発された。
http://www.fhcrc.org/labs/soriano/protocols/pcres.html

材　料

細胞
G418選別ESコロニー

装置
細く引き伸ばしたキャピラリーチューブ
0.6mlエッペンドルフチューブ
インキュベーター，5%CO_2，37℃
PCR装置

試薬
軽ミネラルオイル(Sigma M3516)
細胞溶解液
 1×PCRバッファー
 1.7μM SDS＜！＞
 50μg/ml プロテナーゼK
オリゴヌクレオチド
 一般的に20mer，GC成分～50%，融点温度55℃～60℃
1×PCRバッファー(Gittschier buffer)
 16.6mM 硫酸アンモニウム＜！＞
 67mM Tris(pH 8.8)＜！＞
 6.7mM $MgCl_2$ ＜！＞
 5mM β-メルカプトエタノール＜！＞
 6.7μM EDTA
PCR反応液
 1×PCRバッファー(10×ストック)
 1mM 各dNTP(Pharmacia；10mM混合ストック)
 10%ジメチルスルフォキシド(DMSO)＜！＞(Aldrich)
 80μg/ml ウシ血清アルブミン(BSA)(ヌクレアーゼフリー；Boehringer Mannheim BM 711 454；1.6mg/mlストック)
 0.1μM 各オリゴヌクレオチドプライマー
 5μl DNA PCR細胞溶解液(ポジティブ，ネガティブコントロールを忘れてはいけない)
 2.5単位(0.25μl) AmpliTaq ポリメラーゼ(Perkin Elmer)

注意：＜！＞をつけた材料の適正な取り扱いについては付録2を参照のこと。

手　順

1. 以下の手順に従い細胞をピックアップする。
    a. G418選別開始後約8〜10日目にコロニーの一部をピックアップする(G418を添加した日を0日とする)。
    b. 培養液を吸い取り，プレートを逆さにし，実体顕微鏡下でマジックインクでコロニーに印をつける。未分化クローンのみに印をつけることに気をつけるべきであり，異なる細胞プールに対しては異なる色のマーカーを用いることにより区別する。
    c. プレートの細胞を10ml PBSで覆う。
    d. ごく細く伸ばしたキャピラリーチューブを使って，各コロニーの約1/5を拾う。同じキャピラリーを用いて，この過程を残りのコロニーについて(一般的に約25コロニー)繰り返す。同じキャピラリーでこの過程を通して行っても，コロニー間のコンタミネーションは問題にならない。
    e. 0.6mlエッペンドルフチューブに拾ったコロニーを移す。
    f. 細胞を30秒遠心して沈殿にし，$12\mu l$ PCR細胞溶解液で懸濁する。

PCRポジティブプールが同定できたら，そのプールに含まれる各コロニーを上記のようにしてピックアップする。この時，個々のコロニーは異なるキャピラリーチューブを用いて取り上げる。よく注意すれば，各コロニーの一部を拾いあげ，できるだけPBSの持ち込みが少ないように直接$12\mu l$ PCR細胞溶解液の入ったチューブに移すこともできる。こうすれば，沈殿させたり撹拌したりする手間が省ける。

2. PCR細胞溶解液で37℃，1時間細胞を溶解した後，プロテナーゼKを85℃，10分で失活させる。細胞を沈殿させる。
3. 一般的に，最終量$25\mu l$でPCR増幅を行う。DNA以外すべての混合ストックを作り，DNAを加える前に各チューブに$20\mu l$ずつ分注する。DNAを加えたら，軽ミネラルオイルで覆う。PCR用の反応液の成分は「試薬」の項に記述した(上記)。
4. ゲノムDNAで希釈した模擬DNAを用いて，PCR条件を最適化する。100ngゲノムDNA(例，野生型マウスの尾から抽出したDNA)と希釈プラスミドを用いて最終量$25\mu l$でPCRテストを行う。1fgのプラスミドDNAを用いて，40サイクル後に2〜3kbの反応産物がUVで検出できるようにする。PCR伸長時間は700bp/分を基準とする。通常のPCR反応は，最初93℃ 2分間加温した後，93℃ 30秒，55℃ 30秒，65℃ 3分(2kb伸長の場合)の反応を40サイクル行う。伸長温度が低いのは，DMSOが入っているためである。

参考文献

Gossler A., Doetschman T., Korn R., Serfling E., and Kemler R. 1986. Transgenesis by means of blastocyst-derived embryonic stem cell lines. *Proc. Natl. Acad. Sci.* **83:** 9065–9069.

Mansour S.L., Thomas K.R., and Capecchi M.R. 1988. Disruption of the proto-oncogene int-2 in mouse embryo-derived stem cells: A general strategy for targeting mutations to non-selectable genes. *Nature* **336:** 348–352.

McMahon A.P. and Bradley A. 1990. The Wnt-1 (int-1) proto-oncogene is required for development of a large region of the mouse brain. *Cell* **62:** 1073–1085.

Miller S.A., Dykes D.D., and Polesky H.F. 1988. A simple salting out procedure for extracting DNA from human nucleated cells. *Nucleic Acids Res.* **16:** 1215.

Ramirez-Solis R., Davis A.C., and Bradley A. 1993. Gene targeting in embryonic stem cells. *Methods Enzymol.* **225:** 855–878.

Ramirez-Solis R., Rivera-Perez J., Wallace J.D., Wims M., Zheng H., Bradley A. 1992. Genomic DNA microextraction: A method to screen numerous samples. *Anal. Biochem.* **2:** 331–335.

Wurst W. and Joyner A.L. 1993. Production of targeted embryonic stem cell clones. In *Gene targeting: A practical approach,* 1st Edition (ed. A.L. Joyner). pp. 33–61. IRL Press at Oxford University Press, New York.

第11章

キメラの作出

　キメラの概念は，有史以前からの人類文化の一部である。エルトリア文明時代（紀元前5世紀）から今日まで伝えられているアルッツォのキメラ（挿絵参照）は，いくつかの個体の構成要素からなる創造物の基本原則を示している。より科学的定義では，キメラは複数の胚を起源とする細胞からなる個体である。キメリズムは，自然界に起きている現象であり，そのよい事例は，双子のウシで，この場合，分娩前の循環系の結合がキメラ造血を形成している。ヒトの骨髄移植や臓器移植のレシピエントもまた，この定義からするとキメラであるといえる。本章においては，主としてES細胞から生殖系列への伝達を得るためのキメラ作出の2つの基本的な方法論を述べる。加えて，これらのユニークな動物の典型的な応用についても言及する。

目次

概　要，428
キメラのタイプ，432
　　２倍体胚―２倍体胚凝集キメラ，432
　　ES細胞―２倍体胚凝集キメラと注入キメラ，433
　　２倍体胚―４倍体胚凝集キメラ，434
　　ES細胞―４倍体胚凝集キメラと注入キメラ，434
ES細胞注入キメラの作出，435
　　ES細胞注入のための胚盤胞の準備，435
　　注入のためのES細胞の準備，436
　　注入用および保持用ピペットの準備，437
　　ES細胞注入用ピペットの先端の加工，438
　　顕微注入装置の準備，438
凝集キメラの作出，439
キメラ胚盤胞の移植，440
ES細胞との凝集あるいはES細胞の注入で作出されたキメラマウスの繁殖，440
プロトコール
　　1．注入用ES細胞の準備，442
　　2．Sutter Puller P-97の有効な設定値の決定，444
　　3．ES細胞注入用ピペットの先端の切断加工，445
　　4．顕微注入装置の設定，447
　　5．ES細胞の胚盤胞への注入，449
　　6．凝集のためのES細胞の準備，453
　　7．凝集用プレートの準備，455
　　8．透明帯の除去，457
　　9．4倍体胚の作出，459
　　10A．２倍体胚と２倍体胚との凝集胚の作製，462
　　10B．ES細胞と２倍体胚との凝集胚の作製，464
　　10C．２倍体胚と４倍体胚との凝集胚の作製，466
　　10D．ES細胞と４倍体胚との凝集胚の作製，468
　　11．卵割期胚の割球分離と胚盤胞の内部細胞塊の単離，470
　　12．免疫手術：胚盤胞の内部細胞塊の単離，471
参考文献，474

概　要

　最初の実験的マウスキメラは，40年以上も前にAndrzej Tarkowski（Tarkowski 1961）によって作出された。彼は，2つの遺伝的に異なる8細胞期胚の透明帯を除去し，互いに物理的に接触させて体外培養を行った。これらの凝集胚は仮親への移植後，生存キメラ個体へと発生した。続いて，Richard Gardner（Gardner 1968）は，胚盤胞の細胞を，胚盤胞の胞胚腔内に直接注入することによってもキメラマウスが作出可能であることを示した。1960年代から1980年代まで，キメラを研究のツールとして用いることによって，胚および器官発生に関す

る多くの重要な生物学的な疑問が提言された。胚性幹(ES)細胞の登場に伴い，キメラは一層の重要性を獲得した。マウスにおいては，キメラは *in vivo* におけるES細胞のゲノムを伝達する介在手段となったのである。着床前期胚の中にES細胞を導入するために，2つのすぐれた方法が開発されている。これらは，いわゆる注入キメラ(Gardner 1968)と凝集キメラ(Wagner et al. 1985；Nagy et al. 1990；Wood et al. 1993)である。両方の技術は効率よくES細胞のゲノムの生殖系列への伝達をもたらした。ES細胞の発生能力とその限界は，ES細胞と胚とのキメラにおけるES細胞の体細胞への寄与に関する研究を通じて，一層明らかとなっている(Beddington and Robertson 1989)。

　ES細胞を発生的に障害を生じる4倍体胚と凝集した実験によって，より正確で深い理解が得られた(Nagy et al. 1990)。すなわち，これらの実験は，ES細胞が原始外胚葉系譜へ分化する完全な能力を保持していること，胚自身のすべての系譜，また，羊膜および卵黄嚢の中胚葉層を含む胚体外膜のいくつかの組織に派生し得ることを明確に示したのである。面白いことに，それらは，予定運命と同じような発生の限界をもっている。*In vivo* においては，ES細胞は原始内胚葉と栄養外胚葉に寄与することができない。したがって，ES細胞は胎盤の胚外内胚葉や栄養膜には寄与しないのである(Nagy et al. 1990)。

　最近，胚盤胞の栄養外胚葉由来の幹細胞株である栄養膜幹(TS)細胞の誘導の条件が見い出された(Tanaka et al. 1998)。ES細胞のようにTS細胞もまたそれらの起源となる細胞に由来する発生能力とその限界を保持している。これらの進歩は，キメラの作成に2倍体胚，4倍体胚，ES細胞，およびTS細胞を種々の組み合わせで使用することを可能にしている。これらの構成要素すべては，特徴的な発生能力とその限界を示すので，このことが得られたキメラにおけるそれらの派生物の配置を決定する。そのため，最新のキメラ作出技術は，複雑な表現型を解析するための大変強力なツールとなったのである(Nagy and Rossant 2001)。

　胚細胞を胚盤胞の胞胚腔の中へ直接注入することは，キメラ作成の基本的方法の一つである。ES細胞もまた胚盤胞の中に注入することができる。注入法は，ES細胞に施した遺伝的改変を，生殖系列キメラを作成することによってマウスの中に導入するための，最も一般的な方法である(Bradley et al. 1984)。キメラは，胚細胞と桑実胚との凝集によっても作成することができる。ES細胞は，典型的には胚盤胞から樹立されるのであるが，これらは，発生のまだ1日早い8細胞期胚に統合できる。この性質の有利性を用いることによって，ES細胞を胚環境の中に戻す比較的単純な方法が開発されている(Nagy and Rossant 1999)。その方法というのは，キメラを作るためにES細胞を桑実胚と凝集させるものである。この手法は，胚盤胞への注入法より技術的にも容易であり，費用もかからない。結果的に，凝集キメラはES細胞のゲノムをマウスに伝達するためのES細胞注入キメラにとって代わる重要な方法となったのである(Wood et al. 1993)。

　これらの2つの手法は，いくつかの類似性をもっているが一長一短がある。注入法では高価な機材(位相差装置つきの倒立顕微鏡，マイクロマニピュレーターなど)を必要とするが，凝集法は良質の実体顕微鏡を用いることで簡単に実施可能である。注入法は，一般的に，より長時間を要する作業であり，1日に50〜100個以上の胚盤胞を処理することはできない。しかし，同じ時間で200個以上の胚を凝集させることが簡単にできる。一方，凝集胚は，注入を受けた胚盤胞の場合よりも長期間培養しなければならない。これは重要な要因である。なぜならば，不適当な培養条件がキメラ胚の発生能力に大きな影響を及ぼすかも知れないのである。注入法では，個々のES細胞を形態的な基準によって注意深く選択・選別できる。しかし凝集法ではES細胞塊を低倍率下で選択するため，この選別を実施することができない。ES細胞の質が高い場合，要するに凝集法で使えるようなES細胞株を用いる場合には，

寄与率の高いキメラ胚を作出することに関して，一般的に両者は同等の効率である。しかし，注入時における注意深いES細胞の選別は，質の低いES細胞クローンを用いる時に，効率の向上に寄与することがある。凝集法では，胚から透明帯が除去されるが，このことは，体外培養条件における胚の感受性をより高くする。培養された透明帯除去胚は，壊れやすく，粘着性であるので，それらの操作や移植にあたっては，ある程度の経験が必要であろう。用いられる技術にかかわらず，作出されたキメラ胚は偽妊娠雌マウスの生殖道の中に移植される。もし，胚に高いキメラリズムが認められたのであれば，生殖細胞の大部分，少なくとも部分的にはES細胞由来であることが見込まれる。そのようなキメラと野生型マウスとの交配によって，導入遺伝子や標的変異を施した対立遺伝子の安定した生殖系列への伝達を果たすことが可能となる。

　ES細胞の遺伝的背景は2つの重要な点でホスト胚と異なるべきである。(1)ホスト胚盤胞の毛色マーカーを毛色キメリズムを判別可能とするためにES細胞の毛色マーカーと違えるとよい。(2)できあがったキメラのES細胞の生殖系列へ寄与の可能性をできるだけ高くするために，ホスト胚の遺伝的背景はES細胞との相性を考慮するとよい。歴史的に最も広く使われているES細胞株 (Simpson et al. 1997) は，129の亜系統の1つ(あるいは2つの129の亜系統のF_1)に由来している(表11.1参照)。これらのES細胞にとってC57BL/6ホスト胚盤胞は適切な選択であることが証明されている(表11.2)。被毛のキメリズムは容易に判別可能であり，これらのES細胞には最適な発生環境であるので，非常に寄与率の高いキメラ動物を効率よく作り上げる。他の系統由来のES細胞が用いられる場合には，それぞれの適切なホスト系統を決定しなければならない。例えば，BALB/cの胚盤胞は，C57BL/6由来のES細胞との組み合わせでよく機能することが示されている(Lemckert et al. 1997)。ES細胞注入の場合によく働いた遺伝的背景の組み合わせが，ES細胞を桑実胚期の胚と凝集した場合と必ずしも同様ではないことに注意することが重要である(表11.2参照)。最近，F_1雑種ES細胞株の優れた発生能力が証明されている(Eggan et al. 2001)。これらのES細胞では，4倍体胚の中に注入することによって作成された完全にES細胞に由来する動物が，非常に高い生存率を示している。遺伝的操作にF_1雑種ES細胞を使用することは，例え体外において広範囲にわたって遺伝的操作をした後でも，より高い効率で生殖系列への伝達を約束することとなる。しかしF_1雑種ES細胞を用いることは，近交系の遺伝的背景に遺伝的改変を行う可能性を直ちに失なわせることになる。この場合には，遺伝的背景が均一な動物を作成するために近交系への連続的な戻し交配が必要となる。

　胚盤胞の中に注入する細胞の数は，一般的に15個程度が推奨されている。この数は，注入時の胚盤胞の内部細胞塊(ICM)に存在する原始外胚葉細胞の数に非常によく一致している。凝集法では，8～15個の細胞がゆるく接触したES細胞塊を，通常，桑実期の胚と凝集する。しかし適切な細胞数の割合は，ホスト胚とES細胞株との異なる遺伝的背景の間で変動するので，ホスト胚に接着させるES細胞の数について絶対的なルールを決めて運用すべきではない。最適なES細胞の数は実験的に決定するべきである。もし過剰の細胞が導入された場合には，胚の生存性の減退を招き，細胞数が少なすぎる場合には，キメリズムが減少するであろう。

　一般に用いられているES細胞株の大部分は，XY(雄)の遺伝子型をもっている。注入法や凝集法で用いられるホスト胚の半分は雄(XY)であり，ほかの半分は雌(XX)である。XYのES細胞がXY胚に導入された時には，キメラ胚は雄として発生することになる。しかしながら，もしXYのES細胞がXX胚に導入された場合，キメラ胚はXY，XXの両方の細胞を含むこととなる。もし生殖腺へのXYの寄与が非常に低い場合には，キメラは雌かあるいは半陰

表11.1. 一般に用いられる129系統由来のES細胞株の起源，JAXストック番号および表現型

129系統	ストック番号(TJL)	ES細胞株	毛色
129P2/OlaHsd	n.a.	E14TG2a	pink-eyed, light-bellied chinchilla
		HM-1 ($Hprt^{b-m1}$)	
129P3/JEms	000690	mEMS32	pink-eyed, light-bellied chinchilla
129X1/SvJ	000691	RW-4	pink-eyed, light-bellied, light chinchilla
		PJ1-5	またはalbino
129X1 × 129S1	000691 (X1)	R1 (+$^{Kitl-Sl/J}$)	light-bellied agouti
	000090 (S1)		
129S1/Sv-+^{p}+$^{Tyr-c}$	000090	W9.5 (+$^{Kitl-Sl/J}$)	light-bellied agouti
$Kitl^{Sl-J/+}$		CJ7 (+$^{Kitl-Sl/J}$)	
129S1/SvImJ (+$^{Kitl-Sl/J}$) 起源	002448		
129S2/SvPas	n.a.	D3	light-bellied agouti
129S4/SvJae	n.a.	J1	light-bellied agouti
129S4/SvJaeSor	n.a.	AK7	light-bellied agouti
129S6/SvEv	n.a.	EK.CCE	light-bellied agouti
		CP-1	
129S6/SvEvTac	n.a.	TC1	light-bellied agouti
		W4	
129S7/SvEvBrd-$Hprt^{b-m2}$	n.a.	AB1 (+$^{Hprt-bm2}$)	light-bellied agouti
		AB2.1 ($Hprt^{b-m2}$)	

Simpson(1997)を改変。およびジャクソン研究所 Carol Cutler Linder, の好意による。
n.a.：適用なし

表11.2. 生殖系列への伝達の可能性が高い遺伝的背景の組み合わせ

	ES細胞の遺伝背景		
ES細胞導入の方法	129	C57BL/6	BALB/c
注入法	C57BL/6	BALB/c	C57BL/6
	(Wood et al. 1993)	(Lemckert et al. 1997)	(Dinkel et al. 1999)
		またはC57BL/6-Tyr-c	
		(Schuster-Gossler et al. 2001)	
凝集法	CD1, ICR	未発表	未発表
	(Wood et al. 1993)[a]		

[a] 一部の実験室では凝集胚のホスト胚としてC57BL/6 または C57BL/6×DBA, C57BL/6×CBA F1の交雑桑実胚を用いている。

陽（雄と雌双方の生殖器官をもつ）のいずれかに発生する。半陰陽は，時々，外部生殖器の異常をもつ個体として離乳時に同定される。また，多くの場合，これらの動物は繁殖がうまくいかずに不妊として認知される。XYのES細胞によるXXホスト胚の完全な性転換の場合には，XX生殖細胞は精子へと成熟し得ないので，得られた雄キメラの生殖細胞のすべてはES細胞由来のものとなる。これらのキメラは，もっぱらES由来の産子を作り出す。しかし，もしホスト胚がXYであった場合，生殖細胞のある部分はES細胞由来で，残りがホスト胚由来となる。そのようなキメラでは，ESおよびホスト双方由来の産子の両方を作り出すこととなる。興味深いことに，毛色から判断してESの寄与の高い雌のキメラが，XYのES細胞株から得られることがある。このような雌では，野生型の雄と交配した時に生殖系列への伝達が期待できるであろう。このような場合には，キメラ作出に用いられたXYのES細胞のY

染色体が失われたもの（XO）と信じられている。一般的に，ES由来の被毛の割合が少ない雌のキメラでは生殖系列への寄与をしないので，交配対象から排除されることが多い。

キメラのタイプ

2倍体胚―2倍体胚凝集キメラ

この場合，典型的には2個の8細胞期から桑実期の胚を凝集する（プロトコール11.10A参照）。両方の胚ともに，胚外組織を含む受胎産物全体のすべての細胞系譜に寄与する能力がある（表11.3）。このタイプのキメラは，その作出成功の最初の報告（Tarkowski 1961；Mintz 1962）以後，何十年にもわたって広く研究の対象となっているが，マウスにおける誘発変異が普及している近年では変異の表現型を解析するために重要性が一層増している。通常，野生型の細胞の存在下における変異細胞の挙動を解析するために，ヘテロ接合体の変異マウス間の交配によって得られた8細胞から桑実期の胚を野生型の胚と凝集する。変異細胞の表現型およびその異常な行動が，細胞自律性か非自律性かを決めるために，これは大変有益なアプローチである（Rossant and Spence 1998）。キメラは，野生型の細胞が変異胚の初期の欠陥をレスキューできるかという実験を提供する。キメラにすることによって，変異胚をより先のステージに発生させることができるので，ほかの変異表現型を明らかにする場合もある（Tanaka et al. 1997）。しばしば，キメラにおいては，変異細胞のある細胞系譜や組織への寄与の欠損や偏った寄与が観察されている。これは，注意深く解釈すべきである。発生途上胚の細胞系譜の区画もまた2つのキメラ要素の間で競合的である。1つの遺伝子型の細胞の寄与の欠如は，分化能力の欠如を示しているとは限らない。この状況は，1つの遺伝子型の細胞が，他によって完成を妨げられているということもまた示唆し得るのである（Lindahl et al. 1998）。分離比を要素の一つとして用いる時（例えば，－/－，＋/－，＋/＋），これらのキメラの遺伝子型の検定には注意深い配慮も必要である。なぜならば，キメラ組織サンプルには"混入"している野生型要素由来の細胞があるので，ヘテロ接合体ミュータント―野生型キメラとホモ接合体ミュータント―野生型キメラの判別が困難となる。この問題を回避する一つの方法は，トランスヘテロ接合変異胚を作り上げるために2つの判別可能な変異対立遺伝子を使うことである（図11.1）（Rivera-Perez et al. 1995）。キメラにおける変異対立遺伝子と野生型対立遺伝子両方の存在は，ミュータント―野生型であるということを示している。除去可能な選択マーカーを用いた遺伝子ターゲティングが一般的な手法となりつつあるので（9章参照），遺伝子における2つの判別可能なヌル対立遺伝子の作成は，必ずしも余計な作業を意味するものではない。ターゲットした遺伝子の選択マーカー–inとマーカー–out対立遺伝子は，2倍体胚―2倍体胚実験にとって遺伝子型の検定を容易にするために必須である。

表11.3．異なるキメラのタイプにおける胚の細胞系譜への構成要素の寄与

キメラの構成		細胞系譜構成			
A	B	胚自身	卵黄嚢中胚葉	卵黄嚢内胚葉	胎盤の栄養膜細胞
2倍体胚	2倍体胚	AB	AB	AB	AB
4倍体胚	2倍体胚	B	B	AB	AB
ES細胞	2倍体胚	AB	AB	B	B
ES細胞	4倍体胚	A	A	B	B

ES細胞—2倍体胚凝集キメラと注入キメラ

これらのキメラにおいては(表11.3)，2倍体胚の構成要素は，受胎産物のすべての部分に寄与するが，ES細胞の構成要素は，胚自身，羊膜，卵黄嚢中胚葉，尿膜，および胎盤の尿膜構成要素に寄与することとなる。ES細胞—2倍体胚キメラのこの重要な特徴は，ES細胞の in vivo における発生上の限界を示している。ES細胞は，胎盤の栄養膜や胚外内胚葉および卵黄嚢の内胚葉に寄与しないので，これらの構成要素は，もっぱらホスト胚由来となる。この特性は，胚体外の表現型を胚自身の表現型から分けて考えるための有用なツールとなっている(ES細胞と2倍体胚との凝集方法はプロトコール11.10B，およびES細胞の胚盤胞への注入はプロトコール11.1～11.5参照)。

栄養膜や胚外内胚葉が非キメラの野生型であった時には，キメラ胚自身の中における変異ES細胞由来の構成要素を研究することができる(Ciruna et al. 1997；Duncan et al. 1997)。野生型のES細胞が変異胚に注入されるという逆の組み合わせもまた，大変有益なものとなる。この筋書きで，ES細胞の派生物が胚自身のすべて，あるいは一部の構成要素をレスキューするかもしれないが，本来の胚体外の変異表現型はそのまま残ることになる(Varlet et al. 1997)。変異胚盤胞の中に野生型のES細胞を注入することによって作成されたキメラの遺伝子型の検定は，2つの判別可能な変異対立遺伝子を使用することで可能である。ES細胞—2倍体胚キメラにおいては，一つには，ホスト胚の遺伝子型の検定のために，卵黄嚢内胚葉が純粋に胚由来であるという性質を利用できる。2層になっている卵黄嚢から内胚葉を単離することは，比較的容易な方法である(プロトコール5.3参照)。

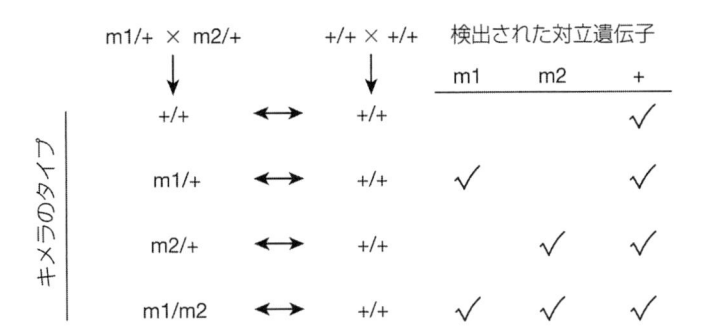

図11.1. 識別可能な変異対立遺伝子(m1, m2)を用いることによるキメラの構成要素の分離の遺伝子型検定。

2倍体胚—4倍体胚凝集キメラ

この組み合わせもまた，独特の性質をもったキメラを作り上げる。4倍体構成要素の寄与は，出生前の発生の期間のみに観察できる。4倍体細胞は，ほとんどのキメラにおいて，胎盤の栄養膜，および卵黄嚢の内胚葉層のみに認められる（表11.3）（Tarkowski et al. 1977）。この寄与の限界の本質は，4倍体細胞の原始外胚葉派生物へ寄与する能力のなさではない。むしろそれらはこの高度に増殖している細胞系譜において単純に選択を受けているのである（4倍体胚の作出はプロトコール11.9，2倍体胚と4倍体胚との凝集胚の作出はプロトコール11.10C参照）。

表現型解析におけるこれらのキメラの典型的な使用は，例えば，誘発突然変異が胚体外の表現型であった場合である（Guillemot et al. 1994；Duncan et al. 1997；Yamamoto et al. 1998；Adams et al. 2000）。これらのキメラは，野生型4倍体細胞が，欠陥をもつ栄養膜や原始内胚葉派生物に対して寄与する状況，あるいは逆に，もし2倍体胚が野生型で4倍体胚が変異体であった場合には，これらの細胞系譜へ変異細胞が寄与できる状況を作り上げる（Damert et al. 2002）。面白いことに，4倍体細胞はキメラ状態の卵黄嚢内胚葉に"ごま塩"様式よりもむしろパッチ状に寄与するので，2倍体胚—4倍体胚キメラの卵黄嚢の臓側内胚葉を含め，原始内胚葉派生物における遺伝子機能を研究するための独特の機会を提供する（Damart et al. 2002）。

ES細胞—4倍体胚凝集キメラと注入キメラ

キメラにおけるES細胞と4倍体胚との補完的な発生能力は，これらの細胞が2倍体胚と別々に組み合わされて用いられた時に明らかとなった。4倍体胚は，卵黄嚢の内胚葉層を含む胎盤や胚体外内胚葉の栄養膜系譜に寄与する（Tarkowski et al. 1977）。しかし，ES細胞は，卵黄嚢の中胚葉層，羊膜，胚自身，および尿膜／臍帯にのみ寄与する。この完全と思われる補い合いは，4倍体胚とES細胞がキメラの2つの構成要素を形成した場合に，4倍体胚とES細胞とが互いに補完しあえるか否かを試すための実験の強い動機づけとなった。予想は正しかった。そのようなキメラにおいては，4倍体細胞は栄養外胚葉と原始内胚葉の派生物のすべての細胞系譜を引き継ぐことができるが，ES細胞は卵黄嚢中胚葉や胚自身全体を含む，もっぱら原始外胚葉派生物に寄与するのである（表11.3参照）（Nagy et al. 1990）。（プロトコール11.10DのES細胞と4倍体胚との凝集の方法を参照）

この戦略を用いることで，完全にES細胞に由来する生存産子マウスを作出することが可能である（Nagy et al. 1993；Eggan et al. 2001）。一般に用いられている129やほかの近交系由来のES細胞株のほとんどは，4倍体胚の構成要素が派生した胚体外組織を伴って，完全にES細胞に由来する胚の分娩までの発生が可能である。完全にES細胞に由来する産子あるいは後期胚の作出効率は，ES細胞株の間で様々である。例外的な近交系ES細胞株においては，移植されたキメラ胚の15％に達するが，これらの産子は，呼吸不全によって，分娩後あるいは帝王切開後まもなく死に至る（Nagy et al. 1990）。最近の実験的な証拠は，ES細胞株の系統の由来がこれらの生存の問題に関与することを示唆している。非近交系（例えば，R1あるいはC57BL/6と129との雑種第1代）および他の雑種のES細胞株を用いて作製されたキメラは，出産以降も生存できるし，妊孕能をもったまったく正常な動物に発生する（Nagy et al. 1993；Eggan et al. 2001, 2002）。

ES細胞—4倍体胚キメラのいくつかのユニークな応用がある。完全にES細胞に由来する胚を得る効率は，新規に樹立されたES細胞株の発生能力を知るための迅速かつ説得力ある物差しとなる。さらに，ES細胞をマウスに導入する前に，もし連続的な遺伝的改変が計画

されている場合，中間の細胞株の発生の正常性をテストして，次の遺伝子改変に用いる最も良い株を選択することが推奨される。ES細胞―4倍体胚キメラは，このような細胞株が完全にES細胞由来の産子に発生する効率を検定することにより，中間の細胞株を評価するための迅速方法である。

　これらのキメラは，ジーンターゲッティングによるホモ接合体ES細胞が作製された時，ES細胞から直接的に標的突然変異の*in vivo*での表現型を評価するための独特の機会を提供する (Carmeliet et al. 1996)。誘発突然変異の多くは，胚と胚体外の表現型の両方をもつ。これらのケースのほとんどにおいて，胚の表現型が最初であるのか，それとも二次的なものであるのかは明らかではない（例えば，胚体外組織の発生異常の結果）。ES細胞―4倍体胚キメラの最も一般的な応用は，突然変異における胚と胚体外組織との表現型の解析である。もし，標的突然変異のホモ接合体ES細胞が野生型の4倍体胚と一緒になった時，栄養外胚葉と原始内胚葉は野生型であるので，変異胚自身の発生を支持するであろう (Carmeliet et al. 1996; Barbacci et al. 1999)。もし，野生型ES細胞と変異4倍体胚が組み合わされた時は，変異／野生型の筋書きは反対となる (Damert et al. 2002)。

ES細胞注入キメラの作出

ES細胞注入のための胚盤胞の準備

　ES細胞の注入には可能な限り高品質の胚盤胞を用いることが必須である。さもなければ，注入の過程は大変困難となるであろうし，移植された胚の発生能力は，非常に危ういものとなる。ES細胞の注入用の胚盤胞は，十分に拡張したもののみを選択すべきであり，過剰に拡張した胚盤胞や孵化した胚は用いない。小型の胚盤胞では，ICMを傷つけることなくES細胞を注入することが困難である。また，過剰に拡張した胚盤胞では，しばしばピペットの穿刺が困難である。適切および不適当な胚盤胞は，図11.2に示すとおりである。

　胚盤胞の発生段階は，(1)動物室の明暗周期の調節，(2)もし過剰排卵動物(3章参照)が使われる時は，ホルモン処理の時間の最適化，あるいは(3)一日の始まりあるいは終わりにES細胞の注入を開始する(注入の開始時刻)，などの影響を受ける可能性がある。もし，胚盤胞の胞胚腔が小さすぎる時は，明暗周期の暗期をより早く始まるように設定する，ホルモン投与をより早く行う，あるいは注入をより遅くするという調整をする。もし，胚盤胞が過剰に拡張した場合には，逆の戦略を用いる(より詳細については第3章参照)。プロトコール11.5は，胚盤胞へのES細胞の注入方法を述べている。

　一般的に，自然交配したマウスから回収した胚は，過剰排卵雌由来の胚よりも質が高い傾向にある。しかし，ホルモン処理のタイミングが最適化されているのであれば，過剰排卵雌も使用することができる。過剰排卵雌由来の胚の質の低さは，一般的に過剰排卵雌から回収した胚では，自然交配雌由来の胚よりもわずかに発生がより進んでいる(同じ明暗周期に置かれた場合)という事実に起因している。この問題は，交尾後3.5日胚盤胞を回収する通常の回収方法の代わりに，卵管から交尾後2.5日桑実胚を回収して，それらを胚盤胞期まで一晩培養することによって解消できる。この短期間の体外培養は，胚の発生速度をわずかに減速させる。そして，多くの場合は，自然交配のよい代替法となる。しかしながら，この戦略は，完璧な最適培養条件が設定できる場合にのみ適用されることを指摘しておきたい。

　胚を取り扱う際には，子宮／卵管から回収する間および操作後にわたり，可能な限り慎重かつ大きな注意を払うべきである。インキュベーターの外で費やされる時間は最小限に保たれるべきである。そして，胚がHEPES緩衝培養液から5％CO_2のインキュベーターに移さ

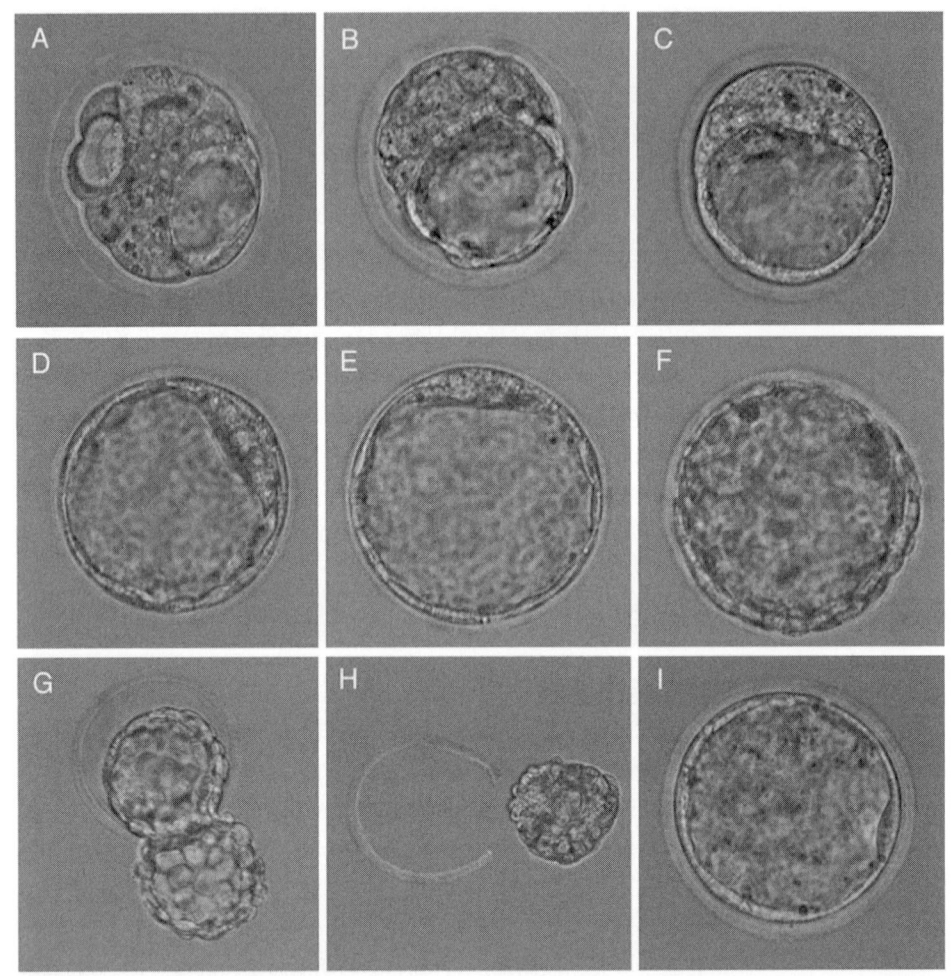

図11.2. 注入用の胚盤胞の発生段階と質。(A)胚盤胞の胞胚腔が形成し始めたばかりの非常に初期の胚盤胞,注入に用いるには早すぎる。(B)小さな胞胚腔をもつ初期胚盤胞,注入に用いるには早すぎる。(C)成長途上の胚盤胞,注入にはまだ十分な大きさではない。(D)ほとんど十分に拡張した胚盤胞,注入可能。(E)十分に拡張した胚盤胞,注入に最適。(F)過剰に拡張した胚盤胞(栄養膜細胞層がわずかに厚くなっており,形状は完全な球形ではない,注入は大変に困難)。(G)孵化途上の胚盤胞(注入は無理)。(H)孵化胚盤胞(注入は無理)。(I)内部細胞塊を観察することができないほど十分に適当に拡張した胚盤胞(注入を試みる前に回転させる。プロトコール11.5,ポイント4参照)。

れる時には,KSOM-AAあるいは他の胚培養液(第4章)で注意深く洗浄するべきである。

胚盤胞は,1および2細胞期胚よりもいくらか強健であるので,最適ではない温度／培養条件でも1および2細胞期胚と比較して良好に生存するであろうが,生存という指標だけでは十分ではないことを心得ておかなければならない。これらの胚は正確に取り扱われ,培養されるべきであり,その結果,胚は健康な産子に発生し得る。

注入のためのES細胞の準備

注入に用いられるES細胞は,培養下において最適な未分化形態を示していなければならない(第8章)。細胞は指数関数的な増殖を示し,ほぼコンフルエントの細胞密度で収穫する。もし凍結細胞を用いるのであれば,注入の2～3日前にバイアルを融解する。培養液は翌日に交換し,細胞密度が高くなりすぎないようパッセージする。注入当日,ES細胞は,

胚が注入される準備が整う1時間前に調整する。調整後，細胞は3～4時間使用可能である。分化のリスクを最小限にするために，可能な限り，フィーダー依存のES細胞を良質のマウス胚線維芽細胞（MEF）で増殖させることが重要である。しかしながら，注入作業では，MEFは妨げとなるので除去するべきである。これは，注入前の最後のパッセージの際に，ゼラチン上にES細胞を播種することによってなし得る。よりよい代替法は，プロトコール11.1に述べているように，前播種を通して行うことである。

注入用および保持用ピペットの準備

道具の品質，特に注入用ピペットは，胚盤胞への注入を成功裏に終えるために大変重要である（Bradley and Robertson 1986；Papaioannou and Johnson 1993）。保持用ピペットおよび注入用ピペットの両方ともいくつかの会社から購入可能である（例えば，Eppendorf VacuTip；TransferTipES）。一般的にこれらの毛細管は，品質が高いが値段も高い。注入用および保持用ピペットは，トリプシン溶液の中で一晩置かれ，よく洗浄されたのであれば，連続的な実験で再使用が可能である。保持用ピペットおよび注入用ピペットは，研究室であつらえることができる。自作のピペットは一般的に上質であり，サイズは個人の好みに合わせることができる。これらは，購入したできあいのピペットよりも相当に経済的である。保持用ピペットの準備については，プロトコール7.8で述べる。

マイクロピペットプラー（例えばSutter Instruments）は，注入用ピペットの準備に必要である。良好な注入用ピペットは，先端の内径が10～15μmの幅である。異なる株のES細胞の大きさはかなり変動するので，それぞれの場合に応じて最も適当なサイズを選ぶことが好ましい。内径が小さすぎると毛細管の中で細胞をこすってしまい，細胞を傷つけるであろう。しかし，外径が大きすぎると注入時に胚盤胞に過度の物理的な障害を与えることになる。テイパー（引かれて細くなった部分）の長さと形状は大変重要である。ES細胞注入用ピペットは，可能な限り長く，径が徐々に大きくなっているもの（テイパー部分は同じ径であるという意味）でなければならない。ここでの目標は，50～60個のES細胞を保持するのに十分な長さのテイパーをもつことである。もし，先端の径の増加が早すぎる場合，ES細胞は培養液やオイルと簡単に混ざってしまい，効率的な注入の大きな妨げとなる。

注入用ピペットの作製前および作製後の両方において，ガラス毛細管は可能な限り塵埃フリーに保たれなければならない。注入用ピペットの内部の埃は，内容物の円滑な動きを失わせ，壁にオイルの小滴が接着する危険性を高くする。もし，これらオイルの小滴が突然放出され，ES細胞と一緒に注入されると，胚盤胞にとって有害となる。

テストプログラムが搭載された電気的プラーを用いる時，フィラメントの燃えつきを避けるために，最初の毛細管が引かれる前にプログラムを走らせることが大変重要である。Sutter P 97において，このテストを「ランプテスト」と呼んでいる。ランプテストの価値は，使用するフィラメントとガラスの組み合わせで用いることが可能な最大熱を検討することであろう（詳細は，プロトコール11.2参照）。

毛細管プラーは，引かれた針の形を規定するいろいろなセッティングをもっている。近代的な電気的プラーにおいて，これらのセッティングは，最適な値を決定する方法において，しばしば互いに相互作用する（これらのセッティングの変更の効果についての考察はプロトコール11.2，コメント欄を参照）。ES細胞注入用ピペットの最適な形状は，やや弱い引き，低速度と適度に遅らせた引きを組み合わせた，比較的高温値を用いることによって得ることができる。

ES細胞注入用ピペットの先端の加工

　　　　　　　　　胚盤胞の穿刺を容易にする鋭い先端をもつ注入用ピペットを作製するには2つの方法がある。(1)剃刀刃，あるいはマイクロフォージのいずれかで毛細管を割り，次いで先端を平坦で鋭い開口部にするために研磨する。マイクロフォージで毛細管の先端を溶かすことによって，先端に大変鋭いスパイクを作ることもできる。(2)弓状に曲がった切断面を得るために剃刀刃で先端を手動で割る。両方の手順ともに，もし正しく実施できれば尖った鋭い先端となるが，先端の形状は異なる。(1)の選択で開口部の切断面は平面となり(図11.3A)，(2)の選択では弓状に曲がった切断を作る(図11.3B)。弓状切断面は多くの研究室で好まれている。なぜならば，ES細胞をピックアップして，ピペットの中で，個々の細胞の間を最小限の培養液でES細胞をできるだけ近くに寄せておくことを容易にするからである(図11.3C)。商業的に作製された注入用ピペットは，研磨したものかスパイクつきのいずれかである。自作のピペットでは切断先端が推奨される。なぜならば，少しの練習で最上級の注入用ピペットを作ることができる(この技術についてはプロトコール11.3参照)。もしピエゾドライブ(例えば，Primetech, Ibaraki, Japan)を胚盤胞へのES細胞の注入に用いるのであれば，平滑末端の注入用ピペットが必要である(Eggan et al. 2001)。

顕微注入装置の準備

　　　　　基本的な顕微鏡／マイクロマニピュレーター装置(第7章参照)を，胚盤胞への注入のために簡単に修正することができる。顕微鏡のステージの左右にそれぞれ1台ずつ，2台のマイクロマニピュレーターを接続した同様の倒立顕微鏡を使用することができる。微分干渉(DIC)よりもむしろ，位相差装置が推奨される。これら2つの光学系は，全く異なる顕微鏡像を提供する。DICは，高い分解能を与えるので接合体内部の前核の膜を検出することが可能である。一方，位相差装置は，対象物の外側表面のより良い像を提供し，3次元形の回りに透明な明かり，"ハロー"を形成する。このことは，注入に最も適したES細胞の選択を可能にする(プロトコール11.5参照)。前核への注入と同様に5倍あるいは10倍の対物レンズの低倍率が，保持用／注入用ピペット，胚盤胞およびES細胞を配置するために適当である。高倍率(20倍)の位相差レンズ系は実際の注入過程で必要とされる。

　　　前核への注入と同様に，保持用毛細管はマイクロメータースクリュータイプのコントロールユニット(例えば，Eppendorf CellZTram air)，あるいは，口にくわえて操作する簡単なマウスピペッティング道具(第7章参照)のいずれかで調節される。しかし，注入用ピペットは，毛細管の吸引，排出の両方の大変細かい繊細な動きを可能とする調節器に接続するべきである。このことは，保持用ピペットに用いられているものと同様なコントロールユニットで可能であるが，この場合はオイルで満たされる(例えば，Eppendorf CellTram Oil Vario)。もしコントロールユニット製品を使用するのであれば，チューブ，接続，およびオイル充填についての製造業者の推奨に常に従うべきである！　代替として，空気を充たした厚手のTygonチューブを介してインスツルメントホルダーに接続した10 ccのガラス注射筒を使用することができる。この場合，注入用のピペットはオイルで充たされる。

　　　ES細胞は，室温やそれ以上の温度に置かれた時，互いに，そしてすべての可能な表面への接着傾向がある。インジェクションチェンバーから細胞を回収することを容易にするために，顕微鏡のステージを冷却することが勧められる。いくつかの冷却ステージ製品が最近，利用可能となっており(第17章参照)，多くの会社が，個々の研究室のためにあつらえの冷却ステージを製造している。ほとんどのケースの原理は単純なものである。金属のフレームが顕微鏡のステージにぴったりくっついている。このフレームは中空となっており，冷却さ

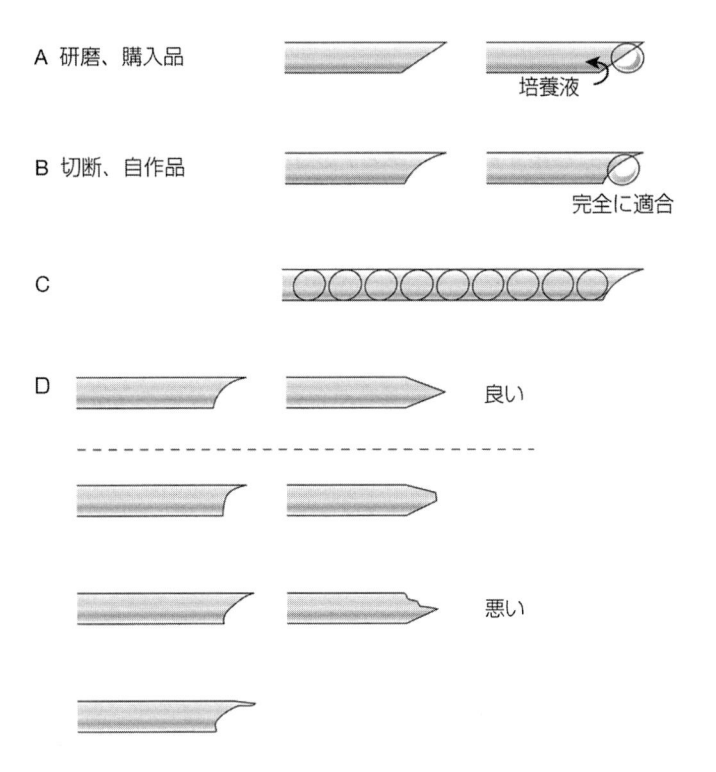

図11.3. ES細胞注入用ピペットの形状。(A)研磨した先端。(B)切断した先端。(C)注入用ピペットの中に充填したES細胞。(D)切断した先端の適切および不適切な形状。

れた水が中を循環する。この水は，インジェクションチェンバーを10〜14℃に維持する温度に冷却されている(図7.8参照)。しかし，ほかのシステムも利用可能である(第17章参照)。

保持用と注入用ピペットの動きは，顕微鏡ステージの同側のマイクロマニピュレーターによってコントロールされる(図7.4参照)。しかし，この反対側の手で，毛細管の吸引／排出をコントロールするのが実際的である。この交差したコントロールの理由については，注入操作を行うときにおのずとわかってくる。同じ側の手で同時に毛細管の吸引，排出をコントロールし，かつ移動操作を行うことは困難である。

凝集キメラの作出

凝集キメラの作出は，合理的な順番でいくつかの手順に分けることができる。この順序は，胚に与えるストレスを最小限にするに違いない。凝集用プレートをあらかじめ準備しておき(プロトコール11.7参照)，胚やES細胞を調整する間，インキュベーターの中で平衡させる。次の重要な段階は，凝集用に回収された胚の準備である。例えば，透明帯の除去(プロトコール11.8参照)である。この作業のあとに，実際の凝集操作(プロトコール11.10A, B, C, D)および一晩の培養へと移る。最後の段階は，第6章で述べたように，偽妊娠雌への凝集胚の移植である。もしES細胞を2倍体胚あるいは4倍体胚と凝集する場合，細胞を実験の準備に先立って，融解して培養する(プロトコール11.6)。

キメラ胚盤胞の移植

　　キメラ胚盤胞は，交尾後2.5日の受容雌の子宮，あるいは交尾後0.5日の偽妊娠受容雌の卵管のいずれかに移植するべきである。理想的には，胚盤胞を5～7個のグループに分け，それぞれのグループを1つの子宮角に戻す。結果的に受容雌あたり10～14個の胚となる。透明帯除去胚盤胞(CD1/ICR)の移植成功率は多少低いので，通常，受容雌あたり16～20個の胚を移植する。受容雌が不足している場合には，受容雌あたり24個までの操作した透明帯除去胚を移植してもよい。胚移植の詳細は，第6章参照のこと。

　　産子は，母親の妊娠日齢に従って，通常，交尾後19.5日に生まれる(胚の妊娠日齢ではない)。それゆえ，交尾後0.5日の受容雌の卵管，あるいは交尾後2.5日の受容雌の子宮に移植された交尾後3.5日の胚盤胞は，それぞれ，3日あるいは1日遅れで着床することとなる。もし，手順が正しく行われ，受容雌が至適で，病原体フリーの環境で維持されるのであれば，非操作胚盤胞の移植後の妊娠率はほぼ90%である。

　　ES細胞キメラにとって，胚の着床率は，その細胞株の発生能力に強く依存する。大変能力の高いES細胞は，寄与率が高く，胚の正常発生を支持する。しかし，発生能力の乏しいES細胞ではキメリズムが低いか，胚の生存性が減少するかという結果になるであろう。平均すると移植キメラ胚の40～60%が健康な産子へと発生する。少なすぎる胚の移植あるいは貧困なESの質による発生途上胚数の減少は，しばしば，2，3匹の胎子だけという結果をもたらす。これらの胎子はしばしば過大子となり，分娩困難の原因となる。この場合においては，一般的に母親は交尾後19.5日に分娩しないであろうし，何の仲介もなければ，産子は分娩遅延している間に死に至る。この状況は，帝王切開によって産子を娩出させることで解決できる(プロトコール6.5参照)。

ES細胞との凝集あるいはES細胞の注入で作出されたキメラマウスの繁殖

　　ほとんどのES細胞株は雄なので，注入法あるいは凝集法，いずれの方法によって得られたキメラにおいても，性比は雄マウスへの偏りがあるはずである(Robertson et al. 1986)。生殖系列への伝達のためにES由来の被毛が50%以上のすべてのキメラをテスト交配してみる価値がある。しかし，生殖系列への伝達は，ES由来の被毛が50%より有意に少ない雄でも得ることができる。もし，ホスト胚がC57BL/6であり，ES細胞が何らかのアグーチの129亜系由来であった時，キメラの雄を非アグーチの近交系(例えば，C57BL/6 a/a；C/C)あるいは非近交系(例えば，CF1 a/a；c/cあるいはBlack Swiss a/a；C/C)の雌と交配する。もし，ホスト胚がアルビノである時は，アルビノ雌をテスト交配に使用する。色素をもった産子は，生殖系列への伝達を示していることとなる。アグーチの129亜系由来のES細胞とアルビノの胚盤胞を用いて作られたキメラは，ES細胞が生殖系列に伝達した場合，産子の眼は色素をもっているので誕生時に確認することができる。さらに，これらのキメラをアルビノとテスト交配した場合，生殖系列産子の眼は色素をもっているので，生殖系列への伝達は誕生時に確認できる。実験によっては，このようなカラーマーキングシステムが有用である。

　　キメリズムの程度は，被毛が現れてきた時期(生後10日あたり)の産子で簡単に検出することができる。ES細胞とホスト胚の両方の毛色に依存して，キメリズムは異なった色の組み合わせとなる。最も一般的に用いられているキメラの組み合わせにおいて起こるであろう被毛の色の組み合わせを理解するために，メラノサイト(メラニン産生細胞)と毛胞細胞(メラノサイトにおけるメラニン産生に影響を及ぼす)の両方の遺伝子型が，毛の色に寄与する

ことを心に留めておくことが重要である。

　C57BL/6ホスト胚とアグーチの129亜系との間のキメラは，黒(C57BL/6)とアグーチ(129)の2つの色をもつ。しかしながら，C57BL/6と129P2/Olaとのキメラでは，黒(C57BL/6)，アグーチ，およびチンチラ(クリーム)(129P2/Ola)の3色をもつ。129P2/Olaマウスの被毛はチンチラ色である。アグーチの着色は，この場合，メラノサイトあるいは毛胞細胞のいずれか(両者ではなく)が，129P2/Ola由来で，他方がC57BL/6である時に起こる。もし，毛胞細胞とメラノサイトの両方が129P2/Ola ES細胞であった場合にはチンチラ色の被毛となるであろう。

　ホスト胚のマウス系統の選択は，異なる系統のマウスの利用可能性，変異が維持されているであろう系統の遺伝的背景を含む種々の要因によって決められる。発生上の変異の浸透度と表現型は，遺伝的背景によって変動するという証拠がある。このことは，実験をデザインする時や，結果の解釈の際に考慮するべきである(Threadgill et al. 1995)。良い戦略は，生殖系列への伝達を評価するために，最初，非アグーチの近交系や非近交系を変異マウスと交配することである。129のES細胞の生殖系列への伝達が確認されたキメラは，次に129雌と交配することができる。変異は，直ちに129近交系の遺伝的背景に乗せられる。しかし，生殖系列への伝達を示す被毛色マーカーがないので，産子のすべてをDNA解析によって検査しなければならない。129の遺伝的背景をもつことの欠点は，この系統の乏しい繁殖能力である。C57BL/6系統は，一般的に"ゴールドスタンダード"であると考えられているので，多くの研究室は，コンジェニック系統を樹立するためにC57BL/6へ生殖系列伝達F_1産子の戻し交配を開始する。もし，F_1雑種ES細胞が用いられたのであれば，変異や導入遺伝子をもった近交系を遺伝的背景とするマウスを速やかに作出することはできない。この場合，近交系への戻し交配が，均質な遺伝的背景を作り上げるための唯一の方法である。

　通常，相同組換えによってES細胞の1つの対立遺伝子のみが変異を受けるので，結果的にはキメラのES細胞コンパートメントによる産子の50％だけが変異を遺伝することになる。それゆえ，これらの産子の尾からDNAを調整して，サザン解析やPCR(第12章に述べているように)によって変異の有無を検査する。PCRのために，耳パンチやつま先の小片(もし研究機関においてつま先の切除が認められているのであれば)由来のDNAも使用し得る。

　それから，ヘテロ接合体の雌雄のマウスはヘテロ接合体50％，ホモ接合野生型25％，およびホモ接合変異型25％の胚あるいは産子という期待される収量を得るために交配される。もし，ホモ接合変異体が生後まもなく死ぬのであれば，それらは，しばしば母親によって食べられてしまうので，失われる。この損失を防ぐために，妊娠の18.5日に帝王切開を実施する(プロトコール6.5参照)。もし，ヘテロ接合体の動物が生殖系列キメラ(毛色から判断して)の産子の中に認められないのであれば，これには2つの可能性がある。ターゲットしたES細胞株に，ターゲットされていない細胞が混入しているか，あるいは，ターゲットした遺伝子が半数性不全(haploinsufficient)(Carmeliet et al. 1996；Bi et al. 2001)かインプリント遺伝子である。

プロトコール 1　注入用ES細胞の準備

材　料

細胞
　6cmの組織培養用ディッシュのMEFフィーダー細胞上で増殖したほぼコンフルエント状態のES細胞

器具
　遠心分離機
　インキュベーター，37℃
　ピペット
　チューブ，15ml(Falcon)

試薬
　ES細胞用培養液（第8章参照）
　ES細胞注入用培養液
　　ES培養用培養液10mlに1M HEPESを200μl加える；氷上に保持。4℃で7日まで保存
　Ca^{++}およびMg^{++}を除いたリン酸緩衝液(PBS)
　0.2％EDTA添加PBSで溶解した0.25％トリプシン

手　順

1. 培養液を除去して，PBSで細胞を1回洗浄する。
2. トリプシンを1ml加え，細胞を10分間，37℃でインキュベートする。
3. ES細胞用培養液を4ml加えることによってトリプシンの反応を止める。細胞を静かに，上下に3，4回ピペッティングすることによって再懸濁する。
4. 細胞懸濁液を組織培養用ディッシュに入れ，37℃で10～15分間インキュベートする。
5. MEFフィーダー細胞のほとんどは，プラスチック表面にゆるく接着するが，ES細胞は懸濁液中で浮遊している。ディッシュは注意深く動かすようにして，MEFフィーダー細胞層を乱さないよう注意する！ 注意深くディッシュを傾け，ES細胞を含む培養液をすべて回収する。ディッシュに接着したMEFsはそのまま残しておく。
6. 回収した細胞懸濁液を1000rpmで5分間，遠心する。
7. 細胞を500μlのES細胞注入用培養液で再懸濁し，この懸濁液を15mlのFalsonチューブに移す。
8. このチューブを氷上に30分間置く。
9. 培養液の3/4を注意深く除去する。この時，チューブの底に沈んでいる細胞を乱さないように注意する。この操作で培養液に浮遊している死滅細胞を除去することとなる。
10. 細胞を，冷えた新しいES細胞注入用培養液に再懸濁する。これで注入のための細胞の準備は整った。

コメント

一度ES細胞を調整した後は，細胞を注入までの間すべてにわたって氷上に保持しておく。細胞は，チューブの底に沈んでいるので，注入のために取り出す直前に，注意深く再懸濁する。たとえ細胞がインキュベーターの外に置かれているとしても，氷上における保持は細胞の凝集やpHの変化を防ぎ，細胞を単一細胞の懸濁液として保持する。細胞は3～4時間以内に使用されるべきであり，注入が長時間にわたることが計画・予想されるのであれば，新しい細胞を後で調整し直す。

プロトコール 2　Sutter Puller P-97の有効な設定値の決定

材料

器具
ピンセット
ガラス，中芯なしのホウケイ酸ガラス毛細管（例えば，Clark Electromedical instruments GC120T-15）
3 mm通しフィラメント（Science Bioproducts FT330B）つきのプラー（例えば，Sutter P-97）

手順

1. 3 mm通しフィラメントを使用する。
2. 清浄なピンセットを用いて，毛細管をプラーに挿入する。
3. ランプテストを行う。
4. Heatを ramp value +20にセットする。
5. Pullを50にセットする。
6. Velocityを75にセットする。
7. Timeを25にセットする。
8. これらの設定で毛細管を引く。
9. 先端の形状を評価し，どのパラメータを変更すべきかを決定する。
10. Heat，Pull，Velocity，およびTimeの設定を10ずつ増加させて調節する。それぞれの変更でガラス針の形状がどのように変化したかを記録し，保存する。

コメント

パラメータは，正確に個人の好みに沿った形状の注入用ピペットを作製できるように最適化できる。この手順は時間がかかる大変な根気が必要な過程である。以下のガイドラインは，この過程を援助するが，すべてのパラメータが相互に作用するということを心得ておくことが重要である。一つのパラメータの変更の結果は，ほかの値によっても影響を受けることがある。

- Heatの増加は，テイパー部分を長く，細くし，先端径を小さくする。
- Pullの増加は，テイパー部分を長くするが，先端径にほとんど影響しない。
- Velocityの増加は，先端径を細くする。
- Timeの増加は，テイパー部分を短くし，直径を急速に減少させる。
- 圧力は通常500にあらかじめセットされている。圧力の変更はいくつかの追加のプログラミングを必要とする。圧力の増加はテイパー部分を短くし，先端径を大きくする（設定に関する追加の情報や助言は，http://www.sutter.comでみつけることができる）。

| プロトコール 3 | ES細胞注入用ピペットの先端の切断加工 |

材　料

器具
引いた注入用ピペット
外科用メス，使い捨て
シリコンチューブ，厚手(外径15～20mm)
実体顕微鏡(倍率×20)

手　順

1. 3cm程度の長さの厚手のシリコンゴムチューブを縦に切断して，2つの半円片とする。その一つを丸い面が上になるように実体顕微鏡の上に置く。
2. 引いた注入用ピペットを，チューブの頂点上に45度の角度でさし渡しておく(図11.4A参照)。反対の手で，清浄で鋭い外科用メスをゴムチューブに対し45度の角度で保持する(図11.4B参照)。ガラス針の先端部は大変に細いので，ゴムに弱く張り付く。
3. 毛細管の切断しようとする部分はゴムに接しないようにしながら，ゴムの頂点部分の上に毛細管の極細になっている先端部分を置く(このことは，チューブの丸い形状によって可能となる)(図11.4C参照)。
4. ガラス針の適当な直径部分に外科用メスをほんの少し接触させる。ガラスは多くの場合にアーチ形に割れる。もし適切に割ることができなかったならば，わずかに上の部位で切断を繰り返す。

コメント

先端の形状は，横断面が均一に丸くなければならず，曲線部分は勾配が急すぎず，浅すぎず，また，かなりの鋭さが求められる(図11.3D参照)。この手順は，最初の試みの時には根気を要する。最初，ほとんどの針は不適当に割れるであろう。しかし，練習につれてほとんどの針を良好な形状に折ることが可能となる。あきらめるな！ この技術を習得するために努力する価値はある。
研究者によっては，注入用および保持用ピペットに，マイクロフォージを用いて30度の屈曲をつけるのを好む。その結果，ピペットの端を注入用チャンバーの底に平行に保持することが可能となる。しかし，注入用チャンバーに入る毛細管の角度を低く設定できるのであれば，この細工をする必要はない。

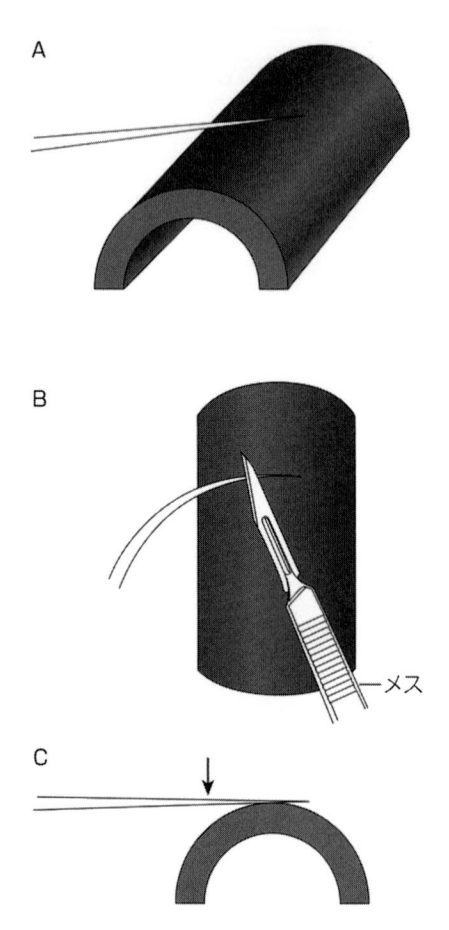

図11.4. ES細胞注入用ピペットの先端の破壊。(A)毛細管を左手に保持し，ゴム(半分に切断したシリコンチューブ)の上に置く。(B)ガラスはたいへん薄いので，先端がゴムに弱く貼り付く。このわずかな抵抗を利用することによって，ガラスを屈曲させる。清浄で鋭い外科用メスを右手に持つ。(C)ゴムの曲線部分が始まる部分に軽く接触することによってガラスを割る(矢印)。

プロトコール 4　顕微注入装置の設定

材　料

器具
保持用毛細管の圧調節器（CellTram Air, Eppendorf）
注入用ピペットの圧調節器（Cell Tram Oil Vario, Eppendorf）
顕微鏡の冷却ステージ（第17章および図7.8参照）
保持用ピペット（プロトコール7.8参照）あるいはEppendorf VacuTip
注入用チャンバー（第7章参照）
注入用ピペット（第7章参照）
マイクロマニピュレーター，左右，2つのインスツルメントホルダー（第17章参照）
保持用ピペットの圧調節器の代替としての1mlハミルトンシリンジとそれと一緒に使用するマイクロメーターシリンジ，高精密（Stoelting 51218M）
顕微鏡，倒立固定ステージ（第17章参照）
パラフィンオイル，軽質（Fisher O121-1；BDH 29436）
ポリエチレンチューブ，細径，肉厚フレキシブル（例，内径0.76mm，外径1.22mm）（Clay Adams PE-60）あるいは厚手のTygonチューブ，3.2×6.4mm
シリコンオイル，低粘度（BDH 630054T；Aldrich 14,615.3），高粘度（Fluka DC200, 85422, 1000 mPa.s）
注射筒，ガラス10cc，注入用ピペットの調節器の代替として厚手（3.2×6.4mm）のTygonチューブに接続
Transfer TipES（Eppendorf）

手　順

1. 保持用ピペットを左側のマイクロマニピュレーターに設置する。インスツルメントホルダーを調節器（例，CellTram Air）付属のチューブで接続する。調節器を顕微鏡の右側の操作が容易な適当な場所に置く。代替として，インスツルメントホルダーを厚手のシリコンチューブでマウスピペットに接続することも可能である。

2. オイルで満たした調節器を用いる場合は，操作開始前に，システムからすべての気泡を除くことが重要である。
   気泡のすべてを除かないと，細胞がピペットから勢いよく出入りしたり，調節器を操作してもメニスカスが全く動かないこととなる。

3. もし，Eppendorf Transfer TipESをCellTramオイルとともに，注入用ピペット用として用いる場合，注入用ピペットは空にしておく。
   もしほかのメーカー商品や手製の針，あるいはCellTram以外の調節器を用いる場合，注入用ピペットは精密な調節を可能とするためにオイルで満たすことが必要である（次頁のコメントを参照）。注入用ピペットとして用いるガラス毛細管の内径と同じ寸法の針と接続した10cc注射筒をオイルで満たす。針を注入用ピペットの後ろ側に挿入し，プランジャー（棒ピストン）をオイルが注入用ピペットに完全に満たされるまで圧搾する（オイル小滴がピペット先端部分に見えるようになるまで）。針をゆっくりと引き抜き，注入用ピペットの中に気泡がついていないことを確認する。

4．（オイルを満たした）注入用ピペットを右手のマイクロマニピュレーターのインスツルメントホルダーにつけ，調節器（例，CellTram Oil Vario）に接続する。調節器を顕微鏡ステージの左側に置く。代替として，厚手のTygonチューブでインスツルメントホルダーに接続したガラス注射筒を注入用ピペット調節のために用いる。この場合，チューブの口径が大きいことを補うために，重いシリコンオイルで注入用ピペットを満たす。
5．図7.5にしたがって，注入用チャンバーに器具を並べる。保持用と注入用の毛細管の両方を一列に配置するように並べるように注意する。その結果，それらは直線上に相対することとなる。

コメント

- すべての接続は，かなりしっかりとしなければならない。オイルや空気のいかなる漏れも必然的に調節不能な動きを招くことになる。
- ピペットに用いるいかなるオイルも胚への毒性の有無を試験しておく（第4章参照）。重いオイルは注入用ピペット内の動きをゆっくりとさせる。もし調節による動きが早すぎると思われるのであれば，重いオイルを使用する。動きが遅いのであれば，より軽いオイルを選択する。

プロトコール 5　ES細胞の胚盤胞への注入

材　料

胚と細胞
胚盤胞期の胚(第4章参照)
プロトコール11.1に従って調整したES細胞

器具
保持用ピペット(第7章参照)
湿度飽和インキュベーター, 37℃, 5%CO_2, 95%空気
注入用チャンバー(第7章参照)
注入用ピペット(図11.3参照)
顕微鏡／マイクロマニピュレーター装置(第7章, 第17章参照)
ミネラルオイル, 軽質, 胚培養試験ずみ
移し換え用ピペットおよびマウスピペット道具(第4章参照)

試薬
M16あるいはKSOM-AA培養液(第4章参照)

手　順

1. 顕微鏡ステージ上で注入用チャンバー(図7.8のチャンバーの説明を参照)をあらかじめ冷却する。
2. 移し換え用ピペットを用いて, 前冷却した注入用チャンバーの中に10個程度のグループの拡張胚盤胞を移す。次いで, 注入用チャンバーの中に200〜300個のES細胞(小滴のせいぜい半分をうめる細胞集団)を導入し, 細胞を底に沈めるようにする。
3. 高倍率を用いて, 大きさ(フィーダー細胞と比較して小さい)と形状(よりごつごつして"粗い"フィーダー細胞と比較して一様に球形)を基に個々の細胞を注意深く選別する(図11.5 A参照)。注入用ピペットの中に10〜15個のES細胞を最少量の培養液とともに吸引してES細胞を先端近くに配置する(コメント参照)。
4. 1個の胚盤胞を保持用ピペットに陰圧をかけることによって保持し, 顕微鏡視野の中央に移動する。ICMが6時あるいは12時の位置となるように胚盤胞を配置する。もしICMが確認しにくい時はほとんどの場合, ICMが焦点から最も近い, あるいは遠い位置にある。この場合, ICMがはっきりと見えるまで胚盤胞を注入用ピペットの助けで回転させる(後述のコメント参照)。
5. 注入用ピペットの先端を胚盤胞の中間点, 赤道と同じ焦点に配置する。注入用ピペットの先端を静かに胚の表面に接触させる(図11.5 B参照)。透明帯を損傷せぬように注意する。この操作で胚に小さなへこみができるが, これが胚盤胞表面におけるピペット先端の位置の指標となる。ピペットの先端は試行錯誤によって赤道位置に動かす。
6. 1回の, 速い, 連続的な動きで, 胚盤胞の胞胚腔の中にESを吸引してある注入用ピペットを導入する。注入用ピペット先端を2つの栄養膜細胞の間隙に挿入することを意図す

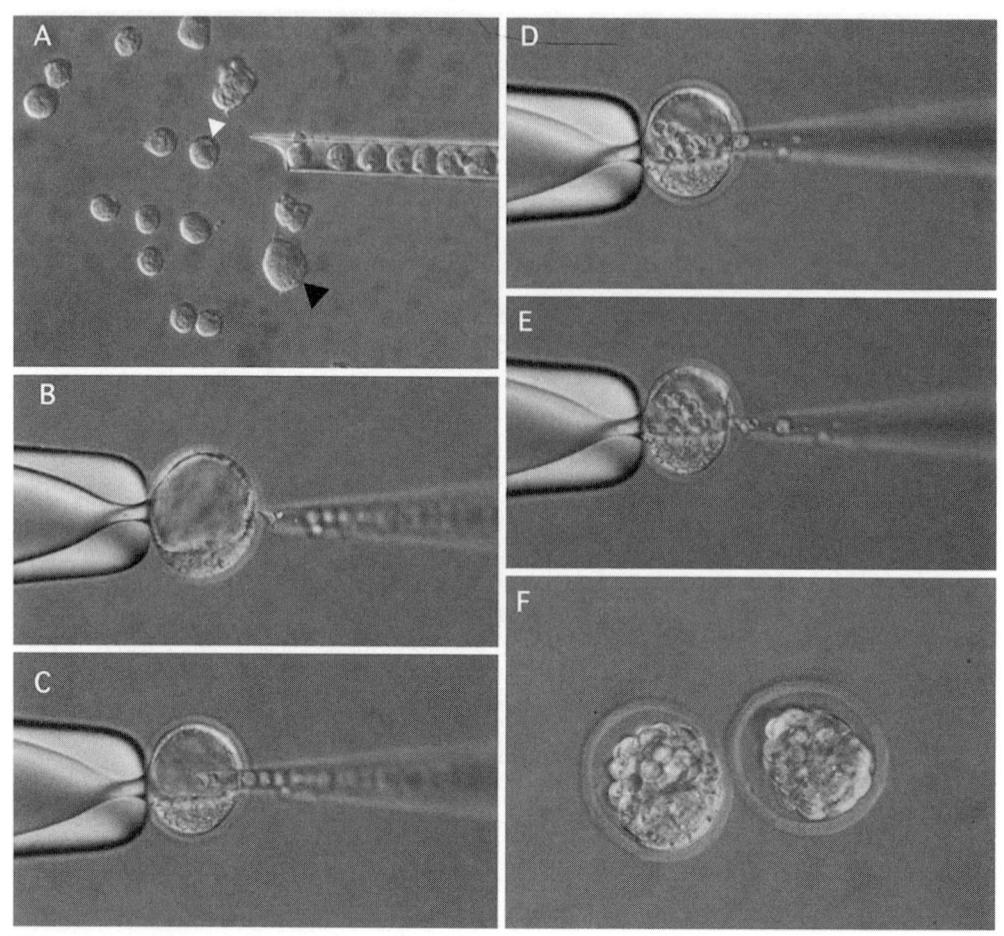

図11.5. 胚盤胞への注入の方法。(A)個々の細胞の付近に，注入用ピペットの先端を配置して細胞を回収する(黒矢印は線維芽細胞，白矢印はES細胞)。(B)保持用ピペットに胚盤胞を保持する。内部細胞塊を6時あるいは12時の位置に置く。注入用ピペットの先端は胚盤胞の中間点あるいは赤道と同じ焦点深度に合わせる。注入用ピペットの先端を胚の表面に静かに接触する。(C)単一の，迅速な連続的な動きで胚盤胞の胞胚腔の中に針を導入する。(D)細胞を胞胚腔の中にゆっくりと放出する。(E)ピペットをゆっくりと引き抜く。(F)収縮した胚盤胞。

る。このことは胚への障害を最小限にし，挿入の成功をより簡単にする(図11.5C参照)。注入用ピペットでICMに触れないように注意する。もし最初の試みで栄養膜細胞層の貫通が不成功に終っても，胚盤胞が収縮していないのであれば，同じ部位に再度，正確にピペットを挿入することを試みる。この時は最初よりも速い動きで操作する。注入が成功せず，胚盤胞が収縮した場合には廃棄する(コメント参照)。

7. ES細胞を胚盤胞の胞胚腔内にゆっくり排出する(図11.5D参照)。胚盤胞の中に油滴や変性(暗い)した細胞を注入しないように注意する。

8. ゆっくりと注入用ピペットを引き抜く(図11.5E参照)。もし，胚盤胞の胞胚腔の内圧が高い場合，注入された細胞がピペットを引き抜いている時に押し出されるかもしれない(この問題を防ぐための示唆は，後述のコメント参照)。一度ピペットを抜去すると胚盤胞は収縮するので，結果的に，導入された細胞がICMの表面に接触することとなる(図11.5F)。

9. 定期的に，注入操作を終えた胚を回収して，M16あるいはKSOM-AAの小滴内で湿度飽和のインキュベーター内で5％CO_2，37℃の条件でインキュベートする。胚盤胞は，培養後1～3時間で再拡張する。ほとんどの場合，注入された細胞は，再拡張後の胚盤胞の胞胚腔内に観察することはできない。ICMの中にすでに統合されているのであろう。

コメント

- 十分に拡張した胚盤胞のみを使うべきである。拡張が不十分な胚盤胞への注入は，ICMへの損傷を招く。
- もし，質的に適切な注入用ピペットが用いられ，操作者が熟練していれば，1時間に20～30個の拡張胚盤胞に注入することが可能である。しかし，注入の質が最終的に注入した量よりも大変重要である。時々，胚盤胞への注入操作が，注入用ピペットの先端の周囲や内部への細胞の残渣の蓄積によって妨げられる。これは，ピペットの先端を鈍くさせ，ピペット内部を粘着性にする。もし，軽質のパラフィンオイルでピペットを洗浄したり，ピペットを保持用ピペットに注意深くこすることによって残渣が除去できないのであれば，注入用ピペットを交換する。注入用ピペットの形状，大きさ，質は，一度に拾い上げ得る細胞の数を規定する。質の高いピペットは，多くの細胞をしっかりまとめて拾い上げることができるので，数個の胚盤胞に連続的に注入することを可能とする。しかし，注入用ピペットに過剰数の細胞を導入すると培養液やオイルと混ざってしまうので注意が必要である。
- 胚盤胞は，注入用ピペットで胚盤胞を回転することによって，容易に正しく配置することができる。もし胚盤胞を時計回りあるいは反時計回りに回転させることが必要なのであれば，注入用ピペットを胚の赤道上に保ち，それを動かすと同時に，注意深く透明帯に触れる。一方，もし胚盤胞を焦点の手前あるいは奥の方向に回転させる必要があるのであれば，注入用ピペットを注入用チャンバーの底に向かって下に動かす。ピペットを6時の位置に置き，次いで，12時方向へのすばやく移動することによって，胚盤胞を上手に回転させることができる（図11.6参照）。
- 注入前，胚盤胞の胞胚腔には，すでに高い圧力がかかっていることを覚えておくことが重要である。この圧力は特に過度に拡張した胚盤胞で高く，また，過剰排卵雌から回収した胚盤胞で高いことがある。この圧力は，ESが注入されるとさらに上昇する。注入用ピペットが除去された時，胞胚腔からの液の流出に伴い，細胞が再び搾り出されることがある。過剰の圧力は，細胞の注入前後に放出させることができる。
    1. 栄養膜細胞層を通して注入用ピペットを挿入する。次いで，ふたつの栄養膜細胞の間にピペットの先端部が来る位置まで再び引く。胚盤胞の大きさが縮小するまで待つ（1秒）。再度，注入用ピペットを挿入して細胞を放出する。注入後，注入用ピペットを抜去する。
    2. 注入用ピペットを挿入し，細胞を放出し，そして先端がまだ栄養膜細胞層にある位置までピペットを引く。圧力が平衡になるまで待つ。次いで，ピペットを完全に抜去する。われわれの経験によると，通常，選択1は過剰排卵雌から回収した胚に適当であり，選択2はかなり十分に拡張した胚盤胞に用いるとよい。

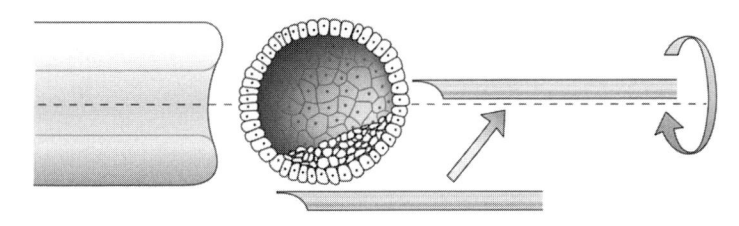

図11.6. 注入用ピペットの補助による胚盤胞の回転

- 最近，Piezoを装着したマイクロマニピュレーターシステムが，ピペットの胚盤胞への穿刺を非常に容易にすることを見出した研究室がある(Eggan et al. 2001；Kawase et al. 2001)。
- 粘性に伴う問題を小さくするために，注入用培養液にDNase Iを添加する研究室もある。

ES細胞注入のトラブルシューティング

1. 細胞の取り扱いが困難である。細胞の粘度が高かったり，壊れやすい。
   - トリプシン処理の時間が長すぎる。細胞の再懸濁が強すぎる。あるいは細胞が氷上に保持されていない。
   - 顕微鏡のステージが暖かすぎる。冷却ステージを使用する。
2. 注入用ピペットを挿入していると胚盤胞が収縮してしまう。
   - 注入用ピペットの先端が鈍い。上質のピペットのみを使用する。
   - 胚盤胞が小さすぎる(十分に拡張していない)か，あるいは大きすぎる(過度の拡張，孵化に近い)。正しい時期の胚盤胞を使用する。発生段階を調節するために，動物施設の明暗周期を変更する(第3章参照)。
   - 培養液が不適当である。C57BL/6胚を1細胞期から胚盤胞まで培養することによって，培養液の質をチェックする。少なくとも，70〜75％が孵化胚盤胞期に達しなければならない。
3. 注入用ピペットが粘性をもっている。先端に細胞残渣がぶらさがる。
   - ES細胞を回収している間に死滅細胞やフィーダー細胞がピペットの先端に接着することがある。残渣を振り払うために，ジョイスティック(機械的マニピュレーター)あるいは，インスツルメントホルダー(電気的および水圧式マニピュレーター)を注意して指で"たたく"。もし，これが無効であれば，ピペットをオイル表面から培養液に素早く動かす。
4. 注入用ピペットが粘性をもっている。内壁に細胞残渣が接着する。
   - ES細胞が注入用ピペットの内部で変性している。大きすぎて表面を擦るような細胞を取り上げないように注意する。艶のある丸い形態の健常と思われる細胞のみを選択する。
   - ピペットを交換する。内部を洗浄することはできない。
5. 胚盤胞が注入時に適切な位置に留まらない。
   - 保持用ピペットがまっすぐでない，一様な形態でない，あるいは内径が細すぎる。完全な質の保持用ピペットのみを使用する。
   - 保持用ピペットあるいは，注入用ピペットが互いに直線となるように注入用チャンバーに配置されていない。ピペットを再配置する。
   - 注入が行われる時に，注入用ピペットが胚盤胞の赤道部に正確に配置されていない。注入用ピペットの先端を正確に再配置する。
6. 注入後直ちに，ES細胞が胚盤胞の胞胚腔から"飛び出す"。
   - 胚盤胞の内圧が高すぎる。この問題解決には前述のコメントを参照。
   - 胚盤胞が過剰に拡張しており，孵化が近い。より若い時期の胚を使用する。
7. 注入時に注入用ピペットの先端が動く。
   - 第7章のトラブルシューティング，ポイント9参照。

プロトコール 6　凝集のためのES細胞の準備

ES細胞の培養の詳細については，第8章参照のこと。

材　料

細胞
6 cm組織培養用ディッシュのMEFフィーダー細胞層で増殖した，ほぼコンフルエント状態のES細胞

器具
倒立あるいは実体顕微鏡
組織培養用ディッシュ，ゼラチンコート処理，フィーダーなし

試薬
ES細胞用培養液(第8章参照)
組織培養グレードの水(第8章参照)で溶解した0.1％ゼラチン溶液(例，Sigma G2500)
Ca^{++}/Mg^{++}を含まないリン酸緩衝液(付録1参照)
0.2％EDTAを含むPBSで溶解した0.25％トリプシン溶液

手　順

1. 凝集の1日あるいは2日前に，ほぼコンフルエントに達したES細胞をゼラチンコートしたフィーダーなしの組織培養用ディッシュに継代する(第8章参照)。フィーダー細胞を取り除くために前処理する(プロトコール11.1参照)。1日あるいは2日後，凝集実験の時に5～15個のES細胞からなるコロニーができるように，2，3枚のゼラチンコートディッシュに通常よりも希薄に播種する(例，1：10～1：50希釈を用いる)。ほとんどのクローンにとって24時間の増殖で十分である。しかし，成長の遅いES細胞株にとって48時間が必要かも知れない。
2. 凝集実験当日に，凝集用プレート(プロトコール11.7参照)および透明帯除去胚盤胞(プロトコール11.8参照)の準備の後，凝集用に準備したESディッシュから培養液を除去する。
3. 細胞をCa^{++}/Mg^{++}を含まないPBSで洗浄し，次いで，ディッシュからPBSを吸引する。
   (随意)細胞を柔軟にするのを促すために細胞をトリプシンで洗浄する。このステップで，次のステップで必要とされるトリプシンの量を最小限にできる。
4. 細胞をちょうど覆うための最小限の量のトリプシンを加える(例，60mmディッシュで0.5ml)。ディッシュを室温に置くか，インキュベーターに1～2分入れる。ディッシュを渦巻き様に回し，細胞がディッシュの底から離れて上がっていることを顕微鏡下で観察する。
5. だいたい1/3のコロニーが浮遊した時，ディッシュを顕微鏡のステージに数回衝突させる。コロニーのほとんどがディッシュの底から離れるようにする。
6. 3～4 mlのES細胞用培養液を加えることによって，トリプシンの作用を止める。図11.7に示すように，細胞はゆるやかに接触した塊を形成する。

> **コメント**
>
> フィーダー細胞上のほぼコンフルエントのES細胞も使用することができる。かなり短時間(30秒から1分間)で軽くトリプシン処理する。顕微鏡のステージ上でディッシュを静かに叩き，小さな細胞塊をES細胞培養液が入った新しいディッシュの中に移す。もし必要であれば，正しい大きさの細胞塊(8〜15個の細胞数)を得るために，1mlピペットか1000μlのチップを用いて，大きな細胞塊をトリプシン溶液の中に静かに再懸濁させる。

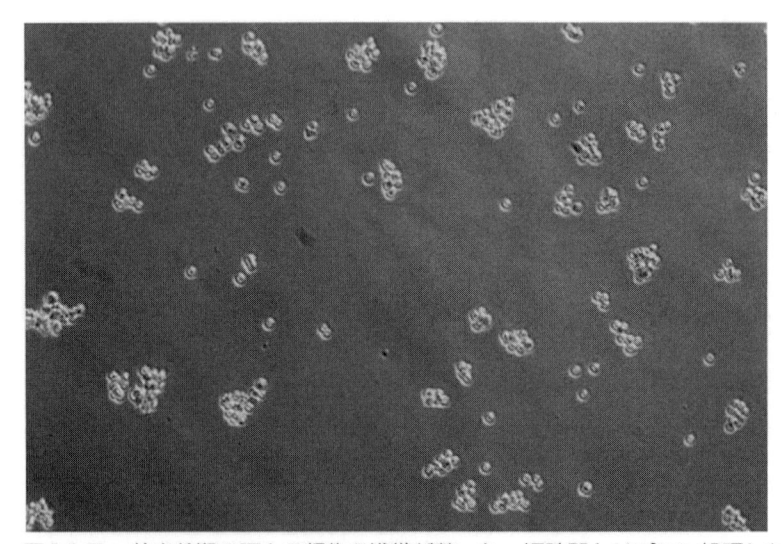

図11.7. 着床前期の胚との凝集の準備が整った，短時間トリプシン処理したES細胞

プロトコール 7　凝集用プレートの準備

材　料

器具
凝集用針（DN-09, BLS, Hungary, http://www.bls-ltd.com）
実体顕微鏡
インキュベーター，湿度飽和，37℃，5％CO_2
注射筒，1cc，26G針つき
組織培養用ディッシュ，プラスチック，35mm（例，Falcon 35-3001）

試薬
胚培養試験ずみ軽質ミネラルオイル（例，Sigma M8410）
70％エタノール＜！＞
KSOM-AAあるいは他の胚用培養液（コメント参照）

注意：＜！＞をつけた材料の適切な取り扱いについては付録2を参照のこと。

手　順

1. KSOM-AA培養液の小滴を35mm組織培養用ディッシュの中に4列に置く（図11.8A参照）。1列目と4列目は，3個の小滴を置き，残りの列には5個置く。小滴を作製する最も簡単で早い方法は，培養液を充填した26G針を接続した1cc注射筒を用いることである。小滴は直径3mm程度か，10〜15μlとする。
2. 直ちに，小滴を胚培養試験ずみ軽質ミネラルオイルで覆う。小滴がオイルの下に完全に隠されているということが必須である。しかし，オイルをディッシュから溢れさせてはいけない。
3. 凝集用針を70％エタノールで消毒する。次いで，プラスチックディッシュの中に凝集用ピペットを押しつけることによって，2列目から4列目の小滴の中に深いくぼみ（それぞれの小滴に6個）を作る（図11.8B，C参照）。くぼみが適当に深く，滑らかで，そして小滴の中央と周辺部の中間あたりに作製することを確実にするために，実体顕微鏡下でこの作業を行う。小滴の中央を使用することは避ける。なぜならば，もし，これより先の操作で培養液に気泡が生じた場合，気泡が中央部分の視界を妨げるからである。くぼみを作製する前，少なくとも30分間インキュベーター内で凝集プレートを平衡するのが適当である。
4. 同様な方法で，それぞれ40〜60個のくぼみをもつ，2，3枚の凝集用プレートを準備する（凝集する予定胚数に依存する）。CO_2と温度を平衡するために，少なくとも数時間はプレートをインキュベーターの中に置く。もし可能であれば，プレートを使用する1日前に準備することが推奨される。

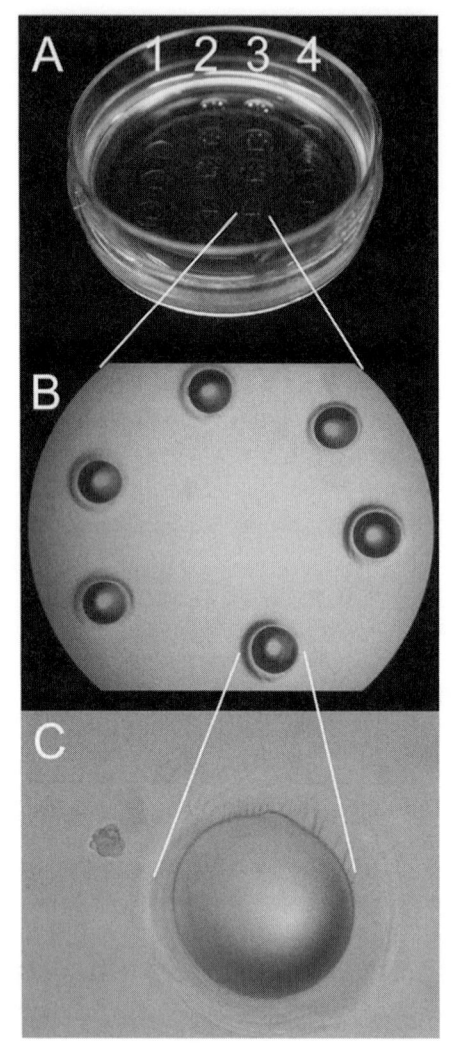

図11.8. 凝集用プレート。(A)オイル下の小滴の列。(B)小滴内のくぼみの配置。(C)高倍率で観察したくぼみ。直径を判断するのを助けるため，透明帯除去胚はくぼみの外側に置いている。

> **コメント**
>
> 偽妊娠雌に移植される前に，胚は一晩，あるいは4倍体胚の場合は48時間，培養されるので，胚の培養条件の質は凝集キメラ作製における主要な要因である(第4章の着床前期胚の培養を参照)。M16およびKSOM培養液の両者ともに凝集キメラの作製のために何年も成功裏に使用されている。アミノ酸を添加したKSOM培養液(KSOM-AA)は，最近の多くの実験に用いられている。おそらく，ほかの着床前胚の培養液も同様に効果的に使用できると思われる。

プロトコール 8　　透明帯の除去

　酸性タイロード液を用いた着床前のマウス胚の透明帯の除去が，その簡便さゆえに一般的になっている。R. Gwatkin(1964)は，マウス胚盤胞の透明帯を酸性の培養液に曝露することによって溶解できることを示した。その後，この処理は胚の生存性と相反するものと報告された(Bowman and McLaren 1969)が，Burn and Psychoyos(1972)がpH 3.7の緩衝液を用いて，胚の生存性を保持したままラット胚盤胞の透明帯を除去する方法を開発した。マウス胚盤胞の透明帯除去のために酸性タイロード液(pH 2.5)を用いる最近の方法は，Nicolson and Colleagues (1975)によって開発された。

材　料

胚
着床前期の胚
　桑実胚の凝集のためには，第4章で述べたように，胚を交尾後2.5日で回収する。もし，4倍体胚を用いる時は，プロトコール11.9で述べたように，2細胞期胚を交尾後1.5日に回収して融合し，一晩培養して，3および4細胞期で凝集に用いる。

器具
凝集用プレート，平衡したもの(プロトコール11.7)
実体顕微鏡(コメント参照)
インキュベーター，湿度飽和，37℃，5%CO_2
ディッシュ，プラスチック(コメント参照)
胚操作用の口あるいは手で操作するピペット操作具(第4章)

試薬
酸性タイロード液(例，Sigma T1788)室温(付録1参照)
M2あるいは他のHEPES緩衝培養液(第4章参照)
KSOM-AA培養液あるいは他の胚培養液

手　順

1. プラスチックディッシュの中に，M2培養液の小滴2個と酸性タイロード液の小滴数個を置く(室温で保持)。
　　小滴の配置を一定に固定することによって胚の操作が容易となる(図11.9A参照)。
2. M2の小滴の1つに同じ遺伝子型の胚を移す(図11.9B)。できるだけ少量の培養液とともに20～50個のグループの胚を取り上げ(胚の数は操作の速さによる)，それらを酸性タイロード液の小滴の1つで洗浄する。次いで，それらの胚を別の新鮮な酸性タイロード液小滴に移す。
3. 透明帯の溶解を観察しながら，ピペットの先端を用いて胚を上下に動かす(図11.9C)。胚の溶解後直ちに，胚をM2の新しい小滴に移す。胚が互いに接しないようにする(図11.9D)。
4. 残りの胚について，この手順を繰り返す。それぞれのグループの胚に酸性タイロード溶

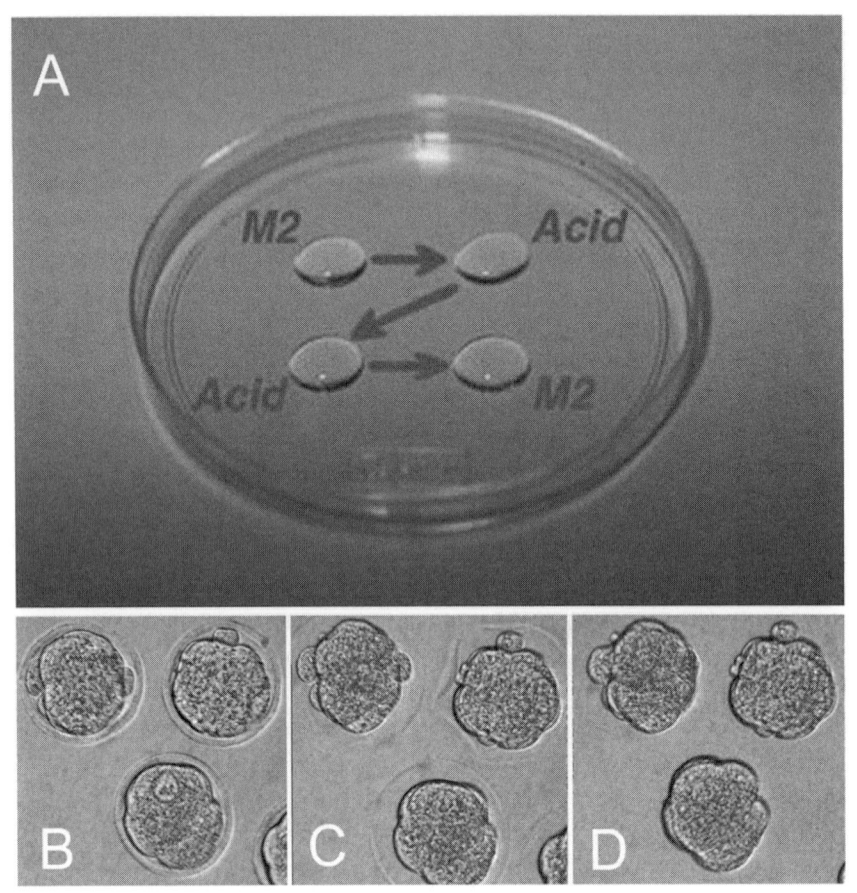

図11.9. 透明帯の除去。(A)酸性タイロード液およびM2培養液の小滴をのせたディッシュ。(B)透明帯を伴う胚。(C)溶解している透明帯。(D)透明帯を失った胚。

液の新しい小滴を使用する。もし小滴の量が100〜200μlであれば、同じ小滴を再度使用することが可能である。M2培養液で希釈された酸は効果的に働かないし、培養液中の酸は胚に障害を与える可能性があるので、小滴間を、最小限の溶液の移動（できるだけ溶液を持ち込まないよう）にするということが大変重要である。

5. 胚を個別に凝集用プレートに移す前に、M2培養液の2,3個の小滴で洗浄し、次いで、KSOM-AA培養液の数個の小滴で洗浄する。

コメント

- 胚は、酸性タイロード液で透明帯を除去している間は粘性がある。細菌培養用のプラスチックディッシュや組織培養用ディッシュのふたの使用が、ディッシュへの胚の粘着を防ぐために必須である。加えて、室温よりもわずかに低い温度で作業することや、常に胚を動かすことも胚の粘着をより減少させる。
- 透明帯除去胚を取り扱う時には、細く引いたパスツールピペットの先端を火であぶって丸くすることが有効である。なぜならば、透明帯除去胚は、毛細管の鋭い端によって、壊れやすく、容易に傷つきやすいからである（第4章参照）。
- 実体顕微鏡のステージには、透明なガラスよりもつや消しガラスを使用すると、透明帯の除去の間、透明帯がよりよく見える。

| プロトコール 9 | **4倍体胚の作出** |

　最近，4倍体マウス胚は，"胚―胚"，および"ES細胞―胚"キメラの両方にとって重要な構成要素になっている。4倍体胚の作製は，これらの2つのタイプのキメラの必須な部分である。電気融合による4倍体胚の作製は，Kubiak and Tarkowski(1985)によって最初に述べられた。ここの述べる方法は，その報告に由来するが，道具の変更と繊細な調整を加えている（Nagy and Rossant 1999）。

材　料

胚
　第4章で述べた交尾後1.5日に回収した2細胞期胚

器具
　CF-150Bパルス発生器（BLS, Hungary, http://www.bls-ltd.com）
　実体顕微鏡（コメント参照）
　250μm間隔の電極チャンバー。例，GSS-250（BLS, Hungary, http://www.bls-ltd.com）
　　それぞれ，500および1000μmの間隔幅をもつGSS-500およびGSS-1000電極チャンバーも使用でき，同じ会社から入手可能である。
　インキュベーター，湿度飽和，37℃，5%CO_2
　小滴培養ディッシュ（第4章参照）
　ディッシュ，100mmプラスチック（例，Fisher 08-757-13A）
　胚操作用の口あるいは手で操作するピペット操作具

試薬
　マンニトール，0.3M（Sigma M4125）
　　超純水に溶解し，0.3%ウシ血清アルブミンを加え（BSA；Sigma A3311），0.22μmミリポアフィルターを通す。小分けして-20℃に保存する。それぞれの実験で新しい小分けを用いる（付録1参照）。
　M2あるいは他のHEPES緩衝培養液（第4章参照）
　KSOM-AA培養液あるいは他の胚培養液

手　順

1. 第4章で述べたように，自然交配あるいは過剰排卵雌の卵管から2細胞期胚（交尾後1.5日）を灌流する。通常，HEPES緩衝培養液を用いて，15分以内に200個までの胚を回収後正しく融合させることができる。もし，200個より多い胚が回収されたのであれば，HEPES緩衝培養液に長時間曝露することを避けるために，それらのいくつかを融合の準備が整うまで，培養ディッシュの小滴内において置くべきである。

2. パルス発生器を電解質融合と実効DCおよび零AC電圧と実効パルス間隔にセットする。これら2つのパラメータは，用いる電極チャンバーによって異なってくる（表11.4の提案値を参照）。これらの値は，用いられる個々の融合機器や電極できっちりと調整されるべきである。

表11.4. CF-150B融合機器と種々の電極のためのインパルスパラメーター

電極	電圧	実効パルス間隔	反復回数	AC電圧
GSS-250	30 V	40 μsec	2	2 V
GSS-500	50 V	35 μsec	2	2 V
GSS-1000	147 V	26 μsec	2	2 V

3. 電極チャンバーを含む100mmディッシュを実体顕微鏡に置き，パルス発生器にケーブルを接続する（図11.10 A参照）。
4. 図11.10 Aに示すように，ディッシュにM2培養液の大きな2個の小滴（小滴1と4）とマンニトール溶液の2個の小滴（小滴2と3）を置く。気泡によって視界が妨げられるのを避けるために，小滴3は，電極に関して偏心でなければならない。
5. 胚のすべてを小滴1（M2小滴）に置く。
6. 30～35個の胚をマンニトールの小滴2で洗い，電極間の小滴3（マンニトール）に置く。ACノブを回すことによって，AC電場をゆっくりと増加する。これは，胚のほとんどを正位置にする（図11.10 B参照）。正しく配置していない胚を静かに押すか取り上げ，それらを再度退かせる。電極間に置かれた胚の割球結合面を電極と平行に配置するAC電場は，要求最小電圧（通常1～2V）に先立って合わせることができる。
   注意：AC電場の高すぎる電圧の設定は，胚を変性させる。
7. 胚のすべてが適切に配置したならば，融合パルスを与えるスイッチを押す。
8. 胚を小滴4（M2小滴）に移す。
9. 残りの胚を用いてステップ6～8を繰り返す。15分以上を要しないようにする。もし，もっと多くの胚を処理する必要があるならば，電極チャンバー内のマンニトール小滴を新しいものに交換する。
10. KSOM-AAの数個の小滴を通して胚を洗浄し，インキュベーター内（37℃，5％CO_2）のオイル下の小滴の中に置く。
11. 30～45分後，胚を検査し，2個の割球の完全な融合が進行した胚（図11.10 Cの胚3を参照）を新しい小滴に移す。融合は後期の2細胞期で起こるので，このステップは大変重要である。もしこの時期の間に検査をしないと，融合した胚が再度卵割する。この時点においては，融合しなかった2倍体胚と区別することができない。
12. 融合胚をインキュベーター内で24時間培養する。この期間に，健常な胚は2回卵割する。したがって，4細胞期の4倍体胚が期待される。この時期は4倍体胚を凝集に用いる発生段階である。注入キメラには，追加の24時間かそれ以上培養する。この期間に4倍体胚は胚盤胞期に発生する。

コメント

- 着床前の時期を通して，発生のタイミングは4倍体胚でも変化しない。したがって，4倍体胚のコンパクションは，4細胞期に始まる。
- もし融合のパラメータが最適化されていれば，融合の効率は90％以上となる。2回目のパルスを未融合胚に与えることもできる。
- 適切な培養条件が用いられている時，4細胞期への発生率は，融合後24時間で，少なくとも80％となる。少数の胚が"1細胞"期に留まっているかもしれないが，それは使用できない。

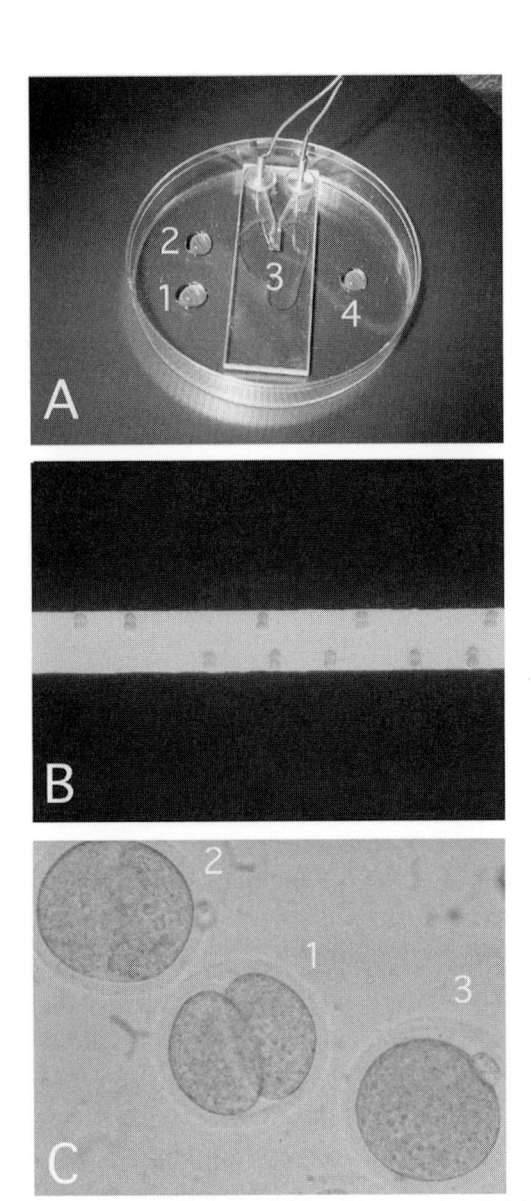

図11.10. 4倍体胚の作製。(A)マンニトール小滴(小滴2と3)およびM2培養液小滴(小滴1と4)を置いた電気融合チャンバー。(B)電極間に並んだ胚。(C)融合途上の2細胞期胚。(1)パルスを与えた直後の胚,(2)2個の割球が融合途上の胚,および(3)融合した2細胞期胚。

> 2細胞期胚は発生が遅延しており,それらが4細胞期に発生した日に使用できるかもしれない。
> - いくつかのマウス系統由来の胚は,ある種の培養液(M16など)において"2-cell block(2細胞期での発生の停止)"現象を示すので,これらの培養液を使用するにあたっては,胚を後期の2細胞期で回収することが重要である。しかし,KSOM-AA培養液を使用する時には,このことは関係ない。
> - もし可能であれば,融合の間,互いに隣接した2台の顕微鏡を使用することが便利である。1台は胚のM2とマンニトール洗浄用で,もう1台は電極チャンバー用である。

プロトコール 10A　2倍体胚と2倍体胚との凝集胚の作製

材料

胚
　交尾後2.5日胚（プロトコール11.8）

器具
　凝集プレート（プロトコール11.7）
　インキュベーター，湿度飽和，37℃，5％CO_2
　KSOM-AA培養液あるいは他の胚培養液
　小滴用あるいは組織培養用ディッシュ（Falcon 35-3037）
　ピペット操作具
　実体顕微鏡

手順

1. 実験の少なくとも数時間前あるいは1日前に凝集用プレート（プロトコール11.7）を準備する。
2. 第4章で述べたように，キメラの第1の構成要素（遺伝子型）の8細胞期胚を回収する。次のステップの準備が整うまで，インキュベーター内の小滴あるいは組織培養用ディッシュに，回収した透明帯除去前の胚を置くとよい。
3. キメラの第2の構成要素（遺伝子型）の8細胞期胚を回収する。KSOM-AAあるいは他の胚培養液を用いて短時間それらをインキュベーター内に置くか，あるいは直ちに透明帯を除去する。
4. 透明帯を除去する（プロトコール11.8）。
5. 凝集用プレート内のそれぞれのくぼみの中に，透明帯除去胚を個々に置く（例えば，図11.11Aに示すように，それぞれの小滴に6個のくぼみ）。
6. もう一方の遺伝子型の胚のためにステップ4と5を繰り返す。胚を個々にくぼみの中に置く時，2番目のグループの胚が第1のグループの胚と物理的に接触することを確認する。胚の凝集は図11.11Bに示されているようでなければならない。
7. 5％CO_2，37℃，湿度飽和のインキュベーター内で，24時間，凝集胚を培養する。
8. 一晩培養後，図11.12Dの2倍体胚—ES細胞凝集で示されているように，凝集胚のすべては，後期桑実胚あるいは初期胚盤胞期の単一胚を形成していなければならない。

コメント

- 胚の生産方法（自然交配あるいは過剰排卵）あるいは／および胚の遺伝子型によって，胚の質は様々である。効率を最大限に上げるためには，完璧な8細胞から桑実期の胚を凝集に用いるべきである。もし培養条件が至適であり，胚へのストレスが最小限であれば，凝集胚のすべては適切に発生するであろうし，培養24時間後に偽妊娠雌へ移植することができる。
- 第6章で述べているように，コンパクションを起こした桑実胚および胚盤胞は，偽妊娠2.5日

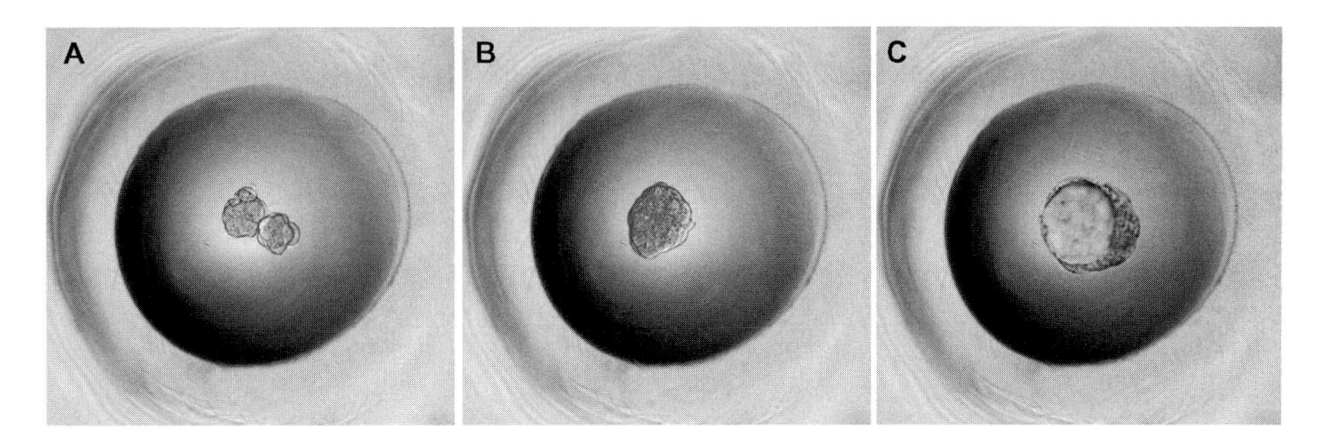

図11.11. 2倍体胚の凝集。(A)くぼみの中に置かれた2個の8細胞期胚。(B)培養12時間後のキメラ桑実胚。(C)培養24時間後の拡張しているキメラ胚盤胞。

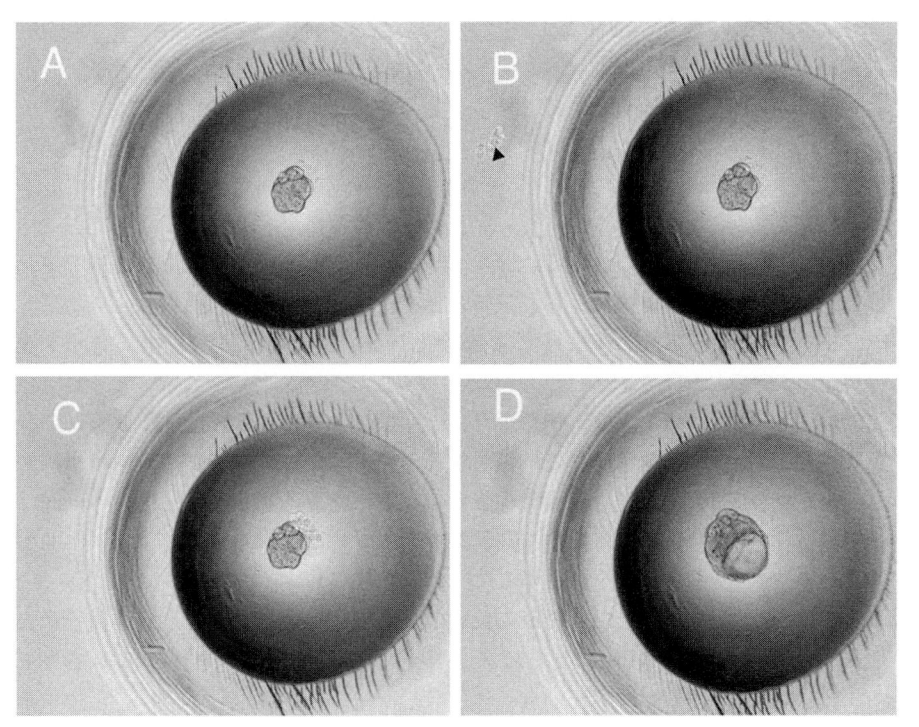

図11.12. ES細胞と2倍体胚との凝集。(A)くぼみの中の透明帯除去2倍体胚。(B)くぼみの外側のES細胞塊(矢印)とくぼみの中の2倍体胚。(C)くぼみの中のES細胞塊と2倍体胚。(D)一晩培養後に胚盤胞に発生した凝集胚。

の受容雌マウスの子宮に移植される。透明帯を伴わない胚は，より壊れやすく，粘性が高いので，注意して取り扱わなければならない。受容雌が不足した場合，桑実胚をもう一晩培養し，次の日に拡張胚盤胞期で偽妊娠2.5日の受容雌に移植する。偽妊娠3.5日の受容雌も機能するが，2.5日より低効率である。胚を偽妊娠0.5日の受容雌の卵管に移植することも可能である(より詳細については，第6章参照)。

| プロトコール 10B | ES細胞と2倍体胚との凝集胚の作製 |

材 料

胚と細胞
　ES細胞（プロトコール11.6）
　交尾後2.5日胚（プロトコール11.8）

器具
　凝集用プレート（プロトコール11.7）
　実体顕微鏡
　インキュベーター，湿度飽和，37℃，5% CO_2
　KSOM-AA培養液あるいは他の胚培養液
　組織培養用ディッシュ（Falcon 35-3037）
　胚操作用ピペットを口あるいは手で保持する道具
　組織培養用ディッシュ，ゼラチンコート

手 順

1. 凝集の1あるいは2日前に，ゼラチンコート組織培養用ディッシュにES細胞を播く（詳細は第8章およびプロトコール11.6参照）。
2. 実験の少なくとも数時間あるいは1日前に凝集用プレートを準備する（プロトコール11.7）。
3. 第4章で述べたように，8細胞あるいは桑実期の胚を回収する。もし必要であれば，次のステップの準備が整うまで，インキュベーターの中の小滴あるいは組織培養用ディッシュに透明帯の除去前に回収した胚を置いておくとよい。または，回収胚をHEPES緩衝培養液の中に置き，ステップ4に移る。
4. 透明帯を除去する（プロトコール11.8）。
5. 平衡した培養液の数個の小滴を通して胚を洗浄し，透明帯除去胚を個々に凝集用プレートの小さなくぼみの中に置く。それぞれのくぼみの中に胚を1個だけ置く（図11.12A）。
6. 凝集用にES細胞を準備する（プロトコール11.6）。
7. ゆるく接着している100〜200個のES細胞塊を取り上げ，KSOM-AAあるいは同様の胚培養液の大きな小滴の中に移す。次いで，この小滴から再び取り出し，正しい数の細胞（8〜15個）を含んでいるES塊を濃縮するように，凝集用プレートのくぼみをもたない第1列と4列に移す（図11.8A）。最少量の培養液と一緒に正しい大きさのES細胞塊をくぼみをもたない微小滴の中に移すこともできる。
8. 最高のES細胞塊候補の最終的な選別を行い，それらの6〜10個を胚を含む2および3列目の小滴の中央に移す（図11.8Aと図11.12B）。
9. （最終選別の後に）1個のES細胞塊を置き，凝集プレートのくぼみの内側に置いてある胚に接触させる（図11.12C）。
10. 凝集が終了した後，未使用のES細胞塊を小滴の中央から注意深く除去する。

11. 凝集胚を湿度飽和，5% CO_2，37℃のインキュベーターで24時間培養する。
12. 一晩の培養後，凝集胚のすべては，後期桑実胚あるいは初期胚盤胞期の単一胚を形成しなければならない(図11.12D)。そして，偽妊娠雌マウスの子宮に移植される(第6章参照)。

コメント

ステップ5において，透明帯除去胚を微小滴の中のくぼみの内側ではなく，くぼみのとなりに置くことも可能である。この場合，ES細胞塊を胚に先立ってくぼみの中に置くことで，大きさを確認することが容易となる。両方法ともに同等によく機能する。

プロトコール 10C　2倍体胚と4倍体胚との凝集胚の作製

　2倍体胚—4倍体胚キメラの作出には，4細胞期の4倍体胚の作出(プロトコール11.9)と2倍体胚—2倍体胚の凝集で述べた方法(プロトコール11.10A)の実行の時機を合わせたコンビネーションが必要である。それゆえ，この種類のキメラを作るためには，以下の方法を順序を守って実施する。

材　料

胚
　2倍体交尾後2.5日胚(プロトコール11.8)
　4倍体胚(プロトコール11.9)

器具
　凝集用プレート(プロトコール11.7)
　インキュベーター，湿度飽和，37℃，5% CO_2
　組織培養用ディッシュ(Falcon 35-3037)
　胚操作用ピペットを口あるいは手で保持する道具
　実体顕微鏡

手　順

1. 4倍体胚作製の数時間あるいは1日前に微小滴培養ディッシュを準備する。
2. 交尾後1.5日に2細胞期胚を回収し，プロトコール11.9で述べたようにそれらを融合し，翌日の2倍体胚との凝集用の4細胞期の4倍体胚を作るために一晩培養する。
3. 凝集実験の数時間あるいは1日前に凝集用プレート(プロトコール11.7)を準備する。
4. 第4章で述べたように8細胞期胚を回収する。次のステップの準備が整うまで，回収した胚を透明帯除去の前にインキュベーター内の微小滴あるいは組織培養用ディッシュの中に置くとよい。さもなければ，直ちに透明帯を除去する。
5. 2倍体胚の透明帯を除去する(プロトコール11.8)。
6. 透明帯除去2倍体胚を個々に凝集プレートのそれぞれのくぼみの中に置く(例，図11.11Aに示すようにそれぞれの微小滴に6個のくぼみ)。
7. 4倍体胚でステップ4と5を繰り返す。4倍体胚をくぼみの中に個々に置いた時，4倍体胚が2倍体胚と物理的に接触していることを確かめる(図11.11Bの2倍体胚凝集に示しているように)。
8. 凝集胚を湿度飽和，5% CO_2，37℃のインキュベーター内で24時間培養する。
9. 一晩の培養後，凝集胚のすべては，後期の桑実胚あるいは初期胚盤胞期の単一胚を形成していなければならない(図11.12Dの2倍体胚—ES細胞の凝集で示しているように)。そして，交尾後2.5日の偽妊娠雌の子宮に移植することができる(第6章参照)。

コメント

- 4倍体胚の構成要素は，胚体外組織に寄与するが，4倍体細胞はここでも寄与に乏しい。ほとんどすべてのキメラにおいて，4倍体構成要素由来の寄与は50％より少ない。
- 時々，胚自身に4倍体細胞の小さな寄与が観察されることが起こる。この4倍体の"混入"は，胚の10％に満たない。これは小さな割合である。しかし，心に留め，これらの胚を容易に認識できるように実験をデザインすることが重要である。さもなければ，この混入が表現型の解釈を難しくさせることがある。

プロトコール 10D　ES細胞と4倍体胚との凝集胚の作製

　ES細胞—4倍体胚キメラの作製には，4細胞期の4倍体胚の作出と2倍体胚を4倍体胚に置換したES細胞—2倍体胚の凝集で述べられた方法（プロトコール11.10B）の実行の時機を合わせたコンビネーション必要である．それゆえ，この種類のキメラを作るためには，以下の方法について順序を守って実施する．

材　料

胚
　ES細胞（プロトコール11.6）
　4倍体胚（プロトコール11.8および11.9）

器具
　凝集用プレート（プロトコール11.8および11.7）
　インキュベーター，湿度飽和，37℃，5％CO_2
　組織培養用ディッシュ（Falcon 35-3037）
　胚操作用ピペットを口あるいは手で保持する道具
　実体顕微鏡
　組織培養用ディッシュ，ゼラチンコートしたもの

試薬
　KSOM-AA培養液あるいは他の胚培養液

手　順

1. 凝集の1あるいは2日前にES細胞をゼラチンコート組織培養用ディッシュに播くことによって，ES細胞を準備する（詳細は，第8章とプロトコール11.6参照）．4倍体胚作製前の数時間あるいは1日前に微小滴培養ディッシュを準備する．
2. 交尾後1.5日に2細胞期胚を回収し，プロトコール11.9に述べているように胚を融合し，翌日にES細胞と凝集する4細胞期の4倍体胚を作製するために一晩培養する．
3. 凝集実験の少なくとも数時間あるいは1日前に，凝集用プレートを作製する（プロトコール11.7）．
4. 4倍体胚から透明帯を除去する（プロトコール11.8）．
5. 透明帯除去4倍体胚を凝集用プレートのそれぞれのくぼみの中に個々に置く（例，それぞれの微小滴に6個のくぼみ．下記のコメント参照）．
6. 凝集のためのES細胞を準備する（プロトコール11.6）．
7. 正しい大きさ（10〜15細胞）のES細胞塊数個を最少量の培養液でくぼみのない微小滴に移す（プロトコール11.10Bの手順に従う）．
8. 10〜15細胞のES細胞塊を凝集用プレートのくぼみの中の4倍体胚に接触させる．2倍体胚との凝集と同様に，透明帯除去胚をくぼみの隣の微小滴に置くことも可能である．もしこの方法を用いるのであれば，ES細胞塊を胚の前にくぼみの中に置く．いずれの

方法ともに同様によく機能する。
9. 凝集胚を湿度飽和，5％CO_2，37℃のインキュベーターで24時間培養する。
10. 一晩の培養後，凝集のすべては，後期の桑実胚あるいは初期胚盤胞期の単一胚を形成していなければならない。そして，偽妊娠雌マウスの子宮に移植することができる（第6章参照）。

コメント

- 実験条件が許す時は，1個の凝集に2個の4倍体胚とES細胞塊とを用いるのがより効果的である（例，適当な数の同じ遺伝子型の胚を用いる）。2個の4倍体胚をES細胞塊と凝集する時，これらの3つの構成要素すべてが互いに接触するよう注意を払うことが必要である。その結果，それらは一晩培養後に1つの胚を形成する（図11.13）。
- 時々，胚自身に4倍体細胞の小さな寄与が観察されることが起こる。この4倍体"混入"は胚の10％に満たない。これは胚の小さな割合ではあるが心に留め，これらの胚を容易に確認できるように実験をデザインすることが重要である。さもなければ，この混入は表現型の解釈を困難にすることがある。
- いくつかの研究室では，完全にES細胞由来の胚あるいは動物を作製するために（Wang et al. 1997），4倍体胚を胚盤胞期まで培養して，これらの胚をES細胞の注入に用いている（プロトコール11.5）。

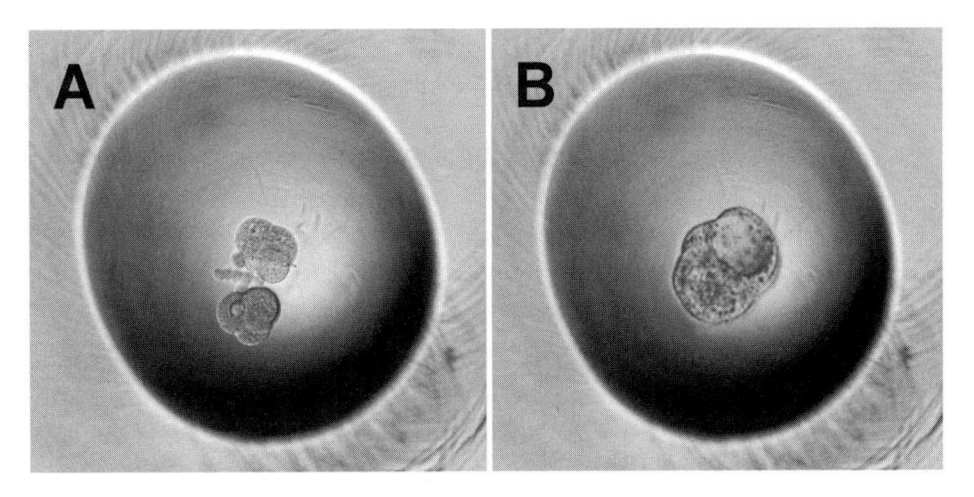

図11.13. 2個の4倍体胚を用いての4倍体胚とES細胞との凝集。（A）2個の4倍体胚がES細胞塊をサンドイッチ様に挟んでいる。（B）一晩の培養後に，凝集が胚盤胞に発生している。

プロトコール 11　卵割期胚の割球分離と胚盤胞の内部細胞塊の単離

この方法は，Ziomek and Johnson(1980)の方法を応用している。

材　料

胚
透明帯除去後，回復のために約1時間置いた胚(プロトコール11.8参照)，あるいは免疫手術によって単離されたICM(プロトコール11.12参照)。

器具
培養用ディッシュ，細菌培養用プラスチック
インキュベーター，湿度飽和，37℃，5％CO_2，95％空気
ピペット，火であぶったガラス

試薬
6mg/mlウシ血清アルブミン(BSA)添加のカルシウムを含まないM16培養液，通常用いる4mg/ml BSA添加のM16ではない(第4章参照)。
M16培養液(第4章参照)
パラフィンオイル，胚培養試験ずみ，軽質(第4章参照)

手　順

1. ICMあるいは透明帯除去胚を軽質のパラフィンオイル下の6mg/mlウシ血清アルブミン(BSA)添加のカルシウムを含まないM16培養液の微小滴に移す(プロトコール4.5参照)。湿度飽和，5％CO_2，37℃のインキュベーターで10～15分間インキュベートする。火であぶったガラスピペットでそれらをピペッティングすることによって，割球あるいはICM細胞を分離する。
2. できるだけ早く割球あるいはICM細胞を，カルシウムを含まないM16培養液から除く。単離した割球あるいはICM細胞は，たいへん粘性が高いので，接着を避けるためにディッシュ（例，細菌培養用プラスチックディッシュ）の中の通常のM16培養液の中にそれらを個々に入れるか，あるいは小グループで置く。

コメント

- 細胞死は，ピペッティングによって割球を分離する前にカルシウムを含むM16培養液に胚を移すことによって減少させることができる(C. F. Graham私信)。
- 透明帯除去胚を0.05％トリプシン，0.53mM EDTA溶液の中で室温で2～5分間インキュベートし，引きっぱなしのガラス毛細管で分離することも可能である。トリプシン処理前に透明帯除去胚を，約30分間微小滴培養して回復させるべきである(C. Chazaud私信)。

プロトコール 12 　免疫手術：胚盤胞の内部細胞塊の単離

　この技術は，最初にSolter and Knowles(1975)によって，選択的に胚盤胞の外側の栄養膜細胞（TE）を殺し，内部細胞塊(inner cell mass：ICM)を残す方法として発表された。概略を図11.14に示す。

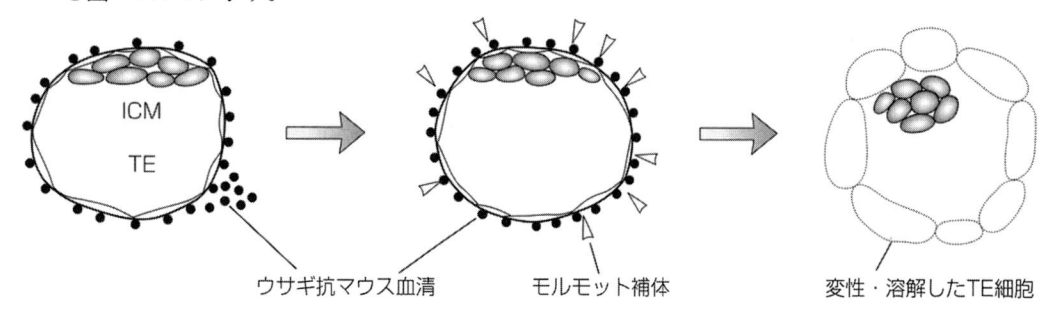

図11.14．免疫手術。内部細胞塊(ICM)単離のための免疫手術技術の概略図。胚盤胞をウサギ抗マウス血清(黒丸)とインキュベートして，完全に洗浄した後，モルモット補体(三角印)にさらす。外側の栄養膜(TE)細胞のみが変性・溶解する。ICM細胞は，栄養膜の密着結合によって，ウサギ抗体への曝露から保護される。

材　料

供試動物
　モルモット血清(ステップ2参照)
　マウス脾臓あるいは組織培養細胞(ステップ1参照)
　妊娠雌マウス(交尾後3.5～4.5日)
　ウサギ

器具
　インキュベーター，湿度飽和，37℃，5％CO_2，95％空気
　パスツールピペット，細く引いたもの(随意)

試薬
　寒天(Difco Noble)あるいはアガロース(Sigma A6013；Calbiochem 121852)
　ダルベッコーの修正イーグル培養液(DMEM)あるいは同様の培養液
　モルモット血清
　　　血清は凍結乾燥モルモット血清として購入するか（例，Murex DiagnosticsあるいはGIBCO）心臓穿刺によって得られたモルモットの新鮮血からも調整できる。モルモットの由来は重要である。特定の病原体がフリー(SPF)の状態で維持されていた動物を使うのが最もよく，SPF動物ではマウス細胞表面の糖鎖と交差反応する細菌の糖鎖に対する自然抗体をもっている可能性がほとんどない。もし，血清がマウス細胞に対して毒性をもっていたならば，寒天で血清を前吸収することによって，内在性の抗体を除去することが可能である(Cohen and Schlesinger 1970)。代わりにラット血清を使用することもできる。
　10％不活化牛胎児血清(FBS)添加のHEPES緩衝DMEM(20mM)
　M2培養液(第4章参照)
　ウサギ抗マウス血清(あらかじめ調整；Rockland Immunochemicals)

手　順

1. ウサギ抗マウス血清を調整するには，ウサギに 4×10^8 個のマウス細胞（脾臓細胞あるいは組織培養細胞，系統は問わない）を14日間隔で3回投与し，最終投与の10日後に採血する。血液を凝固させ，血清を分離する。補体を破壊するために血清を56℃に30分間置き，不活化して，小量ずつに分けたものを−70℃で保存する。
2. モルモット補体の調整のためには，精製した補体よりもむしろモルモット血清を使用するのが適当である。血清をDMEMで1：3に希釈して3mlとする。そして，80mgの寒天あるいはアガロースを加える。希釈血清を氷上に，時々撹拌しながら30〜60分間置き，次いで，寒天をペレットとするために4℃で遠心分離する。上清を小分けして−70℃で保存する。この血清は，通常，これ以上希釈せずに使用できる。
3. 前述の方法によって胚盤胞を回収する（プロトコール4.11参照）。抗マウス血清を添加する前か，補体で栄養膜細胞を変性・溶解させた後に透明帯を除去する（プロトコール11.8）。抗体や補体は透明帯を通過する。最後のステップで透明帯を除去することによって，栄養膜細胞残渣の混入のない大変きれいなICMを得ることが可能である。
4. 2, 3 μlの培養液（例，M2培養液あるいは10％不活化FBS添加20mM HEPES緩衝DMEM）内の胚盤胞を1：30〜1：100に希釈したウサギ抗マウス血清を含む（至適な希釈倍率は予備実験で決定する），より大量のDMEM（例，3ml）に移す。
5. 胚盤胞を湿度飽和，5％CO_2，37℃のインキュベーターで10分間インキュベートする。抗体は外側の栄養膜細胞に結合するが，栄養膜細胞間の帯状密着結合によって，抗体の胚盤胞の胞胚腔内への通過およびICM細胞への結合が防がれる。
6. 胚盤胞を10％不活化FBS添加の20mM HEPES緩衝DMEMで2回洗浄する。
7. ステップ2で調整したモルモット血清（1：3から1：50に希釈したもの）を加え，湿度飽和，5％CO_2，37℃のインキュベーターで30分間インキュベートする。外側の栄養膜細胞は，2, 3分以内に変性・溶解し始めるはずである。
8. 内部細胞塊を洗浄し，培養液に移す。死滅した栄養膜細胞は，細く引いたパスツールピペットで静かにピペッティングすることによって除去することができる。しかし，この除去操作は内部細胞塊のその後の発生にとって必須な操作ではない。

コメント

単離した内部細胞塊の体外での発育と分化については，以前に報告されている（Solter and Knowles 1975；Hogan and Tilly 1978a, b；Wiley et al. 1978）。免疫手術は，連続した外層をもつ内胚葉に分化した内部細胞塊についても施すことができる（Hogan and Tilly 1977）。

胚移植，キメラ作製，および生殖系列への伝達のための繁殖のトラブルシューティング

1. **胚提供雌の腟栓を確認できる割合が低い。**
   - 第7章のトラブルシューティングのポイント1参照。
   - 種雄の交配頻度が高すぎる。種雄は，2匹の成熟雌と2〜3日連続の自然交配可能であるが，このような交配期間の後には，種雄には次の交配機会の前に3〜4日間の休息を与える。
2. **胚提供雌あたりの胚の回収数が少ない。**
   - 第7章のトラブルシューティングのポイント2参照。

- 胚提供雌の週齢が適当ではない。自然交配に供する動物は，少なくとも8週齢で，せいぜい16週齢までである。
3. 胚盤胞の移植後の妊娠率が低い。
   - 第7章のトラブルシューティングのポイント13参照。
4. 胚盤胞の移植後，生まれる産子が少ないか全く生まれない。
   - 胚移植手術が適切に実施されていない。
   - 動物室の環境が不適切である（第7章のトラブルシューティングのポイント1参照）。
   - ES細胞の発生能力が低い。胚は多くのES細胞を取り込んでいるために生存できない。ES細胞株の核型検査を行うか，あるいは染色体数を数える（プロトコール8.6参照）。培養でES細胞の未分化形態をチェックする。別のES細胞株を用いる。ES細胞の培養条件が適切であることを確認する（第8章参照）。
   - 注入あるいは，凝集したES細胞の数が多すぎる。胚あたり15個より多くは使用しない。
   - 培養条件が不適切。培養液が適切であり，インキュベーターが37℃，5％CO_2に維持されていることを確認する。
5. 多くの産子が生まれるが，キメラが少ないか全くいない。
   - 注入あるいは凝集したES細胞の数が少なすぎる。胚あたり15個程度の細胞数を維持するか，細胞数を増やす。
   - ES細胞の発生能力が低い。胚はES細胞の寄与が少なくホスト胚由来の細胞から構成されている。この場合は，別のES細胞株を使用する。
6. 良好なキメラであっても性の分布が雄に偏っておらず，良好なキメラのほとんどが雌である。
   - 用いられたES細胞株がXYであれば，培養中に多くの細胞がY染色体を失い，XOとなっている。大変寄与率の高いES由来の被毛をもった雌は，ES細胞が生殖系列へ寄与する可能性があるため，繁殖すべきである。しかし，生殖系列への伝達の機会は相当に低い。もし可能であれば，注入／凝集を別のES細胞株を用いて繰り返す。
7. キメラが産子を全く作らない。
   - 不完全な性分化あるいは半陰陽による不完全な性転換。ほかのキメラを使う（もっとたくさんキメラを作る）。
   - X染色体上の標的突然変異に起因する致死あるいは重篤な表現型。刷り込みを受ける常染色体上の遺伝子の変異もまたヘテロ接合体での致死や変異表現型の原因となり得る。
   - 半数性不全の表現型。
8. キメラが生殖系列への伝達を果たさない。
   - ES細胞の発生能力が低い（ポイント2および3参照）。
9. キメラは，被毛を見る限りではES細胞に由来する産子を作るが，正しい遺伝子型が同定できない。
   - 間違ったES細胞株が使用されている。
   - 野生型のES細胞が，細胞株に混入している。
   - 導入したゲノムの変換あるいは導入遺伝子が，ヘテロ接合体（ヘミ接合体）致死である。
   - 遺伝的改変が細胞自律的に生殖細胞形成を妨げている。
   - 生殖系列キメラの性と同じ性のゲノムによって，標的した遺伝子が片親性に発現している（刷り込み）。

参考文献

Adams R.H., Porras A., Alonso G., Jones M., Vintersten K., Panelli S., Valladares A., Perez L., Klein R., and Nebreda A.R. 2000. Essential role of p38α MAP kinase in placental but not embryonic cardiovascular development. *Mol. Cell* **6:** 109–116.

Barbacci E., Reber M., Ott M.O., Breillat C., Huetz F., and Cereghini S. 1999. Variant hepatocyte nuclear factor 1 is required for visceral endoderm specification. *Development* **126:** 4795–4805.

Beddington R.S. and Robertson E.J. 1989. An assessment of the developmental potential of embryonic stem cells in the midgestation mouse embryo. *Development* **105:** 733–737.

Bi W., Huang W., Whitworth D.J., Deng J.M., Zhang Z., Behringer R.R., and de Crombrugghe B. 2001. Haploinsufficiency of Sox9 results in defective cartilage primordia and premature skeletal mineralization. *Proc. Natl. Acad. Sci.* **98:** 6698–6703.

Bowman P. and McLaren A. 1969. The reaction of the mouse blastocyst and its zona pellucida to pH changes in vitro. *J. Reprod. Fertil.* **18:** 139–140.

Bradley A. and Robertson E. 1986. Embryo-derived stem cells: A tool for elucidating the developmental genetics of the mouse. *Curr. Top. Dev. Biol.* **20:** 357–371.

Bradley A., Evans M., Kaufman M.H., and Robertson E. 1984. Formation of germ-line chimaeras from embryo-derived teratocarcinoma cell lines. *Nature* **309:** 255–256.

Brun J.L. and Psychoyos A. 1972. Dissolution of the rat zona pellucida by acidified media and blastocyst viability. *J. Reprod. Fertil.* **30:** 489–491.

Carmeliet P., Ferreira V., Breier G., Pollefeyt S., Kieckens L., Gertsenstein M., Fahrig M., Vandenhoeck A., Harpal K., Eberhardt C., Declercq C., Pawling J., Moone L., Collen D., Risaw W., and Nagy A. 1996. Abnormal blood vessel development and lethality in embryos lacking a single VEGF allele. *Nature* **380:** 435–439.

Ciruna B.G., Schwartz L., Harpal K., Yamaguchi T.P., and Rossant J. 1997. Chimeric analysis of fibroblast growth factor receptor-1 (Fgfr1) function: A role for FGFR1 in morphogenetic movement through the primitive streak. *Development* **124:** 2829–2841.

Cohen A. and Schlesinger M. 1970. Absorption of guinea pig serum with agar. *Transplantation* **10:** 130–132.

Damert A., Miquerol L., Gertsenstein M., Risau W., and Nagy A. 2002. Insufficient VEGF-A activity in yolk sac endoderm compromises hematopoietic and endothelial differentiation. *Development* **129:** 1881–1892.

Dinkel A., Aicher W.K., Wamatz K., Burki K., Eibel H., and Ledermann B. 1999. Efficient generation of transgenic BALB/c mice using BALB/c embryonic stem cells. *J. Immunol. Methods* **223:** 255–260.

Duncan S.A., Nagy A., and Chan W. 1997. Murine gastrulation requires HNF-4 regulated gene expression in the visceral endoderm: Tetraploid rescue of Hnf-4(–/–) embryos. *Development* **124:** 279–287.

Eggan K., Akutsu H., Loring J., Jackson-Grusby L., Klemm M., Rideout W.M., 3rd, Yanagimachi R., and Jaenisch R. 2001. Hybrid vigor, fetal overgrowth, and viability of mice derived by nuclear cloning and tetraploid embryo complementation. *Proc. Natl. Acad. Sci.* **98:** 6209–6214.

Eggan K., Rode A., Jentsch I., Samuel C., Hennek T., Tintrup H., Zevnik B., Erwin J., Loring J., Jackson-Grusby L., Speicher M.R., Kuehn R., and Jaenisch R. 2002. Male and female mice derived from the same embryonic stem cell clone by tetraploid embryo complementation. *Nat. Biotechnol.* **20:** 455–459.

Gardner R.L. 1968. Mouse chimeras obtained by the injection of cells into the blastocyst. *Nature* **220:** 596–597.

Guillemot F., Nagy A., Auerbach A., Rossant J., and Joyner A.L. 1994. Essential role of Mash-2 in extraembryonic development. *Nature* **371:** 333–336.

Gwatkin R.B.L. 1964. Effect of enzymes and acidity on the zona pellucida of the mouse egg before and after fertilization. *J. Reprod. Fert.* **7:** 99.

Hogan B. and Tilly R. 1978a. In vitro development of inner cell masses isolated immunosurgically from mouse blastocysts. I. Inner cell masses from 3.5-day p.c. blastocysts

incubated for 24 h before immunosurgery. *J. Embryol. Exp. Morphol.* **45**: 93–105.
———. 1978b. In vitro development of inner cell masses isolated immunosurgically from mouse blastocysts. II. Inner cell masses from 3.5- to 4.0-day p.c. blastocysts. *J. Embryol. Exp. Morphol.* **45**: 107–121.
———. 1977. In vitro culture and differentiation on normal mouse blastocysts. *Nature* **265**: 626–629.
Kawase Y., Iwata T., Watanabe M., Kamada N., Ueda O., and Suzuki H. 2001. Application of the piezo-micromanipulator for injection of embryonic stem cells into mouse blastocysts. *Contemp. Top Lab. Anim. Sci.* **40**: 31–34.
Kubiak J.Z. and Tarkowski A.K. 1985. Electrofusion of mouse blastomeres. *Exp. Cell. Res.* **157**: 561–566.
Lemckert F.A., Sedgwick J.D., and Korner H. 1997. Gene targeting in C57BL/6 ES cells. Successful germ line transmission using recipient BALB/c blastocysts developmentally matured in vitro. *Nucleic Acids Res.* **25**: 917–918.
Lindahl P., Hellstrom M., Kalen M., Karlsson L., Pekny M., Pekna M., Soriano P., and Betsholtz C. 1998. Paracrine PDGF-B/PDGF-Rβ signaling controls mesangial cell development in kidney glomeruli. *Development* **125**: 3313–3322.
Mintz B. 1962. Formation of genetically mosaic mouse embryos. *Am. Zool.* **2**: 432.
Nagy A. and Rossant J. 1999. Production and analysis of ES-cell aggregation chimeras. In *Gene targeting: A practical approach* (ed. A. Joyner), pp. 177–206. Oxford University Press, New York.
———. 2001. Chimaeras and mosaics for dissecting complex mutant phenotypes. *Int. J. Dev. Biol.* **45**: 577–582.
Nagy A., Rossant J., Nagy R., Abramow-Newerly W., and Roder J.C. 1993. Derivation of completely cell culture-derived mice from early-passage embryonic stem cells. *Proc. Natl. Acad. Sci.* **90**: 8424–8428.
Nagy A., Gocza E., Diaz E.M., Prideaux V.R., Ivanyi E., Markkula M., and Rossant J. 1990. Embryonic stem cells alone are able to support fetal development in the mouse. *Development* **110**: 815–821.
Nicolson G.L., Yanagimachi R., and Yanagimachi H. 1975. Ultrastructural localization of lectin-binding sites on the zonae pellucidae and plasma membranes of mammalian eggs. *J. Cell. Biol.* **66**: 263–274.
Papaioannou V. and Johson R. 1993. Production of chimeras and genetically defined offspring from targeted ES cells. In *Gene targeting: A practical approach*, (ed. A. Joyner), pp. 107–146: IRL Press at Oxford University Press, United Kingdom.
Rivera-Perez J.A., Mallo M., Gendron-Maguire M., Gridley T., and Behringer R.R. 1995. Goosecoid is not an essential component of the mouse gastrula organizer but is required for craniofacial and rib development. *Development* **121**: 3005–3012.
Robertson E., Bradley A., Kuehn M., and Evans M. 1986. Germ-line transmission of genes introduced into cultured pluripotential cells by retroviral vector. *Nature* **323**: 445–448.
Rossant J. and Spence A. 1998. Chimeras and mosaics in mouse mutant analysis. *Trends Genet.* **14**: 358–363.
Schuster-Gossler K., Lee A.W., Lerner C.P., Parker H.J., Dyer V.W., Scott V.E., Gossler A., and Conover J.C. 2001. Use of coisogenic host blastocysts for efficient establishment of germline chimeras with C57BL/6J ES cell lines. *Biotechniques* **31**: 1022–1024.
Simpson E.M., Linder C.C., Sargent E.E., Davisson M.T., Mobraaten L.E., and Sharp J.J. 1997. Genetic variation among 129 substrains and its importance for targeted mutagenesis in mice. *Nat. Genet.* **16**: 19–27.
Solter D and Knowles B.B. 1975. Immunosurgery of mouse blastocyst. *Proc. Natl. Acad. Sci.* **72**: 5099–5102.
Tanaka M., Gertsenstein M., Rossant J., and Nagy A. 1997. Mash2 acts cell autonomously in mouse spongiotrophoblast development. *Dev. Biol.* **190**: 55–65.
Tanaka S., Kunath T., Hadjantonakis A.K., Nagy A., and Rossant J. 1998. Promotion of trophoblast stem cell proliferation by FGF4. *Science* **282**: 2072–2075.
Tarkowski A.K. 1961. Mouse chimeras developed from fused eggs. *Nature* **184**: 1286–1287.

Tarkowski A.K., Witkowska A., and Opas J. 1977. Development of cytochalasin in B-induced tetraploid and diploid/tetraploid mosaic mouse embryos. *J. Embryol. Exp. Morphol.* **41:** 47–64.

Threadgill D.W., Dlugosz A.A., Hansen L.A., Tennenbaum T., Lichti U., Yee D., LaMantia C., Mourton T., Herrup K., Harris R.C. et al. 1995. Targeted disruption of mouse EGF receptor: Effect of genetic background on mutant phenotype. *Science* **269:** 230–234.

Varlet I., Collignon J., and Robertson E.J. 1997. Nodal expression in the primitive endoderm is required for specification of the anterior axis during mouse gastrulation. *Development* **124:** 1033–1044.

Wagner E.F., Keller G., Gilboa E., Ruther U., and Stewart C. 1985. Gene transfer into murine stem cells and mice using retroviral vectors. *Cold Spring Harbor Symp. Quant. Biol.* **50:** 691–700.

Wang Z.Q., Kiefer F., Urbanek P., and Wagner E.F. 1997. Generation of completely embryonic stem cell-derived mutant mice using tetraploid blastocyst injection. *Mech. Dev.* **62:** 137–145.

Wiley L.M., Spindle A.I., and Pederson R.A. 1978. Morphology of isolated mouse inner cell masses developing in vitro. *Dev. Biol.* **6:** 1–10.

Wood S.A., Allen N.D., Rossant J., Auerbach A., and Nagy A. 1993. Non-injection methods for the production of embryonic stem cell-embryo chimaeras. *Nature* **365:** 87–89.

Yamamoto H., Flannery M.L., Kupriyanov S., Pearce J., McKercher S.R., Henkel G.W., Maki R.A., Werb Z. and Oshima R.G. 1998. Defective trophoblast function in mice with a targeted mutation of Ets2. *Genes Dev.* **12:** 1315–1326.

Ziomek C.A. and Johnson M.H. 1980. Cell surface interaction induces polarization of mouse 8-cell blastomeres at compaction. *Cell* **2:** 935–942.

第12章

マウスゲノム変化および
特異的配列の検出と解析

この章では，マウスの個体識別法とトランスジェニックや標的遺伝子改変胚および個体の解析，簡単でわかりやすい最新の標識方法，組織から精製したDNAサンプルの解析法として，polymerase chain reaction(PCR)やサザンブロット解析，あるいはレポーター遺伝子発現の検出法について述べる。さらに出産前マウスから胚を採取しなければならない実験法もあり，そのため，組織断片や胚体外膜のDNAを用いる微量解析法，導入遺伝子のコピー数の測定・組み込み部位数の決定および特定の染色体上での導入遺伝子の局在を調べる方法も示す。トランスジェニック胚や組織におけるLacZやヒト胎盤型アルカリホスファターゼなどのレポーター発現を調べる染色法や導入遺伝子の可視化法(in situ ハイブリダイゼーション，免疫組織化学および蛍光蛋白質)など，その他の導入遺伝子解析については第16章を参照していただきたい。

目　次

マウスの個体識別，478
導入遺伝子の遺伝子型ないし特徴を明らかにするための組織サンプルとDNAの調製，480
前核注入によって作製された導入遺伝子の検出と解析，481
ES細胞を利用した遺伝子／ゲノム変化の検出と解析，483
マウス染色体および核型，484
導入遺伝子発現の解析，485
導入遺伝子／宿主DNA接続部位のクローニング，485
ホモ接合体トランスジェニックマウスあるいは胚の同定，487
　　導入遺伝子の定量，488
　　導入遺伝子産物あるいは表現型の定量，489
　　細胞分裂間期核に対する in situ ハイブリダイゼーション，489
　　試験交配，489
　　フランキングプローブを用いたサザンブロット解析，490
　　フランキングプライマーを用いたPCR解析，490
プロトコール
　　1．マウス尾部からの高分子量DNAの調製，491
　　2．胚の組織，卵黄嚢，臍帯などからの高分子量DNAの調製，493
　　3．PCRテンプレートのための組織溶解物の調製，494
　　4．PCR法，498
　　5．サザンあるいはPCRのためのES細胞あるいはその他の培養細胞からのDNAの調製，499
　　6．マウス細胞の核型分析，501
参考文献，504

マウスの個体識別

　恒久的な個体標識は，トランスジェニックマウスを含む動物の管理のほぼすべての面において不可欠である。現在使用されている方法には利点と欠点があり，異なる発育ステージでの個体標識が可能である。どの方法を使用するかは，地域の制度や施設の規制のほかに個々の実験の特別な要求により決定すべきである。

　最もよく使用されているマウスの個体識別法の一つに耳パンチがある。図12.1に一般的な2種類の番号コードを示す。どちらの分類も1から99までの番号を付与できるので，ケージカード識別や性別，日齢および毛色の記録と組み合わせれば，ほぼすべての目的に十分である。小型の耳パンチ機はFisher Scientific社(01-337B)で購入することができる。ハンドルつきステンレス製耳パンチ機はRoboz Surgical Instruments社(http://www.roboz.com)，あるいはスウェーデンのAgnTho's AB社(http://www.agnthos.se)で購入できる。耳パンチをすることができるのは，2週齢ぐらいのマウスである。耳の組織を用いる個体の遺伝子型解析と早期の個体識別を組み合わせ，陽性のものだけを離乳させることで，飼育場所の節約になる。しかし，個体識別やDNAサンプル採取のための尾部の先端切除は，離乳時(3〜4週齢)に行われる場合もある。

　耳パンチ法ではコロニー内のすべての個体に異なる番号を付与することはできない。足指の切断法を用いれば，割り付けることのできる番号は増え，新生子の識別もできる。しかし，

マウスゲノム変化および特異的配列の検出と解析 ■ 479

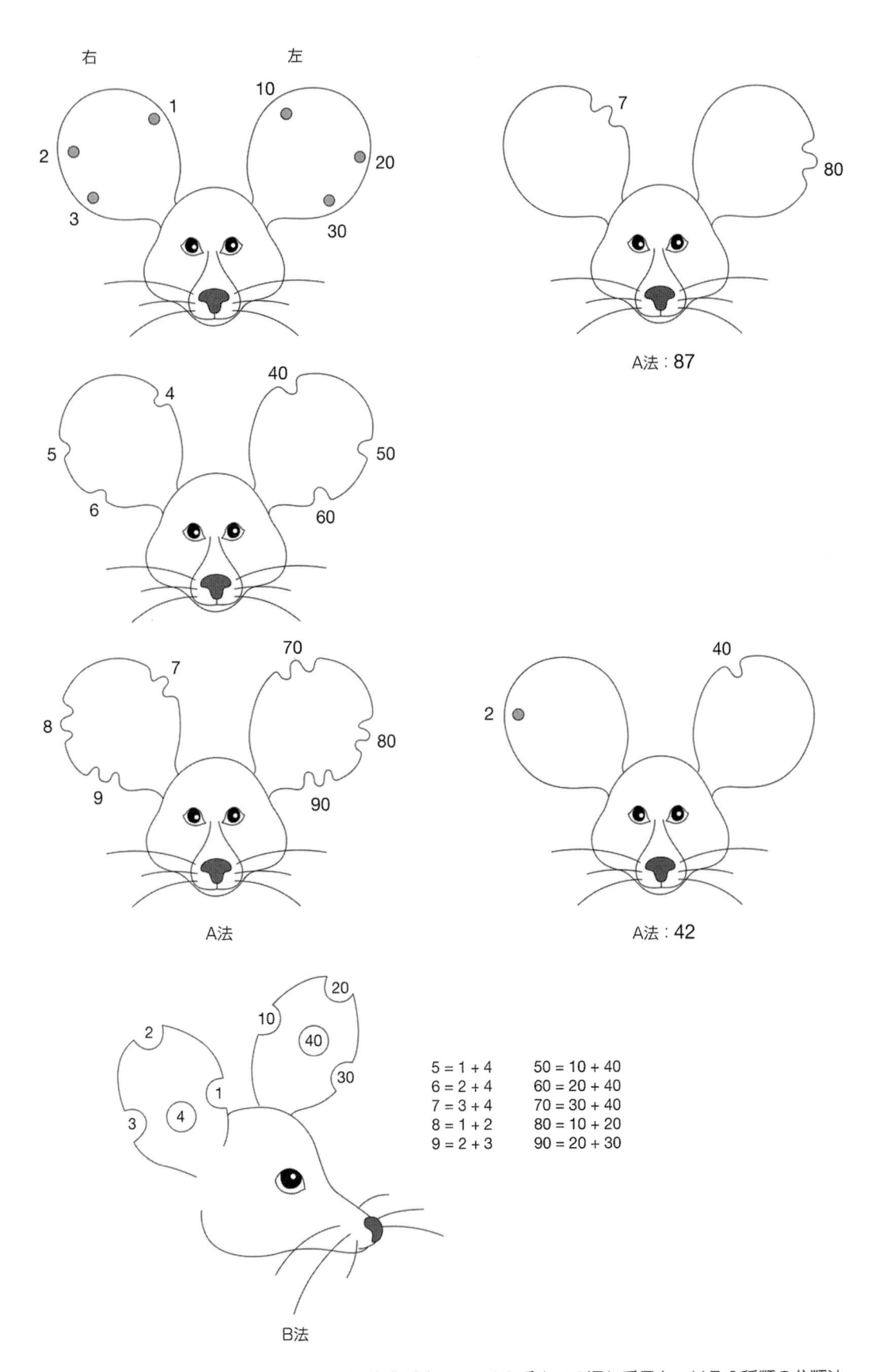

A法：87

A法

A法：42

5 = 1 + 4   50 = 10 + 40
6 = 2 + 4   60 = 20 + 40
7 = 3 + 4   70 = 30 + 40
8 = 1 + 2   80 = 10 + 20
9 = 2 + 3   90 = 20 + 30

B法

図12.1. 耳パンチによるマウスの個体識別法。1～99番までの通し番号をつける2種類の分類法。

前足指を切断すると，マウスが物をつかみ，毛繕いするのがやりづらくなるという理由から，この方法はいくつかの実験動物施設ではもはや認められていない。それにも関わらず，新生子を識別するための方法が限られているため，施設で認められているならば，足指の切断法も選択し得る方法である。足指の切断法は新生子および10〜12日齢より若い若齢子にのみ，麻酔なしで行うべきである。爪が生えてこないように足指の3番目の指だけを切断する。

その他の個体識別法としては，耳タグや入れ墨，マイクロチップの皮下移植などがある。小動物用耳タグには数字と文字が組み合わされており，装着具を必要とし，離乳後のマウスに適している。耳タグは National Band & Tag Company（1005-1；http://www.nationalband.com）から購入可能である。耳からの細菌感染や炎症を防ぐために，装着具と耳タグは挿入前に消毒しておくことが重要である。タグが耳の中央から少し下の方に垂直になるように注意して，耳の縁とタグの内側の端の間に少しスペースを開けなければならない（図12.2）。

入れ墨を入れる機器は Animal Identification and Marking Systems（AIMS）（電話：908-884-9105），あるいは Ancare Corporation から購入できる。皮下移植用マイクロチップは様々な会社から購入できる（例えば，Bio Medic Data Systems: http://www.bmds.com；Destron Fearing：http://www.destronfearing.com；Electronic ID：http://www.electronicidinc.com；Plexx：http://www.plexx.nl）。比較的高コストであること，組織反応の危険，腫瘍成長，マイクロチップの欠陥，あるいは移動してしまうといった問題などはあるが，この技術は大規模で長期間に及ぶ実験に便利である。

導入遺伝子の遺伝子型ないし特徴を明らかにするための組織サンプルとDNAの調製

生存のために必ずしも必要でない組織を少量回収して，導入遺伝子の検出や同定，トランスジェニックの可能性がある個体の遺伝子型解析が行われている。このようなサンプルはDNAを準備するための材料であり，サザンブロット解析，ドットブロット解析，PCR解析に使用される。2つのブロット解析には高純度DNAの調製が必要となるが（プロトコール12.1と12.2参照），PCRの場合は必ずしも高純度でなくてもよい。PCRの場合，少量の細胞や組織溶解液からでも十分な純度と量のテンプレートDNAが得られる（プロトコール12.3参照）。

耳パンチや足指切断で得られた組織からPCR解析に十分量のDNAが回収できる。サザン

図12.2. 耳タグの正しい配置

ブロット解析には通常より多くのDNAが必要となるが，これは尾部の先端から得ることができる。プロトコール12.1に記述してあるように，尾部の先端から小片を切除，および処理する。耳パンチや足指切断による個体識別では，自動的に組織小片が得られるため，DNA調製のための組織の調達と組み合わせて行うことができる。この場合，得られた組織を氷上のラベルずみ微量遠心チューブに移し，PCR(プロトコール12.4参照)のため，直ちに次の過程(プロトコール12.3B参照)に移らなければならない。汚染を回避するために，サンプルを扱う際はきれいな器具を使うよう細心の注意を払わなければならない。

尾部の先端切除時に麻酔を行うかどうかについては，意見が一致していない。方法については，自分の所属する地域の規制や動物管理委員会の指導に従うべきである。より幼若であるほど，傷の治癒が早く，出血も少ないので，一般的に尾部の先端切除は2〜4週齢のマウスで行われる。4週齢を超える個体の尾部の先端切除を行う際は，即効性のある吸引麻酔，または局所麻酔(例えば，塩化エチル)で処理することを勧める。尾部の先端切除には滅菌した鋭利な外科用ハサミ，メスまたはカミソリ刃などがよく使用される。器具は動物ごとに滅菌する(例えば，ガラスビーズ滅菌器)か，あるいは70％アルコールで消毒する。ガラスビーズ滅菌器の使用(第17章参照)は，焼灼による出血回避の利点もある。

しばしば出生前胚の遺伝子型解析が必要となる時があり，卵黄嚢，尿膜および肢芽のようなごく小さな部位でもその対象として用いられる。妊娠中期または後期胚の卵黄嚢からは，サザンブロット解析(プロトコール12.2参照)に十分なDNAが得られる。着床前後の初期胚(Latham et al. 2000)のPCRによる遺伝子型解析には，数百個の細胞からなる小さな組織が使用される。PCRは，固定し，かつ(あるいは)操作した胚，例えば，in situ RNAハイブリダイゼーションの長い操作過程を経た着床後初期胚から調製したテンプレートでも使えるというのは特筆する価値がある(プロトコール12.3の最後のコメント参照)。

前核注入によって作製された導入遺伝子の検出と解析

前核注入により作製された初代トランスジェニックマウスの可能性をもつマウスは，まず初めに，サザンブロット解析(Southern 1975)によって同定される。最初に導入遺伝子検出法としてPCR解析を行うのは，前もって実験により信頼性が確認されている場合に限り勧める(Saiki et al. 1985)。そうでない場合，PCRによる解析は，陽性および陰性両コントロールを使用したサザンブロット解析を用いることで導入遺伝子あるいは標的対立遺伝子の検出に成功したうえで行われるべきである。PCR解析には，約200〜1000bpの導入遺伝子に特異的なバンドが増幅されるような2個のプライマーを選択し，合成しておく必要がある。プライマーの選択は，信頼できるPCR解析の系を確立するための最も重要な要因の一つである。プライマーを選択する際の重要なパラメーターとして，適切な塩基長(通常18〜22bp)，GC含量(約40〜60％)，適切なアニーリング温度があげられる。PCR条件やプライマー設計を行う手助けとなる出版物やマニュアル(Innis and Gelfand 1990；Innis et al. 1990)がいくつか出ている。加えて，PCRプライマーの設計をしてくれるPrimer 3 program and Web siteなどのオンラインウェブサイトがいくつかある(http://www-genome.wi.mit.edu/cgi-bin/primer/primer3_www.cgi)。

ひとたびトランスジェニックマウスができ，その系列が2〜3代継代され，その系列がただ1つの導入遺伝子を組み込んでいるということが明らかであれば(後述)，その子孫の導入遺伝子の遺伝を解析するには，結果がサザン解析の結果と相関している場合に限り，PCR解析で十分である。しかし，この方法はDNAの混入による偽陽性結果を得やすい方法である

ということを覚えておいていただきたい。一方，サザンブロット解析で予想されたサイズのバンドの存在は，陽性トランスジェニックマウスであることを示す確実な指標である。

組み込まれたDNAのサザンブロット解析のために用いる制限酵素の選択は，ハイブリダイゼーションに用いるプローブの選択と同じくらい重要である。通常，注入された導入遺伝子，あるいは導入遺伝子をもつプラスミドは，ニックトランスレーションあるいはランダムプライミングによって簡単に標識でき(Sambrook et al. 2001)，ハイブリダイゼーションプローブとして用いることができる。その導入遺伝子が宿主ゲノムの関連した配列にハイブリダイズするような繰り返し配列をもっている時は，繰り返し配列のないサブフラグメントを代わりのプローブとして用いなければならない。

サザンブロット解析により，挿入されたDNA配列の構造，完全性およびコピー数について情報を得ることができる。制限酵素を選択する時，多くの場合，注入したDNAは順方向(head-to-tail)につながって組み込まれることを覚えておいていただきたい。導入遺伝子DNA内部に切断部位のない制限酵素が選択されたとすると，切り出されてくる断片は導入遺伝子断片より大きくなるはずであり，このことにより，導入遺伝子が単純な配列で組み込まれ，ほかの再構成を受けていないことが推測される。最初は，予測し得る長さのバンドが得られるような制限酵素を用いることが望ましい。注入した導入遺伝子を1カ所だけ切断する制限酵素では，head-to-tail配列が形成されているとすれば，注入した断片と同じ大きさのバンドが得られる。また，このような酵素で切断すると，配列の一端あるいは両端に由来する別の長さの接続部断片が出てくるはずである。組み込まれているコピー数が1個の場合，このような酵素では別の長さのバンドだけが得られる。1コピーの場合で組み込まれていても，head-to-tail配列で組み込まれていても，導入遺伝子を2カ所で切断する酵素を用いると，導入遺伝子の内部断片に由来する予測し得る長さの1本のバンドがサザンブロット上で得られる。head-to-tail配列の場合，隣接した配列間の結合部を表す第2の予測し得る長さのフラグメントができる。しかし，ときどきhead-to-headあるいはtail-to-tail結合箇所ができてしまい，それらの形成はhead-to-headあるいはtail-to-tail結合箇所から予想される長さのバンドパターンを複雑にする。

トランスジェニックマウスのゲノムに組み込まれた導入遺伝子のコピー数を決定するために，まずそのマウスから調製したゲノムDNAの濃度を正確に測定する必要がある。尾部から精製したもの(以下に記述した)など，多くのDNA調製ではRNAが大量に混入している。したがって，260nmでのサンプルの紫外線吸光度はDNA濃度を正確には反映していない。そこで，蛍光染色法によるDNA定量が必要となる。非常に便利なDNA定量法として，DNAに特異的に結合するヘキスト33258蛍光色素(Sigma B2883)を使用する方法がある(例えば，Brunk et al. 1979；Labarca and Paigen 1980参照)。導入遺伝子のコピー数の概算は，注入した導入遺伝子の一定量を5〜10μgの野生型マウスDNAと混和して，トランスジェニックマウスDNAのサザンブロットと平行したレーンに泳動することにより定量することができる。より正確な測定にはドットブロット解析を用いる。ドットブロット解析では，ゲノムDNA量をいろいろ変えて(通常0.5，1，2および4μg)，ニトロセルロースフィルター上にスポットする(Kafatos et al. 1979)。さらに，標準曲線を作成するために，正確に一定量の導入遺伝子DNA断片を正常マウスDNAと混合し，同じニトロセルロースフィルター上にスポットする。2倍体マウスゲノム(6×10^9bp)あたり5〜10kbの遺伝子が1コピー存在する場合，大まかに見れば100万分の1の含量であるから，標準曲線の作成に用いる純粋なDNA断片の量は約1〜100pgの範囲とすべきである。

ドットブロット解析では，導入遺伝子(あるいは，もし注入されていればプラスミドベク

ター)をプローブとしてハイブリダイズさせ，各ドットに対するハイブリダイゼーションの程度をシンチレーションカウンターあるいはオートラジオグラフィーやデンシトメトリーによって定量する。ハイブリダイゼーションの量がスポットした量に対して直線的であり，標準曲線も直線的であれば，2本の直線の傾きからコピー数を計算できる。導入遺伝子のコピー数が非常に多い場合には，ハイブリダイゼーション反応液に加えたプローブの量がマウスDNA中の相補的な配列を飽和することができなくなるために，トランスジェニックマウスDNAから作成した検量線は直線とならなくなる。このような場合，トランスジェニックマウスのDNA量をもっと少なくするか，プローブ濃度をもっと高くするか，あるいは両方を変えて再試験しなければならない。

サザンあるいはドットブロットハイブリダイゼーションによって測定された見かけ上のコピー数は，どちらも2倍体ゲノムあたりの実際のコピー数と導入遺伝子をもつ細胞の含有割合の両方を反映していることに注意すべきである。初代マウスがモザイクであり，注入した遺伝子をもっていない細胞がいくつかあれば，コピー数は低めに見積もられる。このため，遺伝子のコピー数を決めるには，初代マウスよりもトランスジェニックな子孫を用いるほうが好ましい。

初代トランスジェニックマウスは，まれに2つの異なる座位に組み込まれた導入遺伝子をもつことがある(Lacy et al. 1983; Wagner et al. 1983)。これは通常，2つの座位が分離するので，F_1子孫の解析により明らかになる。通常，組み込み位置が異なれば，組み込まれたDNAのコピー数も異なってくるので(これはサザンブロット解析により確認できるが，PCR解析では確認できない)，このように子孫への異なるコピー数の遺伝は，初代トランスジェニックマウスに多数の組み込み部位があることの証明となる。さらに，各組み込み部位は，別個の接続断片を生じ，これらは子のDNAのサザンブロットで分離することが認められている。

ES細胞を利用した遺伝子／ゲノム変化の検出と解析

ランダム挿入遺伝子導入，ジーントラッピング，ジーンターゲッティング，部位特異的組換え酵素を利用した変化などES細胞を利用したゲノム変化の識別は，一般的に，これらの変化をマウスへ導入する前にES細胞レベルで行われる。より詳細な識別には，目的とする変化を単に検出するためだけに必要なDNAよりも多量のDNAを必要とする。プロトコール12.5に10cm組織培養皿からのDNA調製を記述する。このプロトコールでは，第10章に記述した方法よりも多くのDNAを得ることができる。

ES細胞におけるランダムな遺伝子導入は，*in vivo*で遺伝子を導入する前に，例えば，単一コピー・単一部位の導入遺伝子(Novak et al. 2000; Ding et al. 2001)あるいは発現の特異性とレベルといった目的に対する数百の異なる組み込み部位の中から選別する必要がある。単一コピー・単一部位を検出する原理は，前核注入による遺伝子導入で前述したものと同じである。細胞へ電気穿孔するコンストラクトにおいて，1カ所で切断する制限酵素でゲノムDNAを消化しなければならない。コンストラクトから作製したサザンプローブは，唯一の"接続部位断片"だけを検出し，head-to-tailあるいはほかのタイプの多コピー融合の特徴をもつ断片は検出しないと予測される。予測される1ないし2本の接合部位断片(導入遺伝子における酵素切断部位に関連したプローブの位置による)以上が存在することは，多数の部位に組み込まれていることを示している。例えば，コンストラクトが*loxP*部位を含みCreリコンビナーゼを利用して，挿入後の改変を計画している場合には，単一コピー・単一部位の

組み込みが望ましい。

相同組換えによるジーンターゲティングを同定するための高性能な解析は，大部分が96ウェルプレートから得られるDNAによるサザンブロット解析に基づく（第10章のプロトコル10.4参照）。クローンあたりのDNA量は，1回のみサザンブロットを可能にし，ほとんどの場合，ターゲッティングベクターの相同鎖のうち1本による相同組換えを示している。さらなるサザンブロット解析が，結果の確認とほかの染色体鎖が相同組換えにより組換わっているかどうかを調べるために必要である。後者の場合，推奨する方法がある。もし利用できるのであれば，遺伝子が正確にターゲッティングされている場合にだけ，野生型のバンドに加え，ただ1本の特有のバンドができるような外側のプローブを用いるのである。しかしながら，多くのノックアウトでは，外側のプローブは第2鎖での相同組換えを判定するために利用することができない。この場合，内部プローブを用いることができ，相同組換えが起こっているならば，予測される大きさのバンドが検出される。内部プローブは，もう一つの観点から有用である。そのようなプローブは，ランダムな組み込みを含めすべての組み込みから野生型以外に1本のバンドを示すので，余計なバンドの存在は，相同組換えに加え，さらなるランダムな組み込みが起こっていることを示している。十分な数のランダムな組み込みがない正確なターゲッティング株が利用できるのであれば，ランダムな組み込みが起こっている株は，その後の研究から除外するべきである。それができないならば，ランダムな挿入を含む細胞株を"生殖系列へ導入"し，生殖系列への伝達後，この導入遺伝子を排除するように再び選別する。

複数の挿入を調べることもまた，ジーントラップアプローチにおいて重要である。DNAをトラップベクター内で切断しない制限酵素，あるいは唯一の切断部位をもつ制限酵素で消化すると，内部プローブは前述したように単一コピー・単一部位の組み込みに対し同じような結果となる。好ましいのは明らかに単一な組み込みであるが，トラップジーンの構造によっては複雑な組み込みも起こる（Korn et al. 1992）。

部位特異的リコンビナーゼもまた，大きな欠失，重複，逆位，相互転座のような染色体変異の種類に属したゲノム変化を仲介することができる。分子レベルにおけるこれらの変化の検出は，新たに形成された接合部位断片によるPCRとサザンブロットにより可能である。しかし，そのような変異を視覚化する最も説得力ある方法は，染色体解析（プロトコル12.6参照）や蛍光 in situ ハイブリダイゼーション（FISH）に基づく染色体ペインティングである。中間サイズの欠失（数百～数百万bp）は，細胞分裂中期あるいは間期のFISHにより検出できる。

マウス染色体および核型

正常なマウス分裂期にある核型は，40個の端部着糸型染色体からなり，平均的な処理によると，2～5μmの長さである。普通の染色法では，ほとんど形態的な区別がつけられない（例えば，Evans 1981参照）ので，完全な解析には染色体バンディングが必要である。多くの方法のうち（Miller and Miller 1981参照），QバンディングとGバンディング法が最もよく使われている。後者は分解力にすぐれ，バンディング・パターンの標準表記の基礎となるものである。核型内において，Gバンディングによって規定される312の異なった領域の一覧表が，染色体異常の命名法の規則とともにGreen（1981）によって発表されている。今までのところでは，動原体の部位に一部類似点の認められる従来型の系統における変異は別にして，実験用マウスの系統内または系統間で，標準型で正常な染色体において，それ以外の変異は

同定されていない(例えば，Evans 1981参照)。観察された系統におけるどのような違いも，核型の異常あるいは進化の徴候とみなすべきである(図12.3)。

分裂活性があるとの仮定のもとに，染色体標本は in vivo 由来か in vitro 由来かを問わず，マウスのあらゆる組織から作製可能である。一般に，分裂活性が大であればあるほどうまくいく。コルセミド，コルヒチン，ビンブラスチン硫酸のような分裂中期停止剤は，望ましい細胞の出現頻度を著しく増すが，都合の悪いことに，染色体にとっては不随意的に有害な収縮をもたらし，Gバンドの解析を難しくする。もし可能ならば，これらの使用は避けるべきで，必要の時でも低濃度かつ短時間の処理にとどめておくべきである(例えば，最終濃度 $0.02\mu g/ml$，1時間処理)。

ヒトおよびマウスにおいて転座，欠失，トリソミーといった染色体異常を同定するための迅速かつ劇的な方法が，Lawrence Livermore National Laboratoryによって1990年代初期に開発された。特異的な蛍光プローブ，すなわち"ペンキ"で処理し，各々の染色体を異なる色に染色する(Breneman et al. 1993；Antonacci et al. 1995)。機器依存的な方法なので，大部分の機関はこの技術を外部に委託している。

導入遺伝子発現の解析

トランスジェニック動物であることは，導入遺伝子の発現によって判断される。トランスジェニックの方法によるアプローチの応用範囲は，極めて幅広いため，導入遺伝子の発現動態に対する要求の幅も大きい。したがって，全身性，広範囲，細胞系譜特異的，細胞型特異的，または誘導可能な導入遺伝子発現を必要とする戦略があり，これらの組み合わせもある。導入遺伝子発現の判定が，これらの戦略にとって必須である。

有効な特異的抗体や共通エピトープ標識をもつ蛋白質を発現する導入遺伝子に対し，最も信頼できる遺伝子発現解析は，ウエスタンブロッティング，酵素結合免疫吸着定量法(ELISA)，免疫組織化学である。しかしながら，遺伝子発現の最も便利な指標は，目に見えるレポーターの標識である。例えば，目的とする蛋白質とGFPとの融合(Liu et al. 2000；Oh and Eaves 2002；Treloar et al. 2002)，あるいはinternal ribosomal entry site(IRES)に対するウイルス断片による目的の遺伝子のコード領域とレポーター遺伝子(lacZあるいはGFP)の結合などである。そのような導入遺伝子は，2つのシストロンmRNAを転写し，両コード領域の独立した翻訳を可能にして，2つの独立した蛋白質を産生する。しかしながら，レポーターと目的の導入遺伝子は，単に転写において結合しているだけに過ぎないことに注意してほしい。翻訳は，2つのコード領域間で偏っているかもしれない(詳しくは第9章参照)。

次に信頼できる解析は，ノーザンブロッティングまたは in situ RNAハイブリダイゼーションにより導入遺伝子からの転写を確認することである。転写は必ずしも発現を意味しないので，転写レベルで決定した発現パターンを注意して解釈すべきである。

これらの一般的な解説以外には，この章では遺伝子発現の解析について詳細は述べていない。遺伝子発現の視覚化についてのプロトコールは，第16章を参照していただきたい。

導入遺伝子／宿主DNA接続部位のクローニング

組み込まれた導入遺伝子が挿入突然変異を引き起こしている場合，あるいはES細胞を経由したジーントラップ挿入が起こっている場合には，ミュータント表現型の原因となっている破壊された遺伝子を同定するために最初にすべきこととして，隣接するDNAあるいはト

X 1,300

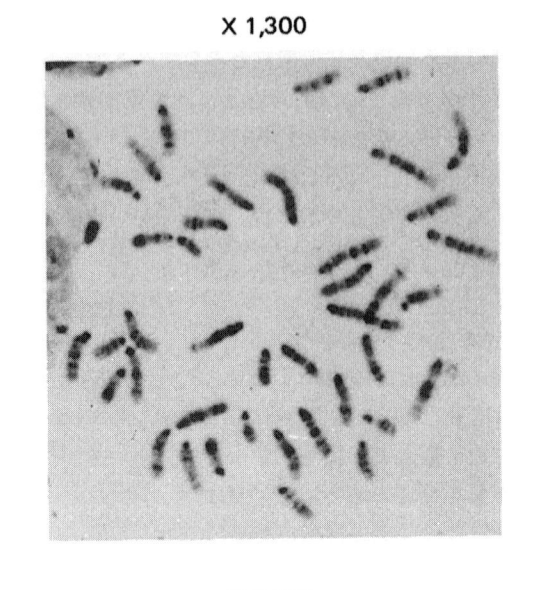

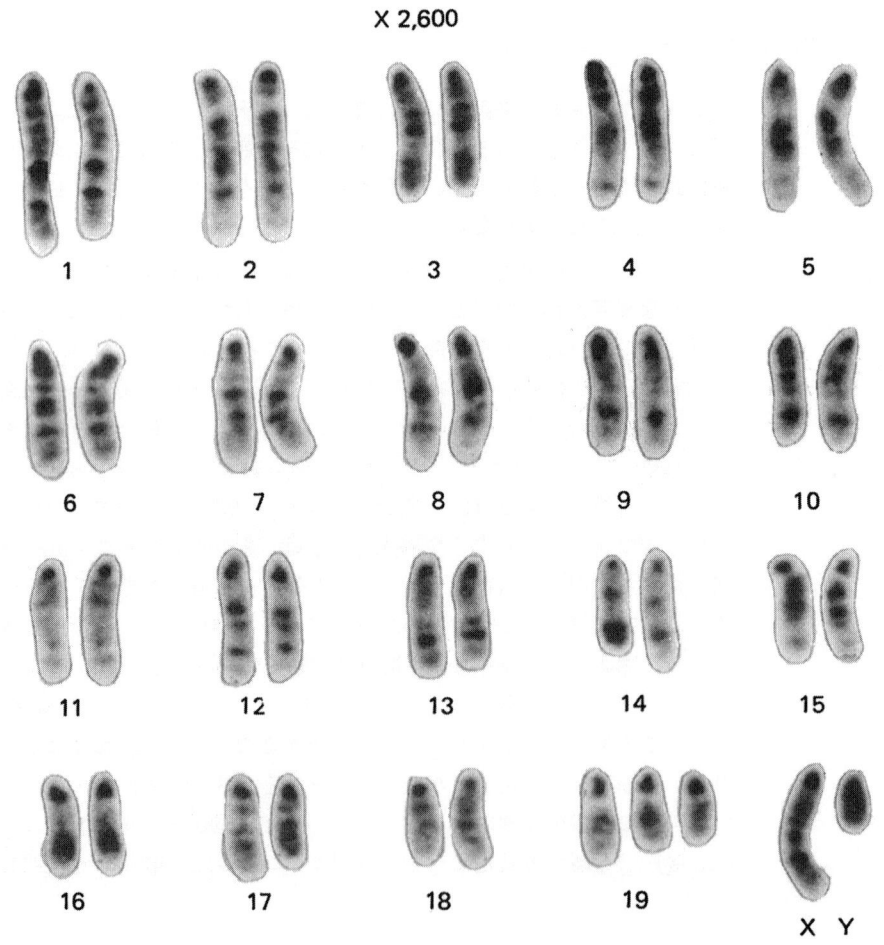

X 2,600

1	2	3	4	5
6	7	8	9	10
11	12	13	14	15
16	17	18	19	X Y

図12.3. 胚性癌腫細胞株に由来した細胞にGバンディング染色を行って観察。この細胞は，最初は40個の正常染色体を保持し，XY染色体をもっていた。培養を続けているうちに，この細胞の核型は，Gバンドの関係する領域は正常であるが，19番染色体に余分のコピー(トリソミー)を獲得して進化している。

ラップ遺伝子の転写領域を決定することが望ましい。レトロウイルスあるいは導入遺伝子の単一コピーが宿主DNAの再構成なしに組み込まれている場合には，隣接するDNAのクローニングはいくらか単純である(例えば，Jaenisch et al. 1983参照)が，多コピーの導入遺伝子がタンデムに組み込まれている場合には，導入遺伝子-宿主DNA接続部のクローニングはもっと複雑である。このための"伝統的な"方法は，導入遺伝子をもつバクテリオファージλライブラリーを解析し，導入遺伝子を含むλクローンを同定し，そして隣接するゲノム領域の配列情報を得ることである。骨の折れるアプローチだが，この方法を用いるのには大きな理由がある(例えば，Radice et al. 1991参照)。前核注入した導入遺伝子の組み込み部位でしばしば起こるゲノムの再構成により，このアプローチに関するさらなる困難が生じる。これは組み込み部位の識別を非常に混乱させる(Brown et al. 1994)。

　プラスミド・レスキューは，導入遺伝子に隣接するゲノム領域をクローニングするための，より省力的な方法であるが，プラスミド・レスキューの必要条件は，導入遺伝子からすべてのバクテリア要素を取り除くべきであるという一般的な提唱と矛盾する(第7章参照)。導入遺伝子は，機能的な大腸菌レプリコンを含んでいなければならない(つまり，プラスミドやコスミドベクターの配列が導入遺伝子から取り除かれていない)。ゲノムDNAを導入遺伝子で1カ所のみ切断し，しかし，レプリコンの機能は妨げない酵素で消化する。次いでゲノム断片をライゲートし，大腸菌に導入する。回収したプラスミドは，コピー数が少ないほど，ゲノムの隣接した配列を含んでいる可能性がある(例えば，Woychik et al. 1985；Grant et al. 1990；Singh et al. 1991参照)。したがって，プラスミドクローンはマウスDNAの存否を解析しなければならない。プラスミド・レスキューは，メチル化依存性の制限システムに複数の変異が入っている大腸菌株を用いるとより成功率が高いことが報告されている(Grant et al. 1990)。単一コピーの組み込みの場合，例えば，大部分のジーントラップ挿入では，プラスミド・レスキューは非常に高い効率で機能することができ，高性能解析に適している(Hicks et al. 1997)。導入遺伝子配列の末端コピーが，完全あるいはそれに近い形であることがわかっている(あるいは予想される)場合は，"逆向きPCR法"によって導入遺伝子の内部配列と同様に接続部位の配列を増幅できる可能性がある。それはその後クローン化し，前述したように解析することができる(例えば，Ochman et al. 1988；von Melchner et al. 1990参照)。

　トラップされた遺伝子エキソンの一部とトラップしているベクター配列間のキメラ転写産物を産生するジーントラップ挿入は，rapid amplification of cDNA ends(RACE)と呼ばれるRT-PCRに基づく方法を隣接するエキソン配列を決定するために提供している。トラップベクターの設計次第で，どちらの隣接した側を決定するかにより5'あるいは3' RACE法のどちらかを用いることができる(Frohman 1994；Townley et al. 1997)。マウスゲノムの塩基配列決定と注釈は完了に近いので，隣接した配列も正確な地図作製情報を与える。

ホモ接合体トランスジェニックマウスあるいは胚の同定

　遺伝子を導入したマウスで，その遺伝子がホモ接合体として存在しているか，あるいは，ヘテロ接合体として存在しているかを区別する必要が時折生じる。例えば，各世代で解析する手間を省くためにホモ接合体トランスジェニックマウスの系統を樹立したり，劣性の挿入変異をもつトランスジェニック系統を解析したり，挿入変異をもつトランスジェニック系統の胚を解析するような場合である。このような場合に利用可能ないくつかの方法を以下に列挙した。

• 導入遺伝子の定量：どのトランスジェニック系統でも利用可能。

- 導入遺伝子産物あるいは表現型の定量：導入遺伝子産物，あるいは表現型が容易に定量できることが必要。
- 細胞分裂間期核に対するIn situハイブリダイゼーション：導入遺伝子のコピー数が多いトランスジェニック系統で，最も有効である。ごくわずかな細胞しか要しないので，着床後間もない時期におけるホモ接合体胚を同定するのに非常に有用である。
- 試験交配：どのトランスジェニック系統でも利用可能。
- フランキングプローブを用いたサザンブロット解析：挿入部位を含むマウスDNAがクローン化されている場合にのみ利用可能。
- フランキングプライマーを用いたPCR解析：挿入部位を含むマウスDNAがクローン化されており，かつ，塩基配列も決定されている場合にのみ利用可能。ごくわずかの細胞しか要しないので，着床後間もない時期におけるホモ接合体胚を同定するのに非常に有用である。

導入遺伝子の定量

　導入遺伝子の定量は，サザンあるいはドットブロット解析のいずれかによって可能である。サザンブロット解析は，ゲル上のDNA量を蛍光測定法によって十分慎重に定量すれば，導入遺伝子のコピー数に関し，2倍量の違いを検出することのできる方法である。この場合，マウスの尾部から分離したDNAを用いるのが最適である（ほかの組織に比べ，蛍光測定の障害となるようなRNAの混入が比較的少ないためである。R.Woychik，私信）。蛍光解析に際し，個々の尾部のDNAサンプルを2回取ること，および適当な制限酵素で切断後にそれらのサンプルを解析することが重要である。さもなければ，未切断DNAの高い粘性が原因で起こる試料採取の際の誤差が，大きな測定誤差を生むことになる。2回の測定結果の違いが10％以内に収まるようであれば，アガロースゲルの各レーンに等量のDNAが添加されるように，それぞれのDNAサンプル量を調製する。サザンブロットをハイブリダイズする場合，ホモ接合体マウスからのDNAサンプルは，ヘテロ接合体マウスに比べ2倍の強さのバンドを示すはずである。

　この変法としては，導入遺伝子と内在遺伝子の両者に対してはっきりした別個のバンドを与えるプローブ（あるいは2種類のプローブの混合物）を用いて，サザンブロットをハイブリダイズし（Wagner et al. 1983），オートラジオグラムのデンシトメトリーにより，導入遺伝子と内在遺伝子に相当するバンドの強さの相対値を調べるという方法がある。

　各マウスの導入遺伝子の相対量は，内在遺伝子を内部標準として用いることによって，ドットブロット法でも測定できる。内部標準は，DNA濃度の測定誤差を補正することができるため，必ずしもDNA濃度を正確に決める必要はない。この目的のためには，各DNAについて重複したドットブロット希釈系列を用意する。その中には1～2匹の既知のヘテロマウスからのDNA希釈系列と，検査しようとしている子からのDNAの希釈系列を入れておく。片方のブロットは，内在遺伝子用プローブとハイブリダイズさせる。内部標準として用いる内在遺伝子は，各々のプローブに対して同程度のハイブリダイゼーション量が得られるように（同時に直線性も：上記参照），導入遺伝子と同程度のコピー数のものであるべきである。導入遺伝子を1～10コピーもつマウスに対して，単一コピーのマウス遺伝子ならどれでも内部標準として用いることができる。導入遺伝子を10～100コピーもつマウスに対しては，マウス主要尿蛋白質（MUP）遺伝子ファミリー（半数ゲノムあたり20～30コピー；Derman 1981；Derman et al. 1981）に対するプローブを内部標準として用いると便利である。50～数百コピーの範囲では，リボソームRNA遺伝子（Arnheim et al. 1982；Bourbon et al. 1988）に対

するプローブがうまく機能する。それぞれのマウスに対し，導入遺伝子プローブで得られた曲線(ハイブリダイゼーションcpm/mg DNA)の傾きを内在遺伝子プローブで得られた傾きで割る。ホモ接合体におけるその比は，ヘテロ接合体での比の2倍になるはずである。

PCRもまた導入遺伝子のコピー数とその関連遺伝子のコピー数の間に大きな違いがある場合に限り，ホモ接合体トランスジェニック個体を検出するために用いることができる(Chatelain et al. 1995)。リアルタイムPCRは，その違いをより検出できるようであり，この方法によりトランスジェニック個体がホモ接合性かヘテロ接合性かを，迅速，かつ正確，一義的，かつ高性能に同定することが可能である(Tesson et al. 2002)。

導入遺伝子産物あるいは表現型の定量

導入遺伝子産物を容易に定量できる場合には，導入遺伝子のコピー数増加を検出するよりも，ホモ接合体でみられる遺伝子産物の2倍増加を検出する方が簡便であろう(例えば，赤血球で発現したヒトβ-グロビン鎖；Costantini et al. 1989)。さらに，目に見える表現型をもついくつかのトランスジェニック系統では(例えば，チロシナーゼ・トランスジェニックマウスでの先天性色素欠乏症のレスキュー；Beerman et al. 1990；Tanaka et al. 1990)，ホモ接合体がヘテロ接合体よりも顕著な表現型をもつことがある(例えば，より濃い色素沈着；Mintz and Bradl 1991)。同様に，*LacZ*あるいはGFPのようなレポーター遺伝子を利用した場合には(Hadjantonakis et al. 1998)，染色あるいは蛍光のスピードと強さがホモ接合性を調べる良い指標となるが，試験交配による確認を要する。

細胞分裂間期核に対する*in situ*ハイブリダイゼーション

導入遺伝子の存在は，ビオチン化プローブを用いた間期細胞核に対する*in situ*ハイブリダイゼーションによって，酵素あるいは蛍光検出システムのいずれかで可視化することができる。ホモ接合体トランスジェニックマウスの細胞は2個の導入遺伝子をもつので*in situ*ハイブリダイゼーションを行った際，ほとんどの細胞核でシグナルが2つ見られる。一方，ヘテロ接合体マウスの細胞核ではシグナルが1つだけである(Varmuza et al. 1988；Costantini et al. 1989)。50〜100kb(例えば，10kbの導入遺伝子が5〜10コピー)あるいはそれ以上の導入遺伝子が存在する場合は，ストレプトアビジン-西洋ワサビペルオキシダーゼ，および3, 3' 5'-ジアミノベンジジン四塩酸(DAB)シグナルの銀増感によって検出することができる。また，これより短い導入遺伝子の存在は，蛍光標識ストレプトアビジンを用いて検出可能である。この方法は，成熟マウスの白血球および脾細胞，あるいは着床後胚の栄養膜巨細胞や羊膜細胞を使って解析することができる。解析が適切に行われれば，この方法は明快な結果を与えるが，再現性のよい技術を確立するのはなかなか難しい。時々，うまくいかないようなことがある場合には，各マウスあるいは胚から2ないし3サンプル(スライド)を準備し，ハイブリダイゼーションを行うべきである。

試験交配

導入遺伝子がすべての子に100％伝達されるかどうかを調べるのが，ホモ接合性の確定試験である(同様に，100％伝達されないことはヘテロ接合性を示す)が，多数のマウスの解析には膨大な費用と時間を要する。しかしながら，いくつかの実例を示して，試験交配によるホモ接合性の診断を確証することは重要なことである。例えば，ごく少数の"ホモ接合体"しか得られない場合は，そのマウスが確かにホモ接合体かどうかを試験交配で示すことになる。さらに，2匹のホモ接合体トランスジェニックマウスを交配して，恒久的なホモ接合体

を作りたい場合には，ホモ接合体を同定するための定量実験の結果が誤っている恐れがあるので，最初に試験交配によってそれぞれのマウスのホモ接合性を確認しておくことを勧める。

フランキングプローブを用いたサザンブロット解析

導入遺伝子挿入部位，あるいは標的突然変異に隣接する宿主DNAがクローン化されていれば，その周辺領域に対する単一コピーマウスDNAのプローブを用いたサザンブロット解析によって，ホモ接合性を同定することができる。適当な制限酵素で切断した場合には，このプローブはヘテロ接合体DNAで2本のバンドを検出する。すなわち，1本は導入遺伝子接合部を含むバンドで，もう1本は野生型染色体上にある組み込み前のその部位に由来するバンドである。導入遺伝子の組み込みがホモで起こっているマウスでは，野生型で存在するバンドが欠失する（例えば，Jaenisch et al. 1983参照）。ジーンターゲッティングを行う場合，ES細胞で起こる相同組換えを検出するために用いる診断用の"ゲノムの外側（outside genomic）"のプローブが，生殖系列への伝達の後のホモ接合性を決定するのに使用される。

フランキングプライマーを用いたPCR解析

導入遺伝子／宿主DNA接合部の一部あるいはそれ以上の部位の塩基配列が決定されている場合は，ホモ接合体とヘテロ接合体を区別するのにPCRを行うのが簡便である（例えば，Radice et al. 1991参照）。最も単純なPCRは，図12.4に示したような3種類のプライマーを用いる方法である。ヘテロ接合体トランスジェニックのDNAでは2本のバンドが増幅され，野生型DNAではバンドIのみが，ホモ接合体トランスジェニックのDNAではバンドIIのみが作られる。この解析は，非常に少量の細胞で行うことができる（例えば，6.5日胚の外胎盤錐の小片；Radice et al. 1991）。

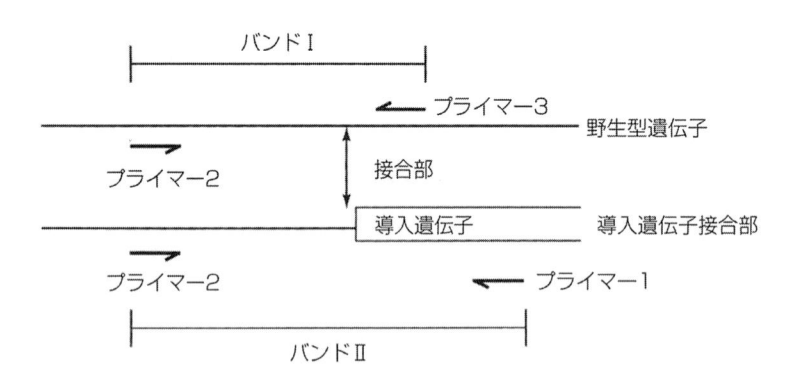

図12.4. フランキングプライマーを用いたPCR解析。（下段）導入遺伝子とフランキングマウスDNAの接続部。（上段）野生型マウスで相当する領域。プライマー2と1は，ヘテロ接合体あるいはホモ接合体マウスからのサンプルに対してのみバンドIIを増幅する。一方，プライマー2と3は野生型あるいはヘテロ接合体のサンプルに対し，より短いバンドIを増幅する。このように，ホモ接合体ではバンドIIのみが，ヘテロ接合体では両方のバンドが検出される。

プロトコール 1　マウス尾部からの高分子量DNAの調製

材　料

器具
　エッペンドルフ　サーモミキサー　R(随意)
　インキュベーター／オーブン，通常55℃
　微量遠心機
　1.5ml微量遠心チューブ
　ローテーター，あるいは振盪器
　　（例えば，Fisher Scientific Hematology/Chemistry Mixer 14-059-346）
　外科用ハサミ，あるいは滅菌した鋭利なカミソリの刃

試薬
　消化緩衝液
　　100mM NaCl
　　50mM Tris-HCl＜！＞(pH 8)
　　100mM EDTA(pH 8)
　　1％ドデシル硫酸ナトリウム(SDS)＜！＞
　70％エタノール＜！＞(－20℃)
　イソプロパノール＜！＞
　Phase Lock Gel Light(PLG Light)(エッペンドルフ)
　フェノール＜！＞／クロロホルム＜！＞／イソアミルアルコール＜！＞，25：24：1
　　（例えば，Invitrogen Life Technologies 1559-3031）
　25mg/mlプロテナーゼK溶液＜！＞(－20℃保存)
　TE 緩衝液(pH 8)
　　10mM Tris＜！＞(pH 8)
　　1mM EDTA(pH 8)

供試組織
　マウスの尾部

注意：＜！＞をつけた材料の適正な取り扱いについては付録2を参照のこと。

手　順

1. 2～3週齢のマウスから0.5～1cmの尾部を切り取る。切り取った尾部を氷上で1.5mlの微量遠心チューブに入れる。もしサンプルをすぐに使用しない場合は，－20℃で保存可能である。
2. それぞれのチューブに，消化緩衝液620μl, 25mg/mlプロテナーゼK溶液30μlを加える。
3. サンプルを55℃で一晩インキュベートし，ときおり転倒混和する。
4. フェノール／クロロホルム／イソアミルアルコール650μlとPLG Light 200μlをチューブに加える。
5. 60分間チューブを遠心する。

遠心の間，フェノールとクロロホルムの漏れを防ぐために，微量遠心チューブのふたを硬く閉めることが重要である。フェノールは，強い腐食性があり，ひどい火傷を引き起こすこともある。フェノールを扱うすべての作業は，フードの中で行う。

6. 新しい微量遠心チューブに水層を移す。
7. それぞれのチューブに等量のイソプロパノールを加え，糸状沈殿を形成するまでチューブを転倒混和する。
8. チューブを10,000rpm，10分間遠心し，上清を取り除く。
9. 70％エタノールでDNAペレットを洗い，エタノールを取り除く。
10. 10分間ペレットを風乾させる。
11. TE緩衝液100〜200μlでDNAペレットを溶解する。DNAを完全に溶解するために穏やかに振盪しながら，55℃でチューブを加温する。
12. DNA濃度を測定する。サザンブロット解析にはDNAサンプル10μgを，PCRには100ngから1μgを使用する。

コメント

- フェノール／クロロホルムなしの方法のためには，500μg/mlプロテナーゼK(尾部を入れた緩衝液500μlにつき25mg/mlストック10μl)を含む同様の消化緩衝液を用いて，ステップ1と同様に一晩，0.5cmの尾部を消化する。翌日，消化された尾部を5分間撹拌する(ローテーター，シェーカー，エッペンドルフサーモミキサーを使用)。5〜6 M NaCl 167μlを加え，再度5分間撹拌し，最高速度で10分間遠心する。ペレットを吸わないように注意深く新しい微量遠心チューブに上清の500μlを移す(上清は，多少粘性があるが，残屑が入らないようにすべきである)。ステップ7のイソプロパノール沈殿に続く。
- ステップ8〜10のように，200μlピペットチップで糸状沈殿させたゲノムDNAをすくい，70％エタノール500μlを含む微量遠心チューブに沈下(あるいは滴下)することによって洗浄する。その時，微量遠心チューブにDNAを移し，脱水するために残りのエタノールを蒸発させる(すなわち，DNAが乾燥するのではなく，ゲル状になる程度)。
- マウス尾部からDNAの調製にはQIAGEN DNeasy Tissue Kit，あるいはQIAamp DNA Mini Kit(http://www.qiagen.com)を用いることができる。

プロトコール 2　胚の組織，卵黄嚢，臍帯などからの高分子量DNAの調製

材　料

供試動物
　マウス胚（交尾後9.5日，あるいはそれ以降）

器具
　エッペンドルフ サーモミキサー R（随意）
　インキュベーター／オーブン，通常55℃
　微量遠心機
　1.5ml微量遠心チューブ
　ローテーターまたは，振盪器
　　（例えば，Fisher Scientific Hematology/Chemistry Mixer 14-059-346）

試薬
　キャリアーRNA
　100mM EDTA
　70％エタノール＜！＞（−20℃）
　イソプロパノール＜！＞
　Phase Lock Gel Light（PLG Light）（エッペンドルフ）
　フェノール＜！＞／クロロホルム＜！＞／イソアミルアルコール＜！＞，25：24：1
　　（例えば，Invitrogen Life Technologies 1559-3031）
　プロテナーゼK＜！＞（ストック10mg/ml溶液，−20℃保存）
　0.5％SDS＜！＞
　TE緩衝液（pH 8）：10mM Tris（pH 8），1mM EDTA（pH 8）
　50mM Tris＜！＞（pH 8）

注意：＜！＞をつけた材料の適正な取り扱いについては付録2を参照のこと。

手　順

1. マウスの子宮から胚を取り出し（第5章参照），卵黄嚢を切除する。
　　胚や切り取った組織は，解析の結果が出るまで，組織学のために固定したり，後でRNA抽出を行うために凍らせておく。
2. それぞれの卵黄嚢をできるだけ少量（交尾後9.5日胚で，約25μl，それ以降のものは，50〜100μl）の50mM Tris（pH 8），100mM EDTA，0.5％SDS溶液の入った微量遠心チューブに入れる。
3. 最終濃度500μg/mlになるように，プロテナーゼKの10mg/mlストック溶液を加える。サンプルを50℃で数時間から一晩加温する。撹拌は必要ない。
4. 回収率を上げるために5〜10μgのキャリアーRNA（例えば，トランスファーRNA）を卵黄嚢（交尾後9.5日）に加える。
5. 尾部DNAサンプルに関するプロトコール12.1のステップ4（コメント参照）以降同様にサンプルを処理する。この時，反応体積を少なくする。13.5日の卵黄嚢から約50〜100μg，11.5日の卵黄嚢から25μg，また9.5日の卵黄嚢から5μg弱程度回収できる。

プロトコール 3　PCRテンプレートのための組織溶解物の調製

　前述のプロトコールで胚や胚外体部の組織から精製したDNAでpolymerase chain reaction (PCR) を行うことができる。しかしながら，PCR解析には通常DNAの精製の必要はない。PCR解析に用いる組織溶液は，以下に述べるプロトコールのいずれの方法からも得られる。

プロトコール3 A

　このプロトコールは，PCR解析のために胚性組織や卵黄嚢サンプルを調製するために使用することができるが，SDS/NaOH中での加熱処理を必要としない成体組織（尾部など）にも有用である。非イオン性の界面活性剤は，ポリメラーゼ反応に対する阻害性が少ないので，SDSの代わりに使用することができる。このプロトコールは，Higuchi(1998)に基づく，Dr.W.Perry(Frederick Cancer Research and Development Center, Maryland)のものである。

材　料

供試胚と動物
　マウス胚（全体または一部），または成体マウスの組織

器具
　1.5ml滅菌ずみスクリューキャップつき微量チューブ（例えば，Sarstedt 72.692.005）
　PCR機器
　ウォーターバス（沸騰型）

試薬
　10×PCR組織ホモジナイズ溶液（ゼラチンと界面活性剤を入れる前にpHを8.3に調整する。この溶液は分注し，室温で保存可能である）
　　500mM KCl＜！＞
　　100mM Tris-HCl＜！＞
　　0.1mg/mlゼラチン(Sigma G2500)
　　0.45％ Nonidet P-40(Sigma N6507)
　　0.45％ Tween 20(Sigma P1379)
　　500μg/mlプロテナーゼK＜！＞，使用直前に加える(20mg/mlストック)
　滅菌水

注意：＜！＞をつけた材料の適正な取り扱いについては付録2を参照のこと。

手　順

1. 1.5mlの滅菌ずみスクリューキャップつき微量チューブに組織を入れる。組織は，この状態で使用するまで凍結保存可能である。
2. サンプルをホモジナイズするために解凍し，胚性組織には約20〜50μlの，0.5cmの尾部には200μlのPCR組織ホモジナイズ溶液を加える。組織が表面に浮かばないように溶

液中に，浮遊した状態にする。サンプルを55℃で3～4時間，あるいは組織が溶解するまで加温する。必要ならば，サンプルはこのステップで凍結保存可能である。
3. 組織のホモジネートを沸騰水中で10分間過熱し，氷上で冷やした後，数秒間遠心する。ホモジネートは，-20℃で保存可能である。
4. 加熱した組織ホモジネートサンプル2～10μlをPCRに用い，容量が32～40μl(卵黄嚢のホモジネート約2μl，あるいは尾部のホモジネート5μlを使用)になるようにする。

プロトコール3B

このプロトコールは，通常胚性組織，卵黄嚢，耳パンチ，指，または，1～2mm(最高5mm)の尾部のPCR解析のために用いることができる。Janet RossantとAndras Nagyの研究室で広く用いられている。

材　料

器具
耳パンチ(例えば，Fisher Scientific 01-337B)，ハサミ
1.5ml微量遠心チューブ
インキュベーター/オーブン，通常55℃
PCR機器

試薬
溶解緩衝液(オートクレーブずみ)
　　50mM KCl <！>
　　10mM Tris-HCl <！> (pH 8.3)
　　2mM $MgCl_2$ <！>
　　0.1mg/mlゼラチン
　　0.45％ Nonidet P40
　　0.45％ Tween 20
　　分注(例えば，1ml)し，-20℃で保存可能である。
500μg/mlプロテナーゼK <！>，使用直前に加える(20mg/mlストック)

注意：<！>をつけた材料の適正な取り扱いについては付録2を参照のこと。

手　順

1. 使用前直ちに，溶解緩衝液1mlにプロテナーゼK溶液(20mg/ml)25μlを加える。
2. プロテナーゼKを含む溶解緩衝液50μlに卵黄嚢，70～100μlに耳のパンチまたは指の組織，200～300μlに尾部の小断片を入れる。サンプルは，使用するまで凍結保存が可能である。
3. サンプルを55℃で3～4時間から一晩加温する。もし必要なら，DNA溶解液は4℃で保存可能である。
4. 随意：ペレットと残屑を2～3分間遠心する。
5. プロテナーゼKを不活性化するために，PCR増幅を行う前に95℃で10分間，サンプル

を加温する。
6. それぞれのPCRに対し，溶解液 1〜2 μl を使用する。

プロトコール3 C

　このプロトコールは，通常50〜数100個程度の細胞からなる着床後のマウス胚の非常に小さい断片(例えば，胚の卵黄嚢の小断片，あるいは外胎盤錐の断片)か，あるいは少量の培養細胞に適している。導入遺伝子に特異的なプライマーを用いることにより，トランスジェニック胚を同定したり，トランスジェニックや遺伝子改変胚のホモ接合体かヘテロ接合体かを区別することができる(前述したホモ接合体トランスジェニックマウスの同定参照)。

材　料

供試胚
　マウス着床胚の断片

器具
　実体顕微鏡
　シリコン処理をした微量遠心チューブ
　シリコン処理をした先端を細く伸ばしたマウスピースつきパスツールピペット
　ウォーターバス(沸騰型)

試薬
　0.05％SDS＜！＞，0.035N NaOH＜！＞
　Tris＜！＞(pH 8.3)(これは溶解緩衝液中のNaOHを中和するために，緩衝液に10mM Trisを添加する必要がある)
　滅菌水

注意：＜！＞をつけた材料の適正な取り扱いについては付録2を参照のこと。

手　順

1. 実体顕微鏡下で，シリコン処理し先端を細く引き伸ばしたマウスピースつきパスツールピペットを用い，1 μl の蒸留水の入ったシリコン処理ずみの微量遠心チューブに胚断片を入れる。細胞の場合，遠心後の容積が 0.5 μl 以下で十分であるので，上清を完全に取り除き，1 μl の水を加える。胚断片や細胞の沈殿の量は 1 μl より十分少なくなければならない。もし多い時には，水と溶解緩衝液の量を増やす必要がある。必要なら，−70℃で保存可能である。
2. 2 μl の 0.05％SDS, 0.035N NaOH をそれぞれ 1 μl の水に加え，細胞を溶解し，混合する。高濃度のSDSやNaOHはPCRを阻害する。
3. 沸騰水浴中にチューブを3分間入れる(ふたを閉め，ポンと開くのを防ぐため，ふたに穴を開ける)。その後，氷上で冷やし，数秒間遠心する。
4. PCRテンプレートには，沸騰させた溶解液 3 μl を使用する(プロトコール12.4とコメント参照)。

> **コメント**
>
> *in situ* ハイブリダイゼーションを用いた初期着床胚のPCR遺伝子型解析が可能である．溶解液を調製するために，例えば，24ウェルプレートで，胚を数回PBT(PBS + 0.1% Tween20)で洗浄する．次いで，交尾後6.5，7.5，8.5日の胚に対し，それぞれ10～20μl，20～40μl，40～80μlのPBTを加えて微量遠心チューブに移す．それぞれのチューブにプロテナーゼK(40mg/ml) 1μlを加え，55℃で一晩加温し，95℃で10分間，熱で不活性化させる．細胞の残屑を分離するために溶解液を遠心した後，上清1～2μlをPCRに使用する．ライヒェルト膜や外胎盤錐のような母体の組織の混入をできる限り取り除くよう注意すべきである．

プロトコール3D

加温したナトリウム水酸化物とTris(HotSHOT)を用いる，広く普及しているこのプロトコールは，Truettら(2000)によって開発された．

材　料

> **器具**
> ヒートブロック，95℃
> 微量遠心機
> 1.5ml微量遠心チューブ
> ボルテックス
>
> **試薬**
> 50mM水酸化ナトリウム(NaOH)＜！＞
> 1M Tris (pH 8) ＜！＞
>
> **供試組織**
> 1～2mmの尾部組織

注意：＜！＞をつけた材料の適正な取り扱いについては付録2を参照のこと．

手　順

1. 1～2mmの尾部組織を切り取り，微量遠心チューブに入れる．
2. 50mM NaOH 200～300μlを加える．
3. 95℃で10分間熱する(組織が2mm以上の場合は，加温を延長する)．
4. ボルテックスする．
5. NaOHを中和するために，1M Tris(pH8) 50μlを加える．このステップでpHを確認する．pH7にすべきである．
6. 高速(例えば，12,000rpm)で6分間チューブを遠心する．
7. 新しいチューブに上清を移す．
8. PCRのために上清1μlを使用するか，あるいは必要なだけ希釈する．

プロトコール 4　PCR法

DNAテンプレートを調製後，標準的なPCRを行う。このプロトコールは40μl以下の反応のために作成されたものである。

材　料

器具
PCR機器

試薬
デオキシヌクレオチド三リン酸(dNTPs)
軽パラフィンオイル
10×PCRバッファー
　　500mM KCl<!>
　　100mM Tris<!>(pH 8.3)
　　15mM MgCl$_2$<!>
　　0.1%(w/v)ゼラチン(Sigma G2500)
PCRプライマー
*Taq*ポリメラーゼ(例えば，Perkin Elmer AmpliTaq N801-0060)
滅菌水

注意：<！>をつけた材料の適正な取り扱いについては付録2を参照のこと。

手　順

1. 下記の混合物を，実験で計画した反応数だけ適切な量を用意する。
　　それぞれ1μM PCRプライマー
　　それぞれ200μM dNTP
　　1×PCRバッファー
　　*Taq*ポリメラーゼ，混合物30μlあたり2.5U
　　滅菌水(あらゆる汚染がないもの)を最終量まで
　　プロトコール3Cに従い調製した溶解液に対し，最終的な濃度は以下に示すとおりにする。
　　　　1×PCRバッファー
　　　　0.05M Tris(pH 8.3)
　　　　それぞれ200μM dNTP
　　　　オリゴヌクレオチドプライマー(それぞれ100～200ng)
　　　　*Taq*ポリメラーゼ，混合物37μlあたり1U

2. 混合物30μlにDNAサンプル，あるいは調製した溶解液2～10μlを加え32～40μlにする。よく混合し，数秒間遠心する。軽パラフィンオイルで覆い，PCRを行う。

プロトコール 5　　サザンあるいはPCRのためのES細胞あるいはその他の培養細胞からのDNAの調製

材　料

器具
エッペンドルフ　サーモミキサー R(随意)
インキュベーター／オーブン，通常55℃
微量遠心機
1.5ml微量遠心チューブ
ローテーター，あるいは振盪器(例えば，Fisher Scientific Hematology/Chemistry Mixer 14-059-346)

試薬
70％エタノール＜！＞(－20℃)
100％エタノール＜！＞(－20℃)
溶解緩衝液
　　100mM NaCl
　　10mM Tris-HCl＜！＞(pH 8)
　　25mM EDTA(pH 8)
　　0.5％ドデシル硫酸ナトリウム(SDS)＜！＞
Phase Lock Gel Light(PLG Light)(エッペンドルフ)
25：24：1　フェノール＜！＞／クロロホルム＜！＞／イソアミルアルコール＜！＞(例えば，Invitrogen Life Technologies　15593-031)
リン酸緩衝液(PBS；付録1参照)，冷却しておく
プロテナーゼK＜！＞－20℃で保存してあるストック(25mg/ml)から新しいものを500μg/mlとなるように加える。
3M酢酸ナトリウム＜！＞(pH 5.2)
TE緩衝液＜！＞(pH 8)(付録1参照)

注意＜！＞をつけた材料の適正な取り扱いについては付録2を参照のこと。

手　順

1. 10cm組織培養プレートで80〜90％コンフルエントで細胞を培養する。第8章で記述したように付着性の細胞をトリプシン処理し，培養プレートから回収して1.5mlの微量遠心チューブに移す。細胞を1000rpmで5分間遠心し，上清を捨てる。
2. 細胞ペレットを冷却したPBS 5 mlで再懸濁して洗う。1000rpmで5分間遠心し，上清を捨てる。
3. 溶解緩衝液300μlで細胞ペレットを再懸濁する(細胞数が多い時は，10^8細胞あたり溶解緩衝液1mlを使う)。
4. サンプルを55℃で12〜16時間加温する。
5. PLG Light 100μlとフェノール／クロロホルム／イソアミルアルコール300μlをサンプルに加える。60分間遠心する。
　　　フェノールとクロロホルムの漏れを防ぐために，微量遠心チューブのふたを硬く閉

める。フェノールは強い腐食性があり，ひどい火傷を引き起こす。フェノールを扱うすべての作業は，フードの中で行う。

6. チューブを10,000 rpmで5分間遠心し，それぞれのサンプルから上層の水層を新しいチューブに移す。
7. それぞれのサンプルに3M酢酸ナトリウム（pH 5.2）を1/10量加え，100％エタノールを3倍量加える。DNAは直ちに糸状沈殿を形成する。
8. チューブを10,000 rpmで10分間遠心し，上清を捨てる。
9. 70％エタノール1 mlでDNAペレットを洗い，上清を捨てる。
10. サンプルを約10分間風乾する。
11. TE緩衝液でDNAを再懸濁する。溶解しやすくするために，DNAサンプルを55℃で4時間穏やかに振盪する。4℃でDNAサンプルを保存。

コメント

サザン解析あるいはPCRに用いる前にDNAを完全に溶解させることが重要である。DNAサンプルを4℃で一晩保存することで溶解しやすくなる。

プロトコール 6　マウス細胞の核型分析

　現在は，バンディング用のマウス染色体標本の大部分は空気乾燥で行われており，最初に細胞浮遊の状態にしておくことが必須条件である。血液培養，腹水，浮遊状態で増殖する細胞のような標本は，すでにこのような条件を満たしているが，骨髄，充実性腫瘍，付着状態で増殖する細胞などは細胞浮遊状態にする必要がある。このためにいろいろな凝集塊分離方法，例えば，Cronmiller and Mintz(1978)によって述べられているような方法がとられる。胚性癌細胞の核型とバンディングを決める基本的方法を以下に概略する。このような必須の技術的方法の数多くの変法が，McBurney and Rogers(1982)，Robertsonら(1983)によって発表されているので参照していただきたい。情報はE.P.Evans，MRC放射線生物学部門，Harwell, Didcot, Oxfordshire, U.K.による。

材　料

供試細胞
ES細胞(増殖培地を入れた組織培養皿へ入れる)
　　指数関数的に増殖している培養細胞を用いるのが最もよい

器具
ふたつきCoplin染色ビン(Lipshaw 107)
照　明
ピンセット
酸で洗い，油を拭きとったスライドグラス(標本作製用，以下参照)
2 ml尖底ガラス管
顕微鏡用のグリーンフィルター
キムワイプもしくは目の粗い，油のないティッシュ
コダックテクニカルパンフィルム(2415)
100倍の油浸対物レンズおよび40倍の位相差対物レンズつき顕微鏡
油浸レンズ(100倍)
パスツールピペット(約0.2ml，10 μl ドロップ)
60〜65℃のウォーターバス
Whatman 3MM濾紙

試薬
無水アルコール：濃塩酸＜！＞(1:1)
無水アルコール：ジエチルエーテル＜！＞(1:1)
脱イオン水
デメコルチン＜！＞(蒸留水で2 μg/mlの濃度に調製した100倍のストック溶液；Sigma D7385)
無水メタノール：氷酢酸＜！＞(3:1)室温(固定用)
ギムザ染色液＜！＞(脱イオン水で1:20に希釈する)(Sigma GS-500)
コダックHC110現像液
0.85％(w/v)NaCl
リン酸緩衝液(pH 6.8)
0.56％(w/v)塩化カリウム(KCl)＜！＞(細胞膨潤用低張液)

> 生理食塩水
> 2×SSC(付録1参照)
> 0.85％NaClに溶解した0.025％トリプシン(Difco 1：250)。トリプシン粉末は古くてもよいが，溶液は使用30分前に調製すべきである。

注意：＜！＞をつけた材料の適正な取り扱いについては付録2を参照のこと。

手　順

細胞の調製

1. 分裂停止剤の前処理するか，あるいは処理なしで，組織培養皿で増殖している細胞をトリプシン処理する。単細胞浮遊状態にするためにピペッティングする。培地と血清を添加して，2mlの尖底ガラス管で1000rpm，5分間遠心する。
2. 1mlの0.56％(w/v)塩化カリウム溶液を滴下して加え，チューブを軽くたたくことで細胞ペレットを再浮遊する。ピペットで上下してはいけない。最終量4mlになるように塩化カリウム溶液を加える。室温(21〜23℃)で6分間放置することで，細胞を膨化させる。
3. 1000rpm，5分間再度遠心し，注意深く上清を除く。室温で無水メタノール：氷酢酸(3：1)1ml中を加えて細胞ペレットを固定する。チューブを軽くたたきながら再浮遊する。4mlまで溶液を加える。細胞ペレット形成のため遠心する。3回繰り返す。
4. 1000rpm，5分間細胞を遠心し，少量の固定液(0.5ml)の中へ再浮遊する。

スライド作製

1. 市販のスライドグラスを，無水アルコール：濃塩酸(1：1)溶液中へ一晩放置する。翌日水道流水で洗い，脱イオン水中ですすぎ，無水アルコール：ジエチルエーテル(1：1)混合液中で保存する。
2. 使用直前に，スライドをピンセットで混合液中より引き上げ，キムワイプあるいは目の粗い，油のついてない紙の上で乾燥させる。この時，スライド表面に指紋がつくことを防ぐために，スライドにはできるだけ触らないようにする。
3. これらのスライド上へ染色体を拡散させるために，準備したガラスピペットを用い3滴の細胞浮遊液の列を作り(約0.2mlの容量のものを用い，10μlの滴下ができるようにする)，この液滴が最大限に広がるようにする。液滴の干渉リングが周辺部で見えるまで乾燥させる。口で吹きながら乾燥を助長し，一方，照明の電球で加熱しながらスライドを乾燥する。
4. 乾燥したら，低倍率の位相差顕微鏡(最終倍率160倍)下でスライドを観察する。細胞の密度および染色体の拡散が不十分ならば，細胞をペレットにし，少量の固定液に再浮遊させ，新しい液滴で繰り返してみる。
5. バンディングしていない染色体を数えるために15分間ギムザ染色を施し，グリーンフィルターで写真を撮る。

Gバンディング

1. 保存スライド(コメント参照)を，2×SSC液を入れたふたつきCoplin染色ビンの中へ入れ，60〜65℃で1.5時間ウォーターバスに浸ける。その後，密閉したビンの上から水道

流水をかけて室温まで冷却し，0.85％(w/v)塩化ナトリウム液中へ移し，室温で5分間保つ。

2. スライドを濾紙上につけ除水し，水平板上に置き，チャンバーを0.85％の塩化ナトリウム溶液中に溶かした0.025％のトリプシン溶液で15～20秒間浸す。

> トリプシン処理時間が重要である。なぜなら，低処理では染色体の形態は保存できるが，バンドの識別はできず，一方高処理では染色体の形態を乱しバンドがまったく見えなくなる。最適のトリプシン処理時間は研究室間で異なっているので，テストスライドは，最低限15秒間の処理を行い，残りのスライドの最適処理時間を決める。

> E.P.Evansの研究室では，トリプシン処理の最適時間はマウスの染色体の場合には15～20秒間であり，分裂細胞の由来を問わず過去10年間,変えていない。

3. トリプシン反応を止めるため，生理食塩水中へスライドを置き換える。次いで，リン酸緩衝液(pH 6.8)中でスライドをすすぎ，新たに作製した5mMリン酸緩衝液(pH 6.8)に溶かしたギムザ液で染色する。染色液に10分間浸けた後，染色度を調べるために弱拡大の明視野顕微鏡(160倍)下で湿ったスライドを観察する。乾燥によって，湿ったスライドは濃淡が出るので，Gバンドの鑑別を減弱させるような過染色を施さないように注意する。必要ならば，適当な結果が出るまで染色を繰り返し，リン酸緩衝液(pH 6.8)溶液ですみやかにすすぎ，冷風で乾燥させる。

4. 100倍の油浸レンズ下でマウントしていないスライドを検査する。

> "PCBフリー"の最近の油浸オイルの大部分は，数時間浸しておくとギムザ染色を除去してしまう欠点がある。油浸レンズオイル下でのスライドの直接観察は，より高度な解離像を得られるが，標本の保存を考えてスライドをマウントするほうが賢明である。

コメント

- スライド標本の準備は最終固定の3時間以内に行うのが望ましいが，試料を4℃に保存し，細胞を拡散する前に新しい固定液の中へ細胞ペレットを再浮遊するならば，7日までは大丈夫である。試料の保存が長ければ長いほど分裂細胞の拡散の状態は悪くなる。できれば，確実に成功するために少なくとも5枚のスライドを，それぞれのサンプルから作製しておくべきである。
- Gバンディングをする前に，室温で密閉箱の中へ3～21日間放置し，いわゆる"加齢"を施すのがよい。新しいスライド標本では貧弱な解像度のGバンドしか得られない。最適なGバンドの解像度を得るためにはスライド作成後およそ10日目に施すのがよい。この時間を超えると，解像は次第に減弱し，保存が数週間を超えると，染色体のバンディングはできなくなり，異常染色が起こったり，あるいは意味のない偽バンドが認められるようになる。

参考文献

Antonacci R., Marzella R., Finelli P., Lonoce A., Forabosco A., Archidiacono N., and Rocchi M. 1995. A panel of subchromosomal painting libraries representing over 300 regions of the human genome. *Cytogenet Cell Genet.* **68:** 25–32.

Arnheim N., Treco D., Taylor B., and E.M. Eicher. 1982. Distribution of ribosomal gene length variants among mouse chromosomes. *Proc. Natl. Acad. Sci.* **79:** 4677–4680.

Beermann F., Ruppert S., Hummler E., Bosch F.X., Muller G., Ruther U., and Schutz G. 1990. Rescue of the albino phenotype by introduction of a functional tyrosinase gene into mice. *EMBO J.* **9:** 2819–2826.

Bourbon H., Michot B., Hassouna N., Feliu J., and Bachellerie J.P. 1988. Sequence and secondary structure of the 5´ external transcribed spacer of mouse pre-rRNA. *DNA* **7:** 181–191.

Breneman J.W., Ramsey M.J., Lee D.A., Eveleth G.G., Minkler J.L., and Tucker J.D. 1993. The development of chromosome-specific composite DNA probes for the mouse and their application to chromosome painting. *Chromosoma* **102:** 591–598.

Brown A., Copeland N.G., Gilbert D.J., Jenkins N.A., Rossant J., and Kothary R. 1994. The genomic structure of an insertional mutation in the dystonia musculorum locus. *Genomics* **20:** 371–376.

Brunk C.F., Jones K.C., and James T.W. 1979. Assay for nanogram quantities of DNA in cellular homogenates. *Anal. Biochem.* **92:** 497–500.

Chatelain G., Brun G., and Michel D. 1995. Screening of homozygous transgenic mice by comparative PCR. *BioTechniques* **18:** 958–960, 962.

Costantini F., Radice G., Lee J.L., Chada K.K., Perry W., and Son H.J. 1989. Insertional mutations in transgenic mice. *Prog. Nucleic Acid Res. Mol. Biol.* **36:** 159–169.

Cronmiller C. and Mintz B. 1978. Karyotypic normalcy and quasi-normalcy of developmentally totipotent mouse teratocarcinoma cells. *Dev. Biol.* **67:** 465–477.

Derman E. 1981. Isolation of a cDNA clone for mouse urinary proteins: Age and sex-related expression of mouse urinary protein genes is transcriptionally controlled. *Proc. Natl. Acad. Sci.* **78:** 5425–5429.

Derman E., Krauter K., Walling L., Weinberger C., Ray M., and Darnell J.E. 1981. Transcriptional control in the production of liver-specific mRNAs. *Cell* **23:** 731–739.

Ding H., Roncari L., Shannon P., Wu X., Lau N., Karaskova J., Gutmann D.H., Squire J.A., Nagy A., and Guha A. 2001. Astrocyte-specific expression of activated p21-ras results in malignant astrocytoma formation in a transgenic mouse model of human gliomas. *Cancer Res.* **61:** 3826–3836.

Evans E.P. 1981. Karyotype of the house mouse. *Symp. Zool. Soc. Lond.* **47:** 127–139.

Frohman M. A. 1994. On beyond classic RACE (rapid amplification of cDNA ends). *PCR Methods Appl.* **4:** S40–58.

Grant S.G., Jessee J., Bloom F.R., and Hanahan D. 1990. Differential plasmid rescue from transgenic mouse DNAs into *Escherichia coli* methylation-restriction mutants. *Proc. Natl. Acad. Sci.* **87:** 4645–4649.

Green M.C., ed. 1981. *Genetic variants and strains of the laboratory mouse.* Gustav Fischer Verlag, Stuttgart.

Hadjantonakis A.K., Gertsenstein M., Ikawa M., Okabe M., and Nagy A. 1998. Generating green fluorescent mice by germline transmission of green fluorescent ES cells. *Mech. Dev.* **76:** 79–90.

Hicks G.G., Shi E.G., Li X.M., Li C.H., Pawlak M., and Ruley H.E. 1997. Functional genomics in mice by tagged sequence mutagenesis. *Nat. Genet.* **16:** 338–344.

Higuchi R. 1988. Rapid, efficient DNA extraction for PCR from cells or blood. *Perkin Elmer Cetus Amplifications* **2:** 1–3.

Innis M.A. and Gelfand D.H. 1990. Optimization of PCRs. In *PCR protocols* (ed. M.A. Innis, D.H. Gelfand, and J.J. Sninsky), pp. 3–12. Academic Press, New York.

Innis M.A., Gelfand D.H., Sninsky J.J., and White T., eds. 1990. *PCR protocols: A guide to methods and applications.* Academic Press, San Diego.

Jaenisch R., Harbers K., Schnieke A., Lohler J., Chumakov I., Jahner D., Grotkopp D., and

Hoffman E. 1983. Germline integration of Moloney murine leukemia virus at the Mov 13 locus leads to recessive lethal mutation and early embryonic death. *Cell* **32:** 209–216.

Kafatos F.C., Jones W.C., and Efstratiadis A. 1979. Determination of nucleic acid sequence homologies and relative concentrations by a dot hybridization procedure. *Nucleic Acids Res.* **7:** 1541–1552.

Korn R., Schoor M., Neuhaus H., Henseling U., Soininen R., Zachgo J., and Gossler A. 1992. Enhancer trap integrations in mouse embryonic stem cells give rise to staining patterns in chimaeric embryos with a high frequency and detect endogenous genes. *Mech. Dev.* **39:** 95–109.

Labarca C. and Paigen K. 1980. A simple, rapid and sensitive DNA assay procedure. *Anal. Biochem.* **102:** 344–352.

Lacy E., Roberts S., Evans E.P., Burtenshaw M.D., and Costantini F. 1983. A foreign beta-globin gene in transgenic mice: Integration at abnormal chromosomal positions and expression in inappropriate tissues. *Cell* **34:** 343–358.

Latham K.E., Patel B., Bautista F.D., and Hawes S.M. 2000. Effects of X chromosome number and parental origin on X-linked gene expression in preimplantation mouse embryos. *Biol. Reprod.* **63:** 64–73.

Liu X., Constantinescu S.N., Sun Y., Bogan J.S., Hirsch D., Weinberg R.A., and Lodish H.F. 2000. Generation of mammalian cells stably expressing multiple genes at predetermined levels. *Anal. Biochem.* **280:** 20–28.

McBurney M.W. and Rogers B. 1982. Isolation of male embryonal carcinoma cells lines and their chromosome replication patterns. *Dev. Biol.* **89:** 503–508.

Miller D.A. and Miller O.J. 1981. Cytogenetics. In *The mouse in biomedical research* (ed. H.L. Foster et al.), vol. 1, pp. 241–261. Academic Press, New York.

Mintz B. and Bradl M. 1991. Mosaic expression of a tyrosinase fusion gene in albino mice yields a heritable striped coat color pattern in transgenic homozygotes. *Proc. Natl. Acad. Sci.* **88:** 9643–9647.

Novak A., Guo C., Yang W., Nagy A., and Lobe C.G. 2000. Z/EG, a double reporter mouse line that expresses enhanced green fluorescent protein upon Cre-mediated excision. *Genesis* **28:** 147–155.

Ochman H., Gerber A.S., and Hartl D.L. 1988. Genetic applications of an inverse polymerase chain reaction. *Genetics* **120:** 621–623.

Oh I.H. and Eaves C.J. 2002. Overexpression of a dominant negative form of STAT3 selectively impairs hematopoietic stem cell activity. *Oncogene* **21:** 4778–4787.

Radice G., Lee J., and Costantini F. 1991. Hβ58, an insertional mutation affecting early post-implantation development of the mouse embryo. *Development* **111:** 801–811.

Robertson E.J., Kaufman M.H., Bradley A., and Evans M.J. 1983. Isolation, properties, and karyotype analysis of pluripotential (EK) cell lines from normal and parthenogenetic embryos. *Cold Spring Harbor Conf. Cell Prolif.* **10:** 647–663.

Saiki R.K., Scharf S., Faloona F., Mullis K.M., Horn G.T., Erlich H.A., and Arnheim N. 1985. Enzymatic amplification of β-globin genomic sequences and restriction site analysis for diagnosis of sickle cell anemia. *Science* **230:** 1350–1354.

Sambrook J. and Russell D. 2001. *Molecular cloning: A laboratory manual*, 3rd edition. Cold Spring Harbor Laboratory Press, Cold Spring Harbor, New York.

Singh G., Supp D.M., Schreiner C., McNeish J., Merker H.J., Copeland N.G., Jenkins N.A., Potter S.S., and Scott W. 1991. legless insertional mutation: Morphological, molecular, and genetic characterization. *Genes Dev.* **5:** 2245–2255.

Southern E. 1975. Detection of specific sequences among DNA fragments separated by gel electrophoresis. *J. Mol. Biol.* **98:** 503–517.

Tanaka S., Yamamoto H., Takeuchi S., and Takeuchi T. 1990. Melanization in albino mice transformed by introducing cloned mouse tyrosinase gene. *Development* **108:** 223–227.

Tesson L., Heslan J.M., Menoret S., and Anegon I. 2002. Rapid and accurate determination of zygosity in transgenic animals by real-time quantitative PCR. *Transgenic Res.* **11:** 43–48.

Townley D.J., Avery B.J., Rosen B., and Skarnes W.C. 1997. Rapid sequence analysis of gene trap integrations to generate a resource of insertional mutations in mice. *Genome Res.* **7:** 293–298.

Treloar H.B., Feinstein P., Mombaerts P., and Greer C.A. 2002. Specificity of glomerular targeting by olfactory sensory axons. *J. Neurosci* **22:** 2469–2477.

Truett G.E., Heeger P., Mynatt R.L., Truett A.A., Walker J.A., and Warman M.L. 2000. Preparation of PCR-quality mouse genomic DNA with hot sodium hydroxide and tris (HotSHOT). *BioTechniques* **29:** 52, 54.

Varmuza S., Prideaux V., Kothary R., and Rossant J. 1988. Polytene chromosomes in mouse trophoblast giant cells. *Development* **102:** 127–134.

von Melchner H., Reddy S., and Ruley H.E. 1990. Isolation of cellular promoters by using a retrovirus promoter trap. *Proc. Natl. Acad. Sci.* **87:** 3733–3737.

Wagner E.F., Covarrubias L., Stewart T.A., and Mintz B. 1983. Prenatal lethalities in mice homozygous for human growth hormone gene sequences integrated in the germ line. *Cell* **35:** 647–655.

Woychik R.P., Stewart J.A., Davis L.G., D'Eustachio P., and Leder P. 1985. An inherited limb deformity created by insertional mutagenesis in a transgenic mouse. *Nature* **318:** 36–40.

第13章

単為発生，前核移植，およびマウスクローニング

本章では，母方あるいは父方のゲノム由来のマウス胚—単為発生胚および雌性発生胚あるいは雄性発生胚—を作成するための方法を述べる。単為発生胚は，卵子をエタノールに短時間さらすことによって容易に作ることができる。雌性発生胚と雄性発生胚は，接合体間で前核を物理的に移植することによって作られる。2倍体の単為発生胚，雌性発生胚および雄性発生胚は，これらの方法を用いて作出できるが，それぞれのタイプの胚は，ゲノムのインプリンティング(刷り込み)の不均衡のため，結局は死に至る(第2章参照)。注目すべきことに，生存可能で妊孕能をもつマウスを，除核卵子に体細胞クローニングすることによって作製することができる。おそらくは，移植された体細胞ゲノムが卵子の中でリプログラムするためである。ドナー核の直接的注入および細胞融合の両技術が，クローンマウスを成功裏に作出するために用いられている。マウスクローニングは，まだ効率的ではないが，今や比較的定常的な作業である。ES細胞核からのマウスクローニングは，動物のクローニング技術とともにES細胞の強力な遺伝的操作を導いている。

Ryuzo Yanagimachi の好意による

目次

単為発生胚の作製，508
前核移植の方法，508
マウスのクローニング，509
プロトコール
　1．卵子のエタノール誘起による単為発生的活性化，510
　2．マウス胚における前核移植，512
　　　胚の準備，512
　　　保持用ピペットの作製，513
　　　除核／注入用ピペットの作製，513
　　　受精卵の除核，514
　　　不活化センダイウイルスの調整，516
　　　除核受精卵への前核の導入，517
　3．マウスのクローニング，520
　　　マイクロピペットの準備，522
　　　除核および注入用ピペットの設置，523
　　　卵子の採取と除核，524
　　　核ドナー細胞の準備，526
　　　ドナー核の注入，526
　　　胚の活性化と培養，528
　　　クローン胚の移植，529
参考文献，529

単為発生胚の作製

　初期の哺乳動物の発生に関する母方および父方ゲノムの影響を探求するために，数多くの研究がなされている。この種の研究にとって，雄性配偶子のいかなる寄与もなく発生する胚として定義される単為発生胚は，着床前および初期着床胚の独特の材料である（第2章の刷り込み参照）。

　胚性幹（ES）細胞は，1倍体あるいは2倍体（サイトカラシンD処理）の単為発生的に活性化された卵子からも樹立することができる（Kaufman 1983；Robertson et al. 1983；Mann 1992）。1倍体卵子由来のES細胞は，2倍体を示すので，ES細胞の樹立前あるいは樹立直後のある時期に，ゲノムはおそらく細胞分裂を伴うことなく複製して倍数化したのであろう。

　エタノールを用いて卵子を活性化する技術は，いくつかの文献（例，Kaufman 1978a, b）およびプロトコール13.1に述べられている。

前核移植の方法

　この方法（McGrath and Solter 1983）では，受精卵の細胞膜を貫通することなく前核が除去される。前核は個々にあるいは膜に結合したカリオプラスト（核質体）として引き抜かれ，不活化センダイウイルスあるいは電気融合法を用いてレシピエント除核受精卵と融合される。細胞骨格阻害剤であるサイトカラシンBおよびコルセミドの存在下での胚の前培養は，この

方法による胚の生存にとって非常に重要である。透明帯の中へ注入したセンダイウイルスによって誘起される細胞融合については，最初にLin et al.(1973)によって報告された。この方法は，プロトコール13.2に述べられている。

マウスのクローニング

　最初のマウスの体細胞クローン産子は，ドナー核をレシピエント除核卵子の中に直接注入することによって得られた(Wakayama et al. 1998)。この方法(いわゆる"ホノルル法")では，ドナー核は，M期促進因子(MPF)を豊富に含む第2成熟分裂中期で停止した除核卵子の中で，容易に，また完全に凝縮する。ドナー染色体の完全な凝縮がマウス卵子の中でドナーゲノムの完全なリプログラムを促進すると信じられている。マウスクローニングのもう一つの成功の鍵は，ピエゾ駆動顕微操作装置(Prime Tech, Japan；EXFO Burleigh, New York；Maerzheuser, Germany)に接続したマイクロピペットの使用である。このシステムは，卵子の顕微操作時間を短縮するので，体外での卵子の生存性の消失を最小限にする。例えば，20個の卵子のグループは，経験を積んだ術者によって，10分以内に除核できる。

　これまで，卵丘細胞，ES細胞，未成熟セルトリ細胞，胎子および成熟動物の線維芽細胞，神経細胞，胎子生殖細胞，およびリンパ球の核が，マウス胚の分娩までの発生を支持することが証明されている(Ogura et al. 2001；Hochedlinger and Jaenisch 2002)。これらの中で，卵丘細胞は，その利用の容易さから最も一般的に用いられている。F_1雑種の遺伝子型は，近交系の遺伝子型に対して，発生効率および新生子の正常性に関して，明らかに優れている(Ogura et al. 2001；Wakayama and Yanagimachi 2001a)。

　より最近，ホノルル法は，マウスクローニングの顕微注入の代わりに電気融合技術を使うために一部変更された(Ogura et al. 2000a)。ドナー細胞が卵子の中に安全に注入するには大きすぎる時，電気融合法は，細胞質内注入法を越える技術的な優位性をもっている。いずれの方法も，新たに回収した細胞や短期間培養された細胞をドナーとして使用する限りにおいて，帝王切開後に呼吸能力および活発な動きがすぐに回復し，外見的に正常な産子の誕生をもたらす(Inoue et al. 2001)。割球クローニングを含め，マウス核移植の技術的な発展と実用的な応用については，別に述べられている(Ogura et al. 2001)。クローニング技術については，プロトコール13.3に述べられている。

　マウスクローニングの成功に関与する多くの要因が解明されないままに残されている。しかし，胚発生に影響を及ぼすことがすでに知られている要因，例えば胚培養液の質(水，試薬など)，体外での操作時間，受容雌の選択が，ほかの一般的なマウス胚操作技術よりも，クローニングの成功により決定的に影響を及ぼすかもしれない，ということが明らかとなってきている。それゆえ，顕微操作技術の熟練者になることに加え，マウスのクローニングに従事する人は，胚発生実験を構成するすべての要素について効率を最大にすることが強く求められるのである。

プロトコール 1　卵子のエタノール誘起による単為発生的活性化

　　このプロトコールの情報は，M. H. Kaufman（Department of Anatomy, University Medical School, Edinburgh EH8 9AG, United Kingdom）から提供された。511頁の卵子の活性化率に関するコメントを参照のこと。

材　料

供試動物
　雌マウス（8～12週齢）

器具
　皮下針，26G，1/2インチ
　インキュベーター，湿度飽和，37℃，5％CO_2，95％空気
　位相差，ノマルスキーあるいはホフマン光学系つきの顕微鏡
　注射筒，1あるいは3ml
　組織培養用ディッシュ，3 cm滅菌プラスチック

試薬
　エタノール，用時事調整，7％（分析用グレード）＜！＞，ダルベッコーのリン酸緩衝液（PBS）（pH7.2；付録1参照）
　ヒト絨毛性性腺刺激ホルモン（hCG）（Sigma C8554）（第3章参照）
　ヒアルロニダーゼ（例，Sigma H3884）溶液，M2培養液に溶解（付録1参照）
　軽パラフィンオイル（例，Fisher O121-1；BDH 29436）
　M2およびM16培養液（第4章参照）
　妊馬血清性性腺刺激ホルモン（PMSG）（Sigma G4527；Calbiochem 367222）（第3章参照）

注意：＜！＞をつけた材料の適正な取り扱いについては付録2を参照のこと。

手　順

1. 前述のように（第3章，過剰排卵誘起を参照），PMSGとhCGを雌マウスに投与する。hCG投与後17時間にマウスを殺し，卵丘細胞に包まれた卵子を回収する（第4章，着床前期胚の回収参照）。

2. 3cmの滅菌ディッシュ内の新たに調整したダルベッコーのPBSに溶解した7％エタノールの中に，卵丘細胞のついた卵子を移し，室温に5分間置く。卵子を3cmディッシュ内のダルベッコーのPBSで3回，M2培養液で2回洗浄する。次いで，卵丘細胞塊を個々に軽パラフィンオイル下のM16培養液の小滴に移して，37℃のインキュベーター内に置く。

3. 5時間後，ヒアルロニダーゼ処理によって卵丘細胞を除去する（第4章，受精卵の採取とヒアルロニダーゼによる卵丘細胞の除去参照）。位相差，ノマルスキーあるいはホフマン光学系下で活性化した卵子を分類する。図13.1参照。軽パラフィンオイル下のM16培養液の小滴の中に，異なる分類の卵子を置く。

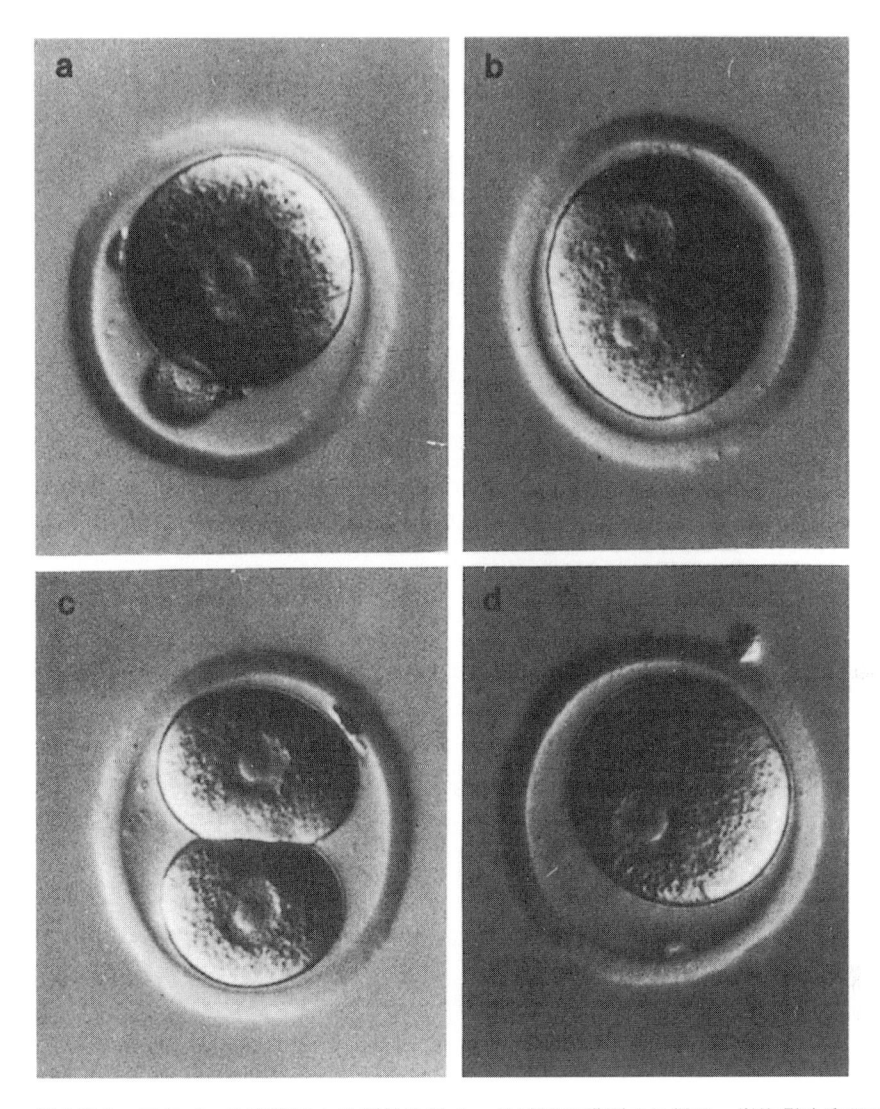

図13.1. エタノール誘起による活性化後4～6時間に識別され得る，単為発生卵子の4つの分類。(A)第2極体の放出を伴った単一前核1倍体卵子(均一1倍体)。(B)2個の前核をもち2倍体と推定される卵子(ヘテロ接合2倍体)。(C)2個のほぼ等しい大きさの割球をもつ直接卵割胚(モザイク1倍体)。(D)単一前核2倍体卵子(ヘテロ接合2倍体)。

コメント

- あるF1雑種雌(例，C57BL/6 × CBA)由来の単為発生的に活性化された卵子は，1細胞期から培養可能である。ほかの系統由来の卵子，例えば，近交系は，M16培養液を用いた培養においては，2cell-block(2細胞期で発生を停止)を起こし，最初の有糸分裂を越えての発生は進行しない(第4章参照)。これらの卵子のより先への発生は，卵子を交尾後0.5日の偽妊娠受容雌マウスの卵管に移植することによって可能となる。

- エタノールにさらした時の卵子の活性化率は，ほぼ80～85％である。順当であれば，活性化した卵子の最も多くが，第2極体の放出後に単一の前核を形成している1倍体の単為発生胚である。大量の2倍体単為発生胚を必要とする実験のためには，サイトカラシンD(Kaufman 1978a, b)あるいはサイトカラシンB(Barton et al. 1987)を含む培養液内でインキュベートすることによって，第2極体の形成を抑制して卵子を2倍体化することができる。

プロトコール 2　マウス胚における前核移植

　本法の情報は，James McGrath(Department of Comparative Medicine, Yale University, New Haven, Connecticut)，Davor Solter(Max Planck Institute for Immunobiology, Freiberg, Germany)，およびJeff Mann (Beckman Research Institute, City of Hope, Duarte, California)によって提供されたものである。プロトコールは以下のステップによって構成されている。
1. 胚の準備
2. 保持用ピペットの作製
3. 除核／注入用ピペットの作製
4. 受精卵の除核
5. 不活化センダイウイルスの調整
6. 除核卵子への前核の導入

ステップ1：胚の準備

材　料

胚
　1細胞期胚

器具
　湿度飽和インキュベーター，37℃，5％CO_2，95％空気
　微小滴培養(第4章，微小滴培養の準備の項参照)

試薬
　細胞骨格阻害剤ストック：サイトカラシンB<！>(5mg/ml, ジメチルスルフォキシド<！>(DMSO)に溶解，1000倍溶液)およびコルセミド(0.1μg/ml)あるいはノコダゾール(3mg/ml, 10,000倍溶液)のいずれか。DMSOのサイトカラシンBおよびノコダゾール溶液は−70℃で保存。M16培養液（第4章参照）。1mlあたり5μgのサイトカラシンBと0.1μgのコルセミド(Sigma D7385)(コルセミドの代わりに，ノコダゾール[0.3μg/ml；Sigma M1404]を用いることができる)を加える。
　M16培養液(培養用)(第4章参照)

注意：<！>をつけた材料の適正な取り扱いについては付録2を参照のこと。

手　順

1. 第4章で述べたように，1細胞期胚を取り出し，それらの卵丘細胞を除去する。
2. 胚を微小滴培養に置く(第4章参照)。
3. 顕微手術に先立って，胚を培養液1mlあたり5μgのサイトカラシンBおよび0.1μgのコルセミドを含むM16培養液内で，湿度飽和，5％CO_2，95％空気，37℃のインキュベーター内で15～45分間インキュベートする。

ステップ2：保持用ピペットの作製

保持用ピペットは，顕微手術の間，受精卵を保定するために用いる。第7章（プロトコール7.8）で述べているように保持用ピペットを作製する。

ステップ3：除核／注入用ピペットの作製

除核／注入用ピペットは，前核の除去や導入のために用いる。

材　料

器具

ホウケイ酸ガラス毛細管，外径1.0mm，内径0.6mm，および外径1.0mm，内径0.8mm（Drummond Scientific 9-000-2141および9-000-2171）
Leicaインスツルメントホルダー
マイクロフォージ（DeFonbrune型：Alcatel CIT, Technical Products Internationalあるいは Bachofer）
造形用粘土
ピペット研磨器（例，Effenberger；Bachoferから入手可能）
ピペットプラー（第7章参照）
プラチナ／イリジウム線（90％／10％混合物），外径約0.10，マイクロフォージフィラメントの交換用（例，Clark Electromedical Instruments 101R-5T；The Wildinson Co., 仕様指定）
ポリエチレンチューブ
注射筒
ティッシュペーパー

試薬

蒸留水
Nonidet P-40（NP-40）界面活性剤（Sigma N6507）
Tween 80（Sigma P1754）

手　順

1. 毛細管（外径1.0mm，内径0.6mm）を引き伸ばすためにピペットプラーを使用する（第7章参照）。マイクロフォージを用いることによって，ピペットの先端の外径が10〜15μmとなるように，ガラス製鉄床の上で，ピペット先端を切断する（図13.2）。
2. 潤滑剤として水を用いてEffenberger研磨器でピペット先端を斜めに研磨する。
3. ピペット先端を鋭利にして透明帯を貫通可能にする。
   a. 研磨したピペットの先端をフィラメントの上に垂直に配置する。
   b. ピペット先端がフィラメントに融合するギリギリの温度にフィラメントを熱する（経験的に決める）。
   c. ピペット先端をフィラメントに接触させて鋭利にする。マイクロフォージからエアジェットをフィラメント上に吹きつけて，ピペットを対流ではなく，伝導でのみ熱する。

図13.2. De Fonbruneマイクロフォージを用いたマイクロピペットの先端の切断。"ガラス製鉄床"を，ガラス小片とフィラメントを融合させ，丸い球に溶かすことによって，厚手のフィラメント（0.3mm）の先端に作製する。ガラス製鉄床は，高温で熱しない限りフィラメントの上に留まっている。マイクロピペットをガラス製鉄床上に置き，フィラメントはピペットがガラス製鉄床上でやっと融合するが，変形しないような温度に熱せられる（この温度は，経験的に決定する必要がある）。ピペットがガラス製鉄床に融合した後，次いで，フィラメントの熱を切断する。フィラメントが冷却すると，わずかに収縮するために，ピペットは，接触部分で切断され平滑末端となる。

- d．ピペットがフィラメントに融合したら，フィラメントから離して引き上げ，先端にガラスの短いスパイクを引き出す（図13.3）。
4．ポリエチレンチューブと注射筒に接続したLeicaインスツルメントホルダーにピペットを装着する。
- a．0.2μlのフィルターで濾過した蒸留水で溶解した1.25％(v/v)Tween 80をピペットの先端に2, 3回，吸引，排出する。
- b．溶液からピペットを取り出し，約20秒間空気を出し続ける。ティッシュペーパーを用いてピペットの外側に付着している液を吸い取る。

ステップ4：受精卵の除核

このステップでは，2個の前核を細胞膜を貫通することなく取り除く。

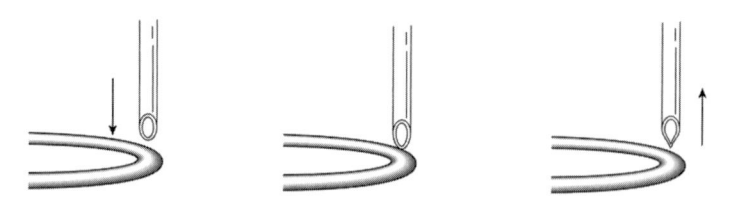

図13.3. 除核／注入用ピペットの先端加工。先端を斜めに研磨したピペットをフィラメントの上に垂直に配置する。ピペット先端がフィラメントに融合するぎりぎりの温度にフィラメントを熱する（経験的に決める）。マイクロフォージからエアジェットをフィラメント上に吹きつけて，ピペットを対流ではなく，伝導でのみ熱する。ピペットがフィラメントに融合したら，フィラメントから離して引き上げ，先端にガラスの短いスパイクを引き出す。

材　料

胚
　1細胞期胚（細胞骨格阻害剤の存在下で培養したもの，512頁参照）

器具
　Beaudouinあるいは同様のシリンジ（Alcatel CIT）
　除核／注入用ピペット
　保持用ピペット（第7章参照）
　顕微操作用チャンバー（第7章の前核への注入で述べた顕微鏡／マイクロマニピュレーターの設定は，前核の移植にも適用可能である。前核の移植ではBeaudouinシリンジを除核用ピペットの吸引量の調節に用いる。）
　シリコンオイル（流動度200，粘度20cs；Dow Corning）
　胚移し換え用ピペット

試薬
　M2培養液（第4章参照）。サイトカラシンB＜！.5μg/ml）とコルセミド（0.1μg/ml）（Sigma D7385）を添加する。（ノコダゾール［0.3μg/ml：Sigma M1404］がコルセミドの代替として使用できる）

注意：＜！＞をつけた材料の適正な取り扱いについては付録2を参照のこと。

手　順

1. 胚移し換え用ピペットを用いて，サイトカラシンB（5μg/ml）とコルセミド（0.1μg/ml）を添加したM2培養液で培養した1細胞期胚を，顕微操作用チャンバーに移す。すべての操作は，サイトカラシンB（5μg/ml）とコルセミド（0.1μg/ml）を添加したM2培養液内で行う。
2. 保持用ピペット（第7章参照）用いて，胚を適当な位置に保持し，低粘度のシリコンオイルの入った除核／注入用ピペットで胚の透明帯を貫通する。この操作で透明帯は相当に変形する（図13.4 A～C）。胚の細胞膜を貫通しないように注意する（以下のコメント参照）。
3. ピペットの先端が囲卵腔（PVS）に到達したら，先端を2個の前核の1つの近くまでさらに進める。吸引の調節のためにBeaudouinシリンジを用いて，前核を覆う細胞膜，少量の細胞質，次いで前核の順にピペットの中に吸引する（図13.4 D）。次いで，ピペットの先端を残りの前核の近くに移動させ，この操作を繰り返す（図13.4 E）。
4. 除核／注入用ピペットを胚から引き抜く（図13.4 F）。ピペットを引き抜くと，ピペットの中のカリオプラストから透明帯の中の除核した胚へ細胞質が橋のように伸びる。この橋は，細長い糸のように伸び，切れて，細胞膜の傷口は塞がれる（図13.5 A）。

コメント

細胞骨格阻害剤の存在下では，胚はマイクロピペットの押しつけに対してほとんど抵抗しなくなる。したがって，細胞骨格阻害剤は，細胞膜の貫通を防ぐのにも役立っている。

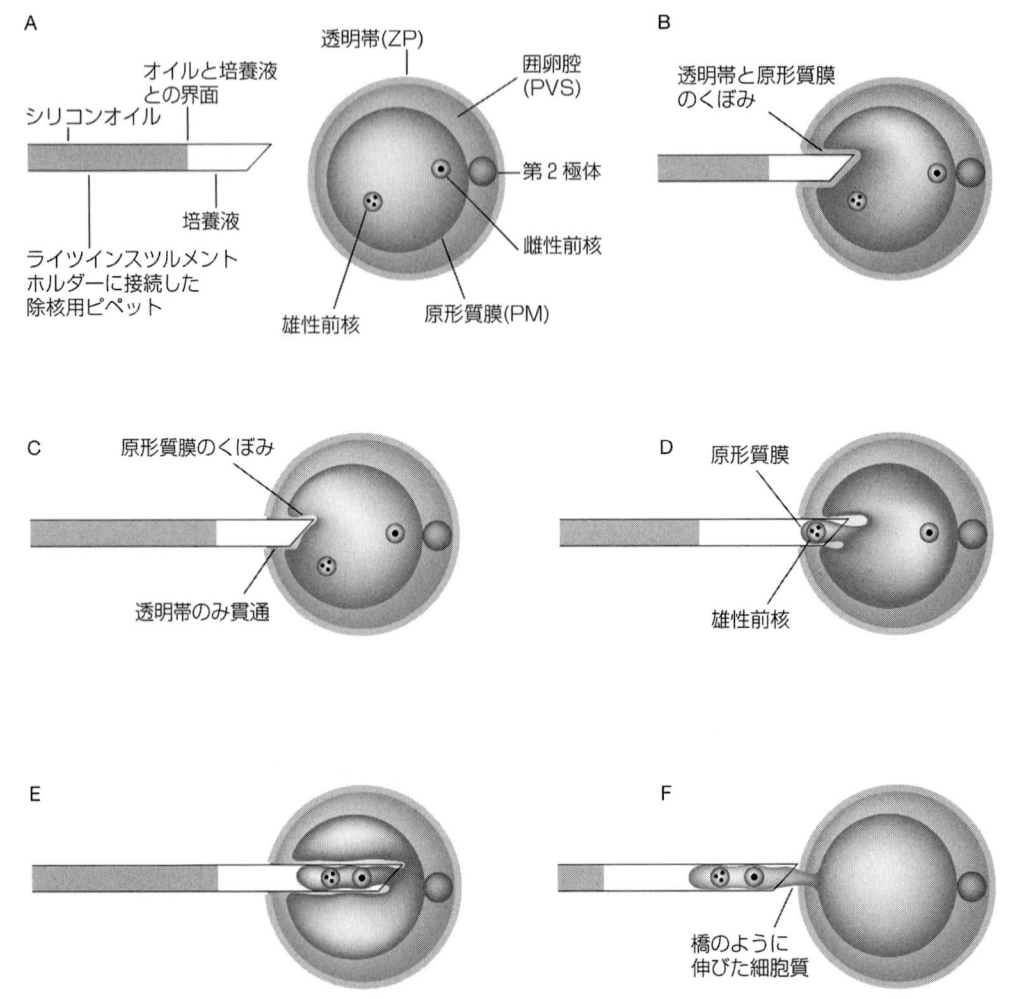

図13.4. カリオプラストの中に前核を取り込んで引き抜くことによる受精卵の除核をする技術。(ZP)透明帯；(PVS)囲卵腔；(PM)原形質膜。

ステップ5：不活化センダイウイルスの調整

センダイウイルスはステップ6で用いるために不活化する。この方法は，Neff and Enders (1968)によって報告された。

材 料

器具
ピペット，100 ml
ウォーターバス(37℃)

試薬
アセトン<！>―ドライアイス槽
1% β-プロピオラクトン(BPL)<！>(Sigma P5773)
リン酸緩衝液(PBS)，冷却(pH 7.2)(付録1参照)
センダイウイルス

注意：＜！＞をつけた材料の適正な取り扱いについては付録2を参照のこと。

手　順

1. Graham(1971)およびGiles and Ruddle(1973)によって述べられた方法でセンダイウイルスを調整する。
2. センダイウイルス懸濁液を氷上に置く。BPLの最終濃度が0.025％となるように，懸濁液に1％BPL(冷却PBSで希釈)を加える。
3. ウイルス-BPL混合液を4℃で24時間保存する。次いで，混合液を37℃のウォーターバスで20分間保温する。
4. 不活化センダイウイルスを小分けして(100μl)，アセトン-ドライアイス槽で急速冷凍した後に－70℃で保存する。(訳注：原著は100mlとなっているが100μlの誤りだと思われる)

ステップ6：除核受精卵への前核の導入

図13.5A～Fに前述の方法で得られた前核のカリオプラストをどのように別の除核1細胞期胚の中に導入するかを示す。しかし，ほかの細胞から核を用いて同様の操作をすることも可能である。

材　料

胚
　除核した1細胞期胚
　前核カリオプラスト

器具
　除核／注入用ピペット
　火であぶって細く引いたパスツールピペット
　保持用ピペット(第7章参照)
　湿度飽和インキュベーター，37℃，5％CO_2，95％空気
　顕微操作用チャンバー
　組織培養用ディッシュ

試薬
　不活化センダイウイルス
　M2培養液(第4章参照)。サイトカラシンB＜！＞(5μg/ml)とコルセミド(0.1μg/ml)(Sigma D7385)を添加する。(ノコダゾール[0.3μg/ml：Sigma M1404]がコルセミドの代替として使用できる)
　M2およびM16培養液(第4章参照)

手　順

1. 前核カリオプラストを吸い込んでいる除核／注入用ピペットを，ステップ5で調整した不活化センダイウイルス(約3000HAU/ml)の微小滴の中に入れる。ピペットの中に少量のウイルスを吸引する(カリオプラストを同程度の量)(図13.5B)。

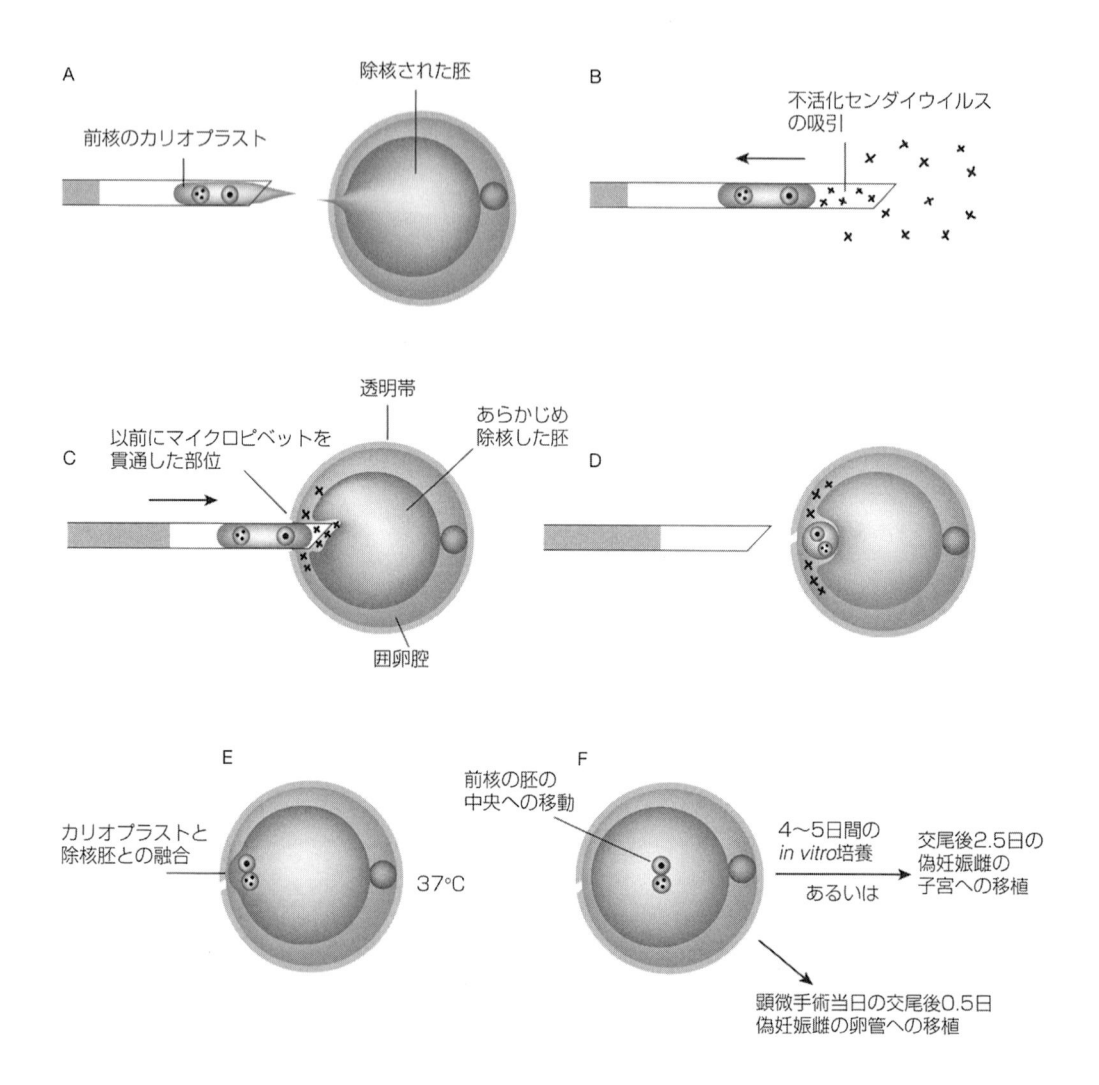

図13.5. 不活化センダイウイルス介在融合により除核1細胞期胚へカリオプラストから核を導入する技術

2. ウイルス／カリオプラストを吸引している除核／注入用ピペットを別の除核胚が入っている微小滴の中に置く。以前に貫通した部位(図13.5 C)にカリオプラストとウイルスを吸引している除核／注入用ピペットを差し込めるように，除核胚を保持用ピペットに保定する。透明帯の穴に沿ってピペットを前進させ，囲卵腔(PVS)の中にウイルスとカリオプラストを連続的に注入する(図13.5 C，D)。
3. 顕微操作用チャンバー内のほかの除核胚についても操作を続ける。細胞骨格阻害剤に除核胚をさらす時間は，最大1.5時間とする。次いで，操作の成功した胚すべてを2mlのM2培養液に移し，細胞骨格阻害剤を洗い流すために5分間静置する。
4. 操作胚を火であぶって細く引いたパスツールピペットを用いてM16培養液に移し，胚を5％CO_2，37℃の湿度飽和インキュベーター内で約1時間培養する。カリオプラストの融合は1時間以内に起こる(図13.5 E，F)。

コメント

融合した胚は胚盤胞期まで正常に発生する。胚の異常卵割は，細胞骨格阻害剤が胚に対して毒性をもっていたことを示すと考えられる。

プロトコール 3　マウスのクローニング

　ここに述べる方法は Wakayama et al.(1998) によって最初に開発された方法にいくつかの変更を加えた方法として Atsuo Ogura, RIKEN Bioresource Center, Japan によって提供されたものである。この方法は以下のステップからなる。
1．マイクロピペットの準備
2．除核および注入用ピペットの設置
3．卵子の採取と除核
4．核ドナー細胞の準備
5．ドナー核の注入
6．胚の活性化と培養
7．クローン胚の移植

材　料

　本方法に必要な材料はここに掲げた。特別な方法のための追加の材料については，それぞれの方法のところで述べる。

器具
Falcon 1008 および 1007 プラスチックディッシュ
インジェクター(Narishige，Eppendorf あるいは Leica)
　注入後の卵子の生存率を向上させるためには，特にピペットを細胞質から引き抜く時に，注入用マイクロピペットが波打つことなく x 軸に沿って正確に動くようでなければならない。この理由で，x 軸と y 軸ハンドルが別個になっている 3 次元マイクロマニピュレーターが推奨される(例えば，Narishige MO-202U ジョイスティックマイクロマニピュレーター，大型ハンドルタイプ，図 13.6)。注入用および除核用のマイクロインジェクターは，空気充填タイプではなく，オイル充填タイプでなければならない；Narishige IM-6 や IM-9 および Eppendorf CellTram Oil が最も良く機能する。保持用ピペットを接続するインジェクターは，空気充填タイプでも構わない。
ノマルスキーあるいはホフマン光学系つきの倒立顕微鏡(ニコン，オリンパスあるいは Leica)
マイクロフォージ(Narishige あるいは De fonbrune)
マイクロマニピュレーター(Narishige あるいは Leica)
ピエゾインパクトドライブ装置(Prime Tech)
ピペットプラー(Sutter instrument)

試薬
CZB(胚培養用)
CZB-HEPES(胚操作用)
CZB-Sr(胚活性化用)
ポリビニールピロリドン(PVP)＜！＞
シリコンオイル(Sigma-Aldrich 14615-3)あるいはミネラルオイル(Nakalai Tesque 26132-35)
　培養液の小滴を覆うには，胚培養試験ずみのオイルを使用する。卵子および胚は 5〜6.5% CO_2 空気中，37〜37.5℃の条件で培養する。

体外でクローン胚や顕微操作卵子を培養するには，Chatot-Ziomek-Bavister(CZB)を基本として若干の修正を加えた培養液(第4章参照)を用いる。本項で述べる2種類の培養液は，2週間ごとに調整する(表13.1)。培養液は，Milliporeフィルター($0.45\mu m$)で濾過滅菌し，5mlのプラスチックチューブ(Falcon 2057)に分注して，使用まで4℃で保存する。グルタミンと$CaCl_2$ (あるいは$SrCl_2$)は，実験当日に添加する。

注意：＜！＞をつけた材料の適正な取り扱いについては付録2を参照のこと。

図13.6. 典型的な3次元マイクロマニピュレーターのジョイスティック(Narishige MO-202U)。ピエゾドライブマイクロマニピュレーターの効果的な操作に必要な精緻な動きのためのx軸ハンドル(矢印)。

表13.1. マウスクローニングのためのCZB培養液の組成

	CZB 胚培養用		CZB-HEPES 胚操作用		CZB-Sr 胚活性代用	
	mM	mg/100ml	mM	mg/100ml	mM	mg/100ml
NaCl	82.0	478.9	82.0	478.9	82.0	478.9
KCl 〈！〉	4.9	36.3	4.9	36.3	4.9	36.3
KH_2PO_4 〈！〉	1.2	15.9	1.2	15.9	1.2	15.9
$MgSO_4・7H_2O$	1.2	29.1	1.2	29.1	1.2	29.1
$NaHCO_3$ 〈！〉	25.0	210.0	15.0	126.0	25.0	210.0
グルコース	5.6	100.0	5.6	100.0	5.6	100.0
ピルビン酸ナトリウム	0.3	2.9	0.3	2.9	0.3	2.9
$CaCl_2・2H_2O$[a]	1.7	25.1	1.7	25.1		
$SrCl_2・6H_2O$[a]					2.5~10.0	66.7~266.6
HEPES			10	238.0		
グルタミン	1.0	14.6	1.0	14.6	1.0	14.6
乳酸ナトリウム(60%シロップ)	20	370μl	20	370μl	20	370μl
EDTA	0.10	3.8	0.10	3.8	0.10	3.8
ポリビニールアルコール		10.0		10.0		10.0
BSA		5mg/ml				5mg/ml

[a]. $CaCl_2$, $SrCl_2$, およびグルタミンは，それぞれ，100×，10×，および100×ストック溶液から加える。
[b]. ポリビニールアルコール(冷水可溶性)を最初に80℃，1時間の条件で超純水中に溶解する。

注意：〈！〉をつけた材料の適正な取り扱いについては付録2を参照のこと。

コメント

- KSOM(第4章参照)培養液をクローンマウス胚の培養に使用することができる。
- CZB-HEPES顕微操作用培養液はBSAを含まない。BSAは注入後の卵子の生存率を減少させるので，この代わりに牛胎児血清(BCS；10～20％)が使用される。BCSは生存率を上昇させることがあるが(Rybouchkin and Dhont 2000)，これは操作者によると思われる。
- CZB-HEPES培養液で10～12％のポリビニールピロリドン(PVP)(360kD)溶液を調整する。むらのあるPVP溶液は卵子やドナー細胞の細胞膜を傷害するので，PVPは一晩振とうすることによって，完全に溶解しなければならない。この溶液は少なくとも6カ月間保存可能である。

ステップ1：マイクロピペットの準備

材　料

器具
　ガラス毛細管（Sutter Instrument B100-75-10 あるいは Drummond Microcaps 50μl，1-000-0500）
　マイクロフォージ

手　順

1. ピエゾドライブマイクロマニピュレーション機器(図13.7)を用いての効果的な除核や注入操作のためには，除核および注入用ピペットの管壁は薄くなければならない(半径

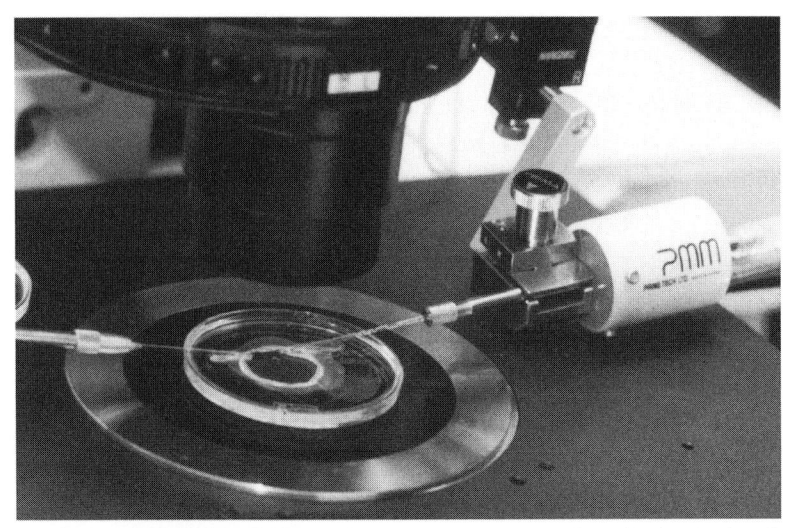

図13.7. 倒立顕微鏡に装着した注入用ピペット用ホルダーに接続したピエゾマイクロマニピュレーターシステムの駆動部（右側）

1/4より小さいもの）。ピペットの先端は，平行でなければならず，先端が先細になっている場合には，除核あるいは注入操作後の卵子の生存率が低下することがある。

2．ピペットの先端を平滑末端とするために，マイクロフォージを用いてピペット先端を垂直に切断する（第7章および図13.2参照）。

平滑末端のピペットは，卵子に対して最小限の障害で透明帯や細胞膜を破ることができる。除核用ピペットの内径は，$7\,\mu m$から$8\,\mu m$の間である。

フッ化水素＜！＞を用いることによって毛細管の管壁を薄くすることが可能である。この操作で卵子の生存はやや向上することがあるが，必須な操作ではない。

3．注入用ピペットの内径は，ドナー細胞の大きさと硬さによって調節しなければならない。卵丘細胞や始原生殖細胞用には内径$4\sim5\,\mu m$，未成熟セルトリ細胞には$3\sim4\,\mu m$，そして線維芽細胞には$7\sim9\,\mu m$が推奨される。

4．保持用ピペットは，ほかのマウス胚操作の場合と同様に作製する（第7章参照）。

ステップ2：除核および注入用ピペットの設置

材　料

器具
Falcon 35-1006ディッシュ
プラスチック毛細管

試薬
水銀＜！＞

注意：＜！＞をつけた材料の適正な取り扱いについては付録2を参照のこと。

手　順

1. 除核／注入用マイクロピペットの基部端から細い柔軟性のプラスチック毛細管を用いて，除核／注入用マイクロピペットの中に少量の水銀を注入する（ピペットの中に1〜2mmの長さになるまで）。
2. オイル充填インジェクターに接続した除核／注入用マイクロピペットをピエゾインパクトドライブのインスツルメントホルダーに取り付ける。除核／注入用マイクロピペットの先端から空気を排出した後，先端の内側を顕微操作用チャンバー内のオイルで数回洗浄する（図13.8A）。
3. 吸引排出操作でピペットの内部の水銀が円滑に動き，時間のずれがなくなるまで，PVP培養液内で除核／注入用マイクロピペットを洗浄する（図13.8B）。
　　ピペットの内側に接着しているオイルを完全に除去するように注意する。
4. 水銀の顕微操作用培養液への混入を防ぐために，PVPとCZB-HEPES培養液の間に少量のオイルをはさむ（図13.8C）。

コメント

- このステップは，核移植の効率に関して重要な影響を及ぼす。準備が正確に，注意深く行われたのであれば，注入用ピペットの交換が必要となる前に100〜150個の卵子に注入することが可能である。
- Falcon 35-1006ディッシュのふたを顕微操作用チャンバーとして用いる。ノマルスキー(DIC)光学系を使用する時は，チャンバーの中央をカバーグラスにする。ディッシュ上に下記の培養液の小滴（それぞれ2〜4μl）を置き，シリコンオイルかミネラルオイルで覆う。
（1）ピペット洗浄用PVP小滴，（2）卵子の除核用のサイトカラシンB＜!＞を含むCZB-HEPESの小滴，および（3）ドナー核注入用のCZB-HEPES小滴。

ステップ3：卵子の採取と除核

材　料

供試動物
　成熟雌（8〜12週齢）

器具
　インキュベーター，37℃，5% CO_2，湿度飽和
　微小滴培養用ディッシュ
　顕微操作用チャンバー（上述参照）

試薬
　CZB
　CZB-HEPES
　妊馬血清性腺刺激ホルモン(PMSG)（第3章参照）
　ヒト絨毛性性腺刺激ホルモン(hCG)（第3章参照）
　ヒアルロニダーゼ

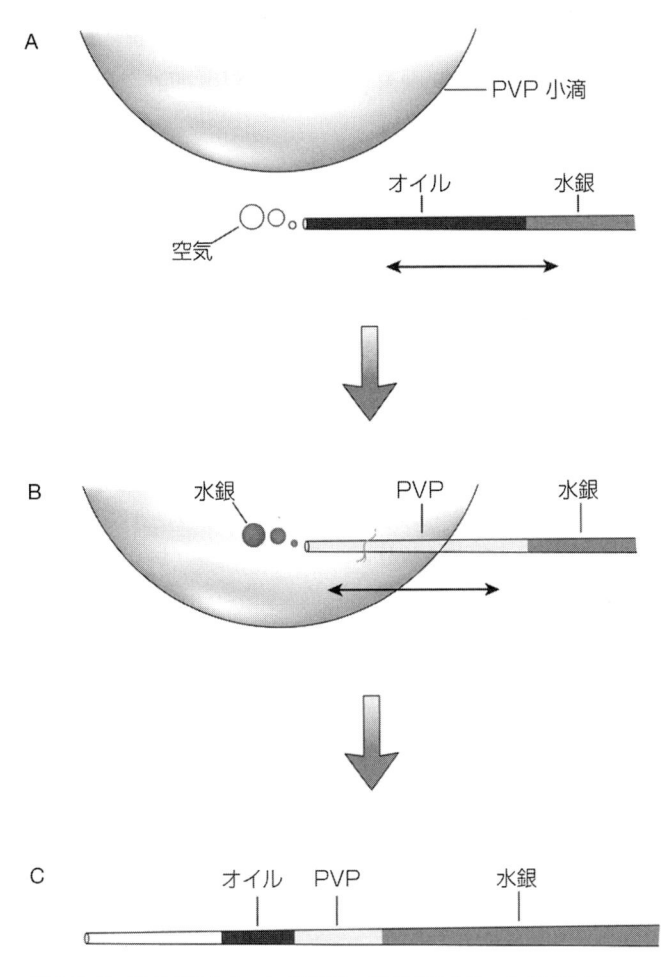

図13.8. 除核用ピペットの準備。注入用ピペットについても同様な方法である。詳細については本文を参照。PVP小滴とピペットがオイル下にあることの注意。

手　順

1. 成熟雌マウスに7.5 IUのPMSGおよび7.5 IUのhCGを48時間間隔で腹腔内投与する（第3章参照）。
2. hCG投与後15〜17時間に，卵管の卵管膨大部から卵丘細胞に包まれた成熟卵子を採取する（第3章参照）。
3. 回収した卵子を0.1％のヒアルロニダーゼを含むCZB培養液に入れ，卵丘細胞が分散するまで（2〜3分間），37℃，5％CO_2の湿度飽和のインキュベーター内に置く。
4. 顕微操作用チャンバー内のサイトカラシンBを含むCZB-HEPES培養液の小滴の中に10〜20個のグループに分けて卵子を置く（上述参照）。
5. 分裂中期核板が2〜4時の位置になるように卵子を保定する。
6. 透明帯の表面の上に除核用ピペットの先端を置く。
7. わずかに陰圧を与えて透明帯を軽く吸引しながら，ピペットを前進させるために2，3回のピエゾパルスを作用させる（調節器の設定：速度3〜6，強度1〜4）。細胞膜への障害を避けるために，透明帯を貫通する直前の透明帯の穿刺部位の下の囲卵腔が狭くなる時に，わずかに陽圧を与える。
8. 吸引によって，少量の細胞質と一緒に染色体を除去する。

9. 最初のグループの卵子の除核が終了した後，卵子を新鮮なCZB培養液の小滴内で数回洗浄する。ドナー核の注入（あるいは電気融合）前30分から2時間，卵子をインキュベーターの中に置いておく。

コメント

- レシピエント卵子を採取するマウス系統は，卵子の発生能力，体外での胚操作に対する耐性（特に細胞質内注入），第2成熟分裂中期染色体像の明瞭さを基礎として選択する。B6D2F1 (C57BL/6 × DBA/2)卵子は，最高のレシピエントであり，これらの必要条件を満足している。これらの利点をもつほかの系統由来の卵子もあると思われるので，研究者は目的によって系統を選択するとよい。
  以下は，関連系統の特徴の簡単な手引きである。
  1. 高い発生能力：B6D2F1, B6C3HF1, B6CBAF1, およびほかのF_1交雑種。
  2. 細胞質内注入に対する耐性：B6D2F1, DBA/2(最高)。
  3. M II染色体の明瞭さ：B6D2F1, DBA/2, ICR, および129。
- hCG処理後に推奨している時間より早く（例えば13時間）に卵管から回収した卵子は，一般的によりよい発生能を示すが，細胞質内注入に対する耐性が劣る。
- 第2成熟分裂中期染色体は，ノマルスキーあるいはホフマン光学系下で蛍光色素を使用することなく確認できる。透明な細胞質をもつ卵子(B6D2F1卵子のように，上述参照)は，顆粒塊をもつ卵子(B6やB6CBAF1卵子のように)よりも除核が容易である。
- 微小管がよく重合して，小さな透明な領域を形成し，周囲の不透明な細胞質との区別が容易となるので，顕微鏡ステージを暖めることが推奨される。
- 除核直後，卵子はたいへん感受性が高く壊れやすい。しかし，30分から2時間の培養後には，通常，除核卵の生存性は回復する。

ステップ4：核ドナー細胞の準備

CZB培養液内で0.1％ヒアルロニダーゼ(Sigma H3884)処理することによって，新鮮な排卵卵子から卵丘細胞を採取する。

ステップ5：ドナー核の注入

手　順

1. ドナー卵丘細胞を顕微操作用チャンバー内のPVP小滴の中に静かに混和する。
2. 10～20個のグループの除核卵を顕微操作用チャンバー内のCZB-HEPESの小滴内に入れる。
3. 注入用ピペットでドナー細胞を静かに吸引排出することによって，ドナー細胞の核を除去する。次いで，ドナー核を注入用ピペットの中に並べる(図13.9 a, b)。
4. 上述したように，2, 3回のピエゾパルスを与えて注入用ピペットを透明帯を通して進めた後，ピペットの先端部分にドナー核を押し出しながら，ピペットを細胞質深く挿入する(図13.9 c, d)。
5. ピペットを卵子の内側に2, 3秒間置いた後（経験的に決定する），最小限の強度でピエゾパルスを1回与える。ピペット先端部で細胞膜が穿孔する。このことは，細胞膜が急激に弛緩することで確認される。核を最少量の培養液とともに細胞質内に排出する(図13.9 d～f)。

6. ピペットを静かに引き抜く(最初は比較的速く,次いでゆっくりと)。
7. 注入した卵子を室温で5～10分間静置する。次いで,注入した卵子をCZB培養液で洗浄し,ストロンチウムで活性化処理をするまで培養に移す。

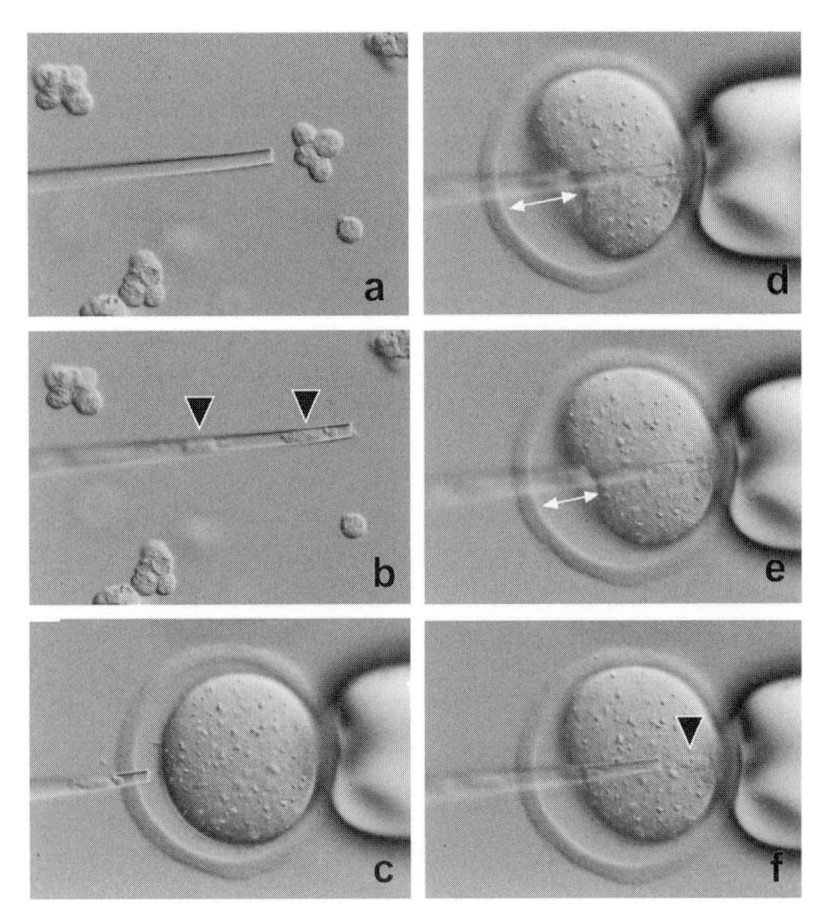

図13.9. 卵丘細胞核の除核卵子への注入。(a)分散した卵丘細胞;(b)注入用ピペット内の卵丘細胞核(矢頭);(c)注入用ピペットの透明帯の穿孔;(d)除核卵子の奥深くへの注入用ピペットの押し込み,細胞膜は破られていない;(e)ピエゾパルスの作用による細胞膜の破壊が,細胞膜の弛緩となって認められる(dとeにおける二重矢印の長さを比較せよ);(f)ドナー卵丘細胞核の細胞質内への注入(矢頭)。

コメント

- 最初のマウスクローニングの試みには，F1交雑マウス由来の卵丘細胞を用いることを推奨する。
- マウス卵子の細胞質内注入の初期の試みでは，生存率を向上させるために，顕微操作温度を17～18℃に維持していた。しかし，このことは必要ではなく，何の問題もなく室温で操作を行うことができる。加温ステージは卵子の変性・溶解のような悪影響を及ぼすと思われる。
- 線維芽細胞のような，より堅い細胞の核移植の成功のためには，注入前に細胞膜の全体を取り除くことが必要である。もし，生存卵子の核形成率が乏しい場合には（<50%），電気融合による核移植が推奨される（Ogura et al. 2000a）。卵丘細胞（Wakayama et al. 1998），胚性幹細胞（Wakayama et al. 1999），未成熟セルトリ細胞（Ogura et al. 2000b），あるいは始原生殖細胞（Lee et al. 2002）のような柔らかい細胞由来の核移植の場合には，通常，卵細胞質に核を混ぜるのには，細胞膜の部分的な破壊で十分である。
- 操作者が十分な熟練を積んだのであれば，一度に数個（3～10）の核を注入用ピペットの中に吸引し，注入することが可能となる。この操作は，体外で卵子を取り扱う時間を節約する。

ステップ6：胚の活性化と培養

再構成胚には発生を活性化するシグナルが必要である。活性化はストロンチウムを含む培養液内で再構成胚を培養することによって誘起できる。

材　料

試薬
塩化ストロンチウム（Sigma S0390）
サイトカラシンB<！>（Sigma C6762）

注意：<！>をつけた試薬の適正な取り扱いについては付録2を参照のこと。

手　順

1. 核移植の約1時間後，卵子を2.5～10 mMストロンチウムと5 μg/mlのサイトカラシンBを含むCa^{++}フリーのCZB培養液（CZB-Sr）内で37℃，5%CO_2の条件で活性化する。
2. 約1時間後に，5 μg/mlのサイトカラシンBを含むCZB培養液に活性化卵子を移して5時間培養する。
3. 再構成胚を新鮮なCZB培養液で数回洗浄し，次いで胚を移植するまで培養する。

コメント

- 塩化ストロンチウムの至適濃度と活性化培養液への曝露時間は，研究室によって異なる。活性化用CZB-Sr培養液へのCZB培養液からのCa^{++}の持込みは，Sr^{++}の効果を減じることとなる。したがって，再構成胚をCZB-Sr内で活性化する前にCZBを除くために洗浄しなければならない。
- ドナー染色体が極体として放出されるのを防ぐために，サイトカラシンBを活性化培養液に添加する。

- クローニング実験におけるサイトカラシンBとサイトカラシンDの効果に差異はないように思われる。
- サイトカラシンは，5μg/mlより薄い濃度で卵子表面の変形させることがあるので，完全に素早く洗い流すことが重要である。
- CZB-Sr活性化培養液内の1％DMSO＜！＞の存在は，再構成胚の胚盤胞へ発生を向上させる(Wakayama and Yanagimachi 2001b)。
- 核移植の成功は，再構成胚の偽前核を検査することによって大雑把に評価することができる。胚はサイトカラシン添加培養液から回収された時に，2個あるいは3個のよく発達した偽前核をもっている。もし，核がないかあるいは1個だけ形成されているのであれば，卵子は不適切な体外での取り扱いのため核移植操作過程で活性化されたのである。このような胚はめったに分娩まで発生しない(Wakayama and Yanagimachi 2001b)。

ステップ7：クローン胚の移植

ほかの実験と同様にクローン胚を卵管あるいは子宮に移植する(第6章参照)。

クローン胚は，体外受精のような定型的な体外操作技術で作出された胚よりも，物理的，生理的条件の変化に対して非常に感受性が高いので，以下のコメントに述べているように特段の配慮をなすべきである。

コメント

- ICR雌は，クローン胚の移植にとって，最も優秀な受容雌であることが証明されている。それらは，2.5～4カ月齢で，体重は30～35gでなければならない。不適切な雌の使用は，移植されたクローン胚の一群全体が着床前に失われることとなり得る(着床部位がない)。異なる購入元由来のICR雌を試すことが推奨される。
- 麻酔による受容雌の体温低下は，乏しい胚発生の原因となる。Avertin麻酔はよく機能する。適当な加温器の使用も体温維持の助けとなる(第6章参照)。
- 胚移植には，胚の発生ステージと受容雌の移植部位の2つの組み合わせが推奨される。(1) 4細胞クローン胚(3日)を交尾後0.5日の偽妊娠受容雌の卵管に移植する。(2)桑実胚／胚盤胞クローン胚(4日)を交尾後2.5日の偽妊娠受容雌の子宮に移植する。2細胞クローン胚(2日)の交尾後0.5日の偽妊娠受容雌への卵管移植では，低い着床率が得られている。

参考文献

Barton S.C., Norris M.L., and Surani M.A. 1987. Nuclear transplantation in fertilised and parthenogenetically activated eggs. In Monk M. (ed.) *Mammalian development: A practical approach*, pp. 235–253. IRL Press, Oxford.

Giles R.E. and Ruddle F.H. 1973. Production of Sendai virus for cell fusion. *In Vitro* **9:** 103–107.

Graham C.F. 1971. Virus assisted fusion of embryonic cells. *Acta Endocrinol.* (suppl.) **153:** 154–167.

Hochedlinger K. and Jaenisch R. 2002. Monoclonal mice generated by nuclear transfer from mature B and T donor cells. *Nature* **415:** 967–969.

Inoue K., Kohda T., Lee J., Ogonuki N., Mochida K., Noguchi Y., Tanemura K., Kaneko-Ishino T., Ishino F., and Ogura A. 2002. Faithful expression of imprinted genes in cloned mice. *Science* **295:** 297.

Kaufman M.H. 1978a. The experimental production of mammalian parthogenetic embryos. In *Methods in mammalian reproduction* (ed. J. C. Daniel), p. 21–47. Academic Press, New York.

———. 1978b. The chromosome complement of single pronuclear haploid mouse embryos following activation by ethanol treatment. *J. Embryol. Exp. Morphol.* **71:** 139–154.

———. 1983. *Early mammalian development: Parthenogenetic studies.* Cambridge University Press, Cambridge.

Lee J., Inoue K., Ono R., Ogonuk R., Kohda K., Kaneko-Ishino T., Ogura A., and Ishino F. 2002. Erasing genomic imprinting memory in mouse clone embryos produced from day 11.5 primordial germ cells. *Development* **129:** 1807–1817.

Lin T.P., Florence J., and Jo O. 1973. Cell fusion induced by a virus within the zona pellucida of mouse eggs. *Nature* **242:** 47–49.

Mann J.R. 1992. Properties of androgenetic and parthenogenetic mouse embryonic stem cell lines—Are genetic imprints conserved? *Semin. Dev. Biol.* **3:** 77–85.

McGrath J. and Solter D. 1983. Nuclear transplantation in the mouse embryo by microsurgery and cell fusion. *Science* **220:** 1300–1302.

Neff J.M. and Enders J.F. 1968. Poliovirus replication and cytogenicity in monolayer hamster cell cultures fused with beta propiolactone-inactivated Sendai virus. *Proc. Soc. Exp. Biol. Med.* **127:** 260–267.

Ogura A., Ogonuki N., Takano K., and Inoue K. 2001. Microinsemination, nuclear transfer, and cytoplasmic transfer: The application of new reproductive engineering techniques to mouse genetics. *Mamm. Genome* **12:** 803–812.

Ogura A., Inoue K., Takano K., Wakayama T., and Yanagimachi R. 2000a. Birth of mice after nuclear transfer by electrofusion using tail tip cells. *Mol. Reprod. Dev.* **57:** 55–59.

Ogura A., Inoue K., Ogonuki N., Noguchi A., Takano K., Nagano R., Suzuki O., Lee J., Ishino F., and Matsuda J. 2000b. Production of male clone mice from fresh, cultured, and cryopreserved immature Sertoli cells. *Biol. Reprod.* **62:** 1579–1584.

Robertson E.J., Evans M.J., and Kaufman M.H. 1983. X chromosome instability in pluripotential stem cell lines derived from parthogenic embryos. *J. Embryol. Exp. Morphol.* **74:** 297–309.

Rybouchkin A. and Dhont M. 2000. Nuclear transfer into mouse oocytes by a conventional method of injection. *Theriogenology* **53:** 241.

Wakayama T. and Yanagimachi R. 2001a. Mouse cloning with nucleus donor cells of different age and type. *Mol. Reprod. Dev.* **58:** 376–383.

———. 2001b. Effect of cytokinesis inhibitors, DMSO and the timing of oocyte activation on mouse cloning using cumulus cell nuclei. *Reproduction* **122:** 49–60.

Wakayama T., Mombaerts P., Rodriguez I., Perry A.C.F., and Yanagimachi R. 1999. Mice cloned from embryonic stem cells. *Proc. Natl. Acad. Sci.* **96:** 14984–14989.

Wakayama T., Perry A.C.F., Zuccotti M., Johnson K.R., and Yanagimachi R. 1998. Full-term development of mice from enucleated oocytes injected with cumulus cell nuclei. *Nature* **394:** 369–374.

第14章

生殖補助技術

卵巣移植，体外受精，人工授精，および細胞質内精子注入

　導入遺伝子の発現あるいは変異の導入は，雌雄を問わずマウスの生存性や妊孕能を損なう可能性があり，しばしば，標準的な繁殖方法によるマウスの維持を大変困難にする。本章においては，雄あるいは雌マウスが自然交配では繁殖ができない場合に用いられる生殖補助技術について述べる。基本的に，これらの方法は，繁殖できない，または繁殖力に乏しいマウスの生殖系列を救済するものである。新生子マウスの生殖細胞でさえも，これらの生殖補助技術を用いることによって救済することができる。加えて，これらの方法は，系統を再樹立するために，凍結保存法（第15章参照）として確立している凍結精子や凍結卵巣と組み合わせることができる。注目すべきことに，"死滅"精子（凍結乾燥）もマウスの再生産に使うことができる。さらに，体外受精や人工授精をある特定のマウス系統の個体数を迅速に増大させるために使うことができる。もし，これら種々の生殖補助技術がうまく働かなかった場合には，体細胞クローニング技術を用いて非常に貴重なマウスを救済する可能性も残されている（第13章参照）。

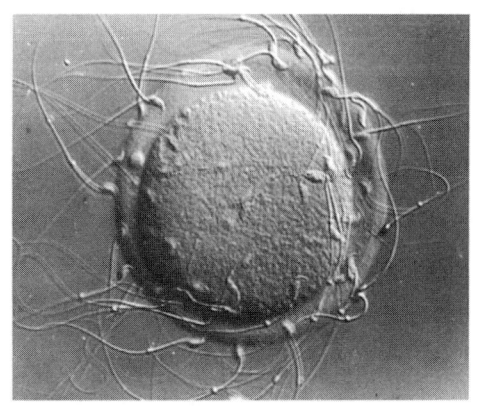

Paul Wassarman の好意による

目 次

不妊，532
　雌性不妊，532
　雄性不妊，534
マウスの生殖系列を救済するための戦略，534
　卵巣移植，534
　体外受精，536
　人工授精，539
　細胞質内精子注入，539
プロトコール
　1．卵巣移植，540
　2．体外受精，542
　3．非外科的人工授精，545
　4．外科的人工授精，547
　5．細胞質内精子注入，549
　　　保持用および注入用ピペットの作製，549
　　　卵子の準備，551
　　　精子の準備，553
　　　ICSIの手順，554
　　　ICSI卵子の培養と胚移植，558
参考文献，559

不 妊

以下の議論は，大変貴重な雄あるいは雌が繁殖をしないという状況に焦点を当てる．動物の生殖系列を救済するために，一連の進歩的な方法が簡単なものからより複雑なものまで提唱されている．正常な成熟雄および雌の泌尿生殖器系を図14.1に示した．

雌性不妊

もし，雌の不妊が疑われる場合には，以下の手順に従う．

1. 成熟雌マウスがかなりの期間にわたって雄と同居した後にも妊娠しない場合には，雄を交換して雌の膣栓を引き続きチェックする．
   - 膣栓が確認されれば，雌の分娩を待つ．
   - 妊娠が成立しない場合，再度，膣栓が確認されるのを待ち，その後の妊娠の成立を観察する．
2. それでも妊娠が成立しない場合，雌マウスが卵巣と生殖道（卵管と子宮）をもっているかを検査する．これは，胚移植を行う場合と同様に（第6章参照）生殖道を露出させることによって，雌を殺すことなく外科的に行うことができる．
   - 卵巣がない場合，唯一の手段は，クローニングを実施するために（第13章参照）体細胞組織をとっておくことである．
   - 卵巣は存在するが，子宮や卵管がない（あるいは異常発達している）場合，卵巣移植を行う（後述の卵巣移植の項を参照）．

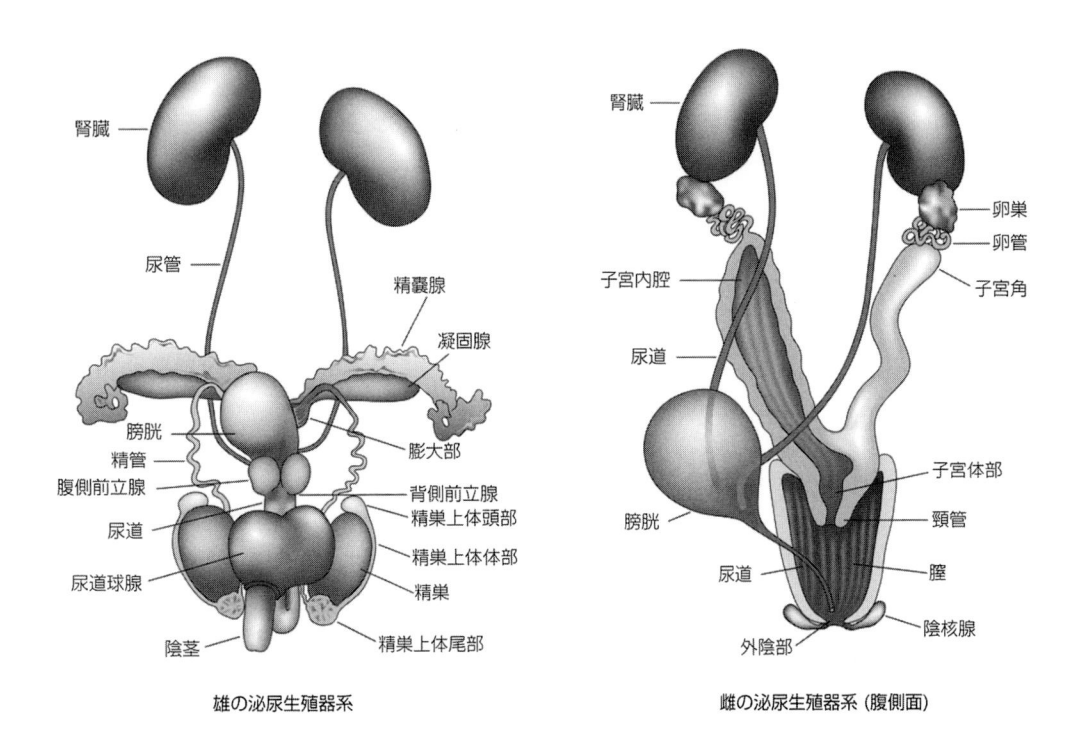

図14.1. 成熟雄および雌マウスの泌尿生殖器系

- 雌が卵巣，子宮，および卵管をもっている場合，腹腔内に生殖器を戻し，皮膚をグリップ留めして回復を待つ。
3. 次の段階として，発情を誘起するために，低用量の妊馬血清性(PMS)およびヒト絨毛性性腺刺激ホルモン(hCG)を投与し(後述の人工授精の項を参照)，妊孕能が確認されている種用雄マウスと交配させる。
    - 膣栓が確認されれば，分娩を待つ。
    - 分娩が認められない場合，以下のような，より最終的な方策をとらなければならない。
        ― 過剰排卵誘起用量のホルモンを投与する。うまくいけば種雄との同居後に膣栓が確認できる。
        ― 受精卵を採取するために，片側あるいは両側の卵管を外科的に回収する(第4章参照)。同時に，卵巣を野生型の受容雌に移植するか，凍結保存することもできる。受精卵が回収された場合には，それらを交尾後0.5日の偽妊娠受容雌の卵管の中に移植する(第6章参照)。
    - 膣栓が認められなかった場合，2週間後に再度試みる。それでも膣栓が認められないのであれば，卵巣を野生型の受容雌に移植する(後述の卵巣移植の項参照)。
4. どの方法でもうまくいかないのであれば，雌マウスの体細胞をクローニングのためにとっておく。

    重要な雌マウスが性成熟前に病気になったら，その雌の生殖系列を救済する最良の方法は，卵巣移植である(プロトコール14.1参照)。新生子の卵巣でも移植可能である。もし，たまたま組織適合受容雌が使用できない場合には，卵巣を凍結保存によって確保しておくことができる(第15章参照)。

雄性不妊

成熟雄マウスが複数の雌を妊娠させない場合，以下の過程に従う。

1. 雌を新たな6〜8週齢の発情期の雌に交換する。その後は，雌の膣栓の形成を検査する。
   - 膣栓が確認されたのであれば，雌の分娩を待つ。
   - 出産が認められない場合，3週齢の交雑種の雌に過剰排卵処理を施し，雄と同居させる（第3章参照）。
     - 膣栓が確認された場合，胚を回収し，もし受精していれば（2個の前核），受精卵を交尾後0.5日の偽妊娠受容雌の卵管に移植する（第6章参照）。この操作は，雄から適当な数の移植胚と産子が得られるまで繰り返すことができる。
     - 離乳直後の過剰排卵処理を施した雌を繰り返し用いても膣栓が認められない場合や，膣栓を確認した雌から胚が得られない場合には，精子が射出できないか，精子の欠乏の可能性がある。
2. 雄が，正常に発育した精巣およびほかの生殖器（精巣上体，輸精管，および精囊腺）をもっているかどうかを検査する。これは，雄を死なせることなく，精管結紮を行う時のように生殖器を曝露することによって外科的に行うことができる（第6章参照）。
   - 精巣はないが，外見的に動物が雄の表現型である場合，精巣は退行したものと思われる。精巣が欠損している理由のいかんにかかわらず，唯一，頼りになる手段は，クローニングのために体細胞組織をとっておくことである（第13章参照）。
   - 精巣は正常の大きさであるが，精巣上体尾部が小さかったり，半透明であることがある（正常な雄においては，精子が存在しているので精巣上体尾部は大きく，不透明である）。この状態は注目すべきである。生殖器を腹腔内に戻し，腹壁筋を縫合して皮膚をクリップ留めする。雄を回復させる。
3. 生殖器の外科的検査が，精巣上体尾部内に精子が豊富にあることを示していたのであれば，人工授精か体外受精を行う（後述の人工授精および体外受精の項を参照）。精巣上体は，雄を死なせることなく外科的に回収することが可能である。
4. 生殖器の外科的検査が，精巣上体尾部内に精子がほとんどないことを示していたら，精子をほとんど必要とすることがなく，精巣の生殖細胞でも実施可能な，細胞質内精子注入（ICSI）を考える（後述の細胞質内精子注入の項を参照）。
5. 結果的に，すべてがうまくいかないのであれば，動物クローニングを考えるべきである（第13章参照）。

マウスの生殖系列を救済するための戦略

卵巣移植

プロトコール14.1で述べられている卵巣移植技術は，繁殖ができないか，あるいは繁殖能力の乏しい変異あるいはトランスジェニック雌マウスの生殖系列を救済するために使うことが可能である（Jones and Krohn 1960）。同じ技術は，凍結卵巣から凍結保存マウス系統を再樹立させるために用いられる（Sztein et al. 1998, 1999）。この方法では，受容雌の卵巣（図14.2参照）を除去し，ドナー卵巣が物理的に適切な位置に保持されるように卵巣囊内に挿入する。時間の経過に伴い，移植された卵巣への血液の供給が再樹立されて，ドナー卵巣は下垂体ホルモンに反応して成熟卵子を排卵するようになる。術後の回復期間の後，移植を受けた雌を，産子を作るために雄と交配する。ドナー卵巣の齢は重要ではなく，新生子由来の卵巣が成功裏に移植される（Rivera-Pérez et al. 1995）。受容雌は，ドナー卵巣と組織適合性のあ

る系統の春期発動前(3～4週齢)のマウスあるいは成熟マウスであってもよい。例えば，もしドナーが，2つの近交系の遺伝的混合であった場合，この2系統間のF1交雑種を組織適合受容雌として使うことができる。代替として，免疫不全受容雌(例，ヌードマウス)が使用できる。

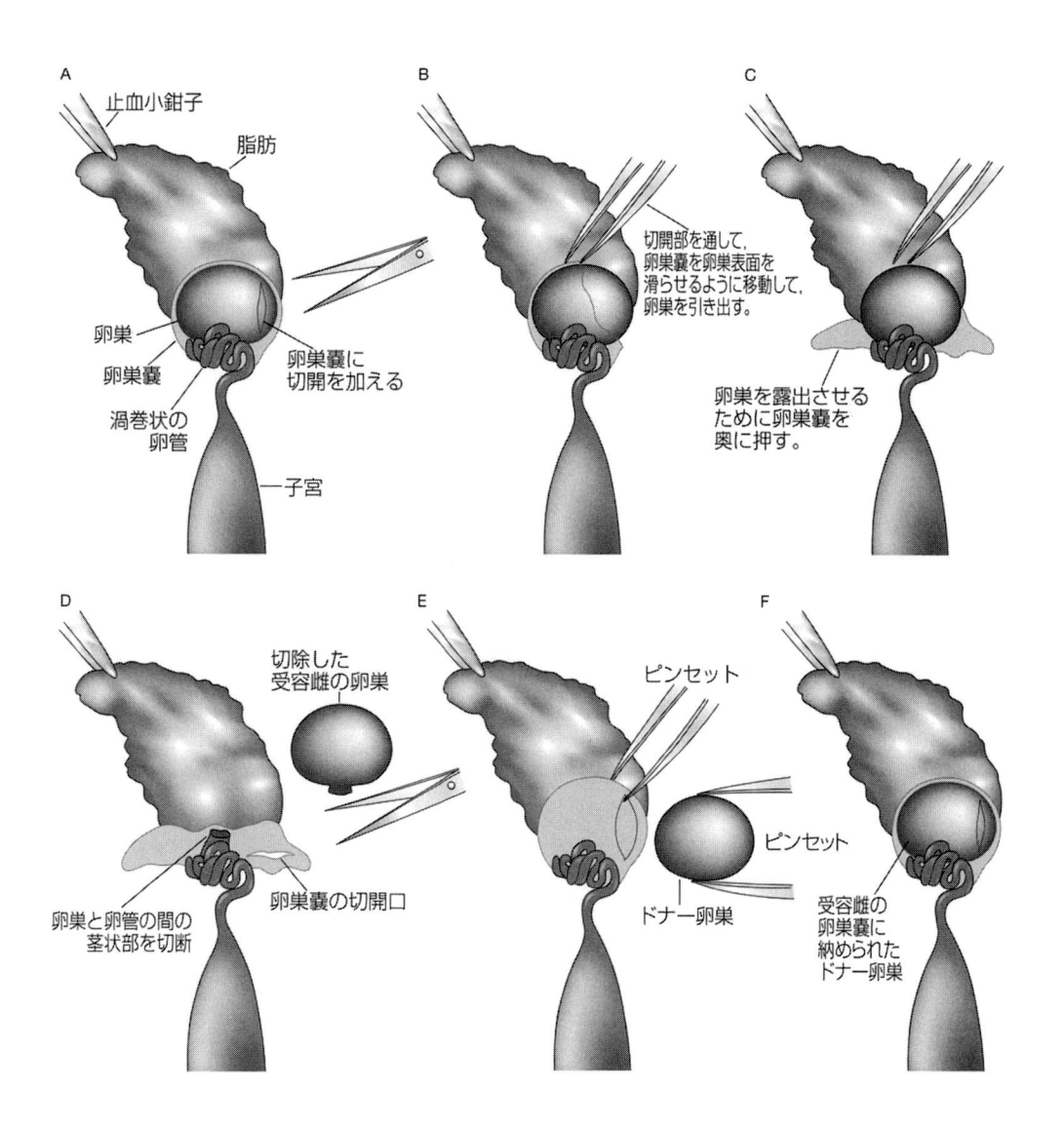

図14.2. 卵巣移植。(A)時計用ピンセットあるいは微細なニギリハサミを用いて，卵管采と反対側の卵巣嚢に切開を加える。(B)卵巣を完全に露出させるために，卵巣嚢をピンセットで押しやる。(C)，(D)卵巣嚢を切らぬように注意しながら，微細なハサミで卵巣と卵管の間の茎状部を切断することによって，受容雌の卵巣を切除する。(E)ピンセットで卵巣嚢の開口部を保持して，ドナー卵巣を開口部を通して卵巣嚢の中に挿入する。(F)ドナー卵巣は卵巣嚢によって保持される。

体外受精

体外受精(IVF)とは，組織培養ディッシュ内での成熟卵子の受精能獲得精子との受精である(プロトコール14.2参照)。この技術は，交配のために単飼している種雄を多数使用することなく，多数の卵割期の胚を作ることができる。加えて，精子の侵入が成熟卵とのインキュベートの間に同調するので，体内での受精とは異なり，発生を同調させることとなる。IVFの別の利用は，凍結保存精子や何らかの理由で交配しない，あるいは分娩にまで至らないマウスから産子を得ることである。産子は，胚移植の項で述べられているように，体外で受精した卵子を偽妊娠受容雌に移植することによって得られる(プロトコール6.3参照)。

最近，マウス精子の凍結保存の発展に伴って(第15章参照)，IVFは，凍結保存マウス系統を再樹立させるための重要な方法となってきている。マウスIVFの成功は，培養液および卵子と精子の両者の取り扱い方法に大きく依存する。歴史的に使用されてきたマウス用の培養液は，修正Whitten's培養液(Hoppe and Pitts 1973)や修正Whittinghamタイロード液(Whittingham 1971；Fraser and Drury 1975)などの，エネルギー源を添加した単純な平衡塩溶液である。これら初期の培養液では，授精と胚の培養に異なった濃度のピルビン酸や乳酸を用いている。後の修正(mT6)では，ピルビン酸や乳酸を除いている(Fraser 1984, 1993)(表14.1参照)。当初，体細胞培養用に開発され，後にIVFに適用された組成の複雑な培養液は，Ham's F10やイーグルの修正必須培養液(MEM)である。必須および非必須アミノ酸，0.23mMピルビン酸，および0.01mM EDTAを添加したイーグルの平衡塩溶液添加MEMも，マウスIVFに成功裏に使用されている(Ho et al. 1995；Thornton et al. 1999)。

ヒト卵管液(HTF)の化学的組成を基礎としたヒトIVFに特異的な最初の培養液は，Quinn et al.(1985)によって処方された(表14.2)。マウス卵子はHTFで成功裏に受精した(Nakagata 1996)。HTF培養液は，ヒトIVFに広く用いられるようになり，今日では，ジャクソン研究所の成績によると，ほかのいかなる培養液よりも種々のマウス系統に対してよりよく機能するように思われる。最近，HTF培養液の当初の組成が，さらに修正された(Quinn 2000)。現在は，EDTAとグルタミンを含み，リン酸濃度を低下させている(Enhance HTF, Conception Technologies)。Quinn's Advantage Fertilization Medium (SAGE BioPharma)における当初のHTFに対する修正は，クエン酸，EDTA，非必須アミノ酸，タウリン，アラニルグルタミンの添加，リン酸の減少，マグネシウムの増加，乳酸カルシウムとしての乳酸の添加である。ヒトの生殖補助技術(ART)クリニックにおいて使用される培養液や施行される方法のために，マウス胚は，効果的で感受性の高い品質管理のバイオアッセイ系となっている(第4章参照)。凍結/融解マウス精子を用いた体外受精における最近修正されたヒトIVF培養液の使用については，まだ評価が定まっていない。

マウス系統の大部分では，体外受精を支持する培養液内で胚が"2-cell-stage block(2細胞期での発生停止)"を示すので(Biggers 1998)，初期の2細胞期あるいは前核期の1細胞期胚は，受精用培養液から発生用培養液へ移すべきである。胚は連続的な培養液，CZBあるいはアミノ酸を添加したKSOMで培養することができる(第4章参照)。Summers et al.(2000)は，最近，マウス卵子がグルコースを0.2mMから5.56mMとし，BSAを1mg/mlから4mg/mlとして，アミノ酸を添加した修正KSOMで受精し，胚盤胞まで培養できることを証明した。

表14.1. 修正タイロード液(mT6)の組成

組成	mM	g/100 ml
ストックA（10倍液，冷蔵庫で3カ月保存に耐える）		
NaCl	124.57	7.280
KCl	2.64	0.200
$MgCl_2 \cdot 6H_2O$	0.49	0.100
$NaH_2PO_4 \cdot 2H_2O$	0.36	0.056
グルコース	5.56	1.000
ペニシリン	100 U/ml	0.06（10^5 IUの製品から）
ストックB（10倍液，冷蔵庫で2週間保存に耐える）		g/100ml
$NaHCO_3$	25	2.106
フェノールレッド		0.010
ストックC（10倍液，冷蔵庫で3カ月保存に耐える）		g/10 ml
$CaCl_2 \cdot 2H_2O$	1.71	0.252

mT6（冷蔵庫で1週間保存に耐える）

ストック	ml
A	1.0
B	1.0
C	0.1
水	7.9
BSA	40 mg

Whittingham (1971) and Fraser (1984, 1993)より。
モル値は培地組成の最終濃度を表す。

表14.2. HTF培養液の組成

組成	Sigma カタログ番号	分子量	mM	g／リットル
NaCl	S5886	58.450	101.6	5.9375
KCl	P5405	74.557	4.69	0.3496
KH_2PO_4	P5655	136.091	0.37	0.0504
$MgSO_4 \cdot 7H_2O$	M1880	246.500	0.2	0.0492
乳酸ナトリウム 60％シロップ (ml/リットル)	L1375	112.100	21.4	60％シロップ（約3.42ml） 2.3989または3.998 g
ピルビン酸ナトリウム	P4562	110.000	0.33	0.0365
グルコース	G6152	179.860	2.78	0.5
$NaHCO_3$	S5761	84.020	25.0	2.1
$CaCl_2 \cdot 2H_2O$	C7902	147.200	2.04	0.3
ペニシリンG	P7794			0.075
硫酸ストレプトマイシン	S9137			0.05
フェノールレッド（1％）(ml／リットル)	P0290			0.2 ml
BSA				4.0

Quinn et al.(1985)より

コメント

- 受精用培養液は，ほかの胚発生用培養液と同様な方法で調整する（第4章参照）。化合物，水，蛋白質の品質，および冷蔵庫とインキュベーター内での貯蔵寿命のすべてを考慮しなければならない。
- BSAの質は体外受精の成功にとって大変重要である。適切な性能のために異なるロットのBSAの適切性を試すことが必要である（例，Sigma A3311，Gibco/InvitrogenのAlbuMAX）。最近，ジャクソン研究所ではEquitech-Bio（BAC62-0050）のBSAを使用している。
- 乳酸ナトリウムの60％シロップには，大きな浸透圧効果があるので，かなり正確に計量しなければならない。
- 培養液は，5％CO_2，95％空気を通気し，0.22μmのフィルターを通して2週間を超えないように4℃で保存して，開封後には再通気する。HTF培養液は，Specialty Media（MR-070）としてIrvine Scientificなどから入手可能である。
- 好みによって，授精用として以下のようにHTF培養液を修正MEMに代えることができる。100mlのMEM（例，Sigma M4655）に2.5mgピルビン酸，0.38mgのEDTA，300mgのBSAおよび抗生物質を添加する。受精後，胚を培養のためにKSOMに移す（Thornton et al. 1999）。
- mT6培養液（表14.1参照）は，凍結融解精子を用いた裸化（卵丘細胞除去）卵子の体外受精に好まれている（プロトコール15.3，方法2およびプロトコール14.2のコメントを参照）。
- 凍結融解精子の体外における低受精能は，透明帯を部分的に切開（PZD）するという比較的簡単な方法で克服することができる（Nakagata et al. 1997）。代替として，個々の凍結融解精子を透明帯の下に顕微注入することもできる。

重要な考慮事項

- 凍結保存後に運動精子の数は約50％に減少する。また，凍結精子を用いた場合にはマウス系統間に受精率の相当な変動がある（Sztein et al. 2000）。調べた系統の中では，C57BL/6および129S3/SvImJ（129S1）由来の凍結精子の体外受精率が最も低い（Sztein et al. 2000）。最も良い成績は，F1交雑種で得られた。より詳細については，Sztein et al.（2000）を参照されたい。
- IVFは，遺伝的背景，取り扱い，および培養条件に強く影響を受ける。加えて，採卵や受精能獲得の時間などのプロトコールの軽微な変更が結果に劇的に反映する。動物個体間の受精率の変動の可能性についても心に留めておく必要がある。
- 最適条件として，雄は12週齢を越えており，6カ月齢より若く，妊孕能が確認されていなければならない。雄は，少なくとも2週間は個別に飼育し，実験の5〜7日前に交配して，3日以内には交配をしないようにする。
- 卵子のドナーには過剰排卵処理を施す（第3章参照）。ホルモンの用量（2.5〜10IU）は，雌の系統や齢によって実験的に決定される。ホルモン投与間の時間は系統に依存するのではあるが，48時間間隔で投与することが重要である。計画した採卵時間（例えば排卵直後）の13〜14時間前にhCG投与を行うのが重要である。hCG投与後の排卵が早すぎると，排卵が完全に終了していないので，回収卵子数が少なくなる。もし，採卵時間が遅れると，透明帯が硬くなり，精子が通過できなくなる。系統によって正しい時間が異なるので，経験的に決定しなければならない。
- 第4章で議論したように，卵子の体外での操作の間の温度変動は，紡垂糸を破壊し異常な染色体分布を招き，受精の失敗や異常受精の結果となる（Pickering et al. 1990；Almeida and Bolton 1995）。培養液のpH平衡や温度を維持するために，ディッシュをインキュベーターの外に置く時間を最小限にする。顕微鏡加温ステージや顕微鏡のすぐ横に小型のガスインキュベーターを置くことによって，可能な限り，どれも37℃に保持する。雌マウスの死から受精

> 用ディッシュの中に卵丘細胞塊を入れる間の時間は制限する（理想的には5分まで）。ジャクソン研究所においては，5％CO_2，5％O_2，90％N_2混合ガスを通気し，シールして，37℃に保ったBillups-Rothenbergモジュール式インキュベーターチャンバー（MIC）がIVFに使用されている。
>
> - 精子に対する障害を最小限とするために，精子の移し替えには，通常の200μlや1000μlのピペットチップの代わりに，口径の大きいチップ（例，Rainin HR-250W, 1000W）を用いて精子を移し，静かにピペッティングすることが非常に重要である。
> - 伝統的に，体外受精には精巣上体尾部からの精子のみが用いられているが，精管と精巣上体尾部の両方からの精子の採取は，全体の運動率を向上するように思われる（Sztein et al. 2000）。
> - アルコールは卵子を単為発生的に活性化し（第13章参照），IVF成績の誤った解釈に導くということを心に留めておくことが重要である。

人工授精

人工授精は，運動精子を含む溶液を用いて雌マウスを妊娠させるために行なう（Snell et al. 1944；Wolfe 1967）。この方法は，受精が雌の生殖道内の *in vivo* で直接起こるので，体外受精とは異なる。新鮮精子あるいは凍結融解精子のいずれも使用することができる。加えて，非外科的（プロトコール14.3）および外科的（プロトコール14.4）の両方の方法を，雌マウスに人工的に授精するために用いることができる。非外科的人工授精では，平滑末端の針が，通常，子宮の中に精子を運ぶために反射鏡の助けを借りて頸管を通して挿入される。この方法は練習が必要であるが，すぐに習得できる。授精された雌は，偽妊娠誘起の交配のために，直ちに精管結紮雄と同居させる。本項では，偽妊娠を誘起するための精管結紮雄と雌との交配や卵管移植（第6章参照）を含む，定常的にトランスジェニックマウスを作っている人がもっている程度の熟練度が要求される人工授精の，簡単な外科的方法についても述べる。この外科的方法は，精子が少量ですむので，凍結精子の場合に有効であると思われる（Nakagata 1992, 1995；De Repentigny and Kothary 1996）。

細胞質内精子注入

細胞質内精子注入（ICSI）は，注入用ピペットを用いて卵子の細胞質に，直接，単一の精子を注入するものである（プロトコール14.5参照）。この技術は，最初，ハムスターで開発され（Uehara and Yanagimachi 1976），そして，成功裏にマウス（Kimura and Yanagimachi 1995a, b）およびヒトを含むほかの動物種に応用された。ICSIは，受精のために卵子1個あたり，ただ1個の精子のみを必要とする。ICSIに用いられる精子は，運動性をもっていたり，生存している必要はない。実際には，マウスICSIでは，卵子の中への注入に先立って，精子の尾が切除されるので，本質的には核移植である。ICSIは，精子核が遺伝的完全性に関して"無傷"である限りは機能する（Kuretake et al. 1996；Wakayama and Yanagimachi 1998；Wakayama et al. 1998）。例えば一般的な感覚では，凍結乾燥精子は死んでいるが，生存産子を作るためにICSIに成功裏に使用できている（Wakayama and Yanagimachi 1998）。この技術は，交雑種および近交系の両方に適用可能である（Kawase et al. 2001；Kusakabe et al. 2001；Szczygiel et al. 2002）。ICSIの歴史と生物学については，Yanagimachi（1998, 2001）を参照されたい。

プロトコール 1　卵巣移植

このプロトコールに関する情報は，Richard Behringer, Department of Molecular Genetics, M. D. Anderson Cancer Center, Houston, Texas 77030から提供された。

材　料

供試動物
　ドナー雌マウスあるいは凍結融解卵巣（プロトコール15.4参照）
　受容雌（ドナーと組織適合性のあるもの）

器具
　ピンセット，時計用#5
　皮下針，26G，1/2インチ
　針，湾曲外科用（サイズ10，三角，鋭利）
　ハサミ
　ハサミ，微細ニギリハサミ
　縫合糸，外科用絹（サイズ5-0）
　注射筒，1ml
　体重計
　縫合用クリップと取り付け器

試薬
　麻酔剤（付録1参照）
　M2培養液あるいはPBS，室温
　リン酸緩衝液（PBS）

手　順

1. ドナーマウスを死なせるか麻酔を施し（第4章参照），片側あるいは両側の卵巣を除去する。卵巣は，受容雌に直ちに移植するか，あるいは培養液かPBSの中で短時間保持する。代替として，凍結卵巣を融解し，手術前に少なくとも10分間はM2培養液の中で水分をもとに戻す（プロトコール15.4参照）。
2. 受容雌に麻酔を施す。
3. 胚移植の場合と同様に（第6章，胚移植の項参照），外科的に卵巣と子宮を露出する。
4. 微細ニギリハサミを用いて，卵管開口部（卵管采）と反対側の卵巣嚢に小切開を加える（図14.2 A）。
　　受容雌の卵巣を除去するための必要最小限の切開を加えることが重要であり，このことで，移植されたドナーの卵巣が卵巣嚢によって適切な位置に保持される。時計用ピンセットを用いて切開口から卵巣を引き出し（図14.2 B，C），卵巣を支持している茎状部を切断することによって除去する（図14.2 D）。この操作は出血の原因となり，血液が卵巣嚢を満たすことになる。
5. 時計用ピンセットを用いてドナーの卵巣を卵巣嚢の中に挿入する（図14.2 E，F）。

6. 静かに卵巣と子宮を腹腔の中に戻す。腹壁を1ないし2針縫い，皮膚をクリップを用いて閉じる。
7. 動物のもう一方の卵巣と子宮を外科的に露出させる（ステップ3参照）。卵管を結紮，切断あるいは焼灼する。腹腔に卵巣と子宮を静かに戻す。腹壁を1ないし2針縫い，皮膚をクリップを用いて閉じる。
   この手順の目的は，正常にホルモン分泌が機能している卵巣を持たせつつ，卵子が受精して子宮に移行することのないようにすることである。受容雌の両側の卵巣をドナーの卵巣に置換することも可能である。
8. それぞれのドナーは2個の卵巣をもっているので，最終的には2匹の受容雌ができる。より多くの受容雌に移植するために，卵巣をより小さく切断することも可能である。

コメント

- 移植された卵巣を適切に保持するために，卵巣を含む卵巣嚢を10-0Vicryl縫合糸を用いて縫うことも可能である。
- 通常，われわれは，卵巣移植雌の交配は，手術後3週間待って行っている。
- 新生子の卵巣は，3週齢の受容雌に移植する。なぜならば，受容雌の卵巣嚢が週齢の進んだマウスよりも小さいからである。新生子卵巣を卵巣嚢の中に入れるためには，ガラスピペットを用いることができる。
- 移植された卵巣は，移植を受けた受容雌の生殖寿命の間，そのまま置いておく。もし，受容雌が出産を停止した場合，移植した卵巣を回収して，別の受容雌に再度移植することも可能である。

プロトコール 2　体外受精

ここに述べるIVFのプロトコールは，Carlisle Landel, The Jackson Laboratory, Bar Harbor, Maine, 04609によって提供された。そして，この方法は，Fraser and Drury(1975)およびSztein et al.(1997, 2000)；http//www.jax.org/resources/documents/cryo/ivf.htmlによる報告を基礎としている。Monash Instituteで用いられている別の方法については，コメント欄で述べる。

材料

供試動物
　雌マウス
　新鮮精子採取用あるいは凍結精子用の雄マウス

器具
　遠心分離機(随意)
　清潔なケージ
　ピンセット，時計用#5
　加温ステージあるいはブロック，37℃
　皮下針，25あるいは30G，1/2インチ
　インキュベーター，湿度飽和，37℃，5％CO_2，95％空気，あるいは5％CO_2，5％O_2，90％N_2
　組織培養用ディッシュ
　ハサミ，微細解剖用
　注射筒，1ml
　組織培養用ディッシュ，35，60mmプラスチック，中央にくぼみのある組織培養用(例，BD-Falcon 35-3001, 35-3004, 35-3037)
　口でくわえるか手で操作する器具と引いた毛細管とから構成される，移し換え用ピペット(第4章参照)
　加温盤
　ウォーターバス
　大口径ピペットチップ(例，Rainin HR-250W, 1000W)

試薬
　ヒト絨毛性性腺刺激ホルモン(hCG)
　ヒト卵管液(HTF)培養液(上述)
　KSOM-AA培養液(第4章参照)
　パラフィンオイル，ガス通気ずみ，胚培養検査ずみ，軽質(例，Sigma M8410)
　妊馬血清性腺刺激ホルモン(PMSG)

手順

1日目

動物室の明暗周期とは無関係に，卵子ドナーにPMSGをhCG投与の48時間前に注射する。ホルモン投与は，hCG投与後13～14時間に可能な限り近づけた採卵，授精計画に従って行

う（例，hCG投与が午後8時の時，授精は翌朝の午前9時となる）。

3日目
1. PMS投与後48時間にhCGを卵子ドナーに注射する。
2. 実験前日の午後に，以下に掲げたように，受精用および培養用ディッシュを準備する。培養液はガス通気した胚培養検査ずみの軽質パラフィンオイルで覆う。このステップには，35mm（例，BD-Falcon 35-3001）あるいは中央にくぼみのある組織培養用ディッシュ（BD-Falcon 35-3037）が便利である。
   - 新鮮精子用ディッシュ：1mlのHTF。
   - 卵子採取用ディッシュ：1mlのHTF。この目的にはHTF-HEPESも使用できる。
   - 受精用ディッシュ（雌3匹あたりに1個）：250あるいは500μlのHTF。
   - 洗浄用ディッシュ（受精用ディッシュ1個につき1個）：60mmディッシュに5小滴×250μlのHTF。また，同一の60mmディッシュに，受精用（中央の小滴）と洗浄用（周囲の小滴）を置くことも便利である。
   - 培養用ディッシュ（受精用ディッシュ1個につき1個）：60mmディッシュに5小滴×250μlのKSOM-AA。35mmディッシュでより小さい小滴を用いることも可能である。

4日目
新鮮精子使用の場合：

新鮮精子は，精子添加の前に少なくとも1時間（この時間は系統によって変動する），37℃で濃い懸濁液をインキュベートすることによって，受精能を獲得させる。

1. 雌にhCGを投与した12～13時間後に雄を犠牲死させる。
2. 直ちに，可能な限り脂肪や血管を除いて，精巣上体尾部と精管を切り出す（第6章の図6.2A参照）。それらを新鮮精子用ディッシュに置く。注射筒に接続した30Gの針で，精巣上体尾部に5～7個の深い切り込みを入れて細かく刻む。ピンセットを用いて，精管から精子を静かに搾り出す。切り刻まずに単一の切り口を施すことによって傷を最小限にすることが，成績を向上させると思われる。
3. 精子懸濁液を含むディッシュを静かに30秒間ゆすり（随意），受精能獲得のために少なくとも1時間，ディッシュをインキュベーター内に置く。希釈した少量の精子懸濁液を用いて運動性を評価し，血球計算板で精子濃度を測定する。受精のためには，最終運動精子濃度が1×10^6～2.5×10^6精子/mlが必要である。

凍結融解精子使用の場合：

マウス精子の凍結融解操作（第15章）で，精子は受精能獲得様の変化を起こすので，凍結融解精子のプレインキュベーションは不要である（Fuller and Whittingham 1996）。

1. 液体窒素から凍結した精子懸濁液の入ったクライオバイアルを取り出し，氷晶が溶けるまで37℃のウォーターバスに置く（約2分間）。
2. （随意）精子サンプルを735gで4分間遠心分離する。注意しながらHTF培養液を50μl加え，精子ペレットを再懸濁させるためにチューブを慎重に指ではじく（ピペッティングはしない）。すべての凍結保護物質を取り除くことが胚の発生にとって有益ではあるが，ある場合には，遠心分離操作が精子の生存性を減少させるようである。このステップは，もはやジャクソン研究所では実施されていない。
3. 精子の形態と運動性を評価して，直ちにIVFに用いる。

体外受精：
1. 大口径のピペットチップを用いて，新鮮あるいは融解精子を受精用ディッシュに加える（通常は10μl，濃度が低い場合には増量する）。
2. hCG投与後13時間に，3匹の雌を死なせる。迅速に卵管を切り出して，HTF培養液の小滴の中に入れる。前述のように，卵管膨大部を裂いて卵丘細胞塊を放出させる（受精卵の採取，プロトコール4.9）。3匹の雌から得られた卵丘細胞塊を大口径のピペットチップを用いて1個の受精用ディッシュに移す。すべてのドナーからの卵子の採取が終わるまで繰り返す。次いで，すべての受精用ディッシュに卵子を分配する。
3. 受精用ディッシュを37℃，5％CO_2，95％空気あるいは5％CO_2，5％O_2，90％N_2の条件で4～6時間インキュベートする。
4. インキュベーターからディッシュを取り出し，余剰の精子や残渣を除去するためにHTF培養液の数個の小滴を通して卵子を洗浄する。この時点で，受精卵においては，2個の前核の存在と第二極体の放出が観察できるはずである。
5. 洗浄した非停止系統由来の受精卵子は，新鮮なHTF微小滴の中で培養に移してもよいが，すべての系統，特にHTF培養液で2-cell blockを示す系統に由来する胚の培養には，KSOMにアミノ酸を添加して用いることを推奨する。培養用のKSOM-AA小滴の中に胚を移す前に，平衡したKSOM-AA培養液の数個の小滴を通して胚を洗浄することが重要である。

5日目
1. 午前中に2細胞期胚を計数する。
   見かけ上の2細胞期胚が未受精卵子の単為発生的活性化や異常分割によって発生することがある（図4.8，185頁参照）。それゆえ，2細胞期胚数を基礎とした受精率の解釈には注意が必要である。より先の発生段階への培養を継続するために，2細胞期胚をKSOM-AA微小滴ディッシュに移す（もし，前日にやっていなかったら）。代替として，プロトコール6.3で述べたように，2細胞期胚を交尾後0.5日の偽妊娠受容雌の卵管に移植する。

コメント

- 卵丘細胞を除去した卵子の使用は，凍結融解精子を用いた受精を促進することがある（Luis Gabriel Sanchez-Partida and Alan Trounson, Monash Institute of Reproduction and Development, Clayton, Australia, 私信）。
    - オイル下の平衡した受精用培養液（HTFあるいはmT6；表14.1および14.2参照）の20μlの小滴に，凍結融解精子懸濁液を2μl添加する。
    - それぞれの小滴に10個の卵丘細胞除去卵子（第4章参照）を移して，3～4時間，上述したように培養する。
    - 培養液（例，KSOM）の中で卵子を洗浄し，その後の発生のために卵子をインキュベーターに戻す。

プロトコール 3　非外科的人工授精

このプロトコールは，Rafferty (1970) が述べた Dziuk and Runner (1960) の方法による。

材　料

供試動物
成熟雌マウス
雄マウス（最近3日以内に交配したか，1週間を越えて交配していない雄は使用しない）あるいは凍結精子（第15章参照）。

器具
ピンセット，時計用#5
皮下針，22G（平滑末端で90度に屈曲）
インキュベーター，湿度飽和，37℃，5％CO_2，95％空気
ハサミ，解剖用
反射鏡（図14.3参照）
注射筒，1ml
組織培養用ディッシュ，滅菌プラスチック

試薬
ヒト絨毛性性腺刺激ホルモン（hCG）（例，Sigma C8554）
ヒト卵管液（HTF）培養液（前述の体外受精の項参照）
軽パラフィンオイル（Fisher O121-1；BDH29436）
妊馬血清性性腺刺激ホルモン（PMSG）（例，Sigma G4527；Calbiochem 367222）

手　順

1. それぞれのホルモンの用量が0.5～1.0IUであることを除き，前述と同様に雌マウスにPMSGとhCGを投与する（第3章，過排卵の誘起の項，137頁参照）。この処理によって雌は正常な数の卵子を排卵する。
2. 雌マウスへのhCGの投与後12時間に雄を死なせる。できるだけ脂肪を除去しながら，精管あるいは精巣上体尾部（図14.3）を切り出す。精管あるいは精巣上体尾部を37℃，軽パラフィンオイル下のあらかじめガス通気を施した500μlのHTF培養液の中に置く。時計用ピンセットを用いて精子を静かに搾り出す。次いで，精子に受精能を獲得させるために，精子を37℃で1.5時間インキュベートすることが必要である。この操作は，凍結融解精子を用いる場合には必要ではない。
3. オーバーヘッド照明つきのリングスタンドのクランプに反射鏡をのせる（図14.3）。
4. 雌をしっかり握り，反射鏡がマウスの膣の中に挿入できるように逆さまに保持する。
5. 平滑末端の針を頸管を通して子宮の中に静かに挿入する。術者は，針が頸管を通って子宮の中に入った時に抵抗が少なくなることを感じる。
6. 精子懸濁液を0.05ml注入する。この量は，片方の子宮角の容積をはるかに超えているので，両子宮角の中に精子を注入するのに十分である（Leckie et al. 1973）。

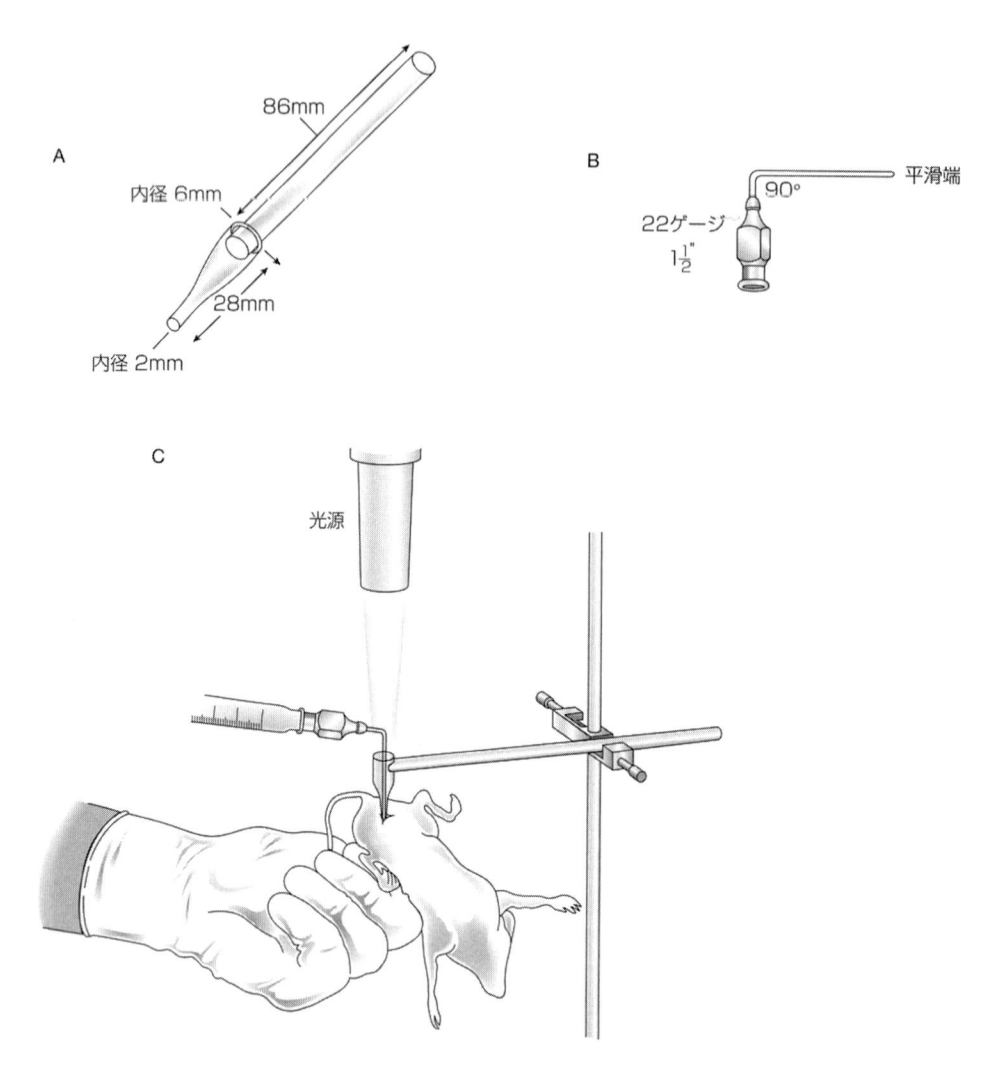

図14.3. 非外科的人工授精。(A)膣を通して頸管を可視化するためのガラス製反射鏡の寸法。(B)平滑末端の屈曲針を人工授精に用いる。(C)授精方法。マウスを保定し，装着してある反射鏡を膣の中に挿入する。授精用針を反射鏡を介し頸管を通して子宮に中に挿入し，50 μlの精子懸濁液を注入する(A，BはWolf 1967から許諾を得て再掲。CはRafferty 1970から許諾を得て再掲)。

7. 授精後，直ちに膣栓をつけるために雌を精管結紮雄と同居させる。膣栓がつかなかった場合にも子供が得られることがあるが，低率である(約10%)。

コメント

- 人工授精の日は，妊娠1日目とみなすことができる。
- 人工授精は排卵予定時間の13〜15時間後に行うこともできる。排卵の中間点はhCG投与後約12時間である。
- $3 \times 10^6 \sim 10 \times 10^6$ 精子の授精が推奨される。受精は，10^6 精子を用いるとかなり低率となり，10^5 精子より少ない精子が注入された場合にはまれになる。

プロトコール 4　外科的人工授精

このプロトコールは，De Repentigny and Kothary(1996)によって報告された方法を基礎としている。

材　料

供試動物
成熟雌マウス
雄マウス(最近3日以内に交配したか，1週間を越えて交配していない雄は使用しない)あるいは凍結精子(第15章参照)。
精管結紮雄マウス

器具
ピンセット，時計用#5
ファイバー光学系照明(大変有用)
皮下針，26G，1/2インチ
インキュベーター，湿度飽和，37℃，5％CO_2，95％空気
縫合針，湾曲外科用(サイズ10，三角，鋭利)
ピペット，細く引いたもの，あらかじめ加温
ハサミ，解剖用
セラフィンクランプあるいはbaby Dieffenbach clip(1.5インチあるいはそれより小さいもの) (例，Roboz Surgical Instrument RS7440；Weiss B950B，あるいはFine Science Tools 18050-35)
透過および反射光つき実体顕微鏡(理想的には，1台は手術用，もう1台は注入用ピペットへの精子充填用)
縫合糸，外科用絹(サイズ5-0)
注射筒，1ml
組織培養用ディッシュ，滅菌プラスチック
体重計
縫合用クリップと装着器

試薬
麻酔剤(付録1参照)
ヒト卵管液(HTF)培養液(前述の体外受精の項参照)
軽パラフィンオイル(Fisher O121-1；BDH29436)

手　順

1. 授精の前日，午後遅くに(だいたい午後4時)雌を精管結紮雄と同居させる。翌朝，膣栓をもっている雌マウスを確認する。
2. 妊孕能をもつ雄を死なせる。
3. 精巣上体尾部から精子を，滅菌培養用ディッシュの中のミネラルオイル下の，あらかじめ加温してガス通気したHTF培養液100μlの小滴の中に採取する(前述の体外受精で述

べたように）。精子をインキュベーター内で2.5〜4.5時間，受精能獲得させる。平均精子濃度は約10^7/mlとする。
4. 精管結紮雄との交配で膣栓が確認された雌に麻酔を施す。
5. 卵管移植を行う時のように，生殖道を外科的に露出させる（プロトコール6.3参照）。
6. 卵管采を露出させるために卵巣嚢を裂くか切開する。
7. 2〜5μlの受精能獲得精子懸濁液（$2×10^4$〜$5×10^4$精子）をあらかじめ加温しておいた細く引いたガラス製注入用ピペット（図14.4参照）の中に充填し，精子を卵管采の中に注入する。
8. もし望むなら，もう一方の卵管にステップ5〜7を繰り返す。
9. 腹腔に生殖器を戻す。
10. 腹壁を縫合し，クリップで皮膚を閉じる。
11. 回復させるために，清潔なケージ内の加温盤の上にマウスを置く。手術および術後処置に関しては，動物倫理委員会の規則に従う。

コメント

雌の卵管の中への精子の注入を午前10時から12時の間に行った時，この方法では，新鮮精子を使った場合の妊娠率は70％程度であった。精子凍結保存法の最近の改良は妊娠率を向上させているとは思われるものの，凍結精子を用いた場合の妊娠率は20％程度であった。

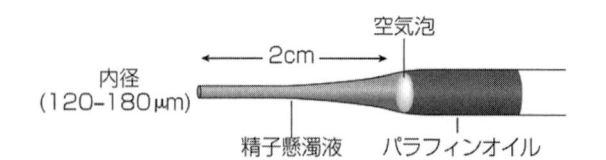

図14.4. 外科的人工授精で卵管の中への精子の注入に使用するピペットの寸法

プロトコール 5 　細胞質内精子注入

ここで述べる細胞質内精子注入（ICSI）の方法は，Monika A. Szczygiel and Ryuzo Yanagimachi, Institute for Biogenesis Research, John A. Burns Medical School, University of Hawaii, Honolulu, Hawaii 96822によって提供された。

材　料

顕微操作器具

実体顕微鏡
適当な倍率と透過および落射照明つきであれば，どのような実体顕微鏡でも十分である。

ホフマンあるいはノマルスキー光学系つきの倒立顕微鏡
オリンパス（Model IX70, Olympus, Japan），ニコン（Diaphot 300, Nikon, Japan），あるいはZeiss（Axiovert 200, Zeiss, Germany），または一般に前核へのDNA注入（第7章参照）に使用されている顕微鏡がICSIに十分使える。

吸引／注入システムつきのマイクロマニピュレーター（左右）
手動（Narishige, Tokyo, Japan）あるいは電動（Eppendorf, Germany）マイクロマニピュレーターの両方が十分に機能する。成茂およびEppendorfのポンプシステムは，両者ともに信頼性が高い。選択は個人の好みによる。

ピエゾインパクトドライブ顕微操作装置
ICSIに標準的な顕微操作装置を使用している研究者もいるが，われわれはピエゾインパクトドライブ顕微操作装置の信頼性が非常に高いと認識している。ピエゾ装置は，注入用ピペットを非常に迅速に微細な距離を動かす。ピエゾICSIの利点は，(1)透明帯が変形することなく穿孔される，(2)注入に先立って精子の尾部を容易に除去することができる，(3)注入操作が迅速で，卵の生存率が高い。モデルPMAS-CT150（Prime Tech, Ibaraki, Japan）のピエゾインパクトドライブがよく機能する。

ステップ1：保持用および注入用ピペットの作製

保持用ピペットは，顕微操作の間，卵子の位置取りを確実にするために用いる。ICSIのための保持用ピペットの作製については，受精卵子への前核顕微注入用の保持用ピペットの作製の項で詳細に述べられている（第7章参照）。注入用ピペットは，精子頭部と尾部の分離，透明帯および卵子原形質膜（細胞膜）の貫通，および卵子の中に精子頭部を置くために用いられる。

材　料

器具

ホウケイ酸ガラス毛細管（Sutter Instruments，外径1.0 mm，内径0.75 mm，10 cm長；B100-75-10）
マイクロフォージ（Model MF-79, Narishige, Japan）
マイクロピペットプラー（Model P-97, Sutter Instruments）
注射針，16G

注射筒，10ml，洗浄のためにゴムチューブを接続
注射筒，1ml

試薬
蒸留水
フッ化水素＜！＞6％水溶液
水銀＜！＞(Fisher Scientific M-140)

注意：＜！＞をつけた材料の適正な取り扱いについては付録2を参照のこと。

手　順

1. マイクロピペットプラーで毛細管を引く。提案プログラム設定は，Heat 752, Pull 65, Velocity 130, Time 20である。プラーの使用方法およびランプテストの実施方法についてはプロトコール7.9参照。
2. マイクロフォージの熱したフィラメント上のガラス製鉄床を用いて，引いた毛細管の外径が約8μmのところで切断する(図12.2参照)。
3. マイクロフォージを用いてピペットを曲げる。角度は使用するマイクロマニピュレーターや個人の好みに依存する。
4. ガラス屑の除去およびピペット壁を薄くするために，注入用ピペットをフッ化水素溶液で短時間(2, 3秒)洗浄する。次いで，蒸留水で繰り返し洗浄する(30秒間)。ピペットの洗浄にはゴムチューブを接続した注射筒を用いる。
5. 1ml注射筒に接続した16Gの注射針を用いて水銀をピペットの口径の大きい端から5〜10mmとなるように充填する。水銀は，ピペットをマイクロマニピュレーターに装着後に先端に移動させる。
6. 注入用ピペットは，使用まで清浄な密閉コンテナに保存しておくことができるが，長期間の保存は勧められない。

コメント

- ピエゾインパクトドライブユニットとの組み合わせでICSIに用いるために，上述のように準備した注入用ピペットは平滑末端である。もし，ピエゾインパクトドライブを使わないのであれば，注入用ピペットの先端を切断し，研磨器で研磨し，そして鋭利にしなければならない(第13章参照)。操作用培養液における高い血清濃度が卵子の生存率を増加すると思われる(Suzuki and Yanagimachi 1997)。
- 水銀は，それぞれの地域の規制に従って，最大限の注意を払って取り扱い，廃棄されなければならない。貯蔵ビンの中の水銀の表面が酸化された時(フィルムの形成)には，セロテープを用いてそのフィルムを取り除く。

ステップ2：卵子の準備

材　料

供試動物
　選択した系統の雌マウス，2カ月齢かそれ以上（2～4カ月齢が望ましい）

器具
　透過照明つき実体顕微鏡
　インキュベーター，湿度飽和 CO_2（5％CO_2, 95％空気）
　マウスピペット（Drummond "Microcaps", 100μl, 116 mm, 1-000-1000から作製）

試薬
　ウシ精巣ヒアルロニダーゼ（359 USP units/mg, Sigma H3506）
　　実際に使用する溶液は：CZB-HEPESに1mg/ml；ストック溶液，×100水溶液。溶液は小さいチューブに入れて−20℃で1カ月間保存可能である。融解後は4℃で約1週間保存可能である。
　卵子培養用のCZB培養液（グルコース添加）（表14.3）
　卵子操作用のCZB-HEPES培養液（表14.3）
　ダルベッコーのリン酸緩衝液（PBS）（Gibco 14080-055）
　ヒト絨毛性性腺刺激ホルモン（hCG）（例，Calbiochem 230734）
　妊馬血清性性腺刺激ホルモン（PMSG）（例，Calbiochem 367222）

手　順

1. 雌マウスに5 IUのPMSGとその48時間後の5 IUのhCGの腹腔内投与（IP）によって，過剰排卵を誘起する。
2. hCG投与後14～15時間に雌を死なせる。卵管を単離して（プロトコール4.9参照），それらを10mlの暖めたPBSの中に入れる。
3. 卵管をヒアルロニダーゼを含むCZB-HEPESの小滴（37℃に予熱）の中に移す。25G注射針でそれぞれの卵管の卵管膨大部を破ることによって，培養液の中に卵丘細胞―卵子複合体を放出させる。卵管と組織残渣を捨てる。卵丘細胞はヒアルロニダーゼ溶液でインキュベーションすることによって約5分以内に分散する。
4. 卵子をヒアルロニダーゼ溶液からCZB-HEPES小滴の中に移す。卵子をCZB-HEPESの何個かの小滴に通すことによって洗浄する。未成熟，異常卵割，あるいは異常な形態の卵子を捨てる。極体が明瞭に確認できる卵子のみを用いる。
5. 卵子は1時間を超えないのであれば37℃，湿度飽和の5％CO_2インキュベーター内のCZB培養液の中において置くことができるが，直ちに使用することが推奨される。

コメント

B6D2F1（C57BL/6 × DBA/2）交雑系統が，われわれの研究室で定常的に用いられている。しかし，ほかの交雑種および近交系（例，C57BL/6J, FVB/N, 129Sv/J, BALB/c）も使用できる。

表14.3. ICSI用のCZB/CZB-HEPES

	CZB 培地		
	mM	分子量	g/リットル
NaCl	81.62	58.450	4.76
KCl	4.83	74.557	0.36
KH_2PO_4	1.18	136.091	0.16
$MgSO_4 \cdot 7H_2O$	1.18	246.470	0.29
$NaHCO_3$	25.00	84.020	2.11
$CaCl_2 \cdot 2H_2O$	1.70	147.200	0.25
Na_2-EDTA$\cdot 2H_2O$	0.11	372.20	0.04
L-グルタミン	1.00	146.10	0.15
乳酸ナトリウム	28.00	112.100	3.14
(60%シロップ, d=1.32 g/l, 5.229 g または 3.96 ml)			
ピルビン酸ナトリウム	0.27	110.00	0.03
グルコース	5.55	179.86	1.00
ペニシリン	—	—	0.05
ストレプトマイシン	—	—	0.07
BSA	—	—	4.00

CZB-HEPES 培地			
HEPESが添加されている；$NaHCO_3$は減量されている。BSAはPVAに代えられた。			
HEPES-Na (基礎)	20.00	260.300	0.52
$NaHCO_3$	5.00	84.020	0.42
PVA	—	—	0.10

pH 7.4；浸透圧：266–276
使用液：冷蔵庫で2週間保存可能
凍結ストック：3カ月以上保存可能

ICSIに使用するCZBおよびCZB-HEPES培地のための10倍ストック	
ストック A (10x):	g/100 ml
NaCl	4.76
KCl	0.36
KH_2PO_4	0.16
$MgSO_4 \cdot 7H_2O$	0.29
乳酸ナトリウム	3.139 (60%シロップ5.229gまたは3.96ml)
グルコース	1.00
ペニシリン/ストレプトマイシン (1000x)	100 μl
ストック B (10x)	g/100 ml
$NaHCO_3$	2.101
フェノールレッド	0.001
ストック C (100x)	g/10 ml
ピルビン酸ナトリウム	0.0300
ストック D (100x)	g/10 ml
$CaCl_2 \cdot 2H_2O$	0.2517
ストック E (10x, pH 7.4)	g/100 ml
HEPES-Na	5.2060
フェノールレッド	0.001
ストック F (10,000x)	g/10 ml
100 mM Na_2EDTA$\cdot 2H_2O$	0.3720
ストック G (200x)	g/10 ml
200 mM L-グルタミン	0.2920
PVA	
5%PVA水溶液	0.5g/10 ml

(次頁に続く)

表14.3. ICSI用のCZB/CZB-HEPES（つづき）

ストック	CZB		CZB-HEPES	
	ml/50ml	ml/100ml	ml/50ml	ml/100 ml
A（塩）	5.0	10.0	5.0	10.0
B (NaHCO$_3$)	5.0	10.0	1.0	2.0
C（ピルビン酸ナトリウム）	0.5	1.0	0.5	1.0
D (CaCl$_2$)	0.5	1.0	0.5	1.0
E (HEPES)	—	—	5.0	10.0
F (EDTA)	0.055	0.11	0.055	0.11
G (L-グルタミン)	0.25	0.5	0.25	0.5
PVA	—	—	0.005gまたは100μl 5%	0.01gまたは200μl 5%
BSA	0.25	0.5	—	—
H$_2$O	38.595	77.19	37.595	75.19

試薬	入手先	
NaCl	Sigma	S5886
KCl	Sigma	P5405
KH$_2$PO$_4$	Sigma	P5655
MgSO$_4$·7H$_2$O	Sigma	M1880
NaHCO$_3$	Sigma	S5761
CaCl$_2$·2H$_2$O	Sigma	C7902
HEPES-Na（基礎）	Sigma	H3784
Na$_2$-EDTA·2H$_2$O	Sigma	E5134
L-グルタミン	Sigma	G8540
乳酸ナトリウム	Sigma	L7900
ピルビン酸ナトリウム	Sigma	P4562
グルコース	Sigma	G6152
ペニシリン	Sigma	P4687
ストレプトマイシン	Sigma	S6501
フェノールレッド	Sigma	P3532
PVA	Sigma	P8136

ステップ3：精子の準備

材　料

供試動物
選択した系統の雄，2カ月齢かそれ以上

器具
ピンセット
微量遠心分離用チューブ，1.5ml
ハサミ，微細解剖用

手　順

1. 雄マウスを死なせ，精巣上体尾部を取り出す。ピンセットで精巣上体のproximal（細い）部分を保持しながら，ハサミを用いて精巣上体のdistal（大きい）部分に縦に切開を加える。精巣上体から濃密な精子塊を絞り出す。
2. 0.5mlのCZB-HEPESを含む1.5mlの微量遠心管の底に精子塊を置き，37℃で約10分間，培養液の中に精子を泳ぎ出させる。活発な運動性を示す精子を伴う上層を採取し，新し

いチューブに移す。
3. 直ちに精子をICSIに用いる。

ステップ4：ICSIの手順

材料

器具
倒立顕微鏡
顕微操作装置
操作用ディッシュ（100 × 15mmディッシュのふた，Falcon OPTILUX 351001）
ピエゾインパクトドライブ装置
ポンプ（インジェクター）

試薬
CZB培養液
CZB-HEPES培養液
12％(w/v)ポリビニールピロリドン＜！＞(PVP；ICN, K-90, m.w. 360,000；102787)を含むCZB-HEPES培養液
1.5mlのチューブ内で－20℃で保存することができる。融解後は4℃で約1週間保存可能である。
ミネラルオイル(SquibbあるいはSigma M8410)

注意：＜！＞をつけた材料の適正な取り扱いについては付録2を参照のこと。

手順

1. 顕微操作の準備
   a. 保持用ピペットをマイクロマニピュレーターの金属製ピペットホルダー（インスツルメントホルダー）に装着する。
   b. 注入用ピペットをマイクロマニピュレーターのインスツルメントホルダーに取り付ける。インスツルメントホルダーにはピエゾドライブユニットが装着されている（図14.5）。
2. ICSI用ディッシュを準備する：ICSIディッシュ内の小滴は個人の好みによって配置する。一例を図14.6に示した。
3. 精子の頭部と尾部の分離
   a. 少量(約1μl)の新鮮な精子懸濁液を1番目のPVP小滴に加えて，十分に混和する。
   b. 10個かそれ以上の運動精子を，となりのPVP小滴に移す。
   c. 注入用ピペットの中に1匹の運動精子を吸い入れる（尾から先に入れる）(図14.7 A)。精子の頸部(頭部と尾部との接続部分)が，ピペットの開口部に配置されるようにする(図14.7 B)。
   d. 頸部に2，3回のピエゾパルスを与えて頭部と尾部とを分離する(図14.7 C)。尾部をピペットの外に押し出す(図14.7 D)。次の精子に対して，この操作を繰り返す。
   e. ピペットの中にすべての精子頭部を吸引する(図14.7 E)。10個までの精子頭部を入れることができる。
   f. すべての精子頭部をICSIに使用してしまった後は，この操作を繰り返す。

図14.5. ピエゾインパクトドライブユニットを装着したICSI用顕微操作装置

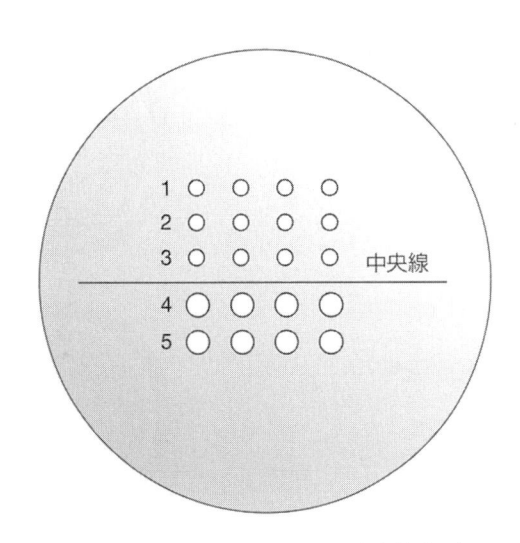

図14.6. ICSI用ディッシュの図。中央線をディッシュの裏面に引く。中央から上側の3列(1，2，および3)の小滴は，精子の蓄えと処理用の5μlのPVP培養液。精子の運動性は，この培養液の高い粘度のために減少する。中央より下の2列(4および5)の小滴は，20μlのCZB-HEPESである。中央線のすぐ上(3)の小滴は大量の精子の貯蔵用である。10個あるいはそれより多い精子を精子貯蔵用小滴から，精子の頭部と尾部とを分離するPVP小滴(2列目)の中に移す。一番上の列(1)の小滴で，ピエゾパルスを与えながら水銀を排出することによって，時々，注入用ピペットを洗浄する。中央線の直下の列(4)のCZB-HEPESの小滴は，卵子の貯蔵と精子注入用である。精子を注入した卵子は，培養前にこれらの小滴に一時的に留め置かれる。一番下の列(5)は，保持用と注入用ピペットを配置するため(コンピュータ制御のマイクロマニピュレーターを使用する場合)やマイクロマニピュレーターに装着したピペットを注入前に置いておくために使用する。

　　Kimura and Yanagimachi(1995a)は，当初，精子尾部に"刻み"を入れ，精子尾部の細胞膜を障害した後に，卵子の中に精子全体を注入した。しかし，マウス精子の尾部は非常に長く，尾部の全長にわたって注入することは難しいので，精子頭部のみの注入を推奨する。ほかの哺乳動物(例，ウシあるいはヒト)とは異なって，マウス精子の中心体は胚の発生に必須ではない。

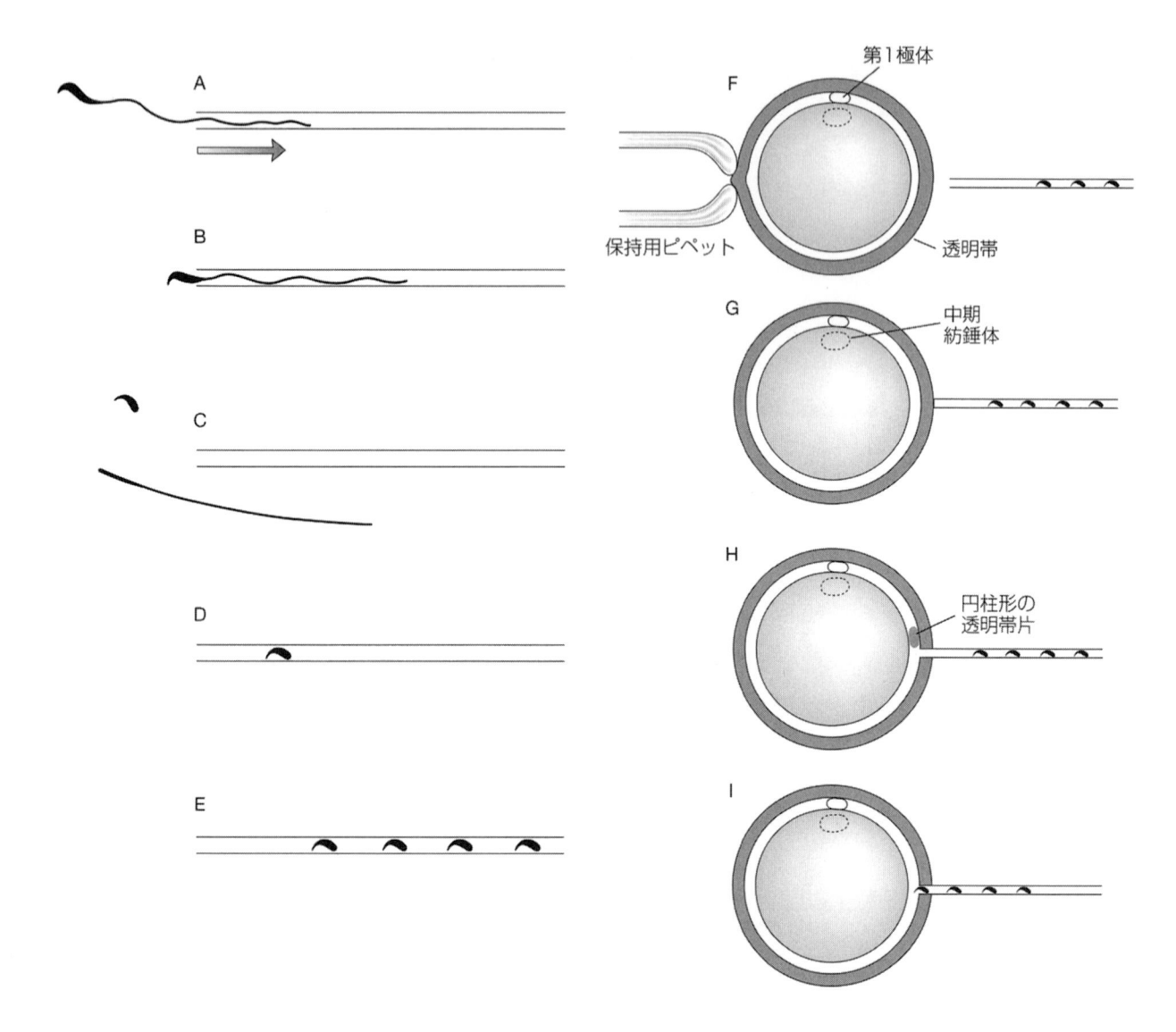

図14.7. ICSIの方法。(A, B)注入用ピペットの中への精子の吸引(尾部を先に吸い込む)。(C)ピエゾパルスで精子の頭部と尾部を分離する。(D, E)精子頭部を連続的に注入用ピペットの中に吸引する。(F)保持用および注入用ピペットの注入する卵子との相対的な位置。(G, H)注入用ピペットによる透明帯の"芯の打ち抜き"。円柱形の透明帯片は，囲卵腔内に捨てる。(I, J)卵子の中に注入用ピペットを押し入れる。(K)注入用ピペットへのピエゾパルスが卵子の細胞膜を破る。(L)精子頭部1個を卵子の細胞質の中に入れた後に，(M)ピペットを抜去する。

4．卵子の中への精子の注入

　　a．保持用ピペットを用いて，卵子の中で半透明の部分として見える第2成熟分裂中期の紡錘体が6時か12時の位置にくるように卵子を静かに保定する。第1極体は通常（しかし，常にではない）紡錘体の近傍にあるので，第2減数分裂中期の紡錘体を確認するための目印となる。卵子は，注入の間，付加的保持のためにディッシュの底に接触させておく。操作の間は，注入用ピペットの先端，透明帯および卵子細胞膜に鮮明に焦点を合わせ，その状態を維持する（われわれは，注入操作には定常的に20倍対物，10倍接眼レンズを用いている）。注入操作時の保持用ピペットと注入用ピペットの配置は，図14.7に示した。

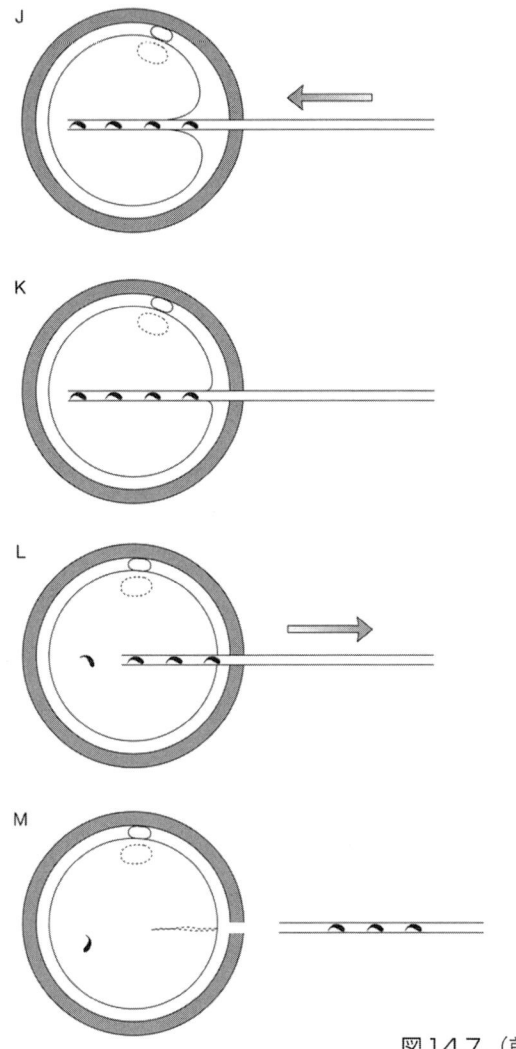

図14.7.（前頁参照）

b．注入用ピペットの先端を透明帯に接触させた後（図14.7 G），数回のピエゾパルスを与えながらピペットを前に進め，それと同時に軽く陰圧をかける。

c．ピペットの先端が透明帯を通過したならば，円筒形に打ち抜いた透明帯片をピペットから囲卵腔に出す（図14.7 H）。

d．1個の精子頭部をピペットの先端付近まで前進させ（図14.7 I），ピペット先端がほとんど反対側の卵子の皮質に達するまで，素早くピペットを卵子の中に前進させる（図14.7 J）。

e．ピペット先端で細胞膜を破るために1，2回のピエゾパルスを与える。ピペットの細胞膜の貫通は，細胞膜の急速な弛緩によって確認される（図14.7 K）。

f．最小限の精子懸濁用培養液とともに精子頭部を細胞質内に注入する（図14.7 L）。注入された余剰の懸濁用培養液を回収する。静かに，しかし迅速にピペットを抜去する（図14.7 M）。

g．注入可能なすべての卵子について，この操作を繰り返す。

h．注入後，卵子をオイル下のCZB培養液の中に移し，37℃，湿度飽和，5％CO_2インキュベーターに置く。

> **コメント**
>
> - 精子頭部と尾部の分離と卵子の中への頭部注入との間の時間を最小限にすることが大変重要である。
> - 精巣精子(精子頭部)も，上述の方法で，卵子の中に注入することができる。精巣精子は，運動性をもたないか，もっていても弱い。精子頭部を分離する前に，原形質膜が無傷で(精子が生存している)あることを確認する。
> - ピエゾインパクトドライブユニットを介してのマニピュレーターへの注入用ピペットの正確な設置が非常に重要である。もし，ピエゾインパクトドライブユニットのマニピュレーターへの接続の際の締め付けが強すぎると，パルスが適切に伝わらなくなる。

ステップ５：ICSI卵子の培養と胚移植

材料

供試胚	ICSI操作後の卵子
器具	透過照明つき実体顕微鏡
試薬	CZB培養液 ミネラルオイル

手順

1. ICSIの約1時間後，透過照明つきの実体顕微鏡下で卵子の生存を検査する。変性・溶解している卵子を捨てる。
2. 湿度飽和インキュベーターで培養を継続するために，生存している卵子をオイル下の平衡した50μlのCZB培養液の小滴の中に移す(小滴あたり10個)。
3. ICSI後5～6時間の間に，卵子を検査し，活性化された卵子を数える。活性化された卵子では，2個の前核と第2極体が確認できる。第2極体は引き締まっており明瞭であるが，第1極体は退行ぎみである。適切な倍率と照明の角度の両方が極体と前核を明瞭に観察するために重要である。
4. 胚の発生を以下のスケジュールにしたがって毎日観察する。2細胞(ICSI後24時間)，4細胞(48時間)，桑実胚(72時間)，および胚盤胞(96時間)。
5. 2細胞期か桑実胚／胚盤胞期のいずれかで胚移植を行う(第6章参照)。

> **コメント**
>
> ICSIによって作製された胚は，正常に受精した非操作卵子と同様の効率で体外で発生する。いくつかの系統(例，C57BL/6J)の胚では通常用いられている培養液では十分に発生しないことに注意が必要である。そのような系統では，2細胞期で胚を移植することが推奨される。

参考文献

Almeida P.A. and Bolton V.N. 1995. The effect of temperature fluctuations on the cytoskeletal organisation and chromosomal constitution of the human oocyte. *Zygote* **3:** 357–365.

Biggers J.D. 1998. Reflections on the culture of the preimplantation embryo. *Int. J. Dev. Biol.* **42:** 879–884.

De Repentigny Y. and Kothary R. 1996. An improved method for the artificial insemination of mice—Oviduct transfer of spermatozoa. *Trends Genet.* **12:** 44–45.

Dziuk P.J. and Runner M.N. 1960. Recovery of blastocysts and induction of implantation following artificial insemination of immature mice. *J. Reprod. Fertil.* **1:** 321–331.

Fraser L.R. 1984. Mouse sperm capacitation in vitro involves loss of a surface-associated inhibitory component. *J. Reprod. Fertil.* **72:** 373–384.

———. 1993. In vitro capacitation and fertilization. *Methods Enzymol.* **225:** 239–253.

Fraser L.R. and Drury L.M. 1975. The relationship between sperm concentration and fertilization in vitro of mouse eggs. *Biol. Reprod.* **13:** 513–518.

Fuller S.J. and Whittingham D.G. 1996. Effect of cooling mouse spermatozoa to 4 degrees C on fertilization and embryonic development. *J. Reprod. Fertil.* **108:** 139–145.

Ho Y., Wigglesworth K., Eppig J.J., and Schultz R.M. 1995. Preimplantation development of mouse embryos in KSOM: Augmentation by amino acids and analysis of gene expression. *Mol. Reprod. Dev.* **41:** 232–238.

Hoppe P.C. and Pitts S. 1973. Fertilization in vitro and development of mouse ova. *Biol. Reprod.* **8:** 420–426.

Jones E.C. and Krohn P.L. 1960. Orthotopic ovarian transplantation in mice. *J. Endocrinol.* **20:** 135–146.

Kawase Y., Iwata T., Toyoda Y., Wakayama T., Yanagimachi R., and Suzuki H. 2001. Comparison of intracytoplasmic sperm injection for inbred and hybrid mice. *Mol. Reprod. Dev.* **60:** 74–78.

Kimura Y. and Yanagimachi R. 1995a. Intracytoplasmic sperm injection in the mouse. *Biol. Reprod.* **52:** 709–720.

———. 1995b. Mouse oocytes injected with testicular spermatozoa or round spermatids can develop into normal offspring. *Development* **121:** 2397–2405.

Kuretake S., Kimura Y., Hoshi K., and Yanagimachi R. 1996. Fertilization and development of mouse oocytes injected with isolated sperm heads. *Biol. Reprod.* **55:** 789–795.

Kusakabe H., Szczygiel M.A., Whittingham D.G., and Yanagimachi R. 2001. Maintenance of genetic integrity in frozen and freeze-dried mouse spermatozoa. *Proc. Natl. Acad. Sci.* **98:** 13501–13506.

Leckie P.A., Watson J.G., and Chaykin S. 1973. An improved method for the artificial insemination of the mouse (*Mus musculus*). *Biol. Reprod.* **9:** 420–425.

Nakagata N. 1992. Production of normal young following insemination of frozen-thawed mouse spermatozoa into fallopian tubes of pseudopregnant females. *Jikken Dobutsu* **41:** 519–522.

———. 1995. Studies on cryopreservation of embryos and gametes in mice. *Exp. Anim.* **44:** 1–8.

———. 1996. Use of cryopreservation techniques of embryos and spermatozoa for production of transgenic (Tg) mice and for maintenance of Tg mouse lines. *Lab. Anim. Sci.* **46:** 236–238.

Nakagata N., Okamoto M., Ueda O., and Suzuki H. 1997. Positive effect of partial zona-pellucida dissection on the in vitro fertilizing capacity of cryopreserved C57BL/6J transgenic mouse spermatozoa of low motility. *Biol. Reprod.* **57:** 1050–1055.

Pickering S.J., Braude P.R., Johnson M.H., Cant A., and Currie J. 1990. Transient cooling to room temperature can cause irreversible disruption of the meiotic spindle in the human oocyte. *Fertil. Steril.* **54:** 102–108.

Quinn P. 2000. Review of media used in ART laboratories. *J. Androl.* **21:** 610–615.

Quinn P., Kerin J.F., and Warnes G.M. 1985. Improved pregnancy rate in human in vitro fertilization with the use of a medium based on the composition of human tubal fluid. *Fertil. Steril.* **44**: 493–498.

Rafferty Jr. K.A. 1970. *Methods in experimental embryology of the mouse.* John Hopkins Press, Baltimore.

Rivera-Perez J.A., Mallo M., Gendron-Maguire M., Gridley T., and Behringer R.R. 1995. Goosecoid is not an essential component of the mouse gastrula organizer but is required for craniofacial and rib development. *Development* **121**: 3004–3012.

Snell G.D., Hummel K.P., and Abelmann W.H. 1944. A technique for the artificial insemination of mice. *Anat. Rec.* **90**: 243–253.

Summers M.C., McGinnis L.K., Lawitts J.A., Raffin M., and Biggers J.D. 2000. IVF of mouse ova in a simplex optimized medium supplemented with amino acids. *Hum. Reprod.* **15**: 1791–1801.

Suzuki K. and Yanagimachi R. 1997. Beneficial effect of medium with high concentration serum for direct sperm injection into mouse oocytes using a conventional pipette. *Zygote* **5**: 111–116.

Szczygiel M.A., Kusakabe H., Yanagimachi R, Whittingham D.G. 2002. Intracytoplasmic sperm injection is more efficient than in vitro fertilization for generating mouse embryos from cryopreserved spermatozoa. *Biol. Reprod.* **67**: 1278–1284.

Sztein J.M., Farley J.S., and Mobraaten L.E. 2000. In vitro fertilization with cryopreserved inbred mouse sperm. *Biol. Reprod.* **63**: 1774–1780.

Sztein J.M., Farley J.S., Young A.F., and Mobraaten L.E. 1997. Motility of cryopreserved mouse spermatozoa affected by temperature of collection and rate of thawing. *Cryobiology* **35**: 46–52.

Sztein J.M., McGregor T.E., Bedigian H.J., and Mobraaten L.E. 1999. Transgenic mouse strain rescue by frozen ovaries. *Lab. Anim. Sci.* **49**: 99–100.

Sztein J.M., Sweet H., Farley J., and Mobraaten L. 1998. Cryopreservation and orthotopic transplantation of mouse ovaries: new approach in gamete banking. *Biol. Reprod.* **58**: 1071–1074.

Thornton C.E., Brown S.D., and Glenister P.H. 1999. Large numbers of mice established by in vitro fertilization with cryopreserved spermatozoa: Implications and applications for genetic resource banks, mutagenesis screens, and mouse backcrosses. *Mamm. Genome* **10**: 987–992.

Uehara T. and Yanagimachi R. 1976. Microsurgical injection of spermatozoa into hamster eggs with subsequent transformation of sperm nuclei into male pronuclei. *Biol. Reprod.* **15**: 467–447.

Wakayama T., and Yanagimachi R. 1998. Development of normal mice from oocytes injected with freeze-dried spermatozoa. *Nat. Biotechnol.* **16**: 639–641.

Wakayama T., Whittingham D.G., and Yanagimachi R. 1998. Production of normal offspring from mouse oocytes injected with spermatozoa cryopreserved with or without cryoprotection. *J. Reprod. Fertil.* **112**: 11–17.

Whittingham D.G. 1971. Culture of mouse ova. *J. Reprod. Fertil. Suppl.* **14**: 7–21.

Wolfe H.G. 1967. Artificial insemination of the laboratory mouse (*Mus musculus*). *Lab. Animal Care* **17**: 426–432.

Yanagimachi R. 1998. Intracytoplasmic sperm injection experiments using the mouse as a model. *Hum. Reprod.* **13**: 87–98.

———. 2001. Gamete manipulation for development: New method for conception. *Reprod. Fertil. Dev.* **13**: 3–14.

第15章

凍結保存,清浄化(病原微生物の除去),およびマウスの輸送

誘発突然変異に伴う新しいマウス系統の驚異的な数と種類の増加は,動物施設に莫大な負担を強いている。凍結保存は,維持費用を縮小し,貴重なマウス系統を感染,病気,繁殖の失敗,災害,ケージの洪水などの事故,および遺伝的変化から保護する。本章では,異なる凍結保存の方法を簡潔に論じ,マウス胚に用いられている緩慢凍結およびガラス化法を紹介する。また,胚の凍結保存を補う,精子および卵巣の凍結保存についても言及する。凍結保存された生殖細胞の回収を成功させるために必要な体外受精および卵巣移植についての情報は,生殖補助技術について述べている第14章に掲載されている。清浄化(病原微生物の除去)およびマウスの輸送については,第15章の終わりで論じる。

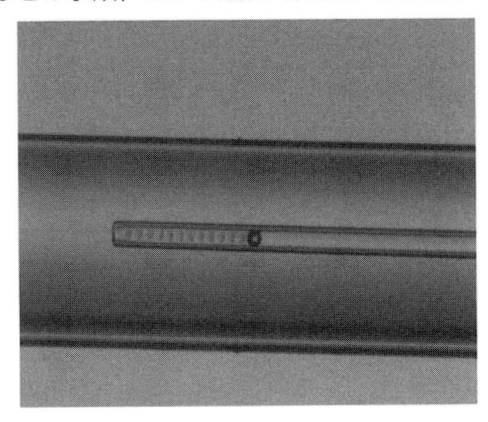

目 次

胚の凍結保存, 562
 平衡法による凍結保存, 562
 非平衡法による凍結保存, 563
 胚の凍結保存において考慮する要因, 563
精子の凍結保存, 564
卵巣の凍結保存, 565
貯蔵と記録, 566
マウス系統の清浄化(病原微生物の除去), 566
マウス胚の輸送, 567
プロトコール
 1. 緩慢凍結による胚の凍結保存, 569
 2. 急速凍結による胚の凍結保存, 572
 3. 精子の凍結保存, 578
 4. 卵巣の凍結保存, 582
 5. 滅菌ポートによる胚の包装と輸送, 584
参考文献, 585

胚の凍結保存

 マウス胚は，1972年に初めて−196℃での凍結に成功した(Whittingham et al. 1972；Wilmut 1972a, b)。この方法は，ジメチルスルホキシド(DMSO)存在下での緩慢冷却(0.2〜2.0℃/分)と緩慢融解(4〜25℃/分)から構成され，そしてすぐにマウス卵子(Whittingham 1977)およびヒト胚(Trounson and Mohr 1983)の凍結に適用された。それ以来，マウス胚の凍結保存は，多くの研究室において定常的に行われるようになっており(Pomeroy 1991)，現在では，着床前のすべての発生段階の胚を凍結することが可能となっている。今日では，グリセロール，プロピレングリコール，エチレングリコール，シュクロース，およびラフィノースなどの種々の凍結保護剤を用いた多くの凍結保存方法がある(Shaw et al. 2000a)。凍結保存の方法は，2つの一般的カテゴリーに分けることができる。それは平衡法と非平衡法である(Mazur 1990)。

平衡法による凍結保存

 平衡法においては，胚は適当な濃度の凍結保護剤存在下で低い氷点下温度(−80℃)までゆっくりと冷却される(0.2〜2.0℃/分)。胚の脱水はこの過程で起こる。緩慢冷却法は比較的時間を要するが，大変信頼性の高い方法であり，種々の胚の発生段階に用いることができる。緩慢冷却法の一つの例については，プロトコール15.1に詳述する。

 平衡法による凍結保存の成功のためにはいくつかのステップが要求される。

- 凍結保護剤溶液への曝露。
- 脱水を可能とするような方法での大変低い氷点下温度への冷却。脱水は冷却の前あるいは冷却過程で起こると思われる。冷却したピンセットやピペットでサンプル容器に触れることによる"植氷"は，冷却の初期段階で氷晶形成を誘起し，脱水を始めるために行われる。

- 液体窒素(LN₂)の中への保存。
- 生理的温度への加温および凍結保護剤の毒性や浸透圧ショックによる障害を防止するための凍結保護剤のゆるやかな除去。大きな氷晶形成は，機械的な障害や氷が融解する際に浸透圧ストレスを招き，融解後の細胞死の主たる原因と考えられている(Jondet et al. 1984)。

胚の凍結保存の総合的な理論上の見地については，Leibo and Mazur(1971)，Leibo et al.(1974, 1978)，Mazur et al.(1984)，Wilmut(1985)，Leibo(1986)，およびPomeroy(1991)を参照されたい。

非平衡法による凍結保存

非平衡冷却においては，胚は高濃度の凍結保護剤に曝露され，急速に冷却される(＞200℃/分)。例えば，LN₂(－196℃)の中やLN₂の気相(－150℃)に移すことによる(Rall 1987; Rall et al. 1987; Trounson et al. 1987)。胚の凍結保存の急速冷却法は，緩慢法では要求されるプログラムフリーザーや植氷操作が必要ではないので，迅速で簡単である。しかし，急速冷却法は，その実施方法の小さな変動に対して感受性が高く，大変な熟練を要し，そして間違いの許容範囲は狭い。急速冷却法の実施方法の詳細は，プロトコール15.2に示した。

急速凍結法は高濃度の凍結保護剤が冷却開始前に細胞の水分含量を減少させ，このことが氷晶形成を防止するという利点をもっている。プラスチックの人工授精用ストローの中の胚は，非常に高濃度の凍結保護剤混合液で短時間のうちに平衡され，細胞質の適切な脱水後に，LN₂の中に直接，浸漬される。凍結保護剤の濃度が40％(v/v)よりも高い場合には，溶液は過冷却状態となり，氷晶を形成することなくガラス様状態に凝固して，大変粘度が高くなる(Leibo et al. 1978; Rall and Fahy 1985; Kasai et al. 1990)。この過程をガラス化と呼んでいる。ガラス化の過程では氷が形成されないし，凍結保護剤溶液は液体から結晶状態への変化を起こさないので，ガラス化法について論じる場合には，"凍結"の変わりに"冷却"，そして"融解"の変わりに"加温"という言葉を使うのがより適切である。ガラス化された胚は，ガラス移行温度より低い温度で貯蔵される必要があり，脱ガラス化による障害を防ぐためには－140℃以上にするべきではない。

ほかの急速冷却法では，より低濃度の凍結保護剤を使用しているので，冷却や加温時に氷晶が形成されることとなる。これらの方法は，マウス胚の凍結保存に成功裏に使用されている(Trounson et al. 1987; Shaw et al. 1991a, b; Nakagata 1996; Nakao et al. 1997; Van den Abbeel et al. 1997)。加温時のみに氷晶を形成する4.5M DMSOを用いたマウス胚の急速冷却は，安全で効果的であることが示されているが，冷却時に氷晶を形成するDMSOのより低い濃度での冷却では，ひどい染色体障害および体外および体内における生存性の減少を招く(Shaw et al. 1991b)。

非平衡法の理論的見地については，Rall(1987)およびMazur(1990)を参照のこと。

胚の凍結保存において考慮する要因

凍結保護剤溶液，冷却や加温速度，凍結保護剤の添加や除去方法，クライオバイアルまたは人工授精用ストローの使用，および凍結時における胚の発生段階に関して，マウス胚の凍結保存の方法は様々である。これらの問題についての総説は，Shaw et al.(2000a)を参照されたい。交尾後2.5日に採取した8細胞および桑実期の胚が，胚の保存の発生段階として好まれるが，これは主に以下の実用的な理由による。

- これらの発生段階の胚は，1および2細胞期胚と比べて強健で感受性が低い。

- これらの発生段階の胚は，胚操作や凍結保存に対して十分な耐性をもっている。
- 胚が割球に1個あるいは2個の障害を受けても，生存産子へ発生する能力をもっている (Liu et al. 1993b)。

第4章で述べたように，通常，卵割期の胚はhCG投与後67～77時間の過剰排卵雌(第3章参照)から得る。

もし，過剰排卵処理が有効でないような系統であれば，自然交配を用いることもできる。胚の生存性の最終的な確認は，生存産子への発生である。胚は，融解後，直ちに交尾後0.5日の偽妊娠レシピエントの卵管に移植することができる(第6章)(Renard and Babinet 1984)。追加の24時間の培養は，胚盤胞への発生による判定としての胚の生存性のさらなる確認試験となる。胚の体外培養は，病原体の伝播の可能性を最小限にするという利点ももっているので(Hill and Stalley 1991)，病原体に汚染されたマウス由来の胚で作業する場合には，体外培養することが推奨される。しかしながら，胚の培養の間は，透明帯をつけておくという注意が必要である(Carthew et al. 1985)。(より詳細については，後述の清浄化(病原微生物の除去)方法を参照，566頁)。それぞれのマウス系統について生存個体でのコロニーの維持を中止する前に，凍結胚からの生存産子の回収率を含めた実際の研究室の技術的水準を確認すべきである。

繁殖コロニーの確実な再樹立を保証するに必要な凍結胚数は，凍結融解方法や系統によって変動する融解胚の生存性，および遺伝子型のような要因に依存する。ヘテロ接合体由来の胚では，融解胚のある割合が野生型であるので，より多くの胚を凍結することが必要となる。

融解胚の期待される生存率は80～90％で，少なくとも融解胚の25％が生存産子に発生しなければならない(Mobraaten 1999)。望ましくは，500～600個の胚を凍結することが必要であり，このうち少なくとも250～300個がキャリアー，すなわち，遺伝的改変をもっている。これはかなり一般的な見積もりであり，凍結胚数は施設間で相当の変動があると思われる。これらの数を基本として，場合によっては，維持を中止するマウスコロニーが，胚の凍結保存に先立ってコロニー規模を拡大するということになろう。凍結保存の効率に影響する要因の総説については，Rall et al.(2000)を参照されたい。

精子の凍結保存

精子の凍結保存は，胚の凍結保存よりもドナー動物数が少なくてすみ，簡単で速い。しかし，体外受精(IVF)および胚移植によるマウス系統の再樹立は，胚の凍結保存と同様に労働および資源集約的である。精子の凍結保存は，より経済的な代替手段ではあるが，選択にあたっては以下のことを基本とすべきである。
- ホモ接合変異体あるいは特殊な遺伝的背景の保存の必要性
- 凍結後の精子と胚との生存率の比較
- 凍結に必要な適当数の胚を確保する能力および受精能
- マウス系統に依存する凍結保存に対する精子の感受性(Sztein et al. 200a)
- 遺伝子型間の胚の生存性の変動(Schmidt et al. 1985, 1987)

マウスの精子の凍結保存については，1990年代にいくつかの方法が報告されている(Penfold and Moore 1993；Fuller and Whittingham 1996)。しかし，成功率が高く，再現性の

あるマウス精子の凍結保存は，3％のスキムミルクと18％のラフィノースからなる新しい凍結保護剤水溶液の使用によって現実的となった(Tada et al. 1990；Takeshima et al. 1991)。この方法は，N. Nakagataによってさらに改良が加えられ(Nakagata 1992, 1996；Nakagata et al. 1992)，凍結保存精子によって受精した凍結保存卵子に由来する正常な産子が得られるようになった(Nakagata 1993)。この方法は，世界中の研究室，特に大規模ミュータジェネシスプログラムにおいて，広く使われるようになっている(Marschall and Hrabe de Angelis 1999；Marschall et al. 1999；Thornton et al. 1999)。卵黄を添加したラフィノースとグリセロールの混合液を用いる別のマウス精子の凍結保存の方法が，Songsasen et al.(1997)およびSongsasen and Leibo(1997a, b)によって報告されている。

精子の凍結保存技術は，その有効性が交雑系と雑種を遺伝的背景とするマウスに限定されているように思われるので，まだいくつかの最適化が必要である。近交系，特にトランスジェニックマウスの作製に広く使われているC57BL/6と129S3/SvImJ(新しい命名法では129S1)における確実性に劣る(Sztein et al. 2000a)。凍結精子の低い受精能力は，卵子の透明帯部分切開術を用いることや(Nakagata et al. 1997)，労働集約的な細胞質内精子注入(ICSI)法(Wakayama et al. 1998；Wakayama and Yanagimachi 1998)(第14章参照)で克服できると思われる。

プロトコール15.3(方法1)は，本来の"Nakagata"法(Takeshima et al. 1991)にSztein et al.(1997)が，IVFに先立って遠心分離によって凍結保護剤を除去することや，大容量(1ml)でストローの代わりに凍結用バイアルの使用を含む修正を加えた方法を基礎にしている。この方法は，ジャクソン研究所(Sztein et al. 2000a)やミュータジェネシスプログラム(Thornton et al. 1999)において，成功裏に使用されている。しかしながら，最近(2001年11月)，遠心分離のステップは，精子の生存性を損なうので，ジャクソン研究所のプロトコールから除かれている。

一方，本来のプロトコール(Takeshima et al. 1991；Nakagata and Takeshima 1993；Nakagata 1995；Nakagata et al. 1997)は，もっと少ない量(約100μl)で精子を採取し，遠心分離することなくIVFに1〜2μl用いるという方法である。いくつかの修正を伴い，このプロトコールは，別のミュータジェネシスプログラムに成功裏に使用されており(Marschall et al. 1999)，また最近，Nakagata(2000)によって再度詳細に述べられている。プロトコール15.3(方法2)で述べている方法は，Nakagata法にいくつかの修正を加え，現在，Monash Institute of Reproduction and Developmentで用いられているものである。

上述のように，凍結保存精子からマウス系統を成功裏に再樹立するにはIVFが必要となるが，マウス系統によって受精率に相当の変動があるので，この技術の使用は，交雑種および雑種を遺伝的背景とするマウスに限定されたものとなっている。

卵巣の凍結保存

マウス卵子を凍結保存することが可能である(Johnson 1989；Nakagata 1989；Shaw et al. 1991, 2000b)。しかし，卵子は，37℃より低い温度や，凍結保護剤によって容易に障害を受ける(Shaw and Trounson 1989；Carroll et al. 1990)。丸ごとのマウス卵巣が成功裏に凍結保存することができる(Gunasena et al. 1997；Sztein et al. 1998, 1999, 2000b；Kagabu and Umezu 2000；Shaw and Trounson 2002)。卵巣の凍結保存は，胚や精子の凍結保存を補うものと思われる(Shaw et al. 2000b；Shaw and Nakagata 2002；Shaw and Trounson 2002)。1つの方法をプロトコール15.4に掲載した。

貯蔵と記録

　凍結保存サンプルはLN₂内で−196℃で，理想的には安全保証のために2カ所で保存される。保存期間中は，サンプルを−140℃以上の温度にするべきではない。貯蔵用タンクの選択は必要とされる貯蔵容量や容器の断熱性能に依存する。もし，サンプルが感染を受けている危険性があれば，病原体はLN₂内でサンプル間に広がる可能性があるので，サンプルをLN₂の気相中で保存すべきである(Tedder et al. 1995)。最近の研究では，汚染された液相の窒素が凍結胚の感染源となる可能性があることが示されている(Bielanski et al. 2000)。封をした凍結容器の不慮のひび割れや漏れは，胚の汚染を導くと思われる。したがって，凍結用培養液と液体窒素との直接の接触を避けるために，完全密封容器や2次的な防御容器が推奨される(Kuleshova and Shaw 2000)。温度を−140〜−150℃に維持するLN₂のバックアップつきの電気的フリーザーも使用できると思われる。

　系統の情報，保存場所，および将来の系統の樹立にとって最も重要である凍結融解の方法を含む，すべての凍結保存サンプルの完全な記録を残すことが必須である。

マウス系統の清浄化(病原微生物の除去)

　研究用の動物では，実験期間中の病気の原因となるような感染性の病原体をもっていないことが，一般的には受け入れられている。分娩直前の妊娠雌から子宮を切除し，産子を清浄な里親に哺育させることによって，コンベンショナルあるいは感染したマウスの新規の系統を特定の病原体をもたない(SPF)コロニー(第3章参照)に導入することが可能である。しかし，あるウイルス性(Carthew et al. 1985)および細菌性の感染(Hill and Stalley 1991)では，垂直感染し得るという心配がある。Whittingham(1979)は，SPFコロニーの中に汚染された動物を清浄化する手段として胚移植を用いた。子宮切断術と対照的に，胚移植では着床以後の垂直感染を回避するという利点がある。

　胚移植法で除去することが可能な病原体は，マウス肝炎ウイルス(MHV)(Carthew et al. 1985；Reetz et al. 1988)およびセンダイ(パラインフルエンザ1型)ウイルス(Carthew et al. 1983；Okamoto et al. 1990)を含んでいる。汚染されたラット(Rouleau et al. 1993)およびマウス(Suzuki et al. 1996a)系統が，胚移植法によって成功裏に清浄化され，SPFコロニーの中に導入されている。IVF，凍結保存，凍結胚の輸送，そして胚の融解後の移植が，汚染された野生マウス *Mus musculus molossinus* と *Mus musculus castaneus* の清浄化に利用されている(Suzuki et al. 1996b)。

　胚移植による病原微生物の除去に関しての主たる重要な2つの論点がある。採取した胚の徹底的な洗浄と完全な透明帯の存在である。MHV存在下において体外で透明帯から孵化したマウス胚では栄養膜細胞が感染していることが示されているが，48時間MHVとインキュベートした透明帯つきの胚では感染に対して抵抗性であった(Carthew et al. 1985)。灌流用の培養液はMHVに汚染されているが，感染ドナーから採取した完全な透明帯つきの胚は汚染されておらず，培養液を3回交換して胚を洗浄した後，培養液内にウイルスを検出することはなかった。MHVに汚染されている培養液とともに胚を移植した場合には，ウイルスは代理母に伝播するが，胎子および脱落膜組織は感染していなかった(Carthew et al. 1985)。

　*Mycoplasma pulmonis*は，細胞表面に接着するので，洗浄後の透明帯除去胚から分離されることもあるし，おそらくは透明帯を通過するので，さらなる重要事項が存在する(Hill and

Stalley 1991)。それゆえに，洗浄はしたが，事前の培養なしに直接，胚の凍結や移植をすることは，*M. pulmonis* 汚染の危険性をはらむことになろう。しかしながら，胚を抗生剤を含む培養液で少なくとも24時間培養すれば，胚の凍結と移植は感染コロニーから *M. plumonis* を根絶することができる(Hill and Stalley 1991)。

　国際胚移植学会(IETS)では，ほとんどの病原体は，健全な透明帯を通過できず，着床前期の胚に感染することができないとの仮定を基礎として，胚の安全な取り扱い，採取，および移植についての推奨プロトコールを開発している。連続的(10回)な胚洗浄工程は，透明帯に接着している病原体を除去するのに有効である(Stringfellow and Seidel 1998)。胚移植による一般的な病原微生物の除去法は，いくつかのステップから構成される。

1. 汚染された，あるいは感染状況の不明なドナーからの着床前胚(交尾後1.5～3.5日)の採取。
2. 完全な透明帯つきの胚の徹底的な洗浄。
3. このステップにはいくつかの選択肢がある。
   a. 一晩の培養(随意)，しかし交尾後3.5日胚は透明帯から孵化するので培養するべきではない。
   b. 採取した胚の輸送。
   c. 凍結および保存，あるいは凍結胚の輸送。
4. 清浄な受容雌への採取した胚の移植。
5. 受容雌の検疫。
6. 健康状態検査。

　特定の要員が，封じ込め(検疫)区域内で汚染されたドナーの解剖をすべきである。胚は，ラミナフローフード内で採取すべきである。ラミナフローフードや特定のHEPAフィルターを通した手術室は，胚移植用に送られてきた着床前の胚をもっている汚染されたドナーに対して，担当者が曝露されるのを避けるために都合がよい。このようにして，清浄な受容雌への胚移植と凍結保存の組み合わせがマウスコロニーにおける病原体の駆除に用いられる。同様に，トランスジェニックマウス作製にあたって胚のドナーの飼育や胚操作がバリアーの外で行われる場合にも，通常の清浄化を行う場合と同様に，胚を胚移植を介してバリアーの中に持ち込むことができる。この場合，隔離と離乳後の代理母の検査が必要である。

マウス胚の輸送

　操作胚あるいは清浄化のための胚がSPFバリアー施設の中に移される時，胚がバリアーを越えて到着したか，あるいは滅菌状態で移動がなされた滅菌フードの中にあるかということ，および輸送や滅菌／クリーニング工程によって傷害が起きていないことを確認する特別な配慮が必要である。プロトコール15.5は，この両方の必要性に合致した方法で胚を梱包する方法を述べている。

　交尾後1.5～3.5日に採取した着床前のマウス新鮮胚は，48時間以内であれば，環境温度下で安全に輸送することができる。胚盤胞期は最も強健であるので，通常，海外への長距離輸送に用いられる(胚はこの期間では孵化しない)。1細胞期胚を除けば，ほかのいかなる発生段階の着床前の胚であっても24時間以内の輸送に十分に耐えることができる。採取した胚は，培養液の複数の小滴(10個)を通して激しく洗浄し，平衡した胚培養用の培養液(例，KSOM-AA)で，いっぱいに満たされた(空気の部分をなくする)滅菌クライオバイアル／クライオチューブの中に入れるべきである。LIFを含まない平衡したES細胞用培養液(第8章

参照)を胚盤胞の輸送に用いることができる。バイアルはしっかりと閉められ，急行輸送のための保護包装の中に置かれるべきである。37℃に加温した"アイスパック"を入れた小型のスタイロフォーム(発泡スチロール)の箱が，暑い夏や寒い冬の間に使用することが推奨される。到着時，胚は直ちに新鮮な培養液の中に置かれ，次いで可能な限り迅速に受容雌に移植すべきである。追加の一晩の培養は推奨されない。

　凍結保存胚は十分な注意を払って取り扱うべきであり，保存の期間中はいかなる場合でも－140℃を超えて加温してはいけない。さもないと胚の生存性は大きく損なわれるであろう。低温貯蔵温度における安全な輸送のための気化ガス輸送容器(例，MVE Biological Products, http://www.chart-ind.com)は，"非危険"分類で凍結保存サンプルの輸送が認められる。輸送された凍結保存胚の回収を成功させるためには，その凍結保存プロトコールで推奨されている融解方法を用いることが大変重要である。たくさんのプロトコールが利用可能であるが，これらのプロトコールを混同することは避けるべきである。

プロトコール 1　　緩慢凍結による胚の凍結保存

この方法は，ジャクソン研究所で長年にわたって用いられてきたものである（http://www.jax.org/resources/documents/cryo/slow.html）。Whittingham et al.（1972）によって報告されたプロトコールを基礎としている。Mobraaten（1999）も参照のこと。緩慢凍結の他の方法については，Schmidt et al.（1987），Liu et al.（1993a），Dinnyes et al.（1995），およびShaw et al.（1995, 2000a）によって報告されている。

以下に述べる方法を用いるにあたって，もしバイアルをストローに変更したり，あるいは，もし異なる調節率のフリーザーを用いる時には，熱伝導率の変化のためタイミングおよび凍結や融解速度の調整が必要であろう。

材　料

供試動物
卵管あるいは子宮移植用の交尾後0.5日あるいは交尾後2.5日の偽妊娠雌（第3および6章参照）
交尾後2.5日の過排卵処理ドナー（第3章参照）

低温保存器具
CryoMed 1010プログラムフリーザー（Forma Scientific）（コメント参照）
クライオチューブ（Nunc 12-565-170N）
ピンセット（大型）
LN_2取り扱い用の手袋およびゴーグル
液体窒素（LN_2）<！>
実験台作業用のLN_2容器（デュワーフラスコ）
LN_2貯蔵用容器（例，MVE, Taylor-Wharton Cryogenics）
標識用のマーカーペンあるいは他の標識手段
貯蔵用ゴブレットおよびケーンあるいは箱
サンプル操作用の長いハサミ道具

胚の取り扱いのための一般的な器具
培養用ディッシュ，滅菌ずみ（例，Falcon 3001, 3004, 3037）
胚操作用ピペット（プロトコール4.6参照）
灌流用針（プロトコール4.10参照）
微小滴培養（プロトコール4.5参照）
透過および落射照明つき顕微鏡
パスツールピペット
Selectapette（Clay-Adams）（随意）
解剖道具
注射筒，26Gおよび30G針つき 1ml
時計皿あるいはくぼみ付きスライドグラス

試薬
1000mg/リットル デキストロース（例，Sigma G6152），36mg/リットル（訳注：原著はmlとなっているがリットルの誤りと思われる）ピルビン酸ナトリウム，ペニシリンG（0.075mg/ml），硫酸ストレプトマイシン（0.05mg/ml）を添加したD-PBS（付録1および表4.3を参照）

> - 3mg/ml胚培養検査ずみウシ血清アルブミン(BSA)を添加(胚取り扱い用)
> - BSAを含まない(2M DMSO凍結保護剤の調整用に使用)
>
> ジメチルスルホキシド(DMSO)<！>分子量78.13(例，Sigma D8779あるいはD2650)
> 　　10mlの2M DMSOをつくるために，チューブの中に1.56gのDMSO(約1.42ml)を量り取り，8.58mlのBSA不含D-PBSを加える。
>
> 胚培養検査ずみ軽質ミネラルオイル(例，Sigma M8410)(第4章参照)
> エタノール，95%<！>
> 　　KSOM-AA培養液(第4章で既述)

注意：<！>をつけた材料の適切な取り扱いについては付録2を参照のこと。

手　順

凍　結

1. あらかじめ凍結機械を-6℃に冷却する。
2. 1000mg／リットル デキストロース，36mg／リットル ピルビン酸ナトリウム，3mg/ml BSA，および抗生剤を添加したD-PBSを用いて，前述したように交尾後2.5日の朝に8細胞期胚を採取する(プロトコール4.10参照)。
3. 0.1mlのD-PBSを含む2mlクライオチューブの中に胚を移し，すべての胚を回収して凍結の準備が整うまで，チューブを氷上に置く。1本のクライオチューブに入れる胚の数は，胚の期待される生存性と少なくとも2匹の受容雌に移植するに適当な数とを考えて決定する(例，約30個)。
4. DMSOの最終濃度を1Mとするために，静かに，0℃の2M DMSOを含む0.1mlの蛋白フリーD-PBSを添加する。0℃で，少なくとも30分間平衡する。
5. クライオチューブを食塩と氷の槽に移して，-6℃に維持する(あるいは-6℃の冷却機)。2分間平衡する。
6. パスツールピペットの先端の氷晶を培養液の表面に触れることによって，クライオチューブの内容物に植氷する(パスツールピペットの先端に毛細管現象によって少量のPBSを吸い取り，-10℃に維持されている食塩と氷の槽に部分的に浸漬されているガラスチューブの内側に置く)。それぞれの植氷には別々のピペットを用いる。植氷では，氷晶形成による胚の損傷を最小限とする培養液の氷の核形成が起こる。クライオチューブにふたをして，チューブを-6℃の前冷却したプログラムフリーザーに移す。

    クライオチューブ(あるいはストロー)は，LN₂で前冷却した金属器具(例，長いピンセット)で，胚が入っている部分から離れた凍結保護剤のメニスカス部分のチューブの外側に触れることによっても植氷することができる。

7. 1分あたり0.5℃の割合で-80℃まで，プログラムフリーザー内で温度を下げる。もし，プログラムフリーザーが温度表示機能をもっていないのであれば，0.2mlの95%エタノールを含むコントロールクライオチューブの中に挿入した温度計を用いて温度をモニターする。
8. 温度が-80℃に達した時に，クライオチューブを液体窒素に移す。最初に小さな液体窒素フラスコの中にクライオチューブを入れ，次いで長期保存用の大型液体窒素コンテナに移すのが最も便利であると思われる。系統の情報，胚の数，場所などを記録する。

融　解

1. 液体窒素からクライオチューブを取り出し，すべての氷晶が融けるまで環境温度に置いて暖める（通常は12〜15分間）。
2. 完全に融解した時に，DMSOを希釈するため0.8mlのD-PBSをゆっくり滴下する。
3. クライオチューブの内容をディッシュ，発生学用時計皿，あるいはくぼみ付きのスライドグラスに移して胚を観察する。1mlのSelectapette (Clay-Adams)を用いるとよい。
4. 胚をあらかじめ平衡しておいたKSOM-AAの数個の小滴を通して洗浄し，プロトコール4.5で述べたように胚培養試験ずみオイルに覆われた小滴で，2，3時間あるいは一晩培養する。ガラス試験管で胚を培養する方法については，http://www.jax.org/resources/documents/cryo/slow.htmlに述べられている。
5. プロトコール6.3あるいは6.4で述べたように，胚を偽妊娠雌の卵管あるいは子宮に移植する。

コメント

上述した凍結パラメーターのすべては，ジャクソン研究所で用いられているプログラムフリーザーCryoMed 1010用のものである。種々のプログラムフリーザーが入手可能であるが（第17章の部分的一覧を参照），アルコールベースと液体窒素ベースの大きく2つのグループに分けることができる。アルコールベースのフリーザーは，一般に液体窒素ベースのフリーザーよりも価格が安く，人工授精用ストローや封をしたガラス製のアンプルを用いた胚の凍結保存に信頼して，そして経済的に使用することができる。しかし，クライオチューブはバイアルの内部へのアルコールの侵入を防ぐしっかりしたシールにはなっていないので，アルコールベースのフリーザーはクライオチューブを用いた胚の凍結保存の第一選択ではないように思われる。プラスチック製のクライオチューブを用いた胚の凍結保存には，液体窒素ベースのフリーザーがよりよい選択である。

プロトコール 2　急速凍結による胚の凍結保存

　以下に述べるガラス化法の手順についてはJillian Shaw(Monash Institute of Reproduction and Development, Clayton VIC, Australia)から提供されたが，Kasai et al.(1990)によって報告された方法およびShaw and Kasai(2001)による詳細な記載が基本となっている。ほかの有効なガラス化法は，Ali and Shelton(1993)，Tada et al.(1993)およびRall and Wood(1994)に認められる。

材　料

供試動物
　卵管あるいは子宮移植用の交尾後0.5日あるいは交尾後2.5日の偽妊娠雌(第3および6章参照)
　交尾後2.5日の過排卵処理ドナー(第3章参照)

凍結用器具
　ピンセット，大型
　液体窒素取り扱い用の手袋とゴーグル
　ヒートシーラー(あるいはピンセットとブンゼン／エタノールバーナー)
　人工授精用ストロー，0.25cc透明プラスチック(例，IMV, AA201 L'Aigle, France)，貯蔵用ゴブレットとケーン，Visitubes, daisy goblets, キャニスターなど(種々の会社から入手可能，例，CryoBioSystem Division of IMV Technologies, http://www.cryobiosystem-imv.com；Minitube of America, Verona, WT 608-845-1502；Meditech IST Canada, Montoreal, QC 514-683-0037；Conception Technologies, CA 1-800-995-8081, http://www.conceptiontechnologies.com)
　液体窒素(LN_2)<！>
　作業台作業用LN_2コンテナ(デュワーフラスコ)
　LN_2貯蔵用コンテナ(例，MVE, Taylor-Wharton Cryogenics)
　永久マーカーペンあるいはラベル用プリンター(例，Brother P-touch-1800が事務用品会社から入手可能)
　発泡スチロール箱(肉厚)あるいはLN_2を保ち，ストローを水平に置くことのできるふたつきの断熱性コンテナ
　液体窒素に浮かせる発泡スチロールあるいはポリスチレン製フロート(詳細は冷却／融解用コンテナの準備の項を参照)
　サンプル操作用の柄の長いハサミ
　(随意)Critoseal(Oxford Labware 8889-215003, 例，VWR 15407-103)，ポリビニールアルコール<！>，冷水溶性(PVA，例，Sigma P8136)あるいはポリビニールピロリドン<！>(PVP，例，Sigma PVP-4)粉末

一般的器具
　培養用ディッシュ，滅菌ずみ(例，Falcon 3001, 3004, 3037)
　胚操作用ピペット(プロトコール4.6および図6.1参照)
　　炎の上で引いたパスツールピペットあるいは毛細管の内径は，胚と胚との間を最小限の培養液量で可能な限り胚を小さくまとめるために，胚よりも少しだけ大きくする。
　灌流針(30G 1/2インチ，第4章で述べたように準備)
　目盛りつきチューブ，10ml(ふたつき)
　透過および反射光つき顕微鏡

凍結保存，清浄化（病原微生物の除去），およびマウスの輸送 ■ 573

> ハサミ
> 解剖用具
> ストローをぴったり接続するための切断したイエローチップあるいは弾力性チューブをつけた注射筒（1cc）（気密接続）（溶液をストローの中および外に出し入れするために用いる）
> 注射筒，26および30G注射針つき，1ml
> タイマー
> 　ウォーターバス，20℃
>
> **試薬**
> 　凍結保存液，室温のEFS40（以下の準備の項参照）
> 　　EFS40は，40％ v/vエチレングリコール<！>，18％ w/vフィコール，および0.3Mシュクロースを含んでいる。
> 　希釈液，室温のM2培養液に溶解した0.5Mシュクロース
> 　　シュクロース（Sigma S9378）　　　1.71g
> 　　M2（4 mg/ml BSA添加）　　　　10mlにする
> 　　0.2μmフィルターで濾過する。必要時に調整するか小分けしたものを-20℃で保存する。
> 　KSOM-AA培養液（第4章に既述）
> 　室温の4mg/ml BSA添加M2，あるいはほかのHEPES緩衝液（第4章に既述）

注意：<！>をつけた材料の適切な取り扱いについては付録2を参照のこと。

手　順

EFS40溶液の準備

当初，EFS40溶液は修正D-PBSで処方された（Kasai et al. 1990）。しかし，M2とは異なり，PBSベースの溶液は凍結時に沈殿する傾向がある。他の胚を保持しておくためのHEPES緩衝液をこの処方に用いることができる。4mg/ml BSAあるいは1～10％血清がEFS40に含まれるが，これは必須ではない。蛋白質および血清を含まない培養液は完全に化学的組成が明らかである。そのため，それが用いられる時は，バッチによる変動や輸出の際に起こり得る問題が回避される。M2あるいは他のHEPES緩衝培養液は，第4章で述べたように作られるか購入できる。もしBSAを使うのであれば，それは胚培養試験ずみでなければならない。

エチレングリコール（Sigma E9129）	4.0ml
フィコール　分子量70,000（Sigma F2878）	1.8g
シュクロース（Sigma S9378）	1.026g
M2培地	10mlとする

BSAあるいは血清は，添加あるいは無添加（上述のコメント参照）

1. しっかりしたふたつきの10ml目盛りつきチューブ内のフィコールにエチレングリコールを加え，フィコールが溶解するまで放置しておく（1時間かそれ以上）。シュクロースを加える。シュクロースが溶解したらM2を加える（あらかじめ秤量したフィコールおよびシュクロースにエチレングリコールを加えて3つの混合物成分を溶解させ，M2培養液で最終的な量に調整することも可能である）。

2. 0.45μmフィルターを通して濾過し，小分けする（穏やかな加温は溶液の粘度を低下させる）。

3. -20℃で保存する。この溶液は少なくとも1カ月間は保存可能である。もし正確に作製されていたのであれば，EFS40は-20℃でも液体のままである。

凍結保護剤溶液は，冷却および加温段階のすべてを通して澄んだ透明のままでなければならない。もし，不透明に変わったならば，溶液あるいは冷却／加温の速度が不正確であり，胚の生存を危うくするであろう。

冷却／加温コンテナの準備

1. ふたつきの肉厚の発泡スチロール製の箱あるいはほかの断熱容器を，少なくとも使用の30分前に液体窒素であらかじめ冷却する。少なくとも5cmの液体窒素を入れる。箱はストローを水平に入れるに十分な幅がなければならない。
2. 液体窒素の表面に平らな発泡スチロールあるいはポリスチレン製の"ボート"を浮かせる。ボートの表面の温度は－150℃以下でなければならない。そのため，ボートは厚すぎてはならない(例，1cm)。ボートの上から容器のヘリまでの距離は5cm以上なければならない(例，10cm)。ボートには，胚の入ったストローを互いに接触することなく表面上に水平に保持することができるように(より均一な冷却のため)支え，あるいは分割器を備えておく。ボートの傍らに置いた2本の空のストローと2本のストローと並んで垂直に挿入した短いストローは，胚の入ったストローが端から落ちることを防止する。

冷却手順

1. M2あるいは4mg/mlのBSAを添加したほかのHEPES緩衝培養液を用いて，交尾後2.5日の8細胞期から桑実期の胚を回収する(第4章)。すべての夾雑物を除くために，新鮮なM2培養液の数個の小滴を通して胚を洗浄する。
2. 凍結保存に適した正常な形態を示している胚を選別する。凍結保存の準備が整うまで，それらの胚を室温下のM2培地へ入れるか，インキュベーターの中の胚培養液内に入れておく。
3. 永久マーカーペンあるいは印刷したラベルを用いて，すべての必要な情報をストローに標識する。
4. ストローがぴったり接続できるように切断したイエローチップ，あるいは弾力性チューブをつけた1ml注射筒にストローを接続することによって，それぞれのストローに30μlのEFS 40を入れる。30μlの溶液に相当する15mmの円柱の後に，開口部付近に5mmの空気のスペースをおく。

   加温後のストローからの胚の排出を助け，そして凍結保護剤の希釈を直ちに行うようにするために，EFS 40と希釈液(シュクロース)の両方をストローに入れることも可能である(しかし，より複雑である)。EFS 40溶液をストローに入れる際に，シュクロース溶液で希釈されることのないように大きな注意を払わなければならない。注射針を接続した注射筒を用いて0.5Mのシュクロース溶液(65mmあるいは約125μl)をストロー内の綿栓付近に入れ，ストローの内壁に触れないよう注意深く針を引き抜く。シュクロース溶液を綿栓に接触させ，ストローの先端の封をする。EFS 40溶液は，2つの空気層によってシュクロース溶液と隔離される。このことは，ストロー内での2つの溶液の混合を防ぐこととなる。EFS 40溶液は冷却，加温の間，透明のままでなければならないが，希釈液は氷晶形成に伴って不透明に変わらなければならない。

5. 細く引いた毛細管を用いて，できるだけ最少限のM2培養液で適当数の胚(例，8〜12個)を吸引する(図15.1参照)。

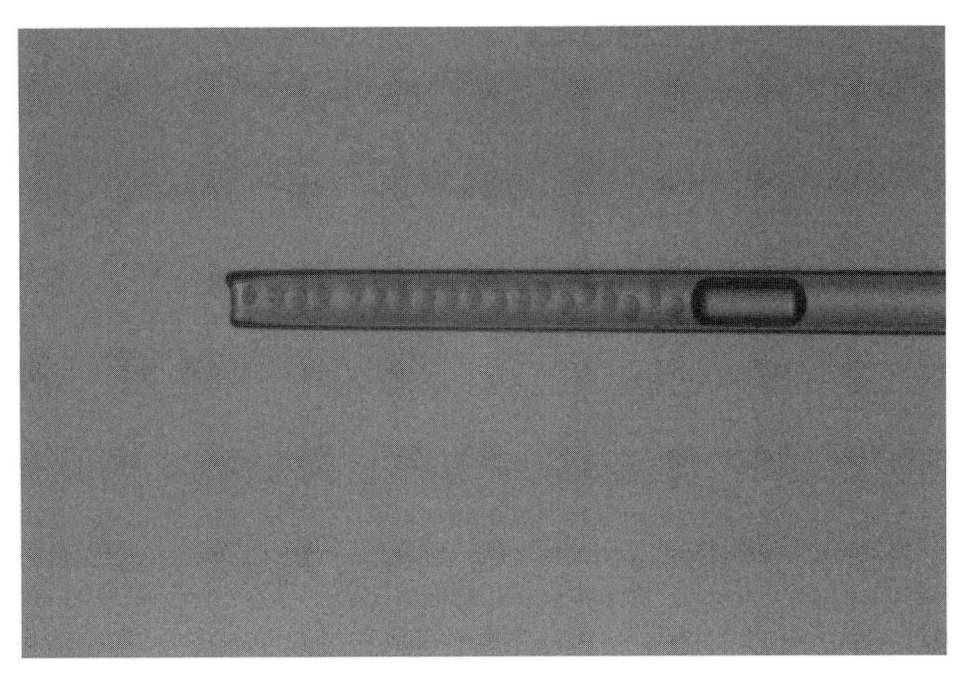

図15.1. 胚を吸引した細く引いた毛細管

　　　EFS 40溶液のM2での希釈を最小限とするために（このことは胚の生存性を損なう可能性がある），胚を可能な限り近くに寄せることが大変重要である。毛細管の中に取り込んだ気泡は，毛細管現象を減少させることによる流速の調節とストロー内への胚の移動を可視化することを助ける。

6. ストローを水平に置く。EFS 40を含んでいるストローの部分には触れない（ストローを室温に保つため）。
7. 静かに，しかし迅速にピペットの先端を凍結保護剤の中に深く挿入し，円滑にピペットを引き抜きながらEFS 40の中に胚を出す。胚は凍結保護剤溶液中で一様の間隔に置かれる。この手順の間，気泡を目印として使う。
8. タイマーをスタートさせる（1分間）。
9. ヒートシーラーを用いてストローの両端をシールする（温度は約95℃）。代替として，100℃以上にあらかじめ熱した大型のピンセットでストローの端を挟む。ストローはcritosealあるいはPVAやPVP粉末を用いてシールすることもできる。もしPVAやPVP粉末を用いる場合，開口端に凍結保護剤小滴（約5 μlあるいは5 mmの長さ）を追加する。次いで，ストローをPVAあるいはPVP粉末の中に押入れる。PVAやPVP粉末は膨潤して栓を形成する。しかしどちらの粉末も，水と同じようには凍結保護剤溶液で変化しないことを心得ておくこと。
10. 胚が室温（25℃）で1分間凍結保護剤と平衡されたら，液体窒素の気相にある発泡スチロール製ボート上にストローを置く。
　　　もし室温が25℃よりも低い（例えば20℃）のであれば，EFS 40への曝露時間を1.5〜2分間に延長する。もし室温が30℃である時は，曝露時間を30秒間までに限定しなければならない。
11. ストローを気相で3〜5分間冷却し，次いで，液体窒素の中にストローを浸漬する。
12. ストローを貯蔵用液体窒素内に入れる。ゴブレット，ケーン，およびピンセットをあら

かじめ液体窒素で冷却する。ストローをあらかじめ冷却しておいたピンセットを用いて取り扱う。すべての時間にわたって，ストローの胚を含んでいる部分は可能な限り冷却することを保つ。

　一度ストローをデュワーの縁よりも上に挙げると，温度は5秒間で100℃上昇する。安定した結果を得るために，このような極端な温度変動を避ける。

加温手順

1. ストローを加温するために必要な以下の道具を準備する。
   液体窒素の入ったボートつきの発泡スチロール製の箱
   20℃のウォーターバス
   M2培養液
   加温されるストローの本数分の3倍の数の35mmディッシュ。
   　3mlの0.5Mシュクロース（10μlの凍結保護剤に対して1mlのシュクロースが必要）を含むディッシュが1個，それぞれ3mlのM2を含むディッシュ2個
   タイマー
   ストローを切断するためのハサミ
   ストローをぴったり接続するために切断したイエローチップあるいは弾力性チューブをつけた1ml注射筒
   もし胚を培養する場合には，一晩平衡したKSOM-AAあるいはほかの胚培養液の小滴を用意したディッシュ（第4章参照）
2. あらかじめ冷却したピンセットを用いて，ストローを貯蔵用タンクから液体窒素入りのデュワーコンテナに移す。指でストローを触らないこと！
   注意：液体窒素がストローの中に入り，これが爆発の原因となる場合があるので，注意してストローを取り扱う。けがの危険性を最小限にするために，液体窒素を逃がすために液体窒素面のすぐ上の液体窒素気相にストローを保つ。
3. 発泡スチロール製の箱の中の液体窒素表面のボートフロート上にストローを置く。3～5分間放置する。
4. ピンセットを用いて，迅速に，しかし静かにボートからストローを持ち上げ，5～10秒間，空気中にしっかりとストローを保持する。
5. 20℃のウォーターバスの中にストローを十分に浸漬する。EFS 40溶液は，冷却，保存および加温のすべてのステップを通して，無色透明のままでなければならない。
6. EFS 40溶液が液状化したら（約5秒），ストローをウォーターバスから取り出す。指でEFS 40を暖めることのないように注意する。
7. ストローを素早く拭き，ストローを水平に保持しながら，鋭いハサミで両端のシールを切断する。最初に上部のシールを除き，次いで希釈液の上の下部のシールを除去する。ストローを曲げたり，伸ばしたりしない。ストローをはじくことは胚を失う原因となるので，ストローの端の付近をしっかりと保持する。
8. EFS 40溶液から遠いストローの端を1ml注射筒に接続する。ストローをゆっくり傾斜させ，0.5Mシュクロース添加M2培養液を含む組織培養用ディッシュの底にストローが接触するまで開口部を下げる。
9. ストロー内容を出すために，注射筒のピストンを非常に静かに押す。ここは大変重要なステップである！　タイマーを3分にセットしてスタートさせる。過度の急速な混合を防ぐために，ディッシュを揺らさないで置いておく。

ストローの内側にくっついているかもしれない胚を除去するために，ストロー内部に0.5Mシュクロースを静かに吸い戻す(胚のないディッシュの部分から)。3分が経過するまでストローを水平に倒したままにしておく。

10. 3分後，希釈液と凍結保護剤溶液を混ぜるために，ディッシュを静かに揺する。胚を数えて検査する。もしいくつかの胚が失われているのであれば，ストローに残っているシュクロース溶液を移す。
11. 0.5Mシュクロース内で合計5分後，すべての胚を(最少量のシュクロース溶液とともに)3mlのM2を含むディッシュに移す。M2内で胚を5分間放置する。
12. M2内で5分経過後，新鮮なM2(3mlを含む最後のディッシュ)で胚を洗浄する。偽妊娠雌に直ちに移植するために正常な形態の胚を選別するか，あるいは平衡した培養液の数個の小滴を通して胚を洗浄し，一晩培養する(例，KSOM-AAの中で)。

コメント

- ここに述べた方法は，8細胞および桑実期の胚に対してよく機能する。ほかの発生段階の胚の生存率はより低いものとなる(Miyake et al. 1993；Zhu et al. 1993)。しかしながら，マウスの胚盤胞は，もし胚を室温で1.5Mエチレングリコール溶液であらかじめ平衡するのであれば，この方法で凍結保存することができる(Shaw et al. 2000a)。
- このプロトコールで用いられた段階的な冷却および加温は効果的であるが，平衡期間の終わりに直ちに液体窒素の中にゆっくりとストローを浸漬することもまた可能である。同様に，20℃のウォーターバスの中にストローを直接浸漬することによって，急速加温してもよい(Shaw et al. 2000a)。

プロトコール 3　精子の凍結保存

　ここでは，マウス精子の凍結保存の2つの方法について述べる。クライオチューブを用いた方法(方法1)と人工授精用ストローを用いた方法(方法2)である。

材　料

供試動物
　少なくとも8週齢の成熟雄マウス，望ましくは3～5カ月齢，妊孕能が確認され，7日より前に交配しており，実験前の2～3日間は交配していないもの

器具
　クライオキャニスター，金属製，ストローの貯蔵用ゴブレットつき
　クライオチューブ，1.8ml(Nunc 12-565-170N)あるいは0.25mlストロー(例，IMV, AA 201 L' Aigle, France)
　培養用ディッシュ(例，Falcon 35-3001, 35-3037)
　デュワーフラスコ，小型，液体窒素用
　解剖用ハサミ
　凍結器具，液体窒素を保持するのに適当なふたつきの深いポリスチレン製箱
　加温ブロック(随意)
　インキュベーター，5％CO_2，空気中，37℃
　微量遠心チューブ，1.5ml(例，eppendorf)
　透過および反射照明つき顕微鏡
　注射針，30G
　ピペットチップ，大口径(Rainin HR-250W, 1000W)
　ピペッター，200μl(例，Gilson P200)
　液体窒素用ポリスチレン製箱
　ポリビニールアルコール<！>，冷水溶性(PVA，例，Sigma P8136)
　貯蔵用液体窒素容器
　手術用具(時計用ピンセットを含む)
　温度計
　ウォーターバス，37℃

試薬
　凍結保護剤(CPA)(水に溶解した18％ラフィノース，3％スキムミルク)
　　ラフィノース(Sigma R0250, R7630)　　　　1.8g
　　スキムミルク(Difco (B-D) Betalab 0032-17-3)　0.3g
　　超純水(例，Sigma W1503)　　　　　　　　10mlにする
　　浸透圧，400～410mOsm
　液体窒素(LN_2)<！>
　(方法1のためのCPA)
　　1．18gのスキムミルクを超純水で溶解して最終量を300mlにすることによって，6％のスキムミルク溶液を作製する。
　　2．4℃，15,000gで1時間遠心分離する。
　　3．容器を傾けるよりもむしろピペットを用いて上清を注意深く移す。

4. 200mlの上清をとり，125mlの水と72gのラフィノースを加える。水で最終容量を400mlにする。ラフィノースが溶解するまで室温でかき混ぜる。
5. フィルターユニットを用いて0.22μmのフィルターで濾過する（もし必要であれば，目詰まりを防ぐために0.45μmのフィルターを通して予備濾過をする）。
6. 小分けして4℃で10日間，あるいは−20℃/−70℃で3カ月まで保存する。

（方法2のためのCPA）
1. ネジブタつき円すい形の15mlファルコンチューブ(2097)に8mlの水を入れる。
2. 1.8gのラフィノースを加え，チューブを80℃のウォーターバスの中に30秒間入れる。そして静かに転倒混和して溶解する。
3. その溶液に0.3gのスキムミルクを加え，静かに混合する。
4. 最終量を10mlとする。
5. 20℃，15分間，18,000gで遠心分離する。
6. 上清を新しいチューブに移す。
7. 上清が透明になるまで，再び同じ条件，あるいはより高速で遠心分離する（随意）。
8. 透明な上清を0.22μmのフィルターを通して濾過する。小分けして4℃で10日間まで保存する。

注意：＜！＞をつけた材料の適正な取り扱いについては付録2を参照のこと。

コメント

第一の方法は，ラフィノースの存在しない粘度のない溶液でスキムミルクが固形のペレットを形成するので，より透明なCPAを作る。コンタミネーションを防ぐため，使用しなかったCPAは廃棄する。

方法1

最近，ジャクソン研究所で用いられているこの方法は，Carlisle Landel（http://www.jax.org/resources/documents/cryo/sperm.html）によって提供された。

精子の採取と凍結

1. 凍結保護剤溶液の小分けを融解して，インキュベーター内あるいはヒートブロックで37℃に加温する。もし沈殿があれば転倒混和する。CPAを35mmディッシュ（Falcon 3001）あるいは中央にくぼみのある組織培養用ディッシュ（Falcon 35-3037）にピペットを用いて移し，37℃のヒートブロックの上に置く。
2. "凍結器具"を準備する。ポリスチレン製の箱の中にプラットフォーム（例，ギルソンの200μlチップの箱に挿入されているもの）を置く。これは，クライオチューブラックの支持台として働く。ポリスチレン製箱の中にプラットフォームをちょうど覆うくらいに注意して液体窒素を注ぐ。プラットフォームのてっぺんにクライオチューブラックを置く。このことによってラックは液体窒素気相に漂うことになる。ポリスチレン製箱にフタをし，開始前に少なくとも20～30分間，液体窒素ガスを充満させる。少なくとも5cmの深さに液体窒素が入っている必要がある。凍結操作の間，必要に応じて液体窒素を補充するが，プラットフォームの上を越えないようにする。
3. 1匹の雄マウスから精管と精巣上体尾部を無菌的に切除して，すべての脂肪や血液を除

く（例，ディッシュの上で）。それらを顕微鏡下で検査する（図14.1参照）。

4. 精巣上体と精管を1mlのあらかじめ暖めておいたCPA溶液の中に入れる。30Gの注射針の先端を用いて精巣上体を3～5回スライスする。ピンセットあるいは2本の30Gの注射針を用いて精管に沿って押し進めて，精子を静かにしぼり出す。

 精巣上体尾部からの精子のみが伝統的にIVFに用いられているが，精管と精巣上体尾部の両方からの精子の採取は全体の運動率を改善すると思われる（Sztein et al. 2000a）。

5. 37℃のCO_2インキュベーターで組織と精子を10～15分間培養する。
6. 精巣上体と精管組織をディッシュの端に押しやることによって懸濁液から精巣上体と精管組織を取り除く。CPA内の精子の分布を平衡するために，ディッシュ内の精子を静かに混和する。大口径ピペットチップを用いて，あらかじめ標識をしておいたクライオチューブの中に100μlを小分けする。スクリューキャップをのせ，クライオチューブをしっかりシールする。
7. 液体窒素の気層（約－120℃）であらかじめ冷却しておいた凍結器具の中にクライオチューブを直接入れ，10分間放置する（冷却速度は1分あたり－20～－40℃）。
8. サンプルを液体窒素の中に投入し，必要になるまで保存する。

融　解

1. ピンセットを用いて，液体窒素から凍結サンプルを取り出し，空気中で30秒間保持する。次いで，氷晶が融けるまで（約2分），37℃のウォーターバスに入れることによって，急速に融解する。

 注意：ウォーターバスの中にチューブを投入する前にチューブが液体窒素で満たされていないように特別の配慮をする。チューブが爆発するかもしれない。もし液体窒素がチューブ内に入っていたら，気相内にチューブを保持して液体窒素が蒸発するのを待つ。

2. サンプルが融解した時（すべての氷晶が融けている），直ちに精子の小分けを（例，10μlあるいは濃度が低い場合にはもっと多く）IVF用ディッシュに添加する（プロトコール14.2参照）。

方　法 2

以下の方法は，当初のNakagataプロトコール（Nakagata 2000）を基礎にL. Gabriel Sanchez-Partida（The Monash Institute of Reproduction and Development, Clayton VIC, Australia）によって提供された。CPAは第2の方法で調整する。

精子の採取と凍結

1. 1匹の雄あたり130μlのCPAを1.5mlの微量遠心チューブに移し，37℃に加温する。
2. 凍結用器具を準備する。ストロー貯蔵用ゴブレットを含む金属性クライオキャニスターを液体窒素入りのポリスチレン製箱に入れ，液体窒素の高さを－150℃に達するまで調節する。

 凍結操作の間必要に応じて液体窒素を補充する。しかし，ストローを導入する前に温度が－150℃を上回ったり，下回ったりしないようにする。温度をストロー内に挿入した温度計でモニターする。

3. 1匹の雄から精管と精巣上体尾部を無菌的に切除し，すべての脂肪および血液を取り除く（図14.1参照）。ハサミを用いて精巣上体尾部に一箇所切開を加え，精巣上体と精管組織を130 μlのCPAを含む微量遠心チューブに入れる。
4. 5% CO_2，空気中，37℃で10分間インキュベートする。
5. 時計用ピンセットを用いて懸濁液から精巣上体および精管組織を除く。
6. 精子の運動性を検査する。もし運動性の細胞がなければ，別のマウスから精子を採取する。
7. 雄の個体番号，系統および日付けをストローに標識する。
8. インキュベーション時間が終了したら，ストローの綿栓側に200 μlチップを挿入することによって200 μlピペッターをストローに接続する。
9. 連続的に吸引する。マイクロピペットとストローの綿栓側に挿入したチップを用いて，100 μlの好みの受精用培養液，20 μlの空気，10 μlの精子懸濁液，20 μlの空気，および10 μlの好みの受精用培養液の順。

    液体窒素の中に浸漬する時にストローが浮くことを防ぐために100 μlの培養液をストローの中に入れる。溶液の充填は弾力性チューブでストローに接続した1 ml注射筒を用いることや，572頁のプロトコール15.2で述べたように200 μlチップを切断することでもできる。
10. 粉末の中に10 μlの培養液が入っている端を押し付けることによって，PVAでストローの端をシールする。代わりに，ヒートシーラーかプロトコール15.2で述べたようにシールにPVPを用いる。好みによって，ストローの両端をシールしてもよい。
11. 一度に10本までのストローを調整する。
12. ストローを液体窒素気層の－150℃に置く。
13. 10分後，ストローを液体窒素の中（－196℃）に浸漬する。
14. 必要になるまで保管する。

融　解

1. もし片側だけがシールされているのであれば，綿栓が脱落するのを防ぐために，ピンセットの片方の端をストローに挿入し，液体窒素からストローを取り出し，5秒間空気中で保持する。次いで，37℃のウォーターバスに急いで入れる。

    注意：液体窒素がストローの中に残っていて爆発の原因となることがあるので，ストローは注意して取り扱う。けがの危険性を最小限にするために，液面のすぐ上の気相でストローを2，3秒間保持して液体窒素を逃がす。
2. サンプルが融解したら（30〜60秒）ストローを乾燥させ，PVAシールの上を切断する。精子懸濁液を微量遠心チューブの中に移す。ストロー内の融解した精子と培養液との接触を避ける。
3. 精子の運動性と形態を検査する。もし精子が良好な運動性を示していたのであれば，20 μlの受精用小滴内に2 μlの凍結融解精子を添加する（プロトコール14.2，コメント参照）。もし運動性が低いのであれば，40 μlの受精用小滴あたり4 μlの精子懸濁液を用いる。

プロトコール 4　卵巣の凍結保存

　この方法は，Sztein et al.(1998)によって報告されており，ジャクソン研究所によって提供された(http://www.jax.org/resources/documents/cryo/ovary.html)。

材　料

供試動物
　雌マウス

器具
　培養用ディッシュ(例，35mm)
　モデル8024の凍結チャンバーつきのクライオメッド1010プログラムフリーザー(Forma Scientific)
　凍結保護剤。室温の10% FBS(Sigma)添加M2培養液に溶解した1.5Mジメチルスルホキシド(DMSO)＜！＞(約1.1mlのDMSOと8.9mlのM2)
　クライオチューブ，1.8ml(Nunc 12-565-170N)
　液体窒素貯蔵用容器
　パスツールピペット
　－6℃と－10℃の氷槽／塩
　手術道具

試薬
　M2培養液

注意：＜！＞をつけた材料の適正な取り扱いについては付録2を参照のこと。

手　順

凍　結

1. 卵巣嚢から卵巣を無菌的に取り出し，2mlのM2培養液を含む滅菌した使い捨ての35mm培養用ディッシュに入れる。
2. 卵巣が通常より小さいのでなければ，それぞれの卵巣を半分に切断する。
3. それぞれの半分にした卵巣を，200μlの凍結保護剤を含むあらかじめ標識しておいた1.8mlのNuncクライオチューブの中に移し，チューブを室温(23℃)で10分間保持する。
4. クライオチューブを氷上(0～0.5℃)に約45分間置く。
5. －6℃(凍結機器あるいは氷／塩槽)に移し，5分間保持する。
6. 先端に少量の凍結保護剤を含み－10℃の氷／塩槽内のガラス製チューブ内であらかじめ冷却したパスツールピペットで触れることによって，クライオチューブの中の培養液の表面を植氷する。
7. クライオチューブを－6℃のプログラムフリーザー内に入れる。
8. 1分あたり0.5℃の割合で－80℃まで冷却する。
9. クライオチューブを液体窒素貯蔵用容器に移す。

融解と卵巣移植

1. 氷晶が融けるまでクライオチューブを室温(23℃)で融解する。
2. 凍結保護剤を除き，0.2mlのM2培養液に置き換える。
3. 手術前，10分間，水分を加えて元に戻す。
4. 手術の際，ホストの片側の卵巣を結紮して，もう一方を除去し，融解した半分の大きさのドナー卵巣を空の卵巣嚢の中に正位に移植する(プロトコール14.1参照)。

コメント

蛋白を含まないPBS (Sigma D5773)に溶解した1.5M DMSO (Sigma D9779)と0.1Mシュクロース (Sigma S9378)を用いる別のマウス卵巣凍結保存のプロトコールがShaw et al.(2000c)によって報告されている。卵巣はあらかじめ冷却した(0～1℃)凍結保護剤溶液内で氷上で30分間平衡させ，次いで，0.5mlの凍結保護剤を含むクライオバイアルに移し，-6℃のプログラムフリーザーに入れる。-6℃で5分後，バイアルを植氷して0.3℃/分の割合で-40℃まで冷却し，次いで液体窒素の中に浸漬する。マウス卵巣組織の凍結は，Fisher(15-350-50)，VWR(55710-200)，あるいはSigma(Mr. Frosty C1562)から入手可能なNalge Nunc(5100-0001)クライオコンテナで行うこともできる。その時は1℃/分の冷却速度で-80℃の冷凍庫の中に一晩置く(J. Shaw，私信)。融解は徐々に行う。最初に0.75M DMSO/0.25Mシュクロース溶液で10分間，次いでPBSに移される前に0.25Mシュクロースに10分間。

プロトコール 5　滅菌ポートによる胚の包装と輸送

このプロトコールでは，胚の包装と輸送のための複数の滅菌ディッシュとビニール袋のシステムについて述べる。

材　料

器具
フローフード，滅菌，胚操作のみに使用
ガラス製胚操作用毛細管（プロトコール 4.6 参照），3 時間の乾熱滅菌，オートクレーブはかけない
中央にくぼみのある組織培養用ディッシュ（Falcon 35-3037），滅菌ずみパックを新たに開封
ティッシュペーパー（例，Kleenex），オートクレーブずみ
ペトリ皿，12cm ガラス製，15cm ガラス製，滅菌包装しオートクレーブずみ
ビニール製オートクレーブ用袋（2），横にゆるく接着した数切れのオートクレーブテープをつけたもの，滅菌包装しオートクレーブずみ

試薬
M2 培養液，濾過滅菌ずみ，あらかじめ 37℃ に加温
PBS あるいは 2 回蒸留水，滅菌ずみ

手　順

1. もう一度，改めて M2 培養液を濾過滅菌する。
2. 胚とすべての包装を滅菌フードに移動する。包装をシールドの正面で開け，滅菌材料のみがフード内に入るようにする。
3. 胚を M2 培養液の数個の小滴で洗浄する。
4. 胚を M2 培養液を満たした Falcon 3037 組織培養用ディッシュの中央のくぼみに移す。
5. 12cm ペトリ皿にティッシュペーパーを置く。
6. 十分に湿らせるためにティッシュペーパーに，2，3 滴の PBS あるいは 2 回蒸留水を加える。
7. 胚を含むディッシュを 12cm ペトリ皿内の湿ったティッシュペーパーの上に置く。
8. 12cm ペトリ皿を 15cm ペトリ皿の中に置く。
9. 3 個のディッシュ（now within each other）を 2 層のビニール製オートクレーブ袋の中に入れる。袋をあらかじめオートクレーブをかけたオートクレーブテープで封をする（1 回のオートクレーブ処理では，テープにはまだ粘性が残っている）。
10. 包装をフードの外に出し，マスキングテープで外側の袋の封をする。
    この包装は外表面を滅菌するために Clydox のような薬剤を用いて，滅菌ポートの中を安全に通すことができる。胚は包装の中に 2 時間まで保持することができる。温度が室温を下回ることはない。

> **コメント**
>
> プラスチック製のペトリ皿も多重層包装に使うことができるが，ガラス製のディッシュは重いのでより安定した輸送が可能となる。培養液を満たししっかりと栓をしたクライオバイアルはディッシュの多重包装の代替となり得る。

参考文献

Ali J. and Shelton J.N. 1993. Vitrification of preimplantation stages of mouse embryos. *J. Reprod. Fertil.* **98**: 459–465.

Beilanski A., Nadin-Davis S., Sapp T., and Lutze-Wallace C. 2000. Viral contamination of embryos cryopreserved in liquid nitrogen. *Cryobiology* **40**: 110–116.

Carroll J., Depypere H., and Matthews C.D. 1990. Freeze-thaw-induced changes of the zona pellucida explains decreased rates of fertilization in frozen-thawed mouse oocytes. *J. Reprod. Fertil.* **90**: 547–553.

Carthew P., Wood M.J., and Kirby C. 1983. Elimination of Sendai (parainfluenza type 1) virus infection from mice by embryo transfer. *J. Reprod. Fertil.* **69**: 253–257.

Carthew P., Wood M.J., and Kirby C. 1985. Pathogenicity of mouse hepatitis virus for preimplantation mouse embryos. *J. Reprod. Fertil.* **73**: 207–213.

Dinnyes A., Wallace G.A., and Rall W.F. 1995. Effect of genotype on the efficiency of mouse embryo cryopreservation by vitrification or slow freezing methods. *Mol. Reprod. Dev.* **40**: 429–435.

Fuller S.J. and Whittingham D.G. 1996. Effect of cooling mouse spermatozoa to 4°C on fertilization and embryonic development. *J. Reprod. Fertil.* **108**: 139–145.

Gunasena K.T., Villines P.M., Critser E.S., and Critser J.K. 1997. Live births after autologous transplant of cryopreserved mouse ovaries. *Hum. Reprod.* **12**: 101–106.

Hill A.C. and Stalley G.P. 1991. *Mycoplasma pulmonis* infection with regard to embryo freezing and hysterectomy derivation. *Lab. Anim. Sci.* **41**: 563–566.

Johnson M.H. 1989. The effect on fertilization of exposure of mouse oocytes to dimethyl sulfoxide: An optimal protocol. *J. In Vitro Fert. Embryo Transf.* **6**: 168–175.

Jondet M., Dominique S., and Scholler R. 1984. Effects of freezing and thawing on mammalian oocyte. *Cryobiology* **21**: 192–199.

Kagabu S. and Umezu M. 2000. Transplantation of cryopreserved mouse, Chinese hamster, rabbit, Japanese monkey and rat ovaries into rat recipients. *Exp. Anim.* **49**: 17–21.

Kasai M., Komi J.H., Takakamo A., Tsudera H., Sakurai T., and Machida T. 1990. A simple method for mouse embryo cryopreservation in a low toxicity vitrification solution, without appreciable loss of viability. *J. Reprod. Fertil.* **89**: 91–97.

Kuleshova L.L. and Shaw J.M. 2000. A strategy for rapid cooling of mouse embryos within a double straw to eliminate the risk of contamination during storage in liquid nitrogen. *Human Reproduction* **15**: 2604–2609.

Leibo S.P. 1986. Cryobiology: Preservation of mammalian embryos. *Basic Life Sci.* **37**: 251–272.

Leibo S.P. and Mazur P. 1971. The role of cooling rates in low-temperature preservation. *Cryobiology* **8**: 447–452.

Leibo S.P., Mazur P., and Jackowski S.C. 1974. Factors affecting survival of mouse embryos during freezing and thawing. *Exp. Cell. Res.* **89**: 79–88.

Leibo S.P., McGrath J.J., and Cravalho E.G. 1978. Microscopic observation of intracellular ice formation in unfertilized mouse ova as a function of cooling rate. *Cryobiology* **15**: 257–271.

Liu J., Van den Abbeel E., and Van Steirteghem A. 1993a. Assessment of ultrarapid and slow freezing procedures for 1-cell and 4-cell mouse embryos. *Hum. Reprod.* **8**: 1115–1119.

―――. 1993b. The in-vitro and in-vivo developmental potential of frozen and non-frozen biopsied 8-cell mouse embryos. *Hum. Reprod.* **8**: 1481–1486.

Marschall S. and Hrabe de Angelis M. 1999. Cryopreservation of mouse spermatozoa: Double your mouse space. *Trends Genet.* **15**: 128–131.

Marschall S., Huffstadt U., Balling R., and Hrabe de Angelis M. 1999. Reliable recovery of inbred mouse lines using cryopreserved spermatozoa. *Mamm. Genome* **10**: 773–776.

Mazur P. 1990. Equilibrium, quasi-equilibrium, and nonequilibrium freezing of mammalian embryos. *Cell Biophys.* **17**: 53–92.

Mazur P., Rall W.F., and Leibo S.P. 1984. Kinetics of water loss and the likelihood of intracellular freezing in mouse ova. Influence of the method of calculating the temperature dependence of water permeability. *Cell Biophys.* **6**: 197–213.

Miyake T., Kasai M., Zhu S.E., Sakurai T., and Machida T. 1993. Vitrification of mouse oocytes and embryos at various stages in an ethylene glycol based solution by a simple method. *Theriogenology* **40**: 121–134.

Mobraaten L.E. 1999. Cryopreservation in a transgenic program. *Lab. Animal* Jan: 15–18.

Nakagata N. 1989. High survival rate of unfertilized mouse oocytes after vitrification. *J. Reprod. Fertil.* **87**: 479–483.

———. 1992. Production of normal young following insemination of frozen-thawed mouse spermatozoa into fallopian tubes of pseudopregnant females. *Jikken Dobutsu* **41**: 519–522.

———. 1993. Production of normal young following transfer of mouse embryos obtained by in vitro fertilization between cryopreserved gametes. *J. Reprod. Fertil.* **99**: 77–80.

———. 1995. Studies on cryopreservation of embryos and gametes in mice. *Exp. Anim.* **44**: 1–8.

———. 1996. Use of cryopreservation techniques of embryos and spermatozoa for production of transgenic (Tg) mice and for maintenance of Tg mouse lines. *Lab. Anim. Sci.* **46**: 236–238.

———. 2000. Cryopreservation of mouse spermatozoa. *Mamm. Genome* **11**: 572–576.

Nakagata N. and Takeshima T. 1993. Cryopreservation of mouse spermatozoa from inbred and F1 hybrid strains. *Jikken Dobutsu* **42**: 317–320.

Nakagata N., Okamoto M., Ueda O., and Suzuki H. 1997. Positive effect of partial zona-pellucida dissection on the in vitro fertilizing capacity of cryopreserved C57BL/6J transgenic mouse spermatozoa of low motility. *Biol. Reprod.* **57**: 1050–1055.

Nakagata N., Matsumoto K., Anzai M., Takahashi A., Takahashi Y., Matsuzaki Y., and Miyata K. 1992. Cryopreservation of spermatozoa of a transgenic mouse. *Jikken Dobutsu* **41**: 537–540.

Nakao K., Nakagata N., and Katsuki M. 1997. Simple and efficient vitrification procedure for cryopreservation of mouse embryos. *Exp. Anim.* **46**: 231–234.

Okamoto M., Matsushita S., and Matsumoto T. 1990. Cleaning of Sendai virus-infected mice by embryo transfer technique. *Jikken Dobutsu* **39**: 601–603.

Penfold L.M. and Moore H.D. 1993. A new method for cryopreservation of mouse spermatozoa. *J. Reprod. Fertil.* **99**: 131–134.

Pomeroy K.O. 1991. Cryopreservation of transgenic mice. *Genet. Anal. Tech. Appl.* **8**: 95–101.

Rall W.F. 1987. Factors affecting the survival of mouse embryos cryopreserved by vitrification. *Cryobiology* **24**: 387–402.

Rall W.F. and Fahy G.M. 1985. Ice-free cryopreservation of mouse embryos at –196°C by vitrification. *Nature* **313**: 573–575.

Rall W.F. and Wood M.J. 1994. High in vitro and in vivo survival of day 3 mouse embryos vitrified or frozen in a non-toxic solution of glycerol and albumin. *J. Reprod. Fertil.* **101**: 681–688.

Rall W.F., Wood M.J., Kirby C., and Whittingham D.G. 1987. Development of mouse embryos cryopreserved by vitrification. *J. Reprod. Fertil.* **80**: 499–504.

Rall W.F., Schmidt P.M., Lin X., Brown S.S., Ward A.C., and Hansen C.T. 2000. Factors affecting the efficiency of embryo cryopreservation and rederivation of rat and mouse models. *Ilar J.* **41**: 221–227.

Reetz I.C., Wullenweber-Schmidt M., Kraft V., and Hendrich H.J. 1988. Rederivation of inbred strains of mice by means of embryo transfer. *Lab. Anim. Sci.* **38**: 696–701.

Renard J.P. and Babinet C. 1984. High survival of mouse embryos after rapid freezing and thawing inside plastic straws with 1-2 propanediol as cryoprotectant. *J. Exp. Zool.* **230:** 443–448.

Rouleau A.M., Kovacs P.R., Kunz H.W., and Armstrong D.T. 1993. Decontamination of rat embryos and transfer to specific pathogen-free recipients for the production of a breeding colony. *Lab. Anim. Sci.* **43:** 611–615.

Schmidt P.M., Hansen C.T., and Wildt D.K. 1985. Viability of frozen-thawed mouse embryos is affected by genotype. *Biol. Reprod.* **32:** 507–514.

Schmidt P.M., Schiewe M.C., and Wildt D.E. 1987. The genotypic response of mouse embryos to multiple freezing variables. *Biol. Reprod.* **37:** 1121–1128.

Shaw J.M. and Kasai M. 2001. Embryo cryopreservation for transgenic mouse lines. *Methods Mol. Biol.* **158:** 397–419.

Shaw J.M. and Nakagata N. 2002. Cryopreservation of transgenic mouse lines. *Methods Mol. Biol.* **180:** 207–228.

Shaw J.M. and Trounson A.O. 1989. Parthenogenetic activation of unfertilized mouse oocytes by exposure to 1,2-propanediol is influenced by temperature, oocyte age, and cumulus removal. *Gamete Res.* **24:** 269–279.

———. 2002. Ovarian tissue transplantation and cryopreservation. Application to maintenance and recovery of transgenic and inbred mouse lines. *Methods Mol. Biol.* **180:** 229–251.

Shaw J.M., Diotallevi L., and Trounson A.O. 1991a. A simple rapid 4.5 M dimethyl-sulfoxide freezing technique for the cryopreservation of one-cell to blastocyst stage preimplantation mouse embryos. *Reprod. Fertil. Dev.* **3:** 621–626.

Shaw J.M., Oranratnachai A., and Trounson A.O. 2000a. Cryopreservation of oocytes and embryos. In Handbook of in vitro fertilization, 2nd edition (ed. A. Trounson and D. Gardner), pp. 373–412. CRC Press, New York.

———. 2000b. Fundamental cryobiology of mammalian oocytes and ovarian tissue. *Theriogenology* **53:** 59–72.

Shaw J.M., Ward C., and Trounson A.O. 1995. Evaluation of propanediol, ethylene glycol, sucrose and antifreeze proteins on the survival of slow-cooled mouse pronuclear and 4-cell embryos. *Hum. Reprod.* **10:** 396–402.

Shaw J.M., Wood C., and Trounson A.O. 2000c. Transplantation and cryopreservation of ovarian tissue. In *Handbook of in vitro fertilization*, 2nd edition. (ed. A. Trounson and D. Gardner), pp. 413–430. CRC Press, New York.

Shaw J.M., Kola I., MacFarlane D.R., and Trounson A.O. 1991b. An association between chromosomal abnormalities in rapidly frozen 2-cell mouse embryos and the ice-forming properties of the cryoprotective solution. *J. Reprod. Fertil.* **91:** 9–18.

Shaw P.W., Fuller B.J., Bernard A., and Shaw R.W. 1991. Vitrification of mouse oocytes: improved rates of survival, fertilization, and development to blastocysts. *Mol. Reprod. Dev.* **29:** 373–378.

Songsasen N. and Leibo S.P. 1997a. Cryopreservation of mouse spermatozoa. I. Effect of seeding on fertilizing ability of cryopreserved spermatozoa. *Cryobiology* **35:** 240–254.

———. 1997b. Cryopreservation of mouse spermatozoa. II. Relationship between survival after cryopreservation and osmotic tolerance of spermatozoa from three strains of mice. *Cryobiology* **35:** 255–269.

Songsasen N., Betteridge K.J., and Leibo S.P. 1997. Birth of live mice resulting from oocytes fertilized in vitro with cryopreserved spermatozoa. *Biol. Reprod.* **56:** 143–152.

Stringfellow D. and Seidel S.M. 1998. *Manual of the international embryo transfer society,* 3rd Edition. IETS, Savoy, Illinois.

Suzuki H., Yorozu K., Watanabe T., Nakura M., and Adachi J. 1996a. Rederivation of mice by means of in vitro fertilization and embryo transfer. *Exp. Anim.* **45:** 33–38.

Suzuki H., Nakagata N., Anzai M., Tsuchiya K., Nakura M., Yamaguchi S., and Toyoda Y. 1996b. Transport of wild mice genetic material by in vitro fertilization, cryopreservation, and embryo transfer. *Lab. Anim. Sci.* **46:** 687–688.

Sztein J.M., Farley J.S., and Mobraaten L.E. 2000a. In vitro fertilization with cryopreserved inbred mouse sperm. *Biol. Reprod.* **63:** 1774–1780.

Sztein J.M., Farley J.S., Young A.F., and Mobraaten L.E. 1997. Motility of cryopreserved mouse spermatozoa affected by temperature of collection and rate of thawing. *Cryobiology* **35:** 46–52.

Sztein J.M., McGregor T.E., Bedigian H.J., and Mobraaten L.E. 1999. Transgenic mouse strain rescue by frozen ovaries. *Lab. Anim. Sci.* **49:** 99–100.

Sztein J., Sweet H., Farley J., and Mobraaten L. 1998. Cryopreservation and orthotopic transplantation of mouse ovaries: New approach in gamete banking. *Biol. Reprod.* **58:** 1071–1074.

Sztein J.M., O'Brien M.J., Farley J.S., Mobraaten L.E., and Eppigg J.J. 2000b. Rescue of oocytes from antral follicles of cryopreserved mouse ovaries: Competence to undergo maturation, embryogenesis, and development to term. *Hum. Reprod.* **15:** 567–571.

Tada N., Sato M., Amman E.K., and Ogawa S. 1993. A simple and rapid method for cryopreservation of mouse 2-cell embryos by vitrification: Beneficial effect of sucrose and raffinose on their cryosurvival rate. *Theriogenology* **40:** 333–344.

Tada N., Sato M., Yamanoi J., Mizorogi T., Kasai K., and Ogawa S. 1990. Cryopreservation of mouse spermatozoa in the presence of raffinose and glycerol. *J. Reprod. Fertil.* **89:** 511–516.

Takeshima T., Nakagata N, and Ogawa S. 1991. Cryopreservation of mouse spermatozoa. *Jikken Dobutsu* **40:** 493–497.

Tedder R.S., Zuckerman M.A., Goldstone A.H., Hawkins A.E., Fielding A., Briggs E.M., Irwin D., Blair S., Gorman A.M., Patterson K.G. et al. 1995. Hepatitis B transmission from contaminated cryopreservation tank. *Lancet* **346:** 137–140.

Thornton C.E., Brown S.D., and Glenister P.H. 1999. Large numbers of mice established by in vitro fertilization with cryopreserved spermatozoa: Implications and applications for genetic resource banks, mutagenesis screens, and mouse backcrosses. *Mamm. Genome* **10:** 987–992.

Trounson A. and Mohr L. 1983. Human pregnancy following cryopreservation, thawing and transfer of an eight-cell embryo. *Nature* **305:** 707–709.

Trounson A., Peura A., and Kirby C. 1987. Ultrarapid freezing: A new low-cost and effective method of embryo cryopreservation. *Fertil. Steril.* **48:** 843–850.

van den Abbeel E., van der Elst J., van der Linden M., and van Steirteghem A.C. 1997. High survival rate of one-cell mouse embryos cooled rapidly to –196°C after exposure to a propylene glycol-dimethylsulfoxide-sucrose solution. *Cryobiology* **34:** 1–12.

Wakayama T. and Yanagimachi R. 1998. Development of normal mice from oocytes injected with freeze-dried spermatozoa. *Nat. Biotechnol.* **16:** 639–641.

Wakayama T., Whittingham D.G., and Yanagimachi R. 1998. Production of normal offspring from mouse oocytes injected with spermatozoa cryopreserved with or without cryoprotection. *J. Reprod. Fertil.* **112:** 11–17.

Whittingham, D. G. 1977. Fertilization in vitro and development to term of unfertilized mouse oocytes previously stored at –196°C. *J. Reprod. Fertil.* **49:** 89–94.

———. 1979. In-vitro fertilization, embryo transfer and storage. *Br. Med. Bull.* **35:** 105–111.

Whittingham D.G., Leibo S.P., and Mazur P. 1972. Survival of mouse embryos frozen to –196° and –269°C. *Science* **178:** 411–414.

Wilmut I. 1972a. The effect of cooling rate, warming rate, cryoprotective agent and stage of development on survival of mouse embryos during freezing and thawing. *Life Sci. II* **11:** 1071–1079.

———. 1972b. The low temperature preservation of mammalian embryos. *J. Reprod. Fertil.* **31:** 513–514.

———. 1985. Cryopreservation of mammalian eggs and embryos. *Dev. Biol.* **4:** 217–247.

Zhu S.E., Kasai M., Otoge H., Sakurai T., and Machida T. 1993. Cryopreservation of expanded mouse blastocysts by vitrification in ethylene glycol-based solutions. *J. Reprod. Fertil.* **98:** 139–145.

第16章

遺伝子産物，細胞，組織および臓器システムの観察法

内在性あるいは外来性遺伝子の発現の特異性について多くの貴重な知見が，種々の発生段階の胚組織から抽出されたRNAと蛋白質を解析することにより得られる。しかし，マウス胚から利用できる材料の量は通常非常に少なく，また遺伝子は少数の細胞でのみ発現されているにすぎない。これらの問題を解決するために，胚全体と胚の切片についての in situ ハイブリダイゼーションにより，遺伝子転写産物と蛋白質の所在をそれぞれ特異的な細胞で調べることが必要である。

本章は，この技術に要求される専門領域に関する簡単な手引きを目的としたものである。また，分化した組織での特定の遺伝子産物，例えば，lacZ（β-ガラクトシダーゼ），アルカリホスファターゼ，蛍光色素などの発現を観察するために役立つ技術についてのプロトコールも含めてある。発生段階の骨格や血管系などの組織や臓器システムを観察するための方法も追加してある。

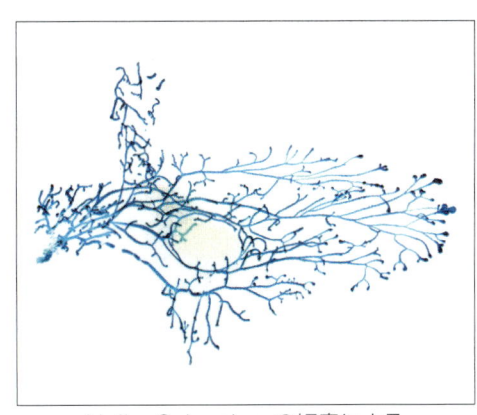

Heiko Schweizer の好意による

目次

遺伝子産物の観察, 591
 マウス胚または胎子組織からの全RNAの分離, 591
 電気泳動によるキメラ組織でのグルコースリン酸イソメラーゼ酵素の解析, 591
 マウス胚切片の免疫組織化学と in situ ハイブリダイゼーションの一般的方法, 591
 胚切片の免疫組織化学, 593
 ホールマウント胚の免疫組織化学, 593
 RNAプローブによる胚と組織切片の in situ ハイブリダイゼーション, 593
 ホールマウント胚のRNAプローブによる in situ ハイブリダイゼーション, 594
 β-ガラクトシダーゼ活性検出のための染色, 595
 アルカリホスファターゼ活性検出のための染色, 596

細胞の観察, 596
 蛍光蛋白の観察, 596

組織と臓器システムの観察, 600
 組織化学染色によるマウス骨格の観察, 600
 インディアインク注入による胎子の脈管構造の観察, 601
 プラスチック埋め込みによる胎子の大血管の観察, 601

プロトコール
 1. マウス胚または胎子組織からの全RNAの分離, 602
 2. キメラ組織内におけるグルコースリン酸イソメラーゼ・アイソザイムの電気泳動による分析, 605
 3. 組織固定液の調製, 608
 4. 固定のための胚盤胞の取り扱い, 610
 5. ワックスへの包埋, 611
 6. 切片の作製, 614
 7. in situ ハイブリダイゼーション用のスライドグラスとカバースリップの準備, 616
 8. in situ ハイブリダイゼーションまたは染色に先立つ切片の脱ワックスと復水, 619
 9. 胚切片の免疫組織化学, 620
 10. ホールマウント胚の免疫組織化学, 623
 11. RNAプローブによる胚および組織の in situ ハイブリダイゼーション, 626
 12. RNAプローブによるホールマウント胚の in situ ハイブリダイゼーション, 632
 13. ホールマウント in situ ハイブリダイゼーション後の胚の可視化, 638
 14. ホールマウント in situ ハイブリダイゼーション後の胚を切片にする, 639
 15. β-ガラクトシダーゼ (lacZ) 活性の染色, 641
 16. アルカリホスファターゼ活性の染色, 645
 17. 着床後のホールマウント胚におけるGFP発現の可視化, 646
 18. 生存細胞におけるGFP-融合蛋白質の観察, 647

19. 固定細胞におけるGFPの細胞内観察，648
20. GFP可視化のための固定およびパラフィン包埋，649
21. 胎子の軟骨性骨格のアルシアンブルー染色，651
22. 軟骨および骨のアルシアンブルー／アリザリンレッド染色，652
23. 出生後の骨のアリザリンレッド染色，654
24. インディアインクの注射による胎子血管系の可視化，655
25. プラスチック鋳物による胎子の大動脈の可視化，657

参考文献，658

遺伝子産物の観察

　発生段階のマウス胚は本来美しいものであって，さまざまな方法を用いて多くの段階で観察することができる。包埋した全胚と胚切片は処理して，特定の細胞と組織でのRNA転写物と蛋白を観察することができる。さらに，β-ガラクトシダーゼやアルカリホスファターゼのような導入レポーター遺伝子の発現を簡単な組織化学染色で見ることができる。最近，生きた組織での遺伝子発現を観察するために，マウスでは蛍光蛋白レポーターを用いる方法が開発されてきた。習熟すれば，本章で述べる方法は，マウスが生まれるまでの発生のメカニズムを理解するのに役立つ質の高いデータを常にもたらしてくれるであろう。

マウス胚または胎子組織からの全RNAの分離

　プロトコール16.1はほとんどすべてのサイズの組織に利用できる。0.5mlのような少量で実施できることから，特に胎子臓器や全胚に役立つ。用いる組織の最少量は，交尾後7.5日胚では10個，交尾後8.5日胚では1〜2個，交尾後12.5日胚では約1/10である。さらに少量の組織を0.5mlにホモジナイズする場合には，RNAの回収効率は，もっと多くの量を用いた場合よりも低くなる可能性がある。

電気泳動によるキメラ組織でのグルコースリン酸イソメラーゼ酵素の解析

　マウス系統は普遍的に発現している $Gpi\,1$（グルコースリン酸イソメラーゼ）座（$Gpi\,1^a$, $Gpi\,1^b$, $Gpi\,1^c$）で異なる対立遺伝子をもっている。これが基礎となって，プロトコール16.2で述べたようなキメラマウスの異なる組織での遺伝子型組成を決定するための方法が広く用いられている。この方法でキメラ状態を決定するには，組織乳剤から電気泳動で異なる荷電のアイソザイムを分離し，発色反応でそれらを観察することが必要である。3つのバリアントの系統間での分布についてはLyon et al.(1996)を参照されたい。GPIはダイマーなので，通常細胞融合で形成される組織（例えば骨格筋）はキメラではGPIのヘテロダイマー型になっている。

マウス胚切片の免疫組織化学と in situ ハイブリダイゼーションの一般的方法

　プロトコール16.3〜16.7では，実験室で免疫組織化学と in situ ハイブリダイゼーションの技術を確立するために必要な基本的器具，器材のいくつかと手順を述べてある。組織学器具，染色液，パラフィン，薬品などの入手先としては，Raymond Lamb，BDH，Surgipath Medical Industries，PolysciencesおよびRoboz Surgical Instrumentがある。

組織の固定

　RNA *in situ* ハイブリダイゼーションの固定液には，RNaseフリーのリン酸緩衝液（PBS）で新たに調製した4％パラホルムアルデヒドが一般的である。免疫組織化学での固定液の選択は抗原の性状により行い，実験計画の最初に経験的に決めなければならない。4％パラホルムアルデヒドのほかに，最も普通に用いられる固定液はブアン固定液とメタノール・ジメチルスルホキシド（DMSO）（4：1）である（固定液の調製にはプロトコール16.3，胚盤胞の固定にはプロトコール16.4を参照）。

アルコール脱水

　一般的原則は，固定した組織を段階的に高濃度のアルコールに移すことで，通常は70％，80％（随意），90％，95％，100％（無水）を2回，または1：1エタノール・キシレンを1回，次いでキシレンを2回。最後の段階では新しいキシレンを用いることが重要で，脱パラフィンに用いたキシレンを用いてはならない（以下を参照）。AmeriClear histology clearing solvent（Scientific Products C4200-1）は毒性がなく，キシレンの代わりに使用できる。それぞれの溶液は1時間で十分である。標本は100％エタノール内で－20℃で保管できる。*In situ* ハイブリダイゼーション用には，溶液は4℃に保存するが，免疫組織化学用には室温で十分である。小型の胚と組織では手で移し替える（プロトコール16.5を参照）。しかし，自動回転式組織処理装置が入手でき，これは大型標本のルーチンの脱水に適している。

パラフィン包埋

　サンプルの包埋用に種々のパラフィン・ワックスがあり，融解温度と，小さなペレットに固められているかで選ぶ。融解点56℃のParaplast tissue-embedding medium（Fisher 12-646-106）と融解点56～58℃のBDH pastillated Fibro-wax（Formulation Raymond Lamb 36142）で良い成績が得られている。パラフィンは溶かして目の粗いワットマン濾紙で濾過し，オーブンまたは包埋センターで無期限に保存できる（詳細はプロトコール16.5を参照）。パラフィンを再使用してはいけない。

切片の作成

　標本ブロックをミクロトームのブロックかホールディング・カセットに溶かしたパラフィンで固定する。もっとも良い成績が得られるように標本の位置に注意しなければならない。標本の周囲の余分のパラフィンをシャープな剃刀の刃で取り除くことが重要であり，これによりできるだけ多くの切片をスライドに貼り付けることができ，切片はミクロトームから出てくる時にはリボン状に連なっている（プロトコール16.6参照）。

スライドグラスとカバーグラスの調製

　片側の末端が曇りガラスになっている洗浄ずみスライドグラス（例えば，Fisher 12-544-3）は *in situ* ハイブリダイゼーションと免疫組織化学の両方に十分役立つ。しかし，*in situ* ハイブリダイゼーションにはスライドをdiethyl pyrocarbonate（DEPC）で処理する必要があり，これにより付着しているRNaseはすべて破壊される。また，3-triethoxysilylpropylamine（TESPA, Sigma A3648）またはpoly-L-lysine（Sigma P1274）で処理し，これにより切片はしっかりと付着してその後の激しい洗浄処理ではがれなくなる。それぞれの方法に長所と短所がある。簡単にいえば，TESPA処理したスライドは長期間保存できるが，切片は乾燥が終わるまではしっかりとは付着しない。Poly-L-lysineがコートされたスライドは新しいものでな

ければならないが，切片は表面に触れればただちに付着する。コート処理されているスライドは市販もされている。しかし，はっきりしていることは，ある種の前処理が絶対に必要ということである。プロトコール16.7にこれらの処理が述べられている。

*in situ*ハイブリダイゼーションまたは染色前の脱パラフィンと復水

　プロトコール16.8には，スライドグラスに固定された胚切片または組織切片からパラフィンをどのように除去するかが述べられている。伝統的には，キシレンがこの目的に用いられてきた。しかし，より毒性の低い溶液も用いることができる(例えば，AmeriClear, Scientific Products)。これに続いて胚または組織切片はその後のアルコール染色，水溶性染色，免疫組織化学または*in situ*ハイブリダイゼーションができるよう，段階的に復水する。

胚切片の免疫組織化学

　プロトコール16.9の方法はスライドグラスに貼り付けた胚切片を用いて細胞と組織における抗原の局在を知るために用いられる。パラフィン包埋胚の切片の作製手順についてはプロトコール16.6に記されている。一次および二次抗体の調製，精製，保存および使用，染色反応における特異性のための適当な対照，および一般的な問題解決法については，Harlow and Lane(1988)と以下を参照されたい。最適の固定手順および脱水とパラフィン包埋における抗原の安定性については経験的に決めなければならない。ここでまとめた方法では，アルカリホスファターゼを結合させた二次抗体が用いられている。次の全胚包埋の手順について以下に述べるように，ホースラデッシュ・ペルオキシダーゼ(Horseradish-peroxidase)を結合させた2次抗体を代わりの方法として用いることができる。いろいろな染色法の長所と短所は下記およびHarlow and Lane(1988)に述べられている。

ホールマウント胚の免疫組織化学

　プロトコール16.10に紹介されている方法は前原条期から交尾後10.5日(図16.1)までの胚における抗原の全体的3次元分布を求めるのに理想的である。これは胚を固定し浸透性にするもので，これにより組織のすべてに抗体が通過できるようになる。しかし，抗体は胚があまり大きくなりすぎると胚に入り込めなくなるので，特定の臓器(例えば脳，肺，腸)を切り出して別々に処理するほうがよい。胚を完全に洗浄して結合していない抗体をすべて除去することも極めて重要である。脳室のような空洞の中に抗体が捕捉されてしまう問題が常に存在する。完全に洗浄しても組織での全体のバックグランド染色が高い場合には，一次抗体の濃度を低くしてみるとよい。免疫組織化学の手順，抗体の精製，保存，使用，染色反応の特異性に対する適当な対照の全体的記載についてはHarlow and Lane(1988)を参照のこと。

RNAプローブによる胚と組織切片の*in situ*ハイブリダイゼーション

　この手順(プロトコール16.11)は^{35}S標識一本鎖アンチセンスRNAプローブ(リボプローブ)による胚と組織切片の*in situ*ハイブリダイゼーションに用いられる(図16.2)。これは「免疫組織化学と*in situ*ハイブリダイゼーションの一般的方法」の項を参照して行わなければならない(591頁参照)。

　アルカリホスファターゼを結合させた抗体と発色性物質で検出される非放射性RNAプローブを用いる組織切片の*in situ*ハイブリダイゼーションのための手順も作られている。この非放射性方法は比較的迅速に結果が得られる利点をもっているが，感度が放射性プローブよりもたぶん低いと思われる。さらに，ハイブリダイゼーション反応で用いるそれぞれのプロ

ーブの至適量を決める注意を払わなければならない(詳細はStrahle et al. 1994を参照)。

RNaseによる汚染を防ぐための一般的手順

- できる限り,ディスポーザブルのプラスチック容器とピペットを用いる。ガラスの染色びん,スライド・ラック,その他のすべての容器には,新しく調製した0.1％DEPC(Sigma D5758)を含む蒸留水を満たさなければならない。最低30分後,水を捨て,清潔な場所で乾燥させ,アルミ箔でくるみ,180℃,2時間焼く。ほかのガラス器具(例えば漏斗)はアルミ箔でくるみ,同様に焼く。
- 蒸留水と高圧蒸気滅菌が可能な溶液にDEPCを最終濃度0.1％に加えてRNaseを除去する。DEPCは4℃に保存するが,容器はあける前に室温にまで暖めなければならない(要注意!)。必要量のDEPCをピペットで吸い取り,十分にかき混ぜで溶液内に分散させる。最低30分後,溶液を高圧蒸気滅菌にかけてDEPCを破壊する。Trisを含む溶液の処理にDEPCを用いてはいけない。これはTrisと反応するためである。
- 高圧蒸気滅菌できない溶液(例えば蛋白を含むもの)には,高圧蒸気滅菌し冷却したDEPC処理ずみの水を用いなければならない。焼いたガラス製またはディスポーザブルのプラスチック容器を用いる。できれば,0.22μmのメンブラン・フィルターで溶液を濾過滅菌する。

固定,パラフィン包埋,切片作成

in situ ハイブリダイゼーションのためには,胚の固定はDEPC処理リン酸緩衝液(PBS)で新しく調製した4％パラホルムアルデヒド溶液を用い4℃で行わなければならない(固定液の調製については,「一般的方法」の項,プロトコール16.3を参照)。もっともよい組織学的結果は,標本を脱水しパラフィンに包埋し,5〜7μmの切片とし,poly-L-lysineまたはTESPAでコートしたスライドにのせ,脱パラフィンを行い,DEPC処理水とPBSで再び水分を戻した場合に得られる。これらの手順はすべて「一般的方法」の項(プロトコール16.3〜16.7参照)に述べられている。In situ ハイブリダイゼーションではパラフィン・ブロック,ミクロトームのナイフおよびリボンをRNaseフリーに保つことに最大の注意を払わなければならない。DEPC処理水は,浮遊槽の中またはスライド上に滴下する場合に用いなければならない。

ホールマウント胚のRNAプローブによる *in situ* ハイブリダイゼーション

プロトコール16.12で紹介した方法は,固定しデタージェントで浸透性にした胚について,植物ステロイドのジゴキシゲニンで標識したUTP(DIG-11-UTP)を用いて *in vitro* で合成した一本鎖RNAプローブ(リボプローブ)で行うハイブリダイゼーションにもとづいている。DIG標識RNAの局在は,子ウシ腸管アルカリホスファターゼ標識抗DIG Fab抗体を用いて調べる。レポーターの酵素活性は水に不溶性の紫・青色の沈殿を形成する発色反応で検出する(図16.3)。代わりに用いるビオチン標識RNAプローブの局在はX-gal(5-bromo-4-chloro-3-indolyl-β-D-galactopyranoside)を基質としてstreptavidin-β-galactosidase複合体を用いて調べる(Herrmann 1991)。

2重標識したホールマウント胚の *in situ* ハイブリダイゼーションを用いて2つの異なる転写物を同時に検出する方法も開発されている(Hauptmann and Gerster 1994；Jowett and Lettice 1994)。1つのプローブは蛍光色素標識UTP,もうひとつはジゴキシゲニン標識UTPで調製する。プローブはアルカリホスファターゼを結合させた蛍光色素に対する抗体とジゴ

遺伝子産物、細胞、組織および臓器システムの観察法 ■ **595**

キシゲニンに対する抗体で異なる発色基質を用いて検出する。

一般的注意
- すべての溶液と容器はRNase活性が完全にフリーでなければならない(プロトコール16.11)。手順全体を通じて清浄性(例えばグローブから粉を洗い落とす)も非常に重要である。ほこりやごみが胚に付着するためである。プロテイナーゼK処理後の胚は特に粘着性になっているため,すべての溶液は濾過し,バイアルびんは注意深くゆすぐ。
- 以下のような種々のタイプの容器をこれらの反応に用いることができる。(1)底が円錐形のスクリューキャップつき2mlプラスチックチューブ(培地を吸い出して少量の状態で胚を集めることができる),(2)10mlガラス製Reacti-Vials(Pierce),(3)5mlガラス製シンチレーション・バイアル(Fisher 3333B)。いくつかの実験室では,ガラス製容器は使用前に酸で洗浄し,シリコン塗布,DEPC処理を行っている。しかし,酸での洗浄とシリコン塗布は不必要かもしれない。注意：胚盤胞は適当な溶液を入れた浅いガラス製シャーレに連続的に移し変えることで処理できる。
- 以下の対照をもうけることが重要である。(1)研究対象のプローブとはっきり異なるパターンを示すことが十分に調べられているプローブ,(2)プローブなしの標識抗体,(3)プローブも抗体も添加しない対照(内在性のアルカリホスファターゼ活性の対照)。シグナルの特異性は同じcDNAの2つの異なる領域から作ったプローブを用いて標識していない転写物を過剰に加えて競合させることで確かめることができる。

ホールマウント in situ ハイブリダイゼーションの後の胚の画像作成

ホールマウント in situ ハイブリダイゼーション用に処理した胚は興味のある胚の領域にもとづく染色操作の後に写真撮影することができる。胚は発色反応またはグリセリン溶液を除去した直後に写真撮影できる。この手順はプロトコール16.13に述べられている。

ホールマウント in situ ハイブリダイゼーションの後の切片作成

ホールマウント in situ ハイブリダイゼーション用に処理した胚は凍結切片,またはパラフィン包埋の後,遺伝子転写物を発現している組織を観察できる。この手順はプロトコール16.14に述べられている。

β-ガラクトシダーゼ活性検出のための染色

トランスジェニックマウス用の非常に便利なレポーター遺伝子は細菌の β-ガラクトシダーゼ(lacZ)遺伝子である(図16.4)。LacZ遺伝子の胚への導入は,(1)DNAコンストラクトを受精卵にマイクロインジェクトすること,(2)特定の遺伝子座への遺伝子のターゲッティングによる"ノックイン",または(3)ES細胞もしくは着床後の胚へのレトロウイルス感染またはDNAの電気穿孔法により行う。プロトコール16.15に述べられている方法はホールマウント胚またはスライド上の凍結切片での β-ガラクトシダーゼ活性を検出するのに用いられる(図16.5)。丸ごとの胚を染色後に切片にすることもできる。さらに,lac Z導入トランスジェニックマウスの細胞を in vitro で培養し,ついで固定・染色することができる。

ホールマウント胚での lacZ 活性検出のための染色は,交尾後13日までは比較的簡単である。この時期以後は基質の浸透が限られるようになり,内在性の β-ガラクトシダーゼ活性が,特に骨,腎臓,脳のような組織で増加する。内在性の酵素によるバックグラウンドの染色は反応を細菌酵素のための至適pHであるpH 7.3で行い,染色の際の温度を室温から10℃

に下げることで最小限に抑えることができる。必要であれば、リン酸緩衝液をpH 7.3に安定化させるためにTris緩衝液を加える。

アルカリホスファターゼ活性検出のための染色

プロトコール16.16で述べている方法はトランスジェニックマウスでのヒト胎盤性アルカリホスファターゼ(AP)活性を観察するために用いられる(図16.6)。AP活性の染色は細胞表面に限局している。熱不活化は耐熱性のヒト胎盤AP活性を損なわないため、内在性AP活性を除去する。

細胞の観察

蛍光蛋白の観察

最近、クラゲ(*Aequorea victoria*)の緑色蛍光蛋白質(green fluorescent protein：GFP)がマウスでの遺伝子発現の検出と細胞の同定に利用される一群のレポーターに加えられた。このレポーターはほかのレポーターと比較して検出のために固定を必要としない点でユニークであり、生きた標本の上に励起・放射用分離フィルターに連結させた特定の波長の光を出させることで、その蛋白質を観察できる(図16.7～図16.8)。

GFPは生化学、分子・細胞生物学、高処理スクリーニング、遺伝子発現の領域で数年にわたって用いられてきた。これはまた、マウスでの病気の発現過程を新しい次元で研究する領

図16.1. ホールマウント免疫組織化学による交尾後10.5日胚におけるニューロフィラメント蛋白質の局在性。2H3モノクローナル抗体(Developmental Studies Hybridoma Bank, Iowa)が頭部神経節および脊髄神経を褐色に染めている。胚はBABBで透明化されている。(画像はDeborah L. Guris and Akira Imamoto, Ben May Institute, University of Chicagoの好意による)

図16.2. 放射標識したソニック・ヘッジホグ(*Sonic hedgehog*, *Shh*)アンチセンス・リボプローブを用いた交尾後9.5日胚の横断切片の *in situ* ハイブリダイゼーション。*Shh* 転写産物(赤色)が神経管の床板と結節および前肢芽の後部に認められる。(画像はAndrew McMahon, Harvard Universityの好意による)

図16.3. ジゴキシゲニン標識 *Brachyury* アンチセンス・リボプローブを用いた交尾後7.5日胚のホールマウント・*in situ* ハイブリダイゼーション。この側面像は *Brachyury* 転写産物(紫色)が原条、結節および頭突起に検出されることを示している。(画像はElizabeth Robertson, Harvard Universityの好意による)

図16.4. *Lmx1b* 遺伝子の3'非翻訳領域に *IRES-lacZ* カセットが標的挿入されたヘテロ接合型交尾後11.0日胚のホールマウント・β-ガラクトシダーゼ染色。肢、脊髄、中脳接合部、および眼球周辺の間充織における活性は内因性 *Lmx1b* の発現パターンを忠実に真似ている。(画像はRandy Johnson, University of Texas M.D. Anderson Cancer Centerの好意による)

図16.5. グースコイド(Goosecoid)遺伝子座に *lacZ* がノックインされた標的改変遺伝子をヘテロ接合にもつ交尾後15.5日胚頭部の固定凍結横断切片のβ-ガラクトシダーゼ染色(Rivera-Perez et al.1999)。固定凍結胚切片の染色により、交尾後13日より発生の進んだ胚のホールマウント標本を用いる時に生じる試薬の浸透性の問題を回避できる。(画像はJaima Rivera, University of North Carolinaの好意による)

図16.6. *Hoxa1-AP* トランスジーンをもつ交尾後10.5日胚のホールマウント・ヒト胎盤性アルカリホスファターゼ(AP)染色。*Hoxa1* の制御要素により腸上皮、神経管の床板および脊索においてAP活性が発現している。(画像はThomas Lufkin, Mount Sinai School of Medicineの好意による)

遺伝子産物、細胞、組織および臓器システムの観察法 ◾ 597

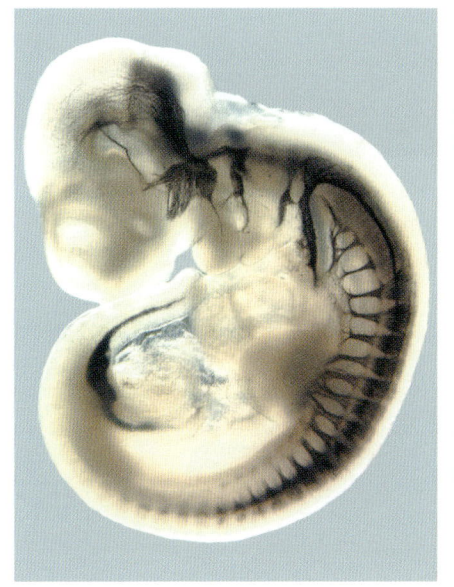

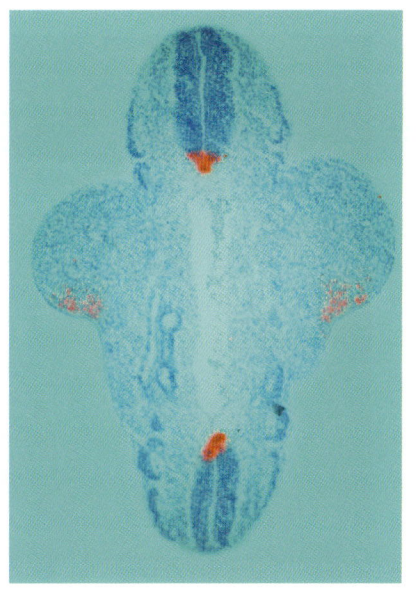

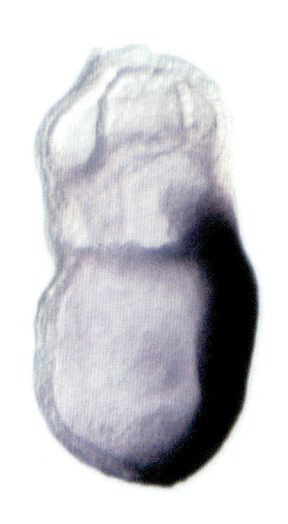

図16.1.

図16.2.

図16.3.

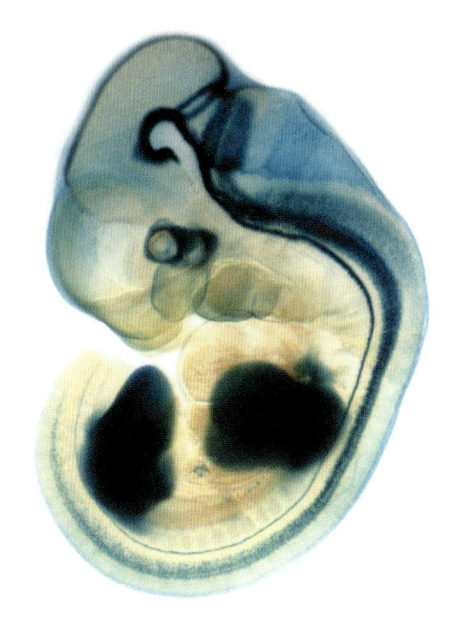

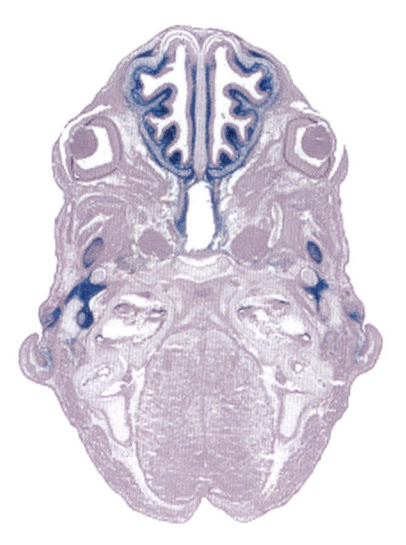

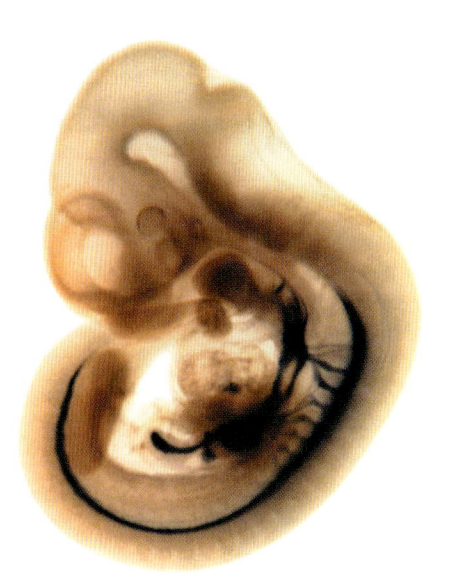

図16.4.

図16.5.

図16.6.

（前頁の説明参照）

図16.7.

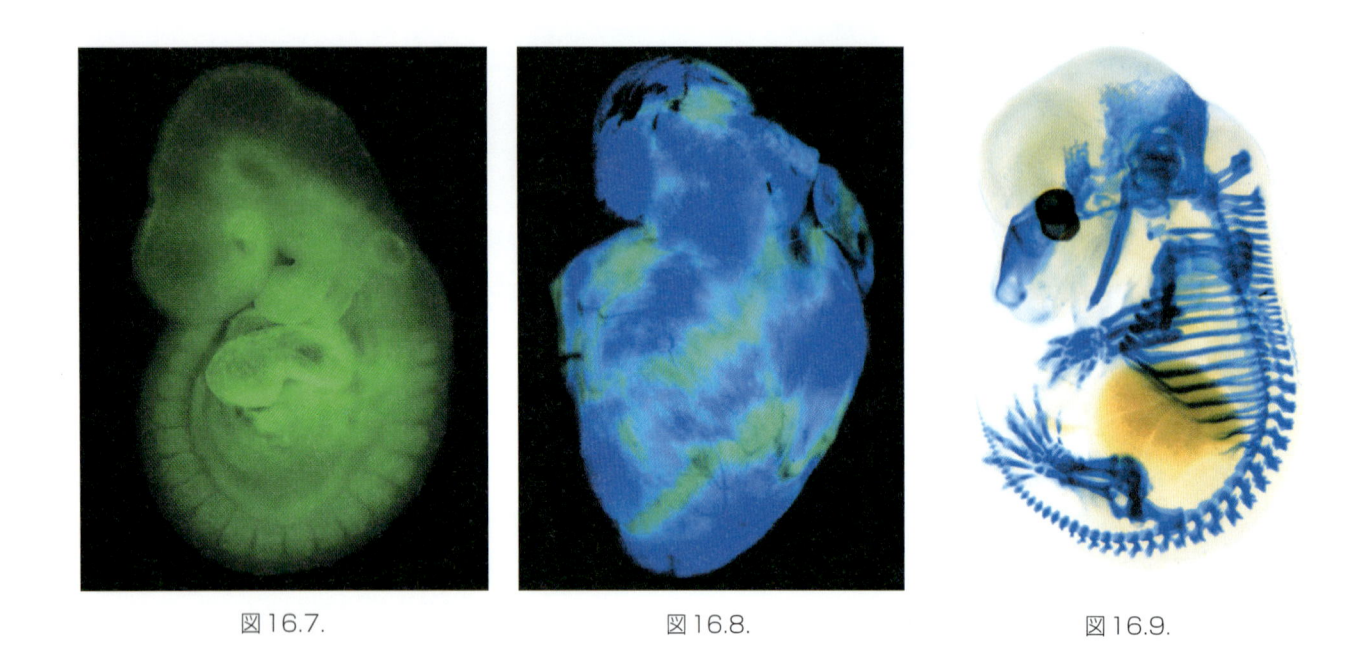

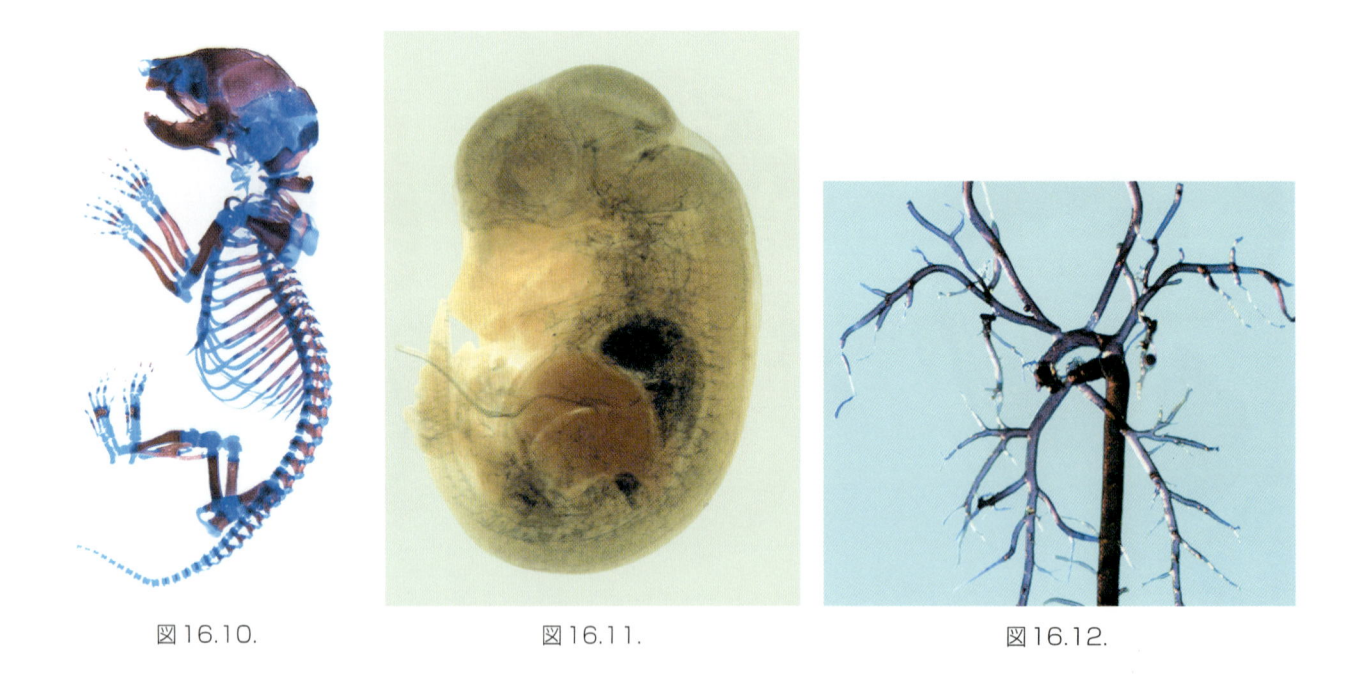

図16.8.

図16.9.

図16.10.

図16.11.

図16.12.

(次頁の説明参照)

域を開いた。例えば，これにより生きた胚や体外での臓器培養でリアルタイムに特定の遺伝子発現やキメラ状態を検出できる。GFPの潜在能力全体を明らかにする努力が続けられており，以前には調べることができなかった正常と病気の過程を理解するうえで重要なインパクトをもたらすことが期待される。GFPの使用についての技術面はいまだに活発な研究・開発の段階である。

野生型GFPの突然変異生成の研究の結果，enhanced GFP(EGFP)のような耐熱性の増加した変異体が生まれた(Cormack et al. 1996)。これは野生型GFPより少なくとも1桁上の高い量子収量と光退色に対する高い抵抗性を示す。さらに，enhanced cyan(ECFP)や黄色蛍光色素(yellow fluorescent proteins：YFP)のような新しいスペクトル変異体が生まれてきている(Yang et al. 1996；Tsien 1998)。イソギンチャク*Discosoma striata*の赤色蛍光色素をコードする遺伝子(*ds RED*)のクローニングは赤味がさらに増した蛍光色素の利用を可能にした。しかし，この蛋白は成熟が遅く，ES細胞や初期の胚細胞(K. Vintersten and A. Nagy，未発表)の様なある種の細胞では凝集に伴う細胞毒性を示す(Baird et al. 2000)。

一般に蛍光色素蛋白質を用いる計画を立てる際には注意を払わなければならない。ある種の変異体の発現が生物学的機能を妨げるような応用領域がわずかながらある。

蛍光蛋白質を観察する基本的原則は蛍光顕微鏡で用いられる蛍光色素の場合と同じである。特定の波長の励起光源で励起される蛍光とその結果放射される光は励起波長をカットする特定のフィルターを通して見ることができる。蛍光蛋白質によって励起と放射の波長は異なるため，観察に最も適した種々のフィルターのセットが必要となる。顕微鏡メーカーはその製品に基本的なセットをつけている。特別なものが必要な場合に対応するもっと広範囲の解決法はChroma Technology, http//:www.chroma.com/で見つけることができる。

プロトコール16.17～16.20は蛍光蛋白の典型的観察法を述べている。それには肉眼観察法，解剖顕微鏡法，複合顕微鏡法が含まれている。

図16.7. B5/EGFP系統(Hadjantonakis et al. 1998)の交尾後9.5日ホールマウント胚における強化緑色蛍光蛋白質(EGFP)発現の可視化。(画像はRichard Behringer, University of Texas M.D. Anderson Cancer Centerの好意による)

図16.8. 成体キメラの心臓における強化シアン蛍光蛋白質(ECFP)および強化黄色蛍光蛋白質(EYFP)発現の可視化。(画像はKat Hadjantonakis and Andras Nagy, Mount Sinai Hospital Research Instituteの好意による)

図16.9. 交尾後14.5日における軟骨性骨格のアルシアン・ブルー染色。青色に染まった軟骨は胎子をBABBで透明化することで可視化される。(画像はRichard Behringer, University of Texas M.D. Anderson Cancer Centerの好意による)

図16.10. 新生子骨格のアリザリン・レッド／アルシアン・ブルー染色。骨化した組織(ほとんどが骨)は赤色に，軟骨は青色に染まる。軟組織はアルカリ溶液とグリセロールで透明化する。(画像はKazuhisa Nakashima, University of Texas M.D. Anderson Cancer Centerの好意による)

図16.11. インディアインクの注入による交尾後14.5日胎子循環系の可視化。インディアインクの微細な粒子が発生途上の循環系に目印をつけるために血管内に注入される。次いで胎子をBABBで透明化することにより目印をつけた血管が可視化される。(画像はAndras Nagy, Mount Sinai Hospital Research Instituteの好意による)

図16.12. プラスチック鋳物による胎子の大動脈の可視化。大動脈を満たすために色をつけたプラスチック溶液を心臓に注入することができる。プラスチックが堅くなったら苛性アルカリを用いて組織を取り除き，鋳物を得る。(画像はChengyu Liu and James Martin, Texas A&M University Institute of Biosciences and Technologyの好意による)

トランスジェニックマウスにおけるGFP発現の肉眼観察

GFPをレポーターとして用いる多くの導入遺伝子は特定領域に蛋白を発現するので，生後のある期間GFPの検出ができる。これがトランスジェニック動物を同定するのに非常に便利な方法になっている。新生子の時期は，主な臓器が薄くて透明な外皮を通して見ることができるので，もっとも好都合な時期である。BLS Ltd.（http://www.bls-ltd.com）は炭坑夫ランプ・タイプからデスクランプに相当するような種々の光源を製造している。これらのデザインは生後の動物についての現場（すなわち動物施設）での遺伝子タイピング（GFP発現の検出）に非常にすぐれている。

GFPの顕微鏡観察・解剖顕微鏡

GFPを発現する導入遺伝子を用いる手順に応じて，異なる光源が推奨されている。中程度から低度の顕微鏡倍率でのルーチンの解剖とスクリーニングには，光ダイオード（light-emitting diode：LED）にもとづく光源が理想的かつ経済的である。これは自由にスイッチを入れたり切ったりでき，実質的に永久使用できる（BLS, model MAA-03, universal GFP visualizing light sourceを参照）。この装置のもう一つの利点は，光ビームがほかの光源とは対照的に倍率を下げても広がらないことである。その結果，励起エネルギーは同じであって，しかも低倍率によりGFP陽性の対象がより強く現れる。しかし欠点として，ビームが視野の一部分に限定される点がある。

もっと伝統的な水銀，キセノン，ハロゲンの光源はより均一な励起光により視野をカバーしてくれる。これらは高倍率では，LEDタイプの光源よりも強力な励起を示す。しかし，その代償としてこれらの光源は値段が高く，操作や維持により一層の注意が必要であり，光源ランプの寿命は200～300時間に過ぎない。

GFPの顕微鏡観察：複合，共焦点，デコンヴォリューション（逆重畳積分）顕微鏡

一般的な蛍光顕微鏡用ではGFPとYFPの観察には通常のfluorescein isothiocyanate（FITC）フィルター・セットを用いることができる。しかし，これらのフィルターは最適のものではない。Chromo Technologyは，種々の形のGFP用に単一および二重の標識フィルター・セットが専門で，Webサイト（http://www.chroma.com/）に特定の用途に応じた正しい選択のための非常に役立つ情報を提供している。

生きた細胞でのGFP融合蛋白の観察

しばしばES細胞やそれから分化した細胞，初代およびトランスフォーム細胞などのマウス細胞培養でGFPの観察が必要になる。プロトコール16.18はこれらのタイプの培養でのGFP活性の観察方法を述べている。

組織と臓器システムの観察

組織化学染色によるマウス骨格の観察

生後のマウス骨格の発達を観察するために3つの方法（プロトコール16.21～16.23）がある。脊椎動物の骨格は軟骨性骨化と結合組織内骨化で形成される（総説についてはde Crombrugghe et al. 2002を参照）。軟骨性骨化では間葉性濃縮により軟骨が生まれ，それが最終的に骨に置き換えられる。しかし，気管軟骨や関節軟骨のように骨化しない永久軟骨がいくつかある。結合組織内骨化は軟骨の鋳型なしに直接起こる。骨化した骨格は頑丈な組織

で，死んだ動物の骨格でもこれらの方法で処理することができる。

最初の方法は交尾後12.5～16.5日の胚の軟骨性骨格をきれいに示してくれる(図16.9)(Jegalian and De Robertis 1992)。軟骨性骨格はアルシアンブルーで濃い青色に染まり，胚のほかの組織は洗浄液のbenzyl alcohol benzyl benzoate(BABB)で透明になる。

その後，胎子が大きくなる時期には，アルカリ処理を用いるほかの染色方法で骨格を調べる方がよい。第2の方法は胎子の後期から出生直後と生後の時期にアルシアンブルーを用いて軟骨を，アリザリンレッド(alizarin red)(図16.10)で石化した組織(特に骨)を同時に観察するのに用いられる。新生子骨格は特にこの方法に適している。

第3の方法は新生子と成熟マウスの骨を染色する方法を簡単にまとめたものである。種々の溶液での処理時間はマウスの年齢とほかの要因に応じて変えることができる(これらの方法とその変法の詳細はGreen 1952とSelby 1987を参照)。

骨格標本の写真撮影には明視野レンズと透過照明がもっともよい。

インディアインク注入による胎子の脈管構造の観察

プロトコール16.24に述べられた方法は，最初ニワトリ胚で循環系を観察するのに応用された。以下の方法はこの「古典的」方法をマウスに応用したものである。基本的手順は，卵黄嚢と胎盤が完全で循環がまだ行われている交尾後12.5日以後の胚を解剖することである。次の段階は卵黄嚢の卵黄静脈の分岐にインディアインクを徐々に注入することである。インク中の炭素粒子は拍動する心臓により動脈系に広がる。固定洗浄後，胎子の動脈系の3次元構造を観察できる(図16.11)。

プラスチック埋め込みによる胎子の大血管の観察

マウスの大血管は着色したプラスチック溶液を心臓へ直接注入して血管に充満させることにより観察することができる(プロトコール16.25)。プラスチックは固まって安定な鋳物になり，マウス組織を腐食薬で除去することにより見えるようになる(図16.12)。ほかの臓器の脈管を液体プラスチック投与の方法を変えることで鋳物とすることもできる。例えば，胎盤の母親脈管と胎子脈管のプラスチック鋳物を作ることができる(L.Adamson私信)。

プロトコール 1　マウス胚または胎子組織からの全RNAの分離

材　料

胚
　組織サンプル

器具
　遠心機，高速低温
　微量遠心機
　微量遠心機用チューブ，2mlスクリューキャップつき(例えばFisher 05-664-34/53)
　乳棒，ディスポーザブル，プラスチック製(Kontes Scientific Glassware/ Instruments 749520-0000)
　ピペット
　小型プローブつきPolytronホモジナイザー(Brinkmann PTA7)または小型プローブつきソニケーター

試薬
　Diethyl pyrocarbonate(DEPC)＜！＞，高圧蒸気滅菌水で処理
　エタノール＜！＞，70%と100%
　3M塩化リチウム(LiCl)＜！＞，6M尿素＜！＞
　　RNaseフリー尿素(例えばFisher Scientific AC 327380010)とRNaseフリーの条件下でのみ取り扱った固形LiClストックを用いる。Diethyl pyrocarbonate(DEPC)処理水で調製し0.2μMフィルターで濾過。0℃で使用。4℃で1カ月間保存可能。
　3M NaOAc(pH 6)。DEPCで処理。
　フェノール＜！＞／クロロフォルム＜！＞溶液(付録1参照)
　TE緩衝液(付録1参照)
　TES緩衝液
　　10mM Tris＜！＞(pH7.6)
　　1mM EDTA
　　0.5% SDS＜！＞
　　Tris-HCl，EDTA，SDS，DEPC処理水のRNaseフリーのストックから調製

注意：＜！＞をつけた材料の適切な取り扱いについては付録2を参照のこと。

手　順

　使用前にすべての器具(すなわち微量遠心チューブ，ピペットチップなど)は高圧蒸気滅菌する。

1. 大きな胚や組織の場合，組織と緩衝液を2mlスクリューキャップつき微量遠心チューブ(0.5ml以上の緩衝液の場合には大型のチューブを使用)に入れる。最低0.5ml(少なくとも1gの組織あたり5〜10ml)に対しての冷たい(0℃)3M LiClと6M尿素を用いる。Polytronホモジナイザーの小型プローブを用いて1〜2分間ホモジナイズする。この際，Polytronは乳剤がこぼれでない最高速度にセットする。DNAを切断してRNAと一緒に

沈澱しないようにすることが重要である。小さな胚（交尾後7.5または8.5日）は，1.5ml微量遠心チューブの中でディスポーザブル乳棒を用いて手動でホモジナイズまたは，はげしくかき回すことができる。DNAを切断するために乳剤をソニケートする。

2．乳剤を一晩0〜4℃に保存してRNAを沈澱させる。
乳剤はこの状態で数日保存できるかもしれないが，いつまでもという訳にはいかない。

3．微量遠心チューブに乳剤を入れて4℃，15分間遠心する（非常に小さいサンプルの場合にはもっと長い時間）。より多くの量に対しては，高速冷却遠心機で10,000rpm，10分間遠心する。

4．ピペットで上清を取り捨てる。沈澱を0.5mlのLiCl／尿素（大量のサンプルに対しては元の緩衝液の半量）を加えて撹拌する。サンプルを再び10分間遠心する。上清を捨てる。

5．沈澱に対して0.25mlのTES緩衝液と0.25mlのフェノール／クロロフォルムを加える。沈澱が完全に溶けるまで振騰または撹拌する。

6．室温で5〜10分間，微量遠心機にかける。上清を新しい微量遠心チューブに移し，フェノール／クロロフォルムで再び抽出する。上清を新しいチューブに移す。

7．ステップ6で得られた上清にDEPCで前処理した3M NaOAc(pH6)を1/10量（すなわち25μl）と100％エタノールを2倍量（すなわち550μl）を加える。−20℃一晩保存する。

8．（RNA沈澱の量に応じて）5〜15分間，微量遠心機にかける。得られた沈澱を70％エタノールで洗い，再び遠心する。上清を取り除き，沈澱を真空内で乾燥させる。沈澱をDEPCで処理した水またはTE(25〜100μl)に再浮遊させて−70℃に保存する。これでpoly(A)+RNAのoligo(dT)選抜，RNase保護またはほかの目的のためのRNAの準備が完了する。

9．もしも若干のDNAが最後のエタノール沈澱過程で通過したことが明らかな場合には，TE中のRNAを2M LiClにもっていき，4℃に一晩置くことでそれを除去する。次いでRNAを遠心で集め，TEに再び溶かし，エタノールで沈澱させる。

コメント

- Micro-FastTrack mRNA分離キット(Invitrogen)がpoly(A)+RNAを1個の交尾後6.5日または7.5日の胚，もしくはLiCl／尿素法によるRNA分離には小さすぎる胚の切り出し組織から分離するのに役立つ。
- 全RNAの収量については表16.1を参照のこと。

表16.1 マウス胚，胚外組織，胎子組織および成体組織から期待できる全RNAの収量

A．マウス胚　段階と組織	全RNAの収量
0.5日——卵母細胞	0.4 ng
2.5日（8〜16桑実胚）	0.7 ng
3.5日（64細胞胚盤胞）	2 ng
6.5日——胚と外胎盤錐	0.2 μg
7.5日——胚領域	0.3 μg
7.5日——胚外領域	0.2 μg
8.5日——胚マイナス卵黄嚢	1 μg
8.5日——内臓卵黄嚢	3 μg
9.5日——胎盤	30 μg
10.5日——胚マイナス卵黄嚢	40 μg
11.5日——血液	5 μg
12.5日——胎子マイナス卵黄嚢	260 μg
13.5日——胎子	375 μg
13.5日——内臓卵黄嚢	70 μg
13.5日——胎盤	250 μg
16.5日——胎子	2250 μg
16.5日——肝臓	160 μg
17.5日——肝臓	225 μg
17.5日——脳	100 μg
17.5日——腎臓	15 μg

B．成体組織（9週齢）	全RNAの収量
脳	350 μg
心臓	100 μg
腎臓	425 μg
脾臓	300 μg
唾液腺	350 μg
包皮腺（雄）	25 μg
肺	90 μg
胸腺	300 μg
肝臓	4500 μg
卵巣	25 μg
精巣	200 μg
骨髄（脛骨1と大腿骨1）	25 μg
脚の筋肉（後脚あたり）	200 μg

情報提供：James Lee, Mayo Clinic Scottsdale, S.C. Johnson Medical Research Center, Scottsdale, Arizona 85259

プロトコール 2　　キメラ組織内におけるグルコースリン酸イソメラーゼ・アイソザイムの電気泳動による分析

材　料

器具
ゲル・ボックス(注文製作[Helena Laboratories]または標準品)
ガラスプレート
染色槽のふた(Raymond Lamb E/106)
顕微鏡スライド，10均等分割マークつき
顕微鏡スライド
マジックペン
ピペットマンまたは手で吸引する(手動)パスツールピペット
Titan III セルローズアセテート・プレート(60 × 76 mm；Helena Laboratories 3023)
組織培養ディッシュ，96ウエル
組織
ワットマン3MMフィルターペーパー

試薬
5％酢酸＜！＞蒸留水溶液
ゲル緩衝液(Tris-glycine [pH 8.1])
　　Tris＜！＞　　　　　3g
　　glycine＜！＞　　　14.4g
　　蒸留水　　　　　　1リットル
　　4℃保存
軽パラフィンオイル(Fisher O121-1；BDH 29436)(コメント参照)
リン酸緩衝液(PBS)(付録1参照)
染色液(新しく調製)

0.2% MgCl$_2$＜！＞	9ml
Tris-クエン酸緩衝液(pH 8.0)	1ml
(Tris 20.1g＜！＞，クエン酸8 g＜！＞，蒸留水500ml)	
glucose-6-phosphate dehydrogenase(Sigma G8878)	10μl
4-nitro blue tetrazolium chloride＜！＞(NBT*)(2.7 mg/ml)	1ml
NADP*(2.7mg/ml)	1ml
fructose-6-phosphate*(20mg/ml)	1ml

最後に妊娠馬血清(PMS)30μl(10mg/ml)を添加。ストック溶液を4℃暗所に保存
＊小分けして−20℃に保存可能

サンプル
対照血液サンプル($Gpi1^a$, $Gpi1^b$ または $Gpi1^c$ のホモ接合体の親マウスの等量の血液をPBSで10倍希釈したもの，−20℃に保存)
胚組織サンプル

注意：＜！＞のついた材料の適切な取り扱いについては付録2を参照のこと。

手　順

1. 胚組織サンプルを96ウェル組織培養ディッシュ中のPBSまたは蒸留水に入れる。小さな断片（例えば，9.0日胚の尿嚢）は15μlのPBSに入れ，乾燥を防ぐためにその小滴を軽パラフィンオイルで覆う。まるごとの9.0日胚の場合には少なくとも200μlのPBSが必要。サンプルを用いる前に少なくとも2回組織培養ディッシュの凍結融解を行う。
2. 3枚のTitan IIIセルローズアセテート・プレートをゲル緩衝液のビーカーの中に，空気の泡が出ないように徐々に浸し，サンプルをのせる前30分間漬けておく。

    注文製作のHelenaゲルボックスの場合には，3枚のTitan IIIプレートを同時に処理し，プレートあたり2つの対照を除外し，1枚のプレートあたり約8個のサンプルを処理できる。
3. 最初のプレートを取り出し，清潔なガラスプレート上のセルローズアセテート表面に置く。プレートのプラスチック表面（光沢面）をティッシュで拭いて乾かし，マジックペンでプレートに下から1cmのところから60mmの線を引く。両端をそれぞれ3mm残して，同じ幅で10カ所に印をつける。すでに同様の印をつけた顕微鏡スライドを鋳型に用いると便利である。線の下に分割1〜10の番号をつけ，プレートの底にラベルを貼る。
4. プレートを逆さにしてセルローズアセテート面が上になるようにし，下側三分の一をティッシュで軽く拭く。ゲル緩衝液に浸したWhatman 3MMフィルターペーパー片を反対側の端に置いて乾かないようにする。ピペットマンまたは細い手動パスツールピペット（各サンプルごとに別々のチップまたはピペットを用いる）で，両方のアイソザイム（材料を参照）を含む対照1μlを分割1〜10にのせる。残りの8分割のそれぞれに各サンプル1μlをのせる。
5. プレートをゲル緩衝液の入ったゲルボックスに入れ，（光った）プラスチックを最上段，セルローズ・アセテート面をいずれかの端とし，ゲル緩衝液に浸した芯（Whatman 3MM）にのせる。サンプルは陽極から陰極に流れる。電気泳動が均一になるよう，各プレートに約6枚の顕微鏡スライドを重ねたものを2列平行として加重する。ゲルボックスの中央，プレートの下で，しかしそれに触れないように氷を置いて加熱の影響を弱め，酵素活性を保持させる（特に熱に弱いGpi1cについては）。
6. 残りのプレートにサンプルをのせ，ゲルを200〜250V（4mA）で55〜60分間流す。Gppilcについては，この酵素が不安定なため流す時間を短くする（30分間）。
7. ゲルプレートを水平で染色するのがもっともよい。染色溝のふたはこのために理想的なサイズである。プレートを取り除き，セルローズ・アセテート面を下にして，気泡をさけるように注意しながら，3mlの染色液に入れる。染色中はプレートの上に軽い隙間のないカバーをのせる。しかし，いったんプレートを染色液に入れたら動かしてはいけない。さもないとスメヤーが生じる。サンプルの活性に応じて，20〜40分間染色する。
8. プレートを蒸留水中でゆすぎ，5％酢酸（蒸留水中）で5分間固定する。縦にして乾燥させる。

コメント

- キメラ組織の遺伝子型組成は用いた2つの異なる系統の組織に由来する2つのアイソザイム変異体を人為的に混合したものと，肉眼(±5%)またはデンシトメーターで比較して決める(Behringer et al. 1984)。
- 染色反応はアガロースで中止できる(Eppig et al. 1977を参照)。
- 医療用に薬局で売っているパラフィンオイルも用いることができる。オートクレーブで滅菌する研究者もいる。しかし，これは毒性を非常に高め，また抗生物質を含む培養が感染することはまれなため，これは不必要と考える人もいる。いずれにしても，パラフィンオイルの毒性は余分の胚で調べておくべきである。

プロトコール 3　組織固定液の調製

新しい4％パラホルムアルデヒド

材　料

器具
フラスコ
撹拌用ホットプレート

試薬
パラホルムアルデヒド＜！＞（Sigma P6148またはFisher Reagent Grade 04042-500）
Ca^{++}/Mg^{++}フリーのPBS(pH 7.4)で調製したもの

注意：＜！＞をつけた材料の適切な取り扱いについては付録2を参照のこと。

手　順

1. パラホルムアルデヒドにCa^{++}/Mg^{++}フリーのPBS(pH7.4；付録1を参照)を加えた容器を，水の入ったフラスコに入れ，ホットプレートの上で60℃で撹拌しながら，パラホルムアルデヒドを溶解させる。溶解するまでに約1時間かかる。4℃で冷やす。
2. 固定液を分注して－20℃で保存する。酸化するおそれがあるため凍結融解を繰り返してはいけない。
3. 胚または組織を，標本のサイズに応じて4℃で2～16時間固定する。固定しすぎてはいけない。

コメント

- *in situ* ハイブリダイゼーション用のPBSはRNaseフリーでなけれならない（RNAプローブによる*in situ* ハイブリダイゼーション，プロトコール16.11，16.12を参照）。また，焼いたガラス製もしくはディスポーザブル・プラスチック製容器に保存しなければならない。
- もしくは4％パラホルムアルデヒドPBS溶液を調製するために，既成の16％パラホルムアルデヒド溶液（非活性ガスを注入した密閉ガラス・アンプルに保存されている。Electron Microscopy Sciences 15710)を購入することもできる。

ブアン固定液
材　料

> **試薬**
> エタノール<！>（70％，80％，90％，100％）
> 40％ホルムアルデヒド<！>　　25ml
> 氷酢酸<！>　　　　　　　　　 5ml
> 飽和ピクリン酸<！>　　　　　75ml
> パラフィン
> 　飽和ピクリン酸は粉末が溶けなくなるまで水に粉末ピクリン酸を加えて作る。

注意：<！>をつけた材料の取り扱いについては付録2を参照のこと。

手　順

1. 上記の試薬を混合する。
2. 組織または胚のサイズに応じて2～16時間，室温で固定を行う。固定しすぎてはいけない。
3. 固定後，組織を70％エタノールで黄色の浸出液が出なくなるまで繰り返し洗う。回転板の上で行うのが望ましい。標本の脱水を70％，80％，90％，無水(100％)アルコール，キシレンと続け，パラフィンに包埋する。
   　サンプルの包埋・切片作成前に過剰のブアン固定液を除去することが極めて重要である。それは，ピクリン酸の結晶が切片を破壊するためである。

> **コメント**
>
> ブアン固定液は非常に良い組織学用の保存剤であって，調製することも購入すること (Polysciences)もできる。

メタノール／DMSO，4：1
材　料

> **試薬**
> DMSO<！>
> メタノール<！>
> 　調製した固定液は4℃に保存する。

注意：<！>をつけた材料の取り扱いについては付録2を参照のこと。

> **コメント**
>
> この固定液は非常に弱く，ブアンやパラホルムアルデヒド固定液のように組織形態を保てない。

| プロトコール 4 | 固定のための胚盤胞の取り扱い |

材　料

供試動物と胚
　胚盤胞
　雌マウス

器具
　発生学用スライドグラス（Raymond Lamb E/90 または E/91）
　パスツールピペット，手で引き伸ばして，シリコン処理したもの

試薬
　血清またはウシ血清アルブミン（BSA；Sigma A4378）を含む培地

手　順

1. ホールマウント in situ ハイブリダイゼーションのための胚盤胞は，手で引き伸ばしたシリコン処理パスツールピペットを用いて，異なった溶液を含む発生学用スライドグラス（Raymond Lamb E/90 または E/91）の間を手動で移しかえる。
2. 切片を作る時は，固定する前に，胚盤胞を卵管の膨大部に移すのが便利である。この卵管は，組織学的操作を行う間の運搬容器として容易に取り扱うことができる。胚盤胞はどのような雌マウスから取った卵管にでも入れることが可能であるが，排卵翌日の卵管膨大部が入れやすい（プロトコール 6.1 参照）。
3. 卵管を取り出し，血清またはウシ血清アルブミンを含む培地の中に置く。培地中の蛋白質は胚盤胞が卵管腔内で固定されるのを促す。卵管の末端部の大部分を除去し，濾斗，膨大部および約 1 mm の遠位部のみを残す（このステップは必須ではないが，胚盤胞を切り出すための切片数を少なくする）。
4. 細く引いたパスツールピペットを用いて，約 10 個の胚盤胞を最小量の培地とともに濾斗を通して卵管内へ移す。胚盤胞がピペット内に残っていないこと，および卵管の遠位端から吹き出されていないことを確かめる。
5. 卵管を固定液の中に適当な時間置く。あとは，ほかの組織と同様に組織学的処理を行うことができる。

コメント

Mintz（1971）は，着床前マウス胚の固定と組織学的処理のための，より賢いテクニックを記載している。大概のペットショップで手に入る蟻の繭（Acanthomyops claviger）は繊細な糸で織られていて，簡単な加工で着床前マウス胚のための便利な"バスケット"として利用することができる。

プロトコール 5　　ワックスへの包埋

材　料

器具

アルミニウム・フォイル，プラスチック・ラップ，またはプラスチック（タッパーウエア型）容器

包埋センター（例，"Blockmaster II"，Raymond Lamb E/66.2 または Leica Histo-embedder），これは鋳型やピンセットをあらかじめ加熱する保温オーブン，ワックス槽とワックス溜め，照明と拡大レンズつきの加温作業台および試料の位置が定まった時ワックスで満たされた鋳型を急速に冷やすためのコールド・スポットで構成されている。

鋳型
　　数種類のサイズの鋳型が入手可能である。Baxter は種々のサイズの使い捨てプラスチック鋳型を販売している（M7275-1）。Raymond Lamb は多様な用途に合ったプラスチック鋳型（E10.6 または E10.4）を販売している。

針

オーブン，小型

パスツールピペット，60℃にあらかじめ加温

スライド加温板
　　異なった温度（48〜50℃）の加温板のセットが理想的

ワットマン濾紙，粗い目のもの

試薬

パラプラスト組織包埋剤，融点 56℃（Fisher 12-646-106）または BDH 造形 Fibro-wax，融点 56〜58℃（Formulation Raymond Lamb 36142）

50：50 キシレン＜！＞／ワックス

注意：＜！＞をつけた材料の適切な取り扱いについては付録 2 を参照のこと。

手　順

1. 標本をキシレンから 50：50 キシレン／ワックスに移し，60℃に 1 時間置く。キシレン／ワックスは小型オーブンの中に入れておく。
2. 60℃で純パラフィンワックスを 2 度取り替える（ワックスが固まらないように，あらかじめ 60℃に温めたパスツールピペットを用いる）。大きい胚から空気の泡が完全に除かれたことを確認する。
3. 胚または組織片を鋳型に移し，好ましい切片が切れるような向きにする（ワックスは冷えると不透明になる）。
4. ワックス内での標本の向きを変えたい時は，胚を移した後に鋳型をオーブンに戻し，ワックスが溶けるのを待って加温した針を用いて行う。鋳型は 60℃の加温板上に静置する。多数の試料を扱う時に大変役に立つ器具が，"包埋センター"である（例，"Blockmaster II"，Raymond Lamb E/66.2 または Leica Histo-embedder）。
5. 試料は，アルミニウム・フォイル，プラスチック・ラップ，またはプラスチック（タッパーウエア型）容器に包んで 4℃に保存する。

> **小さな試料の取り扱いと包埋**
>
> 脱落膜および胚外組織における遺伝子発現と着床胚との関係をみることが重要でなければ，着床後の胚は固定する前に子宮から切り出すことを勧める。なぜなら，脱落膜に入ったままでは，ワックス内での胚の向きを正確に定めることが困難なためである。
> - 着床後の胚が脱水の段階で失われるのを最小限に抑えるために，尖底のガラス管（例，Reacti-Vials, Pierce 132254）を用い，胚を移すのではなく，上澄みを除くことで脱水を行う。
> - 脱水の最終段階では，胚を淡いピンクに色づけする。これはアルコール性エオシンの一滴を1mlの90％エタノールに加えて約1分間撹拌し，胚を染色することにより行う。
> - 特に突然変異胚と正常胚を比較する時には，両者を同じスライド上に同じ向きに並べることが有益である。
> - 交尾後9.0日までの胚の包埋はガラス製の胚ディッシュ（Raymond Lamb E/90またはE/91）で行うのが最もよい。しかし，もっと後期の胚にはプラスチック製の鋳型が適している。
> - 着床後の胚の形から，胚軸の全長にわたって同一面上で切片を作ることはほとんど不可能である。この状況は，胚を固定する前に頭尾軸に沿って2つ，または3つの断片に切り分けておくことによって部分的に緩和できる。

小さい胚の包埋

追加材料

器具
ブンゼンまたはアルコールランプ
実体顕微鏡
発生学用ガラスディッシュ
ピンセット

試薬
グリセロール

1. きれいな発生学用ガラスディッシュをグリセロールに浸したティッシュペーパーで拭く（薄い膜ができれば十分）。
2. ディッシュを溶けたワックスで満たす。これは2回目のワックス交換にも用いる。胚をこのディッシュに移す（約6個の胚が同時に包埋できる）。
3. ワックスをオーブンで約10分間，再加温する。
4. ディッシュを実体顕微鏡のステージに速やかに移し，熱したピンセットまたは金属針（ブンゼンまたはアルコールランプの炎で熱くする）を用いて，ワックス内を泳がせるようにして胚をディッシュの中央に集める。
5. ディッシュの底のワックスが固まって薄い層を作り，胚の向きが定まるまで待つ。

コメント

- 胚を格子状に配置し，それを書き留めておくと便利である。
- 熱したピンセットまたは針でワックスを溶かして胚を同じ焦点面に揃えることによって，すべての胚を同時に切片にすることができる。
- 体の軸に沿った切片を作る時は，胚の側面がディッシュの底面上に横たわるように置く，横断切片の場合には，頭尾軸が底面に対して垂直になるように置く。

プロトコール 6　切片の作製

材　料

胚
　ワックス包埋試料

器具
　圧搾空気スプレー（例，Fisher brand Phfft）
　微小絵筆またはピンセット
　スライドグラス
　キムワイプ
　ミクロトーム

試薬
　ジエチルピロカルボン酸＜！＞(DEPC)処理オートクレーブ水
　組織切片粘着剤（例，STA-ON, Surgipath SA-1600）
　キシレン＜！＞

注意：＜！＞をつけた材料の取り扱いについては付録2を参照のこと。

手　順

始めのアドバイス

- **連続した切片のリボンを得ること**：最良の（真っ直ぐで長い）リボンは，完全な四角形，すなわち平行な側面に直角になるように試料のすぐ近くまでトリミングが行われた時に得られる。しかし，一方の側面にわずかに角度をつけておいて，切片がリボンから離れた時に再配置できるようにすることも，時には便利である。ミクロトームの刃に向いた面は光沢があり，反対側はつや消しになっていることに注意する。単一の繋がったリボンを得るためには，ワックス・ブロックをマウントする時に，その底面がミクロトームの刃と平行になっていることが非常に重要である。これはトリミングの最終段階で調整する。そのために最初のトリミングで底面を削りすぎないように注意する。
- **切片作製に最適な場所**：切片作製は涼しく風のない部屋で行うべきである。ワックス・ブロックはできる限り冷たくする（必要があれば氷上で冷やす）。リボンは小さな絵筆またはピンセットで保持する。
- **ミクロトームの選択**：用いるミクロトームの型は実験室の経済状況に大きく依存する。Reichert-Jung 2030は良好な基本モデルである。使い捨てまたは研ぎ直し可能な刃を使用する。
- **切片の作製**：5〜7μmの切片が*in situ*ハイブリダイゼーションおよび免疫組織化学に適している。リボン作製の合間に刃を圧搾空気スプレーできれいにして，キムワイプで拭き取る。もし，切片が巻き上がるようになったら，刃をキシレンで拭き，乾くのを待って次の切片作製を行う。
- **切片の染色**：およそ10個の切片のうち1個だけを染色に用いるのが望ましい。リボンを清

潔な，黒色の蝋紙の上にのせて，必要な切片を切り取る。

切片をスライドにのせる方法

方法 1

1. 切片のリボンを水槽(floatation bath)に浮かせる。水槽は免疫組織化学の時は組織切片粘着剤を含む水で，またin situハイブリダイゼーションの時はDEPC-処理オートクレーブ水で満たしておく。温度はワックスの融点(42〜45℃または50℃)より低くしなければならない。
2. 切片が水面上に拡がった後に，スライドを45度の角度に保ったまま中間まで水中に漬ける。微小ピンセットで切片の端をスライド上に引き寄せる。
3. スライドを静かに水中から引き上げ，台に垂直に立てて1時間〜一晩，室温で乾燥させる。

> **コメント**
>
> - 免疫組織化学の時は，組織切片粘着剤を水に加えることで切片はスライドにしっかりと固定され，洗浄処理の間に剥がれ落ちるのを防ぐことができる。1リットルの温水(40〜46℃)に10mlを加え，穏やかに撹拌してから水槽に加える。
> - in situハイブリダイゼーションのためには，風乾後のスライドを48〜50℃の加温板上で一晩かけて完全に乾燥させることを勧める。これで切片はスライド上に密着する。

方法 2

1. リボンをスライド上の水滴(STA-ONを含有可)の上に直接のせる。
2. スライドを風乾させ，その後，上に述べてように加温板上で完全に乾燥させる。
3. ほかの方法として，不活性な疎水性物質で被覆されたスライド上の円形区域の中に小さな水滴(STA-ON含有)を作り，その上に一個の切片を置く(種々の半径のスライドが，Roboz Surgical Instrumentsから入手できる)。切片の下に水がなくなるまで風乾し，次いで42〜45℃で一晩加温する。スライドの加温を急ぎすぎると，泡によって切片が破壊される。

    この方法は，免疫組織化学にとって大変便利である。なぜなら，抗体溶液および洗浄液をそれぞれの円上に少量加えることができるためである(プロトコール16.9参照)
4. スライドの曇りガラス面上に鉛筆でラベルを記入する。鉛筆の字は脱水に用いる溶媒に耐える。

プロトコール 7　　in situハイブリダイゼーション用のスライドグラスとカバースリップの準備

このプロトコールには，次のテクニックが述べられている。
1. TESPAによるスライドのコーティング
2. ポリ-L-リシンによるスライドのコーティング
3. カバースリップのシリコンコーティング

テクニック1：TESPAによるスライドのコーティング

材　料

器具
アルミニウムフォイル
スライドグラス
オーブン
スライドラック

試薬
アセトン，100％＜！＞
2％TESPA（3-aminopropyl-triethoxysilane, Sigma A-3648）アセトン溶液＜！＞
0.1％ジエチルピロカルボン酸（DEPC）を含む水＜！＞

注意：＜！＞をつけた材料の適切な取り扱いについては付録2を参照のこと。

手　順

1. スライドグラスに付着しているRNaseを完全に分解するために，スライドを金属製のラック（下記参照）に詰め，0.1％DEPCを含む水中に15～30分間置く（プロトコール16.11および16.12参照）。
2. ラック全体をアルミニウムフォイルで包み，180℃で少なくとも2時間焼く。
3. スライドを室温まで冷ましてから2％TESPAアセトン溶液に30秒漬ける；100～200枚のスライドに対して250mlの溶液で十分である。
4. スライドを100％アセトンに30秒ずつ2回漬ける。次いでDEPC-処理オートクレーブ水で30秒間すすぐ。
5. 42℃で一晩乾燥させる。フォイルに包み，室温で無期限保存する。

テクニック2：ポリ-L-リシンによるスライドのコーティング

材　料

器具
　防塵容器
　スライドグラス
　スライドラック

試薬
　ジエチルピロカルボン酸＜！＞DEPC-処理オートクレーブ水
　NH₄Ac，0.25M
　Poly-L-lysine（50μg/ml；Sigma P1274）
　Tris＜！＞，10mM（pH 8.0），DEPC-処理水で調製

注意：＜！＞をつけた材料の適切な取り扱いについては付録2を参照のこと。

手　順

1. DEPC-処理オートクレーブ水を用いて10mg/ml濃度のpoly-L-lysineストック溶液を作り，−20℃に保存する。使用前に，DEPC-処理水で調製した10mM Tris溶液で（pH 8.0）50μg/mlの濃度に希釈する。
2. 上述の方法でスライドを処理し，RNaseを破壊する（616頁参照）。
3. 使用前日に，スライドをラックに入れて0.25M NH₄Acに浸し，防塵容器内に置いて60℃で乾燥させる。次いで作りたての50μg/ml poly-L-lysine溶液に室温で30分間漬ける。
4. スライドを室温で一晩乾燥させ，防塵容器内に4℃で保存する。できる限り早く使う（スライドは4℃で2〜3週間は保存できるが）。

テクニック3：カバースリップのシリコンコーティング

材　料

器具
　アルミニウムフォイル
　カバースリップ，高品質（例，Fisher Finest 22×22mm 12-544-10）

試薬
　DEPC＜！＞-処理オートクレーブ水
　金属製カバースリップ・ラック（例，Raymond Lamb E/103）
　シリコン処理溶液（例，dimethyldichlorosilane, Sigma D3879）

注意：＜！＞をつけた材料の適切な取り扱いについては付録2を参照のこと。

手　順

1．カバースリップはRNaseの破壊処理を行う必要はないが，高品質でなければならない（例，Fisher Finest 22 × 22 mm 12-544-10）。
2．カバースリップをメタルラックに入れてシリコン処理溶液に約2分間浸す。100％エタノールで約2分間，次いでDEPC処理オートクレーブ水で約2分間洗う。
3．ラックをフォイルで包み，180℃で2〜3時間焼く。

プロトコール 8　　*in situ*ハイブリダイゼーションまたは染色に先立つ切片の脱ワックスと復水

材　料

器具
　スライドラック，金属またはガラス製
　スライド
　染色ビン，ガラス製

試薬
　エタノール＜！＞，100％，90％，70％（アルコール染色に進む），50％，30％，水
　リン酸緩衝液（PBS）
　キシレン＜！＞

注意：＜！＞をつけた材料の適切な取り扱いについては付録2を参照のこと。

手　順

1. スライドを金属またはガラス製のスライドラックに入れて，1つの染色ビンから次の染色ビンへ移していく。

    典型的な順序は，キシレンで2回，5〜10分間，次いで100％，90％，70％（アルコール染色に進む），50％，30％，および水で2〜3分間洗う（水溶性染色に進む時は水で5分間，*in situ*ハイブリダイゼーションに進む時はPBSで5分間洗う）。

プロトコール 9　胚切片の免疫組織化学

材　料

生物学的分子
- 一次抗体（例，アフィニテー精製，ポリクローナル・ウサギ抗血清）
- 二次抗体（例，アルカリホスファターゼ標識，ヤギ抗ウサギIgG；Boehringer Mannheim 605 220）

器具
- カバースリップ
- 濾紙，3MM
- 曇りガラススライド

  もし必要があれば，切片の粘着性を高めるためにスライドを3-triethoxysilylpropylamine (TESPA, Sigma A3648)で被覆するか，または切片を貼り付ける時に用いる水にSTA-ON (Surgipath SA-1600)のような組織切片粘着剤を加える。疎水性の表面で囲まれた別々の円形区域をもつスライドは，個々の切片を染める時に便利である（上に述べた一般的技術のセクションを参照，592頁）。

- 保湿箱

  これはインキュベーションの間にスライドが乾燥するのを防ぐためにデザインされたものである。直径90mmのプラスチックペトリ皿の底面に側面から切り出した小片を置くことで手作りできる。

- マグネチック・スターラー
- ミクロトーム
- PAPペン（Research Products International 195500）
- プレキシガラス・プレート，プラスチック（タッパーウエア型）容器の中に50mlチューブのふたを置き，その上にのせる。プレートの下に水を注ぐ。スライドを支えるためにプレート上に細いガラス棒を貼り付ける。
- スライド加温器（約47℃）
- スライドホルダーつき染色ビン
- マグネチック・スターラーの回転子
- 小さな四角形に切ったWhatman 3MM濾紙（あるいは類似のもの，スライドの裏側および縁の水を切るために用いる）

試薬
- アルカリホスファターゼ（AP）緩衝液
  - 100mM Tris-HCl<！>（pH 9.5）
  - 100mM NaCl
  - 5mM MgCl$_2$<！>
- アルカリホスファターゼの基質：ニトロ・ブルー・テトラゾリウム<！>（NBT；Sigma N6876）/5-bromo-4-chloro-3-indolyl phosphate<！>（BCIP；Sigma B6149），あるいは，調製ずみ溶液として両者ともにPromega（S3771）から購入できる。
  - NBT：0.5gのNBTを10mlの70％メチルホルムアミドに溶かす。
  - BCIP：0.5gのBCIP（二ナトリウム塩）を10mlの水に溶かす。

使用前1時間以内に，次のワーキング液を作る：5mlのAP緩衝液に33μlのNBTを加えてよく混合する，16.5μlのBCIPを加えて十分に混ぜる。光から遮断して保管する。

ブロッキング液（組織の非特異的蛋白質結合部位をブロックするために用いる）
　　10mM Tris-HCl＜！＞(pH7.4)
　　100mM MgCl₂＜！＞
　　0.5％Tween 20(Fisher BP337またはSigma P1379)
　　1％ウシ血清アルブミン(BSA)(Sigma A4378)
　　5％牛胎児血清(FBS)(子牛血清は使わない，FBSのほうがIgGsが少ない)
　　小分けして，－20℃に保存する，凍結融解してはならない。
エタノール＜！＞，50％，70％，90％，100％
100％グリセロール，または水溶性の封入液(例，Crystal Mount, Fisher BM-M02)
レバミゾール，1mM(Sigma L9756；TN-アルカリホスファターゼを抑えるために用いる。Hahnel et al. 1990および下記参照)
4％パラホルムアルデヒド＜！＞リン酸緩衝液(PBS)(608頁参照)
ストップ・バッファー
　　20mM Tris-HCl＜！＞(pH 8.0)
　　5mM EDTA
TBST
　　10mM Tris-HCl＜！＞(pH 8.0)
　　150mM NaCl
　　0.05％Tween 20(Fisher BP337またはSigma P1379)
TM
　　10mM Tris-HCl＜！＞(pH 7.5)
　　100mM MgCl₂＜！＞
キシレン＜！＞

注意：＜！＞をつけた材料の適切な取り扱いについては付録2を参照のこと。

手　順

1. 胚を固定する。初めて用いる抗体の時は，いくつかの固定操作を試す。最も広く用いられているのは4％パラホルムアルデヒド-PBS(pH 7.4，作りたてのものを使う)。ブアン(Bouin's fixative)およびメタノール/ジメチルスルホキシド(DMSO)(4：1)である(プロトコール16.3参照)。
2. プロトコール16.4に従って，試料を脱水し，ワックスに包埋する。
3. ミクロトームを用いて，5〜7μmの切片を作る(プロトコール16.6参照)。
4. ウォーターバス(〜40℃)に浮いたリボン状の切片の下にスライドを入れ，またはスライド上の水滴の上に切片を置く(プロトコール16.6参照)。いずれの場合にも湿気が見えなくなるまでスライドを加温器(〜47℃)の上に置く。スライドは染色前に1〜2日間風乾する。あるいは，スライドをスライド・ボックス内で4℃または室温(抗原による)に数カ月間保存する。
5. ホルダーに入れたスライドを下記の系列の染色ビンに浸し，脱ワックスする，
　　　キシレン(5分)
　　　キシレン(5分)
　　　100％エタノール(3分)
　　　100％エタノール(3分)

90％エタノール（3分）
　　　70％エタノール（3分）
　　　50％エタノール（3分）
　　　TM（5分）
　　　およそ10～15回使ったら（あるいはワックスや水分が混じったら）キシレンを捨てる（付録2参照）。
6. スライドの裏と縁を四角形の3MM濾紙で拭く。スライドを平面上に置き，目的とする切片あるいは切片のセットの周りにPAPペンで線を引く。これはブロッキング液がスライドの縁から流れ出るのを防ぐためである。切片をブロッキング液（普通はおよそ500μl）で覆い，スライドを保湿箱の中に入れて室温で20分間インキュベートする。
7. 手首を軽く振ってスライドからブロッキング液を除く。希釈した一次抗体で切片を覆い，保湿箱に入れて室温で30分間インキュベートする。もし必要ならば，インキュベーションの時間を数時間あるいは一晩まで延長してもよい。
8. スライドを500ml染色ビンの中の500ml TBSTで2回，各10分間室温で洗う。その時は回転子の上にかぶさるように90mmプラスチックディッシュ（側面には孔を開けておく）の底を逆さにして置き，その上にラックに入れたスライドを置く。これでマグネチック・スターラーにのせた時に緩衝液が循環するようになる。
9. スライドの裏と縁を四角形の3MM濾紙で拭く。TBSTで希釈した二次抗体を加える（例，AP-標識ヤギ抗ウサギIgG）。Boehringer Mannheimの抗体を用いる時は1：1000の希釈から始めるのが適当である。保湿箱に入れて室温で30分間インキュベートする。
10. ステップ8と同じように，スライドをTBSTに浸して各10分間，2度洗う。
11. スライドの裏と縁を四角形の3MM濾紙で拭き，アルカリホスファターゼ酵素基質を加える。光を遮断した保湿箱内で30分から1時間室温でインキュベートする。過剰染色を防ぐために，定期的に染色状況を顕微鏡でチェックする。
12. スライドをストップ・バッファーに約10分間浸漬して反応を止める。
13. 100％グリセロールまたは水溶性封入液でスライドを封入する。

コメント

AP標識二次抗体を用いて染色処理を行う時の重要な注意点は，ある種の胚細胞がこの酵素を発現していることである。したがって，二次抗体を除外した対照実験を行うべきである。マウスにおける3つの異なるAPアイソザイムの発現はHahnel et al.(1990)によって詳しく研究されている。レバミゾールは組織非特異的(TN)-APを特異的に抑制するが，胎盤性(Pl)-APおよび胚性(E)-APは抑えない。

| プロトコール 10 | ホールマウント胚の免疫組織化学 |

このプロトコールは，Dent et al.(1989)およびLeMotte et al.(1989)に基づきAlex JoynerとNancy Wallが作成したものである。

材　料

生物学的分子
　一次抗体(例，アフィニティー精製，ポリクローナル・ウサギ抗血清)
　二次抗体(例，ホースラデッシュ・ペルオキシダーゼ[HRP]-標識，ヤギ抗ウサギIgG [例，Boehringer Mannheim 605 220またはJackson ImmunoResearch Laboratories 111-035-003])

胚
　好みの発生段階のもの

器具
　微小遠心管，1.6ml
　ペトリ皿，35mmガラス製
　揺り台
　試験管，15mlねじぶた付き

試薬
　BABB(ベンジル・アルコール<！>：ベンジル・ベンゾエート<！>；1：2)，(染色した胚を透明にして観察および写真撮影するために用いる)
　DAB<！> (3-3'-diaminobenzidine tetrahydrochloride；Sigma D5637)，乾燥した状態で-20℃に保存する。
　DAB/$NiCl_2$<！>，0.03gのDABと0.03gの$NiCl_2$を50mlのPBTの中で混和する。遮光して保存し，調製後1時間以内に使用する。ニッケルは呈色反応の感度を高め，青灰色から紫色の沈殿を作る。もし必要があれば，色の強さを変えるためにニッケルの量を変更してもよい。コバルトをニッケルの代わりに使うこともできる。
　過酸化水素(H_2O_2)<！>(一般に30％溶液として手に入る)，4℃に保存する。この温度で保存すれば約1カ月は使える。
　メタノール<！>，50％，80％，および100％
　メタノール／ジメチルスルフォキシド(DMSO)<！>；4：1(作りたてのもの)
　メタノール／DMSO／H_2O_2；4：1：1(作りたてのもの)
　4％パラホルムアルデヒド<！>-PBS溶液(608頁参照)
　PBT
　　PBS(623～624頁参照)
　　0.2％ウシ血清アルブミン(BSA)(Sigma A4378)
　　0.5％TritonX-100
　　使用直前に作る(注意：これはホールマウント*in situ*ハイブリダイゼーションに用いるPBTとは異なる)
　PBSMT
　　PBS(下記参照)
　　2％インスタント脱脂スキムミルク(組織のすべての非特異的蛋白結合部位をブロックするのに用いる)。商標が重要である。Carnationは常に良好な結果を与える。他のブランド

> （例，Kroger）は適さない。
> 0.5% Triton-X100（組織の浸透性を促進する）使用時に作製する
> リン酸緩衝液(PBS)(pH7.4)
> | | |
> |---|---|
> | NaCl | 8g |
> | KCl<！> | 0.2g |
> | Na2HPO$_4$<！> | 1.44g |
> | KH$_2$PO$_4$<！> | 0.24g |
>
> 蒸留水で1リットルにする，pHを7.4に調製する

注意：＜！＞をつけた材料の適切な取り扱いについては付録2を参照のこと。

手　順

1. PBSまたは組織培養用の培地に胚を集める。もし胚が前原条期から初期体節期の時は，胚の粘着性を低下させるために少量の血清(〜5％)を加えるのがよい(これによって固定した時に蛋白質の沈殿が生じるが，気にしない)。
2. 固定液の浸透を促すために，胚外の膜を切り取る。
    a. 微小ピンセットの先端で臓側卵黄嚢の端をプラスチックペトリ皿の表面に押しつけて初期体節期(およそ8体節まで)マウス胚を平たくする。このようにして胚を「ピン止めして開く」ことによって，胚は平たく固定され，皿から離れた後も伸びた状態が保たれる。この形は染色後の体節および神経管の観察を容易にする。
    b. 発生の進んだ胚(9.5〜10.5日)の場合は，固定の前または後に，胚を矢状面で半切するのが最もよい。そうしない時は「二重影」として現われてしまう脳神経のような両側対称性構造の染色像が，これにより容易に観察でき，また写真撮影できるようになる。
3. 胚を作りたてのメタノール／DMSO(4：1)で一晩，4℃で固定する。DMSOは組織を透過性にする。
4. 胚を作りたてのメタノール／DMSO／H$_2$O$_2$；4：1：1に移して室温で5〜10時間置き，内在性(例，赤血球)のペルオキシダーゼ活性を完全に抑える。次いで，胚を1個ずつ，または小グループに分けて100％メタノール中に保存する。胚は，−20℃に数カ月，あるいはそれ以上保存できる。
5. 胚を室温で微小遠心管内に入れ，次の順序で水に戻す。
    a. 50％メタノール(1ml)，揺すりながら30分間，パスツールピペットまたはマイクロピペットで溶液を除く。
    b. PBS(1ml)，揺すりながら30分間(もし胚が側面に粘りつく時はシリコン処理したチューブを使う)。
    c. PBSMT(1ml)，揺すりながら1時間，2回揺すること(rocking)は抗体の浸透を促すために重要である，溶液が十分に撹拌されていることを確かめる。しかし，胚は固定されると壊れやすくなるので，激しく揺すりすぎないように注意する。
6. 胚を微小遠心管内の一次抗体を含む1ml PBSMTの中で揺すりながら4℃で一晩インキュベートする。正しい希釈は経験的に決めるが，1：200が典型的な倍率である。この操作および以下のすべての手順は，もし抗体が安定であれば室温で行うことができる。
7. 胚をPBSMT内で揺すりながら5回洗う。
    a. 1mlで1時間，4℃，1回(15mlチューブに移す)

b．10 ml で 1 時間，4℃，1 回
c．10 ml で 1 時間，室温，3 回

8. 胚を微小遠心管へ移し，1：500 に希釈された二次抗体を含む 1 ml PBSMT の中で揺すりながら 4℃ で一晩インキュベートする。
9. ステップ 7 と同じように，胚を洗浄する。
10. 胚を 5 ml PBT ですすぎ，微小遠心管へ移す，次いで，1 ml PBT の中で揺すりながら 20 分間洗う。
11. 微小遠心管内で 1 ml DAB/NiCl$_2$ と胚を室温で 30 分間インキュベートする（これで基質が胚の中に完全に浸透する）。
12. 最終濃度が 0.03％ になるように H$_2$O$_2$ を加えて，胚の色がちょうどよい濃さになるまで揺する（例，ねらった部位が明らかに染まり，バックグラウンドが染まってこない段階；通常 2〜10 分間）。必要ならば，実体顕微鏡で色をチェックする。もし染色反応が速すぎる時は H$_2$O$_2$ の濃度を下げる。
13. 4％ パラホルムアルデヒド PBS で胚を後固定する（コメント参照）。
14. 次の順序で胚をすすぐ。
    a．PBT（1 ml）で素早く
    b．PBS（1 ml）で揺すりながら室温 30 分間
    c．50％ メタノール（1 ml）で揺すりながら室温 30 分間
    d．80％ メタノール（1 ml）で揺すりながら室温 30 分間
    e．100％ メタノール（1 ml）で揺すりながら室温 30 分間
15. BABB（500 μl）で 10 分間すすぎ，ガラス製ペトリ皿の中で染色胚を観察する。ポリスチレン製のディッシュを使ってはいけない。

コメント

- 後固定なしでは，染色胚は強い光，特に写真撮影に用いる光のもとで色あせる。胚は暗所で BABB 内に保存できるが，できる限り早く写真に撮ることを勧める。フィルターなしのタングステン・カラーフィルムまたは青色フィルターつきの昼色光カラーフィルムを使う。写真を撮る時はくぼみのあるスライド（depression slide）に胚を置き，その上をカバースリップで覆う。
  変法は AP-coupled 二次抗体および水とアルコール（例，Naphthol-AS-MX-poshate／fast red TRf）に溶解した sabstrate を用いる。
- もし必要があれば，ホールマウント胚を切片にすることができる。その時は，胚を 100％ メタノールから次の順序で移す。
  a．100％ エタノールに 1 時間，2 回
  b．キシレンに 1 時間，2 回
  c．キシレン：ワックス（1：1）に 1 時間，1 回
  d．ワックスに 1 時間，2 回
  胚を包埋し，切片にして封入する。対比染色としてエオシン B で軽く染める（30〜45 秒間）。

プロトコール 11　RNAプローブによる胚および組織の in situ ハイブリダイゼーション

このプロトコールは次のステップからなる。
1．プローブの作製
2．プレハイブリダイゼーション
3．ハイブリダイゼーション
4．ハイブリダイゼーション後の洗浄
5．オートラジオグラフィー
6．オートラジオグラフィーの現像

材料

器具
暗室（下記の器具を備えたもの）
　Ilford 902S 安全フィルター，背後に15Wの電球
　43〜45℃のウオーターバス
　スライドを冷やすためのフォイルに包んだガラス製または金属製の板（これはエマルジョンを均等に広げるために水平に置く。氷上で冷やす研究者もいる）
　エマルジョン用の浸漬ビン（6mlと12mlの目盛りをつけておく）
　切片をのせていない清潔な未処理のスライド
　ふたにシリカゲルを塗った黒い露出箱（Raymond Lamb E/109 または E/99）
　大型の光が漏れないサンドイッチ箱
　タイマー，ピンセット，フォイル，テープ
　10〜20mlのメスシリンダー
　50mlのプラスチック製尖底試験管に入れた10mlの2％グリセロール溶液
　Ilford K5 エマルジョン（Polysciences 02746-50）

試薬
酢酸＜！＞，1％
無水酢酸＜！＞（Sigma A6404）
酢酸アンモニウム，300mM および 5M
ATP/CTP/GTP混合物（各2.5mM）
DEPC＜！＞H_2O
現像液，Kodak D-19
硫酸デキストラン，50％（Sigma D7037 または Fisher BP1585）
　熱しながら水に溶かす。0.22μmフィルターを通して濾過する（これには非常に長い時間を要する），小分けして-20℃に保存する。
ジチオスレイトール＜！＞，10mM，200mM，および1M（DTT；Boehringer Mannheim 708984 または Sigma D9163）
　濾過滅菌し，-20℃に保存する
エマルジョン（例，Ilford K5 [Polysciences 02746-05] または Kodak NTB-2[1654433]）
　古くなるとバックグラウンドが高くなるので，新しいものだけを使う。光を完全に遮断して4℃に保管する。
エタノール＜！＞
ホルムアミド，脱イオンしたもの
　小分けして-20℃に保存する

グリセロール，2%
グリシン＜！＞，0.2%-PBS
加水分解バッファー（200mM NaHCO₃，200mM Na₂CO₃）
封入液（例，Permount＜！＞；Fisher SP15-100）
NaCl, 0.5M-TE（10mM Tris＜！＞[pH7.6]，1mM EDTA）
中和バッファー（0.2mM NaOAc＜！＞，1%氷酢酸＜！＞，10mM DTT＜！＞）
パラホルムアルデヒド＜！＞，4%-PBS（608頁参照）
胎盤性RNaseインヒビター（20～40U/ml）
フェノール＜！＞／クロロフォルム＜！＞
リン酸緩衝液（PBS）（pH7.4）
　10×保存液
　　8g NaCl
　　0.2g KCl＜！＞
　　1.44g Na₂HPO₄＜！＞
　　0.24g KH₂PO₄＜！＞
　　100mlの水に溶かす（HClでpHを7.4に調整する）
プロテナーゼK（Sigma P0390）（10mg/mlのストック水溶液を小分けして-20℃に保存）
プロテナーゼKバッファー（20×：0.1M EDTA，1M Tris＜！＞[pH7.5]）
RNAポリメラーゼ
RNase A（Sigma Type 1-A, R4875）
　10mg/mlの濃度に水に溶かして保存液とする。2分間煮沸して混入しているヌクレアーゼを破壊する，-20℃に保存。RNaseに触れたすべてのピペット，チューブ，および容器はほかの器具から隔離するよう細心の注意を払うこと。
RNaseフリー DNase I
RNaseインヒビター
塩類，10×
　最終濃度：
　　3M NaCl
　　50mM EDTA
　　100mM Na₂HPO₄＜！＞
　　0.1M Tris-HCl＜！＞（pH6.8）
　　0.2% Ficoll 400（Sigma F4375）
　　0.2%（w/v）ポリビニールピロリドン＜！＞（Sigma PVP-360）
　　0.2% BSA（fraction V, Sigma A7906）
　　小分けして-20℃に保存
酢酸ナトリウム＜！＞，3M
チオ硫酸ナトリウム，30%
SSC, 20×（付録I参照）
トルイジンブルー染色液（0.02～0.5%，Sigma T3260）
トランスクリプション・バッファー，5×
　　200mM Tris＜！＞（pH8.0）
　　40mM MgCl₂＜！＞
　　10mM spermidine＜！＞
　　250mM NaCl
トリエタノールアミン＜！＞，0.1M（Sigma T1377）
tRNA *E. coli*（Boehringer Mannheim 10mg/mlまたはSigma R8759またはR4251）
　正確な濃度を得る前に，フェノール抽出およびエタノール沈殿を行う
[³⁵S]UTP
キシレン＜！＞

注意：＜！＞をつけた材料の適切な取り扱いについては付録2を参照のこと。

手　順

ステップ1：プローブの作製

リボプローブの反応には高品質の試薬を用いる。効果の高い酵素とRNaseインヒビターはBoehringer MannheimとPromegaから手に入る。DNAは清潔で，また，すべての試薬，試験管，ピペットはRNaseを含まない(RNaseフリー)ものでなければならない。このリボプローブ反応は非放射性のUTPを含んでいない。したがって生成されたプローブは高い特異的活性をもっている。非放射性のUTPを使わなくても収量には影響しないようである。プローブ作製のより詳細についてはプロトコール16.12のステップ2を参照されたい。

1. リボプローブ反応の調製

線状の鋳型($1\mu g/\mu l$)	$1\mu l$
5×転写バッファー	$4\mu l$
200mM DTT	$1\mu l$
胎盤性RNaseインヒビター($20\sim40U/\mu l$)	$1\mu l$
ATP／CTP／GTP混合物(各2.5mM)	$1\mu l$
[^{35}S]UTP(800Ci/mmole)	$8\mu l$
RNAポリメラーゼ($20\sim40U/\mu l$)	$1\mu l$

    37℃で1時間インキュベートする。

2. 次の試薬をリボプローブ反応液に直接加えることで鋳型DNAを除去する

RNaseインヒビター	$1\mu l$
tRHA(10mg/ml)	$2\mu l$
RNaseフリーDNase I ($1\sim5U/\mu l$)	$1\mu l$

    37℃で15分間インキュベートする。

3. 次の試薬を加えてフェノール／クロロフォルム抽出を行う

1M DTT	$1\mu l$
DEPC-H$_2$O	$63\mu l$
3M NaOAc	$10\mu l$
フェノール／クロロフォルム	$100\mu l$

    十分にボルテックスしてから，10分間遠心する

4. 水層部分を取り出し，次の試薬を加えてエタノール沈殿を行う

5M NH$_4$OAc	$50\mu l$
100%エタノール	$500\mu l$

    ドライアイスの上，または－80℃に15〜20分間置いて沈殿させる。30分間遠心し，冷やした70%エタノールでペレットを洗う(－20℃)。次いで注意深く遠心管を傾けて，あるいはピペットを用いて70%エタノールを除く。ペレットを約15〜30分間乾燥させてから$50\mu l$の10mM DTTに再懸濁する。

5. 再懸濁液$1\mu l$の放射活性を測定する。もし，2×10^6cpm/μlに達していない時は反応の効率は50%未満であり，プローブとして用いるべきではない。典型的には3×10^6から4×10^6cpm/μlの範囲であるべきである。

    a. もし鋳型を初めて用いる時は，$1\mu l$のプローブを用いてシーケンシング・ゲル上でプローブが完全長であることをチェックすべきである。

    b. ハイブリダイゼーションのシグナルはプローブを長くすることによって増加させ

ることができるが，通常はプローブを100～200塩基の長さに加水分解する。

c. 50μlの加水分解バッファー(200mM NaHCO₃, 200mM Na₂HCO₃)を加え，60℃でインキュベートすることで加水分解反応を完了させる。

d. 適切な反応時間は次の式に従って決める。

$$x = \frac{L_o - L_f}{k(L_o L_f)}$$

ここで，L_oはキロベース単位で表した元の転写産物の長さ，L_fは同じくキロベース単位で表した最終的な転写産物の長さ(100～200塩基)，$k=0.11$，xが求める加水分解時間(分)である。

e. x分後に100μlの中和バッファー(0.2M NaOAc，1％氷酢酸，10mM DTT)を加える。次いで20μlの3M NaOAcと500μlの100％エタノールを加え，ドライアイス上で，または－80℃で15～20分間インキュベートしてプローブを沈殿させる。

f. 30分間の遠心によって沈殿をペレットにして70％エタノールで洗う。エタノールを除き，空気乾燥する。ペレットを50μlの10mM DTTに再懸濁し，その1μlをカウントする。およそ75％の回収率になるべきである。

g. 繰り返し述べるが，このテクニックを初めて用いる場合には，1μlの加水分解プローブをシーケンシング・ゲル上で解析し，加水分解がうまくいっていることを確認すべきである。

6. プローブに必要量の50％になるようにホルムアミドを加え，200mM DTTで容量を調節して10^6cpm/μlに希釈する。希釈したプローブは－20℃または－80℃で保存する。

ステップ2：プレハイブリダイゼーション

1. スライド(プロトコール16.7で作製したもの)をPBSから作りたての4％パラホルムアルデヒド-PBS溶液に移し，20分間，再固定する。PBSで2度洗う。

2. PBSを除き，5mM EDTA, 50mM Tris(pH7.5)で20μg/mlに希釈した新鮮なプロテナーゼK溶液に約10分間室温でインキュベートする。このステップの目的はハイブリダイゼーション反応を阻害する可能性のあるmRNA結合蛋白質を取り除くことである。この段階の処理時間とプロテナーゼK濃度は，最良の結果を得るために組織により，また酵素のバッチにより変えることが必要になるかも知れない。

3. 0.2％グリシン-1×PBSを30秒間加えて，プロテナーゼKを止める。

4. 1×PBSで各30秒間，2度洗う。

5. 4％パラホルムアルデヒド-PBSで5分間，再固定する。

6. PBSで5分間洗う，次いで速やかにDEPC-処理水へ浸す。

7. スライド・ラックを0.1Mトリエタノールアミンの中に置く。2分間インキュベートした後に最終希釈が1/400になるように無水酢酸を加える。撹拌して10分間静置する。もう1回，1/400無水酢酸を加えて撹拌し，10分間置く。

8. PBSで5分間洗う。

9. 30％, 60％, 80％, 95％, 100％エタノールに各2分間通して脱水する。

10. 1時間，空気乾燥する。すぐにハイブリダイゼーションに進む。一晩置いてはならない。

ステップ3：ハイブリダイゼーション

1. ハイブリダイゼーション混合液を調製する，理論的な必要量の約1.5倍の量を準備するのがよい。22×22mmのカバースリップに40μl，22×50mmには80μlが目安である。1mlのハイブリダイゼーション混合液は次のものを含む。

10× 塩類	100μl
脱イオン・ホルムアミド	400μl
50％硫酸デキストラン	200μl
tRNA(10mg/ml)	20μl
1 M DTT	8μl
水	72μl
プローブ	200μl

   80〜100℃で2〜3分間加熱混合し，次いで氷上に置く前に数秒間"激しく"ボルテックスする。この激しい撹拌を怠ると不均等なハイブリダイゼーション・シグナルが生じる。

2. 泡を立てないように注意しながらハイブリダイゼーション混合液をピペットで切片上にのせる。パラフィルムの小片で混合液を拡げ，すべての切片が覆われるようにする。針または類似の支持用具を用いてシリコン化したカバースリップを切片上に静かに下ろす（一般技術の節，プロトコール16.7を参照）。曇りガラスの面に鉛筆でラベルを記入し，シールしたサンドイッチ箱の中の1×塩類または1×PBSで浸した紙タオル上にスライドを水平に置く。50℃の加湿インキュベーター内で一晩インキュベートする。または，数枚のプラスチックバッグ内に箱を入れて密封し，ウォーターバスの中に沈める。箱が水平に置かれていることを確かめる。

ステップ4：ハイブリダイゼーション後の洗浄

RNase Aによる消化は，ハイブリダイゼーションした二重鎖は無傷に残しながら，ハイブリダイゼーションしなかった一本鎖のプローブをすべて破壊する。洗浄のステップはバックグラウンドを取り除くために非常に重要である。最適な結果を得るために処理時間と温度（ストリンジェンシー）を変えることが必要になるかも知れない。あるプローブはほかのものより高いバックグラウンドを生じる（対照の論議についてはプロトコール16.12参照）。

1. スライドを5×SSC，10mM DTTで15〜30分間，50℃でインキュベートしてカバースリップをはずす。
2. スライドを50％ホルムアミド，2×SSC，10mM DTTで20〜30分間，50℃（低いストリンジェンシー）または60〜65℃（高いストリンジェンシー）で洗う。
3. 0.5M NaCl-TEで5分間，37℃で洗う。
4. 20μg/ml RNase Aを含む0.5M NaCl-TEで30分間，37℃でインキュベートする。
5. 0.5M NaCl-TEで30分間，37℃で洗う。
6. ステップ2を繰り返す（任意）。
7. スライドを2×SSCで30分間，50℃（低いストリンジェンシー）または60〜65℃（高いストリンジェンシー）で洗う。
8. スライドを1×SSCで30分間，50℃（低いストリンジェンシー）または60〜65℃（高いストリンジェンシー）で洗う。

9. 30％，60％，80％，および300mM NH₄Acを含む95％エタノールで各2分間，さらに100％エタノールで2回脱水する。
10. スライドを1～2時間空気乾燥し，オートラジオグラフィーに供する。

ステップ5：オートラジオグラフィー

1. エマルジョン：グリセロール(Ilford K5またはKodak NTB-2)の1：1混合液を作る。まず，50mlの尖底試験管に15mlの目盛りまで固形のエマルジョンを入れ，45℃で10～15分間加熱して溶解させる。次いで等量(約10ml)の2％グリセロールを加える。45℃で約5分間加熱し，浸漬ジャーに注ぐ(泡立てないようにする)。
2. 混合液にスライドを浸す。3つ数えてから取り出し背面をきれいに拭き取ってからスライドグラス上に乾くまで置く(1時間)。スライドは水平に保つ。スライド間にばらつきがないようにする。
3. スライドを現像箱に入れる。アルミフォイルで包み，日付を記入し，室温に一晩置いた後に，使用まで4℃に保存する。テストとして1～2枚を数日後(5～7日)に現像してみてから，残りの全部のスライドを処理するのがよい考えである。

ステップ6：オートラジオグラフィー：現像

エマルジョンの膨張，収縮，および変形を避けるために，すべての溶液は使用前に"正確に"同じ温度にしておかなければならない。スライドを室温にまで温める。以下の操作はすべて暗室で行う。

1. スライドをKodak D19現像液に2分間入れる。約4g/250mlの濃度を用いる(これは製造元の推奨する濃度よりも低い)。
2. スライドを1％酢酸液に2分間入れて，反応を止める。
3. スライドを30％チオ硫酸ナトリウム液に5分間入れて現像液を除く。液は毎回新しいものに取り替える。
4. スライドを蒸留水に10分間入れる。
5. スライドを蒸留水に30分間入れる(明かりをつけてもよい)。
6. スライドを染色する。良好な対比染色は0.02％トルイジンブルー水溶液(0.22μmフィルターで濾過して用いる)，30～60秒間の染色で得られる。核は青く染まる。
7. スライドを30％，60％，80％，95％，100％エタノールに各1～2分間，新鮮なキシレンに2回，5～10分間通して脱水する。
8. スライドを封入剤(例えば，Permount)で封入する。もし，この時点でスライドが白く濁ったら，新しい液を用いて脱水の過程をやり直す必要がある。キシレンに浸してカバースリップをはずす(一晩かかるかも知れない)。スライドをエタノールの低い濃度に順に移して水に戻し，70％エタノールに達したところで上昇系列の新しいエタノール液に順に移して新鮮なキシレンに入れる。

プロトコール 12　RNAプローブによるホールマウント胚の in situ ハイブリダイゼーション

　この方法は，Thomas Lufkin, Brookdale Center for Developmental and Molecular Biology, Mount Sinai School of Medicine, New York, NY 10029 より提供されたものである。
このプロトコールは次のステップと節からなる。
1．胚の準備
2．プローブの準備
3．in situ ハイブリダイゼーション操作

ステップ1：胚の準備
材　料

胚
　好みの発生段階の胚

試薬
　DMEM＋10％血清
　固定液：4％パラホルムアルデヒド＜！＞-PBS（608頁参照）
　メタノール＜！＞，25％，50％，75％，100％-PTW．PTWはリン酸緩衝液（PBS），Ca^{++}/Mg^{++}（付録1参照），またはダルベッコ修正イーグル培地（DMEM）で，10％血清を含む。
　0.1％Tween 20を含むPBS

注意：＜！＞をつけた材料の適切な取り扱いについては付録2を参照のこと。

手　順

1. 固定前に，10％血清（胚の粘着性を低下させる）を含むPBSまたはDMEMの中で，胚を脱落膜（第5章参照）から切り出す。卵黄嚢と羊膜は取り除くか，または胚から引き離す（ついているとプローブが捕捉される）。

2. 胚をPBSで洗い，10mlの新鮮な固定液に移して4℃で固定する。固定時間は胚の大きさによる（例えば，交尾後8～8.5日またはそれよりも若い胚は45分間，交尾後9.5日胚は1.5～2時間，それよりも後期の胚は一晩）。固定しすぎないようにする。

3. 固定した胚を氷上で10mlのPTWで2度洗う。

4. 胚を保存するためには，PTW-メタノールの上昇系列で胚を脱水する（25％，50％，75％で各1回，100％で2回，各5分間，氷上）。最適な in situ ハイブリダイゼーションのためには，胚はメタノール内に－20℃で1カ月は保存できる。－20℃で1年間メタノール内に保存した胚でも in situ ハイブリダイゼーションは可能であるが，最適とはいえなくなる。

コメント

偶然に紛失することを考慮し，また結果の解釈を単純化するために，10個またはそれ以上の胚を一組として実験を行う。主要な紛糾の種は抗体またはプローブが羊膜腔，心臓，脳室に非特異的に吸着されて生じるバックグラウンドである。高いバックグラウンドは古い胚では特に緊急の問題になる。したがって，脳および心臓を鋭いピンセットまたは注射針で穿孔して溶液の交換を促し，洗浄の時間と量を増やすことが推奨される。10.5日以上の胚は，100％メタノール固定後に硬くなったら，カミソリの刃で半切することも可能である。

ステップ2：プローブの準備

アンチセンス・ジゴキシゲニン標識リボプローブは，直鎖化したプラスミド鋳型からバクテリオファージRNAポリメラーゼ（T3，T7，SP6）を用いて標準的条件下に"run-off transcripts"として合成される。ステロイドで修飾されたRNAは溶解度が異なるので，合成後のプローブの取り扱いが変わってくることに注意を要する。プラスミドは，例えば，Qiagen法（製造元の指示を参照；Qiagen）または塩化セシウム・バンデングとそれに続く制限酵素消化後のフェノール抽出により調製する。250～1500bpの範囲のプローブが成功裏に用いられている。現在まで，アルカリ加水分解でサイズを小さくしたプローブでは，シグナルまたはシグナル／ノイズ比の改善がなされていない。反応産物は塩化ナトリウムの存在下にエタノールで沈殿させる。DEPC-処理水に再懸濁したものは−20℃で何カ月も安定である。最適なプローブの濃度は100ng～1μg/mlの範囲で経験的に決めるべきである。リボプローブの調製については，コメント（637頁）を参照されたい。

材　料

器具
　電気泳動装置
　微量遠心機
　微量遠心管
　ウォーターバス，37℃

試薬
　アガロースゲル，1％，0.5μg/mlのエチジウム・ブロマイド<！>を含む
　DIG RNAラベリング・ミックス（Boehringer Mannheim 1277 0732）
　エタノール<！>，70％
　塩化ナトリウム，0.3M-1×TE
　プラスミドDNA，直鎖化したもの
　RNAポリメラーゼ（SP6 20U/μl, New England Biolabs M0207S；T7 50U/μl, New England Biolabs M0251S；T3 50U/μl, Stratagene 600111）
　RNAsinリボヌクレアーゼ阻害剤，40U/μl（Promega N2111）
　転写バッファー，10×（RNAポリメラーゼとともに提供される）

注意：<！>をつけた材料の適切な取り扱いについては付録2を参照のこと。

手　順

1. 次のものを微量遠心管に入れる。
   - 1μgの直鎖化プラスミドDNA
   - 2μlの10×DIG RNA標識ミックス
   - 2μlの10×転写バッファー
   - 1μlのRNAsin
   - 1μlのRNAポリメラーゼ
   - 水で最終容量を20μlとする。
2. 撹拌し，手早く遠心してから，37℃のウォーターバスで2時間インキュベートする。このステップ以降は，試料のDNase処理は必要としない。
3. 0.3M塩化ナトリウム-1×TEで反応を止め，沈殿させる。20分間の遠心で沈殿をペレットにする。上澄みを除き，ペレットを70％エタノールで洗う。
4. ペレットを50μlの水に再懸濁して−20℃に保存する。
5. 標識反応により5〜20μgの標識されたRNAが生成されるはずである（濃度は0.05〜0.2μg/μl）。これを確かめるために，1μlを小分けして0.5μg/mlのエチジウム・ブロマイドを含む1％アガロースゲル上で電気泳動する。プラスミドのバンドよりも約10倍強いRNAバンドが観察されるはずである。これは約10μgのプローブが合成されたことを示している。

ステップ3：*in situ*ハイブリダイゼーション操作

材　料

器具
- 1.5ml微量遠心管，または4mlガラス製バイアル，スクリューキャップつき
- ヌテーター（Nutator）
- オーブン，65〜70℃
- ウォーターバス，65〜70℃

試薬

アルカリホスファターゼ・バッファー（NTMT）
- 100mM NaCl
- 100mM Tris＜！＞（pH9.5）
- 50mM MgCl₂＜！＞
- 0.1％Tween 20

保存液から作った新鮮なものを用いるのが最善である。作ってから時間が経つと沈殿しやすくなる。

BMブロッキング試薬（Boehringer Mannheim 1096-176）
MAB（Tween 20を含まない）で10％保存液を作る。加熱溶解させ，次いでオートクレーブし，小分けして凍結する。"embryo powder"よりも良く効き，作りやすく，ばらつきが少ない。われわれはMABTを用いて安定した結果を得ているが，マレイン酸塩は緩衝作用が十分ではなく，より良好な代わりの緩衝剤がたぶんあるだろう。

DIG標識ミックス（Boehringer 1 277 073）

グルタールアルデヒド＜！＞（25％，室温保存）

ハイブリダイゼーション・ミックス，−20℃に保存可能
 1.3 × SSC
 5mM EDTA(pH 8.0)
 50％ホルムアミド<！>
 CHAPS，0.5％(Sigma C3023)
 ヘパリン，100μg/ml(Sigma H9399)
 Tween 20，0.2％(Sigma P7949)
 酵母RNA，50μg/ml
MABT(pH 7.5)
 マレイン酸<！>，100mM(Sigma M0375)
 NaCl，150mM
 Tween 20，0.1％
パラホルムアルデヒド<！>，4％(作りたてのもの)(一般技術，プロトコール16.3参照)
PBS*，10×(100ml：8 g NaCl，0.2g KCl<！>，1.44g Na_2HPO_4，0.24g KH_2PO_4<！>)(付録1参照)
プロテナーゼK(Sigma P2308)
PTW*は，0.1％Tween 20を含むPBSである
 *印のついた試薬はRNaseフリーでなければならない。
紫色AP基質(Boehringer Mannheim 1 442 074)
 これはNBT/BCIPよりも感度がよい
子ウシ小腸アルカリホスファターゼ結合・ヒツジ抗DIG Fab(Boehringer Mannheim 1093 274)
抗血清を希釈し胚の非特異的部位をブロックするのに用いるヒツジ血清
 抗DIGはヒツジから得たものであるため，このステップでは同種の血清を用いることが推奨される。しかし，ほかの血清でも良い結果が得られるかも知れない。血清は，内在性のアルカリホスファターゼ活性を破壊するために70℃で30分間加熱してから用いる。もし加熱中に血清がゲル化(変性)しても使用できるが，希釈後によく混ぜ合わせなければならない。または変性した血清を55℃だけに温める(これを試みた人は良い結果を得ている)。

手　順

第1日

前処理とハイブリダイゼーション

ステップ1〜9は，ほかに記載がなければ1.5ml微量遠心管，または4mlガラス製バイアル内で室温にて行う。この処方では，断り書きがなければ，"すすぎ"は瞬間的，"洗い"は5分間である。

1. 胚を75％，50％，25％のメタノール／PTWを通して(胚が落ち着くまで待つ)水に戻し，PTWで2回洗う。
2. 10μg/mlプロテナーゼK-PTWで胚を処理する。マウス胚について：交尾後6.5〜7.5日は5分間，以後1日増すごとに5分間追加，交尾後9.5日は15分間，交尾後10.5日は20分間とする。外胚葉性頂堤(AER)あるいは体表の外胚葉組織にプローブを当てる時は，プロテナーゼKを0.5μg/mlに減らして5分間だけ処理する。組織の厚さがプロテナーゼK処理の強さと時間を決める。組織が薄いほど注意が必要であり，プロテナーゼK処理が不要の場合もある。厚い組織または器官では，より長いプロテナーゼK処理が必要になる。
3. プロテナーゼKを除き，PTWで手早くすすぐ(要注意！)，4％パラホルムアルデヒド＋

0.1％グルタールアルデヒド-PTWで20分間，後固定する。プロテナーゼK活性を確実に止めるために，PTW洗浄液に2mg/mlのグリシンを含ませることもできる。

4．胚をPTWですすいで一度洗い，1.5ml微量遠心管，または4mlガラス製バイアルに移す。
5．1：1PTW／ハイブリダイゼーション・ミックスで一度すすぎ，胚が落ち着くのを待つ。
6．1mlハイブリダイゼーション・ミックスですすぎ，胚が落ち着くのを待つ。
7．1mlハイブリダイゼーション・ミックスで置き換え，65〜70℃で1〜24時間インキュベートする。胚はプレハイブリダイゼーションの前または後に−20℃に保存することもできる。
8．あらかじめ加温した1mlハイブリダイゼーション・ミックスと約1μg/ml DIG標識RNAで置き換え(0.1μg/mlの少量でも効果がある)，直ちに65〜70℃に置く。
9．65〜70℃で12〜24時間インキュベートする(24時間が望ましい)。穏やかな揺すり，または振動が手助けになる。

第2日

ハイブリダイゼーション後の洗浄

65〜70℃での洗浄が終わったら，試験管を65〜70℃の加熱ブロック内に垂直に立てて胚が沈むのを待つ。次いで，試料が冷えないように1本ずつ上澄みを取り替える。洗浄液はウォーターバス内で65〜70℃に保持する。

1．あらかじめ加温した(65〜70℃)ハイブリダイゼーション・ミックスで2回すすぐ。
2．あらかじめ加温した(65〜70℃)1.5mlのハイブリダイゼーション・ミックスで各30分間，2回洗う。
3．あらかじめ加温した1.5mlの1：1ハイブリダイゼーション・ミックス/MABTで65〜70℃で10分間洗う。
4．1.5mlのMABTで2回すすぐ。
5．1.5mlのMABTで15分間，1回洗う。
6．MABT＋2％Boehringer Blocking Reagent(BBR)1.5mlとともに1時間インキュベートする。
7．MABT＋2％BBR＋20％加熱処理子ヒツジまたはヒツジ血清1.5mlとともに少なくとも1時間インキュベートする。
8．新鮮なMABT＋2％BBR＋20％ヒツジ血清＋1/2,000〜1/10,000倍希釈AP-抗DIG抗体1mlとともに4℃で一晩(または室温で4時間)インキュベートする。

第3日

抗体後の洗浄

1．1.5mlのMABTで3回すすぐ。ガラス製の4mlまたは20mlシンチレーション・バイアルへ移す。
2．10〜20mlのMABTで回転，旋回，または撹拌させながら少なくとも5回，次いで最低一晩，洗浄する(バックグラウンドを下げるためには4℃の低温室内で4日間，1日に2〜3回洗うことが望ましい)。

第4日

組織化学
1. 10～20 ml の NTMT で 3 回，各 10～60 分間洗う。
2. 十分量の紫色 AP 基質で胚を覆い，4～10℃で 1～4 日間，バックグラウンドが見え始めるまでインキュベートする。このステップは，バイアルをフォイルで包むか，または遮光した引き出しの中に保持して行う。
3. 発色が好みの強度になったら PTW で一度すすぎ，次いで少なくとも 2 度洗う。4％パラホルムアルデヒド／0.1％グルタールアルデヒド／PTW で 2 時間（室温）または一晩（4℃），再固定する。PTW で一度すすぎ，2 回 10 分間洗う。PTW + 0.1％アジド（azide）の中に 4℃で保存する。

コメント

リボプローブを調製するためには，プラスミドを完全に直鎖化することが重要である。少量でも未消化のプラスミドが残っていると，非常に長い転写産物が生じて標識した rNTP の相当な量を取り込んでしまう。制限酵素で消化した後にフェノール：クロロフォルム：イソアミルアルコールで直鎖化プラスミドを抽出し，エタノールで沈殿させ，DEPC 処理水に溶解させる。DNA 鋳型が 3'-オーバーハングを含んでいると，期待される転写産物のほかに余分の転写産物が生じると報告されているので，*Kpn1*，*Pst1*，*Sac1*，*SacII* のように 3'-オーバーハングを残す酵素は使うべきではない。もし代わりの酵素がない場合には，3'-オーバーハングは DNA ポリメラーゼ I Klenow fragment または T4 DNA ポリメラーゼを用いて平滑末端に変えるべきである。

プロトコール 13　ホールマウント in situ ハイブリダイゼーション後の胚の可視化

このプロトコールは，Maki Wakamiya, Department of Molecular Genetics, M. D. Anderson Cancer Center, Houston, Texas 77030により提供されたものである。

材　料

胚
　in situ ハイブリダイゼーション処理胚

器具
　カメラ，フィルムまたはデジタル
　明視野の光源と反射鏡のついた実体顕微鏡
　ピンセット，時計用，#5
　ペトリ皿，ガラス製
　スライドフィルム，Kodak Elite Chrome Tungsten 160T

試薬
　アガロース/PBS，0.4〜0.8%-PBT
　グリセロール/PBTシリーズ，1:4，2:3，3:2，4:1

手　順

1. グリセロール/PBTシリーズ，1:4，2:3，3:2，4:1で胚を洗い，透明化する。それぞれの液に入れた時，胚は最初浮くが，沈むのを待って次の液に移す。
　　グリセロールによって in situ 染色は色褪せるので，胚は直ちに写真に撮るべきである。

2. 4:1 グリセロール/PBTを含むペトリ皿内の透明化胚を写真に撮る。液の粘度が胚を好みの位置に保持するのを助ける。

3. 透明化していない胚は，PTBで満たしたディッシュ内に入れて0.4〜0.8%アガロース/PBSの層で物理的に動かないようにする。アガロースには小さな穴を開けて胚を好みの位置に動かすことができる。

4. 異なった照明法を試すべきである。一般的に，交尾後8.5日までの胚は明視野で透過光によって最良の写真が得られる。コントラストを増すために実体顕微鏡の反射鏡の角度を傾ける。交尾後9.5日以上の胚は暗視野で撮るのがよい。より厚く，不透明な標本(例えば，交尾後13.5日の胎子)は上から，または横から，あるいはその両方からの反射光を用いて可視化する。

5. フィルムカメラを用いる時は，胚の種々の部分に焦点を当てて種々の露出時間で何枚もの写真を撮る。このうちのどれかは適正なものになる。

コメント

ホールマウント in situ ハイブリダイゼーション後の，前原条期または原腸期胚の遺伝子型を判定する時は，第12章を参照されたい。

プロトコール 14　ホールマウント *in situ* ハイブリダイゼーション後の胚を切片にする

凍結切片

　この操作は Michael Shen, Center for Advanced Biotechnology and Medicine, Rutgers University, Robert Wood Johnson Medical School, Piscataway, New Jersey 08854 より提供されたものである。

材　料

胚
　固定後の胚

器具
　アルミニウムフォルム
　クリオトーム
　実体顕微鏡
　スライドグラス
　試験管

試薬
　Aqua Poly/Mount (Polysciences 18606)
　ドライアイス＜！＞
　2-メチルブタン＜！＞
　OCT＜！＞(Tissue-Tek)と30％シュクロース-PBSの1：1混合液
　シュクロース，30％-1 × PBS(pH 7.4)

注意：＜！＞をつけた材料の適切な取り扱いについては付録2を参照のこと。

手　順

1. 固定後の胚をPBSで3回洗い，グリセロールを除く。
2. 胚を30％シュクロース-1 × PBS(pH7.4)に移し，胚が試験管の底に沈むまで穏やかに揺する。胚の大きさにより2日かかる。
3. 胚をOCTと30％シュクロース-PBSの1：1混合液に移し，室温で2時間インキュベートする。胚は30％シュクロースまたはOCTと30％シュクロースの混合液内に4℃で1週間は保存できる。
4. 実体顕微鏡下で胚を好みの向きにしてOCT内に包埋する。次いで，ドライアイス上で冷やした2-メチルブタン液に漬けて急速凍結する。
5. ブロックはアルミフォイルに包み，−80℃に保存する。
6. クリオトームでブロックをスライドグラス上に切片にする。
7. 切片をAqua Poly/Mountに封入する。

ワックス切片

胚または組織は，エタノール系列を通して脱水し，キシレンで洗浄し，ワックス内へ包埋する。切片は一般技術の章で述べられているように作製する。エオシン染色はアルカリホスファターゼ反応の青色・紫色の沈殿とコントラストを示す良い対比染色である。対比染色は下記の様に行う。

材　料

胚
　固定胚

器具
　スライド加温器

試薬
　エオシン保存液，1％
　エタノール＜！＞，30％，70％，95％，100％
　氷酢酸＜！＞
　Permount＜！＞
　キシレン＜！＞

注意：＜！＞をつけた材料の適切な取り扱いについては付録2を参照のこと。

手　順

1. 1％エオシン保存液を水で1：50に希釈し，50ml当り約2滴の氷酢酸を加えて溶液が赤色からオレンジに変わるまで酸性にする。
2. スライドをキシレンで2回洗ってワックスを除き，エタノール系列を低い方に向かって30％まで通す(プロトコール16.8参照)。
3. スライドを蒸留水に素早く浸し，希釈エオシン液で30秒〜2分間(好みの染色レベルによる)穏やかに撹拌しながら染色する。
4. スライドを70％エタノールで速やかにすすぐ。エオシンの色が褪せるので，さらに希釈したエタノール液は避ける。95％，および100％エタノールで各2回脱水し，キシレンで各2回洗浄する(2回目は新しいキシレンを用いる)。Permountで封入し，加温器で一晩乾燥させる。

プロトコール 15　β-ガラクトシダーゼ(lacZ)活性の染色

次のテクニックがこのプロトコールに記されている。
1. 全胚の染色
2. X-gal染色胚の可視化
3. 凍結切片の染色

テクニック1：全胚の染色

材　料

器具
　コーティングしたスライド
　クリオトーム
　切片の材料(一般技術は，プロトコール16.6参照)

試薬
　蒸留水
　エタノール<！>，70％，4℃
　デタージェント・リンス
　　　0.1Mリン酸緩衝液(pH 7.3)
　　　2mM MgCl₂<！>
　　　0.01％デオキシコール酸ナトリウム<！>
　　　0.02％ Nonidet P-40(NP-40；Sigma N6507)
　凍結切片用の固定液
　　　0.2％パラホルムアルデヒド<！>-0.1M PIPES緩衝液(pH 6.9)(Sigma P9291)
　　　2mM MgCl₂<！>
　　　5mM EGTA
　　　パラホルムアルデヒド溶液を調製する時は，一般技術のセクション，プロトコール16.3参照。
　全胚の染色のための固定液(新たに作る)
　　　0.1Mリン酸緩衝液(pH 7.3)
　　　0.2Mグルタールアルデヒド<！>(Sigma G6257)
　　　5mM EGTA(0.1M，pH 8.0の保存液から作る)
　　　2mM MgCl₂<！>
　X-gal(5-bromo-4-chloro-3-indolyl-β-D-galactopyranoside)<！>(例，Invitrogen Life Technologies 15520034)
　　　X-galは非常に高価であり，注意深く扱うべきである。ガラス容器およびガラスピペットのみを使用する。ジメチルホルムアミド<！>(Sigma D8654)で25mg/ml濃度の保存液を作り，遮光して-20℃に保存する。
　ヒストクリア(またはキシレン)<！>
　OCT<！>(Harlow and Lane 1988参照)
　オレンジG(1％ w/v-2％リンタングステン酸)
　PBS(付録1参照)+2mM MgCl₂<！>，30％シュクロース

> 染色液
> 0.1％リン酸緩衝液（pH 7.3）
> 2mM MgCl₂＜！＞
> 0.01％デオキシコール酸ナトリウム＜！＞
> 0.02％NP-40
> 5mMフェリシアン化カリウム＜！＞
> 5mMフェロシアン化カリウム＜！＞
> X-gal保存液を最終濃度が1mg/mlになるように希釈する。もし染色が1時間を超える時は，最終濃度が20mMになるようにTris（pH7.3）を染色液に加えるのがよい。使用後は濾過して4℃に遮光保存すれば何カ月も使用に耐える。

注意：＜！＞をつけた材料の適切な取り扱いについては付録2を参照のこと。

手　順

1. 固定
    a. 固定液に移す前に，胚から胚外の膜を取り除く。13日齢以上の胚は固定液の浸透を促すためにカミソリの刃で正中線に沿って半切する。15日から出生までの胚については，妊娠マウスを灌流することを勧める。
    b. 最良の結果を得るためには，胚を0.2％グルタールアルデヒドで固定する。ただし，もし抗体染色の後に*lacZ*の組織化学が行われる時は，代わりにパラホルムアルデヒド固定を用いることができる。固定時間は試料の大きさによる。組織培養細胞は5分で十分であるが，着床後の初期の胚は10～15分を要し，交尾後約13日までの胚は15～30分が必要である。
    c. 同時に多数の胚を検査する時は，個々の胚を24ウェルの組織培養ディッシュに入れて，固定液はパスツールピペットで吸引する。
2. 固定した組織をデタージェント・リンスで3回，室温で15～30分間すすぐ。
3. 染色時間は試料の大きさと*β*-ガラクトシダーゼ活性のレベルによって異なる。小さい試料は37℃で1～3時間，より日数の進んだ胚は37℃で4～5時間，暗闇でインキュベートする。長くインキュベートする時はTris緩衝液（pH7.3）を染色液に加えることが重要である。4℃で70％エタノール内に保存する。
4. 染色後は，胚を切片にして*lacZ*の発現を細胞レベルで観察することができる。
    a. アルコールを通して（70％エタノール，90％エタノール，95％エタノール，100％エタノール，キシレン）胚を脱水し，ワックスに包埋する（一般技術のセクション，プロトコール16.5参照）。試料をアルコールの中に必要以上に長く置いてはいけない。なぜなら反応産物が溶け出すからである。ファーストレッドによる核染色が対比染色として用いることができる。
    b. 暗視野の顕微鏡で切片を観察する時は*lacZ*の染色はピンク色に見えて，周囲の組織とのコントラストがよい。したがって対比染色は不要である。

テクニック２：X-GAL染色胚の可視化

　この操作はAkio Kobayashi, Department of Molecular Genetics, M.D.Anderson Cancer Center, Houston, Texas 77030から提供されたものである。

材　料

胚
　X-gal染色胚

器具
　カメラ，フィルムまたはデジタル
　実体顕微鏡
　ピンセット，時計用，＃5
　スライドフィルム，Kodak Elite Chrome Tungsten 160T

試薬
　アガロース，1％，PBSで調製
　パラホルムアルデヒド<！>，PBSで4％に調製
　リン酸緩衝液(PBS)

注意：<！>をつけた材料の適切な取り扱いについては付録2を参照のこと。

手　順

1. X-gal染色胚を4％パラホルムアルデヒド-PBSで4℃に一晩，後固定する。
　　これで胚は硬くなり，以降の操作で壊れにくくなる。またX-gal染色液の黄色い色を除くこともできる。この後固定は次の組織学的解析にも重要であり，もし必要があれば胚をさらに切開することも可能にする。
2. 胚をPBSで数回すすぐ。
3. もし後期の胚でその内部構造が見たい時は，時計用＃5ピンセットを用いて不要の組織を取り除く。
4. 胚を1％アガロース(PBSで調製)の層で満たしてPBSで覆ったペトリ皿の中に入れる。アガロースに小さな穴を開けて胚を好みの方向に動かしやすくする。
5. 実体顕微鏡を用いて胚の写真を撮り，記録する。
　　異なった照明法を試すべきである。一般的に，交尾後9.5日までの胚は明視野で透過光によって最良の写真が得られる。コントラストを増すために実体顕微鏡の反射鏡の角度を傾ける。交尾後10.5日以上の胚は暗視野で撮るのがよい。より厚く，不透明な標本(例えば，交尾後14.5日の胎子)は上から，または横から，あるいはその両方からの反射光を用いて可視化する。

テクニック3：凍結切片の染色

材　料

胚
　新たに固定した胚

器具
　クリオトーム

試薬
　デタージェント・リンス（上に述べた全胚染色を参照）
　蒸留水
　ヒストクリア（またはキシレン）＜！＞
　メタノール＜！＞，50％，70％，100％
　OCT＜！＞
　オレンジG（1％[w/v]-2％リンタングステン酸）
　パラホルムアルデヒド＜！＞，2％溶液
　リン酸緩衝液（PBS）＋2mM MgCl$_2$＜！＞
　リン酸緩衝液（PBS）＋2mM MgCl$_2$＜！＞および30％シュクロース
　染色液（前述した全胚染色を参照）
　X-gal

注意：＜！＞をつけた材料の適切な取り扱いについては付録2を参照のこと。

手　順

1. 新しく固定した材料を用いる。4℃で0.2％パラホルムアルデヒド溶液に浸すことで固定する（641頁参照）。交尾後10日までの胚は一晩の固定で十分である。
2. PBSプラス2mM MgCl$_2$および30％シュクロース内で，一晩4℃でインキュベートする。
3. 組織をOCTに包埋し，ドライアイス上で凍結する（Harlow and Lane 1988参照）。
4. クリオトームでコーティングしたスライド上に試料を切片とする（一般技術，プロトコール16.6参照）。
5. 切片を氷上の0.2％パラホルムアルデヒド内で10分間，後固定する。
6. 2mM MgCl$_2$を含むPBS内でスライドをすすぎ，同じ液の中で10分間洗う。両方とも氷上で行う。
7. スライドを氷上のデタージェント・リンス内に10分間置く（641頁参照）。
8. 切片を暗所で2～3時間，37℃で染色する。
9. PBS＋2mM MgCl$_2$で切片を2度，各5分間室温で洗う。
10. スライドを蒸留水ですすぐ。
11. オレンジG（1％[w/v]-2％リンタングステン酸）で30秒間スライドを対比染色する。
12. 蒸留水で3回，各5分間洗う。
13. メタノール（50％，70％，100％，各5分）を通して切片を脱水する。
14. ヒストクリア（またはキシレン）で2回，各5分間切片を透徹する。
15. 包埋する（例，Permount）。

プロトコール 16　アルカリホスファターゼ活性の染色

材　料

試薬
AP緩衝液
　　100mM Tris-HCl＜！＞(pH 9.5)
　　100mM NaCl
　　10mM MgCl$_2$＜！＞
BM紫色AP基質(Roche Applied Science 1442074)
パラホルムアルデヒド＜！＞，4%-PBS，作りたてのもの
エタノール＜！＞，70%
PBS
PMTデタージェント・リンス(PBS, MgCl$_2$＜！＞, 2mM, 0.1%Tween 20)

注意：＜！＞をつけた材料の適切な取り扱いについては付録2を参照のこと。

手　順

1. 4%パラホルムアルデヒド-PBSで20分間から一晩，4℃で固定する。
2. 胚を2～3回PBSですすぐ。
3. 胚を70～75℃で10～30分間，PBS内でインキュベートして内在性のアルカリホスファターゼを不活性化する。
4. 室温で胚をPBSですすぐ。
5. AP緩衝液で10分間，胚を洗う。
6. BM紫色AP基質内で，胚を4℃で0.5～36時間染色する。
7. 胚をPMTで徹底的に洗う。
8. 4℃で70%エタノール内に保存する。

コメント

- AP染色胚はX-gal染色胚と同じように写真撮影することができる(プロトコール16.15，テクニック2)。
- ホールマウント胚をβ-ガラクトシダーゼとAP活性について二重染色することができる。胚はまずβ-ガラクトシダーゼについて染色し，PBSですすいでからAP活性について染色する(ステップ3～8)。

プロトコール 17　着床後のホールマウント胚におけるGFP発現の可視化

材　料

器具
プラスチック・ペトリ皿，60または100mm
外科手術用具

試薬
パラホルムアルデヒド<！>，4％，作りたてのもの
リン酸緩衝液，0.1M(pH7.3)

注意：<！>をつけた材料の適切な取り扱いについては付録2を参照。

手　順

1. 胚を子宮から切り出し，母体組織を取り除く。
2. 胚を冷たいリン酸緩衝液で洗い，切れ端や血液を取り除く。
3. 任意：もし，胚の組織学にまで進む時は，4℃で最小時間，4％パラホルムアルデヒドで固定する。（蛍光蛋白質の活性を阻害するので固定しすぎないように注意する）固定液をリン酸緩衝液に取り替える。
4. GFP可視化光源を用いて，実体顕微鏡下にGFP活性を観察する。

コメント

- もし，GFP発現が特定の器官，組織，または細胞に特異的で，胚の細かな解剖が必要な時は，GFP可視化条件下で解剖を実施するのが有利である。
- まだ脱落膜が明瞭でない（例，交尾後5.5日）着床後の非常に早い段階の胚の解剖は，着床胚が極めて小さいために困難である。GFP-トランスジェニック胚は，その回収がGFP可視化条件下に実施されれば，この段階での解剖を容易にする。

プロトコール 18　生存細胞におけるGFP-融合蛋白質の観察

材料

細胞
組織培養で増えている生存細胞

器具
顕微鏡(実体または倒立)GFPが見えるもの
組織培養ディッシュまたはガラス底の組織培養ディッシュ(MatTek Corporation), またはマルチ・チャンバー培養プレート(Nalgene Labtek 2 chambers)

試薬
使用する細胞に適した培地
フェノールレッドを含まない成長培地(Gibco)またはCa^{++}/Mg^{++}含有PBS

手順

1. 好みの段階, コンフルエンスまたは時間まで細胞を増やす。
2. Ca^{++}およびMg^{++}を含み, フェノールレッドを含まないPBSで培養用の培地を置き換える。
3. チャンバーまたは組織培養プレートを顕微鏡のステージにのせてGFPを見るために適当なフィルターを用いる。
4. フェノールレッドを含まないPBSを培養用の培地に置き換え, チャンバーまたは組織培養プレートをインキュベーター内に戻す。

コメント

- もし, GFP観察を滅菌フードの外で行う時は, 細胞培養の無菌性が保持されるように注意しなければならない。
- GFP発現はフェノールレッドを含まない条件下で観察することが必須である。もし, フェノールレッドが含まれているとバックグラウンド蛍光が生じる。
- もし, 低倍率の実体顕微鏡を用いる時は, プレートまたはチャンバーの底に付着しているゴミの粒が自家蛍光を発して陽性細胞またはコロニーと紛らわしく見えるので注意する。間違いを避けるための最良の方法は, 正常な光をつけたり消したりして, 顕微鏡の焦点が細胞層に完全に合っているがどうかを, 頻繁にチェックすることである。

| プロトコール 19 | 固定細胞におけるGFPの細胞内観察 |

材 料

器具
カバースリップ，無菌処理したもの（細胞接着のためにコーティングが必要になるかも知れない）
GFP観察器具つきの顕微鏡
顕微鏡スライド
Whatman濾紙

試薬
封入液（Molecular Probes Inc., Prolong Antifade Kit, P-7481）
パラホルムアルデヒド<！>2%-PBS(pH7.4)溶液

注意：<！>をつけた材料の適切な取り扱いについては付録2を参照のこと。

手 順

1. カバースリップを組織培養プレートの中に置き，その上に細胞を蒔く。
2. 細胞を好みのコンフルエンスまたは時間まで増やす。
3. 2%パラホルムアルデヒド-PBS(pH7.4)で15分間，室温で細胞を固定する。
4. 細胞を4mlのPBS(pH 7.4)ですすぎ，次いで手早く2mlのPBS(pH 7.4)で2回，室温でカバースリップを洗う。
5. ガラス顕微鏡スライド上の中央に10μlの封入液を置く。
6. カバースリップの端を濾紙片に軽く当てて，余分のPBSを除く。
7. 付着した細胞が封入液に面するようにカバースリップをスライド上に降ろす。
8. 蛍光で観察する。

コメント

- 有機溶媒はGFPの光放射を破壊するので，メタノールまたは酢酸で固定してはならない。
- このプロトコールは，GFPのスペクトラル・バリアントだけでなく，dsRedに対しても使用することができる。

プロトコール 20　GFP可視化のための固定およびパラフィン包埋

材　料

胚
　新鮮な胚または組織

器具
　操作の間，可能な限り資料を暗黒に保てるような暗箱

試薬
　エタノール<！>，70％，98％，および100％
　封入液（Molecular Probes, Prolong Antifade Kit, P-7481）
　パラフィン（Paraplast Plus, Sherwood Medical），58℃以下の温度
　パラホルムアルデヒド<！>，4％-PBS（pH7〜7.5）
　リン酸緩衝液（PBS）（pH7.4）
　キシレン<！>（ブタノール<！>の代わり）明瞭なシグナルを与える。代わりに，AmeriClear histology clearing solvent（Scientific Products C4200-1）も使用できる。これは毒性がない。

注意：<！>をつけた材料の適切な取り扱いについては付録2を参照のこと。

手　順

固定

1. 胚または組織を切り出し，PBSへ移す（pH7.4，室温）。
2. PBSで細胞屑を洗い落とす。
3. PBSを捨て，4％パラホルムアルデヒド-PBSを加える。
4. 固定時間は試料の大きさによる。例えば，交尾後10日までの胚は室温で2〜4時間を要する。
5. 固定液を捨て，PBSを加えて10分間室温に置く。このステップを2度繰り返す。

パラフィン包埋

1. PBSを可能な限り除き，次のシリーズで脱水する。
   a．2×70％エタノール（各15分間，室温に置く）
   b．2×98％エタノール（各15分間，室温に置く）
   c．2×100％エタノール（各15分間，室温に置く）
2. 100％エタノール内の試料を金属製のホルダーに移す。
3. エタノールを可能な限り除き，キシレンを加えて15分間室温に置く。このステップをもう1回繰り返す。
4. キシレンを可能な限り除き，パラフィン（56〜58℃の温度）を加えて10〜30分間，56〜58℃に保つ。
5. パラフィンを可能な限り除き，新しいパラフィン（56〜58℃）を加えて10〜30分間，56〜58℃に保つ。このステップを2〜3回繰り返す。

6．胚または組織を室温に1時間から一晩置いて固まらせる。
7．封入まで冷蔵保存する。
8．封入液を用いて封入する。蛍光を観察する。

コメント

- パラホルムアルデヒド溶液のpHが6.5より低いか，または8よりも高いと，GFP発光は有意に低くなる。
- 試料を58℃よりも高い温度に曝してはいけない。高温はシグナルを弱める。
- 包埋にはブタノールの代わりにキシレンを用いる。これによって，より明瞭なシグナルが得られる。
- 固定時間は試料の大きさによる。交尾後10.5日までの胚または1〜2mM以下の組織では4時間が標準である。もっと初期の着床後胚であれば2時間で十分である。

プロトコール 21　胎子の軟骨性骨格のアルシアンブルー染色

このプロトコールはJegalian and De Robertis(1992)によって記載されたものである。

材　料

胚
マウス胚

試薬
酢酸＜！＞，5％
0.05％アルシアンブルー8GX(Fisher)，5％酢酸(作りたてのものが最高，または周期的に作る)
水酸化アンモニウム＜！＞(NH$_4$OH)，0.1％，70％エタノール＜！＞
ベンジルアルコール＜！＞／ベンジルベンゾエート＜！＞(BABB)，1：2
ブアン(Bouin's)固定液(Polysciences)
メタノール＜！＞

注意：＜！＞をつけた材料の適切な取り扱いについては付録2を参照のこと。

手　順

1. 交尾後12.5～16.5日の胚をPBS内で切り出し，胚外の膜を取り除く。もし，必要があれば胚外の膜は遺伝子型を決めるために用いることができる。
2. ブアン液で胚を2時間固定する。
3. 70％エタノール＋0.1％NH$_4$OHで約24時間，胚の黄色い色が消えて白色に見えるようになるまで洗う。液を6～8回取り替える必要がある。
4. 5％酢酸の中で平衡させる(2回取り替え，各1時間)。
5. 5％酢酸に溶かした0.05％アルシアンブルー内で2時間染色する。
6. 胚を5％酢酸で2回，各1時間洗う。
7. 胚をメタノール(2回1時間)，次いで1：2ベンジルアルコール／ベンジルベンゾエート(BABB)で透明化する。BABBを使う時はガラス製の容器(例えばシンチレーション・バイアル)を用いる。

コメント

染色はBABB内で少なくとも2年間は持続する。しかし，月数が経つに従い染色は弱くなる。したがって，直ちに結果を記録することを勧める。

プロトコール 22　軟骨および骨のアルシアンブルー／アリザリンレッド染色

　この操作はDmitry Ovchinnikov, Institute for Molecular Bioscience, University of Queensland, Brisbane, Australiaから提供されたものである。

材　料

胚
　胎子または新生子

器具
　ピンセットおよびハサミ(サイズは胎子の大きさによる)
　試験管，50mlスクリューキャップつき，透明プラスチック製

試薬
　アセトン<！>
　アルシアンブルー 8 GX(Sigma A3157)，15mg
　アルシアンブルー染色液
　アリザリンレッド(Sigma A5533)，1リットルの1％水酸化カリウム(KOH)当たり50mg
　アリザリンレッド染色液
　エタノール<！>，95％，70％
　氷酢酸<！>，20ml
　グリセロール
　水酸化カリウム(KOH)<！>，1％(w/v)蒸留水

注意：<！>をつけた材料の適切な取り扱いについては付録2を参照のこと。

手　順

1. 胎子を分離する，または地域の規制に従って新生子を安楽死させる。胎子または新生子を水道水中に1〜24時間漬ける(随意)。
2. 胎子または新生子を熱湯(65〜70℃)の中に20〜30秒間漬けて，組織を剥がしやすくする。ピンセットで注意深く皮膚を剥ぐ。
3. ピンセットを使って，胸膜腔および腹膜腔の内容物を含めて内臓をすべて抜き取る。
4. 胚を95％エタノールで一晩固定する。体腔からすべての泡が除かれていることを確認する。
5. 胚を室温でアセトンに移し，一晩かけて脂肪を取り除く。
6. 脱イオン水で手短にすすぐ。胚の体を完全に覆うのに十分な量のアルシアンブルー染色液に入れて軟骨の染色を行う。24時間で十分である。
　　50mlスクリューキャップつき試験管が便利である。新生子または若い胎子の場合は，6ウェルの組織培養プレートが役に立つ。体腔からすべての泡が除かれていることを確認する。
7. 胚を70％エタノールで6〜8時間洗う。エタノールは2〜3回取り替えれば十分である。

8. 試料を1％KOHに一晩または組織が透明に見えるまで漬けて透明化する。
9. アリザリンレッドで一晩，骨を対比染色する。胎子が若い場合には短い時間でよい。
10. 試料を1％KOH/20％グリセロールに2日またはそれ以上漬けて透明化する。試料がほぼ透明になったら，グリセロールとエタノールの1：1混合液に試料を移して記録し，保存する。

コメント

- 肢は骨格標本からピンセットで非常に簡単に取り除くことができる。これによって体のほかの部分が見やすくなり，また肢を分離して記録することも可能になる。
- かご状の肋骨は脊椎骨の近くで切り離すことができる。切り離した肋骨胸郭は，その上にスライドグラスをのせ，平坦にして写真記録する。

| プロトコール 23 | 出生後の骨のアリザリンレッド染色 |

材料

供試動物
マウス，出生後の日齢

器具
ピンセットおよびハサミ（サイズはマウスの日齢による）

試薬
アリザリンレッド（Sigma A5533），1リットルの1〜2％KOH当たり50mg（作りたてのもの）
グリセロール
水酸化カリウム（KOH）<！>，0.5％，1％，および2％，脱イオン水または蒸留水

注意：<！>をつけた材料の適切な取り扱いについては付録2を参照のこと。

手順

1. マウスを人道的に（例えば，頸の骨の損傷を避けるためにCO_2を用いて）殺す。背面の正中線の中央部位に十字状の切れ目を入れ，それ以上は切開せずに腹側に向かって皮膚を剥ぐ。前方は正中線の中央部位から鼻先まで切開し，頭部の皮膚を剥ぎ取る。この段階で内臓，眼，唾液腺など，さらに脂肪および軟部組織をできるだけ除く。ステップ2に進む前に試料を固定する必要はない。

    剥皮の前にマウスを凍結しておくと便利である。

2. マウスを1％KOHの中に4〜5日間置く。小さいマウス（0〜3週齢）には0.5％KOHを用いる。週齢の進んだマウスについてこの過程を速めたい時は2％KOHを用いる。所要時間は動物の大きさ，KOHの濃度，および室温によって異なる。処理が長引くと骨格が外れ始める。短すぎると結合組織が残って赤く染まり，高いバックグラウンドを呈する。

    9〜13番肋骨上の結合組織が形を保っていることが，処理を止める時の良い指標である。

3. 骨格をアリザリンレッドで2〜5日間，骨が赤く染まるまで染色する。余分の染色は1〜2％KOHで除くことができる。

4. 骨格をグリセロールへ移す。

プロトコール 24　インディアインクの注射による胎子血管系の可視化

　この操作はAndras Nagy, Mount Sinai Hospital Research Institute, Toronto, Canadaより提供されたものである。

材　料

供試動物
　交尾後12.5日以降の妊娠マウス

器具
　皮下注射針，26ゲージ
　マウスピペット一式
　パスツールピペット，先端が300〜400μmになるように細く引き伸ばしたもの
　ペトリ皿，10cm
　胚回収のための外科用具
　37℃にセットされた加温プレート

試薬
　インディアインク（例えばEberhard Faber, Black India 4415, ITEM 44001）
　リン酸緩衝液（PBS），37℃に温めたもの，Ca^{++}およびMg^{++}含有

手　順

1. 地域の規制に従って妊娠マウスを安楽死させる。無傷の卵黄嚢および胎盤をつけたままの胚を手早く切り出す。
2. 加温プレート上のペトリ皿内の温めたPBSに胚を直ちに入れる。
3. パスツールピペットの先端をインディアインクで満たす（約50μl）。
4. 1個の胚を別の加温PBSを含むディッシュに置き，実体顕微鏡の下で卵黄嚢の卵黄静脈中の血流がはっきり見えるように位置を定める。
5. 卵黄嚢壁の卵黄静脈の1本に膜を通して皮下注射針をそっと突き当て，切れ目を入れる。挿入点は下行性の主要静脈に最後に合流する個所の手前にする。胚をピンセットで動かないように固定する。
6. 切れ目から胚に向かって注意深くピペットの先端を差し込み，血管を通して先端が合流点の直前に達するまで押し込む。
7. 息をわずかに吹くことでインクを血管内に押し出す。インクが合流点に流れてくるほかの支流の血液によって流されて行くのを待ってから，次のインクを追加する。注射するインクの総量は目的によって異なる。それは，胚自体を見ながらモニターすることができる。

コメント

- この操作にはインディアインクしか使えない。それが小さな炭素の粒子で構成されているためである。インディアインク中の炭素粒子の大きさにはばらつきがある。目的に応じてインクを濾過または遠心分離して、大小の粒子を分離する。非常に微細な炭素粒子は血管内をより容易に移動することができる。
- インクは循環が機能している時に限って分布する。したがって、手早く行うこと、および胚の加温を維持することが決定的である。
- 注射されるインクの量が血管標識のレベルを決める。少量では心臓に繋がる大きな血管しか標識できないが、量を増やすことで分岐する小さな血管にも印をつけることができる。研究に必要な標識の最適量を決めるのは研究者自身の義務である。
- 注射後に、胚から興味のある器官を切り出して、分離した状態でその血管構造を研究することも可能である。

プロトコール 25　プラスチック鋳物による胎子の大動脈の可視化

　この操作はChengyu Liu and Jim Martin, Institute of Biosciences and Technology, Texas A & M University, Houston, Texas 77030より提供されたものである。

材　料

供試動物
マウス胎子，交尾後18.5日

器具
皮下注射針，27ゲージ，1/2インチ
50℃にセットしたインキュベーター
注射筒，1ml

試薬
Batson's No.17 Anatomical Corrosion Kit（Polysciences 07349）
氷で冷やした水
リン酸緩衝液（PBS）

手　順

1. 交尾後18.5日の胎子を分離し，氷で冷やした水の中に入れて心鼓動を止める。
2. 胸骨を取り除いて心臓を露出させる。
3. キットを次の順序に混ぜて鋳物色素を調製する。20mlのBase Solution A，1mlのRed Color，1.5mlのCatalyst B，および1滴のPromoter C。
4. 左心室にゆっくりPBSを注入し，大動脈の付け根に血栓を作る恐れのある血液を除去する。
5. 直ちに，鋳物色素を左心室に注入する。交尾後18.5日にはまだ動脈管は開いているので，左心室に注入するだけで肺循環と一般循環との両方を満たすのに十分である。これ以上注入するのが困難になるまで，鋳物色素の注入を続ける。注射針を心室の中に約1分間保持した後に，ゆっくりと引き抜く。
6. 胎子を氷で冷やした水の中に入れて30分間から1時間置く。次いで蒸留水に移し，4℃に一晩漬けておく。
7. 胚を6ウェル細胞培養プレートに置き，キットの浸軟液（Maceration Solution）で完全に覆う。50℃のインキュベーター内で撹拌せずに12〜72時間，すべての組織が消え去るまでインキュベートする。12時間後に鋳物を蒸留水で洗い，もし，組織が少しでも残っていれば新しい浸軟液に取り替える。鋳物を蒸留水へ移す。
8. 出来上がった鋳物を記録する。鋳物は4℃で蒸留水に約1年間は保存できる。

参考文献

Baird G.S., Zacharias D.A., and Tsien R.Y. 2000. Biochemistry, mutagenesis, and oligomerization of DsRed, a red fluorescent protein from coral. *Proc. Natl. Acad. Sci.* **97:** 11984–11989.

Behringer R.R., Eldridge P.W., and Dewey M.J. 1984. Stable genotypic composition of blood cells in allophenic mice derived from congenic C57BL/6 strains. *Dev. Biol.* **101:** 251–256.

Cormack B.P., Valdivia R., and Falkow S. 1996. FACS-optimized mutants of the green fluorescent protein (GFP). *Gene* **173:** 33–38.

Dent J.A., Polson A.G., and Klymkowsky M.W. 1989. A whole-mount immunocytochemical analysis of the expression of the intermediate filament protein vimentin in *Xenopus*. *Development* **105:** 61–74.

de Crombrugghe B., Lefebvre V., and Nakashima K. 2002. Deconstructing the molecular biology of cartilage and bone formation. In *Mouse development* (ed. Rossant J. and Tam P.P.L.), pp. 279–295. Academic Press, San Diego.

Green M.C. 1952. A rapid method for clearing and staining specimens for the demonstration of bone. *Ohio J. Sci.* **52:** 31–33.

Hadjantonakis A.K., Gertsenstein M., Ikawa M., Okabe M., and Nagy A. 1998. Generating green fluorescent mice by germline transmission of green fluorescent ES cells. *Mech. Dev.* **76:** 79–90.

Hahnel A.C., Rappolee D.A., Millan J.L., Manes T., Ziomek C.A., Theodosiou N.G., Werb Z., Pedersen R.A., and Schultz G.A. 1990. Two alkaline phosphatase genes are expressed during early development in the mouse embryo. *Development* **110:** 555–564.

Harlow E. and Lane D. 1988. *Antibodies: A laboratory manual.* Cold Spring Harbor Laboratory, Cold Spring Harbor, New York.

Hauptmann G. and Gerster T. 1994. Two-color whole-mount in situ hybridization to vertebrate and *Drosophila* embryos. *Trends Genet.* **10:** 266.

Jegalian B.G. and De Robertis E.M. 1992. Homeotic transformations in the mouse induced by overexpression of a human *Hox3.3* transgene. *Cell* **71:** 901–910.

Jowett T. and Lettice L. 1994. Whole-mount in situ hybridization on zebrafish embryos using a mixture of digoxigenin and fluorescein-labelled probes. *Trends Genet.* **10:** 73–74.

LeMotte P.K., Kuroiwa A., Fessler L.I., and Gehring W.J. 1989. The homeotic gene *Sex Combs Reduced* of *Drosophila*: Gene structure and embryonic expression. *EMBO J.* **8:** 219–227.

Lyon M.F., Rastan S., and Brown S.D.M., eds. 1996. *Genetic variants and strains of the laboratory mouse*, 3rd ed. Oxford University Press, England.

Mintz B. 1971. Allophenic mice of multi-embryo origin. In *Methods in mammalian embryology*. (ed. Daniel J.C., Jr.), pp. 186–214. W.H. Freeman and Company, San Francisco.

Rivera-Pérez J.A., Wakamiya M., and Behringer R.R. 1999. *Goosecoid* acts cell autonomously in mesenchyme-derived tissues during craniofacial development. *Development* **126:** 3811–3821.

Selby P.B. 1987. A rapid method for preparing high quality alizarin stained skeletons of adult mice. *Stain Technol.* **62:** 143–146.

Strahle U., Blader P., Adam J., and Ingham P.W. 1994. A simple and efficient procedure for non-isotopic in situ hybridization to sectioned material. *Trends Genet.* **10:** 75–76.

Tsien R.Y. 1998. The green fluorescent protein. *Annu. Rev. Biochem.* **67:** 509–544.

Yang T.-T., Parisa S., Green G., Kitts P.A., Chen Y.-T., Lybarger L., Chervenak R., Patterson G.H., Piston D.W., and Kain S.R. 1998. Improved fluorescence and dual color detection with enhanced blue and green variants of the green fluorescent protein. *J. Biol. Chem.* **273:** 8212–8216.

第17章

顕微操作実験室のセットアップ

本章では，以前の章に述べられている種々の技術を実行するために必要な設備について議論する。顕微操作実験室を設置するためのいくつかの基本的なコンセプトおよび考慮すべき重要事項を述べている。バイオメディカル分野における製品の供給市場は急速に変化しており，新規のより良い製品が常に提供されている。企業は合併したり社名を変更したり，ウエブサイトの所在も大変急速に変化する傾向にある。加えて，それぞれの研究室は実施する技術の幅を考慮して，独特の環境に配置される。それゆえに，本章で述べている推奨は，それぞれの研究室特有の実験を実施するうえでの選択の基本となることを意図している。読者には，供給業者に関するさらなる情報について付録3を調べていただきたい。

目　次	マウス，飼育，および個体標識システム，660
	近交系，非近交系，交雑種，および遺伝子改変マウス，660
	ケージ，飼育，および個体標識，661
	顕微操作実験室とその環境，661
	一般的な考慮事項，661
	顕微注入実験室のための一般的な設備，662
	実体顕微鏡とその装備，664
	顕微操作設備，667
	電気融合と凝集，669
	ガラス毛細管からの微小道具の作製，669
	精密器具と道具，670
	消耗品／プラスチック製品，671
	凍結保存，672
	情報源，672
	参考書，673
	おことわり，674

マウス，飼育，および個体標識システム

近交系，非近交系，交雑種，および遺伝子改変マウス

　バイオメディカル研究用のマウスは，多くの業者から購入可能である。代わりに，繁殖コロニーを自身の研究機関の動物施設で維持することも可能である。どちらを選択するかの決定は，自身が所属する動物施設の同意をもってなされるべきである（第3章のマウスコロニーの立ち上げと維持の議論を参照）。

　どのマウス系統を使用するかの選択は，もっぱら実験計画の特性によるであろう。一般的な議論は第3章にみることができ，より詳細な推奨はそれぞれの技術を述べている章にみることができる。近交系，非近交系（あるいはランダム交配系），あるいは雑種の遺伝的背景をもつ，いずれの実験用マウスも使用可能である。近交系は遺伝的多様性の影響を受けることなく変異を探求するための必須のツールである。これらの近交系は，しかし，しばしば繁殖能力の減退，および時々，行動的な特殊性を表す（哺育能力の不全あるいは攻撃性の増強のような）。C57BL/6系統は，胚性幹（ES）細胞注入のホスト胚や既存のミュータントの戻し交配の両方のために，おそらくは最も広く使用されている近交系である。非近交系，あるいはランダム系統のマウスの，例えば，CD1やICRストックは均質な遺伝子型をもっていない。しかし，それらは通常すばらしい繁殖能力，母性本能，多くの産子を保育する許容能力，および従順な行動を示す。これらの理由のために，それらはしばしば移植胚の養母として用いられている。交雑系は2つの近交系の交配によって作られる。これらのマウスは，典型的な"雑種強勢"を示し，高い繁殖能力と過排卵処理によって，大変質の高い多数の胚をもたらす。このため，前核への注入は古典的にF₁雑種を胚のドナーとして用いることによって行われている。絶え間なく増加しているいろいろな遺伝子改変マウスは，ジャクソン研究所のような販売業者や大学の資源から入手可能である。

　供給業者に関するより多くの情報は付録3を参照されたい。実験動物やすべての関連する

品目の供給業者のもう一つの有用な情報源は，LabAnimal Web site http://guide.labanimal.com/guide.index.htmlにみることができる。

ケージ，飼育，および個体標識

マウスは，単純な開放網ケージ，上部フィルターつきケージ，換気キャビネット，および個別換気ケージ（IVC）から種々の大きさのアイソレーターまで，多様なケージシステムで飼育することができる。上に列挙した順に，マウスは環境から保護され，病原微生物がコロニー全体に広がる危険性がより低くなる。上述のシステムは，保護度合いの上昇に伴い価格も上昇する。その選択は，それぞれの状況（動物施設のタイプ，病原体の存在状況など），および実施される研究（例えば，病原体フリーのコロニーは，免疫学研究には不可欠である）に依存する。どのケージのタイプを選択したとしても，動物に快適な生活状態を提供することに留意しなければならない。このことは動物福祉の観点からのみならず，繁殖能力の最適化，病気の蔓延や貴重な動物の損失の最小化，および研究結果の適切性の保証の面でも重要である。一般的に用いられているIVCケージユニットはBioZone，Techniplast，Thoren，Charles River，Lab Products，およびAllentownによって製造されている。

動物施設や施設へ導入する物品の（第15章で述べた輸送のために包装された胚のように）消毒は，しばしば議論の的となる。著者らがよい経験をしている製品は，殺結核菌性，殺菌性，殺ウイルス性，殺真菌性の薬剤，Clidox-Sである（http://www.pharmacal.com/prodp2.htmを参照）。

マウスの個体識別のためにはいくつかのシステムが利用可能である（より詳細は第12章参照）。耳パンチ（Fisher 01-337B）法は，多くの研究施設で広く使用されている。簡単でかつ迅速にできるが，番号つけシステム（それは永久的ではない）は，非常に注意して記録されていなければ混乱を招くことがある（取手のついたステンレス製の耳パンチをAgnTho's ABおよびRoboz Surgical Instrumentから購入することができる）。小動物用耳タグは，International Market SupplyやNational Band & Tagから入手可能である。これらの耳タグは，比較的安価で簡単に取り付けられるし，番号の誤読の危険性は最少である。しかし，もしタグが不正確に取り付けられると，脱落するので注意が必要である。入れ墨機（これはAIMSおよびAncareから入手可能である）は，かなり若いマウスに使用することができる。この道具を正確に，効果的に使用するためにはいくらかの練習と経験が必要とされる。皮下へのマイクロチップのインプラントは，Bio Medic Data Systems，Destron Fearing，Electronic ID，およびPlexxのような会社から入手可能である。マイクロチップは相当高価であるが，大量の情報がチップに貯蔵できるので，長期間の研究での動物の個体標識としては大変有効な選択である。

顕微操作実験室とその環境

一般的な考慮事項

顕微操作用実験室を装備することは，多くの大変高価な品を考慮することが必要であるため，大きな注意を払って計画しなければならない挑戦的な仕事である。顕微操作には高い集中力と正確な手技が要求される。可能な限り静かな環境を準備するように注意を払う（出入りの多い実験室あるいは使用頻度の高いドアの近くに作業場を設定することは勧められない）。

顕微操作実験室は，以下の操作をする場所に近接したところに配置することが実用的であ

る。(1)胚移植，(2)組織培養区域(ES細胞の注入／凝集を行う場合)，(3)もし前核への注入を行うのであればDNAの調整のための分子生物学的装置，および(4)培養液の調整(化合物，水，貯蔵)。もちろん，これらの推奨は，そこで種々の操作が行われる場合にのみ妥当性がある。そうでなければ，例えば培養液は既製品を購入するし，DNAやES細胞は準備が整ったものを実験室に運ぶこととなる。

　もし，操作胚をバリア動物施設内の受容雌に移植する場合には，一層の警戒を考慮に入れるべきである。顕微操作実験室はバリアの中あるいは外に位置している(より詳細には第3章参照)。前者あるいは後者のどちらが，病原体を導入してしまうより大きな危険性をはらんでいるかを判断することは困難である。もし，実験室がバリアの外側に位置しているのであれば，以下の重要な事項を考慮しなければならない。

- 実験室は，組織培養実験室と同様なカテゴリーの清浄区域としてみなさなければならない。
- 入ってくる空気はHigh Efficiency Particulate Air(HEPA)フィルターを介していなければならない。
- 特定の病原体をもたない(SPF)マウスではないマウスの組織が，顕微操作区域に絶対入らないようにしなければならない。同じ実験室が病原微生物をもつマウスの清浄化(第15章参照)に使用される場合には，特別な注意を払わなければならない。操作者や環境を病原体への曝露から守るために，胚はClass Ⅱの生物学的安全キャビネット(BSC)内で回収されなければならない(以下のラミナフローフードおよびバイオセイフティーキャビネットの項参照)。
- それぞれの地域・施設の規則に従って，少なくとも24時間以内に非SPF動物施設に入った者は顕微操作実験室への入室を許可しない。
- 胚は常に抗生物質を含んだ培養液で培養すべきである。

顕微注入実験室のための一般的な設備

　どの仕事をするのかによって，必要とされる設備は明らかに変わるが，ほとんどの場合，主な構成機器は以下のものである。

- ＋4℃の冷蔵庫と－20℃の冷凍庫
- 電気泳動および電気溶出設備
- ウォーターバス
- 遠心分離機
- CO_2インキュベーター
- ラミナフローフードあるいは生物学的安全キャビネット

冷蔵庫と冷凍庫

　＋4℃の冷蔵庫と－20℃および－80℃の冷凍庫などの基本的な設備は，顕微操作実験室の設備として必須な要素である。組織培養／胚培養用培養液や溶液類のための専用の冷蔵庫を用い，これらの物を毒性のある，あるいは汚染の可能性のある化合物と同じ場所に保管しないことが大切である。－20℃の冷凍庫は，可能な限り温度の変動を押さえるために，非自動霜取りタイプにするべきである。温度の上昇や下降は(限られた範囲であっても)，培養液や溶液類の化合物の変成の主たる要因となる。冷凍庫は，貯蔵しているものを救い出せる時間内で，電気的な不具合を検出するための自動警報装置を備えていなければならない。－80℃の冷凍庫や液体窒素貯蔵庫のより詳細な情報については，以下の凍結保存の項

を参照のこと。

インキュベーター

　湿度飽和のCO_2インキュベーターは，胚，ES/TS細胞，およびMEFsの培養に必要である。汚染を避けるために，種々の用途に同一のインキュベーターを使用するべきではない。このことは，胚の培養対細胞培養だけではなく，初代培養細胞（MEFsのような）に対して樹立ずみの細胞株（ES/TS細胞）の培養にも適用される。マイコプラズマやほかの病原体の存在の検査がなされていない細胞を使用する時にも，別のインキュベーターを使用するべきである（細胞株の検査についての議論は第8章参照）。

　CO_2の濃度は一般的に自動的に調節され，インキュベーターのシステムによってモニターされている。しかしながら，インキュベーターの計器は信頼すべきではない。代わりに，正確なpHレベルを確保するために，CO_2レベルをインキュベーター内で直接的に調節すべきである。簡単な器具やFYRITEテストキットがBacharachから入手可能である。

　インキュベーターのドアが頻繁に開けられる場合には，急速なCO_2レベルの減少を避けるために，単一のインキュベーターの中にたくさんのチャンバーを備えているインキュベーターが有用である。シールして通気し，37℃に保つことができる，例えばBillupsRothenbergからのモジュール式のインキュベーターチャンバー（MIC）は，胚培養に使用するのに便利な選択肢である。小型のマイクロインキュベーターもHarvard Apparatusから入手可能である。

　滅菌プログラムを備えているインキュベーターもある。ほかのインキュベーターは銅製のチャンバーを備えていたり，あるいは内側の表面が完全に銅でできている。これらはカビや細菌の汚染の危険性を最小限に抑える，あるいは防ぐために提供されている。しかし，このような特別な特徴が，定期的なインキュベーターの洗浄と厳密で正確な滅菌技術の必要性に置き換わるものではないことを知っておくべきである！

　着床以後の胚培養のために（第5章参照）自動調節CO_2供給システムは必要ない。しかし，比較的速い速度で培養容器を回転させることが必要である。これには通常のインキュベーター内に回転装置を置くか，30rpmの高回転速度に調整したハイブリダイゼーション用インキュベーターのいずれかを用いるとよい。ミニローラー装置はBTC Engineering, Precision Scientific, およびWheatonから入手可能である。着床後のマウス胚の体外での発生には一連の混合ガスが必要である。特定の混合ガスはいくつかの業者から入手可能である。一般的に，必要とされる量は大変に少ないので，実際的には5kg容器を選択することとなる。より後期の胚の発生段階では，より高い酸素分圧が必要であるので，加圧容器を貯蔵する場所は危険物安全管理の対象となる。40％かそれより高い酸素分圧のすべてのガス容器は，特別に設計された調節バルブを備えていなければならない。これは，接続する時に決してグリース油を塗ってはならない。裸火，静電気の火花，あるいは可燃性の化合物をこれらのガス容器の区域内に入れてはならない。

ラミナフローフードとバイオセイフティーキャビネット

　胚の凍結，細胞培養，そして，ある場合には胚移植手術のすべてに滅菌フローフードが必要である。フードの選択には，用途によって使用すべきタイプやクラスを規定している地域の法律を考慮しなければならない。

　水平および垂直のフローを備えたラミナフローフード（クリーンベンチとも呼ばれる）は，室内の空気を取り込み，HEPAフィルターを通して濾過空気を全体の作業面上にラミナフロー形式（定常密度で平行面）にすることによって生物試料を保護する。HEPAフィルターは空

気からほとんどすべての細菌を除去する。しかし，このようなクリーンベンチは，感染やアレルギー反応を起こす可能性のある薬剤，病原体のようなバイオハザードを取り扱う際には使用してはならない。なぜならば，実験者や環境がこれらの薬剤，病原体に曝露されるからである。クリーンベンチは，地域の規則に従った非感染動物の取り扱い(例，手術)や組織培養と同様に，無菌的な培養液の調整や分注にも用いられる。

空気中の汚染物の捕捉や除去を助けるラミナエアフローと同様の原理が，生物に対する有害物質の封じ込め技術に組み込まれている。Class II 生物学的安全キャビネット(BSC)は，作業表面に渡って微粒子除去空気を通し，空気が建物から排出される前に再濾過することによって，試料，使用者，および環境を保護する。実験者の保護のために，気流は実験者の周囲からキャビネット前方の格子の中に吸引される。加えて，HEPAフィルターを通った空気の下方へのラミナフローは，キャビネットの作業面に沿ったクロスコンタミネーションの機会を最小にすることによって生物試料を保護する。キャビネットの空気は排気HEPAフィルターを通っているので，汚染物フリー(環境的に保護されている)であり，実験室に再循環してもどる(Type A BSC)か，建物の外に排出される(Type B BSC)。

伝統的に，Class II BSCsは組織培養にもっとも一般的に用いられている。Class II BSCsは特別の用途に改修することもできる。例えば，製造業者は顕微鏡の接眼レンズを適用させるために前面の窓枠を変更できる。改修後には基本的なシステムが適切に作動することを確保するために検定が必要である。最大の封じ込めや無菌状態を達成するために正確な無菌操作の手順に厳密に従わなければならない。

電気穿孔と電気溶出機器

着床後の胚の電気穿孔は，NEPA Geneからの電気穿孔装置を用いて行うことができる。ES細胞の電気穿孔には，BioRadなどの種々の製造業者からの電気穿孔装置が入手可能である。

電気溶出には，筆者らは，簡単で比較的低価格の機器であるSchleicher & SchuellからのBioTrapを用いて良い成績を得ている。

実体顕微鏡とその装備

実体顕微鏡

実体顕微鏡はLeica，ニコン，オリンパス，およびZeissなどいくつかの会社から入手可能である。効果的な作業の流れのために，適切な数の実体顕微鏡を用意すべきである。概して，実体顕微鏡は以下の作業に必要である。

- 胚の採取，分類，洗浄，凝集，電気融合，およびES細胞コロニーの選別：少なくとも5〜6cmの作業距離が必要である。光学系は，少なくとも40×の倍率で高い解像度をもっていなければならない。16×や25×の低倍率もまた良い全体像を得るために便利である。ズーム機能が非常に推奨される。そして，調節可能な下方からの透過光がついている光源箱が絶対に必要である。曇りガラスプレートは着床前の発生段階の胚の透明帯を可視化するのに適している。

- 胚および卵巣移植などの顕微手術の方法：大きな作業距離がこれらの技術にとって最も重要な要素である。10〜20×の最大倍率で十分である。しかし，ズーム機能がこの用途にとっても好ましい。もし，移植がフード内で行われるのであれば，手術の間，マウスを気流の向こう側で完全に防御することが可能な，特別に長い接眼レンズのついた機種を求めることを勧める。冷却光源は，過度の熱放出によって組織を乾燥させることなく術野の良

好な照明を行うために必須である。多くの研究室では，胚移植に平行して2台の実体顕微鏡を使うことが実際的であるとしている。1台は毛細管への胚の充填用で，もう1台は実際の手術用である。もし，同一の顕微鏡を胚の充填と手術の両方に使うのであれば，透過光源と外側の光源(リング，ファイバー光源，その他)の両方を備えていることが重要である。

- **着床後の胚の切除**：例え解像度が少し減少したとしても，可能な限り大きな作業距離をもたせるべきである。ライトリングあるいは上方からのアームと同様に，適当な光源箱を通しての下方からの明視野および暗視野照明が必要である。厚い，3次元構造の高品質像を提供する照明方法を見つけることが重要である。GFP可視化のための蛍光装置は大変有用である。相当に値段は高くなるが，UV照明とフィルターを備えている顕微鏡のモデルがほとんどの製造業者から入手可能である。しかし，UV照明は胚に対して障害を与える。着床後の胚の培養に伴う作業には使用しないほうがよい。安価で大変よい代替は，ほとんどの顕微鏡モデルに取り付け可能なBLSから入手可能なLED-based装置である。このモデルは，遅れないで照明のスイッチをオンとオフに切り換える利点がある。この光源は大変長い寿命をももっている。

もし，指導が行われるのであれば，ディスカッション橋やスクリーンつきビデオカメラが役に立つ。ほとんどの会社が売っている。実体顕微鏡は，ディスカッション橋つきのモデルもある。ビデオカメラとスクリーンの両者は，主な顕微鏡会社(Leica，ニコン，オリンパス，およびZeissなど)を通して購入することができる。簡単なアダプターリングを使用することで，同一のカメラが，異なる機種のいくつかの顕微鏡に装着できるので，投資費用の削減となる。これらのカメラに付随して最も一般的に売られているスクリーンは解像度は高いが小型であるために，大きなグループの人々を教えるためには不適当である。一つの解決策は，天井の回転可能な腕，あるいは実験室の貴重な空間を占めることのない角の高い棚に取り付けられる，より大きなスクリーンを備えることである。

光源とファイバー照明は，Sutter Instrument，The Glass Worx，およびSchott-Fostec LCCから入手可能である。ほとんどの顕微鏡機種の水銀ランプや強力キセノンハロゲン電球などの交換用電球は，Osram/Sylvaniaから入手することができる。

倒立顕微鏡

高品質の倒立顕微鏡が前核への注入，胚盤胞への注入，細胞質内精子注入(ICSI)，および核移植(NT)のために必要である(第7，13，および14章参照)。顕微操作のための道具はステージに固定されていなければならず，焦点合わせは対物レンズチューブを動かすことによってなされる。顕微操作は試料を支持しているステージが固定されたままであることを必要とする。倒立の固定ステージ顕微鏡は，Leica，ニコン，オリンパス，およびZeissから入手可能である。固定ステージつきの正立顕微鏡は，一般的に高倍率における顕微操作の際の作業距離が短い。ステージを動かすことによって焦点を合わせる標準的な顕微鏡は，定常的な組織培養の観察に適している。

いくつかの高倍率の対物レンズは，顕微操作用チャンバーとして用いるスライドグラスやディッシュを通してでは，焦点が合わないことがある。ほとんどの製造業者から入手可能である長距離作業コンデンサーと対物レンズがこの問題に対するよい解決策となると思われる。コンデンサーが注入用チャンバー，保持用ピペット，および注入用ピペットを簡単にのせるのに十分な作業距離をもっていることもまた重要である。

それぞれの顕微操作技術は，光学系やレンズに関してわずかに異なった装備を必要とす

る。

- **胚盤胞期の胚へのES細胞の注入**：必要な倍率は，前核への注入よりもいくらか低い（ほとんどの実験では，10×接眼レンズと20×対物レンズの使用が好まれる）。位相差光源は，3次元構造の周囲に明瞭な"halo"の出現をもたらすので好まれる。この性質を利用して，注入にあたって生存ES細胞を選別することが可能である。
- **前核への注入，NTおよびICSI**：これらの技術に必要とされる倍率は，胚盤胞への注入よりも高い（ほとんどの実験者は，10×接眼レンズと32×あるいは40×対物レンズを好む）。望ましくは，光学系の選択は微分干渉（DIC）とするべきである。ノマルスキーDIC光学系は高価であるが，可能な最高の像を提供する。ホフマン光学系は，最善の像には劣るものの，より安価で機能できる代替になる。ノマルスキー光学系はガラスを用いなければならないが，ホフマン光学系ではプラスチックを使用することができる。
- 高倍率の対物レンズに加えて，低倍率（4～10×）の対物レンズが，注入用チャンバー内の胚を動かすために必要であり，チャンバー内外に胚を移す際にも用いられる。

　通常のように右側ではなく，左側に顕微鏡ステージの調節ツマミを置くことが実用的であるかも知れない。このことで，注入の調節のために右手が空く。練習に伴い，左手でステージの動きの調節と注入用ピペットの吸引／排出とを同時に行うことが可能である。しかし，これと反対の配置で使用することは大変困難である。

　長時間にわたって位相差光学系を通して見る時には，眼にとって青のフィルターが良いという研究者もいる。これらのフィルターは，すべての顕微鏡会社から購入可能であり，いくつかの色や濃さの違うものが入手可能である。偏光フィルター，検光プリズム，および対物レンズのようなイメージ増幅光学系は，期待される質の像を得るために完全に配列され，調節されていなければならない。これらの調整は顕微鏡を最初に使う時に専門家によってなされ，使用に際しては定期的に検査しなければならない。

加温と冷却ステージ

　ES細胞の注入，ICSI，NT，および胚あるいは細胞のステージの上での培養のために，顕微鏡のステージ上の温度を調節することが必要である。この目的にはいくつかの選択が可能である。あるものは単純であり，ほかのものは大変精巧で高価である。倒立顕微鏡の主な製造会社は，ステージ上の環境を調節できるモデルも提供している。これらのシステムは温度の調節ばかりではなく，湿度やCO_2レベルの調整も提供する。一方，顕微鏡ステージ上の装置は大きく，マイクロマニピュレーターと一緒に使用することは困難であろう。より小さくてより簡便な解決策は，機械工場による手製か，Biomedical Instrumentsから購入するかのいずれかである。後者は，特定の温度の水が循環するホーロー金属枠（ステージに合致）から構成される。

除震テーブル

　顕微操作は除震環境で行えるようにすることが重要である。もし，建物が比較的振動のないものであれば，頑丈なテーブルの上に重い石の板を置き，衝撃吸収材（例えば，キャンプ用の断熱材）をテーブルと石の板との間に入れて用いるのが有効であろう。代替として，四隅に直径約4cmの穴を開けた重い金属盤の上に顕微鏡を置き，一般のテニスボールをそれぞれの穴の下に置く。このことによって，ボールによって振動が減少した表面に顕微鏡がのせられることになる。近くの震動源（例，遠心分離機やほかの大型機器からの振動）となるよ

うなものはすべて避ける。しかし，例えこれらのすべての要求が達成されても，振動のない環境を完全に確保することは不可能と思われる。この場合，除震テーブルを使うべきである。このようなテーブルはNewport, Biotech Products, およびTechnical Manufacturingから入手可能である。顕微操作に特化した倒立顕微鏡を製造しているほとんどの会社では，振動を縮小するテーブルを提供するパートナーをもっている。もし，完全な顕微注入ワークステーションをLeica, ニコン, オリンパス，あるいはZeissから購入するのであれば，直接これらの会社とこの問題について議論することはよいことといえる。

顕微操作設備

胚の顕微操作に必要な設備は種々の異なる方法で組み立てることができる。個々の品目について計画や決定をするための主たる要因は，(1)既存設備，(2)操作の方法とその実施頻度，(3)顕微注入実験室の場所と物理的特質，および(4)術者の個人的な好みである。最も推奨できることは，興味ある設備を備えた研究室と連絡を取り，個人的に経験してみることである。あるいは，自身の研究室で，限定した期間，個々の品々，あるいは設備一式を製造業者から提供を受け，練習してみることである。種々のタイプの注入用チャンバーは，第7章に述べられている。

マイクロマニピュレーター

マイクロマニピュレーターは前核および胚盤胞への注入，NT，およびICSIのために必須な道具である。通常，マイクロマニピュレーターは，顕微鏡のステージの両側に1台ずつ装着されている。1台のマイクロマニピュレーターは保持用ピペットを調節し，もう1台は注入用ピペットを調節する。入手可能なモデルのほとんどは，2次元の同時の動きを可能とするジョイスティックと垂直方向の調節器がついている。この調節装置は，マイクロマニピュレーターのインスツルメントホルダー(さらに注入用ピペットあるいは保持用ピペットへと)に3つのモードのいずれかによって接続されている。(1)Leica(Leitz)の機械式マニピュレーターのような直接的な機械的接続，(2)Narishigeのような水圧式接続，あるいは(3)Eppendorf TransferMan NKのような電子的接続。それぞれに一長一短をもってはいるが，すべてのシステムは十分に機能する。Leitz(Leica)の機械式マニピュレーターは，1950年代の初期に導入されており，それ以来，大変ポピュラーなものとなっている。これらの機械式マニピュレーターにはほとんど寿命に限界がない。落としたり，手荒に扱うことがなければ，通常，壊れることはない。しかし，Leicaのような機械式マニピュレーターが，近代的な倒立顕微鏡と共に用いられる時は，ステージに届くように，顕微鏡に支持を立てたり，あるいは，いわゆる"swan-neck延長棒"を装備しなければならない。1980年代の初頭に開発されたNarishgeの水圧式のシステムは，大変正確なリモートコントロール操作ができるので，古典的なヒトのARTの分野におけるほとんどの実験に好んで用いられている。電子的な装置は，プログラム入力による位置取りができる利点をもつので，非常に高い効率で前核へ注入のような技術を容易にするだろう。マニピュレーターは，Eppendorf, Fine Science Tools, Leica/Leitz, Narishige, Sutter Instrument, およびThe Glass Worxを含む，多くの供給業者から入手可能である。

ピエゾインパクトドライブ

マイクロマニピュレーターの中に取り入れたピエゾ電気機構は，電子的な調節による迅速で正確な動き，あるいは連続的な振動を提供する。このようなシステムは，主に超微細な微

小電極の挿入を必要とする電気生理学的研究に用いられていた。

標準的あるいはpiezo-enhancedマイクロマニピュレーターに装着されたpiezoelectric microdrivesは，大きなサイズの微小器具による透明帯の貫通を促進する。ピエゾインパクト機構は，NTおよびICSIを行う上で必須な道具である。これらの装置は，いわゆるピエゾ素子を装着した顕微注入用ピペットのホルダーからなる。電流が流された時に，この素子は非常に迅速に拡張し，大変正確にそして速く，注入用ピペットを前進・後退させる。ピエゾ駆動顕微注入を用いることによって，円滑に透明帯および細胞膜を貫通することが可能なので，結果的に注入胚の生存率の有意な上昇となる。ピエゾインパクト装置は，Prime Tech Ibaraki, Japan（http://www.primetech-jp.com）；BioMedical Instruments（Maerzhaeuserの卸売り業者），およびEXFO Burleigh Products Group（http://www.exfo.com/ http://www.myneurolab.com）から入手できる。マイクロマニピュレーターを販売しているいくつかの会社や小売商は，マイクロマニピュレーターにピエゾインパクトドライブを装着することができる。

注意：いくつかのピエゾのモデルでは，注入用ピペットに部分的に水銀を入れることによって注入用ピペットを安定させている。水銀〈！〉は非常に毒性が高いので，十分に注意して取り扱わなければならない！

顕微注入ユニット

マイクロマニピュレーターは，微小器具−注入用ピペットや保持用ピペットの微細な動きを助ける。これらの装置の吸引と排出の調節は，しかしながら特別な調節ユニットによってなされる。このようなユニットは，しばしば，いろいろなマイクロメーターの調節下のガラス製シリンジからなり，Eppendorf, Narishige, Stoelting, およびSutter Instrumentsから入手可能である。通常，全体のシステムは，気泡を含んでいないシリコン，パラフィンオイル，あるいはフロリナートのような圧縮できない液体で満たされている。いくつかの研究室では，マイクロメータースクリューとインスツルメントホルダーに接続したテフロン製ピストンつきの気密性のハミルトンシリンジのような手製のバリアントを用いることを好んでいる。これらの簡単で，安価な解決策は大変よく機能すると思われるが，初めて設置して使用する際には経験を積んだ操作者が必要である。先に議論したように，マウスピペットは保持用ピペットに正確な調節を提供すると思われるが，手動の水圧あるいは気圧（EppendorfからのCellTramAirのような）システムのほうがより頻繁に用いられる。

前核への注入に伝統的に用いられている非常に一般的なシステムは，ピペットホルダーまでチューブで接続した50ccのガラス製のシリンジからなる。シリンジとチューブは空気で満たされていて，中芯（フィラメント）つきのマイクロピペットはDNA溶液で満たされている。シリンジのピストンは注入のための圧力をかけるために手で圧縮される。しかし，電子的圧縮ガスインジェクターが，受精卵の前核への注入や着床以後の胚への注入にもっとも頻繁に用いられる。これらのインジェクターは，Eppendorf（FemtoJet）やNarishigeのようないくつかの会社から入手可能である。これらは，簡単に一定の流量となるように調節できる。手動の水圧式マイクロインジェクターでも，前核への注入において連続的な流れを適切に調節できる。手動の水圧式装置における一定の流れは，注射筒に一定の圧力を与えることによって得られる。注入用ピペットは，DNA溶液の中に先端を浸漬し，陰圧をかけることによって前側から満たされる。

前核への注入のために上述したものと同様のシステム（10あるいは50ccのガラス製シリンジ，空気を満たしたチューブ，およびオイルを満たしたマイクロピペットからなる）が，ES

細胞の注入にも使用できる。しかし，CellTram Vario(Eppendorf)のような，高価ではあるが，大変信頼性のある手動の水圧式のマイクロインジェクターが，ES細胞の注入のために，よりしばしば用いられている。

電気融合と凝集

4倍体胚の作製のための電気融合装置は，Allentown PA，Biotechnologies and Experimental Research，BLS，Braun Biotech，Brinkmann，Cyto，およびPulse Sciencesから入手可能である。プラスチックディッシュにくぼみをつけるための凝集用針は，BLS, Hungary(http://www.bls-ltd.com)から購入できる。これらの針は大変簡易なもので，本来は十分な装備をもつ機械工場で製造可能であるが，先端の正確な形状が最終成績に非常に重要であるということを心に留めておくことが重要である。深すぎるくぼみは凝集した胚の回収を困難にするであろうし，一方，浅すぎるくぼみは適当な位置に凝集胚を保持できない。胚を傷つけないために，くぼみの壁は相当に滑らかで，割れやひびがあってはならない。

ガラス毛細管からの微小道具の作製

顕微注入の間の胚の保持および胚に注入するガラス製の毛細管は，Biomedical Instruments，Eppendorf，Humagen，およびThe Glass Worxなどのいくつかの供給業者から既製品が購入可能である。これらの毛細管／針は高品質であり，特別にあつらえることもできるが，注文品はより高価である。もし，大規模な手術が計画されているのであれば，種々の針／毛細管の使用頻度が高くなるので，現場でガラス毛細管を準備することを考えなければならない。実験室内で作製することの利点は，長期的な節約と任意の形状と大きさに毛細管を調整することが可能であることである。しかし，毛細管作製に投入される時間も考慮に入れなければならない。

ガラス毛細管プラーは，現場での毛細管の作製に必要である。保持用毛細管と注入用ピペットの最終的な形状は，マイクロフォージと微小研磨機の使用によって，さらに調整される。ガラス毛細管プラー，マイクロフォージ，bevelers，および研磨機は，Alcatel，Bachofer，De Fonbrune，Narishige，Prior Instruments，Research Precision Instruments，Stoelting，Sutter Instrument，およびTechnical Products Internationalから入手可能である。

ガラス毛細管プラー

ガラス毛細管プラーは高価であるが，個人の好みや新しいアプリケーションに合致するために，ほどんど無制限に針をあつらえる手段を提供する。高品質の安定した製品を作ることが証明されているので，水平式の電子的プログラムプラーが推奨される。

針を引くために使用されるガラス毛細管は，Clark Electromedical Instruments，FHC，Leica，Science Bioproducts，Stoelting，Sutter Instrument，The Glass Worx，World Precision Instrument，その他から購入可能である。最も一般的なガラスのタイプは，ホウケイ酸塩である。安価な一般使用の毛細管は，保持用ピペット用に使用するが，一般に注入用ピペットの作製に使用すべきではない。ガラスの規格や厳密なパラメーターには，会社によって変動があるので，ピペット作製にあたっての変動の原因となることを心に留めておくべきである。毛細管の内腔に入っている繊維(フィラメント)は，毛細管現象によって前核への注入用ピペットの微細な先端への充填を迅速かつ容易にする。中芯のない毛細管は，ほかの用途に用いられる。プラーを使用する際の一般的なガイドラインは，第7章で議論されている。

マイクロフォージ

マイクロフォージは，基本的に加熱フィラメントと精密な調節ホルダーから構成される。フィラメントの温度は，調節つまみで電気的システムによって調整できる。ハンドフリー調節用の足ペダルもある。拡大システムとミクロ定規が接眼レンズに装着されている。熱したフィラメント上で針先を溶かすことによって，ガラス玉がフィラメント上に形成される。マイクロフォージ上では，(1)熱して丸める，(2)曲げる，(3)折る，および(4)引くという4つの主な工程がなされる。種々の角度で，フィラメントと針先の距離を減少することによって，先端と軸の形状は種々の方向に調節することができる。マイクロフォージは，保持ピペットの細い先端や注入用ピペット上のスパイクを作るためにも用いられる(保持用ピペットと注入用ピペットの準備については，第7章および10章を参照)。

Bevelersと研磨機

微小研磨機とbevelersは，注意深い研磨によって，たいへん鋭い斜角先端を得るために用いられる。これらの機器は上手に操作するための練習を必要とし，型式の選定は経験と個人の好みの問題である。

精密器具と道具

それぞれの顕微操作の用途に特別な道具一式を必要とする。そのすべては，本書の関連する章に掲載されている。これらの器具，道具，および消耗品のいくつかは，多くの用途に一般的であり，簡単な総論としてここに述べる。

口でピペッティングする道具(地域の法律によって禁止されているところもあるが)は，胚の採取，分類，洗浄，および移植用の技術的な道具として，いまだにもっとも広く用いられている。大変便利なマウスピースがHPIから購入することができる。そして，適当な弾力性のポリエチレンチューブ(例，内径0.76mm，外径1.22mm)が多くの実験器具供給業者から購入可能である。胚移植，卵巣移植，および精管結紮などの手術に使用するための手術グレードのステンレス製器具は，Bayer, Fine Science Tools, Fischer, Roboz Surgical Instruments，およびWorld Precision Instrumentsなどの会社から購入できる。それぞれの方法に必要な器具は，いくらか変動があるが(第6章参照)，器具の基本的セットは，多くの場合，大体は同じである。

- 皮膚を切開するためのピンセットとハサミ：毛を介しての切開は，ハサミの刃をすぐに鈍くするので，これらの道具は定期的に交換あるいは研磨すべきである。皮膚および毛から内側の臓器への微生物の伝播の可能性を避けるために，これらの器具を深部切開には用いない。
- 腹壁を切開するための精密な切開用ハサミと臓器を把持するための鋸歯状の先端をもった鈍端の精密ピンセット：これらは，組織の採取および子宮への胚の移植に必要である。正確に取り扱われているのであれば，これらの器具は長期間にわたって使用できる。
- 2丁の時計店＃5超精密鋭利ピンセットと鋭利なハサミ：これらは，卵巣の周囲の卵巣嚢の切開および初期の着床後の胚の切除用である。初期の着床後の胚の繊細な組織を切除する時，これらの器具は，先端が精密で鋭利でなければならない。この品質のハサミとピンセットは，使用，洗浄，保存に際して最大の注意を払って取り扱わなければならない。固い表面(顕微鏡のステージなど)との先端のほんのわずかな衝突でも，この用途で使用することをできなくする。器具を守るために肉薄のチューブやプラスチック製のピペットのチップを保存する間，使用すべきである。経験上，これらの器具は定期的に交換しなければ

ならない。経済的な選択肢は，オイルストーンや精密な紙ヤスリで障害を受けたピペットの先端を磨ぐことである。それによって，繊細さが少なくてもよい方法の場合はさらに使用できるようになる（以下を参照）。

- １丁の＃５ピンセット：卵管灌流と卵管移植の間に卵管采を保持するために使われる。これらのピンセットは一つの卵管コイルを把持するに十分な精密さでなければならないが，むしろ障害の原因とならないようにいくらか鈍くなければならない。
- 組織クランプ：これらは，胚移植，卵巣摘出，および精管結紮の際に脂肪組織を保持するために用いられる。ブルドッグ型鋸歯状のセラフィンクランプあるいはベビーディフェンバッハクリップ（28mmあるいは1.5inch）と呼ばれる特別な，大変小さなクランプが好まれている。クランプは，横にねじること（この性質は洗浄や滅菌をより簡単にする）によって開くのがよい。

デスマレス霰粒腫鉗子，眼科用縫合針，タングステン針，およびタングステンワイヤーなどの，より特殊な精密な道具は，Gallenkamp，Goodfellow Metals，およびHolborn Surgical and Veterinary Instrumentsから入手できる。

縫合糸材料は，医療用具を提供しているいくつかの会社（例，Holborn Surgical and Veterinary Instruments）から得られる。腹壁や卵巣嚢を閉じるために，吸収性の縫合糸（Vicrylなど）が好まれる。しかし，皮膚の縫合には，非吸収性の縫合糸が一般により強く，より耐久性があるので推奨される。縫合用クリップ（Wound clip）は，皮膚縫合糸に対して便利で安全な代替であり，Clay Adamsから購入できる。

手術器具の滅菌は，オートクレーブでするのが最もよい。しかし，この方法は時間がかかり，もし多数のマウスが処置されているのであれば，個々のマウスに対する使用には適当ではない。エタノールに浸した後に炎であぶる古典的な方法を選ぶのは，危険であるし（連続的通風のあるフード内の火事），器具に障害を与える。安全で効果的，そして便利な選択肢は熱ビーズ滅菌である。この道具は，ガラスビーズを十分に詰めたヒーターからなる。このビーズは250℃に熱せられる。そして金属器具は，完全な滅菌のためにビーズと約20秒間接触が必要である。熱ビーズ滅菌機は，Fine Science Tools and Inotech Biosystems Internationalから入手できる。器具は，器具上の血液の焼き付きを回避するために熱ビーズ内で滅菌される前に洗浄しなければならない。

小型の麻酔下の動物は，簡単に体温を失う傾向がある。エタノールでの清浄化およびフード内の連続的通風は一層，体表から熱を奪う。寝ている動物を加温ランプの下か，自動調節熱パッドの上に置くこと（こちらがよりよい）のいずれかによって，この現象を防止することが必要である。異なるサイズのこのようなパッドは，Fine Science Toolsから入手できる。

消耗品／プラスチック製品

注射筒（シリンジ），注射針，ピペット，およびプラスチック容器などの使い捨て製品は，種々の販売元から購入できる。価格と納期は，それぞれ交渉できる。特定のブランドのプラスチック容器（Corning，Falcon，あるいはNuncなど）の使用を好む研究者もいるが，そのような好みは主観的な見方に基づいており，今日の使い捨て製品の主要ブランドのすべては，同等に高品質である。使い捨て組織培養用ディッシュの型と質は重要性が高いといわれている。細胞培養は，一般に，プラスチック表面に細胞が接着する組織培養（TC）グレードですべきである。しかし，着床前期の胚からの透明帯の除去は，胚がプラスチックに接着して障害を受けることを避けるために，微生物学的グレードのディッシュ，あるいはTCグレード

ディッシュのコーティングされていないふたのいずれかを用いるべきである。

いわゆる器官培養ディッシュ(Falcon 35-3037)は，顕微操作実験室の種々の用途に大変有用である。これらのディッシュは，1mlの容量の中央のくぼみが特徴である。胚は，表面をオイルで覆う必要なくこれらのディッシュの中で培養できる。これらは，精子の調整にも十分に使える。胚は，第15章で述べたようにこれらのディッシュを用いて簡便に輸送することができる。

凍結保存

冷凍庫

胚の凍結保存は，いくつかの異なったプロトコールで行うことができる(第15章参照)。いわゆる緩慢凍結技術は，すべてアルコールあるいは液体窒素(LN_2)ベースいずれかのプログラムフリーザーを必要とする。アルコールベースフリーザーは一般に安価で，人工授精用ストローあるいはガラス製アンプルを用いた胚の凍結保存に広く用いられている。しかし，クライオバイアルを用いた凍結には，LN_2ベースのフリーザーがより適切である。アルコールベースフリーザーは，FTS Systemsから入手できる。LN_2ベースのフリーザーは，Biogenics, Cryologic, Thermo Forma，およびTS Scientificから購入できる。凍結プロトコールのパラメーターは，新しい機器の使用開始前に注意深く調節することが義務である！

貯蔵

凍結保存細胞は，短期間の保存(最長2カ月)では−80℃で保存されるが，それより長いものでは，LN_2か，あるいは−150℃のフリーザーに移すべきである。LN_2貯蔵は，手動あるいは，より良くは，自動調節システムによる液体窒素レベルの定常的な監視が必要である。電気的な−150℃フリーザーは，96ウエルプレートの長期間保存を実際的に解決するのに有用である。しかし一方では，それらはLN_2のバックアップがあるとしても電気供給に依存する。

凍結保存胚は輸送する場合を含め，−140℃以上に加温してはならない。LN_2は危険な化合物であるので，しばしば輸送の適切な方式を見つけることが大変困難である。この問題の解決策は，いわゆるvapor shipperによって提供される。これらは，陸送および空輸用に特別に作られた小型のLN_2貯蔵キャニスターである。発泡材料からなる厚い内壁が液体窒素を吸収し，凍結胚を48時間まで(より長いモデルもある)気相で維持する。これらの輸送モジュールにLN_2を満たすには相当の時間を要するが，それらは海外向けの場合でも安全かつ確実に胚の輸送をすることができる。

長期間貯蔵用の大型の種々のLN_2容器と同様に，小型のベンチトップデュワーフラスコは，MVEおよびTaylor-Wharton Cryogenicsから購入可能である。プラスチック製人工授精用ストロー，貯蔵用ゴブレット，キャニスター，およびケーンは，Conception Technology, CryoBioSystem Division of IMV Technologies, Meditech IST Canada，およびMinitube of Americaなどの種々の業者から入手可能である。

情報源

以下に，読者はこれまでの章に関連する情報をもつ参考書の一覧を見ることができる。データベース，議論集団などのWebベース情報源のアドレスやリンクは，マニュアル用のWebサイト上に見ることができる(付録3参照)。

参考書

Copp A.J. and Cockroft D.L., eds. 1990. *Postimplantation mammalian embryos: A practical approach.* IRL Press.

Falconer D.S. and MacKay T.F.C. 1996. *Introduction to quantitative genetics*, 4th Edition. Addison-Wesley, Boston.

Festing W.F.W. 1992. Origins and characteristics of inbred strains of mice, 14th listing. *Mouse Genome* **90:** 231–352.
Listed are 140 inbred strains of mice, together with notes about their origins and vital statistics. This listing is regularly updated in the journal *Mouse Genome*.

Gilbert S.F. 2000. *Developmental biology*, 6th Edition. Sinauer Associates, Sunderland, Massachusetts.

Jackson I.J. and Abbott C.M., eds. 2000. *Mouse genetics and transgenics: A practical approach.* Oxford University Press, New York.

Joyner A.L., ed. 2000. *Gene targeting: A practical approach*, 2nd Edition. Oxford University Press, New York.

Kaufman M.H. 1992. *The atlas of mouse development.* Academic Press.

Kaufman M.H. and Bard J.B.L. 1999. *The anatomical basis of mouse development.* Academic Press.

Lewin B. 2000. *Genes VII*. Oxford University Press, New York.
An electronic, updated version can be accessed through the molecular biology module at http://www.ergito.com/index.jsp

Lyon M.F. and Searle A.G. 1995. *Genetic variants and strains of the laboratory mouse*, 3rd Edition. Oxford University Press, New York.

Roberts R. 1990. *The mouse: Its reproduction and development.* Oxford Scientific Press.

Robertson E.J., ed. 1992. *Teratocarcinomas and embryonic stem cells: A practical approach.* IRL Press.

Rossant J. and Tam P., eds. 2002. *Mouse development: Patterning, morphogenesis and organogenesis.* Academic Press.

Sambrook J. and Russell D. 2001. *Molecular cloning: A Laboratory manual*, 3rd Edition. Cold Spring Harbor Laboratory Press, Cold Spring Harbor, New York.

Silver L.M. 1995. *Mouse genetics: Concepts and applications.* Oxford University Press, New York.
An electronic version is available at http://www.informatics.jax.org/silver/

Suckow M.A., Danneman P., and Brayton C. 2001. *The laboratory mouse.* CRC Press.

Sundberg J.P., ed. 1994. *Handbook of mouse mutations with skin and hair abnormalities. Animal models and biomedical tools.* CRC Press, Boca Raton, Florida.

Theiler K. 1989. *The house mouse: Atlas of embryonic development.* Springer Verlag.

Torres R.M. and Kühn R. 1997. *Laboratory protocols for conditional gene targeting.* Oxford University Press, New York.

Turksen K., ed. 2002. Embryonic stem cells: Methods and protocols. *Methods. Mol. Biol.* **185.**

Wassarman P.M. and DePamphilis M.L., eds. 1993. Guide to techniques in mouse development. *Methods. Enzymol.* **225.**

おことわり

　本章および付録3で引用した業者は，それだけに限られたものではない。掲載された機材のほとんどは，本書に引用された業者以外からも購入可能であるし，同等の機器がほかの会社によっても製造されていると思われる。本書の引用は，何が必要かというための案内を提供するものであり，研究者は購入前に市場を調査するべきである。引用した例は，著者らが有用であることを知っているモデルであるが，引用以外にも同等品がないということを意味するものではない。

付録 1

緩衝液と溶液

目　次

透明帯除去のための酸性タイロード液, 676
アルカリホスファターゼ緩衝液, 676
アルカリホスファターゼ染色液, 676
麻酔剤, 677
ウシ血清アルブミン, 678
Ca^{++}/Mg^{++}-フリーPBS, 678
Ca^{++}/Mg^{++}-フリータイロード・リンゲル塩類液(pH 7.6～7.7), 678
Chicago Sky Blue 6B, Pontamine Sky Blueとも呼ばれる(Sigma C8679), 679
ヒアルロニダーゼ, 679
マニトール, 0.3M(Sigma M4125), 679
メチレンブルー溶液, 679
受精卵前核へのマイクロインジェクション用バッファー, 679
胚葉および組織層を分離するためのパンクレアチン／トリプシン液, 679
ホールマウント胚の免疫組織化学のためのPBSMT, 680
PBT, 680
マウス胚または胎子組織からの全RNA分離用フェノール／クロロホルム溶液, 680
リン酸緩衝液(PBS), 680
プロナーゼ溶液, 681
生殖細胞の分離および組織培養のためのグルコースを加えた塩類／EDTA緩衝液, 681
20×SSC, 681
20×SSPE, 682
TAE(Tris-acetate／EDTA)緩衝液, 682
TE(Tris／EDTA)緩衝液, 682
組織培養用0.25％トリプシンTris-塩類溶液, 682
トリプシン／EDTA溶液, 682

　すべての溶液は, ガラス製蒸留装置で2回蒸留した水またはMillipore Q水を用いて調製し, 使い捨てのプラスチック容器か, 洗剤を完全に除いた洗浄ずみのガラス容器に保存する。
注意：胚培養のための培地および胚操作用の溶液(例えば, 酸性タイロードおよびマニトール溶液)を作るための試薬は, この目的専用である旨記しておくべきである。痕跡ほどの汚

染であっても胚発生には致命的になる。胚培養および操作に用いる水の質は特に重要である。詳細は第14章参照。

注意：＜！＞をつけた材料の適切な取り扱いについては付録2を参照のこと。

透明帯除去のための酸性タイロード液

	g/100ml
NaCl	0.800
KCl＜！＞	0.020
$CaCl_2 \cdot 2H_2O$	0.024
$MgCl_2 \cdot 6H_2O$＜！＞	0.010
グルコース	0.100
ポリビニールピロリドン(PVP)＜！＞	0.400

室温で調製し，Analar HCl(BDH)でpHを2.5に調節する。PVPは液の粘稠度を増し，胚の粘着性を減少させるために加える。濾過滅菌し，小分けして，−20℃に保存する。酸性タイロード液は，Sigma(T1788)およびSpecialty Media(MR-004D)から購入することも可能である。

アルカリホスファターゼ緩衝液

胚切片の免疫組織化学用
　100mM Tris-HCl＜！＞（pH 9.5)
　100mM NaCl
　5mM $MgCl_2$＜！＞

RNAプローブによる無傷胚の in situ ハイブリダイゼーション用（Tween 20を含まないNTMT）
　100mM Tris＜！＞pH 9.5)
　100mM NaCl
　5mM $MgCl_2$＜！＞

放置すると沈殿しやすいので直前に保存液から作るのが最善である。

RNAプローブ(NTMT)による無傷胚の in situ ハイブリダイゼーション用
　100mM NaCl
　100mM Tris＜！＞（pH 9.5)
　50mM $MgCl_2$＜！＞
　0.1% Tween 20（Fisher BP337-100 または Sigma P1379)

放置すると沈殿しやすいので直前に保存液から作るのが最善である。

アルカリホスファターゼ染色液

異なった発生段階の胚から得られた始原生殖細胞の培養のため：

溶液	量	最終濃度
1M Tris-マレイン酸塩＜！＞pH 9.0) (Sigma T3128)	1.25ml	25mM
α-ナフチルリン酸塩 (Sigma N7255)	20mg	0.4mg/ml
ファースト-レッドTR塩＜！＞ (Aldrich 20,155-3)	50mg	1mg/ml

1M MgCl₂＜！＞	400 μl	8mM
2回ガラス蒸留水またはMilli pore Q H₂O		to 50ml

1M Tris-マレイン酸塩のpHは，1M Tris-マレイン酸塩とTris塩基(Fisher BP152-1)を混合して調整する。

麻酔剤

トリブロモエタノール(アバーチン)

100％アバーチン(avertin)の保存液は，10gの2,2,2-tribromoethyl alcohol＜！＞(Aldrich T4,840-2)を10mlの *tert*-amyl alcohol＜！＞ (Aldrich 24,048-6)に溶かして作る。完全に溶解したことを確認する。(50℃に加熱；マイクロウェーブ・オーブンまたはマグネチック・スターラーで一晩かけて溶かす)(注意：もし，2,2,2-tribromoethanolが暗い色をしていたら，使用前に再結晶させなければならない。下記参照)。使用に際し，1.2～2.5％(v/v)になるように100％液を水または等張食塩水でうすめる。溶解するまで激しく撹拌する。0.2ミクロン・フィルターで濾過滅菌する(不溶結晶を除く効果もある)。100％保存液および使用する液は，刺激性のある副産物であるdibromoacetic aldehyde と hydrobromic acidに分解されるのを防ぐために，共に暗所に4℃で保存する(Papaioannou and Fox 1993)。使用液は2～3カ月安定であるが，実験室によって，使用直前に保存液から作るのを好む所もある。

直ちに使用可能な1.25％，v/v 溶液は，2.5gの2,2,2-tribromoethanolと5mlの *tert*-amyl alcoholを混和し，それをマグネチック・スターラーで200mlの水に溶解させて調整することもできる。より低濃度での投与も推奨できる。なぜなら高濃度はより頻繁に麻酔後の死亡を伴うからである(Flecknell 1993)。**最終的な使用液のpHは＜5でなければならない。pHが＞5のときは毒性があると考えられている。**

トリブロモエタノールの適量(125～250mg/kg体重)は作り方によって異なるので，新しい100％保存液を作るごとに，また使用液が2カ月を越えて保存された時は，適量を決め直さなければならない。その検査のために数匹のマウスに 0.014～0018ml(2.5％)/g体重の用量を注射する。1.25％液のための典型的な用量は0.02ml/g体重である。用量は，完全な麻酔を与えるのに十分でなければならないが，その後3～4日間のマウスの生存と健康をチェックすることも大切である。2,2,2-tribromoethanolのある製品では，マウスの具合が悪くなり，麻酔の数日後に死亡することがある。2,2,2-tribromoethanolの再結晶によってこの問題は通常は解決する。

文献的には，トリブロモエタノールの使用に関して矛盾した報告があり，急性腹膜炎と腹部臓器のフィブリン性漿膜炎を引き起こすと報じられている(Zeller 1998)。しかし，分解を防ぐための最小限の注意(暗所に4℃で保存)を払えば，アバーチンは効果的に，そして簡単に使用できる。マウスに対して外科手術に十分な深さの麻酔を速やかに導入し，麻酔後は回復が早く，疾病率および死亡率も低い(Papaioannou and Fox 1993；Weiss and Zimmermann 1999)。多くのトランスジェニックマウス施設で，アバーチンは15年以上にわたり成功裏に使われている。

2,2,2-tribromoethanolを再結晶させるためには(N.Lonberg, Gen Pharm Corp., Mountain View, Californiaの方法)：

1. 50gの2,2,2-tribromoethanolを，有毒ガス集気装置の中で加熱プレート上で撹拌しながら，沸騰している石油エーテル(**石油エーテルであってエチル・エーテルではない。エチル・エーテルは使わない!!!**)，またはヘキサン(沸騰点69℃)に溶かす。注意：これらの

溶媒は，非常に燃えやすいので細心の注意で作業する。
2. スプーン山盛一杯の活性炭を加える。
3. あらかじめ65℃に熱したガラス製ロト内でひだ折り濾紙で濾過して，別のビーカーまたはフラスコへ入れる。氷上で30℃まで冷やす。
4. 上澄みを捨てる。
5. 結晶をガラス棒または金属へらで砕く。真空で一晩乾燥させる。4℃に保存する。

ケタミン／キシラジン

ケタミン／キシラジンの組み合わせは，マウスに対する非常に信頼できる麻酔剤であると考えられる(Erhardt 1984)。推奨される用量は異なる。腹腔内注射の時は，100〜200mg/kg体重のケタミンと5〜15mg/kg体重のキシラジンである。一部の実験室では35〜50mg/kg体重のケタミンを使っているが，50mg/kg体重のケタミンと10mg/kg体重のキシラジンではシリアン・ハムスターで十分な麻酔が得られず，150mg/kg体重のケタミンと10mg/kg体重のキシラジンの組み合わせがPayton et al.(1993)によって提唱されている。

マウスの外科手術に最も広く用いられているケタミン／キシラジンの用量は，それぞれ100mg/kgおよび10mg/kg体重である(Flecknell 1993)。麻酔期間の延長はキシラジンの割合を増すことによって，またはケタミンを追加することによって得られる。

アトロピンのような抗副交感神経作動薬が，キシラジンによる徐脈(心拍動がゆっくりすること)および，ケタミンによる気管支および唾液腺からの過度の分泌を防ぐためにしばしば用いられる(Nowrouzian 1981；Magoon et al. 1988)。

下記の処方は3〜5分で始まり，30〜40分持続する外科麻酔を可能にする。

ケタミン(50mg/ml)(Vetalar, Ketaset, Ketalar)	2ml(100mg)
キシラジン(20mg/ml)(Rompun)	0.8ml(16mg)
水(滅菌)	to 10ml

4℃で最長2週間保存。10g体重当たり0.1ml注射する(100mg/kgケタミン，16mg/kgキシラジン)。

ウシ血清アルブミン

ウシ血清アルブミン(BSA)は，粉末(フラクションV, Sigma A9647)または結晶(Pentex, Miles Laboratories 81-001)型として入手できる。フラクションVの一部の製品はスペルミン・オキシダーゼを含むため，8細胞期以降への発生が障害されることがある(D.G.Whittingham, 私信)。一部の研究室では，Sigma A4378およびInvitrogen Life TechnologiesのAlbuMAXを用いている。胚テストずみの(embryo-tested)BSAがSigma (A3311)から手に入る。すべての製品は使用前に毒性について検査すべきである。詳細は第4章参照。

Ca++/Mg++-フリー PBS

下記のPBS参照

Ca++/Mg++-フリー タイロード・リンゲル塩類液(pH7.6〜7.7)

成分	g/リットル
NaCl	8.0
KCl<！>	0.3

NaH₂PO₄·5H₂O	0.093
KH₂PO₄<！>	0.025
NaHCO₃	1.0
グルコース	2.0

Chicago Sky Blue 6B<！>，Pontamine Sky Blue<！>とも呼ばれる(Sigma C8679)

1％溶液になるように(1g/100ml等張塩類溶液)，溶解する。溶液をWhatman濾紙(Whatman International, Maidstone, UK, 1001110)で濾過する。ガラス瓶に入れて室温で保存する。

ヒアルロニダーゼ

ウシ精巣由来のType IV-S(Sigma H 3884または胚テストずみH4272)を用いる。水，M2，またはほかのHEPES-緩衝胚培地(第4章参照)に10mg/mlの濃度に溶解し保存液とする。濾過滅菌後，少量ずつに分け，−20℃に保存する。卵丘細胞の除去には，BSAを含むM2，またはほかのHEPES-緩衝胚培地でおよそ300μg/mlになるように希釈して用いる。最終濃度が0.5〜1mg/mlになるようなヒアルロニダーゼ溶液も使える。この場合には，もっと高い保存液を作る(例，100×)。

マンニトール，0.3M(Sigma M4125)

超純水に溶かして，0.3％BSA(Sigma A3311)を加え，0.22μmミリポアフィルターで濾過する。小分けして，−20℃に保存する。毎回，作りたてのものを使う。

メチレンブルー溶液

メチレンブルー<！>(Basic Blue 9)粉末(Sigma M9140)を0.5M酢酸ナトリウム<！>(pH 5.2)に最終濃度が0.1％(w/v)になるように溶かす。30分間撹拌して完全に溶解したことを確かめる。アガロースゲルを20分間染色する。10分ごとに水を交換しながら，30分間脱色する。

受精卵前核へのマイクロインジェクション用バッファー

第7章，プロトコール7.6および7.7参照。

胚葉および組織層を分離するためのパンクレアチン／トリプシン液

Levak-Svajger et al.(1969)から改変。

	g/20ml	最終濃度
パンクレアチン	0.50	2.5％
トリプシン	0.10	0.5％
ポリビニールピロリドン<！>(随意)	0.10	0.5％

Ca^{++}/Mg^{++}-フリータイロード・リンゲル塩類液から作る。低速での遠沈，またはWhatman No.1濾紙での前濾過なしでは，この懸濁液の0.45μmフィルターでの濾過滅菌はむずかしい。少量ずつ小分けし，−20℃で無菌保存する。

ホールマウント胚の免疫組織化学のためのPBSMT

リン酸緩衝液（下記）
2％非脂肪インスタント・スキムミルク（組織におけるすべての非特異的な蛋白質結合部位をブロックするために用いる）。商標が重要である。Carnationはいつも良い結果を与えるが，ほかのブランド（例，Kroger）はそうではない。
0.5％Triton X-100（組織の浸透性を高めるために用いる）。
使用直前に作る。

PBT

ホールマウント胚の免疫組織化学のため
　リン酸緩衝液（pH 7.4）（下記参照）
　0.2％ウシ血清アルブミン（BSA）（Sigma A4378）
　0.5％Triton X-100
使用直前に作る。
ホールマウント胚の in situ ハイブリダイゼーションのための
　リン酸緩衝液（下記参照）
　0.1％Tween 20

マウス胚または胎子組織からの全RNA分離用フェノール／クロロフォルム溶液

フェノール<！>は1M Tris<！>（pH 8）と平衡させ，−20℃に（RNA専用として分けて）保存する。使用前に等量のクロロフォルム<！>と混合し，2％イソアミルアルコールを加える（最終混合液も−20℃に保存する）。

リン酸緩衝液

この基本的な処方は，Sambrook and Russel（2001）に示されている。これはCa^{++}/Mg^{++}-フリーリン酸緩衝液である。

NaCl	8g/リットル
KCl<！>	0.2g/リットル
Na$_2$HPO$_4$<！>	1.44g/リットル
KH$_2$PO$_4$<！>	0.2μg/リットル

pHをHClで調節して，蒸留水で1リットルにする。組織培養に用いる時は，pHは7.2である。他の用途の時は（例えば，in situ ハイブリダイゼーション），pHは7.4である。ダルベッコの溶液A（PBSA）の処方は下記のとおりである（Dulbecco and Vogt 1954；Spector et al. 1998）。他に述べない限り，このマニュアルでPBSまたはD-PBSと記されているのはこの処方である。

NaCl	8g/リットル
KCl<！>	0.2g/リットル
Na$_2$HPO$_4$<！>（無水）	1.15g/リットル
KH$_2$PO$_4$<！>（無水）	0.2g/リットル

pHを調節して蒸留水で1リットルにする。この処方のバリエーションは，Na$_2$HPO$_4$の代わりにNa$_2$HPO$_4$・7H$_2$O（2.16g/リットル），またはNa$_2$HPO$_4$・12H$_2$O（2.88g/リットル）を用いるものが含まれる。組織培養用のPBSは，滅菌した1×または10×濃度の溶液としてすでに作られたものが購入できる（例，Invitrogen Life Technologies 14190, 14200, または，

Specialty Media BSS-1006, BSS-2010)。

　もし，Ca^{++}およびMg^{++}を加える時は，その量は1リットル当たり，0.133g CaCl$_2$・2H$_2$Oまたは0.1g CaCl$_2$（無水）および0.10g MgCl$_2$・6H$_2$Oである（Dulbecco and Vogt 1954；Spector et al. 1998）。この量は，ダルベッコのPBSABCと同じであり，1×または10×濃度の溶液として購入できる（例，Invitrogen Life Technologies 14040, 14080，または，Specialty Media BSS-1005, BSS-6010）。

　1リットル当たり1gのグルコースと0.036gのピルビン酸ナトリウムを含むCa^{++}およびMg^{++}含有D-PBS（例，Invitrogen Life Technologies 14287）は，3g/リットルのBSAを補えば（フェノールレッドと抗生物質は随意），着床前胚の操作および凍結保存に用いることができる（Specialty Media MR-006）。この改変D-PBSは，PB1とも呼ばれる（第4章および第15章参照）。

　in situ ハイブリダイゼーション用には，一部の実験室ではリン酸緩衝液の異なった処方を用いていることに注意してほしい。例えば，NaCl（7.6g/リットル），Na$_2$HPO$_4$（3.8g/リットル），およびNaH$_2$PO$_4$（0.42g/リットル）である。pHは，1塩基性および2塩基性のリン酸ナトリウムの比率から計算すると7.4になるはずである。この処方は，生化学的研究では，上に述べた処方のものと全く同じ結果を与えるようである。組織培養には適さない。

プロナーゼ溶液

　*Streptomyces griseus*から得たプロテアーゼ（Calbiochem 537088；Boehringer Mannheim 165 921；Sigma P5147）を用いる。透明帯の除去には，M2培地で0.5％溶液を作る。これは酸性タイロード液（第11章参照）の代わりになる。必要であれば，胚の付着を防ぐために，0.5％ポリビニールピロリドン＜！＞を加えることができる。プロナーゼは酵素の粗製品なので，混入しているヌクレアーゼなどを分解するために30分間室温でインキュベートする必要がある。不溶性物質を遠沈で除き，濾過滅菌し，小分けして−20℃に保存する。

生殖細胞の分離および組織培養のためのグルコースを加えた塩類／EDTA緩衝液

	g/100ml
EDTA（2Na塩）	0.02
NaCl	0.80
KCl＜！＞	0.02
Na$_2$HPO$_4$＜！＞（無水）	0.115
KH$_2$PO$_4$＜！＞	0.02
フェノールレッド＜！＞	0.001
グルコース	0.02

EDTAの最終濃度は0.02％である。pHが7.2であることを確かめる。濾過滅菌またはオートクレーブ（121℃，15psi，15分間）。室温保存。組織培養のためだけならば，グルコースは除くことができる。

20×SSC

　175.3gのNaClと88.2gのクエン酸ナトリウムを800mlの水に溶かす。10NのNaOH＜！＞を2，3滴落として，pHを7.0に調整する。水で1リットルとする。小分けして，オートクレーブで滅菌する。

20×SSPE

175.3gのNaCl，27.6gのNaH₂PO₄·H2O＜！＞，と7.4gのEDTAを800mlの水に溶解する。NaOH＜！＞でpHを7.4に調整する（10N溶液を約6.5ml）。水で1リットルにする。小分けして，オートクレーブで滅菌する。

TAE(Tris-acetate／EDTA)緩衝液

1×溶液
40mM Tris acetate＜！＞
1mM EDTA(pH8.0)

TE(Tris／EDTA)緩衝液

10mM Tris-Cl＜！＞(pH8.0)
1mM EDTA(pH8.0)

組織培養用0.25％トリプシンTris-塩類溶液

組織培養用の0.25％トリプシン1:250 Tris-塩類溶液（あるいは，十分な緩衝作用のあるほかのどのような等張塩類溶液でもよい）のための保存液である。抗生物質の添加は随意である。

	g/100ml
NaCl	8.00
KCl＜！＞	0.40
Na₂HPO₄	0.10
グルコース	1.00
Trizma塩基(Fisher BP152-1)	3.00
フェノールレッド＜！＞	0.010
ペニシリンG	0.060（最終濃度．100U/ml）
ストレプトマイシン＜！＞	0.100
トリプシン(Difco 0152, 1:250)	2.5g
（少量の水に溶かしてから加える）	

pHを約7.6に調整する。濾過滅菌し，小分けして滅菌容器に保存する。−20℃で保存。使用前に塩類/EDTA緩衝液（上記）で1:4に希釈する。

トリプシン／EDTA溶液

Ca^{++}/Mg^{++}-フリー リン酸緩衝液の中で細胞を組織培養ディッシュから離し，お互いにばらばらにするための溶液である。最終濃度は，0.05％トリプシン，0.02％(0.53mM)EDTAである。供給元(Invitrogen Life Technologies 15400-054)から得た10倍濃度のトリプシン／EDTA保存液を1倍ダルベッコPBSで希釈する。希釈された溶液は小分けして（例えば，5〜10ml），凍結保存する。すぐに使用できる0.05％トリプシン，0.53mM EDTA溶液も商品として手に入る（例，Invitrogen Life Technologies 25300-054）。日常のES細胞株培養，選択後のES細胞コロニーの分散および新たなES細胞の作出のため：最終濃度が，0.25％トリプシン，0.04％EDTAのものも入手可能である(Invitrogen Life Technologies 25200-056)。ハンクスまたはTris-緩衝液で希釈する。一部の実験室では，0.5％のトリプシンを使っている。

参考文献

Dulbecco R. and Vogt M. 1954. Plaque formation and isolation of pure lines with poliomyelitis viruses. *J. Exp. Med.* **98:** 167.

Erhardt W., Hebestedt A., Aschenbrenner G., Pichotka B., and Blumel G. 1984. A comparative study with various anesthetics in mice (pentobarbitone, ketamine-xylazine, carfentanyl-etomidate). *Res. Exp. Med.* **184:** 159–169.

Flecknell P.A. 1993. Anesthesia and perioperative care. *Methods Enzymol.* **225:** 16–33.

Leval-Svajger B., Svajger A., and Skreb N. 1969. Separation of germ layers in presomite rat embryos. *Experientia* **25:** 1311–1312.

Magoon K.E., Hsu W.H., and Hembrough F.B. 1988. The influence of atropine on the cardiopulmonary effects of a xylazine-ketamine combination in dogs. *Arch. Int. Pharmacodyn. Ther.* **293:** 143–153.

Nowrouzian I., Schels H.F., Ghodsian I., and Karimi H. 1981. Evaluation of the anaesthetic properties of ketamine and a ketamine/xylazine/atropine combination in sheep. *Vet. Rec.* **108:** 354–356.

Papaioannou V.E. and Fox J.G. 1993. Efficacy of tribromoethanol anesthesia in mice. *Lab. Anim. Sci.* **43:** 189–192.

Payton A.J., Forsythe D.B., Dixon D., Myers P.H., and Clark J.A. 1993. Evaluation of ketamine-xylazine in Syrian hamsters. *Cornell Vet.* **83:** 153–161.

Sambrook J. and Russell D. 2001. *Molecular cloning: A laboratory manual*, 3rd edition. Cold Spring Harbor Laboratory Press, Cold Spring Harbor, New York,

Spector D.L., Goldman R., and Leinwand L. 1998. *Cells: A laboratory manual*, Volumes 1–3. Cold Spring Harbor Laboratory Press, Cold Spring Harbor, New York.

Weiss J. and Zimmermann F. 1999. Tribromoethanol (Avertin) as an anaesthetic in mice. *Lab. Anim.* **33:** 192–193.

Zeller W., Meier G., Burki K., and Panoussis B. 1998. Adverse effects of tribromoethanol as used in the production of transgenic mice. *Lab. Anim.* **32:** 407–413.

付　録　2

注　意

以下の一般的な注意を遵守すること。
- 実験を始める前に**使用する物質の特性**に完全に精通しておくこと。
- 情報がいつも完全あるいは有効であるとは限らず，**警告がない**からといって物質が安全であることを意味するわけではない。
- **有毒物質に触れてしまった場合**は，直ちに安全管理室と連絡をとり指示を受ける。
- すべての**化学物質，生物性，放射性廃棄物**は適切な処分手続きに従って処理する。
- **適切な保護**に関する特別なガイドラインについては，安全管理室に相談する。
- **強酸や強塩基**は特に注意して取り扱う。ゴーグルと適切な手袋を着用する。多量に取り扱う際にはフェイスシールドを装着する。強酸と有機溶媒は反応性があるので混合しない。硫酸と硝酸は特に反応性が高く，火災や爆発の原因となる場合がある。強塩基とハロゲン化溶剤も混合しない。爆発の原因となる反応性のカルベンを形成する場合がある。
- **ピペットで溶液を取る際には，決して口を使わない**。この方法は無菌的でなく，かつ危険を伴う。常にピペットエイドあるいはバルブを使用する。
- **ハロゲン化溶媒と非ハロゲン化溶媒は混ぜない**(例：クロロホルムとアセトンの混合は塩基の存在下で予期しない反応の原因となりうる)。ハロゲン化溶媒とはクロロホルム，ジクロロメタン，トリクロロトリフルオロエタン，ジクロロエタンなどの有機溶媒をさす。非ハロゲン化溶媒とは，ペンタン，ヘプタン，エタノール，メタノール，ベンゼン，トルエン，N,N-ジメチルホルムアミド(DMF)，ジメチルスルホキシド(DMSO)，アセトニトリルなどをさす。
- **レーザー照射**は，可視光，紫外光のいずれにしても，眼と皮膚の重篤な傷害の原因となる。直接あるいは反射による曝露を避けるための適切な予防措置を講じる。製造業者の安全指針に常に従い，安全管理室に相談する。
- **フラッシュライト**は強度が強いので眼に有害である。時として爆発することもある。適切な安全眼鏡を着用し，製造業者のガイドラインに従う。
- **写真の固定液や現像液**は，有毒な化学物質を含んでいる。取り扱いに注意し，製造者の指示に従う。
- **電源装置や泳動装置**は適切に使用しないと重大な火災や感電の原因となる。
- **研究室の電子レンジやオートクレーブ**には特別の警戒が必要である。実際にこれらを使う際に事故が起きている(例：ビンに保存しているアガロースやバクトアガーの溶解や滅菌のために使用した際)。ネジぶたが完全に取りはずせない場合や，蒸気が排気されるのに十分な空間がない場合，容器を電子レンジやオートクレーブから取り出す際にビンが爆発し重大なけがの原因となる可能性がある。ビンのふたは電子レンジやオートクレーブに入

れる前に完全に取り外す必要がある。無菌のアガロースを必要としない日常的なアガロースゲルを調製するには，ビンではなくフラスコにアガロースを量り分けてから溶解するとよい。

- **超音波破砕機**は，細胞の破砕あるいはその他の目的のために高周波の音波($16 \sim 100\,kHz$)を利用する。「超音波」は空気中を伝達し，人に対して直接の害は及ぼさないが，付随する可聴高音は，頭痛や吐き気，耳鳴りなどを含む様々な傷害の原因となりうる。医療用の画像装置を除き，強度の大きい超音波に直接体を接触させることは避けるべきである。適切に耳を保護し，装置を使用する実験室のドアにその旨を標示する。
- **ミクロトームやメス，カミソリ，注射針**などのような鋭利な道具を取り扱う際には最大限の注意を払う必要がある。ミクロトームの刃は極めて鋭利である！　切片作製時には十分に気をつける必要がある。これらの使用に不慣れな場合は，適切な使用方法の説明を受ける。また，これらの適切な廃棄のためには，実験室の「尖ったもの」専用のゴミ箱を利用する。使用ずみの注射針は保護キャップをせずに廃棄する。保護キャップをつけ直そうとした際に多くの事故が起きていることから，注射針によるけが（と感染の可能性；Biological Safetyの項を参照）を防ぐためである。割れたパスツールピペットやカバーガラス，スライドなどもけがの原因になりえる。
- **加圧ガスボンベ**には，可燃性，毒性，腐食性，窒息性の物質，あるいは酸化剤などが含まれているので注意して使用・保存する。適切な使用のために販売者から供給される安全データシートをみる。
- **動物の人道的な取扱い**のための手続きはいつも遵守する。ガイドラインについては動物実験施設の指示を受ける。

化学物質の一般的な特徴

有害な物質は，以下のカテゴリーに分類することができる。

- 塩酸，硫酸，硝酸，リン酸のような**無機酸**は刺激臭のある無色の液体である。皮膚や衣服にこぼさないように注意する。こぼしてしまった場合は大量の水で希釈する。これらの酸の濃縮液は，紙や布，皮膚を破壊し，眼の重大な障害の原因となる。
- 水酸化ナトリウムのような**無機塩基**は白色の固体で，発熱を伴いながら水に溶解する。濃縮液は皮膚や爪でさえ，ゆっくりと溶かしてしまう。
- **重金属の塩**は一般的に水に溶ける有色の粉末である。その多くは酵素の強い阻害剤なのでヒトや環境（例：魚類や藻類）に対して有害である。
- **有機溶媒**の多くは引火性の揮発性溶液である。蒸気の吸入は吐き気やめまいの原因となるので避ける。また皮膚への接触も避ける。
- メルカプトエタノールや有機アミンなど，**有機硫化物を含むような有機化合物**には強い悪臭がある。また反応性が強いので取り扱いに注意する。
- **色素や染色液**を不適切に取り扱うと，試料だけでなく皮膚や衣服も染色する。さらに，いくつかの染色液は変異原性（例：エチジウムブロマイド）や発癌性，毒性を有する。
- 「アーゼ」で終わる名前の物質（例：カタラーゼ，β-グルクロニダーゼ，ザイモリラーゼなど）は**酵素**に属する。しかし，ペプシンのような非系統的な名前の酵素も存在する。多くの酵素は緩衝剤などを含んだ製品として市販されている。基質も含めた個々の酵素の特性を十分に理解する必要がある。
- **毒性物質**は，細胞を処理するのにしばしば使用される。危険であるから適切に取り扱う。

- ここに記載されているいくつかの化合物については，その毒性に関して必ずしも完全にわかっているわけではないので注意を要する。個々の化学物質を十分な注意のもとに取り扱う必要がある。毒性は定量化することができるが（例：50％致死量），この考えは，1回の曝露で影響が現れる発癌性物質や変異原性物質には適用できない。また，物質の危険性はその物理的状態（細粉と大きな結晶／ジエチルエーテルとグリセロール／ドライアイスと二酸化炭素など）に左右されることも理解する必要がある。実験の過程でどのような状況で化学物質にさらされることが起こりえるか，また自分自身や環境をどのように保護するのが最もよいかを考えてみる必要がある。

有害物質（アルファベット順）

注意：一般的に特許登録されている物質はここには記載していない。製品に添付される製造者の安全ガイドラインに従う。

Acetic acid(glacial)(酢酸＜氷酢酸＞)は，強い腐食性があるので注意して取り扱う。液体および気体はすべての体組織に重篤な火傷を負わせる。吸入，摂取，あるいは経皮吸収は有害である。適切な手袋，眼鏡を着用し，通風装置内で使用する。熱や火花・炎に近づけない。

Acetic anhydride(無水酢酸)は，皮膚，眼，粘膜，上気道上部を極端に傷害する。吸入，摂取，あるいは経皮吸収は有害である。適切な手袋，眼鏡を着用し，通風装置内で使用する。

Acetone(アセトン)は，眼や皮膚を刺激し，粘膜，上気道上部に炎症を起こさせる。蒸気は吸入しない。また引火性が極めて高い。適切な手袋，眼鏡を着用する。

3-Aminopropyltriethoxysilane(3-アミノプロピルトリエソキシシラン，TESPA)→**Silane**(シラン)参照

Ammonium hydroxide(水酸化アンモニウム，NH_4OH)はアンモニアの水溶液である。腐食性があるので注意して取り扱う。溶液から漏れ出るアンモニアの蒸気は腐食性，毒性，起爆性を有する。適切な手袋を着用し，通風装置内でのみ使用する。

Ammonium sulfate(硫化アンモニウム，$[(NH_4)_2SO_4]$)は吸入，摂取，あるいは経皮吸収が有害である可能性がある。適切な手袋と保護眼鏡を着用する。

Amyl alcohol(アミルアルコール)は引火性が極度に高く，吸入，摂取，あるいは経皮吸収が有害である可能性がある。皮膚，眼，上気道上部を刺激し，中枢神経系に影響を与える。十分な換気のもとでのみ使用する。適切な手袋と保護眼鏡を着用する。熱や火花・炎に近づけない。

BCIP→**5-Bromo-4-chloro-3-indolyl-phosphate**(5-ブロモ-4-クロロ-3-インドリル-ホスフェート)参照

BCIG → 5-Bromo-4-chloro-3-indolyl-β-D-galactopyranoside(5-ブロモ-4-クロロ-3-インドリル-β-D-ガラクトピラノシド)参照

Benzyl alcohol(ベンジルアルコール)は刺激物質で，吸入，摂取，あるいは経皮吸収が有害である可能性がある。適切な手袋と保護眼鏡を着用する。熱や火花・炎に近づけない。

Benzyl benzoate(ベンジルベンゾエート)は刺激物質で，吸入，摂取，あるいは経皮吸収が有害である可能性がある。眼への接触は避ける。適切な手袋と保護眼鏡を着用する。

5-Bromo-4-chloro-3-indolyl-β-D-galactopyranoside(5-ブロモ-4-クロロ-3-インドリル-β-D-ガラクトピラノシド，BCIG，X-gal)は眼と皮膚に有毒で，吸入，摂取，あるいは経皮吸収が有害である可能性がある。適切な手袋と保護眼鏡を着用する。

5-Bromo-4-chloro-3-indolyl-phosphate(5-ブロモ-4-クロロ-3-インドリル-ホスフェート，BCIP)は毒性があり，吸入，摂取，あるいは経皮吸収が有害である可能性がある。適切な手袋と保護眼鏡を着用する。粉末を吸入しない。

Butanol(ブタノール)は粘膜，上気道上部，皮膚，特に眼を刺激する。蒸気を吸入しない。適切な手袋，眼鏡を着用し，通風装置内で使用する。また，ブタノールには高い引火性があるので熱や火花，炎に近づけない。

Carbon dioxide(二酸化炭素，CO_2)はすべての状態において吸入，摂取，あるいは経皮吸収が致命的である場合がある。高濃度では，呼吸中枢を麻痺させ，窒息死の原因となる。換気の良い場所でのみ使用する。ドライアイス状態での接触は凍傷の原因になる。低温室のような閉鎖空間に大量のドライアイスを置かない。適切な手袋と保護眼鏡を着用する。

$CHCl_3$ → **Chloroform**(クロロホルム)参照

$C_6H_5CH_3$ → **Toluene**(トルエン)参照

CH_3CH_2OH → **Ethanol**(エタノール)参照

Chicago Sky Blue(シカゴスカイブルー)は変異原性があり，吸入，摂取，あるいは経皮吸収が有害である可能性がある。適切な手袋，眼鏡を着用し，通風装置内で使用する。粉末を吸入しない。

Chloroform(クロロホルム，$CHCl_3$)は皮膚，眼，粘膜，上気道上部を刺激する。発癌性物質であり，肝臓や腎臓に傷害を与える場合がある。また，揮発性でもあるので，蒸気の吸入は避ける。適切な手袋，眼鏡を着用し，常に通風装置内で使用する。

Citric acid(クエン酸)は刺激物質で，吸入，摂取，あるいは経皮吸収が有害である場合がある。眼に重大な損傷を与える危険性がある。適切な手袋，眼鏡を着用する。粉末を吸入しない。

CO$_2$ → Carbon dioxide(二酸化炭素)参照

Colchicine(コルヒチン)は強い毒性があり，致死や発癌，遺伝性の遺伝子損傷の原因となる場合がある。また，吸入，摂取，あるいは経皮吸収が有害である可能性がある。適切な手袋，眼鏡を着用し，通風装置内で使用する。粉末を吸入しない。

Cytochalasin B(サイトカラシンB)は吸入，摂取，あるいは経皮吸収により致死的な場合があり，不可逆性の影響を伴う催奇形物質である。粉末を吸入しない。適切な手袋，眼鏡を着用し，通風装置内でのみ使用する。

DAB → 3,3'-Diaminobenzidine tetrahydrochloride(3,3'-ジアミノベンジジンテトラヒドロクロライド)参照

DAPI → 4',6-Diamidine-2'phenylindole dihydrochloride(4',6-ジアミジン-2'フェニルインドールジヒドロクロライド)参照

Demecolcine(デメコルチン) → Colchicine(コルヒチン)参照

DEPC → Diethyl pyrocarbonate(ジエチルピロカルボネート)参照

4',6-Diamidine-2'phenylindole dihydrochloride(4',6-ジアミジン-2'フェニルインドールジヒドロクロライド，DAPI)は発癌物質である可能性がある。吸入，摂取，あるいは経皮吸収が有害である可能性がある。炎症の原因となる場合もある。粉末や蒸気を吸入しない。適切な手袋，眼鏡を着用し，通風装置内で使用する。

3,3'-Diaminobenzidine tetrahydrochloride(3,3'-ジアミノベンジジンテトラヒドロクロライド，DAB)は発癌性物質である。十分に注意して取り扱う必要がある。適切な手袋，眼鏡を着用し，通風装置内で使用する。

Diethyl ether(ジエチルエーテル，[Et$_2$Oまたは(C$_2$H$_5$)$_2$O])は揮発性，引火性が非常に高い。眼，粘膜，皮膚を刺激する。麻酔効果のある中枢神経系抑制薬でもある。吸入，摂取，あるいは経皮吸収が有害である可能性がある。蒸気を吸入しない。適切な手袋，眼鏡を着用し，常に通風装置内で使用する。保管している間または空気や直射日光に曝露した場合に，爆発性の過酸化物が形成されることがある。熱や火花・炎に近づけない。

Diethyl pyrocarbonate(ジエチルピロカルボネート，DEPC)は強い蛋白変性剤で発癌性が疑われている。開封の際は内圧によって飛散することがあるのでビンを遠ざける。適切な手袋，眼鏡，白衣を着用し，通風装置内で使用する。

Dimethyldichlorosilane(ジメチルジクロロシラン)は引火性，腐食性が非常に高く，深刻な火傷の原因となる。吸入，摂取，あるいは経皮吸収が有害である場合がある。適切な手袋と保護眼鏡を着用し，換気の良い場所でのみ使用する。

***N*,*N*-Dimethylformamide**(*N*,*N*-ジメチルホルムアミド, [DMFまたはHCON(CH$_3$)$_2$])は強い発癌性物質で, 眼, 皮膚, 粘膜を刺激する。吸入, 摂取, あるいは経皮吸収によってその毒性を発揮できる。慢性的な吸入は肝臓や腎臓に損傷を与える。適切な手袋, 眼鏡を着用し, 通風装置内で使用する。

Dimethyl sulfoxide(ジメチルスルホキシド, DMSO)は吸入あるいは経皮吸収が有害である可能性がある。適切な手袋, 眼鏡を着用し, 通風装置内で使用する。DMSOは可燃性でもある。密閉容器に保存し, 熱や火花・炎に近づけない。

Dithiothreitol(ジチオスレイトール)(DTT)は悪臭を放つ強い還元剤である。吸入, 摂取, あるいは経皮吸収が有害である可能性がある。固体や高濃縮品を使用する場合は適切な手袋, 眼鏡を着用し, 通風装置内で使用する。

DMF→*N*,*N*-Dimethylformamide(*N*,*N*-ジメチルホルムアミド)参照

DMSO→Dimethl sulfoxide(ジメチルスルホキシド)参照

Dry ice(ドライアイス)→Carbon dioxide(二酸化炭素)参照

DDT→Dithiothreitol(ジチオスレイトール)参照

EtBr→Ethidium bromide(エチジウムブロマイド)参照

Ethanol(エタノール, EtOHまたはCH$_3$CH$_2$OH)は吸入, 摂取, あるいは経皮吸収が有害である場合がある。適切な手袋, 眼鏡を着用する。

Ether(エーテル)→Diethyl ether(ジエチルエーテル)参照

Ethidium bromide(エチジウムブロマイド, EtBr)は強い変異原性と毒性がある。使用および廃棄方法について施設の安全管理者の指示を受けること。粉末の吸入は避ける。この溶液を使用する際は適切な手袋を着用する。

Ethylene glycol(エチレングリコール)は吸入, 摂取, あるいは経皮吸収が有害である場合がある。適切な手袋, 眼鏡を着用し, 通風装置内で使用する。

EtOH→Ethanol(エタノール)参照

Et$_2$Oまたは(C$_2$H$_5$)$_2$O→Diethyl ether(ジエチルエーテル)参照

Fast Red(ファーストレッド)は過度の曝露によりメトヘモグロビン血症の原因となる。吸入, 摂取, あるいは経皮吸収が有害である場合がある。適切な手袋, 眼鏡を着用する。

Fluoric acid(フッ素酸)は液体, 気体共に極めて有害である。腐食性および毒性があり, 致

死的な場合もある。吸入，摂取は有害である。適切な手袋，眼鏡を着用し，通風装置内で使用する。蒸気を吸入しない。熱や火花・炎に近づけない。

Formaldehyde(ホルムアルデヒド，HCHO)は高い毒性と揮発性がある。また，強い発癌性物質である。皮膚を通して容易に吸収され，皮膚，眼，粘膜，上気道上部を刺激し，傷害する。蒸気の吸入を避ける。適切な手袋，眼鏡を着用し，通風装置内で使用する。熱や火花・炎に近づけない。

G418(an aminoglycosidic antibiotic(アミノグリコシド系抗生物質)は毒性があり，胎児に傷害を与える場合がある。吸入，摂取，あるいは経皮吸収が有害である可能性がある。適切な手袋，眼鏡を着用し，通風装置内で使用する。粉末を吸入しない。

Ganciclovir(ガンシクロビル，GCV)は高い毒性があり，遺伝性の遺伝子損傷の原因となる場合や受胎性を阻害する場合がある。吸入，摂取，あるいは経皮吸収が有害である可能性がある。適切な手袋，眼鏡を着用する。粉末を吸入しない。

GCV→**Ganciclovir**(ガンシクロビル)参照

Giemsa(ギムザ)は摂取により致死あるいは失明の原因となる可能性があり，吸入あるいは経皮吸収は有害である。不可逆的な影響を与える危険性がある。適切な手袋，眼鏡を着用し，通風装置内でのみ使用する。粉末を吸入しない。

Glacial acetic acid(氷酢酸)→**Acetic acid (glacial)**(酢酸，氷状結晶性)参照

Glassware, pressurized(ガラス製品，加圧)は特に注意して取り扱う。密封されたビンをオートクレーブにかけたり冷ましたりする場合は金属製の容器に入れる。また，ビンに圧力をかける場合はプレキシグラス(アクリル板)で保護し，20リットルビンの場合はワイヤーメッシュの容器に入れる。デシケータや真空トラップ，乾燥機，アルゴンガス環境下で働く反応器のような真空条件下で操作するガラス製品は，適切な注意が必要である。常に保護眼鏡を着用する。

Glutaraldehyde(グルタルアルデヒド)は毒物である。皮膚を通して容易に吸収され，皮膚，眼，粘膜，上気道上部を刺激する。適切な手袋，眼鏡を着用し，常に通風装置内で使用する。

Glycine(グリシン)は吸入，摂取，あるいは経皮吸収が有害である場合がある。適切な手袋，眼鏡を着用する。粉末の吸入は避ける。

HCHO→**Formaldehyde**(ホルムアルデヒド)参照

HCl→**Hydrochloric acid**(塩酸)参照

H_3COH→**Methanol**(メタノール)参照

HCON(CH$_3$)$_2$→**Dimethylformamide**(ジメチルホルムアミド)参照

Hg→**Mercury**(水銀)参照

H$_2$O$_2$→**Hydrogen peroxide**(過酸化水素)参照

HOCH$_2$CH$_2$SH→**β-Mercaptoethanol**(β-メルカプトエタノール)参照

Hydrochloric acid(塩酸，HCl)は揮発性で，吸入，摂取，あるいは経皮吸収が致死的となる場合がある。粘膜，上気道上部，眼，皮膚を激しく損傷する。適切な手袋，安全眼鏡を着用し，通風装置内で注意して使用する。大量の塩酸を取り扱う時にはゴーグルを着用する。

Hydrofluoric acid(フッ化水素酸)は高い毒性，腐食性があり，深刻な火傷の原因となる。吸入，摂取，あるいは経皮吸収が有毒である場合がある。適切な手袋，眼鏡を着用し，通風装置内でのみ使用する。

Hydrogen peroxide(過酸化水素，H$_2$O$_2$)は腐食性，毒性があり，皮膚を激しく損傷する。吸入，摂取，あるいは経皮吸収が有害な場合がある。適切な手袋，安全眼鏡を着用し，通風装置内でのみ使用する。

Hygromycin B(ハイグロマイシンB)は毒性が高く，吸入，摂取，経皮吸収で致死的な場合がある。適切な手袋，安全眼鏡を着用し，通風装置内でのみ使用する。粉末を吸入しない。

Isoamyl alcohol(イソアミルアルコール，IAA)は吸入，摂取，あるいは経皮吸収が有毒な場合があり，眼に重篤な傷害を与える可能性がある。適切な手袋，安全眼鏡を着用する。熱や火花・炎に近づけない。

Isopentane, 2-methylbutane(イソペンタン，2-メチルブタン)は極めて引火性が強い。熱や火花・炎に近づけない。吸入，摂取，あるいは経皮吸収が有害な場合がある。適切な手袋，安全眼鏡を着用する。

Isopropanol(イソプロパノール)は引火性が高く，刺激性である。吸入，摂取，あるいは経皮吸収が有害な場合がある。適切な手袋，安全眼鏡を着用する。蒸気を吸入しない。熱や火花・炎に近づけない。

KCl→**Potassium chloride**(塩化カリウム)参照

K$_3$Fe(CN)$_6$→**Potassium ferricyanide**(フェロシアン化カリウム)参照

K$_4$Fe(CN)$_6$·3H$_2$O→**Potassium ferrocyanide**(フェロシアン化カリウム)参照

KH$_2$PO$_4$/K$_2$HPO$_4$/K$_3$PO$_4$→**Potassium phosphate**(リン酸カリウム)参照

KOH→Potassium hydroxide(水酸化カリウム)参照

LiCl→Lithium chloride(塩化リチウム)参照

Liquid nitrogen(液体窒素，LN_2)は極端な低温による深刻な障害の原因となる。凍結サンプルは厳重に注意して取り扱う。蒸気は吸入しない。凍結バイアルへ浸透した液体窒素は，取り出した際のチューブの破裂の原因となる。できる限りO-リングつきのバイアルを使用する。凍結用手袋とフェースマスクを着用する。

Lithium chloride(塩化リチウム，LiCl)は眼，皮膚，粘膜，上気道上部を刺激する。吸入，摂取，あるいは経皮吸収が有害な場合がある。適切な手袋，安全眼鏡を着用し，通風装置内で使用する。粉末を吸入しない。

Lithium dodecyl sulfate(ドデシル硫酸リチウム)は吸入，摂取，あるいは経皮吸収が有害な場合がある。計量の際は適切な手袋を着用し，通風装置内で使用する。

LN_2→Liquid nitrogen(液体窒素)参照

Magnesium chloride(塩化マグネシウム，$MgCl_2$)は吸入，摂取，あるいは経皮吸収が有害である可能性がある。適切な手袋，安全眼鏡を着用し，通風装置内で使用する。

Magnesium sulfate(硫化マグネシウム，$MgSO_4$)は吸入，摂取，あるいは経皮吸収が有害である可能性がある。適切な手袋，安全眼鏡を着用し，通風装置内で使用する。

Maleic acid(マレイン酸)は毒性があり，吸入，摂取，あるいは経皮吸収は有害である。水や湿気と反応して毒性，腐食性，引火性のある気体を放出する。蒸気や粉末を吸入しない。適切な手袋，安全眼鏡を着用する。

MeOHまたはH_3COH→Methanol(メタノール)参照

β-Mercaptoethanol, 2-Mercaptoethanol(β-メルカプトエタノール，2-メルカプトエタノール，または$HOCH_2CH_2SH$)は吸入，経皮吸収により致死的な場合があり，摂取は有害である。高濃度では粘膜，上気道上部，皮膚，眼を激しく破壊する。β-メルカプトエタノールには強い悪臭がある。適切な手袋，安全眼鏡を着用し，常に通風装置内で使用する。

Mercury(水銀，Hg)は吸入，摂取，あるいは経皮吸収により致死的な場合がある。水銀は肝臓に蓄積し，その機能を阻害する長期的な危険性がある。適切な手袋，安全眼鏡を着用し，通風装置内で使用する。水銀の蒸気圧は高いので，こぼしてしまった場合はすぐに吸着剤を用いてふき取る。

Methanol(メタノール，MeOHまたはH_3COH)は毒性があり，失明の原因となる。吸入，摂取，あるいは経皮吸収は有害である。十分な換気は蒸気への曝露を制限するために必須である。蒸気の吸入は避ける。適切な手袋，安全眼鏡を着用し，通風装置内でのみ使用する。

2-Methylbutane（2-メチルブタン）→ Isopentane（イソペンタン）参照

Methylene blue（メチレンブルー）は眼と皮膚を刺激する。吸入，摂取，あるいは経皮吸収は有害である。適切な手袋，安全眼鏡を着用する。

Methylformamide（メチルホルムアミド）→ Dimethylformamide（ジメチルホルムアミド）参照

$MgCl_2$ → Magnesium chloride（塩化マグネシウム）参照

$MgSO_4$ → Magnesium sulfate（硫化マグネシウム）参照

Mitomycin C（マイトマイシンC）は発癌性物質である。吸入，摂取，あるいは経皮吸収は致死的な場合がある。粉末を吸入しない。適切な手袋，安全眼鏡を着用し，通風装置内でのみ使用する。

Na_2HPO_4 → Sodium hydrogen phosphate（リン酸水素ナトリウム）参照

$NaH_2PO_4/Na_2HPO_4/Na_3PO_4$ → Sodium phosphate（リン酸ナトリウム）参照

NaOAc → Sodium acetate（酢酸ナトリウム）参照

NaOH → Sodium hydroxide（水酸化ナトリウム）参照

NBT → 4-Nitro blue tetrazolium chloride（4-ニトロブルー塩化テトラゾリウム）参照

Neomycin（ネオマイシン）は吸入，摂取，あるいは経皮吸収により有害な場合がある。適切な手袋，安全眼鏡を着用する。

NH_4OH → Ammonium hydroxide（水酸化アンモニウム）参照

$(NH_4)_2SO_4$ → Ammonium sulfate（硫化アンモニウム）参照

Nickel chloride（塩化ニッケル，$NiCl_2$）は毒性があり，吸入，摂取，あるいは経皮吸収により有害な場合がある。粉末を吸入しない。適切な手袋，安全眼鏡を着用する。

$NiCl_2$ → Nickel chlorid（塩化ニッケル）参照

4-Nitro blue tetrazolium chloride（4-ニトロブルー塩化テトラゾリウム，NBT）は吸入，摂取，あるいは経皮吸収により有害な場合がある。適切な手袋，安全眼鏡を着用する。

OCTはポリビニルアルコール，ポリエチレングリコール，ジメチルベンジル塩化アンモニウムの構成成分である。取り扱いに関しては製造者のガイドラインに従う。

Paraformaldehyde(パラホルムアルデヒド)は高い毒性がある。皮膚を通して容易に吸収され，皮膚，眼，粘膜，上気道上部を激しく損傷する。粉末の吸入は避ける。適切な手袋，眼鏡を着用し，通風装置内で使用する。パラホルムアルデヒドはホルムアルデヒドの非溶解型である。

PBL → **β-Propiolactone**(β-プロピオラクトン)参照

Permount(パーマウント)→ **Toluene**(トルエン)参照

Petroleum ether(石油エーテル)は引火性が高く，中枢神経系の機能低下を引き起こす場合がある。毒物であり，吸入，摂取，あるいは経皮吸収により有害な場合がある。適切な手袋，安全眼鏡を着用し，適切な換気のもとで使用する。熱や火花・炎に近づけない。

Phenol(フェノール)は強い毒性と高い腐食性があり，深刻な火傷の原因となる。吸入，摂取，あるいは経皮吸収により有害な場合がある。適切な手袋，安全眼鏡，保護衣を着用し，通風装置内で使用する。フェノールと接触してしまった場合は皮膚を大量の水ですすぎ，石けんと水で洗い流す。決してエタノールは使わない！

Phenol red（フェノールレッド）は吸入，摂取，あるいは経皮吸収により有害な場合がある。適切な手袋，安全眼鏡を着用し，通風装置内で使用する。

Picric acid powder, Trinitrophenol(ピクリン酸粉末，トリニトロフェノール)は溶液が乾燥する際に爆発の可能性がある。保存溶液が乾燥しないように十分に注意する。すべての濃縮酸は十分に注意して取り扱う。また，高い毒性があり，吸入，摂取，あるいは経皮吸収により有害な場合がある。適切な手袋，安全眼鏡を着用する。

Polyvinyl alcohol(ポリビニルアルコール)は吸入，摂取，あるいは経皮吸収により有害な場合がある。適切な手袋，安全眼鏡を着用する。

Polyvinylpyrrolidone(ポリビニルピロリドン，PVP)は吸入，摂取，あるいは経皮吸収により有害な場合がある。適切な手袋，安全眼鏡を着用し，通風装置内で使用する。

Pontamine Sky Blue(ポンタミンスカイブルー)→ **Chicago Sky Blue**(シカゴスカイブルー)参照

Potassium chloride(塩化カリウム，KCl)は吸入，摂取，あるいは経皮吸収により有害な場合がある。適切な手袋，安全眼鏡を着用する。

Potassium ferricyanide(フェリシアン化カリウム，$[K_3Fe(CN)_6]$)は吸入，摂取，あるいは経皮吸収により致死的な場合がある。適切な手袋，安全眼鏡を着用し，常に通風装置内でよく注意して使用する。強酸に近づけない。

Potassium ferrocyanide(フェロシアン化カリウム，$[K_4Fe(CN)_6 \cdot 3H_2O]$)は吸入，摂取，あ

るいは経皮吸収により致死的な場合がある．適切な手袋，安全眼鏡を着用し，常に通風装置内でよく注意して使用する．強酸に近づけない．

Potassium hydroxide（水酸化カリウム，KOHとKOH/メタノール）は高い毒性があり，飲み込むと致死的な場合がある．吸入，摂取，あるいは経皮吸収も有害である．溶液は腐食性で深刻な火傷を引き起こす．十分に注意して取り扱う．適切な手袋，安全眼鏡を着用する．

Potassium phosphate（リン酸カリウム，KH_2PO_4/K_2HPO_4/K_3PO_4）は吸入，摂取，あるいは経皮吸収により有害な場合がある．適切な手袋，安全眼鏡を着用する．粉末を吸入しない．$K_2HPO_4 \cdot 3H_2O$は二塩基性，KH_2PO_4は一塩基性である．

β-Propiolactone（β-プロピオラクトン，PBL）は発癌性，変異原性物質であり，強い毒性がある．吸入により致死的な場合があり，腐食性でもある．吸入，摂取，あるいは経皮吸収により有害な場合がある．適切な手袋，安全眼鏡を着用し，通風装置内でのみ使用する．熱や火花・炎に近づけない．粉末の吸入は避ける．

Proteinase K（プロテイナーゼK）は刺激物質で，吸入，摂取，あるいは経皮吸収により有害な場合がある．適切な手袋，安全眼鏡を着用する．

Puromycin（ピューロマイシン）は毒物で発癌性の疑いがある．吸入，摂取，あるいは経皮吸収により有害な場合がある．適切な手袋，安全眼鏡を着用する．

PVP→**Polyvinylpyrrolidone**（ポリビニルピロリドン）参照

SDS→**Sodium dodecyl sulfate**（ドデシル硫酸ナトリウム）参照

Silane（シラン）は引火性が高く，腐食性である．吸入，摂取，あるいは経皮吸収により有害な場合がある．熱や火花・炎に近づけない．蒸気は眼，皮膚，粘膜，上気道上部を刺激する．適切な手袋，安全眼鏡を着用し，常に通風装置内で使用する．

Sodium acetate（酢酸ナトリウム，NaOAc）→**Acetic acid**（酢酸）参照

Sodium deoxycholate（デオキシコール酸ナトリウム）は粘膜，上気道上部を刺激し，吸入，摂取，あるいは経皮吸収により有害な場合がある．粉末を扱う時には適切な手袋，安全眼鏡を着用する．粉末を吸入しない．

Sodium dodecyl sulfate（ドデシル硫酸ナトリウム，SDS）は毒性，刺激性で，眼に深刻な障害を引き起こす．吸入，摂取，経皮吸収により有害な場合がある．適切な手袋と安全眼鏡を使用する．粉末を吸入しない．

Sodium hydrogen phosphate（リン酸水素ナトリウム，Na_2HPO_4）またはリン酸ナトリウム，二塩基は吸入，摂取，あるいは経皮吸収により有毒な場合がある．適切な手袋，安全眼鏡を着用し，通風装置内で使用する．

Sodium hydroxide（水酸化ナトリウム，NaOH）と **NaOHを含む溶液**は高い毒性と腐食性があるので十分に注意して取り扱う。適切な手袋とフェースマスクを着用する。すべての高濃度溶液は同様に取り扱う。

Sodium phosphate（リン酸ナトリウム，$NaH_2PO_4/Na_2HPO_4/Na_3PO_4$）は眼と皮膚に対する刺激性物質である。吸入，摂取，あるいは経皮吸収により有害な場合がある。適切な手袋，安全眼鏡を着用する。粉末を吸入しない。

Spermidine（スペルミジン）は腐食性と，吸入，摂取，あるいは経皮吸収により毒性がある場合がある。適切な手袋，安全眼鏡を着用し，通風装置内で使用する。

Streptomycin（ストレプトマイシン）は毒性があり，発癌性，変異原性の疑いがある。アレルギー反応の原因となる場合がある。吸入，摂取，あるいは経皮吸収は有害である可能性がある。適切な手袋，安全眼鏡を着用する。

TAE buffer（TAE緩衝液）はTris-アセテートとEDTAを含んでいる。

TE buffer（TE緩衝液）はTris-アセテートを含んでいる。

tert-**Amyl alcohol**（第3アミルアルコール）→**Amyl alcohol**（アミルアルコール）参照

TESPA→**Silane**（シラン）参照

Tetrahydrochloride（テトラヒドロクロライド）は吸入，摂取，あるいは経皮吸収すると有害である場合がある。適切な手袋，安全眼鏡を着用する。

Toluene（トルエン，$C_6H_5CH_3$）の蒸気は眼，皮膚，粘膜，上気道上部を刺激する。トルエンは吸入，摂取，あるいは経皮吸収により毒性が持続する。蒸気を吸入しない。適切な手袋，安全眼鏡を着用し，通風装置内で使用する。トルエンは引火性が極めて高い。熱や火花・炎に近づけない。

Triethanolamine（トリエタノールアミン）は吸入，摂取，あるいは経皮吸収すると有害である場合がある。適切な手袋，安全眼鏡を着用し，通風装置内でのみ使用する。

Trihydrochloride（トリヒドロクロライド）は吸入，摂取，あるいは経皮吸収すると有害である場合がある。適切な手袋，安全眼鏡を着用する。

Trinitrophenol（トリニトロフェノール）→**Picric acid**（ピクリン酸）参照

Tris（トリス）は吸入，摂取，あるいは経皮吸収すると有害である場合がある。適切な手袋，安全眼鏡を着用する。

UV light and/or **UV radiation**（UVライト／UV照射）は危険で網膜に損傷を与える。遮蔽さ

れていないUV光源は裸眼では絶対に見ない。研究室に共通のUV光源には，ハンドヘルドランプやトランスイルミネーターなどがある。有害な波長を吸収するフィルターあるいは安全眼鏡を通してのみ見る。UV照射には変異原性，発癌性もある。曝露を最小にするために，UV光源を十分に遮蔽することを確実にする。UV光源下で試料を保持する場合には，適切な手袋を着用する。

X-galは眼と皮膚に有毒な場合がある。粉末を取り扱う際には一般的な注意に従う。X-galの保存溶液は，有機溶媒であるDMFであることに注意する。詳細は*N,N*-ジメチルホルムアミド(DMF)，5-ブロモ-4-クロロ-3-インドリル-β-D-ガラクトピラノシド(BCIG)参照。

Xylene(キシレン)は引火性が高く，高濃度では麻酔性がある。吸入，摂取，あるいは経皮吸収すると有害である場合がある。適切な手袋，安全眼鏡を着用し，通風装置内でのみ使用する。熱や火花・炎に近づけない。

Zymolyase(ザイモリラーゼ)は吸入，摂取，あるいは経皮吸収すると有害である場合がある。適切な手袋，安全眼鏡を着用する。

付録 3

供給業者

一部の供給業者は住所とともに本文中に掲載されており，また，Cold Spring Harbor Laboratory Press Mouse Manual Web site (http://www.mousemanual.org)にも掲載されている。本文で述べたほかの供給業者はBioSupplyNet Source Bookとそのウェブサイト(http://www.biosupplynet.com)で見ることができる。

本マニュアルにBioSupplyNet Source Bookのコピーが含まれていない場合には，以下の方法で無料コピーを請求できる。

- ウェブサイト(http://www.biosupplynet.com)に掲載されているFree Source Book Request Formに記入する。
- info@biosupplynet.comにE-mailを送る。
- 1-919-659-2199にファクスを送る。

索　引

和　文

あ

α-アマチニン　53
α-フェトプロテイン（AFP）
　　　　　　　　　　98, 100
アイソザイム　591, 605
アガロース・プラグ法　285, 307
アグーチ　10, 107, 108, 440
アクチン　50
足指の切断法　478
アセトン　686
アバーチン（avertin）　239, 271, 677
アポリポ蛋白　100
アミノ酸濃度，胚培地の　154, 155
アミノ配糖体3'リン酸基転移酵素
　　　　　　　　　　　　378
3-アミノプロピルトリエソキシシラン
　　　　　　　　　　　　686
アミルアルコール　686
L-アラニル-L-グルタミン　173
アリザリンレッド染色，骨の
　　　　　　　　　　601, 654
RNA（全）の収量　604
──（全）の分離　602
アルカリホスファターゼ（AP）
　　　　　　　　　　593, 596
──活性の染色　37, 645, 676
──緩衝液　620, 634, 676
アルコール脱水　592
アルシアンブルー染色　600, 651
──アリザリンレッド染色　652
アルビノ　3, 109, 340, 440
安全キャビネット　664
アンチセンスRNA　275
アンチセンス・ジゴキシゲニン標識
　　リボプローブ　633

い

129/SV　14
129近交系マウス　14, 340
129由来のES細胞　141
イオン交換クロマトグラフィー　285

異常受精　538
移植，キメラ胚盤胞の　440
──，クローン胚の　529
──，受精卵の　300
──，組織の　260
移植用ピペット　242
異数性　48, 348
イソアミルアルコール　691
イソプロパノール　691
イソペンタン　691
遺伝学，哺乳類の　13
──，毛色の　104, 107
遺伝子
──産物の観察　591
──挿入　394
──ターゲティング
　　　　　2, 16, 275, 375, 386, 484
──置換法　392
──伝達率歪曲　12
──導入　375
──導入の効率　282
──導入，マウスゲノムへの　277
──導入，ランダムな　483
──トラップ　376
──トラップベクター　391, 395
──ノックアウト　18, 386, 398
──ノックイン　16
──ノックダウン　201
──の同時導入　279
──発現　50, 76
──発現，臓側内胚葉の　100, 102
──発現抑制　280
──変化の検出と解析　483
──ホモ欠損ES細胞株　398
──マッピング　9
遺伝子改変
──方法　375
──，マウスの　131, 375, 660
──マウスの命名法　144
遺伝子型　430
──解析　480
──判定　408, 409, 424, 433
遺伝的背景　139, 398, 441

──，胚の　157
──，ES細胞の　430
入れ墨　480, 661
インキュベーター，顕微注入実験室の
　　　　　　　　　　　　663
インジェクション，装置　294, 321
──チャンバー　297, 298, 319
──バッファー　313, 314
──ピペット　298, 317, 320
──ピペットの圧力調整　295
インジェクター　520
──，電子制御の　325
インスリン様成長因子-II（IGF-II）
　　　　　　　　　96, 97, 156
インディアインク　601, 655
インテグラーゼ　19
咽頭嚢　91
咽頭部　91
イントロン　282, 376
インプリンティング（刷り込み）
　　　　　14, 48, 96, 399, 500, 507

う

ウイルスベクター　278
ウエスタンブロッティング　485
ウェルプレート（24）　409, 415, 422
ウェルプレート（96）
　　　409, 410, 415, 417, 419, 420
ウオルフ管　40
ウサギ抗マウス血清　472
ウシ血清アルブミン（BSA）
　　　　　　　　158, 538, 678
牛胎児血清（FBS）　346
ウボモルリン　55
運動精子　539

え　お

A型精祖細胞　40
栄養外胚葉（TE）　55, 56, 59, 60, 349
栄養膜　103
栄養膜幹（TS）細胞 → TS細胞
栄養膜様細胞　360
液体窒素（LN₂）→ LN₂

エクソン　282, 376
エクオリン　380
エストロジェン　59
エタノール　689
——沈殿　285, 303
——誘起，卵子の　510
エチジウムブロマイド(EtBr)
　　　285, 689
エチルニトロソウレア(ENU)　17
エチレングリコール　689
X染色体の不活性化現象　11, 96
X-不活性化中心　98
——不活性化の時期　97
——連鎖遺伝子の量補正　97
エーテル　689
エピトープ／ペプチド・タグ　280
エピブラスト　31, 36, 60, 61, 62, 66,
　　　67, 68, 79, 92, 93, 349
エレクトロポレーション(電気穿孔法)
　　　19, 201, 232, 408, 409, 411, 595
——緩衝液　411
——装置　232, 233, 411, 664
塩化カリウム　694
塩化ニッケル　693
塩化マグネシウム　692
塩化リチウム　692
塩酸　691
沿軸中胚葉　68, 72, 77, 79
エンドトキシン　284, 344
エンハンサー　401
塩類／EDTA緩衝液　681
黄体形成ホルモン(LH)　44
オートラジオグラフィー　631
温度変化，減数分裂胚の　160

か

外指　110, 111
外胎盤錐　58, 197
回転培養，着床後胚の　200, 223
外胚葉性頂堤(AER)　85
外胚葉の分離　217
蓋板　89
外来DNAの組み込み　408
改良型Flp(Flpe)　16, 381
加温の手順　576
下顎突起　91
核移植　14
——実験　54
核型　484

——分析　501, 502
核酸の導入　201, 202
核小体　327
拡張胚盤胞　358, 449
核ドナー細胞の準備　526
核膜　328
過酸化水素　691
過剰排卵，雌　435
——処理　538
——に適したマウスの系統　139
——の誘起　137
過剰発現による表現型異常　275
割球分離　470
活性酸素種(ROS)　156
カドヘリン　55
カバーグラスの調整　592
カバースリップのシリコン
　　コーティング　617
ガラス化法　563, 572
ガラスビーズ滅菌器　238
ガラス毛細管　669
——プラー　669
体の大きさの調整　95
カリオプラスト　516
——の融合　518
肝　93
——切除　264
簡易DNA調整法　410, 420
幹細胞様細胞　360
ガンシクロビル　379, 409, 690
環状DNA　283
完全欠損型遺伝子座　389
完全染色体重複　399
ガンマ(γ)線照射　347, 354
緩慢凍結　569
緩慢冷却法　562

き

Qバンディング法　484
器官培養ディッシュ　672
奇形癌腫(EC)細胞
　　　14, 15, 66, 93, 94
奇形腫　93
キシレン　614, 697
キット・リガンド(KL)　39
キット類，市販の　286
偽妊娠代理母　136, 142, 143, 328
——レシピエント　140, 143, 240
偽妊娠誘起　539

機能欠損　275
ギムザ染色液　366, 690
キメラ　96, 427
——作出技術　241, 429
——組織　605
——の遺伝子型の検定　433
——のタイプ　432
——胚盤胞の移植　440
——Cre分子　383
——マウス　94, 131
——マウスの繁殖　440
キメリズム　427
——の程度　440
逆転写酵素・ポリメラーゼ連鎖反応
　　　(RT-PCR)　2, 54
急速凍結　572
急速冷却法　563
吸入麻酔　239
強化GFP(EGFP)　281, 599
凝集キメラ　429
——の作出　439
凝集操作　430, 439
凝集胚の作成　426, 464, 466, 468
凝集用，針　669
——プレート　439, 453, 456, 468
——プレートの準備　453, 455
極栄養外胚葉(TE)
　　　55, 56, 59, 60, 349
極性化　55, 56
極性化活性帯(ZPA)　85
極性化説　56
去勢　269
近交系　4, 5, 660
——マウスの系統図　6, 7
筋節　81
金属枠つきスライドグラス　297

く

クエン酸　687
くぼみつきスライドグラス　297
——インジェクションチャンバー
　　　298
組換え，介在性カセット交換法
　　　394
——検出用レポーター　383
——酵素介在性部位特異的遺伝子
　　挿入法　394
——効率　381
組み込み　278

組み込み，外来DNAの　408
クライオチューブ　569, 578
グラーフ卵胞　44
クリオトーム　639
グリシン　690
クリーンベンチ　663
グルコース，胚培地の　153
グルコースリン酸イソメラーゼ
　　　　　591, 605
グルタマックス培地　345
グルタミン　345
——添加培地　154
グルタルアルデヒド　690
クレブス・リンゲル重炭酸塩溶液
　　　　　13
クローニング，マウスの　509, 520
クロラムフェニコール・アセチルトランス
　　フェラーゼ（CAT）遺伝子　281
クロロホルム　285, 687
クローン胚の移植　529
クローンマウス　14, 54

け

蛍光蛋白質　16, 596
蛍光 in situ ハイブリダイゼーション
　　（FISH）　484
平衡法による凍結保存　562
形成体　75
形態学的突然変異　110
頸椎脱臼法　162, 178
系統差　93
系統マウスの輸送　134
系統分布パターン　9
外科的手法　237
外科的人工授精　547
ケージ　661
ケタミン／キシラジン
　　　　　239, 271, 678
欠失，染色体領域の　396
血小板活性化因子（PAF）　156
血清　345, 346
——含有ES培地　411
結節　64, 73
血島　72
ゲノム
——の改変　375
——の検出と解析　483
——の構成要素　376
——プロジェクト　2

ゲル電気泳動法　288, 420
——ローディングバッファー　420
検疫　133
原核細胞由来ベクター配列　278
原基分布図　68, 70, 71
原口背唇　74
原始外胚葉（epiblast）
　　　　　→ エプブラスト
原始口腔　93
原始内胚葉（PrEnd）　60, 61, 98, 349
原条　59, 63, 64, 67, 68, 69, 79
原条期胚　59
減数分裂　41, 43
——胚の温度変化　160
ゲンタマイシン　345
原腸形成　67, 68, 71
懸滴培養　367
顕微手術　664
顕微操作実験室　659, 661
——の準備，ICSIの　554
顕微注入
——実験室　662
——装置　438, 447
——ユニット　668
研磨機　316, 670

こ

5′相同領域　377
コア配列　381
後期原条期胚　198, 209, 217
後期胚盤胞　349
交雑種　660
甲状腺　93
硬節　80, 81
酵素結合免疫吸着定量法（ELISA）
　　　　　485
酵素の熱変性　285
行動の突然変異体　111
後脳（菱脳）　87
高濃度G418選抜　399
交配用種雄マウス　142
交尾後の日数（dpc）　31
交尾栓（膣栓）→ 膣栓
高分子量DNAの調整，
　　マウス尾部からの　491, 493
酵母人工染色体（YACs）　277
酵母DNAの大量調整　307
肛門　93
後葉（神経葉）　92

後肢芽　85, 199
個体識別，マウスの　478
——システム　660, 661
骨格の観察　600
固定　621, 649
固定液　365, 591, 608
コピー数，導入遺伝子の　482
個別換気ケージ（IVC）　142, 661
コラーゲン　102
コルセミド　50, 365, 512
コルヒチン　688
コロニー　344, 355
コンカナバリンA（ConA）　50, 56
混合空気　159
コンジェニック系統　8
コンパクション　50, 55, 183

さ

3′相同領域　377
鰓弓　77, 91
細菌人工染色体（BAC）　2
採血，尾部からの　271
再構成培養，胚葉組織の　198, 218
最終内胚葉　67
臍帯　493
サイトカラシンB　50, 511, 688
サイトケラチン　50
サイトメガロウイルス（CMV）　401
——エンハンサー　282
細胞系譜　56, 61, 65
——特異的遺伝子ノックアウト　388
——マーカー　62
細胞系列　55
細胞骨格　50
細胞魂，ICM由来の　359
細胞周期　62, 67
細胞自律性マーカー　65
細胞の接着性　55
細胞分裂間期核, in situ
　　ハイブリダイゼーション　489
細胞壁の除去　308
細胞膜　328
細胞溶解液　420, 422
ザイモリアーゼ　697
採卵，受精計画の　542
酢酸　686
サザンブロット解析
　　　　　480, 481, 490, 499
雑種強勢　660

里親　144, 241
酸性タイロード液　457, 676
酸素分圧　156

し

Gバンディング　502
──染色　486
──法　484
4′,6-ジアミジン-2′フェニルイン
　ドールジヒドロクロライド　688
3,3′-ジアミノベンジジンテトラ
　ヒドロクロライド　688
飼育室の環境　326
肢異常　12
ジエチルエーテル　688
ジエチルピロカルボネート（DEPC）
　→ DEPC
肢芽　85
シカゴスカイブルー　687
色素拡張　107
子宮軸　58
子宮内移植　240, 241, 254, 256
子宮・卵管接合部　253
試験交配　489
始原生殖細胞（PGCs）
　　　　　　31, 36, 37, 198
──の移動　38
ジゴキシゲニン　594
支持ピペット　298, 315
──制御装置　318
──の圧力調整　295
──の作り方　291, 315
──マイクロインジェクション用の
　　　　　　　　　　　294
雌性生殖器　178
雌性前核　49, 325
雌性発生　96
──胚　96, 507
雌性不妊　532
自然交配　136, 435
ジチオスレイトール　689
実体顕微鏡　664
疾病管理　132
自動インジェクター　295
受精卵，死　328
肢の形成　85
ジフテリアトキシン　380
しみ　109
ジメチルジクロロシラン　688

ジメチルスルホキシド（DMSO）
　　　　356, 417, 562, 570, 689
N,N-ジメチルホルムアミド　689
初期体節期マウスの解剖　211
集合キメラ　95
修正タイロード液（mT6）の組成
　　　　　　　　　　　537
絨毛膜　59
絨毛膜・尿膜胎盤　71
週齢，過排卵　137
手術　238
──器具の滅菌　671
樹状メラニン細胞　105
受精　46, 48
受精丘　50
受精能獲得　48, 543, 548
──精子　536
受精用培養液　536
受精卵　136
──採取用雌マウス　139
──の回収　180
──の形態　293
──の準備　291
──の除核　514, 516
──の培養条件　160
──の品質　291, 324
──の卵割　328
受容体　383
上顎突起　91
小眼　110, 111
条件付き
──トランスジェニック　385
──ノックアウト遺伝子座　390
──ノックアウト法　390
──部位特異的組換えシステム　390
──lacZレポーター遺伝子　383
上皮様細胞　360
情報源　672
除核，受精卵の　514, 516
除核／注入用ピペットの作製　513
──の先端加工　514
──の準備　525
除核卵子への注入，卵丘細胞核の
　　　　　　　　　　　527
初期原条期胚　198, 210, 211
初期神経胚　209, 210
初期体節期胚　198, 210, 211
初期胚　94
植氷　562

除震テーブル　666
初代細胞コロニー　361
初代線維芽細胞（MEF）
　　　　　　341, 347, 353
シラン　695
シリカカラム　286
シリコンコーティング
──カバースリップの　617
──ピペットの作製　177
シリコン処理溶液　617
芯入りのガラス毛細管　317
神経管　81, 86, 89
──部位多様性　86
──の閉鎖　86
神経系　86
神経孔　86
──の閉鎖　77, 86
神経堤　90, 91
──細胞　90
──の移動経路　90
神経胚期　63
神経板　86, 89
神経ひだ　79
──期マウス胚　73, 80
神経分節　87
神経葉　92, 198
腎原基　84
人工授精　539
──用ストロー　572
進行帯（PZ）　85
新生子牛血清　346
新鮮精子　543
腎臓切除　267
ジーンターゲティング法
　　　　2, 16, 275, 375, 386, 484
伸長因子2（EF-2）　380
シンテニー　2
浸透圧ショック　563
ジーントラップ　277, 407, 484
腎皮膜下　260

す

膵　93
水銀　550, 692
水酸化アンモニウム　686
水酸化カリウム　695
水酸化ナトリウム　696
スキムミルク　578
スチール（Sl）　10, 38, 91

スチール因子　43
スチールファクター(SF)　39
ステージ　666
ストック液　158
ストレプトマイシン　345, 696
ストロンチウム　528
スプライシング　377
スプライスアクセプター(SA)機能
　　　　　　　　　377, 391
スプライスドナー　377
スペルミジン　696
スライドグラスの調製　592
——の作製，核型分析の　502
——のコーティング　616, 617
刷り込み(インプリンティング)
　　　14, 48, 96, 399, 500, 507
——遺伝子　97, 156

せ

精管結紮　142
——雄　539, 545, 546
精管切除　244
——雄　240
——の作出　246
制御配列　280
制限酵素，処理　287
——の選択　482
——切断混合液　420
——断片長多型(RFLP)　4
精子，形成　40, 43
——懸濁液　548
——細胞　41
——受容体　41
——の採取　579, 580
——の侵入点(SEP)　49
——の準備　553
——の凍結融解操作
　　　536, 543, 564, 578, 580
——の頭部と尾部の分離　554
静止培養システム　228, 230
——着床後胚の　200, 201, 227, 229
成熟卵子　536
清浄化，マウス系統の　566, 662
生殖系列　94, 198, 342
——伝達能　407
——の起源　36
——への伝達　440
生殖細胞　94
——分離　198, 220, 222

生殖生理学　13
生殖腺　84
生殖隆起　37, 38, 198, 220, 221
——への移動　38
性腺刺激ホルモン　137
——の投与時間　138
——の量　138
精巣奇形種　14
精巣索　40
精巣上体尾部　545, 547, 553
精巣精子　558
成長因子　156
正二倍体　366
性の決定と分化　39
性比　440
精密ピンセット　670
脊索　72, 74, 79, 198
脊索板　75
脊髄　86, 87
石油エーテル　694
セシウムクロライド(CsCl)　285
切開，腹腔の　178
——用ハサミ　670
接続部位断片　483
接着性，細胞の　55
切片の作製　592, 614
——のリボン　614
ゼラチン処理　354, 412
——プレート　416
セルトリ細胞　39
線維芽細胞成長因子-4(FGE-4)　350
前核　277, 299, 325, 327, 558
——移植　507, 508
——注入　481
——の移動　50
——の導入　517
——へのマイクロインジェクション
　　　　　　　　　323, 324
全か無かの分化　85
前原条期胚　206, 207
前肢芽　85
染色，アルカリホスファターゼ活性の
　　　　　　　　　　　　645
——，凍結切片の　644
染色体　408
——，ES細胞の　348, 365
——異常　348
——異常の導入　396
——解析　484

——工学　16
——バンディング　484
——分染法　365
——ペインティング　484
——領域の欠失　396
全身発現　282
前脊索板　75
センダイウイルス　566
前体節中胚葉　77
先体反応　48
選択マーカー　377
前脳　87
前部臓側内胚葉　72
腺葉　92

そ

桑実胚　183
臓側中胚葉　68, 72
臓側内胚葉(VE)
　　　68, 79, 84, 99, 100, 101
臓側胚外内胚葉　100
臓側卵黄嚢(VYS)　98, 103, 197
相同組換え　2, 16, 375, 377, 407, 484
——置換法　392
相同領域　377
挿入，レトロウイルスの　11
——突然変異　275
——部位の特定　277
総排泄腔膜　93
組織移植　243, 260
組織化学染色　600, 637
組織型プラスミノゲン活性化因子
　　　　　　　　　　　　47
組織クランプ　671
組織系譜　36
組織固定　591
組織切片粘着剤　614
組織適合受容雌　535
組織適合性(Histocompatibility)-2　8
組織特異的制御配列　281
組織特異的ノックアウト　16
組織バイオプシー　243
組織培養グレード　671
組織培養用ディッシュ　671
組織非特異的アルカリホスファターゼ
　活性(TNAP)　36, 622
ソニックヘッジホッグ　84

た

第1極体　44
第1次栄養膜巨細胞　59
第一次精母細胞　41
第一卵割　49
体外受精（IVF）　151, 536, 542, 544
体外培養　149, 158
大規模ミュータジェネシスプログラム
　　　565
大血管の観察　601
体細胞クローニング　507
体細胞クローン産子　509
胎児血管系の可視化　655, 657
体重，過排卵への影響　137
代償性の成長　95
耐震性の机　318
体節　77, 198
──の形成　11
──の分化　81
──分節　77, 79, 80
大腸菌，DNAの精製法　286
大動脈弓　91
第2極体　49, 558
第2次巨細胞　59
第二次精母細胞　41
対胚極　59
胎盤　3, 99, 198, 105
代理哺乳　243, 258
タウリン　154
ターゲット遺伝子座　398
ターゲティングベクター　377
──，内在性プロモーター利用型の
　　　387
多重層包装　585
脱水　621
脱パラフィン　593
脱落膜　57
──腫　57
──反応　57
脱ワックス　619, 621
多分化能組織　66
タモキシフェン　276, 383, 390
ダルベッコ修正イーグル培地
　（DMEM）　343
単一コピー挿入　407
単為発生　47, 96
──的活性化　47, 49, 510
──胚　96, 507, 508

短耳　110, 111
単純ヘルペスウイルス1型チミジン
　キナーゼ　379
淡色　5, 10, 109
淡色-短耳（dilute-short ear）領域　10
蛋白質合成　50
──パターンの変化　52
──開始時期　53
──の翻訳後の修飾　52
短尾　110, 111
断片化（フラグメンテーション）　185

ち

遅延胚盤胞　94, 358
6-チオグアニン　380
致死性黄色（Ay）　107
腟栓　31, 136, 326
──形成率　142
着床　31, 57
──の定位　59
──部位　196, 197
──部位の可視化　203
──後の胚葉の分離　198, 205
着床後胚　195
──の分離　196, 197, 205
──の培養　199, 200, 227
着床遅延誘起　57, 247
着床前，胚の回収　162
──の発生　52
──マウス胚　50, 51, 149
中間中胚葉　84
中期核板　349
中腎　84
──の解剖　221
中枢神経系　86
注入キメラ　429, 433, 434
──作製実験　61
注入法　429
注入用ES細胞　442
注入用，チャンバー　449
──ピペット
　　437, 445, 449, 523, 549, 550, 557
──ピペットの内径　523
中脳　87
中胚葉　67, 68, 72, 103
──の分離　217
──部位的多様性　72
チューブリン　50, 53
腸の発生　92

直鎖状DNA　283
チロシナーゼ　106, 109
──関連蛋白質　108
チンチラ　109, 441
椎骨　77, 82

て

tハプロタイプ　12
t複合体　11, 12
T遺伝子産物　12
帝王切開　144, 243, 258
低浸透圧液　365
テイパー　437
底板　86, 89
デオキシコール酸ナトリウム　695
テトラサイクリン　276
──誘導型遺伝子発現　383, 390
──レスポンダー（TetR）蛋白質
　　　276
テトラヒドロクロロライド　696
デメコルチン　688
電気泳動　605
電気穿孔機　664
電気穿孔チャンバー　232, 233
電気穿孔法→エレクトロポレー
　ション
電気的溶出法　285
電気融合　459, 509
──装置　669
──チャンバー　461
電気溶出機　664
電極　232
電子式インジェクター　325, 327
転写因子　17
点変異　388, 393

と

凍結　356, 409, 569, 572
──乾燥精子　539
──器具　579
──切片　639
──切片の染色　644
──保護剤（CPA）　562, 578
──保存細胞　1, 672
──保存サンプル　566
──保存，精子の
　　　536, 538, 564, 578
──保存胚　562, 672
──保存培地　356

凍結
　——保存，非平衡法による　563
　——保存，平衡法による　562
　——保存，卵巣の　565, 582
　——融解精子　538, 543, 581
　——融解操作，精子の　543
　——輸送胚　568
同時導入，遺伝子の　279
透析　285, 303
頭突起　75
導入遺伝子　280
　——が発現するマウス　401
　——産物　489
　——のクローニング　485
　——の検出と解析　480, 481
　——のコピー数　482
　——のシンボル　145
　——の定量　488
　——のデザイン　278
　——の発現　282, 485
頭部体節分節　79
透明化　651
　——胚　638
透明帯　41, 45
　——除去　439, 457, 458, 676
　——除去胚盤胞　440, 453
　——反応　48
倒立顕微鏡　294, 318, 665
特定病原体フリー（SPF）　238
時計用ピンセット　670
突然変異体　29
突然変異誘発　17
ドットブロット解析　480, 482
ドデシル硫酸ナトリウム　695
ドデシル硫酸リチウム　692
ドナー核の注入　526
ドナーマウス　135, 139
ドナー卵巣　535
ドライアイス　689
トラップベクター　18, 487
トラブルシューティング　326
トランスジェニック
　——系統の確立と維持　281, 300
　——法　375
　——マウス　2, 14, 131, 481
　——マウス作製技術　275
　——マウス施設　142
　——マウス，リコンビナーゼ活性，
　　　レポーター用の　383

　——率　329
トランスフェリン　100
トリエタノールアミン　696
トリス　696
トリニトフェロール　694
トリヒドロクロライド　696
トリプシン／EDTA溶液　347, 682
トリプシン処理　355, 411
トリプシンTris-塩類溶液　682
トリブロモエタノール（アバーチン）
　　　677
トルエン　696

な

内因性LHの放出　138
内在遺伝子　280
内在性プロモーター利用型の
　　　ターゲティングベクター　387
内臓溝　91
内胚葉　92
　——の分離　217
　——様細胞　360
内部細胞塊（ICM）　56, 349, 358
　——由来の細胞塊　359
　——の単離　470, 471
軟骨性骨格　600, 651

に

2〜8細胞期胚　183
2細胞期での発生停止　536
2細胞期胚　241
2細胞期ブロック　151
二酸化炭素（CO_2）　687
ニトロ・ブルー・テトラゾリウム
　　　620
4-ニトロブルー塩化テトラゾリウム
　　　693
2倍体胚-2倍体胚凝集キメラ　432
2倍体胚の凝集　463
2倍体胚-4倍体胚キメラ　466
2倍体胚-4倍体胚凝集キメラ　434
二分割型hprtミニジーン　397
尿管芽　84
尿生殖隆起　84
尿膜　71, 103
　——胎盤　71
ニワトリβ-アクチンプロモーター
　　　401
妊娠期間　31

妊馬血清性性腺刺激ホルモン（PMSG）
　　　137, 542

ぬ ね の

ヌード　110, 111
ネオマイシン　693
　——耐性遺伝子（neo^r）　379, 409
ネオマイシンリン酸基転移酵素　378
ネガティブ選択マーカー　379, 393
　——としてのhprt　380
熱ビーズ滅菌機　671
眠れる美女トランスポゾン　18
脳　86, 87
脳下垂体　92
濃縮ストック　169
嚢胞性胚葉体　368
ノコダゾール　512
ノーザンブロッティング　485
ノックアウト，組織特異的　16
ノックイン　595
ノックダウン遺伝子座　388
ノマルスキー微分干渉装置（DIC）
　　　295

は

胚，完全にES細胞由来の　469
　——の遺伝的背景　157
　——の回収　159, 161
　——の可視化　638
　——の活性化と培養　528
　——の準備　199, 226
　——の組織　493
　——の凍結保存　562, 563
　——の同定　487
　——のドナー準備　139
　——の発生段階　563
　——の反転　77
　——の微小滴培養法　13
　——の方向　58
　——の包装と輸送　567, 584
　——のレシピエントの準備　139
胚移植　14, 240, 242, 440, 558
　——病原微生物の除去　566
　——用ピペット　242
胚遺伝子発現の分析　54
バイオセイフティーキャビネット
　　　663
肺芽　93
胚外の組織　98

胚外膜　99
──の分離　197, 212
胚核の発生能力　54
ハイグロマイシンB　378, 691
──耐性遺伝子　378
胚軸　58
バイシストロニック導入遺伝子　377
胚性外胚葉　61
胚性幹(ES)細胞 → ES細胞
胚性癌腫(EC)幹細胞
　　14, 15, 66, 93, 94, 339
胚性生殖(EG)細胞　39
胚性致死　276
胚切片の免疫組織化学　593
胚操作ピペット　161, 163, 321
背側化シグナル　84
背側面経路　90
培地，ES細胞の　343
──選択(HAT)　379
──組成　152, 157
──の調整　158, 223
胚培養技術　151, 226
胚盤胞　60, 141, 358, 435, 610
──期胚の回収　186
──の回転　451
──の形成　55
──の形態　359
──の着床遅延誘起　247
──への注入　430, 449, 450
ハイブリダイゼーション　630, 635
──後の洗浄　630, 636
──混合液　630
──ミックス　635
培養，ICSI卵子の　558
──，着床後胚の　199, 200
──，着床前胚の　150
──，胚性幹細胞の　344
──細胞　499
──条件，受精卵の　160
──胚盤胞の形態　359
胚葉組織　66, 198, 218
──分離，着床後の　198, 215
胚様体(embryoid body)　349, 367
排卵　44, 46
ハウスキーピング遺伝子　282
バクテリア人工染色体(BAC)　277
白斑変異(W)　38
バックグランド染色　595
白血病抑制因子(LIF)　57, 345, 346

発現ベクター　232
発情周期　136
──の特徴　137
発生，着床前の　52
──，腸の　92
──の時間経過　32
──，マウスの　29, 31, 34
──用培養液　536
──遺伝学　1, 17
──，哺乳類の　1, 13
発生段階，代表的な　33
──，胚の　563
発生停止，2細胞期での　536
発生的可塑性　96
発生能力，胚核の　54
バッチテスト　160
母親由来mRNA　52
パーマウント　694
パラフィン包埋　592, 649
パラプラスト組織包埋剤　611
パラホルムアルデヒド
　　592, 608, 621, 694
バリア施設　133
パルスフィールド電気泳動(PFGE)
　　287, 288, 309
半陰陽　431
パンクレアチン／トリプシン液
　　679
播種効率　346
繁殖，トラブルシューティング
　　472
──能力，繁殖用雄の　139
──用コロニー　135
半数性不全　441
反転　59, 77, 78
斑点変異　109

ひ

B型精祖細胞　40
非アグーチ　5, 107, 440
ヒアルロニダーゼ　180, 526, 551, 679
非SPF動物施設　662
ピエゾインパクトドライブ　438, 667
──顕微操作装置　509, 549
──装置　520, 669
尾芽　77
皮下注入，ES細胞の　263
非近交系　434, 660
──雌　143

皮筋節　80
ピクリン酸　694
非外科的人工授精　545
微小環境説　57
微小研磨機　669
微小滴培養　13, 150, 174, 175
微生物学的グレード　671
皮節　81
脾臓摘出　266
非致死性白斑変異(W^v)　38
ピッキング　409, 414
必須アミノ酸濃度，胚培地の　155
ヒット・エンド・ラン戦略　393
ヒト絨毛性性腺刺激ホルモン(hCG)
　　137, 138, 542
ヒートシーラー　572
ヒト胎盤性アルカリホスファターゼ
　　(hPAP)　380
──遺伝子　16, 281, 380, 596
ヒト卵管液(HTF)　536
──培養液　542
非必須アミノ酸　345
──胚培地の　155
尾部よりの採血　271
微分干渉装置　318
非平衡法による凍結保存　563
ピペット作製器　176, 177, 292, 317
ピペットの構造，胚操作に用いる
　　163
ヒポキサンチン・ホスホリボシル・
　トランスフェラーゼ(Hprt)　16, 379
ヒポブラスト　61, 68, 79
ピューロマイシン　378, 695
──耐性遺伝子　378
表現型異常，過剰発現による　275
表現型の定量　489
病原微生物の除去，胚移植による
　　566, 567
氷酢酸　686, 690
標識と入れ替え戦略　393
標的遺伝子のシンボル　145
ピルビン酸ナトリウム　345
非連続密度勾配法　286
ピンク眼淡色(p)　3, 109, 340

ふ

φC31　19
──インテグラーゼ　382, 395
ファウンダー　300, 329

ファーストレッド　689
ブアン固定液　592, 609, 621
フィーダー馴化培地　369
フィーダー細胞　346, 347, 414, 416
部位多様性，神経管における　86
部位特異的遺伝子挿入法　394
部位特異的組換え酵素　375, 380
フィブロネクチン　102
フィルターキット　310
封入液，水溶性の　621
フェオメラニン　106
フェノール　285, 694
フェノール／クロロホルム抽出
　　　　　　　　　　　285, 303
フェノール／クロロホルム溶液
　　　　　　　　　　　　　680
フェノールレッド　694
フェリシアン化カリウム　694
フェロシアン化カリウム　694
孵化（ハッチング）　57
不活化センダイウイルス　516
腹腔内(IP)注射　146, 244
腹腔の切開　178
腹側化シグナル　84
腹側経路　90
不純物，DNA精製の　284
ブタノール　687
ぶち　109
フッ化水素酸　691
フッ素酸　689
不妊　532
——雄マウス　142, 244
プライマーの選択　481
ブラウン遺伝子　108
フラグメンテーション（断片化）
　　　　　　　　　　　　　185
プラスチック鋳物　657
プラスチックシャーレ，ガラス底の
　　　　　　　　　　　　　297
プラスチック製品　671
プラスミド，調整　286, 287
——由来配列　278
——・レスキュー　487
プラスミノゲン活性化因子　103
フランキングプライマー　488, 490
——プローブ　488, 490
ブランチ部位　377
ブレーキピペット　242, 261
プレハイブリダイゼーションン　629

プログラムフリーザー　569, 672
ブロッキング液　621
プロテイナーゼK　695
プロナーゼ溶液　681
プローブの作製　628
5-ブロモ-4-クロロ-3-インドリル-β-
　　D-ガラクトピラノシド　687
5-ブロモ-4-クロロ-3-インドリル-
　　ホスフェート　687

プロモーター　282, 376
——の選択　401
——トラップ　391, 392
分化，全か無かの　85
——抑制因子　346
分節板　77, 79

へ

β-アクチンプロモーター　282
β-ガラクトシダーゼ(lacZ)
　　　　　　　281, 380, 595, 641
β-プロピオラクトン　695
β-メルカプトエタノール
　　（βME）　345, 692
壁栄養外胚葉(TE)
　　　　　　55, 56, 59, 60, 349
壁側内胚葉(PE)　99, 100, 102, 103
壁側卵黄嚢(PYS)　98, 197
ヘキスト33258蛍光色素　482
ヘキスト色素　341
ヘテロ接合性の消失　400
ヘテロ接合体　441
ペトリ血インジェクションチャンバー
　　　　　　　　　　　　　298
ペニシリン　345
ヘパリン　271, 350
ヘミ接合体　300
ヘルペスウイルスチミジンキナーゼ
　　（HSV-tk）遺伝子　409
変異型FRT部位　382
変異lox配列　381
ベンジルアルコール　687
——／ベンジルベンゾエート(BABB)
　　　　　　　　　　　　　651
ベンジルベンゾエート　687
ヘンゼン結節　68, 73, 79
ベンチトップデュワーフラスコ　672

ほ

膨大部　47
胞胚腔　60
包埋　611, 612, 621
——センター　611
ポジティブ選択マーカー
　　　　　　　　　377, 378, 393
ポジティブ-ネガティブ選択法
　　　　　　　　　375, 386, 409
保持用ピペット
　　　　　437, 449, 513, 549, 556
ホスト胚　141, 430
ホースラディッシュ・
　　ペルオキシダーゼ　593
哺乳類，遺伝学　13
——発生学　13
骨のアリザリンレッド染色　654
ホノルル法　509
ホフマンコントラスト　295, 318
ホメオチック転換　81
ホモ欠損ES細胞　378, 387
ホモ接合型neoトランスジェニック
　　マウス　348
——変異ES細胞株　398
——変異胚　398, 441
ホモ接合体　301
——ES細胞　435
——トランスジェニックマウス
　　　　　　　　　　　　　487
——の確定試験　489
ホモロジー　83
——検索　17
ポリAシグナル　377
ポリ-L-リシン　592, 617
ポリビニルアルコール　694
ポリビニルピロリドン　694
ポリペプチド・シグナル分子　17
ホールマウントin situハイブリダイ
　　ゼーション　2, 595, 638, 639
ホールマウント胚
　　　　　　33, 594, 623, 632, 646
——の免疫組織化学　593
ホルムアルデヒド　690
ポンタミンスカイブルー　694

ま

マイクロインジェクション
　　　　2, 15, 139, 140, 277, 299, 321

マイクロインジェクション，前核への
　　　　　　　　　　　　323, 324
　——の時期　299
　——ピペット　292, 294, 317, 320, 321
　——用DNAの調整　289
　——の準備　294, 318
　——用の器材　294
　——用バッファー　679
マイクロチップ　480, 661
マイクロピペット　522
　——，先端の切断　514
　——プラー　437
　——ホルダー　162
マイクロフォージ　669, 670
マイクロマニピュレーター
　　　　294, 295, 296, 318, 438, 513, 520,
　　　　　　　　　　　　667, 669
　——吸引／注入システムつきの
　　　　　　　　　　　　549
マイコプラズマ　341
　——陽性細胞　341
マイトマイシンC処理　95, 347, 693
マウス，遺伝学の始まり　3
　——，おとなの　104
　——核型　365
　——肝炎ウイルス(MHV)　133, 566
　——ゲノムの操作　1, 2, 15
　——ゲノムへの遺伝子導入　277
　——ゲノム変化　477
　——，抗体産生(MAP)テスト
　　　　　　　　　　　　341, 342
　——コロニー　132
　——生殖系列　19
　——染色体　484
　——の数　283
　——のクローニング　507, 509
　——の系統　291
　——の個体識別　478, 479
　——の清浄化　662
　——の発生　29, 31
　——胚線維芽細胞(MEF)
　　　　　　341, 347, 351, 353, 437
　——胚, 着床前の　51
　——胚, 発生　34
　——胚培地　161
　——ピペッティング　161, 438
　——未受精卵　48
マウス・メタロチオネイン・
　　プロモーター　282

膜貫通領域　392
麻酔剤　239, 677
マルチチャネルマイクロピペッター
　　　　　　　　　　　　415
マレイン酸　692
マンニトール　459, 679

み

ミクロトーム　614
水飽和ブタノール抽出　285
密着結合　56
ミトコンドリアDNA　5
ミニ遺伝子　282
ミニローラー　200
ミネラル(パラフィン)オイル　158
耳タグ　480, 661
耳パンチ　478, 661
　——機　478
脈管構造の観察　601
ミュータジェネシス　17
ミュータントマウス　1
ミューラー管　40

む　め　も

無水酢酸　686
明暗サイクル　326
命名法，遺伝子改変マウスの　144
メタノール　692
　——／ジメチルスルホキシド(DMSO)
　　　　　　　　　　609, 621, 689
メチル化　97
2-メチルブタン　691
メチレンブルー　679, 693
滅菌，手術器具の　158, 671
　——ポート　584
メラニン芽細胞　105
メラニン細胞刺激ホルモン　107
メラノサイト　440
2-メルカプトエタノール　692
免疫手術　471
免疫組織化学　485, 615, 620, 623
　——，胚切片の　593
　——，ホールマウント胚の　593
メンデル遺伝　3
毛色　29, 104, 107, 108
　——マーカー　430
毛包　105, 106
毛胞細胞　440
モザイク　329

戻し交配　441
モノチオグリセロール　345
モルモット血清　471

や　ゆ　よ

薬剤耐性遺伝子　347, 407
野生型対立遺伝子　106
野生マウス(Mus spretus)　9
融合遺伝子　391
融合蛋白　391
融合胚　460
雄性前核　49, 325
雄性発生胚　96, 507
雄性不妊　534
優性白斑　10, 91, 109
優性抑制　275
誘導システム　382
ユウメラニン　106
ユースタキー管　92
溶解　583
羊膜　98, 103, 104, 197, 213
4倍体胚　459

ら

ライディッヒ細胞　39
ライヒェルト膜
　　　　　　　99, 100, 102, 212, 213
ラット血清の調整　200, 225
ラトケ嚢　92
ラフィノース　578
ラミナフローフード　663
ラミニン　102
卵黄嚢　493
卵核胞，崩壊　44
卵割　50
卵管灌流　183
卵管采　253, 535, 548
卵管内移植　240, 249, 253
卵管膨大部　180, 610
　——漏斗部　47, 184
卵丘細胞　47, 180, 544, 551
　——核の除核卵子への注入　527
卵丘細胞魂　544
卵丘細胞除去卵子　544
卵細胞質内精子注入(ICSI)
　　　　　　　　　509, 539, 549
　——の手順　554
　——の方法　556
　——用顕微操作装置　555

ICSI
　――用ディッシュ　555
　――卵子の培養　558
卵子，形成　41, 43
　――ドナー　542
　――の採取と除核　524
　――の準備　551
卵巣，移植　534, 540, 583
　――性奇形種　14, 47
　――切除　240
　――摘出　247
　――嚢　31, 535, 540
　――の凍結保存　565, 582
卵祖細胞　41
ランダムな遺伝子導入　483
ランダムな挿入型遺伝子導入法　384
卵胞細胞　41, 45
　――の発育　44
卵胞刺激ホルモン(FSH)　44
卵母細胞　41, 45

り

リコンビナーゼ活性レポーター用の
　　トランスジェニックマウス　383

リコンビナント近交系(RI系統)　9
リプログラム　54
リボゾーム内部進入部位(IRES)
　　280, 377, 395
リポフェクション法　278
リボプローブ　594, 628
硫化アンモニウム　686
硫化マグネシウム　692
菱脳分節　87
緑色蛍光蛋白質(GFP)遺伝子
　　281, 380, 596, 600, 646, 647, 648
　――レポーター　37, 596
リン酸カリウム　695
リン酸カルシウム法　278
リン酸緩衝液(PBS)　345, 680
リン酸水素ナトリウム　695
リン酸ナトリウム　696

る れ ろ わ

ルシフェラーゼ遺伝子　281
冷却／加温コンテナ　574
冷却ステージ　438
冷却の手順　574
冷蔵庫と冷凍庫　662, 672

冷凍保存　674
　――精子　18
レシピエント雌　241
　――マウス　135, 139
　――卵子　526
レチノイン酸(RA)　86
レトロウイルス，挿入　11
　――ベクター法　2, 18, 278
レバミゾール　621
レプリカの作製　409
レポーター遺伝子
　　16, 280, 281, 375, 380, 485
連鎖　3
連続密度勾配法　286
漏斗　92
濾過滅菌　160
肋骨　77
ロバートソン型染色体　10
ローラードラム　200
矮小　110, 111
Y染色体　5
ワックス切片　611, 640

欧文

A B

Abbie E. C. Lathrop　3
AFP　98, 100
AP標識二次抗体　622
attBB′部位　382
attPP′部位　382
BAC　2
　――DNAの精製　286, 306
　――DNAの単離　286, 304
　――/YAC DNA　314
　――クローン　280
BCIG　687
BCIP　686
Bevelers　670
Blastocoel　60
BMOC(Brinster's Medium for Ovum
　　Culture)　151
BMブロッキング試薬　634
BM紫色AP基質　645
Brachyury　11

BSA　158, 538, 678

C

C57BL/6(B6) ES細胞株　341, 441
Ca^{++}/Mg^{++}-フリータイロード・
　　リンゲル塩類液　678
Ca^{++}/Mg^{++}-フリーリン酸緩衝液
　　(PBS)　678, 680
cDNAの発現　282
c-fms　61
Chicago Sky Blue　679
c-kit　39, 43, 109
Clarence C. Little　5
c-mos　47
CO_2濃度　344
ConA　50, 56
　――結合部位　56
Cre　16
　――組換え酵素　276, 381
　――特異的DNA組換え　276
　――トランスジェニック系統　390

　――リコンビナーゼ　381, 483
　――リコンビナーゼ介在性有糸分裂
　　　組換え　399
cDNAライブラリー　54
CsCl密度勾配法　285
CZB-HEPES培地　520, 552
CZB培地　522, 552

D

DAPI　153, 366, 520
DDT　689
DEPC(diethyl pyrocarbonate)
　　592, 614, 688
　――処理オートクレーブ水　617
　――処理リン酸緩衝液　594
DIA-LIF　57
DiI標識実験　75
DMEM　343
DMF　689
DMSO　356, 417, 562, 570, 689
DNA-LIF　59

DNA
——，巨大　279, 283
——組み込み，外来の　408
——コンストラクト　279
——精製キット　287
——断片切り出し　287
——断片の回収　288, 289
——断片の分離と精製法　282, 302
——沈殿物　423
——，通常サイズの　313
——の定量　290, 482
——の濃度　283, 290, 328
——の純度　283, 284, 303, 328
——の精製法　284, 286
——の調整　289, 408, 422, 491, 499
——の品質の維持　289
——の保存　291
——標品，粗製の　286
DNAマイクロアレイ　2
DNA溶液の濾過　290, 303
DNA溶液の注入　234
D-PBS　680
dpc（交尾後の日数）　31
dt　380

E

EC細胞　14, 15, 66, 93, 94, 339
EFS40溶液　573
EDTA　151
EGFP　281, 599
EG細胞　39
ELISA　485
enhanced GFP　599
ENU　17
Epiblast　31, 36, 60, 61, 62, 66, 67, 68, 79, 92, 93, 349
ESGRO　346
ES細胞　1, 66, 94, 95, 141, 263, 339, 341, 375, 407, 411, 429, 436, 499
——129由来の　141
——遺伝子トラップ・コンソーシアム・データベース　18
——，XY型の　361
——株
　　339, 340, 342, 358, 360, 361, 363
——株の起源　431
——株の入手　340
——キメラ　141, 435, 440
——クローンの遺伝子型判定　424
——コロニー　363, 361, 362, 414
——コロニーのピッキング　409
——樹立の効率　360
——注入のトラブルシューティング　452
——注入用培養液　442
——注入用ピペット　438, 439, 445, 446
——と2倍胚との凝集　463, 464
——トリプシン処理　454
——2倍体胚凝集キメラ　433
——に由来する産子　434
——の遺伝的背景　430
——の継代　355
——の染色体　348, 365
——の凍結と融解　356, 409, 417, 419
——の培養条件　343, 344
——の皮下注入　263
——の分化，体外の　349
——培地　341, 345, 358, 365
——，胚葉体への分化　367
——由来の胚　469
——，4倍体胚キメラ　468
——，4倍体胚凝集キメラ　434
——を用いた遺伝子導入　384
EtBr　285, 689

F

FBS　346
Fgf4　61
FGF4保存液　369
FIAU　379, 409
FISH　484
Flp　16, 381
——リコンビナーゼ　381
Flpe発現ベクター　390
Foxa2　89
FRT配列　382
FSH　44

G

G1/G2培地　154
G418　378, 409, 690
——耐性遺伝子　399
——選別ESコロニー　424
Gelase　285
GEPヘミ接合体（XGFPY）雄　199
GFP　380, 596
——の顕微鏡観察　600, 648
——発現の可視化　646, 649
——融合蛋白　600, 647
——レポーター　37, 596

H

H19遺伝子　156
H2遺伝子　8
H2複合体　12
Haldane. J. B. S.　3
Hanz Gruneberg　11
hCG　137, 138, 542
head-to-tail配列　482
HEPES緩衝培養液　160
HEPES緩衝DMEM溶液　198
High Efficiency Particulate Air（HEPA）
　フィルター　662, 663
Honolulu法　509
Hox　88
——A　86
——D　86
——遺伝子　81, 91
——遺伝子クラスター　89
——遺伝子発現　82
——複合体　83
hPLAP　380
hprt遺伝子　16, 379, 380
——欠損ES細胞　379
HSV-tk遺伝子　379, 412
HTF培養液の組成　537
Hygro　378

I

ICM→内部細胞塊
ICSI→卵細胞質内精子注入
Igf2遺伝子　97
IGFII受容体　97, 156
in situ RNAハイブリダイゼーション
　　485
in situ ハイブリダイゼーション
　　488, 489, 591, 593, 594, 615, 616, 619, 626, 632, 634
IRES挿入配列　280, 377, 395
IVF　151, 536, 542, 544

J K L

John Hammond Jr.　13
Krox20　88, 89
KSOM　153, 172, 456
——-AA培養液　542

lacZ遺伝子　16, 281, 380, 595
LH　44
LIF　346
——欠損線維芽細胞　346
——添加ES細胞培地　414
LN_2　569, 572, 692
——作業用コンテナ　572
——貯蔵用容器　572, 569
LoxP配列　381
——部位　276, 485
——認識配列　381
LT系統　14

M

M16培地
　　151, 165, 167, 169, 171, 456
M2培地　161, 169
MAPテスト　133, 342
Mash2　61
MEF　341, 347, 353, 437
MHV　133
MilliQ-水　344
Mouse Genome Database (MGD)
　　145
Mov13系統　12
mRNA分離キット　603
MTF (mouse tubal fluid)　152
Mycoplasma pulmonis　566

N

Nakagata法　565, 580
NDSバッファー　308
neo遺伝子　378
——耐性　414
neo^r遺伝子　18, 348, 378, 412, 414
nodal　18
NotI認識部位　278
NucleoBondキット　304, 306

O P Q

OCT　36, 62, 693
P1バクテリオファージ由来
　人工染色体 (PACs)　277
PB1　681
PBS　345, 680
PBSMT　680
PBT　680
PCR解析
　　425, 480, 481, 490, 498, 499
PCRテンプレート　494
PCR反応液　424
PFGE　287, 288, 309
PGCs　31, 36, 37, 38, 198
pH, 胚培地の　159
PMSG　542
poly-L-lysine　592, 617
Pontamine Sky Blue　679
Pou5f1 (Oct3/4)　36, 62, 694
PrEnd　60, 61, 98, 349
puro　378
PVP　694, 695
Qバンディング法　484

R

RFLP　4
RI系統　9
RNA (全)
——の収量　604
——の分離　602
RNAi　275
RNaseによる汚染　594
RNA干渉法　18, 275
RNAスプライシング　377
RNAプローブ　593, 594, 626, 632
Rosa26　282
RT-PCR　2, 54
RU486　276, 383, 390

S

20×SSC　681
20×SSPE　682
SA-レポーター複合体　391
SDS　695
Sl (スチール)　91
SPF, コロニー　134, 238, 566
——飼育施設　132, 133, 342
Sry　40
STO線維芽細胞　341, 348, 353
Sutter Puller　444

T

2-cell (two-cell) block　544
TAE緩衝液　682
Tdy　40
TE　55, 56, 59, 60, 349
tetオペレーター (tetO)　276
——リプレッサー　383
TE緩衝液　422, 682
TNAP　36, 622
3-triethoxysilylpropylamine (TESPA)
　　592, 616
TS細胞　61, 339, 349, 350, 429
——株の培養　369
——株の分離　371
——コロニー　372
——の派生　371
——培地　369
Tyrp1　108

U V W

UVライト／UV照射　696
vapor shipper　672
W (優性白斑)　91
Wesley Whitten　13
Whitten効果　136, 142, 150
William E. Castle　3

X Y Z

X-gal　594, 641, 643, 697
Xic　98
Xist　98
——RNA　98
XO胚　95
XX←→XYキメラ　39
XY型のES細胞　361
X染色体の不活化　11, 96
YAC　286
——DNAの精製　310
YACs用選択培地　308
Z/AP　383
Z/EG　383
ZP3　48

訳者一覧

山内　一也(Webサイト，序，第1章，付録3)
（財）日本生物科学研究所

豊田　裕(第2章，第8章，第16章，付録1，索引)
帯広畜産大学名誉教授

岩倉洋一郎(第3章，第7章，第9章，第10章，付録2)
東京大学医科学研究所ヒト疾患モデル研究センター

佐藤　英明(第4章，第5章，第6章，第12章)
東北大学大学院農学研究科動物生殖科学分野

鈴木　宏志(第11章，第13章，第14章，第15章，第17章)
帯広畜産大学原虫病研究センター ゲノム機能学分野
東京大学大学院医学系研究科発生・医療工学講座

マウス胚の操作マニュアル ＜第三版＞
Manipulating the Mouse Embryo　A LABORATORY MANUAL　Third Edition

1989年2月10日	初版発行
1997年5月31日	第二版発行
2005年8月30日	第三版発行
2015年8月31日	二刷発行

訳　　者　山内　一也
　　　　　豊田　裕
　　　　　岩倉洋一郎
　　　　　佐藤　英明
　　　　　鈴木　宏志
発 行 者　菅原　律子
発 行 所　株式会社　近代出版
　　　　　〒150-0002　東京都渋谷区渋谷2-10-9
　　　　　TEL 03-3499-5191　FAX 03-3499-5204
　　　　　E-mail：mail@kindai-s.co.jp
　　　　　URL：http://www.kindai-s.co.jp
印 刷 所　研友社印刷株式会社

ISBN978-4-87402-115-8　　　　　　　　　　　Ⓒ2015 Printed in Japan

JCOPY〈(社)出版者著作権管理機構委託出版物〉
本書の無断複写は，著作権法上での例外を除き禁じられています．本書を複写される場合は，そのつど事前に(社)出版者著作権管理機構(電話 03-3513-6969，FAX03-3513-6979，e-mail：info@jcopy.or.jp)の許諾を得てください．

基礎から臨床まで、第一線で活躍する執筆者によるARTのすべて

生命の誕生に向けて
〈第二版〉

生殖補助医療(ART)　胚培養の理論と実際

編集　**日本哺乳動物卵子学会**

A4判 312頁　2色刷

本体 8,000円+税

　日本哺乳動物卵子学会が生殖補助医療胚培養士資格認定制度を発足させてから10年を迎えようとしている。

　胚培養士の向上心に応えるため、新たに進展した技術などを加えた改訂版を出版した。

　生殖補助医療胚培養士資格認定試験のテキストとしてはもちろん、ARTの登録施設においても十分に活用していただけるであろう。

主な内容
生殖補助医療の歴史的展開／生命倫理／生殖系列細胞のプログラム／卵子の形成・成熟および排卵の機構／未成熟卵子の体外成熟法／卵子の生物学的評価／ヒト胚の形態学的評価／卵巣刺激法／採卵法／精子の形成と成熟／精子機能検査法・精液調整法／精子の凍結保存法／精巣内精子抽出法／受精機構／透明帯の構造と機能／受精と免疫／体外受精／顕微授精法／初期胚の発生機構と代謝／染色体異常／培養法と質の評価／胚移植の実際／超急速ガラス化保存法／初期胚の生検と遺伝子診断法／着床機構／孵化促進法／黄体機能補助療法／女性不妊と男性不妊／培養液／培養室／ヒト細胞質移植・核移植法／核移植法／ES細胞，iPS細胞／遺伝子の導入法とノックアウト法／ヒト生殖腺の凍結保存／生殖補助医療とエピジェネティクスの異常／資料／用語解説／索引

近代出版　〒150-0002　東京都渋谷区渋谷2-10-9
TEL 03-3499-5191　FAX 03-3499-5204
http://www.kindai-s.co.jp